W0236748

Mit dem Kauf des Buches erhalten Sie Zugang zur Online-Lernplattform MC^2 mit über 3000 Multiple-Choice-Fragen. Die Lernplattform finden Sie unter der Internetadresse **www.mc2-online.de**.

Für die erstmalige Registrierung auf der Lernplattform benötigen Sie eine gültige E-Mail-Adresse sowie Ihren persönlichen Registrierungs-Code.

Ihr Registrierungs-Code: i3q19w4117

SCHÄFFER
POESCHEL

Markus Voeth / Uta Herbst

Marketing-Management

Grundlagen, Konzeption und Umsetzung

Unter Mitarbeit von Viola Austen, Tatjana Becker,
Victoria Bertels, Julia Heigl, Hannes Huttelmaier,
Aline Kugler, Jeanette Loos, Christoph Meister,
Björn Rentner, Jenny Richter, Natalie Schmidt,
Daniel Schwarz und Sabine Schwarz

2013
Schäffer-Poeschel Verlag Stuttgart

Verfasser:
Prof. Dr. Markus Voeth
Universität Hohenheim, Institut für Marketing & Management,
Lehrstuhl für Marketing I, Stuttgart

Prof. Dr. Uta Herbst
Universität Potsdam, Fachbereich Wirtschaftswissenschaften,
Lehrstuhl für Marketing II, Potsdam

Dozenten finden weitere Lehrmaterialien unter
www.sp-dozenten.de/3271 (Registrierung erforderlich).

Gedruckt auf chlorfrei gebleichtem, säurefreiem und alterungsbeständigem Papier

Bibliografische Information der Deutschen Nationalbibliothek
Die Deutsche Nationalbibliothek verzeichnet diese Publikation in der Deutschen
Nationalbibliografie; detaillierte bibliografische Daten sind im Internet
über http://dnb.d-nb.de abrufbar.

ISBN 978-3-7910-3271-9

© 2013 Schäffer-Poeschel Verlag für Wirtschaft · Steuern · Recht GmbH
www.schaeffer-poeschel.de
info@schaeffer-poeschel.de

Einbandgestaltung: Melanie Frasch/Jessica Joos (Foto: Shutterstock.com)
Layout: Ingrid Gnoth | GD 90
Satz: Dörr + Schiller GmbH, Stuttgart
Druck und Bindung: C.H.Beck, Nördlingen

Printed in Germany
Mai 2013

Schäffer-Poeschel Verlag Stuttgart
Ein Tochterunternehmen der Verlagsgruppe Handelsblatt

Vorwort

Eine Abfrage unter dem Suchbegriff »Marketing + Lehrbuch« auf www.buch-katalog.de, der Webseite des größten Buchhändlers im deutschsprachigen Raum, ergab am 7. Januar 2013 genau 627 Buchtitel. Die Suche unter dem Begriff »Marketing-Management + Lehrbuch« ergab immerhin noch 271 Titel. Warum also noch ein weiteres Lehrbuch zum Thema »Marketing-Management«?

Zwei Gründe haben uns dazu veranlasst, ein neues Lehrbuch zum Thema »Marketing-Management« vorzulegen:

▸ Zunächst einmal lassen sich die meisten der vorliegenden Lehrbücher zum Marketing oder Marketing-Management in die Kategorien »Einführungswerke« oder »Nachschlagewerke« einteilen: Die Einführungswerke erheben nicht den Anspruch, das Thema »Marketing-Management« umfassend darzustellen. Stattdessen wollen diese Bücher zumeist allein auf 200 oder 250 Seiten einen ersten Einblick in das Thema geben. Aus Sicht von Lehrenden im Bereich Marketing lassen sich diese Bücher vor allem im Bachelor-Grundstudium einsetzen. Für das Bachelor-Vertiefungsstudium oder für das Master-Studium sind diese Bücher hingegen nicht geeignet.

Die zweite Kategorie von Marketing-Lehrbüchern wird durch Bücher gebildet, die das Thema Marketing-Management auf z.T. mehr als 1.000 Seiten aus vielen verschiedenen Perspektiven behandeln. Von Studierenden haben wir immer wieder die Rückmeldung erhalten, dass sich diese Bücher nur sehr schwer als Lernhilfe einsetzen lassen, da sie eher Nachschlagewerke darstellen.

Das vorliegende Lehrbuch stellt einen Mittelweg zwischen »Einführungswerk« und »Nachschlagewerk« dar, indem es das Marketing konsequent aus einer bestimmten, bewusst gewählten Perspektive behandelt, nämlich der Management-Perspektive.

▸ Ein zweiter Grund für die Entwicklung eines neuen Lehrbuchs zum Marketing-Management war die Beobachtung, dass für die meisten Lehrbücher keine umfangreichen Lernhilfen zur Verfügung gestellt werden. Zwar werden heute bei praktisch jedem Lehrbuch Materialien für Dozenten wie z.B. Chartbook, Übungsfälle etc. angeboten, für Studierende liegen jedoch nur selten Hilfsmittel vor, sich die in den Lehrbüchern behandelten Inhalte anzueignen. Mit anderen Worten existieren zwar »Lehrmaterialien«, aber keine »Lernmaterialien«. Diese sind unserer Erfahrung nach aber unbedingt erforderlich, um Studierende (wieder) dazu zu motivieren, Vorlesungsinhalte auch anhand von Lehrbüchern nachzuvollziehen, zu verstehen und zu vertiefen. Zu dem von uns vorgelegten Lehrbuch bieten wir daher nicht nur die für Dozenten üblichen Lehrmaterialien an (ein Chartbook mit allen Abbildungen dieses Buches; ein Vorlesungsskript, das zusätzliche Strukturierungsfolien enthält). Diese Materialien können von Dozenten über den Dozentenservice des Verlags www.sp-dozenten.de bezogen werden.

Zusätzlich haben wir ein spezielles Lernerfolgstool zu diesem Lehrbuch entwickelt. Das Tool »*Multiple Choice Marketing Check (MCMC)*« kurz »MC²« erlaubt es Studierenden, ihren Wissensstand in Bezug auf die in unserem Lehrbuch enthaltenen Inhalte selbstständig zu überprüfen. Für das gesamte Buch, aber auch für einzelne Teilkapitel, kann mit Hilfe dieses webbasierten Multiple-Choice-Tests ermittelt werden, wie gut das im Buch bzw. den Teilkapiteln vermittelte Wissen aufgenommen wurde. Erste Tests von *MC²* haben gezeigt, dass Studierende diese Zusatzfunktion sehr schätzen, da sie mit Hilfe dieser Lernerfolgskontrolle jederzeit ihren Wissensstand überprüfen können und sich das Tool deshalb ideal innerhalb von Klausur- und Prüfungsvorbereitungen einsetzen lässt.

Nähere Informationen zu *MC²* finden Sie auf S. VIII ff. dieses Buches sowie auf der Homepage »www.mc2-online.de«.

Ein so umfangreiches Projekt wie die Entwicklung eines Lehrbuchs zum Marketing-Management sowie eines Tools wie *MC²* lässt sich nicht ohne Hilfestellung und Unterstützung realisieren. Unser großer Dank gebührt allen Mitarbeiterinnen und Mitarbeitern, die sich in diesem Projekt mit großen Einsatz engagiert haben. So haben einige Mitarbeiter für Teilkapitel erste Textvorschläge entwickelt: Frau Dr. Viola Austen, Frau Dipl. oec. Tatjana Becker, Frau Dr. Victoria Bertels, Frau Dipl.-Kffr. Julia Heigl, Herr Dipl. oec. Hannes Huttelmaier, Frau M.Sc. Aline Kugler, Frau Dr. Jeanette Loos, Herr Dipl. oec. Christoph Meister, Herr Dr. Björn Rentner, Frau Dipl. oec. Jenny Richter, Frau Dipl.-Kffr. Natalie Schmidt, Herr Dipl. oec. Daniel Schwarz und Frau Dr. Sabine Schwarz danken wir hierfür herzlich.

Andere Mitarbeiterinnen und Mitarbeiter haben den Erstellungsprozess des Buches unterstützt. Frau Monika Fielk vom Lehrstuhl für Marketing I der Universität Hohenheim hat umfangreiche Schreibarbeiten bei der Erstellung des Buches übernommen. Frau Julia Grabein und Herr Nikolas Holzen vom Lehrstuhl für Marketing II der Universität Potsdam haben das Buch Korrektur gelesen. Frau Pia Burghartz, Frau Jana Daume, Frau Anne Theresa Eidhoff, Frau Ann-Kathrin Fritz, Frau Maren Giebing, Frau Miriam Grupp, Herr Jan Huschmann, Herr Nils Kern, Frau Katrin Mischke, Herr Jonathan Palmer und Herr Simon Waldstätter haben Abbildungen gestaltet, Korrekturen eingearbeitet oder Verzeichnisse erstellt. Auch Ihnen gilt unser großer Dank.

Auch die Lernplattform MC² wäre nicht ohne vielfältige Unterstützung möglich gewesen. Zunächst einmal bedanken wir uns bei den Mitarbeitern unserer Lehrstühle für die Entwicklung einer (sehr) großen Zahl an Multiple Choice-Fragen zu den Inhalten dieses Buches. Im Einzelnen haben Frau Dr. Viola Austen, Frau Dipl. oec. Tatjana Becker, Frau Dr. Victoria Bertels, Frau Jana Daume, Herr Tobias Erdbrink, Frau M.Sc. Jana Frey, Frau Ann-Kathrin Fritz, Frau Dipl.-Kffr. Julia Heigl, Herr Nikolas Holzen, Herr Dipl. oec. Hannes Huttelmaier, Frau M.Sc. Aline Kugler, Frau Dr. Jeanette Loos, Herr Dipl. oec. Christoph Meister, Frau Katrin Mischke, Frau Dipl.-Kffr. Natalie Schmidt, Herr Dipl. oec. Daniel Schwarz und Herr M.Sc. Philip Sipos MC-Fragen beigesteuert. Darüber hinaus bedanken wir uns bei unserem IT-Partner, der IWI GmbH, Münster, und hier speziell bei ihrem Geschäftsführer, Herrn Dr. Bernd Schneider, der für eine professionelle Umsetzung unserer Lernplattform-Idee gesorgt hat.

Ebenso danken wir Herrn Stefan Brückner, Programmbereichsleiter des Schäffer-Poeschel Verlags, für die engagierte Begleitung und Unterstützung dieses Buchprojektes.

Unser ganz besonderer Dank gilt schließlich dem »Kernteam«, das das gesamte Projektmanagement bei diesem Buch übernommen hat. Herr Dipl. oec. Hannes Huttelmaier, Frau Dr. Jeanette Loos und Frau Dipl.-Kffr. Natalie Schmidt haben in den letzten 12 Monaten viel Zeit (und Nerven) in dieses Projekt investiert. Vielen, vielen Dank hierfür!

Wie jede erste Auflage bei einem Lehrbuch wird auch diese erste Auflage (vermutlich) nicht fehlerfrei sein. Die Verantwortung für alle, trotz intensiver Überarbeitungsrunden noch verbliebenen Fehler liegt natürlich bei uns Autoren!

Wir widmen dieses Buch unseren Kindern Henri (*2. März 2010) und Vera (*10. März 2011), die in ihren ersten Lebensjahren sehr viel auf ihre Eltern verzichten mussten.

Hohenheim, Potsdam, im Januar 2013
Markus Voeth
Uta Herbst

Lernplattform MC² (www.mc2-online.de)

Sie möchten Ihren Lernfortschritt beim Durcharbeiten dieses Buches überprüfen? Sie wollen den Stoff des Buches wiederholen und wissen, ob Sie diesen beherrschen? Dann stellt **MC²** eine ideale Ergänzung für Sie dar!

MC² (»**M**ultiple **C**hoice **M**arketing **C**heck«) ist eine webbasierte Lernplattform, mit der Leser prüfen können, inwieweit sie die in diesem Buch vermittelten Inhalte nachvollzogen haben. Die Lernplattform besteht aus Multiple Choice-Tests, bei denen dem Leser zu dem von ihm festgelegten Stoffgebieten des Buches jeweils 20 Multiple-Choice-Fragen gestellt werden. Die Fragen werden bei jedem Test zufällig aus einem Fragenpool von insgesamt mehr als 3.000 Wissensfragen gezogen. Nach den Tests erhält der Leser eine testspezifische Auswertung, aus der ersichtlich wird, in welchen Teilgebieten Testfragen nicht korrekt beantwortet wurden.

Zugang zur Lernplattform

Das Tool MC² kann über die Homepage

www.mc2-online.de

aufgerufen werden.

Erstmalige Registrierung

Auf der Homepage müssen sich Leser zunächst registrieren lassen, um die Services von MC² nutzen zu können. Hierzu erscheint auf der Webseite die unten stehende Eingabemaske:

Vorname	
Nachname	
E-Mail-Adresse	
Wiederholung E-Mail	
Gewünschtes Passwort	
Wiederholung Passwort	
Registrierungs-Code	

Freiwillige Angaben:

Universität	
Veranstaltung	

[**Registrieren**] [Formular zurücksetzen]

Sie erhalten anschließend eine Bestätigungs-E-Mail, mit der Sie Ihr Konto freischalten können.

Bitte beachten Sie folgende Erläuterungen:

▶ **(Vor-)Name, persönliche Mail-Adresse** und **Passwort** werden benötigt, damit Sie sich nach der erfolgreichen Registrierung wiederholt auf der Lernplattform einloggen können.

▶ Bitte tragen Sie bei Ihrer Registrierung den **Registrierungs-Code** ein (z. B. 69g6no87oc), den Sie ganz vorne im Buch finden. Diesen Code brauchen Sie, um Ihr Benutzerkonto anzulegen. Jedes Buchexemplar erhält einen spezifischen Code. Jeder Code kann nur einmal in Kombination mit einer einzigen E-Mail-Adresse für die Registrierung bei MC² verwendet werden. Es ist nicht möglich, einem Code z. B. mehrere E-Mail-Adressen zuzuweisen.

Nach dem Ausfüllen des Registrierungsfensters, das Sie durch Klicken des »Registrieren«-Buttons abschließen, erhalten Sie anschließend eine Bestätigungs-E-Mail, die einen Link enthält, mit dem Sie Ihr Konto freischalten können.

Einloggen und Tests absolvieren

Ist Ihr Konto freigeschaltet, können Sie sich mit Ihrer E-Mail-Adresse und dem Passwort jederzeit unter **www.mc2-online.de** einloggen, dort für Ihre Tests ggf. den Stoffumfang auf Teile des Buches einschränken und die Tests durchführen (siehe den unten stehenden Screenshot).

Übermittlung der Testergebnisse

Nach Abschluss von Tests werden Ihnen Ihre Testergebnisse individuell an die von Ihnen hinterlegte E-Mail-Adresse gesendet. Aus den Testergebnissen können Sie ersehen,

▶ in welchem Umfang die im jeweiligen Test möglichen Wissenspunkte – die Fragen sind je nach Schwierigkeitsgrad mit einer unterschiedlichen Anzahl an Wissenspunkten belegt – auch tatsächlich erreicht worden sind,

X

▸ mit welcher (Schul-)Note das erzielte Punktergebnisse typischerweise in einer Prüfungssituation verbunden wäre und

▸ wo Sie noch Schwächen aufweisen, d. h. zu welchen Inhalten Fragen in dem Test nicht korrekt beantwortet worden sind.

Verfolgen des Lernfortschritts

Die Gesamtergebnisse Ihrer bislang absolvierten Tests können Sie sich anschließend auf der Lernplattform anschauen. Anhand einer anschaulichen Lernkurve (siehe unten stehenden Screenshot) können Sie Ihren Lernfortschritt verfolgen.

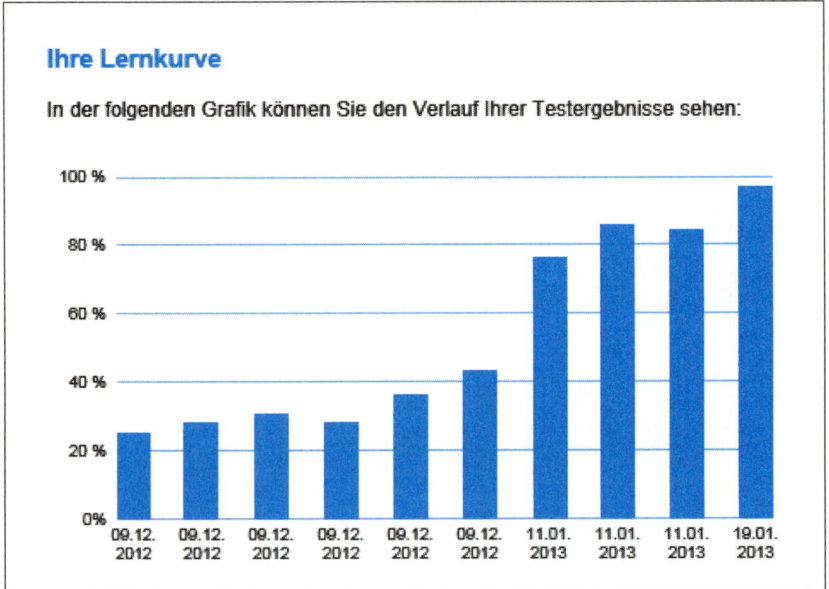

Ihre Lernkurve

In der folgenden Grafik können Sie den Verlauf Ihrer Testergebnisse sehen:

Kontakt

Bei Fragen oder Anregungen zur Lernplattform MC² wenden Sie sich bitte an folgende E-Mail-Adresse: administrator@mc2-online.de

Inhaltsverzeichnis

Teil 1
Was ist Marketing?

A Marketing: Philosophie der Unternehmensführung und Aufgabenbereich für das Management

Lernziele

▸ Sie wissen, was sich hinter dem Begriff Marketing verbirgt, und verstehen, warum Marketing gleichsam eine Führungsphilosophie als auch ein Funktionsbereich in Unternehmen ist.

▸ Sie wissen, dass Marketing sowohl eine innen- und außengerichtete Teilperspektive als auch eine horizontale und vertikale Teilperspektive beinhaltet.

▸ Sie kennen die Historie des Marketing und können erklären, wie sich Marketing als wissenschaftliche Disziplin, aber auch in der Praxis entwickelt hat.

▸ Sie verstehen, dass Marketing als das Management »Komparativer Konkurrenzvorteile« (KKV) aufgefasst werden kann. Dabei wissen Sie auch, dass sich ein KKV aus einer Effektivitäts- und einer Effizienzdimension zusammensetzt.

▸ Sie haben einen ersten Überblick über den konzeptionellen Ansatz im Marketing: Sie wissen, dass sich dieser aus den fünf Schritten Situationsanalyse, Ziele, Strategien, Maßnahmen und Controlling zusammensetzt und kennen die jeweils dahinterstehenden Entscheidungstatbestände.

Marketing, verstanden als die Ausrichtung aller Unternehmensaktivitäten auf die Erfordernisse aktueller und potenzieller Märkte (vgl. *Meffert/Burmann/Kirchgeorg*, 2012, S. 10), hat sich seit den 1960er- und 1970er-Jahren in immer mehr Branchen und Unternehmen zu einem etablierten und in der Organisation fest verankerten Aufgabengebiet des Managements entwickelt. Allerdings kann das Marketing im Vergleich zu anderen betriebswirtschaftlichen Disziplinen wie Finanzierung, Produktion oder Rechnungswesen nur auf eine relativ **kurze Historie** zurückblicken. Dass sich die Disziplin erst in den vergangenen Jahrzehnten entwickelt hat und seitdem in vielen Unternehmen eine schnell gestiegene Bedeutung erlangt hat, ist das Ergebnis grundlegender und nachhaltiger **Marktveränderungen**, die in vielen Branchen in der jüngeren Vergangenheit stattgefunden haben.

Etabliertes Aufgabenfeld des Managements

Historie der Disziplin Marketing

Anders als in den USA bestand in Deutschland bis in die 1960er-Jahre in praktisch allen Konsumgüter-, Industriegüter- und Dienstleistungsbranchen ein großer **Nachfrageüberhang** (die Nachfrage ist größer als das verfügbare Angebot aller im Markt aktiven Wettbewerber). Da im 2. Weltkrieg große Teile der Produktionskapazitäten in Deutschland zerstört worden waren und der Wiederaufbau dieser Kapazitäten nach 1945 einen sehr langen Zeitraum in Anspruch

Verkäufermarkt: Anbieter dominiert

nahm, übertraf die Nachfrage das bestehende Angebot in den meisten Märkten noch bis in die 1960er-Jahre. In dieser klassischen **Verkäufermarkt**-Situation (der Verkäufer dominiert die Anbieter-Nachfrager-Beziehung, da im Markt mehr Nachfrage als Angebot vorhanden ist) bestand die vornehmliche Aufgabe des Managements von Unternehmen darin, die vorhandenen knappen internen (Produktions-)Kapazitäten möglichst effizient einzusetzen. Dass die meisten

Engpass »interne Kapazitäten«

Unternehmen in dieser Situation eine starke **Produktions- und Innenorientierung** im Management-Denken aufwiesen, war für diese Marktsituation zweckmäßig und angemessen, da die internen Kapazitäten, nicht aber der Markt einen Engpassfaktor für die Unternehmen darstellten. Produkte und Leistungen konnten so auch dann im Markt abgesetzt werden, wenn diese nicht exakt den Idealvorstellungen potenzieller Nachfrager entsprachen. Da für die Nachfrager kaum Alternativen im Markt vorhanden waren, mussten die Nachfrager auch dann Produkte und Leistungen abnehmen, wenn diese nicht exakt ihren Wunschvorstellungen entsprachen.

Absatz-Aufgabe: effektive Leistungs-verteilung

Die zentrale marktseitige Aufgabe der Unternehmen bestand in solchen Märkten vor allem darin, den **Absatz** zu organisieren. Innerhalb der Betriebswirtschaftslehre existierte daher folgerichtig der Bereich der **Absatzwirtschaftslehre**. Ihr ging es vor allem darum, für eine effiziente und – soweit möglich – effektive Leistungsverteilung im Markt zu sorgen. Mit dem Markt und seinen Anforderungen beschäftigte sich die Absatzwirtschaftslehre dabei auch, allerdings vor allem im Hinblick auf die Frage, welche alternativ möglichen Ressourcenverwendungen den größtmöglichen Nutzen für Unternehmen (und ggf. Gesellschaft) erzeugen würden. Daher spielte innerhalb der Absatzwirtschaftslehre die **Distributionsaufgabe** eine relativ große Rolle. Folgerichtig wies die Absatzwirtschaftslehre eine starke inhaltliche Nähe zur Handelsbetriebslehre auf. In den Unternehmen oblag die Organisation des Absatzes dabei zumeist dem **Vertrieb** oder dem **Verkauf**. Diese Abteilungen standen am Ende der güterwirtschaftlichen Aufgabenkette, die daneben aus Entwicklung, Beschaffung und Produktion gebildet wurde. Stark vereinfacht ausgedrückt bestand die Aufgabe des Vertriebs/Verkaufs auf Verkäufermärkten vor allem darin, die innerhalb der vorgelagerten Stufe Produktion hergestellten Leistungen zu übernehmen und im Markt unter Einsatz des absatzwirtschaftlichen Instrumentariums abzusetzen.

Vom Verkäufer-zum Käufermarkt

Erst ab Ende der 1950er-Jahre, als in Deutschland das Wirtschaftswunder seinen Höhepunkt erreicht und anschließend überschritten hatte, mehrten sich die Anzeichen – zunächst in vielen klassischen Konsumgütermärkten (Kunde = Privathaushalt, Letztabnehmer) –, dass sich das Angebot zunehmend der Nachfrage anglich und diese sogar immer häufiger übertraf. Aus dem zuvor bestehenden Nachfrageüberhang wurde schrittweise ein **Angebotsüberhang** (das Angebot, das alle Wettbewerber im Markt anbieten, übersteigt die Nachfrage). Der damit verbundene Wandel von Verkäufermärkten zu den sich nun entwickelnden **Käufermärkten** (der Käufer dominiert die Anbieter-Nachfrager-Beziehung, da im Markt mehr Angebot als Nachfrage vorhanden ist) veränderte zugleich auch die oben beschriebene Engpasssituation in den Unternehmen. War der erfolgskritische Faktor für betriebswirtschaftliches Handeln zuvor vor allem im internen Kapazitätenmanagement zu sehen, so stellte nun der Markt immer häufiger den entscheidenden Engpass dar. Produkte, bei deren Entwicklung und Fertigung bislang allein oder zumindest überwiegend an eine möglichst effiziente Ausnutzung vorhandener Kapazitäten gedacht worden war und die daher nicht unbedingt exakt den Vorstellungen der Kunden entsprachen, fanden im Markt immer häufiger keine Abnehmer mehr. Für die Nachfrager führte der entstehende Angebotsüberhang dazu, dass sie zwischen verschiedenen Leistungen im Markt wählen konnten. Da die Nachfrager aber nun natürlich die Leistungen bevorzugten, die ihren Bedürfnissen und Vorstellungen am umfangreichsten entsprachen, setzten sich im Markt auch zunehmend nur noch diese Leistungen durch. Unternehmen, die nicht Gefahr laufen wollten, aus dem Markt verdrängt zu werden, waren nun gezwungen, die bisherige Produktions- und Innenorientierung durch eine stärkere **Markt- und Außenorientierung** zu ersetzen.

Engpass »Markt«

Da sich der Markt ab den 1960er-Jahren also immer stärker zum entscheidenden Engpassfaktor für das Management von Unternehmen entwickelte, entstand in den Unternehmen die Notwendigkeit, dieser veränderten Aufgabenstellung auch durch **organisatorische Veränderungen** Rechnung zu tragen. Dies betraf zunächst das **Aufgabenfeld des Vertriebs**, das verändert und erweitert werden musste. Während der Vertrieb bislang sein Hauptaugenmerk auf die Distribution von im Unternehmen erstellten Leistungen gelegt hatte, wuchs diesem Bereich nun zusätzlich die Aufgabe zu, Produkte und Leistungen aktiv zu verkaufen. Da Kunden nun zwischen den Leistungen verschiedener Anbieter wählen konnten und daher von den Produkten der Anbieter überzeugt werden mussten, bestand die Hauptschwierigkeit für den Vertrieb (und den Handel) jetzt nicht mehr in der Leistungsverteilung, sondern im Verkaufen. Darüber hinaus fiel dem Vertrieb auch die Aufgabe zu, relevante Informationen über Kunden und Konkurrenten im Markt zu sammeln und vorgelagerten Unternehmensbereichen zur Verfügung zu stellen. Allerdings reichten diese Erweiterungen des Aufgabenspektrums des Vertriebs nicht aus, um den durch den Marktwandel notwendig gewordenen **Perspektivenwechsel im Unternehmen** zu realisieren. So führte die Position des Vertriebs am Ende der güterwirtschaftlichen Wertschöpfungskette (entwickeln, beschaffen, produzieren, absetzen/vertreiben) dazu, dass dessen Neuausrichtung nicht automatisch zu einem grundsätzlichen Umdenken innerhalb des Gesamtunternehmens führte.

Perspektivenwechsel

Aus diesem Grund übernahmen viele Unternehmen die bereits in den 1940er- und 1950er-Jahren in den USA entstandene Idee, eine zusätzliche **Querschnittsfunktion** im Unternehmen zu schaffen, die alle unternehmerischen Aktivitäten auf die Erfordernisse des Marktes ausrichten soll. Den Abteilungen, die die Bezeichnung Marketing führten, fiel dabei anfänglich vor allem die Aufgabe zu, die Denkhaltung im Gesamtunternehmen zu verändern. Während zuvor die Produktionsorientierung und Innenperspektive vorgeherrscht hatte, sollte nun die Markt- und Außenperspektive in den Vordergrund rücken. Dies führte dazu, dass Marketing anfänglich vor allem als ein neuartiges **Konzept der Unternehmensführung** verstanden wurde. Marketing sollte sicherstellen,

»Marketing« als zusätzliche Querschnittsfunktion

dass sich alle unternehmerischen Aktivitäten an den Markterfordernissen orientieren. Damit verstand sich das Marketing im Verhältnis zum Vertrieb von Beginn an eher als eine Ergänzung und nicht als dessen Substitution: Während die eher operativen marktseitigen Aufgaben des unmittelbaren Verkaufens weiterhin Sache des Vertriebs/Verkaufs waren, ging es dem Marketing eher um grundsätzliche, strategische Aufgaben der Neuausrichtung der Unternehmensführung.

Ausdehnung der Marketing-Idee

Die beschriebene, zunächst in klassischen **Konsumgütermärkten (Business-to-Consumer-/B-to-C-Märkten)** beobachtbare Entwicklung fand seit den 1960er- und 1970er-Jahren auch in anderen Branchen und Bereichen statt: Da sich in der Folge auch viele **Industriegütermärkte** (Kunde = Unternehmen oder Organisation) (Business-to-Business-/B-to-B-Märkte) oder **Dienstleistungsmärkte** (Produkt = immaterielle Leistungen) von Verkäufer- zu Käufermärkten entwickelten, entstand auch auf diesen Märkten die Notwendigkeit, einen Turnaround von der Innen- zur Außenorientierung vorzunehmen und Marketing als Führungsphilosophie zu übernehmen. Schließlich mussten in jüngerer Zeit auch **Unternehmen des öffentlichen Sektors** erkennen, dass sie ebenfalls eine stärkere Marktorientierung schaffen müssen und daher Marketing-Abteilungen benötigen (z. B. Hochschulmarketing, Verbandsmarketing, Stadtmarketing etc.).

Grundansatz des Marketing

Implementierungsphase: Marketing als Philosophie der Unternehmensführung

Marketing vor allem als ein **Konzept der Unternehmensführung** zu verstehen, erscheint dann sinnvoll, wenn Unternehmen bislang durch eine grundsätzlich andere, nämlich stark innengerichtete Denkhaltung geprägt sind. Insofern steht das Verständnis, Marketing als Philosophie der Unternehmensführung aufzufassen, vor allem für die anfängliche **Implementierungsphase**. Allerdings impliziert ein solches Verständnis auch, dass die Bedeutung eines so verstandenen Marketing dann automatisch geringer wird, wenn der Prozess der Implementierung des Marketing in Unternehmen vorangeschritten ist und die Außen- und Marktorientierung eine vormals bestehende Innen- und Produktionsorientierung tatsächlich ersetzt bzw. ergänzt hat. So haben inzwischen viele Unternehmen diesen Wandel vollzogen und ein »**vom Markt her Denken**« als grundsätzliches Führungsprinzip akzeptiert. In diesem Zusammenhang haben auch viele andere betriebswirtschaftliche Funktions- und Querschnittsbereiche ihre anfängliche Distanz zur marktbezogenen Perspektive aufgegeben und entsprechende Anpassungen der eigenen Instrumente und Tools vorgenommen. Beispielsweise hat sich die Controlling-Funktion in vielen Unternehmen von der klassischen Kostenrechnung kommend zu einer Koordinations- und Steuerungseinheit entwickelt, die inzwischen gleichermaßen von innen (vom Unternehmen) und von außen (vom Markt) kommende Informationen berücksichtigt.

Marketing als dualer Denkansatz: Führungsaufgabe und Funktion

Vor diesem Hintergrund lässt sich beobachten, dass das Marketing in vielen Unternehmen inzwischen seine ursprüngliche Aufgabe der Ausrichtung aller Unternehmensaktivitäten auf die Markterfordernisse in großen Teilen erfüllt hat. Daher ist das ursprüngliche Selbstverständnis heute letztlich nicht mehr zeitgemäß. So musste sich das Marketing weiterentwickeln, z. B. indem zusätzlich auch **funktionsbezogene Aufgaben** übernommen wurden. *Heribert Meffert*, einer der bekanntesten Pioniere des Marketing in Deutschland, sah im Marketing daher auch Mitte der 2000er-Jahre einen entscheidungsorientierten **dualen Denkansatz** – Marketing als Führungsaufgabe und gleichberechtigte Funktion (vgl. *Meffert*, 2007, S. 2 ff.).

Wenn das Marketing seine Hauptentwicklungsrichtung allerdings vor allem in der Übernahme funktionaler Aufgaben sieht (z. B. Marktforschung, Marketing-Planung, Optimierung der Marketing-Instrumente), dann wird es zwangsläufig zukünftig zu einem organisatorischen **Downgrading der Disziplin** kommen. So war die Entwicklung einer marktorientierten Führungsphilosophie in vielen Unternehmen zunächst »Chefsache«. Später oblag dann die strategische Umsetzung der Marktorientierung den zumeist auf der zweiten Führungsebene angesiedelten Strategic Business Units (SBU). Sofern das Marketing nun zukünftig vor allem funktionale Aufgaben übernimmt, werden diese Aufgaben vermutlich auf einer noch niedrigeren Entscheidungsebene angesiedelt sein.

Die Verschiebung der Bedeutung zwischen den beiden Bestandteilen des entscheidungsorientierten dualen Denkansatzes des Marketing (**von der Führungskonzeption zur Funktion**) wird von Marketing-Praktikern in **empirischen Untersuchungen** bestätigt. So berichten *Meffert/Burmann/Kirchgeorg* (2012, S. 14) von einer Befragung unter **Marketing-Praktikern**, aus der hervorgeht, dass diese Marketing inzwischen stärker als gleichberechtigte Funktion sehen. Interessant an den in *Abbildung 1* dargestellten Untersuchungsergebniss»en ist dabei auch, dass die parallel befragten **Marketing-Wissenschaftler** Marketing noch immer eher als Führungsphilosophie begreifen. Ganz abgesehen davon, dass aus Sicht der Marketing-Wissenschaft hierin sicherlich auch die Sorge zum

Downgrading der Marketing-Disziplin

Auseinanderdriften des Marketing-Verständnisses

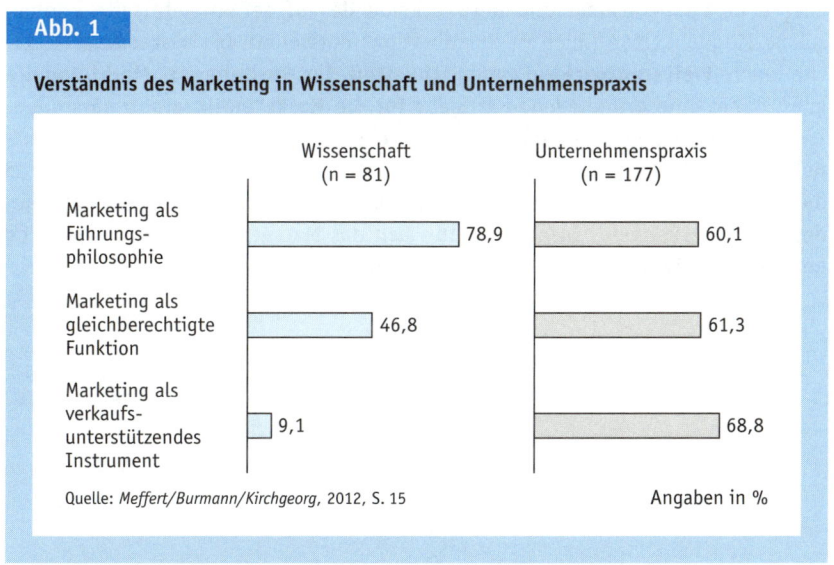

Abb. 1

Verständnis des Marketing in Wissenschaft und Unternehmenspraxis

Wissenschaft (n = 81) / Unternehmenspraxis (n = 177)

	Wissenschaft (n = 81)	Unternehmenspraxis (n = 177)
Marketing als Führungsphilosophie	78,9	60,1
Marketing als gleichberechtigte Funktion	46,8	61,3
Marketing als verkaufsunterstützendes Instrument	9,1	68,8

Quelle: *Meffert/Burmann/Kirchgeorg*, 2012, S. 15 · · · · · · · · · · · Angaben in %

Ausdruck kommt, dass ein Marketing-Verständnis, das Marketing eher als verkaufsunterstützendes Instrument sieht, die Gefahr mit sich bringt, dass Markt- und Marketing-Orientierung im Unternehmen nur noch operativ, nicht aber mehr strategisch verankert sind, deutet das Ergebnis auch auf ein **Auseinanderdriften zwischen Marketing-Wissenschaft und Marketing-Praxis** hin.

Will das Marketing den bereits heute in vielen Unternehmen absehbaren Prozess eines schleichenden Bedeutungsverlustes vermeiden, dann muss sich die Disziplin zukünftig ein **weiterentwickeltes Grundverständnis** geben. Dieses wird der Disziplin allerdings nur dann eine hohe organisatorische Bedeutung sichern können, wenn sich das veränderte Grundverständnis an den aktuellen marktlichen Herausforderungen von Unternehmen orientiert und den Unternehmen hilft, sich im Management auf diese aktuellen marktlichen Veränderungen einzustellen.

Business Development als Aufgabenstellung für das Marketing

Neue Marketing-Aufgabe

Eine solche aktuelle Herausforderung stellt die in vielen Branchen feststellbare **Marktsättigung** dar. Gerade in vielen Konsumgüterbranchen sind die Grenzen des Wachstums schon seit geraumer Zeit erreicht. Da aber alle unternehmensbezogenen Zielsysteme und Prozesse auf nachhaltiges Wachstum ausgerichtet sind, bedarf es in den Unternehmen einer Lösung des inzwischen eingetretenen Marktsättigungsproblems. Während in den letzten 20 Jahren – insbesondere seit der Öffnung Osteuropas und der wirtschaftlichen Entwicklung wichtiger asiatischer Märkte wie Indien und China – die Internationalisierung des Geschäfts eine Möglichkeit darstellte, das Sättigungsproblem der Kernmächte in Europa und Nordamerika zu »kaschieren«, sind für die Zukunft in vielen Branchen andere Lösungsmöglichkeiten für das grundlegende Marktsättigungsproblem erforderlich. Neue Produkte, neue Marktfelder, neue Geschäftsmodelle oder neue Kooperations- und Netzwerkmodelle auf der Anbieterseite können solche Möglichkeiten (auch in Kombination) darstellen. Die systematische Suche nach **Weiterentwicklungsmöglichkeiten für bestehende Marktmodelle** kann daher eine grundlegende Aufgabe für die Marketing-Disziplin darstellen. Ziel der Disziplin wäre es dann weniger, das bestehende Geschäft von Unternehmen zu erhalten oder marktseitig zu optimieren. Stattdessen ginge es um

Marketing als marktorientiertes Business Development

die Suche, die Bewertung sowie den Aufbau neuer Geschäfte und Geschäftsmodelle in Unternehmen. Insofern würde sich das Marketing stärker in Richtung eines **marktorientierten Business Development** entwickeln.

B Marketing – Das Management von Komparativen Konkurrenzvorteilen (KKV®)

I Der KKV als Marketing-Navigator

Wenn es zukünftig verstärkt die Aufgabe des Marketing sein muss, die Weiterentwicklung von Märkten (Business Development) anzustreben, dann ist die Hauptaufgabe des Marketing umso mehr darin zu sehen, sich am Engpassfaktor Kunde zu orientieren. Denn letztlich muss es auch bei der Weiterentwicklung von Märkten das Ziel sein, Management-Aktivitäten zu initiieren, die sicherstellen, dass die Leistungen so an Kunden herangetragen werden, dass Kunden die **Leistungen des Unternehmens dem Wettbewerb vorziehen.** Hierbei ist es hilfreich, sich vor Augen zu führen, wie Nachfrager in wettbewerblichen Systemen ihre Kaufentscheidungen treffen. Da Nachfrager auf Käufermärkten zwischen Leistungen verschiedener Anbieter wählen können, ist davon auszugehen, dass Kaufentscheidungen grundsätzlich im Rahmen eines **Abwägungsprozesses** zwischen den verschiedenen wahrgenommenen Leistungen getroffen werden. Im Hinblick auf die Frage, welche der angebotenen Leistungen Nachfrager letztlich auswählen, liegt die Vermutung auf der Hand, dass stets diejenige Leistung gewählt wird, die aus Sicht des Nachfragers als »besser« eingestuft wird. Eine solche Einschätzung kann dabei auf unterschiedliche Ursachen zurückgeführt werden. Neben Preisvorteilen können ebenso Qualitätsvorteile oder auch logistische Vorteile bzw. Verfügbarkeitsvorteile exemplarisch angeführt werden. In jedem Fall besteht allerdings die zentrale entscheidungsbezogene Aufgabe des Marketing darin, sich auf den Kaufentscheidungsprozess des Kunden einzustellen und diesen so zu beeinflussen, dass die vom Unternehmen angebotenen Leistungen von relevanten Nachfragern als besser im Vergleich zu Wettbewerbsleistungen eingestuft werden.

Orientierung am Engpassfaktor »Kunde«

Zentrale Aufgabe von Marketing

Was dabei genau unter »besser« zu verstehen ist, war lange Zeit nicht vornehmliches Erkenntnisziel der Marketing-Wissenschaft. Die **Kaufverhaltensforschung** der 1960er- und 1970er-Jahre rückte stattdessen eine Vielzahl von **intervenierenden Variablen** (z. B. Einstellungen, Image, Kultur etc.) in den Mittelpunkt, um die Reaktion (Response) von Nachfragern auf anbieterseitige Leistungsangebote (Stimuli) zu erklären. In diesen sogenannten **Stimulus-Organism-Response (S-O-R)-Ansätzen** lag der Schwerpunkt allerdings eher auf nachfragerseitigen Prädispositionen und nicht auf dem eigentlichen Bewertungsprozess des Nachfragers. Stattdessen wurde der im Organism ablaufende Bewertungsprozess von Nachfragern als **Black-Box** aufgefasst und nicht weiter analysiert. Erst seit den 1990er-Jahren findet sich in der Kaufverhaltensforschung des Marketing vermehrt der Versuch, den Bewertungsprozess des Nachfragers näher zu beleuchten. Ein solcher Ansatz, der darüber hinaus auch dem im Marketing seit den 1990er-Jahren beobachtbaren Trend der Rückbesinnung

Kundenverhalten als Blackbox

Nutzenkonstrukt zur
Erklärung von Kauf-
verhalten

auf ökonomische Grundzusammenhänge Rechnung trägt, stellt der nachfragerseitige **Nutzen** dar. In einer Vielzahl von Arbeiten, die vor allem in der zweiten Hälfte der 1990er-Jahre publiziert wurden, ist herausgearbeitet worden, dass der Nutzen ein geeignetes Erklärungskonstrukt ist, um den individuellen Bewertungs- und Entscheidungsprozess von Nachfragern abbilden und erklären zu können. In Arbeiten wie denen von *Voeth* (2000), *Perrey* (1998), *Hahn* (1997) oder *Gutsche* (1995) wird unterstellt, dass Nachfrager wahrgenommene Kaufalternativen im Rahmen einer objektbezogenen Gesamtbewertung anhand des empfundenen Nutzens bewerten, durch diesen **Nutzenvergleich** Objektpräferenzen herausbilden und entsprechend den so gebildeten Präferenzrangfolgen Kaufentscheidungen treffen.

Beim Nutzen handelt es sich allerdings allein um ein **hypothetisches Konstrukt**. Dies bedeutet, dass sich Nutzen nicht etwa empirisch beobachten, sondern letztlich allein aus dem (Wahl-)Verhalten von Individuen ableiten lässt. Darüber hinaus wird der Nutzen von Produkten nicht durch das Produkt an sich, sondern durch dessen Eigenschaften sowie dessen geplante Verwendung determiniert. Anders als von der (klassischen) mikroökonomischen Haushaltstheorie angenommen, verfügen Güter demnach nicht über einen generellen Nutzen. Stattdessen hängt der Nutzen von den nachfragerseitig wahrgenommenen Produkteigenschaften (z. B. Funktionalität, Design, Preis etc.) ab (**Eigenschaftsnutzen**). Da einige Produktmerkmale jedoch nicht zu Nutzen, sondern zu **Nutzenentgang** führen (z. B. Preis), ist zusätzlich noch zwischen **BruttoNutzen** und **Netto-Nutzen** zu differenzieren. Der Brutto-Nutzen einer Leistung wird durch alle nutzenstiftenden Merkmale des Angebotes hervorgerufen. Wird von diesem Brutto-Nutzen der Nutzenentgang abgezogen, der durch bestimmte Leistungsmerkmale wie Preis oder Zahlungskonditionen hervorgerufen wird, so ergibt sich der Netto-Nutzen. Diesem Nutzenverständnis folgend ist es nun Aufgabe des Marketing, dafür Sorge zu tragen, dass die Kunden angebotenen Leistungspakete zu einem positiven Netto-Nutzen führen. Damit Kunden allerdings ein Produkt nicht nur als kaufenswert einschätzen, sondern dieses auch Wettbewerbsprodukten vorziehen, muss der positive Netto-Nutzen in den Augen von Nachfragern zudem größer als bei den vom Kunden wahrgenommenen Wettbewerbern sein.

Brutto-Nutzen vs.
Netto-Nutzen

Allerdings ist zu beachten, dass eine alleinige Fokussierung auf die Nutzenentstehung bei Kunden nicht zwangsläufig sicherstellt, dass hiermit gesamtunternehmerische Ziele wie Gewinn- oder Wertsteigerung unterstützt werden. So würde etwa Kunden ein maximaler Nutzen verschafft, wenn ein Produkt viele nutzenstiftende Merkmale aufweist, gleichzeitig jedoch zu einem sehr geringen Preis angeboten wird, auch wenn dies für das Unternehmen nicht kostendeckend möglich ist. Daher muss mit Marketing darüber hinaus die Aufgabe der gleichzeitigen **Erreichung von gesamtunternehmerischen Zielen** verbunden sein. Verfolgen Unternehmen dabei Gewinnziele, so ist seitens des Marketing zusätzlich sicherzustellen, dass alle Versuche, sich besser bzw. nutzenstiftend in den Augen von Nachfragern zu platzieren, dazu beitragen müssen, Gewinne oder andere übergeordnete Ziele für das betroffene Unternehmen zu realisieren.

Beitrag zum Erreichen
gesamtunternehmerischer Ziele

Abb. 2

Ausgewählte Marketing-Definitionen in der Literatur

Meffert/Burmann/Kirchgeorg: Marketing bedeutet [...] die Planung, Koordination und Kontrolle aller auf die aktuellen und potentiellen Märkte ausgerichteten Unternehmensaktivitäten. Durch eine dauerhafte Befriedigung der Kundenbedürfnisse sollen die Unternehmensziele im gesamtwirtschaftlichen Güterversorgungsprozess verwirklicht werden (*Meffert/Burmann/Kirchgeorg*, 2012, S. 9f.).

Homburg: Marketing hat eine unternehmensexterne und eine unternehmensinterne Facette. In unternehmensexterner Hinsicht umfasst Marketing die Konzeption und Durchführung marktbezogener Aktivitäten eines Anbieters gegenüber Nachfragern [...]. Marketing bedeutet in unternehmensinterner Hinsicht die Schaffung der Voraussetzungen im Unternehmen für die effektive und effiziente Durchführung dieser marktbezogenen Aktivitäten (*Homburg*, 2012, S. 10).

Kotler/Keller: Marketing is a societal and managerial process by which individuals and groups obtain what they need and want through creating, offering, and exchanging products and services of value with others (*Kotler/Keller*, 2012, S. 6).

American Marketing Association (AMA): Marketing is the activity, set of institutions, and processes for creating, communicating, delivering, and exchanging offerings that have value for customers, clients, partners, and society at large (*American Marketing Association*, 2007).

Marketing fällt demnach in Unternehmen quasi eine **Mehrfachaufgabe** zu: Zunächst muss das Marketing sicherstellen, dass Unternehmen auf Märkten tätig sind, auf denen die Chance besteht, Kunden von den eigenen Leistungen zu überzeugen. Darüber hinaus fällt dem Marketing die Aufgabe zu, auf diesen Märkten sicherzustellen, dass **Nachfragerbedürfnisse umfassender als bei Konkurrenten befriedigt werden**. Schließlich hat das Marketing zur **Wertsteigerung von Unternehmen** beizutragen, indem mit den oben aufgeführten Aufgaben ein Beitrag zu übergeordneten Unternehmenszielen geliefert wird. Diese Mehrfachrolle findet sich auch in Marketing-Definitionen jüngeren Datums wieder. Die in *Abbildung 2* zusammengestellten **Marketing-Definitionen** aus der Literatur verdeutlichen, dass dem Marketing zumeist nicht mehr allein die Aufgabe der kundenseitigen Bedürfnisbefriedigung zugesprochen wird.

Die beschriebene »doppelte« Aufgabe des Marketing fasst *Backhaus* im Konstrukt des **Komparativen Konkurrenzvorteils** (**KKV**®) zusammen. Dieses von ihm in den 1980er-Jahren entwickelte Konstrukt, das er später mehrfach verfeinert hat, sieht die Aufgabe des Marketing darin, durch Generierung neuer Lösungen vorhandene oder latente Bedürfnisse von aktuellen oder potenziellen Nachfragern umfassender als Wettbewerber zu befriedigen, um hieraus einen eigenen ökonomischen Vorteil zu ziehen. *Backhaus* bezeichnet einen solchen **nachfragerseitig wahrgenommenen** und **anbieterseitig ökonomisch relevanten Vorteil** als KKV. Entsprechend dem oben dargestellten Nutzenkonstrukt geht er dabei davon aus, dass Nachfrager im Wettbewerb angebotene Leistungen nicht nur

Marketing-Definitionen betonen Mehrfachaufgabe

KKV-Ansatz von Backhaus

in ihrer Gesamtheit, sondern auch im Hinblick auf einzelne relevante Bedürf-
nis- und Nutzendimensionen miteinander vergleichen. Hierbei ist es entscheidend, nicht bei allen, sondern vor allem bei den für Nachfrager besonders relevanten Nutzendimensionen über Vorteile zu verfügen. Da der Anbieter zudem
nur jene möglichen Vorteile für den Nachfrager verfolgen sollte, die ihm zu
wirtschaftlich vertretbaren Bedingungen realisierbar erscheinen, weisen KKVs
folglich eine **Effektivitätsdimension** und eine **Effizienzdimension** auf.

Dimensionen des KKV

Effektivitätsdimension

Effektivität =
»die richtigen Dinge tun«

Damit Unternehmen über KKVs auf den von ihnen definierten Märkten verfügen, ist es von zentraler Bedeutung, dass ihre Leistungen von relevanten Nachfragern als nutzenstiftender im Vergleich zu wahrgenommenen Konkurrenzan-
geboten eingestuft werden. Mit anderen Worten müssen Unternehmen aus Sicht
der Nachfrager »**die richtigen Dinge tun**«, also im Hinblick auf die vorhandenen Nachfragerbedürfnisse effektivere Leistungen anbieten. Durch Rückgriff
auf *Plinke* (2000, S. 78 ff.) wird die Effektivitätsbedingung des KKVs von *Backhaus* mithilfe des bereits erwähnten Netto-Nutzenvorteils operationalisiert.
Anhand der auf *Plinke* (2000, S. 80) zurückgehenden *Abbildung 3* verdeutlichen

Abb. 3

Netto-Nutzen-Differenz zweier Kaufalternativen

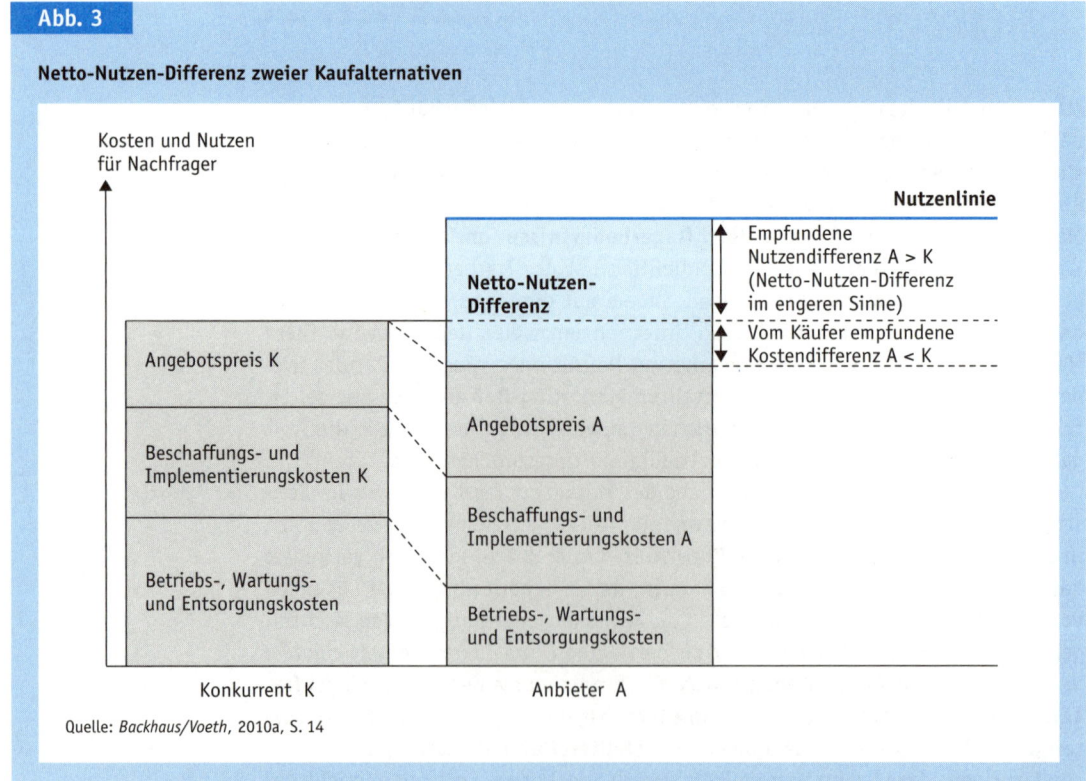

Quelle: *Backhaus/Voeth*, 2010a, S. 14

Backhaus/Voeth (2010a, S. 14) das **Entscheidungsverhalten von Kunden** mithilfe von Netto-Nutzen-Überlegungen wie folgt:

»Anbieter A hat zwar einen höheren Angebotspreis als Wettbewerber K. Bei gleichen Beschaffungs- und Implementierungskosten für die Produkte von A und K zeigen sich aber erhebliche Unterschiede in den Betriebs-, Wartungs- und Entsorgungskosten. Hier hat A erhebliche Vorteile. Während K mit seiner Gesamtbelastung beim Kunden exakt den empfundenen Nutzen ›abschöpft‹ – die Life Cycle Costs als Summe aus Preis, Beschaffungs- und Implementierungskosten sowie Betriebs-, Wartungs- und Entsorgungskosten erzeugen genau den durch die blaue Nutzenlinie gekennzeichneten Nutzen [..] –, erzeugt das Leistungsangebot von A einen erheblichen Mehr-Nutzen (›empfundene Nutzendifferenz A/K‹) – und ist gleichzeitig um die ›vom Käufer empfundene Kostendifferenz A/K‹ günstiger. Der Kundenvorteil von A gegenüber K entspricht somit der [..] blau unterlegten ›Netto-Nutzen-Differenz‹. Somit kann sich – wie im vorliegenden Beispiel – der Kundenvorteil sowohl aus einem vom Nachfrager empfundenen Nutzen als auch aus einem Preisvorteil zusammensetzen. Selbst wenn A den Preis soweit anheben würde, dass die Preisdifferenz A/K negativ würde, bliebe (zumindest anfänglich) ein Netto-Nutzenvorteil erhalten« (*Backhaus/Voeth*, 2010a, S. 13 f.).

Wie unterscheiden Kunden?

Zusammenfassend lässt sich die Effektivitätsdimension beim KKV durch nachfolgende (vereinfachte) **Netto-Nutzen-Formel** (1) aus Sicht von Kunden darstellen:

Netto-Nutzen-Formel

$$NNV = [N_A - K_A] - [N_B - K_B] \tag{1}$$

mit:

NNV = Netto-Nutzenvorteil
N_A bzw. N_B = Nutzen des Angebotes A bzw. B
K_A bzw. K_B = Kosten des Angebotes A bzw. B (beinhaltet die Lebenszeitkosten: den Kaufpreis, die Beschaffungs- und Implementierungskosten sowie Betriebs-, Wartungs- und Entsorgungskosten)

Im Beispiel von *Abbildung 3* ist der KKV für den Anbieter A dabei besonders deutlich ausgeprägt, da gleichzeitig $N_A > N_B$ und $K_A < K_B$ gilt.

Aus dem so beschriebenen Verständnis von Effektivität als Netto-Nutzenvorteil lassen sich auch **Bedingungen für Effektivitätsvorteile** beim KKV ableiten. Als Vorteile kommen im KKV-Ansatz von *Backhaus* nur solche Leistungs- oder Gegenleistungselemente in Frage, die zugleich

KKVs: bedeutsam und wahrgenommen

▸ bedeutsam (1) und
▸ wahrgenommen (2)

sind.

(1) Bedeutsam

Um sich gegenüber dem Wettbewerb zu differenzieren und in den Augen von Nachfragern Nutzenvorteile zu generieren, müssen sich Anbieter auf solche Leistungsdimensionen oder Gegenleistungselemente konzentrieren, die für Kunden wichtig sind und die daher für diese als **Ursache für Kauf- oder Nicht-**

Bedeutsam: wichtige Nutzendimensionen

Kaufentscheidungen in Frage kommen. Hingegen können kundenseitig weniger bedeutsame Merkmale bei Gleichheit der angebotenen Leistungen bei allen sonstigen Dimensionen zwar im Einzelfall durchaus als Kaufgrund dienen, sie stellen jedoch i. d. R. keine nachhaltigen KKVs dar, da diese keine ausreichende Wettbewerbsdifferenzierung für Unternehmen mit sich bringen. Daher lohnt es sich bei solchen marginalen Vorteilen nicht, mittel- und langfristige Marketing-Aktivitäten auf diesen Nutzenvorteilen aufzubauen.

(2) Wahrgenommen

Wahrgenommen: Bewertungsprozesse sind subjektiv

Als weitere Bedingung für die Entstehung von Netto-Nutzenvorteilen ist die **kundenseitige Wahrnehmung** anzuführen. Unternehmen müssen dabei beachten, dass Kunden häufig nicht von allen im Markt angebotenen Leistungen Kenntnis nehmen (**fehlende Marktkenntnis**) oder aber nicht alle im Markt fak-

---

Fallbeispiel 1

Baustoffindustrie

In vielen Branchen wird – angesichts zunehmend ähnlicher Kernleistungen im Wettbewerb – heute zunehmend über das Angebot produktbegleitender Dienstleistungen nachgedacht. Um zu vermeiden, dass Kunden – angesichts mehr oder weniger vergleichbarer Kernleistungen – Kaufentscheidungen praktisch ausschließlich anhand eines Preisvergleichs treffen, versuchen viele Unternehmen durch die Ergänzung ihrer Hauptleistung durch begleitende Dienstleistungen eine Leistungsdifferenzierung gegenüber Wettbewerbern herbeizuführen.

Ein solches Vorgehen führt jedoch nur dann zu KKVs, wenn die zusätzlich angebotenen produktbegleitenden Dienstleistungen von Nachfragern als so bedeutsam eingestuft werden, dass Kunden aufgrund ihres Angebotes bereit sind, sich für die Kernleistungen des nun auch Dienstleistungen anbietenden Unternehmens zu entscheiden.

Im vorliegenden Fall wollte sich ein führendes Unternehmen der europäischen Baustoffindustrie durch produktbegleitende Dienstleistungen gegenüber Wettbewerbern differenzieren. Das Unternehmen bot bislang verschiedene Arten von Wandbausteinen an, die – zumindest aus Kundensicht – ein hohes Maß an Ähnlichkeit zur Wettbewerbsleistung aufwiesen. Da sich das Unternehmen an den im Markt entwickelnden Preiskämpfen nicht länger beteiligen wollte, prüfte es, inwieweit durch das Angebot produktbegleitender Dienstleistungen aus Kundensicht eine bedeutsame Leistungsdifferenzierung herbeigeführt werden kann. Hierzu generierte das Unternehmen – z. B. durch umfang-

reiche Kundenbefragungen – zunächst eine Vielzahl potenzieller produktbegleitender Dienstleistungen im Zusammenhang mit dem Angebot von Wandbaustoffen. Da es sich bei den Kunden zumeist um kleinere Bauunternehmungen ohne eigene betriebswirtschaftliche Abteilungen handelte, hatte der Baustoffzulieferer beispielsweise festgestellt, dass den Kunden betriebswirtschaftliche Hilfestellungen angeboten werden könnten. So schätzen die Kunden etwa die Anzahl der für einzelne Bauprojekte benötigten Steine bislang zumeist allein auf Basis eines »Bauchgefühls«, anstatt diese rechnerisch aus den Bauplänen zu ermitteln. Daher plante das Unternehmen z. B. eine produktbegleitende Dienstleistung »Massenermittlung«, mit deren Hilfe dem Kunden eine genauere Berechnung der benötigten Steine-Anzahl angeboten werden sollte.

Die empirische Überprüfung der Bedeutung der im ersten Schritt durch Befragungen generierten potenziellen produktbegleitenden Dienstleistungen ergab allerdings, dass viele der geplanten produktbegleitenden Dienstleistungen für die Kunden eher unbedeutend waren. Zwar gaben die Kunden zumeist an, die produktbegleitenden Dienstleitungen durchaus einsetzen zu wollen, zugleich stellte sich jedoch heraus, dass für die Dienstleistungen keine separate Zahlungsbereitschaft vorhanden war. Da das Angebot aus Kundensicht allein »nice to have« war, stellte es keinen ausreichenden Grund dar, um sich für die Kernleistungen des Baustoffzulieferers zu entscheiden. Eine Wettbewerbsdifferenzierung über produktbegleitende Dienstleistungen war für das Unternehmen folglich nicht möglich.

Fallbeispiel 2

Automobilindustrie

Bei vielen Kunden im deutschen Automobilmarkt bestand in den 1990er- und 2000er-Jahren die Auffassung, dass asiatische Automobilhersteller qualitativ weniger hochwertige Pkws als deutsche Automobilhersteller produzieren. So zeigen empirische Untersuchungen aus dieser Zeit, dass etwa Klimaanlagen oder Navigationssysteme, die in den Pkws asiatischer OEMs (Original Equipment Manufacturer) verbaut wurden, bei Nachfragern eine geringere Zahlungsbereitschaft erzeugten, da diese insgesamt als qualitativ geringwertiger eingestuft wurden.

Objektiv waren diese nachfragerseitigen Einschätzungen allerdings zumeist nicht haltbar. Zum einen war dies daran ablesbar, dass die Pkws asiatischer und hier insbesondere japanischer Automobilhersteller regelmäßig in Zuverlässigkeitsuntersuchungen Spitzenwerte einnahmen. So lagen etwa in der ADAC-Pannenstatistik Erzeugnisse japanischer bzw. asiatischer Automobilhersteller noch vor den Erzeugnissen deutscher Automobilhersteller (z. B. im Hinblick auf die durchschnittliche Anzahl an Pannen). Zum anderen waren diese Einschätzungen vieler deutscher Nachfrager aber auch deshalb nicht gerechtfertigt, da – etwa im Bereich von Klimaanlagen oder Navigationssystemen – in den Pkws deutscher und asiatischer OEMs häufig die gleichen Zuliefererprodukte verbaut wurden, sodass qualitative Unterschiede objektiv überhaupt nicht möglich waren.

tisch angebotenen Leistungen als Alternativen zur Lösung ihres bestehenden Bedürfnisses wahrnehmen (**fehlendes Marktinteresse**). So kann es durchaus sein, dass Leistungen objektiv weniger Nutzen stiften, von Kunden aber trotzdem ausgewählt werden, da die Kunden andere im Markt angebotene, nutzenstiftendere Leistungen nicht kannten oder aus Bequemlichkeit nicht beachtet haben. Daneben spielt die Wahrnehmung aber auch bei den beachteten Leistungen eine Rolle. Nachfrager bewerten die von ihnen berücksichtigten Leistungen so zumeist nicht anhand objektiver Kriterien. Stattdessen unterliegt auch der **Bewertungsprozess** Wahrnehmungsphänomenen. Obwohl bestimmte Leistungen im Hinblick auf die für Kunden besonders bedeutsamen Merkmalsdimensionen objektiv nutzenstiftendere Ausprägungen aufweisen, können sich diese ggf. im Wettbewerb nicht durchsetzen, wenn Kunden die Leistungsdimensionen der entsprechenden Anbieter fälschlicherweise als schlechter einstufen.

Effizienzdimension

Mögliche Netto-Nutzenvorteile verfügen aus Sicht eines Unternehmens nur dann über KKV-Potenzial, wenn es sich lohnt, für den Aufbau dieser Vorteile mittel- und langfristige Marketing-Investitionen zu tätigen. Nur dann sind solche Vorteile für das Unternehmen zugleich auch effizient. Effizienz im Sinne von »**die Dinge richtig tun**« bedeutet dabei, dass die angestrebten Netto-Nutzenvorteile einen Beitrag zur Erfüllung übergeordneter unternehmerischer Ergebnisziele leisten.

Effizienz =
»die Dinge richtig tun«

Ein Netto-Nutzenvorteil ist für Unternehmen immer dann effizient, wenn dieser

KKVs: verteidigungsfähig
und wirtschaftlich

▸ verteidigungsfähig (1) und
▸ wirtschaftlich (2)

ist.

Verteidigungsfähig: nicht
unmittelbar vom
Wettbewerb imitierbar

(1) Verteidigungsfähig

Da für den Aufbau von Netto-Nutzenvorteilen z. T. erhebliche Marketing-Investitionen erforderlich sind – z. B. für den Aufbau spezieller Fertigungsanlagen oder für die Durchführung spezieller Kommunikationskampagnen –, ist zwischen Netto-Nutzenvorteilen, die kurzfristig vom Wettbewerb imitiert werden können, und solchen, die eine **dauerhafte Alleinstellung** in den Augen der Nachfrager mit sich bringen (können), zu unterscheiden. Als KKVs eignen sich dabei nur solche Netto-Nutzenvorteile, die nicht unmittelbar vom Wettbewerb imitiert werden können, die also verteidigungsfähig sind. Wie das nachfolgende Beispiel verdeutlicht, kann die Verteidigungsfähigkeit von KKVs auch durch Veränderungen des rechtlichen Rahmens gefährdet sein.

Fallbeispiel 3

Deutscher Apothekenmarkt

Noch immer ist der deutsche Apothekenmarkt in hohem Maße durch staatliche Regulierungen geprägt. Ursprünglich zum Schutz der Bevölkerung gedacht, dienen viele der staatlichen Regulierungen heute eher zur Marktabschottung und damit zur Verhinderung des Markteintritts weiterer Wettbewerber. Beispielsweise sieht das deutsche Apothekenrecht das sogenannte Fremd- und Mehrbesitz-Verbot vor. Hiernach müssen zum einen die Apotheken-Betreiber zugleich auch die Apotheken-Eigentümer sein. Zum anderen ist es einem Apotheker nicht gestattet, mehr als vier Filialen parallel zu betreiben. Hierdurch werden Quereinsteiger vom Markt ferngehalten, sodass die zurzeit in Deutschland vorhandenen 21.238 Apotheken (vgl. *Aponet.de*, 2012) den gesamten Markt stabil unter sich aufteilen können. Angesichts dieses rigiden regulatorischen Rahmens war der zentrale KKV für Apotheken bislang in ihrem Standort zu sehen. Apotheken, die in unmittelbarer Nähe von Arztpraxen beheimatet waren oder im Innenstadtbereich mit einer großen Zahl von Laufkunden rechnen konnten, standen ökonomisch besser da als Apotheken ohne unmittelbare Praxen-Nähe oder als Apotheker im ländlichen Raum.

Da der deutsche Apothekenmarkt – trotz aller anderslautender Statements von Apotheker-Verbänden und Standesorganisationen – ökonomisch sehr attraktiv ist – beispielsweise stieg der Jahresumsatz deutscher Apotheken zwischen 1992 und 2010 von 20 auf über 40 Mrd. € (vgl. *Rakau*, 2011) –, steht angesichts eines insgesamt kaum mehr finanzierbaren Gesundheitssystems auch der regulatorische Rahmen für Apotheken immer stärker in der Kritik. Internet-Apotheken wie DocMorris, Drogerieketten oder Pharma-Großhändler streben danach, in den hochregulierten deutschen Markt einzutreten. Die dafür erforderliche Deregulierung wird dabei von Teilen der deutschen Politik durchaus gewünscht, in jedem Fall aber von europäischen Wettbewerbshütern sowie dem europäischen Gerichtshof immer vehementer gefordert.

Was eine Lockerung der Regulierung des deutschen Apothekenmarktes mit sich bringen würde, ist dabei bereits jetzt absehbar: Insbesondere verliert der bisherige KKV Standort an Bedeutung und wird durch andere KKV-Alternativen substituiert. Zu erwarten ist beispielsweise, dass sich einige Apotheken zukünftig als Preisführer im Markt positionieren werden. Durch den Aufbau von kooperativen Apotheken-gruppen und das damit verbundene Bündeln von Beschaffungsvolumina werden Apotheken-Kunden – im Rahmen dann bestehender preispolitischer Freiheiten – günstigere Medikamenten-Preise angeboten werden können. Wiederum andere Apotheken werden versuchen, sich durch Leistungsdifferenzierung vom Wettbewerb abzuheben. Indem sie ihr Leistungsspektrum vom bisher überwiegenden Medikamenten-Verkauf zum ganzheitlichen Gesundheitsdienstleister ausbauen, werden sie sich dem drohenden Preiswettbewerb durch Beratung und Produktbündelung möglicherweise entziehen können. Schließlich ist zu erwarten, dass sich eine dritte Gruppe von Apotheken auf den KKV Logistik konzentrieren wird. Diese Apotheken werden ihren Kunden eine effiziente Medikamenten-Bestellung und -Lieferung anbieten. In dieser Gruppe werden sich auch viele Internet-Apotheken ansiedeln (vgl. *Axel Springer AG*, 2011).

(2) Wirtschaftlich

Nicht zuletzt die in den 1990er-Jahren aufkommende zunehmende **Wertorientierung** in vielen Unternehmen (nicht zu verwechseln mit der neuerdings wieder aufkommenden Werteorientierung) hat dazu geführt, dass sich praktisch alle unternehmerischen Funktionen und Aufgaben inzwischen einer tiefgehenden und permanenten Wertsteigerungsdiskussion stellen mussten. Angefangen von der Beschaffung bis hin zum Marketing steht jeweils die Frage im Vordergrund, welchen Beitrag die entsprechenden Funktionen und Aufgabenbereiche zur Wertsteigerung des Gesamtunternehmens leisten können. Im Marketing-Bereich hat diese Diskussion zu einer **stärkeren Effizienz-Orientierung** der Disziplin beigetragen. Marketing-Aktivitäten müssen demnach heute vor allem auch wirtschaftlich durchgeführt werden. Letztlich müssen die Aktivitäten dazu führen, dass nicht nur ein Kundenvorteil, sondern auch ein Anbietervorteil entsteht. Demnach wird ein aus Kundensicht bestehender Netto-Nutzenvorteil erst dann zu einem KKV, wenn dieser für das agierende Unternehmen mit einem **verbesserten Zielerreichungsgrad** verbunden ist.

Wirtschaftlich:
Generierung von
Anbietervorteilen

Zum Verhältnis der KKV-Dimensionen

Die oben genannten KKV-Dimensionen stehen in einem **wechselseitigen Zusammenhang**. So hängt die Marketing-Effektivität von der Marketing-Effizienz ab. Bei dem Versuch, für Kunden Netto-Nutzenvorteile zu realisieren, sind Unternehmen durch die Marketing-Effizienz-Bedingung enge Grenzen gesteckt. Kunden möglichst qualitativ hochwertige und gleichzeitig preisgünstige Leistungen anzubieten, ist für Unternehmen aus Effizienzgründen häufig nur eingeschränkt möglich. Daher müssen sie sich auf einzelne Effektivitätsaspekte fokussieren (z. B. Qualität oder Preiseffektivität). Schließlich hängt auch die Marketing-Effizienz von der Marketing-Effektivität ab. Da nicht alle Arten von Netto-Nutzenvorteilen, und schon gar nicht jeder Umfang von Netto-Nutzenvorteilen, mit gleichen wirtschaftlichen Konsequenzen verbunden sind, hängt die Marketing-Effizienz beim KKV naturgemäß von Art und Umfang der den Kunden anzubietenden Netto-Nutzenvorteilen ab. Ist ein Unternehmen beispielsweise gezwungen, seine Preise deutlich zu senken, da es Konkurrenten inzwischen gelungen ist, eine modernere Technologie in den Markt einzuführen, so geht dies automatisch zulasten der Effizienz.

Effektivität und Effizienz
als gleichberechtigte
Bedingungen

Insgesamt ist also festzuhalten, dass die KKV-Dimensionen Effektivität und Effizienz **gleichberechtigt** nebeneinander stehen. Unternehmen müssen im Marketing versuchen, zugleich effektiv und effizient zu sein.

II Zusammenfassendes Marketing-Verständnis

Entsprechend dem im Vorkapitel beschriebenen Ansatz verstehen wir mit *Backhaus* unter Marketing das **Management von KKVs.** Aufbauend auf der im Unternehmen vorherrschenden Führungsphilosophie, die Gesamtunternehmung nicht

Definition »Marketing«

allein ressourcenorientiert, sondern zugleich auch in gleichberechtigter Weise kunden- und marktorientiert zu führen, widmet sich das Marketing der Aufgabe, alle strategischen und operativen Voraussetzungen zu schaffen, um auf **relevanten Märkten kundenseitig bedeutsame** und **wahrgenommene** sowie **anbieterseitig verteidigungsfähige** und **wirtschaftliche KKVs** zu realisieren. Dieses Aufgabenverständnis beinhaltet dabei eine

▸ innen- sowie außengerichtete Teilperspektive (1) und
▸ horizontale sowie vertikale Teilperspektive (2).

(1) Innen- und außengerichtete Teilperspektive des Marketing

Die **Außenorientierung** des beschriebenen Marketing-Verständnisses ergibt sich unmittelbar daraus, dass das Marketing direkt an den Besonderheiten von Märkten und der Wahrnehmung von Kunden ansetzt. Entscheidend ist so, dass KKVs nicht allein von Unternehmen definiert werden, sondern stattdessen vor allem in der Wahrnehmung von relevanten Kundengruppen bestehen. Daneben muss Marketing allerdings auch **Innenorientierung** aufweisen. Die Ursachen oder Quellen von KKVs liegen so nicht selten in marktfernen Unternehmenseinheiten (z. B. Beschaffung, Fertigung, Entwicklung, Logistik etc.) begründet. Nur wenn es gelingt, auch diese, nicht unmittelbar im Marktkontakt stehenden Unternehmenseinheiten in das KKV-Management einzubeziehen, ist eine größtmögliche Effektivität und Effizienz bei Ableitung und Umsetzung von KKVs möglich.

(2) Horizontale und vertikale Teilperspektive des Marketing

KKV-Management weist auch eine starke Konkurrenz- und Wertschöpfungskettenorientierung auf. Die **Konkurrenzorientierung** (**horizontale Perspektive**) ergibt sich dabei aus der Tatsache, dass in der Wahrnehmung von Kunden bestehende KKVs stets durch Tradeoffs zwischen den vom Unternehmen angebotenen Leistungen und den Leistungen wahrgenommener Wettbewerber entstehen. Vor diesem Hintergrund schließt KKV-Management eine systematische Konkurrenz-Beobachtung und -Analyse mit ein.

In einer bereits jetzt in hohem Maße und zukünftig noch stärker arbeitsteilig organisierten Wirtschaft können KKVs darüber hinaus immer häufiger nur noch dann realisiert werden, wenn auch **vor- und nachgelagerte Wertschöpfungsstufen** in den KKV-Prozess integriert werden (**vertikale Perspektive**). Nur wenn Zulieferer und/oder nachgelagerte Hersteller- bzw. Handelsstufen bei der Ausgestaltung von KKVs berücksichtigt und eingebunden werden, können Unternehmen angestrebte Marktpositionen erreichen bzw. konsequent durchsetzen. Daher ist Marketing nicht allein eine Aufgabe zwischen Unternehmen und ihren Kunden. Zugleich müssen auch eigene Zulieferer, deren Vorlieferanten, aber auch der Handel oder die Kunden eigener Kunden mit in die Überlegungen aufgenommen werden.

C Der konzeptionelle Ansatz im Marketing

Wird Marketing als das Management von KKVs verstanden, so bedeutet dies zugleich auch, dass das Marketing ein **Entscheidungskonzept** für und in Unternehmen ist. Unserem Verständnis von Marketing folgend ist im Rahmen der Konkretisierung dieses Entscheidungskonzeptes vor allem zu fragen, wie Unternehmen zu KKVs gelangen können.

Marketing: ein Entscheidungskonzept

Für eine **systematische KKV-Identifikation** und **KKV-Umsetzung** ist es hierbei zunächst erforderlich, eine Analyse der relevanten Märkte und aller Marktbeteiligten durchzuführen. Aufbauend auf den so generierten Informationen und den für das Marketing aus den Gesamtunternehmenszielen abgeleiteten Marketing-Zielen können anschließend Märkte ausgewählt und für diese Märkte KKVs festgelegt sowie umgesetzt werden. Bestandteile der KKV-Umsetzung sind dabei die konkrete Ausgestaltung der für Kunden sichtbaren Vermarktungsmaßnahmen sowie ein anschließendes Marketing-Controlling. Dieses hat zu prüfen, ob die Maßnahmen dazu beigetragen haben, die ursprünglichen Marketing-Ziele zu erreichen.

Teilaufgaben des Marketing

Abbildung 4 stellt die aus dem von uns zugrunde gelegten Marketing-Verständnis abgeleiteten **Teilaufgaben des Marketing** im Überblick dar. Da diese Teilaufgaben auch die den unmittelbaren, für den Kunden sichtbaren Marketing-

---

Abb. 4

Bestandteile einer Marketing-Konzeption

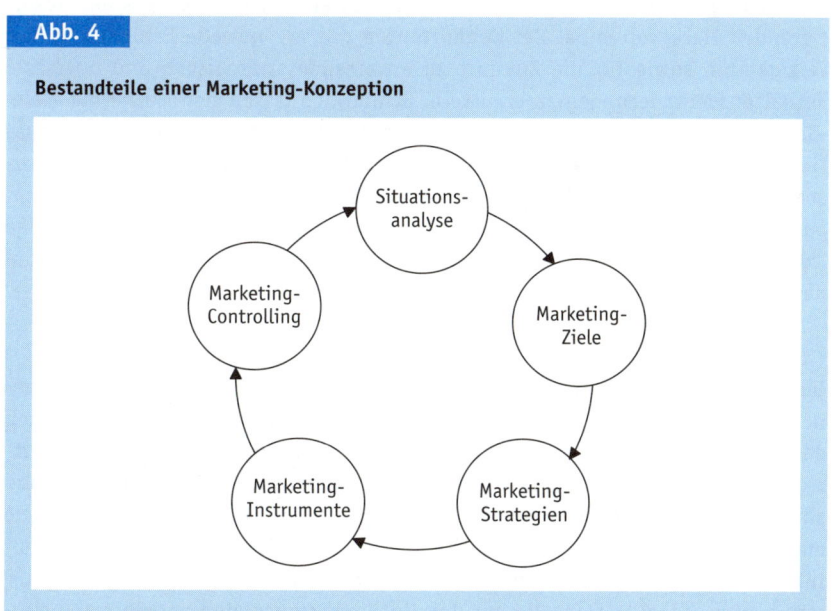

Aktivitäten vor- und nachgelagerten Fragestellungen (z. B. Marketing-Ziele und Marketing-Controlling) umfassen, handelt es sich bei dem in *Abbildung 4* dargestellten Ansatz um ein umfassendes Konzept. Dieses ermöglicht es, Marketing-Aktivitäten aus einem ganzheitlichen Management-Ansatz heraus zu steuern.

Bestandteile einer Marketing-Konzeption

Im Einzelnen stellen sich in den oben benannten **Kernbestandteilen** einer solchen Marketing-Konzeption folgende konkrete Aufgabenstellungen:

- Situationsanalyse (1),
- Marketing-Ziele (2),
- Marketing-Strategien (3),
- Marketing-Maßnahmen (4) und
- Marketing-Controlling (5).

(1) Situationsanalyse

Analyse von Märkten und deren Beteiligter

Den Ausgangspunkt für die Entwicklung einer Marketing-Konzeption bildet eine detaillierte Analyse der in (möglicherweise) relevanten Märkten augenblicklich und zukünftig feststellbaren **Ausgangssituation**. Hierbei sollte sich die Analyse einerseits auf alle aktuellen und potenziellen **Märkte** richten und andererseits alle relevanten **Marktbeteiligten** systematisch und detailliert untersuchen. Relevante Marktbeteiligte stellen dabei

- die Nachfrager,
- die Konkurrenten und
- das eigene Unternehmen bzw. der eigene Geschäftsbereich

dar.

Im Hinblick auf aktuelle und potenzielle **Nachfrager** interessieren so etwa das bestehende und das zu erwartende Kaufverhalten sowie die daraus ggf. resultierenden Marktvolumina. Bei **Konkurrenten** gilt es, aktuelle Fähigkeiten und Fertigkeiten sowie für die Zukunft zu erwartende strategische und operative Verhaltensveränderungen zu ermitteln. Schließlich lassen sich Marketing-Ziele, -Strategien und -Maßnahmen nur dann entwickeln, wenn im Rahmen der Situationsanalyse auch die **eigene Ausgangssituation** (möglichst objektiv) untersucht worden ist. Zum Beispiel stellen die eigenen Stärken und Schwächen, aber auch die Chancen und Risiken des eigenen Unternehmens eine wichtige Informationsgrundlage für die Gestaltung zukünftiger Marketing-Aktivitäten dar.

(2) Marketing-Ziele

Marketing-Ziele als Bestandteil der Unternehmensziele

Die zunehmende Wertorientierung in vielen Unternehmen hat in den vergangenen Jahren dazu geführt, dass alle Unternehmensbereiche und -funktionen dazu gezwungen sind, einen möglichst großen Beitrag zur angestrebten Wertsteigerung des Gesamtunternehmens zu erbringen. Vor diesem Hintergrund sind die in einzelnen Unternehmensbereichen und -funktionen verfolgten Ziele eng an die Ziele der Gesamtunternehmung gebunden. Für das Marketing bedeutet dies, dass vor der Festlegung von Marketing-Strategien und Marketing-Instrumenten (idealtypisch) die **aus den Unternehmenszielen abgeleiteten Mar-**

keting-Ziele feststehen müssen. Diese sind dabei möglichst so detailliert zu beschreiben, dass sich abschließend untersuchen lässt, inwieweit diese Ziele durch die definierten und umzusetzenden KKVs erreicht worden sind.

(3) Marketing-Strategie

Zur Festlegung von KKVs gehört es vor allem auch, eine – zumindest mittelfristige – Abgrenzung des zu bearbeitenden Marktes vorzunehmen (**Marktdefinition**). Zu fragen ist so, auf welchem Markt (Summe aller Anbieter und Nachfrager) ein Unternehmen mit welchen Geschäftsmodellen tätig sein will. Zudem ist eine strategische Entscheidung zu treffen, ob das ausgewählte Marktfeld im **Alleingang** oder in **Kooperation mit Partnern** bearbeitet werden soll. Darüber hinaus sind auch effektive und effiziente **Wettbewerbsvorteile** statisch und dynamisch zu planen. Zeitpunktbezogen ist grundsätzlich zu erwägen, wie Netto-Nutzenvorteile in den Augen relevanter Nachfrager erzielt werden können (»Ist etwa eine Positionierung als Preisführer oder als Qualitätsführer angestrebt?«). Schließlich ist auch festzulegen, mit welchem **Timing** der Markt bearbeitet werden soll.

Bestandteile von Marketing-Strategien

(4) Marketing-Instrumente

Die Umsetzung von KKVs muss in Form von für Kunden **beobachtbaren Marketing-Aktivitäten** vollzogen werden. In diesem Zusammenhang sind Produkte zu gestalten, Preise festzulegen, Vertriebsaktivitäten zu planen und die Kommunikation zu steuern. Folglich sind alle Maßnahmen der Produkt-, Preis-, Distributions- und Kommunikationspolitik auszuarbeiten. Da die verschiedenen Aktivitäten dabei zudem nicht losgelöst voneinander wirken, ist darüber hinaus der **Mix** dieser Einzelaktivitäten zu gestalten (»Wie können Preise, Produkte, Kommunikation und Distribution aufeinander abgestimmt werden?«).

Instrumente zur Umsetzung von KKVs

(5) Marketing-Controlling

Schließlich gehört zu einer umfassenden Marketing-Konzeption auch, dass der **Zielerreichungsgrad** der entwickelten Aktivitäten überprüft wird. Sofern bei der Festlegung der Marketing-Ziele auf Messbarkeit geachtet worden ist, lässt sich nach Ablauf eines bestimmten Planungszeitraums untersuchen, ob bzw. in welchem Umfang die angestrebten Ziele realisiert worden sind. Hieraus können **Ansatzpunkte für eine Verbesserung** der zukünftigen Marketing-Konzeption abgeleitet werden.

Zielsetzung des Marketing-Controlling

Diese aus dem Grundverständnis des Marketing entwickelten Ablaufschritte einer ganzheitlichen Marketing-Konzeption stehen im Mittelpunkt dieses Buches. Wir haben diese Bestandteile ausgewählt, da diese Ablaufschritte einer Marketing-Konzeption branchenübergreifend zur Gestaltung von Marketing-Aktivitäten eingesetzt werden können. Mit *Becker* (2013) gehen wir davon aus, dass der hier implizit angenommene Ablauf (Situationsanalyse, Marketing-Ziele, -Strategien, -Maßnahmen und -Controlling) allein einen **idealtypischen Prozess** für das Marketing-Management darstellt. In vielen unternehmerischen

Planung von Marketing-Konzeptionen in der Praxis

Planungssituationen sind Marketing-Verantwortliche hingegen gezwungen, von diesem idealtypischen Ablaufprozess abzurücken. Beispielsweise kann die Situation eintreten, dass der Marketing-Planung seitens der Unternehmens- oder Geschäftsbereichsleitung konkrete Marketing-Ziele vorgegeben werden, ohne dass zuvor eine entsprechende detaillierte Analyse der Ausgangssituation erfolgt ist. In diesem Fall ist anschließend die Situationsanalyse im Hinblick darauf durchzuführen, wie die bereits feststehenden Marketing-Ziele ggf. erreicht werden können. Da allerdings in einem Lehrbuch von **»lehrbuchhaftem« Vorgehen** ausgegangen werden kann, orientieren wir uns im zweiten Teil des Buches an dem beschriebenen idealtypischen Ablauf innerhalb des Marketing-Managements und stellen die einzelnen Ablaufschritte der Situationsanalyse, der Marketing-Ziele, der Marketing-Strategien, der Marketing-Instrumente sowie des Marketing-Controlling in der oben skizzierten Reihenfolge dar.

Teil 2
Bestandteile einer Marketing-Konzeption

A Situationsanalyse

Lernziele

▶ Sie haben die relevanten Formen der Markt- und Geschäftsfeldabgrenzung kennengelernt. Insbesondere können Sie einen Markt in räumlicher, zeitlicher und sachlicher Hinsicht abgrenzen.

▶ Sie wissen, dass im Rahmen der Analyse des Marketing-Dreiecks Nachfrager, Wettbewerber und die eigenen Ressourcen analysiert werden müssen.

▶ Sie kennen die wesentlichen Merkmale und die zentralen Fragestellungen der Kaufverhaltensforschung. Zudem sind Ihnen die wichtigsten Modelle der Kaufverhaltensforschung vertraut.

▶ Sie wissen, was unter einer Marktsegmentierung zu verstehen ist und wie diese konkret abläuft. Sie haben einen Überblick über die gängigen Marktsegmentierungskriterien und können diese sinnvoll strukturieren. Zudem kennen Sie die Anforderungen, denen Marktsegmentierungskriterien

genügen müssen, und wissen, wann sich die Anwendung der einzelnen Kriterien anbietet. Sie kennen darüber hinaus die Ablaufschritte der Segmentbildung.

▶ Sie wissen, dass eine Wettbewerbsanalyse aus drei Ebenen besteht: Branchenanalyse, Analyse strategischer Gruppen und Konkurrenzanalyse. Sie kennen die zu der jeweiligen Ebene gehörenden Aufgaben und Instrumente und können diese anwenden.

▶ Sie verstehen den Prozess der Markt- und Wettbewerbsforschung. Insbesondere kennen Sie die wichtigsten Formen der Datenerhebung, kennen Skalenniveaus und Gütekriterien und die für das Marketing relevanten uni-, bi- und multivariaten Methoden der Datenanalyse.

▶ Sie kennen die unterschiedlichen Formen einer übergreifenden Marktanalyse und können diese qualitativen und quantitativen Instrumente anwenden.

Den Ausgangspunkt für die Entwicklung einer Marketing-Konzeption bildet die Durchführung einer fundierten Situationsanalyse. Mit dieser wird das Ziel verfolgt, die aktuellen und potenziellen Märkte zu identifizieren und zu analysieren, indem alle **Marktbeteiligten** hinsichtlich ihres augenblicklichen und für die Zukunft zu erwartenden Verhaltens untersucht werden. Die innerhalb der Situationsanalyse erzeugten Informationen werden anschließend zu einer **Gesamtbeurteilung von Märkten** zusammengeführt. Die Gesamtbeurteilung kann dabei qualitativ (Positionierung) oder quantitativ (Marktpotenzial) erfolgen.

Bestandteile einer Situationsanalyse

Zusammengenommen besteht die Situationsanalyse von Märkten demnach aus folgenden drei Schritten:

▸ Marktabgrenzung (»Welche Märkte und in welchen Grenzen sollen diese untersucht werden?«),

▸ Analyse der Marktbeteiligten (»Wie verhalten sich Nachfrager und Konkurrenten augenblicklich und zukünftig? Welches Verhalten ist dem Anbieter selber auf Märkten möglich?«),

▸ übergreifende Marktanalyse (»Wie ist der Markt hinsichtlich der Wahrnehmung der Kunden bzw. Wettbewerber sowie in Bezug auf dessen Marktpotenzial zu beurteilen?«).

I Markt- und Geschäftsfeldabgrenzung

1 Marktbegriff

Was ist ein Markt?

Wenn man sich als Ausgangspunkt einer Situationsanalyse mit der Frage beschäftigt, auf welchem Markt man tätig werden will (oder ist) und damit zusammenhängend festlegt, wie das eigene Geschäftsfeld abgegrenzt werden soll, so ist es hierfür zunächst einmal erforderlich, ein klares Verständnis davon zu **Sicht der Mikroökonomie** haben, was unter einem Markt überhaupt zu verstehen ist. In der **mikroökonomischen Literatur** wird ein Markt als Ort des **Aufeinandertreffens von Angebot und Nachfrage** aufgefasst (vgl. *Engelkamp/Sell*, 2011, S. 97). Bei ihrem Aufeinandertreffen versuchen Anbieter und Nachfrager dabei, Austauschprozesse bei Sachgütern, Rechten, Dienstleistungen oder Nominalgütern zu initiieren. Diesem Verständnis folgend, hängt die Existenz von Märkten eng mit der Spezialisierung von Wirtschaftssubjekten zusammen. Nur wenn einzelne Wirtschaftssubjekte nicht alle benötigten Wirtschaftsgüter selber herstellen, entsteht das Erfordernis, bei anderen Wirtschaftsobjekten solche Wirtschaftsgüter nachzufragen. Als Gegenleistung für die von einem Wirtschaftsobjekt auf einem Markt von Anbietern bezogenen Wirtschaftsgüter hat ein Wirtschaftssubjekt andere Güter bereitzustellen. Während in einer Tauschwirtschaft andere Wirtschaftsgüter als Gegenleistung gefordert und zur Verfügung gestellt werden, bildet das Nominalgut Geld in einer modernen Wirtschaft die vom Nachfrager bereitzustellende Gegenleistung. Das Austauschverhältnis zwischen angebotener Leistung und geforderter Gegenleistung stellt dabei den Preis eines Gutes dar. Ganz abgesehen davon, dass der Preis eines Gutes in Abhängigkeit von der vorhandenen Marktvollkommenheit auf Märkten durchaus variieren kann, hängt die Höhe des Preises grundsätzlich vom Verhältnis von Angebot und Nachfrage ab. Die Angebotsmenge wiederum wird durch die Anzahl der in einem Markt tätigen Anbieter sowie deren Produktionsmengen bedingt. Hingegen wird die

Nachfrage dadurch determiniert, welche Bedürfnisse die in einem Markt angebotenen Güter bei Nachfragern erfüllen.

Aus betriebswirtschaftlicher und damit **einzelbetrieblicher Perspektive** ist
eine solche mikroökonomische Sichtweise auf Märkte allerdings allein für die
Aufdeckung grundsätzlicher Zusammenhänge hilfreich. Aus der handlungs-
und entscheidungsorientierten Sicht, die die Betriebswirtschaftslehre heute
i. d. R. einnimmt und nach der Unternehmen gestaltend auf ihre Umwelt ein-
wirken, sind Märkte keine fest vorgegebenen Größen, sondern das **Ergebnis
von marktbezogenen Aktivitäten** von Unternehmen und Nachfragern. Demzufolge wird ein Markt, auf dem ein Unternehmen tätig ist, zunächst einmal
durch die Gruppe von Nachfragern gebildet, die ein Unternehmen mit seinen
Leistungen adressiert. Darüber hinaus gehören zu dem Markt eines Unternehmens die Wettbewerber, die von den angesprochenen Nachfragern als alternative Bezugsquellen für bestimmte Güter beachtet werden. Da Märkte demnach
aus Marketing-Sicht nicht bestehen, sondern definiert werden müssen, gilt es
am Beginn der Situationsanalyse eine **Markt-** und **Geschäftsfeldabgrenzung**
vorzunehmen.

Sicht der BWL

2 Formen der Markt- und Geschäftsfeldabgrenzung

Zur Abgrenzung von Märkten und Geschäftsfeldern liegt in der Literatur eine
Vielzahl unterschiedlicher Konzepte und Ansätze vor, die allerdings zumeist
aus einer **wettbewerbsrechtlichen Perspektive** versuchen, Marktgrenzen mehr
oder wenig eindeutig zu definieren. Die Frage der Marktabgrenzung spielt im
Wettbewerbsrecht eine zentrale Rolle, da nur solche Unternehmen einer wettbewerbsrechtlichen Aufsicht (**Missbrauchsaufsicht**) unterliegen, bei denen
von einer **marktbeherrschenden Stellung** auszugehen ist. Die Frage, ob ein
Unternehmen eine marktbeherrschende Stellung einnimmt, wird dabei i. d. R.
am Marktanteil von Unternehmen in den von diesen bearbeiteten Märkten
festgemacht. Um allerdings auf diese Art marktbeherrschende Unternehmen
identifizieren zu können, müssen die Umsätze oder Absatzmengen von Unternehmen ins Verhältnis zum Gesamtmarktumsatz gesetzt werden. Daher kommt
im Kartell- und Wettbewerbsrecht dem Problem der Marktabgrenzung eine besondere Bedeutung zu (vgl. *Bauer*, 1991). Je mehr Unternehmen nämlich einem Markt zugerechnet werden können, desto geringer ist der Machtanteil des
einzelnen Unternehmens. Vor diesem Hintergrund ist es auch nicht verwunderlich, dass in vielen, in der Literatur diskutierten Konzepten und Ansätzen
vor allem die Frage im Vordergrund steht, welche Unternehmen zu einem
Markt gehören.

*Marktabgrenzung im
Wettbewerbsrecht*

Das oben dargelegte marketingspezifische Begriffsverständnis von Markt
legt nahe, dass sich die zu einem Markt gehörenden Wettbewerber als Folge der
von einem Unternehmen getroffenen Entscheidung ergibt, durch welche Nachfrager angesprochen werden sollen (**nachfragerbezogene Marktabgrenzung**).
Vor diesem Hintergrund steht bei der Abgrenzung des relevanten Marktes aus

*Marktabgrenzung
im Marketing*

Marketing-Perspektive auch oder vor allem die Frage im Vordergrund, welche Nachfrager mit den von einem Unternehmen angebotenen Leistungen angesprochen werden sollen. Allerdings bedeutet diese Schwerpunktsetzung keineswegs, dass die Frage, gegen welche Konkurrenten ein Unternehmen antritt, ohne Bedeutung ist. Vielmehr stellt die Frage der **konzurrenzbezogenen Marktabgrenzung** einen wichtigen Einflussparameter auf die nachfragerbezogene Marktabgrenzung dar. Unternehmen werden so bei der Entscheidung, mit ihren Leistungen bestimmte Nachfragergruppen adressieren zu wollen, die daraus erwachsenden Wettbewerbskonstellationen berücksichten. Die Wettbewerbswirkungen spielen darüber hinaus auch für Art und Umfang der den Nachfragern angebotenen Leistungen eine Rolle. Das nachfolgende Fallbeispiel belegt, dass sich Unternehmen mit z. T. vollständig anderen Wettbewerbern auseinandersetzen müssen, wenn sie ihren relevanten Markt nachfragerseitig umfassender definieren und damit ihre nachfragerbezogene Marktabgrenzung erweitern.

Dimensionen der nachfragerseitigen Abgrenzung

Unabhängig davon, dass Unternehmen bei der Festlegung der von ihnen anzusprechenden Kundengruppen zugleich auch die hieraus erwachsenden Konkurrenzbeziehungen festlegen und daher auch bei der Definition ihres nachfragerseitig zu bearbeitenden Marktes berücksichtigen müssen, lassen sich zur

Fallbeispiel 4

Deutsche Bahn AG

Bahnunternehmen haben lange Zeit den Fehler gemacht, ihren relevanten Markt nachfragerseitig zu eng zu definieren. Schon *Theodore Levitt* beschreibt in den 1960er-Jahren in seinem berühmt gewordenen Aufsatz »Marketing Myopia« (vgl. *Levitt*, 1960) am Beispiel amerikanischer Bahnunternehmen, wie diese ihren relevanten Markt (Markt, auf dem ein Unternehmen tätig werden will) zu eng definiert haben und damit zusammenhängend erhebliche Wachstumseinbußen hinnehmen mussten. Bezogen auf die Situation amerikanischer Bahnen in den 1960er-Jahren formuliert *Levitt*: »Es war nicht die Nachfrage nach Passagier- und Frachttransport die zurückging und das Wachstum der Eisenbahn begrenzte. Das Passagier- und Frachtaufkommen wuchs vielmehr. Die Eisenbahnen sind heute in Schwierigkeiten, nicht weil diese Nachfrage durch andere befriedigt wurde (Autos, Lastwagen, Flugzeuge, sogar Telefone), sondern weil die Eisenbahnen die veränderten Bedürfnisse selbst nicht erfüllten. Sie ließen sich die Nachfrage wegnehmen, weil sie ihren relevanten Markt als den Markt für Eisenbahnen definiert hatten, anstatt sich als Transportunternehmen zu verstehen. Der Grund für die Fehldefinition des relevanten Marktes lag darin, dass sie schienenorientiert anstatt transportorientiert waren« (*Backhaus/Voeth*,

2010a, S. 126). Gerade angesichts dieser historischen Fehler, die viele Bahnunternehmen in der Vergangenheit bei der Definition ihrer relevanten Märkte gemacht haben, überrascht es nicht, dass die Bahnunternehmen ihre Märkte in der Zwischenzeit deutlich breiter abgrenzen. So versteht sich in Deutschland etwa die Deutsche Bahn AG als »weltweit führender Mobilitäts- und Logistikkonzern« (*Deutsche Bahn*, 2012). Daher hat das Unternehmen folgerichtig in den vergangenen Jahren verstärkt auch in andere Verkehrsträger (z. B. Lkw) investiert. Im Geschäftsfeld DB Schenker Logistics steht das Unternehmen nun allerdings auch mit einer Vielzahl vormals unbekannter Unternehmen aus verschiedenen anderen Teilbranchen der Logistik im Wettbewerb. Dies gilt für den Bereich der Luft- und Seefracht ebenso wie für Lkw-Transporte oder integrierte Logistikdienstleistungen. Indem etwa im Cargo-Bereich Kunden nicht mehr allein Transportleistungen mithilfe des Verkehrsträgers Schiene angeboten werden, sondern auch über andere Verkehrsträger wie z. B. Lkw, Schiff oder Flugzeug, hat sich die Deutsche Bahn in einen sehr viel intensiveren Wettbewerb begeben. Sie tritt nun auch gegen Lkw-Speditionen oder gegen die Cargo-Bereiche von Airlines an.

(nachfragerseitigen) Abgrenzung des relevanten Marktes folgende grundsätzliche **Abgrenzungsdimensionen** unterscheiden:

▸ räumliche Abgrenzung (1),
▸ zeitliche Abgrenzung (2) und
▸ sachliche Abgrenzung (3).

(1) Räumliche Abgrenzung

Im Rahmen der räumlichen Abgrenzung legen Unternehmen fest, in welchem **Marktgebiet** ihre Leistungen Nachfragern angeboten werden sollen. In vielen Branchen ist dies keine regionale oder nationale, sondern stattdessen eine **internationale Fragestellung**. So besteht in vielen Branchen ein regelrechter »Internationalisierungszwang« (*Backhaus/Voeth*, 2010a). Angesichts zunehmend fixkostenintensiver Entwicklungs- und Produktionsstrukturen, internationaler Shareholder oder länderübergreifend agierender Wettbewerber können Unternehmen als regionale oder nationale Anbieter kaum noch bestehen. Sie müssen sich stattdessen auf das internationale Parkett wagen.

Räumliche Abgrenzug im internationalen Markt

Die Entscheidung, Nachfrager auf internationalen Märkten adressieren zu wollen, ist für Unternehmen allerdings nicht risikolos. Vielmehr bringt der internationale Marktauftritt eine Vielzahl neuer Herausforderungen im Marketing mit sich. Neben der **Ländermarktauswahl** (»Auf welchen internationalen Märkten sollen meine Leistungen verfügbar gemacht werden?«) müssen auch bei der anschließenden Marktbearbeitung **zusätzliche neue Aufgabenfelder** bearbeitet werden, wie am **Beispiel** der **Preispolitik** nachvollzogen werden kann. Zwingen hier etwa länderspezifische Kosten oder nachfragerseitige Zahlungsbereitschaften dazu, dass Unternehmen auf internationalen Märkten unterschiedliche Preise setzen müssen, dann haben sie als zusätzliche preispolitische Determinante das **Vorhandensein von Reimporteuren** zu berücksichtigen. Unter einem Reimporteur wird dabei ein selbstständiges Unternehmen verstanden, das auf eigenes Risiko in den Niedrigpreisländern eines Herstellers Produkte aufkauft und ohne Autorisierung in die Hochpreisländer des Herstellers umleitet, um sie dort unterhalb des Herstellerpreises an Kunden zu verkaufen (vgl. *Backhaus/Voeth*, 2010a, S. 160). In einer Vielzahl von Branchen, wie bei Autos, Elektronikprodukten, Arzneimitteln, Uhren oder Handys, hat bereits heute das starke Aufkommen von Reimporteuren die Preispolitik vieler Unternehmen im internationalen Bereich stark beeinflusst. Nicht selten sehen sich die Unternehmen dabei gezwungen, eigentlich **international** mögliche **Preisdifferenzierungen** (Verkauf eines Produktes zu unterschiedlichen Preisen in verschiedenen Ländermärkten) zu begrenzen oder in **Einheitspreise** zu überführen. *Abbildung 5* zeigt allerdings am Beispiel des europäischen Automobilmarktes, dass international trotz des Aufkommens von Reimporteuren noch immer z. T. gravierende Preisdifferenzen bestehen.

Herausforderungen der internationalen Marktbearbeitung

Beispiel »internationales Pricing«

Daneben spielt die räumliche Abgrenzung auch im **nationalen Marketing** eine wichtige Rolle. Gerade für klein- und mittelständische Unternehmen, deren Budgets und Ressourcen nicht ausreichen, um den gesamten nationalen Markt zu bearbeiten, besteht die Notwendigkeit, sich innerhalb ihrer Markt-

Räumliche Abgrenzung im nationalen Markt

Abb. 5

Automobilpreise innerhalb der EU ohne Steuern gemäß Herstellerempfehlung für die Standardausstattung (in €)

Modell	Wagenklasse	Deutsch-land	Frankreich	Vereinigtes Königreich	Dänemark	Polen	Δ zw. dem billigsten und dem teuersten Land (in %)
Fiat Panda	Kleinstwagen	9.824	8.344	8.196	7.371	8.215	33 %
Ford Fiesta	Kleinwagen	11.681	11.288	10.754	9.234	9.706	26 %
VW Golf	Mittelklasse	14.139	12.942	14.232	11.623	11.557	23 %
Toyota Avensis	Obere Mittelklasse	21.950	20.818	20.124	16.736	20.124	31 %
Audi A6 3.0 TDI	Oberklasse	39.861	37.742	30.034	33.562	41.914	40 %
BMW 730d	Luxusklasse	61.849	59.975	47.308	61.594	67.633	31 %
Volvo XC90	Mehrzweck-wagen	39.109	37.297	31.477	33.274	41.862	33 %

Quelle: *Europäische Kommission*, 2011

Dilemma der räumlichen Abgrenzung

anstrengungen auf **regionale Teilmärkte** zu fokussieren. Am Beispiel solcher klein- und mittelständischen Unternehmen lässt sich dabei anschaulich das **Dilemma der räumlichen Abgrenzung** des relevanten Marktes aufzeigen. So ist eine enge räumliche Marktabgrenzung grundsätzlich mit dem Verzicht auf Marktabdeckung und -ausweitung verbunden. Unternehmen, die nur einen eng abgegrenzten räumlichen Markt bearbeiten, erreichen mit ihren Leistungen eine nur eingeschränkte Anzahl von Nachfragern. Im Gegensatz dazu führt eine breitere räumliche Abgrenzung des relevanten Marktes im Umkehrschluss zwar einerseits dazu, dass mehr Nachfrager erreicht werden, andererseits jedoch geht diese Form der Marktabgrenzung automatisch mit einer geringeren und weniger spezifischen Marktbearbeitungsintensität einher. Neben mangelnden Ressourcen kann dies auf geringere Marktkenntnisse oder vielfältigere Wettbewerbsbeziehungen im Fall einer breiteren räumlichen Marktabgrenzung zurückzuführen sein.

(2) Zeitliche Abgrenzung

Relevanz zeitlicher Abgrenzung

Eine zweite Abgrenzungsdimension für den relevanten Markt stellt die zeitliche Abgrenzung dar. Diese bezieht sich auf die Frage, ob Leistungen Nachfragern zu **jedem möglichen Zeitpunkt** oder nur innerhalb von **eingeschränkten Zeiträumen** angeboten werden sollen. Besonders relevant ist die zeitliche Marktabgrenzung etwa bei Dienstleistungen oder bei Saisonware. Bei **Dienstleistungen**, bei denen die Vermarktung vor der Erstellung erfolgt, stellt sich für Anbieter die Frage, in welchen Zeiträumen sie Kunden als potenzielle Leistungserbringer zur Verfügung stehen wollen. So definiert ein Friseursalon seinen relevanten Markt in zeitlicher Hinsicht dann besonders weit, wenn der Salon nicht allein zu den sonst üblichen Öffnungszeiten, beispielsweise zwischen 8.00 und 18.00

Uhr geöffnet ist, sondern zusätzlich in den Abendstunden für Berufstätige Öffnungszeiten angeboten werden. Auf der anderen Seite grenzt etwa ein Restaurant seinen relevanten Markt dann in zeitlicher Hinsicht ein, wenn das Restaurant allein in den Abendstunden (z. B. ab 18.00 Uhr) geöffnet ist und es seinen Gästen damit keinen Mittagstisch anbietet.

Darüber hinaus stellt sich die Frage der zeitlichen Abgrenzung des relevanten Marktes auch bei Anbietern von **Saisonware** (z. B. Textilien, Sportartikel oder Süßigkeiten; vgl. auch die Beispiele in *Abbildung 6*). Für solche Anbieter kommt der Frage entscheidende Bedeutung zu, in welchen konkreten Zeiträumen ihre Produkte für Nachfrager erhältlich sein sollen. Am Beispiel von Süßigkeiten wie Weihnachtsgebäck lässt sich dabei sehr gut nachvollziehen, dass eine Entscheidung für eine weite zeitliche Marktabgrenzung häufig mit dem Ziel verbunden ist, nicht nur Nachfragern frühzeitig die Möglichkeit zu geben, ihren Bedarf zu decken und damit zusammenhängend ggf. Nachfrage von Wettbewerbern abzuziehen (Marktverdrängung), sondern dass es vor allem auch darum geht, eine Marktausweitung zu erreichen. Indem beispielsweise Weihnachtsgebäck bereits lange vor Beginn der Weihnachtszeit im Frühherbst angeboten wird, sollen Nachfrager über einen längeren Zeitraum Weihnachtsgebäck konsumieren, damit der mit Weihnachtsgebäck generierbare Umsatz insgesamt ansteigt.

Beispiel »Saisonware«

Abb. 6

Beispiele für Saisonware

| Weihnachtsgebäck | Skiprodukte | Sommerkleidung | Süßigkeiten |

---

(3) Sachliche Abgrenzung

Zusätzlich müssen Unternehmen ihren Markt bzw. ihr Geschäftsfeld sachlich abgrenzen. Dies ist notwendig, wenn Nachfrager für die Befriedigung ihrer Bedürfnisse unterschiedliche Produkte und Leistungen verwenden können. So kann ein Nachfrager das Bedürfnis Durst durch das Trinken von Leitungswasser, Mineralwasser, Obstsäften, Rot- oder Weißwein, alkoholfreiem oder alkoholhaltigem Bier, aber auch durch den Verzehr von Orangen oder Melonen löschen. Das Beispiel verdeutlicht, dass auch zwischen verschiedenartigen Produkten

Zu welchen anderen Leistungen bestehen Substitutionsbeziehungen?

Fallbeispiel 5

Mineralwasser-Hersteller

Ein Mineralwasser-Hersteller befürchtet, dass er seinen relevanten Markt zu ungenau (sachlich) abgegrenzt habe. Konkret vermutet er, dass das von ihm angebotene Mineralwasser (MW$_A$ in *Abbildung 7*) nicht mit allen anderen im Markt offerierten Mineralwasser-Getränken konkurriert, dafür aber möglicherweise in Konkurrenz zu bestimmten Fruchtsäften steht. Um die Frage der sachlichen Marktabgrenzung fundiert anzugehen, ließ der Hersteller bei Kunden eine Multidimensionale Skalierung (MDS) (vgl. *Backhaus et al., 2011*, S. 541ff.) durchführen, in deren Verlauf die Kunden verschiedene Paare von Mineralwasser-Getränken und Fruchtsäften auf Ähnlichkeit beurteilen mussten. Abbildung 7 zeigt, wie sich die kundenseitigen Ähnlichkeitseinschätzungen grafisch in einem möglichst gering dimensionierten Raum darstellen lassen.

Die MDS bestätigt die Vermutung des Mineralwasser-Herstellers: Wird die Dimension 1 in *Abbildung 7* als Erfrischung und die Dimension 2 als Genuss interpretiert, dann konkurriert der Mineralwasser-Hersteller mit seiner Marke MW$_A$ vor allem mit den Mineralwasser-Marken B und C sowie dem Fruchtsaft Orangensaft und dem Mixgetränk Apfelsaftschorle, die ebenfalls als besonders erfrischend wahrgenommen werden. Hingegen weisen die Mineralwasser-Marken D und E sowie andere Säfte einen geringeren Erfrischungsgrad auf und gehören somit zu einem anderen relevanten Markt. Dieser Markt wird durch Genussgetränke gebildet.

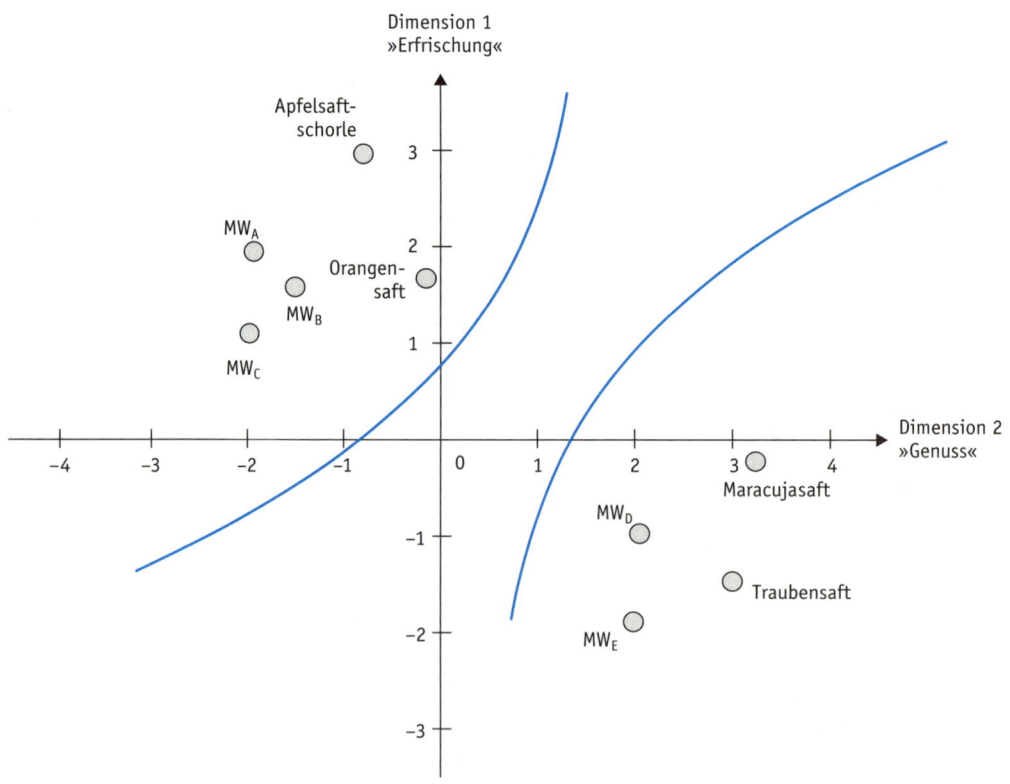

Abb. 7: Ergebnis einer MDS für Mineralwasser und Fruchtsäfte

und Leistungen in mehr oder weniger großem Umfang **Substitutionsbeziehungen** bestehen können. Da es sich bei Substitutionseffekten allerdings nicht um diskrete Tatbestände handelt (Vorhandensein oder Nicht-Vorhandensein von Substitutionsbeziehungen), sondern die Substitutionsbeziehungen zwischen verschiedenen Produkten oder Leistungen i. d. R. auf einem Kontinuum vorliegen, müssen Anbieter bei der sachlichen Abgrenzung des relevanten Marktes häufig eine Entscheidung fällen, bis zu welchem Punkt auf dem Substitutionskontinuum sie Produkte und Leistungen als konkurrierend und damit zum eigenen relevanten Markt gehörig einstufen wollen. Eine so verstandene sachliche Abgrenzung des relevanten Marktes ist wichtig, da Anbieter hiermit zugleich auch ihre **Konkurrenzbeziehungen** festlegen. Kommt ein Mineralwasser-Hersteller beispielsweise im Rahmen der sachlichen Abgrenzung zu dem Ergebnis, dass das von ihm angebotene Mineralwasser-Getränk nicht nur mit anderen Mineralwasser-Getränken, sondern auch mit Fruchtsäften konkurriert, so hat der Anbieter bei der Festlegung seiner Marketing-Aktivitäten neben den Marketing-Aktivitäten anderer Minaralwasser-Anbieter auch die ausgewählter Fruchtsaft-Hersteller zu berücksichtigen (vgl. Fallbeispiel 5).

> Substitutionsbeziehungen = Konkurrenzbeziehungen

II Analyse des Marketing-Dreiecks

1 Bestandteile der Analyse

Die Situationsanalyse im Rahmen einer Marketing-Konzeption sollte sich auf **alle Beteiligten** des zuvor abgegrenzten Marktes beziehen. Im Mittelpunkt der Analyse steht dabei die Untersuchung des **Nachfragerverhaltens**. Von Interesse sind hier einerseits Informationen über das Kauf- und Beschaffungsverhalten einzelner Nachfrager. Gerade in Märkten, in denen sich Anbieter vielen Nachfragern gegenüber sehen, ist es andererseits aber auch wichtig, Informationen über die Ähnlichkeit des Kauf- und Beschaffungsverhaltens der einzelnen Nachfrager zu erhalten. Neben der Kaufverhaltensforschung, die sich vor allem mit dem Verhalten einzelner Nachfrager beschäftigt, gehört daher zur Nachfrageranalyse auch die Marktsegmentierung, bei der die Homogenität des Verhaltens verschiedener Nachfrager untersucht wird.

> Nachfrageranalyse

Einen zweiten Bereich der Situationsanalyse bildet die **Wettbewerbsanalyse**. Hier geht es darum, welche Stärken und Schwächen relevanten Wettbewerbern zuzuschreiben sind und welche zukünftigen Entscheidungen und Markt-Aktivitäten von diesen zu erwarten sind. Neben der Analyse einzelner Konkurrenten (Konkurrenzanalyse) ist dabei auch die Frage von Interesse, ob sich für bestimmte Gruppen von Konkurrenten ähnliche Verhaltensmuster identifizieren lassen (Strategische Gruppenanalyse) und durch welche Triebkräfte alle Wettbewerber einer Branche zugleich gekennzeichnet sind (Branchenanalyse).

> Wettbewerbsanalyse

Schließlich sollten sich Unternehmen innerhalb der Situationsanalyse auch Gedanken über eigene Stärken und Schwächen machen. Indem sich Unterneh-

> Ressourcenanalyse

men ein realistisches Bild von ihrer eigenen **Ressourcenposition** machen, wird es ihnen besser möglich, die eigenen Marktchancen im Vergleich zu dem im Rahmen der Konkurrenzanalyse untersuchten Wettbewerb realistisch einzuschätzen und angemessene Marketing-Aktivitäten zu entwickeln.

1.1 Nachfrageranalyse

1.1.1 Kaufverhaltensforschung

1.1.1.1 Begriff und Relevanz der Kaufverhaltensforschung

Zielsetzung der Kauf-
verhaltensforschung

Im klassischen wie auch im modernen Marketing-Verständnis bildet das Verhalten der Nachfrager einen zentralen Bezugspunkt der Marketing-Forschung. Neben dem Begriff der Kaufverhaltensforschung werden dabei die Begriffe des Käuferverhaltens und des Konsumentenverhaltens häufig synonym verwandt. Die Kaufverhaltensforschung integriert als **interdisziplinäres Forschungsgebiet** Überlegungen aus der Psychologie, der Soziologie, der biologischen Verhaltensforschung und dem Marketing (vgl. *Homburg*, 2012, S. 27). Insbesondere aufgrund der stärkeren Markt- und Außenorientierung (vgl. Abschnitt 1 A) stand die Kaufverhaltensforschung von Beginn an im Mittelpunkt des Marketing-Interesses. Um KKVs zu generieren (bzw. kundenseitig: Netto-Nutzen-Differenzen) werden Informationen und Erklärungsansätze benötigt, wie bestimmte Marketing-Stimuli (beispielsweise der Preis, die Produktgestaltung oder bestimmte Werbemaßnahmen) kundenseitig wirken. Die Kaufverhaltensforschung beschäftigt sich hierbei damit, die **zentralen Bestimmungsfaktoren** des Verhaltens von Nachfragern zu identifizieren und **leistungsstarke Erklärungsansätze** zu liefern. Dabei greift die Kaufverhaltensforschung auch auf Informationen aus der Marktforschung zurück.

Im Folgenden werden zunächst die grundlegenden sieben »W-Fragen« der Kaufverhaltensforschung vorgestellt. Diese Fragen können dabei helfen, die zentralen Bestimmungsfaktoren des Kaufverhaltens zu identifizieren und zu strukturieren. Sodann werden verschiedene Modelle des Kaufverhaltens diskutiert.

1.1.1.2 Fragestellungen der Kaufverhaltensforschung

Typen von
Fragestellungen

Die in *Abbildung 8* dargestellten Fragestellungen stellen das **Paradigma des Kaufverhaltens** zusammenfassend dar (vgl. *Meffert/Burmann/Kirchgeorg*, 2012, S. 102). Während sich die Frage »Wer?« auf den oder die Träger der Kaufentscheidung bezieht und somit eine **inputbasierte Fragestellung** darstellt, stellen die Fragen »Was?« – Kaufobjekte, »Wie viel?« – Kaufmenge, »Wann?« – Kaufzeitpunkt, Kaufhäufigkeit und »Wo bzw. bei wem?« – Einkaufstätten, Lieferantenwahl **outputbasierte Größen** des Kaufverhaltensprozesses dar. Die Fragen »Wie?« – Kaufentscheidungsprozesse, Kauftypen und »Warum?« – Kaufmotive, Erklärungsmodelle und Determinanten des Kaufverhaltens spiegeln hingegen **prozessorientierte Fragestellungen** wider, die Aufschluss über die dem Kaufverhalten zugrunde liegenden Prozesse und darauf einwirkenden Determinanten liefern.

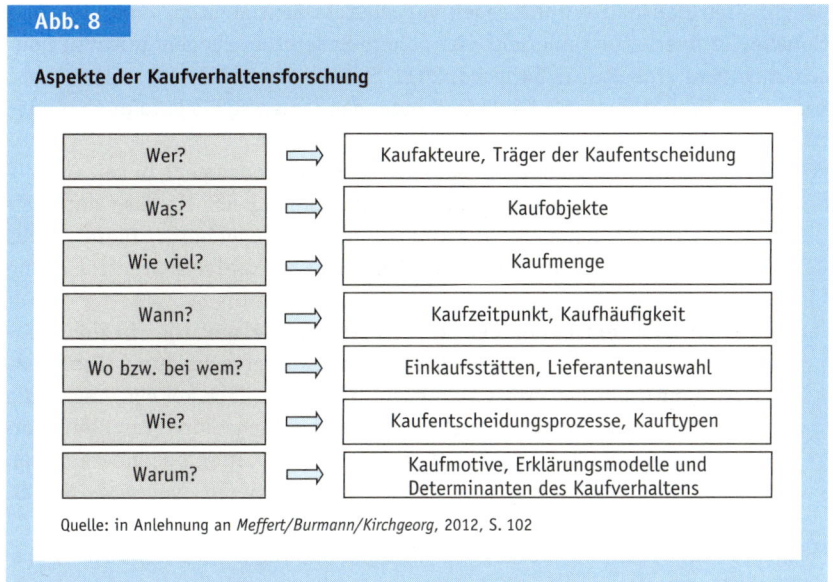

Abb. 8

Aspekte der Kaufverhaltensforschung

Wer? ⟹	Kaufakteure, Träger der Kaufentscheidung
Was? ⟹	Kaufobjekte
Wie viel? ⟹	Kaufmenge
Wann? ⟹	Kaufzeitpunkt, Kaufhäufigkeit
Wo bzw. bei wem? ⟹	Einkaufsstätten, Lieferantenauswahl
Wie? ⟹	Kaufentscheidungprozesse, Kauftypen
Warum? ⟹	Kaufmotive, Erklärungsmodelle und Determinanten des Kaufverhaltens

Quelle: in Anlehnung an *Meffert/Burmann/Kirchgeorg*, 2012, S. 102

Grundtypen von Kaufentscheidungen (»Wer kauft?«)

Da bei der Analyse des Kaufverhaltens die Art und Anzahl der berücksichtigten **Entscheidungsträger** von grundlegender Bedeutung ist, kann zwischen dem Kaufverhalten von **privaten Haushalten** und von **Unternehmen** bzw. **Institutionen** als auch zwischen **individuellen** und **kollektiven** Kaufentscheidungen unterschieden werden (vgl. *Meffert/Burmann/Kirchgeorg*, 2012, S. 104 f.). *Abbildung 9* zeigt die Kombination dieser Sichtweisen in einer Matrix mit den vier Grundtypen von Kaufentscheidungen. In binnenmarktgeprägten Volkswirtschaften wie den USA zeigt sich eine relativ höhere wertschöpfende Bedeutung

Differenzierungs-dimensionen

Abb. 9

Grundtypen von Kaufentscheidungen

	Individuell	Kollektiv
Konsument	Individuelle Kaufentscheidungen von Privatpersonen (Konsumentenentscheidungen)	Kaufentscheidungen von privaten Haushalten (Familienentscheidungen)
Organisation	Individuelle Kaufentscheidungen in Organisationen (Einkäuferentscheidungen)	Kollektive Kaufentscheidungen in Organisationen (Gremienentscheidungen)

Quelle: *Foscht/Swoboda*, 2011, S. 11

der privaten Haushalte, wohingegen vor allem in Zentraleuropa dem organisationalen Kaufverhalten eine sehr viel höhere Bedeutung als dem privaten Konsum zukommt (vgl. *Foscht/Swoboda*, 2011, S. 11).

Vier Grundtypen von
Kaufentscheidungen

Die vier Grundtypen von Kaufentscheidungen lassen sich wie folgt charakterisieren:

- **Individuelle Kaufentscheidungen:** Hier trifft ein Konsument in seiner Rolle als Privatperson eine **Konsumentenentscheidung**. Beispielsweise entscheidet sich Kunde A beim Bäckereieinkauf für ein Roggenbrot. Dieser Typus stellt bislang den Schwerpunkt der klassischen Kaufverhaltensforschung dar.
- **Kollektive Kaufentscheidungen in privaten Haushalten:** Hier treffen mehrere Personen im Kollektiv eine gemeinsame Kaufentscheidung (**Familienentscheidung**). Beispielsweise wählt ein Paar in der Bäckerei gemeinsam die Hochzeitstorte aus. Obgleich viele Kaufentscheidungen im (Familien-)Kollektiv getroffen werden, wurde erst in den 1980er-Jahren begonnen, diesen Typus von Kaufentscheidungen genauer zu analysieren (vgl. u. a. *Böcker*, 1987; *Dahlhoff*, 1980).
- **Individuelle Kaufentscheidungen in Organisationen:** Hier trifft ein Repräsentant eines Unternehmens bzw. einer Institution, der zumeist die Funktion des Einkäufers inne hat, eine **Einkäuferentscheidung**. Beispielsweise entscheidet die Einkäuferin in einer Großbäckerei über den Einkauf neuer Schürzen für das Verkaufspersonal. Dieser Typus ist grundsätzlich ähnlich zum Typus der individuellen Kaufentscheidung, wobei rationale Entscheidungskriterien eine größere Rolle als emotionale Einflüsse spielen können.
- **Kollektive Kaufentscheidungen in Organisationen:** Hier konzentrieren sich die Betrachtungen auf das sogenannte Buying Center, das Einkaufsgremium, welches für die **Gremienentscheidung** verantwortlich ist (vgl. u. a. *Backhaus/Voeth*, 2010a; *Wesley/Bonoma*, 1981; *Wind*, 1978). Ebenso wie bei kollektiven Kaufentscheidungen von privaten Haushalten besteht die Herausforderung, dass mehrere Personen unterschiedliche Zielsetzungen und konträre Bewertungskriterien in den Entscheidungsprozess mitbringen. Zudem ist es erforderlich, die Verantwortlichen der Beschaffung zu identifizieren sowie die Macht- und Einflussstrukturen im Buying Center zu eruieren. Zu beachten ist hierbei, dass Zusammensetzung und Einflussstrukturen im internationalen Raum stark voneinander abweichen können (vgl. Herbst/Baisch/Voeth, 2008).

Kaufobjekt und Kaufmenge
(»Was wird gekauft?« und »Wie viel wird gekauft?«)

Arten von Kaufobjekten

Neben der Frage »Wer kauft?« stellen sich die Fragen »Was wird gekauft?« (Kaufobjekt) und »Wie viel wird gekauft?« (Kaufmenge). Hinsichtlich der Frage des **Kaufobjekts** lässt sich generell zwischen **Produkten** und **Dienstleistungen** unterscheiden. Des Weiteren kann dahingehend unterschieden werden, ob ein **einzelnes Produkt** bzw. eine einzelne Dienstleitung erworben wird oder aber ein **Produktbündel** bestehend aus mehreren Produkten und/oder Dienstleistungen. In diesem Zusammenhang werden in der Marketing-Forschung und -Praxis häufig dienstleistungsbegleitende Produkte (z. B. das Shampoo beim Frisör) und produktbegleitende Dienstleistungen (z. B. der Änderungsservice beim Anzugkauf) diskutiert. Beispielsweise entscheidet ein Kunde über ein Produktbündel bestehend aus dem Produkt Waschmaschine und der Dienstleistung Lieferung (Produkt mit produktbegleitender Dienstleistung). Darüber hinaus spielt die **Kaufmenge** eine Rolle. Werden beispielsweise zwei oder vier Joghurts gekauft? Jedoch bezieht sich die Fragestellung der Menge auch darauf, welche **Packungsgröße** gewählt wird, beispielsweise ob ein Kaffeepaket der Größe 500 g oder aber der Größe 1 kg gewählt wird.

Fragestellungen in Bezug auf Kaufmenge

Kaufzeitpunkt (»Wann wird gekauft?«)

Ebenso wie im Rahmen der zeitlichen Markt- und Geschäftsfeldabgrenzung der Markt in zeitlicher Hinsicht abgegrenzt werden kann (vgl. Abschnitt 2 A I 2), kann auch das Kaufverhalten von Kunden gemäß des Kaufzeitpunktes abgegrenzt werden: Beispielsweise wird Weihnachtsgebäck insbesondere in der Weihnachtszeit gekauft oder aber werden Fußball-WM oder -EM-Artikel zumeist vor oder während der Turniere gekauft. Ein weiteres den Kaufzeitpunkt betreffendes Phänomen ist die Tatsache, dass der Einzelhandelsumsatz in Deutschland im Jahresverlauf variiert, z. B. im Sommer ein »Sommerloch« aufweist und zur Weihnachtszeit i. d. R. seinen Höhepunkt erreicht (vgl. *Abbildung 10*).

Saisonale Umsatz-schwankungen im Handel

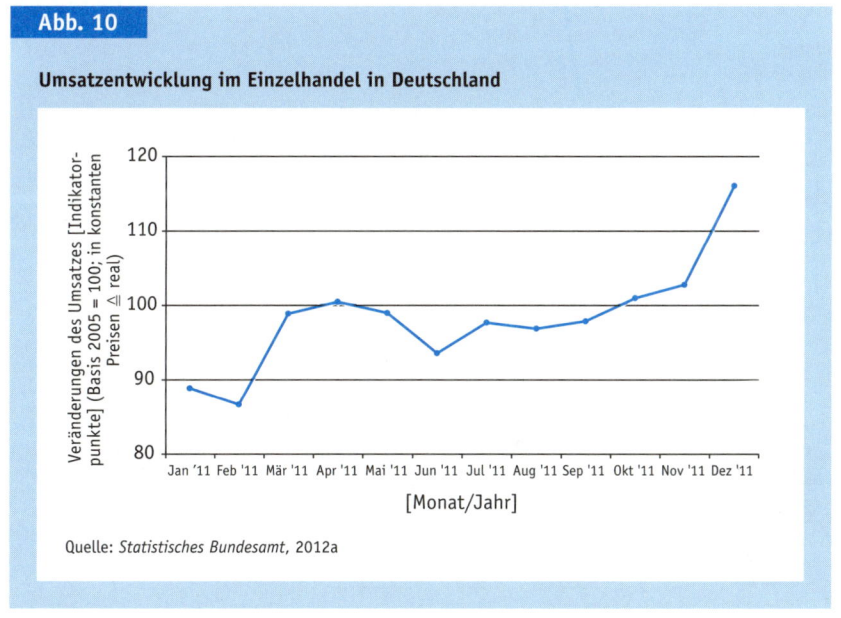

Abb. 10

Umsatzentwicklung im Einzelhandel in Deutschland

Quelle: *Statistisches Bundesamt*, 2012a

Einkaufsstätten/Lieferantenwahl (»Wo bzw. bei wem wird gekauft?«)

Die Frage »Wo bzw. bei wem wird gekauft?« bezieht sich auf die Entscheidung für eine bestimmte **Betriebsform/Verkaufsstelle** in sachlicher wie auch in räumlicher Hinsicht. Seit Beginn der 1990er-Jahre zeigt sich dabei ein Trend zu modernen Formen des Einkaufs. Neben dem traditionellen Versandhandel haben sich der Verkauf per Telefon und der TV-Verkauf (Bestellung von Produkten nach deren Präsentation im Werbe-Fernsehen) bis hin zum Internetverkauf entwickelt (vgl. *Kuß/Kleinaltenkamp*, 2011, S. 76 f.). Während im Jahr 2004 noch weniger als 40 % der deutschen Bevölkerung Waren oder Dienstleistungen im Internet bestellt haben, stieg dieser Anteil bis zum Jahr 2010 auf über 60 % an (vgl. *Dapp*, 2011, S. 1).

Einkaufsstätte »Internet«

Phasen und Typen einer Kaufentscheidung (»Wie wird gekauft?«)

Fünf Kaufentscheidungsphasen

Um die Beeinflussung der Kaufentscheidung von Nachfragern wirksam zu verfolgen, ist es hilfreich, den Kaufentscheidungsprozess transparent zu machen (vgl. *Foscht/Swoboda*, 2011, S. 31). Idealtypisch zeigt *Abbildung 11* fünf **Phasen einer Kaufentscheidung** von Kunden.

In der Phase der **Problemerkennung** nimmt der Nachfrager ein Bedürfnis wahr, beispielsweise hat er Hunger oder wird durch eine Werbeanzeige extern stimuliert. In der Phase der **Informationssuche** werden interne Quellen, wie

---

Abb. 11

Phasen einer Kaufentscheidung

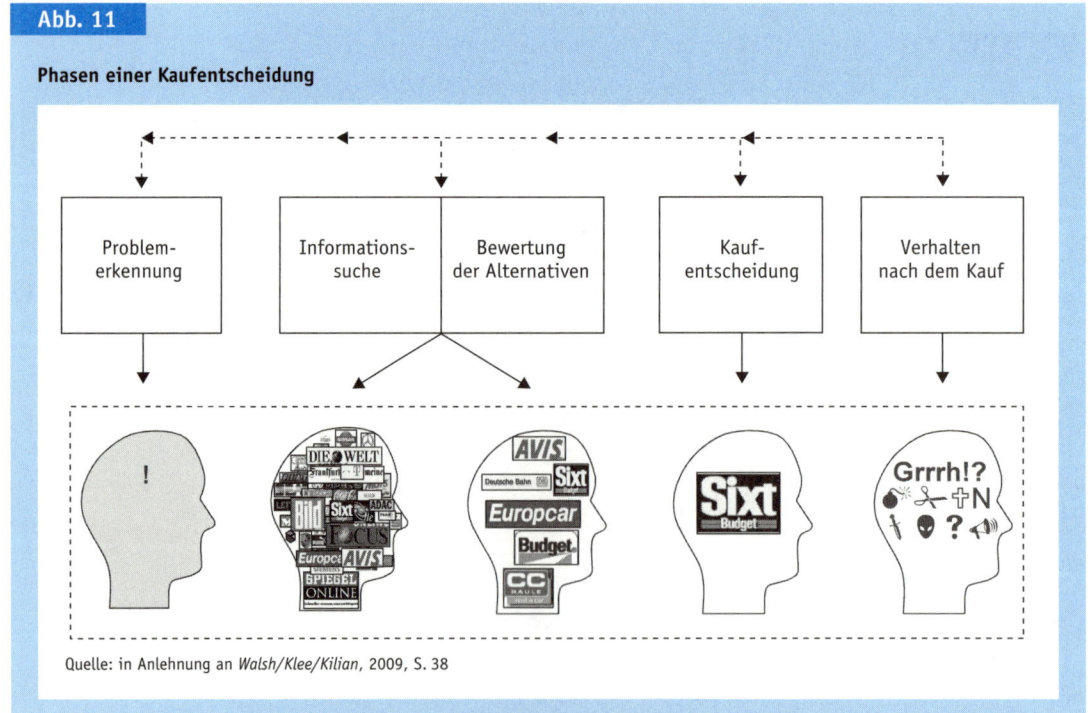

Quelle: in Anlehnung an *Walsh/Klee/Kilian*, 2009, S. 38

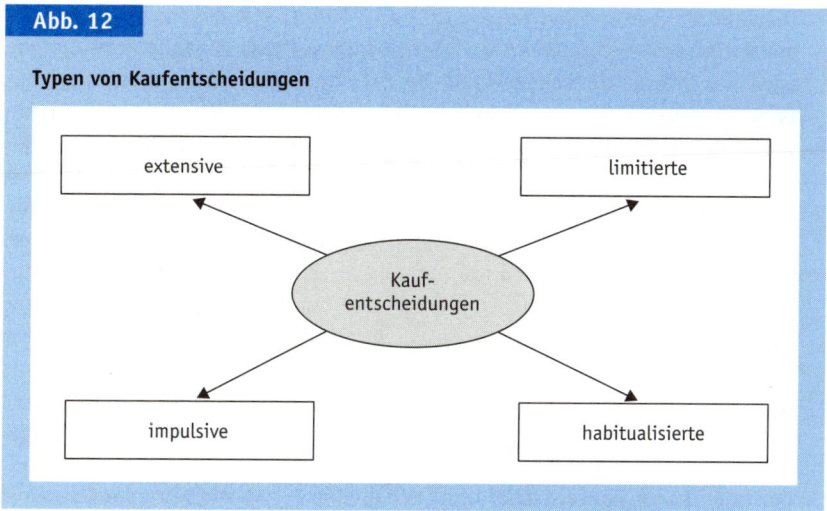

Abb. 12

Typen von Kaufentscheidungen

extensive	limitierte

Kauf-
entscheidungen

impulsive	habitualisierte

das Gedächtnis, oder externe Quellen, wie Freunde, das Internet u. a. konsultiert, um Informationen über mögliche Problemlösungen/Produkte zu erhalten. Im Rahmen der **Beurteilungsphase** findet die Bewertung der Alternativen statt. Bewertungskriterien werden festgelegt und gewichtet (beispielsweise Preis, Geschmack und Nährwert bei Lebensmitteln), anschließend wird die **Kaufentscheidung** getroffen. Beim **Verhalten nach dem Kauf** zeigt sich, ob Kunden zu Wiederkauf oder Weiterempfehlung, ausgelöst durch die Kundenzufriedenheit/-unzufriedenheit bereit sind.

In Abhängigkeit davon, wie intensiv der Bewertungsprozess und die Auswahlentscheidung durch den Nachfrager erfolgt, können nach *Howard/Sheth* (1969; vgl. auch *Meffert/Burmann/Kirchgeorg*, 2012; *Kuß/Tomczak*, 2007) vier **Typen von Kaufentscheidungsprozessen** unterschieden werden (vgl. *Abbildung 12*).

Vier Typen von Kaufentscheidungsprozessen

▸ Bei **extensiven Kaufentscheidungen** setzt sich der Nachfrager vor dem Kauf **intensiv** mit der Entscheidung auseinander. Der Kunde zielt darauf ab, das jeweils beste Angebot des Marktes zu finden und zu kaufen. Die **kognitive Beteiligung**, der Informationsbedarf, die Anzahl der betrachteten Alternativen und die Entscheidungsdauer sind vergleichsweise groß (vgl. *Kroeber-Riel/Weinberg/Gröppel-Klein*, 2009, S. 423 ff.). Vor allem bei langlebigen, hochwertigen Produkten und Dienstleistungen, bei denen der Kunde häufig **keine oder nur wenig Erfahrung** hat, die aber für ihn wichtig sind, ist mit einer extensiven Kaufentscheidung zu rechnen. Als Beispiel kann der Kauf einer Hochzeitstorte angeführt werden. Während die Langlebigkeit des Produktes zwar nicht gegeben ist, ist jedoch davon auszugehen, dass es sich beim Kauf einer Hochzeitstorte um eine Kaufentscheidung handelt, die für das Kundenpaar wichtig ist.

▸ Ist die Konsum- bzw. Produkterfahrung, die beim Nachfrager vorliegt, größer, werden nicht mehr alle auf dem Markt verfügbaren Produkte und

Dienstleistungen in eine engere Auswahl treten. Stattdessen werden **weniger Alternativen** verglichen und der kognitive Problemlösungsaufwand wie auch der Informationsbedarf und die Entscheidungsdauer bleiben begrenzt (vgl. *Kroeber-Riel/Weinberg/Gröppel-Klein*, 2009, S. 423 ff.). Hierbei wird von sogenannten **limitierten** oder auch **vereinfachten Kaufentscheidungen** gesprochen.

▸ **Habitualisierte Kaufentscheidungen** sind dadurch gekennzeichnet, dass die Produkte oder Dienstleistungen relativ häufig nachgefragt werden, die Kunden sind damit vertraut und die Auswahl an Alternativen ist relativ gering. In der Regel handelt es sich um **gewohnheitsmäßige Routineentscheidungen** für Güter des täglichen Bedarfs. Durch die eigene Erfahrung als auch durch die Übernahme von entsprechenden Konsummustern von Peer-Groups wird auf die Informationssuche und -verarbeitung verzichtet, die kognitive Steuerung fällt dementsprechend gering aus und auch die Entscheidungsdauer ist für derartige Käufe vergleichsweise gering.

▸ Bei **impulsiven Kaufentscheidungen** handelt es sich um ein **spontanes reaktives Kaufverhalten**, ausgelöst durch intensive Reize am Point of Sale (z. B. ein Sonderangebot). Die Kaufentscheidung ist rein affektgesteuert, somit erfolgt keine Informationssuche und -verarbeitung und keine anderen Alternativen werden in die Entscheidung mit einbezogen.

Vergleich unterschiedlicher Kaufentscheidungsprozesse

Eine Gegenüberstellung von habitualisierten oder gewohnheitsmäßigen Kaufentscheidungen auf der einen Seite und extensiven Kaufentscheidungen auf der anderen Seite und mögliche Unterscheidungskriterien finden sich in *Abbildung 13*.

Die **Art** des auszuwählenden **Produktes** (vgl. *Abbildung 14*; z. B. Gebrauchs- und Verbrauchsgüter, Convenience Goods (wie Nahrungsmittel), Shopping Goods (wie Kleidung) und Specialty Goods (wie Pkw)) und die **Kaufsituation** (z. B. emotionales Reizwort, die Neuartigkeit der Situation, der Zeitdruck) werden

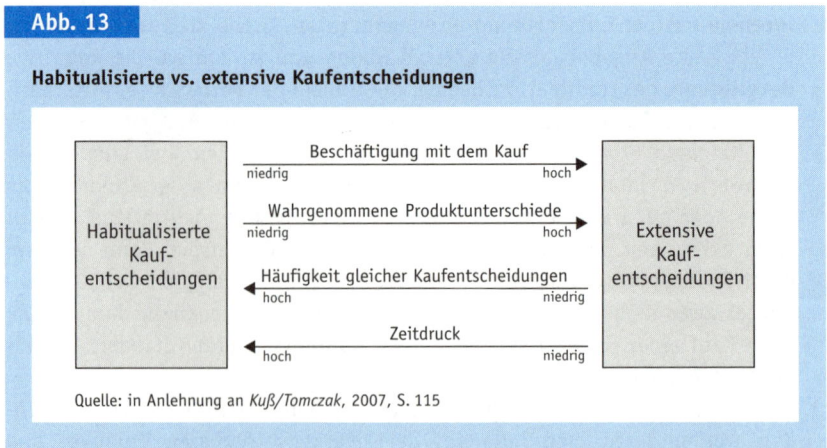

Abb. 13

Habitualisierte vs. extensive Kaufentscheidungen

Quelle: in Anlehnung an *Kuß/Tomczak*, 2007, S. 115

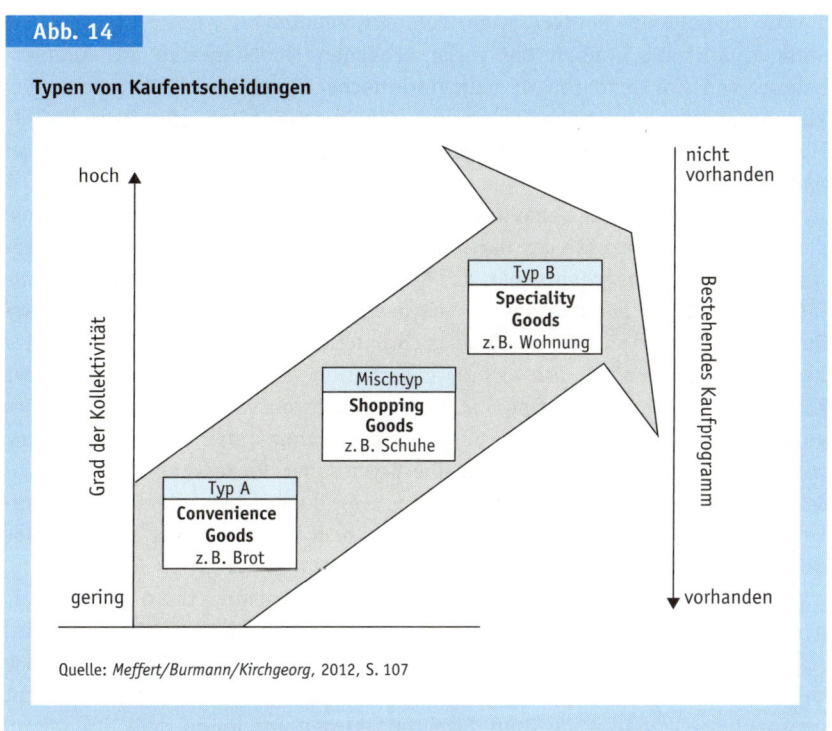

Abb. 14

Typen von Kaufentscheidungen

nicht vorhanden

hoch

Grad der Kollektivität

Bestehendes Kaufprogramm

Typ B
Speciality Goods
z. B. Wohnung

Mischtyp
Shopping Goods
z. B. Schuhe

Typ A
Convenience Goods
z. B. Brot

gering

vorhanden

Quelle: *Meffert/Burmann/Kirchgeorg*, 2012, S. 107

häufig als besonders wichtige Einflussgrößen für das Auftreten einzelner Kaufentscheidungstypen angeführt (vgl. *Meffert/Burmann/Kirchgeorg*, 2012, S. 106).

Kaufmotive (»Warum wird gekauft?«)

Während sich die Fragen nach dem »Was wird gekauft?« und »Wann und wo wird gekauft?« (vgl. *Abbildung 8*) beispielsweise durch den Einsatz von Kundenkarten relativ einfach und schnell beantworten lassen, ist die Frage nach dem »Warum?«, also nach den zugrundeliegenden **Motiven** des Kaufverhaltens und der **-prozesse**, nicht ganz so einfach zu beantworten. Begründen lässt sich dies damit, dass die zugrundeliegenden Motive, Determinanten und Prozesse zumeist **nicht direkt beobachtbar** sind. Da ein solches Wissen um die Reaktion der Nachfrager auf z. B. externe Stimuli bzw. Reize (z. B. Produkteigenschaften, Preis, Werbung) die Grundlage für die Ableitung von Wettbewerbsvorteilen darstellt, ist es von besonderem Interesse für Unternehmen zu untersuchen, wie verschiedene **Determinanten** das Kaufverhalten beeinflussen und welche **Wirkungszusammenhänge** das Verhalten erklären können.

Wie das menschliche Verhalten im Allgemeinen ist auch das Kaufverhalten ein komplexes Untersuchungsfeld, welches durch eine hohe Anzahl an Einflussfaktoren geprägt ist. Um diese Komplexität handhabbar zu machen, wird auf **Modelle** zurückgegriffen. Im Folgenden werden diese Modelle des Kaufverhaltens und damit einhergehend die Frage »Warum wird gekauft?« näher betrachtet.

Schwierigkeiten der Bestimmung von Kaufmotiven und -prozessen

1.1.1.3 Modelle des Kaufverhaltens von Konsumenten

Arten von Modellen

Stark vereinfacht können die vorherrschenden Modellansätze des Kaufverhaltens von Konsumenten in **behavioristische** (Black-Box-/S-R-Modelle) **Erklärungsansätze**, **neobehavioristische Erklärungsansätze** (Struktur-/S-O-R-Modelle) und **nutzenorientierte Auswahlmodelle** untergliedert werden (vgl. *Abbildung 15*).

Behavioristische Ansätze

Vertreter **klassischer behavioristischer Erklärungsansätze** gehen davon aus, dass **psychische Prozesse** des Nachfragers nicht beobachtbar und schwer zu erfassen sind. Sie versuchen daher, das Kaufverhalten aufbauend auf der **vereinfachten Annahme** zu analysieren, dass bestimmte beobachtbare und messbare Reize (S – Stimuli) eine unmittelbar sichtbare Reaktion bzw. Handlungen (R – Response) hervorrufen. Das sichtbare Verhalten eines Nachfragers (z. B. der Kauf eines bestimmten Parfums) stellt eine Funktion von Reizen (z. B. Werbeanzeige, Verpackungsgestaltung und Preis des Parfums) dar, die im Augenblick wirksam sind oder es früher waren. Die psychischen Prozesse, die Brücke zwischen Input (Stimulus) und Output (Response), bleiben hier allerdings im Dunkeln. Daher wird in diesem Zusammenhang auch von Black-Box oder **S-R-Modellen** gesprochen.

Neobehavioristische Ansätze

Spätere **neobehavioristische Erklärungsansätze** richten ihren Blick hingegen auch auf **intrapsychische Prozesse**, die als intervenierende Variablen zwischen den beobachtbaren In- und Output-Variablen agieren. Diese Denkweise geht davon aus, dass Reize bzw. Signale im Organismus (O – Organism) nicht beobachtbare Vorgänge auslösen. Stimulusfaktoren und Organismus lösen dann gemeinsam eine Reaktion aus. Folglich werden solche Modelle als **S-O-R-Modelle** (Stimulus – Organism – Response) oder auch Strukturmodelle (die Black-Box wird strukturiert) bezeichnet (vgl. u. a. *Balderjahn/Scholderer*, 2007, S. 6). In *Abbildung 16* werden die beiden Erklärungsansätze im Vergleich noch einmal dargestellt.

Nutzenorientierte Ansätze

Schließlich wird in nutzenorientierten Auswahlmodellen die rationale Einflussgröße Nutzen in den Mittelpunkt gerückt. Solche Modelle sind nicht nur traditioneller Gegenstand mikroökonomischer Überlegungen, sondern auch in jüngerer Zeit im Marketing wieder in Mode gekommen.

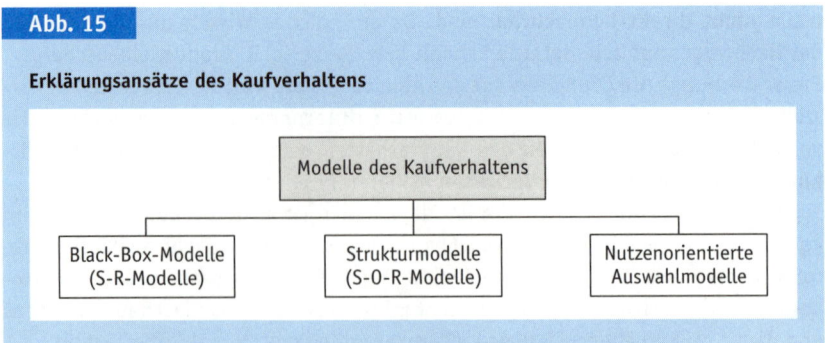

Abb. 15

Erklärungsansätze des Kaufverhaltens

Modelle des Kaufverhaltens

| Black-Box-Modelle (S-R-Modelle) | Strukturmodelle (S-O-R-Modelle) | Nutzenorientierte Auswahlmodelle |

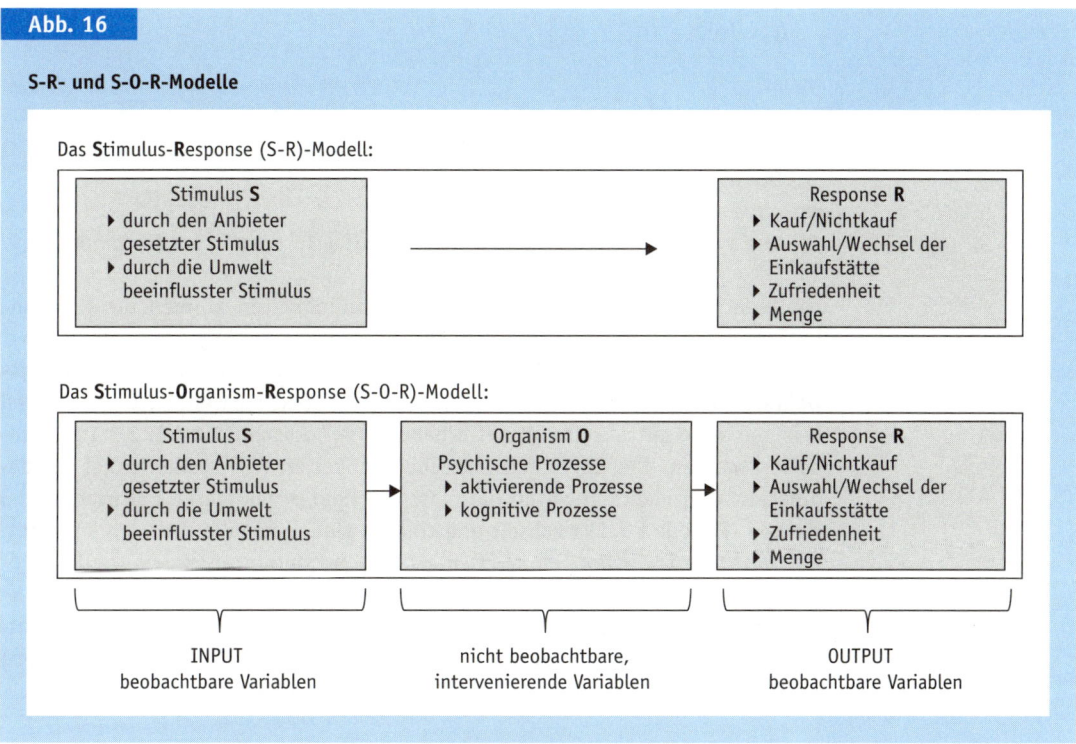

Abb. 16

S-R- und S-O-R-Modelle

Das **S**timulus-**R**esponse (S-R)-Modell:

Stimulus **S**	Response **R**
▸ durch den Anbieter gesetzter Stimulus ▸ durch die Umwelt beeinflusster Stimulus	▸ Kauf/Nichtkauf ▸ Auswahl/Wechsel der Einkaufstätte ▸ Zufriedenheit ▸ Menge

Das **S**timulus-**O**rganism-**R**esponse (S-O-R)-Modell:

Stimulus **S**	Organism **O**	Response **R**
▸ durch den Anbieter gesetzter Stimulus ▸ durch die Umwelt beeinflusster Stimulus	Psychische Prozesse ▸ aktivierende Prozesse ▸ kognitive Prozesse	▸ Kauf/Nichtkauf ▸ Auswahl/Wechsel der Einkaufsstätte ▸ Zufriedenheit ▸ Menge

| INPUT
beobachtbare Variablen | nicht beobachtbare,
intervenierende Variablen | OUTPUT
beobachtbare Variablen |

S-R-Modelle

In S-R-Modellen werden Kaufentscheidungsprozesse nicht im Detail rekonstruiert. Beim Markov-Modell (Fluktuationsmodell) etwa wird der individuelle Kaufentscheidungsprozess durch einen stochastischen Zufallsprozess ersetzt (vgl. *Berndt*, 1996, S. 101). Der **Zweck der Modellbildung** ist es dabei, die Wahrscheinlichkeit (responseprobability) der Wahl einer bestimmten Marke, Einkaufstätte, Einkaufszeitpunkt etc. zu ermitteln (vgl. *Nieschlag/Dichtl/Hörschgen*, 2002, S. 625 f.).

Dem Markov'schen Grundmodell der Markenwahl liegen folgende **Prämissen** zu Grunde (vgl. *Berndt,* 1996, S. 101):
▸ vorgegebene konstante Zahl von Marken,
▸ diskrete Betrachtungsweise,
▸ stochastische Abhängigkeit erster Ordnung zwischen den Käufen der Marke im Zeitablauf, d. h. die Markenwahl ist nur abhängig von der Vorperiode,
▸ konstante Übergangswahrscheinlichkeiten,
▸ das Kaufverhalten ändert sich während des gesamten Prozesses nicht und
▸ pro Periode: Kauf einer Marke, immer derselben Menge.

Den Ausgangspunkt des Modells liefern die **Ausgangskaufwahrscheinlichkeiten** (für verschiedene Marken) zum Zeitpunkt t = 0:

Grundansatz von
S-R-Modellen

Modell von Markov

Startpunkt: Ausgangs-
kaufwahrscheinlich-
keiten

$$Q^0 = \left(Q_1^0, ..., Q_i^0, ..., Q_m^0 \right) \tag{2}$$

wobei

$$\sum_{i=1}^{m} Q_i^0 = 1 \tag{3}$$

mit
Q_i^0 = Kaufwahrscheinlichkeit Q der Marke i (i = 1, ..., m) zum Zeitpunkt t = 0.

Zur Berechnung der Ausgangskaufwahrscheinlichkeiten können die Marktanteile zum Zeitpunkt t = 0 herangezogen werden.

Bestimmung von Übergangswahrschein-lichkeiten

Daneben sind für die Ermittlung der responseprobability die **Übergangs-wahrscheinlichkeiten** (die Marken-Loyalitätsindizes) notwendig. Diese können beispielsweise mittels einer Panel-Erhebung (vgl. Abschnitt 2 A II 2.3.1.2.4) generiert werden. Die Übergangswahrscheinlichkeiten (P_{ij}) stellen dabei die bedingten Wahrscheinlichkeiten dar, dass der Käufer von Marke i (Periode t) zu Marke j (Periode t + 1) wechselt und sind im Modell für alle Perioden konstant. Der Fall, dass i = j wird, kann dabei als Markentreue interpretiert werden, wohingegen i ≠ j den Markenwechsel widerspiegelt.

Prognose zukünftiger Kaufwahrscheinlich-keiten

Aus den Ausgangswahrscheinlichkeiten und den (bedingten) Übergangswahrscheinlichkeiten (**Fluktuationsmatrix**) lassen sich die (unbedingten) Kaufwahrscheinlichkeiten für die Folgeperioden prognostizieren.

Prognose der Kaufwahrscheinlichkeiten in t + 1:

$$Q^{t+1} = \left(Q_1^{t+1}, ..., Q_i^{t+1}, ..., Q_m^{t+1} \right) = Q^t = P_{ij} \tag{4}$$

zusätzlich mit
P_{ij} = Übergangswahrscheinlichkeit von Marke i zu Marke j.

Markov-Ketten

Darüber hinaus kann unter Bezugnahme auf die Ausgangswahrscheinlichkeiten und die Übergangswahrscheinlichkeiten ein **Gleichgewichtszustand** der einzelnen Marken ermittelt werden. In diesem Zusammenhang wird von **Markov-Ketten** gesprochen. Für Kaufwahrscheinlichkeiten im Gleichgewichtszustand muss gelten, dass sich bei einer erneuten Anwendung der Übergangsmatrix dieselben Kaufwahrscheinlichkeiten ergeben (Gleichgewichts-/Konvergenzzustand):

$$(t \rightarrow \infty): Q^{t+1} = Q^t \tag{5}$$

Im Konvergenzzustand bleibt die Verteilung der Markenwahlwahrscheinlichkeiten gleich. Ein statistisches Gleichgewicht wird erreicht, d. h. dass sich die Zu- und Abgänge der Markenwahl kompensieren. Dies bedeutet jedoch nicht, dass alle Käufer stets bei der gewählten Marke bleiben.

Modell-Nutzen und -Kritik

Der wesentliche Nutzen des Markov-Modells ist darin zu sehen, dass die Auswirkungen des individuellen Kaufverhaltens auf die Marktanteile relativ leicht prognostiziert werden können. Kritisch zu betrachten ist jedoch die **geringe verhaltenswissenschaftliche Fundierung** aufgrund der stochastischen Abhän-

Fallbeispiel 6

Wish & Weg

Der Marktforschungsabteilung des Verbrauchsgüterherstellers Wish & Weg liegen folgende Zahlen bezüglich des Wieder- bzw. Wechselkaufverhaltens der Kunden auf dem nicht wachsenden Markt für Bodenwischtücher vor (vgl. *Abbildung 17*).

Dabei stellt A die eigene Marke Wish & Weg und B die Konkurrenzmarke dar. Alle übrigen im Markt befindlichen Handelsmarken werden unter C zusammengefasst.

t t−1	Wish & Weg	B	C	Summe (Gesamtzahl der Käufe in t−1)
Wish & Weg	1.750	250	400	2.400
B	0	1.500	2.500	4.000
C	1.000	1.250	1.350	3.600
Summe (Gesamtzahl der Käufe in t)	2.750	3.000	4.250	10.000

Abb. 17: Verkaufszahlen in t und t-1

Aus diesen Angaben können die langfristigen Marktanteile von Wish & Weg, der Konkurrenzmarke und der Handelsmarken unter Annahme der Markov-Modellierung im Gleichgewichtszustand ermittelt werden. Zunächst sind hierzu die Übergangswahrscheinlichkeiten zu ermitteln (vgl. *Abbildung 18*).

	Wish & Weg	B	C
Wish & Weg	0,730	0,100	0,170
B	0,000	0,375	0,625
C	0,278	0,347	0,375

Abb. 18: Übergangswahrscheinlichkeiten

Die Loyalität zu Wish & Weg-Bodentüchern liegt bei 73 %. Jedoch liegt die Übergangswahrscheinlichkeit von Konkurrenzmarke B bei 0 % und von den Handelsmarken wechseln rund 28 % zu Wish & Weg.

Im Konvergenzzustand gilt:

$$\overline{Q} \cdot P_{ij} = \overline{Q} \tag{6}$$

wobei

$$\sum_{i=1}^{m} Q_i^t = 1 \tag{7}$$

bzw.

$$\left(Q_A; Q_B; \left(1 - Q_A - Q_B\right)\right) \cdot P_{ij} = \left(Q_A; Q_B; \left(1 - Q_A - Q_B\right)\right) \tag{8}$$

zusätzlich mit

Q_A = Kaufwahrscheinlichkeit von Wish & Weg,
Q_B = Kaufwahrscheinlichkeit der Konkurrenzmarke B,
Q_C = Kaufwahrscheinlichkeit der Handeksmarken C.

Damit ergeben sich die konstanten Marktanteile von Wish & Weg = 37 %; B = 26 % und C = 36 %.

gigkeit erster Ordnung und den konstanten Übergangswahrscheinlichkeiten einhergehend mit einer unterstellten Unfähigkeit zum Lernen der Individuen.

S-O-R-Modelle

Im Bereich der S-O-R-Modelle kann zwischen

▸ Totalmodellen (1) und
▸ Partialmodellen (2)

unterschieden werden.

Bei Partialmodellen werden lediglich **Ausschnitte** des Verhaltens von Nachfragern erfasst. Hingegen wird bei Totalmodellen versucht, **sämtliche Variablen** des Kaufentscheidungsprozesses wiederzugeben. Die Komplexität von Totalmodellen, wie auch die Schwierigkeit der praktischen Anwendung und ihre geringe empirische Bestätigung hat dazu geführt, dass die meisten Modelle Partialmodelle des Kaufverhaltens sind.

(1) S-O-R-Totalmodell am Beispiel des Modells von Howard/Sheth

Exemplarisch für Totalmodelle des Käuferverhaltens kann das deduktive Modell von *Howard/Sheth* (1969) angeführt werden (weitere Totalmodelle vgl. u. a. *Blackwell/Miniard/Engel,* 2006; *Engel/Blackwell/Kollat*, 1973; *Nicosia,* 1966).

Dieses Modell geht von der Grundstruktur aus, dass ein Nachfrager infolge des Einwirkens dargebotener Stimuli (S) verschiedene psychische Phasen (O – Organism) durchläuft, bis er eine Entscheidung (R – Response) trifft. Um die Black-Box möglichst umfassend zu erklären, wird die psychische Phase in eine Reihe durch Informationsflüsse und Rückkopplungseffekte vernetzte theoretische Konstrukte unterteilt, die entweder dem Subsystem der Wahrnehmung oder aber dem Subsystem des Lernens angehören (vgl. *Abbildung 19*).

Inputvariablen sind die Stimuli, die einen Nachfrager erreichen und welche Erregungen des Organismus auslösen. Die Stimuli werden im Bereich der **Wahrnehmungskonstrukte** aufgenommen. Treten Stimulusmehrdeutigkeiten auf, beispielsweise wenn Angaben von Freunden (Informationen aus sozialen Quellen) von den Informationen aus den Medien abweichen, können Reaktionen darauf ein erneutes Suchverhalten und/oder eine gesteigerte Aufmerksamkeit sein. In einem nächsten Schritt, eng damit verbunden, stehen die **Lernkonstrukte.** Die weitere Verarbeitung von Reizen hängt davon ab, ob die Individuen hierzu motiviert sind, welche Einstellung sie zur Marke haben, welches entscheidungsrelevante Wissen (Markenkenntnis) vorliegt und welcher Grad der Sicherheit mit der Entscheidung einhergeht. Als **Outputvariablen** werden schließlich der Kauf, aber auch die **Kaufabsicht**, **Einstellung**, **Markenkenntnis** und die **Aufmerksamkeit** angeführt.

Aufgrund der Komplexität des Modells ist die empirische Überprüfung nur schwer möglich. Gleichwohl liefert das Modell wertvolle Unterstützung in Bezug auf die Bestimmungsfaktoren des Käuferverhaltens (vgl. *Meffert/Burmann/ Kirchgeorg*, 2012, S. 143).

Abb. 19

Erklärungsmodell des Kaufverhaltens von *Howard/Sheth*

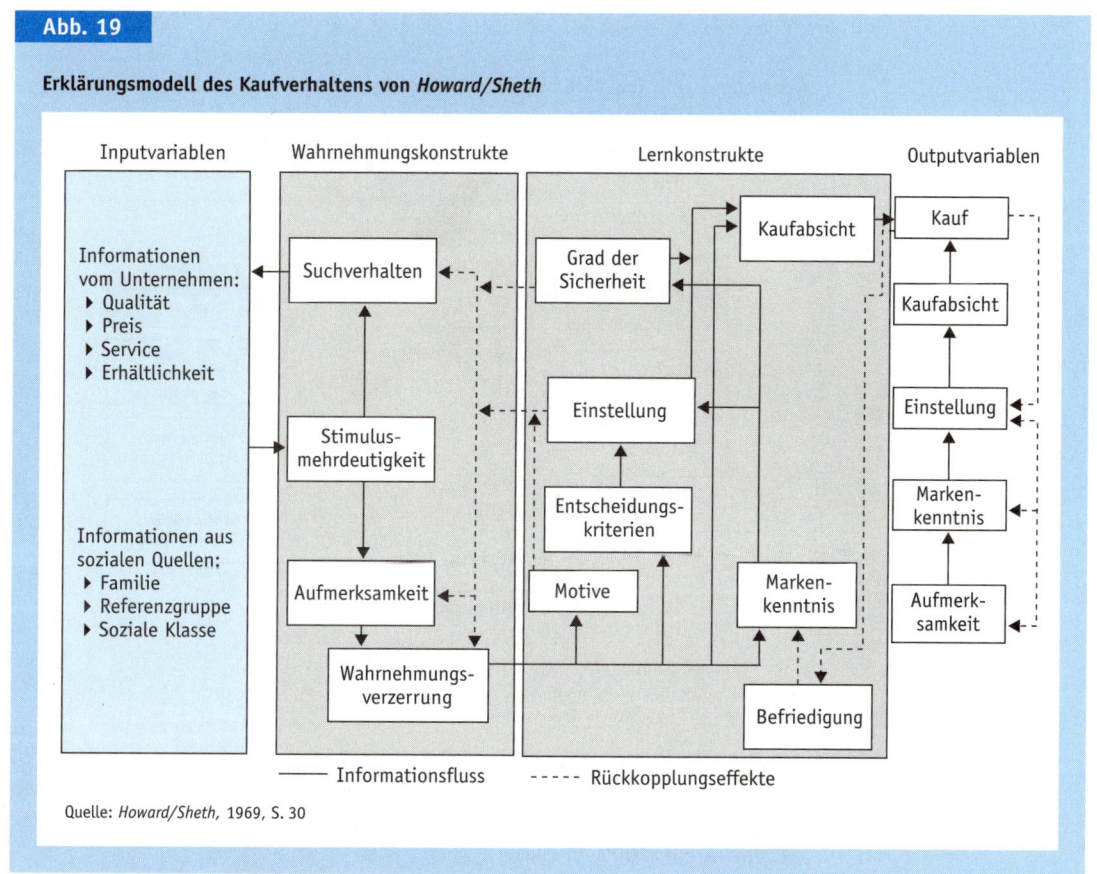

Quelle: *Howard/Sheth*, 1969, S. 30

(2) S-O-R-Partialmodelle

Im Rahmen von S-O-R-Partialmodellen werden einzelne Bestimmungsfaktoren auf das Verhalten von Nachfragern erfasst. *Abbildung 20* zeigt die Aufspaltung der psychischen Prozesse einerseits in aktivierende psychische Prozesse und andererseits in kognitive psychische Prozesse. Der Einstellung fällt dabei eine mittlere Position zwischen diesen Prozessen zu.

a) Aktivierende psychische Prozesse. Eine Grundlage intrapersonaler Bestimmungsfaktoren des Kaufverhaltens ist die Aktivierung (vgl. *Meffert/Burmann/Kirchgeorg*, 2012, S. 109). »Die Aktivierung stellt die Grunddimension aller Antriebsprozesse dar, versorgt den Organismus mit Energie und versetzt ihn in einen Zustand der Leistungsfähigkeit und -bereitschaft« (*Foscht/Swoboda*, 2011, S. 37). Die Aktivierung eines Nachfragers ist somit ein **innerer Erregungszustand** (**psychische Aktivität**), der den Konsumenten zu Handlungen stimuliert. Emotionale, kognitive und physische Reize können Aktivierung hervorrufen (vgl. *Abbildung 21*).

Arten psychischer Prozesse

Definition »Aktivierung«

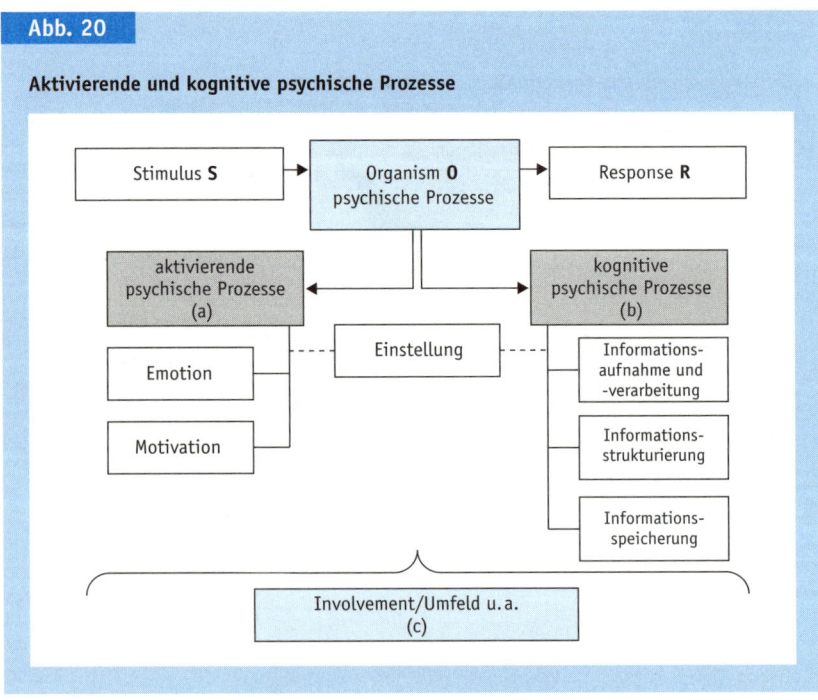

Abb. 20

Aktivierende und kognitive psychische Prozesse

▸ **Emotionale Reize** gehören zum klassischen Instrumentarium der Werbung. Hierbei wird beispielsweise mit Schlüsselreizen, wie dem weiblichen Busen oder den Augen eines Menschen gearbeitet (vgl. *Kroeber-Riel/Weinberg/ Gröppel-Klein*, 2009, S. 79 ff.).

▸ **Kognitive Reize** lösen Aktivierung durch gedankliche Konflikte, Widersprüche oder Überraschungen aus, welche die Informationsverarbeitung stimulieren (vgl. *Meffert/Burmann/ Kirchgeorg*, 2012, S. 110).

▸ **Physische** (physikalische) **Reize** aktivieren durch Größe, Farben, Gerüche, Töne etc. (vgl. *Kroeber-Riel/Weinberg/Gröppel-Klein*, 2009, S. 79 ff.).

Abb. 21

Beispiele für verschiedene Reize

Der Zusammenhang zwischen Aktivierung und Leistung des menschlichen Organismus lässt sich durch die sogenannte **Lambda-Hypothese** beschreiben (vgl.
Abbildung 22). Diese besagt, dass mit zunehmender Aktivierung die Leistungsfähigkeit eines Individuums zunächst ansteigt, um ab einer bestimmten Akti-
vierungsstärke wieder abzufallen (umgekehrte U-Funktion, vgl. *Kroeber-Riel/
Weinberg/Gröppel-Klein*, 2009, S. 85).

Zusammenhang
Aktivierung und Leistung

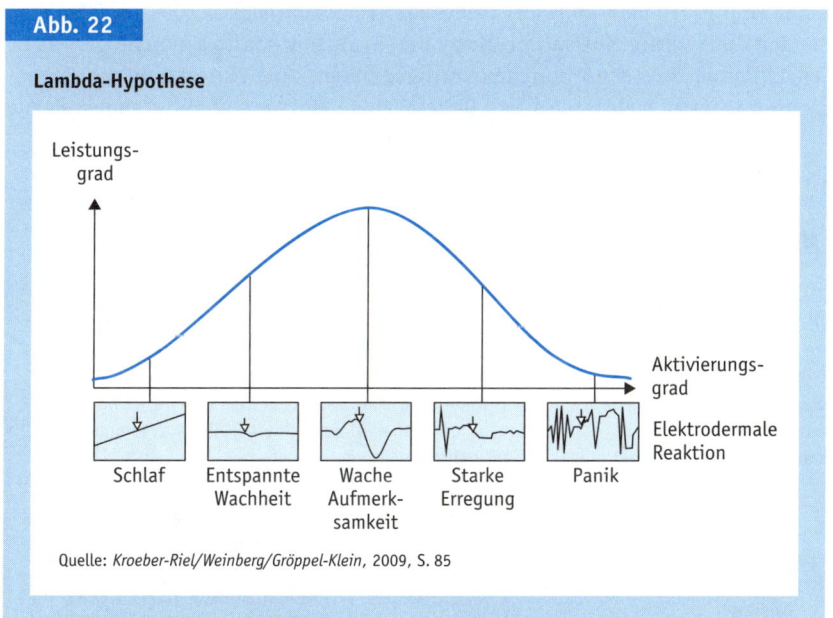

Abb. 22

Lambda-Hypothese

Leistungs-
grad

Aktivierungs-
grad

Elektrodermale
Reaktion

Schlaf · Entspannte Wachheit · Wache Aufmerk-samkeit · Starke Erregung · Panik

Quelle: *Kroeber-Riel/Weinberg/Gröppel-Klein*, 2009, S. 85

Für das Marketing bedeutet dies, dass ein gewisser Grad an Aktivierung erreicht
werden sollte, da bei zunehmendem **Aktivierungsniveau** die Informations- bzw.
Reizverarbeitung zunächst effizienter wird. Ab einer gewissen Aktivierungs-
stärke fällt die Leistungsfähigkeit jedoch wieder ab (vgl. *Kroeber-Riel/Wein-
berg/Gröppel-Klein*, 2009, S. 85 f.).

Emotion. Eine zweite Stufe der **intrapersonalen Bestimmungsfaktoren** des
Kaufverhaltens stellen Emotionen dar (vgl. *Meffert/Burmann/Kirchgeorg*, 2012,
S. 112). »Emotionen sind das trojanische Pferd, um Menschen (kognitiv) zu erreichen. **Emotionen** sind Erregungsvorgänge, die angenehm oder unangenehm
empfunden werden und mehr oder weniger bewusst sind« (*Kroeber-Riel/Wein-
berg*, 2003, S. 106). »Emotionen ergeben sich aus einer Aktivierung und einer
Interpretation« (*Foscht/Swoboda*, 2007, S. 34).

Definition »Emotion«

Emotionen werden im Marketing häufig eingesetzt. Beispielsweise werden in
der Werbung emotionale Reize initiiert. So wird z. B. das sogenannte »Kind-
chenschema« eingesetzt. Beim Betrachter sollen der Fürsorgeinstinkt und die

Sympathie durch das Aufzeigen von kleinkindtypischen Merkmalen wie einem großen Kopf und großen Augen geweckt werden.

Definition »Motivation«

Motivation. Eng verbunden mit emotionalen Vorgängen ist die menschliche **Motivation** (vgl. *Meffert/Burmann/Kirchgeorg*, 2012, S. 121). »Motivation ist die psychische Antriebskraft, die das Handeln mit Energie versorgt und auf ein Ziel ausrichtet (aktivierende Motive). Motivation ergibt sich aus Emotionen und aus einer kognitiven Handlungsorientierung« (*Foscht/Swoboda*, 2007, S. 52). Zwar werden die Begriffe Motivation, Motiv und Bedürfnis häufig synonym verwandt, jedoch lassen sich diese durchaus differenzieren: »Die Motivation von Konsumenten umfasst mehrere Motive. Die einzelnen **Motive** stehen in engem Bezug

---

Fallbeispiel 7

Motivtheorie nach *Maslow*

Maslow (1975) hat in seiner Motivtheorie eine Klassifikation von Bedürfnissen in fünf Stufen vorgenommen, von der untersten Stufe, die durch die physiologischen Grundbedürfnisse besetzt wird, bis zur obersten Stufe, die für das Streben nach Selbstverwirklichung steht (vgl. *Abbildung 23*). Nach *Maslow* werden Bedürfnisse auf einer höherliegenden Stufe erst dann handlungs-, also hier kaufentscheidungsrelevant, wenn die darunterliegenden Bedürfnisse (bis zu einem bestimmten Anspruchsniveau) befriedigt sind.

Wenngleich auf die Maslow-Pyramide häufig Bezug genommen wird, ist die empirische Relevanz zu hinterfragen (vgl. *Foscht/Swoboda*, 2011, S. 57). Beispielsweise ist zu beobachten, dass das Geltungsbedürfnis, welches sich z. B. in Markenkleidung manifestiert, befriedigt wird, obwohl z. B. das Sicherheitsbedürfnis nach einer Altersversorgung noch nicht befriedigt wurde.

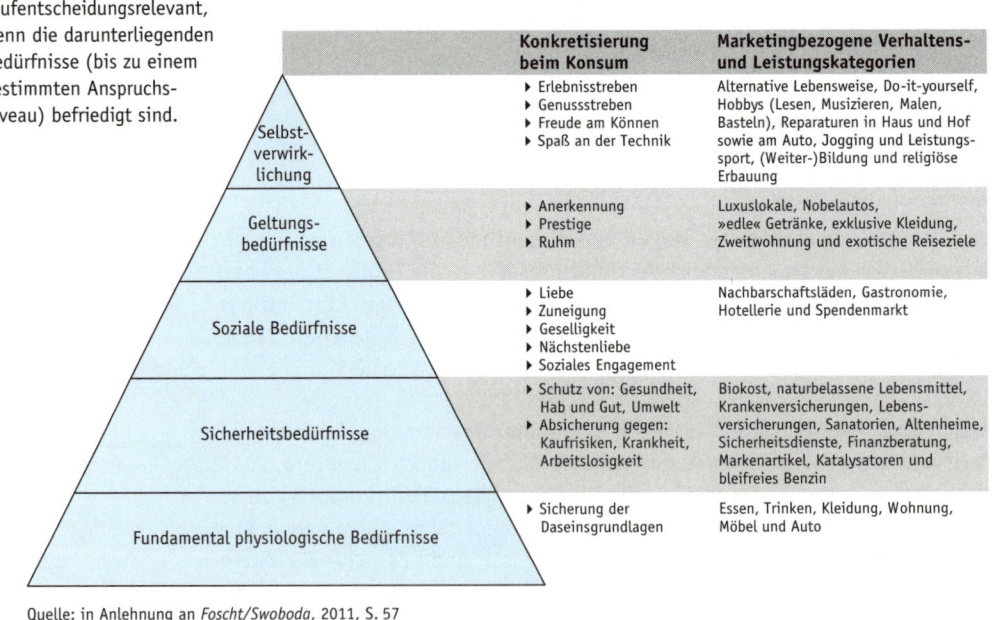

	Konkretisierung beim Konsum	Marketingbezogene Verhaltens- und Leistungskategorien
Selbstverwirklichung	▸ Erlebnisstreben ▸ Genussstreben ▸ Freude am Können ▸ Spaß an der Technik	Alternative Lebensweise, Do-it-yourself, Hobbys (Lesen, Musizieren, Malen, Basteln), Reparaturen in Haus und Hof sowie am Auto, Jogging und Leistungssport, (Weiter-)Bildung und religiöse Erbauung
Geltungsbedürfnisse	▸ Anerkennung ▸ Prestige ▸ Ruhm	Luxuslokale, Nobelautos, »edle« Getränke, exklusive Kleidung, Zweitwohnung und exotische Reiseziele
Soziale Bedürfnisse	▸ Liebe ▸ Zuneigung ▸ Geselligkeit ▸ Nächstenliebe ▸ Soziales Engagement	Nachbarschaftsläden, Gastronomie, Hotellerie und Spendenmarkt
Sicherheitsbedürfnisse	▸ Schutz von: Gesundheit, Hab und Gut, Umwelt ▸ Absicherung gegen: Kaufrisiken, Krankheit, Arbeitslosigkeit	Biokost, naturbelassene Lebensmittel, Krankenversicherungen, Lebensversicherungen, Sanatorien, Altenheime, Sicherheitsdienste, Finanzberatung, Markenartikel, Katalysatoren und bleifreies Benzin
Fundamental physiologische Bedürfnisse	▸ Sicherung der Daseinsgrundlagen	Essen, Trinken, Kleidung, Wohnung, Möbel und Auto

Quelle: in Anlehnung an *Foscht/Swoboda*, 2011, S. 57

Abb. 23: Bedürfnis-Pyramide nach *Maslow*

zu den Bedürfnissen: Motivation ist auf die Befriedigung von Bedürfnissen ausgerichtet. Motive liegen also bestimmten Bedürfnisse zu Grunde.« (*Homburg*, 2012, S. 32). Um dem Ziel des Marketing, der Kreation und Umsetzung von KKVs nachzukommen, sind Kenntnisse und Interpretationen von Kundenwünschen bzw. -bedürfnissen bedeutsam. Durch Marktforschungsaktivitäten und die Integration von Kunden in den Leistungserstellungsprozess versuchen Anbieter, möglichst viele Informationen über die Bedürfnisse und Motive ihrer Kunden zu erlangen.

Einstellung. Eine bedeutsame und vielfach herangezogene Bestimmungsgröße des Kaufverhaltens von Nachfragern ist die **Einstellung**. Die Einstellung spiegelt eine relativ zeitbeständige **innere Denkhaltung** eines Nachfragers gegenüber einer Person, einem Thema oder einer Sache wider (vgl. *Homburg*, 2012, S. 41). Bei der Analyse und Interpretation von Einstellungen lassen sich drei Komponenten unterscheiden (**Drei-Komponenten-Theorie** der Einstellung) (vgl. *Foscht/ Swoboda*, 2011, S. 71 f.):

▶ **affektive Komponente** (fühlen): gefühlsmäßige Einschätzung des betrachteten Objektes
▶ **kognitive Komponente** (denken): subjektives Wissen, das Denken sowie die Erfahrung in Bezug auf ein Objekt
▶ **konative Komponente** (wollen): mit der Einstellung verbundene Handlungstendenz (d. h. Verhaltensabsicht)

Definition »Einstellung«

Komponenten einer Einstellung

Die Bedeutung der Einstellung für die Kaufverhaltensforschung ist insbesondere auf die konative Komponente und deren Wirkung auf die Verhaltensabsicht zurückzuführen. Unter zahlreichen **Messansätzen** zur Erfassung von Einstellungen sind die Konzeptionen von *Fishbein* und *Trommsdorff* die bekanntesten und am weitesten verbreiteten (vgl. *Meffert/Burmann/Kirchgeorg*, 2012, S. 127).

Dem mehrdimensionalen **Modell von Fishbein** (1963, vgl. *Abbildung 24*) liegen vier Hypothesen zugrunde:

Einstellungsmessung

Fishbein-Modell

▶ Jede/s Person/Thema/Sache (Produkt oder Marke) hat nur wenige einstellungsrelevante Merkmale.
▶ Die Einstellung besteht aus der subjektiven Kenntnis der relevanten Merkmale und deren Bewertung.
▶ Der Beitrag eines Merkmals zur Gesamteinstellung ergibt sich als Produkt aus dem Wert der subjektiven Kenntnis und der Bewertung.
▶ Die Gesamteinstellung ergibt sich als Summe über die Einschätzung der einzelnen Eigenschaften.

Die subjektive Kenntnis oder Wahrnehmung der Merkmale wird dabei zumeist als Wahrscheinlichkeit dafür, dass ein Objekt ein Merkmal besitzt, erfasst. Dadurch wird berücksichtigt, dass ein Nachfrager möglicherweise nicht mit Sicherheit bewerten kann, inwieweit eine bestimmte Eigenschaft/ein bestimmtes Merkmal bei einem Produkt wirklich gegeben ist.

Einstellungsmodelle von *Fishbein* und *Trommsdorff*

Fishbein-Modell

$$A_{ik} = \sum_{j=1}^{n} B_{ijk} \cdot a_{ijk}$$

A_{ik} = Einstellung der Person i
  zu Objekt k

B_{ijk} = Wahrscheinlichkeit dafür, dass ein
  Objekt k nach Meinung des Befragten
  i eine bestimmte Eigenschaft/
  ein bestimmtes Merkmal j besitzt

A_{ijk} = Bewertung des Objektmerkmals j
  beim Objekt k durch Person i

Trommsdorff-Modell

$$E_{ik} = \sum_{j=1}^{n} |B_{ijk} - I_{ij}|$$

E_{ik} = Einstellung der Person i zu
  Objekt k

B_{ijk} = Tatsächlicher Eindruck des
  j-ten Merkmals in Hinblick auf
  Objekt k bei Person i

I_{jk} = Idealbild des j-ten Merkmals
  für Objekte der gleichen Klasse

Trommsdorff-Modell

Auch beim **Modell von Trommsdorff** (1975) ist der Ansatz der Multiattributivität gegeben, allerdings werden in diesem Modell die Merkmale oder Eigenschaften eines Objekts (Person, Produkt, Dienstleistung, Marke, Thema etc.) ins Verhältnis zur Idealvorstellung gesetzt (vgl. *Abbildung 24*). Die subjektiven Empfindungswerte der Idealvorstellung sind somit hier ebenfalls von Bedeutung.

Fallbeispiel 8

Airlines

Das Einstellungsmodell von *Trommsdorff* (1975) soll anhand eines Beispiels erläutert werden. Wir gehen davon aus, dass ein Nachfrager zwei Airlines (k = 1, 2) bewertet. Relevant sind hierbei die vier Eigenschaften (j =1, 2, 3, 4): Flug-Komfort, Unterhaltungsangebot, Service an Bord sowie Service am Boden und bei der Buchung (vgl. *Abbildung 25*).

Im vorliegenden Beispiel ist die Einstellung des Nachfragers gegenüber dem Airline-Anbieter 2 mit einem Wert von 5 positiver, denn der Einstellungswert liegt näher am Idealwert.

Merkmale (j)	Tatsächlicher Eindruck B_{ijk} (auf einer Skala von 1= »sehr schlecht« bis 6= »sehr gut«)		Idealbild I_{ij}	Einstellungswerte = $\mid B_{ijk} - I_{ij} \mid$	
	Anbieter 1	Anbieter 2		Anbieter 1	Anbieter 2
Flug-Komfort	2	5	5	3	0
Unterhaltungsangebot	1	4	6	5	2
Service an Board	2	6	5	3	1
Service am Boden und bei der Buchung	4	6	4	0	2
E_{ik}				11	5

Abb. 25: Beispielhafte Einstellungsrechnung

Während das Fishbein-Modell zur Einstellungsmessung lediglich eine Eigenschaftsbewertung und eine Eigenschaftswahrscheinlichkeit abfragt, gibt das Trommsdorff-Modell zusätzlich Auskunft über die Idealvorstellung. Hier dargestellt an der Bewertung einer Person, lassen sich die Einstellungswerte mehrerer Personen, beispielsweise über die Durchschnittsbildung, zu einem Gesamtimagewert aggregieren.

Modellvergleich

b) Kognitive psychische Prozesse. »Kognitive Vorgänge lassen sich als **gedankliche** [rationale] **Prozesse** kennzeichnen« (*Kroeber-Riel/Weinberg/Gröppel-Klein*, 2009, S. 274). Kognitive psychische Prozesse dienen der Informationsaufnahme, der gedanklichen Kontrolle des Verhaltens und seiner willentlichen Steuerung. In Analogie zur elektronischen Informationsverarbeitung können kognitive Vorgänge untergliedert werden in die Informationsaufnahme, die Informationsverarbeitung und die Informationsspeicherung (vgl. *Abbildung 26*; vgl. *Kroeber-Riel/Weinberg/Gröppel-Klein*, 2009, S. 274).

Bestandteile kognitiver Prozesse

Abb. 26

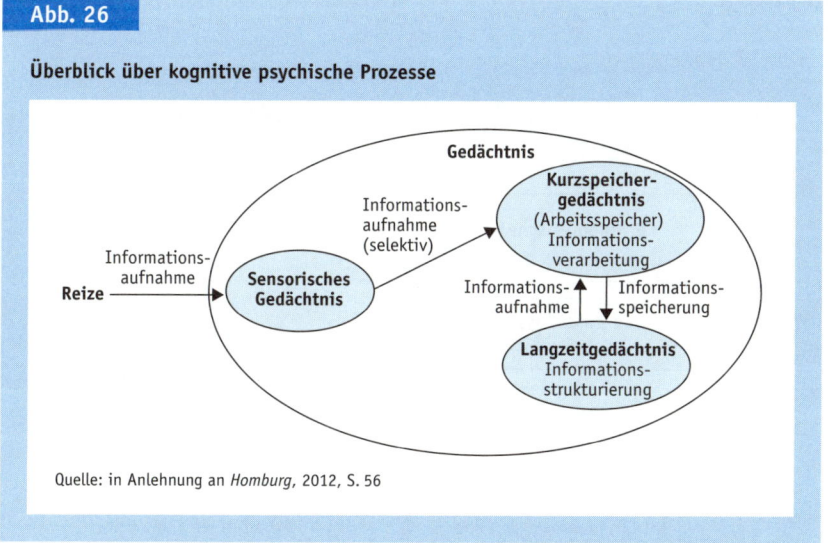

Überblick über kognitive psychische Prozesse

Quelle: in Anlehnung an *Homburg*, 2012, S. 56

Die **Informationsaufnahme** umfasst die Übernahme von Informationen bzw. Reizen ins Kurzzeit- bzw. Langzeitgedächtnis. Hier findet die eigentliche Verarbeitung statt. Reize, die nicht vom sensorischen Speicher in den Kurzzeitspeicher gelangen, werden nicht verarbeitet (vgl. *Foscht/Swoboda*, 2011, S. 85 f.). Die Informationsaufnahme stellt somit einen **Filter des Kaufverhaltens** dar und ist daher von großer Bedeutung (vgl. *Foscht/Swoboda*, 2011, S. 89). Nur wenn Informationen betrachtet oder fixiert werden, können diese weiterverarbeitet werden. Die **Blickaufzeichnungstechnik** oder **Blickregistrierung** ist ein Verfahren zur Nachverfolgung von Informationsaufnahmeprozessen, um »mit den Au-

Informationsaufnahme

gen des Kunden« zu sehen. Hier kann beispielsweise beobachtet werden, welche Punkte einer Werbeanzeige oder einer Internetseite betrachtet werden.

Informations-
verarbeitung

Die **Informationsverarbeitung** spiegelt den Prozess der **Wahrnehmung** wider, »durch den das Individuum Kenntnis von sich selbst und seiner Umwelt erhält« (*Kroeber-Riel/Weinberg/Gröppel-Klein*, 2009, S. 320). Aufgenomme Umweltreize und innere Signale werden zu einem eigenen, inneren Bild verarbeitet, sodass ein Sinn (bzw. Informationsgehalt) entsteht (vgl. *Foscht/Swoboda*, 2011, S. 99). Wie schon die Definition des KKV besagt, gilt es, durch Marketing Leistungsangebote zu schaffen, welche in der Wahrnehmung der Nachfrager als überlegen eingestuft werden (vgl. Abschnitt 1 B). Demnach genügt es nicht, objektiv bessere Leistungen anzubieten. Vielmehr geht es z.B. um den subjektiv wahrgenommenen Preis und eben nicht um den objektiv günstigeren Preis (vgl. *Kroeber-Riel/Weinberg/Gröppel-Klein*, 2009, S. 322).

Informationsspeicherung

Im Rahmen der **Informationsspeicherung** spielen Prozesse und Zustände wie Denken, Wissen und Lernen eine Rolle (vgl. *Foscht/Swoboda*, 2011, S. 112). »**Wissen** ist allgemein definiert als Kenntnis von bestimmten Sachverhalten (Muster) [...]« (*Foscht/Swoboda*, 2011, S. 113). »[...] **Denken** ist die Verknüp-

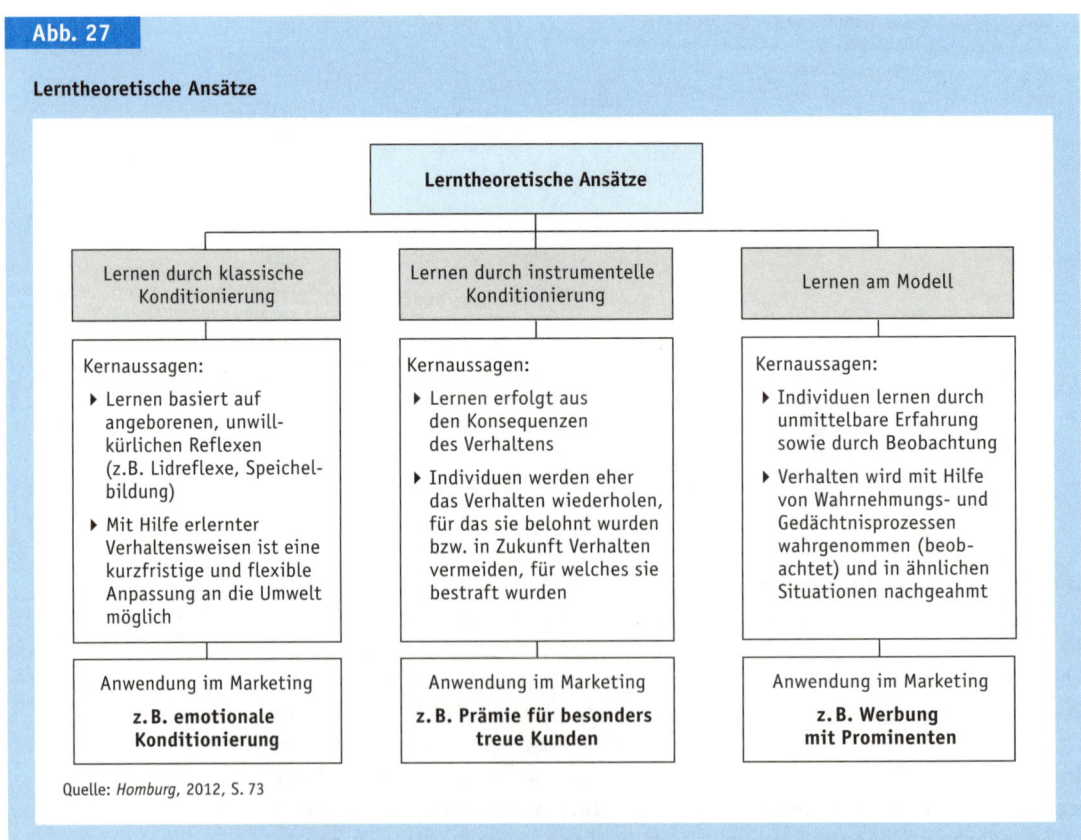

Abb. 27

Lerntheoretische Ansätze

Lerntheoretische Ansätze

| Lernen durch klassische Konditionierung | Lernen durch instrumentelle Konditionierung | Lernen am Modell |

Kernaussagen:
▸ Lernen basiert auf angeborenen, unwillkürlichen Reflexen (z.B. Lidreflexe, Speichelbildung)
▸ Mit Hilfe erlernter Verhaltensweisen ist eine kurzfristige und flexible Anpassung an die Umwelt möglich

Kernaussagen:
▸ Lernen erfolgt aus den Konsequenzen des Verhaltens
▸ Individuen werden eher das Verhalten wiederholen, für das sie belohnt wurden bzw. in Zukunft Verhalten vermeiden, für welches sie bestraft wurden

Kernaussagen:
▸ Individuen lernen durch unmittelbare Erfahrung sowie durch Beobachtung
▸ Verhalten wird mit Hilfe von Wahrnehmungs- und Gedächtnisprozessen wahrgenommen (beobachtet) und in ähnlichen Situationen nachgeahmt

Anwendung im Marketing
z.B. emotionale Konditionierung

Anwendung im Marketing
z.B. Prämie für besonders treue Kunden

Anwendung im Marketing
z.B. Werbung mit Prominenten

Quelle: *Homburg*, 2012, S. 73

fung von Wissen nach allgemeingültigen oder subjektiven Regeln zu neuem Wissen« (*Focht/Swoboda*, 2011, S. 112). **Lernen** wird definiert als »relativ überdauernde Änderung einer Verhaltensmöglichkeit aufgrund von Erfahrungen oder Beobachtungen« (*Kroeber-Riel/Weinberg/Gröppel-Klein*, 2009, S. 364).

Zur Erklärung von Lernprozessen lassen sich drei Ansätze unterscheiden (vgl. *Abbildung 27*). Das **Lernen durch klassische Konditionierung** beschreibt, dass das Verhalten durch das gemeinsame Auftreten zweier Reize gesteuert wird. Eine Kombination eines unkonditionierten Reizes mit einem neutralen Reiz ergibt eine unkonditionierte Reaktion. Durch mehrmaliges Wiederholen wird aus dem neutralen Reiz ein konditionierter Reiz, der selbstständig eine konditionierte Reaktion auslöst (vgl. *Pawlow*, 1953). Dies wird im Marketing bei der emotionalen Konditionierung genutzt. Ein anfänglich neutraler Reiz, z. B. eine Marke, wird gemeinsam mit einem unkonditionierten emotionalen Reiz (z. B. lachende Personen) kombiniert. Dies führt zur unkonditionierten Reaktion eines positiven Gefühls (aufgrund des emotionalen Reizes). Ziel ist es, dass nach mehrmaligem Wiederholen das alleinige Darbieten des neutralen Reizes, also der Marke, zu einer konditionierten Reaktion, hier im Beispiel einem positiven Gefühl, führt (vgl. *Homburg*, 2012, S. 72).

Das **Lernen durch instrumentelle oder operante Konditionierung** beschreibt die Wahrscheinlichkeitsänderung des Verhaltens aufgrund der resultierenden Konsequenz (beispielsweise Belohnung oder Bestrafung), welche das Verhalten tendenziell verstärken oder abschwächen kann. Der Unterschied zur klassischen Konditionierung besteht darin, dass die klassische Konditionierung zu einem eher passiven Lernen führt, während die operante Konditionierung einen aktiven Vorgang darstellt. Die operante Konditionierung wird im Marketing beispielsweise über Prämien oder Bonusprogramme praktiziert. Darüber hinaus stellt auch die Kundenzufriedenheit eine Belohnung für den Kauf des Nachfragers dar. Die Kundenzufriedenheit verstärkt das Kaufverhalten positiv, was zu einer höheren Wiederkaufintention führt (vgl. *Homburg*, 2012, S. 73)

Das **Lernen am Modell bzw. kognitive Lerntheorien** betrachten nicht nur reine Reiz-Reaktions-Verbindungen, beispielsweise spielen hier auch Gedächt-

Abgrenzung von Wissen, Denken, Lernen

Formen von Lernprozessen

Klassische Konditionierung

Operante Konditionierung

Lernen am Modell

Abb. 28

Beispiele für »Lernen am Modell«: die Alltagsfamilie vs. Stars als Vorbilder

nisprozesse eine Rolle. Gelernt wird durch Beobachtung von Verhalten. Das zuvor beobachtete Verhalten wird in ähnlichen Situationen nachgeahmt. Im Marketing findet das Lernen am Modell beispielsweise Anwendung bei der Werbung mit Prominenten oder aber dann, wenn Spitzensportler bestimmte Produkte konsumieren (vgl. *Abbildung 28*; vgl. *Homburg*, 2012, S. 74).

Bestimmungsfaktoren
des Involvements

c) Involvement. Das Involvement bzw. das innere Engagement mit dem sich ein Individuum einem Objekt widmet, hat einen wesentlichen **prädispositionalen Einfluss** auf das Kaufverhalten (vgl. *Homburg,* 2012, S. 38 f.). Empirische Studien zeigen, dass gering involvierte Nachfrager weniger Informationen suchen als hoch involvierte. Des Weiteren haben hoch involvierte Nachfrager aufgrund einer intensiveren kognitiven Verarbeitung einen höheren Anspruch an die Qualität und Glaubwürdigkeit der Informationen (vgl. *Foscht/Swoboda*, 2011, S. 137 f.). Neben diesem **personenspezifischen Involvement**, welches durch die individuelle Werthaltung eines Individuums bestimmt wird und das die Informationsneigung einer Person widerspiegelt, können im Wesentlichen zwei weitere Faktoren bei Involvement differenziert werden (vgl. *Foscht/Swoboda*, 2011, S. 137; *Trommsdorff*, 2004): Zum einen ist das **produkt- oder objektspezifische Involvement** zu nennen, welches das Engagement gegenüber einem Produkt oder einer Dienstleistung darstellt. Ist beispielsweise ein hohes Risiko mit einem Kauf verbunden, wird die Informationssuche und -verarbeitung intensiver sein. Zum anderen ist das **situationsspezifische Involvement** anzuführen. Dieses beschreibt das Involvement in der unmittelbaren Situation. Beispielsweise ist in einer Situation, in der die Zeit knapp ist – die U-Bahn fährt in wenigen Minuten ab –, das situationsspezifische Involvement gering. *Abbildung 29* zeigt die Bestimmungsfaktoren des Involvements im Überblick.

Weitere Determinanten des Kaufverhaltens. Neben den angesprochenen individuellen Faktoren, die das Kaufverhalten von Nachfragern beeinflussen können, kann auch das **soziale Umfeld** das Kaufverhalten prägen (vgl. *Abbildung 31*,

Einfluss des sozialen
Umfeldes

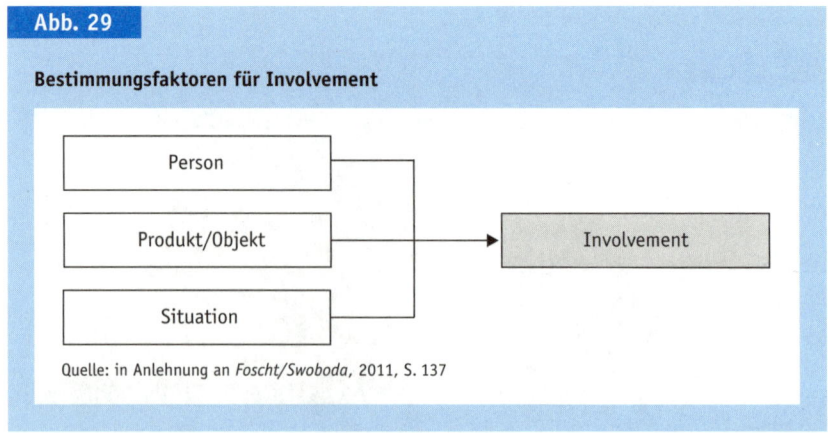

Abb. 29

Bestimmungsfaktoren für Involvement

Person

Produkt/Objekt

Situation

Involvement

Quelle: in Anlehnung an *Foscht/Swoboda*, 2011, S. 137

Fallbeispiel 9

Involvement

Häufig sind die Werbemittel von Produkten entsprechend dem produkt- oder objektspezifischen Involvement gestaltet. Wenn das produktspezifische Involvement hoch ist, dann ist das Werbeziel zumeist zu überzeugen, die Werbebotschaft ist lang, enthält wichtige Aspekte zum Produkt und will durch sachliche Informationen eine Einstellungsänderung herbeiführen. Demgegenüber ist das Werbeziel bei geringem produktspezifischen Invovlement zu kontaktieren, die kurze Botschaft ist emotional mit vielen Bildern gestaltet und die Wiederholdungsfrequenz der Botschaft ist hoch (vgl. *Trommsdorff,* 2004, S. 57).

In der Praxis orientieren sich Unternehmen allerdings nicht immer an dem beschriebenen Zusammenhang (vgl. linker Teil von *Abbildung 30*). *Abbildung 30* zeigt eine Anzeige, deren Gestaltung eher auf low Involvement abzielt, wenngleich von einem eher hohen produktspezifischen Involvement auszugehen ist (und vice versa; vgl. rechter Teil von *Abbildung 30*).

Abb. 30: Werbeanzeigen und Involvement

Nieschlag/Dichtl/Hörschgen, 2002, S. 619 ff.). Beispielsweise hat die **Bezugsgruppe** (Peer-Group) einen Einfluss auf das Kaufverhalten, indem ein Individuum Meinungen der Gruppe übernimmt: »Man hat ein Smartphone« oder »Man geht zu Starbucks Kaffee trinken«. Darüber hinaus können weitere Faktoren wie die Familienstruktur oder kulturelle Faktoren das Kaufverhalten prägen.

Peer-Group-Einfluss

Nutzenorientierte Auswahlmodelle

Während in den vorangegangenen Ausführungen über den Einfluss von inter- und intrapersonellen Faktoren Aussagen über das Kaufverhalten von Nachfragern getroffen wurden, liegt der Fokus bei den sogenannten nutzenorientierten Auswahlmodellen insbesondere auf der eher **rationaleren Einflussgröße des Nutzens** (vgl. *Homburg,* 2012, S. 111). Modelle der Mikroökonomie gehen davon

Einordnung der Modelle

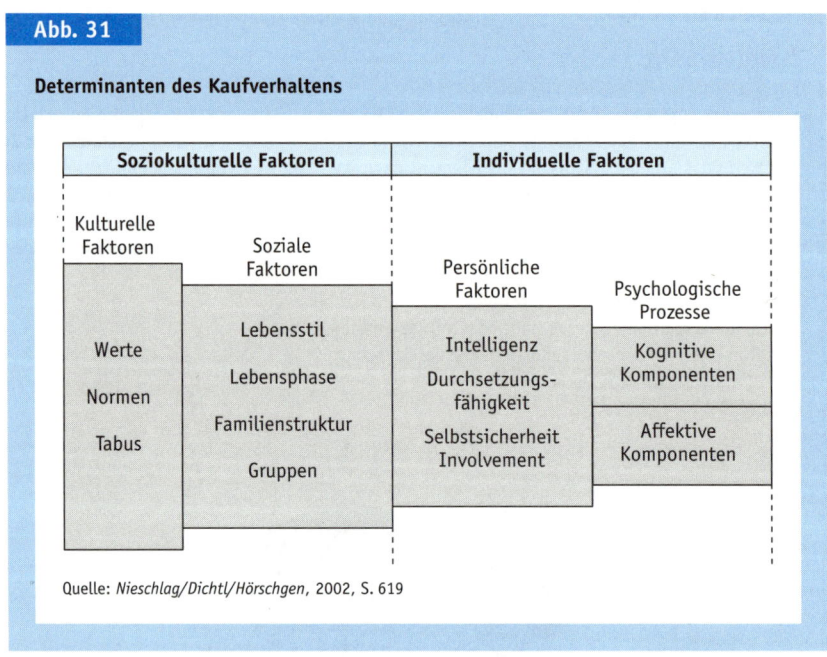

Abb. 31

Determinanten des Kaufverhaltens

Soziokulturelle Faktoren		Individuelle Faktoren	
Kulturelle Faktoren	Soziale Faktoren	Persönliche Faktoren	Psychologische Prozesse
Werte	Lebensstil	Intelligenz	Kognitive Komponenten
Normen	Lebensphase	Durchsetzungs-fähigkeit	
	Familienstruktur	Selbstsicherheit	Affektive Komponenten
Tabus		Involvement	
	Gruppen		

Quelle: *Nieschlag/Dichtl/Hörschgen*, 2002, S. 619

aus, dass jeder Entscheider seinen individuellen Nutzen durch seine Entscheidungen maximiert. Bei einer gegebenen Budgetrestriktion werden die Produkte (bzw. die Mengenkombination, die Eigenschaften u. a.) gewählt, die den größten Nutzen stiften (vgl. *Homburg,* 2012, S. 111). Ein ebensolches nutzenorientiertes Auswahlmodell legt die **Conjoint-Analyse** zugrunde (vgl. Abschnitt 2 A II 2.5.2). Sie folgt dem dekompositionellen Prinzip. Bewertungen von Nachfragern zu ganzheitlichen Produkt-/Dienstleistungskombinationen werden abgegeben und bei der Auswertung wird die Bewertung auf Merkmale und deren Ausprägungen zurückgeführt. Mithilfe der Ergebnisse können Fragen beantwortet werden wie: »Welche Merkmale eines Produktes sind besonders wichtig bzw. liefern einen großen Nutzen?« oder »Welches sind ›Ausschlusskriterien/-merkmale‹ für den Kauf einen bestimmten Produktes?«

Conjoint-Analyse als mögliche Messmethodik für Nutzen

1.1.2 Marktsegmentierung

1.1.2.1 Begriff und Grundlagen der Marktsegmentierung

Kundenspezifische vs. gesamtmarktbezogene Marktbearbeitung

Aus der Kaufverhaltensforschung liegen dem Unternehmen (im Idealfall) Informationen über alle relevanten Beschreibungsmerkmale des Kaufverhaltens von aktuellen und potenziellen Nachfragern vor, die für das Unternehmen zum relevanten Markt gehören. Da es sich bei den Nachfragern um Personen oder Unternehmen/Organisationen handelt, die durch individuelle, z. T. voneinander abweichende, Merkmale gekennzeichnet sind, stellt sich die Frage, ob eine am durchschnittlichen Kaufverhalten aller Nachfrager ausgerichtete Marktbearbeitung nicht mit der Gefahr verbunden ist, dass diese Bearbeitung angesichts der Streuung des Kaufverhaltens im Markt am Kaufverhalten vieler Kunden vorbeigeht. Da sich eine **kundenspezifische Marktbearbeitung** andererseits im Regelfall aus ökonomischen Gründen verbietet (in diesem Fall müsste für jeden Kunden eine individuelle Bearbeitung, etwa in Form einer kundenbezogenen Produktentwicklung, erfolgen), müssen Unternehmen prüfen, ob sie nicht anstatt einer kundenindividuellen Marktbearbeitung oder einer **gesamtmarktbezogenen Marktbearbeitung** einen Mittelweg wählen wollen. Dieser kann darin bestehen, dass der Gesamtmarkt zunächst in in sich weniger heterogene Teilmärkte, sogenannte **Segmente** untergliedert wird und anschließend eine Entscheidung darüber gefällt wird, welche der zuvor gebildeten Segmente mit spezifischen Marketing-Aktivitäten bearbeitet werden sollen. Die Bildung und Auswahl von Marktsegmenten wird in der Literatur dabei als Marktsegmentierung bezeichnet (vgl. z. B. *Homburg*, 2012; *Freter*, 2008; *Bauer*, 1976). Konkret wird in der Literatur unter Marktsegmentierung »die Aufteilung eines Gesamtmarktes in bezüglich ihrer Marktreaktion intern homogene und untereinander heterogene Untergruppen (Marktsegmente) sowie die Bearbeitung eines oder mehrerer dieser Marktsegmente verstanden« (*Meffert/Burmann/Kirchgeorg*, 2012, S. 186).

Definition »Marktsegmentierung«

Streng genommen ist die so verstandene Marktsegmentierung damit nicht allein dem Bereich der Situationsanalyse innerhalb einer Marketing-Konzeption zuzuordnen. Wird die Aufgabe der Situationsanalyse in der Abbildung und Analyse aktueller und potenzieller Märkte gesehen, dann gehört zur Situationsanalyse zwar die Unterteilung eines Gesamtmarktes in in sich homogene Segmente, nicht aber die anschließende Entscheidung über die zu bearbeitenden Marktsegmente. Diese Entscheidung gehört viel mehr in den Bereich der Marketing-Strategie, da hier eine grundsätzliche Entscheidung über die mittel- und langfristige Marktbearbeitungsform getroffen wird. Daher sind die Ausführungen zur **Marktsegmentierung (i. w. S.)** in diesem Buch zweigeteilt: In den sich anschließenden Abschnitten und damit im Bereich der Situationsanalyse wird die **Aufteilung des Gesamtmarktes** (**Marktsegmentierung i. e. S.**) vorgestellt. Fragen der **Segmentauswahl** werden hingegen im Abschnitt 2 C im Bereich der Marketing-Strategien diskutiert.

Einordnung der Marktsegmentierung

1.1.2.2 Ablaufschritte einer Marktsegmentierung

Um einen mehr oder weniger heterogenen Gesamtmarkt in in sich homogene Marktsegmente zu unterteilen, sind folgende **aufeinander aufbauende Ablaufschritte** zu vollziehen:

▸ Auswahl von Marktsegmentierungskriterien und
▸ Bildung von Segmenten.

1.1.2.2.1 Auswahl von Marktsegmentierungskriterien

Soll im Rahmen der Marktsegmentierung die Gesamtheit aller Nachfrager eines Marktes so in Gruppen zerlegt werden, dass diese Gruppen in sich homogen und untereinander möglichst heterogen sind, dann stellt sich die Frage, anhand

Bedeutung der Kriterienauswahl

welcher Kriterien die Gruppenbildung erfolgen soll. Die Auswahl der Kriterien ist dabei von zentraler Bedeutung, da hierdurch die Segmentbildung – und damit auch die spätere Marktbearbeitung – beeinflusst wird.

Überblick über Marktsegmentierungskriterien

Das Spektrum möglicher Marktsegmentierungskriterien, das in der Literatur diskutiert wird (vgl. hierzu z. B. die Übersichten bei *Meffert/Burmann/Kirchgeorg*, 2012, S. 195; *Sander,* 2011, S. 248; *Becker,* 2013, S. 251; *Homburg,* 2012, S. 472), ist dabei sehr breit. Grundsätzlich kommen als Segmentierungskriterien alle Merkmale von Kunden in Frage, die die Heterogenität des Kundenverhaltens (zumindest in Teilen) erklären. *Freter* (2008, S. 93) ordnet die **Vielzahl möglicher Segmentierungskriterien** drei unterschiedlichen Ebenen zu (vgl. *Abbildung 32*). Im Einzelnen sind dies die

> ▸ Reaktionsebene (1),
> ▸ Indikatorebene (2) und
> ▸ Nutzenebene (3).

Drei Ebenen für Segmentierungskriterien

(1) Reaktionsebene

Beispiele für Kundenreaktionskriterien

Eine erste Ebene von Marktsegmentierungskriterien setzt unmittelbar an den **Reaktionen von Kunden auf Marketing-Aktivitäten** an. Beispielsweise wird der Gesamtmarkt bei dieser Art der Segmentierung dahingehend unterteilt, inwieweit Nachfrager auf Preisaktionen wie z. B. Coupons, Gewinnspiele, das Angebot limitierter Produkteditionen oder Verkaufsförderungsmaßnahmen reagieren. Während früher gegen die Verwendung von Kundenreaktionskriterien angeführt wurde, dass sich diese nicht ausreichend genau messen lassen, ermöglichen es heute die Methoden des modernen **Data Based-Management** (vgl. exemplarisch *Winkelmann,* 2008, S. 367 ff.), diejenigen Kundengruppen im Gesamtmarkt zu identifizieren, die sich durch spezielle Marketing-Aktivitäten besonders gut ansprechen lassen. Häufig bilden dabei **Kundenkarten** die Basis für das Data Based-Management von Unternehmen. Indem einzelne Kaufprozesse mittels Kundenkarten exakt Nachfragern zeitlich und inhaltlich zugeordnet werden, lässt sich mithilfe des im Zeitablauf aufgebauten Datenbestandes untersuchen, welche Nachfrager tendenziell eher bereit sind, auf Marketing-Aktivitäten zu reagieren, und bei welchen Nachfragern Marketing-Aktivitäten erfolglos »verpuffen«.

(2) Indikatorebene

Vielzahl von Indikatorkriterien

Wenn sich allerdings Kundenreaktionen auf Marketing-Aktivitäten nicht unmittelbar messen lassen oder wenn sich für zukünftige, erstmals geplante Marketing-Aktivitäten aus Vergangenheitsdaten keine Reaktionen von Kunden abbilden lassen, bleibt Unternehmen häufig nichts anderes übrig, als **Indikatoren für Kundenreaktionen** auf Marketing-Aktivitäten innerhalb der Marktsegmentierung zu verwenden. Wie *Abbildung 32* zeigt, kommt dabei eine Vielzahl unterschiedlicher Marktsegmentierungskriterien als Indikatoren und damit quasi auf einer zweiten Ebene von Marktsegmentierungskriterien in Frage:

Abb. 32

Übersicht über Marktsegmentierungskriterien

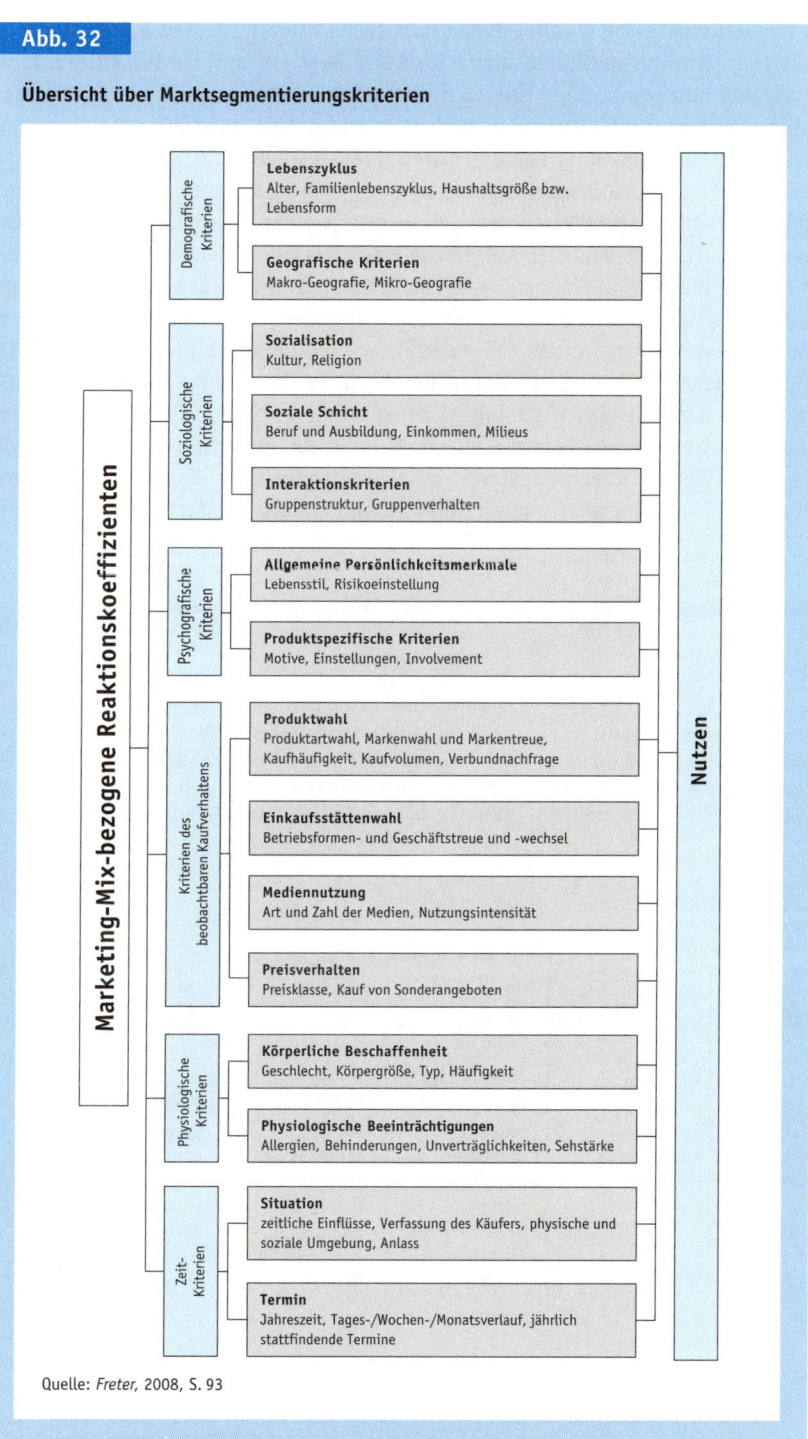

Quelle: *Freter*, 2008, S. 93

Demografische Kriterien. Bei demografischen Kriterien handelt es sich um allgemeine **Strukturmerkmale** eines Marktes. Bezogen auf Konsumgütermärkte kann bei demografischen Kriterien zusätzlich nochmals zwischen **Lebenszykluskriterien** (z. B. Alter oder Haushaltsgröße) und **geografischen** Kriterien (z. B. Wohnortgröße oder Region) unterschieden werden.

Beispiele für demografische Kriterien

Für geografische Segmentierungen können die Angebote großer Marktforschungsinstitute wie Nielsen oder GfK genutzt werden. Diese liefern auf der Makro-Ebene (i. d. R. regionale Aufteilung eines Marktes bis auf die Ebene von Gemeinden) oder auf der Mikro-Ebene (Aufteilung unterhalb der Gemeinde-Ebene) Informationen über das Kaufverhalten von Kunden. Dabei zeigen sich etwa im Bereich der Nahrungsmittel z. T. erhebliche Konsumunterschiede zwischen den verschiedenen Mikro- und Makro-Regionen in Deutschland. *Becker* (2013, S. 253) beschreibt dies wie folgt: »Vielfach repräsentieren schon einfache geografische Trennlinien – wie z. B. die Main-Linie als subkulturelle, landschaftlich geprägte Nord-/Südabgrenzung – sehr unterschiedliche Konsumpräferenzen. Während im Süden eher milde (süße) Feinkostsalate, Senfarten oder das nor-

---

Fallbeispiel 10

LEGO

Ein Beispiel für die Verwendung von Lebenszykluskriterien im Rahmen der Marktsegmentierung liefert der dänische Spielzeughersteller LEGO. Dieser hat seine Produkte am Lebensalter von Kindern ausgerichtet. Wie *Abbildung 33* zu entnehmen ist, bietet LEGO Spielzeug für null- bis zweijäh-rige Kinder, für drei- bis vierjährige Kinder usw. an. Die Verwendung des demografischen Kriteriums Alter bietet sich bei Kinderspielzeug besonders an, da sich die Fähigkeiten und damit die Spielzeug-Anforderungen von Kindern in Abhängigkeit vom Lebensalter stark verändern.

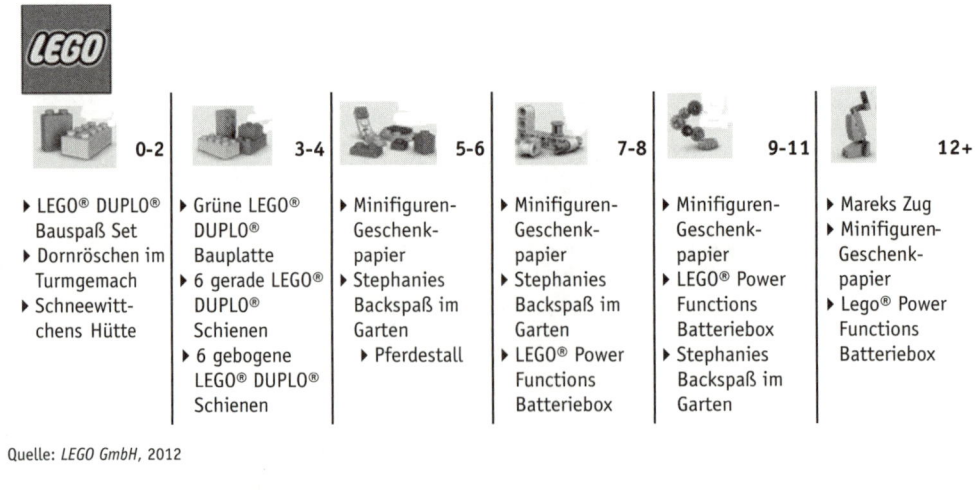

0-2	3-4	5-6	7-8	9-11	12+
▸ LEGO® DUPLO® Bauspaß Set ▸ Dornröschen im Turmgemach ▸ Schneewittchens Hütte	▸ Grüne LEGO® DUPLO® Bauplatte ▸ 6 gerade LEGO® DUPLO® Schienen ▸ 6 gebogene LEGO® DUPLO® Schienen	▸ Minifiguren-Geschenk-papier ▸ Stephanies Backspaß im Garten ▸ Pferdestall	▸ Minifiguren-Geschenk-papier ▸ Stephanies Backspaß im Garten ▸ LEGO® Power Functions Batteriebox	▸ Minifiguren-Geschenk-papier ▸ LEGO® Power Functions Batteriebox ▸ Stephanies Backspaß im Garten	▸ Mareks Zug ▸ Minifiguren-Geschenk-papier ▸ Lego® Power Functions Batteriebox

Quelle: *LEGO GmbH*, 2012

Abb. 33: Altersbezogene Segmentierung bei LEGO

male Vollbier bevorzugt werden, werden im Norden eher saure (scharfe) Salate und Senfarten oder das Pilsbier präferiert. Ähnliche »Konsumachsen-Verläufe« bestehen nach der Wiedervereinigung zwischen alten und neuen Bundesländern (West-/Ost-Unterschiede). Sie beziehen sich u. a. auf unterschiedliche Konsumintensitäten wie auch Markenpräferenzen (während Ostdeutschland z. B. einen höheren Pro-Kopf-Verbrauch bei Bier aufwies als Westdeutschland, konsumierten die Westdeutschen wesentlich mehr Sekt/Champagner als die Ostdeutschen).« Auch wenn solche regionalen Konsumunterschiede in den vergangenen Jahren insgesamt durch eine stärkere regionale Fluktuation und »Durchmischung« teilweise an Bedeutung verloren haben, spielen sie bei bestimmten Produkten und Regionen auch heute noch eine zentrale Rolle.

Soziologische Kriterien. Anders als bei demografischen Kriterien, bei denen Strukturmerkmale der Bevölkerung betrachtet werden, geht es bei soziologischen Kriterien um solche Beschreibungsmerkmale von Nachfragern, die an der **Stellung von Menschen in der Gesellschaft** ansetzen. Nach *Freter* (2008) kann bei soziologischen Kriterien nochmals zwischen **Sozialisationskriterien** wie z. B. Kultur oder Religion, sozialen Schichten, die etwa durch den Berufsstand oder das Ausbildungsniveau, aber auch durch Einkommen und Milieus beschrieben werden können, und **Interaktionskriterien**, die sich z. B. auf das Verhalten von Individuengruppen beziehen können, unterschieden werden. Eine besonders hohe Relevanz in der (Konsumgüter-)Praxis besitzen dabei Milieu-Segmentierungen (vgl. *Freter*, 2008, S. 114). Unter einem **Milieu** ist eine Subkultur einer Gesellschaft zu verstehen (vgl. *Schulze*, 2005, S. 174). Da in der Milieu-Forschung davon ausgegangen wird, dass menschliches Verhalten auch z. T. das Ergebnis der Sozialisation eines Menschen (im Sinne von Anpassung an Denk- und Verhaltensmuster einer Gemeinschaft) ist, wird davon ausgegangen, dass sich aus der Zuordnung eines Menschen zu einer Subkultur/einem Milieu das menschliche Verhalten in Teilen erklären lässt. Um Milieus bilden und Menschen verschiedenen Milieus zuordnen zu können, werden in der Milieu-Forschung i. d. R. Milieu-Indikatoren herangezogen. Beispielsweise wird bei den in der Praxis weit verbreiteten Sinus-Milieus® zur Milieu-Bildung ein Set von 45 verschiedenen Milieu-Indikatoren verwandt. *Abbildung 34* zeigt die Lage und Stärke der Sinus-Milieus® innerhalb der deutschen Bevölkerung im Jahr 2012.

Milieu-Segmentierung

Sinus-Milieus®

Psychografische Kriterien. Psychografische Kriterien haben ihren Ursprung in der behavioristischen Forschung. Bei ihnen wird versucht, menschliche Reaktionen auf externe Stimuli zu erklären, indem hypothetische Konstrukte zur Abbildung der **innerhalb des menschlichen Organismus ablaufenden Prozesse** herangezogen werden. Psychografische Kriterien sind demnach nicht direkt beobachtbar, sondern lassen sich allein anhand von Indikatoren – nur allerdings von solchen, die in der Psyche von Kunden begründet liegen – untersuchen. Zu unterscheiden ist bei psychografischen Kriterien zwischen **allgemeinen Persönlichkeitsmerkmalen**, wie z. B. dem Lebensstil oder der Risikoeinstellung eines

Nicht-Beobachtbarkeit psychografischer Kriterien

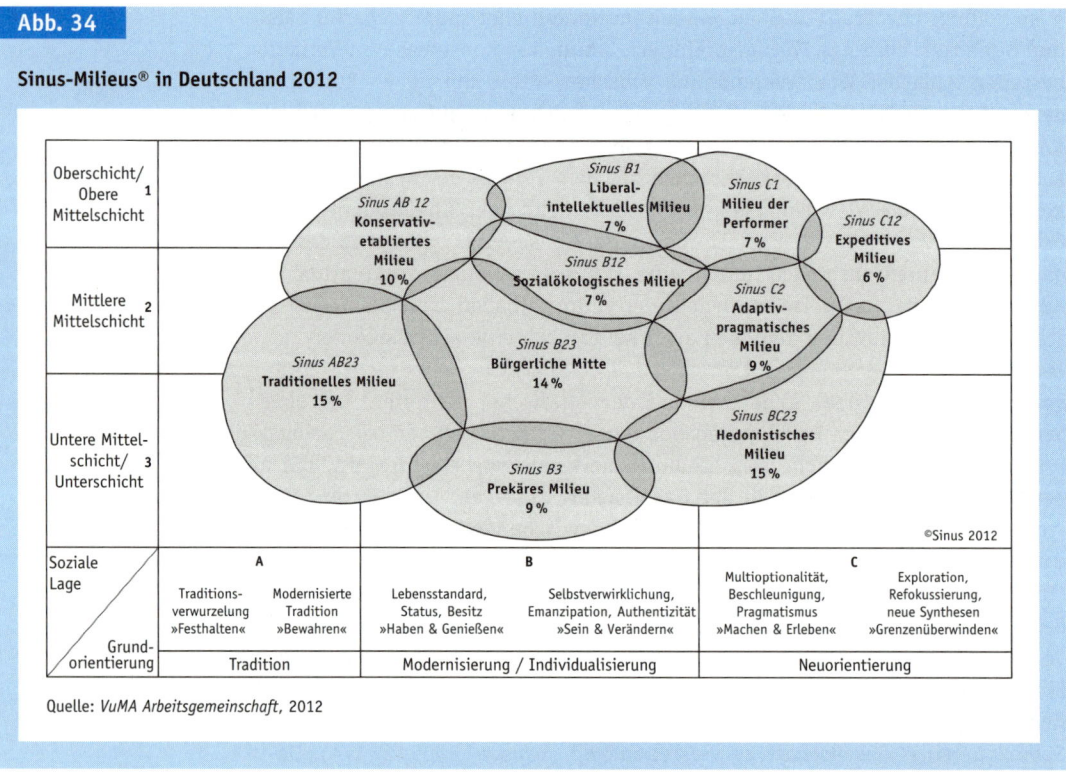

Abb. 34

Sinus-Milieus® in Deutschland 2012

Quelle: *VuMA Arbeitsgemeinschaft*, 2012

Menschen, und **produktspezifischen Kriterien** (z. B. Motive, Einstellungen oder Involvement).

Beobachtbares Kaufverhalten. Während bei den bislang betrachteten Segmentierungskriterien (demografische, soziologische, psychografische Kriterien) die Segmentierung über Bestimmungsfaktoren von Kaufverhalten vollzogen wurde, wird bei den Kriterien des beobachtbaren Kaufverhaltens das **Verhalten von Nachfragern** direkt zur Segmentbildung herangezogen. Das beobachtbare Kaufverhalten von Nachfragern (nicht zu verwechseln mit den Kundenreaktionen auf Marketing-Aktivitäten) kann dabei in verschiedener Hinsicht erfasst werden. Beispiele hierfür liefern die nachfolgenden Teilaspekte:

Beispiele für Verhaltens-
kriterien

▸ Produktwahl (»Was kauft der Kunde?«),
▸ Einkaufsstättenwahl (»Wo kauft der Kunde?«),
▸ Mediennutzung (»Wie informiert sich der Kunde?«),
▸ Preisverhalten (»In welcher Preisklasse kauft der Kunde?«).

Probleme von Kriterien
des beobachtbaren
Kaufverhaltens

Auch wenn sich die Kriterien des beobachtbaren Kaufverhaltens in der Praxis häufig relativ einfach erheben lassen, darf nicht übersehen werden, dass Segmentbildungen, die auf diesen Kriterien beruhen, nicht selten mit dem Problem verbunden sind, dass sie zu wenig Ansatzpunkte für die spätere Marktbearbeitung liefern. Da sie am Verhalten, nicht aber an den Ursachen des Verhaltens ansetzen, stellen sie nur wenig Informationen darüber zur Verfügung, wie mit ihrer Hilfe gebildete Segmente durch Marketing-Aktivitäten angesprochen werden können.

Physiologische Kriterien. In bestimmten Märkten wie z. B. im Textilmarkt oder im Pharma-Markt spielen darüber hinaus physiologische Kriterien eine Rolle. Hierzu zählen neben **Kriterien der körperlichen Beschaffenheit** von Kunden (z. B. Geschlecht oder Körpergröße) auch **physiologische Beeinträchtigungen** wie Unverträglichkeiten oder Behinderungen. Eine Segmentierung nach dem physiologischen Kriterium Geschlecht bietet sich beispielsweise dann an, wenn zu vermuten ist, dass zwischen männlichen und weiblichen Kunden große Unterschiede in den Leistungsanforderungen und damit zusammenhängend auch beim Kaufverhalten bestehen. Solche Unterschiede bestehen beispielsweise bei Produkten wie Kinofilmen, Restaurant-Speisen, Pkws oder Elektrowerkzeugen für Heimwerken und Gartenarbeit. Das nachfolgende Fallbeispiel (vgl. hierzu *Milewski*, 2007a) verdeutlicht dies.

Beispiele

Fallbeispiel 11

Bosch IXO Akkuschrauber

Bei Elektrowerkzeugen für Heimwerker haben sich die Anbieter in der Vergangenheit vor allem am Bedarf männlicher Kunden orientiert, da »Do it yourself«-Handwerkstätigkeiten in den meisten Haushalten in der Vergangenheit überwiegend von Männern verrichtet wurden. Der demografische Wandel hat allerdings in den vergangenen Jahren dazu geführt, dass der Anteil von Single-Haushalten stark zugenommen hat. Daher werden in immer mehr Haushalten handwerkliche Tätigkeiten (zumindest gelegentlich) auch von Frauen durchgeführt. Diese stellen allerdings andere Anforderungen an Elektrowerkzeuge. Beispielsweise erwartet diese Zielgruppe von Elektrogeräten, dass sie kleiner sowie leichter sind. Zudem sollten sie einen höheren Bedienkomfort aufweisen, der sich z. B. in einer mobilen Verwendbarkeit äußert.

Um u. a. auch diese Zielgruppe zu erschließen, hat die Robert Bosch GmbH im Jahr 2003 den innovativen Akku-Schrauber »IXO« auf den Markt gebracht. Dieser nur 300 g schwere Akku-Schrauber ist nicht nur um 30 % leichter als

herkömmliche Geräte, sondern auch um 40 % kleiner. Zudem leidet er wegen seines neu entwickelten Litium-Ionen-Akkus nicht unter nachlassender Leistungsfähigkeit und ist stattdessen stets einsatzbereit. Der IXO entwickelte sich unmittelbar nach seiner Markteinführung schnell zu einem »Marktrenner« und war Mitte der 2000er-Jahre das meistgekaufte Elektrowerkzeug der Welt. 2007 erhielt die Robert Bosch GmbH für den IXO den deutschen Marketing-Preis.

Zeit-Kriterien. Schließlich wird bei Zeit-Kriterien auf die **situative** und **temporäre Komponente** von Kaufverhalten abgestellt. Bei typischen Zeit-Kriterien wie dem Anlass von Kaufakten (z. B. Einkäufe für das Weihnachtsfest) oder den Jahreszeiten (z. B. Winter- und Sommerurlauber in einem Nordsee-Urlaubsort) spielen der genaue Kaufzeitpunkt bzw. die Umstände der Kaufsituation eine zentrale Rolle für die kundenseitigen Anforderungen sowie deren darauf aufbauendes Kaufverhalten.

(3) Nutzenebene

Einordnung der Nutzen-
segmentierung

Eine dritte Ebene von Marktsegmentierungskriterien sieht *Freter* (2008, S. 93) im Nutzen (vgl. auch *Abbildung 32*). Der Nutzen ist dabei quasi eine **Zwischengröße** zwischen den auf der ersten Ebene zunächst betrachteten Reaktionskriterien sowie den anschließend auf der zweiten Ebene vorgestellten Indikatorkriterien, die überwiegend Bestimmungsgrößen für Nutzen und darauf aufbauendes Kaufverhalten darstellen. Bei einer **nutzenbasierten Kundensegmentierung** wird davon ausgegangen, dass der Nutzen einer Leistung oder eines Produktes durch dessen Merkmale (z. B. bei einem Pkw Farbe, Größe des Kofferraums oder Vorhandensein eines Navigationssystems) entsteht. Wird zudem unterstellt, dass verschiedene Nachfrager aus den einzelnen Merkmalen eines Produktes oder einer Leistung in unterschiedlichem Umfang Nutzen ziehen, lassen sich Nachfrager im Hinblick auf ihre mit einem Produkt verbundenen **Nutzenprofile** (Teilnutzenbeiträge der verschiedenen Merkmale eines Produktes) zu Segmenten zusammenfassen (vgl. *Bornstedt*, 2007; *Perrey*, 1998). Zu beachten ist bei einer nutzenbasierten Kundensegmentierung allerdings, dass

Probleme der Segment-
identifikation

sich der Nutzen allein für die Segmentbildung, kaum aber für die Segmentidentifikation eignet. So ist es zwar durchaus möglich, mithilfe multivariater Analysemethoden, wie der Conjoint-Analyse, den Nutzenbeitrag für die Leistungsmerkmale eines Produktes empirisch zu ermitteln, allerdings können anschließend die Segmente, die mittels der Conjoint-Analyse erzeugten Nutzenprofile generiert worden sind (z. B. »die Preisorientierten«, »die Serviceorientierten«), nicht ohne Weiteres in einem Gesamtmarkt wiedererkannt werden (»Welche potenziellen Kunden, die nicht an der Nutzenmessung teilgenommen haben, gehören zu den ›Preisorientierten‹?«). Da es sich beim Nutzen um ein **hypothetisches Konstrukt** handelt, werden stattdessen weitere Beschreibungsmerkmale für die identifizierten Nutzen-Segmente benötigt, um die innerhalb der nutzenbasierten Kundensegmentierung generierten Kundengruppen entsprechend identifizieren und ansprechen zu können. Ist so beispielsweise bekannt, dass es sich bei den »Preisorientierten« um potenzielle Kunden handelt, die ein überdurchschnittliches Bildungsniveau und ein überdurchschnittliches Einkommen aufweisen, dann lässt sich das Nutzensegment der »Preisorientierten« mittels dieser Angabe im Gesamtmarkt identifizieren und auch gezielt ansprechen.

Anforderungen an Marktsegmentierungskriterien

Angesichts der Vielzahl möglicher Marktsegmentierungskriterien ist im Rahmen der Marktsegmentierung eine Auswahl der für eine konkrete Segmentierung zu verwendenden Kriterien vorzunehmen. Die Segmentbildung muss dabei nicht unbedingt allein anhand einzelner Kriterien erfolgen. Ebenso können auch verschiedene Kriterien parallel zur Segmentierung herangezogen werden. Da allerdings in jedem Fall nur eine Teilmenge der oben beschriebenen Segmentierungskriterien zu Grunde gelegt werden kann, kommt der **Auswahl geeigneter Kriterien** eine zentrale Bedeutung zu. Wie die Vorstellung der verschiedenen Marktsegmentierungskriterien bereits deutlich gemacht hat, weisen alle Kriterien situationsbezogene Stärken und Schwächen auf. Mit anderen Worten kann die Vor- oder Nachteilhaftigkeit von Marktsegmentierungskriterien nicht allgemein beschrieben werden. Stattdessen ist im Rahmen einer Marktsegmentierungsaufgabe im Einzelfall zu klären, welche Kriterien dazu geeignet sind, als Basis für die geplante Segmentbildung zu dienen. Geeignete Kriterien sollten dabei im Idealfall die in *Abbildung 35* aufgeführten Anforderungen erfüllen.

Multikriterielle Segmentierung

Situative Kriterienauswahl und -zusammenstellung

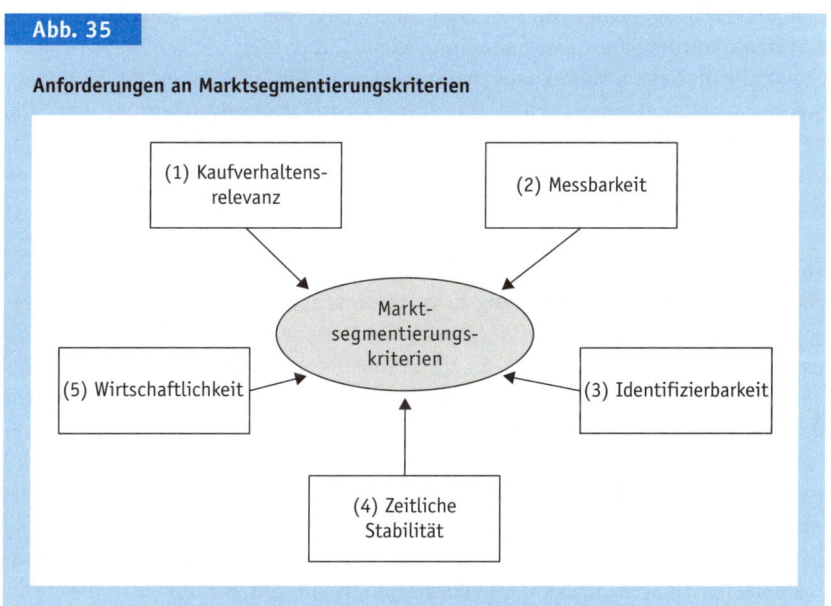

Abb. 35

Anforderungen an Marktsegmentierungskriterien

(1) Kaufverhaltensrelevanz

Da die Marktsegmentierung die Grundlage für die Frage liefert, ob eine segmentspezifische Marktbearbeitung erfolgen soll, kann die Marktsegmentierung ihre Aufgaben nur dann erfüllen, wenn die mit ihrer Hilfe gebildeten Segmente tatsächlich ein unterschiedliches Kaufverhalten aufweisen. Dies ist nur dann sichergestellt, wenn die der Segmentbildung zugrundeliegenden Marktsegmentierungskriterien kaufverhaltensrelevant sind. Vor diesem Hintergrund ist bei der Auswahl geeigneter Marktsegmentierungskriterien zu prüfen, ob die Ausprägungen eines Kriteriums (z. B. beim Kriterium Geschlecht die Ausprägungen Mann und Frau) das **Kaufverhalten tatsächlich diskriminieren**.

(2) Messbarkeit

Messbarkeitsprobleme bei psychografischen Kriterien

Sollen anhand von Marktsegmentierungskriterien die Nachfrager eines Marktes verschiedenen Segmenten zugeordnet werden, so müssen die einer Segmentierung zugrunde gelegten Kriterien messbar sein. Mit anderen Worten müssen **Nachfragern Ausprägungen** der verwandten Kriterien **zugeordnet** werden können. Gerade bei Verwendung psychografischer Marktsegmentierungskriterien (z. B. Einstellungen, Motive, Involvement) erweist sich dies häufig als schwierig, da sich die Ausprägungen der Merkmale bei Nachfragern nicht direkt beobachten lassen und stattdessen anhand weiterer Indikatoren ermittelt werden müssen.

(3) Identifizierbarkeit

Probleme der nutzenbasierten Segmentierung

Ziel der Marktsegmentierung ist eine mehr oder weniger segmentspezifische Marktbearbeitung. Dies setzt allerdings voraus, dass sich die gebildeten Marktsegmente **im Gesamtmarkt wiederfinden** lassen. Nur so können die Marktsegmente gezielt mit spezifischen Marketing-Aktivitäten adressiert werden. Wie bereits bei der Vorstellung der nutzenbasierten Marktsegmentierung dargelegt, stellt die Anforderung der Identifizierbarkeit die schwerwiegendste Limitation des Marktsegmentierungskriteriums Nutzen dar.

(4) Zeitliche Stabilität

Beispiel für mangelnde zeitliche Stabilität

Marktsegmentierungen bilden die Basis für anschließende strategische (Marktsegmentauswahl) und operative (segmentspezifische Marktbearbeitung) Marketing-Entscheidungen. Da die Segmentierungen somit zukünftige Entscheidungen fundieren, sollten die der Segmentierung zugrunde gelegten Kriterien **für den gesamten Planungszeitraum Gültigkeit** aufweisen. Ist beispielsweise absehbar, dass geografische Kriterien – wie etwa im Bereich der Makro-Segmentierung die Nationalität – zukünftig an Bedeutung verlieren werden, da es international in den vergangenen Jahren in vielen Märkten zu einer Angleichung des Kaufverhaltens gekommen ist (**Konvergenzthese**), dann weist eine Segmentierung, die sich am Kriterium Länderzugehörigeit von Nachfragern orientiert, eine nur geringe Zeitstabilität auf.

(5) Wirtschaftlichkeit

Keine zu feine oder zu grobe Segmentierung

Schließlich ist zu fordern, dass Marktsegmentierungskriterien weder zu einer zu großen noch zu einer zu geringen Anzahl von Marktsegmenten führen. Eine alleinige Aufteilung eines Gesamtmarktes in Frauen und Männer kann sich beispielsweise als zu wenig »fein« erweisen, wenn das Kaufverhalten von Frauen insgesamt zu wenig Homogenität aufweist, als dass es anschließend möglich wäre, für alle Mitglieder dieses Segments einheitliche Produkte oder eine identische Kommunikation zu entwickeln. Ebenso kann aber auch die Generierung einer zu großen Zahl von Segmenten aus wirtschaftlichen Gründen problematisch sein, wenn die einzelnen Segmente hierdurch so klein werden, dass sich eine segmentspezifische Marktbearbeitung wirtschaftlich nicht mehr lohnt.

Da im Regelfall keines der oben beschriebenen Marktsegmentierungskriterien alle oben genannten Anforderungen vollständig erfüllt, ist bei der Auswahl von Marktsegmentierungskriterien eine **Abwägung** in Bezug auf die dargestellten Anforderungen vorzunehmen. Kommt es bei der Auswahl vor allem auf Kaufverhaltensrelevanz an, werden andere Kriterien der Segmentierung zugrunde zu legen sein, als wenn es eher um eine möglichst einfache Beschaffung der zugrunde zu legenden Daten geht (Messbarkeit).

1.1.2.2.2 Bildung von Segmenten

Ist eine Entscheidung über die der Segmentierung zugrunde zu legenden Segmentierungskriterien getroffen worden, ist die eigentliche Segmentbildung vorzunehmen. Diese kann in den in *Abbildung 36* aufgeführten Schritten vollzogen werden:

Vorgehen bei der Segmentbildung

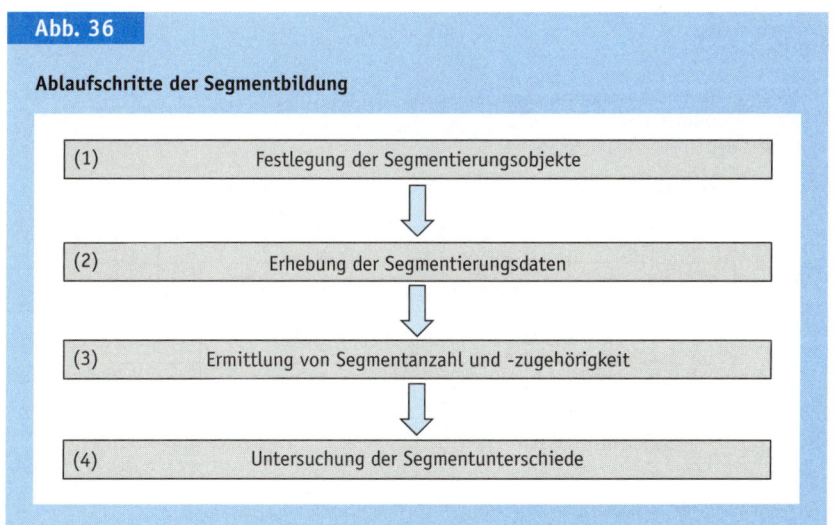

Abb. 36

Ablaufschritte der Segmentbildung

(1) Festlegung der Segmentierungsobjekte

(2) Erhebung der Segmentierungsdaten

(3) Ermittlung von Segmentanzahl und -zugehörigkeit

(4) Untersuchung der Segmentunterschiede

Am Beginn des Segmentbildungsprozesses steht die Frage, in Bezug auf welche Nachfrager die Segmentierung durchgeführt werden soll (1). Abgesehen davon, dass diese zu dem zuvor festgelegten relevanten Markt (vgl. Abschnitt 2 A I 2) gehören sollten, kann die Analyse auf bestehende Kunden beschränkt werden (**Bestandskundensegmentierung**) oder auch potenzielle Kunden des Unternehmens mit einschließen (**Gesamtmarktsegmentierung**). Darüber hinaus verbietet sich i. d. R. aus erhebungsökonomischen Gründen eine Vollerhebung, bei der tatsächlich alle Nachfrager in die Analyse aufgenommen werden. Vielmehr muss

Festlegung der Segmentierungsobjekte

eine Stichprobe gebildet werden. Diese sollte die Grundgesamtheit der Kunden möglichst gut repräsentieren und daher Aussagen für die Grundgesamtheit zulassen.

In einem zweiten Schritt ist für die unter (1) bestimmten Nachfrager zu ermitteln, welche **Ausprägungen** diese **bei** den zuvor festgelegten **Segmentierungskriterien** aufweisen (2). Sollen beispielsweise als Segmentierungskriterien die Merkmale Alter, Einkommen und Bildungsniveau verwendet werden, dann ist für jedes Segmentierungsobjekt zu ermitteln, wie hoch dessen Alter ist, über welches Einkommen es verfügt und welches Bildungsniveau ihm zuzuschreiben ist. Da diese Informationen häufig nicht vorliegen, sind an dieser Stelle häufig primärstatistische Erhebungen in Form von Kundenbefragungen durchzuführen (vgl. Abschnitt 2 A II 2.3.1.2.1).

In einem dritten Schritt sind die Segmentierungsobjekte/Nachfrager, die über ähnliche Ausprägungen bei den gewählten Segmentierungskriterien verfügen, **zu Segmenten zusammenzufassen** (3). In diesem Zusammenhang ist dann auch die Frage zu untersuchen, welche Anzahl von Segmenten vor dem Hintergrund der bestehenden Heterogenität bei den Segmentierungsobjekten gebildet werden sollte.

Abb. 37

Beispiel für nicht-eindeutige Segmentstrukturen im Rahmen einer Marktsegmentierung

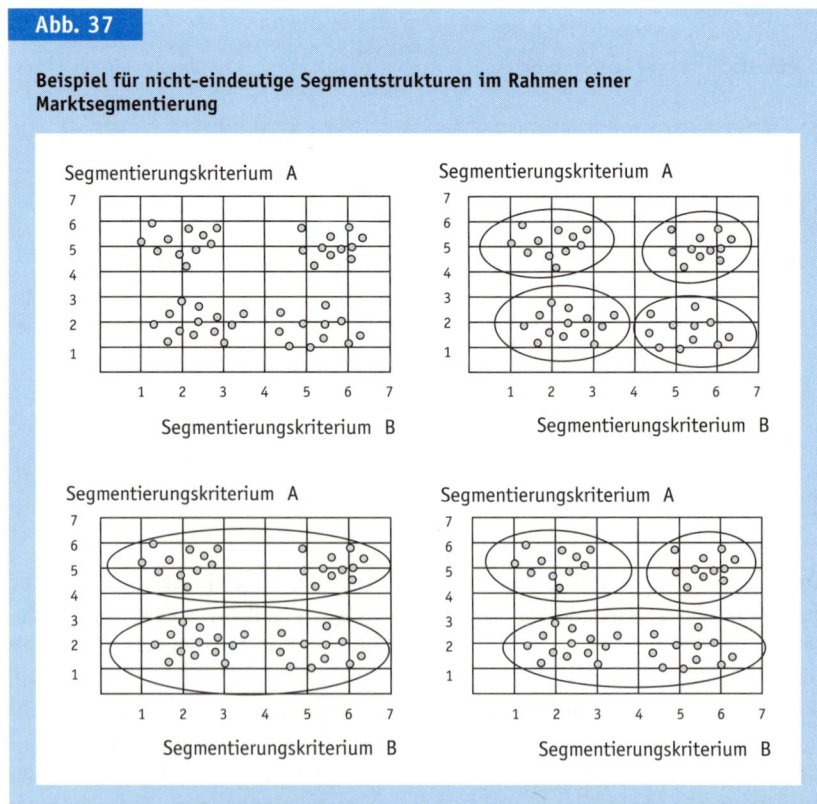

Hierbei ergeben die erhobenen Segmentierungsdaten nicht immer ein klares Bild. Wie das Beispiel in *Abbildung 37* zeigt, kann bei der vorhandenen Streuung der Nachfrager hinsichtlich der Segmentierungskriterien A und B (siehe Teildarstellung oben links in *Abbildung 37*) nicht eindeutig gesagt werden, ob es zwei, drei oder vier Segmente im Markt gibt und welche Nachfrager somit mit welchen anderen Nachfragern zu einem Segment gehören. Daher wird das Problem der Ermittlung der Segmentanzahl und/oder der Segmentzugehörigkeit häufig mittels des mathematisch-statistischen Verfahrens der **Clusteranalyse** (vgl. hierzu *Backhaus et al.*, 2011, S. 395 ff.; vgl. auch Abschnitt 2 A II 2.5.2) zu lösen versucht. Bei diesem Verfahren wird über alle Segmentierungsobjekte und -kriterien eine Lösung hinsichtlich Segmentanzahl und -zugehörigkeit erzeugt, die möglichst wenig Streuung innerhalb der Segmente und möglichst viel Streuung zwischen den Segmenten aufweist.

Der Segmentbildungsprozess wird mit der Untersuchung der **Segmentunterschiede** (4) abgeschlossen. Zum einen können für diese Untersuchung die Segmentierungskriterien herangezogen werden. Wurde die Segmentierung über mehrere Kriterien zugleich vorgenommen, dann stellt sich die Frage, welches Segmentierungskriterium besonders stark die Gruppenunterschiede erklärt. Hierfür kann das multivariate Verfahren der **Diskriminanzanalyse** (vgl. *Backhaus et al.*, 2011, S. 187 ff.) eingesetzt werden. Zum anderen können allerdings zur Analyse der Segmentunterschiede auch zusätzliche Merkmale hinzugezogen werden, die zuvor nicht zur Segmentbildung eingesetzt wurden. Dies ist z. B. für nutzenbasierte Segmentierungen typisch, bei denen die Segmentierung anhand von Nutzendimensionen vorgenommen wird, anschließend jedoch z. B. demografische Merkmale zur Segmentbeschreibung und wenn möglich -abgrenzung hinzugezogen werden, um die Segmente in der Grundgesamtheit wiedererkennen zu können.

Untersuchung der Segmentunterschiede

Fallbeispiel 12

Segmentbildung im Aktienfondsgeschäft

Bei Banken ist die potenzialorientierte Einteilung von Kunden in die Segmente Private Banking, Individualkundengeschäft und Mengengeschäft üblich. Für einzelne Produktfelder wie z. B. das Aktienfondsgeschäft greift eine solche Einteilung, die sich vor allem an den Vermögens- und Einkommenswerten der Kunden orientiert, allerdings häufig zu kurz, da die Profitabilität des einzelnen Kunden darüber hinaus vor allem von seinem Kaufverhalten abhängt, also beispielsweise von der Preissensitivität, seiner Serviceinanspruchnahme oder seinem sonstigen Aktivitätsniveau. *Kraus* (2004) hat daher eine nutzenbasierte Segmentierung für Aktienfondskäufer durchgeführt. Hierzu wurden die besonders wichtigen Nutzendimensionen von Aktienfondskunden im Rahmen einer großzahlige Erhebung bei 440 Probanden mittels Conjoint-Analyse (Adaptive Conjoint-Analyse (ACA)) ermittelt. Die Befragten mussten dabei entweder innerhalb der letzten zwölf Monate vor der Erhebung einen Fondkauf getätigt haben oder dies in den sechs Folgemonaten planen. Über die (normierten) Teilnutzenwerte der Ausprägungen der Nutzendimensionen wurde anschließend eine hierarchische Clusteranalyse (Ward-Verfahren) durchgeführt. Die Clusteranalyse ergab vier Segmente, deren conjointanalytische Nutzenprofile *Abbildung 38* zeigt.

Fortsetzung auf Folgeseite

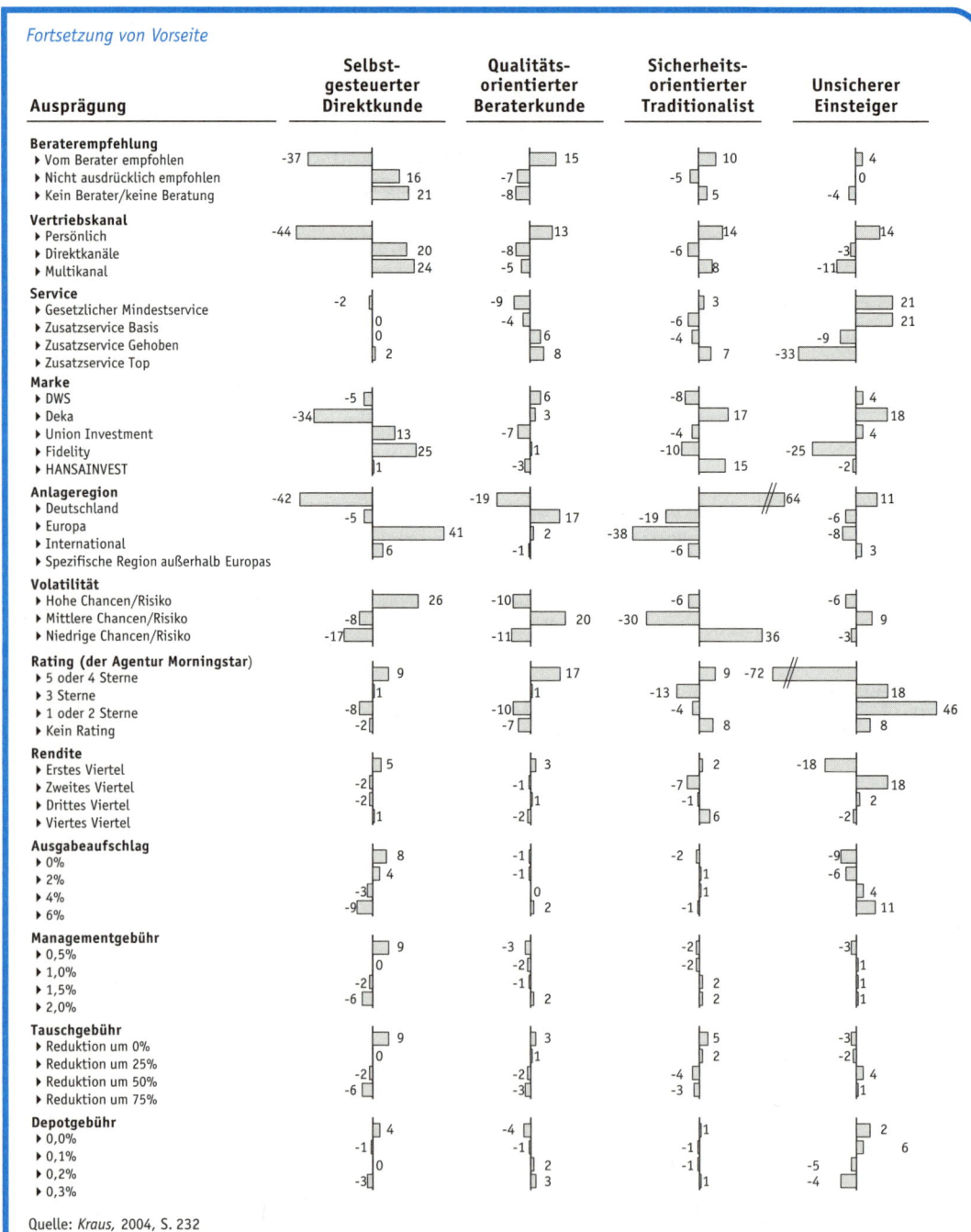

Fortsetzung von Vorseite

Abb. 38: Nutzenprofile von Segmenten bei Aktienfondskäufern

Quelle: *Kraus,* 2004, S. 232

Fortsetzung auf Folgeseite

Fortsetzung von Vorseite

Die für die Kunden in den jeweiligen Segmenten besonders zentralen Nutzendimensionen verwendet *Kraus* (2004) für die Kennzeichnung der Segmente. Das erste Segment beispielsweise bezeichnet er als »selbstgesteuerter Direktkunde«, da für diese Kunden die Beraterempfehlung unwichtig ist (-37), der persönliche Vertriebskanal abgelehnt wird (-44) und als Anlageregion der internationale Raum präferiert wird (+41). Allerdings merkt *Kraus* (2004, S. 236) an, dass Nutzensegmentierungen, wie die von ihm für Aktienfondskäufer durchgeführte Segmentierung, grundsätzlich mit dem Problem zu kämpfen haben, dass die identifizierten Nutzencluster anhand soziodemografischer Merkmale kaum unterschieden und deswegen im »Alltagsgeschäft« nicht angesprochen werden können. Daher beschreibt er die zuvor gefundenen Nutzencluster anschließend zusätzlich durch deren Auffälligkeiten bei »passiven« Variablen (Variablen, die nicht zur Segmentbildung verwandt wurden, jedoch zur Segmentidentifikation leicht eingesetzt werden können) wie z. B. Alter, Beruf oder Schulabschluss.

1.2 Wettbewerbsanalyse

Ein weiterer Baustein der **Analyse des Marketing-Dreiecks** ist die Wettbewerbsanalyse. Ohne die notwendigen Informationen über die Wettbewerber, z. B. welche Entscheidungen und Pläne die wichtigsten Konkurrenten treffen bzw. planen, können Marketing-Strategien nicht sinnvoll festgelegt werden. Nur wenn die **Einflussfaktoren der Branche** bekannt sind, können Fehlallokationen von Ressourcen verhindert, können die Gewinnpotenziale gesteigert und kann auf Dauer im Markt erfolgreich agiert werden. Die Notwendigkeit der Wettbewerbsanalyse zur Strategieentwicklung ist daher in Wissenschaft und Praxis unumstritten (vgl. *Hildebrandt/Klapper*, 2007, S. 495 f.; *Kreikebaum*, 1989, S. 132).

Im Rahmen der Wettbewerbsanalyse werden alle Daten und Umweltbedingungen untersucht, die durch die Wettbewerber selbst und durch die Branche (Wettbewerbsstruktur) bedingt werden. Im engeren Sinne kann unter der Wettbewerbsanalyse das Verhältnis zu den aktuellen Konkurrenten betrachtet werden. Im weiteren Sinne sollten darüber hinaus auch potentielle Konkurrenten, Kunden und Lieferanten einbezogen werden (vgl. *Kreikebaum*, 1989, S. 132). Für die Zwecke der strategischen Unternehmensplanung bzw. des Marketing-Managements scheint dabei eine weite Definition geeigneter.

Die Wettbewerbsanalyse umfasst im Einzelnen die Analyse der Branche(nstruktur), die Analyse der ggf. bestehenden strategischen Gruppen sowie die Konkurrenzanalyse im eigentlichen Sinne. Dabei wird in der **Branchenanalyse** zunächst die gesamte Branche mit den darin wirkenden Triebkräften betrachtet, wobei z. B. Markteintrittsbarrieren und Veränderungen der Wettbewerbsarena analysiert werden. Die **strategische Gruppenanalyse** betrachtet daraufhin Gruppen in einer Branche, die sich hinsichtlich der verfolgten Strategien ähneln, und analysiert Mobilitätsbarrieren zwischen diesen Gruppen bzw. prognostiziert das jeweilige Verhalten der Gruppen. Schließlich werden bei der **Konkurrenzanalyse** direkte Konkurrenzunternehmen betrachtet, wobei die Analyse vor allem in Bezug auf deren Stärken und Schwächen vorgenommen wird. *Abbildung 39* zeigt den unterschiedlichen Schwerpunkt der drei Ebenen der Wettbewerbsanalyse.

Bedeutung der Wettbewerbsanalyse

Bestandteile der Wettbewerbsanalyse

Abb. 39

Bestandteile der Wettbewerbsanalyse

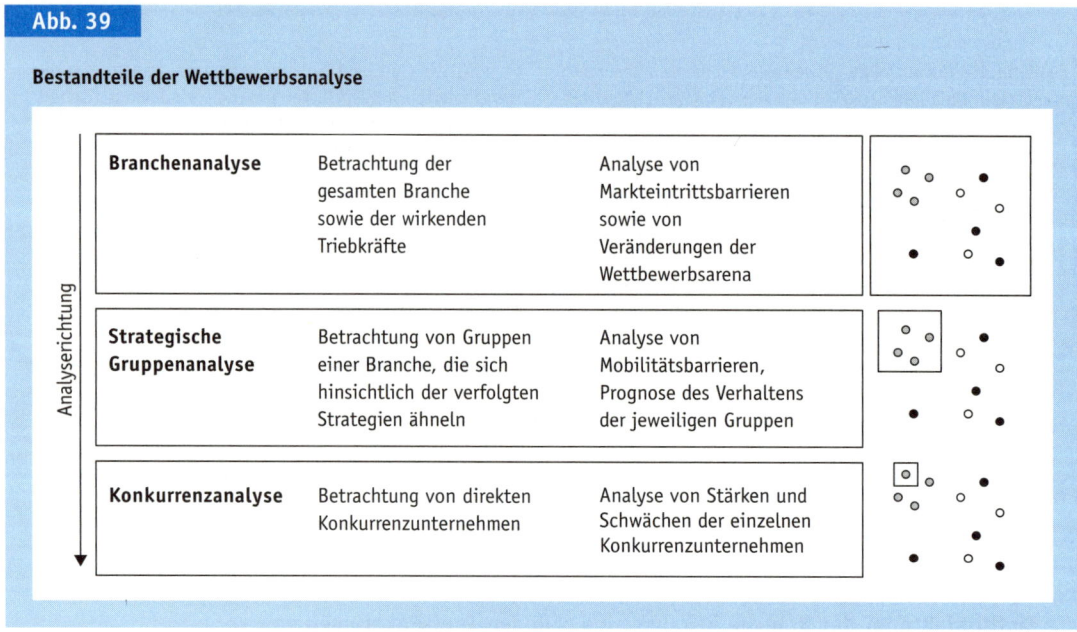

1.2.1 Branchenanalyse

Die Struktur einer Branche beeinflusst in starkem Maße die Wettbewerbsstrategien, die ein Unternehmen im Markt wählen sollte. Daher ist im Rahmen der Wettbewerbsanalyse zunächst die gesamte Branche zu analysieren (vgl. *Bausch*, 2006, S. 195). *Porter* (2010, S. 29) hat einen Ansatz zur **Strukturanalyse** von Branchen entwickelt, mit dessen Hilfe sich die Wettbewerbssituation und das Gewinnpotenzial abschätzen lässt. Die Branchenanalyse wird dabei nicht zum Selbstzweck durchgeführt, sondern um die Wahl einer Wettbewerbsstrategie zu fundieren. Dabei gilt es zu beachten, dass Unternehmen ihre Situation in einer Branche nicht als unveränderbar einschätzen sollten. Vielmehr können Unternehmen ihre Position durch eine passende Strategieauswahl verbessern. Eine Branche definiert *Porter* (2008, S. 37) dabei als eine »Gruppe von Unternehmen, die Produkte herstellen, die sich gegenseitig nahezu ersetzen können«. In die Branchenanalyse sollten allerdings nicht nur gegenwärtige, sondern auch potenzielle Konkurrenten, aber auch Anbieter von Substituten, Lieferanten und Abnehmer einbezogen werden. Diese fünf Gruppen bezeichnet *Porter* als die **Five Forces** einer Branche (vgl. *Abbildung 40*). Die Triebkräfte des Wettbewerbs werden dabei ihrerseits jeweils durch verschiedene Faktoren bestimmt (vgl. *Porter*, 2010, S. 28 ff.).

Branchenstruktur-
analyse von *Porter*

Abb. 40

Elemente der Branchenstrukturanalyse

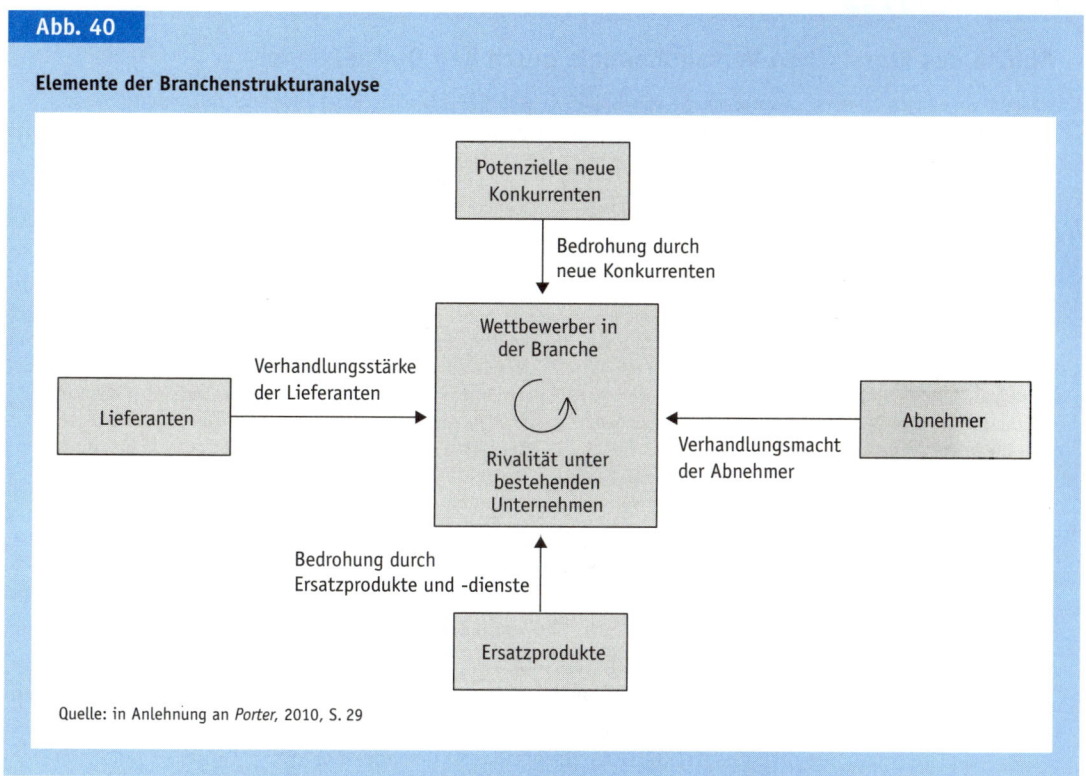

Quelle: in Anlehnung an *Porter*, 2010, S. 29

Insgesamt lassen sich die Five Forces wie folgt charakterisieren (vgl. zum folgenden *Porter*, 2010, S. 29 ff.):

(1) Rivalität unter bestehenden Wettbewerbern
Die **Wettbewerbskraft** bestimmt sich aus dem Verhältnis eines Unternehmens zu den anderen Mitwettbewerbern der Branche, die ebenfalls ihre Position in der Branche verbessern wollen. Die Rivalität unter den gegenwärtigen Wettbewerbern ist dabei dann besonders groß, wenn zahlreiche und gleich große Konkurrenten existieren, reife Märkte mit geringem Branchenwachstum vorliegen, hohe Fixkosten die Unternehmen zu einer starken Kapazitätsauslastung zwingen oder hohe Austrittsbarrieren bestehen.

Einflussfaktoren
auf Rivalität

(2) Bedrohung durch potenzielle neue Konkurrenten
Auch neue Wettbewerber können in die Branche eintreten und somit zur Bedrohung werden. Diese Gefahr hängt vor allem vom Vorhandensein von **Eintrittsbarrieren** ab. Hierunter sind ökonomische, rechtliche oder verhaltensbedingte Vorteile zu verstehen, die die etablierten Wettbewerber im Markt gegenüber Neueinsteigern haben. Die Höhe der Eintrittsbarrieren kann von vielen Aspek-

Höhe und Arten von
Eintrittsbarrieren

Fallbeispiel 13

Ablöse des klassischen Versandhandels durch den Onlinehandel

Während vor einigen Jahren noch vorwiegend Medien, Bild- und Tonträger über das Internet bezogen wurden, hat sich die Angebotspalette heute längst auf Kleidung und Schuhe bis hin zu Möbeln ausgeweitet. Dieser Umstand hat es den klassischen Versandhändlern wie Neckermann und Quelle zusehends schwerer gemacht, sich in diesem Markt zu behaupten. Zusätzliche Funktionen des Internets wie die der virtuellen Anprobe oder Hinweise auf weitere, zur ursprünglichen Produktsuche passende Artikel haben (neben kostenbedingten Einsparungen bei Service und Support) dazu geführt, dass sich die Marktnachfrage auf diese neuen Distributionskanäle und damit auch neue Wettbewerber in der Versandhandelsbranche verschoben hat. Heute setzen deutsche Händler im Web 21,7 Mrd. € jährlich um (*Bundesverband des Deutschen Versandhandels*, 2012). Dies entspricht einem Plus von 19 % zum Vorjahr.

Auf die klassischen Bestellwege des interaktiven Handels (über Kataloge telefonisch oder postalisch) entfallen dabei lediglich 12,3 Mrd. €. Auch das Unternehmen Neckermann, das in den 1990er-Jahren mit dem Versandhändler Quelle fusionierte und schließlich im Touristik- und Handelskonzern Arcandor aufging, musste auf diesen Trend reagieren. 1995 stieg man erstmals (mit neun Produkten) in den elektronischen Handel ein. Mit der Umbenennung des Unternehmens in Neckermann.de zum 1. Januar 2006 kam die künftige Fokussierung auf den E-Commerce auch durch den Namen zum Ausdruck. Das Unternehmen erwirtschaftete in den letzten Jahren fast 80 % des Umsatzes über das Internet und annähernd 90 % der Neukunden sind Online-Kunden. Am 18. Juli 2012 musste Neckermann.de aufgrund weitreichenden Sanierungsbedarfs allerdings einen Insolvenzantrag stellen.

---

ten abhängen, wie z. B. Economies of Scale der bereits in der Branche tätigen Unternehmen, hoher Kapitalbedarf neuer Anbieter sowie hohe Wechselkosten, die sich für die Kunden bei einem Wechsel zu einem neuen Anbieter ergeben. Weitere Eintrittsbarrieren können der Zugang zu Distributionswegen oder rechtliche Marktabgrenzungen (z. B. Lizenzen) sein.

(3) Verhandlungsmacht der Abnehmer

Einflussfaktoren auf Abnehmermacht

Die Abnehmer stellen ebenfalls eine Triebkraft in einer Branche dar, da sie je nach Marktkonstellation die Anbieter einer Branche zu bestimmten Angeboten und Verhaltensweisen zwingen können. Die Verhandlungsmacht der Abnehmer kann besonders bei großer **Abnehmerkonzentration**, großem Abnehmervolumen oder wenn die abgenommenen Produkte einen hohen Anteil an den Gesamtkosten der Anbieter ausmachen, hoch sein. Daneben kann diese Verhandlungsmacht auch durch Ersatzprodukte und die Fähigkeit zur **Rückwärtsintegration** beeinflusst werden.

(4) Verhandlungsstärke der Lieferanten

Einflussfaktoren auf Lieferantenmacht

Durch drohende Preiserhöhungen oder Qualitätssenkung können Lieferanten Einfluss auf eine Branche nehmen. Die Verhandlungsstärke von Lieferanten steigt dabei bei **Lieferantenkonzentration** an, wenn die Gefahr der **Vorwärtsintegration** durch Lieferanten besteht, wenn **oligopolistische Lieferstrukturen** vorliegen oder wenn **keine Substitute** für die von den Lieferanten gelieferten Leistungen existieren.

(5) Bedrohung durch Ersatzprodukte oder -dienstleistungen

Existierende **Substitute** können ebenfalls die Attraktivität einer Branche beeinflussen. So bestimmt der Preis der Substitute auch die Zahlungsbereitschaft für die Produkte bzw. Dienstleistungen in der betrachteten Branche. Die Bedrohung durch Ersatzprodukte und -dienstleistungen bestimmt sich durch deren **Kosten-Nutzen-Verhältnis**, die **Wechselbereitschaft** der Abnehmer und die für die Nachfrager entstehenden **Wechselkosten**.

Determinanten der
Bedrohung durch
Ersatzprodukte

Die Analyse der oben genannten Triebkräfte einer Branche ermöglicht es Unternehmen, vermutliche **Entwicklungstendenzen** von Branchen zu identifizieren. Dies stellt eine wichtige Basisinformation für die anschließende Festlegung von Marketing-Verhaltensprogrammen dar. Beispielsweise können durch das Aufdecken zukünftiger Ersatzprodukte Anregungen für eigene Produktinnovationen gewonnen werden. Ebenso kann die **Identifikation neuer zukünftiger Wettbewerber** eine wichtige Hilfestellung für die Ableitung von Marketing-Strategien und -Instrumenten darstellen. Zeigt etwa die Branchenanalyse, dass die Verhandlungsmacht der Abnehmer zukünftig weiter zunehmen wird, und ist zu erwarten, dass dies zu einem Preisverfall im Markt führen wird, kann vor diesem Hintergrund ein Wechsel von einer Qualitäts- auf eine Preisstrategie sinnvoll sein. Das nachfolgende Fallbeispiel zeigt die Bedeutung einer fundierten Branchenanalyse nochmals abschließend auf.

Nutzen der Branchen-
strukturanalyse

Fallbeispiel 14

Smartphones

Der Handy-Markt erlebte in den Jahren 2010 bis 2012 einen grundlegenden Wandel. Die bis zu diesem Zeitpunkt den Markt dominierenden einfachen Mobiltelefone wurden mehr und mehr durch Handys mit Computer-Funktionen, sogenannte Smartphones, ersetzt. Während der weltweite Handy-Markt im ersten Quartal 2012 um 2 % schrumpfte, konnten die Anbieter beim Verkauf von Smartphones einen Zuwachs von fast 45 % im Vergleich zum Vorjahr verzeichnen (vgl. *o. V.*, 2012).

Das Aufkommen von Smartphones hat allerdings auch zu einer deutlichen Verschiebung des Kräfteverhältnisses zwischen den führenden Handy-Herstellern im Markt geführt.

Zunächst wurde der langjährige Marktführer Nokia von der Firma Samsung überrundet, da Nokia zu spät auf das Thema Computer-Handy gesetzt hatte und daher lange Zeit über kein wettbewerbsfähiges Smartphone verfügte. Zum anderen hat der Boom bei Smartphones zum Markteintritt von Computer-Herstellern in den Handy-Markt geführt. Apple stellt so 2012 den drittgrößten Handy-Hersteller der Welt dar. Schließlich wurden alle Handy-Hersteller von neuen Rivalen, insbesondere aus China bedroht. So rückte der chinesische Hersteller ZTE im ersten Quartal 2012 bereits auf den vierten Platz der weltweit größten Handy-Hersteller vor und lag damit noch vor Anbietern wie Motorola, Sony oder HTC.

1.2.2 Analyse strategischer Gruppen

Die strategische Gruppenanalyse kann als **Zwischenstufe** innerhalb der Wettbewerbsanalyse angesehen werden. Nach der Betrachtung der gesamten Branche, in der ein Unternehmen tätig ist, folgt hierbei eine **Disaggregation des Betrachtungsobjektes** (vgl. *Bartölke,* 2000, S. 33 ff.). Die Überlegung ist dabei,

Grundidee

dass sich im Allgemeinen jede Branche aus mehreren Anbietergruppen zusammensetzt. Eine strategische Gruppe umfasst dabei die Unternehmen einer Branche, die hinsichtlich ihrer verfolgten Wettbewerbsstrategie vergleichbar sind (vgl. *Porter,* 2008, S. 181 ff.). Vergleichbarkeit bedeutet hierbei, dass die Mitglieder der strategischen Gruppen durch ähnliche Ausprägungen bei **Schlüsselvariablen** wie dem Umfang der Produktpalette oder den gewählten Vertriebskanälen gekennzeichnet sind.

Innerhalb einer Branche können Unternehmen in unterschiedlicher Weise zu strategischen Gruppen zusammengefasst werden (vgl. *Hungenberg*, 2011, S. 130 f.). Zunächst einmal ist der Extremfall denkbar, dass eine Branche allein eine einzige strategische Gruppe darstellt. Hier würden sämtliche Unternehmen hinsichtlich ihrer strategischen Verhaltensweise vergleichbar agieren. In diesem Fall würde die Analyse der strategischen Gruppen der allgemeinen Branchenanalyse entsprechen (vgl. Abschnitt 2 A II 1.2.1). Der andere Extremfall liegt vor, wenn alle Unternehmen einer Branche unterschiedliche Strategien verfolgen, sodass jedes Unternehmen letztlich eine eigene strategische Gruppe bildet. Die Analyse gleicht in diesem Fall der Konkurrenzanalyse (vgl. Abschnitt 2 A II 1.2.3). Der Regelfall dürfte jedoch zumeist der sein, dass weder alle Unternehmen einer Branche in einer Gruppe sind, noch dass jedes Unternehmen eine eigene Gruppe bildet, sondern dass es **verschiedene Gruppen** mit jeweils mehreren Unternehmen gibt. In diesem Fall konkurriert ein Unternehmen zum einen mit Wettbewerbern, die derselben strategischen Gruppe angehören, um eine möglichst günstige Position innerhalb dieser Gruppe. Zum anderen konkurriert es gemeinsam mit den Wettbewerbern seiner strategischen Gruppe mit Unternehmen anderer strategischer Gruppen. Das Ziel in dieser Situation muss es sein, sich in einer günstigen strategischen Gruppe innerhalb einer Branche und zugleich in einer starken Position innerhalb der Gruppe zu befinden. Während Eintrittsbarrieren den Zugang potenzieller Konkurrenten zu einer Branche behindern (vgl. Abschnitt 2 A II 1.2.1), können **Mobilitätsbarrieren** eine strategische Gruppe nach außen abschirmen. Innerhalb einer strategischen Gruppe wird die Position eines Unternehmens durch seine ihm zur Verfügung stehenden Mittel und Fähigkeiten bzw. Stärken und Schwächen bestimmt (vgl. *Hungenberg,* 2011, S. 131 ff.).

Zielsetzung

Vorgehen

Das Vorgehen zur Analyse strategischer Gruppen gibt *Abbildung 41* wieder. Bevor strategische Gruppen analysiert werden können, müssen diese zunächst identifiziert werden. Dazu ist es in einem ersten Schritt erforderlich, den relevanten Markt abzugrenzen und damit die in die Analyse einzubeziehenden Unternehmen auszuwählen. Innerhalb dieses Marktes müssen in einem zweiten Schritt die Kriterien bzw. Dimensionen herausgefiltert werden, die das Wettbewerbsverhalten bestimmen und somit zur Identifikation von homogenen Marktfeldern bzw. strategischen Gruppen dienen können. Beispiele für solche strategischen Dimensionen können Qualität, technologischer Stand, Preispolitik, Serviceleistungen, Spezialisierungsgrad, Wahl der Absatzkanäle oder die Kostenposition sein (vgl. *Bausch*, 2006, S. 202). *Porter* (2008, 185 ff.) empfiehlt bei der Festlegung der Kriterien **strategische Variablen** zu wählen, die entschei-

Abb. 41

Konzept der strategischen Gruppen

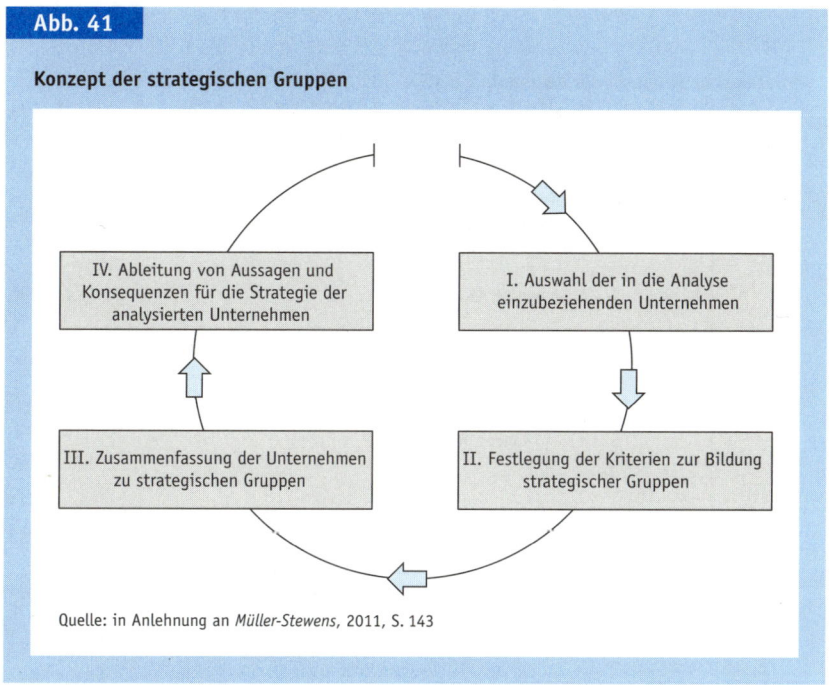

Quelle: in Anlehnung an *Müller-Stewens*, 2011, S. 143

dende Mobilitätsbarrieren im Markt darstellen. Als Mobilitätsbarrieren werden Faktoren bezeichnet, die den Wechsel eines Unternehmens von einer strategischen Position zu einer anderen erschweren oder verhindern. Sie können aus drei verschiedenen Quellen gespeist werden: Erstens aus **marktbezogenen Strategien** (z. B. Vertriebskanäle oder die Breite der Produktpalette), zweitens aus **branchenbezogenen Charakteristika** (z. B. Fertigungsverfahren oder Kostendegressionsmöglichkeiten in Fertigung, Marketing/Vertrieb oder Verwaltung) und drittens aus **Strukturmerkmalen** des einzelnen Unternehmens (z. B. Eigentumsverhältnisse, Unternehmensgröße, Organisationsstruktur oder Management-Know-how) (vgl. *Homburg/Sütterlin,* 1992, S. 639).

Definition »Mobilitätsbarriere«

Nach der Bestimmung der relevanten Dimensionen werden die Unternehmen im dritten Schritt zu homogenen Marktumfeldern bzw. strategischen Gruppen zusammengefasst. Dies geschieht typischerweise mittels multivariater Analysemethoden wie der **Clusteranalyse** (vgl. *Backhaus et al.,* 2011, S. 395 ff.; vgl. auch Abschnitt 2 A II 2.5.2). Die gebildeten strategischen Gruppen können auch grafisch voneinander abgegrenzt werden, indem ihre Charakteristika auf zentralen Dimensionen abgetragen werden. Ein Beispiel für eine grafische Darstellung zeigt *Abbildung 42*, in der die Automobilbranche anhand der Kriterien Durchschnittspreis und Produktprogrammbreite betrachtet wird.

In einem vierten Schritt gilt es, aus der gebildeten Formation strategischer Gruppen Aussagen und Konsequenzen für die Strategien des analysierenden Unternehmens abzuleiten.

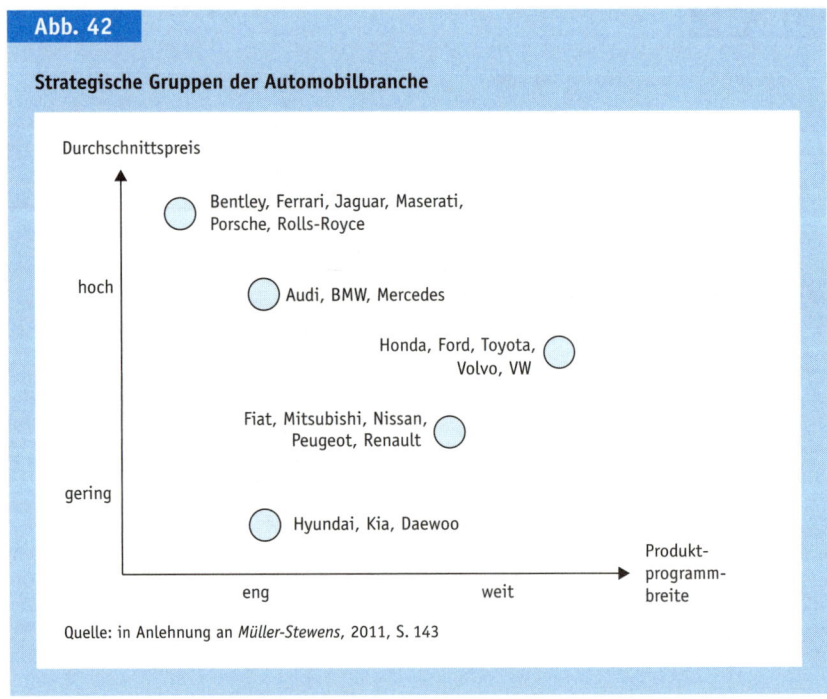

Abb. 42

Strategische Gruppen der Automobilbranche

Durchschnittspreis

Bentley, Ferrari, Jaguar, Maserati,
Porsche, Rolls-Royce

hoch

Audi, BMW, Mercedes

Honda, Ford, Toyota,
Volvo, VW

Fiat, Mitsubishi, Nissan,
Peugeot, Renault

gering

Hyundai, Kia, Daewoo

Produkt-
programm-
breite

eng   weit

Quelle: in Anlehnung an *Müller-Stewens*, 2011, S. 143

Nutzen der Analyse

Grundsätzlich ist das Instrument der strategischen Gruppenanalyse geeignet, um das **relevante Wettbewerbsumfeld zu strukturieren** und **zu analysieren**. Jedoch darf die Aufmerksamkeit nicht nur auf die eigene strategische Gruppe gerichtet werden. Sonst riskiert ein Unternehmen, die Wechsel von Unternehmen zwischen verschiedenen strategischen Gruppen oder Verschiebungen innerhalb der gesamten Struktur einer Branche nicht ausreichend zu beachten (vgl. *Albach,* 1992, S. 667). Insgesamt lässt sich festhalten, dass die Analyse der strategischen Gruppen wesentlich zur Beschreibung und Erklärung der branchenspezifischen Wettbewerbssituation beiträgt. Durch den unterschiedlichen Einfluss der Wettbewerbskräfte in den strategischen Gruppen lassen sich Rentabilitätsunterschiede innerhalb einer Branche erklären und mögliche Strategieoptionen für das eigene Unternehmen erkennen. Auch kann ein besseres Verständnis der in einer Branche relevanten Wettbewerbsdimensionen gewonnen werden, nachdem **gruppentrennende Mobilitätsbarrieren** identifiziert wurden. Dies hilft auch, anschließend eine effizientere Konkurrenzanalyse durchzuführen, da man sich in der hierauf aufbauenden Stärken- und Schwächenanalyse auf die bereits herausgearbeiteten wesentlichen strategischen **Schlüsseldimensionen** konzentrieren kann (vgl. *Hungenberg*, 2011, S. 132 ff.; *Homburg/Sütterlin,* 1992, S. 652).

Friseurbranche

Das Friseur-Handwerk ist in Deutschland traditionell durch Betriebe mit relativ wenig Angestellten gekennzeichnet. Typisch sind so Betriebe, bei denen der Friseurmeister zwei Gesellen und zwei Lehrlinge beschäftigt. In den vergangenen Jahren hat sich allerdings die Wettbewerbssituation im Friseur-Handwerk deutlich verschärft. Wie *Abbildung 43* zeigt, hat die Anzahl von Friseurbetrieben zwischen 2001 und 2011 in Deutschland um 15.745 Betriebe und damit um rund 25 % zugenommen.

Vor diesem Hintergrund scheint der klassische, mittelgroße Friseurbetrieb ausgedient zu haben. Stattdessen sind verschiedene neue strategische Gruppen im Markt zu beachten (vgl. zum Folgenden *von Petersdorff*, 2012, S. 32):

▸ Zum einen erobern Billigsalon-Ketten wie Essanelle, Klier oder Hairkiller in vielen Städten den Markt.
▸ Zum anderen etabliert sich in vielen ländlichen Regionen die mobile Friseurin. Diese sucht die Kunden zuhause auf und frisiert die Kunden in ihrer häuslichen Umgebung.

▸ Schließlich hat sich als weiteres Modell im Markt der »Beleg-Stuhl« etabliert. In diesem Fall mietet ein Friseur im Salon eines nicht ausgelasteten Kollegen einen Friseur-Stuhl, zahlt für die Nutzung, aber auch für die Inanspruchnahme von typischen sonstigen Dienstleistungen im Friseur-Salon (z. B. Wasser, Strom, Kaffee für die Kunden etc.), arbeitet ansonsten aber völlig auf eigene Rechnung.

Viele klassische Betriebe sind inzwischen gezwungen, sich aus ihrer bisherigen strategischen Gruppe in Richtung einer der neuen strategischen Gruppen weiterzuentwickeln. Aufgrund von Mobilitätsbarrieren kommen hierfür allerdings i. d. R. vor allem die Gruppe »mobiler Friseur« und »Beleg-Stuhl« in Frage.

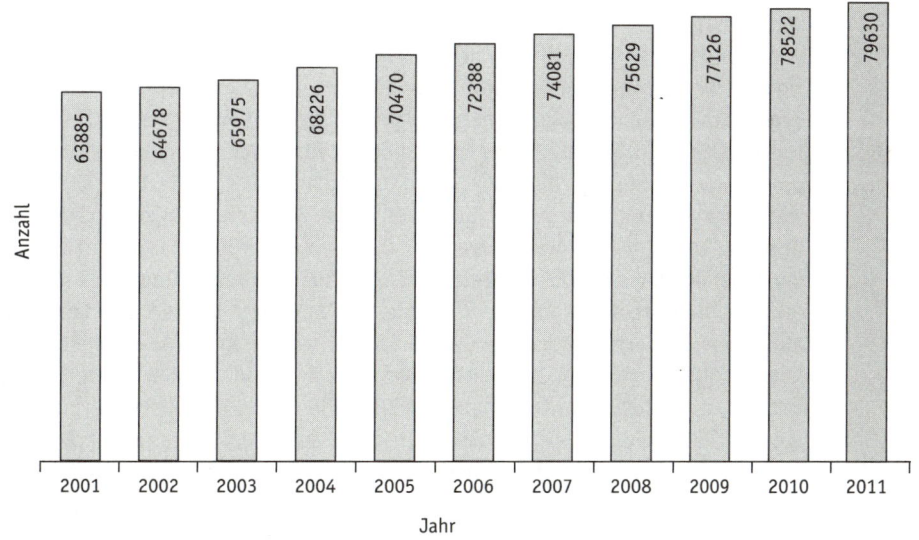

Quelle: *von Petersdorff*, 2012, S. 32

Abb. 43: Anzahl der Friseurbetriebe in Deutschland

1.2.3 Konkurrenzanalyse

Aufgabenstellung

Mithilfe der Konkurrenzanalyse werden die Betrachtungen der Branchenanalyse und der Analyse strategischer Gruppen weiter differenziert und die **Wettbewerber im Einzelnen** untersucht. Dabei ist insbesondere zu prüfen, was den Erfolg oder Misserfolg von Konkurrenten begründet und welche Aktivitäten von den einzelnen Wettbewerbern in der Zukunft zu erwarten sind. Dazu werden vor allem die jeweiligen Stärken und Schwächen, Strategien und Fähigkeiten der einzelnen Anbieter identifiziert sowie das **gegenwärtige und voraussichtliche zukünftige Verhalten** bestimmt, um darauf aufbauend erfolgreiche Marketing-Strategien und Marketing-Maßnahmen für das eigene Unternehmen abzuleiten.

Einbeziehung potenzieller Konkurrenten

Die Konkurrenzanalyse sollte neben den aktuellen auch die potenziellen Konkurrenten einschließen. Dabei gelten als **potenzielle Konkurrenten** Unternehmen, denen der Markteintritt ohne große Schwierigkeiten möglich ist oder die ihre bisherige Marktposition als Lieferanten (bzw. Abnehmer) durch eine Vorwärts- bzw. Rückwärts-Integration verändern können (vgl. *Hinterhuber,* 1990, S. 103). Teilweise wird vorgeschlagen, in die Analyse allein das stärkste Konkurrenzunternehmen oder die drei größten Wettbewerber einzubeziehen. Es ist jedoch zu beachten, dass auch kleine Unternehmen durch Zusammenschluss mit etablierten oder branchenfremden Wettbewerbern ihre Wettbewerbsstärke vergrößern können. Daher sollten auch erfolgreiche Kleinunternehmen nicht vernachlässigt werden (vgl. *Freiling/Reckenfelderbäumer,* 2009, S. 157 ff.; *Hinterhuber,* 1990, S. 103; *Kreikebaum,* 1997, S. 50 f.).

Stärken-/Schwächenprofil

Die Erkenntnisse der Konkurrenzanalyse können in einem Stärken- und Schwächen-Profil der Wettbewerber zusammengefasst abgebildet werden (vgl. *Abbildung 44*). In der Stärken- und Schwächenanalyse werden dabei die **wichtigsten Wettbewerbsmerkmale** für die Konkurrenten bewertet und untereinander verglichen. Dabei sollten die Stärken und Schwächen zum einen für die **aktuelle Situation** ermittelt und zum anderen für einen **künftigen Zeitrahmen** prognostiziert werden. Diese Bewertung sollte auf Basis der bisherigen Wettbewerbsanalyse und – wenn möglich – in enger Anlehnung an objektive, nachprüfbare Daten vorgenommen werden. Daneben unterliegt die Bewertung aber auch immer der subjektiven, teilweise intuitiven Einschätzung des Durchführenden. Die Güte der Konkurrenzanalyse, ihr Umfang und ihre Tiefe hängen vor allem von der Verfügbarkeit der Informationen ab, die in die Analyse einfließen können, sowie von den Kosten der Datenbeschaffung. In den letzten Jahren hat sich die Informationsbeschaffung durch die neuen Informations- und Kommunikationstechnologien und hier vor allem durch das Internet stark vereinfacht. Die hilfreichste Quelle zur Konkurrenzanalyse ist dabei in jedem Fall der Konkurrent selbst. Indem alle Informationen, die dieser an Kunden, Handel, Arbeitnehmervertreter, Stakeholder und Öffentlichkeit weiterleitet, systematisch erfasst, bewertet und aufbereitet werden, können häufig bereits große Teile der in der Konkurrenzanalyse benötigten Informationen abgedeckt werden. Darüber hinaus kann zusätzlich auf andere Informationsquellen wie Informationen von Wirtschaftsverbänden, Wirtschaftszeitungen oder regierungsamt-

Abb. 44

Stärken-/Schwächenprofil eines Unternehmens und seines Wettbewerbers

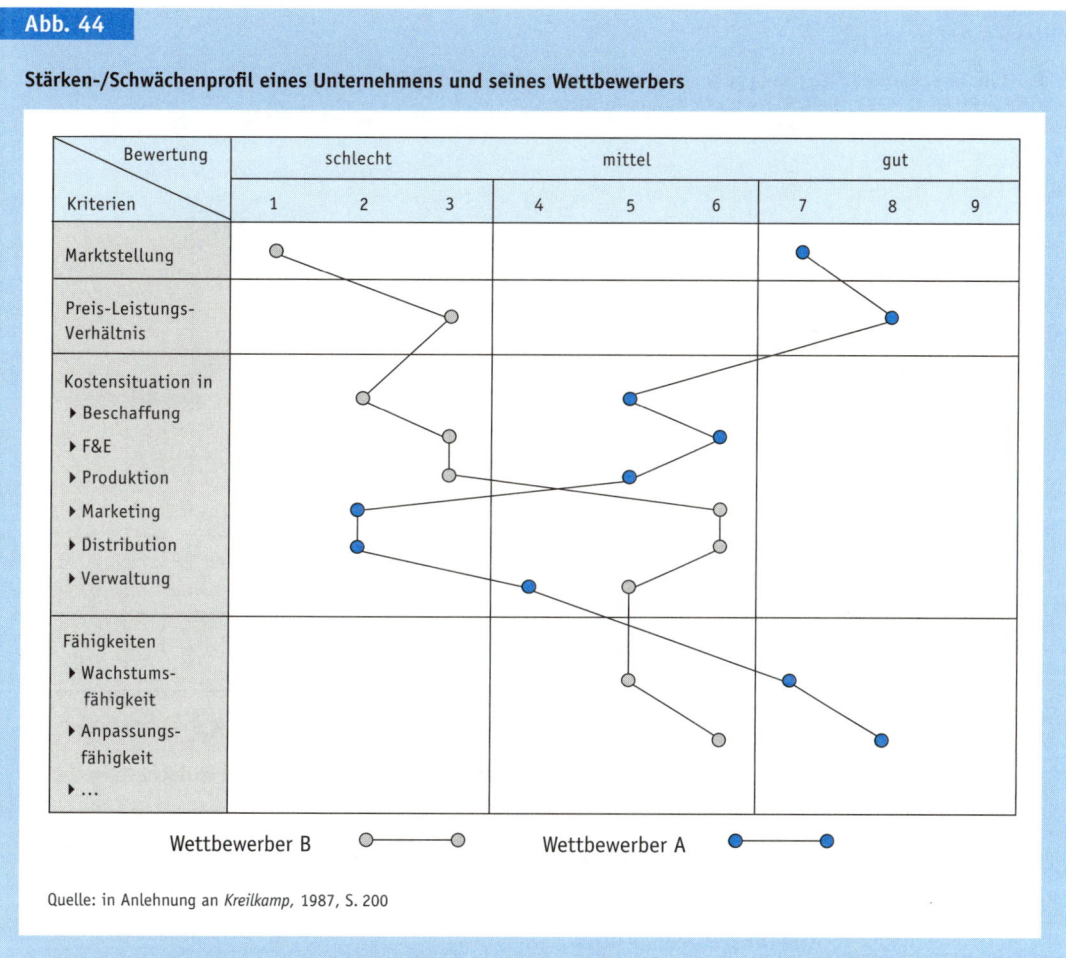

Quelle: in Anlehnung an *Kreilkamp*, 1987, S. 200

liche Quellen (z. B., Statistisches Bundesamt) zurückgegriffen werden. Gerade Wirtschaftszeitungen berichten regelmäßig über die führenden Unternehmen einer Branche. *Abbildung 45* zeigt z. B. in welcher Häufigkeit führende deutschsprachige Wirtschaftszeitungen und -zeitschriften 2011 über Unternehmen wie etwa die Lufthansa, BMW oder Bosch berichtet haben.

Insgesamt zeigt sich, dass die Branchenanalyse, die Analyse strategischer Gruppen und die Konkurrenzanalyse zwar aufeinander aufbauen, zugleich aber auch Überschneidungen aufweisen. Auch wenn dieses Feld in der Praxis nicht immer mit oberster Priorität im Rahmen der Situationsanalyse behandelt wird, kommt ihm als Basis für die Ableitung von Marketing-Aktivitäten auf jeden Fall eine wichtige Rolle zu. Daher sollte dieses Feld in der Praxis auf keinen Fall vernachlässigt werden.

Überschneidungen in der Wettbewerbsanalyse

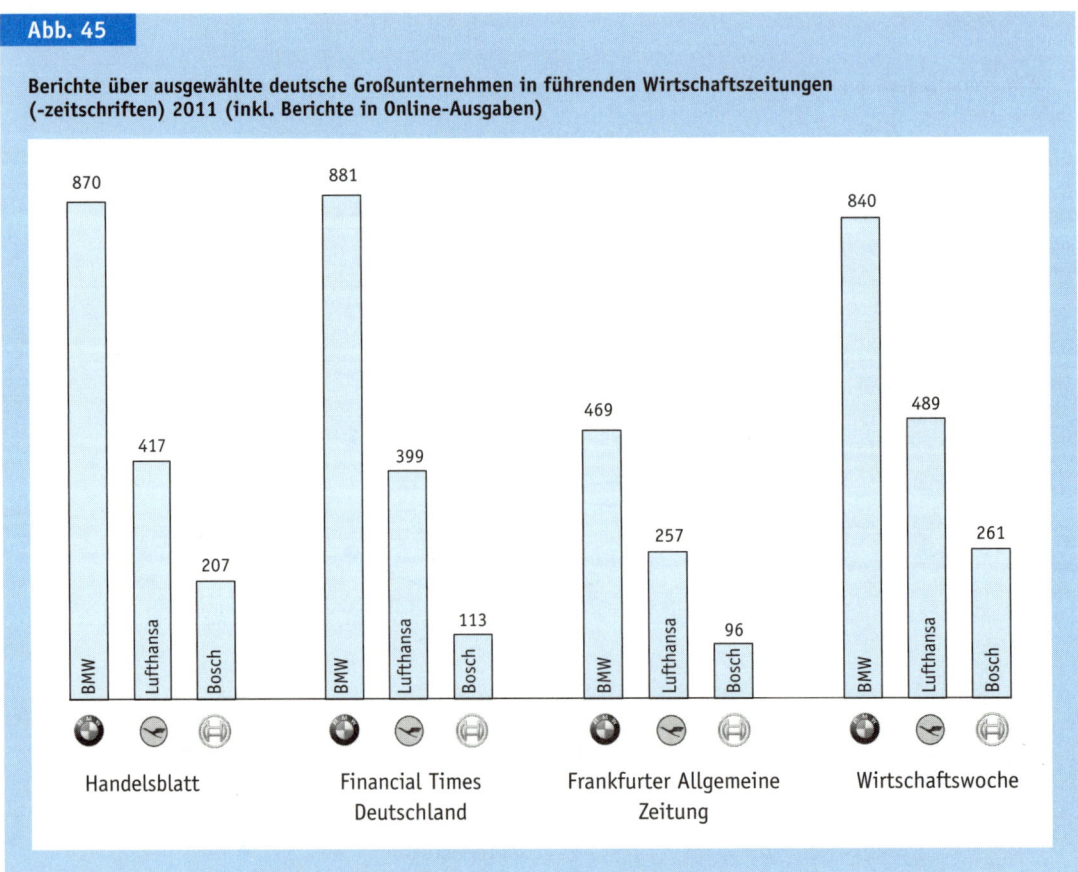

Abb. 45

Berichte über ausgewählte deutsche Großunternehmen in führenden Wirtschaftszeitungen (-zeitschriften) 2011 (inkl. Berichte in Online-Ausgaben)

1.3 Ressourcenanalyse

Die Ressourcen eines Unternehmens determinieren genauso wie die Nachfrager- und Wettbewerbsverhältnisse das KKV-Potenzial eines Unternehmens und sind daher für die Entwicklung von Marketing-Aktivitäten zu beachten. Unter **Ressourcen** können »die von einem Unternehmen kontrollierten Vermögenswerte, Fähigkeiten, Organisationsprozesse, Firmenattribute, Informationen und Wissensinhalte [verstanden werden], die dem Management das Konzipieren und Implementieren von Strategien zur nachhaltigen Verbesserung der Effektivität und Effizienz des Gesamtunternehmens ermöglichen« (*Macharzina/Wolf*, 2012, S. 65). Da solche Ressourcen nicht immer produktspezifisch, sondern häufig auch für das Gesamtunternehmen zur Verfügung stehen, werden Ressourcenanalysen i.d.R. **nicht produktspezifisch** vorgenommen, sondern erfolgen zusammenfassend für ganze Geschäfts- oder Produktbereiche bzw. für Unternehmen insgesamt.

Im Rahmen der allgemeinen Ressourcenanalyse geht es um die **Bewertung der Ressourcen** eines Unternehmens, die diesem insgesamt zur Verfügung stehen und damit produktübergreifend wirksam werden. Zur Durchführung einer Ressourcenanalyse empfiehlt sich eine **dreistufige Vorgehensweise** (vgl. *Meffert/Burmann/Kirchgeorg*, 2012, S. 238; *Backhaus/Schneider*, 2009, S. 167): In einem ersten Schritt sollte ein **Ressourcenprofil** erstellt werden, das finanzielle, physische, organisatorische und technologische Ressourcen eines Unternehmens erfasst und bewertet. Die Auswahl der Kriterien ist subjektiv und sollte, wie auch die Bewertung, möglichst ehrlich und selbstkritisch erfolgen, um aussagekräftige Ergebnisse zu erhalten. Für messbare Faktoren schlägt *Plinke* (1995, S. 72 f.) ein gewichtetes Scoring-Modell für die Bewertung der Stärken und Schwächen vor. In einem zweiten Schritt wird das so ermittelte Ressourcenprofil den Schlüsselanforderungen des Marktes, dem Marktdurchschnitt bzw. einem ausgewählten Konkurrenten (meist dem Hauptmitbewerber) gegenübergestellt. Hierzu kann auf die Ergebnisse der Konkurrenzanalyse (vgl. Abschnitt 2 A II 1.2.3) zurückgegriffen werden. Das Spektrum oder Profil, das sich für das eigene Unternehmen im Vergleich zum Wettbewerb ergibt, kann auch gut digital in Datenbanken abgebildet werden. Typische Stärken können sowohl materielle als auch immaterielle Quellen haben und z. B. auf einer außergewöhnlich guten Sachkapitalausstattung, einem Zugang zu dominanten Technologien, besonders fähigen Mitarbeitern, einer sehr erfolgreichen F&E, einem effektiven und effizienten Wissensmanagement, einer wertvollen Marke, einem exklusiven Vertriebssystem, einem gebundenen Lieferantennetzwerk, einem exklusiven Zugang zu Rohstoffen oder einer ausgeprägten Unternehmenskultur basieren (vgl. *Plinke*, 1995, S. 70). Schwächen sind im Umkehrschluss die Abwesenheit der oben genannten Stärken. Das resultierende **Stärken-Schwächen-Profil** liefert im dritten Schritt Hauptstärken als Basis für den Aufbau einer Strategie und identifiziert Schwächen zur Entwicklung von Maßnahmen zur Verbesserung der Situation.

Wird das durch diesen dreistufigen Prozess entwickelte Stärken-Schwächen-Profil mit den vorhandenen Chancen und Risiken des Unternehmens kombiniert, dann kann das Gesamtergebnis im Rahmen einer **SWOT-Analyse** visualisiert werden. Dazu werden in einer Matrix die Umweltchancen und -gefahren den Unternehmensstärken und -schwächen gegenübergestellt. Dabei werden viele Detailinformationen beispielsweise aus Szenarioanalysen, die eine interessante Quelle für Chancen und Risiken sein können, zusammengeführt (vgl. *Meffert/Burmann/Kirchgeorg*, 2012, S. 241). Chancen sind dabei Umweltzustände, die in einen unternehmerischen Erfolg umgesetzt werden können, beispielsweise unerfüllte Kundenbedürfnisse, Erschließung neuer Märkte, neue Technologien, Aufhebung oder Lockerung administrativer oder ökologischer Restriktionen und Repressionen bzw. die Aufhebung von Handelsbarrieren. Risiken sind wiederum die Gegenteile von Chancen, etwa veränderte Kundenbedürfnisse, die das Unternehmen nicht erfüllen kann, oder die Einführung neuer bzw. die Verschärfung bestehender administrativer und ökologischer Restriktionen oder Repressionen. *Abbildung 46* zeigt ein beispielhaftes Ergebnis einer SWOT-Analyse, das das zusammenfassende Ergebnis der Ressourcenanalyse darstellt.

Vorgehen

SWOT-Analyse

Abb. 46

SWOT-Analyse am Beispiel des Volkswagen-Konzerns

		unternehmensexterne Faktoren	
		Chancen	Risiken
unternehmensinterne Faktoren	Stärken	(1) ▸ starke Nachfragebelebung bei verbrauchsgünstigen TDI (Diesel-)Motoren als Folge einer drastischen Mineralölsteuererhöhung ▸ Nachfrageverlagerung von Oberklasse- zu Mittelklasse-Pkw aufgrund wachsender Preissensibilität der Verbraucher	(2) ▸ die chinesische Regierung erlaubt zahlreichen Konkurrenten den Aufbau von Fabriken in China ohne weitere Auflagen ▸ Schwächen der Marke Volkswagen aufgrund umfangreicher Verwendung von Gleichteilen bei allen Konzerngesellschaften. VW, Seat und Skoda werden austauschbar (Mehrmarkenstrategie wird statt zur Chance zu einem Risiko)
	Schwächen	(3) ▸ starkes Marktanteilswachstum leistungsstarker Sport- und Fun-Pkw ▸ Nachfragesteigerung bei zweisitzigen, elektrisch betriebenen Stadtautos aufgrund technischer Innovationen außerhalb des Unternehmens	(4) ▸ starkes Nachfragewachstum in der Kompaktwagenklasse in den USA aufgrund steigender Benzinpreise und schlechter Wirtschaftsentwicklung ▸ geringe Partizipation am US-Marktwachstum wegen des niedrigen VW-Marktanteils in den USA

Quelle: *Meffert/Burmann/Kirchgeorg*, 2012, S. 241

2 Methoden der Analyse: Markt- und Wettbewerbsforschung

Marktforschung = Informationsbeschaffungsprozess

Eine zuverlässige Analyse der Bestandteile des Marketing-Dreiecks, wie sie in den vorangehenden Abschnitten beschrieben wurde, setzt ein systematisches und planvolles Vorgehen voraus, das auf wissenschaftlich fundierten Forschungsmethoden aufbaut. Dabei sollen die für die Nachfrager-, Wettbewerbs- und Ressourcenanalyse benötigten Informationen nicht zufällig oder unsystematisch, sondern als Ergebnis eines **effektiven** und **effizienten Informationsbeschaffungsprozesses** erzeugt werden. Dieser **Informationsbeschaffungsprozess** wird auch als **Marktforschungsprozess** bezeichnet. In idealtypischer Form kann ein Marktforschungsprozess durch **sieben Phasen** beschrieben werden, die in *Abbildung 47* dargestellt sind. In der Marktforschungspraxis ist es allerdings durchaus möglich, dass einzelne der dargestellten Schritte außer Acht gelassen werden und/oder der Prozess durch weitere Phasen ergänzt wird. Bei einer Verkürzung des Prozesses ist aber zu beachten, dass Schwächen und Mängel am Anfang des Marktforschungsprozesses in späteren Phasen nicht ausgeglichen werden können. Beispielsweise ist es nicht möglich, Fehler, die etwa

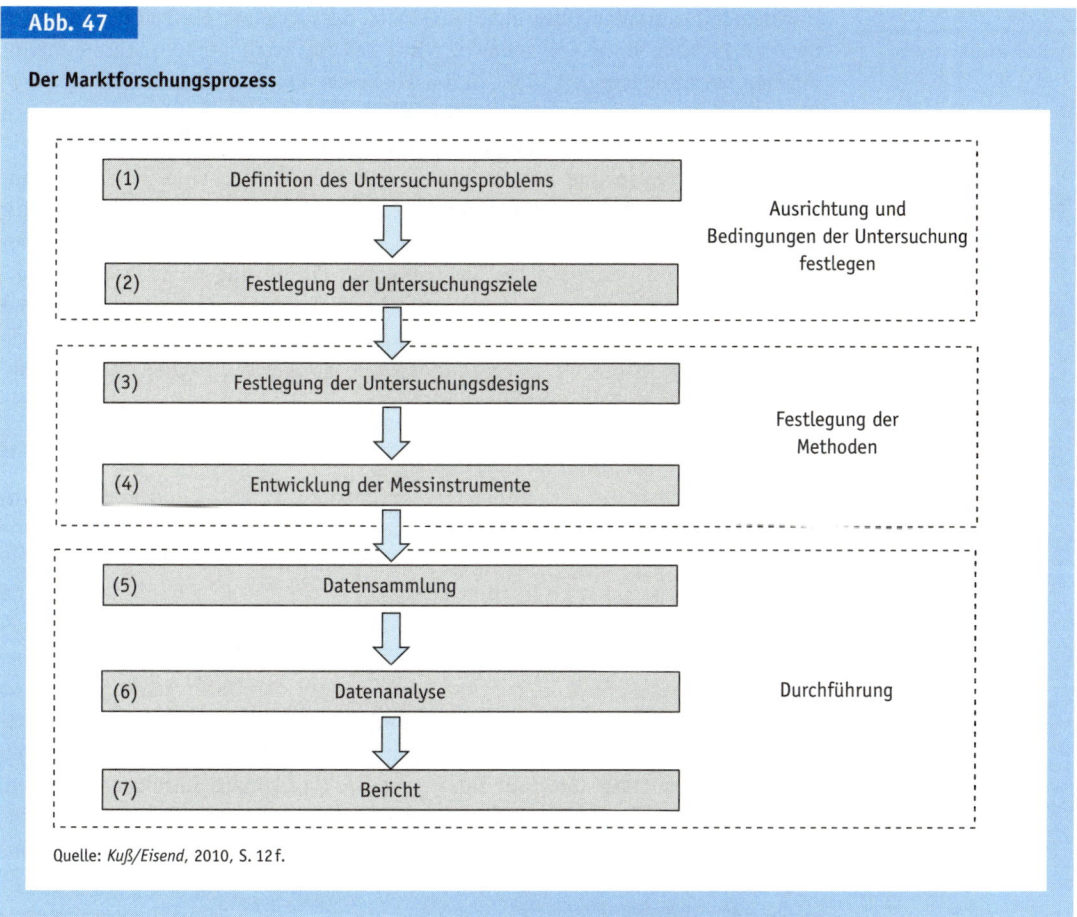

Abb. 47

Der Marktforschungsprozess

- (1) Definition des Untersuchungsproblems
- (2) Festlegung der Untersuchungsziele

Ausrichtung und Bedingungen der Untersuchung festlegen

- (3) Festlegung der Untersuchungsdesigns
- (4) Entwicklung der Messinstrumente

Festlegung der Methoden

- (5) Datensammlung
- (6) Datenanalyse
- (7) Bericht

Durchführung

Quelle: *Kuß/Eisend*, 2010, S. 12 f.

durch Auslassung oder Verkürzung im dritten Schritt (Festlegung der Untersuchungsdesigns) gemacht worden sind, durch einen höheren Aufwand bei der anschließenden Datensammlung oder -analyse auszugleichen. In diesem Sinne ist das Ergebnis einer Marktforschungsstudie nur so stark wie das schwächste Glied in der Abfolge der in *Abbildung 47* dargestellten Untersuchungsstufen (vgl. *Kuß/Eisend*, 2010, S. 12 f.).

2.1 Definition des Untersuchungsproblems

Der erste Schritt eines Marktforschungsprozesses (vgl. *Abbildung 47*) sollte in der **Definition des Untersuchungsproblems** bestehen. Basierend auf den Erkenntnissen dieser Phase wird der in der Marktforschungsstudie zu erfassende Informationsbedarf anschließend abgeleitet. Somit werden hier die Weichen für den Erfolg des gesamten Projekts gestellt. Daher darf diese Phase nicht vernachlässigt werden. Bei Festlegung eines falschen oder ungenau definierten

Hohe Bedeutung der Festlegung des Untersuchungsproblems

Untersuchungsproblems besteht die Gefahr, dass in einer Marktforschungsstudie »am Problem vorbei« untersucht wird, was die durchgeführte Studie wertlos machen würde. Deswegen ist es in der Phase der Problemformulierung notwendig, dass sowohl Marketing-Manager, die Informationen benötigen, als auch Marktforscher, die notwendige Daten liefern, das zu analysierende Problem gemeinsam abgrenzen und konkretisieren und sich folglich bereits bei der Konzeption des Marktforschungsprojekts untereinander abstimmen. Ein Anlass für eine Untersuchung könnten beispielsweise Umsatzrückgänge bei einem bestimmten Produkt oder die bei der geplanten Einführung eines Produkts notwendige Einschätzung des Potenzials des neuen Produkts darstellen. Im Fall eines Umsatzrückgangs kann das formulierte Untersuchungsproblem z. B. darin bestehen, dass in der Marktforschungsstudie konkrete Ursachen für den Umsatzrückgang ermittelt werden sollen.

2.2 Festlegung der Untersuchungsziele

Für das definierte Untersuchungsproblem werden anschließend konkrete **Untersuchungsziele** abgeleitet (vgl. *Abbildung 47*), wobei in diesem Schritt die **Fragestellung der Studie** nochmals präzisiert werden sollte. Die Ziele stellen dann den Ausgangspunkt für die Entwicklung des Untersuchungsdesigns und die Festlegung der Messinstrumente dar. Wenn das Untersuchungsproblem z. B. in der oben angeführten Ermittlung von Ursachen für den Umsatzeinbruch bei einem bestimmten Produkt gesehen wird, könnte das Untersuchungsziel etwa darin bestehen, konkrete Vor- und Nachteile des Produkts gegenüber den Wettbewerbsprodukten in der Wahrnehmung der bestehenden und potenziellen Kunden zu ermitteln. Anschließend kann darüber hinaus untersucht werden, welche Eigenschaften beim Produkt oder der Vermarktung abgeändert/hervorgehoben werden sollten, damit die Kunden bereit wären, das Produkt des Unternehmens den Konkurrenzprodukten vorzuziehen.

Je nach Untersuchungsziel lassen sich grundsätzlich **drei Typen** von Marktforschungsuntersuchungen unterscheiden:

▸ explorative Studien (1),
▸ deskriptive Studien (2) und
▸ kausale Studien (3).

(1) Explorative Studien

Explorative Studien als erste Art von Marktforschungsstudien dienen dazu, das ausgewählte Problemfeld zunächst grob zu erfassen und **erste Einblicke** für das Forschungsproblem zu gewinnen. Es existieren dabei noch **keine Vorüberlegungen** über mögliche Einflussfaktoren oder Ursache-Wirkungs-Beziehungen, sodass Gründe für Zusammenhänge zwischen den betrachteten Variablen zunächst entdeckt werden müssen, ohne dass vorher Annahmen oder Hypothesen über diese Zusammenhänge aufgestellt wurden. Die Ergebnisse solcher explorativen Studien dienen oft als Ausgangspunkt für weitere Marktforschungsstudien und als Grundlage für die Hypothesengenerierung. Ein Beispiel für eine derartige Studie könnte im Fall des oben angeführten Umsatzrückgangs eines Unternehmens eine grundsätzliche Identifikation von möglichen Einflussfaktoren auf den Umsatz eines bestimmten Produkts wie z. B. Produktqualität, Markteinführung von neuen Wettbewerbsprodukten, Marktbekanntheit, Prozesse im Produktmanagement etc. sein.

(2) Deskriptive Studien

Deskriptive Studien, die in der praktischen Markt- und Wettbewerbsforschung einen besonders breiten Raum einnehmen (vgl. *Raab/Unger/Unger*, 2009, S. 24), haben eine möglichst genaue Erfassung und Beschreibung von den für das Untersuchungsproblem relevanten Tatbeständen zum Gegenstand. Im Gegensatz zu explorativen Studien ist die Problemstruktur hier allerdings bereits bekannt. Bei deskriptiven Studien lassen sich darüber hinaus auch Zusammenhänge zwischen den betrachteten Variablen analysieren. Wichtig ist, dass es sich hierbei wie bei explorativen Studien um keine Ursachen-Wirkungs-Beziehungen handelt, sondern »nur« um die **vorgelagerte Prüfung**, ob Zusammenhänge überhaupt vorhanden sind. Im Gegensatz zu den explorativen Untersuchungen folgen deskriptive Studien allerdings einem **fest vorgegebenen Forschungsziel**, was ein geringeres Maß an Flexibilität beim Vorgehen erlaubt. Bei dem Beispiel der Ursachenanalyse für den Umsatzeinbruch bei einem bestimmten Produkt kann die deskriptive Fragestellung etwa darin bestehen, dass aktuelle und potenzielle Kunden anhand von bestimmten relevanten Eigenschaften wie soziodemografischen (Geschlecht, Alter) oder psychografischen Merkmalen (Werte, Einstellungen) beschrieben werden sollen. Diese Beschreibung könnte anschließend die Grundlage für die Konzeption der marketingpolitischen Maßnahmen darstellen.

Große Bedeutung in der Praxis

(3) Kausale Studien

Im Gegensatz zu explorativen und deskriptiven Untersuchungen beschäftigen sich kausale Studien mit der **Suche nach Ursachen und Zusammenhängen**. Im Vorfeld werden Hypothesen über Wirkungszusammenhänge zwischen zwei oder mehreren Variablen aufgestellt. Anschließend werden die **Ursache-Wirkungs-Beziehungen** zwischen diesen Variablen auf Basis der Hypothesen überprüft. Somit liefern kausale Untersuchungen Erkenntnisse, wie einzelne Faktoren im Markt zusammenhängen und inwiefern sie sich gegenseitig beeinflussen. Den Ausgangspunkt für die Ableitung von Hypothesen bilden dabei oft explorative Untersuchungen. Wenn also im Rahmen einer explorativen Studie die Qualität eines Produkts als ein relevanter Einflussfaktor auf den Umsatz identifiziert wurde, kann in einer kausalen Studie untersucht werden, inwiefern bestimmte Qualitätsmängel einen Umsatzrückgang tatsächlich verursacht haben.

Hypothesen-testende Studien

2.3 Festlegung der Untersuchungsdesigns

Nachdem die Ausrichtung und die Bedingungen der Marktforschungsstudie in den ersten beiden Schritten des Marktforschungsprozesses festgelegt wurden, erfolgt im dritten Schritt des Marktforschungsprozesses (vgl. *Abbildung 47*) die

Fragestellungen

Festlegung des Untersuchungsdesigns. In dieser Phase werden die grundlegenden Fragen zu den einzusetzenden Methoden beantwortet. Hierbei sind zwei grundsätzliche Entscheidungen zu treffen:

▸ »Auf welche Weise sollen Daten im Rahmen der Studie erhoben werden (**Datengewinnung**)?«

▸ »Wer soll an der Untersuchung teilnehmen (Vorgehen bei einer möglicherweise notwendigen **Stichprobenziehung**)?«

2.3.1 Datengewinnung

2.3.1.1 Typen von Datenquellen

Arten der Informations-gewinnung

Eine der wichtigsten Voraussetzungen, damit im Rahmen einer Markforschungsstudie ein erfolgversprechendes Ergebnis erreicht werden kann, ist eine der Zielsetzung der Untersuchung entsprechende **Gewinnung von Informationen**. Bei der Frage nach der Datengrundlage können auf der einen Seite **Primärdaten** Verwendung finden, also originäre neue Daten, die für den spezifischen Zweck des jeweiligen Marktforschungsprojekts erhoben werden. Auf der anderen Seite

Abb. 48

Formen der Datengewinnung

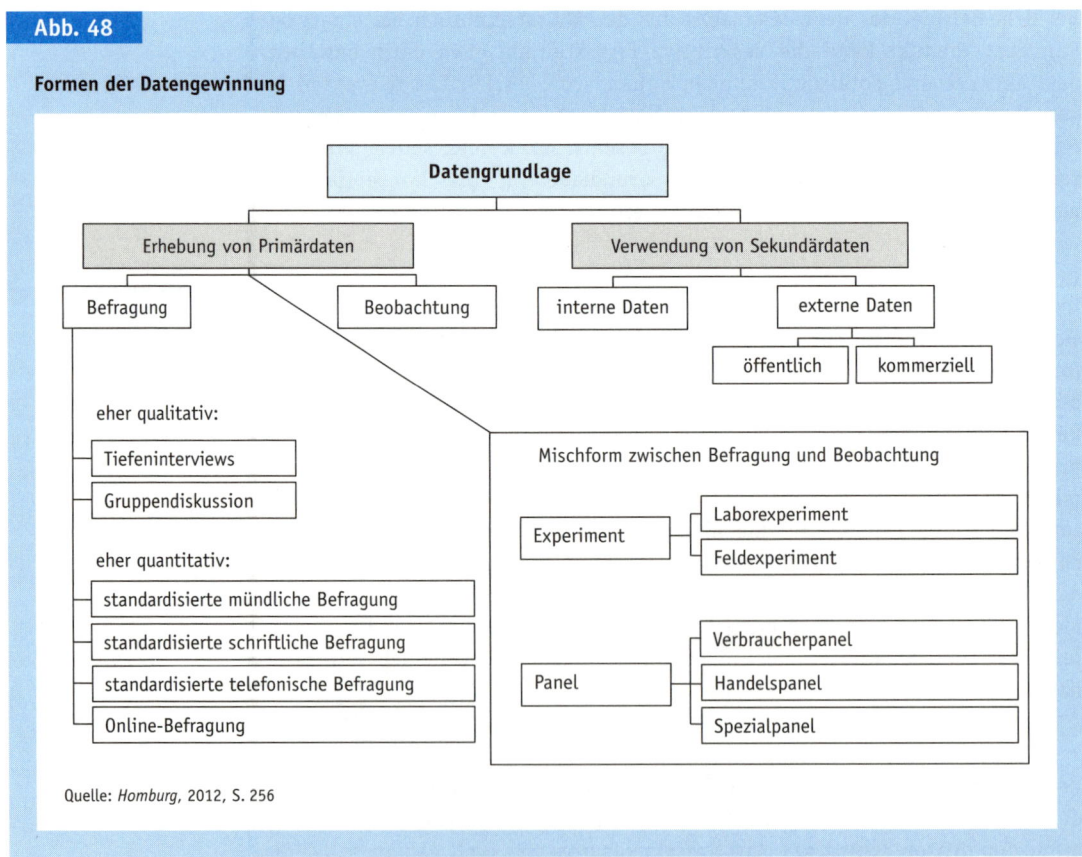

Quelle: *Homburg*, 2012, S. 256

können **Sekundärdaten** herangezogen werden, also Informationen, die aus dem bereits für andere Zwecke in der Vergangenheit erhobenen Datenmaterial stammen (vgl. *Abbildung 48*). Bei der Entscheidung, ob für ein Marktforschungsprojekt Primär- oder Sekundärdaten verwendet werden sollen, sind die **Datenqualität** einerseits und der **Aufwand der Datenbeschaffung** andererseits zu vergleichen. Primärdaten verfügen zumeist über eine deutlich höhere Aussagekraft als Sekundärdaten, da sie speziell für die gegebene Fragestellung erhoben werden. Auch hinsichtlich der Datenexklusivität sind Primärdaten vorzuziehen, da diese nur den an der Durchführung der Marktforschungsstudie Beteiligten vorliegen und somit dem Wettbewerb nicht zur Verfügung stehen. Ebenfalls für die Erhebung von Primärdaten spricht ihre i. d. R. höhere Aktualität, da Informationen aus der Sekundärforschung immer vergangenheitsbezogen sind und daher auf ihre Anwendbarkeit auf die gegenwärtige Marktsituation geprüft werden müssen. Hinzu kommt, dass die Qualität der Sekundärdaten nicht immer überprüfbar ist, da oft keine Möglichkeit besteht, Einblicke in die methodische Vorgehensweise bei der Gewinnung und Auswertung von Sekundärdaten zu erhalten. Des Weiteren ist bei Sekundärdaten die Repräsentativität für die untersuchte Zielgruppe und somit die Übertragbarkeit der Ergebnisse auf die Zielgruppe der nun anstehenden Studie nicht immer gewährleistet. Die Erhebung von Primärdaten ist hingegen mit wesentlich höheren Kosten und einem höheren Zeitaufwand verbunden. Da sowohl Sekundär- als auch Primärdaten Vor- und Nachteile aufweisen, werden diese Verfahren in der Marktforschungspraxis meist miteinander kombiniert und sukzessiv eingesetzt, um von den Stärken der jeweiligen Methode zu profitieren und die Schwächen zu umgehen.

Sekundärdaten werden dabei i. d. R. zur Vorbereitung und Ergänzung von Primärdatenerhebungen genutzt. So kann zunächst ein Einblick darüber gewonnen werden, ob die dem definierten Problem entsprechend formulierten Ziele ganz oder zumindest z. T. ohne Primärdaten erreichbar sind. Dabei können Sekundärdaten sowohl aus **unternehmensinternen** als auch **unternehmensexternen Datenquellen** stammen. Zu den **internen Informationsquellen** zählen alle Daten, die bereits innerhalb des Unternehmens gesammelt wurden. Dazu gehören z. B. Unterlagen der Kostenrechnung, Kundenstatistiken, allgemeine Unternehmensstatistiken wie Umsatz- oder Absatzzahlen, Außendienstberichte oder frühere Primärerhebungen, die für neue Problemstellungen herangezogen werden können (vgl. *Berekoven/Eckert/Ellenrieder*, 2009, S. 39 f.). Da interne Informationsquellen vor allem auf die spezielle Situation des Unternehmens abzielen und nicht die Gegebenheiten des Gesamtmarkts berücksichtigen, sollten im Rahmen der Sekundärforschung – wenn möglich – auch **unternehmensexterne Daten** einbezogen werden. Dabei kann es sich um öffentlich zugängliche Informationen handeln, wie beispielsweise Veröffentlichungen staatlicher Institutionen (z. B. Statistisches Bundesamt oder Statistische Landesämter), Publikationen von Verbänden, wissenschaftlichen Institutionen, speziellen Informationsdiensten, Beratungsunternehmen, Presse etc. Aber auch kommerzielle Sekundärdaten wie Studien von Markforschungsunternehmen können berücksichtigt werden. Eine besondere Bedeutung kommt dabei heute dem

Entscheidung über Auswahl von Primär-/ Sekundärdaten

Vorteile Primärdaten

Nachteile Primärdaten

Arten von Sekundärdaten

Internet zu, da dieses Zugriff auf viele (Sekundär-)Informationen erlaubt, eine zeitnahe Verfügbarkeit der Informationen sicherstellt und zudem häufig äußerst kostengünstig ist. Alle Informationen können anschließend im sogenannten »**Data Warehouse**« strukturiert erfasst und aufbereitet werden. Beim Data Warehouse handelt sich um eine Datenbank, in die alle vergangenheitsbezogenen Daten aufgenommen und archiviert werden. Durch das **Online-Analytical-Processing** (**OLAP**) kann auf die vorhandenen Informationen schnell und strukturiert zugegriffen werden (vgl. *Decker/Wagner*, 2002, S. 110).

2.3.1.2 Formen von Datenerhebungen

Bedeutung von Primär-
datenerhebungen

Oft gelingt es allerdings nicht, allein aus den zur Verfügung stehenden Sekundärdaten die notwendigen Informationen für die Lösung eines Untersuchungsproblems zu sammeln. Dies belegen Statistiken des Arbeitskreises Deutscher Markt- und Sozialforschungsinstitute e. V. (ADM), wonach nur ca. 1% der Marktforschungsumsätze von Marktforschungsinstituten mit Sekundärdatenerhebungen erzielt wird (*ADM*, 2012). Einer der Gründe für diesen geringen Prozentsatz liegt sicherlich darin, dass Sekundärdatenstudien oft von Unternehmen selbst ohne Mitwirkung von Marktforschungsinstituten durchgeführt werden (z. B. Internet-Recherche), sodass Sekundärdatenerhebungen häufig keine Umsätze bei Marktforschungsunternehmen auslösen. Nichtsdestotrotz müssen oft (auch) Primärerhebungen durchgeführt werden, um die gesetzten Untersuchungsziele erreichen zu können, da keine adäquaten Sekundärdaten für das Untersuchungsziel vorliegen. Für Primärdatenerhebungen können dabei verschiedene Methoden herangezogen werden. Innerhalb der Markt- und Wettbewerbsforschung werden grundsätzlich die Methode der Befragung, der Beobachtung sowie zwei Mischformen dieser beiden Formen, nämlich Experiment und Panel, unterschieden (vgl. *Abbildung 48*).

2.3.1.2.1 Befragung

Definition »Befragung«

Die Befragung stellt die am weitesten verbreitete und am häufigsten angewandte Erhebungsmethode für Primärdaten in der Marktforschung dar. Sie nimmt deswegen eine besondere Rolle in der Markt- und Wettbewerbsforschung ein. Unter einer Befragung wird nach *Scheuch* (1973, S. 70 f.) »ein planmäßiges Vorgehen mit wissenschaftlicher Zielsetzung (verstanden), bei dem die Versuchsperson durch eine **Reihe gezielter Fragen** oder übermittelter Stimuli zu [..] Informationen veranlasst werden soll«. Die Befragung ermöglicht die Ermittlung von Daten u. a. zu Einstellungen, Motiven, Erwartungen, Überzeugungen, Handlungen oder zur Zufriedenheit der Zielgruppe und dient somit insgesamt der Beschreibung und Analyse des beobachtbaren und nicht beobachtbaren Verhaltens. Hinsichtlich des Standardisierungsgrads des Befragungskonzepts lassen sich Befragungen in zwei Gruppen, in qualitative und quantitative Methoden, aufteilen.

Qualitative Befragungen

Bei qualitativen Befragungsmethoden handelt es sich um eine »entdeckende«, also explorative Markt- und Wettbewerbsforschung, da versucht wird, einen unbekannten Sachverhalt zunächst zu verstehen und zu durchdringen. Eine qualitative Befragung läuft i. d. R. mit einer vergleichsweise **geringen Anzahl von Probanden** und nicht oder nur teilweise standardisiert ab. Dabei werden den Testpersonen **offene Fragen** (ohne vorgegebene Antwort-Alternativen) gestellt oder sogar nur Ansatzpunkte zu den interessierenden Themen gegeben, damit der Befragte so frei wie möglich antworten kann. Hierdurch können auch Sachverhalte und Prozesse, die nicht offensichtlich sind, erschlossen und verstanden werden. Die **Zielsetzung** von qualitativen Befragungen liegt also in der Erfassung und Erklärung von relevanten Problemdimensionen und dementsprechend in der Beantwortung der Frage »Warum?« (z. B.: »Warum ziehen die Nachfrager das Wettbewerbsprodukt dem Produkt des eigenen Unternehmens vor?«). Der Marktforscher erhält somit einen differenzierten Einblick, z. B. in die Bedürfnisse, Einstellungen, Motive und Wünsche von Kunden (vgl. *Buber/Holzmüller*, 2009, S. 7 f.). Als wichtigste Methoden der qualitativen Befragung gelten

▸ Tiefeninterviews (1) und
▸ Gruppendiskussionen (2).

(1) Tiefeninterview

Ein Tiefeninterview ist ein relativ freies, offenes Interview, das i. d. R. in Form eines **persönlichen Gesprächs** erfolgt. Der Interviewer lenkt das Gespräch mit dem Probanden anhand eines **Interviewleitfadens** durch unterschiedliche Fragenkomplexe, die für die Lösung des definierten Untersuchungsproblems relevant erscheinen. Die Zielsetzung eines Tiefeninterviews ist dabei, ein möglichst umfassendes Verständnis von Meinungen und Verhaltensweisen der Probanden zu erhalten. Daher sind Tiefeninterviews vor allem in der **Anfangsphase eines Marktforschungsprojekts** nützlich, wenn es um die Präzisierung des Untersuchungsprojekts geht. Wichtig ist dabei, dass der Befragte während eines Tiefeninterviews nicht in seinen Antwortmöglichkeiten beschränkt und von dem Interviewer so wenig wie möglich beeinflusst wird. Nur auf diese Weise kann seine tatsächliche Sichtweise des Untersuchungsgegenstandes erfasst werden. Ein Tiefeninterview ist folglich nur dann sinnvoll, wenn es wichtig ist, dass sich der Interviewer an die Individualität des Befragten zur Herstellung einer gewissen Vertrauensbeziehung anpassen kann, was zu höherer Aussagewilligkeit, spontanen Aussagen und damit zu interessanten Einsichten in die Denk-, Empfindungs- und Handlungsweise der Probanden führt (vgl. *Aghamanoukjan/Buber/Meyer*, 2009, S. 419).

(2) Gruppendiskussion

Während beim Tiefeninterview individuelle Einstellungen und Handlungsweisen im Mittelpunkt stehen, sind Gruppendiskussionen darauf gerichtet, **Einblicke in möglichst viele Meinungen** und Ideen sowie die dahinterstehenden Motive bzw. Motivstrukturen zu erhalten. Die Gruppendiskussion ist eine i. d. R. ein- bis ein-

einhalbstündige Diskussion im Rahmen einer **Kleingruppe** (sechs bis zehn Mitglieder) unter der Leitung eines entsprechend qualifizierten Moderators (vgl. *Kepper*, 2008, S. 186). Die **Aufgabe des Moderators** ist es, die Diskussion so zu steuern, dass auf der einen Seite möglichst alle Gruppenmitglieder ihre Meinungen zu einer konkreten Problemstellung äußern können und dass auf der anderen Seite die Situation möglichst einer normalen Gesprächssituation entspricht, in der Meinungen und Einstellungen ausgetauscht werden. Dabei liegt dem Diskussionsleiter i. d. R. nur ein **grober Themenkatalog** vor. Ansonsten hängen die mit und in der Gruppe besprochenen Themen vom Diskussionsablauf ab. Ein Vorteil von Gruppendiskussionen gegenüber dem Tiefeninterview liegt in dabei möglicherweise entstehenden **gruppendynamischen Effekten**. Denn durch die möglichst aktive Diskussion unter den Gruppenmitgliedern kann es bei den Teilnehmern zu Ideen und Aussagen kommen, die sie im Rahmen von Einzelgesprächen ohne diese Gruppenstimulierung nicht geäußert hätten. Dass sich die Probanden gegenseitig zu Äußerungen anregen, liegt auch daran, dass häufig im Zuge der Diskussion ansonsten bestehende Hemmungen beseitigt werden (vgl. *Hüttner/Schwarting*, 2002, S. 97). Allerdings ist der Umfang von Informationen über und von einzelnen Gruppenmitgliedern bei einer Gruppendiskussion deutlich geringer als bei einem Tiefeninterview. Bedingt durch die ungezwungene Atmosphäre, die während einer Gruppendiskussion erreicht werden sollte, bringt nicht jeder Teilnehmer zu jedem Aspekt seine Meinung zum Ausdruck. In der Praxis von Marktforschungsunternehmen ist der Einsatz von Tiefeninterviews im Vergleich zu Gruppendiskussionen verhältnismäßig geringer: Im Jahr 2010 wurden laut Statistiken des ADM 25 % aller quantitativen Studien in Form von Gruppendiskussionen und 16 % in Form von Tiefeninterviews durchgeführt. Zu den restlichen 59 % zählen sonstige qualitative Befragungsformen wie z. B. Expertengespräche (vgl. *ADM*, 2012).

Ablauf

Zusammenfassend liegen die zentralen **Vorteile** von qualitativen Befragungen in der **Flexibilität** der Methode und der **offenen Vorgehensweise**. Der Marktforscher kann mithilfe dieser Erhebungsmethoden neue, bisher unbekannte Aspekte des formulierten Untersuchungsproblems entdecken, Einblicke in die Hintergründe erhalten sowie relevante Meinungen und Einstellungen zum Untersuchungsgegenstand sehr umfassend erfassen. Neben diesen Vorteilen existieren aber auch **Nachteile**. Dazu zählen die hohen **Anforderungen an den Interviewer** bzw. Diskussionsmoderator, von dem wesentlich die Ergebnisgüte qualitativer Befragungen abhängt. Hinzu kommt die sehr **aufwendige Auswertung**, die i. d. R. in Form von Audio- oder Videoaufzeichnungen erfolgt, die anschließend transkribiert und kodiert werden müssen. Zudem sind aufgrund des

Vor- und Nachteile qualitativer Befragungen

Fallbeispiel 16

Chat-Gruppendiskussionen

Eine inzwischen in der Marktforschungspraxis zunehmend verbreitete Form von Gruppendiskussionen stellen Chat-Gruppendiskussionen (auch Online-Gruppendiskussionen) dar. Hier diskutieren die Teilnehmer, die sich zum Zeitpunkt der Gruppendiskussion an verschiedenen Orten aufhalten können, in einem geschlossenen oder auch offenen Chat-Room. Zu einem vorgegebenen Thema oder einer konkreten Frage können die Teilnehmer Kommentare abgeben, die dann im Chat-Room für alle anderen Teilnehmer sichtbar sind, sodass diese darauf aufbauend eigene Kommentare abgeben können. Dabei können sich die Gruppenmitglieder auch zu unterschiedlichen Zeitpunkten in die Diskussion einbringen. In diesem Fall erfolgt die Diskussion in Form eines Forums. *Abbildung 49* zeigt einen Auszug aus einer solchen Gruppendiskussion zum Thema »Mountainbike«.

Vorteilhaft an Chat-Gruppendiskussionen ist zunächst einmal die Tatsache, dass sich die Teilnehmer nicht an einem Ort versammeln müssen. Daher sind Chat-Gruppendiskussionen i. d. R. kostengünstiger als »Offline«-Gruppendiskussionen durchführbar. Darüber hinaus führt die größere Anonymität von Chat-Gruppendiskussionen (die Teilnehmer müssen sich nicht kennen und sich auch nicht gegenseitig zu erkennen geben) dazu, dass sensiblere Themen behandelt und die Teilnehmer noch offener miteinander diskutieren können. Nachteilhaft ist hingegen, dass nicht alle Zielgruppen zur Teilnahme an Chat-Gruppendiskussionen bewegt werden können (z. B. ältere Menschen). Darüber hinaus kann in Chat-Gruppendiskussionen ein gruppendynamischer Effekt nur in begrenztem Umfang entstehen.

Mountainbike Rahmenhöhe Moderator: Mountainbike-Profi; MTBFreak_66	
Alexa111 Mitglied Beiträge: 20 Mountainbike-Newbie	Fri Jun 28, 2012, 3:55 pm Hallo, Ich suche gerade nach der richtigen Rahmengröße für mein neues MTB. Woher weiss ich denn, welche Größe die Richtige ist? Kennt sich da jemand aus und kann mir vielleicht helfen?
_Downhiller Mitglied Beiträge: 867 Mountainbike-Experte	Fri Jul 03, 2012, 7:31 am Hi, um deine Frage zu beantworten müsste man erst mal wissen, wie groß du eigentlich bist, denn die Rahmengröße hängt im Wesentlichen von deiner Körpergröße ab. Ich z. B. bin 185 cm groß und mein Rahmen hat 19 Zoll, das entspricht ungefähr 48 cm.
Alexa111 Mitglied Beiträge: 21 Mountainbike-Newbie	Fri Jul 03, 2012, 7:38 am Oh, hab ich vergessen zu sagen. Ich bin 1,76 groß und laut einer Tabelle, die ich im Internet gefunden habe, bräuchte ich 43–46 cm. Das erscheint mir allerdings ziemlich klein. Ich habe auch mal eins mit 48 cm ausprobiert und selbst da habe ich noch ziemlich viel Spielraum…
MTBFreak_66 Moderator Beiträge: 3816 Moutainbike-Profi	Fri Jul 10, 2012, 0:08 am Ausschlaggebend für die Rahmengröße ist besonders deine Schritthöhe. Wenn du beispielsweise eine Schritthöhe von 100 cm hast, entspricht das einer Rahmengröße von 59 cm, also 23 Zoll. Du solltest verschiedene Größen Probefahren und schauen, worauf du Dich wohl fühlst und auch darauf achten, dass der Sattel nicht zu weit draußen ist. Lass Dich am besten in verschiedenen Fahrradläden beraten!

Abb. 49: Auszug aus einer Chat-Gruppendiskussion

geringen Standardisierungsgrads und des nur grob strukturierten Vorgehens qualitative Studien untereinander schlecht vergleichbar. Daher sind qualitative Befragungen als relativ zeit- und kostenintensiv einzuschätzen. Darüber hinaus sind die Ergebnisse der zumeist von kleinen Gruppen gewonnenen qualitativen Befragungstechniken kaum auf größere Zielgruppen übertragbar, da i. d. R. **keine statistische Repräsentativität** gewährleistet werden kann. An diesen Nachteilen setzen die quantitativen Befragungstechniken an.

Quantitative Befragungen

Merkmale und Zielsetzung

Im Gegensatz zur qualitativen Befragung basieren quantitative Befragungen auf der Untersuchung größerer Stichproben, um formulierte Hypothesen durch statistische Verfahren überprüfen zu können. Dies ist durch die **Zielsetzung** von quantitativen Befragungen bedingt, die zumeist darin besteht, exakte und für die Zielgruppe (Grundgesamtheit) repräsentative Daten zu gewinnen, um mit deren Hilfe einen Untersuchungsgegenstand zu beschreiben und eventuelle Zusammenhänge zwischen relevanten Variablen zu analysieren. Bei diesem Befragungstyp steht die Frage »Wie viel?« im Mittelpunkt der Betrachtung (z. B. »Wie viele Kunden sind mit dem Produkt des Unternehmens zufrieden und wie stark hängt die Zufriedenheit von Produkt- und Serviceeigenschaften ab?«). Somit werden quantitative Befragungen hauptsächlich im Rahmen von deskriptiven und kausalen Studien eingesetzt. Charakteristisch für quantitative Befragungen sind ein **standardisiertes Vorgehen bei der Datengewinnung und -auswertung** sowie genaue Messvorschriften. Einen wichtigen Faktor, der einen großen Einfluss auf die Qualität der Ergebnisse einer quantitativen Befragung ausübt und der daher bei der Konzeption einer quantitativen Befragung von großer Bedeutung ist, stellt ein gründlich ausgearbeiteter Fragebogen dar. Dies gilt, da die Spielräume des Marktforschers während der Befragung durch den hohen Standardisierungsgrad stark eingeschränkt sind (vgl. *Atteslander*, 2010, S. 134). Der Einsatz von standardisierten Fragebögen führt dazu, dass i. d. R. selbst große Datenmengen schnell ausgewertet werden können. Der Nachteil von quantitativen Befragungsmethoden liegt hingegen darin, dass die Vorgehensweise der Interviewführung weniger flexibel ist, was dazu führt, dass es im Rahmen der quantitativen Techniken nicht möglich ist, individuell auf Probanden einzugehen. Grundsätzlich können quantitative Befragungen im Hinblick auf die Kommunikationsform

Formen der Durchführung

▸ mündlich (1),
▸ schriftlich (2),
▸ telefonisch (3) und
▸ online (4)
erfolgen.

(1) Mündliche Befragung

Typische Einsatzformen

Bei standardisierten mündlichen Befragungen (sogenannte **Face-to-Face-Interviews**, **persönliche Interviews**) stehen sich Interviewer und Proband unmittelbar innerhalb der Befragung gegenüber. Wichtig ist dabei, dass dem Interviewer ein standardisierter Fragebogen vorliegt und er sich im Rahmen der Erhebung nur an den Fragen orientiert, die in diesem Fragebogen enthalten sind. Vor allem dürfen keine zusätzlichen Fragen oder Aufgaben formuliert werden und auch die Reihenfolge der Fragen darf nicht geändert werden. Darüber hinaus sind auch die Antworten von Probanden meist standardisiert, was durch **geschlossene Fragestellungen** gewährleistet wird, bei der Probanden zwischen vorgegebenen Antwortalternativen wählen können. Durch ein solches Vorgehen kann die Vergleichbarkeit von Ergebnissen und dadurch auch die schnelle Datenauswertung gewährleistet werden. Um eine mündliche Befragung effizienter zu gestalten, wird in der Marktforschungspraxis als besondere Form der mündlichen Befragung das **Computer Assisted Personal Interviewing (CAPI)** eingesetzt. Der hierbei eingesetzte elektronische Fragebogen ermöglicht es, dass der Interviewer die Fragen von einem PC abliest und die Antworten der Probanden direkt im Computer erfasst werden. Unter Verwendung von CAPI können dabei auch standardisierte mündliche Befragungen durchgeführt werden, die sich auf komplexere Fragebögen beziehen, da hier eine Filterführung im Vorfeld programmiert werden kann (vgl. *Häder*, 2010, S. 190).

(2) Schriftliche Befragung

Im Rahmen einer standardisierten schriftlichen Befragung erhalten die Probanden den Fragebogen i.d.R. auf dem Postweg, per Fax, als Beilage z.B. zu Werbemitteln oder durch persönliche Verteilung (vgl. *Koch*, 2009, S. 55). Die Probanden beantworten den Fragebogen dabei **ohne Hilfestellung**. Da kein Interviewer anwesend ist, besteht keine Möglichkeit, in die Befragung einzugreifen. Diese Methode sollte demnach besonders dann eingesetzt werden, wenn zu erwarten ist, dass bei den Probanden **Vertraulichkeitsaspekte** eine große Rolle spielten. So ist es in solchen Fällen von Vorteil, wenn der Fragebogen anonym ausgefüllt wird. Dieser Aspekt ist vor allem bei »heiklen« Befragungsthemen relevant, die persönliche Bereiche von Probanden (z.B. Einkommen) betreffen. Bei schriftlichen Befragungen sind vor allem ein übersichtliches Layout sowie einfach, verständlich und eindeutig formulierte Fragen wichtig, da der Proband seine Angaben ohne zusätzliche Hilfestellung machen muss. Ein Beispiel einer standardisierten schriftlichen Befragung stellen ausgelegte Fragebögen in Hotels dar, die die Bitte an die Kunden enthalten, den Hotelaufenthalt anhand von bestimmten Fragen bzw. Faktoren zu beurteilen (vgl. das Beispiel in *Abbildung 50*).

Einsatzfelder

(3) Telefonische Befragung

Standardisierte telefonische Befragungen sind dadurch charakterisiert, dass die Auskunftspersonen **per Telefon kontaktiert** und auf Grundlage eines **standardisierten Fragebogens** befragt werden. Dabei liest der Interviewer die Fragen am Telefon vor und hält die Antworten der Probanden fest. Im Gegensatz zur schriftlichen und vergleichbar mit der mündlichen Befragung hat hier der Interviewer die Möglichkeit, im Bedarfsfall Fragen zu erklären oder Hintergrundinformationen zu geben. In der Marktforschungspraxis werden telefoni-

Vorgehen bei der Durchführung

Abb. 50

Beispiel für eine schriftliche Befragung (Hotelgastbefragung)

Liebe Gäste,
Ihre Zufriedenheit liegt uns sehr am Herzen.
Deshalb führt die Bayer Gastronomie GmbH
eine Umfrage durch. Nur wenn Sie Ihre
Meinung uneingeschränkt mitteilen, können wir
Schwächen und Mängel beheben, sowie unsere
Angebote besser auf Ihre Wünsche abstimmen.
Wir versuchen uns ständig zu verbessern und uns
weiter zu entwickeln. Das Ausfüllen des Fragebogens
hilft uns sehr dabei.

Vielen Dank.

Dear Guest,
It is very important to us that you are satisfied.
That is why Bayer Gastronomie GmbH is currently
carrying out this survey. Only if you
give us full feedback on your opinion are we
able to fight our weaknesses, alleviate any
problems and better adapt our offer to meet
your requirements.
We are continually striving for improvement
and development. You would greatly assist us to
achieve this by filling out this questionnaire.

Thank you

Bewerten Sie **zufrieden** mit einer 1 und **unzufrieden** mit einer 12.
*Please assess 1 for **satisfied** and 12 for **unsatisfied**.*

Wie beurteilen Sie unsere Serviceleistungen? · *How would you value our services?*

Rezeption	☐	*Reception*
Zimmerreinigung	☐	*Cleaning of rooms*
Wäscheservice	☐	*Laundry*
Freizeitbereich	☐	*Area*
Tagungsbereich	☐	*Conference attendants*
Tagungstechnik	☐	*Conference equipment*

Wie bewerten Sie unseren Service im gastronomischen Bereich? · *How would you assess our culinary services?*

Restaurant	☐	*Restaurant*
Frühstücksservice	☐	*Breakfast service*
Bankettservice	☐	*Banquet service*

Wie bewerten Sie unsere Hotelzimmer? · *In the following points, how would you assess our hotel rooms?*

Sauberkeit	☐	*cleanliness*
Komfort	☐	*comfort*
Einrichtung	☐	*furniture*
Ausstattung	☐	*furnishings*

Wie beurteilen Sie die Qualität unserer Speisen und Getränke? · *How would you value the quality of food and drink provided?*

Restaurant	☐	*Restaurant*
Frühstücksservice	☐	*Breakfast service*
Bankettservice	☐	*Banquet service*

Wie sind Sie auf uns aufmerksam geworden? · *How did you come to attention on our hotel?*

Hotel schon bekannt	☐	*Hotel already known*
Lage	☐	*Location of hotel*
Anzeige	☐	*Advertisement*
Internet	☐	*Internet*
Kongress/Tagung	☐	*Congress/conference*
Empfehlung	☐	*Recommendation*

Wurde Ihre Reservierung schnell und höflich behandelt? · *Was the reservation made quickly and politely?*

Ja	☐	*Yes*
Nein	☐	*No*

sche Befragungen überwiegend computergestützt durchgeführt. Aufgrund der hohen Leistungsfähigkeit und Effizienz der entwickelten Software zur Durchführung und Auswertung von telefonischen Befragungen – **Computer Aided Telephone Interviewing** (**CATI**) – hat die Zahl der computergestützten Telefoninterviews im Laufe der 1990er-Jahre stark zugenommen (vgl. *Bänziger*, 2009, S. 9). Mithilfe der CATI-Technik kann nicht nur die Durchführung des Interviews gesteuert und kontrolliert werden. Darüber hinaus ist es auch möglich, die Stichprobenziehung durch computergesteuerte Erzeugung von Zufallszahlen zu integrieren. Auch weitere technische Varianten sind möglich. Beim **Touchtone Data Entry** (**TDE**) gibt der Proband Ziffern über das Telefon ein, die bestimmte Antwortoptionen repräsentieren. Eine andere Möglichkeit besteht darin, dass die Auskunftsperson ihre Antworten ins Telefon spricht. Die Antworten werden dann über Spracherkennung automatisch digitalisiert (vgl. *Scholl*, 2009, S. 50). Die starke Zunahme der telefonischen Befragung seit den 1990er-Jahren hat aber auch dazu geführt, dass sich viele Kunden durch telefonische Interviewanfragen belästigt fühlen. Zudem sind inzwischen sogenannte **Cold Calls** (Initiator-Anrufe durch Marktforschungsunternehmen) verboten (in Deutschland: »Gesetz zur Bekämpfung unerlaubter Telefonwerbung und zur Verbesserung des Verbraucherschutzes bei besonderen Vertriebsformen« von 2009).

Rechtliche Grenzen

(4) Online-Befragung

Ablauf

Angesichts der inzwischen (vor allem in den Industrieländern) nahezu flächendeckenden Verbreitung des Internets stellt die Online-Befragung eine weitere Möglichkeit zur Datenerhebung dar. Dabei kann der Fragebogen einer Auskunftsperson zum einen per **E-Mail** zugesandt werden. In diesem Fall füllt der Proband den Fragebogen aus und schickt diesen wieder per E-Mail zurück, was diese Alternative mit der Methode der schriftlichen Befragung vergleichbar macht. Allerdings besteht hier der Unterschied, dass als Kommunikationsmedium nicht der Postweg, sondern eine elektronische Übermittlung dient. Eine wichtige Voraussetzung für die Durchführung von solchen E-Mail-Befragungen ist darin zu sehen, dass E-Mail-Adressen von potenziellen Auskunftspersonen vorliegen müssen, was in der Marktforschungspraxis nicht immer der Fall ist. Ansonsten handelt es sich um **Spam**. Zudem muss der Proband sein Einverständnis erklärt haben, Mails erhalten zu wollen. Eine weitere Option ist es, die Internetnutzer über Hinweislinks auf den Fragebogen weiterzuleiten, der auf einem Server gespeichert ist und den die Befragten dann über das Internet ausfüllen können. Die technischen Fortschritte in der Informations- und Kommunikationstechnologie – z. B. **Web 2.0** – erlauben es dabei, durch eine interaktive und multimediale Gestaltung des Fragebogens einen probandenfreundlichen Ablauf der Befragung sicherzustellen. Dies wirkt sich positiv auf die Teilnahmebereitschaft aus, da animierende Darstellungselemente die Teilnahmebereitschaft bei potenziellen Probanden vergrößern (vgl. *Lütters*, 2008). Insgesamt ist es, ähnlich wie bei schriftlichen Befragungen, bei Online-Befragungen von großer Bedeutung, dass die Fragen einfach und eindeutig formuliert

Einsatzvoraussetzungen

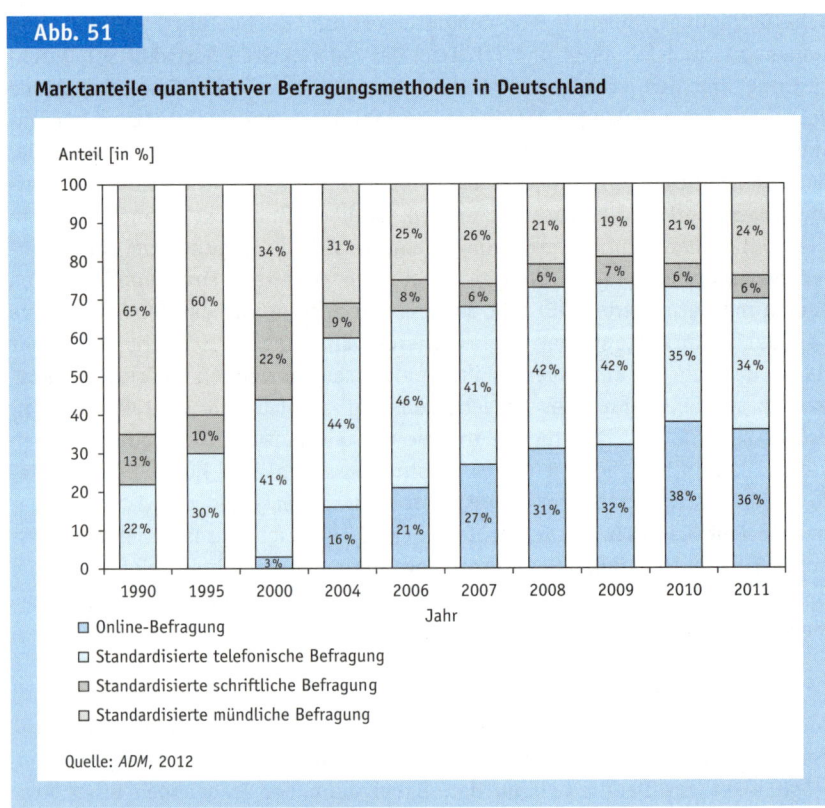

Abb. 51

Marktanteile quantitativer Befragungsmethoden in Deutschland

Anteil [in %]

- Online-Befragung
- Standardisierte telefonische Befragung
- Standardisierte schriftliche Befragung
- Standardisierte mündliche Befragung

Quelle: *ADM*, 2012

werden, denn auch bei dieser Befragungsform haben die Probanden keine Möglichkeit, Verständnisfragen zu stellen.

Zunehmende Bedeutung von Online-Befragungen

In der Marktforschungspraxis unterlag der Einsatz der vorgestellten quantitativen Befragungsmethoden in den vergangenen Jahren einem **Wandel**, wie an Statistiken vom Arbeitskreis Deutscher Markt- und Sozialforschungsinstitute e.V. (ADM) abgelesen werden kann (vgl. *Abbildung 51*). Während mündliche Befragungen bis Mitte bzw. Ende der 1990er-Jahre die dominierende Vorgehensweise darstellen – 1990 wurden in Deutschland nach Angaben vom Arbeitskreis Deutscher Markt- und Sozialforschungsinstitute e.V. (ADM) noch ca. zwei Drittel der Befragungen persönlich durchgeführt –, ist die Bedeutung dieser Interviewart im Jahr 2011 auf ca. 24 % zurückgegangen. Hingegen ist die Bedeutung von telefonischen Befragungen im Vergleich zu den 1990er-Jahren eindeutig gewachsen und liegt zurzeit bei ca. 34 %. An Stellenwert verloren haben darüber hinaus schriftliche Interviews. Ihr Anteil liegt heute nur noch bei 6 %. Auffällig ist darüber hinaus der deutliche **Anstieg des Einsatzes von Online-Befragungen** in der Markt- und Wettbewerbsforschung. Während im Jahr 2000 Online-Interviews in Deutschland mit einem Marktanteil von 3 % praktisch keine Rolle spielten, ist ihr Anteil inzwischen auf 36 % gestiegen (vgl. *ADM*, 2012). Wie hoch der tatsächliche Marktanteil von Online-Befragungen genau

Abb. 52

Zusammenfassende Vor- und Nachteile quantitativer Befragungsmethoden

Befragungsmethode	Vorteile	Nachteile
Standardisierte mündliche Befragung	▸ Möglichkeit von Rückfragen ▸ Möglichkeit der Steuerung und Kontrolle des Befragungsablaufs ▸ Möglichkeit ergänzender Beobachtungen (z. B. nonverbale Signale, Spontanität, Emotionen) ▸ Reduktion der Verweigerungsquote, wodurch die Repräsentativität erhöht wird ▸ wenig Einschränkungen des Fragebogenumfangs und Komplexitätsgrads beim Befragungsthema ▸ Möglichkeit multimedialer Gestaltung des Fragebogens	▸ Risiko aufgrund des Interviewereinflusses, u. a. stärkere Tendenz zur sozialen Erwünschtheit ▸ keine Anonymität bei tabuisierten Themen ▸ hoher Organisations- und Durchführungsaufwand ▸ Zeit- und Ortgebundenheit
Standardisierte schriftliche Befragung	▸ relativ niedrige Kosten ▸ Gewährleistung von Anonymität ▸ kein Interviewereinfluss ▸ Erreichbarkeit großer Fallzahlen ▸ hohe Reichweite ▸ zeitliche Flexibilität seitens Probanden	▸ geringe Rücklaufquoten; dadurch Risiko der mangelnden Repräsentativität ▸ eingeschränkter Fragebogenumfang ▸ keine Möglichkeit für Rückfragen ▸ evtl. Probleme bei Adressenbeschaffung ▸ keine Möglichkeit der Steuerung und Kontrolle des Befragungsablaufs z. B. durch automatische Filterführung
Standardisierte telefonische Befragung	▸ kurzfristige Einsetzbarkeit ▸ niedrige Kosten ▸ zeitliche Flexibilität bei der Durchführung seitens des Marktforschers (z. B. unterschiedliche Tageszeiten) ▸ Möglichkeit von Rückfragen ▸ relativ geringer Interviewereinfluss	▸ eingeschränkte Repräsentativität, u. a. durch Problematik der schweren telefonischen Erreichbarkeit bestimmter Probandengruppen ▸ keine Erfassung nonverbaler Signale ▸ höhere Ablehnungs- und Abbruchquote ▸ keine optimale Kontrolle der Befragungssituation ▸ eingeschränkter Fragebogenumfang ▸ keine Möglichkeit multimedialer Gestaltung des Fragebogens
Online-Befragung	▸ relativ niedrige Kosten ▸ hohe Reichweite, Möglichkeit der Ansprache von internationalen Probanden ▸ Erreichbarkeit großer Fallzahlen ▸ automatische Datenerfassung ▸ kein Interviewereinfluss ▸ Möglichkeiten der automatischen Filterführung ▸ zeitliche Flexibilität seitens Probanden ▸ Möglichkeit multimedialer Gestaltung des Fragebogens	▸ ggf. eingeschränkte Repräsentativität u. a. durch die Selbstselektion der Internetnutzer ▸ oftmals unzureichende Informationen über die Grundgesamtheit ▸ keine Kontrolle des Befragungsablaufs, dadurch Risiko unseriöser Antworten ▸ ggf. geringe Rücklaufquoten, Risiko einer hohen Abbruchquote

ist, kann dabei nur schwer abgeschätzt werden. *Lütters* (2008) spricht in diesem Kontext von einer »**Dunkelziffer**« bei Online-Interviews.

Auswahl der Befragungs-
methode

Die Entscheidung, welche quantitative Befragungsmethode zur Anwendung kommt oder ob mehrere Methoden in einem Marktforschungsprojekt sequentiell eingesetzt werden sollen, hängt vom Untersuchungsgegenstand, -zielsetzung und -situation ab. So gibt es **keine dominante Befragungsform**, da jede der geschilderten Techniken sowohl Vor- als auch Nachteile aufweist (vgl. die Zusammenstellung in *Abbildung 52*).

Fallbeispiel 17

Mobile Befragung

Aufgrund der steigenden Verbreitung von Smartphones stellt die mobile Befragung – die Befragung per Fragebogen über mobile Endgeräte wie Handys – einen aktuellen Trend in der Markt- und Wettbewerbsforschung dar. Diese Befragungsmethode gehört zwar zurzeit noch zu den nicht-etablierten Datenerhebungsverfahren, wird aber nach Einschätzungen von Experten in den nächsten Jahren an Bedeutung gewinnen: Laut der Mobile Research Barometer-Studie, in der Marktforschungsauftraggeber aus Deutschland, Österreich und der Schweiz zur aktuellen Bedeutung und zum Zukunftspotenzial der mobilen Markt- und Wettbewerbsforschung befragt wurden, gehen zwei von drei Experten davon aus, dass die mobile Forschungsdisziplin bis Mitte des Jahrzehnts eine feste Säule bei den Datenerhebungsmethoden werden wird. Vor allem die befragten Kommunikations- und Marktforschungsexperten schätzen, dass schon 2015 gut ein Viertel der Interviews im deutschsprachigen Raum via Mobile Research erhoben werden könnte. Bis 2020 wird sogar von einem Wachstum von 500 % gegenüber heute ausgegangen (vgl. *o. V.*, 2011a). Diese positive Einschätzung liegt u. a. daran, dass die Verbreitung von Mobiltelefonen in Deutschland bei 132 % liegt, was bedeutet, dass statistisch gesehen jeder Deutsche über mehr als ein Mobiltelefon erreichbar ist (vgl. *o. V.*, 2011b). Immer mehr Menschen besitzen zudem internetfähige Smartphones und sind laut der Studie »Mobile Scan« gegenüber den damit verbundenen Leistungen sehr aufgeschlossen. Zudem werden stationäre Breitbandanschlüsse weltweit immer stärker durch mobile Lösungen ersetzt. Somit eignen sich mobile Befragungen vor allem bei zeit- und ortsunabhängigen Datenerhebungen. Ein zeitnahes und damit im Gedächtnis noch gut verankertes Feedback zu Kaufprozessen, Beratungsgesprächen, Messeeindrücken oder Alltagssituationen kann mittels mobiler Befragung einfach generiert werden. Darüber hinaus lassen sich auch Foto-, Audio-, Videoaufnahmen oder dialogorientierte Interaktivität mit dem Befragten in die Erhebung integrieren (vgl. *Schatilow*, 2010, S. 30). Neben der Orts- und Zeitunabhängigkeit gehören auch die Möglichkeit zeitnaher und sehr kurzfristiger Befragungen, die gute Erreichbarkeit von mobilen Zielgruppen sowie die hohe Rücklaufgeschwindigkeit zu den zentralen Stärken der mobilen Befragung. Die Nachteile der mobilen Befragung bestehen hingegen (noch) in der mangelnden Akzeptanz dieser Datenerhebungsmethode bei bestimmten Zielgruppen wie z. B. bei Entscheidern aus dem Industriegüterbereich sowie in der eher geringen Auskunftsbereitschaft vieler Menschen via Telefon/Handy. Darüber hinaus wird auch die Qualität der Ergebnisse sowie deren Repräsentativität angezweifelt (vgl. *Thunig*, 2009, S. 23). Nichtsdestotrotz ist im Bereich der mobilen Befragung mit einer rasanten Weiterentwicklung zu rechnen (vgl. *o. V.*, 2011a).

2.3.1.2.2 Beobachtung

Abgrenzung zur
Befragung

Eine weitere wichtige Methode der Primärdatenerhebung stellt die Beobachtung dar. Die Beobachtung ist ein **nicht-reaktives Verfahren**, das sinnlich wahrnehmbare Sachverhalte, Verhaltensweisen und äußere Eigenschaften bestimmter Personen im Augenblick ihres Auftretens erfasst, ohne dass sich die Auskunftsperson zum Untersuchungsgegenstand äußert. Im Gegensatz zur Befragung können also bei der Beobachtung keine nicht-beobachtbaren Tatbestände wie Einstellungen und Motive aufgedeckt werden. Somit muss der

Marktforscher bei einer reinen Beobachtungsstudie selbstständig die hinter den von außen wahrnehmbaren Objekten oder Ereignissen stehenden Meinungen und Treiber im Nachhinein auslegen und deuten. Die Beobachtung kann grundsätzlich entweder durch die Auskunftsperson selbst erfolgen, wie z. B. die Schilderung der psychischen Vorgänge beim eigenen Kaufverhalten (**Selbstbeobachtung**), oder, wie es meistens der Fall ist, durch unabhängige Dritte (**Fremdbeobachtung**). Bei der Fremdbeobachtung kann die Erhebung durch die Wahrnehmung des Beobachters oder mithilfe von Messgeräten erfolgen. In jedem Fall ist es wichtig, dass im Rahmen der Markt- und Wettbewerbsforschung systematisch geplante und zielgerichtete Formen der Beobachtung zum Einsatz kommen. Diese werden als **wissenschaftliche Beobachtungen** bezeichnet. Bei der **naiven Beobachtung** dagegen werden Sachverhalte und Situationen ohne konkrete Planung und klar definierte Ziele durchgeführt. Dies gilt i. d. R. für Alltagsbeobachtungen, die nicht mit wissenschaftlichen Beobachtungen verwechselt werden dürfen (vgl. *Mangold/Kunert*, 2007, S. 309).

Formen

Zur Systematisierung von Beobachtungen können als Kriterium
▸ das Beobachtungsumfeld (1),
▸ der Offenheitsgrad der Beobachtungssituation (2),
▸ der Strukturierungsgrad (3) sowie
▸ der Partizipationsgrad (4)
herangezogen werden (vgl. z. B. *Winkelmann*, 2010, S. 132; *Schnell/Hill/Esser*, 2011, S. 382 ff.; *Weis/Steinmetz*, 2012, S. 171 ff.).

Systematisierungskriterien

(1) Beobachtungsumfeld
Hinsichtlich des Beobachtungsumfelds wird zwischen
▸ Feldbeobachtungen und
▸ Laborbeobachtungen
unterschieden.

Feldbeobachtungen finden unter realen Bedingungen statt, sodass Probanden hier in ihrer gewohnten Umgebung beobachtet werden. Wenn beispielsweise die Zielsetzung einer Marktforschungsuntersuchung in der Analyse von Kaufverhalten bei bestimmten Zielgruppen liegt, kann eine Feldbeobachtung in einem Supermarkt stattfinden. Dagegen bedienen sich **Laborbeobachtungen** vom Marktforscher künstlich geschaffener Situationen, um das Verhalten von Probanden abzubilden. So wird die Auskunftsperson in ein speziell für die Untersuchung aufgebautes Labor bzw. in eine entsprechend vorbereitete Laborsituation eingeladen. Im oben genannten Beispiel würde ggf. mithilfe von Kameras das individuelle Kaufverhalten in einem zu Versuchszwecken speziell aufgebauten Test-Shop aufgenommen und anschließend von Marktforschern analysiert. Einen aktuellen Trend bei Laborbeobachtungen im Zusammenhang mit Kaufverhalten stellt dabei das sogenannte **Virtual Shopping** dar, bei dem die Einkaufssituation realistisch am Bildschirm simuliert und das Kaufverhalten der Probanden im Rahmen dieser Simulation sehr detailliert aufgezeichnet wird (vgl. *Kuß/*

Feld- und Laborbeobachtungen

Eisend, 2010, S. 141). Der Vorteil von Laborbeobachtungen liegt generell in der Möglichkeit, alle irrelevanten Einflussfaktoren auszuschalten (z. B. unterschiedliche Verpackungsdesigns) und somit nur die für das Projekt ausschlaggebenden Merkmale (z. B. die Regalplatzierung) zu berücksichtigen. Nachteilhaft ist allerdings, dass das Verhalten von Probanden durch die künstliche Situation möglicherweise verzerrt wird.

(2) Offenheitsgrad

Unterschiedlich durchschaubare Beobachtungen

Die Beobachtungsverfahren unterscheiden sich darüber hinaus hinsichtlich der **Durchschaubarkeit der Beobachtungssituation**. Es ist zwischen

▸ offenen Situationen,
▸ nicht-durchschaubaren Situationen,
▸ quasi-biotischen Situationen und
▸ biotischen Situationen

zu differenzieren.

Bei einer **offenen Beobachtung** weiß die Auskunftsperson, dass ihr Verhalten beobachtet wird und sie kennt i. d. R. auch das Untersuchungsziel. Dieses Wissen kann ggf. zu Verhaltensänderungen beim Probanden führen, die unter normalen Bedingungen nicht auftreten würden (**Beobachtungseffekt**). Falls die Auskunftsperson weiß, dass sie beobachtet wird, allerdings keinen Einblick in das Untersuchungsziel hat, ist von einer **nicht-durchschaubaren Situation** zu sprechen. Ein Beispiel hierfür wäre etwa die Beobachtung des Markenwahlverhaltens, bei der der Proband zwar weiß, dass er beobachtet wird, aber die Produktkategorie, welche im Fokus der Erhebung steht, nicht kennt (vgl. *Fantapié Altobelli*, 1998, S. 320). In einer **quasi-biotischen Beobachtungssituation** ist es der Auskunftsperson dagegen nur bewusst, dass sie beobachtet wird. Alle anderen Details der Untersuchung sind ihr allerdings nicht bekannt. Zum Beispiel weiß der Proband in einer solchen Beobachtung, dass sein Kaufverhalten im Supermarkt im Rahmen einer Untersuchung beobachtet wird, aber er weiß nicht, was genau die für die Marktforschungsstudie relevanten Faktoren sind. Wenn auch in der quasi-biotischen Situation Beobachtungseffekte nicht vollkommen ausgeschlossen werden können, empfehlen sich **biotische** bzw. **verdeckte Beobachtungen**, bei denen es dem Probanden nicht bekannt ist, dass er beobachtet wird. Ein Beispiel für solche Untersuchungssituationen stellen Kundenlaufstudien dar, bei denen das Laufverhalten von Kunden in Verkaufsstätten aufgezeichnet wird, um daraus z. B. Empfehlungen für die Platzierung von bestimmten Produkten abzuleiten.

(3) Strukturierungsgrad

Unterschiedlich strukturierte Beobachtungen

Beobachtungssituationen können des Weiteren nach der Strukturiertheit der Beobachtung differenziert werden. Hierbei steht die Vorgehensweise bei der Beobachtung im Mittelpunkt. Unterschieden wird hierbei zwischen

▸ strukturierten Beobachtungen und
▸ nicht-strukturierten Beobachtungen.

Strukturierte Beobachtungen liegen vor, wenn die Beobachtung nach einem detailliert festgelegten Beobachtungsmuster erfolgt. Hier liegt dem Beobachter ein vorab erstelltes Beobachtungsschema vor, in dem klar festgelegte Kriterien enthalten sind, welche Sachverhalte wie beobachtet werden sollen. Im Rahmen der **nicht-strukturierten Beobachtung** sind hingegen nur allgemeine Richtlinien vorhanden, die dem Beobachter einen freien Spielraum für seine Beobachtungen gewähren. Durch die Vorgabe eines differenzierten Beobachtungsschemas ergibt sich ein relativ hoher Grad an Kontrollierbarkeit des Beobachtungsvorgangs. Denn mit einem detaillierten Kategoriensystem ist es wahrscheinlicher, dass verschiedene Beobachter in einer identischen Beobachtungssituation zu gleichen Ergebnissen kommen, was dann für die Zuverlässigkeit der Beobachtung spricht. Allerdings besteht die Gefahr, dass strukturierte Beobachtungen nicht alle Sachverhalte erfassen, die für Probanden in der konkreten Beobachtungssituation von Bedeutung sind. Daher sind strukturierte Beobachtungen in der Marktforschung nur dann sinnvoll, wenn dem Beobachtungsvorgang differenzierte und konkrete Annahmen oder Hypothesen zugrunde liegen, da die Aufstellung eines ausführlichen Kriteriensystems nur dann möglich ist, wenn der Marktforscher bereits im Vorfeld einen Überblick über die in der Beobachtungssituation relevanten Sachverhalte und Zusammenhänge hat. Die nicht-strukturierte Beobachtung empfiehlt sich dagegen für die Informationsgewinnung und Hypothesenkonstruktion (vgl. *Lamnek*, 2010, S. 559 f.).

(4) Partizipationsgrad

Außerdem ist hinsichtlich des Partizipationsgrads des Beobachters zwischen

▶ teilnehmenden Beobachtungen und
▶ nicht-teilnehmenden Beobachtungen

zu unterscheiden.

Teilnehmende vs. nicht-teilnehmende Beobachtungen

Bei der **teilnehmenden Beobachtung** ist der Beobachter in das Geschehen involviert und bewegt sich auf einer Ebene mit den Probanden, wodurch eine große Nähe zur Untersuchungssituation gewährleistet ist. Um Verzerrungen in Untersuchungsergebnissen in derartigen Befragungssituationen zu vermeiden, ist es allerdings wichtig, dass die Involvierung des Beobachters so realitätsnah ist, dass sich die Auskunftspersonen unverfälscht verhalten (vgl. *Ruso*, 2009, S. 532). Ein Beispiel hierfür stellt der Testkauf (**Mystery Shopping**) dar (vgl. das nachfolgende Fallbeispiel). Falls keine aktive Interaktion zwischen dem Beobachter sowie dem Probanden stattfindet und der Beobachter von außen die relevanten Sachverhalte wahrnimmt und registriert, handelt es sich um **nicht-teilnehmende Beobachtungen**. In der Marktforschungspraxis wird diese Gestaltungsoption aufgrund ihrer Objektivität zumeist bevorzugt, da hier der Beobachter nicht aktiv in das Geschehen einbezogen ist und so seine Beobachtungen unverzerrt festhalten kann (vgl. *Hammann/Erichson*, 2000, S. 118).

Wie jede Datenerhebungsmethode weist die Beobachtung sowohl Vor- als auch Nachteile auf, sodass je nach Problemstellung und Untersuchungssituation zu

Mystery Shopping

Eine spezielle Form der Beobachtung stellt der Testkauf, auch als Mystery Shopping bezeichnet, dar. Hier treten Testkäufer in einer biotopischen Feldbeobachtung als Kunden auf und beobachten die Mitarbeiter etwa eines Hotels, einer Fluggesellschaft oder eines Handelsbetriebs, wie sie mit den Kunden umgehen. Um die Eindrücke der Testkäufer auf die besonders relevanten Fragestellungen zu fokussieren, wird den Testkäufern i. d. R. ein strukturierter Fragebogen zur Verfügung gestellt, den diese unmittelbar nach dem Kontakt mit den Mitarbeitern des beobachteten Unternehmens auszufüllen haben. Um sogenannte Intershopper-Reabilität sicherzustellen, werden häufig mehrere Testkäufer gemeinsam eingesetzt. Wenn die Testkäufer dann anschließend ihre individuellen Beurteilungen abgeben, kann identifiziert werden, welche Eindrücke allein auf individuellen Einschätzungen basieren (die strukturiert abgefragten Einschätzungen der Testkäufer weichen voneinander ab) und welche Eindrücke offenbar allgemeingültig sind (die strukturiert abgefragten Einschätzungen der Testkäufer weichen nicht voneinander ab). *Abbildung 53* zeigt einen Auszug aus einem Mystery Shopping-Fragebogen aus dem Messegeschäft. Mithilfe dieses Fragebogens wurden die Mitarbeiter von Messe-Ausstellern hinsichtlich ihres Verhaltens gegenüber Kunden am Messestand untersucht.

27. Während des Gesprächs wurden vom Mitarbeiter Notizen gemacht. ☐ ja ☐ nein
28. Die Mitarbeiter führten das Gespräch sachlich.

trifft überhaupt nicht zu ① ② ③ ④ ⑤ ⑥ trifft voll zu

29. Die Mitarbeiter führten das Gespräch emotional (es wurde gelacht etc.).

trifft überhaupt nicht zu ① ② ③ ④ ⑤ ⑥ trifft voll zu

30. Small talk fand statt. ☐ ja ☐ nein
31. Der Gesprächsverlauf war störungsfrei, man hatte die volle Aufmerksamkeit der Mitarbeiter ☐ ja ☐ nein
32. Die Mitarbeiter liefen während des Gesprächs weg. ☐ ja ☐ nein
33. Die Mitarbeiter konnten alle Fragen beantworten.

trifft überhaupt nicht zu ① ② ③ ④ ⑤ ⑥ trifft voll zu

34. Die Antworten auf die Fragen waren ausführlich und genau.

trifft überhaupt nicht zu ① ② ③ ④ ⑤ ⑥ trifft voll zu

35. Die Mitarbeiter verfügten über umfangreiche Fachkenntnisse (Technik, Projektplanung, Branche etc.).

trifft überhaupt nicht zu ① ② ③ ④ ⑤ ⑥ trifft voll zu

36. Die Mitarbeiter waren:
freundlich/höflich

trifft überhaupt nicht zu ① ② ③ ④ ⑤ ⑥ trifft voll zu

hilfsbereit

trifft überhaupt nicht zu ① ② ③ ④ ⑤ ⑥ trifft voll zu

37. Das individuelle Problem des Kunden stand stets im Mittelpunkt des Gesprächs.

trifft überhaupt nicht zu ① ② ③ ④ ⑤ ⑥ trifft voll zu

38. Die Mitarbeiter priesen die Firma und ihre Produkte im Allgemeinen (z.B. auch für Cross-Selling) an. ☐ ja ☐ nein
39. Welcher Anteil des Gesprächs beschäftigte sich mit dem eigentlichen Problem (in Prozent)? _____

40. Die Mitarbeiter führten das Gespräch. ☐ ja ☐ nein
41. Wie waren die Gesprächsanteile in etwa verteilt?
Anbieter: ¼, Mystery Shopper ¾
Anbieter: ½, Mystery Shopper: ½
Anbieter: ¾; Mystery Shopper: ¼
42. Die Mitarbeiter gingen auf das konkrete Problem des Kunden ein. ☐ ja ☐ nein

Beurteilung des „Gesprächsendes":

43. Es wurde ein konkreter Zeitplan für das weitere Vorgehen besprochen. ☐ ja ☐ nein
44. Eine Visitenkarte wurde ohne Nachfrage ausgehändigt. ☐ ja ☐ nein
45. Die Mitarbeiter erkundigten sich nach meiner Visitenkarte. ☐ ja ☐ nein
46. Die Mitarbeiter gaben Informationsmaterial mit. ☐ ja ☐ nein
47. Die Mitarbeiter kündigten von sich aus Folgekontakt an. ☐ ja ☐ nein
48. Die Mitarbeiter haben den nächsten Kontakt bestimmt. ☐ ja ☐ nein
49. Die Mitarbeiter gaben „Give aways"(z.B. Taschen, Kullis etc.) mit. ☐ ja ☐ nein

Beurteilung des Kontaktes nach der Messe:

48. Es fand eine Kontaktaufnahme nach der Messe statt. ☐ ja ☐ nein
Wenn ja, wie fand die Kontaktaufnahme statt?
telefonisch ☐ ja ☐ nein
per Mail ☐ ja ☐ nein
postalisch ☐ ja ☐ nein
persönlich ☐ ja ☐ nein
Sonstiges: ☐ ja ☐ nein
Wann fand die Kontaktaufnahme statt? _____
Das angeforderte Informationsmaterial wurde wunschgemäß geliefert. ☐ ja ☐ nein
Das Informationsmaterial war vollständig. ☐ ja ☐ nein
Die Kontaktaufnahme erfolgte zum abgesprochenen Zeitpunkt. ☐ ja ☐ nein
Das erhaltene Informationsmaterial (nach der Messe) ist passend. ☐ ja ☐ nein
Das erhaltene Informationsmaterial (nach der Messe) ist personalisiert. ☐ ja ☐ nein

Abb. 53: Auszug aus einem Beobachtungsfragebogen für Mystery Shopper auf Messen

entscheiden ist, ob und wie dieses Instrument eingesetzt werden kann. Zunächst bietet die Beobachtung den **Vorteil,** dass relevante Verhaltensweisen und Eigenschaften unmittelbar und direkt erfasst werden können, während bei einer Befragung allein eine subjektive Berichterstattung darüber möglich ist. Dies gilt vor allem, wenn im Rahmen von Beobachtungsstudien technische Geräte verwendet werden, die objektive Ergebnisse liefern. Dieser Aspekt ist speziell bei Studien von Bedeutung, bei denen der Untersuchungsgegenstand in der Analyse von Verhaltensweisen liegt, die den Probanden selber nicht bewusst sind, wie z. B. bei Impulskäufen, oder wenn die Erfassung von nonverbalen Signalen wie Mimik oder Gestik im Fokus steht. Bestimmte psychologische Prozesse, die ausschließlich auf der unbewussten Ebene ablaufen (z. B. Wahrnehmungsselektion, allgemeine Aktivierung oder erste Anmutung), lassen sich mittels Beobachtung genauer erfassen als mithilfe der Befragung. Ein Beispiel hierfür stellt das zurzeit im Marketing intensiv diskutierte **Neuromarketing** dar. In diesem Gebiet wird versucht, die durch Marketing-Aktivitäten wie Werbung oder Marken ausgelösten Gehirnaktivitäten mittel medizinischer Geräte wie Computertomographen zu beobachten. Am Beispiel des Neuromarketing lässt sich allerdings auch das Grundproblem der Verwendung von apparativen Techniken innerhalb von Beobachtungen beschreiben. Zwar liefern solche apparativen Studien mehr oder weniger objektive Beobachtungsergebnisse, allerdings ist die Interpretation dieser Ergebnisse mitunter schwierig, da sich nicht immer unmittelbare Kausalitäten zwischen Stimuli (z. B. Werbung) und Messergebnissen (z. B. Gehirnströme) sinnvoll darstellen lassen. Bei nicht-teilnehmenden und verdeckten Feldbeobachtungen findet hingegen keine Beeinflussung durch den Beobachter statt, sodass hier davon auszugehen ist, dass die Beobachtungsergebnisse unverfälscht sind. Somit ist die Beobachtung im Vergleich zur Befragung unmittelbarer, da sie zeitgleich zum Geschehen erfolgt. Hinzu kommt, dass die Datenerhebung mittels Beobachtung unabhängig von der Bereitschaft von Probanden ist, die Angaben zu verbalisieren bzw. aufzuschreiben.

Vorteile von Beobachtungen

Grenzen apparativer Techniken

Jedoch weist die Beobachtung auch einige **Nachteile** auf, die deren Einsatz in der Markt- und Wettbewerbsforschung begrenzen. So lassen sich viele hinter den Verhaltensweisen liegende und äußerlich nicht erkennbare Sachverhalte (z. B. Einstellungen) mittels Beobachtungen nicht oder nur schwer aufdecken und erfassen. Das gilt auch für Informationen zu soziodemografischen Merkmalen wie Alter oder Beruf. Ebenso bleiben Ursachen für konkrete Verhaltensweisen unbekannt, wenn nur eine Beobachtung ohne eine zusätzliche Befragung stattfindet. Vor allem bei Beobachtungen, die nicht mithilfe von Messgeräten erfolgen, liegt ein weiteres Problem in der Abhängigkeit der Ergebnisse vom Beobachter. Daher sind an den Beobachter hohe Ansprüche zu stellen, da der Beobachter die Fähigkeit aufweisen muss, eine Vielzahl von Verhaltensweisen ggf. bei mehreren Probanden in kurzer Zeit korrekt zu erkennen, zu dokumentieren und falls nötig zu interpretieren. Auch hinsichtlich der Repräsentativität weist der Einsatz von Beobachtungen Grenzen auf, da Laborbeobachtungen aufgrund hoher Kosten und hohem Zeitaufwand oft nur mit kleinen Stichproben durchgeführt werden können und die Probanden bei Feldbeobachtungen nicht zufällig,

Nachteile von Beobachtungen

Fallbeispiel 19

Blickaufzeichnung

Ein Aspekt der Werbewirkungsmessung ist die Untersuchung der visuellen Wahrnehmung der Werbung. Um die Gestaltung der Werbemittel immer passgenau am Rezeptionsmuster der Zielgruppe auszurichten, ist es wichtig, die Verarbeitungsprozesse bei der visuellen Wahrnehmung von Werbemitteln systematisch zu erfassen, zu analysieren und zu verstehen. Bei der Untersuchung dieser kognitiven Prozesse spielen vor allem Beobachtungsstudien mit apparativer Unterstützung eine wichtige Rolle. Neben Neuromarketing-Studien sind dabei Blickaufzeichnungsstudien die in diesem Kontext am häufigsten durchgeführten Untersuchungen. Deren Zielsetzung ist es zu erkennen, ob und wie bestimmte Werbeinhalte (z. B. Markenname oder Logo) von Nachfragern aufgenommen werden. In diesen Studien werden Blickbewegungen von Probanden bei der Betrachtung von Werbemitteln registriert. Hieraus sollen Aussagen abgeleitet werden, welche Elemente des Werbemittels in

welcher Reihenfolge wie lange fixiert und damit bewusst betrachtet werden (vgl. *Zurstiege*, 2007, S. 165). Zur Erfassung dieser Augenbewegungen finden unterschiedliche Techniken Anwendung. In den meisten Fällen tragen Probanden eine »Brille«, mit deren Hilfe die Blickbewegungen registriert werden. Per Funk-Übertragung wird das Blickfeld der Testperson auf einem Computer festgehalten, sodass anschließend der Blickverlauf dargestellt und ausgewertet werden kann (vgl. *Kroeber-Riel/Weinberg/Gröppel-Klein*, 2009, S. 315). *Abbildung 54* zeigt beispielhafte Augenbewegungen eines Probanden, dem die Werbeanzeige für ein Pflegeprodukt für Babys vorgelegt wurde. Die Kreise stellen dabei Fixationen dar – Punkte, an denen der Blick verweilt und somit vermutlich Informationen aufgenommen wurden. Je größer dieser Kreis ist, desto länger hat der Proband den jeweiligen Punkt betrachtet.

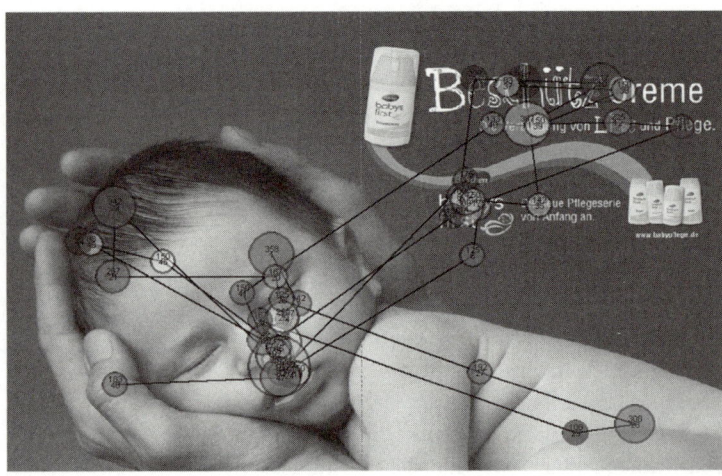

Abb. 54:
Fixationen bei einer
Werbeanzeige

sondern abhängig vom Untersuchungszeitpunkt und -ort akquiriert werden müssen.

Einsatzfelder von
Beobachtungen

Nichtsdestotrotz werden Beobachtungen in vielen Bereichen der Markt- und Wettbewerbsforschung angewandt, wie z. B. bei Untersuchungen von Entscheidungs-, Wahl- und Kaufverhalten, bei der Analyse von gruppendynamischen Prozessen oder in der Handels-, Fernseh- oder Internetforschung bzw. in der Konkurrenzforschung. Ein wichtiges Anwendungsgebiet der Beobachtung stellt zudem auch die **Werbewirkungsmessung** im Rahmen der Werbeforschung dar, bei der die Analyse der Wirkung von Werbemaßnahmen und somit auch die Optimierung von Werbekonzepten im Mittelpunkt der Betrachtung steht (z.B. mittels Neuromarketing-Untersuchungen).

2.3.1.2.3 Experimente

Die Ausführungen der beiden »klassischen« Methoden der Primärdatenerhebung haben veranschaulicht, dass es von der Problemformulierung und Zielsetzung der Marktforschungsuntersuchung abhängt, welches Verfahren sinnvoll ist. In manchen Situationen erscheint es allerdings zweckmäßig, keine »reine« Befragungs- oder Beobachtungsstudie durchzuführen, sondern **Mischformen** zwischen diesen beiden Methoden einzusetzen. Experimente stellen eine dieser Mischformen dar. *Meffert/Burmann/Kirchgeorg* (2012, S. 164) definieren ein **Experiment** als eine »wiederholbare, unter kontrollierten, vorher festgelegten Umweltbedingungen durchgeführte Versuchsanordnung [..], die es mithilfe der Messung von Wirkungen eines oder mehrerer unabhängiger Faktoren auf die jeweilige(n) abhängige(n) Variablen(n) gestattet, aufgestellte Hypothesen empirisch zu überprüfen«. Demnach können mithilfe eines Experiments Aussagen über spezielle Einflüsse von unabhängigen Faktoren getroffen werden, indem diese Faktoren in Form unterschiedlicher experimenteller Bedingungen systematisch manipuliert werden, ohne dass dabei weitere Determinanten diese Wirkung auf die abhängigen Variablen verzerren. Auf diese Weise können vor allem Ursache-Wirkungs-Beziehungen analysiert werden. In einem Experiment spielen dabei vier Variablenarten eine Rolle (vgl. zum Folgenden *Pepels*, 2008, S. 343 f. und *Abbildung 55*):

▸ **unabhängige Variablen,** deren Wirkung untersucht werden soll (z.B. Werbeausgaben, unterschiedliche Werbemittel),

▸ **abhängige Variablen,** an denen die Wirkung der unabhängigen Variablen überprüft wird (z.B. Umsatz, Absatzzahlen, Kundenzufriedenheit, Kaufwahrscheinlichkeit),

Definition »Experiment«

Variablen in Experimenten

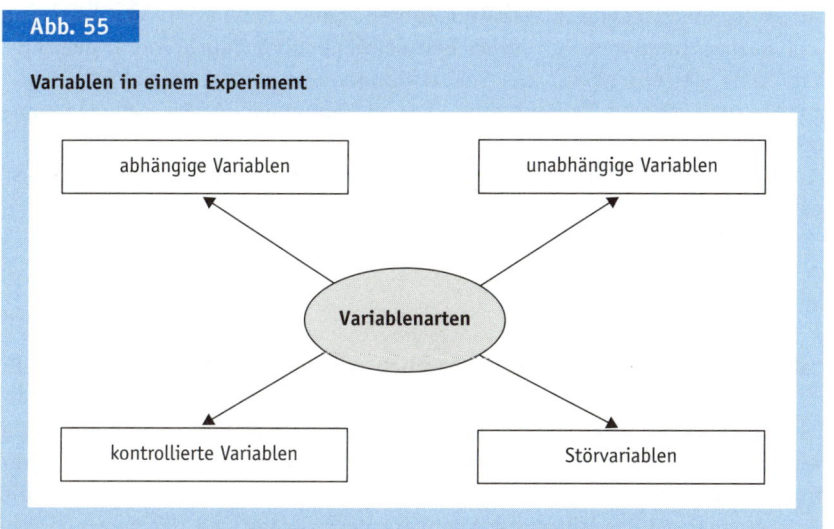

Abb. 55

Variablen in einem Experiment

abhängige Variablen

unabhängige Variablen

Variablenarten

kontrollierte Variablen

Störvariablen

> **kontrollierte Variablen,** die zwar grundsätzlich vom Marktforscher beeinflussbar sind, die aber im betrachteten Experiment nicht untersucht werden, weil deren Einfluss auf die abhängige Variable kontrolliert/konstant gehalten wird (z. B. Konstanthaltung der Produktqualität oder des -preises),

> **Störvariablen,** die neben den unabhängigen Faktoren die abhängigen Variablen beeinflussen und deswegen die Beziehung zwischen den unabhängigen und abhängigen Variablen »stören«, aber vom Marktforscher nicht kontrolliert werden können oder sollen (z. B. saisonale und konjunkturelle Einflüsse, Konkurrenzmaßnahmen).

Einsatz von Befragungen und Beobachtungen

Hinsichtlich der Frage der Datenerhebung wird in Experimenten auf die Befragung, die Beobachtung oder eine Kombination aus den beiden Methoden zurückgegriffen. So kann beispielsweise im Rahmen eines **Experiments mittels Befragung** untersucht werden, inwiefern unterschiedliche Werbeanzeigen in Druckmedien für ein bestimmtes Produkt Auswirkungen auf das Kaufverhalten bei diesem Produkt haben. Hierfür könnte z. B. ein Fragebogen konzipiert werden, in dem vier mögliche Anzeigen abgebildet und unterschiedliche Fragen gestellt werden, die einen Aufschluss über das Kaufverhalten eines Probanden geben. Alle anderen Faktoren, die bei der Entscheidung evtl. auch eine Rolle spielen können (z. B. Produktpreis), werden hingegen konstant gehalten. Dasselbe Untersuchungsproblem kann neben der Befragung auch **mittels Beobachtung** analysiert werden. Hier wäre als Vorgehensweise möglich, dass der Proband jeweils eine Werbeanzeige betrachtet und dann gebeten wird, sich in einem speziell für diese Untersuchung aufgebauten Labor (Laborbeobachtung), in dem die Supermarktsituation nachgebildet wurde, in die Kaufsituation zu versetzen. Dabei könnte sein Einkaufsverhalten mit einer Kamera beobachtet werden. Basierend auf den Ergebnissen dieser Beobachtung können anschließend Rückschlüsse gezogen werden, inwiefern unterschiedliche Werbeanzeigen zu unterschiedlichem Kaufverhalten führen. Eine Kombination aus Befragung und Beobachtung wäre in diesem Beispiel ebenfalls möglich, wenn dem Proband nach der durchgeführten Beobachtungsstudie zusätzlich ein Fragebogen mit Fragen zu seinem Kaufverhalten, seinen Meinungen und Einstellungen vorgelegt würde.

Formen

Ähnlich wie bei der Beobachtung können Experimente hinsichtlich des experimentellen Umfelds in

> Laborexperimente und
> Feldexperimente

unterteilt werden.

Laborexperimente

Laborexperimente finden **unter künstlich geschaffenen Bedingungen** i. d. R. in einem speziell für das Experiment aufgebauten Raum (z. B. Supermarktsimulation) unter der direkten Aufsicht der Marktforscher statt. Auf diese Weise wird versucht, den Einfluss von Störfaktoren zumindest zu reduzieren und kontrollierte Variablen konstant zu halten, indem die Umgebungsbedingungen, die Anleitungen und das Hilfsmaterial unverändert bleiben (vgl. *Fischer/Formann*,

2007, S. 66). In der Möglichkeit, viele Variablen zu kontrollieren und/oder Störgrößen weitgehend auszuschalten, liegt neben dem Kostenvorteil die zentrale Stärke von Laborexperimenten. Denn dadurch, dass die für die Untersuchung irrelevanten Variablen kontrolliert oder eliminiert werden, lassen sich die Veränderungen der abhängigen Variablen mit hoher Wahrscheinlichkeit auf die systematische Variation von unabhängigen Faktoren zurückführen (**hohe interne Validität**). So werden die Einstellungen und die Reaktionen bei einer Werbeanzeige nicht durch den Produktpreis, die -verpackung, die Regalplatzierung, Konkurrenzprodukte oder die Anzahl von Kunden im Supermarkt beeinflusst. Falls der Ursache-Wirkungs-Zusammenhang im Experiment festgestellt wird, ist davon auszugehen, dass evtl. Unterschiede in den Reaktionen verschiedener Probanden hauptsächlich durch die Werbeanzeigen hervorgerufen werden. Auf der anderen Seite liegt allerdings auch der wesentliche Nachteil von Laborexperimenten in den künstlich geschaffenen Bedingungen, die eine komplexe Umwelt vereinfachen und dazu führen können, dass bei Probanden künstliches Verhalten erzeugt wird, das vom natürlichen Verhalten in der realen Umgebung abweicht. Somit sind Ergebnisse von Laborexperimenten nur bedingt generalisierbar (**geringe externe Validität**).

Feldexperimente

Feldexperimente schließen diesen Nachteil von Laborexperimenten aus, da Feldexperimente in einem natürlichen Umfeld und in der für Probanden gewohnten Umgebung stattfinden. Hier sind die Umstände der Untersuchung weniger künstlich, oft wissen Probanden gar nicht, dass sie an einem Experiment teilnehmen, wodurch Teilnahmeeffekte nicht auftreten können. Das führt dazu, dass sich Versuchspersonen »natürlicher« verhalten als in einem speziell für die Untersuchung aufgebauten Labor. Dieses Vorgehen erhöht erheblich die Realitätsnähe der Ergebnisse, sodass sich die in einem Feldexperiment erzielten Aussagen gut auf die Realität übertragen lassen (**hohe externe Validität**). Allerdings können Untersuchungsbedingungen bei Feldexperimenten nur beschränkt durch den Marktforscher verändert werden. Daher ist die Kontrolle von unabhängigen und kontrollierten Variablen sowie Störfaktoren nur begrenzt möglich. Somit lassen sich die Änderungen von abhängigen Variablen häufig nicht allein auf die Manipulationen von unabhängigen Faktoren zurückführen (**geringe interne Validität**). Hinzu kommen Nachteile in Bezug auf Kosten und Zeitaufwand.

Produkt- und Preistest

In der Marktforschungspraxis werden experimentelle Untersuchungen vielfältig eingesetzt, wobei in den meisten Fällen die Zielsetzung darin besteht, die **Wirkung** des Einsatzes eines oder verschiedener **marketingpolitischer Instrumente** in Kombination zu überprüfen. So können einzelne Werbekampagnen, alternative Produkt- oder Verpackungsgestaltungen sowie auch verschiedene Regalplatzierungen im Handel hinsichtlich ihrer kaufverhaltensbezogenen Wirkung analysiert werden (vgl. *Töpfer*, 2007, S. 799). Dabei werden sowohl Labor- als auch Feldexperimente in der Praxis eingesetzt. Zu den gängigsten Laborexperimenten zählen u. a. **Produkttests**, mit deren Hilfe untersucht wird, ob und inwieweit ein auf dem Markt bereits eingeführtes oder neu entwickeltes Produkt den Vorstellungen der Zielgruppe entspricht. Auch **Preistests** – Ermittlungen der Wirkungsmechanismen des Preises, wie z. B. der Einfluss von unterschiedlichen Preisen auf das Kaufverhalten oder die Ermittlung der Preisbereitschaft und -akzeptanz – werden oft in der Marktforschungspraxis eingesetzt. Darüber hinaus werden im Rahmen von Laborexperimenten häufig **Werbetests** durchgeführt, welche die Wirkung von unterschiedlichen Werbemaßnahmen wie z. B. TV-Spots, Printanzeigen, Plakaten, Internetwerbung etc. auf die Zielpersonen und deren Kaufverhalten untersuchen. Auch **Testmarktsimulationen** sind ein beliebtes Instrument bei experimentellen Untersuchungen. Hier haben Versuchspersonen in einem Labor mit einem zur Verfügung gestellten Geldbetrag in einer simulierten Einkaufsstätte Käufe zu tätigen. Für den Kauf stehen das zu testende Produkt und gängige Wettbewerbsprodukte zur Verfügung. Wenn der Proband den Testmarkt verlässt, wird an der Kasse seine Kaufentscheidung erfasst. Zusätzlich können im Rahmen einer Testmarktsimulation Befragungen und Beobachtungen durchgeführt werden (vgl. *Esch/Herrmann/Sattler*, 2011, S. 114).

Sofern beim Untersuchungsproblem viel Wert auf die Wirklichkeitsnähe und somit auf eine hohe externe Validität von Ergebnissen gelegt wird, sollten allerdings in der Marktforschungspraxis Feldexperimente den oben geschilderten Laborexperimenten vorgezogen werden. Die Feldexperimente können zum einen in Form von **Storetests** erfolgen, bei denen die Wirksamkeit marketingpolitischer Instrumente unter kontrollierten Bedingungen in ausgewählten Handelsgeschäften untersucht wird. Hierfür werden die Verkaufsmengen des Testprodukts und der in der betrachteten Produktklasse gängigen Wettbewerbsprodukte festgehalten und ausgewertet. Zum anderen werden **Markttests**

Fallbeispiel 20

GfK Volumetric TESI®

Oft werden Laborexperimente von professionellen Marktforschungsinstituten durchgeführt. Die GfK, Nürnberg, beispielsweise bietet einen Testmarktsimulator an, den GfK Volumetric TESI®, in dem mehrere Phasen durchlaufen werden können. Zunächst werden Probanden im Rahmen eines ersten Studio-Tests zu ihrem Kaufverhalten, ihren Konsumgewohnheiten sowie zu Präferenz- und Einstellungsdaten für Marken der Produktklasse, in die das neue, zu testende Produkt eingeführt werden soll, wie auch zur Markenbekanntheit und zu soziodemografischen Merkmalen befragt. Anschließend werden den Auskunftspersonen Werbemittel für das Testprodukt und die wichtigsten Wettbewerbsprodukte gezeigt. Bei der darauf folgenden Kaufsimulation werden die Probanden gebeten, in einem im Studio nachgebildeten Verkaufsraum in der betreffenden Produktklasse mit einem zur Verfügung gestellten Geldbetrag einzukaufen, wobei neben den etablierten Produkten auch das Test-

produkt angeboten wird. Anschließend werden die Käufe festgehalten, wobei die Probanden auch mehrmals befragt werden, welches Produkt sie gewählt hätten, wenn die zuvor gewählte Marke nicht vorhanden gewesen wäre. Diese Kaufsimulation dient vor allem zur Schätzung der Erstkaufrate (Penetration) des neuen Produkts. Danach beginnt die Phase des Home-Use-Tests, bei der Probanden gebeten werden, das Testprodukt zu Hause über einen gewissen Zeitraum auszuprobieren. Im Anschluss an diesen Home-Use-Test werden die Auskunftspersonen wieder ins Studio eingeladen, wo sie zunächst wieder zu ihren Präferenzen und Einstellungen sowie Verwendungserfahrungen unter Einschluss des Testprodukts befragt werden. Schließlich wird die Kaufsimulation wiederholt. So können Käuferwanderungen beobachtet und Wiederkäuferanteile berechnet werden (vgl. *Erichson*, 2008, S. 989 ff.).

Fallbeispiel 21

GfK – Store- und Markttest

Ein Beispiel für einen Storetest in der Praxis stellt der GfK-StoreTest dar, bei dem neue Produkte oder Produktvarianten in ausgewählten Geschäften platziert werden. Hierdurch gelingt es, das Testprodukt in einem etablierten Sortiment zu positionieren und unter realen Bedingungen anzubieten. Auf Basis der Daten von Scannerkassen, Kundenkarten-Informationen und möglicherweise durchgeführten zusätzlichen Befragungen und Beobachtungen können der Abverkauf der Produkte, die Reaktionen der Kunden, Käuferwanderungen, Wiederkaufraten und die Meinung der Marktleiter untersucht und anschließend darauf basierende Marketing-Maßnahmen optimiert und finanzielle Risiken reduziert werden (vgl. *GfK*, 2004). Über Storetests hinaus bietet die GfK auch Markttests an. Ein Beispiel hierfür liefert der GfK-BehaviorScan (vgl. auch Fallbeispiel: »Behaviorscan®« im Abschnitt 2 D II 1.2.2.1.5), der 1986 von der GfK in Haßloch in der Pfalz implementiert wurde. In diesem Markttest können neu entwickelte oder veränderte Produkte und Produktlinien sowie unterschiedliche Werbekonzepte vor ihrer Markteinführung überprüft werden.

---

durchgeführt, bei denen ein neues Produkt testweise in einem abgegrenzten Teilmarkt eingeführt wird. Hierbei kann die Wirkung des gesamten Marketing-Instrumentariums, also produkt-, preis-, distributions- und kommunikations-politische Maßnahmen, getestet werden. Auf Basis der Ergebnisse eines Markttests können Rückschlüsse gezogen werden, ob das Testprodukt mit den geplanten Marketing-Maßnahmen grundsätzlich auf dem Markt eingeführt werden sollte. Darüber hinaus kann die gesamte Marketing-Konzeption auf Schwachpunkte untersucht und ggf. optimiert werden. Die Markttests können je nach geografischer Ausdehnung in **regionale** (z. B. Bundesland) und **lokale Tests** (z. B. kleinere Stadt oder Stadtgebiete) unterteilt werden.

Sowohl Store- als auch Markttests erfreuen sich in der Marktforschungspraxis großer Beliebtheit, weil mit ihrer Hilfe das Risiko des Misserfolgs vor der Markteinführung eines neuen Produkts reduziert werden kann, indem rechtzeitig Mängel am Produkt oder anderen Marketing-Instrumenten aufgedeckt und beseitigt werden können.

Bedeutung in der Praxis

2.3.1.2.4 Panel

Im Rahmen der Erhebung von Primärdaten stellen auch Panelerhebungen eine Mischform zwischen Befragung und Beobachtung dar. Panel setzen am Nachteil dieser beiden Datenerhebungsmethoden an, dass sowohl Befragungen wie auch Beobachtungen meist nur zeitpunktbezogene Daten liefern. Dabei werden zwar Ergebnisse zum Status quo zu einem bestimmten Sachverhalt geliefert, allerdings sind keine Aussagen über die Veränderungen dieses Sachverhalts im Zeitablauf möglich. Für das Management eines Unternehmens sind aber häufig gerade auch die Veränderungen der Marktsituation wichtig. Einen Fokus auf die Analyse von Marktentwicklungen zu legen – wie dies bei Panel-Untersuchungen der Fall ist – setzt voraus, dass bestimmte Daten in mehreren Erhebungen in regelmäßigen Zeitabständen erhoben und miteinander verglichen werden. Bei einer **Panel-Untersuchung** handelt es sich also um eine **Langzeitstudie**, bei der ein gleich bleibender Probandenkreis über einen längeren Zeitraum hinweg kontinuierlich zum prinzipiell gleichen Untersuchungsgegenstand mit i. d. R.

Definition »Panel-Unter-suchung«

Relevanz in der Praxis

der gleichen Untersuchungsmethode befragt und/oder beobachtet wird (vgl. *Meffert/Burmann/Kirchgeorg*, 2012, S. 167). Statistiken des ADM zu Primärdatenerhebungen in Deutschland belegen, dass Panel-Untersuchungen für die Unternehmenspraxis sehr relevant sind. So wurden im Jahr 2011 36 % aller Primärdatenerhebungen unter Einsatz von Panels durchgeführt (vgl. *ADM*, 2012). Zahlreiche Fragestellungen aus dem Marketingbereich lassen sich tatsächlich mithilfe oder allein anhand von Panels untersuchen. Da allerdings der Aufbau sowie der Unterhalt eines Panels mit hohen Kosten und hohem Organisationsaufwand verbunden ist und ein Panel zudem laufend kontrolliert und betreut werden muss, investieren hauptsächlich große Marktforschungsinstitute in die Entwicklung von Panels. Indem die von den Instituten aufgebauten Panels anschließend für Untersuchungen von Marketing-Problemen verschiedener Unternehmen genutzt werden, lassen sich die hohen Investitionen bei großen Marktforschungsinstituten noch am ehesten rechtfertigen.

Arten von Panels

Anhand des Probandenkreises, der an der Panelerhebung teilnimmt, lassen sich drei Arten von Panels unterscheiden:

▸ Handelspanel (1),
▸ Verbraucherpanel (2) und
▸ Spezialpanel (3).

(1) Handelspanel

Einsatz in der Praxis

Beim Handelspanel findet die Beobachtung von Warenbewegungen in den unterschiedlichen Absatzkanälen statt, wobei hier sowohl der **Groß-** als auch der **Einzelhandel** betrachtet werden kann. Diese Panelart hat vor allem seit der Einführung von **Scannerkassen** an Bedeutung gewonnen, weil die Daten effizienter erhoben werden können und zudem viel präziser sind. Vor Einführung von Scannerkassen wurde traditionell der Lagerbestand zu Beginn einer Periode, alle Wareneinkäufe während der Periode und der Lagerbestand am Ende der Periode erfasst und so der Absatz in der analysierten Periode ermittelt. Bei der scanningbasierten Datengewinnung werden die Abverkaufsdaten direkt von den Scannerkassen in der Einkaufsstätte erfasst und gelangen anschließend in die Datenbank des Panelveranstalters, also zumeist eines Marktforschungsinstituts, wo diese dann ausgewertet und analysiert werden. Somit entfällt bei diesem Vorgehen die manuelle und hierdurch auch fehleranfällige sowie kostenintensive Datenerfassung. Zudem stehen die Informationen schneller und auch separat für einzelne Periodenteile zur Verfügung. *Abbildung 56* gibt einen strukturierten Überblick über typische Handelspanels im deutschen Markt.

Nutzung für Marketing-Fragestellungen

Mithilfe von Handelspanels lassen sich viele für Unternehmen relevante Fragestellungen untersuchen. So können etwa **Distributionsanalysen** durchgeführt werden. Dabei kann untersucht werden, wie viele Geschäfte die betreffenden Warengruppen führen und welche Veränderungen sich im Zeitablauf bei diesen Warengruppen ergeben. Auf diese Weise werden Aussagen über den Distributionsgrad der Produkte und ihre Marktanteile möglich. Auf Basis dieser Ergebnisse können dann beispielsweise Konsumgüterhersteller zeitnah Veränderungen der Marktanteile ihrer Produkte erkennen und auf diese reagieren.

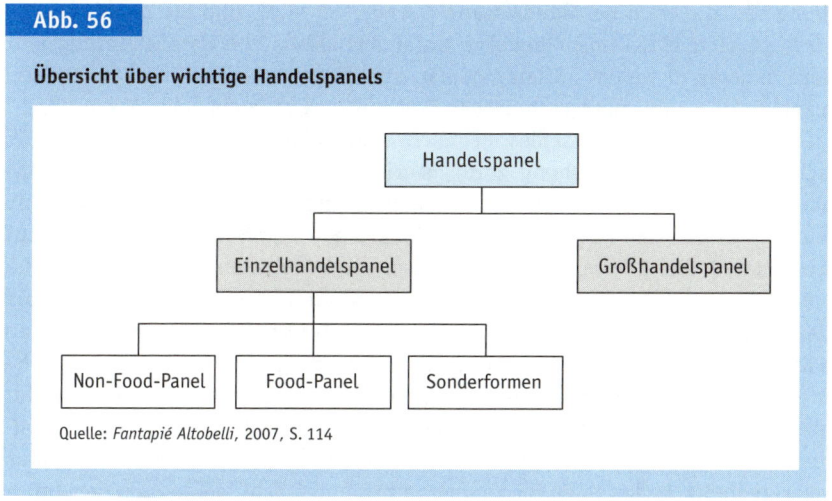

Abb. 56

Übersicht über wichtige Handelspanels

Quelle: *Fantapié Altobelli*, 2007, S. 114

Auch der durchschnittliche Abverkauf beim Handel (»Wie viele Stücke eines bestimmten Produkts in einer spezifischen Geschäftskategorie wurden in einem bestimmten Zeitraum verkauft?«) lässt sich über Handelspanels ermitteln. Darüber hinaus lässt sich die Bevorratungszeit, die sich durch Division des Lagerbestandes durch den Abverkauf pro Zeiteinheit ergibt, berechnen. Diese Zeit spielt für das Management eine wichtige Rolle, da es hilfreich ist zu wissen, welcher Anteil der bevorrateten Ware sich im Verkaufsraum befindet, wie viel davon in Zweit- oder Sonderplatzierungen präsentiert wird und wie hoch der Anteil der Ware im Lagerraum sein muss. Ebenfalls kann aus Handelspanels der durchschnittliche Abverkaufspreis pro Artikel bestimmt werden, woraus Zusammenhänge zwischen Preispolitik und Nachfragerakzeptanz (bis hin zu Preis-Absatz-Funktionen) abgeleitet werden können. Durch spezielle Auswertungen lassen sich schließlich Daten zur Wirkung von Laden- und Händlerpromotions gewinnen, die etwa für die Planung im Bereich der Verkaufsförderung benötigt werden (vgl. *Fuchs/Unger*, 2007, S. 95 f.).

(2) Verbraucherpanel

Während Handelspanels Daten zu Tätigkeiten von Absatzmittlern erfassen und damit die Frage beantworten, wo Produkte um- und abgesetzt werden, steht bei Verbraucherpanels, die sich aus **Endverbrauchern** zusammensetzen, die Frage im Mittelpunkt, welcher Personenkreis Waren nachgefragt hat. Dabei können sowohl Einzelpersonen, die nur Informationen über ihr eigenes individuelles Kaufverhalten zur Verfügung stellen (**Individualpanel**), als auch gesamte Haushalte Mitglieder von Panels sein. Bei dem zuletzt angeführten **Haushaltspanel** machen alle Haushaltsmitglieder Angaben über die Einkäufe des Haushalts. Die Datenerhebung bei Verbraucherpanels kann dabei auf verschiedene Arten erfolgen. Die sicherste und genaueste Erhebungsmethodik stellt die **Scannererhe-**

Formen

bung dar, die auch bei Handelspanels verwendet wird, und die gewährleistet, dass immer die richtigen Produkte unter Ausschluss von Datenerfassungsfehlern angegeben werden. Allerdings hat sich dieses Verfahren bei Verbraucherpanels – u.a. aufgrund technischer Grenzen – noch nicht vollständig durchgesetzt. Daher wird stattdessen noch sehr häufig auf die Methodik der **schriftlichen Datenerhebung** zurückgegriffen, bei der der am Panel teilnehmende Haushalt oder Nachfrager in einen Kalender seine getätigten Einkäufe einträgt und diesen Kalender z.B. am Monatsende dem Marktforschungsinstitut zusendet, wobei dies auch online erfolgen kann (vgl. *Günther/Vossebein/Wildner*, 2006, S. 92 ff.). In jedem Fall haben Panelmitglieder sehr ausführlich über ihr Kaufverhalten zu berichten und detaillierte Informationen zum erworbenen Produkt, u.a. die Marke des Produkts, die Packung, den Preis, die Einkaufsstätte etc. anzugeben. Durch diese sehr detaillierte Berichterstattung ist es für die Marktforscher möglich, auf der einen Seite Informationen zum Kaufverhalten in einem bestimmten Zeitraum zu gewinnen. Auf der anderen Seite können aber auch die Änderungen im Kaufverhalten untersucht werden. Zu den Informationen, die mithilfe von Verbraucherpanels gewonnen werden, gehören z.B.

- ‣ Daten zu Gesamtmarktgrößen,
- ‣ Marktanteile und ggf. Marktanteilsverlagerungen zwischen verschiedenen Produkten und Vertriebskanälen,
- ‣ Anzahl der Erst- und Wiederholungskäufer bei einem bestimmten Produkt oder einer Marke,
- ‣ durchschnittliche(r) Einkaufsmenge und -wert sowie
- ‣ Durchschnittspreise.

Darüber hinaus können Aussagen zu Einkaufsstättenpräferenzen, Mediennutzung oder Käuferstrukturen gemacht werden. Mithilfe von Strukturdaten der Panelteilnehmer und zusätzlichen Daten, die im Rahmen von Panels erhoben werden können, stehen des Weiteren auch Informationen über Einstellungen, Meinungen und andere psychologische Merkmale von Probanden zur Verfügung. Vor allem größere Markenartikelhersteller können von den Informationen aus einem Verbraucherpanel profitieren, weil sie mittels Verbraucherpanel feststellen können, wann, wo, von wem, in welcher Menge und zu welchem Preis die eigenen Produkte und Marken gekauft werden. Auch für Handelsunternehmen sind Paneldaten wertvoll, um das Kaufverhalten ihrer Kunden zu analysieren und hierauf bezogen spezifische Marktaktivitäten zu ergreifen (vgl. *Schneider*, 2009, S. 152). Zu den bekanntesten in der Marktforschungspraxis eingesetzten Verbraucherpanels zählt das **GfK ConsumerScan Panel**, das sowohl das Einkaufsverhalten von Haushalten (Haushaltspanel) als auch von Einzelpersonen (Individualpanel) erfasst. Bei diesem Panel werden Einkäufe nahezu aller Güter des täglichen Bedarfs wie z.B. Getränke, Süßwaren, Wasch-, Putz-, Reinigungsmittel, Körperpflege, Kosmetik, Lebensmittel oder Tierbedarf bei 30.000 teilnehmenden Haushalten und 35.000 Einzelpersonen erhoben (vgl. *GfK*, 2009).

(3) Spezialpanel

Neben den dargestellten Handels- und Verbraucherpanels werden in der Markt- und Wettbewerbsforschung oft auch **Spezialpanels** verwendet, die zu bestimmten Zwecken bzw. für spezielle Branchen gebildet worden sind. Einer der bekanntesten Einsatzbereiche von Spezialpanels ist die Fernsehforschung (**Fernsehpanel**). Hier wird kontinuierlich erfasst, welche Haushalte und Einzelpersonen zu welchen Zeiten wie lange welche Sender und Sendungen nutzen. Diese Paneldaten liefern Informationen zur Nutzung von TV insgesamt sowie zur Reichweite eines Senders oder einer Sendung. Darüber hinaus können die Marktanteile von verschiedenen Sendern errechnet werden (vgl. *Abbildung 57* für die Marktanteile von TV-Sendern in Deutschland 2011), die zu den wichtigsten Indikatoren für die relative Stärke der Sender im Konkurrenzumfeld gehören. Diese Informationen werden benötigt, um etwa Tausenderkontaktpreise (vgl. Abschnitt 2 D II 4.3.2.2) zu ermitteln, die Aussagen über die Preiswürdigkeit von Werbespots erlauben. Werbetreibende können die Daten aus Fernsehpanels damit für die Planung und Kontrolle ihrer Investitionen in TV-Werbung heranziehen (vgl. *Günther/Vossebein/Wildner*, 2006, S. 107 ff.).

Unternehmenspanels stellen ein weiteres oft eingesetztes Spezialpanel dar. Bei diesem Panel nimmt eine Gruppe von Unternehmen aus bestimmten Branchen teil. Die Unternehmen werden dabei nach ihren Einschätzungen zur Konjunkturentwicklung, Branchentrends, Konsum- und Investitionsklima im Allgemeinen oder konkret zu ihrem Auftragsbestand, Umsatz- und Gewinnentwick-

Fernsehpanel

Unternehmenspanel

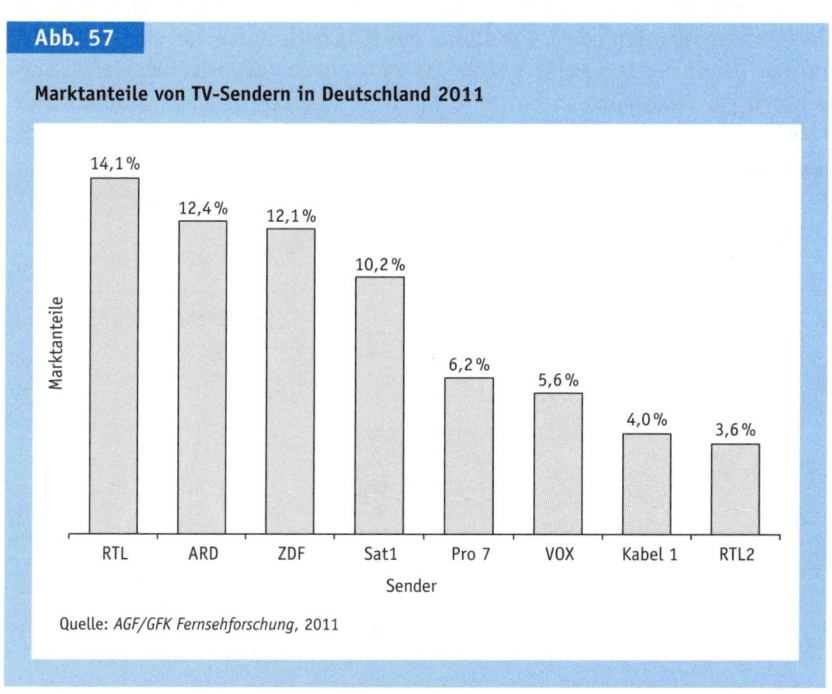

Abb. 57

Marktanteile von TV-Sendern in Deutschland 2011

Marktanteile

- RTL: 14,1%
- ARD: 12,4%
- ZDF: 12,1%
- Sat1: 10,2%
- Pro 7: 6,2%
- VOX: 5,6%
- Kabel 1: 4,0%
- RTL2: 3,6%

Sender

Quelle: *AGF/GFK Fernsehforschung*, 2011

lung etc. befragt. So stützt sich beispielsweise der **ifo-Geschäftsindex**, der in der Wirtschaft als ein wesentlicher Frühindikator für die konjunkturelle Entwicklung Deutschlands angesehen wird, auf ein Unternehmenspanel (vgl. *Winkelmann,* 2010, S. 179). Unternehmenspanels können dabei – insbesondere wenn es sich um Branchenpanels handelt – häufig sehr gut im Rahmen der Konkurrenzforschung eingesetzt werden.

Panelschwächen

Auch wenn Paneluntersuchungen zu den beliebtesten Primärdatenerhebungsmethoden in der Marktforschungspraxis gehören, gibt es bei dieser Methode einige **Schwächen**, die zu berücksichtigen sind (vgl. zum Folgenden *Baumgarth,* 2008, S. 271 ff.; *Hüttner/Schwarting,* 2002, S. 191 f., sowie *Abbildung 58*). Auf-

Coverageproblematik und Panelsterblichkeit

grund einer niedrigen Marktabdeckung, die durch die geringe Anzahl an Teilnehmern entsteht, ergeben sich zunächst einmal Probleme hinsichtlich der Repräsentativität der Panelergebnisse. Damit eine Panelerhebung z. B. Informationen über Marktanteile im Einzelhandel liefern kann, sollte das Panel alle tatsächlichen Warenbewegungen in allen Einzelhandelsbetrieben erfassen. Allerdings lässt sich eine solche vollständige Marktabdeckung (Coverage) in der Praxis nicht erreichen, weil beispielsweise aus Geheimhaltungsgründen nicht alle Einzelhändler an einem Panel teilzunehmen bereit sind (z. B. Aldi-Märkte) (**Coverageproblematik**). Dieses Problem tritt auch bei Verbraucherpanels auf, weil nicht alle Konsumenten und Haushalte in gleicher Weise bereit sind, an Panelerhebungen teilzunehmen. Ein weiteres wesentliches Problem bei Panels ist die **Panelsterblichkeit**, womit das Ausscheiden von Panelteilnehmern während der Panellaufzeit gemeint ist. Die Gründe hierfür können z. B. im Verlust der Teilnahmemotivation oder im Auflösen des Haushalts durch Tod oder Scheidung liegen. Damit die Repräsentativität des Panels trotzdem erhalten bleibt, müssen z. B. bei Haushaltspanels i. d. R. ca. 10 % Reserve-Haushalte zusätzlich er-

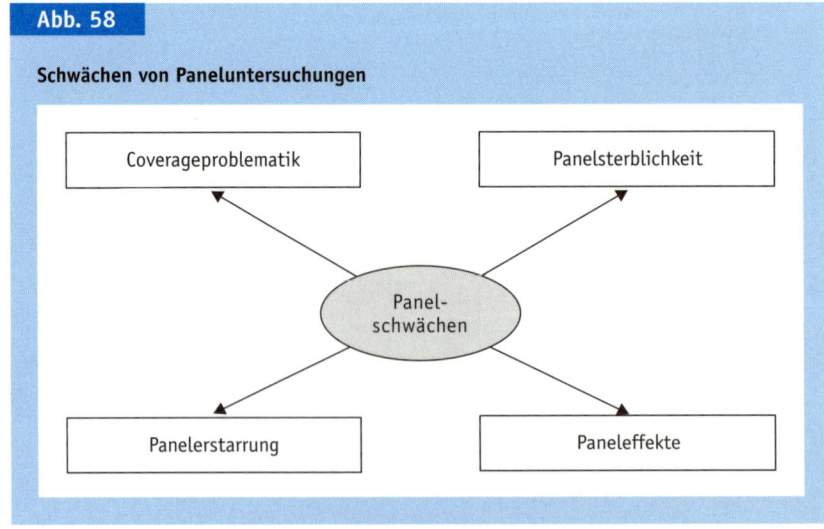

Abb. 58

Schwächen von Paneluntersuchungen

Coverageproblematik

Panelsterblichkeit

Panel-
schwächen

Panelerstarrung

Paneleffekte

fasst werden, die übergangslos einen ausscheidenden Panelhaushalt ersetzen können (vgl. *Mattmüller*, 2006, S. 114). Im Zusammenhang mit den Merkmalen der Panelteilnehmer besteht darüber hinaus das Problem der **Panelerstarrung**. Dieses entsteht dadurch, dass die Merkmale der Panelteilnehmer, wie z. B. die Betriebsgröße bei Handels- oder Unternehmenspanels, im Zeitablauf konstant bleiben, wogegen die Struktur der Grundgesamtheit, auf die die Panelergebnisse übertragbar sein sollen, Veränderungen unterliegen. Aus diesem Grund bedürfen Panels ständiger Auffrischungen, bei denen die Stichprobe um neue Teilnehmer ergänzt wird (**Panelrotation**). Gleichzeitig müssen ggf. bestimmte Teilnehmer eliminiert werden, damit die Panelstruktur weiterhin die Struktur der Grundgesamtheit abbildet. Eine Panelrotation kann außerdem auch in Bezug auf Paneleffekte vorteilhaft sein. Von **Paneleffekten** wird dann gesprochen, wenn die Panelmitglieder von der Teilnahme am Panel beeinflusst werden und hierdurch ihr Verhalten im Laufe der Zeit bewusst oder unbewusst ändern. Beim Verbraucherpanel können beispielsweise die am Panel teilnehmenden Nachfrager ihre bisherigen Kaufgewohnheiten aufgeben, weil sie wissen, dass ihr Kaufverhalten erfasst wird. So könnte es sein, dass Panelteilnehmer preisbewusster einkaufen oder den bei den Befragungen erwähnten Marken eine größere Aufmerksamkeit schenken.

Panelerstarrung, -rotation und -effekte

2.3.2 Vorgehen bei der Stichprobenziehung

Nachdem im Rahmen der Festlegung des Untersuchungsdesigns bestimmt wurde, ob die Daten im Rahmen der Studie mittels Befragung, Beobachtung, Experiment oder Panel erhoben werden sollen, stellt sich im dritten Schritt des Marktforschungsprozesses die Frage, wer an der geplanten Untersuchung auf der Kundenseite teilnehmen soll (zum Vorgehen bei der Stichprobenziehung vgl. *Abbildung 59*).

Um diese Frage zu beantworten, ist zunächst zu klären, auf **welche Grundgesamtheit** sich die Marktforschungsstudie beziehen soll, also welche Analyseobjekte (Personen, Haushalte, Produkte bzw. Marken, Geschäftsstätten etc.) im Rahmen der Marktforschungsuntersuchung betrachtet werden sollen. Beispielsweise ist es wichtig, im Vorfeld zu klären, ob die Ergebnisse der Studie für bestehende oder für potenzielle Kunden des Unternehmens gelten sollen oder ob vor allem abgewanderte Kunden im Fokus der Untersuchung stehen sollen. Dies hängt unmittelbar mit dem am Anfang des Marktforschungsprozesses definierten Untersuchungsproblem und dem Untersuchungsgegenstand zusammen. Falls z. B. die Einstellungen von Nachfragern bei einem Automobilkauf analysiert werden sollen, dann ist es sinnvoll, alle haushaltsführenden Personen der relevanten Grundgesamtheit zu betrachten. Wenn aber im Rahmen der Marktforschungsstudie Erkenntnisse zur optimalen Gestaltung einer Jugendzeitschrift gewonnen werden sollen, gehören naturgemäß nur Teenager zur Grundgesamtheit der Untersuchung.

Voraussetzung: Bestimmung der Grundgesamtheit

Nachdem die Grundgesamtheit definiert wurde, stehen den Marktforschern bei der Frage, **wer** an der geplanten Untersuchung teilnehmen soll, grundsätzlich zwei Vorgehensweisen zur Verfügung: Eine Möglichkeit ist darin zu sehen,

Bestimmung der Untersuchungsteilnehmer

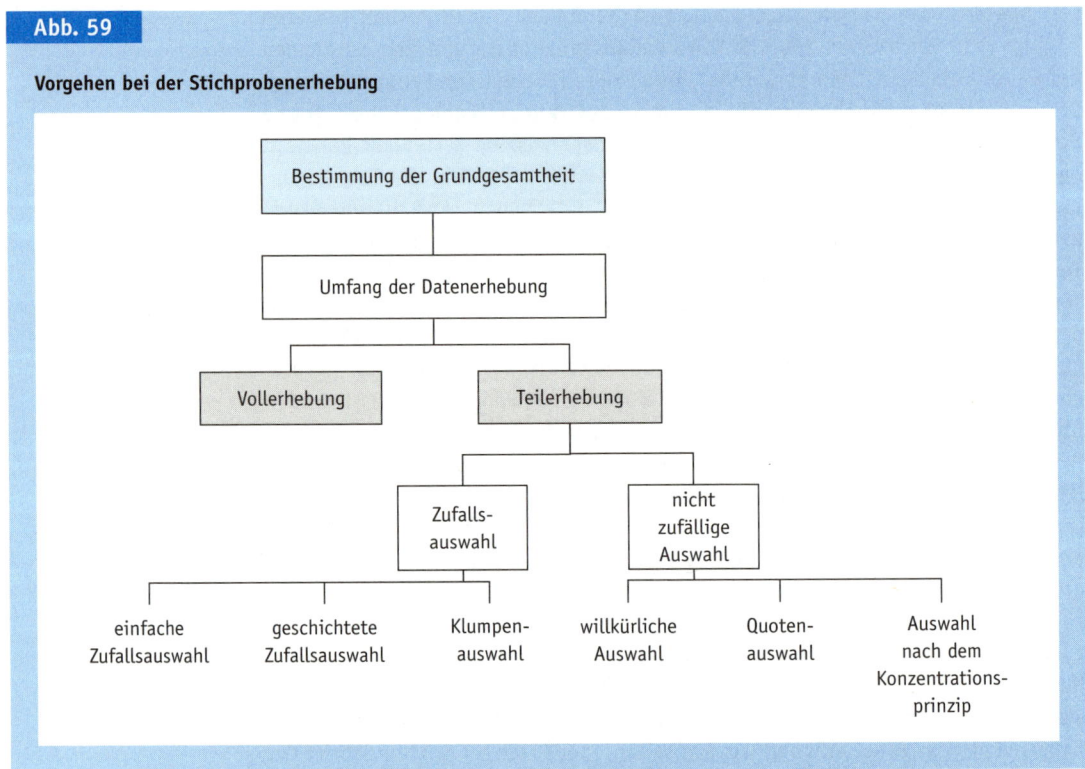

Abb. 59

Vorgehen bei der Stichprobenerhebung

Bestimmung der Grundgesamtheit

Umfang der Datenerhebung

Vollerhebung — Teilerhebung

Zufalls-auswahl — nicht zufällige Auswahl

einfache Zufallsauswahl — geschichtete Zufallsauswahl — Klumpen-auswahl — willkürliche Auswahl — Quoten-auswahl — Auswahl nach dem Konzentrations-prinzip

Voll- vs. Teilerhebung

alle für die Marktforschungsstudie relevanten Untersuchungseinheiten in die Datenerhebung einzubeziehen (**Vollerhebung**). Dieses Vorgehen ist allerdings aus finanziellen, zeitlichen, technischen und organisatorischen Gründen nur im Fall von kleineren Grundgesamtheiten, z. B. auf Industriegütermärkten, sinnvoll. Wenn beispielsweise das Untersuchungsproblem darin liegt, Beschaffungsstrategien von potenziellen Kunden eines im Anlagenbau tätigen Industriegüterunternehmens zu analysieren, so kommt hier möglicherweise nur eine Vollerhebung in Frage, weil es in diesem Bereich nur wenige Nachfrager gibt, die zur relevanten Grundgesamtheit gehören. In diesem Fall ist es möglich, jedes Element der Grundgesamtheit in die Datenerhebung einzubeziehen. Bei großer Grundgesamtheit sind aber Vollerhebungen mit erheblichem Kosten- und Organisationsaufwand verbunden und können daher oftmals nicht durchgeführt werden. Denn hier ist es zu vertretbaren Bedingungen allein möglich, die Untersuchung auf einen Teil der Grundgesamtheit zu beschränken (**Teilerhebung**). Um die Erhebung in Form einer Teilerhebung durchzuführen, ist aus der Grundgesamtheit eine Stichprobe zu ziehen. Unter Stichprobe werden hierbei alle in die Datenerhebung einbezogenen Untersuchungseinheiten verstanden, die zusammen ein verkleinertes Abbild der Grundgesamtheit darstellen (sollen) (vgl. *Meffert/Burmann/Kirchgeorg*, 2012, S. 153). Da anschließend von den Ergebnissen der Stichprobe auf die Grundgesamtheit geschlossen werden soll, ist es für die Güte der Ergebnisse von zentraler Bedeutung, dass die in die Stichprobe aufgenommenen Elemente (Probanden) die Grundgesamtheit hinsichtlich der wichtigsten Untersuchungsmerkmale möglichst exakt widerspiegeln. Nur dann lassen sich die Studienergebnisse auf den zu untersuchenden Gesamtmarkt übertragen und sind somit als repräsentativ zu bezeichnen.

Falls eine Teilerhebung in der Marktforschungsuntersuchung durchgeführt werden soll, kann bei der **Stichprobenbildung** grundsätzlich zwischen den Verfahren der

▶ Zufallsauswahl (1) und
▶ nicht zufälligen Auswahl (2)

unterschieden werden.

Formen der Stichproben-bildung

(1) Zufallsauswahl

Im Rahmen der Zufallsauswahl wird die **Stichprobe nach dem Zufallsprinzip** gebildet, sodass jedes in der Grundgesamtheit enthaltene Element eine mathematisch berechenbare gleiche Wahrscheinlichkeit aufweist, für die Stichprobe ausgewählt zu werden. Aufgrund des auf dem Zufallsprinzip basierten Vorgehens wird die Auswahl der Untersuchungseinheiten in der Stichprobe nicht durch den Marktforscher beeinflusst und erfolgt damit objektiv und unverzerrt. Allerdings kann dieses Auswahlverfahren nur dann eingesetzt werden, wenn alle Untersuchungseinheiten in der Grundgesamtheit bekannt sind, was in der Praxis nicht immer der Fall ist. Hinzu kommt, dass der Objektivitätsvorteil der Zufallsauswahl mit einem höheren Aufwand für Planung und Durchführung und damit häufig höheren Kosten erkauft wird. Ein weiterer Nachteil dieser Gruppe von Verfahren ist darin zu sehen, dass die Objekte nicht nachträglich durch andere Untersuchungseinheiten ersetzt werden können, wenn die Datenerhebung bei den bereits für die Stichprobe ausgewählten Elementen, z. B. aufgrund von Nichterreichbarkeit oder Auskunftsverweigerung, nicht zu realisieren ist (vgl. *Hammann/Erichson*, 2000, S. 138).

Grundprinzip

Die Stärken und Schwächen der Zufallsauswahl hängen im Einzelnen davon ab, welches konkrete **Verfahren** der Zufallsauswahl in der Marktforschungsstudie Anwendung finden soll. Dabei können die

▶ einfache Zufallsauswahl,
▶ geschichtete Zufallsauswahl sowie
▶ Klumpenauswahl

eingesetzt werden.

Verfahren

Die **einfache Zufallsauswahl** basiert auf dem Grundprinzip des Urnenmodells. Es wird davon ausgegangen, dass sich die einzelnen Objekte der Grundgesamtheit in einer Urne befinden, aus der die Elemente, die in die Stichprobe eingehen, zufällig herausgezogen werden. Zu beachten ist dabei, dass die Grundgesamtheit vollständig vorliegen muss und nach dem Prinzip des Zufalls durchmischt ist, damit auch sichergestellt ist, dass jedes Objekt der Grundgesamtheit tatsächlich die gleiche Chance besitzt, für die Stichprobe ausge-

Einfache Zufallsauswahl

Studierendenbefragung

Im Zuge der Einführung eines Qualitätsmanagement-Systems beschloss eine süddeutsche Fachhochschule, eine Befragung ihrer Studierenden zur Qualität der Studienbedingungen an ihrer Hochschule durchzuführen. Da man aus Kostengründen keine Vollerhebung machen wollte, wurde beschlossen eine Stichprobe mittels einfacher Zufallsauswahl zu bilden. Hierzu wurden zufällig 1.000 Matrikelnummern aus der Gesamtzahl aller Matrikelnummern gezogen. Die zugehörigen Studierenden wurden anschließend von der Hochschulverwaltung angeschrieben und zur Teilnahme an der Befragung aufgefordert.

wählt zu werden. Der Vorteil der einfachen Zufallsauswahl besteht darin, dass keine Kenntnis der Struktur der Grundgesamtheit hinsichtlich der für die Untersuchung relevanten Merkmale wie z.B. Geschlecht oder Alter der Probanden vorliegen muss.

Allerdings sollte die Stichprobe bei einer einfachen Zufallsauswahl ausreichend groß sein, um den Anspruch der Repräsentativität zu erfüllen. Dies gilt vor allem dann, wenn die der Studie zugrunde liegende Grundgesamtheit hinsichtlich der relevanten Kriterien heterogen ist.

Geschichtete Zufallsauswahl

Daher wird bei heterogener Grundgesamtheit oft die **geschichtete Zufallsauswahl** eingesetzt. Bei diesem Verfahren wird die Grundgesamtheit zunächst nach bestimmten, für die Studie relevanten Merkmalen in überschneidungsfreie, homogene Schichten aufgeteilt. Bei Erhebungen in der Handelsbranche können z.B. die Einkaufsstätten nach Kategorien wie z.B. Discounter, Supermärkte, Kauf-, Warenhäuser, Fachmärkte etc. klassifiziert werden. Aus diesen Teilgesamtheiten (**Schichten**) werden anschließend einzelne Objekte mittels einfacher Zufallsauswahl für die Stichprobe gezogen. Dabei sollten die Anteile der Schichten in der Stichprobe genau so groß wie ihre Anteile in der Grundgesamtheit sein, sodass die prozentuale Verteilung des Schichtungsmerkmals in der Stichprobe der Verteilung des Merkmals in der Grundgesamtheit entspricht (**proportional geschichtete Stichprobe**). Falls hingegen aus unterschiedlich großen Teilgesamtheiten jeweils die absolut gleiche Anzahl von Objekten gezogen wird, entspricht die anteilsmäßige Verteilung des Schichtungsmerkmals in der Stichprobe nicht der in der Grundgesamtheit (**disproportional geschichtete Stichprobe**) (vgl. *Paier*, 2010, S. 84). Der Vorteil der geschichteten Zufallsauswahl besteht in der gesteigerten Effizienz, da durch die Schichtung die erforderliche Stichprobengröße wesentlich kleiner als bei der einfachen Zufallsauswahl sein kann.

Klumpenauswahl

Bei der **Klumpenauswahl**, die ebenfalls eine spezielle Form der Zufallsauswahl darstellt, wird die Grundgesamtheit wie bei der geschichteten Zufallsauswahl in Untergruppen aufgeteilt. Der Unterschied besteht aber darin, dass die im Rahmen der Klumpenauswahl gebildeten Untergruppen (»Klumpen«) in sich heterogen sind. So kann z.B. die Bevölkerung Deutschlands nach Bundesländern oder ein Bundesland nach Landkreisen aufgeteilt werden. Von diesen Klumpen werden einige zufällig herausgesucht, wobei Daten von sämtlichen in den ausgewählten Klumpen enthaltenen Untersuchungsobjekten erhoben werden, d.h. alle Elemente der ausgewählten Klumpen werden in die Stichprobe aufgenommen. Die nicht ausgewählten Klumpen bleiben hingegen vollständig unberücksichtigt. Dieses Verfahren ist nur dann empfehlenswert, wenn davon ausgegangen werden kann, dass die gebildeten Klumpen bezüglich der für die Untersuchung relevanten Merkmale untereinander möglichst homogen und nur in sich heterogen sind. Ansonsten besteht die Gefahr, dass die Stichprobe nicht repräsentativ ist. In der Marktforschungspraxis wird das Verfahren der Klumpenauswahl aufgrund der effizienten Vorgehensweise vor allem bei großen Grundgesamtheiten eingesetzt. Allerdings besteht bei diesem Verfahren die Gefahr der Ergebnisverzerrung, falls die Merkmalsverteilung der ausgewählten Klumpen von der Merkmalsverteilung in der Grundgesamtheit abweicht.

(2) Nicht zufällige Auswahl

Grundprinzip

Neben den Verfahren der Zufallsauswahl können auch Verfahren der nicht zufälligen Auswahl im Rahmen der Stichprobenbildung eingesetzt werden. Diese Verfahren basieren nicht auf dem Zufallsprinzip, sondern erfolgen **nach bestimmten Kriterien**, die je nach Zielsetzung der Marktforschungsstudie ausgewählt werden sollten. Da bei diesen Verfahren die Wahrscheinlichkeit, mit der ein Untersuchungsobjekt in die Stichprobe gelangt, nicht berechenbar und nicht kontrollierbar ist, kann die Genauigkeit der Ergebnisse nicht exakt ermittelt werden. Da die Auswahl damit letztlich nach subjektiven Vorgaben des Marktforschers erfolgt, können hierdurch die Ergebnisse der ganzen Studie beeinflusst werden. Im Gegensatz zu den Verfahren der Zufallsauswahl ist mit der nicht zufälligen Auswahl allerdings ein geringerer Erhebungsaufwand verbunden, wenn die Kriterien der Stichprobenbildung entsprechend ausgewählt werden. Zur nicht zufälligen Auswahl gehören im Einzelnen die

Verfahren

▶ willkürliche Auswahl,
▶ Quotenauswahl und
▶ Auswahl nach dem Konzentrationsprinzip.

Bei der **willkürlichen Auswahl** (»**Auswahl aufs Geratewohl**«) wird die Stichprobe **ohne einen expliziten Auswahlplan** gebildet. Stattdessen werden die Untersuchungsobjekte ausgewählt, die besonders leicht zu erreichen sind. Typische Beispiele stellen Befragungen von Passanten in einer Fußgängerzone oder von Familienmitgliedern und Bekannten des Marktforschers dar. Die Zusammensetzung einer Stichprobe, die so ausgewählt wurde, ist allerdings i. d. R. nicht repräsentativ. Somit führt diese Datenerhebung ggf. zu verzerrten Ergebnissen. Trotz der fehlenden Repräsentativität kann die willkürliche Auswahl jedoch sinnvoll sein, wenn in der explorativen Phase eines Marktforschungsprojekts mit einem geringen zeitlichen und finanziellen Aufwand zunächst grobe Tendenzen aufgedeckt werden sollen, die anschließend mit einer repräsentativen Hauptuntersuchung weiterverfolgt werden.

Willkürliche Auswahl

Im Gegensatz zur willkürlichen Auswahl ist im Rahmen einer Quotenauswahl die Sicherung der Repräsentativität grundsätzlich das Ziel. Dies erfolgt durch die **Vorgabe und Kontrolle von relevanten Quotierungsmerkmalen**, nach denen die Auswahl der Untersuchungseinheiten erfolgt. Die Vorgabe sollte so gestaltet werden, dass ein Abbild der Grundgesamtheit hergestellt und somit eine repräsentative Stichprobe gezogen wird. Die Quotierungsmerkmale können je nach

Quotenauswahl

Untersuchungsproblem eher allgemeiner Natur, wie z. B. Geschlecht oder Alter bei Endkunden, oder auch recht spezifisch sein, wie z. B. Dauer der Kundenbeziehung bei Kunden eines Unternehmens im Rahmen von Kundenzufriedenheitsuntersuchungen. Die Quoten der Merkmale sollten sich dabei an den Anteilen der Grundgesamtheit orientieren, damit die Stichprobe gleiche Quoten bei den Merkmalen wie die Grundgesamtheit aufweist. Falls also z. B. bekannt ist, dass in der Grundgesamtheit 60 % der Kunden männlich und 40 % weiblich sind, und es ist geplant, 1.000 Probanden zu befragen, dann sind bei Verwendung des Quotierungsmerkmals »Geschlecht« die Daten bei 600 Männern und 400 Frauen zu erheben. Die Auswahl der Untersuchungseinheiten innerhalb dieser Quoten bleibt dem Marktforscher dann allerdings überlassen. In der Marktforschungspraxis werden i. d. R. **Quotenpläne** mit mehreren Merkmalen eingesetzt, nach denen die Interviewer Personen mit den vorgegebenen Merkmalen suchen müssen. Ein wichtiger Vorteil der Quotenauswahl ist die Kontrolle relevanter Störgrößen, wobei das Verfahren in dieser Hinsicht der geschichteten Auswahl ähnlich ist. Hinzu kommt allerdings der Vorteil, dass die Quotenauswahl im Gegensatz zu Verfahren der Zufallsauswahl weniger zeitaufwendig und damit kostengünstiger ist. Allerdings handelt es sich bei der Quotenauswahl um eine nicht zufällige Auswahl, sodass auch hier eine zuverlässige Kontrolle der Repräsentativität nicht erfolgen kann (vgl. *Kauermann/Küchenhoff*, 2011, S. 9).

Auswahl nach dem
Konzentrationsprinzip

Auch bei der **Auswahl nach dem Konzentrationsprinzip** werden bestimmte Elemente der Grundgesamtheit bewusst in die Stichprobe aufgenommen. Hierbei sollten die Untersuchungseinheiten ausgewählt werden, welche die **größte Bedeutung bei dem gegebenen Untersuchungsgegenstand** aufweisen. So werden hier beispielsweise nur die Daten bei den umsatzstärksten Unternehmen oder den wichtigsten Kunden erhoben. Dieses Verfahren ist nur dann empfehlenswert, wenn relativ wenige Objekte der Grundgesamtheit einen hohen Erklärungsbeitrag für den zu analysierenden Sachverhalt liefern können. Daher wird es oft im Industriegüterbereich oder in der Handelsforschung eingesetzt. Denn wenn einige wenige Unternehmen einer Branche oder eines Handelsbetriebes z. B. einen Marktanteil von 80 % bis 90 % im Markt erreichen, ist es sinnvoll, bei der Datenerhebung eine Konzentration auf diese wenigen Unterscheidungsobjekte vorzunehmen. Die restlichen Anbieter können aus der Untersuchung ausgeschlossen werden, da sie für den Gesamtmarkt weniger bedeutsam sind. So kann bei der Auswahl nach dem Konzentrationsprinzip der Zeit- und Kostenaufwand erheblich reduziert und der Informationsverlust verringert werden (vgl. *Sander*, 2011, S. 165). Da allerdings die Entscheidung, welche Merkmale für den Untersuchungsgegenstand und somit auch für die Datenerhebung relevant sind, im subjektiven Ermessen des Marktforschers liegt, ist auch bei diesem Verfahren der Aspekt der Repräsentativität und der objektiven Aussagekraft der Ergebnisse mitunter kritisch zu sehen.

2.4 Entwicklung von Messinstrumenten

Nachdem im dritten Schritt des Marktforschungsprozesses das Untersuchungs-design der Marktforschungsuntersuchung festgelegt wurde, ist anschließend zu überlegen, wie die interessierenden empirischen Sachverhalte, also die für das Untersuchungsproblem relevanten Merkmalsausprägungen bestimmter Varia-blen gemessen werden sollen (vgl. *Abbildung 47*). Unter **Messung** wird in der Marktforschung dabei die Quantifizierung empirischer Sachverhalte verstanden (vgl. *Wirtz/Nachtigall*, 2008, S. 47 f.). Diese bedient sich bestimmter Skalenni-veaus und sollte eine möglichst hohe Güte erreichen.

Definition »Messung«

2.4.1 Skalenniveaus

Die Quantifizierung empirischer Sachverhalte kann auf unterschiedlichen Ska-len erfolgen. Grundsätzlich lassen sich **vier Skalenniveaus** unterscheiden, die u. a. auch den anschließenden Einsatz von Datenanalysemethoden beeinflus-sen, da diese i. d. R. ein bestimmtes Datenniveau voraussetzen:

▶ Nominalskala,
▶ Ordinalskala,
▶ Intervallskala und
▶ Verhältnisskala.

Ausprägungen von Skalenniveaus

Nominalskalen, die einfachste Form des Messens, dienen dazu, qualitative Ei-genschaften von Untersuchungsobjekten bestimmten Kategorien zuzuordnen. So werden z. B. Personen nach ihrem Geschlecht in die Kategorien »weiblich« und »männlich« aufgeteilt. Für diese Gruppen können absolute und relative Häufigkeiten berechnet werden. Anhand einer **Ordinalskala**, die wie Nominal-skala zu den **nicht-metrischen Skalen** gehört, ist darüber hinaus eine Reihen-folge der Untersuchungselemente feststellbar. So können Probanden das Pro-dukt eines Unternehmens besser, gleich oder schlechter als das Produkt eines Wettbewerbers beurteilen. Die Abstände zwischen den Objekten werden bei Or-dinalskalen allerdings nicht erfasst. Auf Basis dieser Daten können daher nur Häufigkeitsverteilungen, Mediane, Quartile und Rangkorrelationen berechnet werden. Falls die Abstände bzw. Differenzen zwischen den Objekten berechnet werden können, liegt eine **Intervallskala** vor, die ein **metrisches Datenniveau** aufweist. Folglich können bei diesem Skalenniveau ergänzend zu den bereits beschriebenen Maßen viele in der Markt- und Wettbewerbsforschung üblichen Berechnungen vorgenommen werden. Beispielsweise lassen sich Mittelwert, Standardabweichung bzw. Streuungen bestimmen. Darüber hinaus dürfen inter-vallskalierte Daten addiert und subtrahiert werden. Allerdings existiert hier kein natürlicher Nullpunkt, so dass Interpretationen, wonach eine Merkmals-ausprägung etwa ein Vielfaches einer anderen Merkmalsausprägung darstellt, nicht zulässig sind. **Verhältnisskalen** verfügen dagegen über einen natürlichen Nullpunkt und repräsentieren somit das höchste Skalenniveau. Sie erlauben alle mathematischen Berechnungen inklusive Multiplikation und Division. Bei-spiele für verhältnisskalierte Daten sind Umsatz, Marktanteil, Gewinn oder Preis.

Beschreibung der Skalenniveaus

Abb. 60

Skalenniveaus im Überblick

Typus	Skalenniveau	Merkmale	Rechnerische Handhabung	Beispiel
nicht metrisch	Nominalskala	Klassifizierung qualitativer Eigenschaften	Häufigkeiten	Geschlecht, Nationalität
	Ordinalskala	Rangwert von Ordinalzahlen	+ Median	Produkt A ist besser als Produkt B
metrisch	Intervallskala	gleich große Abschnitte, ohne natürlichen Nullpunkt	+ Addition und Subtraktion	Intelligenzquotient, Temperatur °C
	Verhältnisskala	gleich große Abschnitte, mit natürlichen Nullpunkt	+ Division und Multiplikation	Alter, Marktanteil

Skalenhierarchie

Aus der Beschreibung der vier Skalenniveaus (vgl. *Abbildung 60*) ist zu erkennen, dass die Nominal-, Ordinal-, Intervall- und Verhältnisskalen hierarchisch geordnet sind, was bedeutet, dass das höhere Skalenniveau die Eigenschaften des niedrigeren beinhaltet. Der Informationsgehalt der Daten steigt somit mit zunehmendem Skalenniveau. Bei der Konzeption der Datenerhebung sollte daher berücksichtigt werden, dass mehr Aussagen abgeleitet werden können, wenn das Skalenniveau bei den Messungen höher angesetzt wurde.

Auswahl eines Skalenniveaus

Die Antwort auf die Frage, wie relevante empirische Sachverhalte gemessen werden sollen, ist nicht immer offensichtlich. Während sich beobachtbare quantitative Tatbestände wie z. B. Umsatzzahlen oder Wiederkaufraten von Kunden normalerweise problemlos ermitteln lassen, gestaltet sich die Messung von nicht sichtbaren qualitativen Konstrukten wie z. B. die Zufriedenheit der Kunden schwierig. In solchen Fällen ist zunächst für die Variablen eine **Skalierung** vorzunehmen. Hiervon wird dann gesprochen, wenn ein theoretischer, nicht unmittelbar beobachtbarer Sachverhalt mithilfe einer Skala abgebildet werden soll (vgl. *Reiter/Matthäus*, 2000, S. 46). Eine intensive Auseinandersetzung mit einer sinnvollen Skalierung von Variablen ist in der Marktforschung wichtig, da die Skalierung zum einen die nach der Datensammlungsphase einsetzbaren Datenanalyseverfahren bestimmt und zum anderen den Informationsgehalt sowie die Qualität der Ergebnisse beeinflusst. In der Marktforschungspraxis existieren zahlreiche **Skalierungsverfahren**, die je nach Untersuchungsproblem und -zielsetzung eingesetzt werden können. Ein Verfahren, das wegen der Einfachheit und seiner vielfältigen Anwendbarkeit insbesondere für Einstellungs-, Meinungs- und Imagemessungen häufig eingesetzt wird, ist die **Rating-Skalierung** (vgl. *Greving*, 2009, S. 67). Dabei werden die Probanden gebeten, ihre Meinung zur interessierenden Merkmalsausprägung anzugeben. Hierfür stehen ihnen vorgegebene Kategorien in numerischer, verbaler, grafischer oder hieraus kombinierter Form zur Verfügung, damit die Auskunftspersonen ihr subjektives Empfinden bezüglich der Merkmalsausprägung durch die Festlegung auf eine Kategorie der Rating-Skala angeben können. Streng ge-

Rating-Skalierung

nommen handelt es sich bei diesem Skalierungsverfahren um ordinales Datenniveau, wenn die Probanden Rangplätze auf dem Merkmalskontinuum von z. B. »trifft zu« bis »trifft nicht zu« oder von »sehr wichtig« bis »überhaupt nicht wichtig« vergeben sollen. Da aber davon ausgegangen wird, dass die Befragten die Abstände zwischen den einzelnen Kategorien gleich groß bewerten, wird i. d. R. angenommen, dass die Stufen der Rating-Skala eine Intervallskala bilden, wodurch die meisten statistischen Methoden einsetzbar sind. Einen Überblick über weitere in der Markt- und Wettbewerbsforschung verwendete Skalierungsverfahren, die z. T. auf dem Prinzip der Rating-Skala basieren, wie z. B. **Likert-Skala**, **Semantisches Differenzial** oder **Stapelskalierung**, zeigt *Abbildung 61*.

Abb. 61

Beispiele für in der Markt- und Wettbewerbsforschung häufig verwendete Skalierungsverfahren

Rangordnungsverfahren

Wie wichtig sind die folgenden Kriterien für Sie?
(Bitte Rangordnung angeben)

Kriterium	Rang (1.-5.)
Produktqualität	_____
Auftragsabwicklung	_____
Technischer Kundendienst	_____
Vertriebsteam/Betreuung	_____
Dokumentation/Information	_____

Konstantsummenverfahren

Wie wichtig sind die folgenden vier Faktoren für Ihre Entscheidung über den Kauf des genannten Softwareproduktes?
Bitte verteilen Sie gemäß ihrer Bedeutung insgesamt 100 Punkte auf die fünf Faktoren.

Leistungsumfang (Anzahl Tools)	_____
Preis	_____
Kompatibilität mit bestehender Software	_____
Verwendbarkeit bestehender Daten	_____
Summe	100

Likert-Skalierung

Inwieweit stimmen Sie der Aussage zu ...
„Handelsmarken haben Qualitätsprobleme".

stimme voll und ganz zu — stimme gar nicht zu
☐ ☐ ☐ ☐ ☐ ☐

Semantisches Differential

Bitte beurteilen Sie die Mitarbeiter des technischen Services anhand der folgenden Kriterien.

schnell	☐ ☐ ☐ ☐ ☐ ☐	langsam
zuvorkommend	☐ ☐ ☐ ☐ ☐ ☐	gleichgültig
zuverlässig	☐ ☐ ☐ ☐ ☐ ☐	unzuverlässig

Stapelskalierung

Bitte beurteilen Sie den Außendienst anhand der folgenden Kriterien.

stimme voll und ganz zu — stimme gar nicht zu

kompetent	☐ ☐ ☐ ☐ ☐
freundlich	☐ ☐ ☐ ☐ ☐
zuverlässig	☐ ☐ ☐ ☐ ☐

Quelle: in Anlehnung an *Meffert/Burmann/Kirchgeorg*, 2012, S. 152

2.4.2 Gütekriterien

Das Skalenniveau der Messinstrumente, die eingesetzten Skalierungsverfahren sowie die Qualität des Messvorgangs beeinflussen sehr stark die Qualität der Ergebnisse von Marktforschungsuntersuchungen. Marktforschungsergebnissen können nur dann Aussagekraft zugesprochen werden, wenn sie eine hohe Güte aufweisen, was sich anhand von speziellen Gütekriterien beurteilen lässt. Zur Beurteilung der Güte von Messinstrumenten werden häufig die **Hauptgütekriterien**

▶ Objektivität (1),
▶ Reliabilität (2) und
▶ Validität (3)

herangezogen.

(1) Objektivität

Die Objektivität bezeichnet die **Unabhängigkeit der Marktforschungsergebnisse** von den am Projekt beteiligten Personen. Bei einer objektiven Messung kommen verschiedene Personen, die unabhängig voneinander unter gleichen Bedingungen Daten erheben, zu gleichen Ergebnissen. Bei standardisierten quantitativen Befragungen, die unter kontrollierten Bedingungen durchgeführt und ausgewertet werden, ist anzunehmen, dass eine perfekte Objektivität vorliegt (vgl. *Bortz/Döring*, 2009, S. 195).

(2) Reliabilität

Das zweite Gütekriterium in der Markt- und Wettbewerbsforschung ist die Reliabilität des Messinstruments. Die Reliabilität spiegelt den **Grad der formalen Genauigkeit** bzw. die Zuverlässigkeit der Datenerfassung wider. Hier wird abgebildet, inwiefern eine Messung frei von zufälligen Messfehlern ist. Die Reliabilität eines Messinstruments ist dabei umso höher, je geringer der zu einem Messwert gehörende Fehleranteil ist, was dazu führt, dass unter konstanten Bedingungen die Messungsergebnisse reproduzierbar sein müssen. In der Marktforschungspraxis kann eine vollkommene Reliabilität allerdings aufgrund von vielfältigen situativen Einflüssen i. d. R. nicht erzielt werden.

(3) Validität

Während die Reliabilität die formale Genauigkeit eines Messinstruments misst, wird unter Validität die **materielle Genauigkeit einer Messung** verstanden. Insgesamt gibt die Validität an, ob tatsächlich die Eigenschaft gemessen wurde, die das Messinstrument zu messen vorgibt. Beispielsweise stellt sich bei einer Skala, mit der Kundenzufriedenheit ermittelt werden soll, die Frage, ob diese Skala auch tatsächlich Zufriedenheit und nicht etwa ein anderes psychologisches Konstrukt misst. Das bedeutet, dass neben dem zufälligen Fehler, der bei der Reliabilität angesprochen wurde, auch systematische Fehler auszuschließen bzw. möglichst gering zu halten sind. Demnach stellt Reliabilität eine notwendige, aber nicht hinreichende Bedingung für Validität dar. Der Zusammenhang zwischen den drei Gütekriterien besteht somit darin, dass die Objektivität als

Voraussetzung für die Reliabilität und die wiederum als Voraussetzung für die Validität eines Messinstruments gesehen wird (vgl. *Berekoven/Eckert/Ellenrieder*, 2009, S. 83).

2.5 Datenanalyse

Wenn die Datensammlung abgeschlossen wurde, können die vorliegenden Daten mithilfe statistischer Methoden analysiert werden (vgl. *Abbildung 47*). **Ziel** und Aufgabe der Datenanalyse ist es, die gesammelten Daten entsprechend der Problemdefinition und der Zielsetzung des Marktforschungsprojektes auszuwerten und zu interpretieren. Dabei lassen sich die Datenanalyseverfahren anhand unterschiedlicher Kriterien systematisieren. Am verbreitetsten ist die Klassifizierung nach der Anzahl der zugleich untersuchten Variablen. Bezieht sich die Datenanalyse auf nur eine Variable, können **univariate Analysemethoden** zum Einsatz kommen. Bei der Untersuchung der Beziehung zwischen zwei Variablen werden **bivariate** Verfahren eingesetzt. Werden die Zusammenhänge zwischen mehr als zwei Variablen betrachtet, liegt eine **multivariate** Analyse vor. Bei bi- und multivariaten Methoden kann darüber hinaus nach Verfahren der Dependenz- und Interdependenzanalyse differenziert werden. Im Rahmen der **Dependenzanalyse** wird die Frage beantwortet, inwiefern sich unabhängige Variable(n) auf die abhängige(n) Variablen auswirken. Falls bei der Analysemethode keine Abhängigkeit im Vorfeld angenommen wird, sondern die Frage im Fokus steht, ob grundsätzlich ein Zusammenhang zwischen Variable(n) besteht, handelt es sich um Verfahren der **Interdependenzanalyse**. In *Abbildung 62* sind die gängigsten Verfahren der Datenanalyse im Überblick dargestellt.

Zielsetzung

Analysemethoden

Abb. 62

Überblick über Datenanalyseverfahren

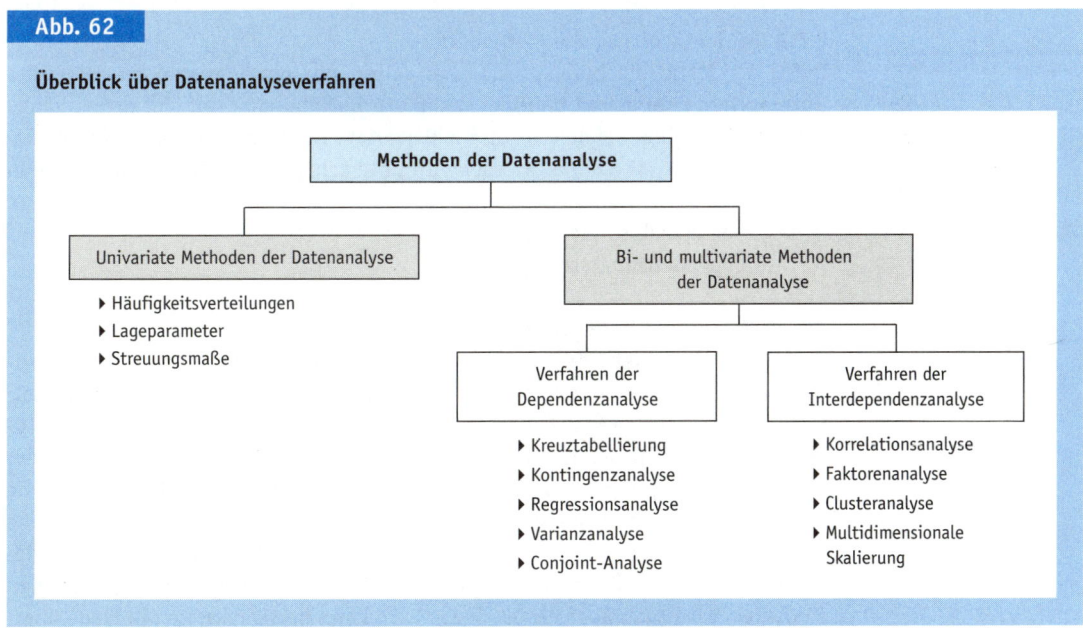

2.5.1 Univariate Methoden

Häufigkeitsauszäh-
lungen/Lageparameter/
Streuungsmaße

Zu den univariaten Analysemethoden gehören Häufigkeitsauszählungen sowie Berechnungen von Lageparametern und Streuungsmaßen. **Häufigkeiten** geben an, wie oft bestimmte Ausprägungen in der Stichprobe auftreten, wobei hier **absolute** (»In wie vielen Fällen kommt eine Merkmalsausprägung in der Stichprobe vor?«), **relative** (»Wie hoch ist der jeweilige Anteil der einzelnen Merkmalsausprägungen?«) und **kumulierte Häufigkeiten** (»Wie häufig tritt eine Merkmalsausprägung kleiner oder gleich einem bestimmten Wert auf?«) unterschieden werden können. Durch die Berechnung der Lageparameter wird analysiert, welche Merkmalsausprägung für die Häufigkeitsverteilung kennzeichnend ist. Zu den am häufigsten verwendeten **Lageparameter** gehören je nach Skalierung der untersuchten Variablen der **Modus**, der die am häufigsten in der Stichprobe auftretende Ausprägung angibt, der **Median**, der dem Wert entspricht, der eine nach der Größe der Messwerte sortierte Verteilung in zwei gleich große Teilmengen trennt, sowie das **arithmetisches Mittel**, das den Durchschnittswert darstellt. Um zu analysieren, wie stark die einzelnen Messwerte der Häufigkeitsverteilung streuen, können **Streuungsmaße** berechnet werden. Die **Varianz** und die **Standardabweichung** stellen die in der Markt- und Wettbewerbsforschung am meisten genutzten Streuungsmaße dar. Die Varianz – als Summe der quadrierten Abweichungen zwischen den einzelnen Messwerten und dem arithmetischen Mittel – sagt etwas über die Heterogenität der Verteilung aus: Je heterogener die Verteilung ist, desto größer ist die Varianz. Die Standardabweichung wird als die durchschnittliche Abweichung der einzelnen Messwerte vom Mittelwert der Verteilung interpretiert, wobei im Gegensatz zur Varianz die Standardabweichung in der Dimension der Ausgangswerte vorliegt.

2.5.2 Bi- und multivariate Methoden

Verfahren

Da in der Marktforschungspraxis eher selten nur eine Variable im Fokus der Untersuchung steht und häufiger komplexe Beziehungen und Zusammenhänge betrachtet werden, spielen bi- und multivariate Analyseverfahren in der Marktforschung eine große Rolle. Hierbei wird unterschieden zwischen den **Verfahren** der

▸ Dependenzanalyse (1) und
▸ Interdependenzanalyse (2).

(1) Verfahren der Dependenzanalyse

Kreuztabellierung

Bei diesem Verfahren stellt die **Kreuztabellierung** eine der einfachsten Methoden dar. Hier werden die Zusammenhänge zwischen zwei Variablen veranschaulicht, indem bei nominalskalierten Merkmalen in Form einer Matrix (Kreuztabelle) verdeutlicht wird, wie oft die unterschiedlichen Kombinationen der Merkmalsausprägungen von Variablen gemeinsam auftreten. Häufig wird die Kreuztabellierung in Untersuchungen angewandt, in denen der Zusammenhang zwischen dem Verhalten oder den Einstellungen von Probanden und ihrer demografischen Struktur wie z.B. Geschlecht, Bildung, Beruf oder Einkommen analysiert wird (vgl. *Koch*, 2009, S. 187). So kann beispielsweise die Frage überprüft werden, ob der Bildungsstand die Kundenzufriedenheit bei einem bestimmten Produkt beeinflusst. Die Kreuztabellen bilden die Grundlage für die **Kontingenzanalyse**, die den Zusammenhang zwischen zwei Variablen auf statistische Signifikanz prüft. Hierbei wird mit speziellen statistischen Tests ermittelt, inwiefern die in der Kreuztabelle dargestellten Ergebnisse auf die Grundgesamtheit übertragbar oder zufällig in der gezogenen Stichprobe eingetreten sind. Je nach dem verwendeten statistischen Test kann auch eine Aussage über die Stärke des erkannten Zusammenhangs getroffen werden.

Während bei der Kreuztabellierung und der Kontingenzanalyse die Beziehungen zwischen nur zwei Variablen untersucht werden, kann mithilfe der **Regressionsanalyse** der Zusammenhang zwischen einer abhängigen und einer oder mehreren unabhängigen Variablen analysiert werden. Darüber hinaus können unter Einsatz der Regressionsanalyse auch Prognosen für die Ausprägung der abhängigen Variablen bei beliebigen Kombinationen der unabhängigen Variablen erstellt werden. Deswegen gehört dieses Verfahren zu einer der am häufigsten eingesetzten Analysemethoden und wird im Marketing etwa für die Schätzung des Zusammenhangs zwischen der Absatzmenge bzw. dem Marktanteils und marketingpolitischen Instrumenten wie dem Preis und dem Werbebudget angewandt (vgl. *Abbildung 63*). Des Weiteren finden sich auch andere Einsatzmöglichkeiten für die Regressionsanalyse im Marketing, wie z. B. die Untersuchung der Abhängigkeit des Images eines Produktes oder einer Marke

Kontingenzanalyse

Regressionsanalyse

Abb. 63

Regressionsanalytische Bestimmung einer Preis-Absatz-Funktion

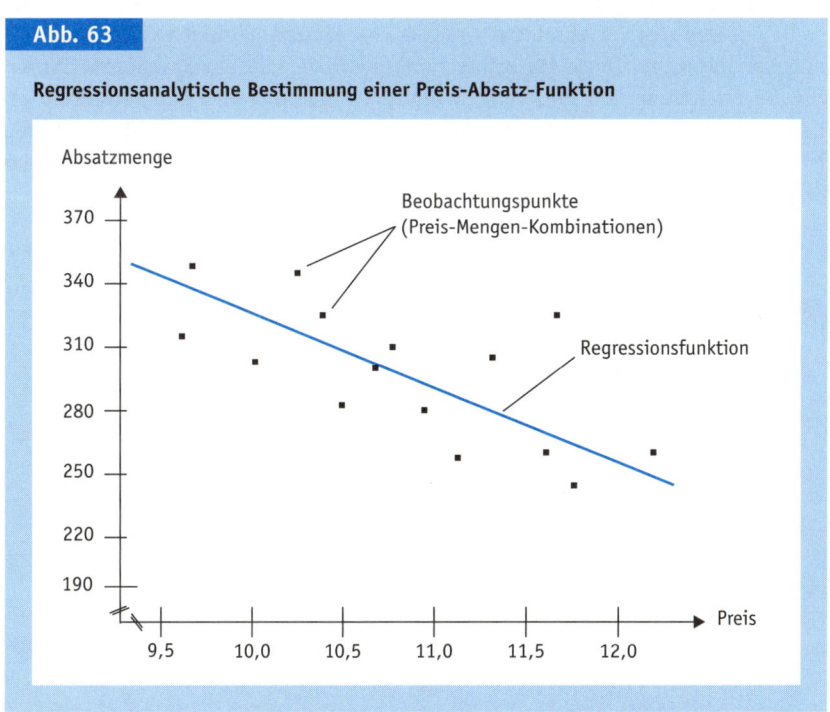

von Einstellungen bestimmter Kundengruppen. Ebenso lässt sich die Beziehung zwischen Markenloyalität oder Kauferfahrungen und demografischen Merkmalen von Nachfragern analysieren (vgl. *Skiera/Albers*, 2008, S. 469). Bei der Anwendung der Regressionsanalyse ist allerdings zu berücksichtigen, dass dieses Verfahren grundsätzlich nur bei metrisch skalierten Daten eingesetzt werden kann. Eine Transformation von nominalskalierten Daten ist zwar möglich, kann aber lediglich für unabhängige Variablen durchgeführt werden. Darüber hinaus ist zu beachten, dass die Frage, welche Variable(n) unabhängig und welche abhängig sind, bereits vor Durchführung der Analyse geklärt werden muss.

Varianzanalyse

Die **Varianzanalyse** ist ein weiteres Verfahren der Dependenzanalyse und weist ähnliche Eigenschaften wie die Regressionsanalyse auf. Allerdings liegt der Unterschied darin, dass die Varianzanalyse den Einfluss von nominalskalierten auf metrische Variablen untersucht. Dabei werden die Unterschiede in den Mittelwerten einer oder mehrerer Variablen zwischen verschiedenen Gruppen statistisch geprüft. So können z. B. Auswirkungen des Geschlechts auf Einstellungen von Kunden zu einer bestimmten Marke analysiert werden. In der Werbewirkungsforschung kann das Verfahren eingesetzt werden, um die Wirkung verschiedener Werbeformen auf die Absatz- oder Umsatzzahlen festzustellen. Oft kommt die Varianzanalyse auch bei der Auswertung von Experimenten zum Einsatz. Ähnlich wie die Regressionsanalyse testet die Varianzanalyse ein vom Marktforscher im Vorfeld aufgestelltes Wirkungsmodell auf seine Gültigkeit (vgl. *Herrmann/Landwehr*, 2008, S. 581).

Conjoint-Analyse

Die **Conjoint-Analyse** baut auf der Regressions- und Varianzanalyse auf und stellt ein weiteres Verfahren zur Analyse von Abhängigkeiten zwischen einzelnen Variablen dar. Diese Marktforschungsmethode, die ein Standardverfahren für die Ermittlung von Präferenzen und die Abbildung von Kaufverhalten ist, kann vor allem für die marktorientierte Gestaltung neuer Produkte sowie die Messung von Zahlungsbereitschaften eingesetzt werden. Die Grundannahme der

Abb. 64

Beispiel für Stimuli einer Conjoint-Studie

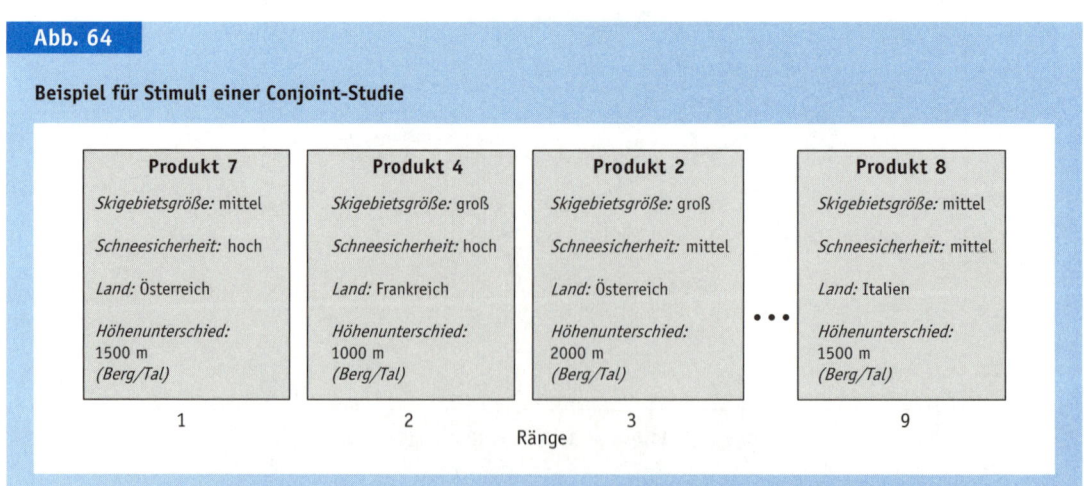

Conjoint-Analyse besteht dabei darin, dass sich der Gesamtnutzen eines Produkts additiv aus den Nutzenbeiträgen der einzelnen Produktmerkmale zusammensetzt. Somit wird bei dem Verfahren der Nutzenbeitrag dieser Merkmale zum Gesamtnutzen eines Produktes geschätzt. Die Besonderheit der Conjoint-Analyse ist darin zu sehen, dass bei dieser Methode nicht direkt nach der Beurteilung einzelner Produktmerkmale und Merkmalsausprägungen gefragt wird. Stattdessen werden bei diesem Verfahren den Probanden ganzheitliche Produktalternativen zur Beurteilung (z.B. zur Rangreihung) vorgelegt und somit Gesamturteile für die Alternativen erhoben (vgl. *Abbildung 64*). Aus diesen Angaben wird der Nutzenbeitrag einzelner Merkmale (z.B. Land) und Merkmalsausprägungen (z.B. Deutschland) anschließend retrograd berechnet. Die Conjoint-Analyse eignet sich deshalb besonders für die Untersuchung des Nutzens und damit letztlich des individuellen Kaufverhaltens. Auch Aussagen über die Kauf- und Erfolgswahrscheinlichkeiten einzelner Produktalternativen sind auf Basis von Conjoint-Daten möglich (vgl. *Voeth*, 2000, S. 31 f.).

(2) Verfahren der Interdependenzanalyse

Im Unterschied zu den dargestellten Verfahren der Dependenzanalyse steht bei den Verfahren der Interdependenzanalyse die Untersuchung von wechselseitigen Beziehungen zwischen zwei oder mehr Variablen im Vordergrund, ohne dass eine Aussage darüber vorliegt, von welcher Variable die Wirkung ausgeht. Die **Korrelationsanalyse** gehört zu dieser Gruppe der Analysemethoden. Dieses Verfahren kommt zum Einsatz, wenn es gilt, Zusammenhänge zwischen zwei Variablen zu untersuchen und die Stärke des Zusammenhangs zu ermitteln. Bei der Korrelationsanalyse können grundsätzlich Daten verschiedener Skalenniveaus untersucht werden. Es wird ein Korrelationskoeffizient berechnet, der die Richtung (positiver vs. negativer Zusammenhang) und den Grad des Zusammenhangs angibt. Je näher der Korrelationskoeffizient bei +1 (–1) liegt, desto stärker ist der positive (negative) Zusammenhang zwischen den Variablen. Dies bedeutet, dass die Erhöhung der einen Variablen mit einer Erhöhung einer anderen einhergeht. So kann mittels der Korrelationsanalyse z.B. der Zusammenhang zwischen der Kundenzufriedenheit und dem Weiterempfehlungsverhalten untersucht werden. Da viele multivariate Verfahren auf der Korrelationsanalyse basieren, stellt diese eine für die Markt- und Wettbewerbsforschung bedeutsame Analysemethode dar.

Korrelationsanalyse

Auch die **Faktorenanalyse** geht teilweise auf die Korrelationsanalyse zurück. Dieses Verfahren wird vor allem zur Datenreduktion oder Datenstrukturierung eingesetzt. Falls im Rahmen einer Datenerhebung eine große Zahl von Variablen zu einem bestimmten Thema erhoben wurde, so kann es sein, dass diese Variablen z.T. voneinander abhängen und sich gegenseitig beeinflussen. Daher werden im Rahmen der Faktorenanalyse übergeordnete Faktoren ermittelt, auf die sich die einzelnen erhobenen Variablen zurückführen lassen. Dabei werden diejenigen Variablen durch einen Faktor erklärt, die hoch miteinander korrelieren, also stark miteinander zusammenhängen. Durch die Faktorenanalyse kann umfangreiches Datenmaterial auf wenige unabhängige (Hintergrund-)Faktoren re-

Faktorenanalyse

duziert werden, sodass auf der einen Seite die Übersichtlichkeit der Datenstruktur verbessert und auf der anderen Seite der mit dieser Reduktion verbundene Informationsverlust möglichst gering gehalten werden kann. Im Marketing wird die Faktorenanalyse u. a. für die Messung von Markenpersönlichkeiten eingesetzt (vgl. *Aaker*, 1997). Hier werden Marken mit menschlichen Persönlichkeiten gleichgesetzt und durch eine Vielzahl menschlicher Eigenschaften zu beschreiben versucht. Die einzelnen Facetten der Persönlichkeit können dabei faktoranalytisch auf zentrale Persönlichkeitsdimensionen zurückgeführt werden. Auch geeignet ist die Faktorenanalyse für die Untersuchung unterschiedlicher Lebensstile von Personen. Hierbei werden verschiedene Verhaltensweisen von Personen abgebildet, die anschließend auf einzelne Faktoren reduziert werden, die dann mit Lebensstilen gleichgesetzt werden können (vgl. *Lastovicka/Murry Jr./Joachimsthaler*, 1990).

Clusteranalyse

Eine weitere Datenanalysemethode, die zu den Verfahren der Interdependenzanalyse gehört, ist die **Clusteranalyse**. Im Gegensatz zur Faktorenanalyse, bei der die Anzahl der Variablen durch Bildung von Faktoren reduziert wird, versucht dieses Verfahren die Zahl der Untersuchungsobjekte zu mindern, indem die Objekte, z. B. Personen, Produkte oder Unternehmen, welche ähnliche Merkmalsausprägungen aufweisen, in Gruppen (Cluster) zusammengefasst werden (vgl. *Broda*, 2006, S. 105). Dabei werden die Untersuchungsobjekte so in Gruppen eingeteilt, dass diese Gruppen in sich möglichst homogen und untereinander möglichst heterogen sind. In der Markt- und Wettbewerbsforschung wird die Clusteranalyse z. B. für die Marktsegmentierung (vgl. Abschnitt 2 A II 1.1.2) eingesetzt, bei der Teilmärkte mit ähnlichen Marktanforderungen identifiziert werden sollen. Auch die Clusteranalyse gehört daher zu den im Marketing häufig eingesetzten Verfahren.

MDS

Die **Multidimensionale Skalierung** (MDS) stellt schließlich ein Verfahren dar, bei dem Untersuchungsobjekte anhand ihrer Ähnlichkeiten in einem mehrdimensionalen Raum abgebildet werden. Die Elemente, die ein Höchstmaß an Ähnlichkeit aufweisen, werden unmittelbar benachbart dargestellt, während die zueinander vergleichsweise unähnlichsten Objekte werden räumlich am weitesten voneinander entfernt abgebildet werden (vgl. *Wührer*, 2008, S. 307). Die diesen Ähnlichkeiten zugrunde liegenden Wahrnehmungsdimensionen werden dabei implizit ermittelt und müssen demnach vor der Untersuchung nicht bekannt sein. Bei zwei Dimensionen können Untersuchungsobjekte auf so genannten »kognitiven Landkarten« grafisch dargestellt werden. Einen der Hauptanwendungsbereiche der MDS bilden Positionierungsanalysen (vgl. Abschnitt 2 A III 1). Insgesamt ähnelt die MDS dabei der Faktorenanalyse. Allerdings werden bei der MDS nicht wie im Rahmen der Faktorenanalyse subjektive Bewertungen von Eigenschaften der untersuchten Objekte erhoben, sondern nur wahrgenommene Ähnlichkeiten zwischen den Objekten erfragt. Somit findet die MDS überwiegend dann Anwendung, wenn keine oder nur vage Kenntnisse darüber vorliegen, welche Eigenschaften für die Beurteilung von Objekten relevant sind (vgl. *Backhaus et al.*, 2011, S. 20).

2.6 Datenbericht

Nachdem die Datenanalyse abgeschlossen ist, wird am Ende eines Marktforschungsprojekts i. d. R. ein Bericht erstellt (vgl. *Abbildung 47*), in dem die wesentlichen Ergebnisse der Untersuchung sowie **Schlussfolgerungen** und **Handlungsempfehlungen** dargestellt werden (vgl. zum Folgenden *Malhotra*, 2010, S. 760 ff.). Wichtig ist dabei, dass im Bericht auf die Fragen und Sachverhalte eingegangen wird, die in Bezug auf das definierte Untersuchungsproblem und die festgelegten Untersuchungsziele der gesamten Untersuchung zugrunde lagen. Bei der inhaltlichen Schilderung der Ergebnisse sollte auf der einen Seite versucht werden, die eingesetzten Methoden und die erzielten Ergebnisse genau zu erläutern. Auf der anderen Seite sollte auch darauf geachtet werden, dass die Sachverhalte verständlich dargestellt werden. Dies erfolgt oft durch geeignete Visualisierungen in Form von Tabellen und Diagrammen. Deswegen sind bei der Erstellung des Berichts die **Informationsbedürfnisse der Empfänger** zu berücksichtigen. Hierbei ist auch abzuwägen, inwiefern sich diese für technische Details, tiefergehenden Einzelheiten der Forschungsaktivitäten in den einzelnen Phasen des Marktforschungsprozess oder etwa statistische Verfahren interessieren. Der Aufbau des Berichts sollte in jedem Fall logisch und übersichtlich sein. Darüber hinaus sollte im Bericht auf die Grenzen der Ergebnisse, z. B. aufgrund von zeitlichen, finanziellen, methodischen oder organisationalen Einschränkungen, eingegangen werden. Schlussfolgerungen aus den erzielten Ergebnissen sowie Implikationen für das Management und die Entscheidungsträger bilden den Abschluss des Berichts. Falls notwendig können im Anhang des Berichts die erhebungstechnischen Details wie z. B. Fragebogen oder spezifische statistische Auswertungen dokumentiert werden.

Der gesamte Ablauf eines Marktforschungsprojektes lässt sich auch am nachfolgend dargestellten Fallbeispiel verdeutlichen. Dieses beschreibt in Auszügen eine zwischen 2007 und 2011 am Lehrstuhl für Marketing I der Universität Hohenheim durchgeführte Studie zur Messung der Zufriedenheit von Studierenden mit der Verwendung von Studiengebühren.

Inhalte

Aufbau

Fallbeispiel 23

Gebührenkompass

Nachdem das Bundesverfassungsgericht im Januar 2005 entschieden hatte, dass das in der Novelle des Hochschulrahmengesetzes vorgesehene Verbot von Studiengebühren einen unzulässigen Eingriff des Bundes in die Gesetzgebungskompetenz der Länder im Kultusbereich darstellt, beschlossen 2005 verschiedene Bundesländer in Deutschland die Einführung allgemeiner Studiengebühren. Die Studiengebühren, zumeist 500 € pro Semester, die ab 2007 eingeführt wurden, sollten dabei der Verbesserung von Studium und Lehre dienen. Darüber hinaus wurde in Studiengebühren ein interessantes Instrument gesehen, eine stärkere Dienstleistungsorientierung an Hochschulen zu schaffen. Da nach der Einführung von Studiengebühren die Studierenden einen wichtigen finanziellen Beitrag zur Ausstattung der Hochschulen leisten, können sie auch einen umfassenderen und qualitativ hochwertigeren Service von ihren Hochschulen erwarten. Überspitzt formuliert sollte

Fortsetzung auf Folgeseite

Fortsetzung von Vorseite

die Einführung von Studiengebühren dazu beitragen, dass Studierende von »ungeliebten Leistungsempfängern zu umworbenen Kunden« (vgl. *Voeth*, 2009) werden.

Eine Hochschule, die sich selbst als Dienstleister gegenüber ihren Anspruchsgruppen, also auch gegenüber den Studierenden begreift, muss im Hochschulmanagement allerdings neue Wege gehen: Wenn Studierende an einer Hochschule wie Kunden behandelt werden sollen, so müssen universitätsinterne Prozesse im Bereich der Lehre stärker an der Zufriedenheit der Studierenden ausgerichtet werden. Im Hinblick auf die Verwendung von Studiengebühren bedeutet dies etwa, dass bei der Verwendung nicht allein gesetzliche Vorschriften und Verordnungen beachtet werden müssen, sondern dass die Studiengebühren vor allem dort eingesetzt werden, wo die Studierenden Verbesserungen in Studium und Lehre für unbedingt notwendig erachten. Mit anderen Worten müssen die Hochschulen für Zufriedenheit mit der Verwendung der Gebühren bei ihren Studierenden sorgen. Um für den Bereich der Universitäten den Hochschulen Informationen über die Zufriedenheit ihrer Studierenden mit der Verwendung der Studiengebühren zur Verfügung zu stellen, hat der Lehrstuhl für Marketing I der Universität Hohenheim im Jahr 2007 ein Projekt aufgelegt, indem jährlich die Zufriedenheit der Studieren-

den mit der Verwendung von Studiengebühren an allen deutschen Universitäten, die Studiengebühren erheben, ermittelt wird (vgl. *Voeth/Becker*, 2012, S. 19).

Nach der Definition des Untersuchungsproblems (Untersuchung der Zufriedenheit von Studierenden mit der Verwendung von Studiengebühren) wurde als Untersuchungsziel festgelegt, dass alle gebührenerhebenden Universitäten spezifische Informationen über die Zufriedenheit ihrer Studierenden – auch im Vergleich zu anderen Universitäten – mit der Verwendung von Studiengebühren erhalten sollen. Aus diesem übergeordneten Untersuchungsziel wurde als Untersuchungsdesign für die Studie eine standardisierte Befragung von Studierenden an den jeweiligen Universitäten abgeleitet. Da bei der Einführung von Studiengebühren keine Befragungskonzepte zur Zufriedenheit der Verwendung von Studiengebühren vorlagen, wurde ein eigenständiges Messinstrument für die Zufriedenheit mit der Verwendung von Studiengebühren entwickelt. Vor allem mussten die Zufriedenheitsdimensionen abgeleitet werden, die die Zufriedenheit von Studierenden mit der Verwendung von Studiengebühren determinieren. Hierzu wurde ein mehrstufiger Prozess zur Entwicklung des Messinstruments durchlaufen, in dessen Verlauf verschiedene empirische Untersuchungen durchgeführt wurden.

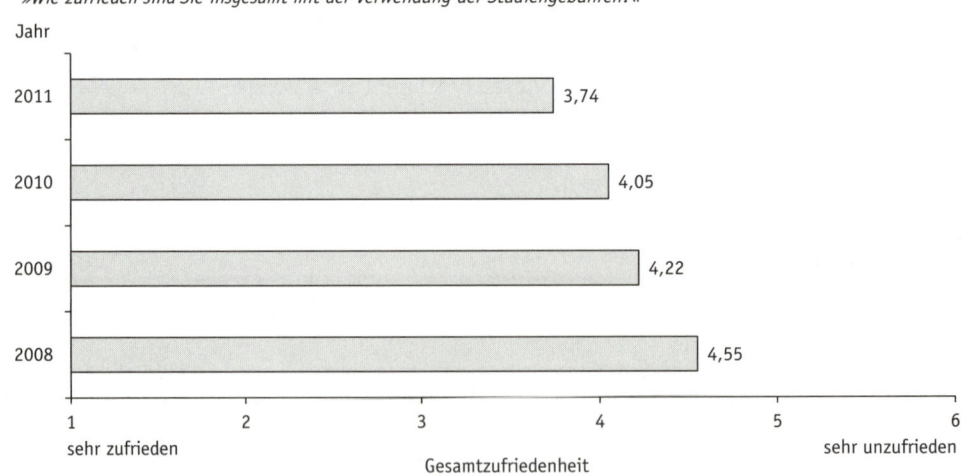

»Wie zufrieden sind Sie insgesamt mit der Verwendung der Studiengebühren?«

Quelle: in Anlehnung an *Voeth/Becker*, 2012, S. 35

Abb. 65:   Gesamtzufriedenheit der Studierenden mit der Verwendung von Studiengebühren

Fortsetzung auf Folgeseite

Fortsetzung von Vorseite

Die Datensammlung wurde zwischen 2007 und 2010 in Form persönlicher Interviews an den gebührenerhebenden deutschen Universitäten vorgenommen. Jeweils wurden dabei mindestens 100 Studierende der einzelnen gebührenerhebenden Universitäten befragt. 2011 wurde die Studie mittels einer Online-Befragung durchgeführt. In jedem Jahr wurden dabei mehrere tausend Studierende hinsichtlich ihrer Zufriedenheit mit der Verwendung von Studiengebühren an ihrer Universität befragt.

Im Ergebnis zeigte sich dabei, dass die Zufriedenheit mit der Verwendung von Studiengebühren zwar im Zeitablauf langsam anstieg, allerdings selbst im letzten Untersuchungsjahr 2011 nur befriedigend bis ausreichend ausfiel (vgl. *Abbildung 65*). Da es den gebührenerhebenden Universitäten (im Durchschnitt) somit ganz offensichtlich auch Jahre nach der Einführung der Studiengebühren nicht gelungen war, die Gebühren zur Zufriedenheit ihrer gebührenzahlenden Studierenden zu verwenden, überrascht nicht, dass auch die Akzeptanz des Hochschulfinanzierungsinstruments »Studiengebühren« bei Studierenden sehr gering blieb. Wie *Abbildung 66* zeigt, lehnten auch vier Jahre nach Einführung der Studiengebühren über 60 % der befragten Studierenden die Erhebung von Studiengebühren ab.

Die Ergebnisse des Projektes »Gebührenkompass« wurden vom Lehrstuhl für Marketing I der Universität Hohenheim in jedem Untersuchungsjahr in einem mehrere hundert Seiten umfassenden Projektbericht zusammengestellt (vgl. zu den Ergebnissen der letzten Untersuchung *Voeth/Becker*, 2012). Die Berichte enthalten dabei nicht nur die aggregierten Ergebnisse hinsichtlich der Zufriedenheit der Studierenden mit der Verwendung von Studiengebühren, sondern auch hochschulspezifische Auswertungen. Aus diesen sollte das Hochschulmanagement von gebührenerhebenden Universitäten entnehmen können, inwieweit die von den Hochschulleitungen ergriffenen Maßnahmen zur Verwendung von Studiengebühren auf Seiten der Studierenden zur Zufriedenheit geführt haben.

»Wie stehen Sie generell zur Erhebung von Studiengebühren?«

Anteil der Befragten [in %]

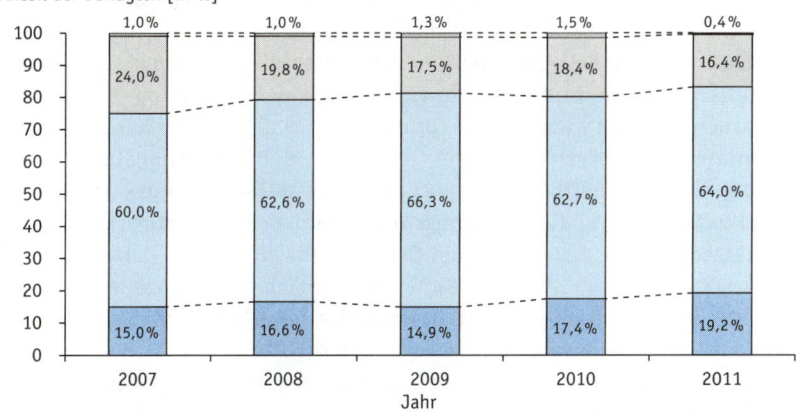

☐ Ich habe keine Meinung zum Thema Studiengebühren

☐ Ich bin unentschlossen, was das Thema Studiengebühren angeht

☐ Ich bin dagegen, dass Studiengebühren erhoben werden

☐ Ich bin dafür, dass Studiengebühren erhoben werden

Quelle: in Anlehnung an *Voeth/Becker*, 2012, S. 29

Abb. 66:   Einstellung der Studierenden gegenüber Studiengebühren

III Formen einer übergreifenden Marktanalyse

Nach der Abgrenzung des relevanten Marktes sowie der detaillierten Analyse der einzelnen Marktbeteiligten (Nachfrager, Konkurrenten, Anbieter) besteht am Ende der Situationsanalyse Bedarf, die verschiedenen Einzelperspektiven und -ergebnisse der Situationsanalyse in einer übergreifenden Marktanalyse zusammenzuführen. Die übergreifende Marktanalyse kann dabei qualitativ oder quantitativ erfolgen. Bei einer **qualitativen übergreifenden Marktanalyse** wird im Rahmen einer **Positionierungsanalyse** untersucht, wie ein Anbieter von Nachfragern im Vergleich zu relevanten Wettbewerbern wahrgenommen wird. Hingegen wird im Rahmen einer **quantitativen übergreifenden Marktanalyse** das **Absatzmengen-**, **Umsatz-** oder allgemein das **Nachfragepotenzial** des Marktes ermittelt.

1 Qualitative Marktanalyse: Positionierungsanalyse

Für Unternehmen ist es am Ende der Situationsanalyse von zentraler Bedeutung, ein zusammenfassendes Verständnis von den relevanten Markt- und Wettbewerbsstrukturen zu erlangen, um hieraus zukünftige KKV-Potenziale identifizieren zu können. Die Positionierungsanalyse stellt vor diesem Hintergrund eine übergreifende Analysetechnik dar, die eine **qualitative Verdichtung** der aus den Einzelschritten der Situationsanalyse gewonnenen Informationen erlaubt. Die Positionierung liefert in diesem Zusammenhang »[...] ein **psychologisches Marktmodell** und stellt in einer mehrdimensionalen Darstellung die unterschiedlichen Leistungen bzw. Marken eines relevanten Marktes in der Wahrnehmung der Kunden dar« (*Bruhn*, 2012, S. 67). Unter Zuhilfenahme multivariater Analyseverfahren wie etwa der **Multidimensionalen Skalierung** (MDS) (vgl. Abschnitt 2 A II 2.5.2) wird eine **Wahrnehmungs- und Präferenzlandkarte** erzeugt, die ein **grafisches Abbild des Gesamtmarkts** bzw. eines Marktsegments – zumeist aus der Sicht von Nachfragern – darstellt (vgl. z. B. *Green/Tull/Albaum*, 1988, S. 678). Solche Positionierungsmodelle, die in der Literatur auch als **Produktmarktraummodelle** bezeichnet werden, umfassen im Wesentlichen drei **Kernelemente** (vgl. *Freter*, 2008, S. 82 f.):

▸ **Dimensionen:** Die aus Nachfragersicht zur Beurteilung von Leistungsangeboten zentralen Wahrnehmungs- und Beurteilungskriterien,
▸ **Realleistungspositionen:** Charakterisierung der eigenen Leistung und der relevanten Wettbewerbsangebote durch die wahrgenommenen Ausprägungen der Dimensionen,
▸ **Idealleistungspositionen:** Charakterisierung der in der Wahrnehmung der Kunden idealen Leistung in Bezug auf die Ausprägungen der Dimensionen.

Abbildung 67 zeigt beispielhaft das Ergebnis einer Positionierungsanalyse für Anbieter von Bekleidungsmarken in Bezug auf die beiden Wahrnehmungsdimensionen »Prestige« und »Auffälligkeit«.

Abb. 67

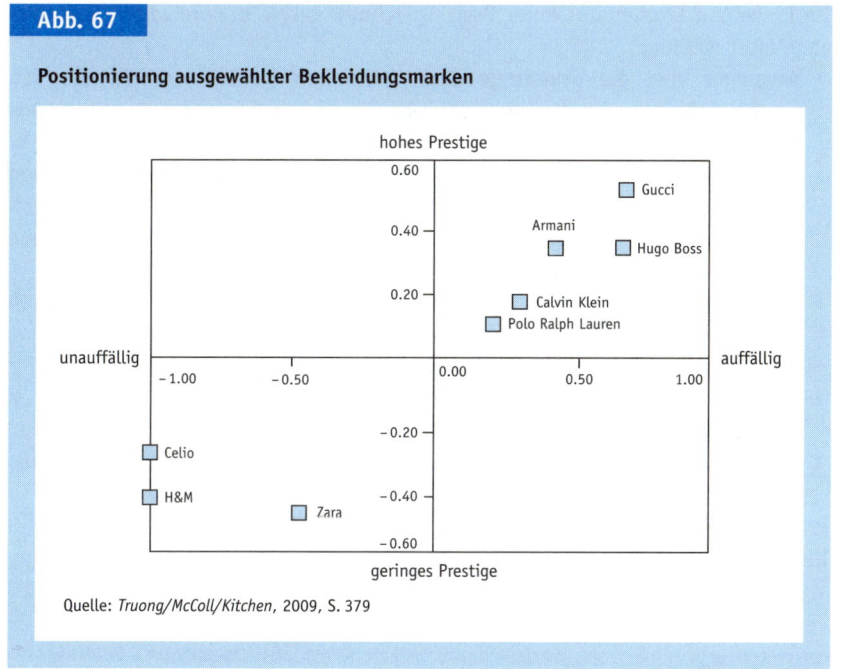

Positionierung ausgewählter Bekleidungsmarken

Quelle: *Truong/McColl/Kitchen*, 2009, S. 379

Grundsätzlich kann die Positionierungsanalyse entweder im Rahmen des Neuproduktplanungsprozesses zur Positionierung eines neuen Leistungsangebots
durchgeführt (**Neupositionierung**) oder zur wettbewerbsstrategischen Veränderung eines bestehenden Produkts (**Um- bzw. Repositionierung**) eingesetzt werden. Dabei hat die Positionierungsanalyse unabhängig von ihrem Einsatzgrund
die **Aufgabe**, die Stellung eines Leistungsangebots im Markt zukunftsgerichtet
festzulegen, um hierauf aufbauend Handlungsempfehlungen für einen effektiven und effizienten Einsatz der Marketing-Instrumente abzuleiten (vgl. *Hae-
drich/Tomczak*, 1996, S. 136). Die Positionierungsanalyse fungiert damit als
zentraler Bezugspunkt von Entscheidungen des strategischen Marketing und ist
auch für die operative Gestaltung des Marketing-Instrumentariums eine wichtige Steuerungsgrundlage. Sie bildet eine konzeptionelle Voraussetzung zur
Identifikation und Umsetzung von KKV-Potenzialen im anvisierten Zielmarkt.
Darüber hinaus ermöglicht die Durchführung einer Positionierung aber auch
eine **ex-post Kontrolle** vergangener Marketing-Entscheidungen, da sich aufzeigen lässt, ob und inwieweit die anvisierte Stellung des eigenen Leistungsangebots durch die gewählten Marketing-Instrumente tatsächlich erreicht werden
konnte. So kann, *Kroeber-Riel/Weinberg/Gröppel-Klein* (2009, S. 268) folgend,
zusammenfassend festgehalten werden, dass die Erkenntnisse der Positionierungsanalyse sowohl zu Diagnose- als auch zu Therapiezwecken eingesetzt werden können.

Einsatzfelder und
Aufgaben

Im Einzelnen können aus einer Positionierungsanalyse u. a. folgende Aussagen abgeleitet werden:

▸ Aussagen über die **grundlegenden Wahrnehmungsdimensionen**, die den Kauf angebotener Leistungen auf einem Markt bzw. in einem Marktsegment erklären,

▸ Aussagen über die **Substitutions- und Konkurrenzbeziehungen** zwischen den auf einem Markt bzw. in einem Marktsegment angebotenen Leistungen auf Basis der Realleistungswahrnehmungen und eine damit verbundene **Identifikation von Marktnischen**,

▸ Aussagen über **Kaufwahrscheinlichkeiten der Wettbewerbsangebote** durch einen Vergleich zwischen Real- und Idealleistungswahrnehmung,

▸ Aussagen über **Art und Ausmaß des angestrebten KKVs**,

▸ Aussagen über die **Gestaltung der Marketing-Instrumente** (z. B. im Hinblick auf produkt- und ggf. preispolitische Handlungsoptionen),

▸ Aussagen über die **Wirkung bereits durchgeführter absatzpolitischer Maßnahmen** (bei mehrfacher Durchführung von Positionierungsanalysen).

Um eine Positionierungsanalyse durchzuführen, sind die in *Abbildung 68* dargestellten **Ablaufschritte** zu durchlaufen.

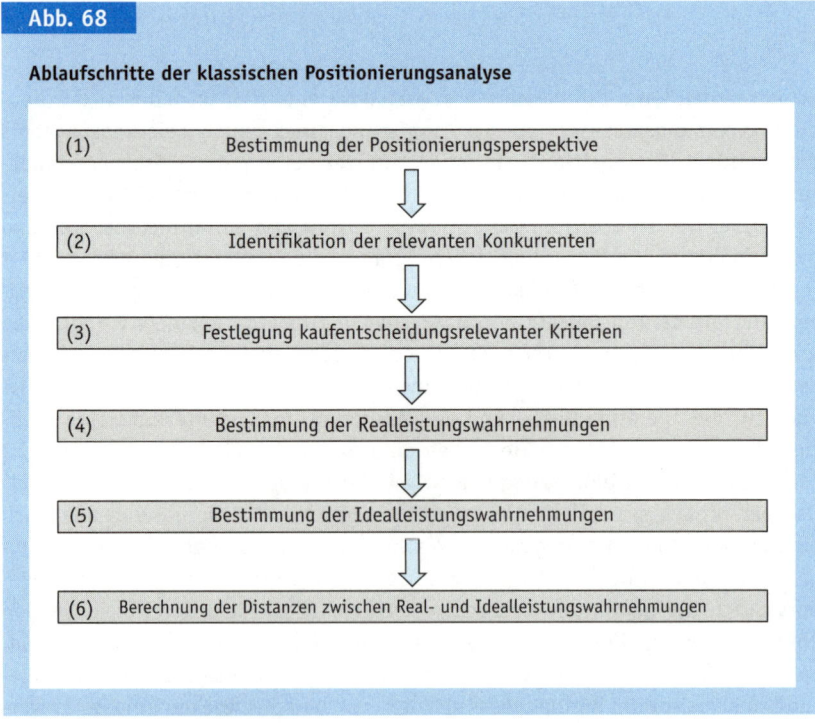

Abb. 68

Ablaufschritte der klassischen Positionierungsanalyse

(1) Bestimmung der Positionierungsperspektive

(2) Identifikation der relevanten Konkurrenten

(3) Festlegung kaufentscheidungsrelevanter Kriterien

(4) Bestimmung der Realleistungswahrnehmungen

(5) Bestimmung der Idealleistungswahrnehmungen

(6) Berechnung der Distanzen zwischen Real- und Idealleistungswahrnehmungen

(1) Bestimmung der Positionierungsperspektive

Als Ausgangspunkt der Positionierung der eigenen Leistungsangebote im Vergleich zu relevanten Wettbewerbsprodukten ist in einem ersten Schritt festzulegen, aus welcher Perspektive die Positionierungsanalyse durchgeführt werden soll. Im Regelfall wird eine Positionierung dabei aus Kundensicht durchgeführt. Ebenso ist es aber auch möglich, die Positionierung aus **Unternehmenssicht** oder aus **Wettbewerbersicht** aufzustellen. In letzterem Fall wird mithilfe der Positionierungsanalyse untersucht, wie einzelne, wichtige Wettbewerber ihr Wettbewerbsumfeld sehen, mit welchen anderen Wettbewerbern sie besonders stark zu konkurrieren glauben und wie der Wettbewerber das eigene Leistungsangebot im Hinblick auf zentrale Kundenanforderungen einschätzt.

Soll die Positionierung hingegen aus **Kundensicht** erfolgen, dann ist festzulegen, ob die Positionierung aus Sicht aller Kunden und damit des Gesamtmarktes dargestellt werden soll oder ob eher die Sicht einzelner Kunden bzw. Kundengruppen interessiert. Hilfreich kann es in diesem Zusammenhang beispielsweise sein, allein die Perspektive der besonders wichtigen Kunden (»A-Kunden«) einzunehmen und die Erfüllung zentraler Kundenanforderungen durch die Wettbewerbsprodukte allein aus deren Perspektive kennen zu lernen.

Kunden-/Unternehmens-/Wettbewerbersicht

(2) Identifikation der relevanten Konkurrenten

In einem nächsten Schritt sind die abzubildenden Leistungsangebote zu bestimmen. Im Kern sollten diejenigen Leistungsangebote berücksichtigt werden, die aus Sicht der Nachfrager (bzw. der Bezugsgruppe der Positionierung) als relevant/austauschbar angesehen werden, sich also im **Consideration Set** der betrachteten Gruppe befinden und demnach grundsätzlich als Alternativen in Betracht gezogen werden. Anders als bei der Bestimmung des relevanten Marktes geht es bei der Positionierungsanalyse im Rahmen der übergreifenden Marktanalyse allerdings nicht um die Identifikation, sondern um die Analyse relevanter Konkurrenzangebote. Von daher stellt die Identifikation der relevanten Konkurrenten nur einen Zwischenschritt der Analyse dar.

Consideration Set

(3) Festlegung kaufentscheidungsrelevanter Kriterien

Da auf Basis der Ergebnisse der Positionierungsanalyse Marketing-Strategien abgeleitet und Implikationen für die Marketing-Instrumente generiert werden sollen, ist die Analyse auf die zentralen Dimensionen zu beschränken. Aus Vereinfachungs- und Visualisierungsgründen erfolgt daher im Regelfall eine Verdichtung sämtlicher relevanter Kaufkriterien auf zwei oder drei Dimensionen. Diese müssen folgenden Anforderungen genügen (vgl. *Homburg*, 2012, S. 119; *Trommsdorff*, 2008, S. 895):

Kriterienanforderungen

▸ **Verhaltensrelevanz:** Die Dimensionen müssen eine maßgebliche Bedeutung für die Einstellungs- und Präferenzbildung sowie für das daraus resultierende Kaufverhalten aufweisen.

▸ **Metrische Messbarkeit:** Um die einzelnen Leistungsangebote in einem z. B. zwei- oder dreidimensionalen geometrischen Produktmarktraum abbilden zu

Apple iPhone 4

Obwohl Apple mit seinem iPhone 4 in verschiedenen Tests, in denen die Endgeräte anhand technisch-funktionaler Kriterien mit anderen Smartphones verglichen wurden, objektiv schlechter als einige relevante Wettbewerbsprodukte abschnitt, konnte Apple seinen Marktanteil bei Smartphones durch das iPhone 4 weiter steigern. Dieser lag im November 2010 bei 19,5 % und damit zwar noch hinter dem finnischen Mobiltelefon-Hersteller Nokia, allerdings musste dieser gegenüber dem Vorjahr deutliche Einbußen hinnehmen und verfügte auch über ein größeres Portfolio an Endgeräten (vgl. *o. V.*, 2011c). Die Ursachen für den relativ hohen Marktanteil des iPhone 4 wurden im Markt vor allem in Kriterien wie »Lifestyle«, »Ästhetik« oder auch dem »Bedürfnis nach sozialer Anerkennung« gesehen (vgl. *o. V.*, 2010a).

können, müssen die dem Positionierungsmodell zugrunde liegenden Dimensionen metrisch skalierbar sein.

▸ **Unabhängigkeit:** Die z. B. in einem zwei- oder dreidimensionalen Raum als orthogonale Achsen dargestellten Dimensionen müssen unabhängig voneinander sein.

▸ **Diskriminanzfähigkeit:** Die Dimensionen sind so zu bestimmen, dass eine Differenzierung zwischen den Wettbewerbsangeboten möglich ist; die Leistungen müssen sich also in ihren Ausprägungen unterscheiden lassen.

▸ **Wahrnehmbarkeit:** Die Ausprägungen der Dimensionen müssen durch die Nachfrager wahrnehmbar und damit auch einschätzbar sein.

▸ **Beeinflussbarkeit:** Die Ausprägungen der Dimensionen müssen durch den Anbieter beeinflussbar sein.

Subjektive Vorstellungen

Als zentrale Orientierungsgrößen der Positionierung sollten somit die **subjektiv wahrgenommenen Qualitäts-** und insbesondere auch **Imagevorstellungen** der Kunden gegenüber den betrachteten Leistungsangeboten herangezogen werden. Den technisch-objektiven Produkteigenschaften kommt bei der Positionierung im Regelfall nur dann eine Bedeutung zu, wenn diese bei der nachfragerseitigen Wahrnehmungsbildung tatsächlich auch eine Rolle spielen.

(4) Bestimmung der Realleistungswahrnehmungen

Zur Bestimmung der Position von Objekten im nachfragerseitigen Wahrnehmungsraum können eine Reihe von qualitativen, insbesondere aber auch quantitativen Verfahren herangezogen werden (vgl. zu den verschiedenen Verfahren z. B. *Mayer*, 1984, S. 38 ff. sowie für einen Überblick *Trommsdorff*, 2008, S. 89).

Verfahren zur Positions-
bestimmung

Bei einer **merkmalsgestützten Wahrnehmungsmessung** z. B. mithilfe der **Faktorenanalyse** (vgl. Abschnitt 2 A II 2.5.2) sind die Auskunftspersonen dazu aufgefordert, die zu positionierenden Leistungsangebote anhand zuvor definierter Eigenschaften zu beurteilen. Daher sind notwendigerweise im Vorfeld die tatsächlich kaufverhaltensrelevanten Merkmale zu identifizieren. Da hierdurch der Beurteilungsraum der Probanden maßgeblich vorstrukturiert wird, besteht durch die Auswahl der vorzugebenden Kriterien bei der merkmalsgestützten Wahrnehmungsmessung eine weitreichende Eingriffsmöglichkeit in das Ergebnis einer Positionierungsanalyse (vgl. *Nieschlag/Dichtl/Hörschgen*, 2002, S. 650). Bei der Anwendung einer **nicht-merkmalsgestützten Wahrnehmungsmessung** z. B. mithilfe der **Multidimensionalen Skalierung (MDS)** (vgl. Abschnitt 2 A II 2.5.2) entfällt der Schritt der Vorauswahl kaufverhaltensrelevanter Merkmale, da hier die Auskunftspersonen lediglich Aussagen über die subjektiv empfundenen (Un-)Ähnlichkeiten der zu positionierenden Objekte abgeben müssen. Allerdings kann jedoch auch bei dieser Vorgehensweise eine Vorstellung von den kaufentscheidungsrelevanten Kriterien in einem Markt hilfreich sein, da die gefundenen Dimensionen anschließend inhaltlich zu interpretieren sind.

In Abhängigkeit davon, ob die Festlegung der zentralen kaufentscheidungsrelevanten Dimensionen merkmalsgestützt oder nicht-merkmalsgestützt erfolgen sollen (vgl. Schritt 3), kommen bei der Bestimmung der Realleistungswahrnehmung folglich entweder

- ▸ die Faktorenanalyse (merkmalsgestützte Wahrnehmungsmessung) oder
- ▸ die Multidimensionale Skalierung (nicht-merkmalsgestützte Wahrnehmungsmessung) zum Einsatz.

Die **(explorative) Faktorenanalyse** (vgl. zu den Grundlagen und zur Durchführung der explorativen Faktorenanalyse z. B. *Backhaus et al.*, 2011, S. 329 ff.; *Hüttner/Schwarting*, 2008, S. 241 ff.) legt dabei eine **kompositionelle Vorgehensweise** zugrunde. Hierbei wird den Auskunftspersonen zunächst eine Liste von Produkteigenschaften vorgelegt, die sie für einzelne Leistungsangebote, z. B. durch Einstufung auf einer Rating-Skala, beurteilen müssen (»Wie beurteilen Sie den Audi Q7 bezüglich folgender Merkmale?«). Im Anschluss daran werden im Rahmen der eigentlichen Faktorenanalyse aus der Vielzahl der Ausgangsmerkmale die **zentralen erklärungsrelevanten, statistisch unabhängigen Dimensionen** abgeleitet, indem die Einschätzungen bei den Ausgangsmerkmalen in Bezug auf die Leistungsangebote über den Durchschnitt der befragten Probanden ermittelt werden. Dabei bilden die extrahierten Faktoren die Dimensionen des Produktmarktraums, die **Faktorwerte** stellen die Position der einzelnen Leistungsangebote im Wahrnehmungsraum dar. Die zentrale Voraussetzung für die Anwendbarkeit der Faktorenanalyse ist darin zu sehen, dass den Befragten die Beurteilungsmerkmale bzw. die dahinter stehenden Dimensionen bekannt sind und so Leistungs- und Gegenleistungsmerkmale eines Produkts bewusst gegeneinander abgewogen werden können. Die merkmalsgestützte Wahrnehmungsmessung eignet sich daher vor allem in **extensiven Kaufentscheidungssituationen**, die stärker durch ein rationales Abwägungsverhalten geprägt sind (vgl. *Brockhoff*, 1999, S. 40). Anwendungsfälle hierfür lassen sich insbesondere im Bereich langlebiger Konsumgüter finden. Ein exemplarisches Beispiel zur grafischen Darstellung der Realleistungswahrnehmungen im Markt für Geländewagen enthält *Abbildung 69*.

Positionierung mittels Faktorenanalyse

Gegen die Anwendung der Faktorenanalyse spricht allerdings, dass durch die isolierte Beurteilung einzelner Produkteigenschaften die tatsächlichen Kauf- und Entscheidungsprozesse von Kunden nicht adäquat abgebildet werden. Zudem kann nicht ausgeschlossen werden, dass nicht alle für die Kaufentschei-

Nachteile

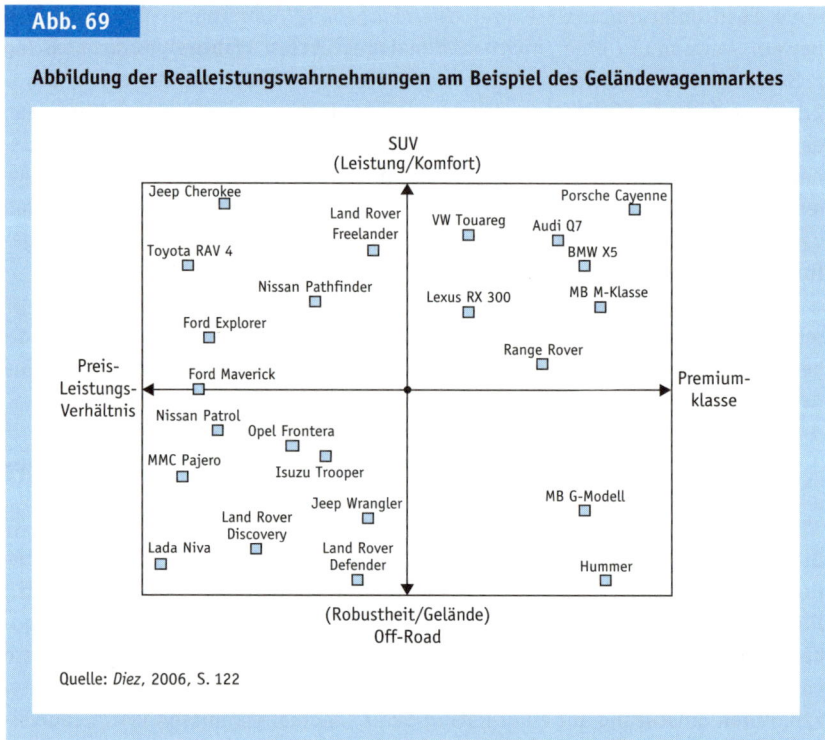

Abb. 69

Abbildung der Realleistungswahrnehmungen am Beispiel des Geländewagenmarktes

SUV
(Leistung/Komfort)

Jeep Cherokee

Land Rover
Freelander

VW Touareg

Porsche Cayenne

Audi Q7

Toyota RAV 4

BMW X5

Nissan Pathfinder

MB M-Klasse

Lexus RX 300

Ford Explorer

Preis-
Leistungs-
Verhältnis

Ford Maverick

Range Rover

Premium-
klasse

Nissan Patrol

Opel Frontera

MMC Pajero

Isuzu Trooper

Jeep Wrangler

MB G-Modell

Land Rover
Discovery

Lada Niva

Land Rover
Defender

Hummer

(Robustheit/Gelände)
Off-Road

Quelle: *Diez*, 2006, S. 122

dung relevanten Eigenschaften tatsächlich Berücksichtigung finden. So ist es möglich, dass Merkmale außer Acht gelassen worden sind, die die tatsächliche Kaufentscheidung maßgeblich determinieren. Auch besteht die Gefahr, dass einzelne Eigenschaften durch die Befragten bewertet werden (müssen), die für die Nachfrager in der Realität eigentlich ohne Bedeutung sind. Demgegenüber sind die Vorteile der Faktorenanalyse insbesondere in einer (relativ) leichten Interpretierbarkeit der Dimensionen sowie in der erhebungstechnischen Einfachheit zu sehen (vgl. *Trommsdorff*, 2007, S. 351).

*Positionierung
mittels MDS*

Laufen Kaufentscheidungen hingegen eher **habitualisiert** in routinemäßigen Kaufprozessen ab, empfiehlt sich zur Bestimmung der Realleistungswahrnehmungen die **dekompositionelle Vorgehensweise** der **Multidimensionalen Skalierung** (MDS) (vgl. z.B. *Backhaus et al.*, 2011, S. 217 ff.; *Wührer*, 2008, S. 305 ff.). In derartigen Kaufentscheidungssituationen sind die Kunden oftmals gar nicht in der Lage, die für ihren Kauf ausschlaggebenden Einflussmerkmale konkret zu benennen oder einzuschätzen (vgl. *Backhaus/Voeth*, 2010a, S. 167). Dieser Tatsache trägt die nicht-merkmalsgestützte Wahrnehmungsmessung mittels MDS Rechnung, da auf die explizite Abfrage kaufentscheidungsrelevanter Merkmale verzichtet wird. Vielmehr geben die Befragten hier lediglich **globale, subjektiv empfundene Ähnlich- bzw. Unähnlichkeitsbeurteilungen** für Objektpaare ab. Im Anschluss daran wird nach einer Konfiguration der Objekte im Produktmarktraum gesucht, die die empirisch erhobenen (Un-)Ähnlichkeitswerte der Objektpaare bestmöglich reproduziert. Mit anderen Worten werden die Leistungsangebote auf der Wahrnehmungslandkarte so angeordnet, dass die jeweiligen **geometrischen Distanzen** im erzeugten Raum den abgegebenen Ähnlichkeitsurteilen umgekehrt proportional entsprechen (**große Distanz = kleine Ähnlichkeit**). Neben einer realitätsnäheren Abbildung des Entscheidungsprozesses – zumindest bei habitualisierten Kaufentscheidungen, die i. d. R. durch eine vergleichende Abwägungsentscheidung verschiedener Produktalternativen zustande kommen –, besteht einer der wesentlichen Vorzüge der MDS darin, dass jeder Befragte sein eigenes Merkmalsystem in der Beurteilungssituation zugrunde legen kann (vgl. *Nieschlag/Dichtl/Hörschgen*, 2002, S. 650). Damit erfolgt bei der MDS keine Beeinflussung des Ergebnisses durch die Vorauswahl von Eigenschaften oder deren Verbalisierung.

Hierin liegt allerdings auch eine **Schwäche** des Verfahrens, da die MDS zwar eine grafische Darstellung des Wahrnehmungsraums erzeugt, jedoch keinerlei Hilfestellung für die Interpretation der Dimensionen gibt. So müssen hier zur Dimensionsinterpretation zum einen (subjektive) Expertenurteile herangezogen werden oder zum anderen als Entscheidungsunterstützung ergänzende statistische Methoden wie z. B. das sogenannte **Property Fitting** verwendet werden (vgl. *Backhaus et al.*, 2011, S. 243 ff.). Hierbei werden zusätzlich bei den befragten Personen aggregierte Eigenschaftsbeurteilungen erhoben, die als Vektoren oder Punkte in den Wahrnehmungsraum gelegt werden und somit als zusätzliche Hilfe für die Interpretation der Dimensionen zur Verfügung stehen. Da bei der MDS eine Anhebung des Skalenniveaus vorgenommen wird – ordinal abgefragte (Un-)Ähnlichkeitsbeurteilungen werden in metrische Koordinatenwerte transformiert –, sollte zur Erzielung einer stabilen Lösung eine hinreichende Anzahl an Objekten in die Untersuchung mit einbezogen werden. Für den Fall eines zweidimensionalen Wahrnehmungsraums sollten dabei mindestens neun Leistungsangebote berücksichtigt worden sein (vgl. *Backhaus et al.*, 2011, S. 237). Dies kann möglicherweise gerade in oligopolistisch geprägten Produktmärkten gegen die Anwendung der MDS sprechen.

Unabhängig davon, ob die Bestimmung der Realleistungswahrnehmungen und deren Positionierung im Produktmarktraum merkmalsgestützt (kompositionell) mit der Faktorenanalyse oder nicht-merkmalsgestützt (dekompositionell) mit der MDS erfolgt, lassen sich durch die jeweiligen räumlichen Entfernungen der einzelnen Leistungsangebote Aussagen über den **Grad der Wettbewerbsintensität** ableiten. So zeigt etwa das Beispiel in *Abbildung 69*, dass der Audi Q7 in der Wahrnehmung der Nachfrager in einer starken Konkurrenzbeziehung zum BMW X5, zum Porsche Cayenne und zur Mercedes Benz M-Klasse steht. Hingegen ist in Bezug auf die hier zugrunde gelegten Dimensionen die Wettbewerbsintensität des Audi Q7 zum Jeep Wrangler deutlich geringer ausgeprägt. Aus den Ergebnissen der Positionierung der Wettbewerbsalternativen lassen sich allerdings noch keine Aussagen über die Kaufwahrscheinlichkeit der einzelnen Leistungsangebote ableiten. Hierzu ist eine Integration von nachfragerseitigen Präferenzen in das Produktmarktraummodell erforderlich.

Nachteile

Property Fitting

Interpretation von
Positionierungen

(5) Bestimmung der Idealleistungswahrnehmungen

In den bisherigen Schritten der Positionierungsanalyse fanden die Idealvorstellungen der Nachfrager noch keine Berücksichtigung, so dass bislang der Aussagegehalt von Realleistungswahrnehmungslandkarten als eher gering einzustufen ist. Die Integration von Idealvorstellungen erlaubt zusätzliche Aussagen über die Kaufwahrscheinlichkeiten der einzelnen Wettbewerbsangebote sowie hierauf aufbauend die Ableitung von Positionierungsstrategien. Werden im Rahmen der Positionierungsanalyse neben der Realleistungswahrnehmung auch Idealleistungswahrnehmungen berücksichtigt und grafisch abgebildet, wird auch von sogenannten **Joint-Space-Analysen** gesprochen. Diese können entweder so entwickelt werden, dass Realleistungs- und Idealleistungsvorstellungen gemeinsam abgebildet werden, oder aber deren Abbildung erfolgt separat (vgl. *Nieschlag/Dichtl/Hörschgen,* 2002, S. 652 ff.).

Joint-Space-Analyse

Bei **der separaten Analyse**, die auch als **externe Analyse** bezeichnet wird (vgl. *Backhaus et al.,* 2011, S. 243 ff.), werden in einem zweistufigen Erhebungsprozess zunächst die Realleistungswahrnehmungen im Produktmarktraum ermittelt und grafisch abgebildet (1. Stufe). Ausgehend von einer so erzeugten Konfiguration der Leistungsangebote werden im Anschluss mithilfe zusätzlicher Verfahren die Idealvorstellungen der Nachfrager erhoben (2. Stufe). Während es sich bei den Realleistungspositionen um die wahrgenommenen Positionen von Leistungsangeboten in der Durchschnittswahrnehmung der Probanden handelt, erfolgt die Bestimmung der Idealleistungswahrnehmung für jeden Probanden einzeln. Dies erscheint empfehlenswert, wenn davon auszugehen ist, dass Produktwahrnehmungen innerhalb einer Nachfragergruppe relativ homo-

Separate Analyse

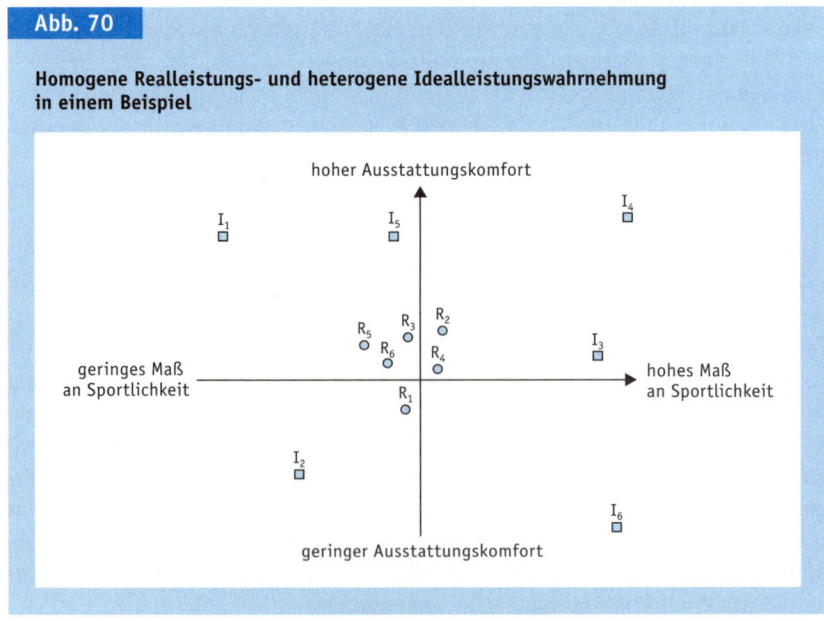

Abb. 70

Homogene Realleistungs- und heterogene Idealleistungswahrnehmung in einem Beispiel

gen sind, Idealleistungsvorstellungen hingegen wesentlich stärker divergieren (vgl. *Brockhoff*, 1999, S. 46). Das Beispiel in *Abbildung 70* verdeutlicht diesen Zusammenhang. Während ein Mittelklassefahrzeug (z. B. VW Golf VI) durch die hier betrachteten sechs Nachfrager in Bezug auf den Ausstattungskomfort und die Sportlichkeit relativ ähnlich wahrgenommen wird (vgl. die Realleistungs-wahrnehmungen R_1 bis R_6), haben die sechs Nachfrager ganz unterschiedliche Vorstellungen hinsichtlich eines idealen Mittelklassefahrzeugs (vgl. die Ideal-leistungswahrnehmungen I_1 bis I_6).

Bei der tendenziell eher weniger bedeutsamen **internen Analyse** (vgl. *Backhaus et al.*, 2011, S. 253 f.) wird im Gegensatz zur externen Analyse – und dies unabhängig davon, ob eine Faktorenanalyse oder die Multidimensionale Skalierung durchgeführt wurde – innerhalb des Erhebungsschritts auch ein fiktives Ideal beurteilt. Anschließend wird dieses gemeinsam mit den Realleistungs-wahrnehmungen positioniert.

Unabhängig von der Art der Erhebung der Idealvorstellungen können diese auf unterschiedlichen **Nutzenmodellen** beruhen. Zu unterscheiden ist dabei zwischen dem Idealpunkt- und dem Idealvektormodell. Bei Anwendung des **Idealpunktmodells** werden die Idealvorstellungen durch einen eindeutig identifizierbaren Ort im Koordinatensystem des Produktmarktraums determiniert, der den aus Sicht der Nachfrager höchsten Präferenzwert aufweist. Dieser Punkt verkörpert folglich die optimale Position von Leistungsangeboten in Bezug auf die Ausprägungen der Wahrnehmungsdimensionen (vgl. *Abbildung 71 a*).

Im **Idealvektormodell** wird die Idealleistungswahrnehmung einer Person hingegen durch einen Präferenzvektor repräsentiert, der die Richtung der zu-

Interne Analyse

Idealpunkt- und -vektormodell

Abb. 71

Vergleich von Idealpunkt- und Idealvektormodell

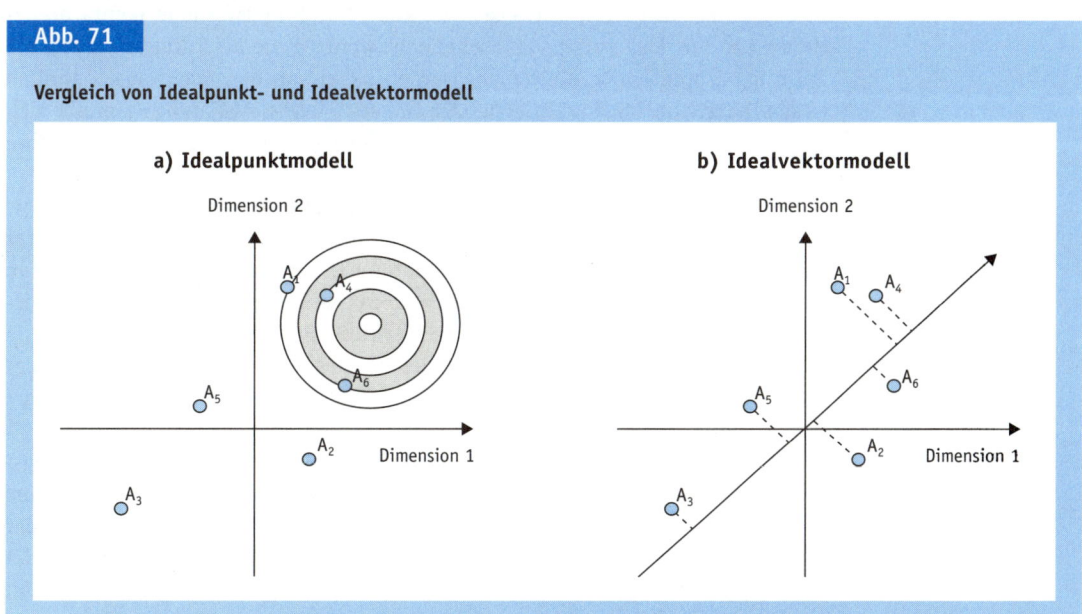

nehmenden Vorziehenswürdigkeit im Sinne eines »je mehr, desto besser« angibt (vgl. *Abbildung 71 b*)). Das Idealprodukt liegt also dort, wo die Wahrnehmungsdimensionen eine extremale Ausprägung einnehmen. In *Abbildung 71 b*) signalisiert zudem der Cosinus des Winkels zwischen dem Präferenzvektor und den Achsen des Produktmarktraums die Bedeutung der jeweiligen Dimension. Je kleiner dieser Winkel ist, desto größer ist die relative Wichtigkeit der betreffenden Dimension im Vergleich zu den übrigen Dimensionen. Demnach sind die Dimensionen im Beispiel von *Abbildung 71 b*) gleichbedeutend. Das Idealvektormodell ist insbesondere auch in solchen Kaufentscheidungssituationen heranzuziehen, bei denen die Nachfrager ihre Präferenzen nur auf Basis der Gewichtung bestimmter Eigenschaften bilden können, jedoch nicht in der Lage sind, optimale Merkmalsausprägungen eines Ideals anzugeben (vgl. *Nieschlag/Dichtl/ Hörschgen*, 2002, S. 655).

(6) Berechnung der Distanzen zwischen Real- und Idealleistungswahrnehmungen

Abweichungen Ideal vs. Real

Um eine Aussage über die Vorzugswürdigkeit bzw. die Kaufwahrscheinlichkeit der einzelnen Leistungsangebote treffen zu können, sind die Abweichungen der Realleistungswahrnehmungen von den Idealvorstellungen entsprechend des zugrunde gelegten Nutzenmodells zu bestimmen. Dabei ist die Wahrscheinlichkeit, dass Kunden ein bestimmtes Leistungsangebot kaufen, unabhängig von dem zugrunde liegenden Nutzenmodell umso höher, je geringer die Distanz zwischen Real- und Idealleistungswahrnehmung ist (vgl. *Tomczak/Kuß/Reinecke*, 2009, S. 176). Im Fall des **Idealpunktmodells** hat also das Wettbewerbsangebot die höchste Kaufwahrscheinlichkeit, das die kürzeste richtungsunabhängige Distanz zum Idealpunkt aufweist. Dies kann durch kreisförmige **Isopräferenzlinien** um den Idealpunkt veranschaulicht werden. Die Leistungsangebote, die auf einer Isopräferenzlinie liegen, werden dabei von den Nachfragern ähnlich eingeschätzt. Im Idealpunktmodell im linken Teil von *Abbildung 71* ergibt sich folglich in Bezug auf die ersten drei der hier betrachteten Leistungsangebote die folgende Präferenzreihenfolge: $A_4 > A_6 > A_1$.

Wird als Nutzenmodell hingegen das **Idealvektormodell** zugrunde gelegt, werden Produktalternativen bevorzugt, deren Senkrechte (Lot) auf den Vektor weiter in Richtung der gewünschten Präferenzrichtung liegt. Die Senkrechten stellen die jeweiligen Isopräferenzlinien dar, auf denen die einzelnen Leistungsangebote in gleicher Weise vorzugswürdig sind. Im Idealvektormodell im rechten Teil von *Abbildung 71* ergibt sich also in Bezug auf die ersten drei der hier betrachteten Leistungsangebote die folgende Präferenzreihenfolge: $A_4 > A_1 > A_6$.

Distanzverringerung durch Marketing-Maßnahmen

Auf Basis der Berechnung der Distanzen zwischen Real- und Idealleistungswahrnehmungen und die sich somit ergebende Positionierung für die im Markt tätigen Anbieter können unmittelbar **Aktivitäten zur Verringerung der Distanz zwischen Real- und Idealleistung** und damit zur Verbesserung der Positionierung ergriffen werden (vgl. *Kroeber-Riel/Weinberg/Gröppel-Klein*, 2009, S. 269 f.):

▸ Der Anbieter versucht, die Realleistungswahrnehmung des eigenen Leistungsangebots an die Idealleistungswahrnehmung anzupassen. Bei dieser Strategie wird die Idealleistungsvorstellung der Kunden als gegeben angenommen. Das Angebot des Anbieters soll durch die Ausgestaltung der Marketing-Instrumente in der Wahrnehmung der Kunden folglich so verändert werden, dass es möglichst gut der Idealposition entspricht.

▸ Wenn das eigene Leistungsangebot als unveränderbar angenommen wird, dann kann der Anbieter versuchen, die Idealvorstellung der Kunden so zu beeinflussen, dass diese möglichst gut dem eigenen Angebot entspricht. Hierbei kommt insbesondere der Kommunikationspolitik eine entscheidende Bedeutung zu.

▸ Schließlich kann es auch sinnvoll sein, zu versuchen, die Wahrnehmung der Realleistungen von Wettbewerbern zu verändern. Wenn diese aus objektiver Sicht in ungerechtfertigter Weise positiver als die eigenen Leistungsangebote im Markt wahrgenommen werden, kann z.B. mittels vergleichender Werbung Einfluss auf die Realleistungswahrnehmung von Konkurrenten genommen werden.

Die vorgestellte klassische Positionierungsanalyse weist trotz der aus ihr ableitbaren Anhaltspunkte zur Identifikation von KKV-Potenzialen einige **Problembereiche** auf. So ist die klassische Positionierung durch eine **reaktiv-vergangenheitsorientierte** Ausrichtung gekennzeichnet. Der Anbieter reagiert auf die Wahrnehmung der Nachfrager und »[...] rennt bloß hinter dem Ausgleich von Imagedefiziten her« (*Kroeber-Riel/Esch*, 2011, S. 97). Mit dieser Vorgehensweise erreicht ein Unternehmen möglicherweise aber kaum eine langfristige und eigenständige Positionierung im Markt. Daher sollte ergänzend zur klassischen Positionierung ein weiterer zukunftsgerichteter Positionierungsansatz zum Einsatz kommen. Bei der **aktiven Positionierung** soll das eigene Leistungsangebot auf einer zentralen kaufentscheidungsrelevanten Dimension positioniert werden, die außerhalb des bislang bekannten Merkmalraums liegt, also noch durch kein relevantes Wettbewerbsangebot besetzt ist und damit Potenzial zum langfristigen Aufbau eines KKV bietet (vgl. *Trommsdorff/Paulssen*, 2005, S. 1367).

Schwächen

Aktive Positionierung

2 Quantitative Marktanalyse: Marktvolumens- und Potenzialanalyse

Zu einer übergreifenden Marktanalyse gehört nicht nur eine qualitative Beschreibung, wie Kunden (und auch Wettbewerber) den Markt sehen. Darüber hinaus gehört zu einer übergreifenden Marktanalyse auch eine quantitative Erfassung der Volumina und Potenziale, durch die ein Markt gekennzeichnet ist. Anlässe für systematische Marktvolumens- und Potenzialanalysen (vgl. *Cornelsen*, 1998) können bestehende und neue Produkte bieten. Im Einzelnen können in Bezug auf etablierte oder neue Produkte folgende Fragen im Rahmen einer quantitativen übergreifenden Marktanalyse von Interesse sein:

Grundfragen der Analyse

▸ »Hat ein neues/innovatives Produkt/Konzept überhaupt eine Chance auf dem Markt? Gibt es dafür überhaupt Interessenten?«

▸ »Was müsste am neuen Produkt ggf. erst noch verändert werden, damit dieses überhaupt eine Chance am Markt hat?«

▸ »Welcher Absatz könnte mit einem momentanen Produkt am Markt erzielt werden?«

▸ »Wie verändert sich der zu erwartende Absatz, wenn auf Marketing-Aktivitäten verzichtet wird?«

▸ »Wie lässt sich eine Veränderung des Absatzes durch Veränderung bestimmter Produkteigenschaften oder des Preises steuern?«

2.1 Bezugsgrößen der quantitativen Marktanalyse

Zielgrößen

Die Auflistung beispielhafter Fragestellungen im vorangehenden Abschnitt zeigt, dass im Rahmen einer quantitativen Marktanalyse sowohl Volumen- wie auch Potenzialgrößen relevant sind, die sowohl mengen- als auch wertmäßig (Umsatz) beschrieben werden können. Konkret ist es von Interesse, Marktpotenziale, Marktvolumina, Absatzpotenziale sowie Absatzvolumina zu ermitteln (vgl. *Meffert/Burmann/Kirchgeorg*, 2012, S. 54 ff.), deren Beziehung zueinander in *Abbildung 72* skizziert ist.

Marktpotenzial

Definition
»Marktpotenzial«

Das Marktpotenzial stellt die maximale Aufnahmefähigkeit eines Marktes für eine bestimmte Produkt- bzw. Dienstleistungsart dar (vgl. *Weis*, 2001, S. 76).

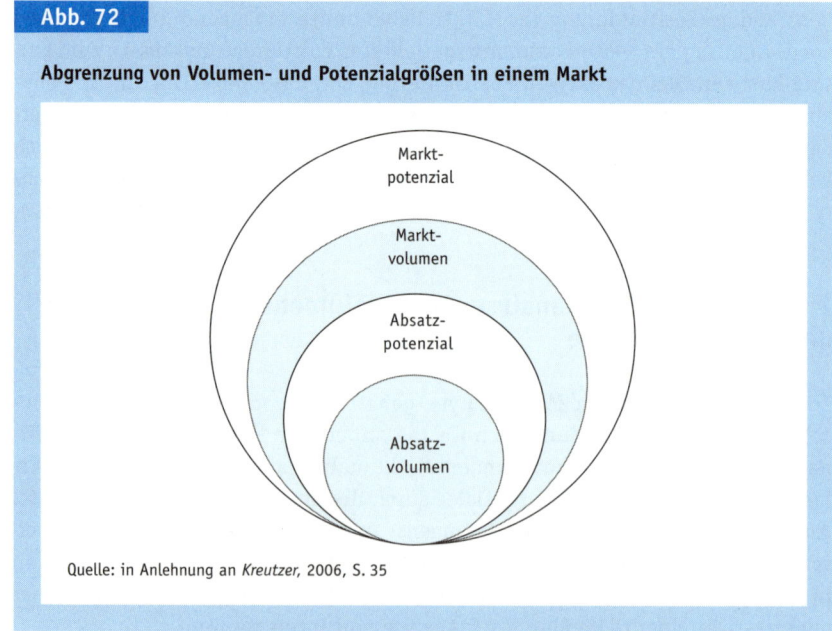

Abb. 72

Abgrenzung von Volumen- und Potenzialgrößen in einem Markt

Markt-potenzial

Markt-volumen

Absatz-potenzial

Absatz-volumen

Quelle: in Anlehnung an *Kreutzer*, 2006, S. 35

Werden neue Märkte geschaffen, so besteht i. d. R. ein hohes, nicht ausge-
schöpftes Marktpotenzial, das mit zunehmender Verbreitung der Produkte ausgefüllt wird (vgl. *Meffert/Burmann/Kirchgeorg*, 2012, S. 55). Das Marktpotenzial
stellt daher die **Obergrenze für die Gesamtnachfrage** nach den Leistungen aller
Anbieter eines Marktes dar, an die sich die Anbieter allerdings nur im theoretischen Idealfall annähern können. Das Marktpotenzial gibt somit die maximal
mögliche Aufnahmefähigkeit eines Marktes für eine bestimmte Leistung an. Mit
anderen Worten drückt sich hierin aus, wie viele Einheiten eines Produktes auf
einen Markt abgesetzt werden könnten, falls einerseits alle möglichen Käufer
über das erforderliche Einkommen verfügen würden und sie andererseits für den
Erwerb »reif« wären, d. h. ein bewusstes Kaufbedürfnis entwickelt hätten (vgl.
Nieschlag/Dichtl/Hörschgen, 2002). In erster Linie bestimmen nach *Weis* (2001,
S. 77) folgende Faktoren das Marktpotenzial in einem Markt:

Bestimmungsfaktoren

- ▸ Zahl potenzieller Nachfrager,
- ▸ Bedarfsintensität,
- ▸ Markttransparenz,
- ▸ Marktsättigung und
- ▸ Marketing-Aktivitäten der Anbieter.

Für den Einflussfaktor »Marketing-Aktivitäten der Anbieter« zeigt *Abbildung 73*
exemplarisch auf, wie sich die Gesamtnachfrage dem Marktpotenzial annähern
kann, wenn alle Anbieter einer Branche hohe Marketing-Aufwendungen investieren. Der Zusammenhang wird dabei als S-förmiger Verlauf angenommen.

Abb. 73

Marktpotenzial und Gesamtnachfrage in Abhängigkeit der Marketing-Aufwendungen der Anbieter

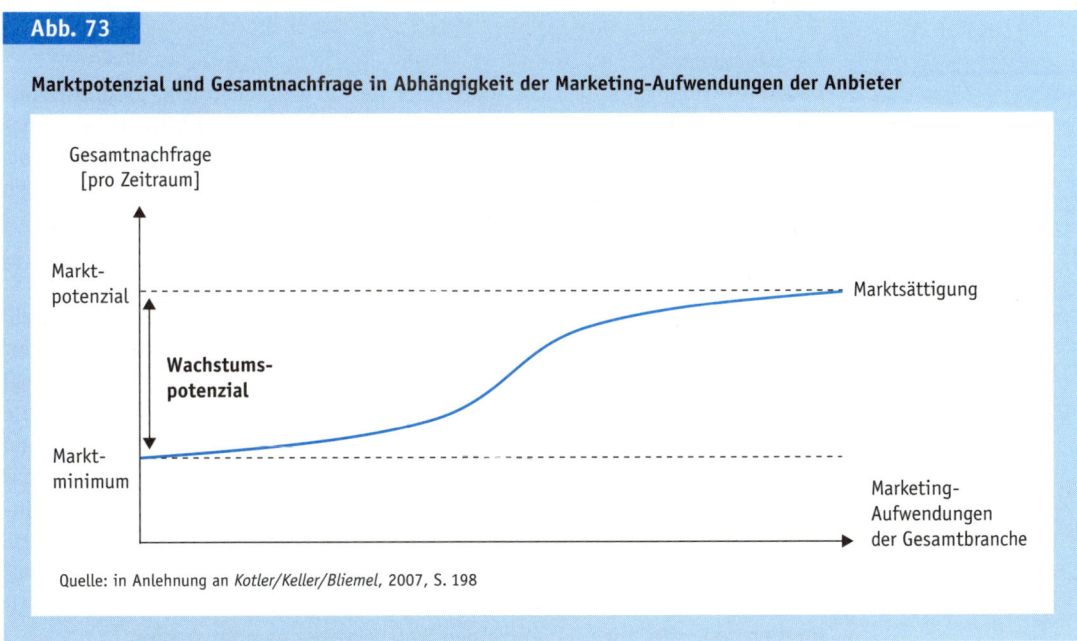

Quelle: in Anlehnung an *Kotler/Keller/Bliemel*, 2007, S. 198

Marktvolumen

Das Marktvolumen entspricht der tatsächlich realisierten bzw. prognostizierten Absatzmenge aller Anbieter bei einer Güter- oder Dienstleistungsart, bezogen auf einen bestimmten Zeitraum in einem abgegrenzten Markt (vgl. *Weis*, 2001, S. 76). Das **Verhältnis von Marktpotenzial und Marktvolumen** kennzeichnet den **Marktausschöpfungsgrad** und stellt eine Maßgröße dafür dar, welches Marktwachstum in Zukunft noch erreicht werden kann.

Absatzpotenzial

Während sich die Größen Marktpotenzial und -volumen auf alle Anbieter im Markt gemeinsam beziehen, stellt der einzelne Anbieter die Bezugsgröße für das Absatzpotenzial und -volumen dar. Das Absatzpotenzial entspricht dabei der Absatzmenge eines Produktes, die ein Unternehmen maximal in einem Markt erreichen kann. Das Absatzpotenzial bestimmt sich folglich aus dem Anteil am Marktpotenzial, den ein Unternehmen bei einem Produkt maximal erreichen kann (vgl. *Weis*, 2001, S. 77). Die Höhe des Absatzpotenzials wird vor allem beeinflusst durch

▸ das bisherige Absatzvolumen,
▸ die marketingpolitischen Maßnahmen des Anbieters in Vergangenheit, Gegenwart und Zukunft,
▸ die vorhandene Kaufkraft der Nachfrager,
▸ den Preis und die Produktqualität im Vergleich zu Konkurrenzprodukten,
▸ den Grad der Distribution,
▸ die Substitutionsbeziehungen zu verwandten Märkten sowie
▸ das Verhalten der Konkurrenten im Markt.

Absatzvolumen

Das Absatzvolumen entspricht schließlich der tatsächlichen bzw. prognostizierten Absatzmenge eines Produktes eines Unternehmens bezogen auf einen bestimmten Zeitraum (vgl. *Weis*, 2001, S. 78). Der von einem Unternehmen erzielte **Marktanteil** entspricht somit dem **Verhältnis von Absatzvolumen zu Marktvolumen** in Prozent (vgl. *Meffert/Burmann/Kirchgeorg*, 2012, S. 55 f.).

2.2 Ablauf der quantitativen Marktanalyse

Die Durchführung einer quantitativen Marktanalyse hängt maßgeblich davon ab, ob Volumen- oder Potenzialgrößen ermittelt werden sollen. Vergleichsweise unproblematisch ist die **Ermittlung von Markt- und Absatzvolumina**. Da es sich bei diesen Größen um reale und vergangenheitsbezogene Größen handelt, können die hierfür erforderlichen Daten i. d. R. auf einfache Weise beschafft werden. Während Unternehmen die zur Bestimmung von Absatzvolumina erforderlichen Informationen aus dem eigenen Rechnungswesen zur Verfügung gestellt bekommen können, stehen auch die zur darüber hinaus gehenden Ermittlung von Marktvolumina benötigten Informationen in vielen Branchen ohne großen Zusatzaufwand zur Verfügung. So können hierfür die Angaben von Verbänden, Brancheninformationsdiensten, aber auch der einzelnen Wettbewerber genutzt werden.

Schwieriger gestaltet sich die Durchführung quantitativer Marktanalysen, wenn sich diese auf **Potenzialgrößen** beziehen soll. **Marktpotenzialanalysen** werden vor allem für Wachstums- oder ungesättigte Märkte eingesetzt, in denen eine Abschätzung der »Marktgröße« nicht allein über das tatsächliche Marktvolumen möglich ist. Die Bestimmung des Marktpotenzials (MP) kann dann durch die Multiplikation der Anzahl potenzieller Nachfrager des ausgewählten Marktsegments (N) mit der zu erwartenden durchschnittlichen Kaufrate (a) erfolgen. Bei einer Betrachtung von mehreren Segmenten (Segmente i = 1, …, s) ergibt sich das gesamte Marktpotenzial durch die Summe der einzelnen segmentspezifischen Potenziale:

Ermittlungen von Potenzialgrößen

$$MP = N \cdot a_N = \sum_{i=1}^{s} N_i \cdot a_{Ni} \qquad (9)$$

mit:

MP = Marktpotenzial
N = Anzahl der Nachfrager
a = durchschnittliche Kaufrate
i = relevante Nachfragersegmente

Der Ablauf einer Marktpotenzialanalyse kann im Einzelnen in sechs Schritte unterteilt werden. *Abbildung 74* zeigt die **Ablaufschritte** im Überblick.

Ablauf

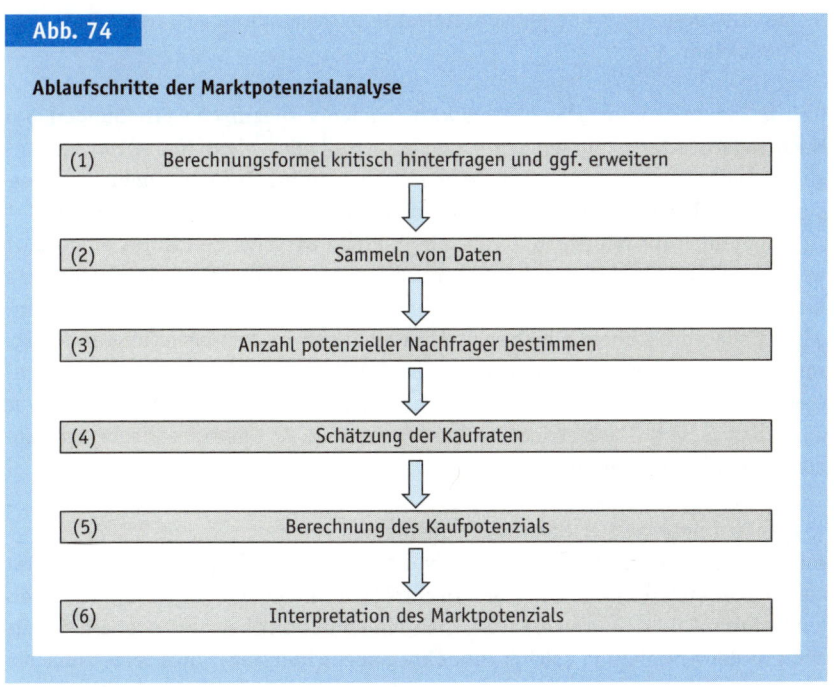

Abb. 74

Ablaufschritte der Marktpotenzialanalyse

(1) Berechnungsformel kritisch hinterfragen und ggf. erweitern

(2) Sammeln von Daten

(3) Anzahl potenzieller Nachfrager bestimmen

(4) Schätzung der Kaufraten

(5) Berechnung des Kaufpotenzials

(6) Interpretation des Marktpotenzials

(1) Berechnungsformel kritisch hinterfragen und ggf. erweitern

Um in einem konkreten Anwendungsfall das Marktpotenzial zu berechnen, reicht die angegebene allgemeine Berechnungsformel möglicherweise nicht aus. In der Regel werden sowohl die Anzahl als auch die durchschnittliche Kaufrate der potenziellen Nachfrager durch eine Reihe weiterer Indikatoren und Messgrößen bestimmt. Ist dies der Fall, dann müssen über die Wirkungszusammenhänge zwischen den verwendeten Größen Annahmen getroffen und diese entsprechend modelliert werden. Darüber hinaus sind ggf. weitere Annahmen bezüglich des zu untersuchenden Marktes sowie des Zeitraumes festzulegen, für den das Marktpotenzial ermittelt werden soll.

(2) Sammeln von Daten

Ein wichtiger Schritt bei der Durchführung von Marktpotenzialanalysen stellt das **strukturierte Sammeln von Daten und Informationen** mittels Marktforschung dar, die als Inputgrößen in die Marktpotenzialberechnung einfließen. Gegebenenfalls müssen dabei die relevanten Informationen über eigene empirische Untersuchungen (z. B. mithilfe von Kundenbefragungen) ermittelt werden.

Benötigt werden u. a. Informationen über

▶ Segmentierung potenzieller Nachfrager,
▶ Kaufkraft-, Kaufbereitschaft der in Frage kommenden Nachfrager,
▶ Präferenzstruktur der Nachfrager,
▶ Anwendungsbereiche und Einsatzmöglichkeiten des Produktes,
▶ Substitutions- und Komplementäreffekte in Verbindung mit anderen Produkten.

Gerade bei sehr innovativen Produkten sind oft spezifische **Erhebungen bei Nachfragern oder Experten** unumgänglich, weil hier nicht nur keine Vergangenheitsdaten vorhanden sind, sondern auch keine Informationen aus vergleichbaren Märkten herangezogen werden können. Ein solches Vorgehen bietet sich aber auch für Neuprodukte an, die in einen bestehenden Markt eingeführt werden sollen, für den durchaus Marktdaten vorliegen. Allerdings lassen sich hieraus Marktpotenziale meistens nicht direkt ableiten, da nicht auf Vergangenheitsdaten beruhende bisherige Absatzmengen in dem betreffenden Markt, sondern die für ein neues Produkt maximal möglichen zukünftigen Absatzmengen gesucht werden. Nützliche Informationen können in diesem Fall aber aus der Analyse von Marktstrukturen resultieren (z. B. relevante Nachfragersegmente, kaufbestimmende Faktoren etc.).

(3) Anzahl potenzieller Nachfrager bestimmen

Aus den zuvor gesammelten Daten ist vor allem die Anzahl potenzieller Nachfrager abzuleiten. Zu den potenziellen Nachfragern zählen alle, die einen prinzipiellen Bedarf nach Produkten einer bestimmten Produktart besitzen oder einen Nutzen aus der Anwendung solcher Produkte haben (könnten). Dies setzt zunächst eine klare Abgrenzung des relevanten Markts voraus (vgl. Abschnitt 2 A I).

Grundsätzlich bieten sich zur Ermittlung der Anzahl potenzieller Nachfrager verschiedene Vorgehensweisen an:

- **Bottom-Up-Verfahren:** In Märkten mit einer überschaubaren Anzahl an potenziellen Nachfragern können alle potenziellen Käufer im Sinne einer vollständigen Aufzählung ermittelt werden. Dies kann beispielsweise im Industriegüterbereich der Fall sein (vgl. *Backhaus/Voeth*, 2010a).
- **Top-Down-Verfahren:** Im Fall sehr großer Nachfragerzahlen (z. B. auf Konsumgütermärkten) können Nachfragergruppen, die durch bekannte oder leicht ermittelbare Merkmale abgrenzbar sind, schrittweise ermittelt werden (z. B. Gesamtbevölkerung eines Landes, davon Anteil der Männer, davon Alter über 18 Jahre usw.). Durch Addition der Nachfrager verschiedener solcher Systeme kann dann die Gesamtzahl möglicher Nachfrager für ein Produkt ermittelt werden.
- **Orientierung an komplementären oder substitutiven Produkten:** Die Anzahl potenzieller Nachfrager bestehender Produkte kann Hinweise für die Bestimmung von Marktpotenzialen neuer Produkte liefern. Dies kann im komplementären Fall möglich sein, wenn die Verwendung eines bestimmten Produktes das Vorhandensein eines anderen erfordert (z. B. wird die Anzahl potenzieller Nachfrager für eine Dienstleistung des energetischen Sanierens durch die Anzahl von Eigentümern von Altbauten bestimmt). Ebenso kann ein neues Produkt bestehende Kundenbedürfnisse bedienen, die bisher durch etablierte Produkte abgedeckt wurden (z. B. Ersatz von kraftstoffbetriebenen Autos durch (preis- und leistungsmäßig vergleichbare) Elektrofahrzeuge). Bei solchen substitutiven Beziehungen zu Altprodukten kann man sich bei der Bestimmung der Anzahl potenzieller Nachfrager an der Anzahl von Nachfragern der Altprodukte orientieren.

Die Anzahl der Nachfrager lässt sich häufig auch aus **sekundärstatistischen Quellen** ableiten (wie z. B. aus Veröffentlichungen der Statistischen Bundes- bzw. Landesämter und Handelskammern, Branchenstatistiken, veröffentlichte Studien von Marktforschungsinstituten), wenn die Abgrenzungen des Zielmarktes anhand von Kriterien erfolgen, die auch in den verwendeten Quellen zugrunde gelegt wurden.

(4) Schätzung der Kaufraten

Im Anschluss an die Ermittlung der potenziellen Nachfrager ist darüber hinaus die Kaufrate zu bestimmten. Dies ist immer dann erforderlich, wenn davon auszugehen ist, dass Nachfrager das Produkt nicht nur einmal übernehmen, sondern – wie dies bei Verbrauchsgütern oder auch bei vielen kurzlebigen Gebrauchsgütern der Fall ist – mehrmals nachfragen können. In diesem Fall ist die Kaufrate relevant, unter der die Häufigkeit zu verstehen ist, mit der Nachfrager ein bestimmtes Produkt während dessen Marktpräsenz zu erwerben bereit sind. Während die Kauffrage bei Verbrauchsgütern einem wöchentlichen (z. B. Getränke) oder sogar täglichen Rhythmus (z. B. Zigaretten) unterliegen kann, ist bei kurzlebigen Gebrauchsgütern (z. B. Autoreifen) eher von einem längerem, z. B. zwei- bis drei-jährigen Zyklus auszugehen. Zur Ermittlung von Kaufraten können

▸ Kundenbefragungen sowie
▸ Expertenurteile

herangezogen werden.

Schätzung von Kaufraten durch Kundenbefragungen. Bei einer überschaubaren Anzahl von Nachfragern in einem Markt können Kaufraten mitunter direkt für einzelne Käufer geschätzt werden. So ist etwa bekannt, welche Bedarfsmenge ein **Großkunde** bei dem bisherigen Produkt aufweist und wie oft er das Produkt nachfragt. Diese Größen können dann auf das abzuschätzende Produkt übertragen werden. In den übrigen Fällen, in denen die Anzahl der Kunden groß ist, werden die Kaufraten der Nachfrager i. d. R. durch **Stichprobenuntersuchungen** ermittelt. Dabei werden potenzielle Nachfrager direkt in Form von Befragungen untersucht. Die Angaben, die befragte Nachfrager dabei zu ihrem beabsichtigten Kaufverhalten machen, werden als Basis zur Ermittlung der Kaufraten verwendet. Allerdings können bei der Verwendung von durch Befragung ermittelten Kaufabsichten Probleme auftreten, da es sich bei den von den befragten Personen angegebenen Kaufabsichten nicht unbedingt um valide Angaben handeln muss. Vor allem bei innovativen Produkten können befragte potenzielle Kunden den Produktnutzen oft nicht in vollem Umfang einschätzen, sodass sich der Kaufwunsch der Testpersonen nicht unbedingt mit ihrem späteren Kaufverhalten decken muss. Zudem können Probanden bei solchen Produkten i. d. R. im Vorfeld nicht einschätzen, in welcher Häufigkeit sie das Produkt wieder kaufen werden. Allerdings kann versucht werden, mithilfe von Erfahrungswerten aus der Vergangenheit eine Transformation der geäußerten Kaufabsichten in tatsächliche Kaufanteile vorzunehmen, indem die erfragten Kundenangaben um strukturelle Faktoren korrigiert werden.

Schätzung von Kaufabsichten durch Experten. Neben der Bestimmung der Kaufabsichten und Kaufraten durch Kundenbefragungen ist es auch möglich, Experten zur Bestimmung dieser Informationen z. B. mithilfe der **Delphi-Methode** heranzuziehen (vgl. *Nieschlag/Dichtl/Hörschgen*, 2002, S. 160 ff.). Bei der Delphi-Methode wird einer Gruppe von Experten ein Fragen- oder Thesenkatalog zum betreffenden Befragungsobjekt – hier »Kaufabsicht und Kaufraten potenzieller Kunden« – vorgelegt. Die Experten haben anschließend in zwei oder mehr Runden die Möglichkeit, die Fragen einzuschätzen bzw. zu beantworten. Ab der zweiten Runde wird den Experten Feedback gegeben, wie andere Experten geantwortet haben. Dies erfolgt i. d. R. anonym, um die ansonsten mögliche Dominanz einzelner Experten auszuschalten.

Expertenschätzungen werden vor allem für **innovative Produkte**, z. B. aus der Technologiebranche verwendet. Zumeist werden dabei Produktmanager oder Vertriebsmitarbeiter als Experten befragt, die über eine entsprechende Erfahrung mit der Einführung neuer Produkte verfügen. So können diese Experten den relevanten Produktbereich einschätzen und daher die Nutzenpotenziale für

Abb. 75

Von Experten prognostizierte und tatsächliche Marktentwicklung erneuerbarer Energien

Entwicklung der Endenergiebereitstellung aus erneuerbaren Energien in Deutschland
Terawattstunden

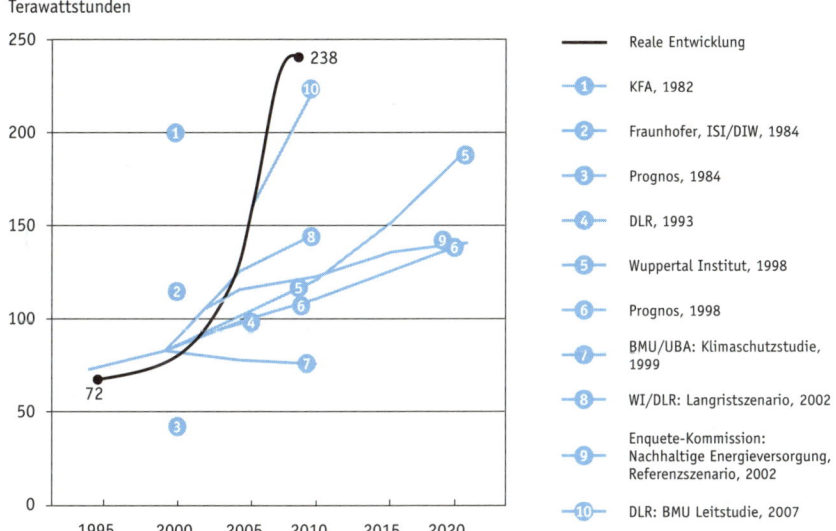

—— Reale Entwicklung

① KFA, 1982

② Fraunhofer, ISI/DIW, 1984

③ Prognos, 1984

④ DLR, 1993

⑤ Wuppertal Institut, 1998

⑥ Prognos, 1998

⑦ BMU/UBA: Klimaschutzstudie, 1999

⑧ WI/DLR: Langristszenario, 2002

⑨ Enquete-Kommission: Nachhaltige Energieversorgung, Referenzszenario, 2002

⑩ DLR: BMU Leitstudie, 2007

Entwicklung der Windenergieleistung in Europa
Gigawatt

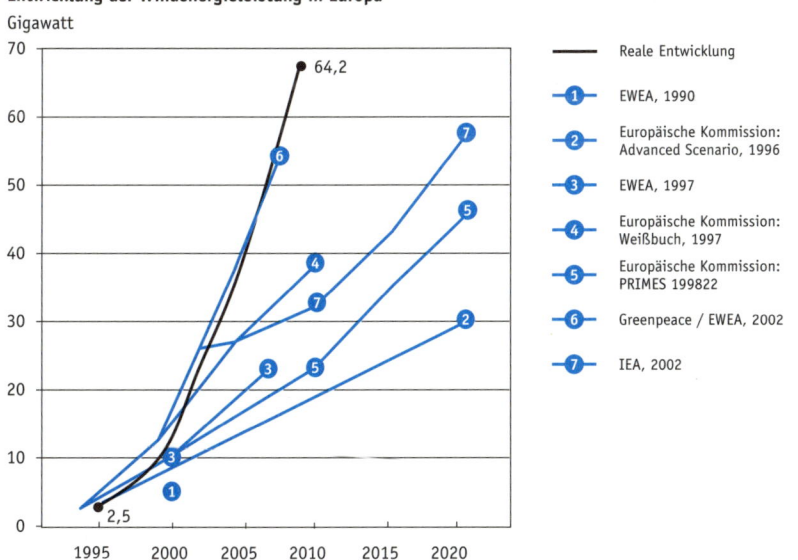

—— Reale Entwicklung

① EWEA, 1990

② Europäische Kommission: Advanced Scenario, 1996

③ EWEA, 1997

④ Europäische Kommission: Weißbuch, 1997

⑤ Europäische Kommission: PRIMES 199822

⑥ Greenpeace / EWEA, 2002

⑦ IEA, 2002

Quelle: *Agentur für Erneuerbare Energien e. V.*, 2009

die Kunden beurteilen, indem sie z. B. auf Erfahrungen aus anderen Bereichen zurückgreifen. Solche Expertenschätzungen sind zudem meist kostengünstig und können durch vorhandene Mitarbeiter durchgeführt werden. Allerdings zeigen Erfahrungen mit Experteneinschätzungen bei innovativen Technologien in der Vergangenheit, dass Experten nicht selten die **Marktchancen** innovativer Produkte **über- oder unterschätzen**. Ein Beispiel stellt die Entwicklung des Marktes für erneuerbare Energien dar, welche von mehreren Expertengruppen sehr unterschiedlich prognostiziert wurde (vgl. *Abbildung 75*).

Expertenfehl-einschätzungen

(5) Berechnung des Marktpotenzials

Marktsimulationen

Der vorletzte Schritt besteht in der eigentlichen Ermittlung des Marktpotenzials. Hierzu können die zuvor gesammelten Informationen z. B. in die obige, ggf. anzupassende Marktpotenzialformel (9) eingesetzt werden. Bei Verwendung von Conjoint-Daten über die Präferenzstruktur der Nachfrager (vgl. Schritt (2)) ist es zudem möglich, **interaktive Marktsimulationen** zu erstellen. Solche Marktsimulationstools (z. B. Sawtooth Software) sind komfortabel zu bedienen und ermöglichen auf Simulationsbasis eine Abschätzung, wie sich der prognostizierte Marktanteil ändert, wenn der Preis gesenkt wird oder bestimmte Produkteigenschaften verändert werden.

(6) Interpretation des Marktpotenzials

Prognoseunsicherheit

Bei der Interpretation von Marktpotenzialwerten ist generell zu berücksichtigen, dass diese Angaben **Prognosewerte** darstellen und folglich immer mit **Unsicherheit** behaftet sind (vgl. *Kreutzer*, 2006, S. 34). Legendär in diesem Zusammenhang ist die Fehlprognose des damaligen Vorstandsvorsitzenden von IBM, Thomas J. Watson aus dem Jahre 1943, der im Hinblick auf das Marktpotenzial von Computern feststellte: »Ich vermute, dass es einen Weltmarkt für vielleicht fünf Computer gibt.«

Fallbeispiel 25

Marktpotenzialanalyse von eBook-Readern im deutschen Buchmarkt

Spätestens seitdem im Frühjahr 2009 der erste eBook-Reader in Deutschland auf den Markt gebracht wurde, ist die Digitalisierung auch auf dem deutschen Buchmarkt angekommen. Das Potenzial für eBooks wird dabei als sehr groß eingeschätzt und dürfte sich mit einer Ausweitung des Angebots an deutschen Titeln zukünftig noch ausweiten.

Ergebnisse des Buchmarktpanales der GfK, Nürnberg, ergaben, dass sich die Zielgruppe im Jahr 2010 in Deutschland auf etwa 540.000 Personen beläuft, die zusammen 21 Mio. € für eBooks ausgaben, was 0,5 % des gesamten deutschen Buchumsatzes ausmacht. Experten prognostizieren allerdings bis 2015 eine Steigerung des Umsatzanteils auf 16 %. Die meisten Käufer elektronischer Bücher sind dabei zwischen 30 und 49 Jahre alte Männer und das meistverkaufte Genre unter den eBooks ist mit 60 % die Belletristik, die bei den Print-Versionen nur 48 % ausmacht.

eBooks sind elektronische Dateien, die bei ihrer Darstellung auf einem eBook-Reader Buchinhalte so wiedergeben, dass sie gedruckten Büchern ähneln. Darstellung und Inhalte können typografisch gestaltete Seiten mit Texten, Grafiken, Fotos, Diagrammen und Tabellen umfassen. Bedingt durch die digitale Technik können eBooks mit Funktionen ausgestattet werden, die es bei gedruckten Büchern nicht gibt. So kann beispielsweise die Inhaltsseite mit den Kapitelseiten verlinkt werden oder die von den gedruckten Büchern her bekannten Querverweise können als Links unmittelbar zu dem verlinkten Begriff oder dem entsprechenden Kapitel führen. Des Weiteren unterstützen eBooks Volltextrecherchen, sie ermöglichen also das schnelle Auffinden von semantischen Zusammenhängen und bieten Markierungs- und Notizmöglichkeiten.

In einer Marktstudie aus dem Jahr 2010 von PricewaterhouseCoopers (PwC) wurde untersucht, welches die Treiber der Digitalisierung des Buchmarktes sind. Noch vor der Verfügbarkeit von digitalen Inhalten und deren Preisen nannten Experten in dieser Studie Endgeräte zum Bezug, zur Speicherung, zum Transport und zur Darstellung von digitalen Inhalten als wichtigsten Treiber.

Die Digitalisierung hinterlässt aber auch in der Wertschöpfungskette der Buchbranche ihre Spuren und wirkt sich auf etablierte Erlösmodelle aus. Neue Wettbewerber – beispielsweise Anbieter von Computern und Unterhaltungselektronik – treten in den Markt ein und übernehmen Aufgaben etablierter Marktteilnehmer. Zudem verschwimmen konventionelle Strukturen und die Wertschöpfungskette verlängert sich, schließlich ist für das Lesen von eBooks ein entsprechendes Lesegerät notwendig.

Zusammengenommen gehen Experten davon aus, dass sich eBooks und die dazugehörigen eReader in Deutschland durchsetzen werden, wenn auch langsamer als in den USA oder Großbritannien. Noch ist Lesern hierzulande das »haptische Erlebnis« ausgesprochen wichtig – das elektronische Lesegerät wird trotz scharfer und kontrastreicher Bildschirme nicht als gleichwertige Alternative zum gedruckten Buch akzeptiert. Doch wird sich dies auch angesichts der wachsenden Mobilität der Konsumenten und der Gewohnheit, auch am Bildschirm zu lesen, zukünftig vermutlich ändern. Für Unternehmen, die im Bereich eBooks/eReaders investieren wollen, stellt sich allerdings die Frage, wie groß das Potenzial konkret ist. Nur so lassen sich Investitionen im Bereich eBooks/eReaders überprüfen und damit auch rechtfertigen. Exemplarisch wird daher im Folgenden eine Marktpotenzialanalyse für eBooks/eReaders durchgeführt.

(1) Berechnungsformel kritisch hinterfragen und ggf. erweitern

Im vorliegenden Fall soll das Marktpotenzial von eBook-Readern bis 2020 im deutschen Buchmarkt ermittelt werden. Eine Anpassung der Berechnungsformel erscheint nicht notwendig, sodass gilt:

$$MP = N \cdot a_N = \sum_{i=1}^{s} N_i \cdot a_{Ni} \qquad (10)$$

mit:

MP = Marktpotenzial von eBook-Readern bis 2020 im deutschen Buchmarkt
N = Nachfrager nach eBook-Reader
a = durchschnittliche Kaufrate von Nachfragern nach eBook-Readern
i = relevante Nachfragersegmente (i = 1, ..., s)

(2) Sammeln von Daten

Um potenzielle Nachfrager ermitteln zu können, muss in diesem Fall eine indirekte Vorgehensweise gewählt werden, da die Nachfrage nach eBook-Readern von der Nachfrage nach eBooks abhängt. Aus diesem Grund wird an dieser Stelle zunächst ermittelt, wie sich das Nachfrageverhalten der Buchleser in Deutschland durch die Digitalisierung verändert. Hierauf aufbauend soll in einem zweiten Schritt

Fortsetzung auf Folgeseite

Fortsetzung von Vorseite

abgeleitet werden, welche Buchkauftypen potenzielle Nachfrager von eBook-Readern sein könnten.

Um Aufschluss über das Kaufverhalten der deutschen Buchkunden zu erhalten, soll im vorliegenden Fall auf Sekundärdaten in Form der Studie »Buchkäufer und Leser: Profile, Motive, Wünsche« von GfK und Sinus zurückgegriffen werden. Diese Studie enthält Aussagen zur Kaufhäufigkeit von Büchern der Deutschen an zehn Jahren sowie Angaben zur Lesehäufigkeit. Aus diesen Kriterien leitet die Studie acht Buchkauftypen ab. Diese empirisch ermittelten Buchkauftypen bilden die Basis für die Bestimmung des Marktpotenzials für eBook-Reader. Hierbei sollen folgende Annahmen getroffen werden:

▸ Personen mit starkem Interesse an Buchinhalten – also hohe Lesehäufigkeit – sind potenzielle eBook-Reader-Käufer.

▸ Personen mit hoher Ausgabebereitschaft für Bücher – also hohe Kaufintensität – sind potenzielle eBook-Reader-Käufer.

▸ Personen, die Bücher vor allem aus haptischen Gründen kaufen – also mehr Bücher kaufen als lesen – sind keine potenziellen eBook-Reader-Käufer.

▸ Personen, die starkes Interesse an Buchinhalten, aber keine Ausgabebereitschaft aufweisen, sind keine potenziellen eBook-Reader-Käufer.

Hieraus ergeben sich die in *Abbildung 76* klassifizierten acht Buchkauftypen.

In Klammern ist der jeweilige Anteil des betreffenden Buchkauftyps an allen privaten Buchkäufern angegeben. Aus dieser Klassifizierung ergeben sich drei potenzielle Kundensegmente für eBook-Reader: »Ausleihende Leseratten«, »Durchschnittsnutzer« und »Kauffreudige Leseratten«.

(3) Anzahl potenzieller Nachfrager bestimmen

Aus den zuvor gesammelten Daten sollen nun in diesem Schritt die Anzahl der potenziellen Nachfrager bis zum Jahr 2020 ermittelt werden. Hierzu zählen alle, die einen prinzipiellen Bedarf nach eBook-Readern besitzen oder einen Nutzen aus der Anwendung von diesen haben (könnten). Bei der Ermittlung der Anzahl potenzieller Nachfrager nach allen Produktalternativen als Endgerät für eBooks eignet sich eine Orientierung an der Anzahl der Nachfrager nach eBooks (komplementäres Produkt). Bei einer Anzahl von rund 36 Mio. Buchkäufern im Jahr 2009 (vgl. *GfK*, 2010) ergibt sich aus den Anteilen der potenziellen Kundensegmente ein Gesamt-Marktpotenzial für Endgeräte von eBooks von ca. 19 Mio. Käufern. Um jedoch heraus zu finden, wie hoch das Marktpotenzial von eBook-Readern ist, muss im nächsten Schritt beachtet werden, dass den potenziellen 19 Mio. Käufern mehrere Produktalternativen zur Verfügung stehen (z. B. eBook-Readers, Tablet-PCs, Smartphones). Hier wird davon ausgegangen, dass sich nur die Hälfte für den eBook-Reader entscheidet.

Kurzfristig betrachtet könnten also insgesamt 9,5 Mio. eBook-Reader in Deutschland verkauft werden (50 % von 19 Mio.). Für die Ermittlung des Marktpotenzials bis 2020 ist dieser Wert jedoch noch wenig aussagekräftig. Für diese langfristige Perspektive muss im nächsten Schritt die Kaufrate der potenziellen Nachfrager im Zeitablauf bis 2020 berücksichtigt werden.

Buchkauftypen	Nichtleser (0 Bücher)	Wenigleser (bis 9 Bücher p.a)	Durchschnittsleser (9–18 Bücher p.a.)	Vielleser (> 18 Bücher p.a.)
Nichtkäufer (0 Bücher)	Buchresistente	Gelegenheitsleser		
Wenigkäufer (1–7 Bücher p.a.)	Buchkaufende Nichtleser (5 %)	Wenignutzer (30 %)	Ausleihende Leseratten (40 %)	
Durchschnittskäufer (8–14 Bücher p.a.)		Regalsteller (12 %)	Durchschnittsnutzer (5 %)	
Vielkäufer (> 18 Bücher p.a.)				Kauffreudige Leseratten (8 %)

Quelle: *Kirchner + Robrecht GmbH*, 2009

Abb. 76:   Klassifizierung von Buchkauftypen

Fortsetzung auf Folgeseite

Fortsetzung von Vorseite

(4) Schätzung der Kaufraten

Unter der Kaufrate ist die Häufigkeit zu verstehen, mit der Nachfrager einen eBook-Reader bis zum Jahr 2020 erwerben werden. Da es sich bei einem eBook-Reader um einen Gebrauchsgegenstand handelt, erscheint die Häufigkeit des Neuerwerbs in entscheidendem Maße von der Lebensdauer eines eBook-Readers abhängig zu sein. Die heute üblichen Li-Ionen-Akkus weisen eine Lebensdauer von 500 bis 1.000 Ladezyklen auf. eBook-Reader müssen somit in Abhängigkeit der Nutzungshäufigkeit lediglich 20- bis 100-mal pro Jahr geladen werden, was zu einer möglichen technischen Lebensdauer von 5–50 Jahren führen würde. Allerdings ist davon auszugehen, dass einige Nachfrager bereits früher zu einem neueren Modell wechseln. Experten gehen daher davon aus, dass die durchschnittliche Lebensdauer eines eBook-Readers im Segment der »Kauffreudigen Leseratten« bei 2,7 Jahren und in den anderen beiden Segmenten bei 3,5 Jahren liegen wird. Das heißt, es ist davon auszugehen, dass »Kauffreudige Leseratten« im Durchschnitt drei eBook-Reader bis 2020 und Nachfrager in den anderen beiden Segmenten im Durchschnitt zwei eBook-Reader erwerben werden.

(5) Berechnung des Marktpotenzials

Die Anwendung der Marktpotenzialformel führt zu einer Marktpotenzialprognose von 20,52 Mio.:

$$MP = N \cdot a_N = \sum_{i=1}^{s} N_i \cdot a_{Ni} \qquad (11)$$

$$MP = 7,2\,\text{Mio.} \cdot 2 + 0,9\,\text{Mio.} \cdot 2 + 1,44\,\text{Mio.} \cdot 3 = 20,52\,\text{Mio.}$$

$$(12)$$

(6) Interpretation des Marktpotenzials

Die vorliegende Marktpotenzialanalyse kommt zu dem Ergebnis, dass bis 2020 in Deutschland insgesamt ein Marktpotenzial von 20,52 Mio. abzusetzenden eBook-Readern besteht. Dieser Wert stellt jedoch lediglich einen Prognosewert dar und ist insbesondere von technischen Weiterentwicklungen sowohl im Bereich der eBook-Reader als auch der Tabet-PCs und Smartphones abhängig.

B Marketing-Ziele

Lernziele

▸ Sie verstehen, was Marketing-Ziele sind und können diese in die Zielpyramide von Unternehmen einordnen.

▸ Sie können psychografische von ökonomischen Zielen unterscheiden, deren Inhalte erläutern und erklären, wie diese zusammenhängen.

▸ Sie können nachvollziehen, welche Beziehungen zwischen verschiedenen Marketingzielen bestehen können, und wissen, wie man Marketing-Ziele präzise formuliert. Insbesondere können Sie Marketing-Ziele hinsichtlich Zielinhalt, -ausmaß sowie Zeit- und Segmentbezug operationalisieren.

I Einordnung von Marketing-Zielen in die Zielpyramide von Unternehmen

Im Anschluss an die Durchführung einer fundierten Situationsanalyse sind die Marketing-Ziele festzulegen. Unter **Zielen** werden dabei im Allgemeinen Aussagen über erwünschte Zustände verstanden, die als Ergebnisse von Entscheidungen eintreten sollen (vgl. *Homburg*, 2012, S. 171). Die Auswahl von Zielen aus einer Anzahl möglicher Zielalternativen gehört zwingend zu jedem wirtschaftlichen Handeln, da erst diese Auswahl Klarheit darüber verschafft, was mit dem wirtschaftlichen Handeln erreicht werden soll (vgl. *Heinen*, 1976, S. 28). Ziele definieren dabei die Maßstäbe, anhand derer später die Leistung eines Unternehmens und seiner Akteure beurteilt wird. Sie geben das geforderte Anspruchsniveau an diese Leistung vor. Insofern sind Ziele wichtige Größen, die bei der Definition von Strategien und Maßnahmen Orientierung geben. In Unternehmen geben Ziele an, wohin ein Unternehmen in Zukunft gelangen will (beispielsweise Erschließung des brasilianischen Marktes innerhalb von fünf Jahren). Wird die Definition von klaren Zielen vernachlässigt, was in der Praxis immer wieder vorkommt, so besteht die Gefahr, dass geplante Strategien und Maßnahmen unkontrolliert durchgeführt werden und ihre Erfüllung zudem ex post nicht beurteilt werden kann, weil an die Stelle eines systematischen und geleiteten Vorgehens ein »Durchwursteln« (**muddling through**) tritt (vgl. *Raffée*, 1984, S. 67).

Definition »Ziele«

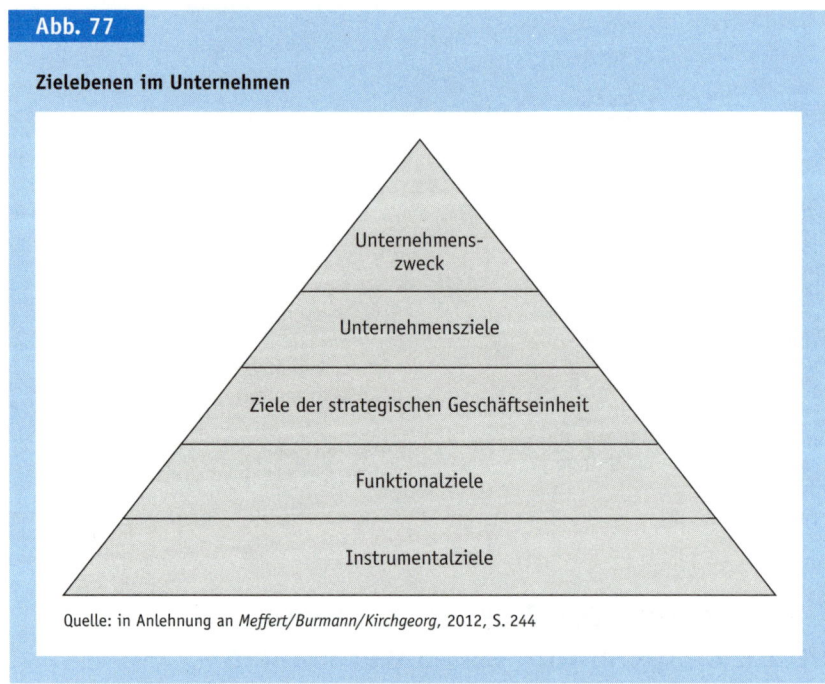

Abb. 77

Zielebenen im Unternehmen

- Unternehmens- zweck
- Unternehmensziele
- Ziele der strategischen Geschäftseinheit
- Funktionalziele
- Instrumentalziele

Quelle: in Anlehnung an *Meffert/Burmann/Kirchgeorg*, 2012, S. 244

Zielpyramide

Betrachtet man ein Unternehmen unter Zielgesichtspunkten genauer, so lässt sich zunächst einmal ganz allgemein feststellen, dass Ziele auf verschiedenen Ebenen vorliegen (müssen). Die unterschiedlichen **Zielebenen** können als **Pyramide** dargestellt werden (vgl. *Becker*, 2013, S. 28; *Steiner*, 1971, S. 199 ff.), wobei die Zahl und der Konkretisierungsgrad der Ziele von der Spitze zur Basis zunehmen (vgl. *Abbildung 77*).

Business Mission

Die Spitze einer solchen Zielpyramide wird durch den eigentlichen **Unternehmenszweck** (die **Business Vision** bzw. in schriftlicher Form die **Business Mission**) gebildet. Er enthält eine langfristige Zielvorstellung darüber, in welcher Art und Weise ein Unternehmen einen Beitrag als Teil der Gesamtwirtschaft erbringen will. Mit der Beantwortung der Fragen »Was ist unser Geschäft?« und »Was sollte unser Geschäft sein?« geben die Mission und die Vision dem Unternehmen einen groben Handlungsrahmen für sämtliche Aktivitäten vor (vgl. *Meffert/Burmann/Kirchgeorg*, 2012, S. 244; *Hungenberg*, 2011, S. 444 ff.). Der Inhalt einer Business Mission soll exemplarisch am Beispiel des Beratungsunternehmens *McKinsey* verdeutlicht werden, welches seinen Unternehmenszweck wie folgt definiert: »To help our clients make distinctive, lasting, and substantial improvements in their performance, and to build a great Firm that attracts, develops, excites, and retains exceptional people.« (*McKinsey & Company, Inc.*, 2012).

Unternehmensziele

Auf der nächsten Ebene stehen die (langfristigen) **Unternehmensziele**. Diese »Goals« stellen Orientierungs- bzw. Richtgrößen für das unternehmerische Handeln dar. Sie sind zugleich Aussagen über die anzustrebenden Zustände, die durch Strategien und unternehmerische Maßnahmen erreicht werden sollen (vgl. *Kupsch*, 1979, S. 15 f.). Die Unternehmensziele lassen sich generell in **finanzielle** und **nicht-finanzielle Ziele** unterscheiden. Zu den finanziellen Zielen zählen z. B. die Verbesserung der Ertragssituation, ein Umsatzwachstum, die Erzielung einer angemessenen Dividende oder die Erhöhung des Shareholder Values. Zu den nicht-finanziellen Zielen sind hingegen beispielsweise die Erhöhung der Marktpräsenz, der Aufbau eines bestimmten Images im Markt, die Schaffung und Erhaltung der Innovationsfähigkeit und die Sicherung der Eigenständigkeit des Unternehmens zu zählen. Auf der Unternehmensebene sind insbesondere die finanziellen Ziele von Bedeutung (vgl. *Hungenberg*, 2011, S. 449), da diese für die Anteilseigner von besonderem Interesse sind.

> **Zielarten**

Auf der dritten Ebene des Zielsystems befinden sich die **Ziele der strategischen Geschäftseinheiten**. Eine strategische Geschäftseinheit ist eine organisatorische Einheit im Unternehmen mit eigenständigen Marktaufgaben und einem gewissen strategischen Entscheidungsspielraum. Die Geschäftseinheiten leisten dabei einen eigenständigen Beitrag zur Steigerung des Erfolgspotenzials eines Unternehmens (vgl. *Hinterhuber*, 2011, S. 48; *Hungenberg*, 2011, S. 15 ff.). Solche gewinnverantwortlichen, strategischen Geschäftseinheiten werden auch als **Profit Center** bezeichnet und stellen eine Art **»Unternehmen im Unternehmen«** dar.

> **Geschäftseinheit-Ziele**

Zur Erreichung der Unternehmensziele bzw. der Ziele der strategischen Geschäftseinheiten bedarf es der Erfüllung einer Vielzahl von **Funktionalzielen**. Die Unternehmensziele können so nur über die Beiträge der verschiedenen Unternehmensfunktionen wie Personalwesen, Fertigung, Forschung und Entwicklung oder Vertrieb erreicht werden. Für den Bereich Personalwesen könnte beispielsweise das Ziel darin bestehen, den Anteil an Akademikern im Unternehmen bzw. der strategischen Geschäftseinheit zu erhöhen. Für den Bereich Forschung und Entwicklung könnte das Ziel formuliert werden, innerhalb der nächsten zwei Jahre die Anzahl an neuen verwertbaren Patenten um 20 Stück zu vergrößern.

> **Funktionalziele**

Auf der untersten Ebene der Zielpyramide sind schließlich die **Instrumentalziele** zu finden. Da es sich bei Instrumenten um Aktionsparameter bzw. um Kombinationen von Aktionsparametern handelt, die ein Unternehmen kontrolliert und zur Realisierung von bestimmten Funktionalzielen einsetzt, lassen sich die Instrumentalziele aus den Funktionalzielen ableiten. Die Instrumentalziele weisen in der Zielpyramide den höchsten Konkretisierungsgrad auf. Beispielsweise kann ein Instrumentalziel innerhalb der Fertigung in möglichst geringen Umrüstkosten oder kurzen Durchlaufzeiten bestehen.

> **Instrumentalziele**

Vor dem Hintergrund der oben skizzierten Zielpyramide von Unternehmen stellt sich nun die Frage, auf welcher Ebene bzw. welchen Ebenen die Marketing-Ziele in der Zielpyramide zu verorten sind. Unter **Marketing-Zielen** werden solche Ziele verstanden, die die im Marketing-Bereich angestrebten Zustände kennzeichnen und die durch den Einsatz von Marketing-Strategien und -Instrumenten erreicht werden sollen (vgl. *Meffert/Burmann/Kirchgeorg*, 2012,

> **Definition »Marketing-Ziele«**

Marketing-Ziele:
Geschäftseinheiten-
Ebene

S. 255; *Becker*, 2013, S. 61). Da Marketing hier als das **Management von KKVs** verstanden wird und KKVs nur auf der Ebene im Unternehmen festgelegt werden können, auf der sich eine Unternehmenseinheit eigenständig auf die Anforderungen eines bestimmten Marktes beziehen kann, stellen i. d. R. **strategische Geschäftseinheiten** die **Bezugsebene** dar, auf der Marketing und damit

Fallbeispiel 26

Deutsche Telekom AG

Die Deutsche Telekom AG hat bis 2005/2006 eine starke Geschäftsbereichsorientierung in ihrer Organisation und ihrem Marketing aufgewiesen. Indem man den Konzern in Bereichen wie T-Online, T-Kom oder T-Mobile führte, wurden »Unternehmen im Unternehmen« zugelassen, die im Hinblick auf Marke, Marketing und Vertriebsorganisation relativ eigenständig agierten. Da allerdings einerseits zunehmend Kannibalisierungseffekte zwischen den Geschäftsbereichen entstanden (beispielsweise substituierten die Mobilfunk-Angebote von T-Mobile die Festnetzanschlüsse von T-Kom) und andererseits die Geschäftsbereiche auf die gleichen technischen Infrastrukturen zurückgriffen (z. B. T-Kom und T-Online auf das gleiche Breitbandnetz) beschloss das Unternehmen, die Geschäftsbereiche wieder unter einer gemeinsamen Dachmarke zu führen. Zwischen 2008 und 2010 wurden die geschäftsbereichs-

bezogenen Marketing-Aktivitäten stark zurückgefahren und durch unternehmensweit einheitliche Marketing-Aktivitäten ersetzt.

Im Bereich Marke wurde so z. B. die Dachmarke »Telekom« völlig neu definiert. Die zentralen Dimensionen der Markenidentität der Telekom-Marken wurden dabei als »Kompetenz«, »Einfachheit« und »Innovation« festgelegt (vgl. *Abbildung 78*).

Anschließend mussten die Geschäftsbereiche diese übergeordneten Markenbotschaften für ihre Tätigkeitsfelder transformieren. Denn »Innovation« oder »Einfachheit« muss für den Kunden bei Mobilfunkdienstleistungen anders erlebbar gemacht werden als bei Online- oder Festnetzdienstleistungen.

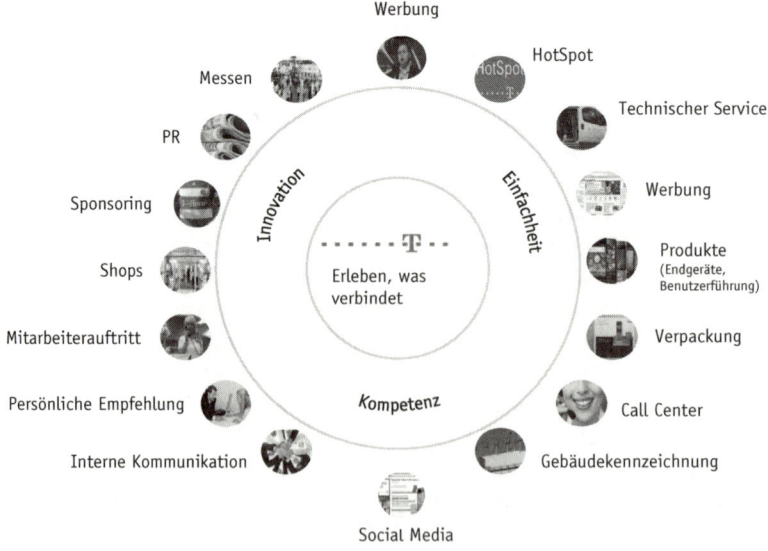

Abb. 78: Markenidentität der Dachmarke »Telekom«

auch Marketing-Ziele zu planen sind (vgl. *Meffert/Burmann/Kirchgeorg*, 2012, S. 262 f.; *Backhaus/Schneider*, 2007, S. 33). Die für das Marketing relevante Bezugsebene der strategischen Geschäftseinheiten ist dabei für Querschnittsfunktionen typisch. Da es sich bei strategischen Geschäftseinheiten um »Unternehmen im Unternehmen« handelt, sind alle »gesamtunternehmerischen« Aufgaben wie Finanzen, Marketing oder Controlling auf diese Ebene zu beziehen. Dies bedeutet jedoch nicht, dass es nicht auch bei den Zielen von Querschnittsfunktionen wie Marketing im Unternehmen Funktional- oder Instrumentalziele geben kann. Stattdessen ist bei den Zielen einer einzelnen Querschnittsfunktion wie Marketing von einer **»kleinen« Zielpyramide** zu sprechen, die darin besteht, dass sich etwa im Marketing-Bereich die übergeordneten Marketing-Ziele auf der Ebene der strategischen Geschäftseinheiten in untergeordneten Funktionalzielen (z. B. Kundenbindungsziele) und sich hierauf beziehenden Instrumentalzielen (z. B. Preisziele) wiederspiegeln müssen. Gerade wenn Unternehmen Dachmarkenstrategien (vgl. Abschnitt 2 C III 1.4.2.1) verfolgen und Marketing-/Marken-Ziele in einem solchen Fall auf Gesamtunternehmensebene festgelegt werden, kann es sogar erforderlich sein, gesamtunternehmensbezogene Marketing-/Marken-Ziele in geschäftsbereichsspezifische Marketing-Ziele zu überführen. In einem solchen Fall sind zwei »kleine« Zielpyramiden erforderlich: eine zur Übertragung der gesamtunternehmensbezogenen Ziele auf die Geschäftsbereiche und eine für die Übertragung dieser geschäftsbereichsspezifischen Ziele in Funktional- und Instrumentalziele.

Übersetzung in Funktional- und Instrumentalziele

Festgehalten werden kann somit, dass **Marketing-Ziele**
▸ auf der Ebene der strategischen Geschäftseinheiten festzulegen sind,
▸ aus den übergeordneten Zielen der strategischen Geschäftseinheiten bzw. des Gesamtunternehmens abgeleitet werden müssen und
▸ in Form einer kleinen Zielpyramide auf Geschäftsfelder bzw. in Funktional- und Instrumentalziele heruntergebrochen werden müssen.

Zusammenfassung

II Arten von Marketing-Zielen

Inhaltlich lassen sich Marketing-Ziele in vielfältiger Weise untergliedern. Eine häufige **Kategorisierung von Marketing-Zielen** ist die Unterteilung in (vgl. *Meffert/Burmann/Kirchgeorg*, 2012, S. 256 ff.; *Esch/Herrmann/Sattler*, 2011, S. 24 ff.)
▸ ökonomische Ziele und
▸ psychografische (nicht-ökonomische) Ziele.

Kategorisierung

Ökonomische und psychografische Ziele

Bei ökonomischen Marketing-Zielen handelt es sich um **eng mit den generellen Unternehmenszielen zusammenhängende Größen** (beispielsweise Gewinn, Rentabilität oder Unternehmenswert). Diese lassen sich zumeist anhand von

Ökonomische Marketing-Ziele

Markttransaktionen (z. B. Kauf und Absatz) messen und nehmen damit auf beobachtbare Ergebnisse von Markttransaktionen Bezug. Jedoch ist eine Voraussetzung für entsprechende Markttransaktionen und damit die Erfüllung ökonomischer Marketing-Ziele, dass zuvor bei den Käufern bestimmte psychische Prozesse erfolgt sind, die zu einer positiven Einstellung gegenüber dem Unternehmen und seinen Produkten geführt haben. An diesen Prozessen knüpfen die **psychografischen (nicht-ökonomischen) Marketing-Ziele** an. Ausgangspunkt bildet hierbei die Überlegung, dass **Motive**, **Einstellungen** und **Images** des Nachfragers auf die Kaufbereitschaft und damit letztlich die Kaufwahrscheinlichkeit wirken (vgl. *Steffenhagen*, 2008, S. 68 f.).

Psychografische Marketing-Ziele

Zielzusammenhänge

Die **Zusammenhänge** zwischen psychografischen und ökonomischen Marketing-Zielen zeigt *Abbildung 79*. Die psychografischen Ziele sind den ökonomischen Marketing-Zielen dabei vorgelagert. Hierzu zählen vor allem die Markenbekanntheit, das Image, die Kundenzufriedenheit, die Kundenbindung sowie

Abb. 79

Zielgrößen im Marketing

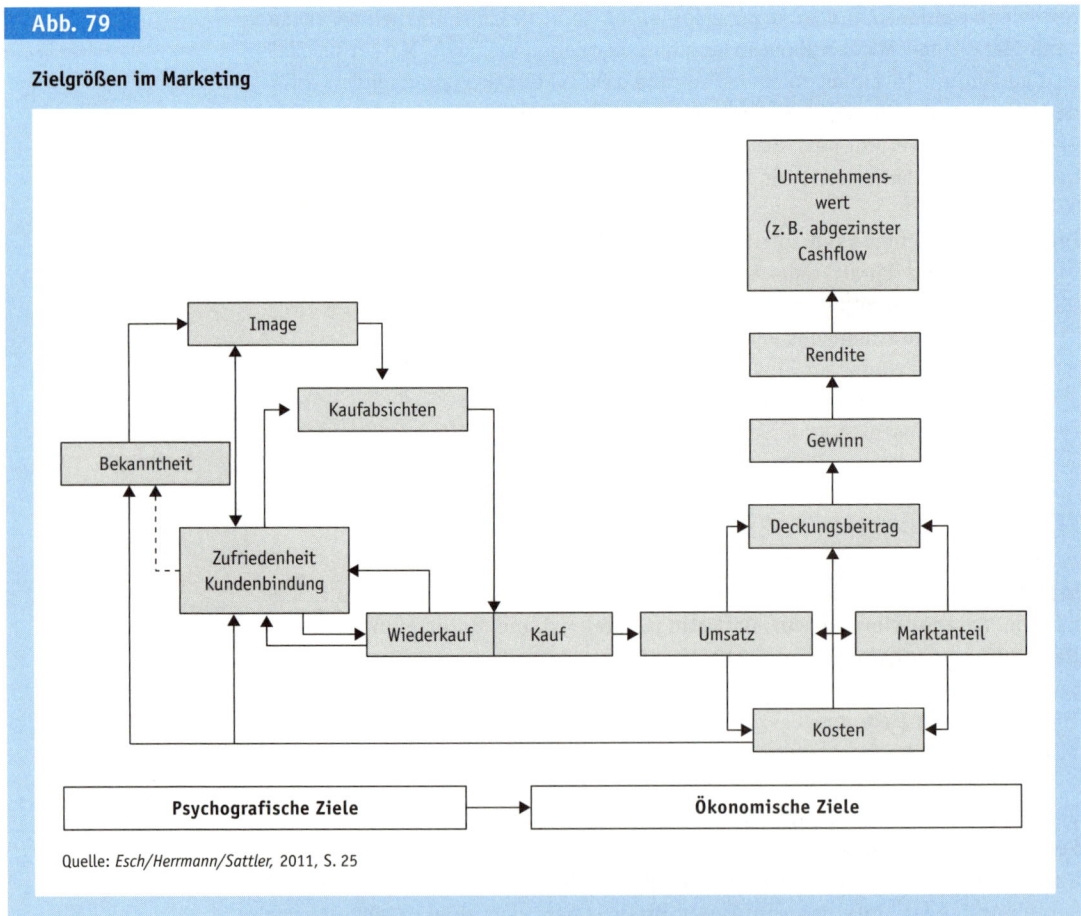

Quelle: *Esch/Herrmann/Sattler,* 2011, S. 25

Abb. 80

Marketing-Funnel

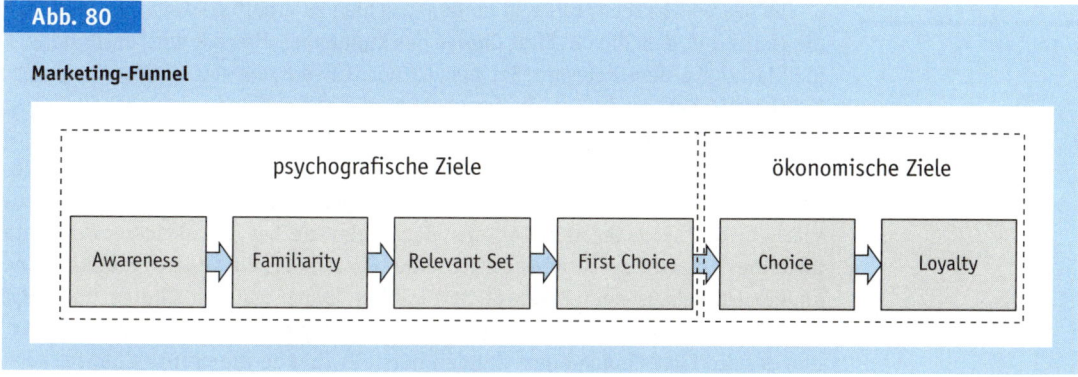

die Kaufabsicht. Diese weisen im Marketing eine relativ große Bedeutung auf, da sie die Grundlage für darauf aufbauende ökonomische Marketing-Ziele bilden.

Auf die Zusammenhänge zwischen psychografischen und ökonomischen Marketing-Zielen weist auch die auf die Unternehmensberatung *McKinsey* zurückgehende **Kaufprozessanalyse** hin, die auch als **Marketing-** oder **Purchase-Funnel** bezeichnet wird. Bei dieser Analyse wird der gesamte kaufbezogene Interaktionsprozess zwischen einem Kunden und einem Produkt bzw. einer Marke betrachtet. Wie in *Abbildung 80* dargestellt, bildet die Bekanntheit eines Produktes/einer Marke (**Awareness**) die Grundvoraussetzung für einen möglichen anschließenden Kaufprozess. Nur wenn Kunden ein Produkt/eine Marke bekannt ist, können diese bei Auftreten eines Kaufanlasses auf die Idee kommen, dieses Produkt bzw. diese Marke in die nähere Betrachtung aufzunehmen.

Über Bekanntheit hinaus muss ein Produkt jedoch zusätzlich den potenziellen Kunden auch vertraut sein (**Familiarity**). Der Kunde muss ein Produkt also nicht nur dem Namen nach kennen, sondern muss sich ebenso mit dessen Stärken und Schwächen auskennen. Nur in diesem Fall hat das Produkt/die Marke eine Chance, vom Kunden im weiteren Prozess weiterverfolgt zu werden.

Eine Voraussetzung hierfür stellt die Notwendigkeit dar, dass eine Marke/ein Produkt zusätzlich im Relevant Set des Kunden enthalten sein muss. Das **Relevant Set** wird dabei aus den Produkten/Marken gebildet, die bei Auftreten eines Kaufanlasses vom Kunden in die nähere Auswahl gezogen werden. Mit anderen Worten reicht Familiarity nicht aus, stattdessen muss die Vertrautheit mit den Stärken und Schwächen eines Produktes für den Kunden zu einer positiven Gesamtbewertung führen, sodass das Produkt zumindest grundsätzlich für einen Kauf in Frage kommt und der Kunde daher bereit ist, sich weitere Informationen über das Produkt, die Kaufbedingungen, dessen Verfügbarkeit etc. beim Anbieter im Kaufprozess zu verschaffen. Produkte/Marken, die sich im Relevant Set des Kunden befinden, werden demnach in die »nähere Auswahl« gezogen und haben gute Chancen, vom Kunden endgültig ausgewählt zu werden.

Marketing-Funnel
(Kaufprozessanalyse)

Awareness

Familiarity

Relevant Set

First Choice und Choice

Die besten Chancen, tatsächlich den Zuschlag zu erhalten, weist das Produkt/ die Marke auf, das/die die **First Choice** des Kunden ist. Hiermit wird das Produkt/ die Marke aus dem Relevant Set bezeichnet, für das/die der Kunde die größte Kaufbereitschaft mitbringt. In der Regel wird sich der Kunde zunächst vor allem um den Kauf seiner First Choice bemühen, z. B. indem er den Anbieter dieses Produktes/dieser Marke als ersten kontaktiert bzw. aufsucht. Sofern allerdings dieser Anbieter dem Kunden kein adäquates Angebot machen kann/will oder zusätzlich kontaktierte Anbieter aus dem Relevant Set attraktivere Angebote unterbreiten, wird der Kunde anstatt seiner First Choice ein anderes Produkt/eine andere Marke aus dem Relevant Set wählen. Daher müssen **Choice** und First Choice eines Kunden nicht unbedingt übereinstimmen. Eine Marke, ein Produkt, die/das die First Choice eines Kunden darstellt, hat so die größte Chance, auch gewählt zu werden, ohne dass der Anbieter allerdings fest davon ausgehen kann. Vielmehr muss er seine Chance im weiteren Kaufprozess auch nutzen und dem Kunden ein entsprechend attraktives Angebot unterbreiten.

Loyality

Mit der Kaufentscheidung des Kunden (Choice) endet der kaufbezogene Interaktionsprozess noch nicht. Stattdessen steht der Kunde (ggf.) zu späteren Zeitpunkten vor **Wiederkaufentscheidungen.** Dabei hat der Anbieter, bei dem der Kunde in der Vergangenheit gekauft hat, einen strategischen Vorteil gegenüber Konkurrenten: Sofern der Kunde mit dem Anbieter zufrieden ist, wird er Folgegeschäfte lieber mit diesem Anbieter tätigen, da er bei diesem die Leis-

---

Abb. 81

Exemplarischer Kaufprozess bei Pkws auf Individualebene

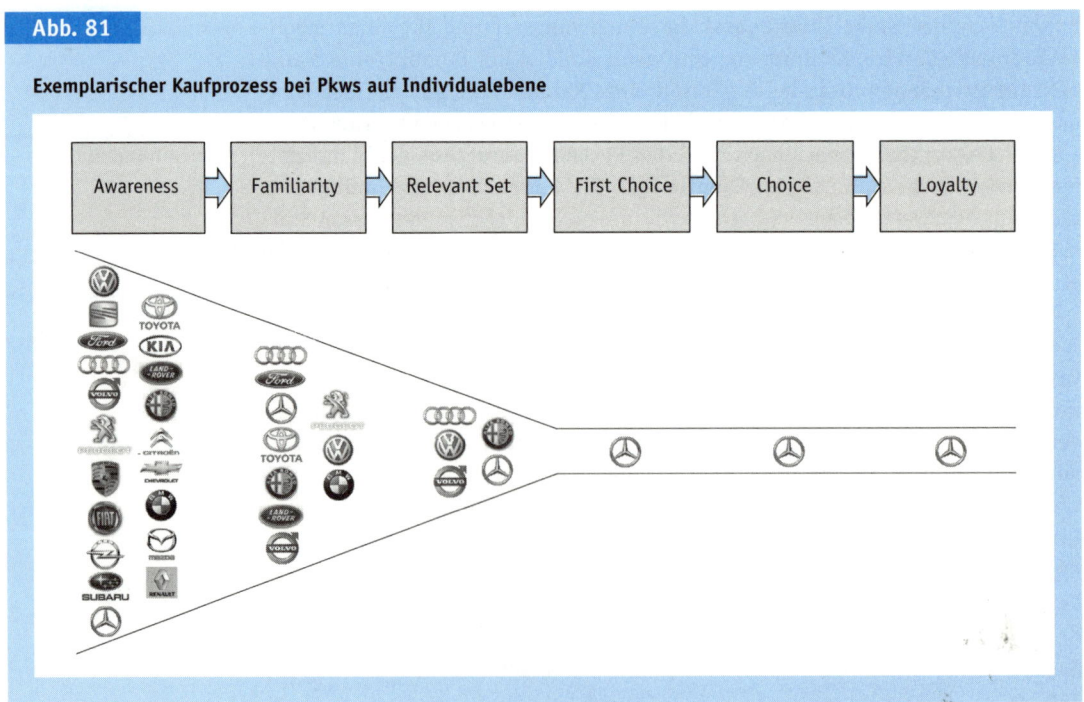

tung einschätzen kann. Folglich ist es dem **Insupplier** einfacher als Konkurrenten möglich, den Kunden für Folgegeschäfte für sich zu gewinnen. Das Ziel muss es also sein, den Kunden zu **Loyalty** zu bewegen.

Zusammengenommen zeigt die Kaufprozessanalyse, dass sich die Anzahl betrachteter Anbieter/Produkte/Marken im Verlauf des Prozesses schrittweise reduziert. *Abbildung 81* verdeutlicht dies an einem exemplarischen Kaufprozess bei Pkws auf Individualebene (aus Sicht eines Kunden).

Wird die Kaufprozessanalyse aus Sicht eines Produktes/einer Marke nicht für einen einzelnen Nachfrager (vgl. *Abbildung 81*) durchgeführt, sondern für einen ganzen Markt bzw. ein ganzes Marktsegment, dann lässt sich dieses Instrument zur Ableitung und Steuerung von ökonomischen und vorgelagerten psychografischen Zielen im Marketing nutzen. Zunächst ist hierzu für jede Stufe des Kaufprozesses bei einer Marke/einem Produkt zu ermitteln, welcher Anteil der potenziellen Kunden des relevanten Marktes (vgl. Abschnitt 2 A I) dieser Stufe zugerechnet werden kann. *Abbildung 82* zeigt am **Beispiel** der Pkw-Modelle VW Passat und Mercedes C-Klasse, dass sich hier sehr unterschiedliche Abstufungen im Kaufprozess ergeben können (auf den Ausweis der Stufe First Choice wurde in *Abbildung 82* verzichtet). So gehen der Mercedes C-Klasse im Beispiel von *Abbildung 82* bereits auf den ersten Stufen relativ viele Kunden aus dem Zielsegment verloren. Während die Marke praktisch jedem bekannt ist, sind nur rund 40 % der Nachfrager mit der Marke vertraut. Und nur ca. 20 %

Schrittweise Reduktion wahrgenommener Anbieter

Zielsteuerung an einem Beispiel

Abb. 82

Ergebnisse einer Kaufprozessanalyse an einem Beispiel aus dem Pkw-Markt

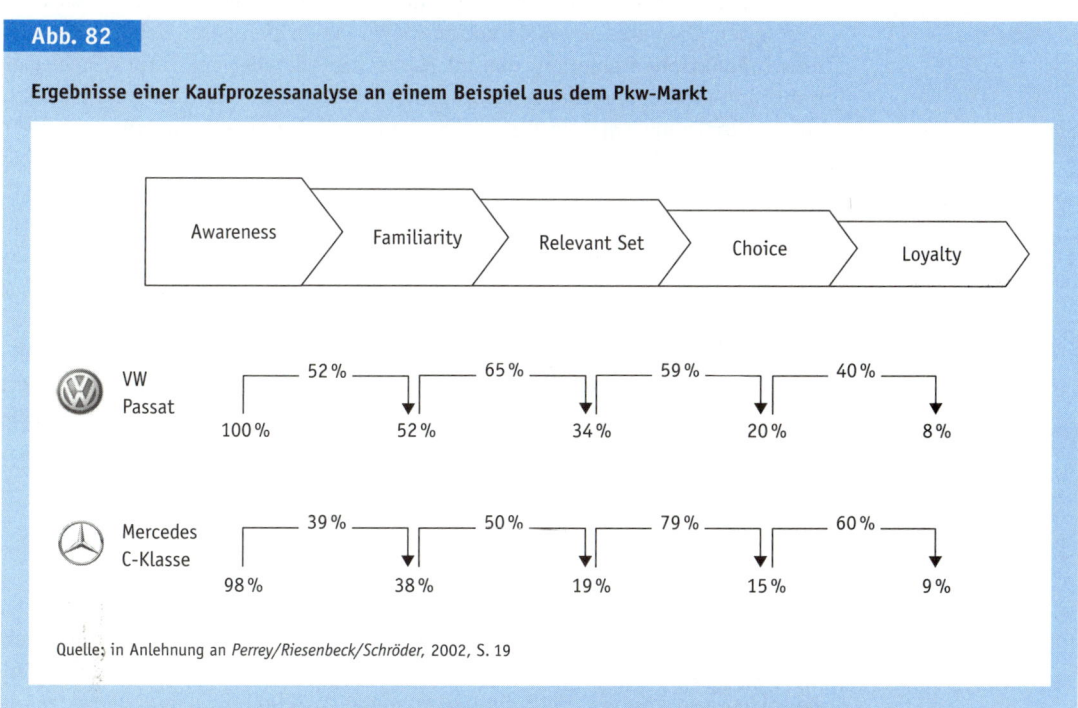

Quelle: in Anlehnung an *Perrey/Riesenbeck/Schröder*, 2002, S. 19

würden die Marke in die engere Auswahl nehmen. Bei dieser Marke liegen die »Probleme« im Marketing im fiktiven Beispiel von *Abbildung 82* folglich auf den ersten Stufen der Kaufprozessanalyse.

Anders sieht die Situation hingegen bei der Marke VW Passat im Beispiel aus. Hier kommt das Produkt für vergleichsweise viele Kunden in die engere Auswahl. Allerdings gehen dann viele Kunden verloren, da nur 60 % der Kunden, die den VW Passat in die engere Auswahl nehmen, auch zum Kauf bereit sind (Mercedes C-Klasse ca. 80 %). Ebenso kommt der Wiederkauf beim VW Passat für deutlich weniger Kunden (40 %) in Frage als bei der Mercedes C-Klasse (60 %). Folglich weist die Marke VW Passat im (fiktiven) Beispiel von *Abbildung 82* vor allem Probleme im hinteren Bereich der Kaufprozessanalyse auf.

Einsatzfelder

Die beschriebene Kaufprozessanalyse lässt sich für die Ableitung von psychografischen Marketing-Zielen aus ökonomischen Marketing-Zielen nutzen, da sie aufzeigt, wo Kunden im Kaufprozess verloren gehen und wo folglich das Marketing an erster Stelle ansetzen muss.

Zur Verbesserung des Realisationsgrades der ökonomischen Ziele Kauf/Marktanteil/Umsatz, die aus den Kaufprozessstufen Choice und Loyalty resultieren, müssen somit Ziele auf vorgelagerten Stufen des Kaufprozesses umfassender erfüllt werden. Im Beispiel von *Abbildung 82* wäre der Marke Mercedes C-Klasse als vorgelagertes Marketing-Ziel zu geben, dass mehr Kunden der Zielgruppe mit der Marke vertraut sein müssen. Ein psychografisches Marketing-Ziel könnte konkret sein, dass der Anteil in der Rubrik Familiarity von augenblicklich 38 % innerhalb des nächsten Jahres auf 45 % und innerhalb von zwei Jahren auf 50 % steigt.

Ableitung von Funktional- und Instrumentalzielen

Aus den übergeordneten Marketing-Zielen lassen sich dann Ziele für die einzelnen **Funktionen** ableiten, die mit Marketing-Aufgaben im Unternehmen betraut sind (z. B. Marketing-Abteilungen, wie Vertrieb, Marktforschung). Zudem können **Instrumentalziele** für den Marketing-Mix ermittelt werden, d. h. Ziele für die Produkt-, Preis-, Distributions- und Kommunikationspolitik.

Zielbeziehungen

Begrenzung von Zielkomplexität

Welche konkreten Marketing-Ziele dabei im Einzelnen gewählt werden, bestimmt sich nach der Art und der Ausrichtung des Geschäftsbereichs. Dabei kann auch die Anzahl der Ziele zwischen verschiedenen Unternehmen stark variieren (vgl. *Hungenberg/Wulf*, 2011, S. 50 f.). Es empfiehlt sich aber, die **Anzahl** der Ziele zu **begrenzen**, da ansonsten die **Zielkomplexität** zu groß wird. Dies ist darauf zurückzuführen, dass die Ziele i. d. R. nicht unabhängig voneinander sind (vgl. *Abbildung 83*). Konkret können Ziele zueinander

Formen von Zielbeziehungen

▸ komplementär/identisch,
▸ indifferent oder
▸ konfliktär

sein.

Identische Zielbeziehungen bedeuten, dass zwei Ziele exakt die gleichen Inhalte ansprechen, das eine Ziel also durch das andere Ziel ersetzbar ist. Beispielsweise können die Ziele »Absatzmengensteigerung« und »Umsatzstei-

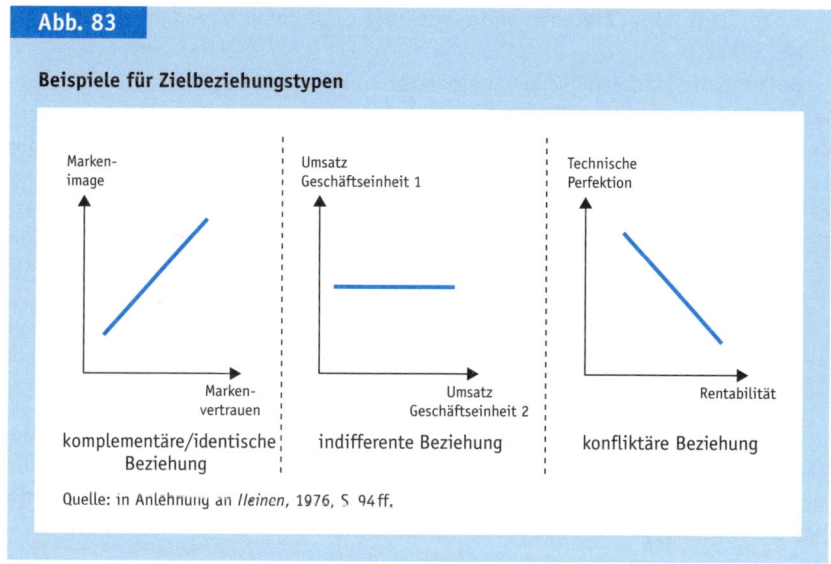

Abb. 83

Beispiele für Zielbeziehungstypen

komplementäre/identische Beziehung

indifferente Beziehung

konfliktäre Beziehung

Quelle: in Anlehnung an *Heinen*, 1976, S. 94ff.

gerung« als identisch angesehen werden, wenn die Preise gegeben und nicht zeitgleich angepasst werden können. Hingegen kann von **komplementären Zielen** gesprochen werden, wenn zwei Ziele zwar nicht identisch sind, sie jedoch in die gleiche Richtung deuten. Wie im linken Teil von *Abbildung 83* angeführt, nehmen beispielsweise Markenimage und Markenvertrauen zumeist eine komplementäre Beziehung zueinander ein.

Hat das Erreichen eines Ziels keinen Einfluss auf das Erreichen eines anderen Ziels, so handelt es sich um eine **indifferente Zielbeziehung**. In *Abbildung 83* ist als Beispiel für eine indifferente Zielbeziehung der Umsatz einer Geschäftseinheit im Verhältnis zum Umsatz einer anderen Geschäftseinheit angeführt. Zwischen den Zielen eines Unternehmens kann es aber auch zu **konfliktären Zielbeziehungen** kommen. Wird dabei durch das Erreichen eines Ziels (z. B. technische Perfektion im mittleren Teil von *Abbildung 83*), das Erreichen eines anderen Ziels (z. B. Rentabilität im mittleren Teil von *Abbildung 83*) behindert, dann handelt es sich um eine **Zielkonkurrenz**. Ist die Erfüllung eines Ziels dabei allein unter Verzicht auf ein anderes Ziel mög-

Fallbeispiel 27

Nachhaltigkeit

Aktuell wird in vielen Unternehmen das Ziel »Nachhaltigkeit« mit hoher Priorität verfolgt. Hierunter wird verstanden, dass Unternehmen die von ihnen und ihren Zulieferern genutzten Ressourcen so einsetzen, dass diese erhalten bleiben bzw. auf natürliche Weise wieder regeneriert werden können (vgl. *Balderjahn*, 2013, S. 16; *Becker/Hakensohn/ Witt*, 2012, S. 67). Setzen Unternehmen allerdings auf Nachhaltigkeit, z. B. indem sie von ihren Zulieferern die Verwendung regenerativer Rohstoffe oder dem schonenden Einsatz von Ressourcen erwarten, dann kann dies konfliktär zu anderen Zielen sein. Beispielsweise können durch das Verfolgen von Nachhaltigkeitszielen Preis- und/oder Qualitätsziele gefährdet sein, da z. B. nachhaltiges Wirtschaften mit Zusatzkosten verbunden ist und daher höhere Preise im Markt notwendig sind.

lich, so liegt eine **Zielantinomie** vor (vgl. *Hermanns/Kiendl/van Overloop*, 2012, S. 73 f.).

Solange die Marketing-Ziele zueinander komplementär/identisch oder indifferent sind, können sie als gemeinsam zu erreichende Ziele berücksichtigt werden. Sobald jedoch Zielkonflikte auftreten, müssen Prioritäten in Bezug auf die Erfüllung der Ziele gesetzt werden und die Ziele in eine entsprechende Ordnung gebracht werden. Die besonders priorisierten Ziele sind dann – ggf. auch zu Lasten anderer, hierzu konfliktärer Ziele – in erster Linie umzusetzen.

III Formulierung von Marketing-Zielen

Damit Marketing-Ziele eine Orientierung für die Steuerung der Marketing-Prozesse im Unternehmen geben können, müssen die Ziele präzise operationalisiert werden (vgl. *Schierenbeck/Wöhle*, 2012, S. 107 f.). Die **Operationalisierung** hat dabei idealtypisch hinsichtlich der Dimensionen

▸ Zielinhalt (1),
▸ Zielausmaß (2),
▸ Zeitbezug (3) und
▸ Segmentbezug (4)

zu erfolgen.

(1) Zielinhalt

Bei der Operationalisierung des Zielinhalts ist festzulegen, **was letztendlich erreicht werden soll.** Dabei ist zu beachten, dass ein Ziel hinsichtlich seines Inhaltes nur dann als operationalisiert angesehen werden kann, wenn eine mit dem Zielinhalt verbundene zweifelsfreie »Messvorschrift vorliegt, mit deren Hilfe die Erreichung des Zieles gemessen werden kann« (*Heinen*, 1976, S. 119). Dieser Überlegung folgend ist in der »Erhöhung des Umsatzes für ein Produkt XY« ein hinreichend definierter Zielinhalt zu sehen. Hingegen stellt die »Erhöhung der Bekanntheit für ein Produkt AB« keine ausreichende Operationalisierung des Zielinhalts dar, da unklar ist, wie dieser Inhalt gemessen werden kann. Aus der Formulierung geht z. B. nicht eindeutig hervor, ob sich die Steigerung auf die gestützte oder ungestützte Bekanntheit bezieht und somit die gestützte oder ungestützte Bekanntheit gemessen werden soll.

(2) Zielausmaß

Nach der Definition des Zielinhalts gilt es, das Zielausmaß festzulegen. Das Zielausmaß legt fest, **bei welcher Ausprägung** ein bestimmtes **Ziel** als **erreicht** gelten soll. Grundsätzlich lassen sich dabei nach *Heinen* (1976, S. 117 f.) zwei Arten von Zielen hinsichtlich des Zielausmaßes unterscheiden, die unbegrenzt und die begrenzt definierten Ziele. Bei einem **unbegrenzt definierten Ziel** werden Maximierungsvorschriften (beispielsweise »Erreiche einen größtmöglichen Umsatz!«) oder Minimierungsvorschriften (beispielsweise »Halte die Marketing-

Aufwendungen so gering wie möglich!«) als Zielausmaß formuliert. Jedoch sind solche undefinierten Zielausmaße in der Realität eher selten anzutreffen. Meist wird das Zielausmaß begrenzt, in dem ein bestimmtes Anspruchsniveau formuliert wird. Dabei wird zwischen einerseits **punktuell begrenzt definierten Zielen** (z. B. die Erhöhung des Umsatzes um 5 % oder die Senkung der Marketing-Aufwendungen um 10 %) und andererseits **begrenzt definierten Zielkorridoren** (z. B. die Erhöhung des Umsatzes um 5 % bis 10 % oder die Senkung der Marketing-Aufwendungen um 10 % bis 20 %) unterschieden.

Die Festlegung des Zielausmaßes hat dabei einen erheblichen **Einfluss auf das Verhalten** der Akteure. Bei einem unbegrenzt definierten Ziel wird beispielsweise solange nach Lösungen gesucht, bis eine vorliegt, die die Erlangung des größt möglichen Zielerreichungsgrads gewährleistet. Bei begrenzt definierten Zielen wird hingegen zumeist nur so lange nach einer Lösung gesucht, bis die zu wählende Maßnahme die Erreichung des vorgegebenen Zielausmaßes gewährt (vgl. *Heinen*, 1976, S. 118 f.). Allerdings lassen sich unbegrenzt definierte Ziele kaum überprüfen, da zumeist unklar bleibt, ob ein realisierter Zielerreichungsgrad tatsächlich der größtmögliche ist.

Verhaltensrelevanz des Zielausmaßes

(3) Zeitbezug

Damit ein Ziel, welches hinsichtlich seines Inhaltes und Ausmaßes operationalisiert worden ist, in Bezug auf seinen Erfüllungsgrad zweifelsfrei gemessen werden kann, muss auch der **zeitliche Bezug** festgelegt werden. Unter dem zeitlichen Bezug eines Ziels wird der zeitliche Rahmen verstanden, für den das Ziel gelten bzw. im Rahmen dessen dieses Ziel erfüllt werden soll. Für die Zeitdimension von Zielen wird zwischen zwei möglichen Ausprägungen unterschieden. Zum einen kann die Zeitdimension durch ein **Punktziel** vorgegeben werden, also z. B. einen als Tag, Monat oder Jahr definierten Zeitpunkt, bis zu dem ein Ziel erreicht werden soll (beispielsweise »Bis zum 30.6. soll die Markenbekanntheit 60 % betragen«). Zum anderen kann ein **Zeitraumziel** vorliegen, bei dem ein bestimmtes Zielausmaß ständig gehalten werden soll (beispielsweise »Im Jahr 2008 soll die nationale Markenbekanntheit 60 % nicht unterschreiten«) (vgl. *Esch/Herrmann/Sattler*, 2011, S. 22). Abhängig davon, wie weit in die Zukunft reichend der zeitliche Bezug gefasst wird, lässt sich ferner zwischen kurz-, mittel- und langfristigen Zielen unterscheiden. Kurzfristige Ziele beziehen sich dabei meist auf nur ein Geschäftsjahr oder noch kürzere Zeiträume, mittelfristige Ziele erstrecken sich über einen Zeitraum von zwei bis drei Jahren, wohingegen sich langfristige Ziele meist auf einen Zeitraum von mehr als 3 Jahren beziehen (vgl. *Macharzina/Wolf*, 2012, S. 214).

Ausprägungen von zeitlichem Bezug

(4) Segmentbezug

Zumeist wird neben den drei Zieldimensionen Inhalt, Ausmaß und Zeitbezug auch noch der Marktsegmentbezug gefordert. Hierunter ist zu verstehen, dass Marketing-Ziele **auf eine jeweils möglichst homogene Schicht von Nachfragern** abgestellt werden sollten. Dies lässt sich damit begründen, dass Marketing-Ziele, die sich auf einen heterogenen Markt beziehen, meist wenig hilfreich sind. Beispielsweise können Ziele in Bezug auf Kundenzufriedenheit oder -loyalität bei einem Segment strategisch wichtiger Kunden relevanter sein als bei einem weniger wichtigen Kundensegment (vgl. *Meffert/Burmann/Kirchgeorg*, 2012, S. 258; *Homburg/Werner*, 1998).

Ambitionierte und realistische Ziele

Bei den Operationalisierungen der Ziele bezüglich der genannten vier Dimensionen ist schließlich insgesamt darauf zu achten, dass die Operationalisierungen in einem **realistischen Rahmen** erfolgen. Dies gilt insbesondere für die Definition des Zielausmaßes wie auch für den zeitlichen Bezug. Zwar sollen die Ziele **ambitioniert** formuliert werden, sodass hierdurch für die einzelnen Einheiten, die mit der Erfüllung dieser Ziele betraut sind, eine Motivation zur Steigerung ihrer Performance oder zur Änderung ihrer bisherigen Alternativen besteht, jedoch sollten die Ziele auf Basis einer intensiven Analyse der unternehmenseigenen Stärken bestimmt werden. Eine vom reinen Wunschdenken geleitete Zielfestlegung könnte so nämlich eine demotivierende Wirkung auf die einzelnen Einheiten haben, wenn die Ziele in einem Maß gesetzt werden, von dem schon zum Zeitpunkt der Zielsetzung bekannt ist, dass diese Ziele nicht erreicht werden können (vgl. *Kotler/Keller/Bliemel*, 2007, S. 115).

C Marketing-Strategien

Lernziele

▸ Sie wissen, was eine Marketing-Strategie ist und wie sich Strategien von Zielen und Maßnahmen unterscheiden.

▸ Sie wissen, dass eine Marketing-Strategie aus verschiedenen Teilstrategien besteht, die sich im Wesentlichen auf die Beantwortung von vier »W-Fragen« konzentrieren: Zielgruppenauswahl (»Wer?«), Timing (»Wann?«), Marktstimulierung (»Wie?«) und Kooperationspartnerwahl (»Mit wem?«).

▸ Sie wissen, wie man Segmente nach dem Kundenwert auswählt. Sie kennen die Bestimmungsfaktoren des Kundenwerts ebenso wie die gängigen Methoden zur Kundenwertbestimmung und können diese auch anwenden.

▸ Sie wissen, was unter Markt- und Segmenttiming zu verstehen ist und können Pionier-, Frühe Folger- und Späte Folger-Strategien auseinanderhalten und bewerten.

▸ Sie wissen, dass als Marktstimulierungsstrategie alle potenziellen Netto-Nutzendimensionen in Frage kommen, im Einzelnen die Leistung, die Gegenleistung, die zeitliche Flexibilität der Angebotserbringung sowie die Beziehung zu Kunden. Sie wissen zudem, dass diese Stimulierungsdimensionen eindimensional oder mehrdimensional eingesetzt werden können.

▸ Sie haben ein marktorientiertes Qualitätsverständnis und wissen, wie eine Qualitätsführerschaftsstrategie durchgesetzt werden kann.

▸ Sie wissen, dass eine Preisführerschaftsstrategie langfristig eine überlegene Kostenposition in Unternehmen erforderlich macht, wozu eine vorhergehende detaillierte Kostenanalyse notwendig ist.

▸ Sie wissen auch, dass Zeitführerschaft durch eine Flexibilitätsstrategie sowie eine Strategie zeitbasierten Opportunitätsnutzens erreicht werden kann. Sie können eine Ausgestaltung der Strategien vornehmen.

▸ Sie kennen die Grundlagen sowie die einzelnen Bestandteile der Beziehungsführer-Strategie. Sie haben detailliertes Wissen im Hinblick auf Markenmanagement, Kundenzufriedenheitsmanagement, Beschwerdemanagement, Kundenbindungsmanagement und Kundenrückgewinnungsmanagement.

▸ Sie können verschiedene Formen von Kooperationsstrategien unterscheiden und wissen, wie eine Kooperation umgesetzt werden kann.

Marketing-Strategien stellen das Bindeglied zwischen Marketing-Zielen und -Instrumenten dar. Um Marketing-Ziele realisieren zu können, kommt es zwar letztlich auf konkrete, für den Kunden sichtbare Marketing-Instrumente (Produkte, Preise, Kommunikation und Distribution) an, diese lassen sich allerdings nur dann effektiv und effizient gestalten, wenn zuvor die grundsätzliche Rich-

Einordnung

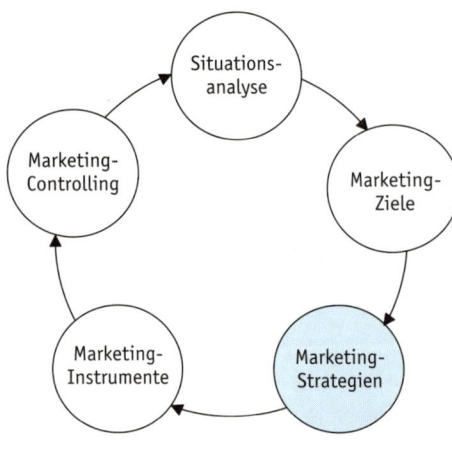

tung ihrer Ausgestaltung festgelegt worden ist. Gesucht wird also ein **genereller Handlungsrahmen** für die Marketing-Instrumente, der die Erreichung der vorgegebenen Marketing-Ziele möglichst umfassend sicherstellt. Genau diesen generellen Handlungsrahmen für die Marketing-Instrumente bilden die Marketing-Strategien.

Marketing-Strategien sollten dabei in einem unmittelbaren Zusammenhang zu den von einem Unternehmen angestrebten KKV (vgl. Abschnitt 1 B I) stehen. Um vorgegebene Marketing-Ziele erreichen zu können, sind deutliche und klar ausgeprägte KKV notwendig. Deren Identifikation und Festlegung ist Hauptaufgabe von Marketing-Strategien, die im Anschluss durch eine entsprechende Gestaltung der Marketing-Instrumente in für Kunden sichtbare Marketing-Verhaltensprogramme umzusetzen sind. Bei Marketing-Strategien steht also die **Definition von KKVs** im Vordergrund.

Wie schon im Bereich der Marketing-Ziele dargestellt (vgl. Abschnitt 2 B), sollten auch Marketing-Strategien **auf der Ebene strategischer Geschäftseinheiten** festgelegt werden. Da hier »Unternehmen im Unternehmen« vorliegen, stellen strategische Geschäftseinheiten die Organisationsebene im Unternehmen dar, auf der KKVs abgeleitet werden können.

Zusammenfassend ist unter einer Marketing-Strategie damit ein auf die Erreichung von Marketing-Zielen gerichteter Handlungsrahmen für die Marketing-Instrumente zu verstehen, der der Festlegung von KKVs dient und in den Aufgabenbereich der Leitung von strategischen Geschäftsfeldern fällt. Wenn dieses Verständnis für Marketing-Strategien zugrunde gelegt wird, dann gehören zum Bereich der Marketing-Strategien alle grundsätzlichen Festlegungen im Marketing, mit deren Hilfe KKVs definiert werden. Im Einzelnen besteht eine Marketing-Strategie aus verschiedenen **Teilstrategien**, die sich im Wesentlichen auf die Beantwortung der nachfolgenden **»4 W-Fragen«** konzentrieren sollten:

▸ Zielgruppenauswahl (»Wer?«),
▸ Timing (»Wann?«),
▸ Marktstimulierung (»Wie?«) und
▸ Kooperationspartnerwahl (»Mit wem?«).

Strategie-Formulierung:
Geschäftseinheiten-
Ebene

Definition »Marketing-
Strategie«

Teilstrategien

»Wer?«

Zunächst einmal ist strategisch festzulegen, »**wer**« eigentlich im Markt adressiert werden soll. Wenn beispielsweise die Marktsegmentierung (i. e. S.) im Rahmen der Situationsanalyse erbracht hat, dass im relevanten Markt eines Unternehmens verschiedene Marktsegmente unterschieden werden können, dann stellt sich anschließend die grundsätzliche strategische Frage, ob alle Marktsegmente die Zielgruppe darstellen sollen oder ob sich das Unternehmen auf bestimmte Marktsegmente fokussieren und andere Marktsegmente bewusst nicht bearbeiten will. Am Anfang einer Strategieformulierung im Marketing sollte demnach (idealtypisch) die Zielgruppenauswahl stehen.

Anschließend ist zu fragen, »**wann**« die zuvor ausgewählten Zielgruppen bearbeitet werden sollen. Die Timingstrategie weist dabei eine marktbezogene und eine segmentbezogene Komponente auf. Beim Markttiming geht es um die Festlegung, wann Unternehmen in einen Markt insgesamt einsteigen wollen. Beispielsweise können sie versuchen, als erster einen Markt zu bearbeiten (Pionier) oder aber bewusst darauf verzichten und die Rolle eines Followers einnehmen. Hingegen steht beim Segmenttiming die Frage im Mittelpunkt, wann die ausgewählten Segmente eines Marktes bearbeitet werden sollen. So kann es für Unternehmen sinnvoll sein, nicht bereits beim Markteintritt alle relevanten Segmente zeitgleich anzugehen. Stattdessen kann sich das Unternehmen aus strategischen Gründen dazu entscheiden, die ausgewählten Segmente in einer bestimmten zeitlichen Reihenfolge anzugehen.

»Wann?«

Eine dritte Teilstrategie von Marketing-Strategien ist in der Marktstimulierungsstrategie (»**wie**«) zu sehen. Hier wird festgelegt, welche Nutzenvorteile Nachfragern angeboten werden sollen. Im Grunde wird durch die Marktstimulierungsstrategie der eigentliche KKV definiert. Unternehmen können hierbei auf Qualitätsstrategien, Preisstrategien, Flexibilitätsstrategien oder Beziehungsstrategien setzen. Ebenso ist aber auch eine Mischung der verschiedenen Vorteilsdimensionen möglich.

»Wie?«

Schließlich gehört zu einer umfassend definierten Marketing-Strategie auch die Frage, ob ein Unternehmen alleine im Markt auftreten möchte oder ob es den Markt mit Partnern zusammen bearbeiten möchte (»**mit wem**«). Beispielsweise können mangelnde Ressourcen Unternehmen dazu zwingen, sich Partner für die Marktbearbeitung zu suchen. Kooperationspartner können dabei Wettbewerber, Lieferanten, Handelsunternehmen oder auch Unternehmen aus anderen Branchen sein.

»Mit wem?«

I Zielgruppenstrategie (»Wer?«): Auswahl von Segmenten nach dem Kundenwert

In einem ersten Schritt ist bei der Festlegung einer Marketing-Strategie zu entscheiden, welche der im Markt identifizierten Marktsegmente (vgl. Abschnitt 2 A I) mit welcher Intensität bearbeitet werden sollen. Während die Informationsaufgaben der Marktsegmentierung innerhalb der Situationsanalyse wahrgenommen werden (»Welche Segmente lassen sich im Markt beobachten?«), stellt die **Marktbearbeitungsaufgabe der Marktsegmentierung** eine **strategische Fragestellung** dar und sollte daher im Bereich der Marketing-Strategien entschieden werden.

Für jedes der zuvor in der Situationsanalyse identifizierten Marktsegmente ist dabei zu entscheiden, ob das Segment bearbeitet werden soll oder nicht. Für den Fall, dass ein Segment bearbeitet werden soll, ist zudem eine Entscheidung über die Intensität der Bearbeitung zu treffen. Wenn Segmente von zentraler Bedeutung sind, sollte eine intensive Bearbeitung erfolgen. Im Gegensatz dazu

Teilfragen einer Zielgruppenstrategie

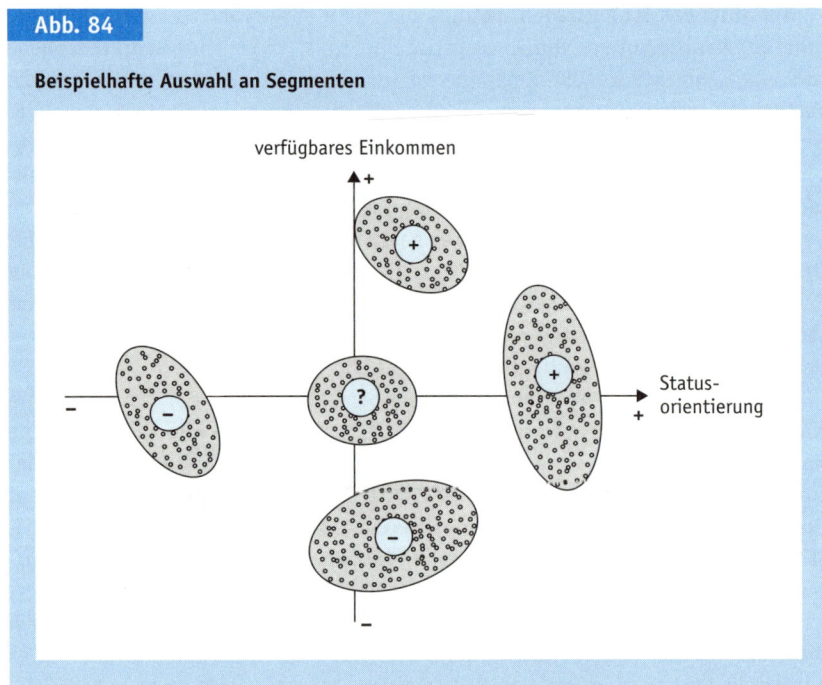

Abb. 84

Beispielhafte Auswahl an Segmenten

erscheint für weniger bedeutsame Segmente ggf. eine weniger (kosten-)intensive Bearbeitung angemessen. Die Zielgruppenstrategie könnte also z. B. aus dem in *Abbildung 84* dargestellten Ergebnis bestehen (z. B. für einen Anbieter von Luxusmarken). Hier hat die Strategieableitung ergeben, dass von den in der Situationsanalyse identifizierten Marktsegmenten zwei Segmente zukünftig nicht bearbeitet werden sollten. Ein weiteres Segment erscheint nicht ausreichend attraktiv, als dass es mit hoher Intensität bearbeitet werden sollte (Segment (?)). Hier sollte die Zielgruppenstrategie allein eine fallweise Marktbearbeitung vorsehen.

Entscheidungsfaktor »Segmentwert«

Die Entscheidung über Bearbeitung und Bearbeitungsausmaß von Marktsegmenten hängt dabei letztlich von deren Segmentwerten bzw. den dahinterliegenden Kundenwerten ab. Unter einem **Segmentwert** ist der auf den heutigen Tag bezogene, durch zukünftige Aktivitäten erreichbare Einzahlungsüberschuss zu verstehen, der bei einer optimalen Segmentbearbeitung erzielt werden kann. Da die zukünftigen Einzahlungsüberschüsse jedoch vom Verhalten der in den Segmenten zusammengefassten einzelnen Kunden abhängen, stellt der Segmentwert letztlich nichts anderes als eine Aggregation zugrunde liegender Kundenwerte dar. Ähnlich der obigen Segmentwert-Definition wird unter **Kundenwert** »der vom Anbieter wahrgenommene bewertete Beitrag eines Kunden [..] zur Erreichung der monetären und nicht-monetären Ziele des Anbieters verstanden« (*Helm/Günter*, 2001, S. 7). Dabei wird der Kundenwert nicht allein durch **Erlöskomponenten** bestimmt. Wenn Unternehmen Gewinn- oder Rentabilitätsziele verfolgen, stellen auch die **Bearbeitungskosten** bzw. **kundenbezogene Auszahlungen** weitere Komponenten des Kundenwerts dar. Zudem gehören auch nicht unmittelbar ökonomische Größen zum Kundenwert (z. B. Referenzpotenzial des Kunden).

1 Bestimmungsfaktoren des Kundenwerts

Insgesamt hängt der Kundenwert von verschiedenen **Bestimmungsfaktoren** ab. *Tomczak/Rudolf-Sipötz* (2006, S. 132 ff.) unterscheiden Bestimmungsfaktoren, die stärker auf das
▸ Marktpotenzial (1) oder
▸ Ressourcenpotenzial (2)
des Kunden Bezug nehmen.

Systematisierung von Bestimmungsfaktoren

Während sich die Bestimmungsfaktoren mit **Marktpotenzial-Bezug** auf unmittelbare Größen wie z. B. die mit einem Kunden möglichen Absatzmengen und Erträge beziehen, stehen bei Bestimmungsfaktoren mit **Ressourcenpotenzial-Bezug** mittelbare Vorteile im Vordergrund, die aus einer Geschäftsbeziehung mit einem Kunden gezogen werden können. Entsprechend *Abbildung 85* lassen sich den Bestimmungsfaktoren für das Marktpotenzial und für das Ressourcenpotenzial eines Kunden jeweils unterschiedliche Komponenten zuordnen.

Abgrenzung Markt- vs. Ressourcenpotenzial

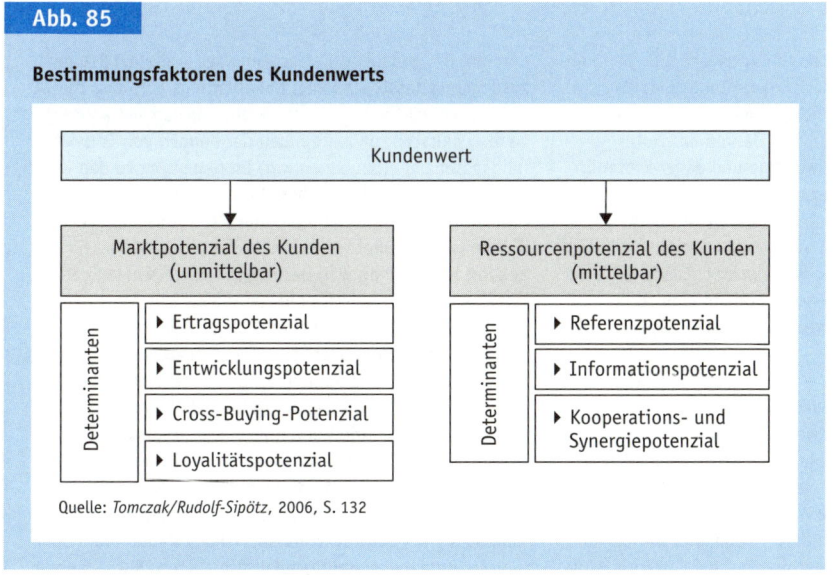

Abb. 85

Bestimmungsfaktoren des Kundenwerts

Quelle: *Tomczak/Rudolf-Sipötz*, 2006, S. 132

(1) Bestimmungsfaktoren für das Marktpotenzial

Ertragspotenzial

Bei den Bestimmungsfaktoren für das Marktpotenzial ist zunächst das **Ertragspotenzial** eines Kunden zu nennen. Hierunter wird der **gegenwärtige Beitrag eines Kunden zum Unternehmenserfolg** gefasst. Bezugsgrößen für die Bestimmung des Ertragspotenzials bilden dabei einzelne Produkte oder Produktbereiche und das aus der Vergangenheit fortgeschriebene Verhalten des Kunden bei diesen Produkten bzw. in diesen Produktbereichen. In das Ertragspotenzial gehen allerdings auch die mit der Kundenakquise oder der Fortführung der Geschäftsbeziehung verbundenen kundenspezifischen Kosten ein.

Entwicklungspotenzial

Im Gegensatz dazu bezieht sich das **Entwicklungspotenzial** auf zusätzliche Mengen- bzw. Produktverkäufe und damit Ertragssteigerungen, die mit einem Kunden realisierbar erscheinen. **Mengenerweiterungen** liegen immer dann vor, wenn Kunden ihre bisherigen Bestellmengen zukünftig ausdehnen. Von **Produkterweiterungen** ist hingegen dann zu sprechen, wenn Kunden zukünftig neben den bislang bezogenen Produkten weitere Leistungen von Anbietern abnehmen. Das folgende Beispiel illustriert den Unterschied zwischen Mengen- und Produkterweiterung sowie zwischen Ertrags- und Entwicklungspotenzial beim Kundenwert.

Cross-Buying-Potenzial

Während die Produkterweiterung beim Entwicklungspotenzial auf zusätzliche Geschäfte bei gleichen oder sehr ähnlichen Leistungen abzielt, steht beim

---

Fallbeispiel 28

Oberstdorfer Hotel

In einem der führenden Hotels in der bayerischen Ferienregion Oberstdorf sollte die Marktbearbeitung zukünftig stärker an Kundenwerten ausgerichtet werden. Anstatt jedem Gast, der in den vergangenen fünf Jahren das Hotel besucht hat, regelmäßig aufwendige und daher kostenintensive Werbematerialien zuzusenden, sollten Kunden zukünftig entsprechend ihrem Kundenwert differenziert bearbeitet werden. Während »wertvolle« Kunden zukünftig sogar Geburtstagskarten und Weihnachtspräsente erhalten sollten, war für weniger wertvolle Kunden eine starke Reduzierung der Kommunikationsaktivitäten geplant.

Innerhalb des Marktsegments »Kurzurlauber« zeigten sich allerdings typische Schwierigkeiten, die bei der Ermittlung segmentspezifischer Kundenwerte auftreten können. So waren in diesem Segment solche Urlauber zusammengefasst worden, die das Hotel meist im Winter oder Sommer allein für ein- bis dreitägige Aufenthalte besuchten. Das Ertragspotenzial der Kunden dieses Segments war dementsprechend zunächst einmal gering, da – bei Fortschreibung des gegenwärtigen Reiseverhaltens – auch zukünftig keine hohen Erträge mit diesen Kunden erwirtschaftet werden

können. Bei genauerer Betrachtung der in diesem Segment zusammengefassten Kunden fiel allerdings auf, dass die Kunden »Kurzurlauber« insofern differenziert betrachtet werden mussten, da bei einigen der Kunden von Entwicklungspotenzial auszugehen war. Im Gegensatz zu den Kunden dieses Segments, die bereits seit vielen Jahren allein einmal im Jahr für einen Kurzurlaub das Hotel aufsuchten und bei denen daher von keiner Verhaltensänderung für die Zukunft auszugehen war, besuchten andere Kunden das Hotel erst seit kurzem für einmalige jährliche Kurzurlaube. Bei diesen Kunden kann Entwicklungspotenzial zum einen durch mögliche Mengenerweiterungen bestehen. Gelingt es dem Hotel, die bisherigen Kurzurlauber dazu zu bewegen, die Reisedauer ihrer Aufenthalte auszudehnen, so verbessert sich hierdurch die Profitabilität dieser Kunden. Ebenso würde sich der Kundenwert steigern lassen, wenn Produkterweiterungen bei diesen Kunden möglich wären. Hiervon wäre dann auszugehen, wenn Kunden, die das Hotel bislang ausschließlich für Wintersport-Kurzurlaube (oder Sommer-Kurzurlaube) nutzten, zukünftig auch zu Kurzurlauben im Sommer (oder Winter) animiert werden könnten.

Cross-Buying-Potenzial das Zusatzgeschäft mit Leistungen aus anderen Geschäftsfeldern im Vordergrund. So meinen etwa Hotelgäste, die bereit sind, Merchandising-Produkte wie Bademäntel, selbst gemachte Konfitüren oder hoteleigene Bildbände zur Urlaubsregion zu kaufen (»dienstleistungsbegleitende Produkte«; vgl. *Voeth/Herbst,* 2010b) Cross-Buying-Potenzial auf.

Schließlich gehört zum Marktpotenzial auch das **Loyalitätspotenzial**. Hierunter ist die Bereitschaft bzw. der Wunsch eines Kunden zu fassen, eine bestehende Geschäftsbeziehung auch in der Zukunft fortsetzen zu wollen. Kunden mit einem hohen Loyalitätspotenzial bleiben dem Anbieter mit hoher Wahrscheinlichkeit in der Zukunft treu. Vor diesem Hintergrund verfügen sie über einen höheren Kundenwert, da sie beispielsweise weniger kostenintensiv in der Zukunft umworben werden müssen oder ihre Nachfragemengen bereits heute mit relativ großer Sicherheit – etwa bei Kapazitätsplanungen – berücksichtigt werden können.

Loyalitätspotenzial

(2) Bestimmungsfaktoren für das Ressourcenpotenzial

Auf der anderen Seite stellt der Kunde auch eine **Ressource** dar. So kann der Wert eines Kunden zunächst einmal aus seinem **Referenzpotenzial** resultieren. Handelt es sich bei Kunden etwa um sogenannte **Lead-User** (vgl. zum Lead-User-Ansatz *Urban/von Hippel,* 1988), dann ist davon auszugehen, dass diese Kunden großen Einfluss auf das Kaufverhalten anderer Kunden ausüben. Gerade bei Erfahrungsgütern und Vertrauensgütern (vgl. zu den informationsökonomischen Eigenschaften von Gütern z. B. *Macho-Stadler/Pérez-Castrillo*, 2001; *Weiber/Adler*, 1995; *Nelson*, 1970) spielen Weiterempfehlungen eine zentrale Rolle für Kunden. So machen Kunden z. B. bei Dienstleistungen oder technisch komplexen Produkten häufig ihre Kaufentscheidung davon abhängig, welche Empfehlungen andere Kunden, die ähnliche Kaufprozesse bereits in der Vergangenheit getätigt haben, aussprechen. Kunden, die Lead-User-Positionen einnehmen und deren Empfehlungen andere Kunden großes Gewicht beimessen, verfügen über Referenzpotenzial und daher Kundenwert für den Anbieter.

Referenzpotenzial

Gerade im Industriegüterbereich kann der Kundenwert auch im **Informationspotenzial** begründet liegen. Indem Kunden Anbietern Informationen über Nutzungserfahrungen bei Produkten, die Auswirkungen von Produkten in eigenen Prozessen oder über Verbesserungspotenziale bei Produkten zur Verfügung stellen, können Anbieter ihre Vermarktungsbemühungen bei anderen Kunden effektiver und effizienter gestalten und damit Nutzen aus den zur Verfügung gestellten Informationen ziehen.

Informationspotenzial

Auch kann der Wert von Kunden in **Kooperationspotenzialen** und/oder **Synergiepotenzialen** bestehen. Kooperationen zwischen Anbietern und ihren Kunden können sich dabei entlang der gesamten Wertschöpfungskette, z. B. bei F&E, Produktion, Logistik oder Marketing ergeben. Sind Kunden beispielsweise bereit, Anbietern die Markierung der von ihnen verbauten Zulieferteile zu gestatten (**Ingredient Branding**), so ergibt sich hieraus ein zusätzlicher Kundenwert für den Anbieter.

Kooperations-/Synergiepotenzial

2 Methoden der Kundenwertbestimmung

Ansätze der Kundenwertmessung

Um Segmente im Hinblick auf den Wert der dort zusammengefassten Kunden beurteilen zu können, sind die Bestimmungsfaktoren des Kundenwerts (Marktpotenzial und Ressourcenpotenzial) konkret zu bewerten und anschließend zu verdichten. Mit anderen Worten ist eine **Kundenwertmessung** erforderlich. Die vielfältigen in Literatur und Praxis diskutierten **Ansätze** zur Kundenwertmessung lassen sich dahingehend unterscheiden (vgl. zur Systematik *Krafft/Albers*, 2000), ob

- die Bewertung im Hinblick auf einzelne übergeordnete Dimensionen (**eindimensional**) oder zugleich anhand verschiedener Dimensionen (**mehrdimensional**) erfolgt und
- Kundenwerte einzeln (**individuelle Darstellung**) oder allein im Verhältnis zu Werten anderer Kunden ausgewiesen werden (**kumulierte Darstellung**).

In diese Systematik lassen sich entsprechend *Abbildung 86* die verschiedenen, in Literatur und Praxis diskutierten Methoden der Kundenbewertung einordnen.

Abb. 86

Methoden der Kundenbewertung

Zuordnung / Bewertung	Individuelle Darstellung	Kumulierte Darstellung
Eindimensional	▸ Kundendeckungsbeitragsrechnung ▸ Customer-Lifetime-Value (CLV)	▸ ABC-Analyse
Mehrdimensional	▸ Scoring-Modelle	▸ klassisches Kunden-Portfolio

Quelle: *Krafft/Albers*, 2000, S. 517

Kundendeckungsbeitragsrechnung

Eindimensionale Bewertung/individuelle Darstellung

Als Beispiel für eindimensionale Bewertungen, die zu einer individuellen Darstellung kommen, können Kundendeckungsbeitragsrechnungen und Customer-Lifetime-Value-Berechnungen angeführt werden. Bei der Kundendeckungsbeitragsrechnung wird die Idee einer ansonsten typischerweise auf Produktebene vorgenommenen **mehrstufigen Deckungsbeitragsrechung** zur Kundenwert-Ermittlung herangezogen. Ziel ist es, die mit dem einzelnen Kunden erwirtschafteten Bruttoerlöse schrittweise um diejenigen Kosten zu reduzieren, die bei der Bearbeitung des Kunden anfallen. Wie das Beispiel in *Abbildung 87* deutlich macht, werden dabei allerdings wenn möglich nur diejenigen Kosten von den Bruttoerlösen subtrahiert, die unmittelbar dem in der Kundenwertberechnung

Abb. 87

Exemplarische Kundendeckungsbeitragsrechnung

	Kunden-Bruttoerlöse pro Periode
−	Erlösschmälerungen
=	Kunden-Nettoerlöse pro Periode
−	Kosten der von Kunden bezogenen Produkte (variable Stückkosten laut Produktkalkulation, multipliziert mit den Kaufmengen)
=	Kundendeckungsbeitrag I
−	Eindeutig kundenbedingte Auftragskosten (z. B. Vorrichtungen, Versandkosten)
=	Kundendeckungsbeitrag II
−	Eindeutig kundenbedingte Besuchskosten (z. B. Kosten der Anreise zum Kunden)
−	Sonstige relative Einzelkosten des Kunden pro Periode (z. B. Gehalt eines speziell zuständigen Key-Account-Managers, Engineering-Hilfen, Mailing-Kosten, Zinsen auf Forderungs- außenstände; bei Kunden auf der Handelsstufe: Werbekostenzuschüsse, Listungsgebühren und ähnliche Vergütungen)
=	Kundendeckungsbeitrag III

Quelle: *Cornelsen*, 2000, S. 107

betrachteten Kunden zugeordnet werden können. Vorteilhaft an solchen Kundendeckungsbeitragsrechnungen ist die hierdurch erzeugte Transparenz. Da in den meisten Unternehmen Kosten- und Leistungsrechnungen produkt- und nicht kundenbezogen geführt werden, ist der Mehrwert von Kundendeckungsbeitragsrechnungen darin zu sehen, dass erst auf ihrer Basis besonders wertvolle Kunden und Segmente identifiziert sowie wenig profitable Bereiche aufgedeckt werden können.

Vorteile

Customer-Lifetime-Value-Ansatz

Auch beim Customer-Lifetime-Value-Ansatz werden Konzepte aus dem internen Rechnungswesen zur Ermittlung von Kundenwerten herangezogen. Mithilfe **dynamischer Investitionsrechnungen** werden bei diesem Ansatz Geschäftsbeziehungen beurteilt. Hierzu werden alle zukünftigen Ein- und Auszahlungen, die innerhalb einer Geschäftsbeziehung mit einem Kunden erwartet werden können, auf einen einheitlichen Bezugszeitpunkt – i. d. R. die Gegenwart – bezogen. Auf diese Weise soll berücksichtigt werden, dass Kunden, mit denen in naher Zukunft hohe Erträge erwirtschaftet werden, einen höheren Wert für Un-

Übertragung z. B. der Kapitelwertmethode-Idee

ternehmen aufweisen, als dies bei Kunden der Fall ist, bei denen erst zu einem späteren Zeitpunkt entsprechende Erträge auftreten. Wie die nachfolgende Formel zur Berechnung des Customer-Lifetime-Value deutlich macht, kann mithilfe einer so genannten **Retention Rate** zusätzlich die Wahrscheinlichkeit zukünftige Geschäfte mit einem Kunden berücksichtigt werden. Liegt die Retention Rate nahe eins, so ist von einem sehr »sicheren« Geschäft auszugehen. Im Gegensatz dazu wird mit einer Retention Rate von nahe 0 zum Ausdruck gebracht, dass ein zukünftiges Geschäft mit diesem Kunden eher unwahrscheinlich ist.

CLV-Berechnung

$$CLV = -a_0 + \sum_{i=0}^{T}\left(x_t \cdot (p_t - k_t) - M_t\right) \cdot \frac{R^t}{(1+i)^t} \qquad (13)$$

mit:

a_0 = Akquisitionskosten im Zeitpunkt t = 0
t = Jahr
T = voraussichtliche Zahl der Jahre, in denen der umworbene Kunde bleibt
x_t = Abnahmeprognose für das Jahr t
p_t = (kundenindividueller) Produktpreis für das Jahr t
k_t = Stückkosten im Jahr t
M_t = kundenspezifische Marketing-Auszahlungen im Jahr t
i = Kalkulationszinsfuß
R = Retention Rate (zw. 0 und 1)

Abb. 88

Customer-Lifetime-Value-Rechnung an einem Beispiel

	t = 0	t = 1	t = 2	t = 3	t = 4	t = 5	t = 6	t = 7
Abnahmeprognose	4	6	10	16	20	20	20	20
Produktpreis	10	10	10	10	10	10	10	10
Stückbezogene Auszahlungen	3	3	3	3	3	3	3	3
Marketingauszahlungen	20	30	40	40	30	30	20	20
Akquisitionszahlungen	50	–	–	–	–	–	–	–
Überschuss	–42,00	12,00	30,00	72,00	110,00	110,00	120,00	120,00
Abzinsungsfaktor (i = 0,2)	1,00	0,83	0,69	0,58	0,48	0,40	0,33	0,28
Überschuss (diskontiert)	–42,00	10,00	20,83	41,62	53,14	44,17	40,13	33,52
Present CLV (ohne Retention Rate)	Σ = 201,41 [in 1.000 €]							
Kundenbindungswahrscheinlichkeit (R = 0,75) und Kalkulationszins (i = 0,2)	1,00	0,63	0,39	0,24	0,15	0,10	0,06	0,04
Überschuss (diskontiert & mit Retention Rate)	–42,00	7,56	11,70	17,28	16,50	11,10	7,20	4,80
Present CLV (mit Retention Rate)	Σ = 34,04 [in 1.000 €]							

Quelle: *Bruhn et al.*, 2000, S. 172

Das Berechnungsbeispiel für einen Customer-Lifetime-Value in *Abbildung 88* verdeutlicht allerdings auch, dass hierzu **detailliertes Zahlenmaterial** erforderlich ist. Da sich dieses nicht immer ohne weiteres beschaffen lässt oder aber die Beschaffung mit erheblichem Aufwand verbunden ist, bietet sich die Durchführung von Customer-Lifetime-Value-Analysen nur dann an, wenn mit einzelnen Kunden große Geschäftsvolumina bewegt werden. Nur in diesem Fall erscheint der Aufwand, der mit der Informationsbeschaffung verbunden ist, gerechtfertigt.

Anwendungsvoraussetzung

ABC-Analyse

Ebenfalls eine eindimensionale Bewertung von Kunden wird in der ABC-Analyse vorgenommen. Anhand des Kriteriums **Umsatz pro Kunde** oder **Deckungsbeitrag pro Kunde** werden Kunden in wertvolle Kunden (A-Kunden), Kunden mittleren Wertes (B-Kunden) und weniger wertvolle Kunden (C-Kunden) unterteilt. Da umsatzstarke Kunden allerdings nicht automatisch auch ertragsstarke Kunden sein müssen, sollten derartige ABC-Analysen – wenn möglich – auf Basis

Eindimensionale Bewertung/kumulierte Darstellung

Abb. 89

Beispiel für ABC-Analyse

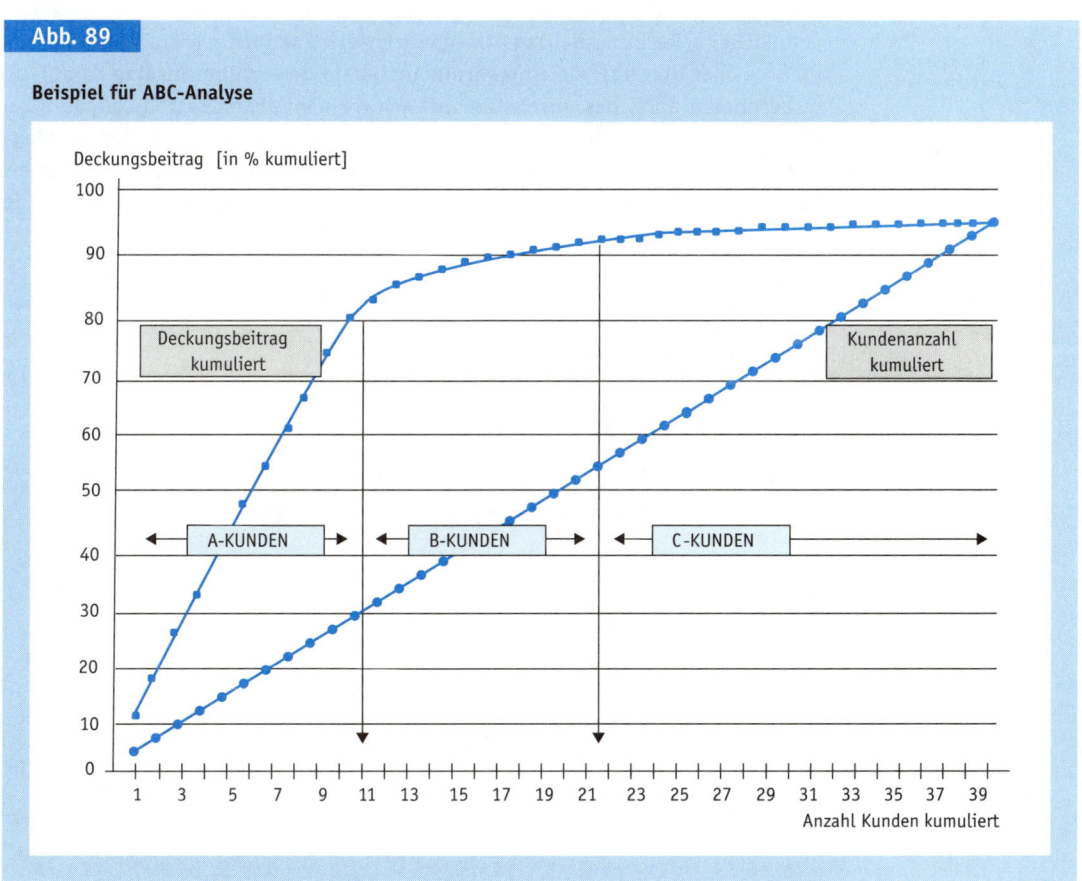

von Kundendeckungsbeiträgen durchgeführt werden. Da allerdings in vielen Unternehmen kundenbezogen allein Umsatz-, nicht aber Deckungsbeitragsinformationen vorliegen, müssen ABC-Analysen eben doch häufig auf Basis von Umsatzinformationen durchgeführt werden. Die Ergebnisse müssen dann allerdings mit entsprechender Sorgfalt interpretiert werden.

Ein weiteres Problem von ABC-Analysen stellt die Bildung der Wertklassen dar. Wie das Beispiel in *Abbildung 89* illustriert, ist nicht immer unmittelbar einsichtig, wo die Grenzen der zu bildenden Wertklassen gezogen werden sollten. So ist im Beispiel von *Abbildung 89* nicht ohne weiteres einleuchtend, warum Kunde 22 noch zu den B-Kunden des Unternehmens gehören soll, dies für Kunde 23 allerdings nicht mehr gelten soll. Vor diesem Hintergrund ist auch die Anzahl der Wertklassen sowie die kundenbezogene Zuordnung in Wertklassen mit großer Sorgfalt vorzunehmen und ggf. durch **Sensitivitätsanalysen** im Hinblick auf Ergebnisstabilität zu ergänzen.

Scoring-Modelle/Kunden-Portfolio-Analysen

Während Kundendeckungsbeitragsrechnungen, Customer-Lifetime-Value-Berechnungen und ABC-Analysen den Kundenwert an einem einzelnen Kriterium festmachen (Deckungsbeitrag, Gegenwartswert zukünftiger Einzahlungsüberschüsse oder Umsatz), zielen **mehrdimensionale Bewertungsansätze** darauf ab, insbesondere auch das ansonsten nur schwer abbildbare Ressourcenpotenzial von Kunden in die Kundenwertberechnung einfließen zu lassen. Bei **Scoring-Modellen** werden zunächst alle relevanten Potenzial-Dimensionen des Kundenwerts bestimmt, anschließend gewichtet und auf vorgegebenen Skalen (z. B.

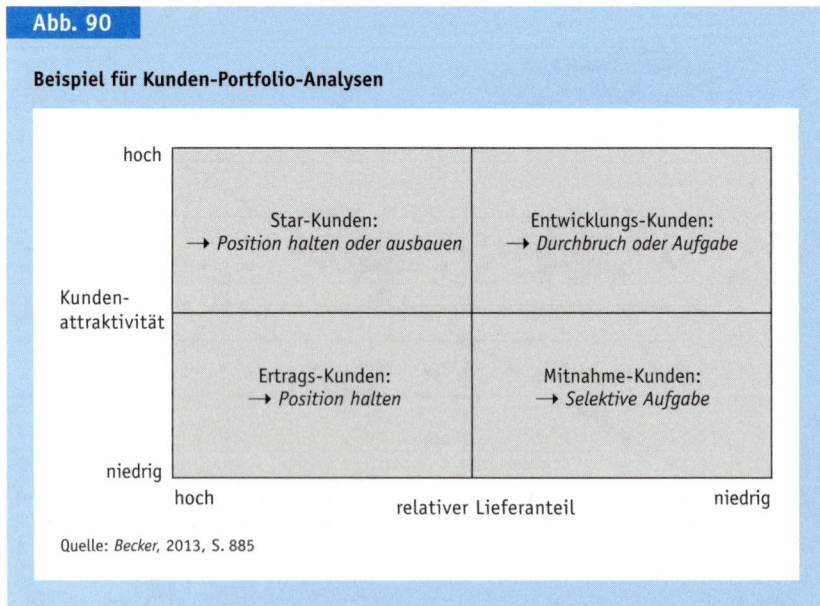

Abb. 90

Beispiel für Kunden-Portfolio-Analysen

	hoch	niedrig
hoch	Star-Kunden: → *Position halten oder ausbauen*	Entwicklungs-Kunden: → *Durchbruch oder Aufgabe*
niedrig	Ertrags-Kunden: → *Position halten*	Mitnahme-Kunden: → *Selektive Aufgabe*

Kundenattraktivität (vertikale Achse: hoch/niedrig)

relativer Lieferanteil (horizontale Achse: hoch/niedrig)

Quelle: *Becker*, 2013, S. 885

Rating-Skalen) beurteilt. Zumeist werden die auf den verschiedenen Dimensionen vorgenommenen Beurteilungen abschließend zu einem Gesamt-Score verdichtet.

Während sich bei Scoring-Modellen Kundenwerte für einzelne Kunden ermitteln lassen, zielen **Kunden-Portfolio-Analysen** darauf ab, die Kundenwerte verschiedener Kunden im Vergleich zueinander abzubilden. Hierzu werden zunächst die für den Kundenwert besonders relevanten Dimensionen ermittelt. Anschließend werden die Kunden in Bezug auf diese Dimensionen im Vergleich zueinander beurteilt. Durch Zusammenstellung der relativen Beurteilung über alle als bedeutsam eingestuften Dimensionen können insgesamt besonders wertvolle, teilweise wertvolle und insgesamt weniger wertvolle Kunden identifiziert werden. *Abbildung 90* zeigt ein Beispiel für Kunden-Portfolio-Analysen, das die Idee des für Geschäftsfelder entwickelten Marktanteils-/Marktwachstums-Portfolios der Boston Consulting Group (BCG) auf Kundenwert-Berechnungen überträgt. Ähnlich wie beim **BCG-Portfolio** werden bei Kunden-Portfolio-Analysen für einzelne Kundengruppen häufig auch **Empfehlungen zum Umgang mit diesen Kunden** gegeben. Im Beispiel von *Abbildung 90* könnte z. B. die Empfehlung lauten, dass Kunden, die im Bereich der »Poor Dogs« angesiedelt sind, zukünftig nicht mehr mit hoher Intensität bearbeitet werden sollten.

Übertragung des BCG-Portfolios

3 Segmentauswahl und -bearbeitung

Liegen Informationen über die Kundenwerte der Mitglieder verschiedener Marktsegmente vor, so können hieraus Segmentwerte abgeleitet werden. Wurden die Kundenwerte beispielsweise mithilfe von ABC-Analysen ermittelt, so lässt sich für jedes bestehende Marktsegment ermitteln, wie groß der Anteil von A-, B- und C-Kunden ist. Auf Basis dieser Informationen kann eine Entscheidung getroffen werden, ob und ggf. in welcher Intensität die Marktsegmente bearbeitet werden sollen.

Vom Kunden- zum Segmentwert

Eine **reduzierte Bearbeitungsintensität** kann z. B. darin bestehen, dass entsprechende Systeme nicht mit den gleichen aufwendigen Kommunikationsmitteln bearbeitet werden, nicht die höchsten Rabattangebote erhalten oder nicht aktiv vom Vertrieb angesprochen werden (»**passive**« **Bearbeitung**). Problematisch an einer Bearbeitung mit reduzierter Bearbeitungsintensität ist allerdings, dass der Kunde ggf. bemerkt, dass der Anbieter kein besonders großes Interesse an ihm hat und daher »freiwillig« zum Wettbewerb wechselt. Das nachfolgende Fallbeispiel belegt, dass dies in der Praxis eine sehr realistische Gefahr darstellt.

Risiken reduzierter Bearbeitung

Es wird deutlich, dass Unternehmen mit dem Thema »reduzierte Bearbeitungsintensität« äußerst vorsichtig umgehen müssen. Weniger problematisch erscheint dieser Punkt bei der Aufnahme der Marktbearbeitung (z. B. bei Markteintritt oder bei Neuprodukteinführungen). Die Gefahr von Kundenirritationen oder sogar Abwanderungen droht vor allem dann, wenn Unternehmen die bis-

Kundenabwanderung wegen reduzierter Segmentbearbeitung

Ein großes deutsches Chemieunternehmen hatte vor einigen Jahren festgestellt, dass es seinen Markt wenig effizient bearbeitete, da der Vertrieb alle Segmente des Gesamtmarktes mit gleicher Intensität bearbeitete – und zwar unabhängig vom Kunden- bzw. Segmentwert. Dies machte sich z. B. daran bemerkbar, dass alle Kunden gleich oft vom Vertrieb aufgesucht wurden und auch alle Kunden gleiche Möglichkeiten hatten, kundenindividuelle Bestellmöglichkeiten und Abwicklungshilfestellungen in Anspruch zu nehmen.

Um die Effizienz der Marktbearbeitung zu vergrößern, beschloss das Chemieunternehmen, die Kunden zukünftig entsprechend einer ABC-Kundenwertanalyse zu bearbeiten. Während A- und B-Kunden weiterhin vom eigenen Vertrieb bearbeitet werden sollten, war für C-Kunden vorgesehen, dass diese zukünftig nur noch über den Handel bedient

werden sollten. Für C-Kunden war mit dieser Veränderung zwar eine deutliche Verschlechterung der Lieferbedingungen verbunden – z. B. konnten diese Kunden nun nur noch bestimmte vorgegebene Bestellungen ordern –, allerdings erschien dies dem Chemieunternehmen gerechtfertigt, da C-Kunden keine ausreichende Profitabilität aufwiesen, als dass eine intensive Marktbearbeitung bei diesen Kunden weiter vertretbar erschien.

Da C-Kunden nun jedoch sehr drastisch ihr geringer Kundenwert vor Augen geführt wurde, reagierten viele Kunden mit großer Verärgerung auf die veränderte Zielgruppenstrategie des Chemieunternehmens. Innerhalb der ersten sechs Monate nach Einführung der veränderten Marktbearbeitung wanderte rund ein Drittel der C-Kunden zum Wettbewerb ab.

herige Bearbeitungsintensität bei Segmenten reduzieren. Dies sollte mit flankierenden Kommunikationsmaßnahmen begleitet werden, um negative Kundenreaktionen (**Abwanderung**, **negative Word-of-Mouth**) zu verhindern.

II Timingstrategie (»Wann?«)

Markt- vs. Segment-
timing

Im Anschluss an die Zielgruppenbestimmung ist die Timingstrategie festzulegen und damit verbunden die Frage des »Wann?«, in Bezug auf den Markteintritt, zu beantworten. Die Wann-Frage stellt sich dabei in zweierlei Hinsicht:

▸ Zum einen ist das **Markttiming** zu definieren. Unternehmen müssen in diesem Zusammenhang eine Entscheidung treffen, wann in den Markt eingetreten und mit der Bearbeitung eines Marktes begonnen werden soll. Diese Frage stellt sich bei Aufnahme von Geschäftstätigkeiten und bei Produktneueinführungen auf nationalen Märkten. Ebenso müssen **internationale Unternehmen**, die im Rahmen des Going International (vgl. *Backhaus/Voeth*, 2010b, S. 63 ff.) ihre internationale Geschäftstätigkeit ausdehnen, eine Entscheidung darüber treffen, zu welchem Zeitpunkt sie ihr Engagement auf zuvor ausgewählte Auslandsmärkte ausdehnen wollen. Neben einer **Sprinkler-Strategie**, bei der alle ausgewählten Auslandsmärkte in einem sehr kurzen Zeitraum erschlossen werden, kommt hier auch eine **Wasserfall-Strategie** in Frage. Diese ist dadurch gekennzeichnet, dass die Auslandsmärkte nacheinander erschlossen werden und zwischen der Erschließung verschiedener Auslandsmärkte längere Zeiträume liegen (vgl. *Backhaus/Voeth*, 2010b, S. 111 ff.).

▶ Zum anderen ist das **Segmenttiming** festzulegen. Hiermit ist gemeint, dass der Beurteilungsprozess der in der Situationsanalyse identifizierten Marktsegmente (vgl. Abschnitt 2 A I) ergeben kann, dass mehrere Marktsegmente bearbeitet werden sollen. In diesem Fall ist zusätzlich zur Entscheidung, wann der generelle Markteintritt erfolgen soll (Markttiming), auch eine Entscheidung darüber zu treffen, ob alle ausgewählten Marktsegmente von Beginn an bearbeitet werden oder ob bestimmte Marktsegmente zunächst nicht adressiert werden und die Erschließung erst zu einem späteren Zeitpunkt erfolgen soll.

Fallbeispiel 30

Städtemarketing

Immer mehr Städte haben inzwischen feststellen müssen, dass sich der Tourismusmarkt in den vergangenen Jahren zunehmend umkämpft darstellt. Um am (allerdings noch immer) boomenden Tourismusmarkt erfolgreich teilhaben zu können, bedarf es deshalb eines systematischen Städtemarketing, um die Vermarktung der eigenen Stadt/Kommune professionell und zielgerichtet anzugehen (vgl. *Balderjahn*, 2000, S. 57 ff.). Ein besonders lohnenswertes Marktsegment stellt dabei das Segment der Tagestouristen dar. Zwar nutzen diese Touristen nicht das Übernachtungsangebot einer Stadt/Kommune, jedoch zeigen empirische Untersuchungen, dass Tagestouristen für hohe Pro-Kopf-Umsätze in den Bereichen Gastronomie und Veranstaltungen sorgen. Aus naheliegenden Gründen kommen als mögliche Tagestouristen für eine Stadt/Kommune jedoch nur Menschen aus benachbarten Städten/Regionen in Frage. So zeigen Untersuchungen, dass Tagestouristen nur Städte/Kommunen aufzusuchen bereit sind, die maximal 80 km von ihrem Wohnort entfernt liegen.

Im vorliegenden Fall plante eine Stadt, zukünftig stärker das Segment der Tagestouristen zu adressieren. In diesem Feld sah man sich allerdings im Wettbewerb mit anderen Städten/Kommunen der Gesamtregion. Um die eigenen Marketing-Aufwendungen möglichst fokussiert einzusetzen, unterteilte die Stadt die relevanten

Zielregionen entsprechend der in den Zielregionen herrschenden Wettbewerbsintensität in solche, in denen die Stadt keine Wettbewerber zu fürchten hatte (Zielregionen 1 bis 6 in *Abbildung 91*), und andere, in denen man sich im Wettbewerb sah (Zielregionen 7 bis 9 in *Abbildung 91*). Um sich bei der Bearbeitung des Tagestouristenmarktes nicht zu verzetteln, beschloss die Stadt, zunächst erst die Zielregionen »ohne Wettbewerb« zu bearbeiten und die Zielregionen »mit Wettbewerb« erst zu einem späteren Zeitpunkt anzugehen.

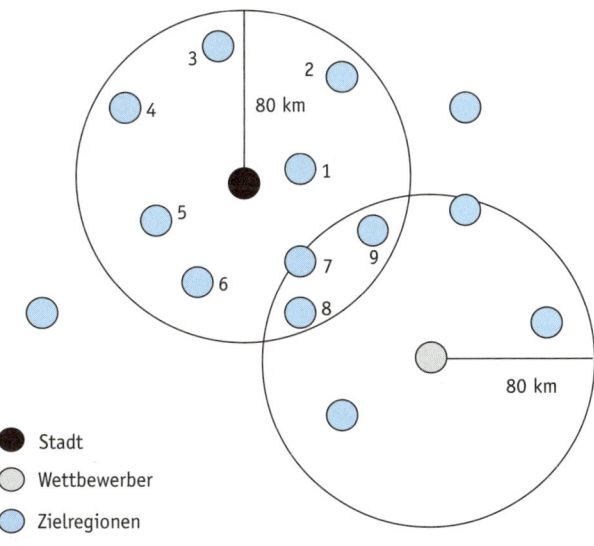

Abb. 91: Segmenttiming am Beispiel von Städtemarketing

Alternative
Timingstrategien

In beiden Feldern, dem Markttiming und dem Segmenttiming, stehen die gleichen alternativen Timingstrategien zur Verfügung (vgl. *Remmerbach*, 1988):

- **Pionier**: Anbieter, der als erster eine neue Technologie bzw. ein neues Produkt im Markt anbietet (1),
- **Frühe Folger**: Anbieter, die kurze Zeit nach dem Pionier mit einer Leistung im Markt auftreten, die der Leistung des Pioniers vergleichbar ist (2),
- **Späte Folger**: Anbieter, die dann in den Markt eintreten, wenn sich schon grundlegende Marktstrukturen und -regeln entwickelt haben (3).

Abgrenzung

Der Pionier (1) ist dabei in einem Markt immer eindeutig bestimmbar, da er der Erste im Markt ist. Aber auch der Frühe Folger (2) tritt früh in den Markt ein und ist zeitlich so dicht hinter dem Pionier, dass man von einer (Mit-)Führerschaft sprechen kann. Der Späte Folger (3) tritt hingegen erst in den Markt ein, wenn sich bereits feste Spielregeln (Standards) im Markt etabliert haben. Späte Folger müssen sich daher an dem bereits bestehenden **dominanten Design** im Markt orientieren (vgl. *Gilbert/Strebel*, 1987).

(1) Pionier-Strategie

Vorteile

Der Markteintritt als Pionier setzt voraus, dass es dem Unternehmen gelingt, **als Erster über ein marktfähiges Produkt** in einem bestimmten Marktbereich zu verfügen (vgl. *Benkenstein/Uhrich*, 2009; *Perillieux*, 1995). Der Pionier besitzt bis zum Eintritt von Folgern eine **Quasimonopolstellung**, die es ihm erlaubt, vor den später nach Markteintritt von Wettbewerbern zu erwartenden Preiserosionen hohe Rückflüsse zur Amortisation seiner F&E-Aufwendungen zu erwirtschaften. Zudem kann der Pionier in der anfänglichen Monopolphase versuchen, möglichst hohe **Markteintrittsbarrieren** für Konkurrenten zu errichten. Wichtige Ansatzpunkte hierfür sind die Realisierung von Imagevorteilen, die Etablierung eines dominanten Designs und die Realisierung von Kostenvorteilen aufgrund eines Erfahrungsvorsprungs. Darüber hinaus sollte der Pionier einen möglichst umfassenden Schutz vor Nachahmern, z. B. durch Patente, aufbauen. Besondere Bedeutung kommt auch den vom Pionier aufgebauten Kundenkontakten zu, die die Basis für eine langfristige Kunden-Loyalität legen und dem Erstanbieter darüber hinaus die Möglichkeit bieten, in Zusammenarbeit mit Kunden Produktverbesserungen zu erarbeiten, bevor Konkurrenten in den Markt eintreten.

Nachteile

Auf der anderen Seite geht die Pionier-Strategie auch mit Gefahren einher. Hier ist zunächst das Risiko zu nennen, das der Pionier in einem Markt zu tragen hat, da jegliche Erfahrungen mit dem neuen Markt fehlen und auch die weitere Marktentwicklung völlig ungewiss ist. So besteht z. B. die Gefahr von **Technologiesprüngen**, die die Vorteile der Pionier-Strategie zunichtemachen können. Ein weiterer Punkt, der gegen die Pionier-Strategie spricht, stellen die sehr hohen **Markterschließungskosten** dar. So fallen anfänglich hohe Kosten in einem Markt an, um Kunden von der Vorteilhaftigkeit eines neuen Produktes zu überzeugen, da häufig – insbesondere bei radikalen Innovationen (vgl. *Christensen*, 2006) – hohe Marktwiderstände bestehen.

(2) Frühe Folger-Strategie

Der Frühe Folger tritt **kurz nach dem Pionier** in den Markt ein. Der Markt ist zu diesem Zeitpunkt noch in der Entwicklung und es bestehen daher noch keine klaren Marktspielregeln. Der Frühe Folger muss bei seinen Markteintrittsbemühungen allerdings die Aktionen des Pioniers berücksichtigen. Damit ist diese Strategie bereits durch eine **verstärkte Wettbewerbsorientierung** gekennzeichnet. Der Frühe Folger muss auch mit weiteren Markteintritten rechnen und sich hierauf bereits frühzeitig durch entsprechende Marketing-Maßnahmen einstellen.

Beim Frühen Folger muss es sich nicht unbedingt um einen technologischen Folger des Pioniers handeln. Es ist vielmehr auch denkbar, dass es sich um eine parallele Neuentwicklung handelt. Auch kann es durchaus Fälle geben, in denen es vorteilhaft ist, mit dem Markteintritt solange zu warten, bis ein anderer Anbieter erste Erfahrungen auf dem neuen Markt gemacht hat, obwohl man bereits selbst ein marktfähiges Produkt besitzt. In diesem Fall wählt der Frühe Folger die Strategie bewusst, da er nicht die Pionier-Rolle im Markt einnehmen will. Ziel ist es dabei, aus den Erfahrungen des Pioniers zu lernen, um vor allem die Marktentwicklung besser abschätzen zu können. Hierdurch kann das Risiko, das auch für den Frühen Folger mit dem Markteintritt verbunden ist, vermindert werden. Nach *von der Oelsnitz* (1996) ist dieser **Lernvorteil** gegenüber dem Pionier allerdings davon abhängig, inwiefern der Pionier Eintrittsfehler macht und inwieweit sich diese für den Frühen Folger (von außen) erkennen lassen. Aufgrund des immer noch frühen Markteintritts besteht für den Frühen Folger insgesamt noch die Möglichkeit, die weitere Marktentwicklung nachhaltig zu beeinflussen und eigene Leistungsvorteile zu entwickeln. Dies gilt vor allem, wenn es dem Pionier noch nicht gelungen ist, einen **Marktstandard** zu etablieren. | Vorteile

Nachteilig für den Frühen Folger ist die Tatsache, dass der Pionier evtl. bereits **Markteintrittsbarrieren** errichtet hat (z. B. vertragliche Maßnahmen zur exklusiven Nutzung relevanter Distributionskanäle), die den eigenen Entscheidungsspielraum einschränken. Dies gilt umso mehr, je ähnlicher sich die am Markt befindlichen Angebote sind und je gefestigter die Position des Pioniers ist. Zudem weist der Frühe Folger – anders als der Pionier – keine maximale Marktverweildauer auf. Mit anderen Worten verfügt er nicht über die gleichen Möglichkeiten wie der Pionier, eigene Vorlaufinvestitionen zu amortisieren. Wie in *Abbildung 92* dargestellt, ist die **geringere Amortisationschance** des Frühen Folgers aber auch darauf zurückzuführen, dass der Pionier durch seinen früheren Markteintritt Marktpositionen besetzen und daher mit insgesamt höheren Umsätzen während der gesamten Marktpräsenzzeit rechnen kann. | Nachteile

(3) Späte Folger-Strategie

Eine andere Zielsetzung verfolgt der Späte Folger. Er will an den Marktchancen eines mittlerweile weitgehend entwickelten Wachstumsmarktes partizipieren. So hat sich vor seinem Markteintritt bereits ein dominantes Design im Markt entwickelt und es liegen fundierte Erkenntnisse über das Nachfragerverhalten im Markt vor. In dieser Situation ist die Wahl des endgültigen Eintrittszeit- | Voraussetzungen

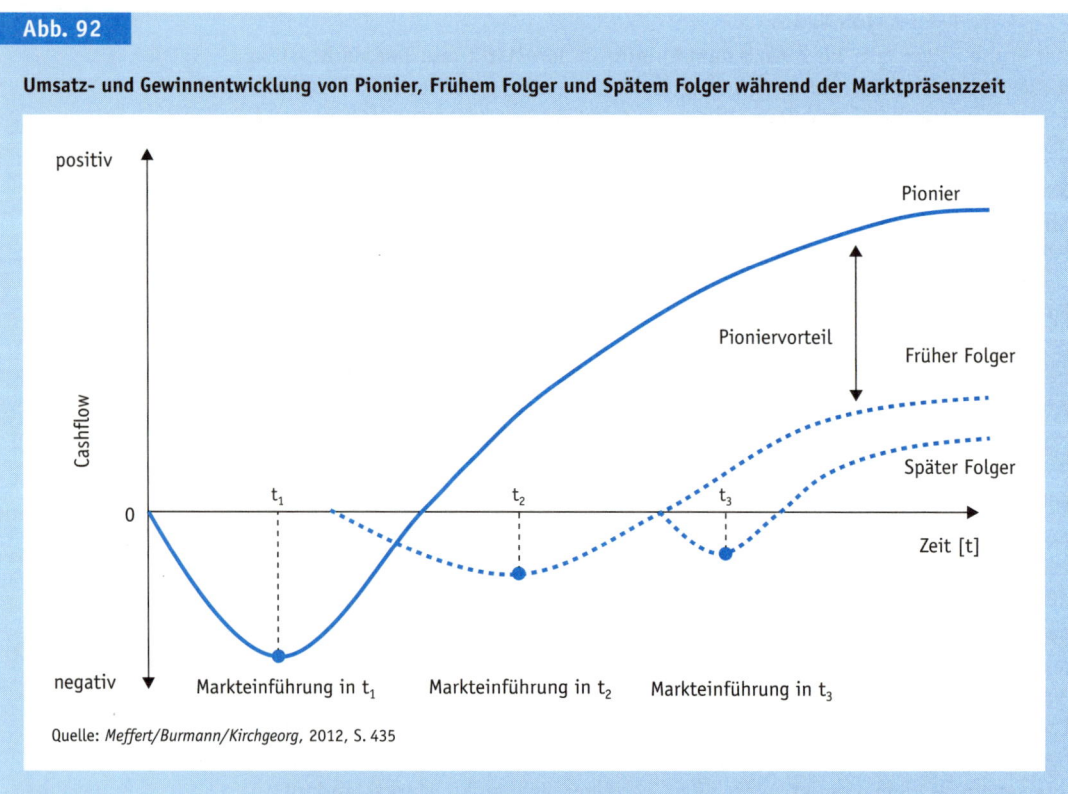

Abb. 92

Umsatz- und Gewinnentwicklung von Pionier, Frühem Folger und Spätem Folger während der Marktpräsenzzeit

Quelle: *Meffert/Burmann/Kirchgeorg*, 2012, S. 435

punktes von untergeordneter Bedeutung. Wichtiger ist es für den Späten Folger, dass er über einen **ausgeprägten KKV beim Markteintritt** verfügt. Da Pionier und Früher Folger bereits den Markt erschlossen und untereinander aufgeteilt haben, hat der Späte Folger nur dann eine Marktchance, wenn er einen klaren KKV aufweist. Da er allerdings i. d. R. etablierte Technologien für seine Produkte nutzen kann, fallen bei ihm sehr viel geringere F&E-Kosten an. Zudem muss er **keine Markterschließungskosten** aufwenden, sodass er aufgrund seiner vorteilhaften Kostenposition Kunden häufig **Preisvorteile** bieten kann. Dafür allerdings weist die Strategie den Nachteil auf, dass sich Späte Folger mit **maximalen Eintrittsbarrieren** konfrontiert sehen. Zudem droht für den Späten Folger die Gefahr, dass er allein über eine **sehr kurze Marktverweildauer** verfügt.

Es zeigt sich, dass keine eindeutige Dominanz der vorgestellten Strategien abgeleitet werden kann. Stattdessen ist situationsspezifisch zu entscheiden, ob die Pionier-, Frühe Folger- oder Späte Folger-Strategie vorteilhaft ist. *Abbildung 93* fasst die Vor- und Nachteile der drei Timingstrategien noch einmal zusammen.

Abb. 93

Vor- und Nachteile verschiedener Timingstrategien

	Vorteile	Nachteile
Pionier	▸ am Anfang kein direkter Konkurrenzeinfluss ▸ preispolitische Spielräume ▸ Chance zur Etablierung eines dominanten Designs ▸ Vorsprung auf der Erfahrungskurve ermöglicht langfristige Kostenvorteile ▸ längste Verweildauer im Markt ▸ Entwicklung eines produkttechnologischen Industriestandards ▸ Aufbau von Markt-Know-how ▸ Imagevorteile ▸ Aufbau von Kunden- und Lieferantenkontakten	▸ Ungewissheit über weitere ökonomische und technologische Marktentwicklung ▸ Gefahr von Technologiesprüngen ▸ hohe Markterschließungskosten ▸ Nutzen der Markterschließung kommt auch den Followern zugute ▸ Überzeugungsaufwand beim Kunden ▸ hohe F&E-Aufwendungen
Früher Folger	▸ geringeres Risiko (Technologie- und Marktentwicklung) als beim Pionier ▸ Nutzungen der Vorleistungen des Pioniers (insbesondere Markterschließung) ▸ erster Überblick über die Marktentwicklung liegt vor ▸ u. U. noch Möglichkeit zur Etablierung eines eigenen Standards ▸ Marktpositionen sind noch nicht verteilt ▸ Lebenszyklus des Marktes steht noch am Anfang	▸ Markteintrittsbarrieren des Pioniers ▸ fehlende temporäre Angebotsmonopolstellung ▸ Strategieausrichtung am Pionier erforderlich ▸ schnelle Reaktion erforderlich ▸ baldiger Markteintritt weiterer Konkurrenten
Später Folger	▸ Nachfragerverhalten ist bekannt ▸ geringere F&E-Aufwendungen ▸ Stabilität durch Anlehnung an dominante Gebrauchsstandards ▸ Verfahrensstabilität durch Anwendung bewährter Technologien ▸ Ausnutzung von Standardisierungspotenzialen	▸ Imagenachteile gegenüber etablierten Angeboten bzw. Marken ▸ höhere Markteintrittsbarrieren ▸ bedrohte Wettbewerbsposition bei Preissenkung der Konkurrenz ▸ kurze Marktverweildauer

Quelle: in Anlehnung an *Backhaus/Schneider*, 2009, S. 156 ff.

III Marktstimulierungsstrategie (»Wie?«)

Marktstimulierungs-
dimensionen

Marketing-Strategien müssen der Festlegung von KKVs dienen. Da KKVs kundenseitig wahrgenommene Netto-Nutzenvorteile darstellen, geht es bei der Bestimmung von Marketing-Strategien vor allem auch um die Frage, welche Netto-Nutzenvorteile (NNV) für Kunden realisiert werden sollen, wie also der Markt stimuliert werden kann. Als potenzielle Netto-Nutzendimensionen kommen hierbei grundsätzlich

▸ die Leistung,
▸ die Gegenleistung,
▸ die zeitliche Flexibilität der Angebotserbringung sowie
▸ die Beziehung

in Frage.

Strategie »Leistung«

Diese Stimulierungsdimensionen lassen sich unmittelbar aus dem dem KKV-Verständnis zugrunde liegenden Netto-Nutzenvorteil (vgl. Formel (1) in Abschnitt 1 B I) ableiten. So besteht eine erste Möglichkeit, einen Netto-Nutzenvorteil (NNV) entsprechend Formel (14) zu generieren, für einen Anbieter darin, bei gleichen oder zumindest nicht sehr viel höheren Kosten für den Kunden eine als deutlich **überlegen wahrgenommene Leistung** im Vergleich zum Wettbewerb anzubieten.

$$NNV = \left[N_A - K_A\right] - \left[N_B - K_B\right] \tag{14}$$

mit:

NNV $\quad$ = Netto-Nutzenvorteil
N_A bzw. N_B = Nutzen des Angebotes A bzw. B
K_A bzw. K_B = Kosten des Angebotes A bzw. B

In diesem Fall muss aus Sicht von Anbieter A im Vergleich zu Wettbewerber B in Bezug auf den zu operationalisierenden Brutto-Nutzen (N_A) gelten:

$$N_A - \overline{N}_B > \overline{K}_A - \overline{K}_B \quad \text{mit} \quad N_A - K_A > 0 \tag{15}$$

Strategie »Preis«

Eine zweite Möglichkeit ist darin zu sehen, dass bei gleicher oder nicht sehr viel schlechterer Leistung auf einen **Kostenvorteil für Kunden** gesetzt wird. Bei einer solchen Stimulierung über die Gegenleistung muss folglich in Bezug auf den NNV aus Sicht von Anbieter A in Bezug auf den zu optimierenden Preis (K_A) gelten:

$$K_A - \overline{K}_B < \overline{N}_A - \overline{N}_B \quad \text{wiederum mit} \quad N_A - K_A > 0 \tag{16}$$

Strategie »Flexibilität«

Ebenso kann aus der NNV-Formel die Marktstimulierungsstrategie »**Zeitpunkt der Angebotserbringung**« abgeleitet werden. Bei dieser KKV-Dimension setzt ein Anbieter darauf, dass er der einzige Anbieter im Markt ist, der zu bestimmten Zeitpunkten in der Lage ist, Kundenbedarfe in gewünschtem Umfang zu erfüllen. Sofern ein Anbieter hierzu zumindest in bestimmten Zeitfenstern allein im Markt fähig ist, dann verfügt dieser Anbieter über eine **temporäre Monopol-**

stellung. Da andere Anbieter (hier zusammenfassend dargestellt als Anbieter B) kein Marktangebot unterbreiten können, muss der Anbieter A in diesem Fall allein folgende Bedingung erfüllen:

$$N_A - K_A > 0 \tag{17}$$

Strategie »Beziehung«

Schließlich stimuliert ein Anbieter, der auf den NNV »**Beziehung**« setzt, den Markt mit der Verlässlichkeit der von ihm angebotenen Nutzen-Kosten-Relation. Da Kunden, die bereits in der Vergangenheit Leistungen bei einem Anbieter bezogen haben, genau wissen, was sie von diesem hinsichtlich Nutzen und Kosten zu erwarten haben, werden sie eine ansonsten identische Nutzen-Kosten-Relation bei diesem Anbieter positiver einschätzen als bei unbekannten Wettbewerbern. Je nachdem, wie stark das **Sicherheitsargument** für den Kunden von Bedeutung ist, wird der Anbieter sogar dann noch den Zuschlag erhalten, wenn seine Nutzen-Kosten-Relation schlechter als die von Wettbewerbern ist. Für Anbieter, die auf die Beziehung zu Kunden setzen, kommt es also darauf an, dass sie einen höheren Erwartungswert für ihre Nutzen-Kosten-Relation als Wettbewerber in den Augen ihrer Bestandskunden aufweisen. Folglich muss Formel (18) gelten:

$$EW(N_A) > EW(K_A) \quad \text{und} \quad EW(N_A - K_A) > EW(N_B - K_B) \tag{18}$$

zusätzlich mit:
EW=Erwartungswert

In Bezug auf die dargestellten Netto-Nutzendimensionen können Anbieter hinsichtlich der Generierung von Netto-Nutzenvorteilen **alternative Strategiemuster** verfolgen:

Alternativen der Strategieauswahl

▸ Zum einen können Unternehmen beim Aufstellen einer Marketing-Strategie versuchen, Netto-Nutzenvorteile durch **Konzentration auf einzelne Nutzendimensionen** zu erreichen. So wie etwa ein Discounter im Lebensmittelhandel vor allem auf Vorteile bei der »Gegenleistung«, also den Preis, setzt, kann es zielführend sein, bewusst die »Führerschaft« bei Leistung, Gegenleistung, Flexibilität oder Beziehung anzustreben.

▸ Alternativ hierzu kann die Strategie von Unternehmen aber auch darin bestehen, weniger auf die Führerschaft bei einzelnen Nutzendimensionen und vielmehr auf die **optimale Kombination der Nutzendimensionen** abzustellen. Reiseveranstaltern etwa ist bekannt, dass sie breite Kundenschichten nur dann von ihren Angeboten überzeugen können, wenn eine adäquate Leistung (z. B. Hotel, Strand, Flugzeiten), ein angemessener Preis, flexible Buchungsmöglichkeiten und Vorteile für loyale Kunden zugleich geboten werden.

Ob Unternehmen im Rahmen der Festlegung von Marketing-Strategien eher auf die Führerschaft bei einzelnen Nutzendimensionen abstellen (**eindimensionale Wettbewerbsstrategien**) oder einen Vorteil durch ein ideal kombiniertes Angebot verschiedener Nutzendimensionen ins Auge fassen (**mehrdimensionale Wettbewerbsstrategien**), hängt vor allem von den **Nutzenvorstellungen der**

Bestimmungsfaktor »Kunde«

Nachfrager ab. Achten Kunden vor allem auf einzelne Nutzendimensionen, so liegt eine Fokussierung auf diese Dimension für den Anbieter nahe. Im Gegensatz dazu kommt eher das gleichberechtigte Verfolgen verschiedener Nutzendimensionen in Frage, wenn Kunden die verschiedenen Nutzendimensionen gleichberechtigt im Rahmen ihrer Kaufentscheidung betrachten.

1 Eindimensionale Wettbewerbsstrategien

1.1 Qualitätsführerschaft

1.1.1 Marktorientiertes Qualitätsverständnis

Eine erste Möglichkeit, sich in den Augen von Nachfragern vom Wettbewerb abzuheben, besteht darin, eine **bessere Leistung** im Markt anzubieten. Für den Erfolg einer solchen Strategie ist dabei entscheidend, dass Nachfrager den **Brutto-Nutzen** der Leistung (Nutzen vor Abzug des durch Gegenleistungselemente hervorgerufenen Nutzenentgangs) entsprechend wahrnehmen und die Leistung deshalb anderen im Markt angebotenen Produkten vorziehen. Diese Situation tritt immer dann ein, wenn eine Leistung so beschaffen ist, dass sie nachfragerseitig definierte Ansprüche ggf. nachweislich, in jedem Fall aber wahrnehmbar umfassender erfüllt, als dies für Konkurrenzangebote gilt. Da **Leistungsvorteile** dabei als **zusätzliche Bedürfnis- oder Anforderungserfüllung** verstanden werden können, werden hierauf gerichtete Marketing-Strategien häufig als **Qualitätsstrategien** oder als Versuch des Aufbaus einer **Qualitätsführerschaft** bezeichnet (vgl. *Meyer*, 1988, S. 73 ff.). Nicht zu verwechseln ist das hier gemeinte Qualitätsverständnis dabei mit dem vor allem in technischen Disziplinen vorherrschenden Qualitätsverständnis. Während das **technische Qualitätsverständnis** zumeist im Sinne einer Sicherstellung von 100 %-Gut-Teilen innerhalb der Fertigung verstanden wird, steht im hier verwandten **marktorientierten Qualitätsverständnis** der Aspekt der kundenseitigen Bedürfniserfüllung im Vordergrund.

Vor diesem Hintergrund kann sich Qualitätsführerschaft auf Vorteile bei **einzelnen** oder **mehreren relevanten Bedürfnisdimensionen** stützen. Ein besonderes Produktdesign, ein besonderes leichtes Produkthandling, zusätzliche Leistungsfeatures, die Möglichkeit einer umweltgerechten Entsorgung, die Kompatibilität zu anderen Produkten oder eine besonders hohe Lebensdauer stellen Beispiele für mögliche Qualitätsvorteile dar, die einzeln oder in Kombination dafür verantwortlich sein können, dass sich Nachfrager aus Qualitätsgründen für die Leistungen eines Anbieters entscheiden.

Auch wenn für das Vorhandensein einer Qualitätsführerschaft letztlich die Wahrnehmung von Kunden entscheidend ist und es somit auf die kundenseitige Qualitätswahrnehmung (**externe Qualität**) ankommt, sollte die Qualitätsführerschaft von Unternehmen auf Vorteilen bei der **internen Qualität** (objektiver, häufig technisch-determinierter Vorteil) basieren. Nur in einem solchen Fall gehen Unternehmen kein zu großes Risiko ein, wenn sie mittelfristig auf eine Qualitätsstrategie setzen. Das nachfolgende Beispiel verdeutlicht diese Überlegung.

Fallbeispiel 31

Cape Grim

Entgegen dem internationalen Trend, wonach der Absatz von Flaschenwasser in den vergangenen Jahren international zweistellige Wachstumsraten realisieren konnte, wuchs der Absatz deutscher Heil- und Mineralwasserhersteller in den vergangenen Jahren kaum. Dass inzwischen viele Unternehmen der Branche wirtschaftliche Schwierigkeiten aufweisen, ist auf verschiedene Gründe zurückzuführen. Beispielsweise haben einige Unternehmen die Umstellung von Glasflaschen auf PET-Flaschen zu lange hinausgezögert, weil sie die Investitionen gescheut haben, die mit der Umstellung von Glas auf PET innerhalb der Abfüllung verbunden sind. Andere Unternehmen haben den immer stärker werdenden Nachfragerwunsch nach stillem Wasser unterschätzt und anders als die Marktführer Vittel, Volvic oder Fvian zu lange allein kohlensäurehaltiges Wasser angeboten. Schließlich ist ein weiterer Hauptgrund für die wirtschaftlichen Probleme vieler deutscher Mineralwasserhersteller darin zu sehen, dass man keine geeignete Strategie im Kampf gegen Discount-Angebote gefunden hat. So liegen die Preise in Discount-Märkten für 1,5-Liter-Flaschen Mineralwasser nicht selten bei 20 Cent und weniger und damit deutlich unter den ansonsten im Markt üblichen Flaschenpreisen. Ein häufig im Markt vorgetragenes Argument ist dabei, dass es sich bei Mineralwasser um ein in hohem Maße standardisiertes Produkt handelt, bei dem sich kaum qualitative Differenzierungen von Anbietern herbeiführen lassen. Nicht zuletzt aus diesem Grund sei die zunehmende »Discountisierung« im Markt kaum zu verhindern, sodass den Mineralbrunnen-Unternehmen allein die Alternativen »Friss oder stirb« bleiben: Um Skaleneffekte zu realisieren und im aufkommenden Preiskampf mit den Discountern bestehen zu können, sei rigoroses Mengenwachstum erforderlich, sodass eine weitere Marktbereinigung in den kommenden Jahren zu erwarten sei.

Dass sich Unternehmen allerdings auch im Mineralwassermarkt als Qualitätsführer positionieren können, zeigt der internationale Markt. So ist es dort etwa der erst im Jahr 2000 gegründeten Firma Cape Grim gelungen, sich im Markt als Qualitätsführer zu positionieren. Die 0,33-Liter-Flasche Cape Grim wird so zu einem Preis von 4,5 US $ verkauft und der Preis für eine 0,75-Liter-Flasche beträgt sogar 7,5 US $. Die Positionierung im Premium-Segment ist für die Firma Cape Grim möglich, da das Unternehmen innerhalb seiner Abfüllung, nach eigener Einschätzung, das sauberste Wasser der Welt verwendet. Das Unternehmen trägt so den Namen des nordwestlichen Zipfels der australischen Südhalbinsel Tasmania. Dort führen konstante Winde aus der nahe gelegenen Antarktis dazu, dass nahezu keine Luftverschmutzung vorhanden ist. So ist den Luftprotokollen der CSIRO (Commonwealth Scientific and Research Organization), die eine Messstation in Cape Grim unterhält, zu entnehmen, dass in dieser Region pro Kubikmeter Luft gerade einmal 10 bis 600 Partikel enthalten sind. Im Gegensatz dazu enthält der Kubikmeter Luft in städtischen und industrialisierten Gebieten zwischen 50.000 und 500.000 Partikel. Da folglich auch das Regenwasser in Cape Grim kaum Verschmutzungen aufweist, hat das Unternehmen große Regen-Auffangkapazitäten geschaffen, die es ermöglichen, jährlich 4,7 Mio. Liter Cape Grim-Wasser zu verkaufen. Dass Cape Grim-Wasser in Ländern wie Australien, Neuseeland, Japan oder USA als Gourmet-Produkt gilt und in Japan beispielsweise sogar von Medizinern als Heilwasser eingestuft wird, ermöglicht es dem Unternehmen, die hohen Flaschenpreise im Markt durchzusetzen. Letztlich wird dabei der KKV »Qualität« durch geographische Gegebenheiten am Firmensitz in Cape Grim möglich. Die Qualität des eigenen Wassers hat das Unternehmen inzwischen sogar soweit kultiviert, dass es auf den rückwärtigen Etiketten der schlicht geformten Cape Grim-Flaschen betont, dass Cape Grim-Wasser ohne herkömmliche Eiswürfel zu genießen sei, da diese zur Verschmutzung des Wassers führen könnten (vgl. *Willhardt*, 2006).

1.1.2 Durchsetzung von Qualitätsführerschaft

Ob sich die Strategie der Qualitätsführerschaft von Unternehmen in Märkten durchsetzen lässt, hängt dabei von einer Vielzahl unterschiedlicher **Einflussfaktoren** ab. Neben der exklusiven Verfügbarkeit spezifischer Ressourcen, den technologischen Fähigkeiten von Konkurrenten oder der Bereitschaft von Kunden, Präferenzen für über dem Marktstandard liegende Produkte zu entwickeln, spielt für die Durchsetzung einer Qualitätsführerschaft in vielen Märkten vor allem auch das Stadium des gesamten Marktes im **Marktlebenszyklus** eine Rolle

Voraussetzungen für Qualitätsführerschaft

Einflussfaktor
»Lebenszyklusphase«

(vgl. *Backhaus/Voeth*, 2010a, S. 212). Wird hierbei – wie in Abschnitt 2 D II 1.2.1 dargelegt – zwischen der Einführungs-, der Wachstums-, der Reife- bzw. Sättigungs- sowie der Degenerations- oder Schrumpfungsphase differenziert, so ist davon auszugehen, dass die Zahl der im Markt vorhandenen Konkurrenten vom Stadium eines Produktes im Markt-/Produktlebenszyklus abhängt. Beginnend mit der Einführungsphase vergrößert sich die Zahl der Wettbewerber zunächst, da im Zeitablauf immer mehr Unternehmen mit Imitationen in den Markt drängen. Reduziert sich anschließend jedoch das Marktwachstum und damit auch die für im Markt aktive Unternehmen möglichen Gewinne, so kann die Anzahl der Wettbewerber wieder abnehmen, wenn erste Konkurrenten – z.B. angesichts von nicht-wettbewerbsfähigen Kostenstrukturen – aus dem Markt ausscheiden. Vor diesem Hintergrund ist zu vermuten, dass sich die Strategie der Qualitätsführerschaft vor allem **in frühen Phasen des Marktlebenszyklus** in Märkten durchsetzen lässt. Im Gegensatz dazu führt der Eintritt von immer mehr Wettbewerbern in der Wachstums- oder Reifephase zum Aufkommen von Imitationsprodukten, die es bisherigen Qualitätsführern zunehmend schwer machen, Nachfragern die Leistungsvorteile ihrer Angebote zu verdeutlichen. In solchen Märkten kommt es häufig zu einer **»Commoditisierung«** (*Enke/Geigenmüller/Leischnig*, 2011, S. 5 ff.) der Märkte. Dies bedeutet allerdings keineswegs, dass die im Wettbewerb angebotenen Leistungen tatsächlich identisch sind. Vielmehr sind im fortgeschrittenen Stadium des Marktlebens-

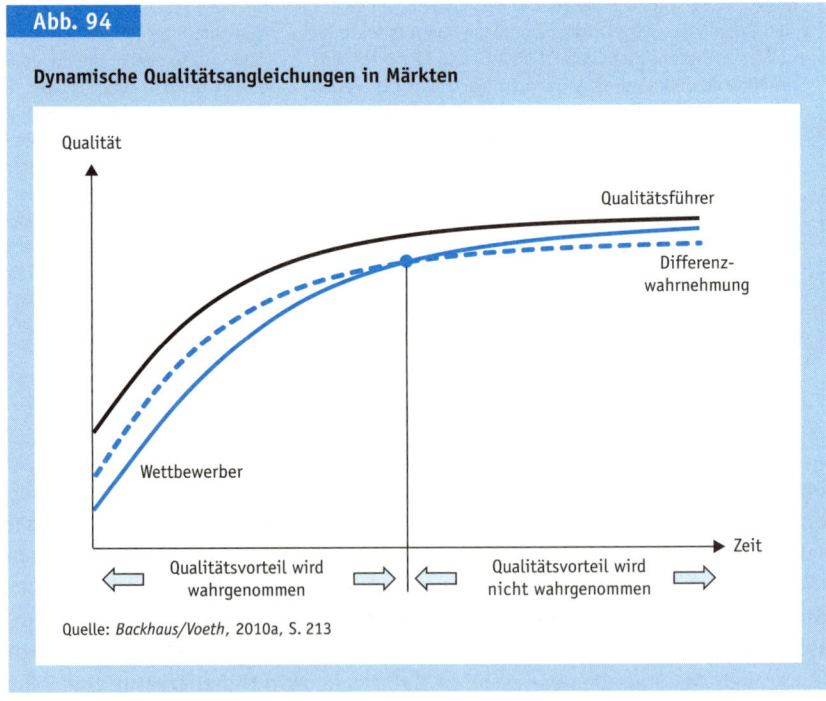

Abb. 94

Dynamische Qualitätsangleichungen in Märkten

Quelle: *Backhaus/Voeth*, 2010a, S. 213

zyklus die Leistungsunterschiede zwischen den Wettbewerbern so stark geschrumpft, dass diese von Nachfragern als nicht mehr bedeutsam eingestuft werden. *Abbildung 94* verdeutlicht diese Überlegung. So sind Nachfrager häufig nur noch dann bereit, Qualitätsunterschiede zwischen den im Wettbewerb angebotenen Leistungen zu honorieren, wenn diese ein bestimmtes Ausmaß (Abstand zwischen schwarzer und gestrichelter Linie in *Abbildung 94*) übersteigen. Führen allerdings die Imitationstätigkeiten der Wettbewerber dazu, dass eine **Annäherung des Qualitätsniveaus** an den bisherigen Qualitätsführer stattfindet, so wird nach einer gewissen Zeit der Punkt erreicht, ab welchem die Qualitätsunterschiede im Markt nicht mehr ausreichend groß sind, als dass Nachfrager diese als kaufentscheidungsrelevant einstufen. Die einzige Möglichkeit für den Qualitätsführer, sich diesem Prozess zu entziehen, ist in einer verstärkten **Innovationstätigkeit** zu sehen. Der Qualitätsführer muss regelmäßig Innovationen entwickeln und in den Markt einführen, da jede weitere Innovation den in *Abbildung 94* beschriebenen Prozess neu starten lässt, sodass der Qualitätsführer bei jeder Innovation wieder für einen gewissen Zeitraum einen Qualitätsvorsprung vor dem Wettbewerb hat.

Da somit die Strategie der Qualitätsführerschaft vor allem an die Fähigkeit gekoppelt ist, regelmäßig neue Produkte in Märkte einzuführen, setzt die Strategie der Qualitätsführerschaft zugleich Innovationsfähigkeit bei Unternehmen voraus. Nur wenn diese entsprechend ausgeprägt ist, können Unternehmen in Märkten dauerhaft auf die Strategie der Qualitätsführerschaft setzen.

Innovationsfähigkeit

1.2 Preisführerschaft

Neben der Qualität können Netto-Nutzenvorteile in den Augen von Nachfragern auch über die Gegenleistung und damit vor allem den Preis realisiert werden. Indem Anbieter ihren Kunden für vergleichbare Leistungen **Preisvorteile** anbieten, können sie in den Augen von Nachfragern in eine überlegene Wettbewerbsposition gelangen und ihren Kunden einen entscheidenden Kaufgrund liefern. Der Begriff »Preisführerschaft«, der in der Literatur häufig auch als **Preis-Mengen-Strategie** bezeichnet wird (vgl. z.B. *Esch/Hermann/Sattler*, 2011, S. 180 ff.), steht dabei als Synonym für wahrgenommene Vorteile bei der von Kunden zu erbringenden Gegenleistung. So muss eine im Markt erfolgreiche Preisführerschaft nicht zwangsläufig auf **absoluten Preisvorteilen** beruhen; stattdessen können **günstigere Zahlungskonditionen** wie etwa besondere Finanzierungsangebote, vorteilhafte Zahlungszeitpunkte, garantierte Rückkaufbedingungen o.Ä. ebenso in den Augen der Kunden den Eindruck hervorrufen, dass ein »günstigeres« Angebot vorliegt.

Begriff »Preisführerschaft«

1.2.1 Kostenanalyse

Das Verfolgen einer Wettbewerbsstrategie, die eine Preisführerschaft zum Ziel hat, lässt sich dauerhaft nur dann durchhalten, wenn Unternehmen über eine **überlegene Kostenposition** verfügen. Nur in diesem Fall ist es Unternehmen möglich, sich im Rahmen eines über den Marktpreis ausgetragenen Wettbewerb im Markt zu profilieren. Bevor sich Unternehmen daher für eine Preisführer-

Voraussetzung »Kostenführerschaft«

Formen der Kosten-
analyse

Strategie entscheiden, muss eine **detaillierte Kostenanalyse** erfolgen. Diese sollte sich gleichermaßen auf die relative

▶ Kostenposition (statische Analyse) und
▶ Kostenentwicklung (dynamische Analyse)

beziehen (vgl. *Backhaus/Voeth*, 2010a, S. 256).

Analyse der Kostenposition

Kostenniveau und
Kostenstruktur

Innerhalb der **statischen Kostenanalyse** wird untersucht, inwieweit zum Analysezeitpunkt Kostenvorteile gegenüber relevanten Wettbewerbern bestehen. Durch ein gezieltes **Kosten-Benchmarking** wird dabei die relative augenblickliche Kostenposition im Vergleich zu relevanten Konkurrenten ermittelt. Ziel muss es sein, die eigenen Kosten sowie die Kosten des Wettbewerbs nicht allein im Hinblick auf deren Höhe (**Kostenniveau**), sondern zugleich auch im Hinblick auf die **Kostenstruktur** abzubilden. Auf Basis solcher Kostenanalysen ist es dann möglich, die eigene Kostenposition zu beurteilen und Ansatzpunkte zur Verbesserung der eigenen Kostenposition zu identifizieren. Das in *Abbildung 95* dargestellte beispielhafte Ergebnis einer solchen Kostenanalyse zeigt etwa, dass der Wettbewerber A augenblicklich über eine überlegene Kostenposition im Markt verfügt. Während die Unternehmen »Klient« (Kunde, der über Insourcing nachdenkt) und »Wettbewerber C« im Kostenwettbewerb deutlich abgeschlagen sind, kommt eine Preisführerschaft für Wettbewerber B durchaus noch in Frage. Aus der Kostenstrukturanalyse geht hierbei hervor, dass der Wettbewerber B nur dann in eine dem Wettbewerber A vergleichbare Kostenposition gelangt, wenn er die bislang bestehenden Beschaffungskostennachteile reduziert. Die Kostenangaben in *Abbildung 95* zeigen so, dass rund 80 % des augenblicklich bestehenden Kostennachteils durch eine schlechtere Kostensituation im Einkauf (zugekaufte Komponenten, Rohmaterial) verursacht werden. Vor diesem Hintergrund kommt für den Wettbewerber B das Verfolgen einer Preis-Mengen-Strategie dauerhaft nur dann in Frage, wenn er die bestehenden Beschaffungskostennachteile zu reduzieren in der Lage ist.

Beschaffung von
Wettbewerber-
Kosteninformation

Das **Hauptproblem** von wettbewerbsbezogenen Kostenniveau- und Kostenstrukturvergleichen stellt die Beschaffung der hierfür benötigten Informationen dar (**Informationsbeschaffungsproblem**). Lassen sich die für die Analyse eigener Kosten benötigten Informationen i. d. R. noch vergleichsweise leicht aus dem unternehmenseigenen internen Rechnungswesen generieren, so bereitet die Sammlung der zu Vergleichszwecken benötigten Informationen über die Kosten der Wettbewerber zumeist große Schwierigkeiten. In der Praxis lassen sich Schätzwerte für Kostenpositionen von Wettbewerbern gleichwohl durch

▶ technische Produktanalysen,
▶ wettbewerbsbezogene Einkaufsanalysen,
▶ Informationen von Kunden und Handel,
▶ Analyse von Veröffentlichungen des Wettbewerbs und
▶ im Markt angebotene Kosten-Benchmarking-Analysen

zumindest in Teilen beschaffen.

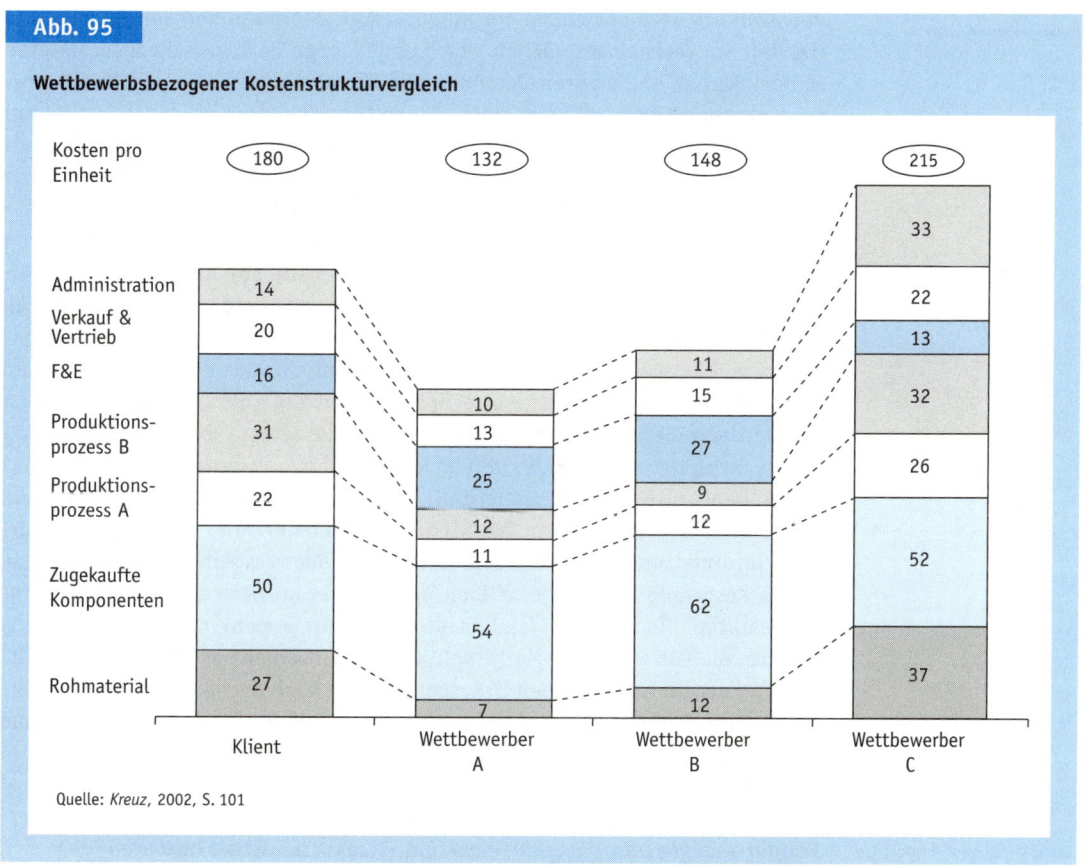

Abb. 95

Wettbewerbsbezogener Kostenstrukturvergleich

Kosten pro Einheit: 180 | 132 | 148 | 215

Quelle: *Kreuz*, 2002, S. 101

Bei **technischen Produktanalysen** werden Produkte von Wettbewerbern in eigenen F&E-Bereichen im Hinblick aufeingesetzte Komponenten, Materialien und Produktionstechnologien untersucht. Durch solche Analysen lassen sich häufig relativ genaue Informationen über Produktionstechnologien und Materialqualität von Wettbewerbsprodukten gewinnen, sodass hierauf aufbauend Kostenschätzungen in Bezug auf Materialkosten oder Produktionskosten vorgenommen werden können. Ebenso hilfreich sind **wettbewerbsbezogene Einkaufsanalysen**, in deren Rahmen die Beschaffungsprozesse von Wettbewerbern systematisch untersucht werden. Werden beispielsweise seitens des Vertriebs Informationen über Auftragsvolumina von Wettbewerbern zur Verfügung gestellt, so können hieraus Rückschlüsse auf die Beschaffungskostenpositionen gezogen werden. Ist dem Einkauf z. B. bekannt, in welchen ungefähren Mengen Konkurrenten Materialien und Komponenten im Markt beziehen, so kann aus der Kenntnis der Preissysteme eigener Lieferanten abgeleitet werden, mit welchen Beschaffungskosten-Konsequenzen die Order-Mengen des Wettbewerbs verbunden sind. Eine weitere Möglichkeit zur Analyse der Kostenstrukturen

Interne Informationsquellen

von Konkurrenten besteht in der Nutzung von **Informationen von Kunden und Handel.** In Verkaufsgesprächen mit Kunden oder dem zwischengeschalteten Handel werden nicht selten Details aus Verkaufsverhandlungen mit Wettbewerbern weitergereicht. Kunden oder Handelsunternehmen weisen so etwa auf Preis- und ggf. auch Kostenvorteile von Wettbewerbern hin, um den Verhandlungspartner zu einem stärkeren Entgegenkommen zu bewegen. Auch wenn die hierbei zur Verfügung gestellten Informationen evtl. strategisch »eingefärbt« sind, können aus ihnen sehr wohl Hinweise auf Kostenvor- oder -nachteile von Konkurrenten generiert werden. Eine weitere Quelle zur Analyse von Kostenstrukturen des Wettbewerbs stellen die **von Wettbewerbern veröffentlichten Informationen** dar. Insbesondere dann, wenn es sich bei Wettbewerbern um publizitätspflichtige Gesellschaften handelt, lassen sich aus den veröffentlichten Geschäftsdaten wichtige Hinweise über die Kostenstrukturen ableiten. Weist ein Wettbewerber beispielsweise aus, dass er Teile seiner Produktion im vergangenen Geschäftsjahr in Billiglohnländer verlagert hat, so können die hieraus resultierenden Kostenkonsequenzen zumindest grob abgeschätzt werden. Schließlich liegen in vielen Märkten auch **kommerzielle Kosten-Benchmarking-Informationen** vor. Da i. d. R. alle Unternehmen in einem Markt Interesse an der Kostenposition des jeweiligen Wettbewerbs aufweisen, haben sich in vielen Märkten Dienstleister (z. B. Beratungsunternehmen) darauf spezialisiert, die Kostenposition der im Markt befindlichen Unternehmen (häufig unter Mitwirkung der im Markt tätigen Unternehmen) zu analysieren und das Analyseergebnis anschließend jedem einzelnen im Markt befindlichen Unternehmen zum Kauf anzubieten.

Analyse der Kostenentwicklung

Bei der Analyse von Kostenniveaus und -strukturen ist zu beachten, dass sich diese im Zeitablauf verändern können. Da die Festlegung der Strategie der Preisführerschaft zukunftsgerichtet vorgenommen werden sollte, sollten nicht allein statische, i. d. R. vergangenheitsorientierte Kostenanalysen, sondern zugleich auch dynamische Analysen der Kostenentwicklung die Grundlage für die Festlegung einer Preisführer-Strategie sein. Bei der **dynamischen Kostenanalyse** ist zu beachten, dass in vielen Märkten die Höhe stückbezogener Kosten von der Absatzmengenentwicklung abhängig ist. Unternehmen, die größere Absatzmengen aufweisen, können schneller Kosteneinsparungen realisieren, da bei ihnen in größerem Umfang **Skaleneffekte** auftreten. Für die Entwicklung der Wettbewerbsposition ist dieser Effekt immer dann relevant, wenn er nicht allein zu einer buchtechnischen Kostenreduktion, sondern zu einer tatsächlichen Verringerung zahlungswirksamer Kostengrößen führt. So verfügen Unternehmen mit einer größeren Absatzmenge zwar zugleich auch über umfassendere Möglichkeiten zur Verteilung stückbezogener Fixkosten. Sind die den Fixkosten zugrunde liegenden Investitionen allerdings bereits in der Vergangenheit getätigt worden, so liegt hier allein ein buchtechnischer Vorteil vor, da diese Kostengrößen für zukünftige Entscheidungen nicht mehr entscheidungsrelevant sind, sodass auch Unternehmen mit geringeren Absatzmengen bei Peis-

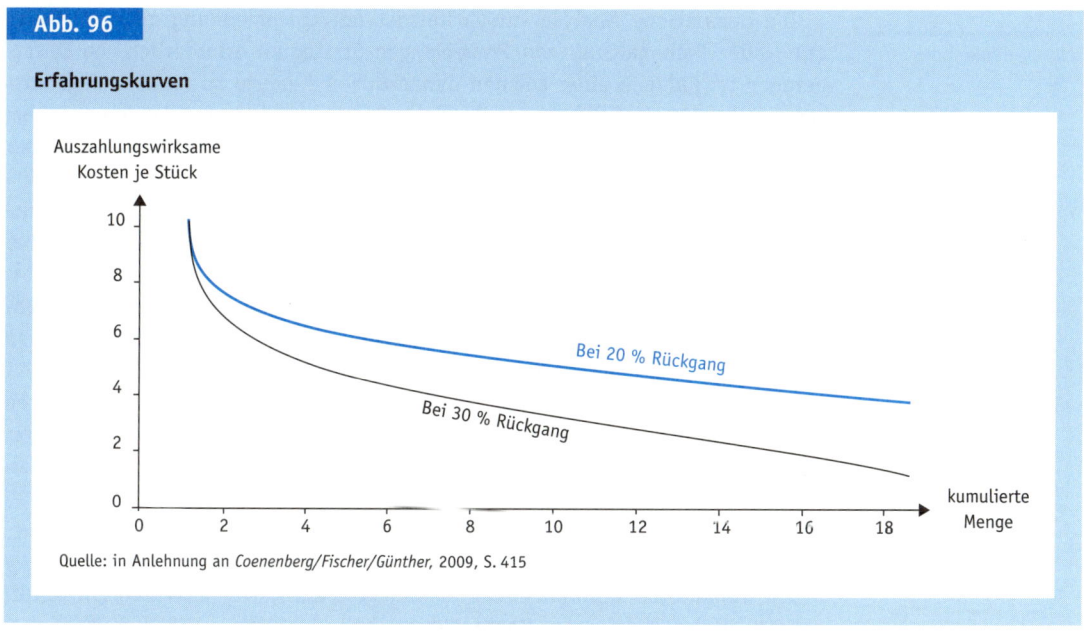

Abb. 96

Erfahrungskurven

Auszahlungswirksame
Kosten je Stück

Bei 20 % Rückgang

Bei 30 % Rückgang

kumulierte
Menge

Quelle: in Anlehnung an *Coenenberg/Fischer/Günther*, 2009, S. 415

kämpfen darauf verzichten können, jene Kostengrößen einzubeziehen, die bereits in der Vergangenheit zu Auszahlungen geführt haben.

Besondere Aufmerksamkeit kommt bei der Analyse dynamischer Kostenentwicklungen demnach der **Reduktion stückbezogener auszahlungswirksamer Kosten** zu. Viele empirische Untersuchungen belegen hierbei, dass die stückbezogenen auszahlungswirksamen Kosten in vielen Fällen entsprechend einem übergeordneten funktionalen Zusammenhang mit steigender Absatzmenge geringer werden. Der angeführte Zusammenhang wird dabei häufig mit dem Begriff **Erfahrungskurve** belegt (vgl. z.B. *Bauer*, 1986, S. 1 ff.; *Henderson*, 1984, S. 19). Die Erfahrungskurve beschreibt die Gesetzmäßigkeit, dass mit jeder Verdopplung der im Zeitablauf kumulierten Absatzmenge eines Produktes auszahlungswirksame Stückkosten potenziell sinken können. Häufig ist der Verringerungseffekt dabei so groß, dass mit jeder Verdopplung ein Rückgang im Umfang von 20 bis 30 % verbunden ist (vgl. *Abbildung 96*).

Die Ursachen für das Auftreten solcher Erfahrungskurveneffekte können vielfältig sein. Häufig beruhen sie auf **Lerneffekten in der Fertigung** oder **Skaleneffekten in der Beschaffung**. Sind beispielsweise größere Absatzmengen möglich und daher größere Produktionsmengen notwendig, sind Unternehmen eher in der Lage, Produktionsprozesse kostenoptimal auszurichten und optimale Losgrößen zu erreichen. Ebenso können durch größere Absatz- und Produktionsmengen in der Beschaffung günstigere Beschaffungskonditionen erzielt werden, die ebenfalls zu einer Verringerung auszahlungswirksamer Kosten führen.

Erfahrungskurven-
Effekte

Ursachen

Nutzen dynamischer
Kostenanalysen

Die dynamische Analyse von Kosten ist im Zusammenhang mit der Festlegung oder Beibehaltung von Preis-Mengen-Strategien erforderlich, da Unternehmen im Rahmen einer solchen dynamischen Analyse zu anderen Ergebnissen im Hinblick auf die eigene Wettbewerbsposition gelangen können als bei einer statischen Kostenanalyse. Trifft beispielsweise ein aktueller Kostenführer auf Wettbewerber, die – z. B. aufgrund ihrer größeren internationalen Marktabdeckung – über größere Absatzmengen und daher größeren Erfahrungskurveneffekten verfügen, so kann bereits zum Betrachtungszeitpunkt absehbar sein, dass die momentane Kostenführerposition mittelfristig verloren geht. Ebenso kann der Effekt in entgegengesetzter Ausprägung auftreten: Unternehmen, die zurzeit noch über eine schlechtere Kostenposition verfügen, können auf Basis dynamischer Kostenanalysen erkennen, dass sie in absehbarer Zeit eine überlegene Kostenposition einnehmen werden. Während das Festhalten einer Preisführer-Strategie im ersten Fall mit Gefahren verbunden ist, bietet sich dieses im zweiten Fall – trotz der augenblicklich schlechteren Kostenposition – an.

1.2.2 Kostenmanagement

Die Kostenanalyse kann entweder das Ergebnis erbringen, dass sich ein Unternehmen in der Position des **Kostenführers** befindet, oder es kann deutlich machen, dass es allein **Kosten-Follower** im Markt ist. In beiden Fällen muss ein Unternehmen im nächsten Schritt prüfen, ob Möglichkeiten für eine weitergehende Verbesserung der Kostenposition bestehen. Diese können z. B. in Maßnahmen wie

Maßnahmen

▸ Fertigungsrationalisierungen,
▸ Lieferantenwechsel,
▸ Standortverlagerungen,
▸ Outsourcing,
▸ Qualitätsreduktionen oder
▸ Eingehen von Einkaufskooperationen

bestehen. Insgesamt muss es das Ziel sein, alle Potenziale zur Kostenreduktion zu erschließen, um in eine bestmögliche Kostenposition zu gelangen.

1.2.3 Preiskommunikation

Die Strategie der Preisführerschaft setzt allerdings nicht nur eine vorhergehende Analyse von Kostenpositionen sowie ein gezieltes Kostenmanagement voraus. Darüber hinaus haben Unternehmen beim Ergreifen dieser Strategie zu berücksichtigen, dass sich eine Preisführerschaft nur dann realisieren lässt, wenn **Preisvorteile** im Markt entsprechend **kommuniziert werden können**, sodass Nachfrager den angebotenen Netto-Nutzenvorteil tatsächlich auch wahrnehmen. Die Frage, inwieweit es gelingen kann, objektive Preisvorteile in der Wahrnehmung von Kunden zu verankern, hängt von einer Vielzahl von **Einflussfaktoren** ab. Neben der Bedeutung preispolitischer Elemente innerhalb von Kaufentscheidungsprozessen oder dem Preiswissen von Nachfragern (vgl. Abschnitt 2 D II 2.2.1.3.2) kommt insbesondere auch dem Wettbewerbsverhalten

Einflussfaktoren

Fallbeispiel 32

C&A

Die Textilkette C&A hatte es bis in die 1990er-Jahre geschafft, sich als Preisführer im Bekleidungshandel zu positionieren. Mitte der 1990er-Jahre ging diese Position allerdings mehr und mehr verloren. Während im Segment der jüngeren Kunden neue Konkurrenten wie H&M oder Zara in den Markt eintraten, wanderte die klassische Klientel von C&A in großen Scharen zu Lebensmittel-Discount-Märkten wie Aldi ab, die seit den 1990er-Jahren ebenfalls Textil-Aktionsware anboten. Nachdem das Unternehmen zwischen 1997 und 2000 jährliche Verluste in Millionen-Höhe gemacht hatte, vollzog C&A nach 2000 einen rigorosen Strategiewechsel. Anders als in der zweiten Hälfte der 1990er-Jahre, als man die vormals konsequente Positionierung im Markt mehr und mehr aufgeweicht hatte, stellte C&A seit 2000 wieder deutlicher auf das Motto »gute Ware, aber günstig« ab. Nicht zuletzt durch Preis-Werbung, die

plakativ hochwertige Produkte zu sehr günstigen Preisen offerierte (Cashmere-Pullover für 10 € oder bestickte Bluse für 15 €), gelang es C&A, sich bei Kunden als Preisführer im Textilhandel wieder in Erinnerung zu rufen. Dieses Image wurde allerdings auch anschließend praktisch täglich durch Einzelaktionen von Wettbewerbern gefährdet. Während C&A den Anspruch erhob, in allen Sortimentsbereichen gute und günstigere Ware anzubieten, versuchten Wettbewerber nicht selten durch Einzelangebote auf sich aufmerksam zu machen und gefährdeten dadurch das Preisführer-Image von C&A. Plante beispielsweise C&A, einen Fleece-Pullover für 9 € anzubieten, so führte das Lockangebot eines Konkurrenten, welches einen ähnlichen Pullover für 8 € offerierte, dazu, dass für Kunden nicht mehr zweifelsfrei sichtbar war, welcher Textil-Händler der Preisführer im Markt ist (vgl. *Stippel*, 2005).

---

eine besondere Bedeutung zu. Gerade in Märkten, die durch eine hohe Wettbewerbsintensität gekennzeichnet sind, haben Anbieter dann Schwierigkeiten, ihre Preisführerschaft Nachfragern deutlich zu machen, wenn auch Wettbewerber durch gezielte Preisaktionen die Preisführer-Position anderer Unternehmen in Frage stellen. Wie das nachfolgende Beispiel aus dem Textilhandel deutlich macht, droht eine solche Gefahr vor allem in solchen Märkten, in denen die Anbieter breite und tiefe Sortimente aufweisen, die es dem Preisführer erschweren, sich permanent bei allen Produkten als günstigster Anbieter zu positionieren.

Schwierigkeiten

1.3 Zeitführerschaft

Netto-Nutzenvorteile müssen nicht zwangsläufig durch die Leistung des Anbieters (Qualität) oder die Gegenleistung des Nachfragers (Preis und Konditionen) entstehen. Darüber hinaus können KKVs ihre Ursache auch im Faktor **Zeit** haben. Indem Unternehmen

Ausprägungen

▸ zu einem bestimmten Zeitpunkt allein lieferfähig sind (»flexibler«) oder
▸ ihren Kunden zeitbasierte Opportunitätsnutzen bieten,

kann ebenso ein KKV entstehen.

1.3.1 Flexibilitätsstrategie

Unternehmen, die Netto-Nutzenvorteile durch **Flexibilität** schaffen wollen, versuchen ihre Leistungen **»zur richtigen Zeit am richtigen Ort«** anzubieten. Während bei der Pionier-Strategie im Rahmen der Timingstrategie (vgl. Abschnitt 2 C II) Leistungen erstmals im Markt überhaupt verfügbar gemacht werden, richtet sich die Flexibilitätsstrategie darauf, Leistungen exakt zu einem vom Kunden

Abgrenzung zu Timing-strategien

Fallbeispiel 33

Lieferflexibilität in der Chemieindustrie

In der Chemieindustrie spielt für viele Kunden eine hohe Verfügbarkeit und Lieferflexibilität eine entscheidende Rolle. Chemieunternehmen, die über sehr große Kapazitäten verfügen, sind für Kunden häufig allein schon deshalb interessant, da diese Lieferanten Kunden eine nahezu 100 prozentige Liefergarantie bieten. Für Kunden ist so eine Nicht-Versorgung mit für den Produktionsprozess wichtigen Rohstoffen mit großen Gefahren verbunden, da eine Nicht-Versorgung entweder zu einem Produktionsstillstand oder zu unkontrollierten Reaktionen im Produktionsprozess führen kann. Daher weisen Chemieunternehmen mit großen Kapazitäten einen Wettbewerbsvorteil auf, da diese Unternehmen Kunden eine hohe Liefersicherheit bieten können. Ein Manager aus der Chemieindustrie brachte das Geschäftsmodell vieler großer Chemieunternehmen wie folgt auf den Punkt: »Wir haben bei uns in bestimmten Bereichen noch nie eine 100-prozentige Auslastung unserer Anlagen erreicht. Und genau deshalb kaufen unsere Kunden bei uns. Denn bei uns können sie sicher sein, dass wir Kundenwünschen – und seien sie auch noch so kurzfristig und groß – immer nachkommen können.«

---

vorgegebenen Zeitpunkt zu erbringen. Unternehmen, die auf Flexibilitätsstrategien setzen, gehen davon aus, dass der **Zeitpunkt der Verfügbarkeit** von Produkten für ihre Kunden von zentraler Bedeutung ist. Indem sie – anders als Konkurrenten – in der Lage sind, die vom Kunden gewünschte Leistung zu einem von diesem vorgegebenen Zeitpunkt tatsächlich verfügbar zu machen, schaffen sie für Kunden einen Nutzenvorteil und für sich selber in den Augen dieser Kunden einen KKV. Als Beispiel für das erfolgreiche Verfolgen von Flexibilitätsstrategien kann das nachfolgende Fallbeispiel herangezogen werden.

Voraussetzungen

Das Fallbeispiel zeigt, dass die Voraussetzung für eine Flexibilitätsstrategie in der **Sicherstellung von Verfügbarkeit** zu sehen ist. Flexibilitätsstrategien setzen daher immer das Vorhalten und den Einsatz zusätzlicher Ressourcen voraus. Während dies bei individueller Fertigung etwa im Vorhalten freier Maschinen- oder Anlagenkapazitäten zu sehen ist, äußert sich der zusätzliche Ressourcenaufwand bei standardisierter Fertigung in Lagerbeständen. Indem Unternehmen durch Vorproduktion eigene Lagerbestände aufbauen, sichern sie eine permanente Verfügbarkeit ihrer Leistungen im Markt für ihre Kunden. Schließlich besteht der zusätzliche Ressourcenaufwand bei Flexibilitätsstrategien im Dienstleistungsbereich in einem erhöhten Personaleinsatz. Ein Friseurbetrieb, der sich durch eine besonders große Flexibilität bei seinem Kunden positionieren will, muss so viel Personal beschäftigen (ggf. durch Einsatz sogenannter »Springer«), dass auch kurzfristige Terminwünsche von Kunden erfüllt werden können.

1.3.2 Strategie zeitbasierten Opportunitätsnutzens

Grundüberlegung

Die Strategie **zeitbasierten Opportunitätsnutzens** fußt auf der Überlegung, dass Kunden zur Realisierung eines Leistungsnutzens häufig eigene Zeit als Produktionsfaktor einbringen müssen (vgl. *Backhaus/Schneider*, 2009, S. 150). Dies gilt zum einen für die Inanspruchnahme von **Dienstleistungen**, bei denen sich der Kunde als »externer Faktor« in den Leistungserstellungsprozess integrieren muss. So bedeutet der Besuch eines Friseurs für den Kunden, dass er

Zeit aufwenden muss, um dem Friseur die Gelegenheit zu geben, den Haarschnitt vorzunehmen. Zum anderen muss der Kunde jedoch auch bei **Sachleistungen** Zeit als Faktor einbringen, wenn etwa die Nutzung einer Kaffeemaschine oder eines Computers mehr oder weniger Zeit in Anspruch nimmt. So schätzen beispielsweise viele Nutzer der Mac-Computer von Apple, dass diese ohne Zeitverlust aus dem Ruhezustand in den Betriebsmodus versetzt werden können, wohingegen herkömmliche PCs oder Laptops einige Zeit benötigen, um nach einer Ruhephase wieder nutzbar zu sein.

Backhaus/Schneider (2009, S. 152 ff.) unterscheiden zwei verschiedene Ansatzpunkte, um die Strategie zeitbasierten Opportunitätsnutzens umzusetzen:

▶ Zeitreduktion (1) und
▶ parallele Zeitverwendung (2).

Ansatzpunkte

(1) Zeitreduktion

Bei Zeitreduktion wird darauf gesetzt, Kunden den **Leistungsnutzen schneller verfügbar** zu machen. Indem ein Bahnunternehmen die Reisedauer zwischen zwei Bahnhöfen verringert, indem ein Waschmaschinenhersteller eine Maschine anbietet, die weniger Zeit für das Waschen der Wäsche benötigt oder indem ein Arzt seinen Patienten Behandlungen ohne Wartezeit anbietet, kann für Kunden

Zeitersparnis anbieten

Fallbeispiel 34

Amazon

Da nicht alle Kunden einen »Übernachtversand« benötigen und dieser zudem mit hohen Kosten verbunden ist, hat der Online-Händler **Service Level Agreements (SLA)** implementiert (vgl. *Abbildung 97*). Während der Standardversand kostenlos ist, muss der Kunde 6 € zusätzlich an Versandkosten entrichten, wenn er eine Auslieferung am nächsten Werktag wünscht. Sogar 13 € fallen an, wenn er eine Übernachtlieferung benötigt (Bestellung bis 22.00 Uhr des vorhergehenden Werktags, Auslieferung bis 12.00 Uhr).

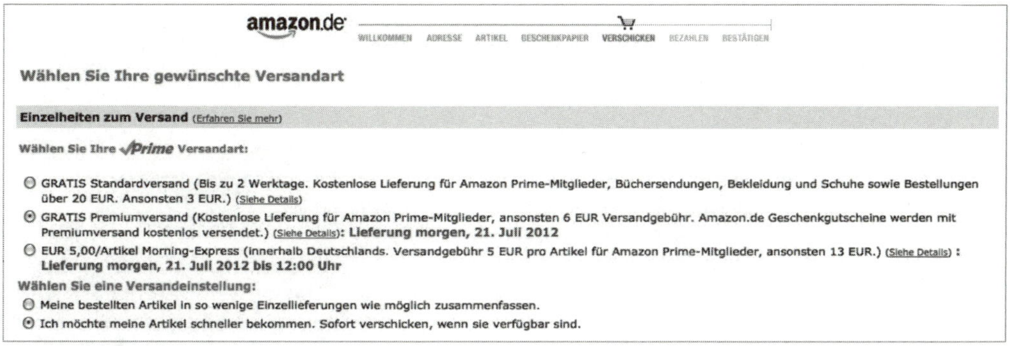

Quelle: *Amazon.de*, 2012

Abb. 97: SLA beim Versand von Amazon

ein Nutzenzuwachs entstehen, wenn die **Zeitersparnis** für die Kunden bedeutsam ist. Gerade im (Online-)Handel, in dem der Logistik eine große Bedeutung zur Differenzierung gegenüber Wettbewerbern zukommt, spielt die **G**eschwindigkeit der Kundenbelieferung und damit die Strategie der Zeitreduktion eine große Rolle. Vor allem Online-Händler wie Amazon versuchen dabei, ihren Kunden extrem kurze Lieferzeiten anzubieten.

(2) Parallele Zeitverwendung

Sinnvolle Nutzung ermöglichen

Wenn eine Zeitreduktion für einen Anbieter nicht möglich ist oder vom Kunden nicht gewünscht wird (in einem Gourmet-Restaurant wird beispielsweise der Zeitraum für die Anfertigung bestellter Speisen von vielen Kunden als Qualitätsindikator angesehen), können Anbieter versuchen, ihren Kunden einen zeitbasierten Opportunitätsnutzen durch parallele Zeitverwendung anzubieten. Im Grunde geht es dabei darum, dem Kunden eine **sinnvolle Nutzung** der von dieser einzubringenden Zeit zu ermöglichen. Dies kann nach *Backhaus/Schneider* (2009, S. 155) auf zwei Arten erfolgen:

Erhöhung Autonomiegrad

▶ Zusätzlicher Nutzen durch parallele Zeitverwendung kann zum einen durch eine **Erhöhung des Kunden-Autonomiegrades** geschaffen werden. Hierunter ist zu verstehen, dass Kunden während der für die Leistungserstellung benötigten Zeit anderen Tätigkeiten nachgehen können, da keine oder eine weniger zeitintensive Mitwirkung an der Leistungserstellung erforderlich ist. Ein solcher Fall tritt z. B. dann ein, wenn die Leistungserstellung durch den Einsatz von Geräten oder Maschinen automatisiert wird. Das nachfolgende Fallbeispiel belegt dies.

Fallbeispiel 35

Vollautomatisierter Rasenmäher

Seit einigen Jahren sind so genannte »Pfiffis« auf dem Markt. Hierbei handelt es sich um voll automatisierte Rasenmäher-Roboter, die zu einer vom Nutzer eingestellten Tageszeit selbstständig ihre Ladestation verlassen und ohne fremde Hilfe Gras schneiden können. Sobald der Roboter den Rasen gemäht hat, kehrt er zur Ladestation zurück, um seinen Akku zu laden. Die Hersteller dieser Rasenroboter vermarkten ihre voll automatisierten Rasenmäher in Abgrenzung zu herkömmlichen Rasenmähern mit dem Argument, dass die »Pfiffis« ihren Besitzern das wöchentliche Rasenmähen ersparen würden und dass der Besitzer beim Rasenschneidevorgang gar nicht anwesend sein müsse.

Fallbeispiel 36

Kfz-Werkstatt

Viele Kfz-Werkstätten haben inzwischen erkannt, dass von Kunden die Wartezeit während einer Kfz-Reparatur als unnütz und unangenehm empfunden wird. Gerade bei kleineren Reparaturen oder z. B. Reifenwechseln dauert der Werkstattbesuch nicht so lange, dass es sich für den Kunden lohnen würde, die Werkstatt zu verlassen und das Auto zu einem späteren Zeitpunkt wieder abzuholen. Daher ziehen es die Kunden bei solchen Reparaturen vor, direkt auf ihr Auto zu warten, obwohl sie die Wartezeit als ärgerlich empfinden.

Für Werkstätten bedeutet dies, dass sie sich zunächst einmal bemühen müssen, die Wartezeit für die Kunden zu minimieren. Dazu gehört einerseits, dass die Reparaturen zu den vereinbarten Reparaturterminen umgehend beginnen können. Andererseits muss die Werkstatt so organisiert sein, dass die eigentliche Reparaturzeit minimal ist. Darüber hinaus können sich Werkstätten aber auch vom Wettbewerb zu differenzieren versuchen, indem sie ihren Kunden

eine (angenehme und nutzenbringende) parallele Zeitverwendung ermöglichen. Dies kann z. B. durch das Angebot komplementärer Ersatzprodukte erfolgen. Beispielsweise bieten viele Kfz-Werkstätten ihren Kunden an, im Wartebereich der Werkstatt Kaffee zu trinken, Zeitung zu lesen oder mittels W-Lan am Laptop zu arbeiten. Andere Werkstätten haben im Wartebereich TV-Geräte aufgestellt oder bieten ihren Kunden Entertainment durch Spielkonsolen oder Spielautomaten. Darüber hinaus können Werkstätten aber auch substitutive Ersatzprodukte offerieren. Indem dem Kunden kostenlose oder kostengünstige Ersatzfahrzeuge für den Zeitraum der Pkw-Reparatur angeboten werden, ist es den Kunden möglich, die Wartezeit anderweitig zu nutzen. Da mit der Zurverfügungstellung von solchen Ersatzfahrzeugen letztlich auch der Kunden-Autonomiegrad vergrößert wird (der Kunde muss nicht warten, sondern kann die Werkstatt verlassen), kann hier das Angebot substitutiver Ersatzprodukte auch als Maßnahme zur Vergrößerung des Kunden-Autonomiegrades verstanden werden.

▸ Zum anderen ist es möglich, Nachfragern einen zusätzlichen Nutzen durch das **Zurverfügungstellen von Ersatzprodukten** für den Zeitraum der Leistungserstellung zu verschaffen. In diesem Fall ist es das Ziel, dem Kunden eine sinnvolle Nutzung der Zeit, die der Kunde für die Leistungserstellung aufwenden muss, zu ermöglichen. Das obige Fallbeispiel verdeutlicht dabei, dass bei Ersatzprodukten zwischen **komplementären** und **substitutiven Ersatzprodukten** unterschieden werden kann. Beide Arten von Ersatzprodukten können einzeln oder auch in Kombination eingesetzt werden.

Zurverfügungstellung von Ersatzprodukten

1.4 Beziehungsführerschaft

1.4.1 Grundlagen der Beziehungsführer-Strategie

Seit den 1990er-Jahren setzen viele Unternehmen vermehrt auf den Aufbau langfristiger Geschäftsbeziehungen zu ihren Kunden. Im Marketing hat dies seit Beginn der 1990er-Jahre z. B. zur Entwicklung der Teildisziplin **Relationship Marketing** (vgl. *Bruhn*, 2013a, S. 1 ff.) geführt.

Aktuelle Bedeutung

Ursachen

Die Hintergründe für den Versuch, sich als »Beziehungsführer« zu positionieren, sind dabei vielfältig. Eine besondere Bedeutung kommt

Hintergrund

▸ der in vielen Märkten beobachtbaren zunehmenden Marktsättigung,
▸ der Intensivierung des Wettbewerbs sowie
▸ der qualitativen Angleichung von Wettbewerbsleistungen

zu.

Fallbeispiel 37

Mobilfunkmarkt

Exemplarisch kann die beschriebene Entwicklung am deutschen Mobilfunkmarkt nachvollzogen werden. Nachdem die Einführung des digitalen Mobilfunks Anfang der 1990er-Jahre zu leistungsfähigeren Mobilfunknetzen, kleineren und funktionsstärkeren Endgeräten sowie vielen auch für Privatkunden interessanten zusätzlichen mobilen Telekommunikationsdienstleistungen geführt hat, entstand anschließend geradezu ein »Run« auf Mobilfunk-Dienstleistungen. Während die zuvor verbreiteten analogen Mobilfunknetze (z. B. C-Netz) nur für kleine Kundensegmente im Business-Bereich interessant waren, erschlossen die D-Netze nun auch die Privatkunden und damit den Massenmarkt. Bis zum Jahr 2000 vergrößerte sich in Deutschland die Zahl der Mobilfunk-Nutzer von anfänglich wenigen Tausend auf rund 50 Mio. Nutzer (vgl. *Abbildung 98*). Vor diesem Hintergrund bestand in der zweiten Hälfte der 1990er-Jahre die Hauptaufgabe der Mobilfunk-Carrier T-Mobile (vormals D1), Vodafone (vormals D2), E-Plus (vormals E1) und O2 (vormals E2) vor allem

darin, die große Zahl der an Mobilfunk-Dienstleistungen Interessierten möglichst effizient mit Mobilfunk-Verträgen und -Endgeräten zu versorgen. Der Fokus lag somit auf der Neukundengewinnung, da diese zu diesem Zeitpunkt relativ einfach und kostengünstig möglich war. Erst nachdem der weit überwiegende Teil der Bevölkerung Mobilfunk-Dienstleistungen bereits nutzte, richtete sich das Augenmerk der Mobilfunk-Carrier verstärkt auf die Pflege der bereits in ihren Netzen befindlichen Kunden. Da attraktive Neukunden (im Sinne von bisherigen Non-Usern) kaum noch vorhanden waren und das Akquirieren von bislang bei Wettbewerbern aktiven Kunden mit erheblichen Kosten verbunden war, versuchten die Mobilfunk-Carrier nun vermehrt, bestehende Kunden stärker an sich zu binden. Durch vorzeitige Vertragsverlängerungen gegen Zurverfügungstellung neuer Mobilfunk-Endgeräte oder durch Treueprämien bei Vertragsverlängerungen wird seit diesem »Paradigmenwechsel« eine Verlängerung bestehender Geschäftsbeziehungen angestrebt.

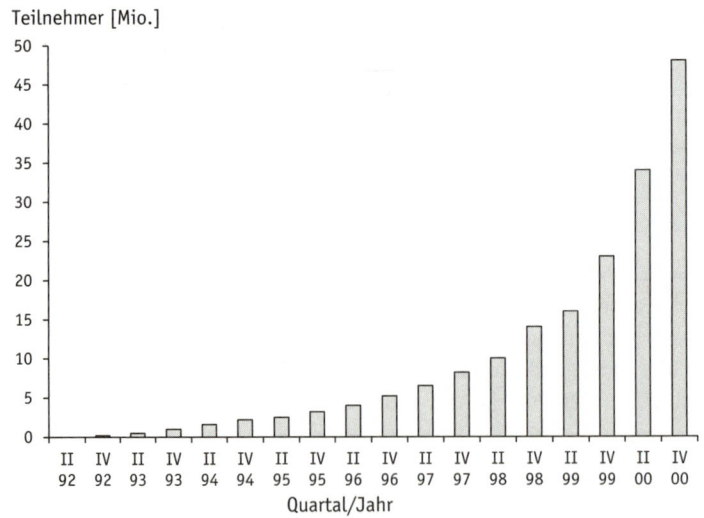

Teilnehmerzahl jeweils zum Quartalsende; Quelle: *Xonio*, 2001, S. 79

Abb. 98: **Entwicklung der Teilnehmerzahlen in deutschen GSM-Netzen (1992–2000)**

Marktsättigung liegt dann vor, wenn die von den Anbietern angebotenen Leistungen praktisch von allen relevanten Nachfragern bereits genutzt werden, sodass Anbieter kaum noch Neukunden erreichen können. Stattdessen basieren die Umsätze in solchen Märkten praktisch nur noch auf Ersatz- oder Erweiterungsbeschaffungen der Kunden. Wollen Unternehmen in einer solchen Marktsituation Umsatzwachstum herbeiführen und lassen sich keine zusätzlichen Ersatz- und/oder Erweiterungsbeschaffungen bei eigenen Kunden initiieren, so hängt das Umsatzwachstum von der Fähigkeit ab, Wettbewerbern Kunden abzunehmen. Da parallel jedoch zu erwarten ist, dass auch Wettbewerber Anstrengungen unternehmen, die Kunden ihrer Konkurrenten zu einem Anbieterwechsel zu bewegen, sind in gesättigten Märkten zwei typische Verhaltensweisen von Anbietern zu beobachten: Zum einen versuchen alle Unternehmen **zusätzliches Wachstum durch Gewinnung von Konkurrenzkunden** zu erreichen. Zum anderen wollen alle Anbieter das Geschäft mit bestehenden Kunden sichern, indem sie **Bestandskundenmanagement** betreiben.

Aber auch in Märkten, in denen noch keine vollständige Marktsättigung vorliegt, hat die zunehmende Internationalisierung des Wettbewerbs dazu geführt, dass der **Wettbewerb intensiver** und das Neukundengeschäft aufwendiger und schwieriger geworden ist. Auf solchen Märkten kämpft eine immer größere Zahl von (internationalen) Wettbewerbern um Kunden, die die Leistungen bislang noch nicht übernommen haben. Daher ist das Bestandskundenmanagement auch für Unternehmen in solchen Märkten eine zunehmend attraktive Alternative.

Schließlich versuchen Unternehmen durch den Aufbau von Geschäftsbeziehungen auch, sich dem ansonsten drohenden Preiswettbewerb zu entziehen. Angesichts der im Abschnitt 2 C II beschriebenen **qualitativen Angleichung von Wettbewerbsangeboten** droht ohne das Angebot von beziehungsbasierten Netto-Nutzenvorteilen die Gefahr, dass Kunden die Kaufentscheidungen allein anhand des Preises treffen. Daher wird Kundenbindung hier häufig auch als Instrument eingesetzt, um Kunden Kaufargumente neben dem Preis zu bieten.

Vorteile

Zusammenfassend lässt sich feststellen, dass das Bemühen um Beziehungsführerschaft in vielen Märkten zunächst einmal eine **strategische Antwort** auf Veränderungen des Wettbewerbs darstellt. Allerdings besteht der Vorteil dieser Strategie nicht nur darin, dass der Wechsel von Bestandskunden zum Wettbewerb unwahrscheinlicher wird. Ebenso ist eine Beziehungsführerschaft vorteilhaft, da mit den einzelnen Bestandskunden **zusätzlicher Profit** realisiert werden kann. *Reichheld/Sasser* (1990) haben bereits Anfang der 1990er-Jahre gezeigt, dass der Gewinn pro Kunde häufig von der Länge der bestehenden Geschäftsbeziehung abhängt. Wie *Abbildung 99* zeigt, konnte in verschiedenen Branchen beobachtet werden, dass der Gewinn pro Kunde mit zunehmender Dauer der Geschäftsbeziehung anwächst.

Die Gewinnzunahme bei langjährigen Kunden kann dabei zum einen auf **Effizienzgewinne** zurückgeführt werden. Transaktionen zwischen den Marktpart-

Marktsättigung

Wettbewerbsintensivierung

Leistungsangleichung

Gewinn pro Kunde in Abhängigkeit von Geschäftsbeziehungsdauer

Effizientere Kundenbearbeitung

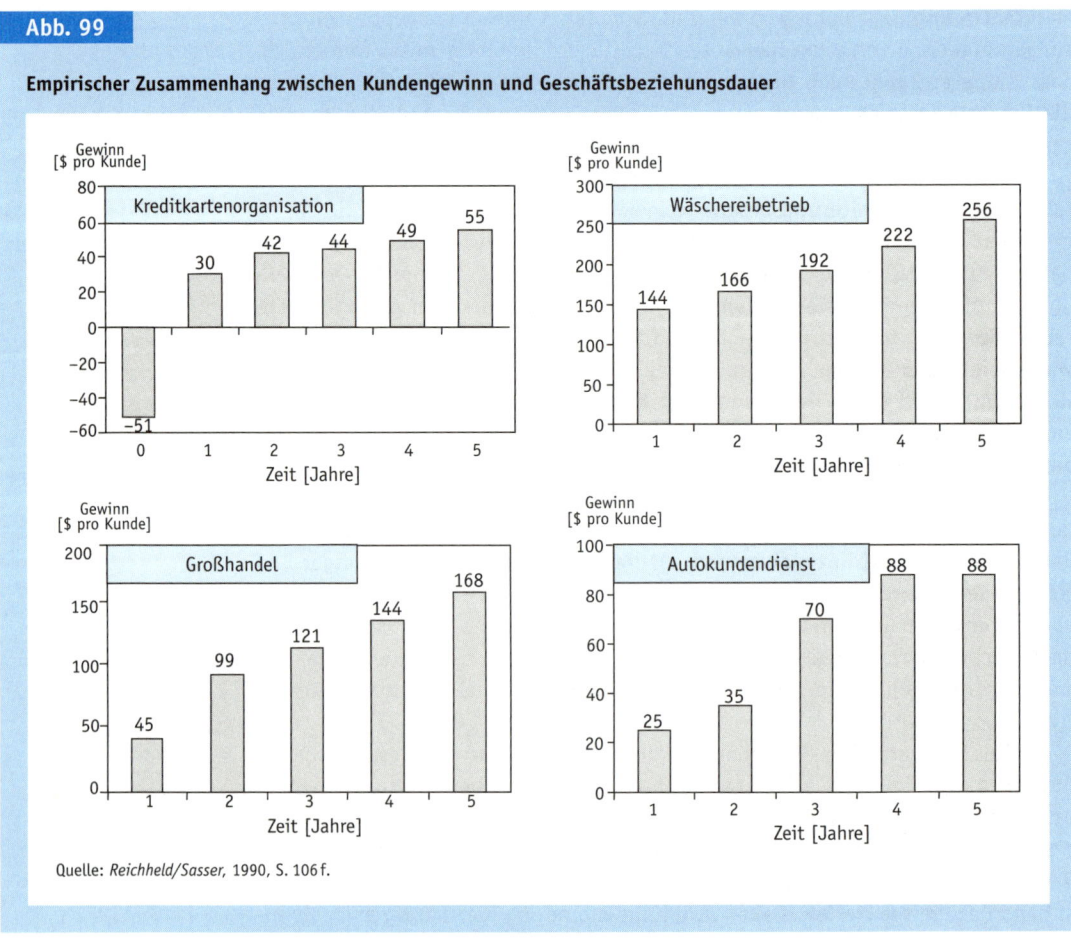

Abb. 99

Empirischer Zusammenhang zwischen Kundengewinn und Geschäftsbeziehungsdauer

Quelle: *Reichheld/Sasser*, 1990, S. 106 f.

nern werden so kostengünstiger möglich, da der langjährige Kunde beispielsweise bereits über die Angebote des Unternehmens informiert ist, der Anbieter die Anlieferungswünsche des Kunden kennt oder in der Vergangenheit bereits eine Einigung auf bestimmte Zahlungskonditionen stattgefunden hat. Darüber hinaus kann die Gewinnzunahme aber auch durch zusätzliche **Effektivitätsgewinne** entstehen. Langjährige Kunden dehnen so in vielen Märkten ihr Transaktionsvolumen, das sie mit Anbietern abwickeln, im Zeitablauf aus. *Reinheld/ Sasser* (1990) führen vier unterschiedliche **Gründe** für Effektivitätssteigerungen in Geschäftsbeziehungen an:

▸ **(1) Größere Menge**: Die **Ausdehnung des Transaktionsvolumens** kann darauf zurückgeführt werden, dass langjährige Kunden im Zeitablauf ihre Kauffrequenz steigern. Bei der erstmaligen Nutzung einer Kreditkarte ist beispielsweise bei vielen Kunden anfänglich eine Nutzungszurückhaltung beobachtbar. Zunächst besteht bei Kunden die Befürchtung, bei der Nutzung

Effektivere Kunden-bearbeitung

Menge

von Kreditkarten den Überblick über die eigene Finanzlage zu verlieren, da das Bezahlen mit Kreditkarten erst zu einem späteren Zeitpunkt über das Girokonto abgerechnet wird. Erst im Zeitablauf »erlernt« der Kunde, dass ihn die Nutzung einer Kreditkarte in kein »finanzielles Chaos« stürzt. Daher verwendet er die Kreditkarte im Zeitablauf vermehrt, sodass hieraus für die Kreditkartenorganisation Kauffrequenzsteigerungen erwachsen.

▶ **(2) Zusätzliche Produkte:** Positive Erfahrungen mit den Leistungen eines Anbieters in einer Produktkategorie werden häufig **auf andere Produktkategorien übertragen**. In einer langjährigen Geschäftsbeziehung tritt deshalb regelmäßig der Fall ein, dass anfänglich nur einzelne Leistungen von einem bestimmten Anbieter bezogen werden. Im Zeitablauf beziehen Kunden dann jedoch auch andere Leistungen von dem betreffenden Anbieter. Kunden, die mit einem Reiseveranstalter in Sommerurlauben sehr positive Erfahrungen gemacht haben, werden anschließend möglicherweise auch bereit sein, andere Urlaubsreisen (Winterurlaub, Städtereisen etc.) bei diesem Anbieter zu buchen.

Produkte

▶ **(3) Höhere Preise:** Darüber hinaus kann in langjährigen Geschäftsbeziehungen auch der Fall eintreten, dass Kunden zur Zahlung höherer Preise bereit sind. Dass langjährige Kunden häufig – trotz steigender Preise – keinen Anbieterwechsel vornehmen, kann dabei entweder auf einen Anstieg der kundenseitigen Zahlungsbereitschaft oder auf eine Verringerung der Preisbedeutung innerhalb der Kaufentscheidung zurückgeführt werden. Von einem **Anstieg der Zahlungsbereitschaft** kann immer dann ausgegangen werden, wenn Kunden im Verlauf der Geschäftsbeziehung ihre Unsicherheit über die Qualität der Anbieterprodukte abbauen und diese »Unsicherheitsreduktion« mit zusätzlicher Zahlungsbereitschaft honorieren. Daneben können langjährige Geschäftsbeziehungen auch mit dem Aufbau von Beschaffungsroutinen verbunden sein. In habitualisierten Kaufentscheidungsprozessen wickeln Nachfrager z. B. Beschaffungsprozesse so ab, dass dem Merkmal »Preis« eine nur noch geringe Aufmerksamkeit gewidmet wird (»Ich weiß, dass das Produkt gut ist.«). Daher werden Preiserhöhungen von Anbietern nicht selten von solchen Nachfragern weniger beachtet.

Preise

▶ **(4) Zusätzliche Kunden:** Schließlich entwickeln sich Kunden in langjährigen Geschäftsbeziehungen mitunter auch zu regelrechten »Werbeträgern« für Unternehmen. Nicht zuletzt um das eigene langjährige Kaufverhalten damit zu rechtfertigen, treten Kunden gegenüber anderen Nachfragern als überzeugte Kunden auf. Da Referenzaussagen von Kunden jedoch innerhalb von Kaufentscheidungsprozessen – gerade bei hoher Nachfragerunsicherheit – eine große Bedeutung zukommt, kann dieses »Werben« andere Kunden positiv in ihrer Kaufentscheidung beeinflussen.

Kunden

Ähnlich wie auf der Anbieterseite können aus langjährigen Geschäftsbeziehungen jedoch auch **für Kunden Nutzenvorteile** aus Effizienz- und Effektivitätsgründen entstehen. Während Effizienzvorteile durch geringere Informationskosten innerhalb des Kaufentscheidungsprozesses, geringere Verhandlungskos-

Vorteile für Kunden

ten, geringere Abstimmungskosten oder reduzierte Logistikkosten verursacht werden können, sind Effektivitätsvorteile die Folge von spezifischen Vorteilen der Geschäftsbeziehungen für den Nachfrager. Diese nur innerhalb der Geschäftsbeziehung realisierbaren Vorteile entstehen z. B. dadurch, dass

Gründe

▸ der Anbieter die Leistungsanforderungen des Nachfragers bereits kennt und daher entsprechende Leistungsanpassungen vornehmen kann,

▸ der Nachfrager den Anbieter sowie dessen Angebot kennt und daher genau die Leistungen aus dem Angebotsprogramm wählen kann, die seinen Bedürfnissen entsprechen und

▸ der Anbieter dem Nachfrager spezifische Leistungen anbietet, um dessen loyales Kaufverhalten zu honorieren (z. B. spezielle Preisnachlässe, zusätzliche Dienstleistungen etc.).

Sicherheitsvorteil

Zudem bietet der Anbieter seinen Bestandskunden eine hohe Sicherheit, dass sie von ihm tatsächlich die Leistungen in der gewünschten Form und zu akzeptablen Bedingungen erhalten. Anders als bei Wettbewerbern, mit denen die Kunden noch keine Geschäfte getätigt haben, wissen Kunden dies aus eigener vergangener Kauferfahrung.

1.4.2 Bestandteile einer Beziehungsstrategie

Um eine Beziehungsführerschaft aufzubauen, hat ein Anbieter innerhalb seiner Marketing-Strategie die erforderlichen Voraussetzungen zu schaffen, damit Kunden, die erstmals seine Leistungen nachfragen, anschließend wiederum bereit sind, Folgetransaktionen bei ihm zu tätigen. Dies setzt ein **systematisches Beziehungsmanagement** beim Anbieter voraus. Zu einem solchen systematischen Beziehungsmanagement sind die Strategiefelder Markenmanagement, Kundenbindungsmanagement, Kundenzufriedenheitsmanagement, Beschwerdemanagement und Kundenrückgewinnungsmanagement zu zählen (vgl. *Abbildung 100*).

Managementfelder

Da Nachfrager nur dann bereit sein werden, Folgetransaktionen bei einem Anbieter zu tätigen, wenn sie davon ausgehen können, dass der Anbieter auch bei diesen Folgetransaktionen ein ähnliches, wenn nicht sogar verbessertes Leistungsniveau zu erbringen in der Lage ist, müssen Anbieter nach innen die organisatorischen und produktionstechnischen Voraussetzungen für eine hohe **Kontinuität ihres Leistungsniveaus** schaffen. Darüber hinaus muss die Kontinuität der Leistungen jedoch auch nach außen den Kunden kommuniziert werden. Dies ist Aufgabe des **Markenmanagements**. Parallel hierzu muss der Anbieter ggf. zusätzliche ökonomische und nicht-ökonomische Anreize setzen, um Ersttransaktionskunden für den Fall Vorteile zu bieten, dass sie Folgetransaktionen mit dem entsprechenden Anbieter abwickeln. Die systematische Gestaltung dieser Wiederkaufanreize ist Aufgabe des **Kundenbindungsmanagements**. Darüber hinaus müssen sich Anbieter, die auf langfristige Geschäftsbeziehungen mit ihren Kunden setzen, regelmäßig und systematisch mit dem Zustand der Geschäftsbeziehung auseinander setzen. Insbesondere ist zu ermitteln, ob die nachfragerseitig bestehenden Anforderungen vom Anbieter noch immer erfüllt werden. Gerade in Geschäftsbeziehungen ist daher ein um-

Abb. 100

Bestandteile des Beziehungsmanagements

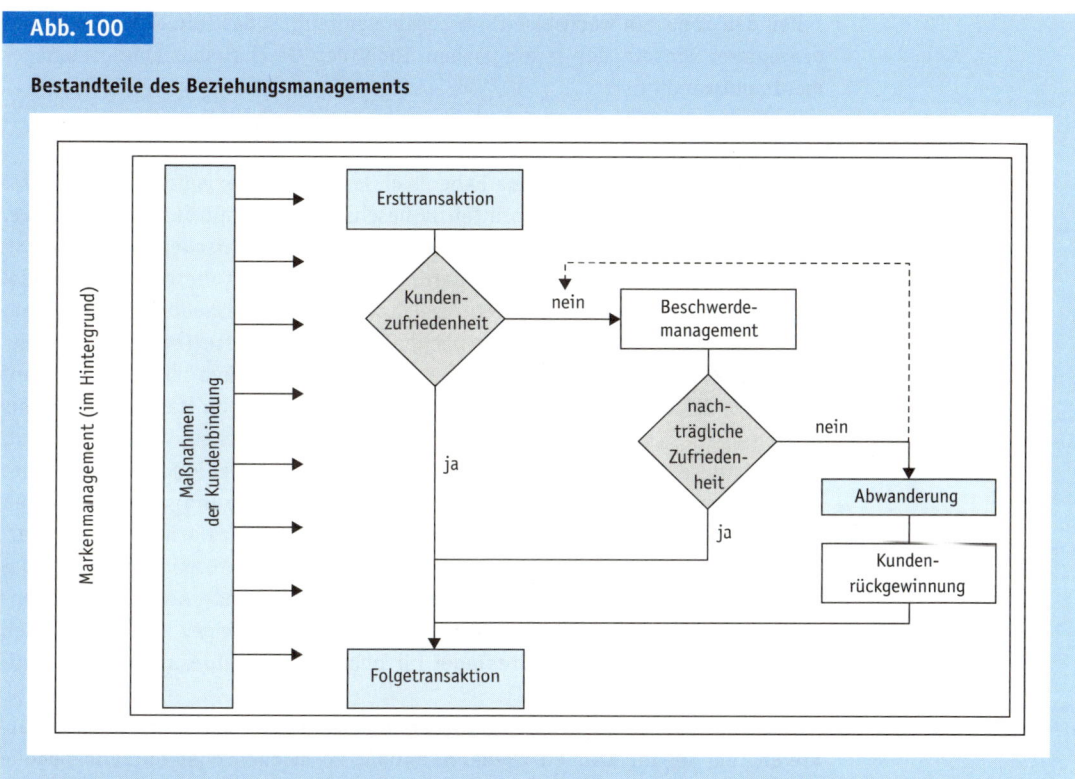

fangreiches **Kundenzufriedenheitsmanagement** erforderlich. Dieses steht in einem engen Zusammenhang zum **Beschwerdemanagement**. So lässt sich bestehende Unzufriedenheit auf Seiten von Kunden in Geschäftsbeziehungen häufig dann in nachträgliche Zufriedenheit wandeln, wenn Anbieter Nachfragern die Möglichkeit geben, ihre Unzufriedenheit zu artikulieren. Indem Anbieter die organisatorischen Voraussetzungen schaffen, die Artikulation von Unzufriedenheit in Geschäftsbeziehungen zu ermöglichen, kann es ihnen gelingen, Nachfrager trotz anfänglicher Unzufriedenheit zu Folgetransaktionen zu bewegen. Gelingt dieser Wandlungsprozess allerdings nicht, so wandern Kunden ggf. ab. Interessant ist dabei, dass verschiedene empirische Untersuchungen belegen, dass ehemalige Kunden – trotz zwischenzeitlicher Abwanderung – noch immer über ein gewisses Loyalitätspotenzial gegenüber dem früheren Anbieter verfügen. Aus diesem Grunde kann es sich für Unternehmen als sinnvoll erweisen, darüber hinaus ein **systematisches Kundenrückgewinnungsmanagement** aufzusetzen, um ehemalige Kunden zu erneuten Transaktionen zu bewegen.

Beziehungsführer müssen auf den beschriebenen Strategiefeldern des Beziehungsmanagements zugleich aktiv sein, um Kunden zu Folgetransaktionen zu bewegen. Wie aus der Darstellung in *Abbildung 100* hervorgeht, besteht zwi-

Abgestimmter Einsatz der Tools

schen den Tools ein wechselseitiger Zusammenhang, sodass ein aufeinander abgestimmter Einsatz der strategischen Tools des Geschäftsbeziehungsmanagements notwendig ist.

1.4.2.1 Markenmanagement

Mit kaum einem anderen Thema haben sich Marketing-Praxis und -Wissenschaft in den vergangenen Jahren so intensiv beschäftigt, wie mit dem Thema Marke.

Definition »Marke«

Unter einer **Marke** ist dabei »ein **Nutzenbündel mit spezifischen Merkmalen** zu verstehen [Anmerk. d. Verf.], die dafür sorgen, dass sich dieses Nutzenbündel gegenüber anderen Nutzenbündeln, welche dieselben Basisbedürfnisse erfüllen, aus Sicht relevanter Zielgruppen nachhaltig differenziert« (*Burmann/Blinda/Nitschke*, 2003, S. 3). Die gestiegene Bedeutung von Marken ist dabei auch auf einen aus der obigen Definition hervorgehenden Wandel im Markenverständnis in Wissenschaft und Praxis zurückzuführen. Nach klassischem Verständnis (vgl.

Klassisches Verständnis

beispielsweise *Mellerowicz*, 1963, S. 39) war eine Marke lediglich ein typisches Kennzeichen für die Herkunft eines Produktes (**Markierung**). Marken hatten hiernach die Funktion, Produkte zu kennzeichnen und für Nachfrager wiedererkennbar zu machen. Indem Unternehmen Produkte gleichförmig markieren, garantieren sie vor Kunden nicht allein eine gleichbleibende Aufmachung, sondern zugleich auch eine konstante Qualität und Menge. Marken wurden demnach ursprünglich als **Gütesiegel** für hochwertige Waren in gleicher Qualität eingestuft (**Markenartikel**).

Heutiges Verständnis

Da jedoch nicht nur Anbieter von Premium-Produkten ihre Leistungen markieren, um sie für Kunden wiedererkennbar zu machen oder nutzenbezogene Signale an Kunden heranzutragen, ist das klassische Markenverständnis aus heutiger Sicht **zu eng**. So bauen auch Anbieter Marken auf, die ihre Leistungen nicht hochpreisig als Qualitätsprodukte positionieren wollen. Ebenso bemühen sich Zulieferer um die Schaffung eigenständiger Marken auf nachgelagerten Wertschöpfungsstufen, um Präferenzen bei Kunden aufzubauen.

Definition und Bestandteile einer Marke

Vor diesem Hintergrund sind Marken weiter zu definieren. Wie *Burmann/Halaszovich/Hemmann* (2012, S. 28) in ihrer breiter angelegten Begriffsfassung deutlich machen, liegt eine Marke immer dann vor, wenn sie sich »aus Sicht relevanter Zielgruppen nachhaltig differenziert« darstellt. **Nachhaltige Differenzierung** lässt sich in den Augen von Nachfragern grundsätzlich auf zwei unterschiedliche Arten erzielen:

Arten der Differenzierung

▸ Zum einen kann eine Marke deshalb für Nachfrager unverwechselbar sein, da Nachfrager in der hinter der Marke stehenden Leistung eine **unverwechselbare Kombination von Nutzenelementen** sehen (**Markenkern** (1)).

▸ Zum anderen kann eine Marke durch eine entsprechend **einzigartig gestaltete Markierung** (2) für Nachfrager unverwechselbar gestaltet werden.

Gegenstandsbereiche des Markenmanagements

Markenkern und **Markierung** stellen dabei untrennbare Bestandteile einer Marke dar (vgl. *Abbildung 101*). Beide Bestandteile werden benötigt, um das Ziel des

Abb. 101

Beispiel für Markierung und Markenname als Bestandteile einer Marke

Markenmanagement zu realisieren, die Voraussetzung für langfristige Kunden-beziehungen zu schaffen. Aus diesem Grund stellen die Festlegung und Gestal-tung des Markenkerns sowie die Markierung wichtige Teilaufgaben des Marken-managements dar.

(1) Markenkern

Marken kommt vor allem die Aufgabe zu, Nachfragern ein **kontinuierliches Leistungsversprechen** zu geben. Der Markenkern bildet dabei die Nachfragern angebotenen assoziativen Leistungsversprechen ab, der durch Elemente der Markierung und weitere Vermarktungsinstrumente in konkrete Vorstellungsbil-der (Assoziationen) nach außen umgesetzt werden muss. Will ein Unternehmen beispielsweise seinen Kunden Serviceorientierung und Zuverlässigkeit als zen-trales Leistungsversprechen geben, so muss es das Bestreben des Unternehmens sein, die Marke mit genau diesen Assoziationen in der Wahrnehmung der Kun-den zu verankern. Mit anderen Worten umfasst der Markenkern die von Anbie-tern **in der Wahrnehmung von Kunden verankerten inhaltlichen Vorstellungen über Produkte oder Leistungen**. Beim Markenkern ist zwischen **Markenidenti-tät** und **Markenimage** (1) auf der einen und **sachlichem** bzw. **informatorischem Kern** (2) auf der anderen Seite zu differenzieren.

Markenidentität/Markenimage. Die **Markenidentität** bildet die von Anbietern beabsichtigten Assoziationen ab, die in der Wahrnehmung relevanter Kunden-gruppen verankert werden sollen (= Eigenbild der Marke). Im Gegensatz dazu stellt das **Markenimage** die tatsächlich im Wahrnehmungsraum der Nachfrager vorhandenen Assoziationen einer Marke dar (= Fremdbild der Marke). Nur im Idealfall stimmen dabei Markenidentität und Markenimage überein. Bei den

Markenkern = assozia-tives Leistungsver-sprechen

Bestandteile des Markenkerns

Eigenbild/Fremdbild

meisten Marken wird das Markenimage stattdessen mehr oder weniger stark von der anbieterseitig angestrebten Markenidentität abweichen (vgl. Burmann/Halaszovich/Hemmann, 2012). Um eine Angleichung von Markenidentität und Markenimage herbeizuführen, sind dabei grundsätzlich zwei **Voraussetzungen** zu erfüllen:

▶ Die Distanz zwischen Markenimage und Markenidentität kann nur dann verringert werden, wenn die Bestandteile der Markenidentität in keinem Widerspruch zu den **Markenerlebnissen** der Kunden stehen. Ein Automobilhersteller wird beispielsweise Schwierigkeiten haben, die Assoziation »Sportlichkeit« fest in der Wahrnehmung von potenziellen Kunden zu verankern, wenn diese täglich im Straßenverkehr erleben, dass die Pkws dieses Automobilherstellers wenig sportlich gefahren werden (können).

▶ Daneben ist eine weitere Voraussetzung für die Annäherung von Markenidentität und Markenimage darin zu sehen, dass Anbieter die Bestandteile der Markenidentität kontinuierlich durch **Marketing-Maßnahmen** an relevante Zielgruppen herantragen. Durch produkt-, preis-, distributions- und kommunikationspolitischen Maßnahmen muss der Anbieter versuchen, das Markenimage in Richtung der von ihm gewünschten Markenidentität zu verändern.

Sachlicher/informatorischer Markenkern. Daneben stellt sich vor allem die Frage, mit welchen **inhaltlichen Assoziationen** der Markenkern (zunächst die Markenidentität, anschließend – wenn möglich – das Markenimage) »aufzuladen« ist. Zu unterscheiden ist hierbei zwischen einem

▶ sachlichen Markenkern und
▶ informatorischen Markenkern.

Ein **sachlicher Markenkern** ist dadurch gekennzeichnet, dass Unternehmen inhaltlich nachvollziehbare, häufig technische, in jedem Fall aber objektiv mehr oder weniger nachweisliche Unterschiede zu relevanten Konkurrenten in den Mittelpunkt ihres Markenkerns rücken. Wenn beispielsweise die Billig-Airline Ryanair unter dem Slogan »The low fares airline« beim Markteintritt auftrat, dann stellte dies den Versuch dar, einen sachlichen Markenkern aufzubauen. Indem das Unternehmen das geringere Preisniveau im Vergleich zu etablierten Fluggesellschaften in den Mittelpunkt rückte, differenzierte es sich anhand einer objektiv nachvollziehbaren Dimension: Ryanair bot Flugverbindungen deutlich günstiger als etablierte Airlines an.

Bei vielen Marken scheidet allerdings der Aufbau sachlicher Markenkerne aus. Da sich die Leistungen der Unternehmen sachlich kaum unterscheiden, kommt zur Abgrenzung vom Wettbewerb allein eine Differenzierung über leistungsbegleitende Informationen in Frage. In diesem Fall liegt ein **informatorischer Markenkern** vor. Unternehmen, die versuchen auf diese Weise einen unverwechselbaren Markenkern aufzubauen, stellen ihre Leistungen in einen für wichtige Nachfragergruppen relevanten Informationszusammenhang. Indem sie die Markenidentität kontinuierlich auf einen bestimmten **Informationszusammenhang** ausrichten, erhoffen sie sich eine schrittweise Änderung des Marken-

---

Abb. 102

Beispielhafte Werbeanzeigen für die Marke »Marlboro«

---

images in Richtung auf den von Nachfragern positiv beurteilten Informationszusammenhang. Ein Beispiel für den erfolgreichen Aufbau eines informatorischen Markenkerns stellt die Marke Marlboro dar. Obwohl kaum geschmackliche Unterschiede zwischen Zigaretten mit gleichem Nikotin- und Teergehalt bestehen, ist es der Firma Philip Morris bei der Marke Marlboro gelungen, diese mit informatorischen Nutzenelementen anzureichern. Indem das Unternehmen über mehrere Jahrzehnte so auf das Markenimage von Marlboro Einfluss genommen hat, dass Marlboro für das Lebensgefühl »Freiheit« steht, hat sich das Unternehmen deutlich von relevanten Wettbewerbsmarken differenzieren können. Wie das in *Abbildung 102* dargestellte Beispiel verdeutlicht, wird das Nutzenelement »Freiheit« durch den Informationszusammenhang zum Cowboy-Dasein hergestellt.

Da Marken nicht grundsätzlich keinen oder einen deutlichen Leistungsunterschied im Vergleich zu relevanten Wettbewerbsmarken aufweisen, stellen viele Markenkerne **Mischungen zwischen sachlichen und informatorischen Markenkernen** dar. Hierbei ist zudem zu beachten, dass i. d. R. nicht einzelne Assoziationen im Mittelpunkt von Markenkernen stehen. Stattdessen stellen diese **Assoziationsbündel** dar.

(2) Markierung

Die Markierung umfasst die Bestandteile eines Produktes oder einer Leistung, die von Anbietern mit der Absicht konstant gehalten werden, Nachfragern die Wiedererkennung der Produkte oder Leistungen zu ermöglichen. Für Wiedererkennung können dabei entweder **spezielle Markennamen** und/oder **Markenzeichen**, ebenso aber auch bestimmte **Formen** oder **Verpackungselemente** herangezogen werden. *Abbildung 103* zeigt typische Beispiele für bekannte Markennamen und Markenzeichen. In jedem Fall sollte die Markierung so gestaltet werden, dass sie

▶ die markierten Leistungen von anderen Marken abhebt,
▶ einen Beitrag zur Vermittlung der gewünschten Markenassoziation leistet und
▶ eine prägnante Gestaltung aufweist, sodass für Nachfrager eine Wiedererkennung auf einfache Art und Weise möglich ist.

Wiedererkennungsaufgabe

Gestaltungsempfehlungen

Abb. 103

Typische Markennamen und –zeichen

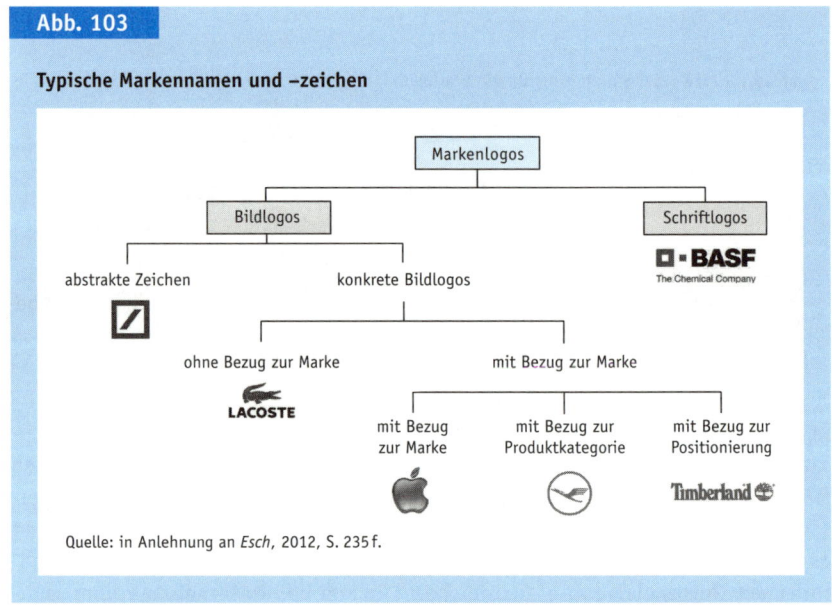

Quelle: in Anlehnung an *Esch*, 2012, S. 235 f.

Abb. 104

Beispiele für Fakes von Markenprodukten

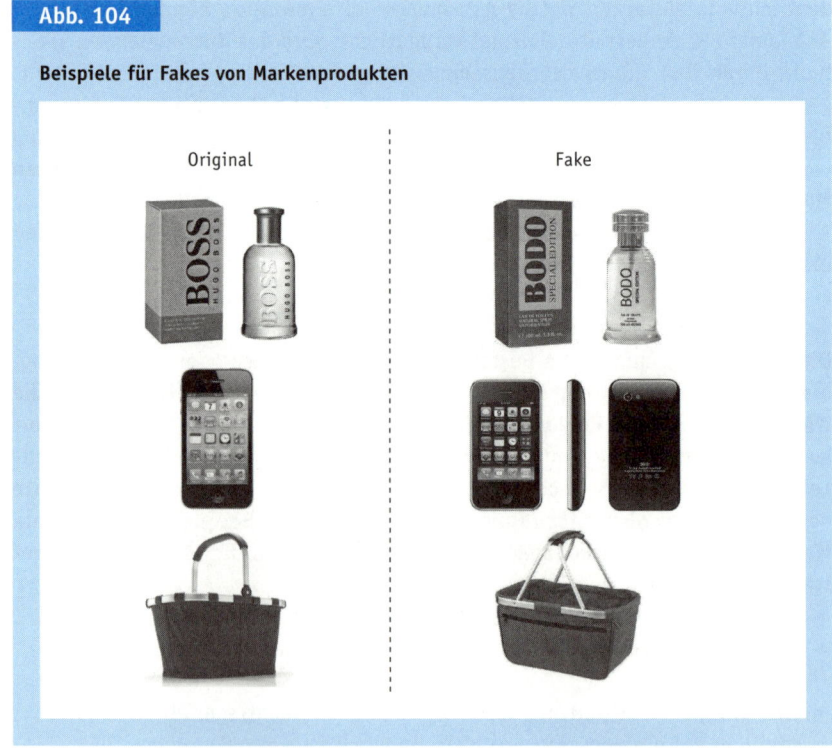

Insgesamt sollte bei der Markierung auch auf **rechtliche Schützbarkeit** der gewählten Markierung geachtet werden. So sind starke, im Markt bekannte Marken oftmals das Ziel der Angriffe von **Markenpiraten**. Diese versuchen ihre ähnlichen, jedoch i. d. R. qualitativ minderwertigen Nachahmerprodukte so zu markieren, dass Nachfrager die »Fakes« von den Originalprodukten nicht unterscheiden können (vgl. die Beispiele in *Abbildung 104*) und Kunden daher unabsichtlich oder absichtlich die Nachahmerprodukte den Originalprodukten vorziehen. Da hierdurch für Originalmarken ein erheblicher Schaden entstehen kann (z. B. wenn Nachfrager die mindere Qualität der Fakes den Originalmarken zuschreiben), sollten sich Unternehmen bereits beim Aufbau von Marken dagegen schützen, indem sie ihre Markierung so wählen, dass sich diese als Marken eintragen lassen (z. B. beim deutschen bzw. europäischen Marken- und Patentamt).

> Markenpiraterie

Markennutzen

Marken stiften nicht nur für Anbieter, sondern auch für Nachfrager Nutzen. Der **Nutzen von Marken** für Anbieter resultiert dabei letztlich aus dem Nutzen, den Marken für Nachfrager entwickeln (können).

(1) Nutzen von Marken für Nachfrager

Marken stiften für Kunden einen eigenständigen Nutzen. *Caspar/Metzler* (2002) zeigen, dass der Nutzen für Nachfrager bei Marken in dreierlei Hinsicht bestehen kann:

> Nutzenkomponenten auf Nachfragerseite

- ▸ Unsicherheitsreduktion,
- ▸ Kaufeffizienz und
- ▸ immaterieller Nutzen.

Die Investitionen, die Anbieter für den Markenaufbau vornehmen, lohnen sich nur dann, wenn die Anbieter zugleich für die mit den Marken vermittelten Leistungsversprechen gerade stehen. Können Anbieter hingegen die in den Mittelpunkt der Markenidentität gestellten Nutzenbestandteile Nachfragern nicht dauerhaft zusichern, so sind die hierauf gerichteten Investitionen in die Marke wirkungslos. Nachfrager erhalten demnach durch Marken die Sicherheit, dass die in den Mittelpunkt der Marke gerückten Nutzenbestandteile tatsächlich von Anbietern bei ihren Leistungen erbracht werden. Vor diesem Hintergrund führen Marken auf Seiten der Nachfrager zu einer **Unsicherheitsreduktion**.

> Unsicherheitsreduktion

Darüber hinaus vereinfachen Marken den Kaufprozess für Nachfrager und tragen damit zu einer größeren **Kaufeffizienz** bei. Innerhalb von Kaufentscheidungsprozessen müssen sich Nachfrager bei Markenprodukten nicht mehr im gleichen Umfang eine Meinung über deren Nutzenpotenziale bilden. Hat beispielsweise ein Automobilhersteller die Sportlichkeit seiner Pkws in den Mittelpunkt seines Markenversprechens gerückt und ist diese Botschaft in den Augen von Nachfragern Teil des Markenimages geworden, so können Nachfrager die Sportlichkeit als gegeben voraussetzen, da diese im Mittelpunkt der Marke steht.

> Kaufeffizienz

Immaterieller Nutzen

Schließlich stiften Marken nicht selten auch einen **immateriellen Nutzen**. Durch den Kauf von Markenprodukten erfährt der Kunde vor, während und/ oder nach dem Kauf positive Gefühle, Werte oder Einstellungen. Indem der Nachfrager Markenprodukte erwirbt, die für ihn, wie auch für andere Nachfrager für bestimmte sachliche und/oder informatorische Assoziationen stehen, kommuniziert er seiner sozialen Umgebung eigene Werte, Erfahrungen oder Einstellungen. Zudem stärkt die Marke »das Gefühl der Zugehörigkeit zu einer Gruppe Gleichgesinnter, ob als Tatsache oder als Wunschdenken« (*Jary/Schneider/Wileman*, 1999, S. 30). Einen Pkw der Luxus-Klasse zu fahren, den sich viele andere Nachfrager gerne leisten würden, ohne dies allerdings zu können, hebt den persönlichen Status und stiftet daher immateriellen Nutzen.

Abb. 105

Bedeutung verschiedener Markennutzendimensionen auf B-to-C- und B-to-B-Märkten

B-to-C-Märkte					
Informationseffizienz		**Risikoreduktion**		**Ideeller Nutzen**	
Produktmarkt	Wert (0–5)	Produktmarkt	Wert (0–5)	Produktmarkt	Wert (0–5)
Zigaretten	4,12	Kompaktwagen	3,20	Designersonnenbrillen	4,86
Waschmittel	3,72	Pauschalfernreisen	3,02	Mittelklassewagen	3,77
Bier	3,67	Waschmaschinen	2,99	Champagner	3,54
⋮		⋮		⋮	
Bankkonten	2,63	Festnetzanbieter	2,38	Festnetzanbieter	2,38
Fastfood	2,60	Kaffeemaschinen	1,86	Waschmittel	2,36
⋮		⋮		⋮	
Kaffeemaschinen	1,86	Papiertaschentücher	1,85	Strom	1,72
Strom	1,51	Strom	1,78	Papiertaschentücher	1,43

B-to-B-Märkte					
Informationseffizienz		**Risikoreduktion**		**Ideeller Nutzen**	
Produktmarkt	Wert (0–5)	Produktmarkt	Wert (0–5)	Produktmarkt	Wert (0–5)
Schaltanlagen	3,08	Schaltanlagen	3,34	Wirtschaftsprüfung	3,77
TK-Anlagen	3,05	Werkzeugmaschinen	3,18	Speditionsdienste	3,44
Werkzeugmaschinen	2,96	⋮		Dienstwagen	3,38
⋮				⋮	
Callcenterdienste	2,48	Gussformen	2,50	Systemsoftware	2,41
Systemsoftware	2,47	Strategieberatung	2,44	Kantinenservice	2, 26
Büromöbelsysteme	2,40	Feuerversicherung	2,33		
⋮		⋮			
Alarmanlagen	2,15			Alarmanlagen	1,68
Industriechemikalien	2,03	Industriechemikalien	1,99	Industriechemikalien	1,64

Quelle: *Caspar/Hecker/Sabel*, 2002, S. 17 und S. 46

Die wenigsten Marken zielen darauf ab, nur einzelne der angeführten nachfragerseitigen Nutzendimensionen zu bedienen. Stattdessen entsteht der Nutzen bei Marken zumeist aus allen drei angeführten Dimensionen zugleich. Allerdings lassen sich in bestimmten Märkten und bei bestimmten Produkten durchaus Schwerpunkte identifizieren: Gerade bei **Status-Produkten** (z. B. Rolex-Uhr, Maybach-Pkw oder Designer-Kleidung) spielt der immaterielle Nutzen eine besonders große Rolle. Hingegen ist bei **technologisch komplexen Produkten** (z. B. Heizungsanlagen, Software- oder Medizintechnik) eher die **Unsicherheitsreduktion** für Nachfrager wichtig, da ihnen die Kompetenz fehlt, sich ein eigenes Bild von der Leistungsfähigkeit der angebotenen Produkte zu machen. In diesem Fall müssen Nachfrager auf die Leistungsversprechen der Anbieter vertrauen können. In Märkten schließlich, in denen **viele Wettbewerbsprodukte** vorhanden sind und in denen kurze Produktlebenszyklen bestehen (z. B. Mode-Branche, Touristik-Branche oder Lebensmittel-Branche), ist für Nachfrager die **Informationseffizienz** besonders wichtig, da ihnen Markenkäufe helfen, schnelle Kaufentscheidungen durchführen zu können.

Dass die Bedeutung der oben genannten Nutzendimension von Marken branchenbezogen variieren, zeigen auch **empirische Untersuchungen**. *Caspar/Hecker/Sabel* (2002) kommen beispielsweise im Rahmen der Untersuchung der oben differenzierten Nutzendimensionen für B-to-C- und B-to-B- Märkte zu dem Ergebnis, dass der immaterielle Nutzen vor allem auf B-to-C-Märkten von Bedeutung ist (vgl. *Abbildung 105*). Hingegen spielen auf B-to-B-Märkten, auf denen der Nutzen der verschiedenen Markennutzendimensionen insgesamt geringer ist, eher die Faktoren »Unsicherheitsreduktion« und »Kaufeffizienz« eine Rolle.

(2) Nutzen von Marken für Anbieter

Wenn Marken für Nachfrager nutzenstiftend sind, dann sind sie auch aus Sicht des Unternehmens nutzenstiftend. Innerhalb des übergeordneten Ziels, durch Marken die Voraussetzung für den Aufbau langfristiger Geschäftsbeziehungen zu schaffen, sind Marken immer dann für Unternehmen von Vorteil, wenn sie durch ihre nachfragerseitigen Vorteile entweder zu einer

▸ Preisprämie und/oder
▸ Mengenprämie

führen (vgl. *Abbildung 106*).

Durch eine Marke wird dabei eine **Preisprämie** erzeugt, wenn die alleinige Existenz der Marke schon dazu führt, dass das Produkt einen höheren Preis im Markt erzielen kann als eine ansonsten identische Leistung, die jedoch keine Marke verkörpert. Der ökonomische Vorteil von Marken gegenüber Nicht-Marken kann auch darin bestehen, dass Marken bei gleichem Preis häufiger von Kunden gewählt werden, sodass durch die Marken eine **Mengenprämie** entsteht. Werden beispielsweise im Markt Markenprodukte und Nicht-Markenprodukte zum gleichen Preis angeboten und sind die Produkte auch ansonsten identisch, so sind die zusätzlichen Marktanteile, die die Markenprodukte auf sich vereinigen können, als Mengenprämie zu interpretieren.

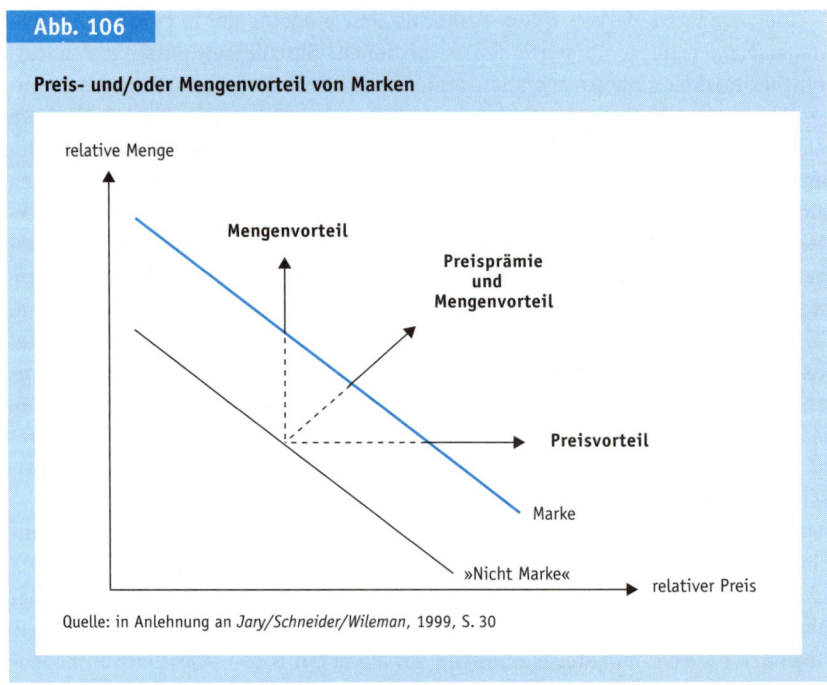

Abb. 106

Preis- und/oder Mengenvorteil von Marken

relative Menge

Mengenvorteil

Preisprämie
und
Mengenvorteil

Preisvorteil

Marke

»Nicht Marke«

relativer Preis

Quelle: in Anlehnung an *Jary/Schneider/Wileman*, 1999, S. 30

Definition »Markenwert«

Das Vorhandensein von Preis- und/oder Mengenprämien führt zum Markenwert für den Anbieter. Der **Markenwert** entspricht dabei dem **immateriellen Aktivposten** des Unternehmens, in dessen Eigentum sich die betreffende Marke befindet. Im Kern stellt der Markenwert dabei die **Summe aller zukünftigen Preis- und Mengenprämissen** einer Marke dar. Zur **Markenwertmessung** sind in Wissenschaft und Praxis verschiedene Ansätze entwickelt worden (vgl. Abschnitt 2 E), die allerdings zu z. T. widersprüchlichen Markenwertberechnungsergebnissen führen, sodass auf diesem Feld erheblicher Forschungsbedarf im Marketing besteht.

Teilaufgaben des Markenmanagements

Markenaufbau/Markenführung

Innerhalb des Markenmanagements ist zwischen den aufeinander aufbauenden Problembereichen
▶ des Markenaufbaus und
▶ der Markenführung
zu differenzieren.

Während es beim **Markenaufbau** um die Fragen geht, ob sich Markeninvestitionen lohnen und wie eine entsprechende Markenarchitektur geschaffen werden kann, steht innerhalb der **Markenführung** der Versuch im Vordergrund, das bei Nachfragern bestehende Markenimage an die seitens des Anbieters geplante Markenidentität anzunähern.

Markenaufbau

Beim Markenaufbau geht es um die Fragen des »Ob« und des »Wie«. So ist zunächst eine **Grundsatzentscheidung über Markeninvestitionen** zu treffen (»ob«). Hierbei ist zu berücksichtigen, dass Marken in ihrer beabsichtigten Funktion nicht durch einmalige anbieterseitige Entscheidungen (»Wir haben jetzt auch eine Marke!«) entstehen, sondern mittel- und langfristige Anstrengungen erforderlich machen. Nur wenn Unternehmen über einen längeren Zeitraum die in den Mittelpunkt einer Marke gerückten Leistungsversprechen auch tatsächlich einhalten und parallel die bestehenden Leistungsversprechen innerhalb der angestrebten Zielgruppen kommunizieren, können Marken ihre beabsichtigte Funktion einnehmen und einen Wert für Unternehmen darstellen. *Abbildung 107* verdeutlicht diesen Zusammenhang und zeigt, dass Markenwerte erst im Zeitablauf geschaffen werden und nicht bereits mit der Markierung von Produkten entstehen.

»Ob«-Frage

Vor diesem Hintergrund ist am Beginn des Markenaufbaus kritisch zu fragen, ob

Voraussetzungen

▶ Unternehmen Nachfragern überhaupt langfristige Leistungsversprechen machen können,
▶ diese Leistungsversprechen für relevante Zielgruppen bedeutsam sind,
▶ die für den Markenaufbau zusätzlich notwendigen Markeninvestitionen durch die hierdurch geschaffenen Markenwerte gerechtfertigt erscheinen.

Insgesamt stellt die »Ob«-Entscheidung somit letztlich ein unternehmerisches **Investitionsproblem** dar. Wenn aber Marken Investitionsobjekte darstellen, ist im Vorfeld des Markenaufbaus eine ökonomische Bewertung der hierfür erforderlichen Investitionen vorzunehmen. Mithilfe der aus der Investitionsrech-

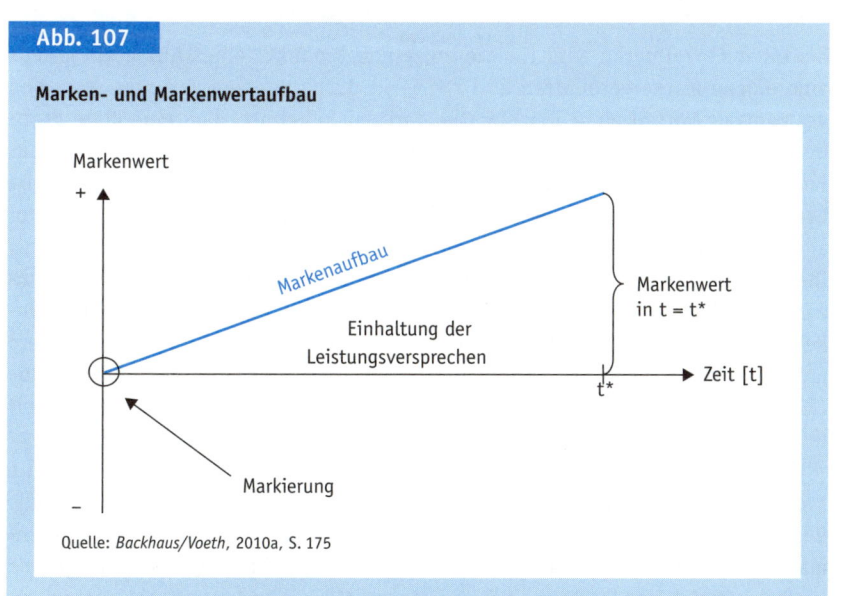

Abb. 107

Marken- und Markenwertaufbau

Quelle: *Backhaus/Voeth*, 2010a, S. 175

nung bekannten Verfahren (z. B. Kapitalwertmethode) kann die ökonomische Vorteilhaftigkeit des Markenaufbaus dabei bewertet und beurteilt werden.

Sofern Unternehmen hierbei zu der Entscheidung gelangen, dass der Markenaufbau grundsätzlich sinnvoll ist, stellt sich im Weiteren die Frage, in welcher **Form** der Markenaufbau vollzogen werden soll (»Wie?«). Da Unternehmen i. d. R. nicht einzelne Produkte anbieten, sondern über z. T. äußerst breit und tief gestaffelte Produktlinien und -gruppen verfügen, müssen Marken im Verhältnis zu anderen bestehenden oder anderen ebenfalls im Aufbau befindlichen Marken positioniert werden. Benötigt wird also eine **Markenarchitektur**. Unter einer Markenarchitektur verstehen *Esch/Bräutigam* (2005, S. 841) »die Anordnung aller Marken eines Unternehmens zur Festlegung der Positionierung und der Beziehung der Marken und der jeweiligen Produkt-Markt-Beziehungen aus strategischer Sicht«.

So verstandene Markenarchitekturen können in verschiedener Hinsicht strukturiert werden. Als Beschreibungsdimensionen für Markenarchitekturen können dabei u. a.

▶ horizontale (1),
▶ vertikale (2) und
▶ regionenbezogene (3)

Strukturierungen dienen.

(1) Horizontale Marken

Horizontal lassen sich Markenarchitekturen dahingehend beschreiben, ob

▶ **Einzelmarken**,
▶ **Familienmarken** oder
▶ **Dachmarken** vorhanden sind.

Bei einer **Einzelmarke** wird für die einzelnen Produkte eines Anbieters jeweils eine eigene Marke geschaffen und im Markt durchzusetzen versucht. Während der zentrale Vorteil einer Einzelmarke darin zu sehen ist, dass eine klare Profilierung des Produktes möglich ist, ist an dieser Strategie nachteilhaft, dass das Produkt den gesamten Aufwand zum Aufbau der Marke alleine tragen muss. Da Letzteres allein bei **Massenmarken** möglich ist, finden sich Einzelmarken vor allem im **Konsumgüterbereich**. Unternehmen wie Procter & Gamble (P & G) mit ihren (zumindest bei der Einführung) Einzelmarken wie z. B. »Ariel« (Waschmittel), »Meister Propper« (Reinigungsmittel) und »Pampers« (Windeln), Henkel mit Marken wie »Persil« (Waschmittel) und »Pritt« (Klebstoffe) oder Ferrero mit Marken wie »Mon Chéri« (Praline), »Nutella« (Brotaufstrich) und »Duplo« (Riegel) zeigen, dass in diesen Märkten Einzelmarken erfolgreich aufgebaut und geführt werden können (vgl. auch die Beispiele in *Abbildung 108*).

Im Gegensatz dazu liegt eine **Familienmarke** vor, wenn für eine bestimmte Produktgruppe oder Produktlinie eine einheitliche Marke gewählt und für alle Bestandteile der Gruppe oder Linie eingesetzt wird. Alle zu einer Familienmarke gehörenden Einzelprodukte partizipieren demnach am Markenimage und tragen zugleich zur Deckung der benötigten Markeninvestition bei. Zudem er-

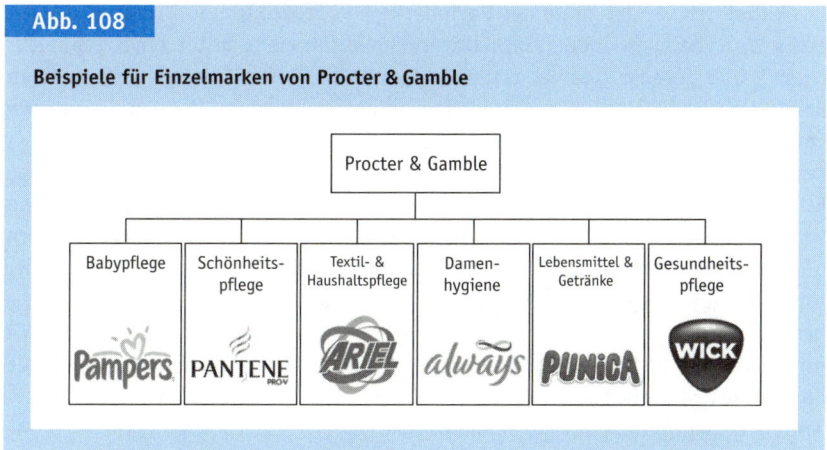

Abb. 108

Beispiele für Einzelmarken von Procter & Gamble

weist es sich bei Familienmarken als vorteilhaft, dass der bei einzelnen Produkten einer Produktlinie geschaffene Markenwert auf später hinzukommende »Familienmitglieder« übertragen werden kann. So stellen auch etwa praktisch alle oben angeführten Einzelmarken inzwischen Familienmarken dar, da die anfänglich mit Einzelprodukten geschaffenen Marken später mittels Produktdifferenzierung zu Familienmarken ausgebaut wurden. Nachteilhaft an der Strategie von Familienmarken ist allerdings, dass die Positionierung einzelner Produkte stets vor dem Hintergrund des Familienmarkenkerns vollzogen werden muss. Da hierdurch die Gestaltungsräume für die Positionierung der einzelnen Familienmitglieder eingeschränkt werden, kommen Familienmarken folglich nur dort in Frage, wo eine große Ähnlichkeit bei den Bestandteilen einer Produktlinie oder Produktgruppe vorhanden ist. Diese Anforderung ist beispielsweise bei der Familienmarke »Bild« des Springer-Verlags erfüllt, da der gemeinsame Markenkern der Bestandteile dieser Familienmarke (»Bild-Zeitung«, »Sport-Bild«, »Auto-Bild«, »Computer-Bild« und »Bild der Frau«; vgl. *Abbildung 109*) darin zu sehen ist, dass Themen plakativ und prägnant aufbereitet werden, die für die jeweilige Zielgruppe von Interesse sind.

Vor- und Nachteile

Abb. 109

Beispiel für eine Familienmarke

Dachmarke

Schließlich werden bei einer **Dachmarke** alle Produkte und Dienstleistungen eines Unternehmens oder eines Unternehmensbereichs unter einer einheitlichen Marke geführt. Dies erscheint immer dann sinnvoll, wenn Unternehmen keine standardisierten Einzelprodukte anbieten, sondern kundenindividuelle Leistungen offerieren. Da die Produkte in diesem Fall stark von den jeweiligen kundenspezifischen Anforderungen abhängen, können Unternehmen in diesem Fall allein übergreifende Leistungsversprechen geben. Vor diesem Hintergrund ist es nicht verwunderlich, dass sich Dachmarken vor allem bei **Industriegütern** und **Dienstleistungen** finden, da hier kundenindividuelle Leistungen entweder typisch (Industriegüter) oder konstituierend (Dienstleistungen) sind. Nachteilhaft an Dachmarken ist allerdings, dass diese dann keine klare Profilierung der unterhalb der Dachmarke angesiedelten Einzelleistungen erlauben, wenn die dort angesiedelten Einzelleistungen ein breites Spektrum unterschiedlicher Teilleistungen umfassen (vgl. *Abbildung 110*).

Abb. 110

Beispiele für Dachmarken

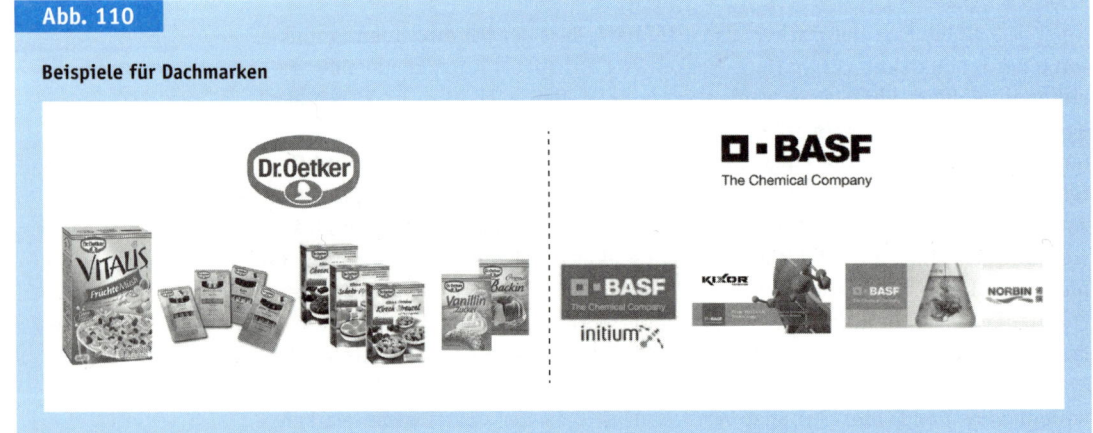

(2) Vertikale Marken

Paralleler Einsatz verschiedener Marken

In vertikaler Hinsicht lassen sich Markenarchitekturen dahingehend beschreiben, ob und in welcher Konstellation **verschiedene Markentypen** (Dachmarke, Familienmarke, Einzelmarke) **parallel** zum Einsatz kommen. Immer dann, wenn Marken auf verschiedenen Ebenen in Kombinationen eingesetzt werden, entsteht ein **vertikales Markensystem**. *Abbildung 111* zeigt am Beispiel des Volkswagen-Konzerns, wie Dachmarken, Familienmarken und Einzelmarken dort parallel im Markt wirken. Zum einen markiert Volkswagen seine Produkte mit dem Dachmarkenzeichen, dem Volkswagen-Logo. Parallel hat das Unternehmen Familienmarken wie z. B. Golf, Passat oder Touareg geschaffen, die unter der Dachmarke eigenständige Positionierungen einnehmen. Schließlich werden auch innerhalb der Familienmarken Golf, Passat oder Touareg weitergehende Einzelmarken zugelassen, indem etwa beim Golf zwischen dem GTI, dem TDI oder dem GTD unterschieden wird.

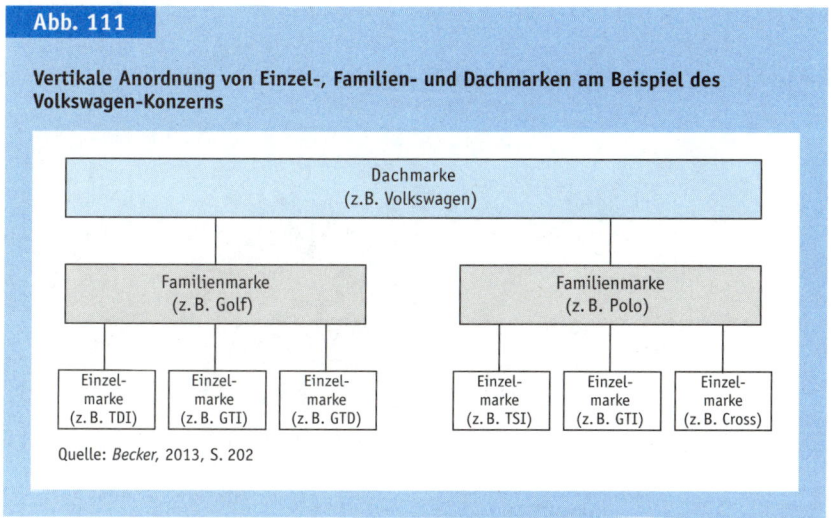

Abb. 111

Vertikale Anordnung von Einzel-, Familien- und Dachmarken am Beispiel des Volkswagen-Konzerns

Dachmarke
(z.B. Volkswagen)

Familienmarke
(z. B. Golf)

Familienmarke
(z. B. Polo)

Einzel-
marke
(z. B. TDI)

Einzel-
marke
(z. B. GTI)

Einzel-
marke
(z. B. GTD)

Einzel-
marke
(z. B. TSI)

Einzel-
marke
(z. B. GTI)

Einzel-
marke
(z. B. Cross)

Quelle: *Becker*, 2013, S. 202

Mit vertikalen Markensystemen versuchen Unternehmen **Ausstrahlungseffekte** über verschiedene Markenebenen zu erzielen. Zum einen soll eine **Top-Down-Ausstrahlung** erreicht werden, indem positive Assoziationen übergeordneter Ebenen zu Markenstärke auf nachgelagerten Ebenen führen. Zum anderen soll aber auch eine **Bottom-Up-Ausstrahlung** initiiert werden, indem sich etwa die übergeordnete Dachmarke durch die Markenstärke nachgelagerter Marken auflädt. Nicht übersehen werden darf dabei allerdings, dass vertikale Markensysteme nicht nur einen Transfer positiver Assoziationen zwischen Markenebenen ermöglichen. Vielmehr werden auch **Markenschwächungen** von Ebene zu Ebene weitergegeben.

Chancen und Risiken

(3) Regionenbezogene Marken

Daneben lassen sich Markenarchitekturen auch regionenbezogen strukturieren. Vor allem vor dem Hintergrund einer zunehmenden **Internationalisierung** unternehmerischer Aktivitäten kommt der Frage zunehmende Bedeutung zu, ob in verschiedenen Ländermärkten und -regionen differenzierte oder standardisierte Markenstrategien eingesetzt werden sollen (vgl. *Backhaus/Voeth*, 2010b). **Differenzierte Marken** liegen hierbei im internationalen Bereich vor, wenn auf verschiedenen Ländermärkten ansonsten weitgehend identische Leistungen als eigenständige Marken positioniert werden. Im Gegensatz dazu ist von einer **standardisierten Marke** auf internationalen Märkten zu sprechen, wenn Marken länderübergreifend einheitlich gestaltet werden. Bei der Entscheidung über den Aufbau differenzierter bzw. standardisierter Marken ist dabei zu beachten, dass es sich hierbei allein um Extremausprägungen auf einem **Differenzierungs- bzw. Standardisierungskontinuum** handelt. Neben einer vollständigen Differenzierung bzw. Standardisierung ist es durchaus möglich, Marken international nur teilweise zu standardisieren bzw. zu differenzieren.

Internationale Marke

Teilweise internationale Standardisierung der Markierung am Beispiel von »Langnese«

Quelle: *Backhaus/Voeth*, 2010b, S. 146

Abbildung 112 zeigt am Beispiel der Markierung, dass Unternehmen z. B. das Markenlogo standardisieren und den Markennamen gleichzeitig differenzieren, um so die Vorteile von Standardisierung und Differenzierung zugleich realisieren zu können.

Vorteilhaft an einer differenzierten internationalen Markenstrategie ist die damit verbundene Möglichkeit, auf **länderspezifische Erfordernisse** eingehen zu können. Nicht zuletzt die in verschiedenen Ländermärkten mitunter erheblich voneinander abweichenden Nachfrageranforderungen und Wettbewerbssituationen können eine länderspezifische Markenpositionierung erforderlich machen. Ebenso können für die Differenzierung der Markierung Sprachunterschiede zwischen Ländermärkten angeführt werden. So sind in einzelnen Ländermärkten gebräuchliche Markennamen in anderen Märkten in der dortigen Landessprache nicht aussprechbar oder mit negativen Assoziationen belegt. Auf der anderen Seite gehen beim Aufbau differenzierter internationaler Marken **länderübergreifende Spill-over-Effekte** sowie **Kosteneinsparungspotenziale** beim Markenaufbau verloren (vgl. *Backhaus/Voeth*, 2010b). Kosteneinspa-

Vorteile differenzierter
internationaler Marken

rungspotenziale auf der einen und länderübergreifende Ausstrahlungseffekte auf der anderen Seite sind so die Hauptargumente für Unternehmen, international standardisierte Marken zu schaffen. In Frage kommen internationale oder globale Marken allerdings nur, wenn die Marken in verschiedenen Ländermärkten auf ähnliche Herausforderungen treffen. Nur dann besteht keine Notwendigkeit, sich innerhalb der Markenstrategie auf länderspezifische Besonderheiten einzulassen.

Vorteile standardisierter internationaler Marken

Markenführung

Haben Unternehmen den Aufbau ihrer Markenarchitektur abgeschlossen, so stellt sich anschließend die Herausforderung, die Marken im **dynamischen Markt- und Wettbewerbsumfeld** zu führen und ggf. weiterzuentwickeln. Bei der Markenführung ist dabei zwischen

Dynamische Aufgabe

▸ markenspezifischer Führung (1) und
▸ markenübergreifender Führung (2)

zu unterscheiden.

(1) Markenspezifische Führung

Im Mittelpunkt der markenspezifischen Führung steht der Versuch, Einfluss auf das im Markt bei Nachfragern bestehende Markenimage zu nehmen, um dieses bestmöglich an die anbieterseitig gewünschte Markenidentität anzupassen. Um dieser Aufgabe gerecht zu werden, bedarf es eines entsprechenden **Messinstrumentariums**, um Markenimages detailliert aufnehmen und in ihren Abweichungen zur eigentlich beabsichtigten Markenidentität analysieren zu können. Ein Konzept, das in Marketing-Wissenschaft und -Praxis hierzu als geeignet angesehen wird, stellt die **Markenpersönlichkeit** dar. Da Nachfrager Marken häufig mit menschlichen Persönlichkeitszügen in Verbindung bringen, wird beim Konzept der Markenpersönlichkeit versucht, Marken wie menschliche Persönlichkeiten zu beschreiben. Da Menschen stets unverwechselbar sind und nur durch eine **Vielzahl von charakteristischen Merkmalen** beschrieben werden können, werden auch Marken beim Konzept der Markenpersönlichkeit durch eine größere Zahl von Eigenschaften beschrieben. Entsprechend dem Ansatz, Marken wie menschliche Persönlichkeiten zu behandeln, werden als Beschreibungsdimensionen menschliche Eigenschaften verwendet.

Messung der Entwicklung von Markenidentitäten

Besondere Verdienste in Bezug auf die Ableitung einer produktübergreifend einsetzbaren Skala zur Messung von Markenpersönlichkeiten hat sich die Amerikanerin *Jennifer L. Aaker* erworben. In einem mehrstufigen, explorativen und konfirmatorischen Ansatz hat *Aaker* eine aus 42 Items bestehende **Markenpersönlichkeitsskala** abgeleitet (vgl. *Aaker*, 2005). *Abbildung 113* zeigt die von *Aaker* für den amerikanischen Konsumgüterbereich abgeleiteten Items und Dimensionen zur Messung der Markenpersönlichkeit.

Markenpersönlichkeitsskalen

Da die von *Aaker* entwickelte Markenpersönlichkeitsskala streng genommen allein für den US-amerikanischen Konsumgüterbereich Gültigkeit hat, wurde die *Aaker*-Skala inzwischen regional und/oder branchenspezifisch adaptiert. Beispielsweise hat *Mäder* (2005) eine Markenpersönlichkeitsskala für den deutschen

Einsatz von Markenpersönlichkeitsskalen

Abb. 113

Dimensionen und Items der Markenpersönlichkeitsskala von Aaker

Merkmale	Facettennamen	Faktorname
bodenständig		
familienorientiert	bodenständig	
kleinstädtisch		
ehrlich		
echt	ehrlich	
aufrichtig		Aufrichtigkeit
gesund		
ursprünglich	gesund	
heiter		
gefühlvoll	heiter	
freundlich		
gewagt		
modisch	gewagt	
aufregend		
temperamentvoll		
cool	temperamentvoll	Erregung/
jung		Spannung
phantasievoll		
einzigartig	phantasievoll	
modern		
unabhängig	modern	
zeitgemäß		

Merkmale	Facettennamen	Faktorname
zuverlässig		
hart arbeitend	zuverlässig	
sicher		
intelligent		
technisch	intelligent	Kompetenz
integrativ		
erfolgreich		
führend	erfolgreich	
zuversichtlich		
vornehm		
glamourös	vornehm	
gut aussehend		Kultiviertheit
charmant		
weiblich	charmant	
weich		
naturverbunden		
männlich	naturverbunden	
abenteuerlich		Robustheit
zäh		
robust	zäh	

Quelle: *Aaker*, 2005, S. 174

Konsumgüterbereich entwickelt. *Herbst/Voeth* (2006; 2008) haben angepasste Skalen für den Non-Profit-Bereich und *Herbst/Merz* (2011) für den Industrie-güterbereich vorgelegt. Mithilfe solcher Markenpersönlichkeitsskalen lassen sich einzelne Marken dynamisch führen. Hierzu sind regelmäßig Untersuchungen durchzuführen, um **Soll/Ist-Abweichungen** zwischen angestrebter Markeniden-tität und realem Markenimage zu identifizieren und durch geeignete Maßnahmen zu reduzieren. Entsprechend *Abbildung 114* kann hierbei ein aus vier Schritten bestehender **Regelkreis** von Erhebungsschritten vollzogen werden:

▸ In einem ersten Schritt ist das **Markenimage** anhand der Markenpersönlich-keitsskala **abzubilden**, das die Marke **intern** und **extern** aufweist. Da in vie-len Fällen davon auszugehen ist, dass Marken nur dann glaubwürdig in Märkten vermittelt werden können, wenn auch die Mitarbeiter des eigenen Unternehmens die Elemente der Markenidentität verinnerlicht haben, sollte sich die Aufnahme des Ist-Zustandes nicht allein auf das im Markt beste-hende Markenimage, sondern zugleich auch auf das bei den Mitarbeitern des eigenen Unternehmens bestehende Markenimage beziehen.

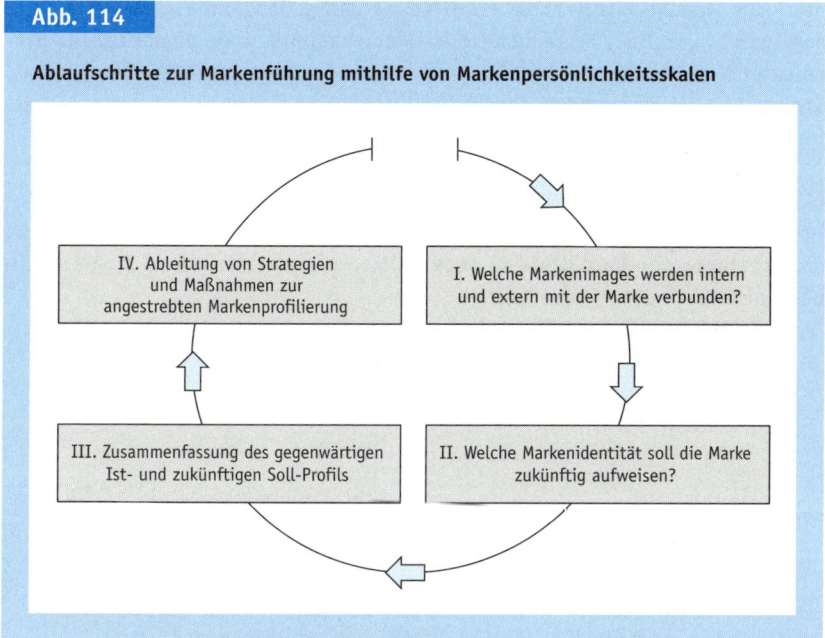

Abb. 114

Ablaufschritte zur Markenführung mithilfe von Markenpersönlichkeitsskalen

> IV. Ableitung von Strategien und Maßnahmen zur angestrebten Markenprofilierung

> I. Welche Markenimages werden intern und extern mit der Marke verbunden?

> III. Zusammenfassung des gegenwärtigen Ist- und zukünftigen Soll-Profils

> II. Welche Markenidentität soll die Marke zukünftig aufweisen?

▸ Da auch **Markenidentitäten** nicht statisch sind und im Zeitablauf dynamisch weiterentwickelt werden (müssen), sollte in einem zweiten Schritt die Markenidentität anhand der Markenpersönlichkeitsskala skizziert werden. Mit anderen Worten wird festgelegt, durch welche Ausprägungen bei den Items der Markenpersönlichkeit die Marke zukünftig gekennzeichnet sein sollte.

▸ Durch einen Vergleich des Markenimage (Ist-Analyse, Schritt 1) und der angestrebten Markenidentität (Soll-Profil, Schritt 2) können **Abweichungen zwischen Markenimage und Markenidentität** identifiziert werden. Werden die identifizierten Abweichungen zudem im Hinblick auf ihre Bedeutung klassifiziert, so lassen sich hierdurch Ansatzpunkte für Maßnahmen zur Veränderung des Markenimages identifizieren.

▸ Die Entwicklung solcher **Maßnahmen** und deren Umsetzung stellt den vierten Schritt im Regelkreis dar. Um zu überprüfen, ob die ergriffenen Maßnahmen zur Veränderung des Markenimages erfolgreich waren, sollte mit einem gewissen zeitlichen Abstand der Regelkreis erneut durchlaufen werden.

Auch wenn das Konzept der Markenpersönlichkeit einen interessanten Ansatzpunkt für das dynamische Management von Marken darstellt, darf nicht übersehen werden, dass eine wesentliche Schwierigkeit des Konzeptes darin besteht, effiziente und effektive Maßnahmen zur Beeinflussung des durch Markenpersönlichkeitsitems beschriebenen Markenimages zu ergreifen. Die Idee, Marken mit menschlichen Persönlichkeitseigenschaften zu beschreiben, führt so zu einem **hohen Abstraktionsniveau** des Konzeptes. So stellt sich etwa

Einsatzprobleme

die Frage, welche Maßnahmen ergriffen werden sollen, um Eigenschaften wie »ehrlich«, »gesund«, »phantasievoll« oder »charmant« zu beeinflussen. Hier muss erst zukünftige Forschung und Anwendungserfahrung zeigen, welche Strategien und Maßnahmen in der Lage sind, Ausprägungen von Items, Facetten oder Faktoren von Markenpersönlichkeitsskalen zu verändern.

(2) Markenübergreifende Führung

Maßnahmen

Im Gegensatz dazu geht es bei der einzelmarkenübergreifenden Markenführung darum, **Marken im Verhältnis zu anderen Marken** systematisch zu steuern. Von besonderer Bedeutung sind hierbei

▸ Markenrestrukturierung,
▸ Markendehnung,
▸ Markentransfer und
▸ Markenallianzen.

Fallbeispiel 38

Melitta

Ein Beispiel für Markenrestrukturierung hat das Unternehmen Melitta in den 1990er-Jahren geliefert. Melitta hatte über einen langen Zeitraum vergleichsweise heterogene Leistungen wie Kaffeefilter/Kaffee, Lebensmittelfolien, Staubsauger- und Müllbeutel sowie Luftreiniger und Teefilter unter der Dachmarke »Melitta« vermarktet. Hierdurch war im Zeitablauf eine mehr oder weniger »sinnentleerte« Marke entstanden, die kaum noch eine Klammerfunktion für die unter ihr vermarkteten Einzelleistungen darstellte.

Vor diesem Hintergrund entschloss sich das Unternehmen Ende der 1980er-Jahre, eine Markenrestrukturierung durchzuführen. Die Dachmarke Melitta wurde in fünf getrennte Familienmarken überführt. Während Melitta nun nur noch für den »Kaffeebereich« stand, wurden für die Bereiche »Frische und Geschmack«, »praktische Sauberkeit«, »bessere Wohnumwelt« und »Teegenuss« die Familienmarken »Toppits«, »Swirl«, »Aclimat« und »Cilia« geschaffen (vgl. *Abbildung 115*).

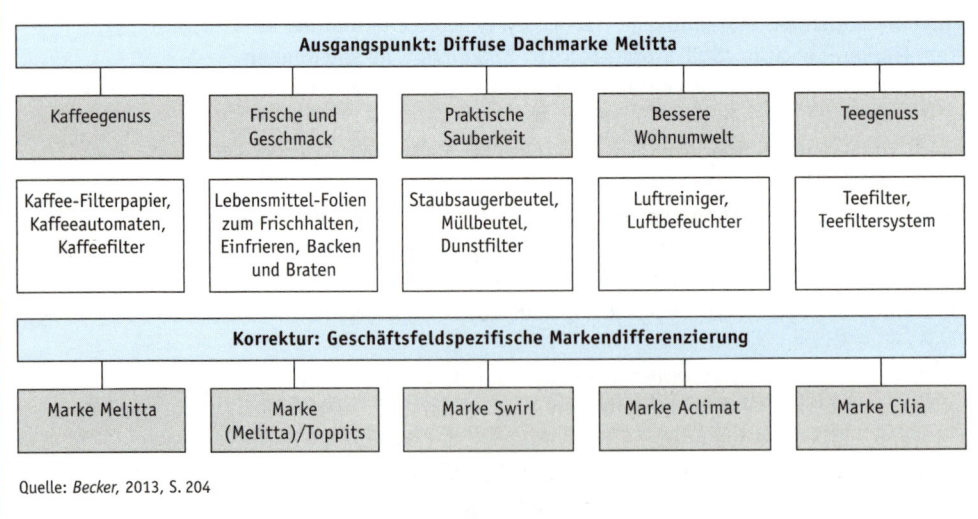

Quelle: *Becker*, 2013, S. 204

Abb. 115: Markenrestrukturierung – das Beispiel Melitta

Markenrestrukturierung. Unter einer Markenrestrukturierung versteht man den Fall, dass **Dachmarken** im Zeitablauf **in ein System von Familienmarken** überführt werden. Diese Maßnahme der strategischen Markenführung wird immer dann notwendig, wenn die unter einer Dachmarke positionierten Leistungen im Zeitablauf zunehmend unähnlich werden. In diesem Fall kommt es zwangsweise zu einer »Sinnentleerung« des Markenkerns der Dachmarke. Soll die Dachmarke den gemeinsamen inhaltlichen Nenner der unter ihr vermarkteten Leistungen beschreiben, so führt Unähnlichkeit bei den Einzelleistungen möglicher Leistungsversprechen dazu, dass ein gemeinsamer Markenkern häufig nur noch dann möglich ist, wenn allein übergeordnete und damit zumeist abstrakte Leistungsversprechen gegeben werden.

Dachmarke zu Familienmarken

Markendehnung. Im Gegensatz dazu liegt eine Markendehnung vor, wenn eine starke vorhandene **Einzelmarke** für neue Aktivitäten genutzt wird und **zu einer Familienmarke** ausgebaut wird. Vorteilhaft an einer Markendehnung ist, dass durch die Übertragung einer bereits bekannten Marke in neue Märkte der Markteinstieg schneller und effizienter erfolgen kann. Als klassisches Vorbild für eine Markendehnung wertet *Becker* (2005, S. 397) das Vorgehen der Firma Beiersdorf bei der Marke Nivea. Unter Beachtung des Markenkerns der Ursprungsmarke Nivea, nämlich ein »Pflege-Produkt« zu sein, wurde aus der ursprünglichen Einzelmarke Nivea eine Familienmarke für Milk-Lotion, Sonnenpflege, Haarpflege und Gesichtspflege. Weitere Beispiele für Markendehnung befinden sich in *Abbildung 116*.

Einzelmarke zu Familienmarke

Abb. 116

Beispiele für Markendehnung

Markendehnungen werden in vielen Branchen darüber hinaus als ein Instrument angesehen, den in einem zunehmend »kränkelnden« Markt aufgebauten Markenwert auf andere wachstumsträchtigere Märkte zu übertragen. Bildlich gesprochen werden einer bestehenden Muttermarke »**Tochtermarken**« zur Seite gestellt, da ein mittel- und langfristiges Ausscheiden der Muttermarke aus dem Markt nicht ausgeschlossen werden kann. Mitunter können aus einer solchen Markendehnung jedoch auch positive Rückstrahlungseffekte auf die Muttermarke entstehen (vgl. Fallbeispiel »Rama«).

Fallbeispiel 39

Rama

Seit mehr als 75 Jahren ist die Firma Unilever mit ihrer Marke »Rama« im deutschen Markt aktiv und stellt mit einem Umsatz von mehr als 150 Mio. € die größte deutsche Margarine-Marke dar. Nachdem der deutsche Margarine-Markt in der zweiten Hälfte der 1990er-Jahre insgesamt an Dynamik verlor und auch die Einführung innovativer Margarine-Sorten wie »Rama Balance« oder »Rama Culinesse« um die Jahrhundertwerte weiter sinkende Umsätze nicht verhindern konnte, beschloss Unilever, der Marke Rama durch eine innovative Markendehnung eine Zukunftsperspektive zu eröffnen. Die Grundlage für den Erfolg von Rama bildete in der Vergangenheit das Angebot einer pflanzlichen Alternative zur tierischen Butter. Diese Grundidee verwandte Unilever, um den naheliegenden Sahne- und Verfeinerungsmarkt anzugehen: Mit »Rama Cremefine« wurde eine leichte pflanzliche Alternative zu Sahneprodukten geschaffen. Indem »Light«-Produkte im Sahne- und Verfeinerungsmarkt platziert wurden, wurde offenbar ein latentes Bedürfnis bei vielen bisherigen Sahne-Käufern angesprochen. Ein entsprechend großer Markterfolg war die Folge: Nur ein Jahr nach der Markteinführung gehörte »Rama Cremefine« bereits zu den Top 3 des Sahnemarktes. Die Haushaltspenetration lag bei etwa 15 %, die Wiederkaufrate bei fast 50 %.

Von dem großen Erfolg der geschaffenen Tochtermarke »Rama Cremefine« konnte allerdings auch die Muttermarke Rama profitieren. Durch die erfolgreiche Markteinführung von »Rama Cremefine« ergaben sich auch deutliche Imageverbesserungen für »Rama« bei Marken-Items wie Qualität, Geschmack oder Attraktivität. Die Folge war, dass »Rama« in der Folgezeit seinen Marktanteil im Margarine-Markt wieder steigern konnte (vgl. hierzu *Berdi*, 2006).

Der Ausbau einer Einzelmarke zu einer Familienmarke ist allerdings nicht ohne **Risiken**. Eine wesentliche Voraussetzung für den Erfolg dieser Strategie ist darin zu sehen, dass eine relativ große Ähnlichkeit zwischen der Ausgangsmarke bzw. dem Ausgangsprodukt und den vorgesehenen Transferprodukten besteht. Ist dies nicht der Fall, droht durch die Markendehnung die bereits beschriebene »**Sinnentleerung**«, da der Markenkern für zu viele unterschiedliche Produkte steht und daher mit »**hochaggregierten**« **Inhalten** aufgeladen werden muss.

Definition
»Markentransfer«

Markentransfer. Wird eine bestehende Marke nicht auf Leistungen der bisherigen Produktkategorien ausgeweitet, sondern auf Produkte anderer Märkte übertragen, die in keinem technisch-funktionalen Zusammenhang zu den Produkten des Ursprungsmarktes der Marke stehen, so liegt ein Markentransfer vor. Auf diese Weise übertrug »Camel« ausgehend vom klassischen Bereich der Tabakmarke die Marke in der Vergangenheit erfolgreich auf Herrenbekleidung und Uhren, die anschließend einen erheblichen Teil des Gesamtumsatzes von Camel ausmachen. Ähnlich wie bei der Markendehnungsstrategie ist es das Ziel bei der Markentransferstrategie, den bereits erarbeiteten **Markenwert auf andere Leistungen zu übertragen**. Mithilfe transferierter Marken können zudem Markteintrittsbarrieren in neu bearbeiteten Märkten reduziert werden. Auf der anderen Seite treten die bereits im Zusammenhang mit der Markendehnung diskutierten Risiken in nochmals verstärktem Umfang auf. Insbesondere droht die Gefahr, dass es zu einer Aushöhlung des bisherigen Markenimages kommt, da die neu unter der Marke positionierten Produkte keine vollständige assoziative Deckungsgleichheit mit der Ursprungsmarke aufweisen. Vor diesem Hintergrund droht dann auch die Gefahr, dass durch den Markentransfer zwar neue Märkte erschlossen werden können, zugleich jedoch die Muttermarke Schaden nimmt (vgl. *Sattler/Kaufmann/Rodenhausen*, 2005). Deshalb sollten Markentransfers nur nach sorgfältiger **Prüfung des Transferpotenzials** durchgeführt werden. Die Prüfung sollte insbesondere auch eine Ähnlichkeitsmessung von Mutter- und Transferprodukten enthalten (vgl. *Burmann/Halaszovich/Hemmann,* 2012, S. 153).

Markenallianzen. Schließlich besteht eine noch weitreichendere Form der Markenerweiterung darin, Markenallianzen mit anderen Unternehmen einzugehen. Im Rahmen solcher Markenallianzen kommt es zu einem **Co-Branding**, bei dem mindestens zwei Marken für Nachfrager wahrnehmbar kooperieren (vgl. *Abbildung 117).* Ziel des Co-Brandings ist es dabei, aus der Markenallianz eine **Imageverbesserung** sowie eine **Verbreiterung der eigenen Markenkompetenz** in der Wahrnehmung von Nachfragern zu erreichen. Zu beachten ist beim Co-Branding allerdings, dass die Markenimages der kooperierenden Marken i. d. R. nicht deckungsgleich sind, sodass es im Zuge des Co-Brandings auch zu einer (nicht gewollten) Veränderung des eigenen Markenimage kommen kann. *Burmann/ Halaszovich/Hemmann* (2012, S. 136 f.) unterscheiden bei Markenallianzen zwischen

Ziel

Arten

▸ horizontalem Co-Branding und
▸ vertikalem Co-Branding.

Abb. 117

Beispiele für Co-Branding

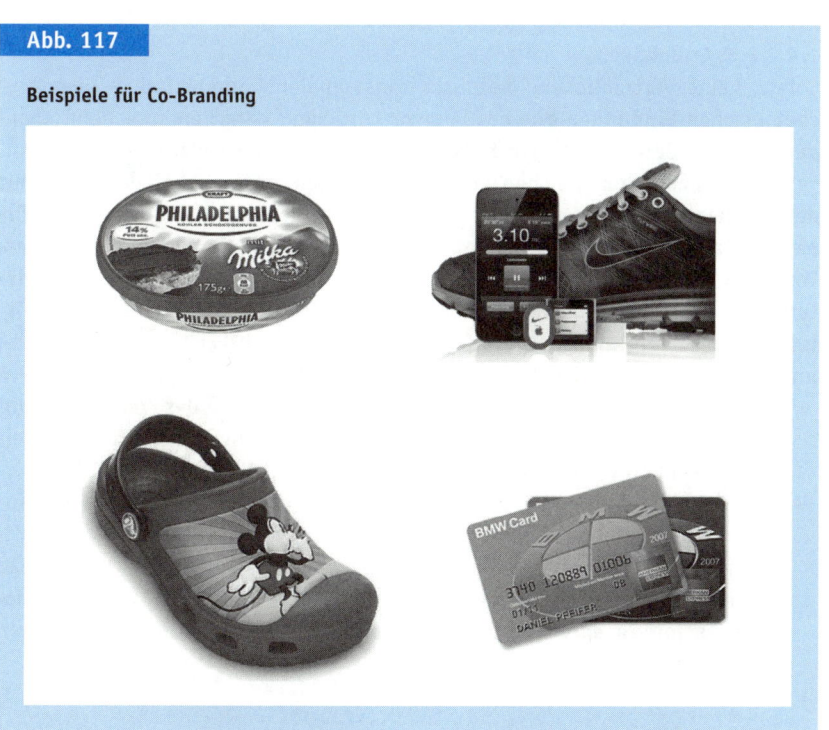

Beim **horizontalen Co-Branding** werden Markenallianzen zwischen Marken der gleichen Wertschöpfungsstufe gebildet. Ein entsprechendes Beispiel haben der OTTO Versand und die Baumarktkette OBI in der Vergangenheit geliefert, die ein gemeinsames Online-Portal unter der Marke OBI@OTTO entwickelt haben. Im Gegensatz dazu liegt **vertikales Co-Branding** vor, wenn die Markenallianz zwischen Marken gebildet wird, die auf verschiedenen Wertschöpfungsstufen platziert sind. Beim **Ingredient Branding** wird beispielsweise das Branding des Zulieferers als zusätzliche Markierung auf den Produkten und Leistungen des Herstellers aufgeführt. Beispiele hierfür stellen die Zusammenarbeit zwischen der Computerfirma IBM und dem Chiphersteller Intel sowie zwischen Coca-Cola und der Süßstoffmarke NutraSweet für Coca-Cola light dar (vgl. *Freter/Baumgarth*, 2005, S. 457).

Ingredient Branding

Unabhängig von der Markenarchitektur sowie der Art der Markenführung stellen Marken eine interessante Möglichkeit für Unternehmen dar, die Basis für eine stabile Kundenbeziehung zu legen. Ob allerdings die Investitionen in Markenaufbau und -führung erfolgreich sind, indem hierdurch entsprechende Markenwerte geschaffen werden, muss im Bereich des Marketing-Controlling systematisch untersucht werden (vgl. Abschnitt 2 E). Nur mithilfe regelmäßiger **Markenwertberechnungen** lassen sich die Maßnahmen des Markenmanagements effektiv und effizient steuern.

1.4.2.2 Kundenzufriedenheitsmanagement

1.4.2.2.1 Grundlagen

Sofern keine vertraglichen, technisch-funktionalen, ökonomischen oder psychologischen Bindungen großen Umfangs vorliegen, hängt entsprechend *Abbildung 100* die Bereitschaft von Kunden, im Anschluss an Ersttransaktionen Folgetransaktionen beim gleichen Anbieter zu tätigen, davon ab, ob der Kunde mit der Ersttransaktion zufrieden ist. Entsprechend dem **Confirmation/Disconfirmation-Paradigma (C/D-Paradigma)** resultiert **Kundenzufriedenheit** aus einem Vergleich der Erfahrungen bei der Inanspruchnahme einer Leistung (**Ist-Leistung**) und einem kundenseitig bestehenden Vergleichsstandard (**Soll-Leistung**). Dieser **Vergleichsprozess** zwischen Ist- und Soll-Leistung kann zu drei unterschiedlichen Ergebnissen führen (vgl. *Abbildung 118*):

C/D-Paradigma

▸ Liegt das wahrgenommene Leistungsniveau unterhalb des Vergleichsstandards, so liegt eine **negative Diskonfirmation** vor. Unzufriedenheit auf Seiten des Kunden ist die Folge.

▸ Entspricht das wahrgenommene Leistungsniveau exakt dem Vergleichsstandard, so besteht **Konfirmation,** die Zufriedenheit beim Kunden hervorruft.

▸ Ebenso möglich ist es aber auch, dass das wahrgenommene Leistungsniveau oberhalb des Vergleichsstandards liegt. In diesem Fall ist von **positiver Diskonfirmation zu sprechen**. Auch diese führt zur Zufriedenheit auf Seiten des Kunden.

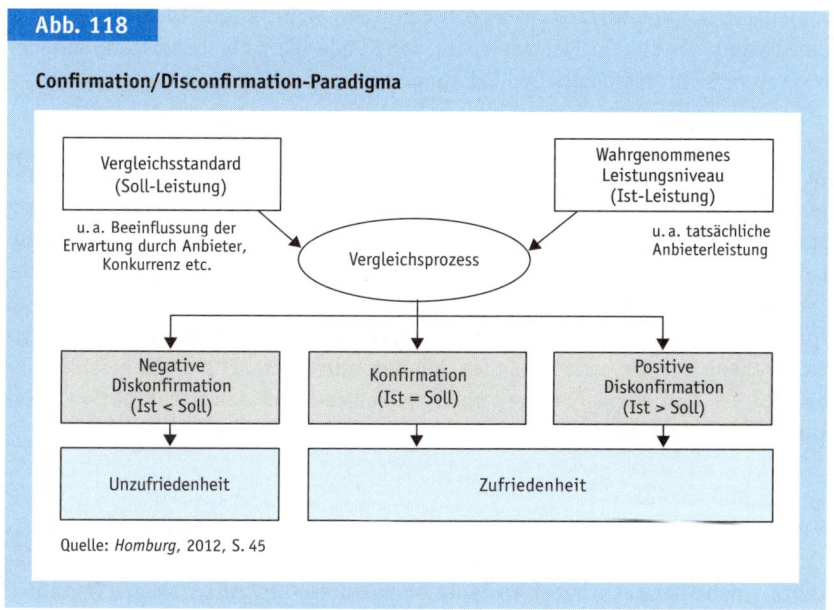

Abb. 118

Confirmation/Disconfirmation-Paradigma

Vergleichsstandard (Soll-Leistung)

u.a. Beeinflussung der Erwartung durch Anbieter, Konkurrenz etc.

Wahrgenommenes Leistungsniveau (Ist-Leistung)

u.a. tatsächliche Anbieterleistung

Vergleichsprozess

Negative Diskonfirmation (Ist < Soll)

Konfirmation (Ist = Soll)

Positive Diskonfirmation (Ist > Soll)

Unzufriedenheit

Zufriedenheit

Quelle: *Homburg*, 2012, S. 45

Kundenzufriedenheit wird demnach insgesamt durch

▶ die Soll-Leistung (1),
▶ die Ist-Leistung (2) und
▶ den Vergleichsprozess (3)

bestimmt.

Einflussfaktoren auf Kundenzufriedenheit

(1) Soll-Leistung

In dem in *Abbildung 118* visualisierten Entstehungsprozess von Kundenzufriedenheit oder -unzufriedenheit spielt der **Vergleichsstandard (Soll-Leistung)** eine zentrale Rolle. Dieser kann durch

Entstehung der Vergleichsstandards

▶ Erwartungen,
▶ Erfahrung und
▶ Ideale

entstehen (vgl. z.B. *Homburg/Stock-Homburg*, 2006, S. 20).

Basiert der Vergleichsstandard auf **Erwartungen**, so entspricht er einem vom Kunden prognostizierten Leistungsniveau, das nicht selten auf weitergegebenen Erfahrungen Dritter basiert. Berichtet beispielsweise ein Freund oder Bekannter von der außergewöhnlichen Urlaubsatmosphäre in einem Ferienhotel, so wird ein Kunde, der sich auf Basis dieser Berichte für einen Urlaub in diesem Hotel entscheidet, mit hohen Erwartungen anreisen. Der Vergleichsstandard ist in diesem Fall durch Dritte zustande gekommen. Im Gegensatz dazu entsteht ein auf **Erfahrungen** aufbauender Vergleichsstandard durch eigene Nutzung gleicher oder vergleichbarer Produkte und Leistungen. Das höchste Niveau nimmt der Vergleichsstandard jedoch dann ein, wenn er auf **Idealen** des Kunden basiert. In diesem Fall vergleicht der Kunde die Anbieterleistung mit der aus seiner Sicht bestmöglichen Leistung.

(2) Ist-Leistung

Subjektives Leistungs-
niveau entscheidend

Im Hinblick auf die Ist-Leistung ist zu beachten, dass bei dieser zwischen objektiver und subjektiver Leistung zu unterscheiden ist. Während bei einem standardisierten Produkt die **objektive Leistung**, also die tatsächlich erbrachte Leistung, kundenübergreifend identisch ist, kann die Wahrnehmung dieser objektiven Leistung stark variieren. Bedingt durch unterschiedliche Erfahrungen, Informationen oder Nutzungsformen können sehr unterschiedliche Leistungswahrnehmungen bei verschiedenen Kunden entstehen. Für die Kundenzufriedenheit ist nun das individuell wahrgenommene und damit **subjektive Leistungsniveau** entscheidend.

(3) Vergleichsprozess

Mehrstufiger Prozess

Schließlich stellt der Vergleichsprozess eine weitere wesentliche Erklärungsvariable für Kundenzufriedenheit dar. Der Vergleich selber ist dabei als eine **latente (nicht beobachtbare) Variable** einzustufen, die zwischen den Variablen Soll-Leistung und Ist-Leistung auf der einen und der Zufriedenheit bzw. Unzufriedenheit auf der anderen Seite angesiedelt ist (vgl. *Abbildung 118*). Grundsätzlich ist davon auszugehen, dass Kunden den Vergleich vornehmen, indem sie eine **Differenzbetrachtung** zwischen Soll-Leistung und Ist-Leistung vornehmen.

Verhalten bei
Diskonfirmation

Allerdings wird in der wissenschaftlichen Literatur davon ausgegangen, dass immer dann eine **zweite Stufe im Vergleichsprozess** hinzukommt, wenn im Rahmen der Differenzbildung keine Konfirmation (Ist = Soll, Differenz = 0), sondern negative oder positive Diskonfirmation festgestellt wird. Für diesen Fall kann z. B. die

▶ Assimilationstheorie (z. B. *Festinger,* 1957),
▶ Kontrasttheorie (z. B. *Helson*, 1964) oder
▶ Assimilations-Kontrast-Theorie (z. B. *Hovland/Harvey/Sherif*, 1957)

herangezogen werden.

Assimilationstheorie

Nach der **Assimilationstheorie** wird davon ausgegangen, dass Personen nach einem kognitiven Gleichgewicht streben. Dieses liegt vor, wenn die wahrgenommene Realität den Erwartungen entspricht. Liegt hingegen eine Diskrepanz vor, so versucht die Person, ihr kognitives Gleichgewicht wiederzufinden. Indem entweder nachträglich die Erwartungen angepasst werden oder die Beurteilung der Realität verändert wird, versuchen Menschen, die zunächst festgestellte Diskrepanz zu reduzieren. Auf Kundenzufriedenheit bezogen bedeutet dies, dass Kunden beim **Auftreten einer Diskonfirmation** versuchen, in einem zweiten Schritt **Konfirmation herbeizuführen**: Entweder wird der zunächst angesetzte Vergleichsstandard (nach oben oder unten) angepasst oder die zunächst vorgenommene Beurteilung der Ist-Leistung korrigiert.

Genau das gegenteilige Vorgehen unterstellt die **Kontrasttheorie**. Auch diese geht davon aus, dass bei Auftreten einer Diskrepanz zwischen Erwartungen und wahrgenommener Realität eine nachträgliche Korrektur erfolgt. Allerdings neigen Menschen nach der Kontrasttheorie dazu, die zunächst festgestellte **Diskrepanz** im zweiten Schritt des Vergleichsprozesses zu **vergrößern**. Im Hinblick auf Kundenzufriedenheit bedeutet dies, dass Kunden bei einer zunächst festgestellten positiven Diskonfirmation im Folgeschritt zu einer extrem positiven Bewertung neigen und damit das Diskonfirmationsausmaß nochmals vergrößern. Wird hingegen zunächst eine negative Diskonfirmation festgestellt, tritt der Effekt in entgegengesetzter Form auf. In diesem Fall wird die negative Abweichung in einem zweiten Schritt vergrößert, sodass die Kunden letztlich zu einer extrem negativen Bewertung kommen. Der zweite Schritt führt dann dazu, dass sich die Unzufriedenheit nochmals verstärkt.

Kontrasttheorie

Schließlich geht die **Assimilations-Kontrast-Theorie** davon aus, dass auf der zweiten Stufe des Vergleichsprozesses entweder **Assimilations- oder Kontrast-Effekte** auftreten können. Je nach Höhe der auf der ersten Stufe des Vergleichsprozesses festgestellten Differenz zwischen wahrgenommener Realität und Erwartungen, wird der Assimilations- oder Kontrast-Mechanismus ausgelöst. Bei nur geringen Abweichungen treten demnach Assimilationseffekte auf, indem der Kunde Vergleichsstandard und/oder die Beurteilung des Leistungsniveaus nachträglich so korrigiert, dass Konfirmation vorliegt. Im Gegensatz dazu treten Kontrast-Effekte auf, wenn zunächst starke Differenzen zwischen Ist- und Soll-Leistung festgestellt worden sind. In diesem Fall neigen Menschen – wie von der Kontrast-Theorie vermutet – zu einer Verstärkung der bereits festgestellten Differenzen. Schließlich wird der Assimilations- und **Kontrast-Bereich** durch einen Indifferenz-Bereich getrennt, in dem weder Assimilations- noch Kontrast-Effekte zu beobachten sind.

Assimilations-Kontrast-Theorie

Da der konkrete Vergleichsprozess im Rahmen der Kundenzufriedenheitsermittlung probanden- und objektübergreifend unterschiedlich ablaufen kann, ist davon auszugehen, dass alle drei theoretischen Ansätze bei bestimmten Nachfragern und/oder bestimmten Zufriedenheitsobjekten Gültigkeit haben. Insbesondere ist davon auszugehen, dass das Auftreten von Assimilations- und Kontrast-Effekten auch vom **Ausmaß der kognitiven Steuerung** des Beurteilungsprozesses abhängt. Je stärker **emotionale Elemente** eine Rolle spielen, desto eher ist vom Auftreten von Kontrast-Effekten auszugehen. Im Gegensatz dazu wird etwa der in der Assimilations-Kontrast-Theorie beschriebene Indifferenzbereich dann besonders groß sein, wenn von einer sehr starken rationalen Steuerung des Beurteilungsprozesses auszugehen ist, wie dies typischerweise bei höherwertigen Gebrauchsgütern der Fall ist.

Relevanz der Theorien

Die Gestalt des Vergleichsprozesses wird schließlich auch durch die **Aggregation von Teilzufriedenheiten zu Gesamtzufriedenheiten** beeinflusst. So stellt die aggregierte Zufriedenheit oder Unzufriedenheit letztlich auch das Ergebnis eines **parametrisierten Beurteilungsprozesses** dar. Mit anderen Worten entsteht Zufriedenheit nicht nur im Rahmen eines Vergleichsprozesses zwischen Soll- und Ist-Leistung, sondern zugleich auch im Rahmen eines Aggregations-

Parametrischer Beurteilungsprozess

prozesses über verschiedene Teilzufriedenheiten. Zufriedenheit oder Unzufriedenheit mit beispielsweise einer Leistung der Deutschen Bahn AG entsteht so möglicherweise dadurch, dass zunächst Einzelbeurteilungen für Teilleistungen generiert werden, die dann anschließend in einem nachgelagerten Aggregationsschritt zu einer Gesamtbeurteilung verdichtet werden. Ist der Kunde etwa mit der Pünktlichkeit und dem Preisniveau des Unternehmens weniger zufrieden und hat er den Reisekomfort sowie die Freundlichkeit des Service-Personals als zufriedenstellend empfunden, so kann hieraus insgesamt Zufriedenheit bei dem entsprechenden Kunden resultieren, obwohl einzelne Teilleistungen als nicht zufriedenstellend bewertet werden. Entsprechend diesem **Mehr-Faktoren-Modell** der Kundenzufriedenheit kann bei den Teilzufriedenheiten zugrunde liegenden Dimensionen zwischen **Basisfaktoren, Leistungsfaktoren** und **Begeisterungsfaktoren** differenziert werden (vgl. *Huber/Herrmann/Braunstein*, 2009). Während eine negative Diskonfirmation bei Basisfaktoren stets zu einer negativen Diskonfirmation auf aggregierter Ebene führt, hat der Kunde bei Begeisterungsfaktoren keine spezifischen Erwartungen, sodass deren Nichterfüllung nicht zu Unzufriedenheit führt. Entscheidend ist zudem die Zufriedenheit bei den Leistungsfaktoren. Die Erfüllung der Erwartungen hier führt zu Konfirmation, deren Übertreffen zu positiver und deren Nichterfüllung zu negativer Diskonfirmation.

(Randnotiz: Mehr-Faktoren-Modell)

1.4.2.2.2 Aufgaben des Kundenzufriedenheitsmanagements

Aus den beschriebenen theoretischen Grundlagen der Kundenzufriedenheit ergeben sich verschiedene Aufgabenstellungen für das Kundenzufriedenheitsmanagement. Im Einzelnen sollte ein **systematisches Kundenzufriedenheitsmanagement**

▸ eine regelmäßige Messung von Kundenzufriedenheit,
▸ die Einflussnahme auf die Beurteilung der Ist-Leistung und die Wahrnehmung der Soll-Leistung sowie des Vergleichsprozesses

umfassen.

(Randnotiz: Teilaufgaben)

Messung von Kundenzufriedenheit

Für die Messung von Kundenzufriedenheit werden in der Praxis eine **Vielzahl unterschiedlicher Verfahren** eingesetzt (vgl. *Abbildung 119*). Diese lassen sich in objektive und subjektive Verfahren unterteilen. Bei **objektiven Verfahren** wird die Kundenzufriedenheit indirekt durch Messung von Kundenverhalten oder Anbieterleistungen ermittelt. Es wird davon ausgegangen, dass positive Entwicklungen bei objektiven Kriterien wie Absatz, Umsatz, Produktmängelhäufigkeit oder Ähnlichem entweder auf Kundenzufriedenheit zurückzuführen sind oder zu Kundenzufriedenheit führen. Da allerdings die objektiven Verfahren vom eigentlich beabsichtigten Messobjekt »Kundenzufriedenheit« relativ weit entfernt sind und die Verfahren zudem kaum Ansatzpunkte zur Verbesserung von Kundenzufriedenheit liefern (kommt es beispielsweise zu einer Verringerung des Absatzes, so können Unternehmen – selbst wenn der Absatzrückgang auf eine Verringerung von Kundenzufriedenheit zurückzuführen ist – aus dieser Information keine

(Randnotiz: Objektive Verfahren)

Abb. 119

Verfahren zur Messung von Kundenzufriedenheit

Objektive Verfahren	Subjektive Verfahren
Erfassung von Marktbearbeitungsgrößen wie ▸ Absatz ▸ Umsatz ▸ Marktanteil ▸ Wiederkaufrate ▸ Kundeneroberungs-/Kundenverlustraten	Merkmalsgestützte Verfahren (indirekte Messung) ▸ Erfassung von Beschwerden ▸ Erfassung von Beschwerdezufriedenheit ▸ Häufigkeit von nicht artikulierten Klagen (»unvoiced complaints«) ▸ Problem-Panels
Erfassung der Häufigkeiten von ▸ Produktmängeln ▸ Gewährleistungsansprüchen ▸ Reparaturen	Merkmalsgestützte Verfahren (direkte Messung), z. B. Gap-Analyse ▸ Erfassung enttäuschter Erwartungen (ex-ante bzw. ex-post) ▸ Messung von Kundenzufriedenheits-graden (ein- bzw. mehrdimensional) ▸ Meinungsforschung bei Verkäufern bzw. Handel
Durchführung von Qualitätskontrollen ▸ im eigenen Unternehmen ▸ beim Handel ▸ bei Endverbrauchern	Ereignisorientierte Verfahren (»critical incidents«)

(Quelle: *Becker*, 2013, S. 876)

Schlussfolgerungen ziehen, wie sie die Kundenzufriedenheit erhöhen können), sollten diese Verfahren – wenn überhaupt – nur begleitend eingesetzt werden.

Wesentlich enger an der eigentlich beabsichtigten Messgröße Kundenzufriedenheit sind die **subjektiven Verfahren** angesiedelt. Bei ihnen werden Einschätzungen von Nachfragern ermittelt, die entweder indirekt auf Kundenzufriedenheit schließen lassen (z. B. Erfassung von Beschwerden) oder sich direkt auf Kundenzufriedenheit beziehen. Schließlich gehören zu den subjektiven Verfahren auch ereignisorientierte Verfahren, bei denen etwa »critical incidents« als Indikatoren für die Veränderung von Kundenzufriedenheit herangezogen werden.

Die größte Validität im Hinblick auf das Messkonstrukt »Kundenzufriedenheit« kommt dabei der **mehrdimensionalen Messung** von Kundenzufriedenheitsgraden zu. Hierbei werden Kunden um Einschätzungen ihrer Zufriedenheit im Hinblick auf vorgegebene oder von Kunden selbstständig zu benennende Kundenzufriedenheitsdimensionen gebeten. Häufig werden Kunden im Rahmen solcher Messungen zusätzlich aufgefordert, ihre Globalzufriedenheit mit den Leistungen von Anbietern anzugeben (vgl. zu den Besonderheiten der Kundenzufriedenheit auf Industriegütermärkten *Herbst/Austen/Bertels*, 2012). Aus den Beurteilungen verschiedener Kundenzufriedenheitsdimensionen sowie den Globaleinschätzungen lassen sich dann anschließend über multiple Regressionsanalysen für Kundengruppen die Wichtigkeiten der Kundenzufriedenheitsdimensionen im Hinblick auf deren Wirkung auf die Globalzufriedenheit ermitteln.

Subjektive Verfahren

Mehrdimensionale Messung

Einflussnahme auf die Beurteilung der Ist-Leistung, die Wahrnehmung der Soll-Leistung sowie den Vergleichsprozess

Werden Kundenzufriedenheitsmessungen regelmäßig durchgeführt, so lässt sich nicht nur das augenblickliche Niveau der Kundenzufriedenheit ermitteln, sondern zugleich auch abschätzen, wie in der Zwischenzeit ergriffene Maßnahmen zur Steigerung der Kundenzufriedenheit innerhalb relevanter Zielgruppen gewirkt haben. Um Kundenzufriedenheit zu steigern, kommen dabei verschiedene grundsätzliche Vorgehensweisen in Frage: Zum einen können Unternehmen versuchen, eine **Einflussnahme auf die Beurteilung der Ist-Leistung** zu erreichen. Die Ergebnisse der parametrisierten Kundenzufriedenheitsmessung können Ansatzpunkte liefern, wie sich die Zufriedenheit bei einzelnen Kundenzufriedenheitsdimensionen und damit zusammenhängend auch die Globalzufriedenheit steigern lassen. Stellt beispielsweise die Deutsche Bahn AG fest, dass bei vielen Kunden Unzufriedenheit mit der Pünktlichkeit der Züge besteht, so kann das Unternehmen zur Steigerung von Kundenzufriedenheit darüber nachdenken, wie sich die wahrgenommene Pünktlichkeit der Bahnverbindungen vergrößern lässt. Maßnahmen, die auf eine verbesserte Beurteilung der Ist-Leistungen abstellen, können dabei entweder an der **objektiven Leistung** oder an der **Leistungswahrnehmung** ansetzen. Hätte die Bahn z. B. ein nachweisbares Pünktlichkeitsproblem, so wären zunächst einmal Maßnahmen zur Verbesserung der objektiven Leistung erforderlich. Sind die Bahnverbindungen hingegen nachweislich pünktlich und sind die Kunden trotzdem mit der Pünktlichkeit unzufrieden, so müssen eher Maßnahmen zur Verbesserung der Pünktlichkeitswahrnehmung angedacht werden.

Zum anderen kann eine Steigerung der Kundenzufriedenheit durch eine **Beeinflussung der Soll-Leistung** und damit der Erwartungen der Kunden erreicht werden. Indem die Erwartungen von Kunden im Vorfeld der Leistungserbringung reduziert werden, steigt die Wahrscheinlichkeit der anschließenden Erfüllung dieser Erwartungen und damit die Wahrscheinlichkeit zufriedener Kunden. Allerdings stellt eine Einflussnahme auf Soll-Leistungen mit dem Ziel einer Absenkung von kundenseitigen Erwartungen eine **risikoreiche Maßnahmengruppe** dar. So geht mit einer starken Absenkung der Erwartungen an die Leistungen eines Anbieters das Nicht-Kauf-Risiko einher. Senkt beispielsweise die Deutsche Bahn AG im obigem (fiktiven) Beispiel die Erwartungen der Kunden an die Pünktlichkeit des Unternehmens, indem das Unternehmen seinen Kunden kommuniziert, dass sich Pünktlichkeitsprobleme schon allein deshalb nicht verhindern lassen, da kaum Redundanzen im Schienennetz vorhanden sind und daher Züge beim Auftreten von Störungen nicht umgeleitet werden können, so mag dies die Erwartung an die Pünktlichkeit des Verkehrsträgers absenken und damit einhergehend die Chance zu einer Kundenzufriedenheitssteigerung bieten. Allerdings führt das Absenken der Erwartungen an die Pünktlichkeit des Verkehrsträgers auch dazu, dass Kunden ggf. alternative Verkehrsträger, wie etwa das Auto oder das Flugzeug, häufiger als Alternative in Betracht ziehen, da sie den Verkehrsträger »Schiene« als grundsätzlich weniger pünktlich einstufen. Trotzdem kann es strategisch sinnvoll sein, über eine Beeinflussung der kundenseitigen Erwar-

Möglichkeiten zur Steigerung der Kundenzufriedenheit

Beeinflussung der Leistungswahrnehmung

Erwartungsbeeinflussung

tungen nachzudenken. Insbesondere in Branchen, in denen zur Steigerung von Auftragswahrscheinlichkeiten bei Erstkunden sehr hohe Erwartungen im Kaufprozess geweckt werden, muss anschließend über eine vorsichtige Herabsetzung der kundenseitigen Anforderungen und Erwartungen nachgedacht werden, um überhaupt noch Zufriedenheit bei den Kunden erreichen zu können.

Schließlich kann auf die Zufriedenheit von Kunden auch durch **Einflussnahme auf den kundenseitigen Vergleichsprozess** eingewirkt werden. In diesem Fall versucht der Anbieter, die Differenzbildung zwischen Soll- und Ist-Leistung oder die Verdichtung von Teilzufriedenheiten zur Globalzufriedenheit in seinem Sinne zu verändern. Beispielsweise kann sich die Deutsche Bahn im oben genannten Fall bemühen, die Bedeutung der Teilzufriedenheit Pünktlichkeit im Verhältnis zu anderen Teilzufriedenheiten, bei denen sie in den Augen von Kunden besser abschneidet, zu verringern. Gelingt ihr dies, dann vergrößert sich die Globalzufriedenheit, da die geringere Zufriedenheit beim Kriterium Pünktlichkeit nicht mehr so stark auf die Globalzufriedenheit wirkt.

Beeinflussung des Vergleichsprozesses

1.4.2.3 Beschwerdemanagement

1.4.2.3.1 Einordnung der Kundenreaktion »Beschwerde«

Sofern Kunden im Nachgang von Transaktionen mit den gezeigten Leistungen von Anbietern unzufrieden sind, können verschiedene Verhaltensweisen die Folge sein (vgl. *Abbildung 120*):

Folgen von Unzufriedenheit

▸ Zunächst einmal können Kunden trotz bestehender Unzufriedenheit **inaktiv** bleiben. Obwohl die Leistungen des Anbieters den Erwartungen dieser Kunden nicht entsprechen, wandern diese nicht (sofort) ab. Da sie die mit einem Anbieterwechsel verbundenen Kosten scheuen bzw. Unbequemlichkeiten

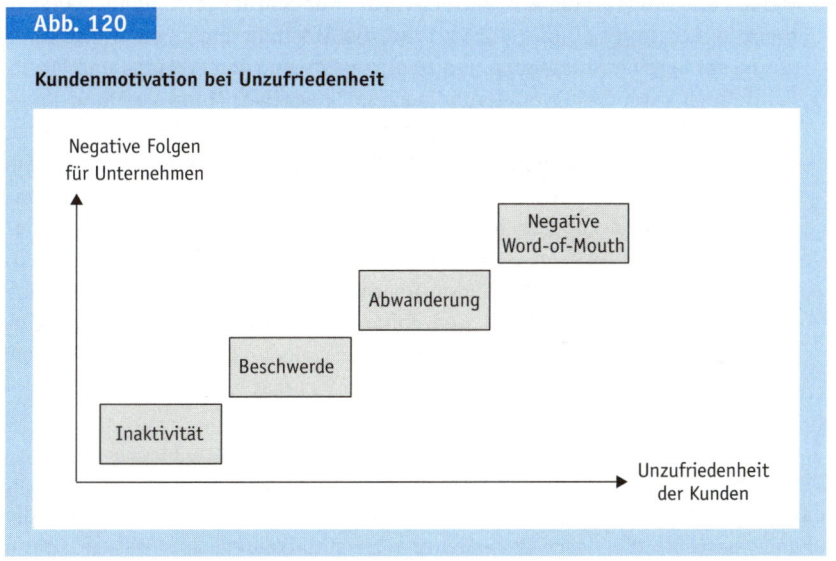

Abb. 120

Kundenmotivation bei Unzufriedenheit

fürchten, verbleiben sie in der Geschäftsbeziehung zu dem Anbieter. Auch machen diese Kunden keine anderen Kunden auf die aus ihrer Sicht wenig überzeugenden Leistungen des Anbieters aufmerksam – entweder weil das Unzufriedenheitsausmaß hierfür nicht groß genug ist und/oder weil sie die Offenlegung ihrer Unzufriedenheit als Eingeständnis vormaliger Kaufentscheidungsfehler ansehen. Allerdings zeichnen sich inaktive Kunden durch ein nur **geringes Maß an Loyalität** aus. Beim Auftreten weiterer, negativ bewerteter Transaktionen können aus inaktiven Kunden schnell »abgewanderte Kunden« werden. Problematisch an inaktiven Kunden ist dabei, dass diese ihre Unzufriedenheit gegenüber dem verursachenden Unternehmen nicht artikulieren. Ursächlich hierfür kann z. B. die Tatsache sein, dass Unternehmen ihren Kunden keine ausreichenden Möglichkeiten bieten, ihre Beschwerden auch tatsächlich mitzuteilen.

▸ Andere unzufriedene Kunden versuchen ihre Unzufriedenheit gegenüber dem Anbieter zu äußern, indem sie **Beschwerden** vorbringen. Hierdurch erhält der Anbieter die Möglichkeit, bei unberechtigten Beschwerden Klarstellungen gegenüber dem Kunden vorzunehmen, die innerbetrieblichen Ursachen für berechtigte Beschwerden zu beseitigen, Entgegenkommen gegenüber dem Kunden zu zeigen und damit ggf. eine nachträgliche Zufriedenheit beim Kunden herbeizuführen.

▸ Eine andere, für das Unternehmen wesentlich negativere Art von Kunden-Aktivitäten bei Unzufriedenheit ist in der **Abwanderung** zu sehen. Bei entsprechendem Unzufriedenheitsausmaß, bei erfolglosen Beschwerden in der Vergangenheit, bei attraktiven Angeboten von Konkurrenten und/oder bei keinen ausreichenden Möglichkeiten zur Beschwerde-Artikulation kann Kundenabwanderung ohne vorhergehende (nochmalige) Beschwerdeführung erfolgen. Auch wenn abgewanderte Kunden möglicherweise zurückgewonnen werden können (vgl. die Ausführungen zum **Kundenrückgewinnungsmanagement** im Abschnitt 2 C III 1.4.2.5), führt die Abwanderung zu einer Unterbrechung der Geschäftsbeziehung und zu einem Entgang von Erlösung und Profit.

▸ Schließlich kann die Abwanderung auch mit **negativer Mund-zu-Mund-Kommunikation (negative Word-of-Mouth)** einhergehen. Kunden sind hierbei insofern aktiv, als dass sie andere aktuelle oder potenzielle Kunden in ihrem sozialen Umfeld (Familie, Freunde, Bekannte oder Kollegen) über ihre negativen Erfahrungen mit dem betreffenden Anbieter informieren. Diese Mund-zu-Mund-Kommunikation ist dabei für Unternehmen besonders gefährlich, da die vom unzufriedenen Kunden übermittelten Informationen glaubwürdig sowie authentisch wirken und daher in hohem Maße verhaltensbeeinflussend sein können, da dem Sender keine eigennützigen Zwecke unterstellt werden können.

1.4.2.3.2 Anforderungen an ein systematisches Beschwerdemanagement

Die Ausführungen über Handlungsalternativen unzufriedener Kunden zeigen, dass allein bei den unzufriedenen Kunden, die eine Beschwerde vorbringen, die Chance besteht, die Geschäftsbeziehung zu stabilisieren. Aus diesem Grund müssen Unternehmen versuchen, möglichst viele unzufriedene Kunden zu einer **Beschwerdeartikulation** zu bewegen. Dies erscheint nur dann möglich, wenn Unternehmen ein systematisches Beschwerdemanagement betreiben.

Beschwerden werden in der Praxis häufig mit **Reklamationen** gleichgesetzt. Dies ist aber insofern zu vereinfachend, als dass Reklamationen nur einen Teil von Beschwerden umfassen. Unter Reklamationen sind so allein diejenigen Beschwerden zu fassen, in denen Kunden in der Nachkaufphase Beanstandungen an Produkten oder Dienstleistungen in Verbindung mit einer rechtlichen Forderung zur Wandlung, Minderung oder Rückgabe geltend machen. Da allerdings auch Unzufriedenheitsartikulationen ohne damit zusammenhängende rechtliche Forderungen für Unternehmen – im Sinne einer ansonsten drohenden Abwanderung der Kunden – dem Beschwerde-Begriff subsummiert werden können, erscheint eine Eingrenzung von Beschwerden auf Reklamationen zu eng. Stattdessen sind Beschwerden weiter gefasst als **Artikulationen von Unzufriedenheit** zu verstehen, »die gegenüber Unternehmen oder auch Drittinstitutionen mit dem Zweck geäußert werden, auf ein subjektiv als schädigend empfundenes Verhalten eines Anbieters aufmerksam zu machen, Wiedergutmachung für erlittene Beeinträchtigung zu erreichen und/oder eine Änderung des kritisierten Verhaltens zu bewirken« (*Stauss/Seidel*, 2007, S. 49). Wesentlich ist dabei, dass Beschwerden grundsätzlich »**intentional**« vorgebracht werden. Mit anderen Worten verfolgt der Kunde mit der Artikulation seiner Unzufriedenheit eine bestimmte Absicht. Hat eine Autoreparatur nicht zu dem gewünschten Ergebnis geführt, so wird die Beschwerde vom Kunden vorgebracht, um das eigentlich beabsichtigte Reparaturergebnis nachträglich zu erreichen. Verfügt ein Ferienhotel nicht über das im Internet beschriebene Schwimmbad, so wird seitens des Kunden eine Beschwerde geführt, um ggf. eine nachträgliche Preisminderung herbeizuführen. Und fühlt sich ein Versicherungskunde bei Auftreten eines Schadensfalls ungerecht vom Versicherungsunternehmen behandelt, so zielt seine Beschwerde darauf ab, bei zukünftigen Schadensfällen mehr Kulanz erwarten zu können.

Neben der Intentionalität der Beschwerdeführung auf Seiten des Kunden ist beim Aufbau und bei der Gestaltung eines systematischen Beschwerdemanagements zu beachten, dass die übergeordnete Zielsetzung des Beschwerdemanagements nur dann erreicht werden kann, wenn **Beschwerdezufriedenheit** bei beschwerdeführenden Kunden erreicht wird. Das grundsätzliche Ziel, die auf Seiten des Kunden bestehende (Leistungs-) Unzufriedenheit zu reduzieren oder in nachträgliche Zufriedenheit zu verwandeln, lässt sich so nur dann erreichen, wenn der beschwerdeführende Kunde mit dem anbieterseitigen Umgang mit der von ihm vorgetragenen Beschwerde zufrieden ist. Die Beschwerdezufriedenheitsforschung hat dabei die in *Abbildung 121* dargestellten vier zentralen Dimensionen ermittelt, die zur Beschwerdezufriedenheit führen (vgl. *Stauss/Seidel*, 2007, S. 72 f.):

▸ Zunächst einmal muss das Beschwerdemanagement ein hohes Maß an **Zugänglichkeit** aufweisen. Kunden, die Beschwerden an das Unternehmen herantragen wollen, müssen auf einfache Art und Weise einen unternehmerischen Ansprechpartner auffinden und mit diesem in Kontakt treten können.

Beschwerden vs. Reklamationen

Beschwerden sind intentional

Beschwerdezufriedenheit als Ziel

Bedingungen

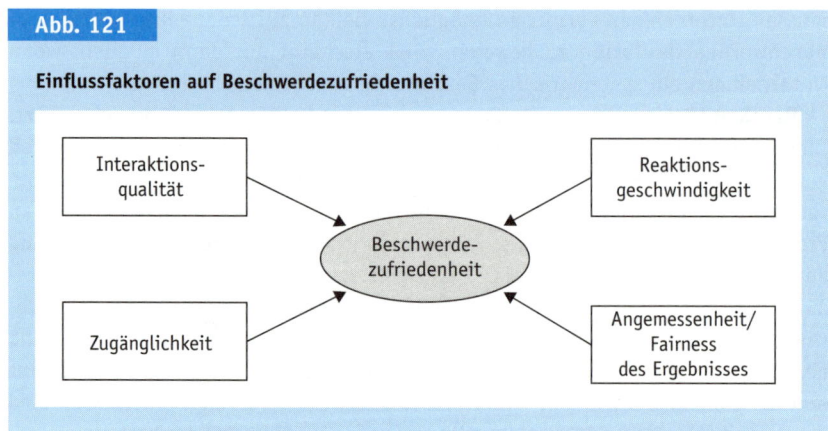

Abb. 121

Einflussfaktoren auf Beschwerdezufriedenheit

▸ Darüber hinaus hängt die Beschwerdezufriedenheit von der **Interaktions-qualität** ab. Annahme und Bearbeitung der Beschwerde müssen kundenorientiert gestaltet werden, indem Freundlichkeit/Höflichkeit, Einfühlungsvermögen/Verständnis, Bemühen/Hilfsbereitschaft, Aktivität/Initiative und Verlässlichkeit sichergestellt sind.

▸ Ebenso kommt der **Reaktionsgeschwindigkeit** eine besondere Bedeutung für die Beschwerdezufriedenheit zu. Beschwerdeführende Kunden erwarten, dass auf ihre Initiative schnell reagiert wird und mit hoher Geschwindigkeit eine Lösung für das vom Kunden beanstandete Problem herbeigeführt wird.

▸ Schließlich kommt es auch auf die **Angemessenheit/Fairness des Ergebnisses** an. Zugänglichkeit, Interaktionsqualität oder Reaktionsgeschwindigkeit helfen dann wenig, wenn die Beschwerde aus Sicht des Kunden zu keinem zufriedenstellenden Ergebnis geführt hat. Vor diesem Hintergrund weist die Beschwerdezufriedenheit ein hohes Maß an Ergebnisorientierung auf.

1.4.2.3.3 Beschwerdemanagementprozess

Formen

Um den Prozess des Beschwerdemanagements möglichst **effektiv** (Erreichung von Beschwerdezufriedenheit) und **effizient** (geringstmöglicher Mitteleinsatz) ausgestalten zu können, ist zwischen dem

▸ direkten Beschwerdemanagementprozess (1) und
▸ indirekten Beschwerdemanagementprozess (2)

zu unterscheiden (vgl. *Abbildung 122*).

(1) Direkter Beschwerdemanagementprozess

Der direkte Beschwerdemanagementprozess orientiert sich **unmittelbar am einzelnen Beschwerdefall**. Er zielt darauf ab, Beschwerdezufriedenheit beim einzelnen Kunden zu erreichen, um dessen bislang bestehende Unzufriedenheit ggf. in nachträgliche Zufriedenheit zu verwandeln.

Zu unterscheiden ist in diesem Teilprozess zwischen

Ablaufschritte

‣ Beschwerdestimulierung,
‣ Beschwerdeannahme,
‣ Beschwerdebearbeitung und
‣ Beschwerdereaktion.

Im Mittelpunkt der **Beschwerdestimulierung** steht das Ziel, dass ein möglichst großer Teil der unzufriedenen Kunden Beschwerden an den Anbieter heranträgt. Um diesem Ziel gerecht zu werden, sind zum einen Entscheidungen über das **Beschwerdekanal-System** zu treffen. Festzulegen ist demnach, über welche verschiedenen Beschwerdekanäle Kunden zur Artikulation von Beschwerden aufgefordert werden sollen. Grundsätzlich wird dabei zwischen **mündlichen**, **telefonischen**, **schriftlichen** und **elektronischen Beschwerdekanälen** unterschieden. Darüber hinaus gehört zu den Entscheidungen über das Beschwerdekanal-System auch die Kommunikation des zuvor eingerichteten Systems. Neben den Instrumenten der Kommunikationspolitik kommt hierzu bei Sachleistungen ggf. auch die Produktverpackung in Frage. Zum anderen ist im Rahmen der Beschwerdestimulierung auch die **Erreichbarkeit** der beschwerdeannehmenden Kanäle sicherzustellen. Hierfür sind die erforderlichen Kapazitäten zur Verfügung zu stellen, da ansonsten das eigentliche Ziel des Beschwerdemanagements, nämlich durch die Erreichung von Beschwerdezufriedenheit das Unzufriedenheitsausmaß von Kunden in Geschäftsbeziehungen zu reduzieren, nicht nur verfehlt, sondern ggf. sogar ins Gegenteil verkehrt wird.

Beschwerde-
stimulierung

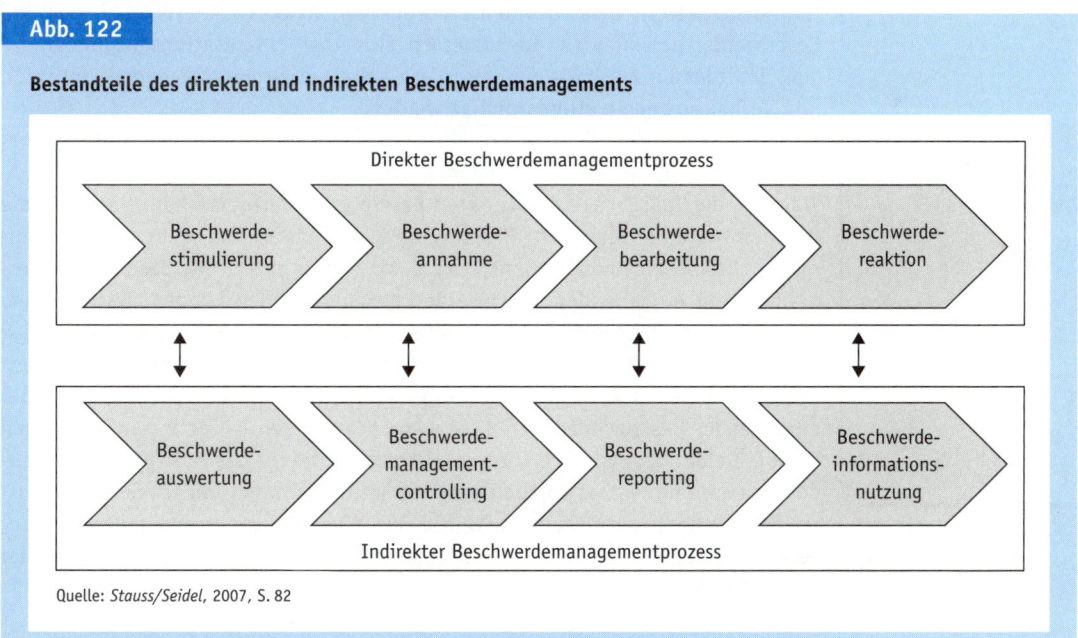

Abb. 122

Bestandteile des direkten und indirekten Beschwerdemanagements

Direkter Beschwerdemanagementprozess

Beschwerde-stimulierung → Beschwerde-annahme → Beschwerde-bearbeitung → Beschwerde-reaktion

Beschwerde-auswertung → Beschwerde-management-controlling → Beschwerde-reporting → Beschwerde-informations-nutzung

Indirekter Beschwerdemanagementprozess

Quelle: *Stauss/Seidel*, 2007, S. 82

Beschwerdeannahme

Ein zweiter Aufgabenbereich des direkten Beschwerdemanagements stellt die **Beschwerdeannahme** dar. Hier ist zu regeln, wie Beschwerden aufgenommen werden und welche zentralen Informationen dem Kunden bereits bei diesem Erstkontakt übermittelt werden. Hinsichtlich der Beschwerdeerfassung ist sicherzustellen, dass alle beschwerderelevanten Informationen vom Kunden bezogen werden. Darüber hinaus sollte allerdings auch festgelegt werden, ob Kunden beim Erstkontakt bereits konkrete Informationen über die zeitliche Abwicklung der Beschwerdebearbeitung gegeben werden können (»Wir versichern Ihnen, dass Sie bis morgen von uns hören werden!«).

Beschwerdebearbeitung

Im Aufgabenfeld der **Beschwerdebearbeitung** geht es um die Gestaltung der internen Beschwerdebearbeitungsprozesse. Hier sind Zuständigkeiten, Verantwortlichkeiten, Bearbeitungstermine, Überwachungsmechanismen sowie Kommunikationsprozesse und Bearbeitungsdokumentationen zu konkretisieren.

Beschwerdereaktion

Die letzte Aufgabe im direkten Beschwerdemanagementprozess stellt die **Beschwerdereaktion** dar. Durch entsprechende organisatorische Vorgaben soll erreicht werden, dass auf jede eingehende Beschwerde **angemessen** reagiert wird. In Abhängigkeit vom Beschwerdetyp, dem Beschwerdegrund, der Beschwerdehistorie sowie dem Kundenwert des Beschwerdeführers kommen unterschiedliche Reaktionen in Frage. Neben einem finanziellen Entgegenkommen, z. B. in Form von nachträglichen Preisreduktionen oder Geldrückgaben, kommen auch andere **materielle Reaktionen**, z. B. in Form von Reparatur, Geschenk bzw. Umtausch, oder **immaterielle Reaktionen** (z. B. Entschuldigung) in Betracht. Wichtig ist bei der Beschwerdereaktion dabei, dass durch entsprechende organisatorische Vorgaben eine beschwerdeübergreifend, gleiche Beschwerdereaktion sichergestellt wird. Um den Eindruck von Willkür zu vermeiden, darf die Beschwerdereaktion nicht im Ermessen einzelner Organisationsmitglieder liegen. Stattdessen muss die Beschwerdereaktion durch entsprechende Leitlinien und Verhaltensregeln standardisiert werden.

(2) Indirekter Beschwerdemanagementprozess

Ursachenbekämpfung

Während die Teilschritte des direkten Beschwerdemanagementprozesses auf die Bearbeitung einer einzelnen Beschwerde ausgerichtet sind, geht es beim indirekten Beschwerdemanagementprozess um »learnings«, die beschwerdeübergreifend aus eingehenden Beschwerden gezogen werden können. Beschwerden bieten für Unternehmen Ansatzpunkte, um interne Prozesse und marktseitige Leistungen zu verbessern. Aus diesem Grund würde ein umfassendes Beschwerdemanagement zu kurz greifen, wenn es allein auf die Bearbeitung einzelner eingehender Beschwerden gerichtet wäre. Stattdessen würde in einem solchen Fall die Gefahr drohen, dass internen Ursachen, die für das Auftreten eingehender Beschwerden verantwortlich gemacht werden können, nicht oder nicht ausreichend schnell nachgegangen würde. Vor diesem Hintergrund sollte ein Prozess interner, beschwerdeübergreifender Aufgaben definiert werden, der beispielsweise aus

Teilschritte

- ▸ Beschwerdeauswertung,
- ▸ Beschwerdemanagementcontrolling,

▸ Beschwerdereporting und
▸ Beschwerdeinformationsnutzung
besteht.

Bei der **Beschwerdeauswertung** geht es um die Analyse der in Beschwerden enthaltenen Informationen. In quantitativer und qualitativer Form soll dabei u. a. Umfang, Verteilung und Inhalt eingehender Beschwerden mit dem Ziel untersucht werden, Hinweise auf beschwerdeverursachende Probleme sowie innerbetriebliche Schwachstellen zu identifizieren. Die Ergebnisse der Beschwerdeauswertung stellen die Basis für das **Beschwerdemanagementcontrolling** dar. Hier geht es darum, die Evidenz, die Aufgabenerfüllung (Qualität) sowie die Kosten-Nutzen-Relation des Beschwerdemanagements zu untersuchen. Hinsichtlich der **Evidenz** ist der Frage nachzugehen, inwieweit es dem implementierten Beschwerdemanagementsystem gelingt, Beschwerden von Kunden zu stimulieren. Je geringer hierbei der Quotient zwischen der Anzahl eingehender Beschwerden und der Anzahl abgewanderter Kunden ist, desto geringer ist die Evidenz des gesamten Beschwerdemanagementsystems einzustufen. Daneben ist laufend die **Qualität der Beschwerdebearbeitung und -reaktion** zu überprüfen. Indem etwa die Kennzahl »Anzahl von Beschwerden, die zu einem finanziellen Kompensationsangebot (z. B. Preisnachlass) geführt haben/Gesamtzahl aller eingehender Beschwerden« laufend überprüft wird, lassen sich Aussagen über die Qualität des internen Beschwerdemanagements oder die Dynamik eingehender Beschwerden ableiten. Schließlich sind auch **Kosten und Nutzen** des gesamten Beschwerdemanagements zu analysieren. Die Kosten ergeben sich dabei durch alle Aktivitäten des Beschwerdemanagementsystems. Sie fallen für Beschwerdekanäle insgesamt sowie im Einzelnen für die Annahme, die Bearbeitung und die Reaktion von Beschwerden an. Darüber hinaus entstehen Kosten des Beschwerdemanagements auch durch die Aufgabenerfüllung im Rahmen des indirekten Beschwerdemanagementprozesses. Diesen Kosten ist der Nutzen des Beschwerdemanagements entgegenzustellen. Auch wenn sich dieser Nutzen häufig nur indirekt messen lässt (z. B. Steigerung der nachträglichen Kundenzufriedenheit), sollte im Rahmen eines umfassenden Beschwerdemanagementcontrolling zumindest der Versuch unternommen werden, über geeignete Kennzahlen den Beschwerdemanagementnutzen zu quantifizieren. Alle innerhalb der Beschwerdeauswertung und dem Beschwerdemanagementcontrolling generierten Informationen sind im Rahmen des **Beschwerdereportings** aufzubereiten und relevanten unternehmensinternen Zielgruppen (z. B. Geschäftsleitung, Produktmanagement, Qualitätssicherung) zugängig zu machen. Schließlich ist sicherzustellen, dass die so generierten Informationen auch von allen relevanten Stellen im Unternehmen genutzt werden (**Beschwerdeinformationsnutzung**).

Beschwerdeauswertung

Beschwerdemanagement-controlling

Beschwerdereporting

Beschwerdeinformations-nutzung

1.4.2.4 Kundenbindungsmanagement

Während das Markenmanagement quasi die Hintergrundvoraussetzung bildet und ein systematisches Kundenzufriedenheits- sowie das Beschwerdemanagement »weiche« Faktoren darstellen, damit Kunden bereit sind, Wiederkäufe

Abgrenzung CRM

beim bisherigen Anbieter zu tätigen, zielt das Kundenbindungsmanagement direkt darauf ab, Kunden Motive zu bieten, Folgetransaktionen beim betreffenden Anbieter durchzuführen. Hierzu werden **ökonomische** und **nicht-ökonomische Anreize** gesetzt. Abzugrenzen ist das Kundenbindungsmanagement damit von dem in der Praxis häufig synonym oder in ähnlichem Zusammenhang verwandten **Customer Relationship Management (CRM)**. Während sich dieses vor allem mit den informationstechnologischen Voraussetzungen für eine Intensivierung von Geschäftsbeziehungen beschäftigt, steht im Mittelpunkt des Kundenbindungsmanagements der unmittelbare Aufbau von Kundenbindung. Von **Kundenbindung** ist immer dann zu sprechen, wenn Kunden bei zukünftigen Kaufentscheidungen objektiv oder subjektiv nicht mehr vollständig frei sind, sondern über ein Motiv verfügen, die Leistungen eines bestimmten Anbieters konkurrierenden Wettbewerbsleistungen vorzuziehen. Wird Bindung hierbei als die **Aufgabe von Entscheidungsfreiheit** angesehen, so wird nachvollziehbar, dass Nachfrager Bindung – zumindest wenn sie als sehr stark wahrgenommen wird – i.d.R. zunächst einmal als negativ einstufen. Vor diesem Hintergrund können Kundenbindungsmaßnahmen grundsätzlich nur dann erfolgreich in Märkten implementiert werden, wenn Kunden eine »Gegenleistung« für die mit der Bindung verbundene Aufgabe von Entscheidungsfreiheit angeboten wird. Der Aufbau von Kundenbindung stellt für Unternehmen demnach eine Investitionsentscheidung dar. Kunden, die bereit sind, sich auf Bindungsprogramme von Anbietern einzulassen, müssen Leistungsvorteile geboten werden, die anbieterseitige Investitionen voraussetzen. Aus diesem Grund stehen im Mittelpunkt des Kundenbindungsmanagements die Fragen, bei **welchen Produkten** und **welchen Kunden welche Maßnahmen in welcher Intensität** ökonomisch vertretbar sind. Aus diesen Fragen lassen sich folgende **Teilaufgaben** des Kundenbindungsmanagements ableiten:

Definition »Kundenbindung«

Teilaufgaben

▸ Analyse geeigneter Produkte (1),
▸ Analyse geeigneter Kunden (2),
▸ Analyse geeigneter Maßnahmen (3),
▸ Analyse geeigneter Intensitäten (4).

(1) Analyse geeigneter Produkte

Bindungsarten

Eine erste Analyseebene des Kundenbindungsmanagements stellt die Analyse geeigneter Produkte dar. Sofern in diesem Zusammenhang für verschiedene Produkte Kundenbindung aufgebaut werden soll, besteht dabei auch die Frage, ob **produktbezogene Bindung** oder **produktübergreifende (im Sinne von unternehmensbezogener) Bindung** angestrebt werden soll. Entscheidet sich beispielsweise ein Baustoffzulieferer, Kundenbindung in Form von Treuerabatten bei verschiedenen Zulieferprodukten aufbauen zu wollen, so kann er entweder produktspezifische Treuerabatte oder produktübergreifende Treuerabatte einführen. Während bei produktspezifischen Treuerabatten kein Volumentransfer zwischen den Produkten hergestellt werden kann, ist am produktübergreifenden Treuerabatt nachteilig, dass keine produktspezifische Steuerung der Kundenbindung erfolgen kann.

(2) Analyse geeigneter Kunden

Die Analyse geeigneter Kunden baut auf der Überlegung auf, dass Kundenbindung eine anbieterseitige Investition darstellt, die sich im Markt amortisieren muss. Daher kommen nur die Kunden oder Kundengruppen für Kundenbindungsmaßnahmen in Frage, bei denen die zukünftig zu erwartenden Transaktionsvolumina und -bedingungen eine Amortisation der anbieterseitigen Kundenbindungsinvestitionen wahrscheinlich erscheinen lassen, weil die Kunden über einen entsprechenden **Kundenwert** verfügen. Der oben angeführte Baustoffzulieferer wird durch die Festlegung einer entsprechenden Rabattgrenze, ab welcher Treuerabatte angeboten werden, seine Kunden unterschiedlich behandeln. Während diejenigen Unternehmen, die über einen hohen Beschaffungsbedarf verfügen, in den Genuss der Treuerabatte kommen können, ist dies kleinen Kunden ohne entsprechende Transaktionsvolumina verwehrt.

Konzentration auf wertvolle Kunden

(3) Analyse geeigneter Maßnahmen

Im Mittelpunkt der Analyse geeigneter Maßnahmen steht nicht nur die Auswahl einzelner Kundenbindungsinstrumente (z.B. Treuerabatt, Kunden-Club etc.). Stattdessen geht es hier auch um die Festlegung geeigneter **Bindungsdimensionen**. Mit *Meyer/Oevermann* (1995) soll dabei zwischen folgenden Bindungsdimensionen unterschieden werden:

Bindungsdimensionen

- **Vertragliche Bindung**: Die umfangreichste Bindung wird durch vertragliche Bindung erzeugt. Diese liegt vor, wenn sich Kunden für eine bestimmte Zeit oder eine bestimmte Anzahl von Kaufentscheidungen per Vertrag auf einen Anbieter festgelegt haben. In diesem Fall ist dem Kunden ein **Anbieterwechsel aus rechtlichen Gründen nicht** (ohne ökonomische Nachteile) **möglich**. Ein typisches Beispiel für diese Art der Bindung stellt ein Zeitungsabonnement dar, bei dem sich der Kunde verpflichtet, Zeitungen für mindestens ein Jahr abzunehmen. Während der Vertragslaufzeit ist er zur Abnahme von Zeitungsexemplaren verpflichtet.

Vertraglich

- **Technisch-funktionale Bindung**: Eine – allerdings nur geringfügig – geringere Bindung kann durch technisch-funktionale Bindung entstehen. Solche Bindungen treten auf, wenn Anbieter zu verschiedenen Zeitpunkten getroffene Kaufentscheidungen **technisch-proprietär** aneinander koppeln. Können für einen Drucker beispielsweise allein die Toner-Kartuschen des Druckerherstellers verwendet werden, so liegt nach dem Kauf des Druckers eine technisch-funktionale Bindung hinsichtlich der späteren Nachkäufe von Drucker-Kartuschen vor. Zwar ist der Kunde hierbei – anders als bei der vertraglichen Bindung – nicht zum Kauf von Toner-Kartuschen verpflichtet; sofern er allerdings die Nutzung des Druckers anstrebt, muss er die Toner-Kartuschen des Druckerherstellers kaufen. Diese Form der Bindung, die in der Vergangenheit vor allem im Industriegüterbereich anzutreffen war und dort als »**Systemgeschäft**« (vgl. *Backhaus/Voeth*, 2010a, S. 419 ff.) bezeichnet wird, findet sich inzwischen auch verstärkt im Konsumgüterbereich. Bei Wischmops, Kaffeemaschinen, Kinderspielzeug oder Pkw-Wartungsdienst-

Technisch-funktional

leistungen bemühen sich Anbieter zunehmend auch im Konsumgüterbereich darum, eine technisch-funktionale Bindung aufzubauen.

Ökonomisch

▸ **Ökonomische Bindung:** Von ökonomischer Bindung ist dann zu sprechen, wenn ein Anbieterwechsel aufgrund zu **hoher Wechselkosten** für Nachfrager unattraktiv ist. Beispielsweise entsteht bei Dienstleistungen, bei denen sich Kunden in die Leistungserstellung des Anbieters integrieren, im Verlauf der Geschäftsbeziehung eine ökonomische Bindung des Kunden an den Anbieter. Der Kunde stellt dem Anbieter, etwa dem Arzt oder dem Steuerberater, umfangreiche Informationen über seine Person oder über seine Lebensumstände zur Verfügung, die der betreffende Anbieter für die Erbringung seiner Dienstleistungen benötigt. Bei einem Wechsel des Arztes oder Steuerberaters würde der mit dem Informieren des Anbieters verbundene Aufwand verloren gehen, da der nun aufgesuchte weitere Arzt oder Steuerberater erneut informiert werden müsste. Die Bindung würde in diesem Fall genau dem Aufwand entsprechen, der benötigt würde, einen anderen Arzt oder Steuerberater erneut über die eigene Person oder die persönlichen Lebensumstände zu informieren.

Psychologisch

▸ **Psychologische Bindung:** Den **geringsten Bindungsgrad** erreichen Anbieter schließlich dann, wenn sie allein auf psychologische Bindungen setzen. Eine rein psychologische Bindung liegt z. B. dann vor, wenn Kunden jederzeit einen Anbieterwechsel vornehmen können, hierauf aber möglicherweise allein deshalb verzichten, weil sie auf der persönlichen Ebene eine Beziehung zu dem jeweiligen Anbieter aufgebaut haben und diesen durch einen Anbieterwechsel nicht »enttäuschen« wollen.

Notwendigkeit anbieterseitiger Investitionen

Eine wesentliche Aufgabe des Kundenbindungsmanagements besteht darin, eine Festlegung der beabsichtigten Bindungsdimension(en) vorzunehmen. Hierbei sollten Unternehmen berücksichtigen, dass mit höher werdendem Bindungsgrad (von psychologischer, über ökonomische und technisch-funktionale zu vertraglicher Bindung) zumeist auch höhere **anbieterseitige Investitionen** erforderlich werden. Nachfrager werden so in aller Regel nur dann bereit sein, einen höheren Bindungsgrad einzugehen, wenn hierfür umfangreichere Vorteile seitens des Anbieters offeriert werden. Natürlich lassen sich die differenzierten Bindungsdimensionen auch in Kombination einsetzen.

(4) Analyse geeigneter Intensitäten

Entscheidung über Ausmaß der Bindung

Schließlich gehört zum Kundenbindungsmanagement auch die Analyse geeigneter Intensitäten. Hierbei ist bei den zuvor gewählten Bindungsdimensionen festzulegen, wie umfassend die jeweilige Bindung ausgestaltet werden soll. So haben die obigen Ausführungen deutlich gemacht, dass Bindung kein digitaler Zustand ist, wonach Kunden entweder gebunden oder ungebunden sind. Stattdessen handelt es sich bei einer Bindung um ein **Kontinuum** zwischen völliger Entscheidungsfreiheit und vollständiger Aufgabe von Entscheidungsfreiheit. Ein Druckerhersteller kann die von ihm beabsichtigte technisch-funktionale Bindung beispielsweise so gestalten, dass Kunden beim Kauf von Toner-Kartuschen

Abb. 123

Alternative Kundenbindungsinstrumente

Primäre Wirkung / Instrumentenebene	Fokus Interaktion	Fokus Zufriedenheit	Fokus Wechselbarrieren
Produktpolitik	▸ gemeinsame Produktentwicklung ▸ Internationalisierung/ Externalisierung	▸ individuelle Angebote ▸ Qualitätsstandards ▸ Servicestandards ▸ Zusatzleistungen ▸ besonderes Produktdesign ▸ Leistungsgarantien	▸ individuelle technische Standards ▸ Value-Added Services
Preispolitik	▸ Kundenkarten (bei reiner Informationserhebung)	▸ Preisgarantien ▸ zufriedenheitsabhängige Preisgestaltung	▸ Rabatt- und Bonussysteme ▸ Preisdifferenzierung ▸ Preisbundling ▸ Finanzielle Anreize ▸ Kundenkarten (bei Rabattgewährung)
Kommunikationspolitik	▸ Direct Mail ▸ Event Marketing ▸ Online-Marketing ▸ proaktive Kundenkontakte ▸ Kundenforen/-beiräte	▸ Kundenclubs ▸ Kundenzeitschriften ▸ Telefon-Marketing ▸ Beschwerdemanagement ▸ persönliche Kommunikation	▸ Mailings, die sehr individuelle Informationen übermitteln (hoher Nutzenwert für den Kunden übermitteln) ▸ Aufbau kundenspezifischer Kommunikationskanäle
Distributionspolitik	▸ Internet/Gewinne ▸ Produkt Sampling ▸ Werkstattbesuche	▸ Online-Bestellung ▸ Katalogverkauf ▸ Direktlieferung	▸ Abonnements ▸ Ubiquität ▸ kundenorientierte Standortwahl

Quelle: *Homburg/Bruhn*, 2010, S. 22

völlig gebunden sind, indem er ein proprietäres System entwickelt (Kartuschen-Angebote des Wettbewerbs können aus technischen Gründen nicht genutzt werden). Daneben ist es aber auch denkbar, dass er seinen Kunden eine eingeschränkte Entscheidungsfreiheit belässt. Indem er etwa ausgewählten anderen Patronenherstellern Lizenzen zur Fertigung kompatibler Toner-Kartuschen überlässt, öffnet er den Wettbewerb bei Toner-Kartuschen zumindest partiell. Vor diesem Hintergrund haben Anbieter zusätzlich zur Auswahl von Bindungsdimensionen festzulegen, in welcher Intensität die Bindung über die gewählten Dimensionen herbeigeführt werden soll. Ebenso kann die Intensität der Bindung auch durch den zahlenmäßigen **Umfang parallel eingesetzter Kundenbindungsmaßnahmen** gesteuert werden. Wie *Abbildung 123* deutlich macht, steht in praktisch allen Instrumentenbereichen eine Vielzahl unterschiedlicher Kundenbindungsmaßnahmen zur Verfügung, die zudem unterschiedliche Teilziele (Interaktion, Zufriedenheit, Aufbau von Wechselbarrieren) betonen. Durch entsprechende Kombination dieser Kundenbindungsmaßnahmen kann die Intensität der bei Kunden erreichten Bindung beeinflusst werden.

Entscheidung über Anzahl eingesetzter Maßnahmen

Kundenkarte

Ein in den letzten Jahren besonders beliebtes Kunden-bindungsinstrument stellen Kundenkarten dar. *Voeth/Rabe* (2004 a) beobachten bereits vor einigen Jahren eine kaum mehr überschaubare Anzahl von Kundenkartensystemen in der Praxis. Neben unternehmensübergreifenden Systemen wie Payback oder HappyPoints verfügt inzwischen auch praktisch jedes größere Konsum- oder Dienstleistungs-unternehmen über ein eigenes Bonuspunkteprogramm. Die Systeme versuchen dabei Kunden zur Teilnahme zu bewegen, indem den Kunden Informationsvorteile, mate-rielle Vorteile und/oder Service-Vorteile geboten werden. Dass die Kundenkarten ausgebenden Unternehmen zu solchen ökonomischen und nicht-ökonomischen (aber zugleich aufwendigen) Zugeständnissen bereit sind, ist darauf zurückzuführen, dass sie sich von der Ausgabe von Kundenkarten Informations-, Transaktions- sowie Kunden-referenzvorteile versprechen.

1.4.2.5 Kundenrückgewinnungsmanagement

Grundidee

Sofern es durch den Einsatz von Beschwerdemanagement nicht gelingt, bei un-zufriedenen Kunden das Unzufriedenheitsniveau zu reduzieren, kann es zur Kundenabwanderung kommen. **Kundenabwanderung** liegt vor, wenn bisherige Kunden eines Unternehmens bei Folgetransaktionen Leistungen von Wettbe-werbern beziehen und den ursprünglichen Anbieter als nicht mehr in Frage kommend einstufen. Obwohl abgewanderte Kunden somit ebenso wie andere Nicht-Kunden Folgetransaktionen bei Konkurrenten tätigen, weisen sie im Ver-gleich zu diesen einige strukturelle Unterschiede auf. Empirische Untersu-chungen zeigen beispielsweise, dass abgewanderte Kunden auch nach der Ab-wanderung noch immer eine gewisse Loyalität gegenüber dem ehemaligen Anbieter aufweisen (vgl. *Makosch*, 2012, S. 12 ff.). Entsprechend *Abbildung 124* führt die Kundenabwanderung zwar zu einer **Verringerung des Loyalitätsni-veaus** gegenüber dem bisherigen Anbieter; allerdings sinkt dieses zumeist nicht auf das Loyalitätsniveau von Nicht-Kunden: Es verbleibt auch nach der Abwanderung eine gewisse **»Rest-Loyalität«**. Darüber hinaus zeigen empiri-sche Untersuchungen auch, dass in der Vergangenheit abgewanderte Kunden nach einer **Rückgewinnung** häufig ein höheres Loyalitätsniveau gegenüber dem erneut gewählten Anbieter aufweisen (vgl. *Homburg/Schäfer*, 1999). Die-ser auf den ersten Blick überraschende Effekt lässt sich damit erklären, dass in der Vergangenheit abgewanderte Kunden ihre nochmalige Entscheidung für den ursprünglichen Anbieter im Rahmen eines extensiven Entscheidungspro-zesses fällen, der im Anschluss kaum noch hinterfragt wird, sodass diese Kun-den anschließend dem Anbieter gegenüber loyaler sind als solche Kunden, bei denen die Entscheidung für den betreffenden Anbieter lange zurückliegt und zudem häufig nicht im Rahmen eines vergleichbaren extensiven Prozesses ge-fällt worden ist. Im Gegensatz zu zurückgewonnenen Kunden hinterfragen diese Kunden Folgekaufentscheidungen daher intensiver, sodass ihre Loyalität strukturell geringer ist.

Auswahl geeigneter »Ex-Kunden«

Da allerdings davon auszugehen ist, dass sich Kunden nur dann zurückge-winnen lassen, wenn Anbieter spezifisch in diese Kunden investieren, erschei-

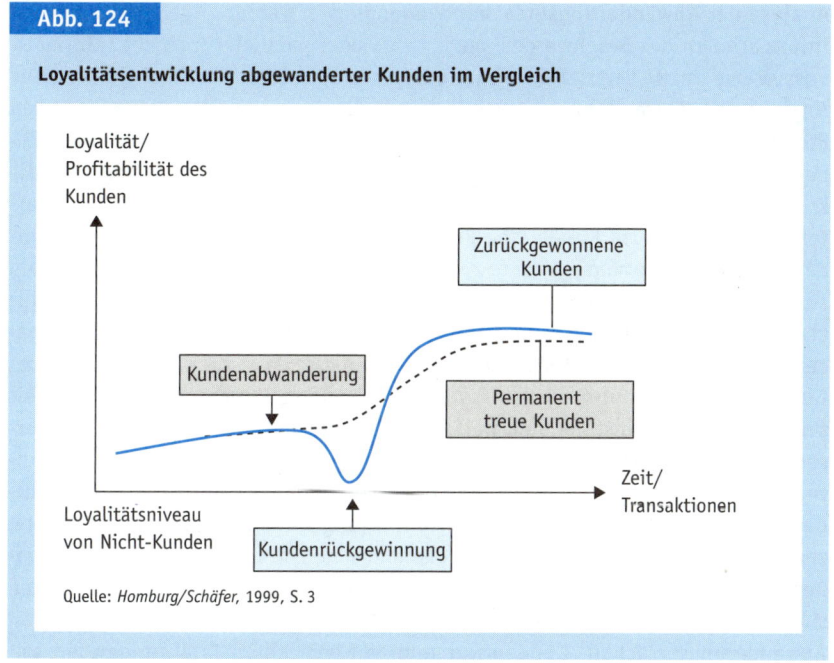

Abb. 124

Loyalitätsentwicklung abgewanderter Kunden im Vergleich

Quelle: *Homburg/Schäfer*, 1999, S. 3

nen nicht alle Kunden für ein Kundenrückgewinnungsmanagement gleichermaßen attraktiv. Da zudem auch die Ursachen für die vorhergegangene
Kundenabwanderung kundenübergreifend verschieden sein können und daher
bei verschiedenen Kunden unterschiedliche Maßnahmen zur Kundenrückgewinnung erforderlich sein können, sollte auch die Kundenrückgewinnung im Rahmen eines systematischen **Kundenrückgewinnungsprozesses** von statten gehen. *Homburg/Schäfer* (1999) schlagen folgenden fünfstufigen Prozess vor:

Phasen

▸ Identifikation geeigneter abgewanderter Kunden,
▸ Abwanderungsanalyse,
▸ Behebung der Abwanderungsprobleme,
▸ Entwicklung geeigneter Kundenrückgewinnungsmaßnahmen und
▸ Nachbetreuung zurückgewonnener Kunden.

Bei der **Identifikation geeigneter abgewanderter Kunden** geht es darum, auf
möglichst einfache Art und Weise die Kunden zu ermitteln, bei denen sich eine
Kundenrückgewinnung für den Anbieter lohnt und bei denen eine Kundenrückgewinnung möglich erscheint. Während die Attraktivität der Kunden beispielsweise über deren **Kundenwert** abgeleitet werden kann (vgl. Abschnitt 2 C I 1),
sollte das Beschwerdemanagement Informationen darüber liefern, ob eine Kundenrückgewinnung überhaupt möglich ist. Da sich abgewanderte Kunden zudem i. d. R. nur dann zurückgewinnen lassen, wenn die Ursachen für die Abwanderung beseitigt wurden, muss in einem zweiten Schritt eine detaillierte

Identifikation

Ursachenanalyse

Problembehebung

Maßnahmenentwicklung

Nachbetreuung

Analyse der Abwanderungsursachen vorgenommen werden. Auch hier kann auf Informationen des Beschwerdemanagements oder paralleler interner Informationssysteme (z. B. Vertriebsinformationssysteme) zurückgegriffen werden. Die Analyse von Abwanderungsursachen kann allerdings nur die Basis für deren Problembeseitigung darstellen. Abgewanderte Kunden werden sich so nicht damit zufrieden geben, wenn Anbieter ankündigen, dass sie die Gründe für die kundenseitige Abwanderung inzwischen untersucht haben. Stattdessen erwartet der abgewanderte Kunde eine **Problembehebung.** Schließlich ist beim Kundenrückgewinnungsmanagement zu beachten, dass die abgewanderten Kunden zum Zeitpunkt der Initiierung von Kundenrückgewinnungsmaßnahmen möglicherweise bereits mit anderen Anbietern Folgetransaktionen durchgeführt haben. Da nicht zwangsläufig davon auszugehen ist, dass die mit diesen Anbietern gemachten Erfahrungen negativ sind, werden Kunden nur dann bereit sein, sich bei nun anstehenden weiteren Folgetransaktionen wieder auf den ursprünglichen Anbieter einzulassen, mit dem sie ja bereits auch negative Erfahrungen gemacht haben – sonst hätte keine Kundenabwanderung stattgefunden –, wenn sie hierfür **Anreize** erhalten. Häufig werden nur spezielle Rabatte, zusätzliche Leistungen oder andere ökonomische Anreize in der Lage sein, einen bereits abgewanderten Kunden zurückzugewinnen. Mit anderen Worten sind **geeignete Kundenrückgewinnungsmaßnahmen** zu entwickeln, die sich an Abwanderungsursachen, Kundenwert und den gemachten Erfahrungen mit anderen Anbietern orientieren sollten. Die **Nachbetreuung zurückgewonnener Kunden** ist abschließend deshalb erforderlich, da keine weitere Abwanderung bei diesen Kunden riskiert werden darf. Auch wenn – wie oben ausgeführt – zurückgewonnene Kunden häufig eine höhere Loyalität gegenüber einem Anbieter aufweisen, als dies bei permanent treu gebliebenen Kunden der Fall ist, ist davon auszugehen, dass eine erneute Abwanderung bei diesen zu einem dauerhaften Kundenverlust führen wird. Aus diesem Grund sollten zurückgewonnene Kunden besonders aufmerksam von Anbietern verfolgt und ggf. mit zusätzlichen Kundenbindungsmaßnahmen angesprochen werden.

2 Mehrdimensionale Wettbewerbsstrategien

Paralleles Verfolgen mehrerer Stimulierungselemente

Unternehmen müssen sich bei der Festlegung ihrer Marktstimulierungsstrategie nicht im Sinne einer »Entweder-oder«-Entscheidung auf eine der zuvor vorgestellten Marktstimulierungsstrategien (Qualitäts-, Preis-, Flexibilitäts-, Beziehungsführerschaft) fokussieren (eindimensionale Wettbewerbsstrategie). Ebenso kann das Verfolgen einer mehrdimensionalen Wettbewerbsstrategie als Stimulierungsstrategie sinnvoll sein. In diesem Fall setzen Unternehmen bei ihrer Marktstimulierung **zugleich auf mehrere Stimulierungselemente** wie z. B. Preis und Flexibilität oder Qualität und Beziehung. Dies ist immer dann empfehlenswert, wenn Kunden nicht »nur« auf Qualität, Preis, Zeit/Flexibilität oder Beziehung achten, sondern von Anbietern erwarten, dass sie sich bei mehreren dieser Strategiedimensionen profilieren.

Problematisch an mehrdimensionalen Wettbewerbsstrategien ist allerdings der damit zumeist einhergehende **Verzicht auf eine eindeutige strategische Positionierung**. So ist es relativ einfach, Kunden in Abgrenzung zum Wettbewerb die eigene Positionierung zu verdeutlichen, wenn Unternehmen auf Qualitäts-, Preis-, Flexibilitäts- oder Beziehungsführerschaft setzen. Für den Fall, dass der Wettbewerb nicht die gleiche Strategie verfolgt, kann einfach deutlich gemacht werden, an welchen Stellen sich das Unternehmen vom Wettbewerb abgrenzt. Sehr viel schwieriger ist dies allerdings dann, wenn man zugleich auf verschiedene Profilierungselemente setzt. In einer solchen Situation unterscheidet sich das Unternehmen zwar weiterhin vom Wettbewerb, allerdings ist dies für Nachfrager nicht mehr so leicht erkennbar. Denn mit dem gleichzeitigen Verfolgen mehrerer Netto-Nutzenvorteile geht automatisch einher, dass nicht mehr alle Ressourcen in den Aufbau des einzelnen Netto-Nutzenvorteils fließen können. Die Folge ist, dass nicht bei allen ausgewählten Netto-Nutzendimensionen das Niveau erreicht werden kann, das erzielt werden könnte, wenn sich der Anbieter allein auf eine Dimension konzentriert hätte. Vor diesem Hintergrund eröffnet eine eindimensionale Stimulierungsstrategie zumeist eine klarere strategische Positionierung als eine mehrdimensionale Stimulierungsstrategie. Diese Einschränkung ist bei der Wahl mehrdimensionaler Wettbewerbsstrategien zu beachten

Keine eindeutige Positionierung

IV Kooperationspartnerstrategie (»Mit wem?«)

Abschließend ist im Rahmen der Festlegung der Marketing-Strategie die Frage zu klären, ob die ausgewählten Zielgruppen ab dem beabsichtigten Markteintrittszeitpunkt mittels der gewählten Marktstimulierungsstrategie **alleine** oder gemeinsam **mit Kooperationspartnern** bearbeitet werden sollen. Nicht immer ist es für Unternehmen empfehlenswert, den Markt im Alleingang zu bearbeiten. Gründe, die stattdessen für die Wahl eines oder mehrerer Kooperationspartner sprechen können, können sein:

Ausprägungen

Gründe für Kooperationen

▸ **Mangelnde Ressourcen:** Ein Unternehmen kann gezwungen sein, einen Markt gemeinsam mit Partnern zu bearbeiten, da ihm die erforderlichen Ressourcen fehlen, um den Markt hinsichtlich Umfang und/oder Intensität in der gewünschten Form bearbeiten zu können. Gerade bei mittelständischen Unternehmen fehlt es oft an Kapital oder Personal, um beispielsweise den gesamten (inter-)nationalen Markt zu erschließen. Da bei einer schrittweisen Erschließung die Gefahr droht, dass Wettbewerber in den Markt eintreten, bevor der Anbieter alle regionalen Marktsegmente erreicht hat, kann es für den Anbieter sinnvoll sein, von Beginn an die Markterschließung mit Partnern anzugehen.

▸ **Mangelndes Know-how:** Gerade bei Markterschließungen im internationalen Umfeld fehlt Unternehmen häufig das für den Einstieg auf Auslandsmärkten erforderliche regionale Know-how. Liegen keine ausreichenden Kenntnisse und Informationen über die Besonderheiten der Auslandsmärkte vor, erscheint es vorteilhaft, regionale Partner in den Markterschließungsprozess einzubinden.

▸ **Kundenwunsch**: Ebenso kann es kundenseitig erforderlich sein, Kooperationspartner einzubinden. Beispielsweise fordern öffentliche Auftraggeber im internationalen Raum immer wieder sogenannte »Local content«-Anteile (vgl. *Backhaus/Voeth*, 2010a, S. 351; *Backhaus/Voeth*, 2010b, S. 75). Hierbei wird erwartet, dass lokale Anbieter in einem vorgegebenen Umfang in die Leistungserstellung eingebunden werden, um zumindest einen Teil der Wertschöpfung für Anbieter aus dem eigenen Land zu sichern.

▸ **Kostenvorteile**: Kooperieren zwei oder mehrere Unternehmen miteinander, so können sich die einzelnen Unternehmen innerhalb der Wertschöpfung ergänzen und sich demnach auf bestimmte Teile der gesamten Wertschöpfungskette fokussieren. Die Kooperation kann in einem solchen Fall mit Spezialisierungsvorteilen und damit zusammenhängenden Kostenvorteilen verbunden sein.

▸ **Reduzierung des Wettbewerbs**: Sofern es sich bei den Kooperationspartnern um Mitbewerber im Markt handelt, wird durch eine Kooperation mit einzelnen oder mehreren dieser Unternehmen der Wettbewerb reduziert. Auch dies kann für Unternehmen ein wesentlicher Grund sein, über eine Kooperationsstrategie nachzudenken.

1 Formen von Kooperationen

Kooperationsstrategien lassen sich danach unterteilen, mit welcher Art von Partnern die Kooperation geschlossen wird. Ganz allgemein kann zwischen

Kooperationsrichtungen

▸ horizontalen Kooperationen,
▸ vertikalen Kooperationen und
▸ lateralen Kooperationen

differenziert werden. Zu beachten ist dabei, dass die Zusammenarbeit in allen drei Formen von Kooperationen **nicht notwendigerweise auf den Marketing-Bereich beschränkt** sein muss. Stattdessen kann die Zusammenarbeit umfassender angelegt sein und parallel eine Kooperation in z. B. Entwicklung, Beschaffung, Fertigung und/oder Vertrieb einschließen.

Horizontale Kooperation

Strategische Allianzen

Von einer horizontalen Kooperation, die häufig auch als **»Strategische Allianz«** bezeichnet wird (vgl. *Backhaus/Piltz*, 1990), ist dann zu sprechen, wenn sich ein Unternehmen mit einem anderen Unternehmen der gleichen Wertschöpfungsstufe verbündet. Mit anderen Worten wird hier eine Kooperation mit einem Partner eingegangen, mit dem zumindest in Teilbereichen oder Teilmärkten eine Wettbewerbsbeziehung besteht. Daher besteht in solchen Kooperationen die grundsätzliche Gefahr, dass der Wunsch nach Zusammenarbeit in dem einen Feld (z. B. bei bestimmten Produkten oder auf bestimmten Märkten) durch die wettbewerbliche Beziehung auf einem anderen Feld (z. B. bei anderen Produkten oder auf anderen Märkten) erschwert wird. Auf der anderen Seite bietet die Zusammenarbeit mit Partnern der gleichen Wertschöpfungsstufe auch Chancen. So werden der Wettbewerb reduziert, Kostenvorteile durch gemeinsame Produktentwicklung generiert oder aber Kundenwünschen nach Einbindung bestimmter Anbieter entsprochen. Typische Beispielbranchen, in denen

Fallbeispiel 41

Kooperationen in der Automobilindustrie

In der Automobilindustrie gehören Kooperationen sowohl zwischen Herstellern, als auch zwischen Herstellern und Zulieferern heute zum Geschäftsalltag. Vor allem im Bereich neuer Technologien wie der Entwicklung und Implementierung alternativer Antriebskonzepte sind Kooperationen notwendig, da deren Investitionshöhe von einem Unternehmen allein kaum zu bewältigen ist. *Abbildung 125* verdeutlicht in diesem Zusammenhang die Kooperations- und gegenseitige Anteilsdichte relevanter OEMs

und zeigt an drei Beispielen auf, in welchem technologischen Bereich eine Zusammenarbeit erfolgt.

So arbeiten beispielsweise Toyota und Ford eng bei der Entwicklung hybrider Antriebssysteme zusammen. Volkswagen, Daimler und BMW kooperieren bei der Entwicklung eines einheitlichen modularen Stecksystems zum Laden von E-Autos.

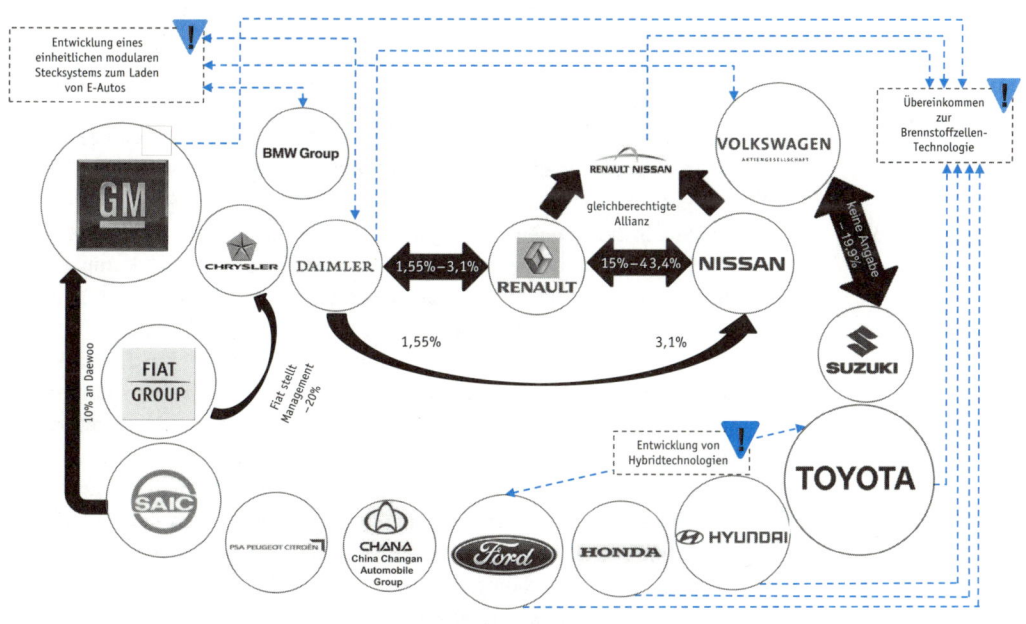

Quelle: *Viavision*, 2010

Abb. 125:   Verflechtungen großer Autohersteller am Beispiel alternativer Antriebskonzepte

horizontale Kooperationen weit verbreitet sind, stellen **fixkostenintensive Märkte** wie etwa die Automobilindustrie oder der zivile Luftverkehr, dar. Wie Fallbeispiel 41 für die Automobilindustrie zeigt, besteht in solchen Branchen ein regelrechter Zwang, mit Wettbewerbern zu kooperieren, um die hohen Vorlaufinvestitionen, die die Entwicklung eines Automobils mit sich bringt, amortisieren zu können.

Vertikale Kooperation

Strategische Netzwerke

Als Kooperationsstrategie kommt daneben auch in Frage, mit vor- oder nachgelagerten Wertschöpfungsstufen im Marketing zu kooperieren. In diesem Fall ist von einer vertikalen Kooperation zu sprechen. Diese Form der Kooperation wird häufig auch als **strategisches Netzwerk** bezeichnet (vgl. *Arnold*, 2004, S. 287). Ein wesentlicher Grund für **Kooperationen mit Zulieferern** im Marketing ist dabei in dem Wunsch zu sehen, das Image und die Reputationen des Zulieferers zu nutzen. Durch **Ingredient Branding** (vgl. Abschnitt 2 C I) kann es dabei aus Sicht des Herstellers z. B. gelingen, dass Stärken, die der Markt eigentlich eher dem Zulieferer zuschreibt, zumindest in Teilen auf das eigene Produkt übergehen. Ebenso kommen auch Kooperationen mit nachgelagerten Wertschöpfungsstufen in Frage. Bei solchen **Partnerschaften mit Unternehmenskunden** im B-to-B-Bereich oder mit Händlern im B-to-C-Bereich wird häufig das Ziel verfolgt, den Vertriebsweg durch die Kooperation abzusichern, Einfluss auf die Vermarktungsaktivitäten der nachgelagerten Wertschöpfungsstufe zu nehmen oder über den Partner mehr Informationen über die (über-)nächste Marktstufe zu erhalten.

Laterale Kooperation

Branchenüberprüfende Kooperation

Bei lateralen Kooperationen geht ein Unternehmen eine **Partnerschaft mit einem Unternehmen aus einer anderen Branche** ein. In diesem Fall wird die Zielsetzung verfolgt, das eigene Leistungsangebot durch die Angebote des branchenfremden Unternehmens zu ergänzen und aufzuwerten. Daher kommen als Partner vor allem Unternehmen aus Branchen in Frage, die **komplementäre Leistungen** anbieten. Der Vorteil eines Pakets von komplementären Leistungen ist dann für den Kunden darin zu sehen, dass dem Kunden durch die Partnerschaft abgestimmte Leistungen angeboten werden, sodass für diesen keine eigenständige Integrationsleistung mehr erforderlich ist. Für den Anbieter ist an einer lateralen Kooperation vorteilhaft, dass seine Leistung durch das zusätzliche Angebot komplementärer Leistungen gegenüber Wettbewerbsprodukten aufgewertet wird oder aber er durch den Partner auf potenzielle Kunden aufmerksam gemacht und dadurch zusätzliche Nachfrage durch den Kooperationspartner erzeugt wird. Zudem kann sich der Anbieter bei Eingehen einer lateralen Kooperation und der damit verbundenen Zulieferung bestimmter Leistungsbestandteile durch den Kooperationspartner auf das Angebot solcher Leistungen beschränken, die auf seinen Kernkompetenzen aufbauen. Dies ist vor allem dann ein Vorteil, wenn beispielsweise Wettbewerber alle Leistungskomponenten selber anbieten und daher der Markt ein abgestimmtes Gesamtangebot erwartet. Fallbeispiel 42 verdeutlicht die Vorteile einer lateralen Kooperation.

Kooperation Deutsche Bank mit Engel & Völkers

Viele Geschäftsbanken, Sparkassen und Genossenschaftsbanken bieten ihren Kunden neben Finanzdienstleistungen auch Immobilienvermittlung an. Da beim Kauf oder Verkauf einer Immobilie für Käufer und Verkäufer umfangreiche Finanztransaktionen anfallen, stellt das Makeln von Immobilien für Banken und Sparkassen einen interessanten Türöffner für das lukrative Immobilienfinanzierungsgeschäft dar. Allerdings gehört das Geschäft mit der Vermittlung von Immobilien nicht zum Kerngeschäft von Banken und Sparkassen. Gerade vor dem Hintergrund eines sich durch das Aufkommen des Internets schnell verändernden Immobiliengeschäfts stellt sich daher für Banken und Sparkassen die Frage, ob diese auch zukünftig Kunden Immobilienvermittlung anbieten sollen. Dass Banken ggf. auf eine eigene Immobilienvermittlung verzichten können und stattdessen in diesem Feld auf laterale Kooperationen setzen können, zeigt das Beispiel der Deutschen Bank. Diese arbeitet im Bereich der Immobilienvermittlung mit dem Immobilienmakler Engel & Völkers, Hamburg, zusammen. Dieses Unternehmen, das 2011 mehr als 200 Mio. € umgesetzt hat, betreibt mehr als 450 Immobilienshops weltweit und sieht sich als Spezialist für exklusive Immobilien. Da die Deutsche Bank über Engel & Völkers-Immobilien in den eigenen Niederlassungen informiert, erreicht die Bank auch durch diese laterale Kooperation den Zweck, Zugang zum interessanten Geschäft der Immobilienfinanzierung zu erhalten.

2 Umsetzung der Kooperationsstrategie

Empirische Untersuchungen zeigen, dass bis zu 70 % aller Kooperationen (allerdings nicht nur Marketing-Kooperationen), die zwischen Unternehmen eingegangen werden, später von den Beteiligten als »nicht erfolgreich« eingestuft werden (vgl. *Juch/Rathje/Köppel*, 2007, S. 89). Folglich ist davon auszugehen, dass der Umsetzung einer geplanten Kooperationsstrategie eine entscheidende Bedeutung für deren Erfolg zukommt. Mit anderen Worten darf im Rahmen der Kooperationsstrategie nicht nur das »Ob« angegangen werden. Darüber hinaus ist vor allem auch das »Wie« festzulegen. Im Einzelnen müssen bei einer Kooperationsstrategie **Umsetzungsentscheidungen** in Bezug auf die

▸ Partnerwahl und
▸ Konfiguration

getroffen werden.

Herausforderung Umsetzung

Partnerwahl

Einer der Hauptgründe, warum Kooperationen zu einem späteren Zeitpunkt von den Beteiligten als Misserfolg eingestuft werden, ist in einer **falschen Partnerwahl** zu sehen (vgl. *Backhaus/Voeth*, 1994, S. 28). Daher erfordert die Frage der Auswahl des Kooperationspartners große Aufmerksamkeit und eine genaue vorhergehende strategische Analyse. Als Partner sollten für ein Unternehmen nur solche anderen Unternehmen in Frage kommen, die ähnliche oder komplementäre Ziele mit der Kooperation verfolgen (»fundamentaler Fit«), die für die Umsetzung der Kooperation kompatible strategische Vorstellungen mitbringen (»strategischer Fit«) und die eine ähnliche Unternehmenskultur aufweisen (»kultureller Fit«) (vgl. *Bronder/Pritzl*, 1992). Die Analyse gescheiterter Koope-

Auswahl des richtigen Kooperationspartners

Fit-Dimensionen

Fundamentaler Fit

rationen aus Branchen wie Telekommunikation, Automobilindustrie oder Luftfahrt zeigen dabei, dass schon das Fehlen einzelner **Fit-Dimensionen** für das Scheitern von Kooperationen verantwortlich gemacht werden kann. *Abbildung 126* zeigt Anforderungen, die heute und zukünftig erfüllt sein müssen, damit von einem fundamentalen, strategischen bzw. kulturellen Fit ausgegangen werden kann.

Ein **fundamentaler Fit** zwischen den Kooperationspartnern liegt dann vor, wenn diese in gleicher Weise den Willen zum Eingehen der Kooperation mitbringen. Dies ist z. B. dann nicht der Fall, wenn ein Partner auf die Kooperation nicht unbedingt angewiesen ist, der andere Partner aber über keine Alternativen verfügt. Darüber hinaus ist auch eine **ausgewogene Machtposition** zwischen den Partnern zu fordern. Selbst wenn beide Partner die Kooperation in gleicher Weise wollen, kann die Kooperation von Beginn an »ungesund« sein, da ein Partner den anderen dominiert. Dies kann beispielsweise auf eine stark voneinander abweichende Unternehmensgröße zurückzuführen sein. Kooperiert beispielsweise ein Großunternehmen mit einem Kleinunternehmen, dann erwartet das Großunternehmen häufig vom Partner, dass dieser die Prozesse

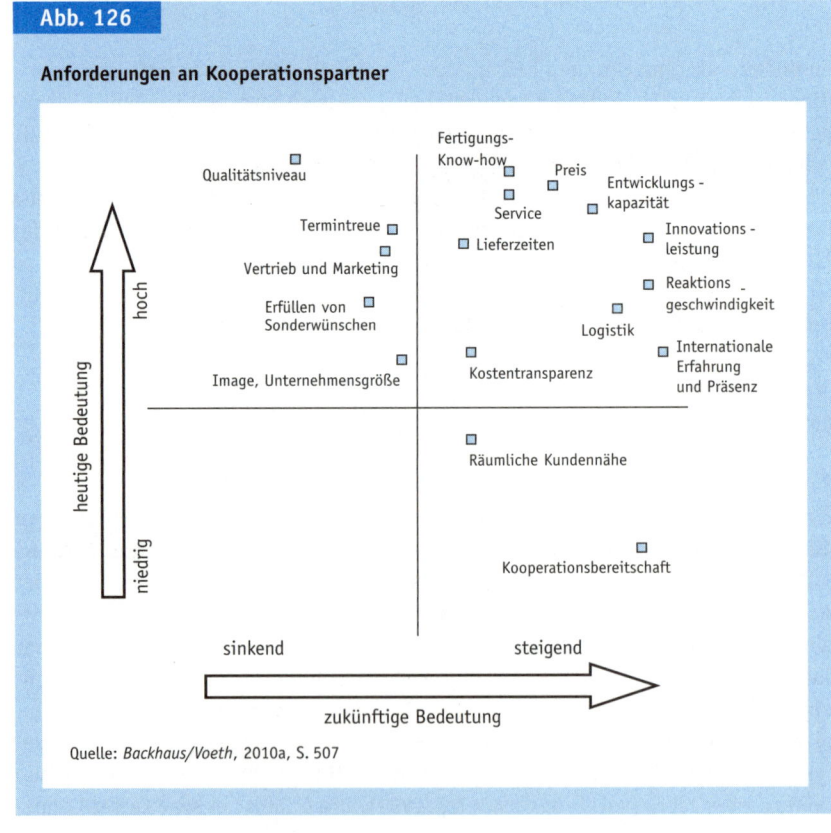

Abb. 126

Anforderungen an Kooperationspartner

Quelle: *Backhaus/Voeth*, 2010a, S. 507

und Spielregeln akzeptiert, die im Großunternehmen bestehen. Schließlich hängt ein fundamentaler Fit auch an der Frage, ob alle Partner in einer Kooperation Vorteile aus der Kooperation ziehen können und über ähnliche Risiken verfügen. Immer dann, wenn zwischen den Partnern abweichende **Anreiz-/Beitragsgleichgewichte** bestehen, hat der Partner, dessen Relation ungünstiger ist, ein Motiv, in der Kooperation Beiträge zurückzuhalten oder – wenn das nicht möglich ist – aus der Kooperation auszubrechen.

Hingegen ist von einem **strategischen Fit** zu sprechen, wenn alle Beteiligten gleiche Vorstellungen über die Ausrichtung der Kooperation aufweisen (Übereinstimmung strategischer Ziele). Zudem müssen die Partner eine gleiche Auffassung über die zeitliche Frist der Kooperation haben. Schwebt dem einen Partner etwa ein langfristiger Horizont für die Zusammenarbeit vor, wohingegen der andere Partner eher kurzfristig plant, besteht für die Kooperation die Gefahr des Scheiterns. So wird der kurzfristig planende Partner nicht bereit sein, für die Kooperation Investitionen zu tätigen, die sich erst mittelfristig auszahlen. Ebenso müssen gleiche Vorstellungen zwischen den Partnern über die Form und Umsetzung der Kooperation bestehen.

Strategischer Fit

Schließlich ist auch ein **kultureller Fit** erforderlich. Gerade im internationalen Umfeld scheitern Kooperationen nicht selten daran, dass zwischen den Partnern zu große kulturelle Unterschiede bestehen. Da allerdings verschiedene Unternehmen nie eine identische Unternehmenskultur aufweisen (können), kommt es vor allem auf den **Umgang mit kulturellen Unterschieden** an. So ist die Fähigkeit von den Kooperationspartnern zu fordern, die kulturellen Besonderheiten des Partners zu respektieren (**Pluralismus**), bereit zu sein, mit dem Partnern eine gemeinsame Kooperationskultur zu entwickeln (**Assimilierung**), hierbei auch kulturelle Stärken des Partners zu übernehmen (**Übernahme**), zugleich jedoch auch die Fähigkeit aufzubringen, sich gegen eine kulturelle Vereinnahmung zur Wehr zu setzen (**Widerstand**).

Kultureller Fit

Konfiguration

Im Anschluss an die Partnerwahl ist von den Partnern gemeinsam festzulegen, wie die Zusammenarbeit in der Kooperation konkret erfolgen soll. Dies ist eine Frage der **Konfiguration einer Kooperation**. Absprachen sind dabei insbesondere in Bezug auf

Konfigurationsdimensionen

▸ Funktionsbezug,
▸ Form,
▸ Zeithorizont und
▸ Ressourcenzuordnung

erforderlich.

Die Operationalisierung des **Funktionsbezugs** beinhaltet die Festlegung **gemeinsamer Kooperationsfelder.** In diesem Zusammenhang ist detailliert zu planen, welche Aufgaben von der Kooperation erfüllt werden sollen. Gerade bei horizontalen Kooperationen ist eine solche Festlegung unbedingt erforderlich. Da bei horizontalen Kooperationen Unternehmen der gleichen Wertschöpfungsstufe zusammenarbeiten, die außerhalb der Kooperation im Wettbewerb zueinander stehen (vgl. Fallbeispiel 41 aus der Automobilindustrie), bedarf es einer klaren Aufgabenabgrenzung, die von allen Kooperationspartnern mitgetragen wird, um eine Vermischung von wettbewerblichen und kooperativen Bereichen zu vermeiden. Daneben ist auch die **Form der Kooperation** festzulegen, die vor allem die **Verflechtungsintensität der Partner** determiniert. Zu unterscheiden ist dabei zwischen losen Formen der Zusammenarbeit ohne kapitalmäßiges Engagement der Partner und intensiveren Verflechtungen, bei denen die Partner Kapital in die Zusammenarbeit einbringen und z. B. über eine gemeinsame Tochtergesellschaft oder ein Joint Venture zusammenarbeiten.

Eine weitere Ebene, auf der die Zusammenarbeit geregelt werden muss, ist der **Zeithorizont** der Kooperation. Dabei ist das gegenseitige Zusichern eines ähnlichen Planungshorizonts nicht ausreichend (vgl. strategischer Fit im Rahmen der Partnerwahl). Stattdessen ist eine detaillierte Zeitplanung notwendig, wann welche Ziele innerhalb der Kooperation erreicht werden sollen (**Definition von Meilensteinen**). Nur dann ist es auch möglich, eine konkrete **Ressourcenzuordnung** in der Kooperation vorzunehmen (»Wann soll welcher Partner welche Ressourcen einbringen?«). Diese ist allerdings ebenso zu fordern, damit für alle Partner eine **permanente Kontrolle ihrer Anreiz/Beitrags-Relationen** möglich ist.

D Marketing-Instrumente

I Strukturierungsmöglichkeiten für Marketing-Instrumente

Marketing-Instrumenten kommt die Aufgabe zu, die vorgegebenen Marketing-Strategien umzusetzen und damit einen Beitrag zur Erreichung von Marketing-Zielen zu leisten. Während Marketing-Ziele und -Strategien für Kunden i. d. R. nicht sichtbar sind und in vielen Fällen auch in Unternehmen nicht oder nicht ausreichend detailliert festgelegt werden, sind die Ergebnisse instrumenteller Marketing-Entscheidungen für Kunden (aber auch für andere Bereiche im Unternehmen sowie Konkurrenten) sichtbar. Bei den zu den Marketing-Instrumenten gehörenden Aktivitäten eines Unternehmens handelt es sich um alle **Stimuli**, die der Anbieter an die von ihm ausgewählten Marktsegmente mit der Absicht heranträgt, Nachfrager zu einem von ihm beabsichtigten Verhalten zu bewegen.

Für Kunden sichtbare Stimuli werden von Unternehmen in vielfältiger Weise an den Markt herangetragen. Neben dem eigentlichen Produkt sind dies beispielsweise Preise, Presseberichte, Gebrauchsanweisungen, Verpackungen, Sponsoring-Aktivitäten, Rabatte, die Verfügbarkeit im Handel, Hotline-Angebote, die Regalplatzierung im Handel, Sonderpreisaktionen oder Produkt- bzw. Unternehmenshomepages. Die stark verkürzte Aufzählung macht bereits die große Zahl und das breite **Spektrum unterschiedlicher Marketing-Stimuli** deutlich, die Unternehmen isoliert und in Kombination zu gestalten haben, um damit strategische Vorgaben und übergeordnete Marketing-Ziele zu erfüllen. Systematisieren lassen sich die beschriebenen vielfältigen Marketing-Aktivitäten dabei auf unterschiedliche Art und Weise. Weite Verbreitung hat eine, ursprünglich vor allem für die Belange anonymer Massenmärkte entwickelte Systematik für Marketing-Instrumente gefunden. Die Marketing-Instrumente werden hiernach in die so genannten »**vier P's**« (Product, Price, Place, Promotion) unterteilt:

> ▶ **Product:** Im Bereich der **Produktpolitik** werden alle Marketing-Maßnahmen zusammengefasst, die auf die Gestaltung der Leistungen, also das Produkt gerichtet sind.
> ▶ **Price:** Anders als die Bezeichnung dies vermuten lässt, geht es im Rahmen der **Preispolitik** um die Gestaltung aller Maßnahmen, die die Gegenleistung des Kunden determinieren. Neben dem eigentlichen Preis stehen in diesem Instrumentenbereich auch Fragen der Zahlungskonditionen, der Finanzierung oder der Rabatte im Mittelpunkt.

Vielfältige Stimuli

»Vier P's«

▸ **Place:** Im Rahmen der **Vertriebspolitik** (häufig auch als **Distributionspolitik** bezeichnet) gilt es einerseits, die akquisitorischen Aktivitäten zu gestalten, und andererseits vertriebslogistische Entscheidungen zu treffen. Während mit akquisitorischen Aktivitäten die Gewinnung von Kunden und Aufträgen gemeint ist, steht bei vertriebslogistischen Entscheidungen die marktorientierte Gestaltung der physischen Distribution von Leistungen im Vordergrund.

▸ **Promotion:** Schließlich werden in der **Kommunikationspolitik** alle Aktivitäten zusammengefasst, die der bewussten Gestaltung der auf den Markt gerichteten Informationen eines Unternehmens mit Produkt- und Leistungsbezug dienen. In der Kommunikationspolitik wird dabei auch das Ziel verfolgt, Einstellungen, Erwartungen und Verhaltensweisen von Nachfragern im Sinne übergeordneter Marketing-Ziele zu beeinflussen.

Andere Stimuli-
Unterteilungen

Auch wenn die Einteilung von Marketing-Instrumenten entsprechend den »vier P's« plausibel erscheint, ist diese Einteilung letztlich willkürlich. Ebenso könnte die große Zahl unterschiedlicher Marketing-Stimuli in drei, fünf oder auch sieben Instrumentenbereiche untergliedert werden. So ist es auch nicht verwunderlich, dass in vielen Unternehmen, aber auch wissenschaftlichen Veröffentlichungen **andere Unterteilungen für Marketing-Instrumente** gewählt werden:

▸ Angesichts der zentralen Bedeutung, die dem Know-how der eigenen Mitarbeiter in technologieorientierten Unternehmen zukommt, unterteilen beispielsweise **Unternehmen des Industriegüterbereichs** ihre Marketing-Maßnahmen z. T. nicht in vier, sondern in fünf instrumentelle Rubriken, indem sie neben Product, Price, Place und Promotion zusätzlich noch als fünftes »P« den Bereich »People« aufnehmen (z. B. Bosch).

▸ Auch im **Dienstleistungsmarketing** wird eine Unterteilung von Marketing-Maßnahmen in vier instrumentelle Bereiche z. T. als ungeeignet eingestuft. Da dem eigenen Personal auch hier eine besondere Bedeutung für die Erbringung kundenseitig gewünschter Dienstleistungsqualität zugeschrieben wird, die Nichtlagerfähigkeit von Dienstleistungen das Vorhalten ausreichender Kapazitäten erforderlich macht und die Dienstleistungsvermarktung durch eine starke Prozessorientierung gekennzeichnet ist, wird für Dienstleistungen mitunter ein aus »sieben P's« gebildeter Ansatz gefordert: *Magrath* (1986, S. 45) ergänzt die klassischen »vier P's« etwa um die Personalpolitik, die Ausstattungspolitik und die Prozesspolitik.

▸ Darüber hinaus wird in der **Literatur** – unabhängig von den Besonderheiten bestimmter Branchen oder Märkte – vereinzelt auch eine deutlich differenziertere Unterteilung des Marketing-Instrumentariums vorgeschlagen. *Günter* (2007) hält so beispielsweise acht verschiedene Marketing-Instrumente für sinnvoll: Leistungspolitik, Preispolitik, Distributionspolitik, Kommunikationspolitik, Mengenpolitik, Zeitpolitik, Kontrahierungspolitik und Absatzfinanzierungspolitik.

Da allerdings in weiten Teilen von Marketing-Wissenschaft und -Praxis die Unterteilung entsprechend der »vier P's« vorgenommen wird, stellen auch wir die einem Unternehmen zur Verfügung stehenden Marketing-Instrumente entsprechend dieser Untergliederung vor. Dabei ist zu beachten, dass die Aktivitäten der verschiedenen Teilbereiche aufeinander abgestimmt werden müssen (**Marketing-Mix**). Bevor allerdings die Wechselwirkungen zwischen den Stimuli der verschiedenen instrumentellen Bereiche des Marketing-Instrumentariums im Rahmen der Marketing-Mix-Ansätze beleuchtet werden können, sollen die »vier P's« **zunächst separat** diskutiert werden. Am Beginn werden dabei die aus unserer Sicht besonders wichtigen Instrumente der Produktpolitik und der Preispolitik behandelt. Diese sind für das Zustandekommen der Transaktionsbeziehung deshalb von zentraler Bedeutung, da sie in besonderer Weise den Nutzen für die Transaktionsbeteiligten beeinflussen. Im Gegensatz dazu kommt der Vertriebspolitik und der Kommunikationspolitik eher ein ergänzender Charakter zu. Zwar sind auch die Ergebnisse dieser instrumentellen Bereiche für das Zustandekommen von Transaktionen unbedingt erforderlich, jedoch entsteht Nachfragern und Anbietern hieraus zumeist nicht im gleichen Maße ein unmittelbarer Nutzenzuwachs. Im Anschluss an die Vorstellung der verschiedenen Marketing-Instrumente wird dann auf die Wechselwirkungen zwischen den Instrumentenbereichen eingegangen und die Marketing-Mix-Planung behandelt.

Wechselseitige Abhängigkeiten

II Vorstellung der einzelnen Marketing-Instrumente

1 Produktpolitik

Lernziele

▸ Sie kennen die Zielsetzung der Produktpolitik. Ebenso sind Ihnen die sachlichen, zeitlichen und sortimentspolitischen Entscheidungstatbestände der Produktpolitik bekannt.

▸ Sie wissen, dass sich bei einem Produkt in sachlicher Hinsicht drei Ebenen differenzieren lassen, auf denen jeweils verschiedene Gestaltungsentscheidungen vorgenommen werden müssen: der Produktkern, das formale und das erweiterte Produkt.

▸ Sie kennen das Konzept des Produktlebenszyklus und können die zeitlichen produktpolitischen Entscheidungstatbestände darin einordnen, voneinander abgrenzen und anwenden. Insbesondere kennen Sie die Ablaufschritte eines Neuproduktplanungsprozesses und die in den einzelnen Phasen dieses Prozesses anfallenden Aufgaben und Instrumente.

▸ Sie kennen die Charakteristika von Produktprogrammen und Sortimenten, kennen die relevanten Kennzahlen zu deren Beurteilung sowie die Optionen zu deren Gestaltung.

Die Produktpolitik umfasst alle instrumentellen Entscheidungen, die sich auf die **Gestaltung der Absatzleistungen eines Unternehmens** beziehen (vgl. *Meffert/Burmann/Kirchgeorg*, 2012, S. 385; *Haedrich/Tomczak*, 1996, S. 14; *Sabel*, 1971, S. 47). Damit schließt die Produktpolitik bewusst nicht nur Maßnahmen

Gegenstandsbereich

ein, die sich auf die Gestaltung einzelner Produkte beziehen. Stattdessen gehört zur Produktpolitik auch die Gestaltung der Interdependenzen zwischen den verschiedenen Produkten eines Unternehmens.

Definition »Produkt«

Um den Gegenstandsbereich der Produktpolitik konkret fassen zu können, stellt sich zunächst die Frage, was unter einem **Produkt** zu verstehen ist. Hierbei ist zu beachten, dass Produkte verschiedene Leistungselemente umfassen, um bei Nachfragern differenzierte Bedürfnisse bedienen zu können. Hintergrund hierbei ist, dass Produkte entweder von einzelnen Nachfragern in unterschiedlichen Verwendungssituationen eingesetzt werden oder nicht kundenindividuell, sondern kundenübergreifend in Märkten platziert werden. Letzteres bedeutet, dass mit einem Produkt möglicherweise ähnliche, meistens aber nicht identische Bedürfnisse bei verschiedenen Nachfragern adressiert werden müssen. Daher ist bei der Produktgestaltung zu berücksichtigen, dass mit dem im Markt angebotenen Produkt Bedürfnissen verschiedener Nachfrager Rechnung getragen werden muss. Vor diesem Hintergrund ist unter einem Produkt eine gebündelte Menge von Eigenschaften (**Leistungsbündel**) zu verstehen, die

Abb. 127

Produktpolitische Entscheidungstatbestände

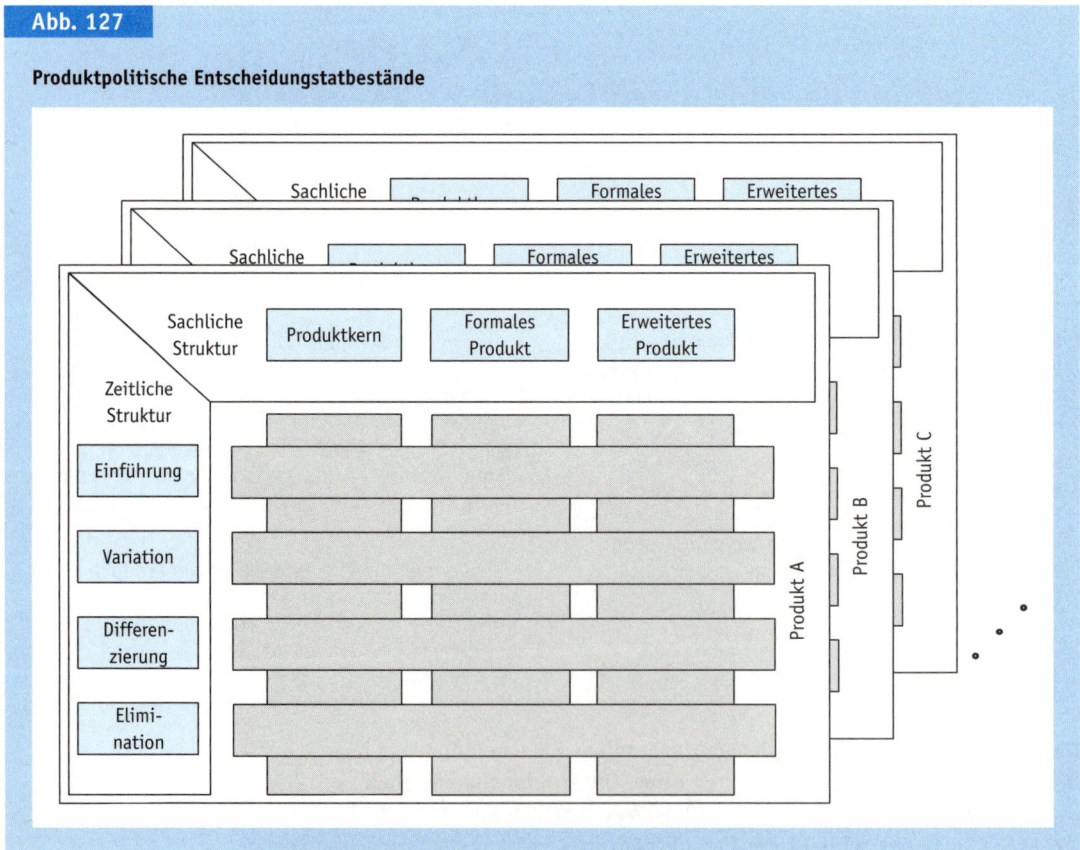

Nachfragern angeboten wird, um im Tausch gegen eine nachfragerseitige Gegenleistung zur Erfüllung von Anbieterzielen beizutragen (vgl. *Brockhoff*, 1999, S. 13).

Produktpolitische Entscheidungen, deren Ziel es ist, so verstandene Produkte – auch in ihrer Beziehung zu anderen Produkten – zu determinieren, haben sich gleichermaßen auf

- **sachliche** (Bestandteile des Leistungsbündels),
- **zeitliche** (Anpassung der Bestandteile des Leistungsbündels im Zeitablauf) und
- **programm- bzw. sortimentspolitische** (Anzahl und Beziehung verschiedener Leistungsbündel zueinander)

Aspekte zu beziehen.

Entscheidungsebene

Folglich lassen sich drei Dimensionen produktpolitischer Entscheidungstatbestände unterscheiden. Wie *Abbildung 127* deutlich macht, stehen auf der sachlichen, zeitlichen und programm- bzw. sortimentspolitischen Ebene jeweils verschiedene Gestaltungsparameter zur Verfügung. Aufgabe der Produktpolitik ist es nun, diese einzeln und in Kombination so zu gestalten, dass damit vorgegebene Marketing-Strategien im Markt umgesetzt werden.

Aufgabe der Produktpolitik

1.1 Sachliche Entscheidungstatbestände

Im Rahmen der sachlichen Entscheidungstatbestände der Produktpolitik wird die **inhaltliche Gestaltung des Leistungsbündels** »Produkt« vorgenommen. In diesem Zusammenhang sind Art und Umfang der zu einem Leistungsbündel zusammenzufassenden Nutzenkomponenten festzulegen. Grundsätzlich lassen sich in inhaltlicher Hinsicht bei einem Produkt **drei Ebenen** differenzieren, auf denen jeweils verschiedene sachliche Gestaltungsentscheidungen innerhalb der Produktpolitik vorgenommen werden müssen (vgl. *Kotler et al.,* 2011, S. 588 f.):

- Produktkern,
- formales Produkt und
- erweitertes Produkt.

Festlegung der Nutzenkomponenten

Während der **Produktkern** den eigentlichen Grundnutzen eines Produktes beschreibt, geht es bei der Gestaltung des **formalen Produktes** darum, die zusätzlich zum Grundnutzen im angebotenen Leistungsbündel zur Verfügung gestellten Komponenten (z. B. Verpackung, Markierung etc.) zu gestalten. Schließlich können Unternehmen Produkte ggf. auch in Kombination mit Zusatzleistungen anbieten. Dies ist eine Frage der Gestaltung des **erweiterten Produkts**. Die Bereiche Produktkern, formales und erweitertes Produkt entfernen sich demnach in Abgrenzung zueinander immer weiter vom eigentlichen Grundnutzen eines Produktes (vgl. *Abbildung 128*).

Sachliche Gestaltungsebenen

1.1.1 Produktkern

Entsprechend der Nutzentheorie von *Vershofen* kann der bei einem Produkt kundenseitig entstehende Nutzen in Grund- und Zusatznutzen unterteilt werden

Nutzentheorie von Vershofen

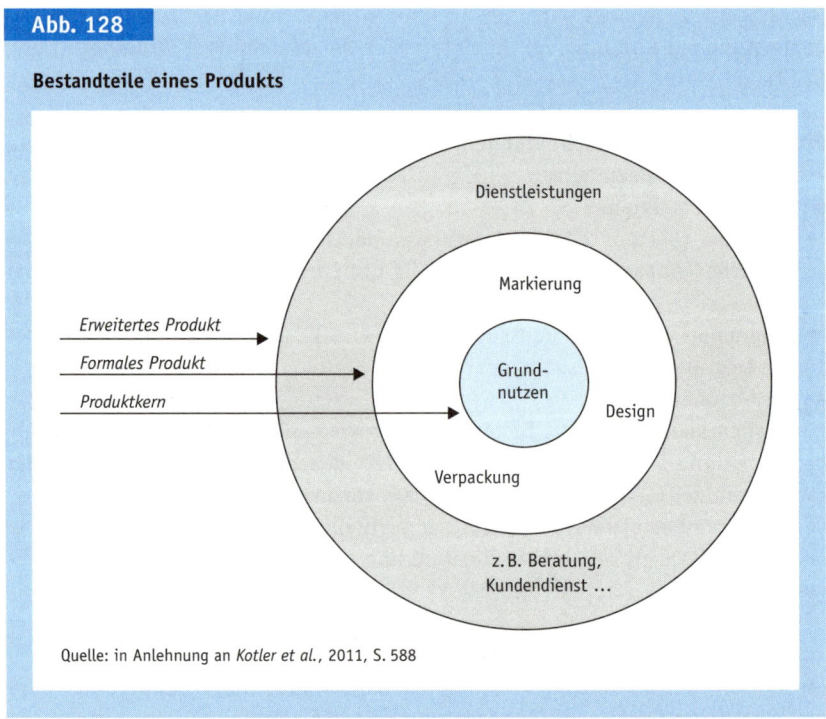

Abb. 128

Bestandteile eines Produkts

Dienstleistungen

Markierung

Erweitertes Produkt

Formales Produkt

Produktkern

Grund-
nutzen

Design

Verpackung

z. B. Beratung,
Kundendienst ...

Quelle: in Anlehnung an *Kotler et al.*, 2011, S. 588

(vgl. *Vershofen*, 1940, S. 71). Während der **Grundnutzen** durch den funktionalen Nutzen und damit bei einem Sachgut durch die physisch-chemisch-technischen Eigenschaften hervorgerufen wird, ist der **Zusatznutzen** auf zusätzlichen »Erbauungsnutzen« und »Geltungsnutzen« zurückzuführen (vgl. *Vershofen*, 1940, S. 71). Der **Erbauungsnutzen** entsteht dabei durch Design und Verpackung, der **Geltungsnutzen** durch die Markierung und das durch kommunikationspolitische Maßnahmen vermittelte Markenprestige. Dieser Unterteilung folgend steht beim Produktkern die **Gestaltung des Grundnutzens** im Vordergrund.

Dem **Produktkern** können »jene Eigenschaften bzw. Leistungsparameter eines Produktangebotes subsumiert werden, die für die Lösung des Kundenproblems (z. B. Transport von A nach B mittels eines Autos) bzw. die Befriedigung des Kundenbedürfnisses (am Beispiel des Autos Mobilität) aus Sicht der Funktionalität konstitutiv und für die Erbringung eines Grundnutzens beim Kunden unverzichtbar sind« (*Zanger*, 2007, S. 99 ff.). Für eine kunden- und marktorientierte Gestaltung des Produktkerns ist daher die **Kenntnis des eigentlichen Kundenproblems** bzw. der **grundlegenden Bedürfnisse** der Nachfrager von entscheidender Bedeutung. Nur wenn Kundenprobleme bzw. Kundenbedürfnisse im Detail bekannt sind, kann der Grundnutzen der angebotenen Leistung exakt auf Problemlösung bzw. Bedürfnisbefriedigung ausgerichtet werden. Diese Informationen sollten der **Nachfrageranalyse** bzw. **Marktforschung** entnommen werden können.

Definition »Produktkern«

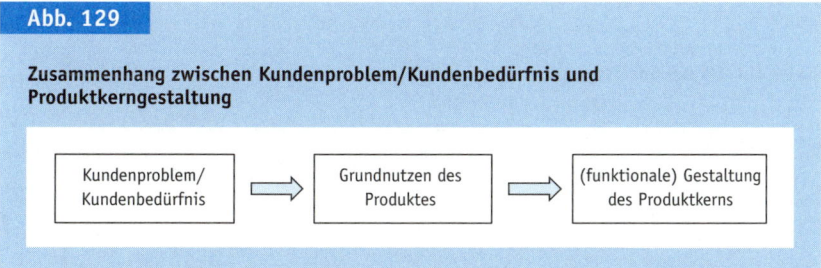

Abb. 129

Zusammenhang zwischen Kundenproblem/Kundenbedürfnis und Produktkerngestaltung

Kundenproblem/ Kundenbedürfnis ⟹ Grundnutzen des Produktes ⟹ (funktionale) Gestaltung des Produktkerns

Um vom eigentlichen Kundenproblem bzw. Kundenbedürfnis zur funktionalen Gestaltung des Produktkerns zu gelangen, ist ein aus zwei Schritten bestehender **Transformationsprozess** erforderlich (vgl. *Abbildung 129*). In einem **ersten Schritt** ist zu ermitteln, welcher produktbezogene Grundnutzen aus Kundenproblem und Kundenbedürfnis resultiert. Es ist zu klären, welche Nutzenbestandteile aus Kundensicht grundlegend sind und daher durch den Produktkern abgedeckt werden sollten. Besteht bei einem Auto das Kundenbedürfnis darin, mobil zu sein, so stellt sich bei der »Übersetzung« dieses Bedürfnisses in produktbezogenen Grundnutzen die Frage, ob aus dem Grundbedürfnis »Mobilität« auch Nutzenanforderungen im Hinblick auf mögliche Nutzenkomponenten wie Komfort, Geschwindigkeit oder Wirtschaftlichkeit entstehen. In einem **zweiten Schritt** ist der so ermittelte Grundnutzen des Produktes in Funktionen des Produktkerns zu überführen. Hierbei ist festzulegen, welche Funktionen und in welchen Ausprägungen diese Funktionen bei der angebotenen Leistung vorhanden sein sollen. Führt das Kundenbedürfnis »Mobilität« beispielsweise zu Nutzenforderungen bei »Geschwindigkeit«, so ist im zweiten Schritt des angeführten Transformationsprozesses festzulegen, ob dies Auswirkungen auf die Motorleistung hat und durch welche technische Spezifikation der Motor gekennzeichnet sein soll.

Eine Technik, um den beschriebenen zweistufigen Transformationsprozess kundenorientiert gestalten zu können, stellt die Means-End-Analyse bzw. das dabei häufig eingesetzte Laddering-Verfahren dar. Bei der **Means-End-Analyse** wird versucht, den direkten Zusammenhang zwischen realen Eigenschaften eines Produktes und grundlegenden Motiven und Bedürfnissen von Kunden herzustellen. Hierzu wird eine kausale Kette zwischen den Produkteigenschaften, den Nutzenkomponenten und den zugrunde liegenden Nachfragerbedürfnissen erzeugt (vgl. *Abbildung 130*). Um diese Kette aufzeigen zu können, bedient man sich des **Laddering-Verfahrens**. Hierbei werden Nachfrager mit aufeinander aufbauenden »Warum«-Fragen konfrontiert. Am Beginn steht dabei z. B. die Frage, warum Nachfrager bestimmte Produktalternativen vorziehen bzw. ablehnen. Im Hinblick auf die hierbei zu Tage tretenden Produkteigenschaften (im Joghurt-Beispiel von *Abbildung 130* sind dies beispielsweise Produkteigenschaften wie »natürliche Zutaten«, »Fruchtgehalt« oder »Kalorienanzahl«) werden anschließend durch weitere Warum-Fragen die im Hintergrund liegenden Nutzenkompo-

Zweistufiger Transformationsprozess

Means-End-Analyse und Laddering-Verfahren

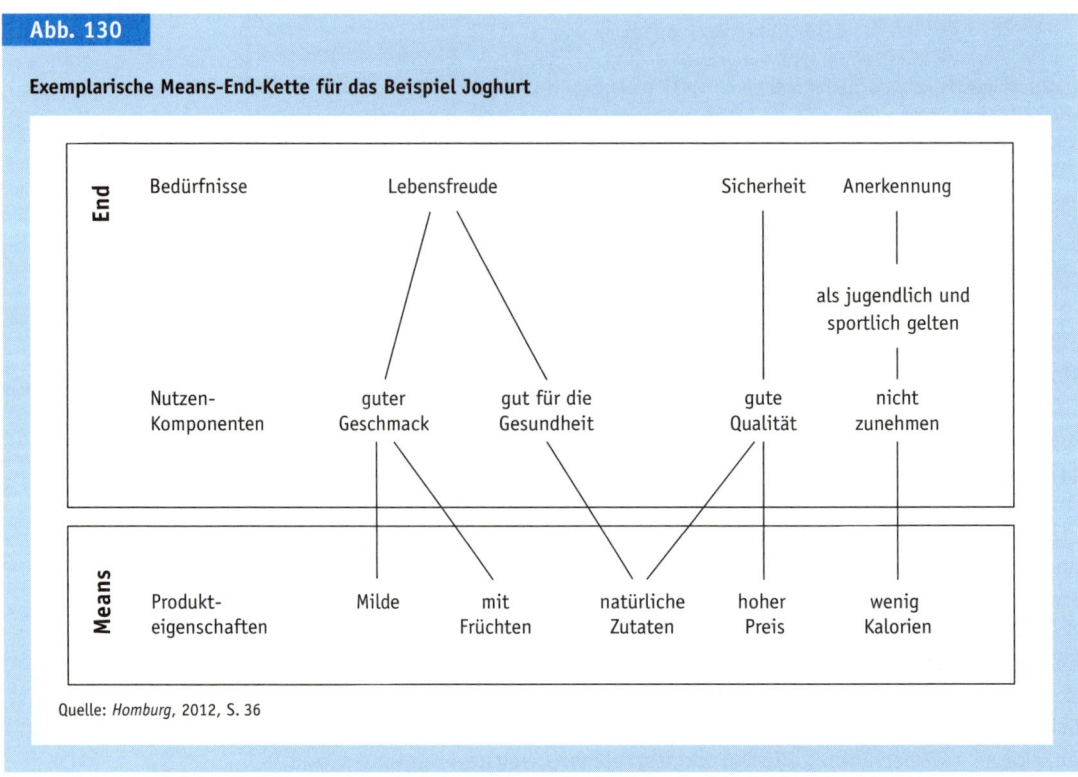

Abb. 130

Exemplarische Means-End-Kette für das Beispiel Joghurt

Quelle: *Homburg*, 2012, S. 36

nenten ermittelt (im Beispiel von *Abbildung 130* etwa der gesundheitliche Nutzen als Ursache für die gewünschte Produkteigenschaft »natürliche Zutaten«). Schließlich zielen weitere Warum-Fragen darauf ab, die hinter den Nutzenkomponenten stehenden Bedürfnisse der Nachfrager zu ermitteln. Die angestrebte Nutzenkomponente »gut für die Gesundheit« basiert so etwa im Beispiel von *Abbildung 130* auf dem sehr grundlegenden Bedürfnis »Lebensfreude«.

Anforderungen an funktionale Gestaltung

Im Hinblick auf die **funktionale Gestaltung des Produktkerns** sind in der Literatur verschiedene **Anforderungen** benannt worden, die eine kundenorientierte Ausgestaltung der häufig in Verbindung mit technischen Bereichen vorgenommenen Produktgestaltungen sicherstellen sollen (vgl. z. B. *Nieschlag/ Dichtl/Hörschgen*, 2002, S. 704):

▸ Der Produktkern sollte hinsichtlich seiner Funktionalität so gestaltet werden, dass der von Nachfragern gewünschte Grundnutzen vollständig und zuverlässig erfüllt wird. **»Vollständigkeit«** bedeutet dabei vor allem, dass das Produktangebot komplett sein muss. Kunden muss es ohne weitere Be- oder Verarbeitung möglich sein, den aus dem Produkt angestrebten Grundnutzen zu realisieren. **»Zuverlässigkeit«** bedeutet zudem, dass die Funktionalität des Produktkerns technisch dauerhaft gesichert sein muss. Das Produkt sollte dem **Stand der Technik** entsprechen.

▸ Darüber hinaus sollte der Produktkern so gestaltet werden, dass dem Wunsch des Nachfragers nach wirtschaftlicher Nutzung Rechnung getragen wird (»**Wirtschaftlichkeit**«). Weder sollte die Gestaltung des Produktkerns so vorgenommen werden (z. B. durch Einsatz sehr kostenintensiver, zugleich aber nicht notwendiger Materialien), dass ein für den Kunden nicht vertretbarer Kaufpreis die Folge ist, noch sollte der Produktkern so gestaltet werden, dass beim Kunden bei der anschließenden Nutzung unwirtschaftliche Folgekosten entstehen (z. B. häufige Wartung oder hohe Betriebskosten bei einem Auto).

▸ Selbstverständlich ist darüber hinaus, dass der Produktkern so ausgestaltet wird, dass eine **risikolose und einfache Nutzung** des Produktes für den Kunden möglich ist. Daher sind technische Risiken ebenso zu vermeiden wie ergonomische Gestaltungen, die eine einfache und bequeme Handhabung des Produktes erschweren.

▸ Schließlich ist in vielen Bereichen zusätzlich zu beachten, dass Nachfrager **umweltfreundliche Produkte** vorziehen. Daher sollte der Produktkern so gestaltet werden, dass ein ressourcensparender Materialeinsatz sowie der Verzicht auf schädliche Zusätze oder Herstellverfahren beachtet werden. Ebenso erwächst aus dem Wunsch nach nachhaltiger Produktion und umweltfreundlichen Produkten die Anforderung an den Produktkern, dass eine spätere Entsorgung oder Recyclebarkeit des Produktes umweltfreundlich möglich sein muss.

Zur Umsetzung der beschriebenen Grundüberlegungen und -anforderungen schlägt *Zanger* (2007, S. 106 ff.) einen aus **vier Schritten** bestehenden **Gestaltungsprozess** vor:

Phasen der Gestaltung

▸ **Analysephase:** In dieser Phase sollten die erforderlichen Informationen über Kundenprobleme/Kundenbedürfnisse, Grundnutzen-Bestandteile und Beziehungen zu Produktkern-Funktionen erhoben und untersucht werden.

▸ **Spezifikationsphase:** Auf Basis der Ergebnisse der Analysephase sind Produktspezifikationen abzuleiten. Hierunter sind die konstitutiven Eigenschaften eines Produktes zu verstehen, die in einem **Pflichtenheft** bzw. **Lastenheft** für die anschließende Produktentwicklung verbindlich festgelegt werden.

▸ **Gestaltungsphase:** In dieser Phase werden die technischen Produktparameter sowie die internen Prozesse im Detail festgelegt. Hierzu sind Entscheidungen hinsichtlich Materialauswahl, technische Farb- und Formgebung, Oberflächengestaltung, Teileauswahl oder Konstruktion zu treffen.

▸ **Anpassungsphase:** Gegebenenfalls sind die in der Gestaltungsphase vorgenommenen technischen Entwicklungen anschließend zu überarbeiten bzw. anzupassen, wenn die Kombination der in der Gestaltungsphase vorgenommenen technischen Entscheidungen (z. B. im Hinblick auf Material, Formgebung etc.) zu einem Ergebnis geführt hat, das den beabsichtigten Grundnutzen nicht ausreichend entstehen lässt bzw. die zugrunde liegenden Kundenbedürfnisse nicht ausreichend beachtet.

1.1.2 Formales Produkt

Erbauungs- und
Geltungsnutzen

Entsprechend der von *Vershofen* gewählten Unterteilung in Grund- und Zusatz-nutzen (vgl. *Vershofen*, 1940, S. 71) stehen bei der Gestaltung des formalen Produktes die Nutzenbestandteile im Vordergrund, die **Zusatznutzen** (Erbau-ungs- und Geltungsnutzen) für Kunden darstellen. Während der »Erbauungs-nutzen« Entscheidungen im Bereich von Design und Verpackung notwendig macht, zielt das über die Markierung vermittelte Markenprestige auf den »Gel-tungsnutzen« ab.

1.1.2.1 Design

Definition »Produkt-design«

Produkte sind nicht nur in ihrer Funktionalität, sondern auch in ihrer **Ästhetik** zu gestalten. Dieses ist Gegenstand der Gestaltung des Produktdesigns. Unter **Produktdesign** wird die »planmäßige Gestaltung serieller Artefakte mit star-kem ästhetischen Bezug und deutlicher Wahrnehmungsorientierung« (*Koppel-mann* 2001, S. 450) verstanden. Dass dem Produktdesign dabei – angesichts zu-nehmend ähnlich werdender funktionaler Produktkerne – in vielen Märkten eine immer größere Bedeutung zukommt, zeigen viele empirische Studien (vgl. zum Folgenden *Esch/Langer*, 2006):

▸ Einer Studie von *Strategy Analytics* aus dem Jahr 2006 zufolge wird der Kauf eines Handys in 25 % aller Fälle durch das Design entschieden. Angesichts ähnlicher technischer Eigenschaften von Handys ist es nicht verwunderlich, dass sich viele Menschen beim Handy-Kauf von der Ästhetik des Designs lei-ten lassen (vgl. *Brown*, 2006).

▸ Conjoint-analytische Untersuchungen des früheren *Instituts für Marken- und Kommunikationsforschung* der Universität Gießen kommen zu dem Ergebnis, dass der Nutzenbeitrag von Ästhetik bei Verbrauchsgütern bei knapp 20 % und bei Gebrauchsgütern sogar deutlich über 40 % liegt.

Zusätzliche Zahlungsbe-reitschaft durch Design

Dass Design-Aspekte dabei häufig nicht nur als »add on« angesehen werden, sondern auch zu einer **zusätzlichen Zahlungsbereitschaft** bei Kunden führen können, zeigen ebenfalls empirische Studien. *Bloch/Brunel/Todd* (2003) haben etwa die Zahlungsbereitschaft für »schön« beurteilte Toaster mit denen als »hässlich« eingestufter Geräte verglichen. Während z. B. die Probanden mit ho-hem Ästhetik-Involvement für »schöne« Toaster eine durchschnittliche Zah-lungsbereitschaft von 40,09 US-$ aufwiesen, lag die durchschnittliche Zah-lungsbereitschaft für »hässliche« Geräte bei Probanden mit geringem Ästhetik-Involvement bei nur 24,90 US-$ (vgl. *Abbildung 131*).

Die gestiegene Bedeutung von Design-Aspekten ist u. a. auch darauf zurück-zuführen, dass Produktdesign heute nicht mehr ausschließlich auf optische Aspekte begrenzt wird, sondern alle menschlichen Sinne berücksichtigt. Empi-rische Studien zeigen beispielsweise, dass für die Produktwahrnehmung neben der Optik auch andere Sinne wie Geruch, Geschmack oder Gehör von Bedeutung sind. Nicht zuletzt aus diesem Grund setzen Unternehmen im Bereich des

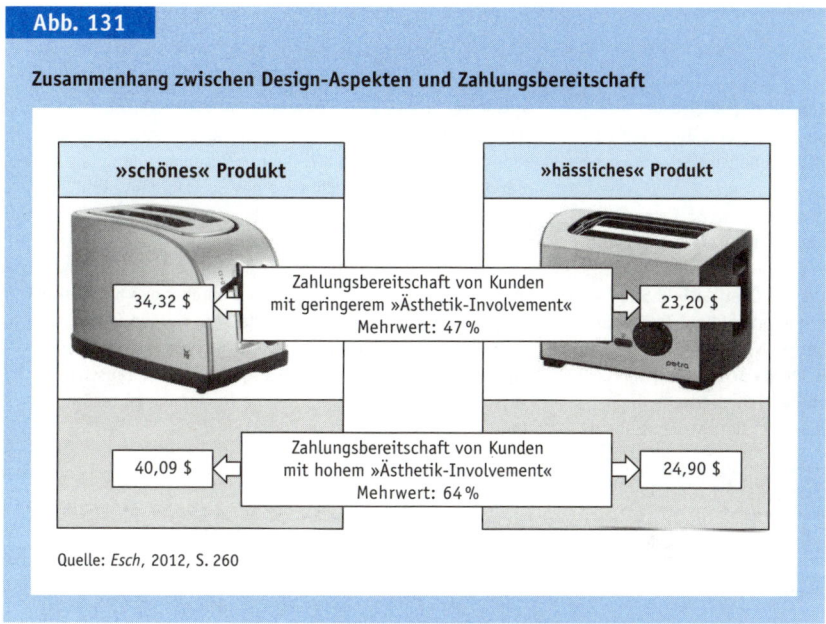

Abb. 131

Zusammenhang zwischen Design-Aspekten und Zahlungsbereitschaft

»schönes« Produkt

»hässliches« Produkt

34,32 $

Zahlungsbereitschaft von Kunden
mit geringerem »Ästhetik-Involvement«
Mehrwert: 47 %

23,20 $

40,09 $

Zahlungsbereitschaft von Kunden
mit hohem »Ästhetik-Involvement«
Mehrwert: 64 %

24,90 $

Quelle: *Esch*, 2012, S. 260

Designs vermehrt auf »Sound-Design«, »Smell-Design« oder »Taste-Design«. Die Beispiele in Fallbeispiel 43 zeigen den Einsatz von »Sound-Design« in der Marketing-Praxis (vgl. *Fösken*, 2006).

Problematisch an einer betriebswirtschaftlichen Gestaltung von Design ist deren kreative Dimension. So ergeben sich zunächst einmal **Probleme**, Design-Ergebnisse zu quantifizieren und in ihren ökonomischen Auswirkungen messbar zu machen. *Koppelmann* (2001, S. 450 f.) schlägt deshalb vor, Arbeitsergebnisse aus dem Design-Bereich anhand erfüllbarer Funktionen des Designs zu beurteilen. Seiner Auffassung nach lässt sich Design an

▸ praktischen/gebrauchsorientierten,
▸ ästhetischen und
▸ semantischen/symbolischen

Funktionen beschreiben.

Während die **praktische Funktion** die Gebrauchstauglichkeit eines Design-Ergebnisses umfasst, zielt die **ästhetische Funktion** auf die affektive Anmutung ab. Schließlich drückt sich die **semantische** bzw. **symbolische Funktion** von Design in der sozialen Ausdruckskraft aus. In dem aus diesen drei Funktionen gebildeten dreidimensionalen Raum lassen sich verschiedene typische Designstile abbilden und damit in ihrer Angemessenheit im Hinblick auf übergeordnete strategische Vorgaben (z. B. des Markenmanagements) beurteilen.

Bewertungsprobleme

Funktionen von Design

Fallbeispiel 43

Sound-Design

Sound-Design kommt in den unterschiedlichsten Branchen zum Einsatz. Die nachfolgenden Beispiele aus der Automobilindustrie und dem Lebensmittelbereich belegen dies.

(1) Sound-Design beim Automobilhersteller Porsche
Für den Automobilhersteller Porsche spielt das Sound-Design eine zentrale Rolle, um die Qualität und Sportlichkeit der eigenen Sportwagen hervorzuheben. Im Bereich des Sound-Designs werden beispielsweise die Geräusche beim Tür öffnen, beim Einrasten der Schlüssel, beim Lösen der Handbremse, beim Öffnen des Schiebedachs, beim Betätigen der Fensterheber oder bei der Sitzverstellung

systematisch gestaltet. Besondere Aufmerksamkeit kommt dabei dem Sound des Motors zu. So ist bekannt, dass der Klang des Motors in unmittelbarem Zusammenhang mit der Beurteilung der Sportlichkeit eines Sportwagens steht. Aus Sound-Design-Gründen wurde so beispielsweise in der ersten Hälfte der 2000er-Jahre der Motorenklang beim Porsche Boxster verändert: Um das Ansauggeräusch ab einer Motorleistung von mehr als 3.000 Umdrehungen pro Minute deutlich kräftiger erscheinen zu lassen, wurden unerwünschte höhere Frequenzen beseitigt. Für Kunden bietet das Unternehmen die Möglichkeit, die Soundgeräusche der verschiedenen Fahrzeuge über die Homepage zu testen (vgl. *Abbildung 132*).

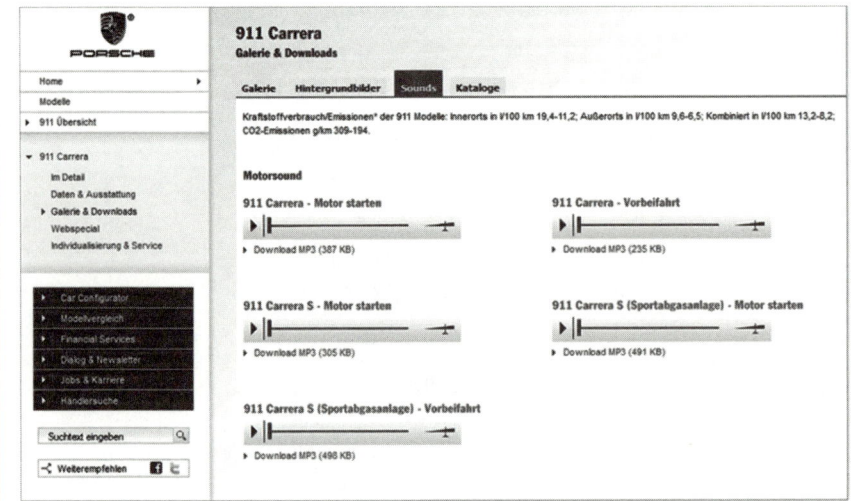

Quelle: *Porsche AG*, 2012

Abb. 132: Soundgeräusche des Porsche 911 Carrera

(2) Sound-Design bei Bahlsen
Auch bei der Firma Bahlsen arbeitet ein Team kontinuierlich an einer Verbesserung des Sound-Designs vom Gebäck. Ziel ist es, die Geräusche, die beim Zubeißen und Kauen der Kekse entstehen, zu analysieren und zu optimieren. Das nebenstehende Bild zeigt einen Leibnitz-Keks im sogenannten »Texture Analyser« (vgl. *Abbildung 133*).

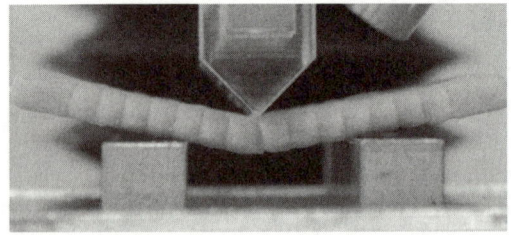

Quelle: *Fösken*, 2006, S. 73

Abb. 133: »Texture Analyser« der Firma Bahlsen

1.1.2.2 Verpackung

Neben dem Design ist bei der Gestaltung des formalen Produkts auch die Verpackung festzulegen. Unter einer **Verpackung** ist die **Warenumhüllung** zu verstehen, die nach der Füllung durch die Ware (das Packgut) zur Packung wird (vgl. *Brockhoff*, 1999, S. 176). Die Gestaltung der Verpackung stellt dabei ein komplexes Problem dar, da der Verpackung unterschiedliche Funktionen innerhalb des Vermarktungs-, Distributions- und Logistikprozesses zufallen. Bei den **Verpackungsfunktionen** ist zwischen folgenden unterschiedlichen Aufgaben der Verpackung zu differenzieren:

▶ Schutzfunktion,
▶ Transportfunktion,
▶ Lagerfunktion,
▶ Informationsfunktion,
▶ Anmutungsfunktion,
▶ Transaktionsfunktion,
▶ Gebrauchsfunktion und
▶ Umweltfunktion.

Zunächst einmal fällt der Verpackung eine **Schutzfunktion** zu. Durch eine entsprechende Umhüllung des Produktkerns soll sichergestellt werden, dass das Produkt die physische Distanz zwischen Hersteller und Handel auf der einen sowie zwischen Handel und Verwender auf der anderen Seite unbeschadet übersteht. Daneben sollte die Verpackung so gestaltet werden, dass sie auch eine **Transportfunktion** aufweist. Die Verpackung muss so beschaffen sein, dass sie den Transport der Ware möglichst kostengünstig erlaubt. Daher ist von sperrigen oder leicht zu beschädigenden Verpackungen Abstand zu nehmen, um keine zusätzlichen Transportsicherungen notwendig zu machen. Darüber hinaus ist bei der Verpackung auch deren **Lagerfunktion** zu beachten. Bei zwischengeschalteten Logistikdienstleistern, im Großhandel oder im Einzelhandel, müssen Waren häufig für kürzere oder längere Zeiträume gelagert werden. Durch eine entsprechende Gestaltung der Verpackung sollte eine möglichst platzsparende, wenig aufwendige (z. B. keine spezielle Kühlung benötigende) und flexible Lagerung möglich sein.

Neben den insbesondere unter Logistikgesichtspunkten wichtigen Funktionen (Schutz-, Transport- und Lagerfunktion) übernimmt die Verpackung auch eine Kommunikationsaufgabe gegenüber Kunden. Diese äußert sich zum einen in ihrer **Informationsfunktion**. Auf der Verpackung können beispielsweise Strichcode-Kennzeichen (EAN-Codes) für den Handel positioniert werden, die von dessen Logistik- und Abrechungssystem (Scannerkassen) weiterverarbeitet werden können (Informationsfunktion gegenüber dem **Handel**). Daneben kann die Verpackung wichtige Informationen für **Nachfrager** enthalten. Einerseits kann die Verpackung der Wiedererkennung von Produkten (Markierung) dienen. Andererseits können über die Verpackung Nachfragern Informationen über **Ingredients** oder den Gebrauch des Produktes (z. B. **Gebrauchsinformationen** in Form von Zubereitungshinweisen auf Lebensmitteln) gegeben werden.

Verpackungen kommt desweiteren in vielen Märkten eine **Anmutungsfunktion** zu. Beispielsweise bei Kosmetikprodukten wie Parfums oder bei Getränken wie hochwertigen alkoholischen Produkten (z. B. Weinbrand) spielt die Anmutung der Verpackung eine große Rolle, da Nachfrager die Produkte über längere Zeiträume an auch für Dritte zugänglichen Stellen aufbewahren. Daher spielt die Anmutung hier eine größere Rolle. *Abbildung 134* zeigt Beispiele für Verpackungen mit Anmutungsfunktion.

Transaktionsfunktion

Mitunter kommt Verpackungen auch eine darüber hinausgehende **Transaktionsfunktion** zu. So soll die Verpackung dazu beitragen, dass das verpackte Gut für den potenziellen Käufer ansprechend wirkt, sich selbst erklärt und durch auf der Verpackung aufgedruckte Produktvorteile (z. B. »jetzt 30 % mehr Inhalt«) zu zusätzlichen Abverkäufen führt. Gerade im Hinblick auf die Transaktionsfunktion der Verpackung sollte bei deren Gestaltung der übergreifend angestrebte nachfragerseitige Netto-Nutzenvorteil beachtet werden. Leistungen, die auf den Netto-Nutzenvorteil »Qualität« setzen, bedürfen z. B. einer anderen Verpackung, als dies für Produkte gilt, die eher über den »Preis« verkauft werden sollen. In jedem Fall sollte durch die Verpackung die Qualitätswahrnehmung der Kunden unterstützt werden. *Abbildung 135* zeigt am Beispiel von Zigarettenpackungen, wie durch eine entsprechende Verpackungsgestaltung die »Wertanmutung« unterstützt werden kann.

Gebrauchsfunktion

Aus Nachfragersicht kommt Verpackungen zudem die wichtige Aufgabe einer **Gebrauchsfunktion** zu. Erst durch eine entsprechende Verpackungsgestaltung

Abb. 134

Beispiele für Verpackungen mit Anmutungsfunktion

Abb. 135

Gestaltungshinweise für Zigarettenverpackungen für eine Wertanmutung

Gestaltungsmittel-dominanzen / Charakter-dominanz	Stoff	Form/Verschluss	Farbe	Zeichen
Wertvolles	▸ fester Karton ▸ hochglänzende Oberfläche ▸ Goldfolie für Innen-verpackung	▸ formstabile »Hardbox« ▸ Klappdeckel ▸ goldener Auf-reißstreifen	▸ dezente Verwendung von Gold für a) Zweifarben-kontraste (purpur-gold, schwarz-gold, dunkelblau-gold) b) Innenfolie, Klapp-deckel innen c) Aufreißstreifen	▸ Goldwappen und Typo-graphie ▸ differenzierte Typogra-phie (abgestufte Größen-kontraste, 2–3 Schrift-typen) ▸ hochwertig anmutender Name (alter Adel) ▸ hochwertig anmutende Information (...majesty, world's finest)

Quelle: *Koppelmann*, 2001, S. 512

ist Nachfragern häufig eine nutzenstiftende Produktverwendung möglich. Do-sierhilfen (z. B. bei Zahncreme) oder Verschlussmöglichkeiten (z. B. bei Ge-tränken) stellen Beispiele dar, bei denen die Verpackung eine nutzenstiftende Verwendungshilfe für Nachfrager darstellt. *Abbildung 136* zeigt Beispiele für Verpackungen mit Gebrauchsfunktion.

Schließlich spielt heute auch die **Umweltfunktion** in vielen Märkten eine besondere Rolle bei Verpackungen. Umweltverträglichkeit eingesetzter Materia-

Umweltfunktion

Abb. 136

Beispiele für Verpackungen mit Gebrauchsfunktion

lien, die Menge benötigten Verpackungsmaterials oder die ökologisch unbedenkliche Entsorgung von Verpackungsmaterialien spielt bei der Verpackungsgestaltung vor dem Hintergrund einer seit einigen Jahren relevanten gesellschaftlichen Nachhaltigkeitsdebatte eine immer größere Bedeutung.

Die durch die unterschiedlichen Funktionen der Verpackung hervorgerufene **Entscheidungskomplexität** wird zusätzlich noch dadurch vergrößert, dass bei der Verpackungsgestaltung die **Interessen verschiedener Systembeteiligter** zu beachten sind. Neben dem Hersteller des zu verpackenden Produktes tangiert die Verpackungsgestaltung auch die Interessen von den in den Distributionsprozess eingeschalteten Logistikunternehmen, Großhändlern, Händlern, Nachfragern und möglicherweise später tätig werdenden Entsorgungsunternehmen. Auch sind häufig rechtliche Anforderungen und damit die Interessen des Gesetzgebers zu berücksichtigen. Nicht zuletzt vor diesem Hintergrund sind Verpackungsentscheidungen grundsätzlich mit vor-, vor allem aber nachgelagerten Wertschöpfungsstufen abzustimmen. Die Gestaltung von Verpackungen stellt daher häufig ein Problem des **Supply Chain Managements** dar.

Verschiedene Interessengruppen

1.1.2.3 Markierung

Operative Aufgabe

Im Abschnitt 2 C III 1.4.2.1 dieses Buches wurde betont, dass Marken aus einem Markenkern (»mit einer Leistung verbundene Assoziationen«) und einer Markierung (»zum Zwecke der Wiedererkennung konstant gehaltene Bestandteile eines Produktes (Name, Zeichen, Verpackungselemente)«) bestehen. Während das Management des Markenkerns Aufgabe des strategischen Marketing ist – hier liegt ein Bezug zu den auf Seiten der Nachfrager mittelfristig angestrebten Netto-Nutzenvorteilen und damit KKVs vor –, ist in einer auf Wiedererkennung ausgerichteten Gestaltung von Produkten eine stärker operative Aufgabe zu sehen. Daher wird das »Markieren von Produkten« zumeist nicht im strategischen Marketing, sondern innerhalb der Produktpolitik behandelt (vgl. z.B. *Koppelmann*, 2001, S. 499 ff.).

Markenpiraterie

Mit der Frage, wie Produkte wiedererkennbar gestaltet und zweifelsfrei von Wettbewerbsprodukten abgegrenzt werden können, hat sich auch der Gesetzgeber beschäftigt. Dieser hat es als seine Aufgabe angesehen, die von Unternehmen getätigten spezifischen Marken-Investitionen zu schützen, insbesondere vor **Markenpiraterie**. Gelingt es Unternehmen beispielsweise, bestimmte Produktelemente (z.B. die Verpackungsfarbe) durch hohe Kommunikationsaufwendungen in der Wahrnehmung von Nachfragern zu verankern, so gehen Teile dieser Markeninvestitionen dann verloren, wenn Wettbewerber Produkte in einer ähnlichen Farbe gestalten, um Kunden zum »versehentlichen« Kauf ihrer Produkte (anstatt des eigentlich priorisierten Wettbewerbsproduktes) zu bewegen.

Markengesetz

Um spezifische Markeninvestitionen von Unternehmen zu schützen, hat der Gesetzgeber in **§ 3 Markengesetz** eindeutig festgeschrieben, welche Möglichkeiten der Markenbildung schutzfähig sind. Gegebenenfalls auch in Kombination (vgl. *Abbildung 137*) können folgende **Markierungsdimensionen** zur geschützten Kennzeichnung herangezogen werden:

Abb. 137

Beispiele für bekannte Markierungen

- Wortzeichen (z. B. Siemens, Deutsche Bank oder Ruhrgas),
- Buchstabengruppen (z. B. BASF, AEG oder SAP),
- Zahlen (z. B. 4711 oder Seven),
- Bildzeichen (z. B. Puma-Zeichen, Mercedes-Stern)
- Farben oder Farbkombinationen (z. B. das Gelb der Deutschen Post),
- Hörzeichen (z. B. Telekom-Jingle) oder
- Dreidimensionale Verpackungen oder Produktformen (z. B. Maggi- oder Odol-Flasche).

Markierungsdimensionen

Die verschiedenen Markierungsdimensionen können von Unternehmen beim Markierungsmanagement bei der Wahl des Markennamens und der Gestaltung des Markenzeichens bzw. Markenlogos isoliert oder in Kombination zum Einsatz gebracht werden. Bei der **Gestaltung des Markennamens** wird die Buchstaben- und/oder Zahlenkombination festgelegt, die die Marke von Wettbewerbsprodukten unterscheidbar machen soll. *Abbildung 138* zeigt die hierbei zur Verfügung stehenden Gestaltungsalternativen.

Markenname

Neben der markenrechtlichen Schutzfähigkeit sollte bei der Wahl des Markennamens der Prägnanz und der Erlernbarkeit des Namens für Nachfrager besondere Aufmerksamkeit gewidmet werden (vgl. *Koppelmann*, 2001, S. 503). Ein Markenname ist dann **prägnant**, wenn er unverwechselbar und eigenständig ist. Darüber hinaus muss der Markenname **erlernbar** sein. Dies wird dadurch unterstützt, dass der Markenname leicht artikulierbar und assoziativ dem Produkt ähnlich gestaltet wird. Besondere Schwierigkeiten treten dann auf, wenn Un-

Abb. 138

Systematisierung von Markennamen

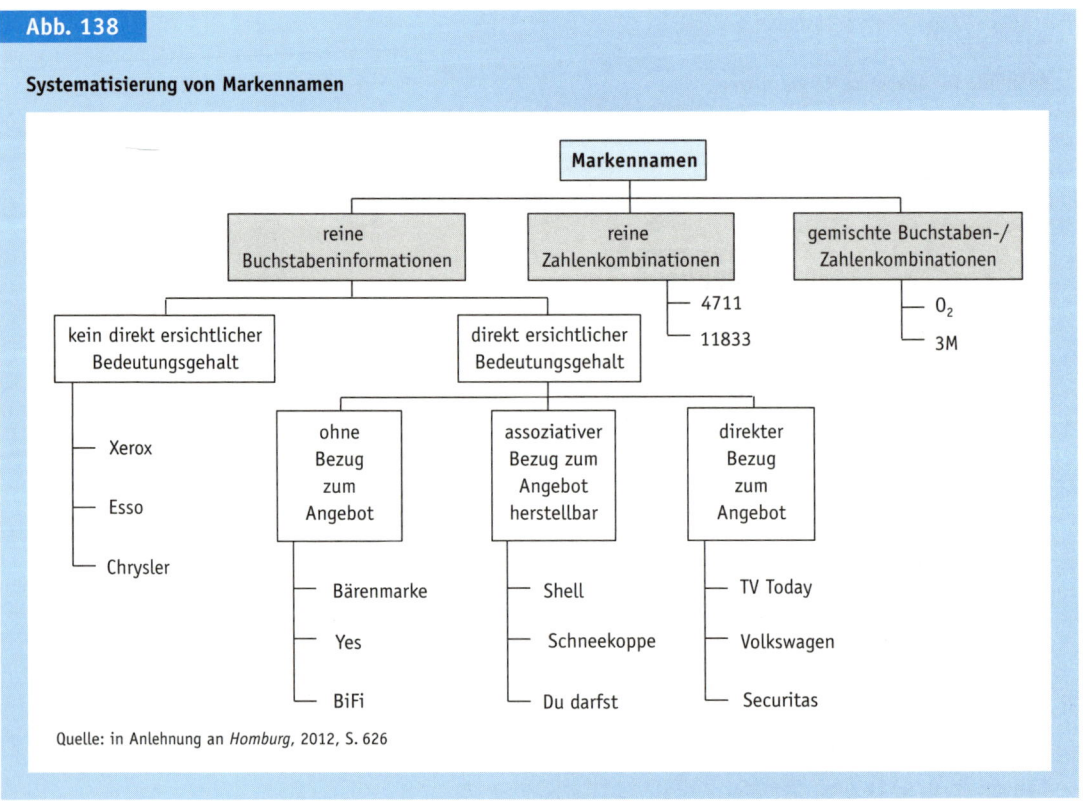

Quelle: in Anlehnung an *Homburg*, 2012, S. 626

ternehmen – wie heute i. d. R. üblich – internationale Marken platzieren wollen. In diesem Fall muss der internationale Markenname nicht nur in allen Zielländern rechtlich geschützt werden können, sondern zudem auch in verschiedenen Sprachen leicht zu artikulieren sein (vgl. *Backhaus/Voeth*, 2010a). Um dies im internationalen Raum sicherzustellen, werden heute immer häufiger »synthetische« Markennamen (z. B. Targo-Bank, Arcandor) eingesetzt.

Markenzeichen/
Markenlogo

Um die Wiedererkennung der Markierung zu steigern, wird der Markenname häufig in Verbindung mit **Markenzeichen** bzw. **Markenlogos** verwandt. Von einem Markenzeichen oder einem Markenlogo ist dann zu sprechen, wenn eine bildhafte und/oder akustische Kennzeichnung vorgenommen wird. Während Unternehmen in der Vergangenheit häufig durch grafisch aufwendige Markenzeichen und -logos die Qualitätswahrnehmung in den Augen von Nachfragern unterstützen wollten, steht bei der Gestaltung von Markenzeichen und -logos heute vor allem die Wiedererkennungsfunktion im Vordergrund. Aus diesem Grund lassen sich bei vielen Markenzeichen im Laufe der Zeit Vereinfachungstendenzen feststellen. Die Wiedererkennungsfunktion von Markenzeichen oder -logos kann daneben auch durch die Verwendung assoziativer Bilder unterstützt werden. *Abbildung 139* zeigt einige Beispiele für assoziative Markenzeichen.

Abb. 139

Assoziative Markenzeichen

Autoteile Unger
(Autozubehör)

Gazprom
(Energielieferant)

Die **espresso**nisten
(Café)

1.1.3 Erweitertes Produkt

Die in Abschnitt 2 C II erläuterte **Angleichung von Wettbewerbsleistungen** ist in vielen Märkten beobachtbar und bezieht sich auf praktisch alle bislang beschriebenen sachlichen Bestandteile eines Produktes. Angleichungstendenzen lassen sich nicht allein beim Produktkern, sondern zugleich auch bei Design, Verpackung und Markierung beobachten. Gelingt es einem Unternehmen beispielsweise, neue nutzenstiftende Verpackungsformen in den Markt einzuführen (z. B. wiederverschließbare Schokoladenverpackungen), so ist davon auszugehen, dass viele Wettbewerber die entwickelte Verpackungsidee in relativ kurzer Zeit übernehmen, so dass der durch die Verpackung hervorgerufene Wettbewerbsvorsprung des Pioniers nur für einen kurzen Zeitraum Bestand hat. Aus diesem Grund sind wettbewerbliche Differenzierungen über den Produktkern bzw. das formale Produkt in vielen Märkten entweder nicht möglich oder angesichts des damit nur zeitlich begrenzt erzielbaren Wettbewerbsvorsprungs aus Kostengründen nicht sinnvoll.

Angleichungstendenzen bei Kern und formalem Produkt

Da eine Nicht-Differenzierung beim Produkt jedoch zumeist zu Preiswettbewerb führt und viele Anbieter daher trotzdem eine Wettbewerbsdifferenzierung beim Produkt anstreben, kommt in solchen Märkten Produkterweiterungen eine besondere Bedeutung zu. Denn hierin ist häufig die einzige Möglichkeit zu sehen, sich beim Produkt vom Wettbewerb abzuheben. Unter einem **erweiterten Produkt** ist in diesem Zusammenhang die Anreicherung eines bestehenden Produktangebotes um ergänzende Leistungen zu verstehen. In **Abgrenzung zur Produktbündelung** handelt es sich bei Produkterweiterungen jedoch allein um die Verbindung einer Hauptleistung mit ergänzenden Teilleistungen, die in engem **Verwendungs-** und damit **Nutzenzusammenhang** zur Hauptleistung stehen. Im Gegensatz dazu liegt eine Produktbündelung (im engeren Sinne) vor, wenn anstatt Haupt- und Ergänzungsleistung verschiedene eigenständige Hauptleistungen im Paket angeboten werden.

Definition und Abgrenzung »erweitertes Produkt«

Produkterweiterungen können grundsätzlich durch das Angebot ergänzender Sach- oder Dienstleistungen vorgenommen werden. Auch wenn vereinzelt

Ergänzende Dienstleistungen

Ergänzungsleistungen in Form von Sachleistungen (z. B. Mitlieferung von zukünftig benötigten Verbrauchsmaterialien) in der Praxis beobachtbar sind, stellen **ergänzende Dienstleistungen** die **typische Form** der Produkterweiterung dar. Ursächlich hierfür ist die Tatsache, dass durch ergänzende Dienstleistungen in den Augen von Nachfragern eine stärkere Differenzierung gegenüber dem Wettbewerb herbeigeführt werden kann. Da sich Nachfrager bei Dienstleistungen in den Dienstleistungserstellungsprozess integrieren müssen und das Dienstleistungsergebnis damit im Vorfeld für Nachfrager nur schwer beurteilbar ist, lassen sich Dienstleistungen im Vorfeld des Kaufs kaum miteinander vergleichen. Aus diesem Grund versprechen sich Unternehmen durch das ergänzende Angebot von zusätzlichen Dienstleistungen eine deutlichere Differenzierung vom Wettbewerb.

Definition »produktbegleitende Dienstleistungen«

Die im Zusammenhang mit Produkterweiterungen angebotenen ergänzenden Dienstleistungen werden in der Literatur unter dem Terminus **produktbegleitende Dienstleistungen** diskutiert. Hierunter verstehen *Voeth/Gawantka/Rabe* (2004) »immaterielle Leistungen, die Anbieter von Sach- oder Dienstleistungen ihren industriellen Nachfragern oder Konsumenten zusätzlich zu originären Leistungen mit dem Ziel anbieten, den Absatz der Kernleistung zu fördern. Sie hängen dabei inhaltlich mit der Kernleistung zusammen, können jedoch auch bei Bedarf separat von der Kernleistung vermarktet werden.« Produktbegleitende Dienstleistungen gehen demnach über **produktimmanente Dienstleistungen** hinaus. Während letztere untrennbar mit der Hauptleistung verbunden sind (z. B. Gebrauchsanweisungen) kommt bei produktbegleitenden Dienstleistungen zumindest eine separate Vermarktung in Frage, da es bei diesen durchaus vorstellbar ist, dass Nachfrager diese Dienstleistungen in Anspruch nehmen, obwohl sie die Hauptleistungen bei Wettbewerbern nachgefragt haben.

Erscheinungsformen produktbegleitender Dienstleistungen

Systematisierung

Produktbegleitende Dienstleistungen treten in der Praxis in sehr unterschiedlichen Erscheinungsformen auf. *Kleinaltenkamp/Plötner/Zedler* (2004) schlagen zur **Systematisierung** produktbegleitender Dienstleistungen folgende Kriterien vor:
- Erbringungszeitpunkt,
- Freiheitsgrad der Erbringung und
- Marktstufenbezug.

Pre-/At-/After-Sales-Services

Hinsichtlich des **Erbringungszeitpunkts** kann bei produktbegleitenden Dienstleistungen zwischen vor, mit oder nach dem Kauf der Hauptleistung angebotenen Services unterschieden werden. Dienstleistungen, die sich auf Zeitpunkte vor (**Pre-Sales-Services**) oder während des Kaufentscheidungsprozesses (**At-Sales-Service**) beziehen, dienen vor allem der Vertrauensbildung des Nachfragers gegenüber dem Anbieter (vgl. *Voeth*, 2007, Sp. 1609 f.). Besondere Bedeutung in der Praxis kommt allerdings vor allem den **After-Sales-Services** (produktbegleitende Dienstleistungen, die in der Nachkaufphase erbracht werden) zu (vgl. *Voeth/Gawantka*, 2005, S. 481). After-Sales-Services können so eine zusätzliche Möglichkeit zum Aufbau von Kundenbindung bieten. Da diese erst nach dem Kauf der Hauptleistung von Anbietern erbracht werden (z. B. Wartung beim Pkw, Entsorgungsgarantie bei Haushaltsgeräten oder Jahresreinigung bei Möbeln), treten Anbieter mithilfe dieser Dienstleistungen in erneuten Kontakt zum Kunden, sodass sich hierdurch die Möglichkeit zur Initiierung von Folgegeschäften bietet.

Ebenso lassen sich produktbegleitende Dienstleistungen nach dem **Freiheitsgrad der Erbringung** differenzieren. Die Erbringung von produktbegleitenden Dienstleistungen kann so für den Anbieter obligatorisch oder fakultativ sein. Zum Teil können Anbieter über die Erbringung von begleitenden Dienstleistungen nicht frei entscheiden, da diese entweder gesetzlich gefordert oder kundenseitig unbedingt erwartet werden (**obligatorische Dienstleistungen**). Beispielsweise sehen die Sicherheitsbestimmungen bei Personenaufzügen vor, dass diese in regelmäßigen Abständen gewartet werden müssen. Da die Wartungsdienstleistung bei Personenaufzügen allerdings von allen Anbietern im Markt erbracht werden muss, kommt ihr kein besonderes Potenzial zur Produkterweiterung und damit Wettbewerbsdifferenzierung zu. Dieses Potenzial ist eher den **fakultativen Dienstleistungen** zu zusprechen. Diese werden anbieterseitig freiwillig erbracht, sodass sich Anbieter durch ihre Erbringung vom Wettbewerb abgrenzen können (z. B. Taxi-Abholservice bei Kunden der Business-Class einer internationalen Airline).

Obligatorische/ fakultative Dienstleistungen

Schließlich können produktbegleitende Dienstleistungen auch hinsichtlich ihres **Marktstufenbezugs** unterteilt werden. **Einstufige Angebote** liegen immer dann vor, wenn sich die Dienstleistung an die unmittelbar nachfolgende Marktstufe richtet. Ebenso können produktbegleitende Dienstleistungen aber auch an die Kunden unmittelbarer Kunden gerichtet werden (**mehrstufige Angebote**). Beispielsweise ist es in vielen Handelsbereichen üblich, dass Handelsunternehmen über keinen eigenen technischen Kundendienst verfügen. Stattdessen wird im Reklamations- oder Wartungsfall der technische Kundendienst seitens der Hersteller erbracht. So können Kunden eines Elektrofachmarktes nicht etwa darauf hoffen, dass Reparaturen vom Elektrofachhandel durchgeführt werden. Vielmehr schaltet der Elektrofachhandel im Reparaturfall den technischen Kundendienst der Hersteller der Elektrogeräte ein.

Einstufige/mehrstufige Angebote

Entscheidungstatbestände bei produktbegleitenden Dienstleistungen

Im Hinblick auf die **betriebswirtschaftlichen Entscheidungstatbestände** im Zusammenhang mit produktbegleitenden Dienstleistungen differenziert *Voeth* (2007) zwischen strategischen und operativen Entscheidungen. Im Bereich der **strategischen Entscheidungen** stehen dabei das Ausmaß des begleitenden Dienstleistungsangebotes sowie die Dienstleistungsorganisationen im Vordergrund. Mitunter führt das im Zeitablauf immer umfassendere Angebot produktbegleitender Dienstleistungen dazu, dass sich das grundsätzliche Geschäftsmodell von Anbietern verändert: Aus **dienstleistenden Herstellern** werden im Zeitablauf **herstellende Dienstleister**. Darüber hinaus wirft das Angebot produktbegleitender Dienstleistungen auch Organisationsfragen auf. So zeigt sich

Strategische Entscheidungen

in der Praxis immer wieder, dass für das erfolgreiche Angebot produktbegleitender Dienstleistungen **eigene Organisationseinheiten** notwendig sind. Dies ist vor allem darauf zurückzuführen, dass Vertrieb und Erbringung von Dienstleistungen andere Herausforderungen mit sich bringen, als dies bei Sachleistungen der Fall ist. Beispielsweise setzt die Integrationsnotwendigkeit des Kunden bei Dienstleistungen andere Vertriebsfähigkeiten voraus. Während die vertriebsseitige Fähigkeit bei Sachleistungen vor allem in einer umfassenden Produktkenntnis zu sehen ist, besteht die zentrale Herausforderung des Dienstleistungsvertriebs darin, das eigentliche Kundenproblem zu erkennen und eine auf die Lösung dieses Problems ausgerichtete Dienstleistung anzubieten.

Operative Entscheidungen

Im Bereich **operativer Entscheidungen** steht die Frage im Vordergrund, wie die produktbegleitenden Dienstleistungen mit der Hauptleistung kombiniert werden sollen. Analog zur **Produktbündelung** kann dabei zwischen

▸ Bundling,
▸ Unbundling und
▸ Mixedbundling

unterschieden werden.

Bundling-Frage

Während beim **Unbundling** alle Teilleistungen, also Hauptleistung und produktbegleitende Dienstleistungen einzeln angeboten werden, wird das Leistungsbündel Kunden beim **Bundling** nur im Paket angeboten. Schließlich werden beim **Mixedbundling** neben dem Paketangebot auch die Teilleistungen einzeln angeboten (vgl. *Friege*, 1995). Die Unterschiede zwischen Unbundling, Bundling und Mixedbundling lassen sich am Beispiel des Kaufs eines Pkws verdeutlichen: Soll der Verkauf der Hauptleistung »Pkw« durch das Angebot produktbegleitender Dienstleistungen wie etwa das Angebot einer Kfz-Versicherung erleichtert werden, so kann der Automobilhersteller die Versicherungsleistung in Ergänzung zum Autokauf offerieren. In diesem Fall liegt Unbundling vor, wenn die Versicherungsleistung allein separat neben dem Pkw-Angebot angeboten wird. Im Gegensatz dazu würde die Versicherungsleistung dann im Rahmen eines Bundling-Angebotes platziert, wenn sich der Automobilhersteller dazu entscheidet, Pkw und Versicherung ausschließlich gemeinsam anzubieten. Hintergrund könnte etwa die Überlegung sein, dass hierdurch bestehende Preisnachteile verschleiert werden sollen, wenn Konkurrenten ihre Pkws ohne Versicherungsleistung anbieten und Kunden den bestehenden Preisnachteil des betrachteten Automobilherstellers bei Pkws nun teilweise oder großteils auf das bei diesem immanente Angebot einer Versicherungsleistung zurückführen. Schließlich liegt ein Mixedbundling vor, wenn der Automobilhersteller neben dem Paketangebot Pkw- und Kfz-Versicherung auch einzeln anbietet. Sofern die parallele Erbringung von Hauptleistung und produktbegleitender Dienstleistung für Nachfrager mit keinem Mehrwert (z. B. durch die damit erbrachte Integrationsleistung) verbunden ist, muss bei Mixedbundling-Angeboten der Paketpreis unterhalb der Summe der einzeln ausgewiesenen Preise für Hauptleistung und produktbegleitende Dienstleistungen liegen. Diese Einsatzvoraussetzung führt allerdings dazu, dass sich Mixedbundling-Angebote etwa in Industriegütermärkten nur schwer durchsetzen lassen, da Nachfrager hier zur **Entbünde-lung** von Mixedbundling-Angeboten neigen. *Voeth* (2007, Sp. 1612 f.) be-schreibt die Gefahr der Entbündelung von Mixedbundling-Angeboten auf Industriegütermärkten mit folgendem Beispiel: Liegen die Einzelpreise der pa-rallel im Paket angebotenen Teilleistungen A und B bei 100 bzw. 50 und soll das aus den Teilleistungen A und B bestehende Paket parallel zum Preis von 120 an-geboten werden, so besteht die Gefahr, dass Nachfrager in den für Industrie-gütermärkten typischen Preisverhandlungen (vgl. hierzu *Voeth/Herbst*, 2010a; *Voeth/Herbst*, 2010b; *Voeth/Rabe*, 2004b) die beschriebene anbieterseitig ange-botene Mixedbundling-Preisstruktur zum Anlass nehmen, um Preisnachlässe für Einzelleistungen zu fordern. Besteht auf der Kundenseite beispielsweise al-lein Bedarf für die Teilleistung A, so kann die angebotene Mixedbundling-Preis-struktur zum Anlass genommen werden, um den Preis für die eigentlich allein benötigte Hauptleistung »herunterzurechnen«. Wird etwa vom Paketpreis für die Teilleistungen A und B in Höhe von 120 der vom Anbieter geforderte Preis für die nicht benötigte Teilleistung B von 50 subtrahiert, so ergibt sich hieraus eine nachfragerseitige Preisforderung für die Teilleistung A in Höhe von 70. In der Preisverhandlung wird der Anbieter einen oberhalb von 70 liegenden Preis (z. B. 100) nur dann rechtfertigen können, wenn er Einsparungspotenziale in-nerhalb der eigenen Leistungserstellung belegen kann, die allein bei der Er-bringung der Gesamtleistung anfallen.

Auch wenn im Angebot produktbegleitender Dienstleistungen ein immer wichtigerer produktpolitischer Wettbewerbsfaktor zu sehen ist (vgl. z. B. *Voeth/Gawantka*, 2005), konzentriert sich das **Angebot in vielen Branchen** noch im-

Produktbegleitende
Dienstleistungen in der
Praxis

Fallbeispiel 44

Produktbegleitende Dienstleistungen in der Bauindustrie

Wie in vielen anderen Industriegüterbran-chen werden produktbegleitende Dienstleis-tungen auch in der Bauindustrie seit vielen Jahren als eine interessante Möglichkeit angesehen, sich dem inzwischen sehr star-ken Preiswettbewerb zu entziehen und sich in den Augen von Nachfragern vom Wettbe-werb zu differenzieren. Allerdings haben Unternehmen, die in den vergangenen Jahren verstärkt auf produktbegleitende Dienstleistungen gesetzt haben, nicht sel-ten die Erfahrung machen müssen, dass nicht jede produktbegleitende Dienstleis-tung vom Markt akzeptiert wird (vgl. Fall-beispiel 1). Insbesondere innovative pro-duktbegleitende Dienstleistungen weisen

so das Problem auf, dass Nachfrager für diese Dienstleistungen eine nur geringe Zahlungsbereitschaft aufweisen (vgl. *Voeth/Niederauer/Rentner*, 2007). Vor die-sem Hintergrund sehen sich Unternehmen in der Bauindustrie im Hinblick auf pro-duktbegleitende Dienstleistungen häufig einer »Dilemma-Situation« entgegen: Einerseits lohnt sich das Angebot innovati-ver produktbegleitender Dienstleistungen nicht, da Nachfrager hierfür keine Zahlungs-bereitschaft aufweisen. Andererseits ist nicht-innovativen produktbegleitenden Dienstleistungen kein ausreichendes Poten-zial zur Wettbewerbsdifferenzierung zuzu-sprechen.

mer zumeist auf **klassische, produktnahe Dienstleistungen**. Dies liegt vor allem daran, dass Nachfrager häufig nur für solche Dienstleistungen eine ausreichende **Zahlungsbereitschaft** aufweisen. Das Fallbeispiel 44 aus der Bauindustrie belegt dies.

1.2 Zeitliche Entscheidungstatbestände

Anpassung an veränderte Marktbedingungen

Werden Produkte als Leistungsbündel interpretiert, die aus Produktkern, formalen Produktelementen und Produkterweiterungen bestehen, so kann sich während der Verweildauer des Produktes im Markt die Notwendigkeit ergeben, einzelne Bündelelemente oder das gesamte Leistungsbündel inhaltlich zu verändern. Dies ist immer dann erforderlich, wenn sich die Markt- und Wettbewerbsbedingungen verändern. Mit der **Veränderung von Produkten im Zeitablauf** setzen sich die zeitlichen Entscheidungstatbestände der Produktpolitik auseinander. Zu deren Strukturierung kann das Produktlebenszykluskonzept herangezogen werden.

1.2.1 Das Produktlebenszykluskonzept als Ausgangspunkt

Produkt- vs. Marktlebenszyklus-Konzept

Die Umsatz-, Gewinn- oder Rendite-Entwicklung von Produkten in Märkten zeigt, dass Produkte und Märkte häufig recht ähnlichen Gesetzmäßigkeiten hinsichtlich dieser Größen unterliegen Im **Produktlebenszykluskonzept** bzw. **Marktlebenszykluskonzept** wird versucht, diese für Produkte und Märkte typische Umsatz-, Gewinn- bzw. Renditeentwicklung modellhaft zu beschreiben und in übergreifende Phasen zu zerlegen. Während das Produktlebenszykluskonzept die Entwicklung einzelner Produkte in Märkten beschreibt, nimmt das Marktlebenszykluskonzept eine Aggregation aller in einem Markt angebotenen Produkte vor und stellt deren gemeinsame Umsatz- oder Gewinnentwicklung dar. Für produktpolitische Entscheidungen stellt dabei aus naheliegenden Gründen das Produktlebenszykluskonzept die geeignete Aggregationsebene dar, da allein hier eine einzelbetriebliche Perspektive eingenommen wird.

Phasen

Im Produktlebenszykluskonzept wird die Umsatz- und Gewinnentwicklung typischerweise in die **Phasen** der

▶ Einführungsphase,
▶ Wachstumsphase,
▶ Reifephase,
▶ Sättigungsphase und
▶ Degenerationsphase

zerlegt (vgl. *Abbildung 140*).

Einführungsphase

In der **Einführungsphase** steigen demnach die Umsätze eines Produktes zunächst nur langsam, da sich das Produkt im Markt noch nicht durchgesetzt hat und zunächst **Marktwiderstände** beseitigt werden müssen. Die hohen Markteinführungskosten (z. B. hohe kommunikationspolitische Aufwendungen für Einführungswerbung) führen zudem dazu, dass in der Einführungsphase Verluste oder nur geringfügige Gewinne erwirtschaftet werden können. Nach Beseiti-

Abb. 140

Phasen des Produktlebenszyklus

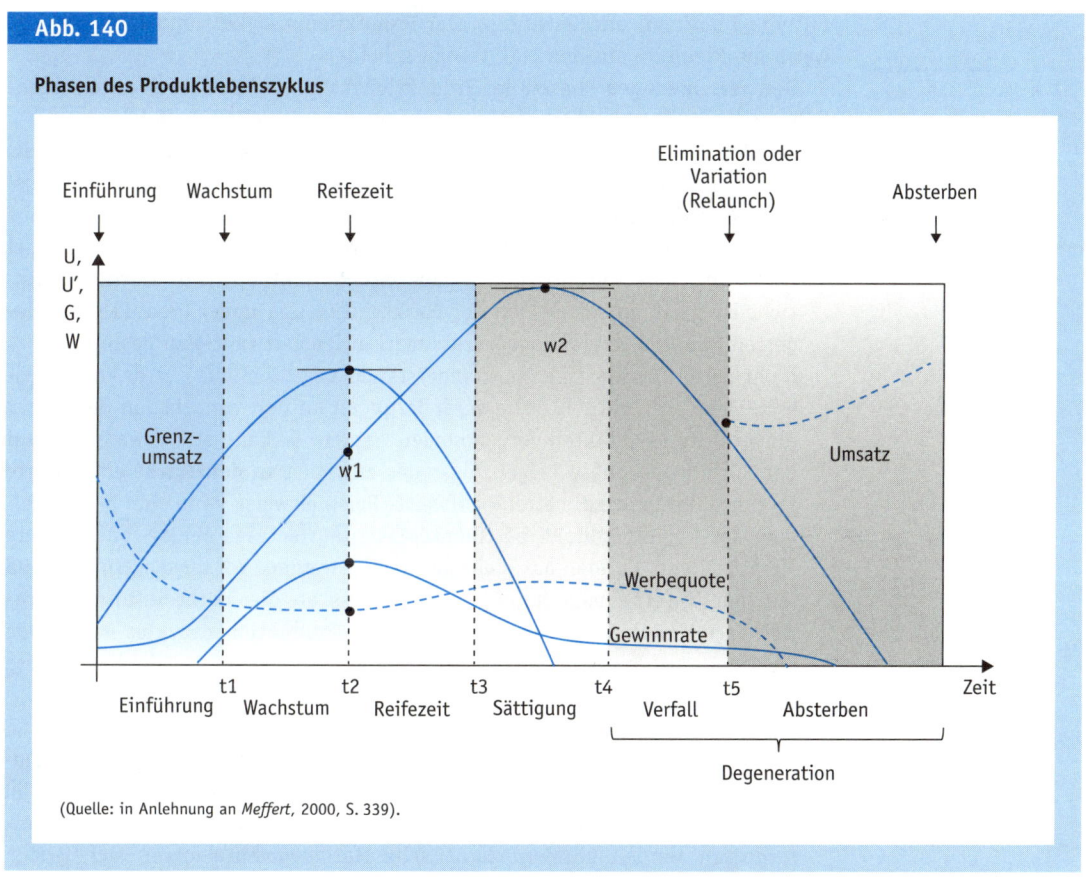

(Quelle: in Anlehnung an *Meffert*, 2000, S. 339).

gung der in der Einführungsphase bestehenden Marktwiderstände tritt das Produkt in die **Wachstumsphase** ein. Hier nehmen Umsätze und Gewinne sprunghaft zu. Am Ende der Wachstumsphase werden die größten Umsatzsteigerungen und häufig auch die höchsten Gewinne erreicht. In der sich anschließenden **Reifephase** nehmen die Umsätze, nicht aber die Gewinne, absolut betrachtet weiter zu. Allerdings wurden die größten Umsatzsteigerungen (Grenzumsatz) bereits zuvor erreicht, sodass in der Reifephase die Umsatzsteigerungen zwar noch positiv, aber abnehmend sind. Die Gewinne gehen in der Reifephase hingegen bereits wieder zurück, da die zusätzlichen Umsätze nur durch höhere Aufwendungen (z.B. für Werbung) erreicht werden können. Die sich anschließende **Sättigungsphase** ist dadurch gekennzeichnet, dass die Umsätze ihr absolutes Maximum einnehmen und anschließend bereits wieder zu sinken beginnen. Auch die Gewinne nehmen weiter ab, da das hohe Umsatzniveau nur gehalten werden kann, wenn weitere zusätzliche Aufwendungen für die Marktbearbeitung aufgebracht werden. Im Mittelpunkt der am Ende stehenden **Degenerationsphase** (auch als **Schrumpfungsphase** bezeichnet) steht dann der Ver-

> Wachstums-/Reifephase

> Sättigungs-/
> Degenerationsphase

fall von Umsätzen und Gewinnen. Der Produktlebenszyklus endet schließlich, wenn die Produkte aus den Märkten ausscheiden.

Den verschiedenen Phasen des Produktlebenszyklus lassen sich unterschiedliche zeitliche Entscheidungstatbestände der Produktpolitik zuordnen:

Phasenspezifische Entscheidungs-tatbestände

▸ Am Beginn der Einführungsphase steht die **Produkteinführung**. Diese stellt häufig das Ergebnis eines unternehmensinternen Neuproduktentwicklungsprozesses dar. Mit andere Worten beginnt die produktpolitische Aufgabe nicht etwa erst mit der Einführung von Produkten, sondern setzt sehr viel früher an. Eine wesentliche Aufgabe der Produktpolitik in zeitlicher Hinsicht ist darin zu sehen, den der Markteinführung neuer Produkte vorgelagerten Neuproduktplanungsprozess marktorientiert (mit-) zu gestalten.

▸ Nicht selten lassen sich Marktwiderstände anschließend nur dann beseitigen, wenn produktpolitische Veränderungen an den zunächst in den Markt eingeführten Produkten vorgenommen werden. So kann sich etwa im Verlauf der Einführungsphase zeigen, dass das zunächst in den Markt eingeführte Produkt »Kinderkrankheiten« aufweist. Beispielsweise kann sich herausstellen, dass beim Produkt bestimmte Leistungsfeatures fehlen oder andere Merkmale vom Kunden gar nicht gewünscht werden. Vor diesem Hintergrund nehmen Unternehmen häufig im Anschluss an die Markteinführung **Produktvariationen** in den ersten Phasen des Produktlebenszyklus vor, indem sie Leistungsbündel im Markt anbieten, die besser auf Kundenbedürfnisse und Markterfordernisse ausgerichtet sind. Erst hierdurch wird häufig das spätere Umsatzwachstum von Produkten hervorgerufen.

▸ Stellen Unternehmen zu einem späteren Zeitpunkt fest, dass sich das Umsatzwachstum im Zeitablauf abschwächt, so ist zu prüfen, ob nicht parallel zu den bislang bearbeiteten Marktsegmenten weitere Marktsegmente erschlossen werden können. Zusätzliche Marktsegmente lassen sich jedoch i. d. R. nur dann erschließen, wenn die Produkte an die speziellen Anforderungen dieser Marktsegmente angepasst werden. Da allerdings die Umsätze in den bislang bearbeiteten Segmenten nicht gefährdet werden sollen, führen Unternehmen nun **Produktdifferenzierungen** durch, indem sie zusätzlich zu den für die »Altsegmente« angebotenen Produkte leicht veränderte Leistungsbündel in den Markt einführen, die sich an den speziellen Anforderungen der zusätzlich adressierten Marktsegmente ausrichten.

▸ In der Sättigungs- und Degenerationsphase kommt es zu Umsatzreduktionen. Da sich weitere Produktdifferenzierungen nicht anbieten, müssen Unternehmen hier prüfen, inwieweit Umsatzreduktionen abgeschwächt oder in neuerliches Wachstum überführt werden können, indem erneute **Produktvariationen**, z. B. in Form einer zeitgemäßeren Produktgestaltung (»Relaunch«) vorgenommen werden.

▸ Kommt es – ggf. trotz neuerlicher Produktvariationen – zu einem weitergehenden Umsatzverfall und zu Gewinneinbrüchen oder sogar Verlusten, sollte eine **Elimination** des Produktes durchgeführt werden.

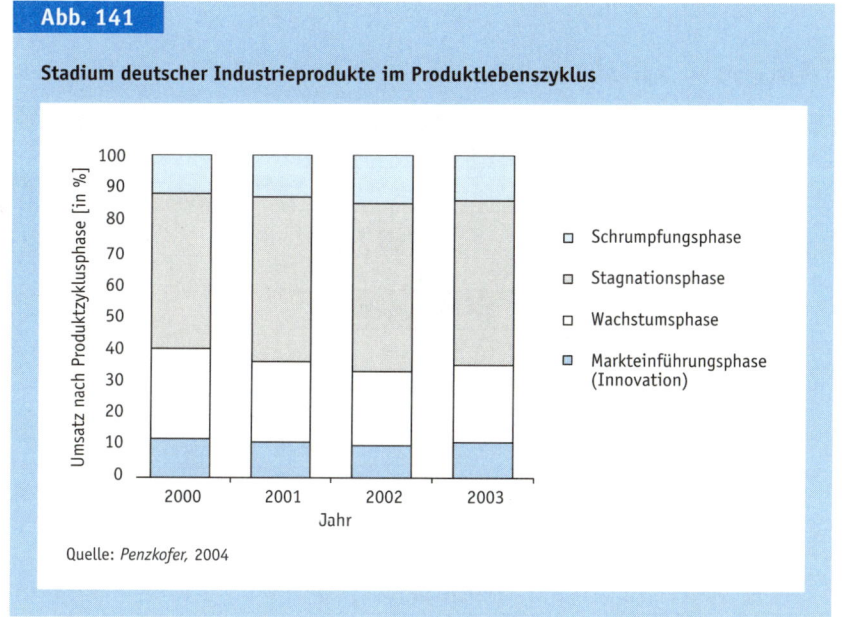

Abb. 141

Stadium deutscher Industrieprodukte im Produktlebenszyklus

☐ Schrumpfungsphase

☐ Stagnationsphase

☐ Wachstumsphase

☐ Markteinführungsphase (Innovation)

Quelle: *Penzkofer,* 2004

Auch wenn Portfolio-Ansätze, wie z. B. das **Marktwachstums-/Marktanteils-Portfolio** der Boston Consulting Group (BCG) nahelegen, dass Unternehmen zum Cashflow-Ausgleich Produkte in verschiedenen Phasen des Produktlebenszyklus benötigen und damit ein ausgeglichenes Portfolio erforderlich ist, lässt sich insgesamt in vielen Branchen eine **Häufung** von Produkten in der **Reife-, Sättigungs- und Degenerationsphase** beobachten. So belegt eine empirische Untersuchung des ifo-Instituts aus dem Jahr 2003, dass zwei Drittel der Industrieprodukte in Deutschland in stagnierenden oder sogar schrumpfenden Märkten angeboten werden (vgl. *Abbildung 141*). Dies zeigt *Abbildung 141* bezogen auf Produkte des verarbeitenden Gewerbes. Erschwerend kommt zusätzlich noch hinzu, dass sich der Anteil von Produkten, die gerade erst in Märkte eingeführt worden sind, oder von Produkten in wachsenden Märkten in der ersten Hälfte der 2000er-Jahre noch verringert hat. Nicht zuletzt vor diesem Hintergrund kommt dem zeitlichen produktpolitischen Entscheidungstatbestand der Neuproduktplanung eine zentrale Rolle zu.

Überalterte Produktprogramme in vielen Branchen

1.2.2 Entscheidungen im Produktlebenszyklus

1.2.2.1 Produktinnovation

Nach einer Studie der Unternehmensberatung *Kienbaum* aus den 1990er-Jahren führt nur ein sehr kleiner Teil der in Unternehmen verfolgten Neuproduktideen zu Markterfolgen (vgl. Berth, 1993). Entsprechend *Abbildung 142* ergab die unternehmensübergreifende Analyse, dass ein großer Teil der in Un-

Empirische Studie zum Erfolg von Neuproduktideen

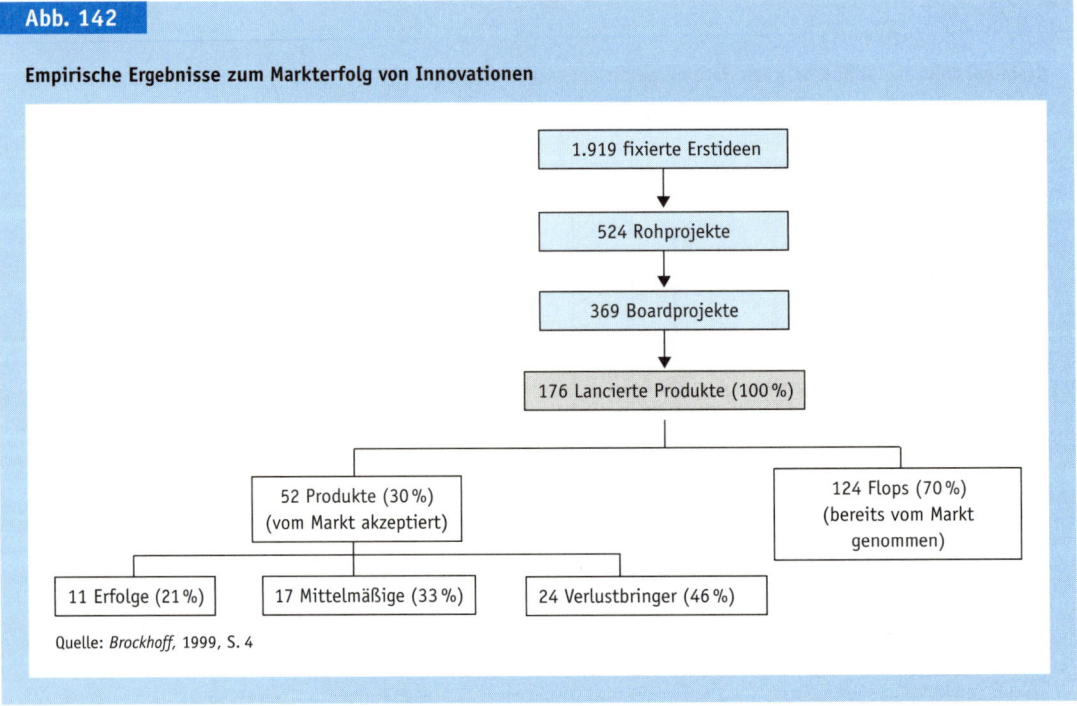

Abb. 142

Empirische Ergebnisse zum Markterfolg von Innovationen

1.919 fixierte Erstideen

524 Rohprojekte

369 Boardprojekte

176 Lancierte Produkte (100 %)

52 Produkte (30 %)
(vom Markt akzeptiert)

124 Flops (70 %)
(bereits vom Markt
genommen)

11 Erfolge (21 %)

17 Mittelmäßige (33 %)

24 Verlustbringer (46 %)

Quelle: *Brockhoff*, 1999, S. 4

ternehmen entwickelten Erstideen nicht zu späteren Markteinführungen führt und häufig als **Flop** eingestuft werden muss. Darüber hinaus zeigt eine Studie der *GfK*, dass beispielsweise im Marktsegment der Fast Moving Consumer Goods (z. B. Güter des täglichen Bedarfs) 70 % aller neuen Entwicklungen zu einem Misserfolg führen und bereits nach kurzer Zeit vom Markt genommen werden müssen. Zwei Drittel der Neueinführungen scheitern im ersten Jahr, während nur 17 % der Produkte sich durchweg als erfolgreich erweisen (vgl. *Handelsblatt*, 2006).

Die **Ursachen** für die ganz offenbar in der Praxis bestehenden Schwierigkeiten, bestehende Neuproduktideen in erfolgreiche Produkte zu überführen, sind dabei vielfältig. Sie können u. a. auf folgende »Fehler« zurückgeführt werden (vgl. *Meffert/Burmann/Kirchgeorg*, 2012, S. 399 f.; *Brockhoff*, 1999, S. 5 f.; *Parry/Song*, 1994, S. 29):

Fehler bei Neuprodukt-ideen

▸ Bei der Generierung von Neuproduktideen wird **zu technisch gedacht** und zu wenig die für den Erfolg ausschlaggebende Marktakzeptanz beachtet.

▸ Bei der Entwicklung von Neuproduktideen werden die unternehmensinternen Ressourcen zu wenig bedacht. Es werden Neuproduktideen generiert, die sich später **intern nicht umsetzen** lassen.

▸ Generierte Neuproduktideen werden vor der Markteinführung wirtschaftlich nicht ausreichend überprüft. Neuproduktideen führen zu Neuprodukten, obwohl bereits frühzeitig die **mangelnde Wirtschaftlichkeit** absehbar gewesen wäre.

▶ Erfolgversprechende Neuproduktideen werden im Rahmen frühzeitiger Wirtschaftlichkeitsberechnungen »totgerechnet«, da den Wirtschaftlichkeitsberechnungen **keine ausreichenden marktseitigen Akzeptanzstudien** zugrunde liegen. Ebenso geschieht es aber auch, dass eigentlich erfolgversprechende Neuproduktideen nicht weiter verfolgt werden, da innerhalb der Wirtschaftlichkeitsrechnung die Wirkung einführungsbegleitender Marketing-Maßnahmen unterschätzt wird, die die Neuprodukte erst zu einem Markterfolg werden lassen.

▶ Neuprodukte sind häufig dann nicht erfolgreich, wenn die eigentlich guten Neuproduktideen innerhalb der technischen Entwicklung **technologisch »überfrachtet«** werden. Indem das einzelne Neuprodukt mit vielen verschiedenen technischen Zusatzkomponenten ausgestattet wird, ist der eigentliche Grundnutzen des Produktes möglicherweise nicht mehr oder nicht mehr ausreichend sichtbar.

▶ Darüber hinaus kann die Markteinführung von Neuprodukten nicht erfolgreich verlaufen, wenn die Ergebnisse von Markttests zu keiner Anpassung innerhalb der Entwicklung führen und stattdessen »Alpha-Versionen« **verfrüht in Märkte** eingeführt werden.

▶ Ebenso scheitern viele Markteinführungen, wenn Unternehmen von dem Nutzen ihrer Neuprodukte so sehr überzeugt sind und davon ausgehen, dass sich diese **»von alleine« im Markt durchsetzen** werden.

Die Auflistung möglicher Fehler innerhalb der Neuproduktplanung zeigt die Gefahren von Neuprodukteinführungen. Begrenzen lassen sich die Gefahren nur dann, wenn ein strukturiertes und **systematisches Vorgehen** innerhalb der Neuproduktplanung verfolgt wird. Hierdurch soll das ansonsten innerhalb der Neuproduktplanung bestehende Flop-Risiko minimiert werden. Im Innovationsmanagement werden daher zahlreiche verschiedene Systematisierungen für den Neuproduktplanungsprozess vorgeschlagen (vgl. z. B. *Weiber/Kollmann/Pohl*, 2006, S. 108; *Haedrich/Tomczak*, 1996, S. 172). Gemein ist den meisten Vorschlägen zur Strukturierung des **Neuproduktplanungsprozesses**, dass nach einer Festlegung des strategischen Suchfeldes zwischen der

Notwendigkeit eines systematischen Vorgehens

▶ Ideengewinnung,
▶ Ideenprüfung und
▶ Ideenverwirklichung

Ablaufschritte

unterschieden wird. Diese Bereiche werden dann häufig nochmals in Teilschritte zerlegt. *Abbildung 143* zeigt eine auf dieser übergeordneten Dreiteilung beruhende Strukturierung des Neuproduktplanungsprozesses.

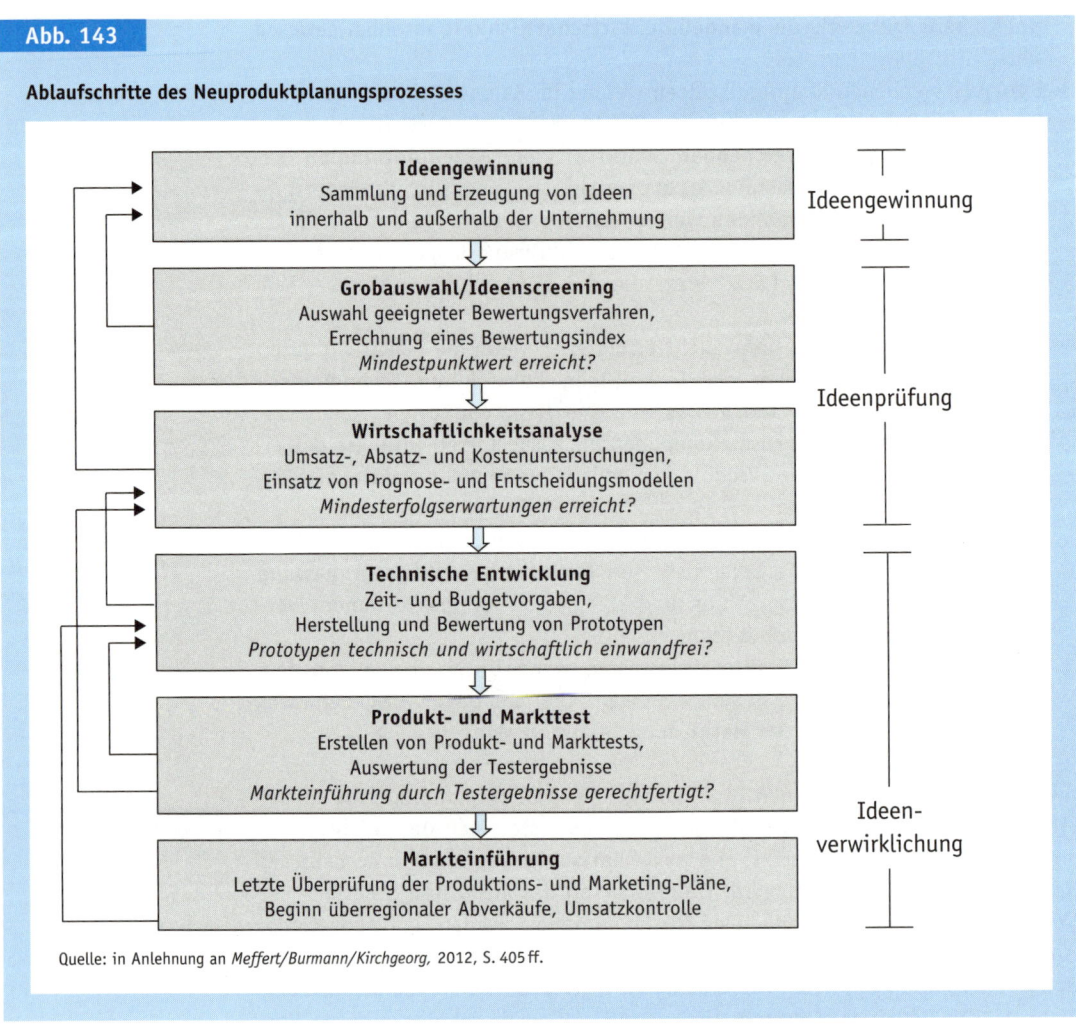

Abb. 143

Ablaufschritte des Neuproduktplanungsprozesses

Quelle: in Anlehnung an *Meffert/Burmann/Kirchgeorg,* 2012, S. 405 ff.

1.2.2.1.1 Ideengewinnung

Arten von Neuprodukten

Den Einstieg in den Neuproduktplanungsprozess bildet die Ideengewinnungsphase. In dieser Phase sind durch **spezielle Techniken** und **Methoden** Neuproduktideen zu generieren. Im Vorfeld des Einsatzes solcher Techniken und Verfahren zur Ideengewinnung bedarf es allerdings der Festlegung, welche Art von Neuproduktidee generiert werden soll. Der **Begriff Neuprodukt** beschreibt nämlich nicht ausreichend genau die Suchrichtung für den Ideengewinnungsprozess. In Abhängigkeit davon, für wen ein Produkt neu ist, lassen sich dabei vier Arten von Neuprodukten (**Innovationsarten**) unterscheiden (vgl. *Abbildung 144*):

Basisinnovation

▶ **Basisinnovation:** Hierunter werden Neuprodukte gefasst, die für das Unternehmen, den Markt sowie andere Märkte neuartig sind und entweder einen im betrachteten Markt bestehenden Bedarf erstmals bedienen oder einen bislang noch nicht bestehenden Bedarf wecken. Basisinnovationen sind i. d. R. technologisch geprägt und außerdem relativ selten. Sie ziehen häufig in der Folgezeit weitere Marktinnovationen nach sich.

▶ **Marktinnovation:** Hiervon ist immer dann zu sprechen, wenn ein Neuprodukt in der Lage ist, einen in einem Markt bereits bestehenden Bedarf, der bislang noch nicht oder noch nicht adäquat gedeckt werden konnte, erstmals zu bedienen oder einen solchen Bedarf erstmals überhaupt zu wecken. Marktinnovationen lassen sich dabei in Produktinnovationen und Prozessinnovationen unterteilen. Eine **Prozessinnovation** liegt vor, wenn sich die Innovation auf Bestandteile eines bestehenden Gesamtproduktes richtet. Eine typische Prozessinnovation stellt beispielsweise in der Automobilindustrie die Entwicklung des Hybrid-Antriebs (Kombination von Elektro- und Benzinmotor) dar. Im Gegensatz dazu ist von einer **Produktinnovation** zu sprechen, wenn nicht nur Teile eines Produktes verbessert werden, sondern neue Leistungen kreiert werden. Das nachfolgende Fallbeispiel »IDE Snowmaker« stellt ein Beispiel hierfür dar.

Marktinnovation

▶ **Unternehmensinnovation:** In vielen Bereichen ist der überwiegende Teil der dortigen Innovationen allein als Unternehmensinnovation einzustufen. Mit anderen Worten handelt es sich hierbei aus Anbietersicht um erstmals angebotene Produkte, die allerdings auf den Gesamtmarkt bezogen **Me-too-Produkte** darstellen, da ähnliche Produkte bereits von Wettbewerbern angeboten werden. Unternehmensinnovationen sind folglich dadurch gekennzeichnet, dass sie einen hohen Neuigkeitsgrad für das entwickelnde Unternehmen, nicht aber für den übrigen Markt darstellen. Mangelnde Marktkenntnis kann Unternehmen zu dem Glauben veranlassen, dass es sich bei den entwickelten Innovationen um Marktinnovationen handelt. Da man den Markt zu wenig überblicken kann, erkennt man nicht, dass andere Unternehmen bereits ähnliche Leistungen anbieten.

Unternehmensinnovation

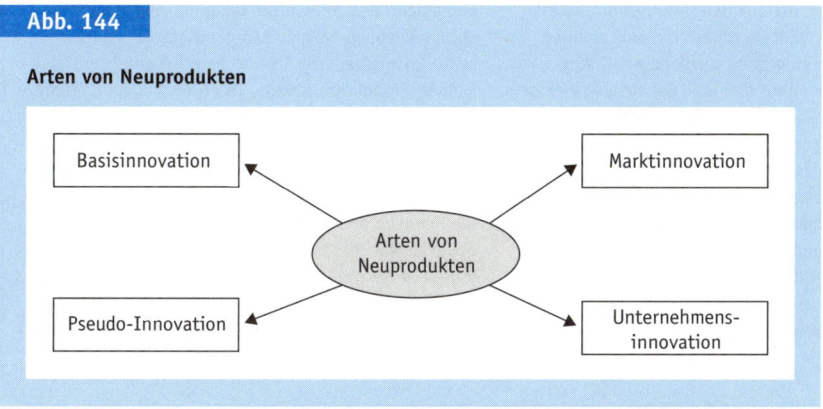

Abb. 144

Arten von Neuprodukten

Basisinnovation · Marktinnovation · Arten von Neuprodukten · Pseudo-Innovation · Unternehmens-innovation

Pseudo-Innovation

▸ **Pseudo-Innovation**: Schließlich können »Innovationen« weder für die Märkte noch für das entwickelnde Unternehmen einen Neuigkeitsgrad aufweisen. In diesem Fall liegt eine Pseudo-Innovation vor, da es sich bei dem angebotenen Produkt um **keine wirkliche produktpolitische Neuerung** handelt. Stattdessen soll hier – z. B. unter Einsatz kommunikationspolitischer Instrumente – allein der Eindruck einer Innovation erzeugt werden.

Fallbeispiel 45

IDE Snowmaker

Die gerade in Mitteleuropa immer häufiger auftretenden warmen Winter haben in den vergangenen Jahren auch die Tourismusindustrie in den deutschen Alpen getroffen. Da die meisten Skigebiete in den deutschen Alpen deutlich niedriger als etwa Skigebiete in Österreich, der Schweiz, Italien oder Frankreich gelegen sind, trifft die höhere Durchschnittstemperatur im Winter die deutsche Tourismusindustrie sehr viel härter als die anderer europäischer Länder. Unter den ungewöhnlich milden Wintern leiden dabei vor allem Skigebiete in unteren und mittleren Höhenlagen. Im Allgäuer Anzeigenblatt vom 13. Februar 2007 äußert sich beispielsweise der Geschäftsführer der Tegelberg- und Breitenbergbahn im Ostallgäu wie folgt: »Es ist ein Fiasko. [...] So eine schwierige Situation habe ich noch nie erlebt. Das trifft das Hotel- und Gaststättengewerbe genauso wie den Bäcker oder den Metzger. Während in höher gelegenen Skigebieten die milden Winter zu Umsatzeinbußen führen, bricht der Tourismus in den Skigebieten in unteren und mittleren Höhenlagen nahezu vollständig zusammen.«

Problematisch für die Skigebiete der deutschen Alpen ist dabei weniger die Schneearmut. Wesentlich bedrohlicher ist vielmehr der starke Anstieg der winterlichen Durchschnittstemperaturen. Denn die bislang im Markt angebotenen Beschneiungsanlagen können nur dann eingesetzt werden, wenn Lufttemperaturen von minus drei Grad Celsius und weniger erreicht werden. Daher führte der in den letzten Jahren beobachtbare Anstieg der Durchschnittstemperaturen dazu, dass Beschneiungsanlagen in niedrig gelegenen Skigebieten kaum noch ausreichend eingesetzt werden konnten. An zu wenigen Tagen im Winter lag die Durchschnittstemperatur hier ausreichend tief, um mithilfe von Beschneiungsanlagen eine ausreichende Schneehöhe zu erzeugen, die die Fortführung des Wintersportbetriebs an weniger kalten Tagen sichert.

Große Beachtung fand daher eine Mitte der 2000er-Jahre in den Markt eingeführte technologische Neuentwicklung des israelischen Unternehmens »IDE Snowmaker«. Das Unternehmen, das auf die Entwicklung von Kühltechnik für Goldminen spezialisiert ist, hat eine neue Technik zur Schneekristall-Produktion entwickelt, um in tief gelegenen Goldminen, in denen Gold bei sehr hohen Lufttemperaturen abgebaut werden muss, die zum Abbau eingesetzten Maschinen kühlen zu können. Der wesentliche Vorteil der israelischen Technologie ist dabei darin zu sehen, dass – anders als bei herkömmlichen Beschneiungsanlagen – die Schneekristallproduktion bei Lufttemperaturen bis zu 30 Grad Celsius erfolgen kann.

Da die mithilfe der israelischen Technologie produzierten Schneekristalle zwischen einem halben und einem Millimeter groß sind, eignen sie sich auch für den Wintersport im Freien oder in Skihallen. Aus diesem Grund sehen Betreiber tiefer gelegener Skigebiete in der Technik von IDE Snowmaker eine Möglichkeit, die Wintersporttauglichkeit ihrer Skigebiete für die Zukunft zu sichern. Allerdings kommt beim Einsatz der israelischen Technologie ein zusätzliches Schnee-Verteilungsproblem hinzu. Während herkömmliche Beschneiungsanlagen dezentral an den entsprechenden Pisten-Stellen eingesetzt werden, basiert die israelische Technologie auf einer zentralen Schnee-Produktionsanlage. In einem ca. zehn Meter hohen stationären Turm wird der Schnee produziert (bis zu 2.000 Kubikmeter pro Tag) und muss daher anschließend im Skigebiet verteilt werden. Als weiteres Problem kommt hinzu, dass ein IDE-Schneeturm die Schneeproduktionsmenge vieler Schneekanonen abdeckt. Vor diesem Hintergrund kommt die Technologie nur für größere Skigebiete in Frage, da die Produktionsmenge für kleinere Skigebiete zu groß bzw. angesichts einer notwendigen Investitionssumme von ca. 1 Mio. € unrentabel ist.

Nach Festlegung des angestrebten Suchfeldes für Innovationen (z. B.: »Soll eine Basisinnovation angestoßen oder eine Prozessinnovation entwickelt werden?«) müssen mithilfe geeigneter Verfahren und Methoden **Neuproduktideen generiert** werden. Grundsätzlich kann hierbei entweder auf unternehmensinterne oder auf unternehmensexterne Quellen Bezug genommen werden. Wichtige **unternehmensinterne Quellen** stellen das betriebliche Vorschlagswesen oder Mitarbeiter aus den Bereichen F&E, Vertrieb, Kundendienst oder Beschwerdemanagement dar. Als **unternehmensexterne Quellen** kommen hingegen Kunden, Wettbewerber, Unternehmen anderer Branchen oder Handels- und Branchenexperten in Frage. **Kunden** stellen dabei insofern häufig eine interessante Auskunftsquelle für Neuproduktideen dar, da diese nicht selten durch entsprechende Hinweise in Befragungen, Vertriebsgesprächen oder bei Beschwerden Hinweise auf potenzielle Neuprodukte geben. Daher versuchen viele Unternehmen heute ganz gezielt, Kunden in ihre Ideengewinnungsprozesse einzubinden (»**Customer Integration**«). Indem beispielsweise **Ideenwettbewerbe** (vgl. das Beispiel in *Abbildung 145*) veranstaltet werden, bei denen Kunden nicht nur Neuproduktideen beisteuern, sondern auch die Ideen anderer Kunden bewerten, soll bereits frühzeitig sichergestellt werden, dass die im Neuproduktplanungsprozess verfolgten Neuproduktideen kundenseitig akzeptiert werden.

Übernahme bestehender Ideen

Ebenso können **Wettbewerber** Ideen für Neuprodukte liefern, indem diese auf zukünftigen Entwicklungsbedarf der Branche aufmerksam machen oder sogar eigene Neuprodukte in bestimmten Bereichen frühzeitig ankündigen (»**pre-announcement**«). Darüber hinaus können auch **Unternehmen anderer Branchen** als Ideenquelle fungieren. Marktinnovationen auf anderen Märkten können z. B. Innovationsprozesse in der eigenen Branche anstoßen. So kann beispielsweise der Hersteller von Wohnmobilen zu Innovationen gelangen, indem er technische Lösungen beim Interieur von Luxus-Jachten als Basis für die Entwicklung von innovativen Lösungen bei der Gestaltung des Interieurs seiner Wohnmobile verwendet. Solche Anstöße für branchenübergreifende Innovationsprozesse erhalten Unternehmen z. B. im Rahmen von Benchmarking-Prozessen. Häufig liefert auch der **Handel** Anstöße für Neuproduktentwicklungen. Indem der Handel Hersteller z. B. auf häufig auftretende Nutzungsprobleme bei dessen Leistungen aufmerksam macht, können entsprechende Innovationsprozesse beim Hersteller ausgelöst werden. Schließlich können auch **Branchenexperten** wichtige unternehmensexterne Quellen für Neuproduktideen darstellen. Da diese über einen umfassenden Überblick über die im Markt bestehenden Probleme, aber auch die bereits diskutierten Lösungsansätze (sowie deren Probleme) verfügen, kann deren Befragung oder systematische Einbindung in den Ideengewinnungsprozess hilfreich sein. Zudem liegen mitunter auch **Studien** von Trend- oder Marktforschungsinstituten, Unternehmensberatungen oder Hochschuleinrichtungen vor, in denen mögliche Entwicklungsrichtungen von Produkten oder Märkten aufgezeigt werden.

Liefert die Analyse unternehmensexterner oder (passiver) unternehmensinterner Quellen keine konkreten Neuproduktideen, so kann mithilfe von **Kreativitätstechniken** (aktive unternehmensinterne Quellen) der Versuch unternom-

Entwicklung neuer Ideen

Abb. 145

Beispiel für einen Ideenwettbewerb unter Kunden

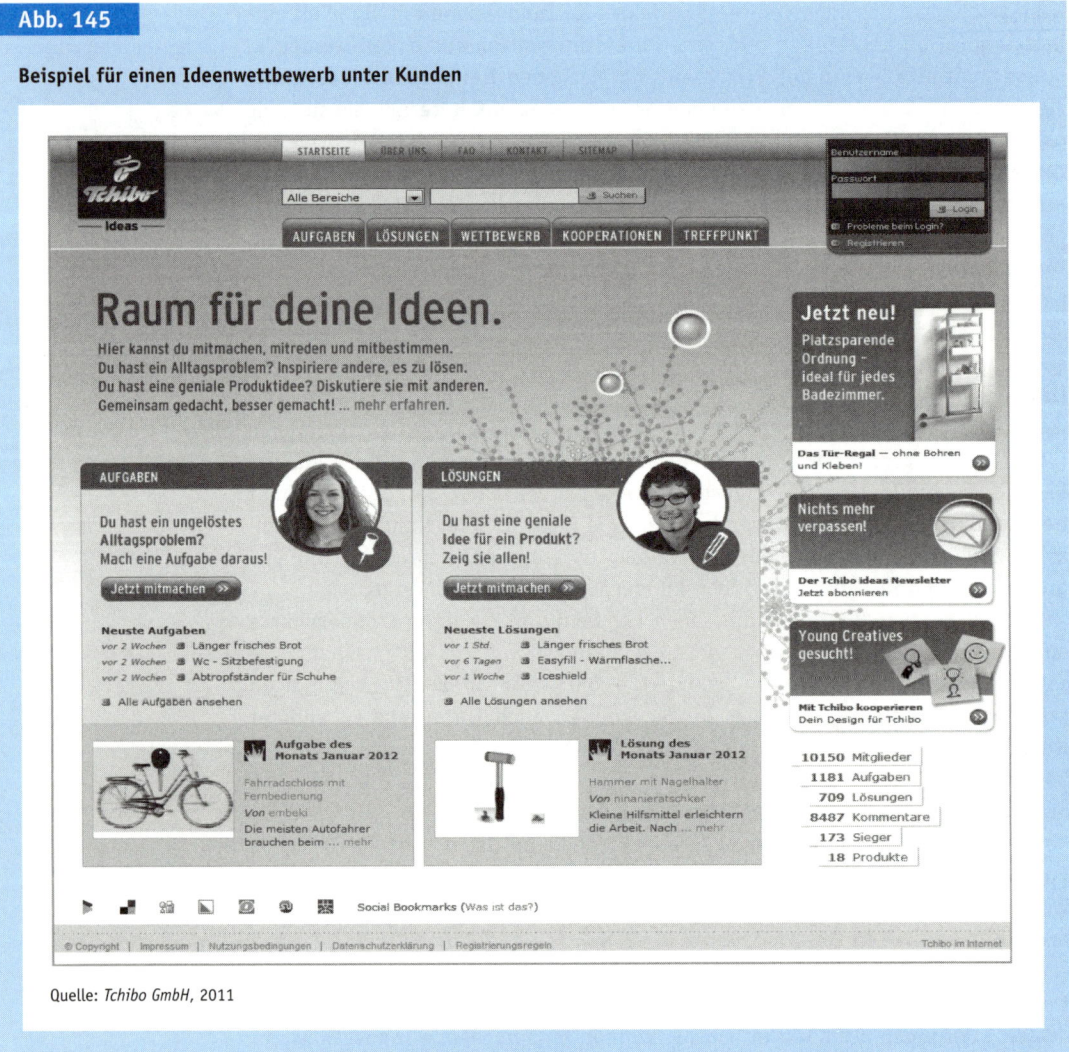

Quelle: *Tchibo GmbH*, 2011

Vor- und Nachteile

men werden, Neuproduktideen systematisch abzuleiten. Der **Vorteil** von Kreativitätstechniken ist dabei darin zu sehen, dass sie wirklich neue Ideen hervorbringen können, wohingegen bei der Übernahme von bestehenden Neuproduktideen aus unternehmensexternen Quellen oder von vorliegenden Ideen unternehmensinterner Quellen die Gefahr besteht, dass diese mitunter auch von anderen Unternehmen verfolgt werden oder nicht in das anvisierte Suchfeld passen bzw. nicht ausreichend innovativ sind. **Nachteilhaft** an der Nutzung von Kreativitätstechniken ist allerdings, dass sie z. T. sehr aufwendig sind und dass bei diesen zudem Unsicherheit darüber besteht, wie die mithilfe von Kreativitätstechniken gefundenen Neuproduktideen zu bewerten sind.

Kreativitätstechniken können dahingehend strukturiert werden, ob als **ideenauslösendes Prinzip** »Assoziation« oder »Konfrontation« verwendet wird. Zusätzlich können Kreativitätstechniken nach der **Art der Kreativitätsförderung** differenziert werden. Hier ist zwischen einer »Verstärkung der Intuition« und einem »systematisch-analytischen Vorgehen« zu unterscheiden. In die durch diese Dimensionen gebildete Matrix sortiert *Geschka* (1986) verschiedene wichtige Kreativitätstechniken ein (vgl. *Abbildung 146*).

Systematisierung von Kreativitätstechniken

Den **Brainstorming**- und **Brainwriting-Methoden** (»Methoden der intuitiven Assoziation«) ist gemein, dass es sich hierbei um Gruppentechniken handelt. Prinzipiell wird dabei versucht, eine möglichst große Zahl von Neuproduktideen zu generieren, da davon ausgegangen wird, dass mit zunehmender Anzahl geäußerter Ideen die Wahrscheinlichkeit steigt, dass auch Ideen mit hohem Innovationsgrad gefunden werden. Hintergrund ist dabei die Überlegung, dass sich Menschen beim Auffinden neuer Problemlösungen zunächst an bestehenden, ihnen bekannten Lösungen orientieren. Erst wenn sie gezwungen sind, eine große Zahl von neuen Ideen zu generieren, entfernen sie sich bei der Ideengenerierung schrittweise von den ihnen bekannten, bestehenden Lösungen. Um den beim Brainstorming oder Brainwriting gewünschten »**assoziativen Distanzierungsprozess**« nicht zu unterbinden, ist ein wesentliches Prinzip dieser

Methode der intuitiven Assoziation

Abb. 146

Systematischer Überblick über Kreativitätstechniken

Vorgehens-Prinzip zur Kreativitäts-förderung	Ideenauslösendes Prinzip	
	Assoziation/Abwandlung	Konfrontation
Verstärkung der Intuition	*Methoden der intuitiven Assoziation* Brainstorming-Methoden ▸ Klassisches Brainstorming ▸ Schwachstellen-Brainstorming ▸ Diskussion 66 Brainwriting-Methoden ▸ Methode 635 ▸ Brainwriting-Pool ▸ Ideenkarten-Brainwriting ▸ Galerie-Methode ▸ Ideen-Delphi ▸ Ideen-Notizbuch-Methode	*Methoden der intuitiven Konfrontation* ▸ Reizwortanalyse ▸ Exkursionssynektik ▸ Bildmappen-Brainwriting ▸ Visuelle Konfrontation in der Gruppe ▸ Semantische Intuition
Systematisch analytisches Vorgehen	*Methoden der systematischen Abwandlung* ▸ Konzeptionelle Morphologie ▸ Sequentielle Morphologie ▸ Modifizierte Morphologie (Attribute Listing) ▸ Progressive Abstraktion	*Methoden der systematischen Konfrontation* ▸ Morphologische Matrix ▸ Systematische Reizobjekt-ermittlung

Quelle: in Anlehnung an *Geschka*, 1986, S. 150

Kreativitätstechniken, dass einmal geäußerte Ideen von anderen Gruppenteilnehmern nicht kritisiert werden dürfen. Ansonsten besteht die Gefahr, dass sich die Gruppenteilnehmer zu stark an im Markt bekannten Problemlösungsmechanismen orientieren, da sie ansonsten im Kreativitätsprozess befürchten müssen, dass die vorgeschlagenen Lösungen von anderen Teilnehmern kritisiert werden.

Methoden der systematischen Abwandlung

Eine typische Methode der systematischen Abwandlung stellt die **morphologische Methode** dar. Hierbei wird ein definiertes Problem so in Teilprobleme zerlegt, dass diese unabhängig voneinander gelöst werden können. Für jedes auf diese Weise gebildete Teilproblem werden anschließend neben bekannten auch andere mögliche Teillösungen zusammengestellt. Durch Kombination von Teillösungen für die einzelnen Teilprobleme werden schließlich Neuproduktideen generiert. Als Beispiel für das Vorgehen sowie mögliche Ergebnisse bei der morphologischen Methode führen *Gierl/Helm* (2002) eine Zimmeruhr an. Ist es so beispielsweise das Ziel, Neuproduktideen im Bereich von Zimmeruhren zu kreieren, so würde bei der morphologischen Methode der erste Schritt darin bestehen, unterschiedliche Gestaltungsdimension (Bildung von Teilproblemen) dieser Uhren zu identifizieren. Für die hierbei gebildeten Dimensionen wie Energieversorgung, Messwertanzeige, Farbe und Design, Befestigung oder akustische Signale sind anschließend mögliche Teillösungen zu ermitteln. *Abbildung 147* zeigt ein mögliches hierbei erzieltes Ergebnis.

Abb. 147

Morphologischer Kasten (Ausschnitt) für eine Zimmeruhr

Teilproblem	Mögliche Lösungen			
Energie-versorgung	Feder	Gewichte	Batterien	Sonnenkollektor
Anzeige und Messwerte	Uhrzeiger	digital	barometerartig	Leuchtdioden
Farbe und Design	schwarze Farbe	durch Computerprogramm täglich wechselndes Design		mehrere Varianten (Swatch-Konzept)
Befestigung	Schnur und Nagel	selbstklebend	Saugnäpfe	Magnete	Schiene an der Decke und Drähte
Ton	keiner	freundlich vorgegebene Stimme	verschiedene Varianten programmiert	Sprache der »besten Freundin« (Mikrofon-Lösung)

Quelle: *Gierl/Helm*, 2002, S. 325

Durch eine neuartige Kombination möglicher Teillösungen bei den verschiedenen Gestaltungsdimensionen können anschließend Neuproduktideen generiert werden. Das Ergebnis kann etwa eine »Geschenkuhr« sein, die täglich das Design wechselt, die in der Sprache des Schenkenden die Zeit ansagt und die verschiedene Befestigungsmöglichkeiten bietet.

Ein Beispiel für »Methoden der intuitiven Konfrontation« stellt die **Reizwortanalyse** dar. Hier wird versucht, Neuproduktideen durch Konfrontation mit Reizworten oder -bildern anzuregen. Die Gruppenteilnehmer sind aufgefordert, ausgehend von vorgestellten Reizworten oder -bildern spontane Ideen und Assoziationen abzugeben. Durch Analogiebildung oder Abstraktionen wird anschließend in der Gruppe versucht, eine Beziehung zwischen den Reizworten bzw. -bildern und der Ausgangsproblemstellung herzustellen.

Methoden der intuitiven Konfrontation

Schließlich bildet die **morphologische Matrix** ein Beispiel für »Methoden der systematischen Konfrontation«. Anders als bei der morphologischen Methode werden bei der morphologischen Matrix jeweils nur zwei Gestaltungsdimensionen parallel betrachtet. Da i. d. R. aber mehr als zwei Gestaltungsdimensionen vorhanden sind, entstehen vielfältige Kombinationsmöglichkeiten, die systematisch nacheinander betrachtet werden.

Methoden der systematischen Konfrontation

Die Idee der morphologischen Matrix ist es dabei, durch eine Vereinfachung auf zwei Dimensionen das Suchfeld für Neuproduktideen einzuschränken, um damit detailliertere Neuproduktideen möglich zu machen. Die morphologische Matrix ist hierbei den Methoden der systematischen Konfrontation zuzuordnen, da die Gestaltungsdimensionen zumeist den Kreativitätsgruppen vorgegeben werden, diese also mit gegebenen Gestaltungsdimensionen konfrontiert werden.

1.2.2.1.2 Grobauswahl

Durch Nutzung interner und externer Ideenquellen und unter Zuhilfenahme der vorgestellten Kreativitätstechniken ist es Unternehmen häufig möglich, eine relativ **große Anzahl von Neuproduktideen** zu generieren. Da allerdings deren Weiterverfolgung innerhalb des Neuproduktplanungsprozesses mit hohen und zudem im Zeitablauf anwachsenden Kosten verbunden ist (die Kosten steigen ausgehend von der Neuproduktentwicklung über die Prototypenentwicklung bis zur Markteinführung kontinuierlich an), muss der Ideenverwirklichung eine **Ideenprüfung** vorgeschaltet werden. Zielsetzung muss es dabei sein, einerseits die technische Machbarkeit und andererseits die ökonomischen Erfolgschancen einer Neuproduktidee frühzeitig abzuschätzen, um zwischen verfolgenswerten und nicht verfolgenswerten Neuproduktideen differenzieren zu können. Entsprechend *Abbildung 148* sollte die Beurteilung von Neuproduktideen dabei **»trichterförmig«** erfolgen. Da schon die detaillierte Analyse der Wirtschaftlichkeit von Neuproduktideen und hier speziell die Ermittlung konkreter Ein- und Auszahlungsströme, die mit der Realisation einer Neuproduktidee verbunden sind, erheblichen Aufwand erzeugen, sollten nur diejenigen Produktideen bzw. Produktkonzepte einer detaillierten Wirtschaftlichkeitsanalyse unterzogen werden, die technisch machbar und marktfähig erscheinen. Daher ist der

Notwendigkeit einer Ideenprüfung

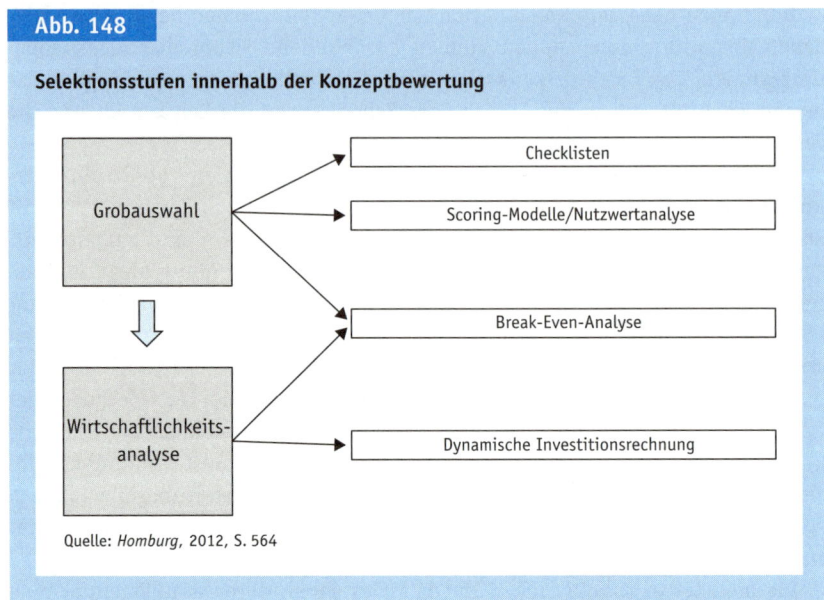

Abb. 148

Selektionsstufen innerhalb der Konzeptbewertung

Quelle: *Homburg*, 2012, S. 564

Analyse detaillierter Wirtschaftlichkeitsanalysen eine Grobselektion vorzuschalten, die die technische und ökonomische Machbarkeit sowie die Marktfähigkeit schrittweise vorab untersucht. Auf diese Weise soll die Zahl der anfänglich generierten Produktideen bzw. -konzepte bereits vor Durchführung von Wirtschaftlichkeitsanalysen stark reduziert werden.

Aufgabe der
Grobselektion

Aufgabe der Grobselektion ist es hierbei, aus der i. d. R. großen Zahl zuvor generierter Neuproduktideen diejenigen herauszufiltern, bei denen sich der Aufwand einer anschließenden Wirtschaftlichkeitsrechnung lohnt. Hierzu ist es zunächst erforderlich, die auf der vorhergehenden Stufe des Neuproduktplanungsprozesses gewonnenen **Ideen in Produktkonzepte** zu überführen. *Homburg* (2012, S. 563) sieht ein Produktkonzept (in Abgrenzung zur Neuproduktidee) dadurch gekennzeichnet, dass

Kennzeichnen von
Produktkonzepten

▸ die angestrebte Zielgruppe benannt wird,
▸ das konkrete Nutzenversprechen festgelegt wird,
▸ die Eigenschaften des Produktes beschrieben werden und
▸ die angestrebte Positionierung konkretisiert wird.

Prüfung der Machbarkeit

Für die auf diese Weise detailliert beschriebenen Produktkonzepte kann anschließend im Rahmen einer ersten Grobselektion eine **Analyse der Machbarkeit** vorgenommen werden. Mithilfe möglichst einfacher Methoden wie z. B. Checklisten oder Scoring-Modellen/Nutzwertanalysen wird untersucht, ob die betrachteten Produktkonzepte überhaupt technisch und ökonomisch realisierbar sind.

Checklisten

Checklisten dienen dazu, eine möglichst vollständige **erste Überprüfung** von Produktkonzepten sicher zu stellen. So enthalten Checklisten **alle relevanten Machbarkeitsfragen**, an die bei der Beurteilung der Machbarkeit von Produktkonzepten gedacht werden muss. Checklisten stellen daher eher eine Anleitung zur vollständigen Bewertung von Produktkonzepten dar, als dass sie Hilfestellung zur konkreten eigentlichen Bewertung geben. *Abbildung 149* zeigt ein Beispiel für eine Checkliste zur Bewertung von Produktkonzepten.

Einordnung

Abb. 149

Checkliste für Neuproduktkonzepte

Checkliste — OK — unklar — Probleme

1. Inwieweit deckt sich das Konzept mit den Zielen und Strategien des Geschäftsfeldes? ☐ ☐ ☐

2. Ist das Neuproduktkonzept technisch realisierbar? ☐ ☐ ☐

3. Stehen dem Unternehmen die entsprechenden Ressourcen zur Realisation und Vermarktung des Konzepts zur Verfügung? ☐ ☐ ☐

4. Sind keine juristischen Schwierigkeiten (z. B. Patentverstöße) zu erwarten? ☐ ☐ ☐

5. Reagieren die Kunden positiv auf das Produktkonzept? Gibt es Marktsegmente, die das Konzept vermutlich besonders positiv aufnehmen? ☐ ☐ ☐

6. Lässt sich das Produkt im Handel durchsetzen? ☐ ☐ ☐

7. Sind die Reaktionen des Wettbewerbs kalkulierbar? ☐ ☐ ☐

8. Sind die Kosten bei der Weiterentwicklung des Produktkonzepts in den Bereichen
   ▸ F&E,
   ▸ Herstellung,
   ▸ Marketing/Vertrieb
   vertretbar? ☐ ☐ ☐

Quelle: in Anlehnung an *Stender-Monhemius*, 2002, S. 120

Scoring-Modelle

Einordnung und
Abgrenzung

Auch Scoring-Modelle (**Punktbewertungsverfahren**) dienen dazu, Produktkonzepte anhand vorgegebener Kriterien zu beurteilen. Im Unterschied zu Checklisten wird bei Scoring-Modellen jedoch eine abstufende Beurteilung der Erfüllung von Kriterien sowie ggf. eine Verdichtung zu einer Gesamtbeurteilung vorgenommen. Die Durchführung eines (gewichteten) Scoring-Modells vollzieht sich dabei i.d.R. in sechs aufeinander aufbauenden **Ablaufschritten** (vgl. *Abbildung 150*):

Ablaufschritte

In einem ersten Schritt ist eine **Kriteriendefinition** vorzunehmen. Die Kriterien sollten dabei so festgelegt werden, dass diese möglichst entscheidungsrelevant und untereinander überschneidungsfrei sind. Für die zuvor festgelegten Kriterien ist in einem zweiten Schritt eine **Gewichtung** festzulegen. Jedem Kriterium kann beispielsweise ein Anteil an der Gesamtbewertung zugeordnet werden. Für die Kriterien ist anschließend eine **Bewertungsskala** (z.B. »von 1 = sehr schlecht bis 10 = sehr gut«) festzulegen. Anschließend ist das Produktkonzept bei jedem Bewertungskriterium anhand der zuvor festgelegten Skala zu bewerten (**Bewertung**). In einem fünften Schritt ist der **Gesamtpunktwert** des Produktkonzeptes zu bestimmen, indem die mit der Bedeutung (Anteil am Gesamtpunktwert) gewichteten Kriterienbeurteilungen aufaddiert werden. In einem abschließenden sechsten Schritt ist der für das Produktkonzept erzielte Gesamtpunktwert zu **interpretieren**, indem ggf. Vergleiche mit den Punktwerten anderer Produktkonzepte gezogen werden. Werden Scoring-Modelle häufiger eingesetzt, so bestehen Erfahrungen aus der Vergangenheit, bei wel-

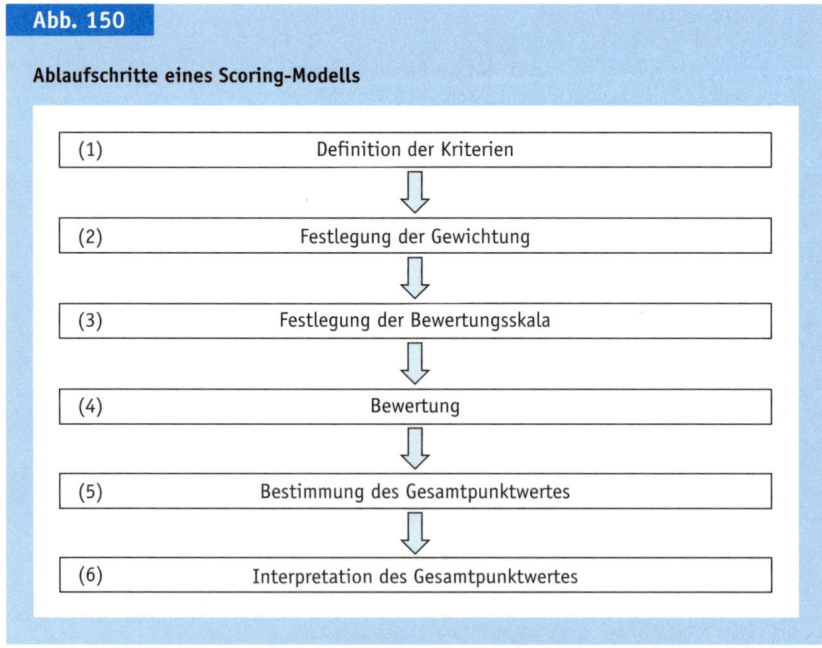

Abb. 150

Ablaufschritte eines Scoring-Modells

(1) Definition der Kriterien

(2) Festlegung der Gewichtung

(3) Festlegung der Bewertungsskala

(4) Bewertung

(5) Bestimmung des Gesamtpunktwertes

(6) Interpretation des Gesamtpunktwertes

Abb. 151

Beispielhafte Bewertung eines Produktkonzeptes mithilfe eines Scoring-Modells

Beurteilungskriterium	Punktwert	Rel. Gewicht des Kriteriums	Gewichteter Punktwert
1. Unternehmensbezogene Kriterien			
▸ technische Realisierbarkeit	8	15 %	1,20
▸ Unterstützung strategischer Ziele	6	15 %	0,90
2. Marktbezogene Kriterien			
▸ Sichtbarkeit des Kundennutzens	8	5 %	0,40
▸ Erschließung neuer Käuferschichten	8	10 %	0,80
▸ Verbesserung der Marktposition	7	5 %	0,35
3. Handelsbezogene Kriterien			
▸ zusätzliche Profilierung gegenüber dem Handel	7	5 %	0,35
▸ Kooperationsbereitschaft des Handels	6	10 %	0,60
4. Konkurrenzbezogene Kriterien			
▸ Erlangung von Wettbewerbsvorteilen	9	10 %	0,90
▸ Schutz vor Nachahmung	9	5 %	0,45
5. Umfeldbezogene Kriterien			
▸ rechtlicher Schutz des Produktkonzepts	5	10 %	0,50
▸ Umweltverträglichkeit	8	5 %	0,40
▸ Branchenkonjunktur	6	5 %	0,30
Gesamtpunktwert (GP)		**100 %**	**7,15**

Bewertungsskala: GP < 4 = schlecht; $4 \leq GP \leq 7$ = mittel; GP > 7 = gut

Quelle: in Anlehnung an *Homburg*, 2012, S. 566

chen Punktwerten erfahrungsgemäß ein Weiterverfolgen von Produktkonzepten angemessen erscheint.

Abbildung 151 zeigt das beispielhafte Ergebnis der Bewertung eines Produktkonzeptes mithilfe eines solchen Scoring-Modells. Der Gesamtpunktwert von 7,15 ordnet das Produktkonzept in die Gruppe guter Produktkonzepte ein, wenn die obige Bewertungsskala zugrunde gelegt und als Untergrenze für »gute Konzepte« 70 % des Gesamtpunktwerts angesetzt wird. Daher sollte das Produktkonzept weiterverfolgt werden.

Beispiel

Break-Even-Analyse

Im Rahmen einer **zweiten Grobselektion**, die nur diejenigen Produktkonzepte erreichen sollten, die im Rahmen der Analyse der Machbarkeit als verfolgenswert eingestuft worden sind, ist die **Marktfähigkeit** detaillierter zu untersuchen. Da Neuprodukte für Unternehmen letztlich nichts anderes als Investitionsobjekte darstellen, liegt die Anwendung von in der Investitionsrechnung entwickelten Verfahren nahe. Allerdings sollten im Rahmen der Grobselektion nur solche Verfahren der Investitionsrechnung zum Einsatz kommen, die relativ wenig Dateninput erforderlich machen, um den Aufwand auf dieser Stufe der Produktkonzeptselektion überschaubar zu halten. Ein Verfahren, das in diesem

Untersuchung der Marktfähigkeit

Zusammenhang weit verbreitet ist, stellt die **Break-Even-Analyse** dar. Diese ist zu den **statischen Methoden der Investitionsrechnung** zu zählen, da der zeitliche Anfall von Ein- und Auszahlungen bei diesem Verfahren nicht berücksichtigt wird. Ziel des Verfahrens ist es, die so genannte **Break-Even-Menge** zu ermitteln. Diese stellt die Absatzmenge dar, bei der der Umsatz, der durch das Produktkonzept erwirtschaftet wird, erstmals die aus variablen (mengenabhängigen) und fixen (mengenunabhängigen) Kosten bestehenden Gesamtkosten deckt. Wie die nachfolgende algebraische Darstellung verdeutlicht, ergibt sich diese »kritische« Absatzmenge aus dem Quotienten von Fixkosten und Deckungsspanne (Preis – variable Kosten).

$$U = K \tag{19}$$

mit:

$$U = p \cdot x \ \text{und} \ K = k_v \cdot x + K_f \tag{20}$$

$$\Leftrightarrow p \cdot x = k_v \cdot x + K_f \tag{21}$$

$$\Leftrightarrow x = \frac{K_f}{p - k_v} = \frac{K_f}{DS} \tag{22}$$

mit:
U = Umsatz
K = Gesamtkosten
p = Preis
x = Absatzmenge
k_v = variable Kosten
K_f = Fixkosten
DS = Deckungsspanne

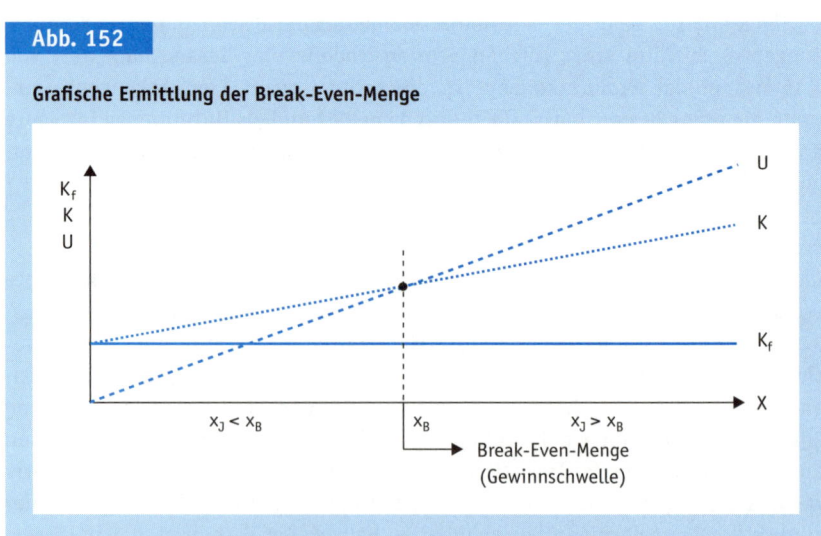

Abb. 152

Grafische Ermittlung der Break-Even-Menge

Entsprechend *Abbildung 152* basiert die Break-Even-Analyse auf einer stark vereinfachenden **Entscheidungsregel**: Liegt die erwartete Absatzmenge (x_J), die bei einem Produktkonzept im Verlauf seines Produktlebenszykluses zu erwarten ist, unterhalb der Break-Even-Menge (x_B; $x_J < x_B$), dann sollte das Produktkonzept nicht weiter verfolgt werden. Im Gegensatz dazu erscheint ein Produktkonzept vorteilhaft, wenn die erwartete Absatzmenge (x_J) mit hoher Wahrscheinlichkeit oberhalb der Break-Even-Menge liegen wird ($x_J > x_B$).

Das nachfolgende Fallbeispiel illustriert die Durchführung einer Break-Even-Analyse an einem konkreten Beispiel.

Auch wenn die Break-Even-Analyse auf starken Vereinfachungen basiert, z. B. indem der unterschiedliche zeitliche Anfall verschiedener Zahlungsgrößen unbeachtet bleibt oder die Entscheidung allein an Risikoüberlegungen ausgerichtet wird, eignet sich die Break-Even-Analyse innerhalb der Grobselektion, um Produktkonzepte hinsichtlich ihrer **grundsätzlichen Marktfähigkeit** zu beurteilen. Scheint ein Produktkonzept so etwa die eigene Break-Even-Menge nicht erreichen zu können, ist dessen ökonomische Vorteilhaftigkeit tatsächlich stark in Frage zu stellen. Auch wenn zu einem endgültigen Ausschluss von

Identifikation kritischer Produktkonzepte

Fallbeispiel 46

Break-Even-Analyse SUNNY Toast

Eine Arbeitsgemeinschaft von neun Bäckermeistern aus regionalen Backstuben hatte sich Anfang der 1960er-Jahre zusammengeschlossen und mit der Marke »SUNNY Toast« das erste Toastbrot in die Brotregale der Supermärkte gebracht. Heute ist SUNNY Toast der größte nationale Anbieter für moderne Brot- und Backwaren. Im Sortiment finden sich neben dem klassischen Toastbrot Aufbackwaren, Sandwiches, Croissants und Brötchen aus Weizenmehl. Seit mehreren Jahren hat sich das gestiegene Gesundheitsbewusstsein zu einem der stärksten Trends in der Brot- und Backwarenindustrie entwickelt. Die Nachfrage nach Vollkornprodukten wächst laut einer Marktstudie mit zunehmendem Gesundheitsbewusstsein stetig an und wird auch

in den kommenden Jahren noch weiter zunehmen. Um die Verbrauchergruppe, die auf ausgewogene Ernährung achtet, gewinnen zu können, plant SUNNY Toast, eine neue Toastbrotvariante aus Vollkorn- und Roggenmehl auf den Markt zu bringen. Im Zuge des Entwicklungsprozesses sind drei verschieden Toastbrotvarianten entstanden: SUNNY Toast Roggenliebe, SUNNY Toast Mehrkornliebe und SUNNY Toast Vollkornliebe. Um eine Entscheidung darüber zu treffen, welche Brotvariante auf den Markt gebracht werden soll, ist die Break-Even-Menge für die verschiedenen Brotsorten zu berechnen, um die Marktfähigkeit der Brotsorten zu prüfen. Aus *Abbildung 153* sind folgende Ausgangsdaten bekannt:

SUNNY Toast Sorte	Roggenliebe	Mehrkornliebe	Vollkornliebe
Verkaufspreis (€/ME)	2,25	2,65	2,50
Variable Kosten (€/ME)	0,95	1,10	1,0
Erwartete Absatzmenge (ME/Tag)	6.000	7.500	10.000
Fixkosten (€) (auf den Abverkaufstag umgerechnet)	8.000		

Abb. 153: Ausgangsdaten zur Berechnung der Break-Even-Menge

Fortsetzung auf Folgeseite

Fortsetzung von Vorseite

Berechnung der Break-Even-Menge:

$$\text{Roggenliebe} = \frac{8.000}{2,25 - 0,95} = 6.154 \text{ ME} \qquad (23)$$

$$\text{Mehrkornliebe} = \frac{8.000}{2,65 - 1,1} = 5.161 \text{ ME} \qquad (24)$$

$$\text{Vollkornliebe} = \frac{8.000}{2,5 - 1,0} = 5.333 \text{ ME} \qquad (25)$$

Der Toasthersteller muss demnach mehr als 6.154 Toastbrotpakete von Roggenliebe, 5.161 von Mehrkornliebe und 5.333 Pakete Vollkornliebe pro Tag verkaufen, um die Gewinnschwelle bzw. den Break-Even-Punkt zu erreichen. Da jedoch die erwartete Absatzmenge von Roggenliebe unterhalb der Break-Even-Menge liegt, ist es für den Hersteller ratsam, eher die Sorten Mehrkorn- und Vollkornliebe bei gegebenem Preis in die engere Auswahl zu nehmen, was die Gewinnbetrachtung in der nachstehenden *Abbildung 154* zeigt.

Preis (in €)		Break-Even-Menge	Erwartete Absatzmenge	Umsatz* (in €)	Gesamtkosten* (in €)	Gewinn* (in €)
Roggen	2,25	6.154	6.000	13.500	13.700	*−200*
Mehrkorn	2,65	5.161	7.500	19.875	16.250	+3.625
Vollkorn	2,50	5.333	10.000	25.000	18.000	+7.000

* auf den Abverkaufstag umgerechnet

Abb. 154: **Break-Even-Menge und Gewinn bei unterschiedlichen Preisen und Produkten**

Produktkonzepten innerhalb der zweiten Stufe der Grobselektion ggf. weitere Kriterien (z. B. strategische Überlegungen) notwendig sind, lassen sich mithilfe einer Break-Even-Analyse durchaus **»kritische« Produktkonzepte** identifizieren, bei denen im Vorfeld der Markteinführung dann aber noch weitere und detaillierte Wirtschaftlichkeitsanalysen erforderlich sind.

1.2.2.1.3 Wirtschaftlichkeitsanalyse

Detaillierte Analyse

Im Rahmen der Wirtschaftlichkeitsanalyse ist zu prüfen, wie attraktiv die Neuproduktideen **wirtschaftlich im Detail** sind und ob die festgelegten ökonomischen Ziele wie z. B. Absatz, Umsatz und Deckungsbeitrag erreicht werden können (vgl. *Homburg*, 2012, S. 576). Als Datengrundlage für die Analyse der Wirtschaftlichkeit einer Neuproduktidee dienen dabei die aus Marktanteilsprognosen abgeleiteten Absatzzahlen, Preisabschätzungen sowie unternehmensinterne Kostenschätzungen (F&E, Produktion, Marketing etc.) (vgl. *Berndt/Fantapié Altobelli/Sander*, 2010, S. 228 ff.). Da in die Phase der Wirtschaftlichkeitsrechnung nur solche Neuproduktideen Eingang finden sollten, die sich auf den vorhergehenden Bewertungsstufen der Grobselektion als vorteilhaft erwiesen haben, sollte für die verbliebenen Ideen eine detaillierte Wirtschaftlichkeitsanalyse mittels dynamischer Verfahren der Investitionsrechnung vorgenommen werden.

Einsatz der Kapitalwertmethode

Dynamische Verfahren der Investitionsrechnung unterstellen, dass sich Absatzmengen von Neuproduktkonzepten, Preise sowie Kosten und somit die resultierenden Ein- und Auszahlungsströme periodenbezogen schätzen lassen. Diese Schätzgrößen unterliegen allerdings Risiken, da Unsicherheiten bezüglich der Nachfragesituation, des Zeithorizonts, der Verbreitung sowie der Akzeptanz des Neuprodukts bestehen (vgl. *Nieschlag/Dichtl/Hörschgen*, 2002, S. 704). Im Rahmen der innerhalb der dynamischen Wirtschaftlichkeitsrechnung häufig eingesetzten **Kapitalwertmethode** (**Net Present Value-Methode**) können diese Unsicherheitsfaktoren durch Risikozuschläge auf den Zinssatz, durch Sensitivitätsanalysen oder durch die Aufstellung einer Risikopräferenzfunktion, die auf dem Bayes- oder Bernoulliprinzip basiert, berücksichtigt werden (vgl. *Meffert/Burmann/Kirchgeorg*, 2012, S. 422). Die aus der anschließenden Gegenüberstellung der für die Periode t prognostizierten Einzahlungen (E_t) und Auszahlungen (A_t) resultierenden Differenzen werden dann bei der Kapitalwertmethode mit einem Kalkulationszinssatz (r = Marktzinssatz + Risikozuschlag) auf die Gegenwart diskontiert und anschließend aufsummiert.

Für die Berechnung des Kapitalwerts kann folgende Formel verwandt werden:

Kapitelwert-Formel

$$KW = -A_0 + \sum_{t=0}^{T} (E_t - A_t) / (1 + r)^t \qquad (26)$$

mit:

KW = Kapitalwert
E_t = Einzahlungen in der Periode t
A_t = Auszahlungen in der Periode t
r = Kalkulationszinsfuß
t = Periode (t=0, 1, 2, ..., n)

Um die Realisierung einer Neuprodukteinführung zu rechtfertigen, muss stets eine absolute wirtschaftliche Vorteilhaftigkeit gegeben sein. Im Fall eines positiven Kapitalwertes (KW > 0) ist das neue Produkt als vorteilhaft anzusehen, sodass die Umsetzung der Neuproduktplanung in Betracht gezogen werden sollte. In diesem Fall verzinst sich das für die Neuprodukteinführung benötigte Kapital höher als der Mindestanspruch für Verzinsungen von Kapital im Unternehmen (der Kalkulationszinsfuß sollte so gewählt werden, dass er dem gewichteten Verzinsungsanspruch von Fremd- und Eigenkapitalgebern entspricht (**WACC** = Weighted Average Cost of Capital)). Ist der Kapitalwert dagegen negativ (KW < 0), ist der durch den Kalkulationszinssatz beschriebene Mindestverzinsungsanspruch des eingesetzten Kapitals nicht erreicht, was bedeutet, dass auf die geplante Neuprodukteinführung verzichtet werden sollte (vgl. *Götze*, 2008, S. 71).

In *Abbildung 155* ist ein Anwendungsbeispiel für die Kapitalwertmethode dargestellt. Die Berechnung ergibt zwar eine schwach positive Bewertung des Neuproduktkonzeptes, gleichzeitig ist aber zu erkennen, dass es erst sehr spät zu einer Amortisation der Anfangsinvestition kommt, konkret erst in der letzten Periode. Vor diesem Hintergrund würde eine Realisierung der analysierten Neuproduktideen mit hohem Risiko verbunden sein. Beispielsweise würde sich

Entscheidungsregel

Beispiel

Abb. 155

Beispielhafte Bewertung eines Neuproduktkonzeptes anhand der Kapitalwertmethode

	Zahlungsreihe (in €)					
	t = 0	t = 1	t = 2	t = 3	t = 4	t = 5
Absatzmenge	0	0	10.500	15.000	20.000	8.000
Stückpreis	0	0	15	16	16	17
Variable Kosten (K_v)	0	0	6	5	4	3
Fixkosten (K_f)	0	0	45.000	45.000	45.000	45.000
Investitionen für F&E	200.000	150.000	0	0	0	0
Einzahlungen (E_t)	0	0	157.500	240.000	320.000	136.000
Auszahlungen (K_t)	200.000	150.000	108.000	120.000	125.000	69.000
Einzahlungsüberschuss (E_t-K_t)	– 200.000	– 150.000	49.500	120.000	195.000	67.000
Kalkulationszinssatz $(1+r)^t$	1,00	1,04	1,08	1,12	1,17	1,22
Abgezinster Einzahlungsüberschuss	– 200.000	– 144.231	45.833	107.143	166.667	54.918
Kumulierter abgezinster Einzahlungsüberschuss/ Kapitalwert (KW)	– 200.000	– 344.231	– 298.397	– 191.255	– 24.588	30.330

die Neuproduktidee schon dann im Nachhinein als nachteilhaft erweisen, wenn sich das Neuprodukt nicht fünf, sondern nur vier Perioden im Markt behaupten könnte. Ebenso würde das Neuproduktkonzept dann als unvorteilhaft einzustufen sein, wenn die geplanten Preise im Markt nicht durchgesetzt und/oder die erwarteten Absetzungen nicht realisiert werden können.

Datenanforderungen

Da bei Anwendung der Kapitalwertmethode stets die Prognose der Zahlungsströme schwierig ist (vgl. *Brockhoff*, 1999, S. 281 ff.), ist bei dieser Methode ganz besonders auf **realitätsnahe Ausgangsdaten** Wert zu legen. In der Regel besteht bei marktbezogenen Aspekten, wie z. B. Absatzzahlen und Preisentwicklungen, dabei größere Unsicherheit als bei unternehmensinternen Aspekten wie z. B. Kosten (vgl. *Bruhn/Hadwich*, 2006, S. 234). Daher ist für die Generierung dieser Informationen häufig spezielle Marktforschung erforderlich, was

Sensitivitätsanalysen

zusätzlichen Aufwand und Zeitbedarf mit sich bringt. Unabhängig davon ist es in jedem Fall sinnvoll, für verschiedene Erlös- und Kostenszenarien Berechnungen durchzuführen (**Sensitivitätsanalysen**). Mit solchen Analysen kann die Abhängigkeit des Kapitalwerts von Schwankungen einer oder mehrerer Variablen (Absatzmenge, Fixkosten, Preis etc.) aufgezeigt werden (vgl. *Herrmann/Huber*, 2009, S. 211) und können Aussagen darüber getroffen werden, wie sich die Wirtschaftlichkeit einer Neuproduktkonzeption ändert, wenn beispielsweise die Fixkosten oder die geplante Absatzmenge schwanken. *Abbildung 156* zeigt Ergebnisse einer Sensitivitätsanalyse für das oben angeführte Beispiel. Darge-

Abb. 156

Sensitivitätsanalyse in Bezug auf Fixkosten und Absatzmenge

Parameter	Änderung (in %)	Kapitalwert (in €)	Änderung des Kapitalwerts (in €)
Fixkosten Szenario 1	+10%	14.611	Δ15.719
Fixkosten Szenario 2	+15%	6.751	Δ23.579
Absatzmenge Szenario 1	−10%	−22.845	Δ53.175
Absatzmenge Szenario 2	−15%	−49.433	Δ79.763

stellt ist die Änderung des Kapitalwerts bei einer Erhöhung der geplanten Fixkosten sowie bei einer Senkung der Absatzmenge. Es zeigt sich, dass der Kapitalwert in diesem Beispiel sensitiver auf Veränderungen der Absatzmengen als auf Veränderungen der Fixkosten reagiert.

1.2.2.1.4 Technische Produktentwicklung

Neuproduktkonzepte, die sich im Rahmen der Bewertung der Neuproduktideen mittels Wirtschaftlichkeitsanalyse als vorteilhaft erwiesen haben, sollten vom Unternehmen weiterverfolgt und technisch realisiert werden. Dabei stellt die Anfertigung von **Prototypen** einen zentralen Schritt dar. Bei der Erstellung von Prototypen wird das neue Leistungskonzept in eine Testversion überführt. Prototypen sind Vorabversionen eines Produktes und werden zur Erforschung von Nutzungsmöglichkeiten oder Anwendungsproblemen bzw. zum Experimentieren von verschiedenen Lösungsmöglichkeiten herangezogen (vgl. *Bruhn/Hadwich*, 2006, S. 238). Die Anfertigung des Prototypen ist dabei Aufgabe der Forschungs- und Entwicklungsabteilung. Allerdings ist hierbei seitens des Marketing durch Zusammenarbeit mit der Forschungs- und Entwicklungsabteilung sicherzustellen, dass die technische Realisierung der Neuproduktkonzepte möglichst effektiv und effizient abläuft (vgl. *Backhaus/Voeth*, 2010a, S. 218). Außerdem ist darauf zu achten, dass der Prototyp den funktionellen Anforderungen genügt, die seitens der Nachfrager gestellt werden. Dabei muss beachtet werden, dass nicht allein die reine Funktionsfähigkeit eines Produkts ausreicht, sondern dass ein Produkt so entwickelt werden muss, dass es die Bedürfnisse der jeweiligen Zielgruppe möglichst umfassend abdeckt (vgl. *Weis*, 2001, S. 254).

Anforderungen aus Sicht des Marketing

1.2.2.1.5 Pretests von Produktkonzepten

Nachdem Prototypen entwickelt wurden, ist die **Marktakzeptanz** der Neuproduktideen im Rahmen von **Pretests**, z. B. anhand von Produkt- und Markttests zu prüfen (vgl. *Homburg*, 2012, S. 566; *Meffert/Burmann/Kirchgeorg*, 2012, S. 424). Da die spätere Markteinführung mit hohen Kosten verbunden ist, soll durch Pretests untersucht werden, ob das Neuprodukt in der vorliegenden Form bereits marktfähig ist und wie es innerhalb der anschließenden Markt-

Erfordernis von Tests

Abb. 157

Formen von Pretests

Produkttest	Markttest
▸ Volltest ▸ Partialtest	▸ Storetest ▸ Minimarkttest ▸ Testmarktsimulation

einführungsphasen bestmöglich im Markt positioniert werden sollte. Grundsätzlich lässt sich zwischen Produkttests sowie Markttests unterscheiden (vgl. *Abbildung 157*).

Produkttest

Zielsetzung

Produkttests werden zur **Überprüfung von Erfolgsaussichten einzelner Produkte** herangezogen. Durch die Ermittlung von Einstellungen, Präferenzen oder Kaufabsichten wird auf den Markterfolg des Neuprodukts geschlossen (vgl. *Brockhoff*, 1999, S. 212 ff.). Dabei werden unter kontrollierten Bedingungen (vgl. *Bruhn*, 2012, S. 140) die Anmutungs- und Verwendungseigenschaften, d. h. Komponenten wie Farbe, Verpackung oder Materialeigenschaften von Neuproduktkonzepten getestet (vgl. *Meffert/Burman/Kirchgeorg*, 2012, S. 424; *Bauer*, 1981, S. 8). Als wesentliche **Ziele** von Produkttests können

▸ die Beurteilung und Akzeptanz von Neuproduktkonzepten auf dem Markt,
▸ die Identifikation von möglichen Produktalternativen,
▸ die Bewertung verschiedener Produktalternativen und
▸ der Test von Imagewirkungen

angeführt werden (vgl. *Weis*, 2001, S. 162).

Partialtest

Beim Produkttest ist zwischen Partial- und Volltest zu unterscheiden (vgl. *Bruhn*, 2012, S. 140). Werden einzelne Produktmerkmale getestet (z. B. Preis, Packung, Produktname, Geschmack, Qualität etc.) spricht man von einem **Partialtest** (vgl. *Haedrich/Tomczak*, 1996, S. 201). In diesem Zusammenhang werden beim sogenannten **Subventionsverfahren** einzelne Produktmerkmale gegeneinander ausgetauscht, während beim **Eliminationsverfahren** stetig Produktmerkmale/Eigenschaften gestrichen werden, bis zum Schluss ein »anonymisiertes« Produkt mit seinem Grundnutzen übrig bleibt. In jedem Fall sollte der Test in Form eines Blindtests durchgeführt werden, der es ermöglicht, ohne Hinweise auf Marken- oder Herstellername die absatzpolitische Wirkung zu testen (vgl. *Brockhoff*, 1999, S. 215).

Einsatzmöglichkeiten

Der Partialtest erweist sich als ein vielseitig verwendbares Instrument, um die Marktchancen eines neuen Produkts zu prüfen, vor allem wenn der Test durch Preis- und Werbetests begleitet wird. Als Vorteil von Partialtests ist ihre kostengünstige und kurze Testphase zu nennen (vgl. *Bruhn*, 2012, S. 141). Allerdings ist seine Aussagekraft begrenzt, da nur ein Teil der Elemente, die den

Markterfolg letztlich beeinflussen, überprüft wird. Dieses Defizit besteht beim **Volltest** nicht, da hier ein Produkt in seiner Gesamtheit überprüft wird (vgl. *Bruhn*, 2012, S. 140). Dies ermöglicht Rückschlüsse auf Schwächen neuer Produkte und gibt Hinweise auf eine optimale Auswahl alternativer Produktvarianten (vgl. *Herrmann/Huber*, 2009, S. 207). Der Volltest kann unter künstlichen Bedingungen in Form von **Laborexperimenten** oder in der Praxis in Form eines **Feldexperimentes** durchgeführt werden (vgl. *Meffert/Burmann/Kirchgeorg*, 2012, S. 425).

Volltest

Nachteilhaft ist beim Volltest allerdings, dass Testwirkungen nicht unmittelbar einzelnen Gestaltungsparametern (z.B. Preis, Packung etc.) zugeordnet werden können. Daher eignen sich Volltests eher zur allgemeinen Akzeptanzermittlung und weniger für den »Feinschliff« einzelner Marketing-Instrumente, für den der Partialtest eher geeignet ist.

Bewertung

Markttest

Der Markttest bietet sich vor allem bei der Markteinführung von Produkten an, die mit einem hohen finanziellen Risiko für das Unternehmen verbunden sind. Es handelt sich dabei um die **Prüfung des Erfolgspotenzials** von Produkten **in einem Testgebiet** unter Einsatz des gesamten Marketing-Mix und damit unter realen Bedingungen in einem räumlich abgegrenzten Markt (vgl. *Bruhn*, 2012, S. 141). Bei einem Markttest können neben den Verkaufszahlen Werbe- und Preisstrategien bzw. alle Marketing-Prozesse auf ihre Wirkung hin untersucht werden (vgl. *Herrmann/Huber*, 2009, S. 214). Die Nachfrager sind sich dabei nicht bewusst, dass sie Produkttester sind, was zu unverzerrtem Verhalten führt. Als problematisch sind allerdings die relativ hohen Kosten des Markttests anzusehen. Außerdem besteht in der Umsetzung häufig die Schwierigkeit, die Marketing-Aktivitäten auf das Testgebiet einzugrenzen. Beispielsweise fehlt es häufig an regionalen Medien, die im Rahmen des **Markttests** eingesetzt werden könnten (vgl. *Herrmann/Huber*, 2009, S. 214). Bei Testmärkten kann als **Formen** zwischen

Einordnung

Testmarrkt-Formen

▶ Storetests (1),
▶ regionalen Testmärkten (2) und
▶ Testmarktersatzverfahren (3)

unterschieden werden.

(1) Storetest

Sind mit der Einführung von Neuproduktkonzepten spezielle **handelsorientierte Maßnahmen** wie z.B. Verkaufsförderungsmaßnahmen verbunden, bietet sich die Anwendung eines Storetests an (vgl. *Bruhn*, 2012, S. 142). Als Storetest wird der **probeweise Abverkauf von Produkten** unter kontrollierten Bedingungen in einer Reihe ausgewählter Betriebsformen des Handels verstanden (vgl. *Meffert/Burmann/Kirchgeorg*, 2012, S. 426). Im Mittelpunkt steht die Überprüfung des Kaufverhaltens und der Akzeptanz der Käufer am **Point of Sale (PoS)** unter realen Bedingungen (vgl. *Weis*, 2001, S. 162). Der Storetest liefert zeitnah und kostengünstig marktnahe Erkenntnisse, da zahlreiche pro-

Test in ausgewählten Handelsgeschäften

duktbegleitende Maßnahmen unter Marktbedingungen getestet werden können. Als Nachteil gilt vor allem die mangelnde Repräsentativität der Ergebnisse,
da oft nur wenige bzw. **ausgewählte Handelsgeschäfte** in den Test einbezogen
werden (vgl. *Bruhn*, 2012, S. 142).

Fallbeispiel 47

Behaviorscan®

Ein Beispiel für einen elektronischen Testmarkt ist der Bahaviorscan® (vgl. *Abbildung 158*) der *GfK*, der im rheinland-pfälzischen Haßloch implementiert ist und bereits 1985 ins Leben gerufen wurde. Das Herzstück des Testmarktes bilden die ca. 3.000 angeschlossenen Nachfragehaushalte (vgl. *Meffert/Burmann/Kirchgeorg*, 2012, S. 426), die hinsichtlich der demografischen Struktur, der Kaufkraftkennziffer und des Kaufverhaltens ein Abbild der gesamten Haushalte in Deutschland darstellen (vgl. *Herrmann/Huber*, 2009, S. 220). Ca. 2.000 Panelhaushalte sind mit sogenannten GfK-Boxen am Fernsehgerät ausgestattet, die es ermöglichen, Werbespots an die Haushalte zu senden. Neben TV-Spots sind auch andere Träger von Testwerbung einsetzbar, wie z. B. Mailings, Couponing-Aktionen oder Anzeigen in kostenlosen Programmzeitschriften. Die restlichen Haushalte bilden die Kontrollgruppe (vgl. *Erichson*,

2007, S. 411). Die Einkäufe der Haushalte werden durch Point of Sale-Scanning ID-Karten erfasst, d. h. jeder Haushalt ist mit scannerlesbaren Identifikationskarten ausgestattet, die beim Einkauf im Handelsgeschäft vorgelegt werden. Damit werden Einkaufsdaten erfasst und das Institut ist in der Lage, das Einkaufsverhalten über einen längeren Zeitraum zu verfolgen (vgl. *Fantapié Altobelli*, 2007, S. 123). Vorteilhaft gegenüber einem Store-Test ist dabei die Tatsache, dass Individualdaten der Haushalte über einen langen Zeitraum dokumentiert werden können. Allerdings steht die weitreichende Gestaltbarkeit der Marketing-Instrumente dem Nachteil einer eingeschränkten Kontrollierbarkeit der Umfeldvariablen gegenüber. Weiterhin ist die Durchführung eines solchen Tests mit hohen Kosten verbunden (vgl. *Meffert/Burmann/Kirchgeorg*, 2012, S. 427; *Erichson*, 2007, S. 411 f.; *Bruhn/Hadwich*, 2006, S. 245).

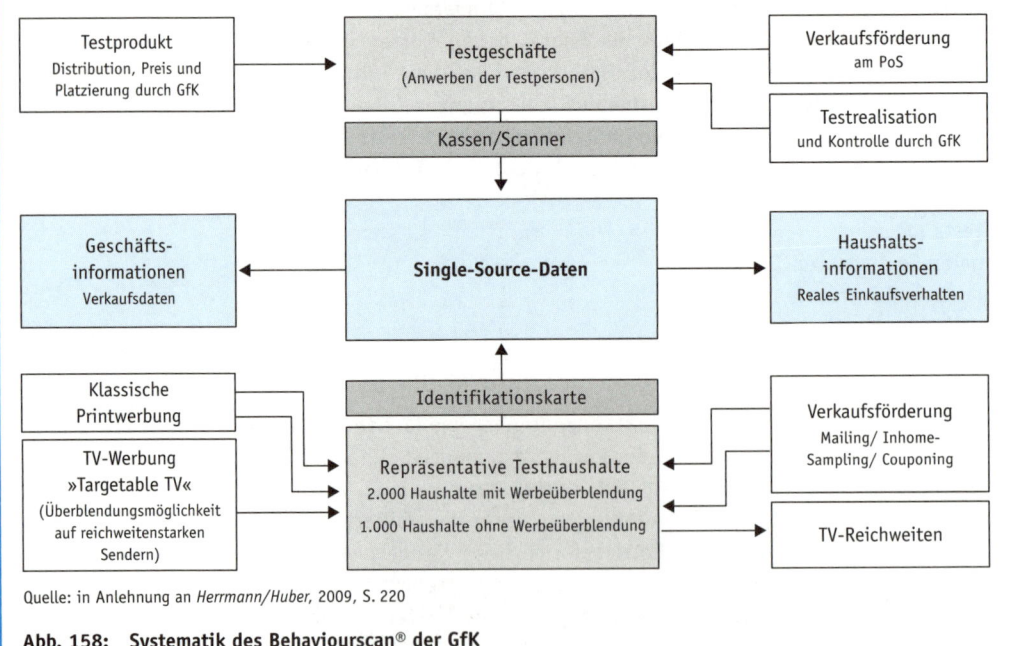

Quelle: in Anlehnung an *Herrmann/Huber*, 2009, S. 220

Abb. 158:   Systematik des Behaviourscan® der GfK

(2) Regionaler Testmarkt

Bei lokalen oder regionalen Testmärkten handelt es sich häufig um **kleinere Orte**, in denen durch technische Hilfsmittel die Bevölkerung in Gruppen eingeteilt wird, die dann mit den zu testenden Marketing-Maßnahmen konfrontiert werden (vgl. *Bruhn*, 2012, S. 141). Aus den Absatzzahlen und den Kauf- und Konsumentenerfahrungen lassen sich anschließend wichtige Schlüsse für die weitere Produktstrategie ableiten (vgl. *Weis*, 2001, S. 161).

Test in ausgewählten Orten

(3) Testmarktersatzverfahren

Traditionelle regionale Testmärkte weisen allerdings Schwächen auf. Um diese zu beseitigen, wurden weitere Konzepte entwickelt, zu denen auch der **Mini-Testmarkt** zählt (vgl. *Herrmann/Huber*, 2009, S. 218). Der Mini-Testmarkt, auch **Mikro-Testmarkt** genannt, gehört zu den Testmarktersatzverfahren. Es handelt sich hierbei um eine Weiterentwicklung des Storetests, der durch ein angeschlossenes **Haushaltspanel** ergänzt wird und damit auch in der Lage ist, Individualdaten zu liefern (vgl. *Erichson*, 2007, S. 411). Beim Mini-Testmarkt werden die Mitglieder eines Panels in einer möglichst realistischen Umfeldsituation auf ihr Erst- und Wiederkaufsverhalten hin getestet (vgl. *Meffert/Burmann/Kirchgeorg*, 2012, S. 426). Mini-Testmärkte können kleinere Städte sein, in denen die Bevölkerung durch technische Hilfsmittel in Gruppen eingeteilt und je nach Gruppe gezielt mit den zu testenden Marketing-Maßnahmen konfrontiert wird, beispielsweise durch speziell aufbereitete Programmzeitschriften mit unterschiedlichen Anzeigen (vgl. *Fantapié Altobelli*, 2007, S. 123; *Bruhn/Hadwich*, 2006, S. 244).

Test unter Einsatz von Panel

Ein etwas anderer Weg zum Testen von Produktkonzepten wird beim **simulierten Testmarkt** eingeschlagen. Die Vorhersage bzw. Prognose des erwarteten Marktanteils sowie die Gewinnung weiterer diagnostischer Informationen erfolgen hier auf Basis von Daten, die in einer künstlichen Testumgebung/einem künstlichen Umfeld erhoben werden (vgl. *Erichson*, 2007, S. 413). Anfang der

Test in künstlichem Umfeld

Fallbeispiel 48

ERIM-Panel

Einen Mini-Testmarkt stellte das ERIM-Panel der *GfK* dar, das in den 1970er-Jahren von dem französischen Institut Emploi Rationel de l'informatique en Marketing S.A. entwickelt wurde. Das Panel umfasst vier in Deutschland verteilte Verbrauchermärkte, an die ca. 6.000 Panelhaushalte aus der Stammkundschaft des betreffenden Geschäfts angeschlossen sind. Die Erfassung des Einkaufs- und Konsumverhaltens erfolgt durch technische Hilfsmittel wie z. B. scannerlesbare ID-Karten am Point of Sale (PoS). Außerdem erhalten alle integrierten Haushalte eine Zeitschrift kostenlos, die entsprechend mit Werbeanzeigen aufbereitet ist. Vorteilhaft gegenüber dem Storetest ist dabei, dass Individualdaten erfasst werden können. Dadurch ergeben sich verbesserte prognostische und diagnostische Analysemöglichkeiten. Insgesamt sind allerdings die Alternativen einer werblichen Unterstützung eingeschränkt, da beispielsweise TV-Werbung nicht möglich ist. Gut getestet werden können dagegen andere Elemente des Marketing-Mix, wie z. B. Preis- und Verpackungsänderungen oder Verkaufsfördermaßnahmen (vgl. *Herrmann/Huber*, 2009, S. 219; *Erichson*, 2007, S. 411 ff.).

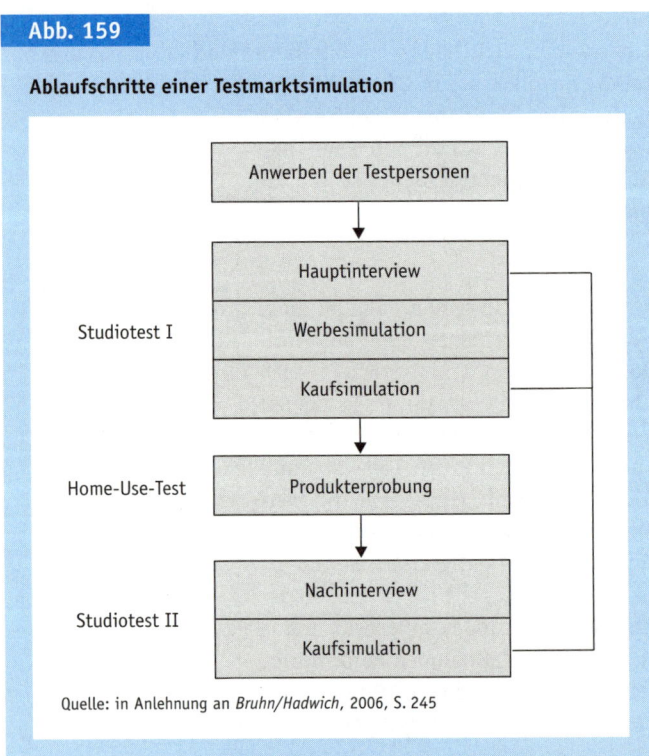

Abb. 159

Ablaufschritte einer Testmarktsimulation

Anwerben der Testpersonen

Studiotest I
- Hauptinterview
- Werbesimulation
- Kaufsimulation

Home-Use-Test
- Produkterprobung

Studiotest II
- Nachinterview
- Kaufsimulation

Quelle: in Anlehnung an *Bruhn/Hadwich*, 2006, S. 245

1960er-Jahre haben verschiedene Marktforschungsinstitute mit der Konzeption solcher Verfahren begonnen, die dazu geeignet sind, die Schwächen regionaler Testmärkte auszuschalten. **Testmarktsimulatoren** beruhen dabei auf reinen Laborexperimenten. Unter Zuhilfenahme von Blickaufzeichnungsgeräten oder durch die Messung von Körperreaktionen wird die Reaktion von Nachfragern auf neue Produkte getestet (vgl. *Herrmann/Huber*, 2009, S. 222).

Charakteristisch für eine Testmarktsimulation ist dabei, dass die Erhebung des Datenmaterials nicht wie auf regionalen Testmärkten in einem realen Marktumfeld stattfindet, sondern dass eine Kombination aus **Studio**- und **Home-Use-Tests** gewählt wird (vgl. *Erichson*, 2007, S. 413). Die zur Abschätzung der Marktchancen benötigten Informationen werden durch Beobachtung und Befragung gewonnen (vgl. *Haedrich/Tomczak*, 1996, S. 206). *Abbildung 159* zeigt schematisch den Ablauf einer typischen Testmarktsimulation.

Der Testablauf gestaltet sich im Einzelnen wie folgt:

Studiotest I

▶ **Studiotest I:** In der ersten Testphase werden zunächst 200 bis 400 Personen, die die potenzielle Zielgruppe des Neuprodukts repräsentieren, eingeladen, an der Testmarktsimulation teilzunehmen (vgl. *Herrmann/Huber*, 2009, S. 223). Im Rahmen eines **Interviews** werden Konsumgewohnheiten und Präferenzen zur betroffenen Produktgruppe abgefragt. Über Angaben zur Markenbekanntheit oder -verwendung lässt sich dann das sogenannte »relevant set« identifizieren, welches jene Marken enthält, die für die Kaufentscheidung der jeweiligen Testperson relevant sind. Im zweiten Schritt wird die Testperson mit einer **Werbesimulation** konfrontiert, d. h. es werden Werbemittel wie Fernsehspots oder Anzeigen in Zeitschriften gezeigt. Dies hat den Zweck, die Reaktion des Probanden auf das Testprodukt zu ermitteln. In der anschließenden **Kaufsimulation** werden die Testpersonen gebeten, sich für die beworbenen Produkte zu entscheiden. Diese Angaben sind zur Ermittlung der Erst- bzw. Penetrationsrate des Produkts relevant. Nicht-Käufer erhalten das Testprodukt als Geschenk mit nach Hause, um dort Nutzungserfahrungen zu sammeln. Käufer bekommen dagegen das als Hauptkonkurrent angesehene Produkt oder eine der bisher favorisierten Marken.

▸ **Home-Use-Test:** In der zweiten Testphase bekommen die Probanden die Gelegenheit, das Produkt zu Hause über einen längeren Zeitraum hinweg zu testen, um eine Einstellung gegenüber dem Produkt entwickeln zu können. Die Testpersonen werden ermuntert, das Produkt so aktiv wie möglich auszuprobieren. Im Anschluss an die **Produkterprobung** werden die Probanden zu einem Nachinterview ins Testlabor eingeladen (vgl. *Haedrich/Tomczak*, 1996, S. 206).

Home-Use-Test

▸ **Studiotest II:** In einem zweiten **Interview** werden die Testpersonen erneut zu ihren Präferenzen und Einstellungen gegenüber dem neuen Produkt befragt. Mit diesen Daten lässt sich das Wiederkaufverhalten prognostizieren. Zusätzlich können auch die Verwendungserfahrungen bzw. Nutzungserfahrungen der Probanden abgefragt werden und besonders positive oder negative Aspekte der Produktnutzung identifiziert werden. Durch eine erneute Werbesimulation können Rückschlüsse auf das **Wiederkaufverhalten** der Konsumenten gezogen werden (vgl. *Herrmann/Huber*, 2009, S. 224).

Studiotest II

Der **Vorteil** von Testmarktsimulationen liegt insgesamt darin, dass ein solcher Produkttest die Möglichkeit der Geheimhaltung vom Wettbewerb bietet und im Vergleich zu den realen Markttests kostengünstiger und weniger zeitintensiv ist (vgl. *Erichson*, 2007, S. 414 f.). Außerdem können nicht nur Informationen zum Entscheidungsprozess der Zielgruppe gewonnen werden, sondern auch Informationen über das Nutzungsverhalten der neuen Produkte. Dadurch können möglicherweise bisher nicht als relevant eingestufte Elemente des Produkts erkannt und berücksichtigt werden (vgl. *Brockhoff*, 1999, S. 238). Nachteilig sind in diesem Zusammenhang die häufig nicht ausreichende Bereitschaft der Versuchsperson zum Test, die Reichweite der eingesetzten Werbemittel sowie die »Künstlichkeit« der Einkaufssituation (vgl. *Brockhoff*, 1999, S. 338; *Haedrich/ Tomczak*, 1996, S. 207).

Vorteile

Um aus den Ergebnissen der Testmarktsimulation den Markterfolg prognostizieren und die Markanteile schätzen zu können, bedarf es zusätzlicher **mathematischer Modelle** (vgl. *Herrmann/Huber,* 2009, S. 224). Dabei kann auf das klassische Modell von *Parfitt/Collins* (1968) zurückgegriffen werden. Dieses besagt, dass sich der Marktanteil als Produkt aus drei Größen zusammensetzt: Aus der Erstkaufrate (Penetrationsrate), der Wiederkaufrate (Bedarfsdeckungsrate) sowie der relativen Kaufintensität. Die relative Kaufintensität berechnet sich aus dem Vergleich des durchschnittlichen Kaufvolumens der Nachfrager des neuen Produktes mit dem durchschnittlichen Kaufvolumen der Produktkategorie im Markt (vgl. *Homburg*, 2012, S. 567). Erzielt ein neues Produkt beispielsweise eine Erstkaufrate von 0,6 (d. h. 60 % der potenziellen Nachfrager tätigen einen Erst- bzw. Versuchskauf) und eine Wiederkaufrate von 0,2 (d. h. die Nachfrager, die einen Erstkauf getätigt haben, decken langfristig gesehen 20 % ihres Bedarfs mit dem neuen Produkt), so ergibt sich eine erste Marktanteilsschätzung von 12 % (0,6 · 0,2 = 0,12). Hat man darüber hinaus ermittelt, dass die

Modell von *Parfitt/Collins*

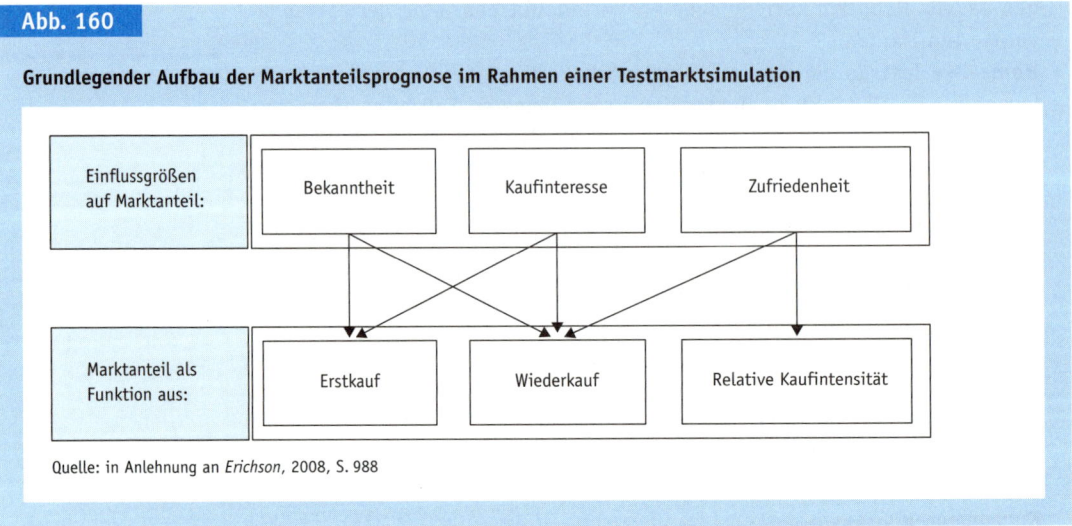

Abb. 160

Grundlegender Aufbau der Marktanteilsprognose im Rahmen einer Testmarktsimulation

| Einflussgrößen auf Marktanteil: | Bekanntheit | Kaufinteresse | Zufriedenheit |

| Marktanteil als Funktion aus: | Erstkauf | Wiederkauf | Relative Kaufintensität |

Quelle: in Anlehnung an *Erichson*, 2008, S. 988

Nachfragergruppe, die das neue Produkt nutzt, einen um 20 % höheren Bedarf für die Produktkategorie hat als der Durchschnitt der Nachfrager im Markt (Kaufintensität = 1,2), so ergibt sich eine Marktanteilsschätzung von 14,4 % (0,12 · 1,2 = 0,144). Im Rahmen der Testmarktsimulation werden die Schätzer für diese drei Komponenten aus einer Reihe von vorgelagerten Größen ermittelt, wie aus *Abbildung 160* hervorgeht.

Fallbeispiel 49

Assessor

Ein bekanntes Testmarktsimulationsmodell ist das ASSESSOR-Modell von *Silk/Urban* (1978). Dieses dient dazu, den langfristigen Marktanteil für Neuprodukte zu prognostizieren, die kurz vor der Markteinführung stehen und für die folglich Zielgruppe und darauf aufbauend der Marketing-Mix weitgehend festgelegt sind. Der von ASSESSOR prognostizierte langfristige Marktanteil basiert auf dem Mittelwert zweier unabhängiger Marktanteilsschätzungen durch die beiden Modellkomponenten Trial-Repeat-Modell und Präferenzmodell. Der Schwerpunkt des Modells liegt auf der Modellierung von Wiederholungskäufen, weshalb sich seine Anwendung auf Verbrauchsgüter (d. h. Konsumgüter mit hoher Kaufhäufigkeit) beschränkt. Auch für Märkte mit schnell wechselnden Kundenpräferenzen liefert das ASSESSOR-Modell keine hinreichend genauen Marktanteilsprognosen. Richtig eingesetzt stellt es jedoch ein leistungsfähiges Tool zur Prognose des Markterfolgs von Innovationen

dar. Neben der Schätzung des langfristigen Marktanteils eines neuen Produkts liefert das Modell auch Aussagen darüber, von welchen Angeboten auf dem Markt (eigene Angebote oder Angebote des Wettbewerbs) dieser abgezogen wird. Darüber hinaus liefert das Modell Informationen darüber, durch welche Änderungen an Produkt und/oder Marketing-Mix ein höherer Marktanteil erzielbar ist.

(1) Das Trial-Repeat-Modell
Das Trial-Repeat-Modell schätzt den langfristigen Marktanteil $M(Z)$ eines neuen Produkts Z basierend auf folgender Formel:

$$M(Z) = T \cdot S \tag{27}$$

mit
T = Erstkaufrate und
S = Wiederkaufrate.

Fortsetzung auf Folgeseite

Fortsetzung von Vorseite

Die Erstkaufrate T berechnet sich über

$$T = F \cdot K \cdot D + C \cdot U - (F \cdot K \cdot D)(C \cdot U) \qquad (28)$$

mit

F = Versuchswahrscheinlichkeit bei Bekanntheitsgrad und Erhältlichkeit von 100%

K = Bekanntheitsgrad des neuen Produkts

D = Erhältlichkeit des neuen Produkts

C = Wahrscheinlichkeit, dass ein Nachfrager das neue Produkt unentgeltlich auf Basis einer Probe (z. B. über einen Gutschein, eine Verkostungsaktion etc.) erhält, sowie

U = Bedingte Wahrscheinlichkeit, dass ein Kunde das unentgeltlich erhaltene Produkt versucht.

Der zweite Teil von Formel (28) muss subtrahiert werden, damit nicht diejenigen Kunden doppelt gezählt werden, die sowohl im Anteil $F \cdot K \cdot D$ (Erstkaufwahrscheinlichkeit ohne Probe) als auch im Anteil $C \cdot U$ (Erstkaufwahrscheinlichkeit mit Probe) enthalten sind.

Hintergrund für die Berechnung der Wiederkaufrate S ist ein Markov-Modell mit zwei Zuständen, wobei der Zustand »1« dem Kauf des neuen Produkts Z und der Zustand »0« dem Kauf eines bereits etablierten Produkts entspricht. Der Marktanteil in Periode t berechnet sich wie folgt:

$$S_t = p_{11} \cdot S_{t-1} + p_{01} \cdot (1 - S_{t-1}) \qquad (29)$$

mit

S_t Marktanteil von Produkt Z in Periode t

S_{t-1} = Marktanteil von Produkt Z in Periode t-1

p_{01} = Übergangswahrscheinlichkeit von einem am Markt etablierten Produkt zum neuen Produkt Z

p_{11} = Wiederkaufwahrscheinlichkeit des neuen Produkts Z

Die langfristige Wiederkaufrate S lässt sich nun über den Gleichgewichtsmarktanteil des neuen Produkts ermitteln, wobei die Gleichgewichtsbedingung $S_t = S_{t-1} = S$ lautet. Die Wiederkaufrate S berechnet sich somit über den Ansatz

$$S = \frac{p_{01}}{1 + p_{01} - p_{11}} \qquad (30)$$

(2) Das Präferenzmodell

Für die Marktanteilsschätzung des Präferenzmodells werden die Nachfrager zunächst gebeten, die bereits auf dem Markt etablierten Produkte, die sich in ihrem Relevant Set befinden, durch Paarvergleiche gemäß ihrer Präferenzen zu ver-

gleichen. Daraus lassen sich Nutzenwerte und Kaufwahrscheinlichkeiten ermitteln. Zur Berechnung der Nutzenwerte $U_i(m)$ werden für jedes Produkt m (m=1, ..., L) die durch einen Nachfrager i (i=1, ..., N) bei den Paarvergleichen vergebenen Punkte addiert. Anschließend kann für jedes etablierte Produkt die Kaufwahrscheinlichkeit $p_i(m)$ berechnet werden:

$$p_i(m) = \frac{U_i(m)}{\sum_{m=1}^{m=L} U_i(m)} \qquad (31)$$

Die Nachfrager werden nun einer simulierten Kaufsituation ausgesetzt, in der sie sich entweder für oder gegen das neue Produkt entscheiden müssen. Bei denjenigen Nachfragern, die sich für das neue Produkt entschieden haben, werden nun nochmals Paarvergleichsdaten erhoben, diesmal jedoch unter Berücksichtigung des neuen Produkts. Die resultierenden Kaufwahrscheinlichkeiten werden mit $p_i(m)$ bezeichnet. Auf dieser Basis kann nun zunächst der Marktanteil nach Einführung des neuen Produkts Z für die etablierten Produkte berechnet werden:

$$M(m) = E_Z \cdot M_1(m) + (1 - E_Z) \cdot M_2(m) \qquad (32)$$

mit

E_Z = Anteil der Nachfrager, die das neue Produkt Z in ihr Relevant Set aufnehmen

$M_1(m)$ = Marktanteil von Produkt m in der Gruppe der Nachfrager, die das neue Produkt getestet haben

$M_2(m)$ = Marktanteil von Produkt m in der Gruppe der Nachfrager, die das neue Produkt nicht getestet haben,

wobei (unter der Annahme, dass genau die Nachfrager 1 bis n das neue Produkt getestet haben)

$$M_1(m) = \frac{1}{n} \cdot \sum_{i=1}^{n} \bar{p}_i(m) \qquad (33)$$

und

$$M_2(m) = \frac{1}{N-n} \cdot \sum_{i=n+1}^{N} \bar{p}_i(m) \qquad (34)$$

Der Marktanteil für das neue Produkt berechnet sich schließlich wie folgt:

$$M(Z) = E_Z \cdot M_1(Z) = E_Z \cdot \frac{1}{n} \cdot \sum_{i=1}^{n} \bar{p}_i(Z) \qquad (35)$$

(vgl. *Homburg*, 2012, S. 568 ff.; *Bruhn/Hadwich*, 2006, S. 247; *Nieschlag/Dichtl/Hörschgen*, 2002, S. 707 ff.).

1.2.2.1.6 Markteinführung des Neuprodukts

Die Ergebnisse, die im Rahmen von Produkt- und Markttests erzielt werden, führen häufig zu Anpassungen des anschließend in den Markt einzuführenden Produkts. Anpassungsbedarf kann sich bei allen Gestaltungsparametern eines Neuproduktkonzeptes ergeben. Sobald die **Produktadaption** erfolgreich zum Abschluss gekommen ist, ist über die Markteinführungsstrategie und den Markteinführungszeitpunkt zu entscheiden. Die Einführung des neuen Produkts erfordert eine Abstimmung verschiedener Abteilungen im Unternehmen und hängt von verschiedenen Parteien, wie z. B. Wettbewerb, Handel oder auch Kundenverhalten ab (vgl. *Brockhoff*, 1999, S. 267). In jedem Fall sind die Marketing-Aktivitäten wie auch der konkrete Markteinführungszeitpunkt so zu

wählen, dass das Neuprodukt hierdurch einen **Marktanschub** erhält. Wie das nachfolgende Fallbeispiel deutlich macht, kommt es dabei vor allem darauf an, die **Einführungsmaßnahmen** sowie die Wahl des **Einführungszeitraums** gezielt aufeinander abzustimmen.

Fallbeispiel 50

iPhone revolutioniert die Mobilfunk-Industrie

Produkte wie iPod, iPhone und iPad haben Apple zum Kult der Mobilfunk-Industrie gemacht. Das Unternehmen mit dem markanten Logo in Form eines angebissenen Apfels, hat sich in den letzten Jahren zu einem Vorreiter der digitalen Mobilfunkwelt entwickelt. In den 1970er-Jahren hat Apple die »Revolution« des Personal Computing (mit-)begründet und mit der Einführung des Macintosh in den 1980er-Jahren neu definiert. Der erste iMac war technisch zwar ein relativ schwacher Computer, hat sich aber durch seine äußere Erscheinung und die benutzerfreundliche Technik auf dem Markt durchgesetzt. Im Sommer 2007 erschloss Apple den Smartphone-Markt mit der Einführung des iPhones. Das Unternehmen hat schon lange Zeit vor dessen Markteinführung bemerkt, dass die »intelligente Telefonie« Zukunftspotenzial besitzt und mit dem PC synchronisierbar ist. Apple ist mit der Einführung des iPhones als Pionier in einen neuen Markt eingestiegen und hat es geschafft, sich durch das markante Smartphone-Design sowie die Touch-Screen-Funktion gegenüber Wettbewerbern wie Nokia oder Blackberry zu behaupten. Im

Anschluss an die Markteinführung des iPhones wurde schließlich mit der Erfindung der App, eine kleine digitale Anwendung, ein völlig neuer Markt definiert. Auch wurde das Produkt zum richtigen Zeitpunkt und mit den richtigen Marketing-Aktivitäten eingeführt. Anstatt großangelegte Kommunikationskampagnen einzusetzen, nutzt Apple beispielsweise die Community als Kommunikationsinstrument, durch die bestimmte, aber unkonkrete Informationen nach außen kommuniziert werden, z. B. über den Zeitpunkt der Einführung oder neue Funktionen des Geräts. Auf diese Weise werden Diskussionen um Apple schon im Voraus der Produktneueinführung angeregt (pre-announcement). Durch den aufgebauten Kult rund um die Marke, die heute zu den wertvollsten Marken weltweit zählt, konnte Apple als Vorreiter eine neue Smartphone-Generation langfristig für sich gewinnen. Dies beweist auch die Entwicklung der aktuellen Absatzzahlen: Im ersten Quartal des Geschäftsjahre 2012 konnte Apple 37,04 Mio. iPhones verkaufen (128 % mehr als im Vergleichsquartal des Vorjahrs 2011) (vgl. *Apple*, 2012).

1.2.2.2 Produktvariation

Die Produktvariation ist ein wichtiges Instrument der Produktpolitik, das innerhalb des Produktlebenszyklus eines Produktes eingesetzt wird, um **verbesserte Produkte** anstatt bisheriger Produkte im Markt anzubieten. Unter einer Produktvariation versteht man die Veränderung von bestimmten Eigenschaften an einem Produkt, das bereits am Markt besteht und das durch das so veränderte Produkt ausgetauscht wird (vgl. *Büschken/von Thaden*, 2007). Im Gegensatz zur Neuproduktentwicklung bleibt dabei der Produktkern im Wesentlichen unverändert, d. h. die Grundfunktionen des Produktes bleiben erhalten. Es werden lediglich einige Eigenschaften des Produktes verändert. Ein Beispiel für eine Produktvariation ist die Veränderung der Verpackung bei Getränken, bei denen zunehmend Glasflaschen durch PET-Flaschen ersetzt werden. Die Zahl der vom Unternehmen am Markt angebotenen Produkte bleibt bei der Produktvariation gleich, da das alte Produkt durch ein neues, ähnliches Produkt ersetzt wird. So ändert sich im Gegensatz zur Produktdifferenzierung bei der Produktvariation die Produktprogrammtiefe oder -breite nicht. Abgrenzung

In einzelnen Branchen existieren für die Bezeichnung Produktvariation **abweichende Termini.** In der Automobilindustrie wird so z. B. von »**Facelifting**« gesprochen, in der Konsumgüterindustrie dagegen von »**Relaunch**« und in der Konsumgüter- sowie Pharmaindustrie ist auch von »**Line-Extension**« die Rede (vgl. *Brockhoff/Sabel*, 2001, S. 1421). In der Literatur wird des Weiteren bei der Produktvariation auch zwischen der Produktpflege und dem Produktrelaunch differenziert (vgl. *Böcker/Helm*, 2003, S. 260; *Herrmann*, 1998). Während die **Produktpflege** die kontinuierliche Anpassung bzw. Verbesserung eines Produkts darstellt, wird der **Relaunch** durchgeführt, um eine deutliche Verbesserung durch eine umfassende Modifikation herbeizuführen. Die Zweiteilung stellt allerdings eine rein definitorische Abgrenzung dar, die ausschließlich dazu dient, verschiedene Intensitäten der Produktvariation zu unterscheiden. Alternative Begriffe

Als Anstöße zur Produktvariation kommen unterschiedliche Anlässe in Frage (vgl. z. B. *Düssel*, 2006; *Herrmann*, 1998; *Lazer/Luqmani/Quraeshi*, 1984): Anstöße für Produktvariation

▶ Änderungen im Verbraucherverhalten,
▶ veränderte Kundenwünsche/-präferenzen,
▶ zunehmender Konkurrenzdruck,
▶ ökologische Gesichtspunkte,
▶ Erzielung von Kosteneinsparungen,
▶ rechtliche Vorschriften,
▶ neue Ideen,
▶ der natürliche Alterungsprozess bei Produkten,
▶ Schwächen der Produktpositionierung oder
▶ Defizite bei der Realisierung des Marketing-Plans.

Diese Ursachen können – auch in Kombination – dazu führen, dass die Marktposition eines Unternehmens geschwächt wird. Beispielsweise sinken die Verkaufszahlen, die bisherigen Verkaufspreise können nicht mehr erzielt werden und/oder Marktanteile verkleinern sich. Mit der Produktvariation wird nun versucht, diese negativen Folgen durch Produktveränderungen rückgängig zu machen bzw. in ihrer Wirkung abzuschwächen. Im Erfolgsfall wird damit die Lebensdauer des Produkts und damit der Produktlebenszyklus verlängert (vgl. *Büschken/von Thaden*, 2007) oder der Lebenszyklus positiver gestaltet.

Die im Rahmen einer Produktvariation vorgenommenen Veränderungen sind meist auf Details beschränkt, wobei vor allem folgende **Veränderungen an ei-** Variationsmöglichkeiten

nem Produkt vorgenommen werden können (vgl. *Düssel*, 2006, S. 184; *Weis*, 2001, S. 275):

▸ Variation der funktionellen Eigenschaften (z. B. technische Konstruktion, Qualität, Haltbarkeit, Zuverlässigkeit),
▸ Variation der physischen Eigenschaften (z. B. Materialart),
▸ Variation von ästhetischen Eigenschaften (z. B. Design, Stil, Farbe, Styling, Verpackung),
▸ Variation des »Images« eines Produktes (von klassisch auf modern),
▸ Variation des Gesamtnutzens eines Produktes durch Gewährung von Zusatzleistungen (z. B. Beratung, Installation, Instandhaltung, Zustellung),
▸ Variation von Marken-Eigenschaften (z. B. Markenname, Markenlogo).

Ausmaß der Variationen

Es ist für eine erfolgreiche Produktvariation jedoch nicht notwendig, alle Eigenschaften eines Produkts zu verändern. Bereits geringe Anpassungen können schon geeignet sein, das Produkt neuen Marktanforderungen anzupassen. Die Firma Mövenpick gibt beispielsweise in regelmäßigen Abständen eine Eiskreation des Sommers (2012 beispielsweise Crème Mango Joghurt) heraus, um dem Abwechslungsbedürfnis von Kunden (**Variety Seeking**; *Koppelmann/Brodersen/ Volkmann*, 2002) nachzukommen. Die jeweiligen Eissorten sind häufig nur eine

Abb. 161

Die sechs Generationen des VW Golf

Golf I

Golf II

Golf III

Golf IV

Golf V

Golf VI

Quelle: *Volkswagen*, 2012

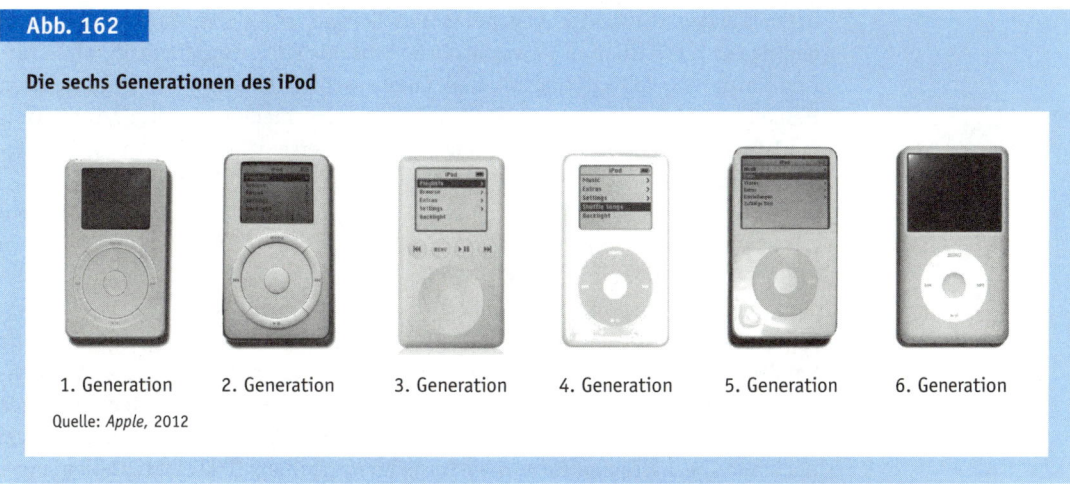

Abb. 162

Die sechs Generationen des iPod

1. Generation   2. Generation   3. Generation   4. Generation   5. Generation   6. Generation

Quelle: *Apple*, 2012

Saison lang erhältlich, damit der Konsument einer einzelnen Sorte nicht über-
drüssig wird. Durch »aufgefrischte« Produkte lassen sich dabei häufig selbst
abwechslungsfreudige Kunden an das Unternehmen binden. Ein anderes Beispiel stellen die Generationen des VW Golfs (vgl. *Abbildung 161*) oder des iPods
der Firma Apple (vgl. *Abbildung 162*) dar. Bei der Einführung einer neuen Generation wurde jeweils die Vorgänger-Generation des Golfs bzw. des iPods vom
Markt genommen.

Problematisch ist bei regelmäßigen Variationen allerdings, dass Kunden   Probleme regelmäßiger
diese dann auch regelrecht vom Anbieter erwarten. Zudem droht die Gefahr,   Variationen
dass Nachfrager bei regelmäßigen Variationen anfangen, einzelne Produktgene-
rationen zu »überspringen«, um auf die nächste Generation zu warten (**Leap-
frogging**) (vgl. *Brockhoff*, 1999, S. 297). Schließlich kommt eine überzeugungs-
starke Verkaufsorganisation bei regelmäßigen Variationen in die schwierige
Lage, das erst kürzlich als hervorragend angepriesene Produkt nach kurzer Zeit
durch ein noch besseres Produkt ablösen und dies dem Kunden überzeugend
kommunizieren zu müssen. (vgl. *Düssel*, 2006, S. 184). Bei der Produktvariation
stellt sich somit immer die Frage nach der richtigen Mischung aus Kontinuität
und Aktualität.

1.2.2.3 Produktdifferenzierung
Bei der Produktdifferenzierung handelt es sich um eine **Veränderung von typen-**   Einordnung
bildenden Merkmalen eines bereits im Programm enthaltenen Produktes mit
dem Ziel, das so entstehende »neue« Produkt vom bisherigen Produkt abzuheben
(vgl. *Weis*, 2001). Dabei wird das bisherige Produkt nicht ersetzt, sondern das
»neue« Produkt kommt als weitere Alternative im Produktprogramm hinzu. Eine
Produktdifferenzierung führt somit – im Gegensatz zur Produktvariation – zu einer Vergrößerung der Programmtiefe oder ggf. -breite (vgl. *Koppelmann/Broder-
sen/Volkmann*, 2002). Beispiele für Produktdifferenzierungen sind in der Praxis

in vielfältiger Hinsicht beobachtbar. Ein Beispiel stellt das Waschmittel Persil dar, das es inzwischen in Pulverform, als Tabs, als Flüssigwaschmittel, ohne Parfum sowie als Vollwaschmittel und Colorwaschmittel gibt. Das Unternehmen Henkel bietet darüber hinaus aber auch noch verschiedene andere Waschmittelmarken – z. B. Weißer Riese oder Spee – an, um verschiedenen Zielgruppen möglichst genau auf sie zugeschnittene Angebote machen zu können.

Formen

Je nachdem, welche Komponenten des Originalproduktes verändert werden, können verschiedene **Formen** der Produktdifferenzierung unterschieden werden (vgl. *Hesse/Neu/Theuner*, 2007). Werden bei einem Produkt die Form (das Design) oder die Verpackung verändert, die Qualität verbessert oder aber geringfügige Veränderungen an der Konstruktion des Produkts vorgenommen, um Sonderwünsche von Kunden besser erfüllen zu können, so liegt eine **stofflich-technische** Produktdifferenzierung vor. Wird hingegen hauptsächlich durch Kommunikation eine Differenzierung eines Produktes vorgenommen, indem höchstens geringfügige Farb- oder Formänderungen als Unterstützung herangezogen werden, so handelt es sich um eine **psychologische** oder **emotionale** Produktdifferenzierung.

»Swatcherisierung«

Ein vorrangig auf modische Billigprodukte ausgerichtetes Beispiel der Produktdifferenzierung ist die sogenannte »**Swatcherisierung**« (*Koppelmann/Brodersen/Volkmann*, 2002). Produkte, die bislang eher langlebig gestaltet waren, werden einer Veränderung unterworfen. Aus der Grundform werden alternative Varianten abgeleitet. Die bekannteste, wohl auch konsequenteste und damit auch namensgebundene Anwendung dieser Strategie zeigt sich bei der Firma Swatch. Durch die Gestaltung von Kollektionen von Uhren, oder z. B. Sonnenbrillen wird das Grundprodukt in Abhängigkeit sich wandelnder Modetrends permanent aktualisiert und den Kundenwünschen angepasst. Durch diese eher kurzlebigen Kollektionen kann dem sich verändernden Wettbewerb Rechnung getragen und dem Kundenwunsch nach Abwechslung (Variety Seeking) entsprochen werden. Das nachfolgende Beispiel verdeutlicht dies (vgl. *Kotler/Keller/Bliemel*, 2007, S. 71 und 597 f.).

Fallbeispiel 51

Swatch-Uhr

Swatch-Uhren sind technisch einfache, relativ leichte sowie wasser- und stoßgeschützte elektronische Uhren, die vor allem aufgrund ihres poppigen Stylings und ihrer farbenfrohen, austauschbaren Armbänder Popularität erlangten. Dank des relativ günstigen Ladenpreises (Einstiegsmodelle ab 38 €) spricht diese Uhr junge aktive Leute an, die eine Uhr als modisches Accessoire sehen. Jedes Jahr kommen neue Kollektionen und Produktvariationen mit unterschiedlichen Ziffernblättern, Gehäusen und Armbändern heraus. Der Kunde soll zu jeder Stimmung oder zu jedem Anlass eine der Mode entsprechende Uhr besitzen. Ziel ist es, dass jeder Kunde eine Auswahl an Uhren besitzt und so täglich je nach Outfit entscheiden kann, welche Uhr getragen wird. Hinzu kommen Sondereditionen in limitierter Stückzahl, die vor allem Sammler ansprechen. Für solche früheren Sondermodelle werden mittlerweile bei Auktionen Preise bis zu 60.000 € geboten. Swatch hat es somit geschafft, einen Uhrenkult durch Produktdifferenzierung aufzubauen.

»Mädchen-Ei« von Kinder Überraschung

Einer der Klassiker des Süßwarenherstellers Ferrero, Frankfurt a. M., ist das 1974 in den Markt eingeführte Produkt Kinder Überraschung. Hierbei handelt es sich um ein Schokoladenei, das eine kleine Plastikdose umschließt, in der ein kleines Spielzeug enthalten ist, das für Kinder zum Malen, Spielen, Basteln oder Sammeln gedacht ist. Nachdem das Unternehmen fast 40 Jahre Mädchen und Jungen mit dem gleichen Eiern angesprochen hat, wurde im August 2012 eine spezielle Produktvariation für Mädchen in den Markt eingeführt.

Ferrero begründete diese genderspezifische Produktdifferenzierung damit, dass die Marktforschung des Unternehmens ergeben habe, dass Mädchen spezielle Wünsche in Bezug auf die in den Eiern enthaltenen Spielsachen hätten und daher durch die nun »rosa Mädchen-Linie« gesondert angesprochen werden sollten. Neben dem klassischen Spielzeug sollte in den Mädchen-Eiern auch spezielles Mädchen-Spielzeug wie z. B. Feen, Blumen-Ringe oder bunte Armbänder mit Tiermotiven enthalten sein. Mit einer Vielzahl von Außenplakaten (vgl. *Abbildung 163*) wurde der Markt auf die geplante Produktdifferenzierung vorbereitet.

Abb. 163:
Außenplakat für
Kinder Überraschung
für Mädchen

Eine Produktalternative, die als Differenzierung das Produktprogramm erweitert, muss mehrere **Aufgaben** erfüllen (vgl. *Düssel*, 2006; *Weis*, 2001): Einerseits sollte sie sich in ihren Ausprägungen ausreichend von den anderen Artikeln der Produktlinie unterscheiden, andererseits sollten sich die Hauptmerkmale aller Produkte harmonisch zu einer Produktlinie ergänzen. Ziel ist es, zu einem bestehenden und auf dem Markt bleibenden Produkt Varianten zu schaffen, um neue Kundengruppen zu erschließen und bisherige Kunden zum Ausprobieren und ggf. zum zusätzlichen Verwenden anzuregen (**Markterweiterungseffekt**). Die Identifizierung homogener Teilmärkte im Rahmen der Marktsegmentierung bildet somit die Basis, um auf die Segmente abgestimmte Produkte zu entwickeln und den verschiedenen Abnehmergruppen anbieten zu können. Die Kunden erhalten durch das differenzierte Angebot einen hohen Nutzengrad und haben somit einen geringeren Anreiz, auf Konkurrenzprodukte auszuweichen.

Markterweiterungseffekt

Vermeidung von Kannibalisierungseffekten

Allerdings ist bei der Durchführung von Produktdifferenzierungen zu beachten, dass das zusätzliche Angebot weiterer Produktformen nicht nur dazu führt, dass hiermit Neukunden bzw. neue Marktsegmente erreicht werden bzw. bestehende Kunden gehalten werden. Darüber hinaus ist mit Produktdifferenzierung immer auch die Gefahr verbunden, dass Kunden, die ansonsten eine bereits angebotene Produktform erworben hätten, nun auf die zusätzlich angebotene Variante übergehen (**Marktkannibalisierungseffekt**). Tritt dieser Effekt bei vielen bestehenden Kunden auf, so rechnet sich die Produktdifferenzierung nicht. Die Festlegung des Differenzierungsgrades zwischen den Produkten stellt somit für Unternehmen eine komplexe Entscheidung dar, auch weil die mit der Differenzierung verbundenen Kosten und die Aktivitäten der Wettbewerber zu berücksichtigen sind.

1.2.2.4 Produktelimination

Begriff und Aufgabe

Nicht nur die Aufnahme neuer oder verbesserter Produkte in das Leistungsprogramm ist im Rahmen der Produktpolitik von Bedeutung. Auch die **Herausnahme** von nicht (mehr) erfolgreichen Produkten aus dem Produktions- und Absatzprogramm gehört zu den zeitlichen Entscheidungstatbeständen der Produktpolitik. Die Herausnahme wird dabei als Produktelimination oder auch Produkteliminierung bezeichnet. **Aufgabe** der Produktelimination ist es, Produkte zu identifizieren, die als »aufgabeverdächtig« anzusehen sind und für diese zu überprüfen, ob sie weiterhin im Produktions- und Absatzprogramm geführt werden oder ob sie besser eliminiert werden sollen (vgl. *Weis*, 2001, S. 276). Dabei sind sowohl das gesamte Programm als auch einzelne Produkte einer Analyse zu unterziehen.

Formen

Bei der Produktelimination ist zwischen einer

▸ geplanten Eliminierung und
▸ ungeplanten Eliminierung

zu unterscheiden (vgl. *Böcker/Helm*, 2003, S. 258).

Die **geplante Eliminierung** aus dem Absatzprogramm stellt dabei die aktive Herausnahme des Produkts im Sinne einer Einstellung der Verkaufsbemühungen dar, während die **ungeplante Eliminierung** aus dem Unterlassen von Anpassungen des Produkts an gewandelte Bedürfnisse entsteht, d. h. man lässt das Produkt passiv »auslaufen«. Die unterlassene Produktanpassung kann etwa darin bestehen, dass ein Produkt nicht an gewandelte ästhetische Anforderungen angepasst wird oder dass auf technische Verbesserungen verzichtet wird, die eigentlich erforderlich und realisierbar gewesen wären.

Anlässe

Wird ein Produkt eliminiert, befindet es sich entweder am Ende des Produktlebenszyklus – sprich in der **Reife- oder Sättigungsphase** – oder es handelt sich um einen **Flop**, der bereits am Beginn des Produktlebenszyklus keine Akzeptanz bei den Nachfragern findet. Allein durch eine konsequente Überprüfung der im Sortiment geführten Produkte und einer daraus abgeleiteten, gezielten Produkteliminierung lässt sich die Profitabilität des Produktions- und Absatzprogramms aufrechterhalten. Jedoch herrscht in vielen Unterneh-

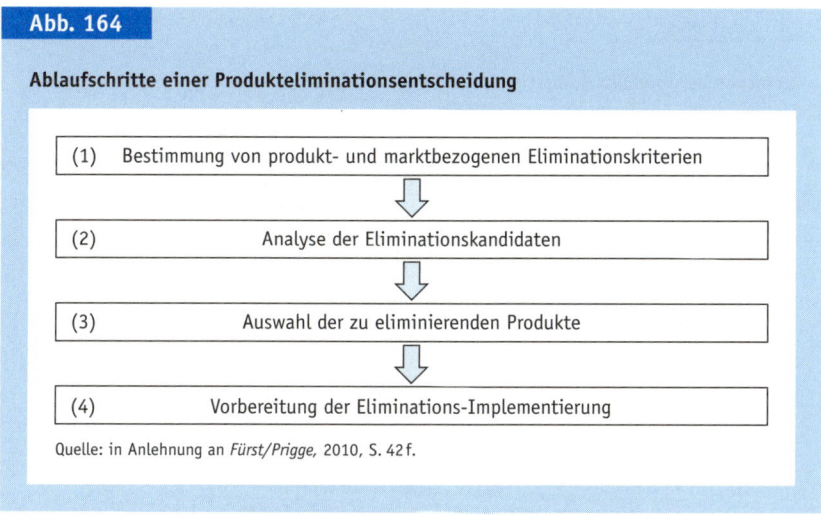

Abb. 164

Ablaufschritte einer Produkteliminationsentscheidung

(1)   Bestimmung von produkt- und marktbezogenen Eliminationskriterien

(2)   Analyse der Eliminationskandidaten

(3)   Auswahl der zu eliminierenden Produkte

(4)   Vorbereitung der Eliminations-Implementierung

Quelle: in Anlehnung an *Fürst/Prigge*, 2010, S. 42 f.

men Unsicherheit darüber, wie Eliminationsentscheidungen getroffen und umgesetzt werden sollen, was oftmals zu unternehmensinternen Widerständen gegen Produkteliminationen führen kann. Gleichzeitig fürchten viele Manager negative Reaktionen betroffener Kunden. Zum Erfolg von Eliminationen tragen daher sowohl die Qualität der Entscheidungsfindung als auch die Qualität der Umsetzung bei (vgl. *Fürst/Prigge*, 2010). Ein systematischer **Eliminationsprozess** kann dabei in vier aufeinanderfolgenden Schritten erfolgen (vgl. *Abbildung 164*).

(1) Bestimmung von produkt- und marktbezogenen Eliminationskriterien

In einem ersten Schritt sind generelle **Kriterien** festzulegen, die grundsätzlich zur Fundierung von Eliminationsentscheidungen bei Produkten herangezogen werden sollten. Bei diesen Kriterien kann zwischen **produkt-** und **marktbezogenen Kriterien** differenziert werden. *Abbildung 165* zeigt typische, für Eliminationsentscheidungen relevante produkt- und marktbezogene Kriterien. Um »Eliminationskandidaten« untereinander vergleichen zu können und die Entscheidung nicht willkürlich erscheinen zu lassen, sollten bei allen Eliminationsentscheidungen **stets die gleichen Kriterien** zugrunde gelegt werden.

Eliminationskriterien

(2) Analyse der Eliminationskandidaten

Im Anschluss an die Identifikation von Eliminationskriterien sind die Eliminationskandidaten anhand der Kriterien zu analysieren. Zur Analyse kann hierbei auf unterschiedliche **Tools** zurückgegriffen werden, die jeweils einzelne oder Kombinationen von Kriterien verarbeiten, z. B. Produktlebenszyklus-Analyse, Portfolio-Analyse, ABC-Analyse, Deckungsbeitrags-Analyse, ROI-Analyse und Scoring-Analyse.

Kandidatenbewertung

Abb. 165

Ursachen der Produktelimination

Marktbezogene Kriterien	Produktbezogene Kriterien
▸ autonomer Anspruchswandel der Kunden ▸ konkurrenzinduzierter Situationswandel (z. B. Preiseinbruch) ▸ Einführung verbesserter Produkte durch die Konkurrenz ▸ Währungs- und Importeinflüsse ▸ Produkt verstößt gegen neue Vorschriften ▸ Reglementierungen des Vertriebswegs wie z. B. Apothekenpflichtigkeit ▸ Unverträglichkeit mit sozialen Normen ▸ ...	▸ sinkender Marktanteil ▸ sinkende Deckungsbeiträge sowie Absatzmengen und damit einhergehender Umsatzrückgang ▸ geringer Anteil am Gesamtumsatz (C-Artikel) ▸ unterdurchschnittlicher Kapitalumschlag ▸ eigene Leistungskonstanz bei Leistungssteigerung der Konkurrenz ▸ unterproportionale Leistungssteigerung gegenüber der Konkurrenz ▸ gestiegene Vermarktungskosten ▸ gestiegene Kosten der eigenen Faktorkombination ▸ negatives Image der Marke/des Unternehmens ▸ negative Imagewirkungen des Produktes auf das Gesamtprogramm ▸ Vielzahl von Beschwerden ▸ ...

Quelle: in Anlehnung an *Düssel*, 2006

Bei all diesen Analyseinstrumenten wird die Eliminationsnotwendigkeit ermittelt, indem verschiedene Eliminationskandidaten miteinander verglichen werden. Aus diesem Vergleich werden dann diejenigen Kandidaten ermittelt, die besonders schlecht dastehen und daher am ehesten eliminiert werden sollten.

(3) Auswahl der zu eliminierenden Produkte

Überprüfung der identifizierten Kandidaten

Bei der Interpretation der zuvor erzeugten Eliminationsanalysen ist zu beachten, dass es **keine eindeutigen Richtwerte** für die Elimination gibt, an denen sich Unternehmen bei der Auswahl der zu eliminierenden Produkte orientieren können und sollten. Vielmehr zählt das Gesamtbild. Bevor ein Produkt eliminiert wird, sollte daher auch geprüft werden, inwiefern alle **Maßnahmen zur Produkterhaltung** ergriffen wurden. Hierzu gilt es insbesondere folgende Fragen zu beantworten:

▸ Kann mit gezielten Marketing-Aktivitäten (Werbung, Niedrigpreispolitik etc.) die Nachfrage wieder angekurbelt werden?

▸ Sind alle Möglichkeiten der Produktvariation oder -differenzierung ausgeschöpft worden?

(4) Vorbereitung der Eliminations-Implementierung

Zur Eliminations-Implementierung gehören u.a. die **rechtzeitige Information** der involvierten Mitarbeiter und die Erarbeitung eines **systematischen Implementierungsplans**. Auch ist im Vorfeld festzulegen, wie mit möglicherweise auftretenden Eliminationswiderständen in der Organisation (z.B. im Vertrieb) umgegangen werden soll. Für das Management bestehen somit einige zentrale Handlungsfelder, die sowohl die **interne** als auch die **externe Umsetzung** der Produktelimination betreffen (vgl. *Abbildung 166*).

Entscheidungsumsetzung

Abb. 166

Erfolgsfaktoren der Umsetzung von Produkteliminationen

Interne Umsetzung	
Qualität des internen Umsetzungsprozesses	**Qualität des internen Umsetzungsergebnisses**
‣ Einsatz eines funktionsübergreifenden Teams ‣ Einsatz eines detaillierten Umsetzungsplans ‣ Umsetzung analog zu den Vorgaben der Entscheidungsträger ‣ zeitnahe Durchführung der Anpassungen	*Leistungserstellungsbezogene Abläufe* ‣ tatsächlicher Stopp der Produktion/Anpassung der Produktionsabläufe ‣ Festlegung einer Ersatzteilregelung ‣ Anpassung der Beschaffungsabläufe ‣ Anpassung der Lager- und Logistikabläufe ‣ Anpassung der F&E-Aktivitäten *Vertriebs- und administrationsbezogene Abläufe* Anpassung ... ‣ von Verkaufs- und Marketing-Maßnahmen (Kataloge, Werbemittel etc.) ‣ der Administration (z.B. Formulare, Datenbankeinträge) ‣ der Mitarbeiterschulungen ‣ der Umsatz- und Absatzplanung ‣ von Zielvereinbarungen
Externe Umsetzung	
Qualität des externen Umsetzungsprozesses	**Qualität des externen Umsetzungsergebnisses**
‣ rechtzeitige Mitteilungen von Eliminationen ‣ Gewährung einer Übergangszeit für »last orders« (graduelle Elimination) ‣ persönliche (nicht nur rein schriftliche) Mitteilung ‣ nachvollziehbare Darstellung der Gründe ‣ Mitspracherecht bei der Gewährung von Unterstützung	‣ Angebot geeigneter Alternativprodukte ‣ Aufzeigen geeigneter Alternativprodukte anderer Lieferanten ‣ Sicherstellung, dass Alternativprodukte gut in die Leistungserstellungsprozesse integrierbar sind ‣ Gewährung eines fairen Preis-Leistungs-Verhältnisses bei Alternativprodukten ‣ Unterstützung bei notwendigen Anpassungen (z.B. Qualitätsprüfung bei Alternativprodukten) ‣ Kostenübernahme für Prozessumstellungen ‣ Übernahme von Qualitätsprüfungskosten ‣ Übernahme von Entwicklungs- oder Anpassungskosten für Alternativprodukte ‣ Kostenübernahme für Maschinen-/Systemumstellungen ‣ Gewährung von Sonderkonditionen für weiterhin bezogene Produkte

Quelle: *Fürst/Prigge*, 2010, S. 44

1.3 Programm- und sortimentspolitische Entscheidungstatbestände

Strategische und
operative Entscheidungs-
ebene

Programm- und sortimentspolitische Entscheidungstatbestände lassen sich grundsätzlich hinsichtlich ihrer strategischen und operativen Orientierung unterscheiden (vgl. *Meffert/Burmann/Kirchgeorg*, 2012, S. 388 ff.; *Diller*, 2008, S. 173). Im Vordergrund der **strategischen Orientierung** steht vor allem die Sicherung des langfristigen Unternehmenswachstums. Die Überlebensfähigkeit und das Erfolgspotenzial eines Unternehmens hängen in erster Linie von den Produkten und Leistungen ab, die das Unternehmen auf dem Markt anbietet (vgl. *Nieschlag/Dichtl/Hörschgen* 2002, S. 583). Demnach ist es die zentrale Aufgabe des strategischen Managements, das Produktprogramm bzw. -sortiment sorgfältig unter Berücksichtigung der langfristigen Ziele des Unternehmens sowie der Wettbewerbsaktivitäten zu gestalten. Auf der **operativen Ebene** steht die kurzfristige Steuerung der am Markt befindlichen Produkte im Vordergrund der programm- und sortimentspolitischen Entscheidungstatbestände (vgl. *Meffert/Burmann/Kirchgeorg*, 2012, S. 388 ff.).

1.3.1 Charakteristika von Produktprogrammen und -sortimenten

Definition »Produkt-
programm«

Als **Produktprogramm** wird die Gesamtheit aller hergestellten Produkte bezeichnet, die das Unternehmen innerhalb einer bestimmten Zeitspanne auf dem Markt zum Kauf anbietet (vgl. *Homburg*, 2012, S. 596; *Müller-Hagedorn/ Natter* 2011, S. 263). Allerdings muss das Produktprogramm von dem **Angebotsprogramm** des Unternehmens abgegrenzt werden. Neben den Erzeugnissen, die vom Unternehmen selbst produziert werden, fallen auch die zugekauften Produkte unter den Begriff Angebotsprogramm (vgl. *Diller/Fürst/ Ivens*, 2011, S. 263; *Nieschlag/Dichtl/Hörschgen,* 2002, S. 579). Innerhalb des Handelsmarketing wird das Produktprogramm überwiegend als **Sortiment** bezeichnet. Das Produktprogramm (im Folgenden synonym zum Begriff Sortiment verwandt) kann durch zwei grundlegende Strukturmerkmale charakterisiert werden:

Strukturierungs-
dimensionen

▸ Programmbreite (1) und
▸ Programmtiefe (2).

(1) Programmbreite

Bildung von Produkt-
linien

Die Programmbreite bezieht sich auf die **Anzahl der Produktlinien** im Programm eines Unternehmens. Dabei versteht man unter der Produktlinie, die synonym auch als **Produktgruppe** oder **Produktkategorie** bezeichnet wird, eine Gruppe von Produkten, die im Hinblick auf ein bestimmtes Kriterium einen Bezug zueinander aufweisen (vgl. *Homburg*, 2012, S. 596; *Meffert/Burmann/Kirchgeorg*, 2012, S. 389 f.). Die Kriterien, nach denen Produkte zu Produktlinien zusammengefasst werden, können entweder unternehmensintern, z. B. Produktionsprozesse oder -materialien, oder unternehmensextern, z. B. Kundenbedürfnisse, ausgerichtet sein (vgl. *Homburg*, 2012, S. 596). Unterschiedliche Produktlinien können ferner zu **Produktklassen**, Produktklassen zu **Produktfamilien** sowie Produktfamilien zu **Bedürfnisfamilien** zusammengefasst werden. Ein Produktprogramm ist umso breiter, je mehr Bedürfnis- und

Abb. 167

Produkthierarchie am Beispiel von Lebensversicherungen

Artikel — Dynamische Risikolebensversicherung ohne weitere medizinische Überprüfung mit einer Laufzeit bis zum 60. Lebensjahr

Produkttyp — Risikolebensversicherung

Produktlinie — Lebensversicherung

Produktklasse — Der Sicherheit dienende Finanzierungsinstrumente

Produktfamilie — Sicheres Einkommen und Rücklagen bildende Produkte

Bedürfnisfamilie — Finanzielle Sicherheit

Quelle: *Sander*, 2011, S. 368

Produktfamilien darin enthalten sind (vgl. *Haller*, 2001, S. 108). Eine mögliche Produkthierarchie wird in *Abbildung 167* am Beispiel von Lebensversicherungen dargestellt.

(2) Programmtiefe

Die Programmtiefe bezieht sich auf die **Anzahl der Varianten innerhalb einer Produktlinie** (vgl. *Meffert/Burmann/Kirchgeorg*, 2012, S. 389). Bezogen auf das Beispiel in *Abbildung 168* stellt die Anzahl unterschiedlicher Produkttypen und Artikel innerhalb der Produktlinie »Lebensversicherungen« die Programmtiefe dar. Ein **tiefes Produktprogramm** liegt vor, wenn das Angebot innerhalb einer Produktlinie groß ist. Von einem **flachen Produktprogramm** spricht man, wenn eine Produktlinie nur wenige Produkttypen beinhaltet (vgl. *Haller*, 2001, S. 108). Im Einzelhandel spielt die Tiefe des Sortiments eine besonders wichtige Rolle. Die Nachfrager, die nach Abwechslung suchen und somit so genanntes Variety Seeking-Verhalten an den Tag legen, profitieren von den Auswahlmöglichkeiten eines tiefen Sortiments (vgl. *Herrmann/Peine*, 2007, S. 651 f.). Allerdings kann ein tiefes Sortiment auch zu negativen Konsequenzen führen, die durch Informati-

Formen

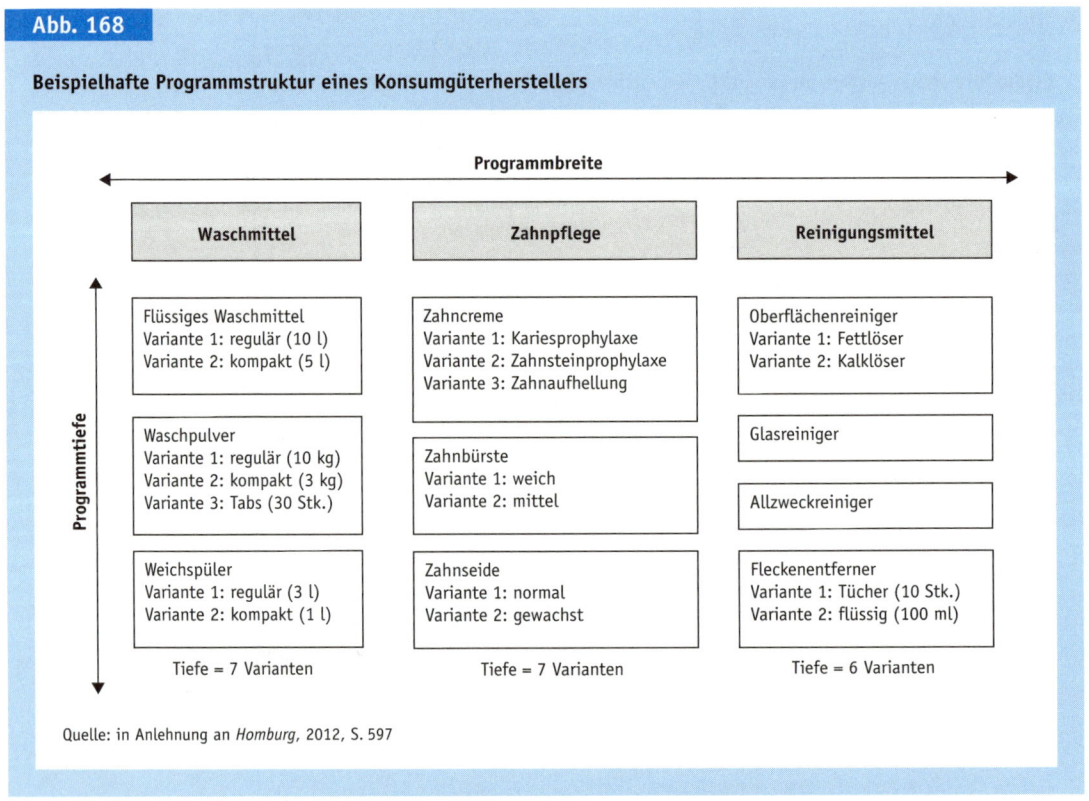

Abb. 168

Beispielhafte Programmstruktur eines Konsumgüterherstellers

Programmbreite

Programmtiefe

| Waschmittel | Zahnpflege | Reinigungsmittel |

Flüssiges Waschmittel
Variante 1: regulär (10 l)
Variante 2: kompakt (5 l)

Waschpulver
Variante 1: regulär (10 kg)
Variante 2: kompakt (3 kg)
Variante 3: Tabs (30 Stk.)

Weichspüler
Variante 1: regulär (3 l)
Variante 2: kompakt (1 l)

Zahncreme
Variante 1: Kariesprophylaxe
Variante 2: Zahnsteinprophylaxe
Variante 3: Zahnaufhellung

Zahnbürste
Variante 1: weich
Variante 2: mittel

Zahnseide
Variante 1: normal
Variante 2: gewachst

Oberflächenreiniger
Variante 1: Fettlöser
Variante 2: Kalklöser

Glasreiniger

Allzweckreiniger

Fleckenentferner
Variante 1: Tücher (10 Stk.)
Variante 2: flüssig (100 ml)

Tiefe = 7 Varianten   Tiefe = 7 Varianten   Tiefe = 6 Varianten

Quelle: in Anlehnung an *Homburg*, 2012, S. 597

onsüberlastung und Orientierungsverlust beim Kunden verursacht werden und damit das Kaufverhalten negativ beeinflussen (vgl. *Abbildung 168*).

Ziele breiter und tiefer Programme

Grundsätzlich dient die Auswahl innerhalb der Programmtiefe der Befriedigung eines identischen Bedürfnisses des Nachfragers, z. B. Apfelsaft, Orangensaft oder Traubensaft innerhalb der Produktlinie Natursäfte. Im Gegensatz dazu dient die Auswahl innerhalb der Programmbreite der Befriedigung unterschiedlicher Bedürfnisse des Kunden, z. B. Säfte, Konfitüren oder Obstkonserven innerhalb der Produktklasse Erzeugnisse aus Naturprodukten (vgl. auch *Kuß/Tomczak/Reinecke*, 2007, S. 222). *Abbildung 168* verdeutlicht den Zusammenhang zwischen der Breite und der Tiefe des Produktprogramms am Beispiel eines Konsumgüterherstellers.

Vorteile

Ein umfangreiches Produktprogramm mit einer entsprechenden Programmbreite und -tiefe bietet einem Unternehmen zahlreiche **Vorteile** (vgl. *Kuß/Tomczak/Reinecke,* 2007, S. 222):

‣ höhere Umsätze und Gewinne,
‣ stärkere Marktposition durch die Ausrichtung auf individuelle Kundenbedürfnisse,
‣ Skalen- und Verbundeffekte bei Produktion und Beschaffung,

▶ effiziente Ausschöpfung der Ressourcen in Forschung und Entwicklung,
▶ Verhandlungsmacht gegenüber Absatzmittlern,
▶ Imagetransfer bei Markenprodukten,
▶ bessere Anpassungsmöglichkeiten an unterschiedliche Konjunkturphasen,
▶ flexiblere Anpassungsmöglichkeiten an einen Wandel im Kundenverhalten.

Allerdings ist ein umfangreiches Produktprogramm ebenfalls mit **Nachteilen** für das Unternehmen verbunden (vgl. *Herrmann/Peine*, 2007, S. 655 ff.; *Kuß/ Tomczak/Reinecke*, 2007, S. 222):

▶ hohe Komplexitätskosten infolge der Variantenvielfalt,
▶ Überforderung der Verkaufskompetenz des Außendiensts,
▶ Gefahr der Kannibalisierungseffekte bei einzelnen Produkten sowie gesamten Produktlinien,
▶ Überforderung der Informationsverarbeitungsfähigkeit des Kunden.

Nachteile

Ein Beispiel zur **Überforderung der Informationsverarbeitungsfähigkeit** des Kunden liefert der Zeitungsausriss in *Abbildung 169*. Bieten Unternehmen ihren Kunden viele verschiedene Auswahlmöglichkeiten in ihrem Produktprogramm oder -sortiment an, dann droht die Gefahr, dass Kunden überfordert sind und ggf. ganz auf den Kauf verzichten.

Unter Berücksichtigung dieser Vor- und Nachteile wird deutlich, dass die zentrale Aufgabe im Rahmen der Gestaltung von Sortimenten und Produktprogrammen darin besteht, eine **optimale Struktur** für das Sortiment bzw. Produktprogramm festzulegen und umzusetzen. Dabei gilt es, eine optimale Anzahl an Produktlinien zu bestimmen sowie die Entscheidungen abzuwägen, welche Produktlinien neu ins Programm aufgenommen werden sollen und welche existierenden Produktlinien eliminiert werden müssen. Darüber hinaus sollte jede Produktlinie gesondert im Hinblick auf einen möglichen Optimierungsbedarf betrachtet werden (vgl. dazu Abschnitt 2 B I 1.3.3).

Bestimmung der optimalen Programmstruktur

Um das Produktprogramm optimal gestalten zu können, müssen auf der strategischen Ebene unternehmensinterne und -externe **Einflussfaktoren** berücksichtigt werden. Bei den unternehmensinternen Einflussfaktoren wäre zum einen die Konformität mit der Unternehmensvision und der strategischen Ausrichtung des Unternehmens zu beachten. Zum anderen sollte die Verfügbarkeit der Ressourcen, die zur Umsetzung der Optimierungsmaßnahmen im Rahmen der Produktprogrammgestaltung notwendig sind, in die Entscheidungen mit einbezogen werden (vgl. *Kuß/Tomczak/Reinecke*, 2007, S. 223). Zudem spielen unternehmensexterne Einflussfaktoren wie Kunden- und Wettbewerbsverhalten sowie technologischer Wandel und globale Trends eine zentrale Rolle bei der Optimierung des Produktprogramms (vgl. *Meffert/Burmann/Kirchgeorg*, 2012, S. 391; *Kuß/Tomczak/Reinecke*, 2007, S. 223). Auf der operativen Ebene sollten die einzelnen Produktlinien sowie die Produkte im Hinblick auf ihre Profitabilität, Rentabilität und ihr Entwicklungspotenzial analysiert werden. Hierfür stehen dem Entscheider zahlreiche Verfahren und Kennzahlen zur Verfügung.

Einflussfaktoren

Abb. 169

Zeitungsausriss zu Gefahren vielfältiger Wahloptionen im Kaufprozess

| Frankfurter Allgemeine Sonntagszeitung | GELD & MEHR | 15.04.2012, Nr. 15 / Seite 48 |

Die Qual der Marmeladenwahl
Zu viel Freiheit macht auch keinen Spaß: Wer unzählige Optionen hat, fühlt sich am Ende wie gelähmt.
VON TILL NEUSCHELER

Einkaufen kann furchtbar anstrengend sein: Früher, so erzählt der amerikanische Psychologe Barry Schwartz, sei er einfach in den Laden gegangen und hätte sich eine von drei verschiedenen Jeans gekauft. Heute habe er vor den Regalen die Wahl zwischen den Schnitten Slim Fit, Easy Fit, Relaxed Fit, Baggy und Extra Baggy. Zudem gibt es jeden Schnitt in stonewashed, acidwashed und im used-look. Mit Knöpfen und mit Reißverschluss. Wer sich die Zeit nimmt, läuft am Ende mit perfekt sitzender Hose um die Hüfte aus dem Laden. "Bevor es diese Auswahlmöglichkeiten gab, musste sich der Käufer mit einem unvollkommenen Sitz der Hose abfinden, dafür war der Jeanskauf eine Fünf-Minuten-Angelegenheit. Jetzt ist er eine komplexe Entscheidung."

Die Vielfalt fasziniert uns, wir lassen uns gerne davon einfangen. Die Riesen-Supermärkte auf der grünen Wiese wissen ganz genau, womit sie uns in ihre Märkte locken. Vielfalt schadet nie, glauben wir. Dann kaufen wir Fahrräder mit 21 Gängen statt mit 6 und überladen unsere Schuhschränke mit 100 unterschiedlichen Paaren. Selbst die Wirtschaftswissenschaftler waren sich darüber lange einig: Eine große Auswahl kann nicht schlecht sein. Wer mehr Dinge zur Auswahl hat, profitiert entweder davon - oder ignoriert die unnötigen Alternativen.

Doch immer deutlicher zeigt sich: Auswahl hat auch ihre Nachteile. Ständiges Entscheiden und Filtern sei anstrengend, sagen Psychologen. Irgendwann - wenn immer mehr Möglichkeiten zur Wahl stehen - wird es zu anstrengend, der zusätzliche Nutzen wiegt die Kosten nicht mehr auf.

Wie sich Kunden tatsächlich entscheiden, haben die beiden amerikanischen Forscher Sheena Iyengar und Mark Lepper in einer kleinen Feldstudie untersucht: Sie bauten in einem Delikatessengeschäft in Kalifornien gewöhnliche Probiertische auf. Dort konnten sich Kunden kleine Toastbrote nehmen und verschiedene Marmeladensorten probieren. In einer Versuchsanordnung präsentierten die Forscher den vorbeigehenden Kunden 6 verschiedene Sorten zum Probieren, in einer anderen 24.

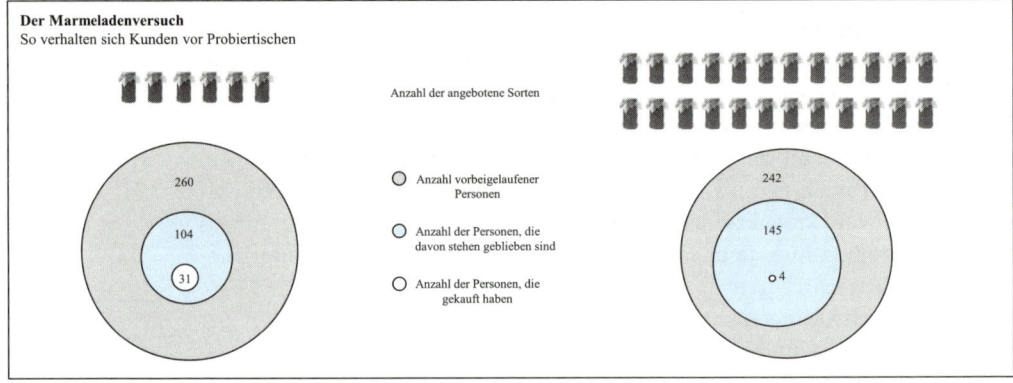

Der Marmeladenversuch
So verhalten sich Kunden vor Probiertischen

Anzahl der angebotene Sorten

260
104
31

○ Anzahl vorbeigelaufener Personen

○ Anzahl der Personen, die davon stehen geblieben sind

○ Anzahl der Personen, die gekauft haben

242
145
4

1.3.2 Kennzahlen zur Programm- und Sortimentsbeurteilung

Um das Produktprogramm bzw. das Sortiment optimal im wirtschaftlichen Sinne gestalten zu können, müssen die aktuellen und potenziellen Bestandteile des Produktprogramms bzw. des Sortiments analysiert werden. Dabei stellen **Produktlinien** und einzelne **Produkte** die **Analyseobjekte** dar, die mithilfe von unterschiedlichen Kennzahlen beurteilt werden. Die Kennzahlen können dabei in drei **Arten** unterteilt werden:

Kennzahlenarten

▸ absatz- und umsatzbezogene Kennzahlen,
▸ deckungsbeitragsbezogene Kennzahlen und
▸ rentabilitätsbezogene Kennzahlen (vgl. *Haller*, 2001, S. 112).

Das Ergebnis war verblüffend: Von den Kunden, die am Tisch mit der großen Auswahl vorbeischlenderten, probierten 60 Prozent mindestens eine Sorte, aber noch nicht mal 2 Prozent der Passanten kaufte letztlich ein Glas. Die kleine Auswahl lockte zwar nur 40 Prozent der Vorbeigehenden zum Probieren, doch am Ende nahmen 12 Prozent der Passanten ein Glas mit zur Kasse - deutlich mehr als beim großen Probiertisch.

Für die Läden mag ein großes Sortiment dennoch rational sein, schließlich schätzen wir die Auswahl so, dass wir die Läden mit der großen Auswahl häufiger besuchen - dann kaufen wir vielleicht keine Marmelade, dafür nehmen wir am nächsten Regal ein Glas Nutella mit.

Aber was ist mit uns? Wir haben zwar mehr Auswahl als früher, doch das macht uns nicht zufriedener. Der amerikanische Psychologe Barry Schwartz nennt das "the paradox of choice". Und der Wissenschaftsjournalist Bas Kast schreibt in seinem Buch "Ich weiß nicht, was ich wollen soll", chronischer Mangel sei durch ein chronisches Zuviel ersetzt worden: "Wir können immer mehr entscheiden, aber niemand nimmt uns die Entscheidung mehr ab." Tatsächlich hat uns die größere Auswahl immer freier gemacht, damit sind aber auch ein paar Schwierigkeiten verbunden.

Für die kleinen Entscheidungen beim Einkauf fällt das noch nicht so ins Gewicht - irgendwann lernen wir, dass wir am liebsten Pfirsich-Maracuja-Marmelade essen, auch wenn 25 Sorten im Regal stehen. Schlimmer ist es bei den großen Fragen im Leben, die man nur einmal beantwortet - oder zumindest sehr selten: Welches Studium? Und wo? Welcher Beruf? Welches Haus? Welche Geldanlage? Verglichen mit unseren Urahnen, sind wir viel freier geworden, haben Tausende Möglichkeiten und sind kaum noch an feste Regeln und Traditionen gebunden. Doch diese Auswahl macht uns nicht unbedingt glücklicher.

Denn: Wer sich aus 25 Sorten eine aussucht, entscheidet sich gegen 24 andere. Da ist die Gefahr groß, dass eine der anderen Optionen besser gewesen wäre. Und die Gefahr wird umso größer, je mehr andere Sorten zur Auswahl standen. Psychologe Barry Schwartz diagnostiziert, Menschen seien mit den vielen Entscheidungen überfordert. Der Zweifel an der Entscheidung plage sie selbst dann, wenn ihre Wahl im Grunde "nicht die schlechteste" war.

Am Ende ist das Problem ein paradoxes: Je mehr Auswahl wir haben, umso eher trauern wir den verpassten Chancen hinterher. Je mehr Marmelade zur Auswahl steht, desto größer wird unsere Erwartung an die Marmelade der Wahl. Doch das Geheimnis des Glücks liege gerade im Gegenteil, sagt Schwartz: Glücklich wird, wer keine großen Erwartungen hat.

Serie: Denkfehler die uns Geld kosten

Quelle: *FAZ*, 2012

Abbildung 170 bietet einen Überblick über exemplarische Ausprägungen der drei Arten von Kennzahlen zur Beurteilung von Produktprogrammen und Sortimenten mit entsprechenden Beispielgrößen.

Den Ausgangspunkt der Analyse eines Produktprogramms bzw. Sortiments bildet i. d. R. eine **Umsatzanalyse** (vgl. *Müller-Hagedorn/Natter*, 2011, S. 272; *Haller*, 2001, S. 112). Damit kann festgestellt werden, welche Teile des Produktprogramms bzw. Sortiments starke und schwache Umsatzträger sind. Allerdings lässt sich ohne Absatzmengenstatistik nicht erkennen, ob ggf. auftretende Umsatzveränderungen auf Veränderungen von Mengen und/oder Preisen zurückzuführen sind. Außerdem lässt eine Umsatzanalyse die Deckungsbeiträge der ein-

Ausgangspunkt
Umsatzanalyse

Abb. 170

Kennzahlen zur Beurteilung von Produktprogrammen und Sortimenten

Absatz- und umsatz-bezogene Kennzahlen	Deckungsbeitrags-bezogene Kennzahlen	Rentabilitäts-bezogene Kennzahlen
▸ Absatz ▸ Umsatz ▸ mengenmäßiger Markt-anteil ▸ wertmäßiger Marktanteil ▸ Absatz pro Frontstück ▸ Absatz pro 100.000 € ▸ Gesamtumsatz ▸ Absatz pro 100.000 Posten ▸ Absatz pro 1.000 Kunden ▸ Umsatz pro Frontstück ▸ Umsatz pro 100.000 Posten ▸ Umsatz pro 1.000 Kunden ▸ Umsatz pro 100.000 €	▸ absolut ▸ pro Frontstück ▸ pro 100.000 € Gesamtumsatz ▸ pro 1.000 Kunden ▸ pro 100.000 Posten	▸ Lagerumschlag ▸ Bruttonutzen ▸ Abschlagskalkulation

Quelle: *Haller*, 2001, S. 112

zelnen Sortimentteile außer Betracht. Es erscheint jedoch sinnvoll zu prüfen, welche Artikel und Produktlinien welchen Anteil vom Gesamtumsatz eines Unternehmens verursachen. Dies lässt sich z.B. mithilfe von **Lorenzkurven** darstellen. *Abbildung 171* veranschaulicht ein Beispiel mit fünf Produktlinien und unterschiedlicher Anzahl der Artikel innerhalb der Produktlinie.

Im Beispiel von *Abbildung 171* wird deutlich, dass die Produktlinie 5 sowohl absolut, als auch gewichtet an der Zahl der Artikel in dieser Produktlinie den größten Beitrag zum Gesamtumsatz leistet. Vergleicht man die Produktlinien 1 und 3, kann man feststellen, dass beide Linien den gleichen Beitrag zum Gesamtumsatz leisten. Die Anzahl der Artikel der Linie 3, die zur Generierung des Umsatzes benötigt werden, ist jedoch wesentlich geringer als bei Produktlinie 1.

Deckungsbeitrags-rechnung

Die absatz- und umsatzbezogenen Größen werden häufig im Rahmen weiterer Analysen den erfolgsbezogenen Kennzahlen gegenübergestellt. Dazu gehört die **Deckungsbeitragsrechnung**, die auf dem Prinzip der entscheidungsgerechten Zurechnung von Kosten auf Kostenträger beruht (vgl. *Müller-Hagedorn/Natter*, 2011, S. 246). Hierbei wird davon ausgegangen, dass die Kosten nur dann einem Objekt zugerechnet werden sollten, wenn durch eine geplante Entscheidung, z.B. das Streichen einer Produktlinie auch die entsprechenden Kosten in entsprechender Höhe betroffen sind. Falls im Mittelpunkt der Analyse die Vorteilhaftigkeit einzelner Artikel oder Produktlinien steht, werden im System der Deckungsbeitragsrechnung den durch den Artikel bzw. die Produktlinie generierten Umsätzen nur die Kosten gegenübergestellt, die diesen Kostenträgern direkt zurechenbar sind (vgl. *Müller-Hagedorn/Natter*, 2011, S. 246).

Abb. 171

Artikelbezogene Umsatzverteilung mithilfe der Lorenzkurve

	Produktlinie					Σ
	1	2	3	4	5	
Anzahl der Artikel	100	240	30	430	200	1.000
Umsatz	500	2.500	500	2.500	4.000	10.000
relativer Anteil der Artikel	10 %	24 %	3 %	43 %	20 %	100 %
relativer Umsatzanteil	5 %	25 %	5 %	25 %	40 %	100 %
Umsatzanteil/ Artikelanteil	0,5	1,04	1,7	0,6	2	
Rangfolge	1	3	4	2	5	

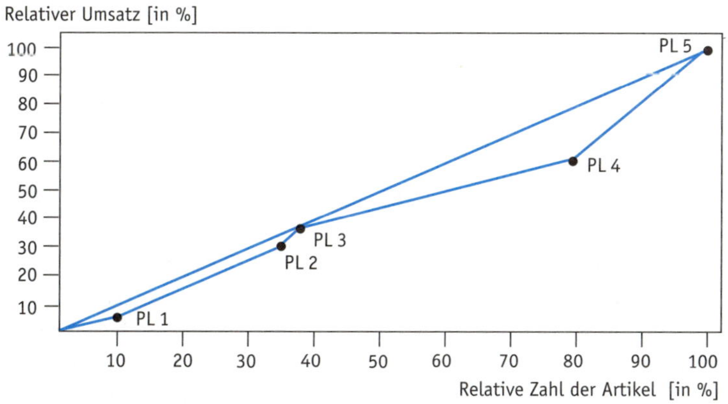

Relativer Umsatz [in %]

Quelle: in Anlehnung an *Müller-Hagedorn/Natter*, 2011, S. 273

Im Beispiel von *Abbildung 172* ist so etwa zu erkennen, dass die Kosten die den einzelnen Produktlinien zugerechnet werden, in variable und fixe Kosten unterteilt wurden. Im Gegensatz zur Vollkostenrechnung werden hier die auf der Stufe II angeführten Kosten der Produktklasse 1 in Höhe von 13.000 nicht auf die Produktlinien 11 und 12 aufgeteilt (vgl. *Müller-Hagedorn/Natter*, 2011, S. 247). Die Fixkosten des Produktprogramms in Höhe von 52.000 werden ebenfalls nicht auf die Produktlinien 11, 12, 21 und 31 verteilt. Auf diese Weise werden die Kosten jeweils nur auf der Ebene verrechnet, auf der sie durch entsprechende programmpolitische Entscheidungen und Maßnahmen beeinflusst werden können. So können beispielsweise die Fixkosten des Produktprogramms in Höhe von 52.000 nur dann vermieden werden, wenn alle vier Produktlinien aus dem Programm gestrichen würden (vgl. *Müller-Hagedorn/Natter*, 2011, S. 246).

Beispielrechnung

Abb. 172

Erfolgsrechnung in Form einer Deckungsbeitragsrechnung (in 1.000 €)

Stufe	Produktklasse	1		2	3	Summe
	Produktlinien	11	12	21	31	
0	Deckungsbeiträge 0	206,0	23,0	94,0	40,0	363,0
	./. variable Kosten der Artikelmengen	149,0	13,0	57,0	31,0	250,0
I	Deckungsbeiträge I	57,0	10,0	37,0	9,0	113,0
	./. Fixkosten der Produktlinien	4,6	3,5	18,5	4,4	31,0
II	Deckungsbeiträge II	52,4	6,5	18,5	4,6	82,0
	./. Fixkosten der Produktklassen	13,0		2,8	1,2	17,0
III	Deckungsbeiträge III	45,9		15,7	3,4	65,0
	./. Fixkosten des Produktprogramms	52,0				52,0
IV	Nettoerfolge	13,0				13,0

Quelle: in Anlehnung an *Müller-Hagedorn/Natter*, 2011, S. 247

Rentabilitätsbezogene Kennzahlen

Die rentabilitätsbezogenen Kennzahlen sind insbesondere zur Beurteilung von Sortimenten im **Einzelhandel** relevant. Dabei kann zwischen **Brutto**- und **Netto-Rentabilität** unterschieden werden. Die Brutto-Rentabilität wird als Quotient aus dem Bruttoertrag und dem Durchschnittswert des zu den Einkaufspreisen bewerteten Warenbestands errechnet (vgl. *Müller-Hagedorn/Natter*, 2011, S. 273). Die Berechnung der Netto-Rentabilität bezieht die Deckungsbeitragsrechnung mit ein. Im Zähler dieses Quotienten wird der Deckungsbeitrag der betrachteten Sortimentseinheit berücksichtigt. Im Nenner kann ebenfalls auf den Durchschnittswert des Warenbestands oder beispielsweise auf die beanspruchte Verkaufsfläche zurückgegriffen werden (vgl. *Müller-Hagedorn/Natter*, 2011, S. 274).

1.3.3 Gestaltungsoptionen für Programme und Sortimente

Hohe Komplexität

Entscheidungstatbestände im Rahmen der Programm- und Sortimentspolitik sind durch höhere **Komplexität** im Vergleich zu Entscheidungen über einzelne Produkte gekennzeichnet. Bei der Betrachtung ganzer Produktlinien müssen **Kannibalisierungs- und Komplementaritätseffekte** berücksichtigt werden, wenn über Produktergänzungen oder Produkteliminierungen entschieden wird (vgl. *Decker/ Bornemeyer*, 2007, S. 575). Grundsätzlich gehören

Entscheidungstatbestände

▶ Produktlinienerweiterung (1),
▶ Modernisierung einer Produktlinie (2),
▶ Produktlinienaufwertung durch Herausstellung einzelner Produkte (3) und
▶ Bereinigung einer Produktlinie (4)

zu den Handlungsoptionen im Rahmen der Produktliniengestaltung.

(1) Produktlinienerweiterung

Eine Produktlinienerweiterung kann durch Ausweitung oder Auffüllen erfolgen. **Ausweitung** einer Produktlinie bedeutet Aufnahme neuer Produkte in die Linie, die je nach gewählter Orientierung entweder zum Trading-Down oder zum Trading-Up führen (vgl. hierzu und zum Folgenden *Decker/Bornemeyer*, 2007, S. 576). Im Fall von **Trading-Down** werden niedrigpreisige Produkte in das Programm aufgenommen. Die möglichen Gründe für solche Entscheidungen sind etwa

Trading-Down-Ausweitung

▶ starke Konkurrenz im oberen Qualitätsbereich,
▶ langsames Wachstum bei den existierenden Produkten im oberen Qualitätsbereich,
▶ vermutetes Wachstum der Produkte im unteren Qualitätsbereich,
▶ Möglichkeit, eine Marktlücke zu schließen.

Insbesondere bei der Entscheidung für ein Trading-Down sollten die möglichen **Kannibalisierungseffekte** berücksichtigt werden. Bei der Aufnahme der Produkte aus dem Niedrigqualitätssegment in eine Produktlinie können Nachfrager die höherwertigen Produkte der Linie durch die neuen günstigeren Produkte ersetzen. Außerdem kann ein Trading-Down **negative Spill-over-Effekte** auf das Image der höherwertigen Produkte einer Linie ausüben. So kann durch die Aufnahme eines Produktes aus dem Niedrigqualitätssegment eine Abwertung der gesamten Produktlinie in der Wahrnehmung der Nachfrager bewirken.

Entsprechend bedeutet **Trading-Up** eine Erweiterung der existierenden Produktlinie um neue höherwertige Produkte. Die möglichen Gründe für ein Trading-Up sind analog

Trading-Up-Ausweitung

▶ geringere Wettbewerbsintensität im oberen Qualitätsbereich,
▶ höhere Gewinnspanne im oberen Qualitätsbereich,
▶ vermutetes Wachstum der Produkte im oberen Qualitätsbereich,
▶ Möglichkeit, die gesamte Produktlinie aufzuwerten.

Eine der zentralen Herausforderungen bei der Umsetzung eines Trading-Up ist die **Nachfragerwahrnehmung des Anbieters**. Assoziieren die Nachfrager den Hersteller mit eher niedrigem Qualitätsniveau, so werden sie womöglich an der Befähigung des Herstellers zweifeln, ein hochwertiges Produkt auf den Markt bringen zu können. Des Weiteren stellt das Verhalten der Wettbewerber eine Gefahr für den Erfolg eines Trading-Up dar. Falls die Konkurrenz im oberen Qualitätsbereich ihrerseits ein Trading-Down vornimmt, kann dies die Erfolgsaussichten des neuen Produkts schmälern.

Das **Auffüllen** im Rahmen der Produktlinienerweiterung bedeutet die Aufnahme neuer Produkte, die eine Lücke im Programm schließen sollen. Dabei sollen die bisher unbefriedigten oder neu entstandenen Wünsche und Bedürfnisse der Nachfrager erfüllt werden. Eine Gefahr stellen in diesem Fall ebenfalls die möglichen Kannibalisierungseffekte dar, wenn die Unterschiede zu bereits existierenden Produkten den Nachfragern nicht ausreichend kommuniziert werden.

Auffüllen des Programms

(2) Modernisierung einer Produktlinie

Eine andere Handlungsoption im Rahmen der Produktliniengestaltung ist die Modernisierung. Diese ist dann notwendig, wenn das Erscheinungsbild einer

Schrittweises Vorgehen

Produktlinie veraltet wirkt, wodurch Nachteile im Vergleich zum Wettbewerb entstehen können. Die Maßnahmen zur Modernisierung einer Produktlinie sollten allerdings **schrittweise** erfolgen, da auf diese Weise die Reaktionen der Kunden und ggf. des Handels beobachtet werden können. Außerdem kann dann der finanzielle Aufwand für die Modernisierungsmaßnahmen auf mehrere Perioden verteilt werden. Nachteilig an dieser Vorgehensweise ist die Tatsache, dass die Konkurrenz die Modernisierungsschritte mitverfolgen und entsprechend reagieren kann.

(3) Aufwertung einer Produktlinie

Betonung einzelner Produkte

Die Aufwertung einer Produktlinie durch **Herausstellung** eines etablierten Produktes gehört ebenfalls zur Produktliniengestaltung (vgl. *Decker/Bornemeyer*, 2007, S. 577). Die Aufwertung kann durch den Einsatz entweder eines »Preis-

---

Abb. 173

Produktliniengestaltung am Beispiel der Produktlinie »NIVEA Bath Care«

»[...] Die im Jahr 1987 zunächst aus Dusch- und Schaumbad bestehende Produktlinie wurde kontinuierlich erweitert. Im Jahr 1993 wurden die Kategorienbezeichnungen NIVEA Dusche, NIVEA Bad und NIVEA Seife eingeführt, die 1995 unter dem Begriff NIVEA Bath Care zusammengefaßt wurden. Innerhalb der Produktlinie kann zwischen klassischen Produkten (z.B. Duschbad und Schaumbad) und Spezialitäten (z.B. Dusch-Peeling und Cremebad Milch & Honig) unterschieden werden. Zielsetzung der Aktivitäten im Bereich der Produktliniengestaltung ist der Ausbau der Marktposition durch Produktlinienerweiterung und Innovation. Die Produkte der Linie sind im mittleren Preissegment angesiedelt und verbleiben langfristig nur dann in der Produktlinie, wenn sie einen gewissen Mindestumsatz erzielen. Die bisherigen Erweiterungen der Produktlinie können als Auffüllen der Produktlinie verstanden werden. Die Produktlinie wurde beispielsweise im Jahr 1989 um die NIVEA Pflegedusche for men erweitert. Ausgangspunkt waren u.a. Trends im Verbraucherverhalten, insbesondere das steigende Pflegebewußtsein, wachsende Qualitätsansprüche und die zunehmende Individualität des Pflegebedürfnisses im Männersegment. Auch wurde dieses Segment im Körperpflege- und Kosmetikmarkt als nachhaltig dynamisch und expansiv eingeschätzt. Durch das Auffüllen der Produktlinie sollte eine neue Verwenderschaft gewonnen und das verstärkte Wachstum des Duschbadmarktes ausgeschöpft werden. Im Jahr 1998 wurde die Produktlinie NIVEA Bath Care um Shampoo/Duschgel und ein Schaumbad speziell für Kinder erweitert.

Markt- und Verbraucheranalysen signalisierten im Vorfeld ein hohes Potential für Kinder-Produkte in diesem Bereich, so daß eine Erweiterung des Angebotes auch für dieses Segment erfolgversprechend schien. Diese und weitere Erweiterungen der Produktlinie zeichnen sich hinsichtlich Qualität und Preis durch eine hohe Affinität zu den etablierten Produkten aus, d.h. es wurden keine Ausweitung in höhere oder niedrigere Qualitäts- bzw. Preissegment im Sinne eines Trading-Up oder Trading-Down vorgenommen.

Eine Modernisierung der Produktlinie erfolgte u.a. im Jahr 1993. NIVEA sollte zum einen als die Marke mit der größten Pflegekompetenz im Markt der Dusch- und Badezusätze etabliert werden und zum anderen sollte das Markeimage aktualisiert werden. Unter Beibehaltung des bisherigen Sortiments wurde beispielsweise das Design hochwertiger und aufmerksamkeitsfördernder gestaltet und die Rezeptur für Duschen und Bäder, das Logo sowie die Flaschenform erfuhren eine gezielte Überarbeitung. Eine weitere Modernisierung der Produktlinie erfolgte im Jahr 1998. Wie bereits 1993 wurden das Design und die Rezeptur der Produkte der Linie überarbeitet. [...]

In dem hier betrachteten Zeitraum (1987–1999) kam es in zwei Fällen zu einer Bereinigung der Produktlinie. Im Jahr 1993 wurde das 1991 eingeführte Badekonzentrat und im Jahr 1999 die erst 1994 eingeführte Bade-Milk aus der Produktlinie herausgenommen.«

Quelle: *Decker/Bornemeyer*, 2007, S. 577 ff.

schlagers« oder eines »Flaggschiffs« erfolgen. Bei einem »**Preisschlager**« wird ein Produkt aus dem unteren Qualitätsbereich durch Kommunikationsmaßnahmen in den Vordergrund gestellt, um die Aufmerksamkeit auf die anderen Produkte der Linie zu lenken. Bei einem »**Flaggschiff**« wird ein Produkt aus dem oberen Qualitätsbereich forciert, um der gesamten Linie ein höherwertiges Image zu verleihen.

(4) Bereinigung einer Produktlinie

Schließlich sollte in regelmäßigen Zeitabständen eine Bereinigung einer Produktlinie durchgeführt werden, um die einzelnen **Produkte** zu **eliminieren**, die keinen Erfolg mehr auf dem Markt vorweisen können. Wie aber bereits im Rahmen der Ausführungen zur Produktelimination im Zusammenhang mit den zeitlichen Entscheidungstatbeständen der Produktpolitik (vgl. Abschnitt 2 D II 1.2) deutlich gemacht wurde, wird eine solche Bereinigung häufig in der Praxis nicht allein an ökonomischen Kriterien festgemacht. Stattdessen spielen bei Eliminations- bzw. Bereinigungsentscheidungen i. d. R. auch psychologische Faktoren eine zentrale Rolle.

Abbildung 173 präsentiert die Handlungsoptionen im Rahmen der Produktliniengestaltung zusammenfassend am Beispiel von NIVEA Bath Care.

Regelmäßige Eliminationsentscheidungen

2 Preispolitik

Lernziele

▶ Sie kennen die Zielsetzung der Preispolitik und können deren aktuelle Bedeutung einschätzen.

▶ Sie kennen die Ablaufschritte des Preismanagements und können preispolitische Maßnahmen diesen Phasen zuordnen.

▶ Sie wissen, dass im Rahmen der Phase der Preisinformation anbieter-, wettbewerbsbezogene und nachfragerbezogene Informationen einbezogen werden sollten.

▶ Sie kennen den Begriff der Zahlungs- und Preisbereitschaft und wissen, wie diese ermittelt werden können. Auch können Sie die einzelnen Methoden in Bezug auf ihre Validität und Praktikabilität einschätzen.

▶ Sie kennen die zentralen verhaltenswissenschaftlichen preispolitischen Einflussfaktoren, können diese strukturieren und kennen deren Wirkung auf das Kaufverhalten.

▶ Sie wissen, dass bei der Preisfindung und Preisgestaltung zwischen den Fällen der Markt- und Einzelkundenpreisfindung zu unterscheiden ist.

▶ Sie haben umfassende Kenntnisse in Bezug auf die Preis-Absatz-Funktion, können den gewinnoptimalen Preis festlegen und kennen Maßnahmen der Preisgestaltung wie Preisdifferenzierung, Preisbündelung und nicht-lineare Preise.

▶ Sie wissen, dass im Rahmen der Einzelkundenpreisfindung Preisverhandlungen durchzuführen sind. Sie können die Ablaufschritte des Preisverhandlungsmanagement erklären und anwenden.

▶ Sie kennen den Begriff der Preisabwicklung und die hierfür zur Verfügung stehenden Maßnahmen wie zum Beispiel die Festlegung von Zahlungsbedingungen.

Die Preispolitik umfasst alle unternehmerischen Maßnahmen, die die direkten oder indirekten **monetären Gegenleistungen** der Käufer für die von einer Unternehmung angebotenen Sach- oder Dienstleistungen beinhalten.

Gegenstand

Die monetären Gegenleistungen werden dabei zum einen durch den **Preis** beschrieben, den *Simon/Fassnacht* (2009, S. 6) als die Zahl an Geldeinheiten verstehen, die ein Käufer für eine Mengeneinheit eines Produktes oder einer Dienstleistung entrichten muss. Dieser auf den ersten Blick eindimensional erscheinende Betrag kann dabei durchaus zu einem komplexen, mehrdimensionalen Konstrukt werden, wenn Anbieter **Preissysteme** schaffen, indem sie die Preise für verschiedene Produkte aufeinander abstimmen, Preise in Abhängigkeit von der nachgefragten Menge variieren oder z. B. als mehrteilige Tarife (Grundpreis und Preis für in Anspruch genommene Menge) gestalten.

Zum anderen gehören auch die **Zahlungskonditionen**, die ein Unternehmen seinen Kunden bietet, zu den monetären Gegenleistungen der Kunden. Denn durch die Festlegung, wann der Preis vom Kunden zu entrichten ist (**Zahlungsfrist**) und wie die monetäre Gegenleistung erfolgen soll (**Zahlungsform**), wird ebenfalls der Umfang der monetären Gegenleistung determiniert. Beispielsweise ermöglicht ein Zahlungsziel von 30 oder 60 Tagen, dass der Kunde den Kaufpreis für diesen Zeitraum zinsbringend anlegen kann, sodass sich durch das Zahlungsziel die monetäre Gegenleistung reduziert. Ebenso kann das Angebot alternativer Zahlungsformen (z. B. EC-Karte oder Kreditkarte) für den Kunden mit dem Vorteil verbunden sein, dass er die für ihn günstigste Zahlungsform auswählen kann, sodass die monetäre Gegenleistung auch durch die Zahlungsform beeinflusst wird.

2.1 Zur aktuellen Bedeutung der Preispolitik

Die Preispolitik stellt heute eines der wichtigsten Aktionsfelder im Marketing dar. Die zentrale Bedeutung der Preispolitik ist zunächst einmal darauf zurückzuführen, dass der Preis einen **wichtigen Gewinntreiber** darstellt. *Simon/Fassnacht* (2009, S. 2) verdeutlichen dies an folgendem Beispiel (vgl. *Abbildung 174*).

»Um den Einfluss dieser Treiber [Anmerk. d. Verf.: Preis, Absatzmenge, Kosten] auf den Gewinn zu verdeutlichen, betrachten wir ein Rechenbeispiel, dessen Struktur für industriell gefertigte Produkte typisch ist. Der Preis des Produktes betrage 100 € und die Absatzmenge liege bei 1 Mio. Stück. Die Fixkosten sollen 30 Mio. €, die variablen Stückkosten 60 € betragen. Es werden also ein Umsatz von 100 Mio. € und ein Gewinn von 10 Mio. € erzielt. [...] Wie wirkt sich nun eine isolierte (ceteris paribus), zehnprozentige Verbesserung jedes einzelnen Gewinntreibers auf den Gewinn aus? [...] Eine zehnprozentige Verbesserung beim Preis bedeutet eine Erhöhung auf 110 €. Der Gewinn steigt von 10 auf 20 Mio. €, also um 100 %. Bei den übrigen Gewinntreibern betragen die Prozentsätze der Gewinnsteigerung 60 % [Anmerk. d. Verf.: variable Kosten], 40 % [Anmerk. d. Verf.: Absatzmenge] und 30 % [Anmerk. d. Verf.: Fixkosten]. Der Preis ist somit im Beispiel der mit Abstand stärkste Gewinntreiber« (*Simon/Fassnacht*, 2009, S. 2).

Trotz der großen Bedeutung des Preises hat das Marketing das Thema Preispolitik **lange Zeit eher stiefmütterlich behandelt**. In der Marketing-Praxis lag dies vor allem daran, dass die Verantwortung für das Pricing in vielen Unternehmen nicht dem Marketing, sondern eher anderen Bereichen wie der Ge-

Abb. 174

Der Preis als wichtiger Gewinntreiber

Eine zehnprozentige Verbesserung ...				... erhöht den Gewinn um ...
	Gewinntreiber		Gewinn (in Mio. €)	
	alt	neu	alt	neu
Preis	100 €	110 €	10	20	100 %
Variable Stückkosten	60 Mio. €	54 Mio. €	10	16	60 %
Absatzmenge	1 Mio.	1,1 Mio.	10	14	40 %
Fixkosten	30 Mio. €	27 Mio. €	10	13	30 %

Quelle: *Simon/Fassnacht*, 2009, S. 3

schäftsführung oder dem Controlling oblag. In der Marketing-Wissenschaft war das Thema ebenfalls nicht seiner Bedeutung entsprechend positioniert, da die Dominanz der Effektivitätsperspektive im Marketing-Verständnis andere Bereiche des Marketing wichtiger erscheinen ließ (z. B. Produktpolitik).

Erst in den vergangenen Jahren ist ein **Umdenken in Wissenschaft und Praxis** feststellbar, wenn es um die Bedeutung der Preispolitik geht. Neben einem veränderten Marketing-Verständnis, bei dem nun nicht mehr allein Effektivitäts-, sondern vermehrt auch Effizienz-Überlegungen im Mittelpunkt stehen, lässt sich dieser Umstand auch auf verschiedene aktuelle Marktentwicklungen zurückführen, die den Stellenwert des Marketing-Instruments Preis entweder vergrößert haben oder die dessen Bedeutung deutlicher zutage treten ließen. Im Einzelnen ist hierbei vor allem an die in *Abbildung 175* dargestellten Entwicklungen zu denken.

Aktuell hoher Stellenwert

▸ **Internationalisierung:** Viele Branchen waren in den vergangenen Jahren durch eine stark zunehmende Internationalisierung von Nachfrage und Wettbewerb gekennzeichnet. Indem Nachfrager ihren Bedarf verstärkt international decken (z. B. im Rahmen von »**Global sourcing**«-Aktivitäten) – und damit zwischen einer größeren Zahl von Wettbewerbern wählen können – und die internationale Marktbearbeitung von Unternehmen die Wettbewerbsintensität auf Ländermärkten zugleich vergrößert, kommt dem Preis eine immer größere Bedeutung im Wettbewerb zu. So versuchen Nachfrager, durch die Internationalisierung ihrer Einkaufsprozesse vor allem günstige Einkaufskonditionen zu erzielen. Auf Zugeständnisse von Anbietern können sie dabei hoffen, da diese hierzu durch den intensiveren Wettbewerb gezwungen sind.

Zunehmende Internationalisierung

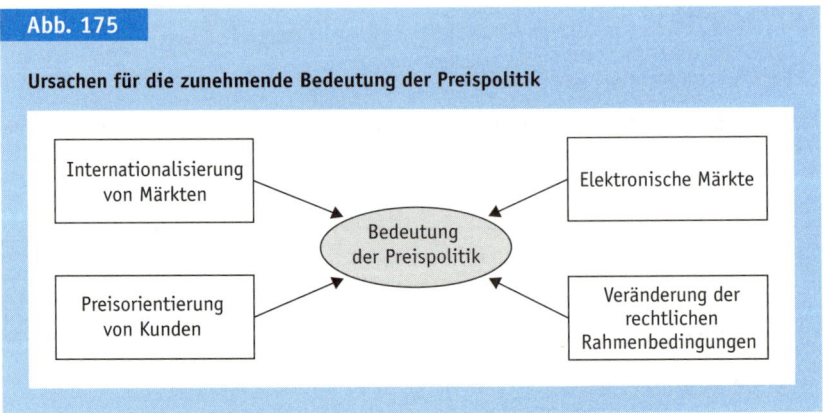

Abb. 175

Ursachen für die zunehmende Bedeutung der Preispolitik

Internationalisierung von Märkten

Elektronische Märkte

Bedeutung der Preispolitik

Preisorientierung von Kunden

Veränderung der rechtlichen Rahmenbedingungen

Aufkommen elektronischer Märkte

▸ **Elektronische Märkte:** Dass sich Unternehmen in der Vergangenheit bei vergleichbaren Produkten trotz höherer Preise behaupten konnten, lag nicht selten an fehlender Preistransparenz in den Märkten. Den Kunden solcher Unternehmen war zumeist nicht bekannt, dass Wettbewerber vergleichbare Leistungen günstiger anboten. Der »Siegeszug« des **Internets** hat die Preistransparenz in vielen Märkten allerdings deutlich vergrößert. Daher müssen Unternehmen der Preispolitik heute eine stärkere Aufmerksamkeit widmen, da schon geringfügige Preisunterschiede im Vergleich zu Wettbewerbern zu einer Kundenabwanderung führen (können).

Discountisierung der Gesellschaft

▸ **Stärkere Preisorientierung der Kunden:** Darüber hinaus ist in vielen Märkten eine **Angleichung von Produkten** und Leistungen bzw. von deren Qualität im Wettbewerb beobachtbar (vgl. auch Abschnitt C III 1.1). Diese Entwicklung ist u. a. darauf zurückzuführen, dass viele Märkte inzwischen technisch weitgehend ausgereift sind und zudem durch ein nur noch geringes Innovationsniveau gekennzeichnet sind. Auf solchen Märkten verwenden die Wettbewerber ähnliche Technologien und Prozesse. Zudem haben sie – z. T. voneinander – gelernt, welche Produktmerkmale kundenseitig gewünscht und erwartet werden, sodass die Wettbewerber relativ vergleichbare Leistungen anbieten. *Enke/Geigenmüller* (2011) spricht in diesem Zusammenhang von einer **Commoditisierung** vieler Märkte, weil die dort angebotenen Leistungen zunehmend den Status von Commodities einnehmen. Wenn aber die von den Anbietern in einem Markt angebotenen Produkte aus Kundensicht ähnlich eingestuft und die Leistungen als austauschbar angesehen werden, richtet sich der Kunde bei seiner Kaufentscheidung im Regelfall stärker am Preis aus. Die zunehmende Aufmerksamkeit, die auf den Märkten dem Preis zukommt (vgl. *Abbildung 176*), führt dann aber auch zu einer schrittweisen »**Discountisierung**« der Vermarktungsbemühungen der Anbieter. Ähnlich einem Discounter, der (nur) über den Preis verkauft, müssen sie dem Preis ein stärkeres Gewicht innerhalb ihres Marketing zuordnen, da Nachfrager stärker anhand des Preises entscheiden.

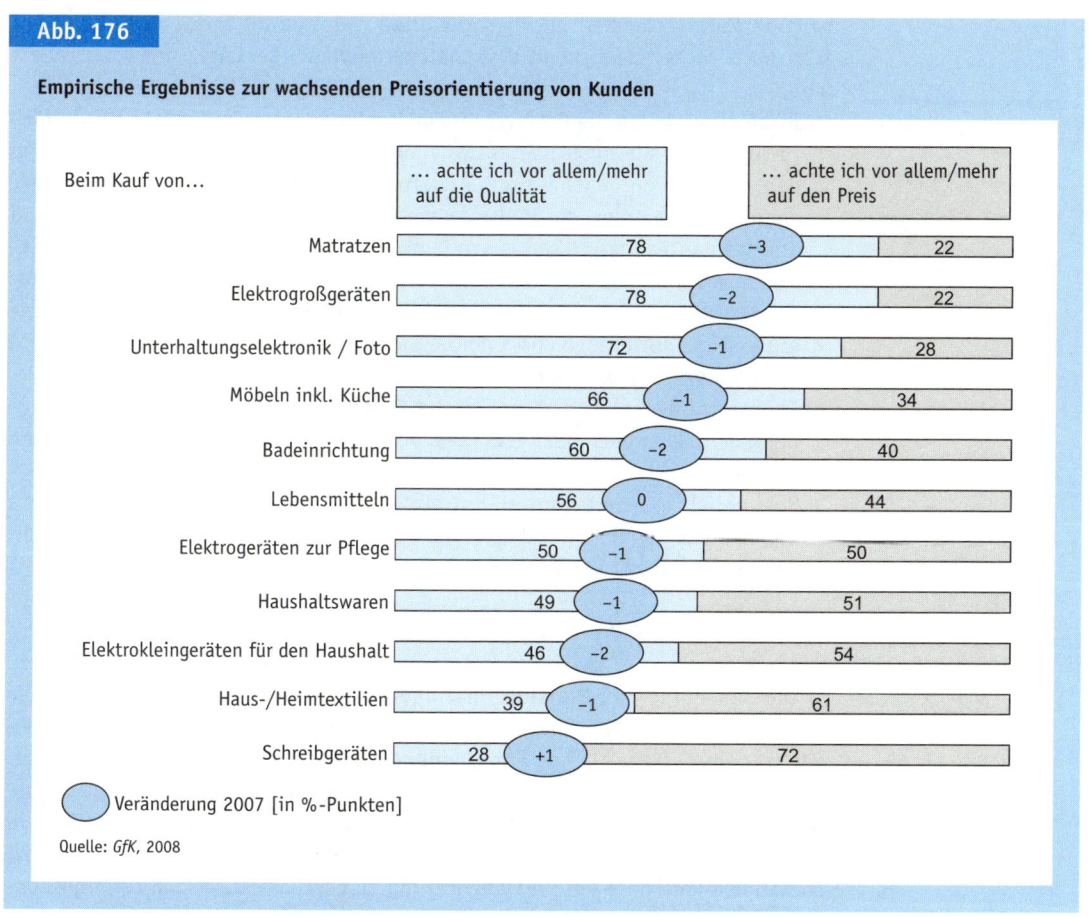

Abb. 176

Empirische Ergebnisse zur wachsenden Preisorientierung von Kunden

Beim Kauf von...

... achte ich vor allem/mehr auf die Qualität | ... achte ich vor allem/mehr auf den Preis

	Qualität	Veränderung	Preis
Matratzen	78	–3	22
Elektrogroßgeräten	78	–2	22
Unterhaltungselektronik / Foto	72	–1	28
Möbeln inkl. Küche	66	–1	34
Badeinrichtung	60	–2	40
Lebensmitteln	56	0	44
Elektrogeräten zur Pflege	50	–1	50
Haushaltswaren	49	–1	51
Elektrokleingeräten für den Haushalt	46	–2	54
Haus-/Heimtextilien	39	–1	61
Schreibgeräten	28	+1	72

Veränderung 2007 [in %-Punkten]

Quelle: *GfK*, 2008

▶ **Veränderung rechtlicher Rahmenbedingungen**: Schließlich wurde (in Deutschland) Anfang der 2000er Jahre der preispolitisch relevante rechtliche Rahmen vereinfacht. So wurde das Gesetz über Preisnachlässe (**Rabattgesetz**) zum 25. Juli 2001 außer Kraft gesetzt, in welchem der Gewährung von Rabatten und Preisnachlässen enge Grenzen gesetzt worden waren. Ebenso wurde die **Zugabenverordnung** abgeschafft, die für das Pricing von Zusatzleistungen relevant war. Durch die Lockerung des rechtlichen Rahmens sind nun vor allem Endverbraucherrabatte in größerem Umfang möglich. Insgesamt sind somit die preispolitischen Restriktionen abgeschwächt worden, sodass hierdurch eine Renaissance preispolitischer Maßnahmen im Marketing möglich wurde.

Wegfall von Rabattgesetz und Zugabenverordnung

2.2 Preispolitische Entscheidungstatbestände

Gerade angesichts der gestiegenen Bedeutung, die der Preispolitik innerhalb des Marketing-Instrumentariums in den vergangenen Jahren erwachsen ist, kommt der **Professionalisierung des Pricing** für die Marketing-Praxis eine be-

Erfordernis höherer Pricing-Professionalität

sondere Aufmerksamkeit zu. Dies gilt umso mehr, da die Preispolitik hier vielfach noch nicht ausreichend systematisch geplant, gestaltet und kontrolliert wird:

Ursachen mangelnder
Pricing-Professionalität

▸ Beispielsweise lag die **Preisverantwortlichkeit** in der Vergangenheit vielfach nicht in der (alleinigen) Verantwortung des Marketing, sondern vor allem in den Händen von Controlling, Geschäftsleitung oder anderen internen Bereichen. Daher wurden die Preise in vielen Unternehmen häufig überwiegend an internen Bezugsgrößen ausgerichtet. Ein typisches Beispiel stellt in diesem Zusammenhand die **Cost Plus-Methode** dar, bei der der Preis eines Produktes oder einer Leistung ermittelt wird, indem auf die Stückkosten eine einheitliche unternehmens- oder bereichstypische Marge aufgeschlagen wird (vgl. *Simon/Fassnacht*, 2009, S. 190).

▸ Ebenso wurden auch **preispolitische Gestaltungsparameter** (z. B. Preisbündelungen) entweder nur vereinzelt oder aber insgesamt zu unsystematisch eingesetzt.

▸ Schließlich existierte nur selten ein gezieltes **Rabattmanagement**, sodass die Kunden gewährten Rabatte vor allem von den individuellen (und nicht selten situativen) Vorstellungen der Vertriebsmitarbeiter abhingen.

Ablaufschritte professionellen Preismanagements

Ein professionelles **Preismanagement** sollte umfassend angelegt sein und zumindest aus den in *Abbildung 177* dargestellten **Planungsschritten** bestehen.

Die Sammlung von **Preisinformationen** stellt für das Pricing eine wichtige Grundlage dar, weil die Qualität von Preisentscheidungen (wie auch alle anderen betriebswirtschaftlichen Entscheidungen) unmittelbar von der Güte der zugrundeliegenden relevanten Informationen abhängt. Anschließend ist zu bestimmen, in welcher Höhe die Preise konkret gesetzt (**Preisfindung**) und in welcher Struktur sie angeboten werden sollen (**Preisgestaltung**). Schließlich ist im Rahmen der Phase der **Preisabwicklung** zu bestimmen, welche Zahlungskonditionen und welche Zahlungsformen Kunden angeboten werden können.

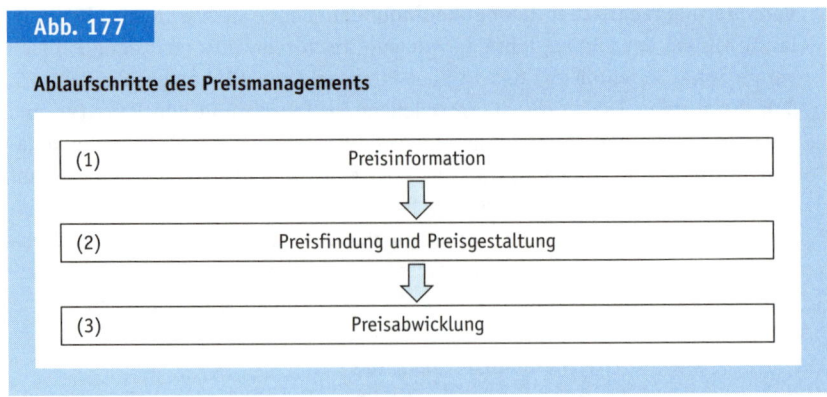

Abb. 177

Ablaufschritte des Preismanagements

(1) Preisinformation

(2) Preisfindung und Preisgestaltung

(3) Preisabwicklung

2.2.1 Preisinformationen

Da Marketing-Aktivitäten stets in den Relationen des **Marketing-Dreiecks** (Anbieter, Nachfrager, Konkurrent) festzulegen sind, spielen auch für das Pricing

▸ anbieterbezogene Informationen,
▸ wettbewerbsbezogene Informationen und
▸ nachfragerbezogene Informationen

eine Rolle (vgl. *Abbildung 178*).

Benötigte Pricing-
Informationen

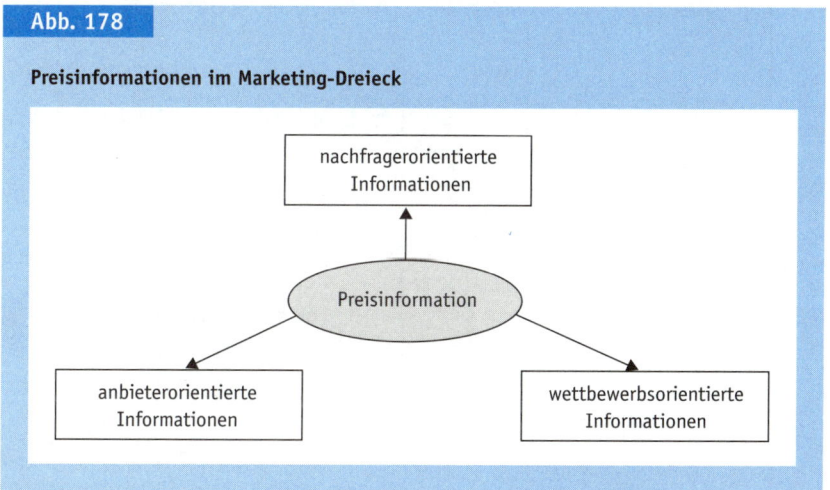

Abb. 178

Preisinformationen im Marketing-Dreieck

Als anbieterbezogene Informationen müssen zunächst die **Kosten** des Produkts bzw. der Leistung bekannt sein, da zumindest diese durch den Preis gedeckt werden müssen. Insofern stellen die Kosten eines Produktes dessen **Preisuntergrenze** dar. Daneben werden Informationen über die Preise des Wettbewerbs benötigt, da Kunden die Preise eines Anbieters mit den Preisen von dessen Wettbewerbern vergleichen und erst auf Basis dieses Vergleichs ihre Kaufentscheidung treffen. Vor diesem Hintergrund müssen Anbieter bei ihren Preisentscheidungen auch die **Preise der Wettbewerber** berücksichtigen, um sich nicht aus dem Markt zu kalkulieren. Schließlich interessiert für das Pricing darüber hinaus, welchen Betrag Kunden höchstens für eine Leistung zu zahlen bereit sind (**Preis-** bzw. **Zahlungsbereitschaft**) und durch welches Preisverhalten (z. B. Preiswissen) sie sich auszeichnen. Die Zahlungsbereitschaft der Kunden stellt dabei die generelle **Preisobergrenze** für die Anbieter dar. Ein Überschreiten dieser Grenze würde dazu führen, dass (potenzielle) Kunden auf den Erwerb der angebotenen Leistung verzichten.

Kosten = Preisuntergrenze

Preis- bzw. Zahlungsbereitschaft = Preisobergrenze

Abbildung 179 zeigt unterschiedliche Konstellationen von Kostengrößen (anbieterbezogene Information), Wettbewerbspreisen (wettbewerbsbezogene Information) und Zahlungsbereitschaften (nachfragerbezogene Information). In jeder der aufgeführten Konstellationen sind dabei jeweils alle Preisinformationen relevant.

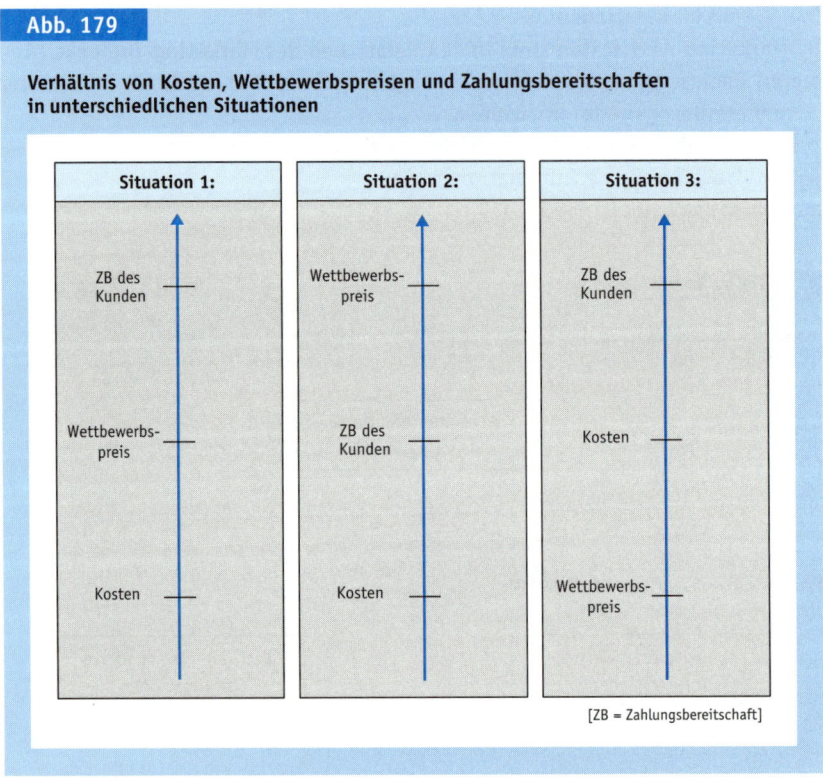

Abb. 179

Verhältnis von Kosten, Wettbewerbspreisen und Zahlungsbereitschaften in unterschiedlichen Situationen

Situation 1:	Situation 2:	Situation 3:
ZB des Kunden	Wettbewerbs- preis	ZB des Kunden
Wettbewerbs- preis	ZB des Kunden	Kosten
Kosten	Kosten	Wettbewerbs- preis

[ZB = Zahlungsbereitschaft]

Verschiedene Pricing- Situationen

In **Situation 1** werden zum einen die Kosteninformationen benötigt, da diese die Preisuntergrenze bei der Preisfestsetzung darstellen. Zum anderen sind Information über die Zahlungsbereitschaft der Kunden erforderlich, da die Zahlungsbereitschaft der allgemeinen Preisobergrenze für ein Produkt entspricht. Sofern allerdings der Wettbewerbspreis unterhalb der (allgemeinen) Zahlungsbereitschaft liegt, wird der Kunde faktisch nur bereit sein, einen Preis in Höhe des Wettbewerbspreises zu entrichten, wenn von weitgehend ähnlichen Produkten ausgegangen wird. Zwar ist er generell bereit, für Produkte des betrachteten Typus einen bestimmten Preis zu zahlen; da allerdings das vergleichbare Wettbewerbsprodukt zu einem geringeren Preis erhältlich ist, liegt in diesem Fall die Preisobergrenze allein auf Höhe des Wettbewerbspreises. Die Preisbereitschaft liegt demnach unterhalb der Zahlungsbereitschaft, da der Kunde keine ausreichende Differenzierung zwischen den Produkten wahrnimmt und der Wettbewerb das Produkt zu einem Preis anbietet, der unterhalb der generellen Zahlungsbereitschaft für Produkte der entsprechenden Produktkategorie liegt. Auch in diesem Fall ist allerdings die Kenntnis der grundsätzlichen Zahlungsbereitschaft erforderlich, da ohne deren Kenntnis nicht ausgeschlossen werden kann, dass **Situation 2** vorliegt, bei der die Zahlungsbereitschaft des Kunden unterhalb des Wettbewerbspreises liegt. In diesem Fall ist der Kunde nicht bereit, den vom Wettbewerb geforderten Preis zu zahlen. Würde sich das Unternehmen nun bei seiner Preisentscheidung vor allem am Wettbewerbspreis orientieren, so würde es den Preis wie die Konkurrenz zu hoch ansetzen und den Kunden nicht zum Kauf bewegen können. Schließlich ist auch die in **Situation 3** dargestellte Konstellation denkbar. Hier ist es ebenso erforderlich, die Preise der Wettbewerber zu kennen. Da diese nämlich unterhalb der Kosten des Anbieters liegen, wird durch Kenntnis ihrer Höhe deutlich, dass das Produkt nicht profitabel herzustellen und zu vermarkten ist.

2.2.1.1 Anbieterbezogene Informationen

Anbieterseitig müssen für die Preisfestlegung **Kosteninformationen** bereitgestellt werden. Die Kosten, die durch ein zu bepreisendes Produkt oder eine Leistung verursacht werden, stellen die »Baseline« für das Pricing dar. Der Preis des Produktes darf grundsätzlich nicht unterhalb der durch das Produkt zusätzlich entstehenden Kosten liegen, da ansonsten durch die Herstellung und den Absatz des Produktes Verluste für den Anbieter entstehen.

Kosten als Baseline

Die Kosten eines Produktes stellen allerdings keinen einwertigen Block dar, sondern bestehen aus unterschiedlichen Komponenten. Für das Pricing ist dabei die Unterteilung in variable und fixe Kosten besonders relevant. Zu den **variablen Kosten** sind alle Kosten zu rechnen, die mit der produzierten Menge variieren. Hierzu gehören beispielsweise Materialkosten, Vertriebsprovisionen oder Akkordlöhne. Hingegen ist von **fixen Kosten** bei solchen Kosten zu sprechen, die mengenunabhängig anfallen. Beispielsweise hängen die Anschaffungskosten für die Maschine, auf der das Produkt gefertigt wird, ebenso wenig davon ab, in welcher Menge anschließend das Produkt gefertigt wird, wie dies für das Gehalt des Geschäftsführers des Unternehmens oder für die Werbungskosten gilt (vgl. *Wöhe*, 2010, S. 308).

Bedeutung variabler und fixer Kosten

Fixe und variable Kosten sind innerhalb des Pricings unterschiedlich zu berücksichtigen. Langfristig, d. h. bezogen auf den gesamten Lebenszyklus eines Produktes, müssen durch die Preise eines Produktes die variablen und die fixen Kosten gedeckt werden. Daher definieren variable und fixe Kosten gemeinsam die **langfristige Preisuntergrenze**. Fallbeispiel 53 illustriert die Berechnung der langfristigen Preisuntergrenze.

Allerdings kann es kurzfristig durchaus sinnvoll sein, den Preis un-

> ### Fallbeispiel 53
>
> #### Langfristige Preisuntergrenze
>
> Die Anschaffungskosten für eine Maschine, auf der ein Produkt gefertigt werden soll, beträgt 1 Mio. €. Pro Jahr fallen im Lebenszyklus weitere Kosten für Werbung und ähnliches in Höhe von 0,1 Mio. € an. Die variablen Kosten für Fertigung und Vertrieb betragen 1 €. Es wird von einer Lebensdauer des Produktes im Markt von 5 Jahren ausgegangen. In jedem Jahr ist von einer Absatzmenge von 0,1 Mio. Stück auszugehen.
>
> Insgesamt fallen im Beispiel demnach 1,5 Mio. € an Fixkosten an (1 Mio. € für die Maschine und 5 Jahre lang jeweils 0,1 Mio. € für Werbung). Bezogen auf die insgesamt erwartete Absatzmenge von 0,5 Mio. (5 Jahre à 0,1 Mio. Stück) hat jedes verkaufte Stück demnach einen Betrag von 3 € (1,5 Mio. € bezogen auf 0,5 Mio. Stück) an Fixkosten zu decken. Hinzu kommen noch die variablen Kosten in Höhe von 1 €, sodass die langfristige Preisuntergrenze in diesem Beispiel bei 4 € liegt. Nur wenn der Preis langfristig oberhalb von 4 € liegt, kann das Unternehmen mit dem Produkt Gewinne im Markt erwirtschaften.

terhalb der Summe von variablen und (stückbezogenen) fixen Kosten anzusetzen, solange der Preis zumindest die variablen Kosten deckt. Wenn davon auszugehen ist, dass Kunden ansonsten nicht bei dem betreffenden Anbieter kaufen würden und der Anbieter nicht voll ausgelastete Kapazitäten hat, so stellt sich der Anbieter dann besser, wenn er Produkte zu einem Preis verkauft, der zwar oberhalb der variablen Kosten, aber unterhalb der Summe aus variablen und fixen Kosten liegt. In diesem Fall tragen die zusätzlich verkauften Produkte zumindest ein wenig zur Deckung der Fixkosten bei. Allerdings darf der Preis dabei nicht unter die variablen Kosten sinken, da ansonsten zusätzliche Verluste durch den Verkauf der Produkte entstehen würden. Die **kurzfristige Preisuntergrenze** entspricht damit den variablen Kosten eines Produktes (ggf. zuzüglich anfallender Opportunitätskosten, die dadurch entstehen können, dass durch die Übernahme zusätzlicher Aufträge andere Aufträge verdrängt werden, die einen Preis erzielen, der oberhalb der variablen Kosten liegt). Auch die Berechnung der kurzfristigen Preisuntergrenze soll anhand eines Beispiels erläutert werden (Fallbeispiel 54).

Fallbeispiel 54

Kurzfristige Preisuntergrenze

Im obigen Beispiel liegt die kurzfristige Preisuntergrenze dann bei 1 €, der Höhe der variablen Kosten, wenn das Unternehmen Schwierigkeiten hat, die beabsichtigte Jahresabsatzmenge von 0,1 Mio. Stück zu einem Preis von 4 € oder höher zu realisieren. Ist bekannt, dass es Kundengruppen gibt, die nicht bereit sind, einen Preis von 4 € oder höher zu zahlen, jedoch sehr wohl bereit wären, zu einem Preis zu kaufen, der unterhalb von 4 € liegt, dann sollte der Anbieter seine Produkte diesen Kundengruppen zu einem Preis von weniger als 4 € anbieten, sofern deren Zahlungsbereitschaft zumindest 1 € beträgt. Denn in diesem Fall würde er zumindest einen Teil der eigentlich benötigten Fixkostendeckung realisieren. Eine Belieferung von Kunden zu einem Preis unterhalb von 1 € ist allerdings nicht sinnvoll, da dann angesichts variabler Kosten in Höhe von 1 € zusätzliche Verluste entstehen würden.

Bietet nun ein Kunde für die noch freie Kapazität einen Preis von 2,5 €, dann steigt die kurzfristige Preisuntergrenze bei anderen potenziellen Kunden auf 2,5 € an, da die Vermarktung der freien Kapazität an diese Kunden dazu führen würde, dass man den Kunden nicht beliefern könnte, der zu einem Preis pro Stück von 2,5 € bereit war. Die kurzfristige Preisuntergrenze steigt von 1 € auf 2,5 €, da nun neben den variablen Kosten in Höhe von 1 € Opportunitätskosten in Höhe von 1,5 € (2,5 € – 1 €) hinzukommen, die durch verdrängte Kunden entstehen.

Die Ausführungen zeigen insgesamt, dass die für das Pricing relevanten anbieterseitigen Informationen von verschiedenen, z. T. situativen Faktoren abhängen. So gibt es nicht »die« Kosten eines Produktes. Stattdessen ist deren Höhe und Struktur von anbieterseitigen Entscheidungen (z. B. Eigenfertigung oder Fremdbezug von benötigten Vorprodukten), aber auch der jeweiligen Marktsituation (z. B. Interesse anderer Kunden am Produkt) abhängig. Vor diesem Hintergrund sind die für das Pricing benötigten anbieterbezogenen Informationen regelmäßig zu kalkulieren, da sich deren Ausprägung im Zeitablauf verändern kann.

2.2.1.2 Wettbewerbsbezogene Informationen

Neben anbieterseitigen Kosteninformationen sind bei der Preissetzung auch Informationen über die (vermutliche) **Preissetzung der Wettbewerber** zu beachten. Entsprechend *Abbildung 180* ist dabei zwischen Informationen, die über das Pricing von Unternehmen der gleichen Marktstufe benötigt werden (horizontale wettbewerbsbezogene Informationen), und solchen Informationen zu differenzieren, die in Bezug auf die Preispolitik vor- und/oder nachgelagerter

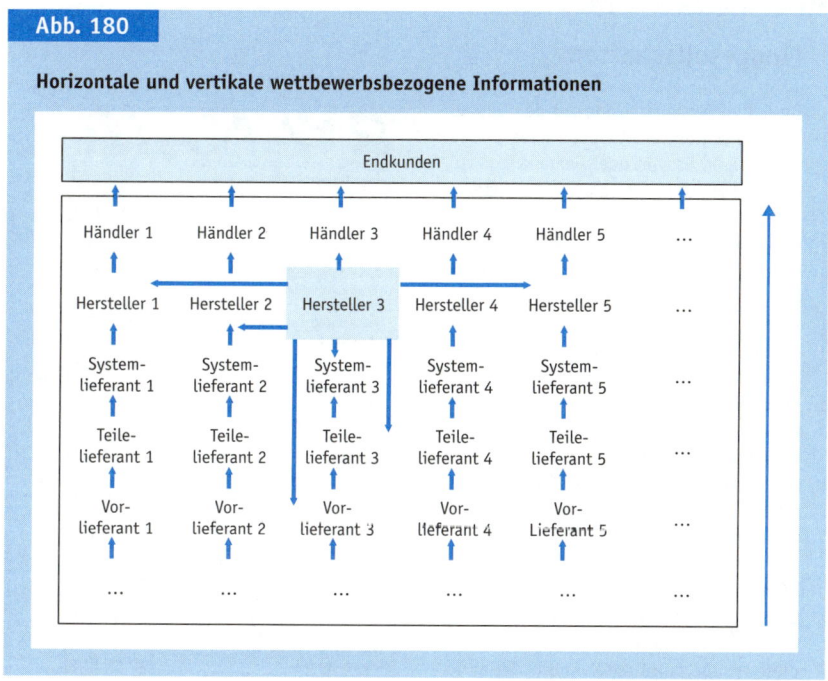

Abb. 180

Horizontale und vertikale wettbewerbsbezogene Informationen

Wertschöpfungsstufen erforderlich sind (vertikale wettbewerbsbezogene Informationen) (vgl. *Diller*, 2008, S. 60 ff.).

Horizontale wettbewerbsbezogene Informationen

Horizontale wettbewerbsbezogene Informationen sind für das Pricing eines Anbieters von Bedeutung, da Kunden i. d. R. **Preisvergleiche zwischen den Anbietern** vornehmen, die aus ihrer Sicht ähnliche Leistungen im Markt anbieten. Überlegt ein Kunde also beispielsweise, sich einen Mittelklasse-Pkw zu kaufen, und kommen für ihn dabei die Modelle verschiedener Automobilhersteller in Frage, dann wird der Kunde neben Marken-, Ausstattungs- oder Verfügbarkeitsunterschieden vor allem auch einen Preisvergleich zwischen den für ihn in Frage kommenden Modellen vornehmen. Vor diesem Hintergrund müssen Automobilhersteller bei ihrer Preissetzung die von anderen Automobilherstellern geforderten Preise berücksichtigen. Bietet der Wettbewerb etwa preisgünstige Sondermodelle an, so muss der betrachtete Automobilhersteller möglicherweise ebenfalls mit Preisnachlässen reagieren, da seine Pkw ansonsten in den Augen von Kunden zu große Preisnachteile gegenüber den kostengünstigen Konkurrenzautos aufweisen würden.

Im Hinblick auf die **Preise relevanter Konkurrenten** interessiert dabei allerdings nicht nur deren **Preishöhe**, sondern auch die **Preisstruktur.** So sind auch Informationen darüber zu beschaffen, aus welchen Preiskomponenten sich die Preise der Wettbewerber zusammensetzen, zwischen welchen alternativen Preis-

Preisvergleich durch Kunden

Preishöhe und Preisstruktur

Fallbeispiel 55

Fluggesellschaften

Im Luftverkehrsmarkt hat seit den 1990er Jahren der Markteinstieg von Newcomern wie Ryanair, Easyjet oder Gemanwings zu einer erheblichen Preiserosion und damit verbunden zu einer drastischen Marktausweitung geführt, da Flugreisen durch die günstigen Ticketpreise nun für breite Bevölkerungsschichten erschwinglich sind. Die sogenannten »Billigairlines« haben allerdings zugleich ihr Leistungsangebot gegenüber den etablierten Full-Airlines drastisch reduziert (»no-frills«). So kommen für den Kunden zum Ticketpreis häufig noch Buchungsgebühren, Gepäckkosten, Platzreservierungskosten, Kerosinaufschläge etc. hinzu (vgl. *Abbildung 181*). Den Billigairlines ist es durch die separate Abrechnung solcher vormals in der Basisleistung enthaltener Leistungen gelungen, den Grundpreis ihrer Tickets z. T. deutlich unter den Preis der Full-Airlines zu drücken. Für diese ist allerdings die Kenntnis der diversen Nebenkosten, die bei einer Reise mit einer Billigairline anfallen, bei der Analyse der Preissysteme der Billigairlines entscheidend, da auch Kunden zunehmend diese »verdeckten« Preisbestandteile (z. B. 10 €-Preisaufschlag für Sitzplatzbuchung) bei Preisvergleichen zwischen Billig- und Full-Airlines berücksichtigen.

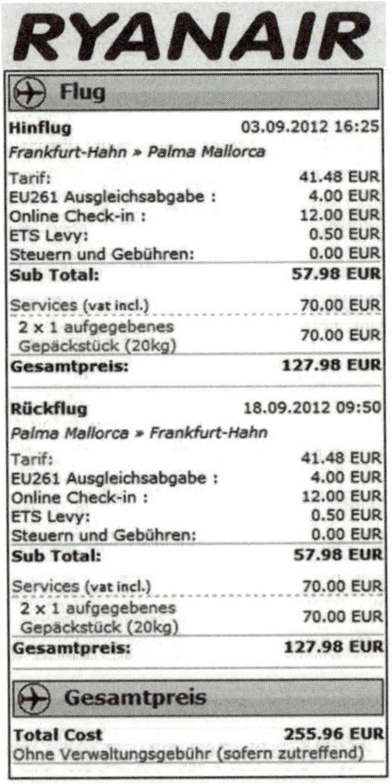
RYANAIR

Flug	
Hinflug	03.09.2012 16:25
Frankfurt-Hahn » Palma Mallorca	
Tarif:	41.48 EUR
EU261 Ausgleichsabgabe :	4.00 EUR
Online Check-in :	12.00 EUR
ETS Levy:	0.50 EUR
Steuern und Gebühren:	0.00 EUR
Sub Total:	**57.98 EUR**
Services (vat incl.)	70.00 EUR
2 x 1 aufgegebenes Gepäckstück (20kg)	70.00 EUR
Gesamtpreis:	**127.98 EUR**
Rückflug	18.09.2012 09:50
Palma Mallorca » Frankfurt-Hahn	
Tarif:	41.48 EUR
EU261 Ausgleichsabgabe :	4.00 EUR
Online Check-in :	12.00 EUR
ETS Levy:	0.50 EUR
Steuern und Gebühren:	0.00 EUR
Sub Total:	**57.98 EUR**
Services (vat incl.)	70.00 EUR
2 x 1 aufgegebenes Gepäckstück (20kg)	70.00 EUR
Gesamtpreis:	**127.98 EUR**
Gesamtpreis	
Total Cost	**255.96 EUR**
Ohne Verwaltungsgebühr (sofern zutreffend)	

Quelle: *Ryanair.com*, 2012

Abb. 181: Nebenkosten bei Billigairlines am Beispiel eines Ryanair-Fluges für zwei Personen nach Mallorca

modellen Kunden beim Wettbewerb wählen können oder welche Zahlungsbedingungen und -fristen angeboten werden. Erst die Kenntnis aller Parameter der Preissysteme der Wettbewerber ermöglicht es, bei eigenen Preisentscheidungen (horizontale) Wettbewerbsinformationen umfassend berücksichtigen zu können.

Bedeutung von Preispositionierung

Die Ermittlung von Wettbewerbspreisen muss dabei allerdings nicht zwangsläufig mit einer Übernahme dieser Preise oder Preissysteme verbunden sein. Vielmehr müssen Unternehmen auch Leistungs-, Distributions- und Markenunterschiede gegenüber dem Wettbewerb bei ihren Reaktionen auf Wettbewerbspreise beachten. Entscheidend ist also die **relative Preispositionierung**, die im Verhältnis zum Wettbewerb eingenommen werden soll. Nimmt beispielsweise ein Anbieter die Position eines Premiumanbieters in seiner Branche ein, da seine Leistungen qualitativ hochwertiger als Wettbewerbsleistungen sind, oder weist seine Marke eine größere Markenstärke im Vergleich zu Wettbewerbsmarken auf,

Fallbeispiel 56

Preispositionierung

Ein Beispiel zur Preispositionierung zeigt *Abbildung 182*, in der die Positionierung von verschiedenen Anbietern einer Branche vor dem Hintergrund unterschiedlicher Leistungspositionen skizziert worden ist. Eine Gruppe von Anbietern (A1 – A3) gehört zu den Premiumherstellern (I) der Branche, da diese Unternehmen eine überdurchschnittliche Leistung, aber zugleich auch eine unterdurchschnittliche Preisattraktivität in den Augen von Nachfragern aufweisen. Hingegen gehören zur Gruppe II die Discount-Anbieter (A4 – A6). Diese sind zwar sehr preisattraktiv, parallel allerdings durch eine unterdurchschnittliche Leistung gekennzeichnet. Die Anbieter A7 und A8 gehören nun weder zur Gruppe der Premium- noch der Discount-Anbieter. Ihnen fehlt entweder das entsprechende Leistungsniveau oder die erforderliche Preisattraktivität.

Kunden, die sich für preisattraktive Produkte interessieren, stufen aus der Gruppe II den Anbieter A4 am stärksten ein. Im Vergleich zu A5 verfügt A4 über einen Preisvorteil, im Verhältnis zu A6 über einen Leistungsvorteil. Daher müssten die Anbieter A5 und A6 ihre Positionierung überden-

ken. Sofern ihnen keine Leistungssteigerung möglich ist oder sinnvoll erscheint, müssten beide Unternehmen ihre Preispositionierung in der Form verändern, dass sie ihre Preisattraktivität in den Augen von Nachfragern steigern.

Auch in der Gruppe der Premium-Hersteller verfügen nicht alle Anbieter über eine gleich gute Positionierung. So ist die Position von A3 gegenüber A1 und A2 nachteilhaft, da entweder Leistungsnachteile (gegenüber A1) oder Leistungs- und Preisnachteile (gegenüber A2) bestehen. Im Gegensatz dazu ist die Position von A1 und A2 nahezu gleich einzustufen. Während A1 über einen Leistungsvorteil verfügt, weist A2 eine höhere Preisattraktivität auf. Diese annähernd gleiche Wettbewerbsposition würde sich allerdings zu Ungunsten von A1 verschieben, wenn A2 eine Preissenkung und damit eine Steigerung seiner Preisattraktivität durchführt (von A2 auf A2'). In diesem Fall müsste auch A1 eine Änderung seiner Preispositionierung anstreben, um die relative Positionierung im Vergleich zu A2' wieder zu verbessern.

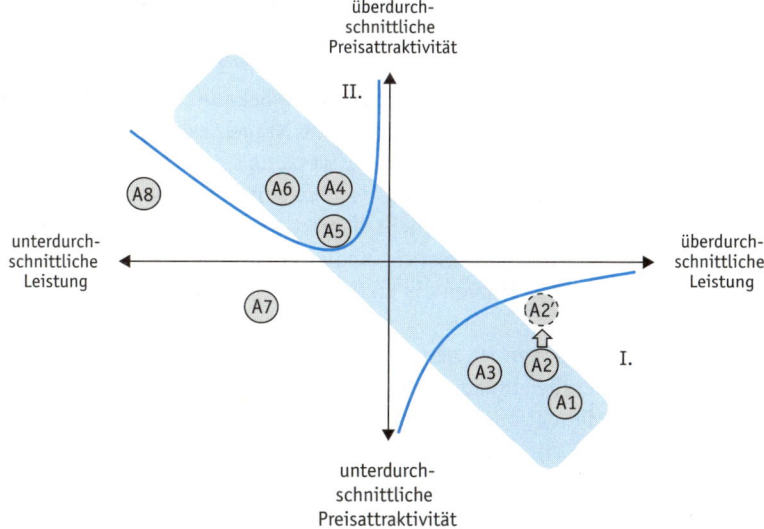

Abb. 182: **Preispositionierung verschiedener Anbieter in einem Beispielmarkt**

Dynamische Preis-
abstände

dann kann der Anbieter seine Leistungen preislich oberhalb der Preise des Wettbewerbs ansetzen. Allerdings muss sich der Preisabstand zu den Wettbewerbern
an dem von Nachfragern wahrgenommenen Nutzabstand zwischen den Wettbewerbsleistungen orientieren. Auch ist dieser Preisabstand dynamisch beizubehalten, wenn Wettbewerber ihre Preise im Zeitablauf verändern: Bei Preissen-
kungen der Konkurrenz hat auch der betroffene Anbieter seine Preise zu
reduzieren, wohingegen bei Preiserhöhungen Spielräume zu Preiserhöhungen
für den Premiumanbieter entstehen.

Zu berücksichtigende
Konkurrenten

Bei der Frage, welche Wettbewerber ein Anbieter in seine horizontalen Preisvergleiche aufnehmen muss, kann auf die Überlegungen zum **relevanten Markt**
(vgl. Abschnitt 2 A II 1.2) zurückgegriffen werden. Demnach sind alle Wettbewerber zu beachten, die Kunden als vergleichbar einstufen und die die Kunden
daher bei ihren Abwägungsentscheidungen berücksichtigen. Darüber hinaus
sind aber auch die strategischen Entscheidungen zur Marktdefinition durch
Auswahl von Marktsegmenten (vgl. Abschnitt 2 A II 1.1.2) zu berücksichtigen.
Denn auch wenn bestimmte Wettbewerber kundenseitig zum relevanten Markt
dazu gerechnet werden, kann sich ein Anbieter im Rahmen der Definition des
von ihm zu bearbeitenden Marktes bewusst dagegen entschieden haben, diese
Wettbewerber in seine Vermarktungsbemühungen einzubeziehen, da er die entsprechenden Marktsegmente nicht bearbeiten will.

Vertikale wettbewerbsbezogene Informationen

Pricing nachgelagerter
Wertschöpfungsstufen

Für das Pricing sind aber nicht nur Informationen über die Preise direkter Wettbewerber relevant. Darüber hinaus müssen auch vertikale wettbewerbsbezogene
Informationen berücksichtigt werden. Entsprechend *Abbildung 182* sind dabei
zum einen **vorwärts gerichtete vertikale Informationen** wichtig. So ist beispielsweise für einen Hersteller im Rahmen der anschließenden Preisfindung
und -gestaltung das Preisverhalten späterer Marktstufen (z. B. des Handels)
wichtig. Ist einem Pharmahersteller beispielsweise bekannt, dass im Distributi-
onskanal »Apotheke« bei Medizinprodukten mit Margen zwischen 30 und 40 %
geplant wird, dann muss er dieses bei der Festsetzung seiner Apothekenabgabe-
preise berücksichtigen. Soll ein bestimmtes Preisniveau gegenüber dem Endkunden bei den Medizinprodukten nicht überschritten werden, dann sind die
Preise gegenüber der Distributionsstufe Apotheke so festzusetzen, dass diese
inklusive der dort üblichen Margen die Endkunden-bezogenen Preisobergrenzen
nicht überschreiten.

Preisbindung

Neben den marktüblichen Margen der nachgelagerten Wertschöpfungsstufen
spielt auch deren darüber hinausgehendes Preisverhalten eine wichtige Rolle.
Vor allem werden Informationen darüber benötigt, welche **preispolitischen Ge-
staltungsinstrumente** auf nachfolgenden Marktstufen zu erwarten sind. Sind
beispielsweise Sonderpreisaktionen oder starke Preisvariationen für das Pricing
nachgelagerter Marktstufen typisch, dann kann der Einsatz von Preisbindungs-
instrumenten sinnvoll sein, die den preispolitischen Aktionsraum nachfolgen-
der Wertschöpfungsstufen beschränken sollen. Hierbei ist allerdings zu beachten, dass in Deutschland die sogenannte »Preisbindung der zweiten Hand« seit

1974 im Regelfall nicht mehr zulässig ist, da dies den Wettbewerb auf nachfolgenden Wettbewerbsstufen einschränken würde (vgl. *Diller*, 2008, S. 419 f.). Demnach kann ein Hersteller normalerweise der nachfolgenden Handelsstufe keine verbindlichen Vorgaben für deren Preissetzung machen. Verbindliche Preisvorgaben sind so nur noch bei rezeptpflichtigen Arzneimitteln, Zigaretten, Büchern oder Beförderungsentgelten möglich, wo seitens des Staates andere gesellschaftliche Ziele höher als das Wettbewerbsziel eingestuft werden. Zulässig sind hingegen **unverbindliche Preisempfehlungen**, die Hersteller etwa auf der Verpackung ihrer Produkte abdrucken können. Diese Preisempfehlungen weisen zwar nur Empfehlungscharakter auf, limitieren den preispolitischen Aktionsraum nachgelagerter Wertschöpfungsstufen allerdings durchaus, jedoch nur einseitig. So lassen sich etwa vom Handel bei Vorliegen einer herstellerseitigen unverbindlichen Preisempfehlung (normalerweise) keine oberhalb liegenden Preise im Markt durchsetzen, da der Endkunde beim Kauf darauf aufmerksam würde, dass der Händlerpreis oberhalb der unverbindlichen Preisempfehlung des Herstellers liegt. Allerdings lässt sich mit einer unverbindlichen Preisempfehlung der preispolitische Aktionsraum nicht nach unten begrenzen. Durch die Bekanntmachung einer unverbindlichen Preisempfehlung durch einen Hersteller wird es sogar für den Handel besonders interessant, gerade ein solches Produkt für eigene Preisaktionen auszuwählen. Da die unverbindliche Preisempfehlung des Herstellers für den Kunden des Handels das Referenzpreisniveau darstellt, wird eine bei einem solchen Produkt gewährte Preisreduktion für Kunden besonders augenfällig.

Unverbindliche Preisempfehlung

Zum anderen sollten Unternehmen auch **rückwärts gerichtete vertikale Informationen** zum Wettbewerbspricing einholen. Gerade in tiefgestaffelten Wertschöpfungsketten, in denen die Unternehmen jeweils nur über einen sehr geringen eigenen Wertschöpfungsanteil verfügen und einen Großteil der Wertschöpfung von vorgelagerten Wertschöpfungsstufen zukaufen, kann das Pricing der vorgelagerten Wertschöpfungsstufen zu einer Gefährdung der eigenen Wettbewerbsposition werden. Dass dieses Problem gerade im Zuge verstärkter **Outsourcing**-Aktivitäten von Unternehmen eine immer größere Bedeutung erlangt hat, zeigt Fallbeispiel 57.

Pricing vorgelagerter Wertschöpfungsstufen

Vor dem Hintergrund des in Fallbeispiel 57 geschilderten Szenarios kommt der Generierung von Informationen über das Preisverhalten vorgelagerter Wertschöpfungsstufen heute eine wichtige Bedeutung in vielen Märkten zu. Unternehmen müssen das Preisverhalten ihrer Zulieferer untersuchen und ggf. mit diesen gemeinsame preispolitische Aktivitäten durchführen, um den oben beschriebenen Effekt zu vermeiden. Eine mit vorgelagerten Wertschöpfungsstufen abgestimmte Preispolitik wird in der Literatur als **Supply-Chain-Pricing** bezeichnet (vgl. *Voeth/Herbst*, 2006).

Supply-Chain-Pricing

2.2.1.3 Nachfragerbezogene Informationen

Neben anbieter- und wettbewerbsbezogenen Informationen sind dem Pricing vor allem auch nachfragerbezogene Informationen zugrunde zu legen. Da sich die Nachfrager in Abhängigkeit vom Preisangebot eines Anbieters in mehr oder

Fallbeispiel 57

Kostenexplosion durch Wertschöpfungskettenverlängerung

Im Beispiel von *Abbildung 183* ist im linken Teil der Abbildung die ursprüngliche Situation dargestellt, wie sie für viele Branchen bislang üblich war: Die Unternehmen erbringen einen Großteil der Wertschöpfung selber. Dies ist im linken Teil von *Abbildung 182* dadurch zum Ausdruck gebracht worden, dass nur drei Wertschöpfungsstufen (Hersteller, Zulieferer, Rohstofflieferant) existieren, die jeweils ein Drittel der Wertschöpfung generieren. Daher sind die originären Kosten der drei Wertschöpfungsstufen jeweils 50. Da jedes der vorgelagerten Unternehmen mit einer Marge von 40 % als Aufschlag auf seine Kosten kalkuliert (»Cost Plus-Pricing«), ergeben sich für die letzte Marktstufe (»Hersteller«) Gesamtkosten von 218. Neben seinen eigenen Kosten in Höhe von 50 kauft er Vorleistungen vom Zulieferer für 168 zu. Diese setzen sich aus dessen eigenen Kosten von 50 sowie zugekauften Leistungen in Höhe von 70 sowie einem Gewinnaufschlag von 40 % auf 120, also 48 zusammen.

In den vom Zulieferer zugekauften Leistungen in Höhe von 70 sind die Kosten des Rohstofflieferanten in Höhe von 50 sowie dessen Gewinnaufschlag in Höhe von 20 enthalten.

Entscheiden sich nun die Unternehmen in der Wertschöpfungskette, sich auf ihre jeweilige Kernkompetenz zu konzentrieren und die eigene Wertschöpfung zu reduzieren, so stellen potenzielle Kosteneinsparungen das zentrale Motiv hierfür dar. Indem sich jeder auf die Wertschöpfungsanteile konzentriert, bei denen er die größten Wettbewerbsvorteile aufweist, und die übrigen Leistungen nun von Dritten zukauft, werden Spezialisierungsvorteile in der Wertschöpfungskette möglich. Die Reduktion lässt allerdings zugleich Bedarf an zusätzlichen, zwischengeschalteten Wertschöpfungsstufen entstehen, die die freigelegte Wertschöpfung übernehmen. Es kommt daher zu einer Verlängerung der Wertschöpfungskette. Im rechten Teil von *Abbildung 183* ist das Ergebnis dieses Prozesses dargestellt. Aus den ursprünglich drei Stufen sind sieben Stufen entstanden. Die gesamten Wertschöpfungskosten von zuvor 150 (50 + 50 + 50) sind auf 140 (7 × 20) gesunken. Allerdings kommt es trotzdem zu einer Explosion der Kosten in der Wertschöpfungskette. Hält nämlich jede Stufe an ihrer bislang üblichen Marge von 40 % fest, dann führt die Zunahme an Wertschöpfungsstufen zu einem starken Anstieg der innerhalb der Kette versteckten Gewinne. Die Gesamtkosten für den Hersteller steigen von 218 auf 477, obwohl sich die tatsächlichen Kosten in der Wertschöpfungskette von 150 auf 140 reduziert haben.

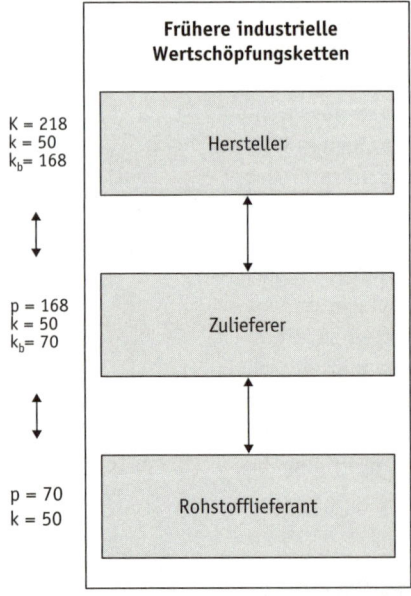
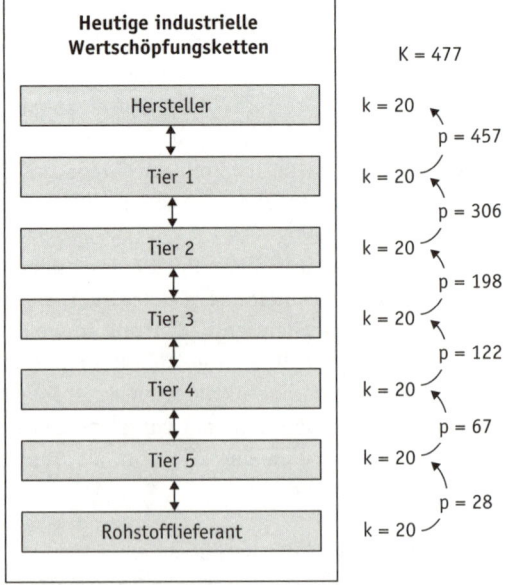

Abb. 183: Kostenexplosion in tiefgestaffelten Wertschöpfungsketten

weniger großer Zahl für das Angebot entscheiden werden, sollten anbieterseitig alle relevanten Informationen in Bezug auf das **Preisverhalten der Nachfrager** bei preispolitischen Entscheidungen zugrunde gelegt werden.

Die Forderung nach Berücksichtigung umfassender nachfragerbezogener Informationen bedeutet dabei zum einen, dass nicht nur Informationen zur **Zahlungsbereitschaft** oder **Preisbereitschaft** vorliegen müssen. Darüber hinaus sind auch die Einflussdeterminanten und situativen Faktoren zu erfassen, die die Zahlungs- und Preisbereitschaft von Kunden prägen. Beispielsweise kann sich als Ergebnis einer solchen Analyse von **Einflussdeterminanten** und **situativen Faktoren** zeigen, dass die Kunden nur über ein geringes **Preiswissen** (Kenntnisse über vergangene oder aktuelle Preisangebote für ein Produkt einer bestimmten Kategorie im Markt) verfügen. In einem solchen Fall kann sich ein Anbieter im Rahmen seiner Preissetzung auch dann vor allem an der Zahlungsbereitschaft orientieren, wenn Wettbewerber in der Vergangenheit zu günstigeren Preisen angeboten haben. Denn das geringe Preiswissen der Kunden wird nicht dazu führen, dass Kunden Preise, die in der Nähe ihrer generellen Zahlungsbereitschaft liegen, allein schon deshalb als überhöht wahrnehmen, weil diese höher als die bislang im Markt angebotenen Preise sind.

Zum anderen macht es die Forderung nach umfassenden nachfragerbezogenen Informationen notwendig, die preispolitisch relevanten Informationen nicht allein für die

Relevante nachfragerbezogene Informationen

> **Fallbeispiel 58**
>
> ## Pricing-Fehlentscheidungen auf Basis aggregierter Nachfragerinformationen
>
> Wenn die Preisbereitschaften in einem Markt bei den potenziellen Kunden stark variieren, dann können Preisentscheidungen, die auf aggregierten Informationen über die Preisbereitschaft möglicher Kunden basieren, zu fehlerhaften Entscheidungen führen. Weisen beispielsweise die fünf relevanten Kunden eines Marktes Preisbereitschaften von 300, 300, 300, 400 und 700 für das Produkt eines Anbieters auf, dann würde das Unternehmen nur einen Umsatz von 800 realisieren, wenn es sich im Rahmen seiner Preissetzung an der durchschnittlichen Preisbereitschaft von 400 orientieren und den Preis bei 400 setzen würde. Denn in diesem Fall würden allein die Kunden das Produkt kaufen, deren Preisbereitschaft mindestens bei 400 liegt. Eine Ausrichtung der Preissetzung an den individuellen Preisbereitschaften würde hingegen einen Preis von 300 optimal erscheinen lassen. In diesem Fall würde der Umsatz bei 1.500 liegen, da alle fünf Kunden das Produkt kaufen würden.

Gesamtheit aller Kunden eines Marktes aggregiert zu erheben. Vielmehr ist der möglichen Heterogenität des Preisverhaltens dadurch zu entsprechen, dass alle nachfragerbezogenen Informationen zunächst **auf Individualniveau**, zumindest aber auf Mikrosegment-Niveau erhoben werden. Fallbeispiel 58 verdeutlicht, dass eine Orientierung allein an aggregierten Informationen zu fehlerhaften Preisentscheidungen führen kann.

2.2.1.3.1 Preis- bzw. Zahlungsbereitschaft

Eine, wenn nicht die zentrale nachfragerseitige Information beim Pricing stellt die Preis- und Zahlungsbereitschaft der potenziellen Kunden dar. Während die **Zahlungsbereitschaft** den monetären Wert angibt, den ein potenzieller Kunde für ein Produkt generell, also unabhängig von der Ausgestaltung der Preise der im Markt präsenten Wettbewerber maximal zu entrichten bereit ist, stellt in

Zahlungsbereitschaft vs. Preisbereitschaft

Abgrenzung dazu die **Preisbereitschaft** bei einem Produkt den Betrag dar, den ein potenzieller Kunde vor dem Hintergrund der ihm bekannten Wettbewerbsangebote für das Produkt eines Anbieters gerade noch zahlen würde. Insofern kann die Preisbereitschaft als spezifische Zahlungsbereitschaft aufgefasst werden.

Abgrenzung von
Zahlungs- und Preis-
bereitschaft

Die Begriffe Zahlungsbereitschaft und Preisbereitschaft werden zwar in der Literatur häufig synonym verwandt, fallen in der Praxis allerdings zumeist auseinander. So liegt die Preisbereitschaft bei einem Produkt i. d. R. deutlich unterhalb der Zahlungsbereitschaft. Immer wenn nämlich Wettbewerber eines Unternehmens das Produkt zu einem günstigen Preis und/oder mit interessanteren Ausstattungsmerkmalen anbieten, sind Kunden nur noch bereit, das Produkt des betrachteten Unternehmens zu kaufen, wenn das Unternehmen zu Preiszugeständnissen bereit ist. Allerdings ist es auch möglich, dass die Größen in einem umgekehrten Verhältnis zueinander stehen. So kann die Preisbereitschaft z. B. dann oberhalb der Zahlungsbereitschaft bei einem Produkt liegen, wenn es dem Anbieter – etwa durch Schaffen eines positiven Shopping-Erlebnisses – gelingt, den Kunden zum Kauf teurerer Produkte zu bewegen.

Darüber hinaus ist bei Zahlungs- und Preisbereitschaften zu beachten, dass es sich hierbei um **hypothetische Größen** handelt. Dies bedeutet, dass Nachfragern diese Werte nicht als Beträge gegenwärtig sind (im Sinne von »meine Zahlungsbereitschaft für einen Laptop liegt bei 750 €«). Stattdessen manifestieren sich diese Größen i. d. R. erst im Kaufentscheidungsprozess, wenn sich Nachfrager bewusst werden, ob sie bestimmte Preise zu zahlen bereit sind und welche Preise für sie nicht mehr akzeptabel sind (vgl. *Müller/Voigt/Erichson*, 2009, S. 5 f.).

Schwierigkeiten der
empirischen Ermittlung

Aufgrund dieses hypothetischen Charakters erweist sich die **empirische Ermittlung von Zahlungs- und Preisbereitschaften** in der Praxis als äußerst schwierig. Methodisch werden in der Literatur folgende Möglichkeiten zur näherungsweisen Ermittlung vorgeschlagen (vgl. z. B. *Diller*, 2008, S. 175 ff.):

▸ Preisbeobachtungen,
▸ Preisbefragungen,
▸ Preisexperimente.

Preisbeobachtungen

Grundsätzliches
Vorgehen

Bei Preisbeobachtungen werden »preispolitisch relevante Daten durch Inspektionen eines Beobachters oder eines technischen Beobachtungsmechanismus (Textminer von Internetangaben, Scannerkassen etc.)« (vgl. *Diller*, 2008. S. 175) erfasst. Zum Beispiel kann ein Anbieter die Preisbereitschaft von Kunden abschätzen, wenn er die Absatzmengen betrachtet, die in verschiedenen (ansonsten gleichen) Vertriebskanälen bei unterschiedlicher Preissetzung realisiert werden. In *Abbildung 184* hat ein Konsumgüterhersteller etwa Informationen von 16 Händlern vorliegen. Da die auf der Verpackung des Produktes abgedruckte »unverbindliche Preisempfehlung« (UVP) bei 8,99 € liegt, haben alle Händler die Preise bei oder unterhalb von 8,99 € platziert. Die Mehrzahl der Händler hat den Preis des Produktes dabei unterhalb der UVP angesetzt, um

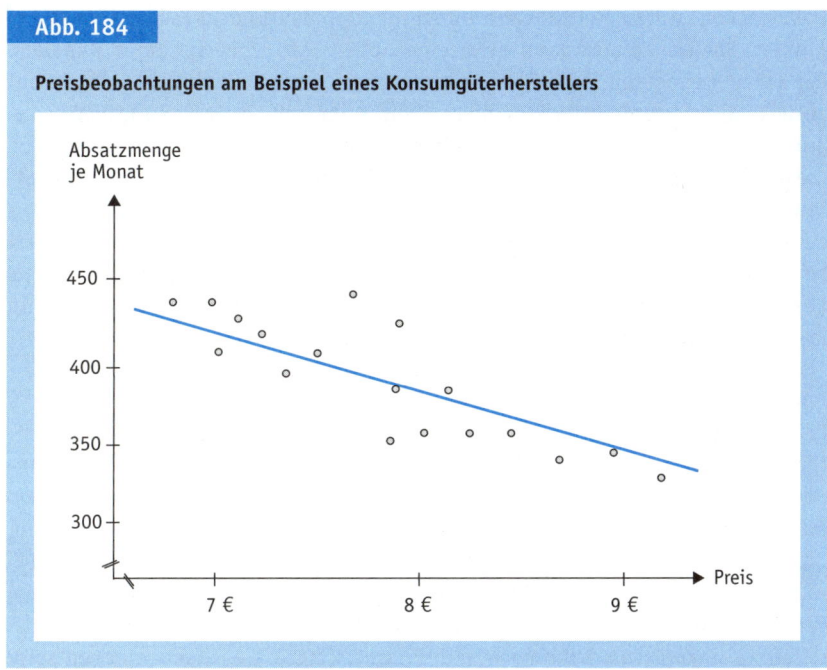

Abb. 184

Preisbeobachtungen am Beispiel eines Konsumgüterherstellers

größere Abverkaufsmengen zu realisieren. Wie *Abbildung 184* zeigt, ist dies einem Teil der Händler auch gelungen. So konnten die Händler, die einen Preis um 7,49 € herum angesetzt haben, im Durchschnitt eine Absatzmenge von 408 erzielen. Insgesamt ergibt die Preisbeobachtung allerdings kein einheitliches Bild. So streut die Menge, die mit einem Preis von ca. 7,49 € erreicht werden kann, zwischen 330 und 470 Mengeneinheiten. Dies kann z.B. auf **nicht-kontrollierte weitere Einflussfaktoren** (beispielsweise Kaufkraftunterschiede in den regionalen Einzugsgebieten der Händler) zurückzuführen sein.

Problematisch an Preisbeobachtungen ist in der Praxis darüber hinaus, dass Unternehmen **nicht** immer **ausreichend viele Preisvariationen** im Markt bei ihren Produkten vorfinden, um durch die Analyse von Variationen Rückschlüsse auf Preisbereitschaften ziehen zu können. Anders als im Beispiel der *Abbildung 184* schwanken die Preise von Produkten in der Praxis – auch in verschiedenen Vertriebskanälen – so nicht immer um 15 bis 20 %, sodass schon allein aus diesem Grunde Preisbeobachtungen zur Ermittlung von Preisbereitschaften nicht immer eingesetzt werden können. Dies gilt umso mehr, da als weitere Voraussetzung für die Ableitung von Rückschlüssen aus Preisvariationen auf Preisbereitschaften eine **Vergleichbarkeit der erhobenen Preisbeobachtungen** bestehen muss. Würden also die im Beispiel der *Abbildung 184* betrachteten Händler parallel zum Instrument »Preis« auch andere Marketing-Instrumente (z.B. Werbung, PoS (Point of Sale)-Aktionen, Sortimentszusammensetzung) in unterschiedlicher Weise einsetzen, dann ließen sich die für unterschiedliche

Einsatzprobleme

Preise beobachteten Mengenvariationen nicht eindeutig dem Faktor »Preis« zuordnen. Ebenso könnte dann etwa eine höhere Absatzmenge eines Händlers, der einen geringeren Preis für das betrachtete Produkt verlangt, auch darauf zurückgeführt werden, dass er diese Preisaktion mit einer PoS-Aktivität verbunden hat. Schließlich ist an Preisbeobachtungen auch kritisch, dass sich diese allein für die Ermittlung von Preis-, **nicht** aber **von Zahlungsbereitschaften** einsetzen lassen. So lässt sich allein die Bereitschaft von Kunden untersuchen, die Preise eines Anbieters vor dem Hintergrund wahrgenommener Wettbewerbsangebote zu zahlen. Den Betrag, den ein Kunde grundsätzlich für eine bestimmte Produktkategorie zu zahlen bereit ist (Zahlungsbereitschaft), kann man allerdings auf diese Weise nicht ermitteln.

Preisbefragungen

Formen

Eine andere Form zur Ermittlung von Preis- und ggf. auch Zahlungsbereitschaften stellen Preisbefragungen dar. Diese können in Form von **Experten-, Kunden-** oder **Handelsbefragungen** durchgeführt werden. Bei diesen Befragungen werden die Probanden um Einschätzungen gebeten, welche Preise sie als angemessen, günstig oder maximal durchsetzbar einstufen. Auch wenn die Ermittlung dabei nicht in Form direkter Preisabfragen erfolgt (»Welchen Preis wären Sie maximal für ein Produkt dieser Kategorie zu zahlen bereit?«), sondern dem hypothetischen Charakter von Zahlungs- und Preisbereitschaften durch eine entsprechende Frageformulierung (»Würden Sie ein Produkt dieser Kategorie zu einem Preis von 17,99 € kaufen?«) Rechnung getragen wird, ist die Validität von Preis-

Geringe Validität

befragungen als kritisch einzustufen. Neben **sozial erwünschtem Antwortverhalten** (der Kunde gibt z. B. in der Befragung vor, einen bestimmten Preis zu akzeptieren, da er glaubt, dass seine tatsächliche, geringere Zahlungs- oder Preisbereitschaft gesellschaftlichen Normen widerspricht) kann auch die Gefahr **strategischen Antwortverhaltens** die Validität von Preisabfragen einschränken. Diese ist darin zu sehen, dass Kunden bei direkten Preisabfragen relativ einfach in der Lage sind, durch ihr Antwortverhalten Anbieter zu einem von ihnen gewünschten Verhalten zu bewegen. Indem sie ihre tatsächlich höhere Zahlungs- und Preisbereitschaft verschleiern und dem Anbieter gegenüber vorgeben, allein über eine geringere Bereitschaft zu verfügen, können die Kunden hoffen, den Anbieter zu einem geringeren Preisangebot im Markt zu bewegen.

Preisexperimente

Labor- und Feldexperimente

Als dritte Methodengruppe zur Ermittlung von Preis- und Zahlungsbereitschaften können Preisexperimente angeführt werden. Wie bei Experimenten üblich, werden hierbei Preisvorstellungen von Nachfragern experimentell unter zumindest teilweise kontrollierten Bedingungen ermittelt. Während diese kontrollierte Untersuchungssituation bei **Laborexperimenten** (vgl. hierzu Abschnitt 2 A II 2.3.1.2.3) in einem künstlichen Umfeld geschaffen wird und daher weniger Störgrößen, dafür aber auch eine geringere Realitätsnähe aufweist, sind **Feldexperimente** (vgl. hierzu Abschnitt 2 A II 2.3.1.2.3) dadurch gekennzeichnet, dass diese im realen Umfeld der Probanden stattfinden. Im Gegensatz zu Laborexperimenten sind Feldexperimente realitätsnäher, zugleich aber durch die nicht kontrollierbare Wirkung sonstiger Einflussgrößen störanfälliger.

Ein typisches Beispiel für den Einsatz von Feldexperimenten zur Ermittlung von Preisbereitschaften stellen **Markttests** (vgl. Abschnitt 2 A II 2.3.1.2.3) dar. Hierbei wird ein Produkt in einem Teil des Marktes, dem **Testmarkt**, für einen begrenzten Zeitraum unter Einsatz aller Marketing-Instrumente angeboten. Indem im Testmarkt während des Untersuchungszeitraums der Preis des Produktes systematisch variiert wird, können Informationen über die Preisbereitschaft der Kunden gewonnen werden. So lässt sich etwa an den Absatzzahlen bei höher angesetzten Preisen erkennen, ab welchem Preis Teile der ansonsten kaufbereiten Kunden auf den Kauf verzichten.

Feldexperimente in Form von Markttests

Da bei Laborexperimenten keine reale Kaufsituation besteht, müssen bei dieser Form von Experimenten zusätzliche experimentelle Methoden zum Einsatz kommen, um die Preis- bzw. Zahlungsbereitschaft zu ermitteln. Von besonderer Bedeutung sind in diesem Zusammenhang

Formen von Laborexperimenten

▸ Conjoint-Analysen (1) und
▸ Auktionen (2).

(1) Conjoint-Analyse

Bei der Conjoint-Analyse (vgl. Abschnitt 2 A II 2.5.2) handelt es sich um eine **Methodengruppe zur dekompositionellen Nutzenmessung** bei Produkten, deren Ergebnisse auch zur Messung von Zahlungs- und Preisbereitschaften eingesetzt werden können. Hierbei wird davon ausgegangen, dass der Nutzen von Produkten durch die verschiedenen Merkmale des Produktes hervorgerufen wird. Um merkmalsbezogene Teilnutzenwerte ermitteln zu können, werden Probanden fiktive Produkte zur Beurteilung vorgelegt, die durch systematisch variierte Ausprägungen verschiedener Produktmerkmale (Preis, Qualität, Service etc.) gekennzeichnet sind. Indem die Probanden diese fiktiven Produkte ganzheitlich und im Vergleich beurteilen, lässt sich anschließend rechnerisch auf den Nutzenbeitrag von Merkmalsausprägungen und Merkmalen schließen, wenn ein bestimmtes Nutzenmodell, etwa ein **linear-additives Nutzenmodell**, zugrunde gelegt wird. Für die Conjoint-Variante der **Limit Conjoint-Analyse** (vgl. hierzu *Voeth/Hahn*, 1998) erläutern *Backhaus/Voeth* (2010a, S. 234 ff.) an einem anschaulichen Beispiel, wie sich mithilfe dieses Verfahrens Zahlungsbereitschaften ermitteln lassen (vgl. Fallbeispiel 59).

Zur **Validität** der mittels Conjoint-Analysen generierten Preis- und Zahlungsbereitschaftsinformationen liegen inzwischen verschiedene Studien vor, die allerdings z. T. zu widersprüchlichen Ergebnissen führen. Während Conjoint-Analysen teilweise eine hohe Validität in Bezug auf Preis- und Zahlungsbereitschaften zugeordnet wird (vgl. z. B. *Gustafsson/Herrmann/Huber*, 2003), kommen andere Studien zu dem Ergebnis, dass Conjoint-Analysen nur bedingt für die Ermittlung von Preis- und Zahlungsbereitschaften geeignet sind (vgl. z. B. *Sattler/Nitschke*, 2003). Erklärbar sind diese Ergebnisgegensätze vor allem damit, dass Conjoint-Analysen bestimmte Annahmen über das kundenseitige Kaufverhalten setzen, die nicht immer in Conjoint-Studien beachtet werden. Vor allem setzt

Validität in empirischen Studien

Fallbeispiel 59

Ermittlung von Zahlungs- und Preisbereitschaften

Abbildung 185 zeigt das Ergebnis einer exemplarischen Limit Conjoint-Analyse. »Als relevante Beschreibungsmerkmale für die in diesem Beispiel zu untersuchende technische Komponente aus dem Automotive-Bereich wurden im Vorfeld der Durchführung der Limit Conjoint-Analyse ›Qualität‹, ›Ventiltechnik‹, ›Garantie‹, ›Preis‹ und ›Kompatibilität‹ mit jeweils drei möglichen Ausprägungen festgelegt. Anschließend wurden aus den Merkmalsausprägungen fiktive Produkte ›konstruiert‹, indem jeweils eine Ausprägung jedes Merkmals miteinander kombiniert wurde (Profilmethode). Diese fiktiven Produkte wurden den Probanden anschließend zur ganzheitlichen Bewertung (z. B. Rating-Bewertung der verschiedenen fiktiven Produkte auf einer Skala von ›1 = sehr schlecht‹ bis ›10 = sehr gut‹) vorgelegt. Zusätzlich werden die Probanden speziell bei der Limit Conjoint-Analyse gebeten, die Grenze zwischen ihnen kaufens-

wert und nicht kaufenswert erscheinenden Beurteilungsobjekten anzugeben (z. B. Rating-Wert der mindestens von einem insgesamt kaufenswert erachteten Angebot erreicht werden muss). Diese Kaufensgrenze wird in der Limit Conjoint-Analyse als ›Limit‹ oder ›Limit-Card-Position‹ bezeichnet und als ›Nutzen-Nullpunkt‹ innerhalb der Auswertung interpretiert. Mit anderen Worten, werden die zuvor abgegebenen Beurteilungen der Probanden so auf dem Beurteilungsstrahl verschoben, dass der Nullpunkt des Zahlenstrahls genau an der Stelle der Limit-Angabe positioniert wird, ohne dass darüber hinausgehende Veränderungen an den Einschätzungen der Probanden vorgenommen werden müssen. Auf Basis dieser Beurteilungen lassen sich die Teilnutzenwerte der Merkmalsausprägungen bestimmen. Sie werden dabei neben dem sogenannten Basisnutzen (BN) i. d. R. so geschätzt, dass sich auf Basis

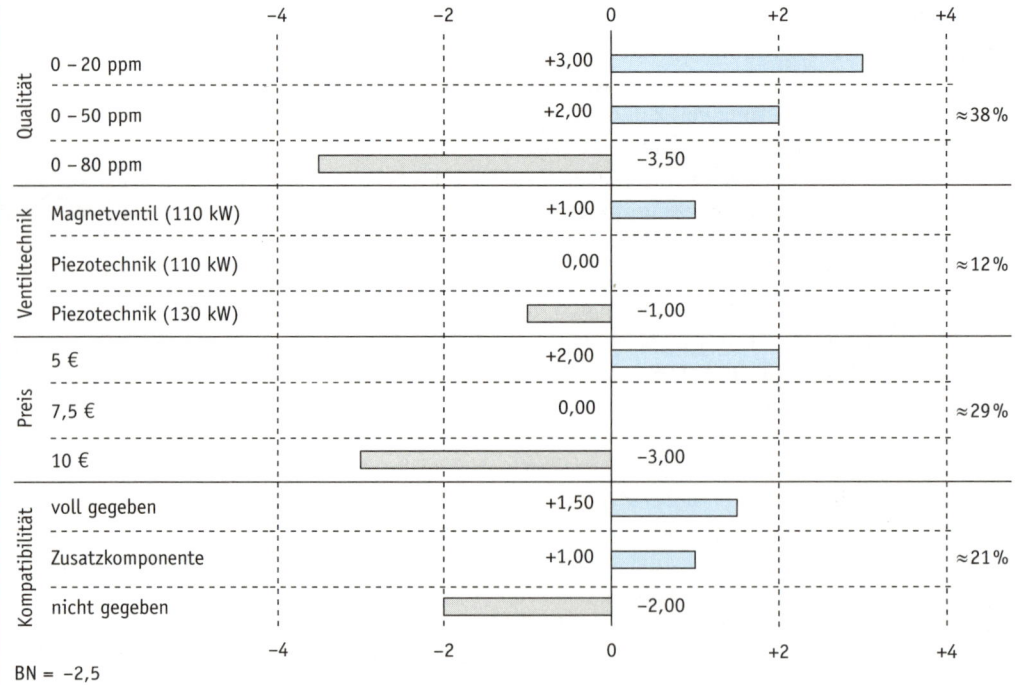

BN = –2,5

Quelle: *Backhaus/Voeth*, 2010a, S. 235

Abb. 185:   **Beispieldaten zur Ermittlung von Zahlungs- und Preisbereitschaften mithilfe der Limit Conjoint-Analyse**

Fortsetzung auf Folgeseite

Fortsetzung von Vorseite

der Schätzergebnisse die empirisch vorgegebenen Gesamtbeurteilungen möglichst gut durch Addition der geschätzten Teilnutzenwerte zum geschätzten Basisnutzen reproduzieren lassen. Die Teilnutzenwerte geben dabei an, wie sich die Beurteilung von Produkten durch das Vorhandensein der Ausprägungen im Vergleich zu allen anderen Beurteilungen verändert. Darüber hinaus lässt sich die relative Wichtigkeit von Merkmalen ermitteln, wenn die Teilnutzen-Spanne eines Merkmals zur Summe der Teilnutzen-Spannen aller Merkmale ins Verhältnis gesetzt wird. Schließlich eröffnet die mithilfe der Limit-Position aufgenommene Kaufensgrenze die Möglichkeit, Prognosen über die Kaufbereitschaft beliebiger Ausprägungskombinationen vorzunehmen. Durch Addition der Teilnutzenwerte der Ausprägungen des simulierten Produktes zum Basisnutzen erhält man einen Schätzwert für den Gesamtnutzen des simulierten Produktes. Da die Grenze kaufenswerter und nicht kaufenswerter Produkte in der Limit Conjoint-Analyse bei Null angesetzt wurde, sind nun geschätzte Gesamtnutzenwerte von ›größer Null‹ als Kaufbereitschaft und solche Gesamtnutzenwerte, die ›kleiner Null‹ sind, als fehlende Kaufbereitschaft zu interpretieren. Ein Produkt, das beispielsweise durch die Ausprägungen ›Qualität: 0 – 50 ppm‹, ›Ventiltechnik: Piezotechnik (110kw)‹, ›Preis: 7,5 €‹ sowie ›Kompatibilität: voll gegeben‹ gekennzeichnet ist, würde einen Gesamtnutzenwert von 1 (2 + 0 + 0 + 1,5 – 2,5 (BN)) erreichen und daher als kaufenswert eingestuft.

Soll nun die Zahlungsbereitschaft für das neu in den Markt einzuführende Produkt ermittelt werden, so ist zum einen zu fragen, durch welche Ausprägungen bei den Leistungsmerkmalen dieses Produkt gekennzeichnet ist. Wird beispielhaft unterstellt, dass das vorgegebene Produkt über die Ausprägungen ›Qualität: 0 – 50 ppm‹, ›Ventiltechnik: Magnetventil (110 kw)‹ und ›Kompatibilität: voll gegeben‹ verfügt, so weist das Produkt einen Nutzen ohne das hinsichtlich seiner Ausprägung noch festzulegende Merkmal ›Preis‹ (inklusive Basisnutzen) von 2 (= 2 + 1 + 1,5 – 2,5) auf.

Zum anderen ist hinsichtlich der Wettbewerbssituation, auf die das neu in den Markt einzuführende Produkt stößt, zwischen zwei unterschiedlichen Ausgangssituationen zu differenzieren:

▸ das Produkt verfügt über eine Alleinstellung im Markt oder

▸ das Produkt muss sich im Wettbewerb gegen eine andere alternative technische Lösung durchsetzen.

Im Fall einer Alleinstellung tritt das Produkt nur gegen die grundsätzliche Kaufensgrenze von ›Null‹ (Position der Limit-Card) an. In diesem Fall darf der durch das Merkmal Preis erzeugte Nutzen nicht unter –2 sinken, da das Gesamtprodukt dann in den Bereich der nicht-kaufenswerten Produkte geraten würde. Wird in diesem Zusammenhang von einer stetigen und linearen Nutzenveränderung zwischen den geschätzten Nutzenpunkten ausgegangen, so würde sich der Grenzpreis für das Produkt auf 9,17 € belaufen (7,5 € + 2/3 (10 € – 7,5 €)).

Liegt hingegen eine Konkurrenztechnologie, z. B. die Kombination ›Qualität: 0 – 20 ppm‹, ›Ventiltechnik: Magnetventil (110 kw)‹, ›Preis: 7,5 €‹ und ›Kompatibilität: voll gegeben‹ vor, so wird sich der Proband nur dann für das zu bepreisende Produkt entscheiden, wenn dieses einen mindestens so großen Nutzen wie die Konkurrenztechnologie aufweist. Da der Nutzen der Konkurrenztechnologie hier 3 beträgt (= 3 + 1 + 0 + 1,5 – 2,5), bedeutet dies, dass das Merkmal ›Preis‹ nun eine solche Ausprägung annehmen muss, dass der Gesamtnutzenwert des Produktes einen Wert von ebenfalls 3 erreicht. Unter den gleichen Annahmen wie oben wäre dies bei einem Preis von 6,25 € gegeben.« (*Backhaus/Voeth*, 2010a. S. 235 ff.).

die bei der Conjoint-Analyse angenommene multiattributive deterministische Nutzenentstehung eine gewisse Rationalität auf Seiten des Kunden im Kaufprozess voraus. Mit anderen Worten muss davon ausgegangen werden, dass Kunden die Merkmale der ihnen vorliegenden Produkte gegeneinander abwägen und der Kauf folglich nicht spontan oder impulsiv erfolgt. Vor diesem Hintergrund ist es nicht verwunderlich, dass Validitätsprüfungen von Preis- oder Zahlungsbereitschaften, die mittels Conjoint-Analysen ermittelt worden sind, immer dann zu eher negativen Ergebnissen kommen, wenn Produkte wie Joghurt-Becher oder Telefonkarten betrachtet werden, bei denen bei den meisten Kunden vermutlich kein **extensiver** oder zumindest **limitierter Kaufprozess** vorliegt.

Einsatzvoraussetzung: extensiver oder limitierter Kaufprozess

(2) Auktionen

Grundidee und Formen

Eine andere Methodik, die in Laborexperimenten eingesetzt werden kann, um Preis- oder Zahlungsbereitschaften zu ermitteln, stellen Auktionen dar. Bei dieser Methode werden die Experiment-Teilnehmer gebeten, für ein ihnen vorgestelltes Produkt ein Gebot abzugeben. Bei der Gebotsabgabe haben die Teilnehmer dabei zu berücksichtigen, dass sie das Produkt dann anschließend auch tatsächlich erwerben müssen, wenn ihr Gebot mindestens dem nach der Abgabe bekannt gegebenen Produktpreis entspricht. Der Produktpreis kann nun je nach **Form** der Auktion z. B.

- dem höchsten Gebot (Höchstpreisauktion),
- dem zweihöchsten Gebot (Vickrey-Auktion) oder
- einem zufällig aus den Geboten gezogenen Prüfgebot (Lotterie)

entsprechen.

Höchstpreisauktion

Höchstpreisauktion. Da den Experiment-Teilnehmern der Auktionsmechanismus vor ihrer Gebotsabgabe bekannt gemacht werden muss, werden die Teilnehmer diesen bei der Abgabe ihres Gebotes berücksichtigen. Die Höchstpreisauktion weist dabei die **geringste Anreizkompatibilität** (»Motivation die ›wahre‹ Preis- oder Zahlungsbereitschaft zu benennen«) auf, da bei dieser (zumindest) der Teilnehmer mit der höchsten Preisbereitschaft einen Anreiz hat, sein Gebot nicht an der eigenen Preisbereitschaft, sondern an der vermuteten Preisbereitschaft des Teilnehmers mit der zweihöchsten Preisbereitschaft zu orientieren. Ist beispielsweise einem Teilnehmer das Produkt tatsächlich 100 € wert und geht er davon aus, dass die nächsthöchste Preisbereitschaft im Teilnehmerkreis bei 90 € liegt, dann wird er sinnvollerweise ein Gebot von 91 € abgeben, da er bei Benennung seiner »wahren« Preisbereitschaft von 100 € anschließend auch einen Preis von 100 € zahlen müsste. Hingegen muss er bei Abgabe eines Gebots in Höhe von 91 € anschließend auch nur genau diesen Betrag entrichten.

Vickrey-Auktionen

Vickrey-Auktion. Dieser Nachteil der Höchstpreisauktion wird bei der Vickrey-Auktion vermieden, da der Teilnehmer mit dem höchsten Gebot anschließend nur den Preis zahlen muss, der dem **zweithöchsten Gebot** entspricht. Da dies dem Proband mit der höchsten Preisbereitschaft aber vor der Angebotsabgabe bekannt ist, muss der Proband sein Gebot **nicht strategisch** abgeben, sondern kann ohne Nachteile ein Gebot in Höhe seiner wahren Zahlungsbereitschaft abgeben. Problematisch bleibt allerdings auch bei der Vickrey-Auktion, dass es sich nur für solche Probanden lohnt, sich ernsthaft über ihre Preisbereitschaft Gedanken zu machen, die eine realistische Chance sehen, mit ihrem Gebot das Produkt anschließend auch zu erhalten. Experiment-Teilnehmer, die etwa im obigen Beispiel allein eine Preisbereitschaft von 50 € aufweisen und die davon ausgehen können, dass andere Probanden über eine sehr viel höhere Zahlungsbereitschaft verfügen, werden sich bei Abgabe ihres Gebotes sehr viel weniger Mühe machen. Denn ob sie nun statt der wahren Preisbereitschaft von 50 € ein Gebot von 45 € oder auch 55 € abgeben, ist aus ihrer Sicht unerheblich, da sie in keinem Fall den Zuschlag bekommen werden.

Lotterie. Dieses bei Vickrey- und Höchstpreisauktion bestehende »**Chancenlosigkeitsproblem**« umgeht man bei der Lotterie, da hier anschließend ein Gebot zufällig gezogen wird, das dann den Preis darstellt. Da alle Experiment-Teilnehmer, deren Gebot oberhalb des so ermittelten Preises liegt, das Produkt kaufen müssen, kann kein Teilnehmer im Vorfeld ausschließen, dass er anschließend auf Basis seines Gebots das Produkt erwerben muss. Daher haben auch solche Teilnehmer ein Motiv, über ihre wahre Preis- und Zahlungsbereitschaft nachzudenken, die vermuten, dass andere Teilnehmer eine sehr viel höhere Zahlungsbereitschaft aufweisen. Beispielsweise hat der oben betrachtete Proband, dessen wahre Preisbereitschaft bei 50 € liegt, nun ein Interesse, dass er nicht einen Wert von 45 € oder 55 € benennt. Im ersten Fall würde er das Produkt dann nicht kaufen dürfen, wenn bei der Lotterie zufällig ein Gebot zwischen 45 und 50 € gezogen würde. Im zweiten Fall würde der Proband Gefahr laufen, dass er bei Ziehen eines Gebots, das zwischen 50 und 55 € liegt, einen höheren Preis zu zahlen gezwungen wäre, als er tatsächlich zu zahlen bereit ist.

Lotterie

Insgesamt sind Auktionen zur Ermittlung von Preis-/Zahlungsbereitschaften allerdings mit **grundsätzlichen Praktikabilitäts- und Methodenproblemen** verbunden. Auf der einen Seite sind sie in der Durchführung sehr aufwendig und zudem gerade für die Preisfindung bei neuen Produkten generell ungeeignet. So muss das Produkt bereits vorhanden sein, um eine Auktion durchführen zu können. Auf der anderen Seite widerspricht das Vorgehen bei Auktionen dem hypothetischen Charakter von Preis- und Zahlungsbereitschaften. Wird davon ausgegangen, dass sich Kunden ihrer Preis- und Zahlungsbereitschaft i.d.R. nicht bewusst sind, sondern dass sich diese Größen erst durch Beurteilung realer Marktangebote und hier vor allem Marktpreise bilden, dann ist es fraglich, ob sich die Methodik der Auktion für die Ermittlung von Preis- und Zahlungsbereitschaften außerhalb sehr spezieller Anwendungssituationen einsetzen lässt. Dies gilt auch deshalb, da in Auktionen (zumindest bei Höchstpreis- und Vickrey-Auktionen) eine **Knappheitssituation** unterstellt wird (das Produkt erhält nur der Proband, der das höchste Gebot abgibt), die zum einen so in den meisten Märkten nicht vorhanden ist (vgl. *Backhaus et al.*, 2005) und die zum anderen die Gefahr **aleatorischer Reize** mit sich bringt. Nicht auszuschließen ist so, dass Experiment-Teilnehmer durch die erzeugte Knappheitssituation allein deshalb ein höheres Gebot abgeben, um bei dem »Spiel« den Zuschlag zu erhalten.

Grundsätzliche
Einsatzprobleme

2.2.1.3.2 Verhaltenswissenschaftliche preispolitische Einflussfaktoren

Die Zahlungs- oder Preisbereitschaft, die Kunden einem Produkt entgegenbringen, hängt von einer Vielzahl von **Determinanten** und **situativen Faktoren** ab. Diese lassen sich aus verhaltenswissenschaftlichen Modellen der Preistheorie ableiten und entsprechend *Abbildung 186* in aktivierende, kognitive und einstellungsbezogene Einflussgrößen unterteilen. Die Wirkung dieser Determinanten, die im Vergleich verschiedener Kunden unterschiedlich ausfallen können, führt dazu, dass Kunden auf Preisstimuli verschieden reagieren.

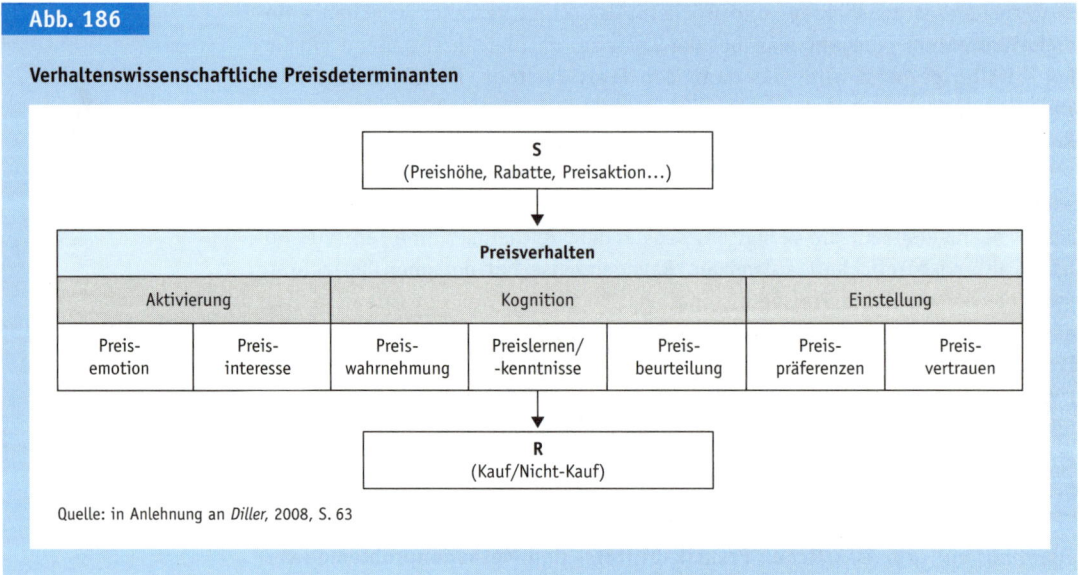

Abb. 186

Verhaltenswissenschaftliche Preisdeterminanten

Quelle: in Anlehnung an *Diller*, 2008, S. 63

Aktivierende Determinanten

(1) Preisemotionen

Im Bereich der aktivierenden Determinanten, bei denen es um die Auslösung innerer Erregungszustände geht, die einen Kunden zu Handlungen stimulieren können (vgl. zur Aktivierung *Kroeber-Riel/Weinberg/Gröppel-Klein*, 2009), können zunächst einmal Preisemotionen die Wirkung von Preisstimuli beeinflussen. Hierunter versteht *Diller* (2008, S. 96) »angenehme oder unangenehme, mehr oder weniger bewusste und nicht regelmäßig wiederkehrende Empfindungen über Preise«. Preisemotionen können dabei durch **Preiserlebnisse** ausgelöst werden. Diese lassen sich nach Stärke, Richtung und Art klassifizieren (vgl. hierzu und zum Folgenden *Diller*, 2008, S. 96). Die **Stärke eines Preiserlebnisses** prägt dabei den daraus resultierenden Aktivierungsgrad. Während bei einer »**Kaufeuphorie**« (»heißes« Kauferlebnis), die etwa durch Angebote im Schlussverkauf ausgelöst wird, sogar eine Überaktivierung ausgelöst werden kann, die die Wirkung von Preisstimuli wieder einschränkt, führt die Preisemotion bei der sogenannten **kalten Emotion** (Entdecken eines einzelnen »Schnäppchens«) zu einer weniger starken, dafür aber bewussten und kaufwirksamen Reaktion. Hinsichtlich der Richtung von Preisemotionen ist zwischen **positiven** und **negativen Emotionen** zu unterscheiden. Während Preisstimuli (z. B. Sonderpreisangebote) bei einigen Kunden ein positives Erlebnis auslösen, können die gleichen Stimuli bei anderen Kunden genau das Gegenteil, nämlich eine ablehnende Reaktion auslösen – z. B. weil der Stimulus als Signal für mindere Qualität oder veraltete Ware interpretiert wird. Schließlich lassen sich Preisemotionen auf sehr unterschiedliche Art auslösen. *Diller* (2008, S. 97 f.) nennt im Rahmen einer sehr

Definition
»Preisemotion«

umfassenden Auflistung unterschiedlicher Arten von Preiserlebnissen als Beispiele Preisfreude, Preisstolz, Preisärger, Preisneid oder Preisstress.

(2) Preisinteresse

Eine andere aktivierende Determinante stellt das Preisinteresse dar. Hierbei handelt es sich um »das Bedürfnis eines Nachfragers [..], bei Kaufentscheidungen den Preis sowie alle verfügbaren Kaufalternativen hinreichend zu berücksichtigen und entsprechend nach geeigneten Preisinformationen zu suchen« (*Diller*, 2008, S. 101). Das Interesse an Preisinformationen kann sich dabei zum einen auf die **Preisgewichtung** (Bedeutung des Preises im Vergleich zu anderen Produkt- und Kaufmerkmalen) beziehen. Von einem hohen Preisinteresse ist demnach immer dann zu sprechen, wenn Kunden besonders stark auf den Preis beim Kauf achten. *Abbildung 187* zeigt an Beispielen die Gewichtung des Preises im Vergleich zu anderen kaufentscheidungsrelevanten Merkmalen. Während auf der Y-Achse jeweils abgetragen ist, wie groß der Anteil der Kunden ist, die überhaupt auf den Preis bei der Kaufentschcidung achten, ist auf der X-Achse dargestellt, wie wichtig den Kunden, die auf den Preis achten, dieser im Vergleich zu anderen Merkmalen ist (Skala: 0 = keine Bedeutung; 100 = hohe Bedeutung).

Zum anderen kann Preisinteresse auch darin zum Ausdruck kommen, dass Kunden **viele Alternativen im Kaufentscheidungsprozess** beachten und daher eher in der Lage sind, die im Markt bestehenden Preisunterschiede zwischen den Alternativen auszunutzen. Schließlich stellt auch die **Preissuche** einen Indikator für Preisinteresse dar. Wenn Kunden bereit sind, vor dem Kauf Aufwand auf sich zu nehmen, um sich Informationen über den Preis eines Produktes zu verschaffen, dann zeigt dies ebenfalls, dass sie ein starkes Interesse am Preis des Produktes haben.

Definition »Preisinteresse«

Indikator Preisgewichtung

Indikator Preissuche

Abb. 187

Beispiele für Produkte mit unterschiedlichen Preisgewichten

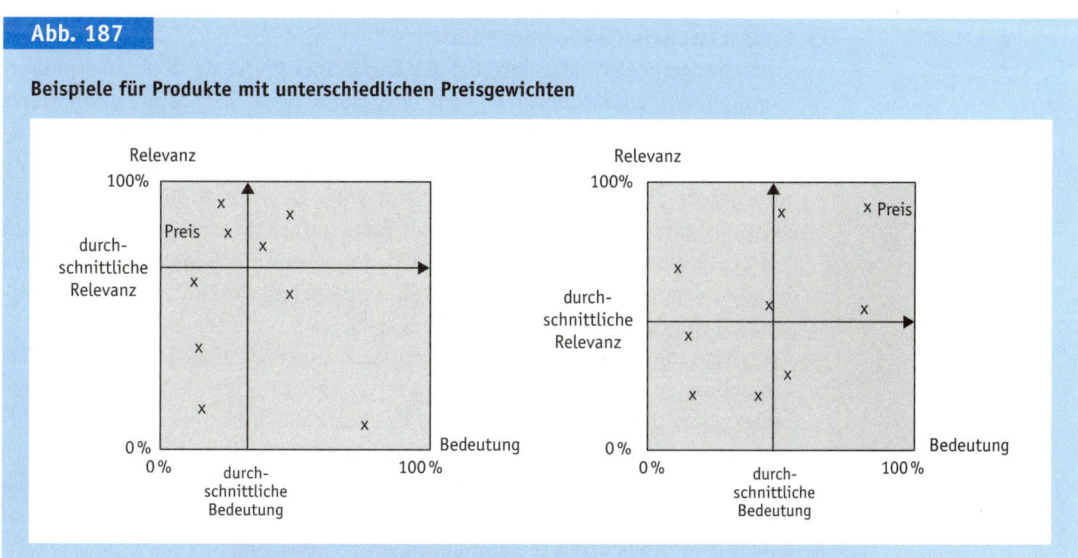

Kognitive Determinanten

(1) Preiswahrnehmung

Definition »Preis-
wahrnehmung«

Während es bei aktivierenden Determinanten um innere Erregungszustände geht, steht bei kognitiven Determinanten die **verstandesmäßige Verarbeitung von preisrelevanten Informationen** im Vordergrund. Ein erster wichtiger Einflussfaktor im Bereich kognitiver Determinanten stellt die Preiswahrnehmung dar. Hierunter ist der Transformationsprozess zu verstehen, wie Nachfrager physisch beobachtete Preise in subjektiv wahrgenommene Preise überführen (vgl. *Jacoby/Olson*, 1977). *Simon/Fassnacht* (2009, S. 152) definieren Preiswahrnehmung aufbauend auf der Literatur als Prozess, bei dem objektive Preisinformationen von Kunden sensorisch aufgenommen, als solche erkannt und in ein individuelles Beurteilungsschema eingeordnet werden. Die Wahrnehmung kann sich dabei sowohl auf absolute Preise wie auch auf relative Preise (z. B. Preise im Verhältnis zu früheren Preisen oder zu Konkurrenzpreisen) beziehen.

Erklärungstheorien

Um Preiswahrnehmungseffekte zu erklären, können verschiedene verhaltenswissenschaftliche Theorieansätze wie die **Assimilations-Kontrast-Theorie** (vgl. *Sherif/Hovland*, 1961) oder die **Prospect-Theorie** (vgl. *Kahneman/Tversky*, 1979) herangezogen werden. Häufig jedoch geht es Kunden vor allem um Komplexitätsreduktion, da sie in Märkten wie Telekommunikation oder Flugverkehrsdienstleistungen kaum in der Lage sind, die Fülle von Preisinformationen zu verarbeiten, die von Anbietern im Markt als Preisstimuli eingesetzt wird. Gerade in solchen Märkten wird die Preiswahrnehmung vor allem durch **Wahrnehmungsheuristiken** gesteuert, die Nachfragern helfen, die komplexen Preisinformationen zu verarbeiten. *Simon/Fassnacht* (2009, S. 161 ff.) führen als Beispiele für solche Heuristiken den Preisschwellen-, Preisfiguren-, Eckartikel-, Preisfärbungs- und Preisankereffekt an:

Erscheinungsformen

▸ **Preisschwelleneffekt:** Unter diesem Effekt wird die nachfragerseitige Vereinfachungsregel verstanden, bei der Nachfrager Preise dann als überproportional höher oder niedriger einstufen, wenn diese bestimmte Grenzwerte über- oder unterschreiten. Beispielsweise kann der Absatz von Lebensmitteln dann sprunghaft abnehmen, wenn der Preis anstatt knapp unterhalb nun gerade oberhalb von 1 € angesetzt wird. Da viele Nachfrager Produkte dann als günstig einstufen, wenn der Preis unterhalb von 1 € liegt, besteht bei ihnen eine Preisschwelle bei 0,99 €. Bei deren Überschreitung achten die Kunden demnach stärker auf den Preis, vergleichen Produkte intensiver miteinander und kaufen insgesamt weniger Mengeneinheiten.

▸ **Preisfigureneffekt:** Hier wird als Heuristik angenommen, dass Kunden Vereinfachungen aus den Ziffern eines Preises ableiten, aus denen ein Preis gebildet wird. Beispielsweise kann die Heuristik darin bestehen, dass Preisziffern von links nach rechts abnehmend beachtet werden, da die Preisziffern entsprechend weniger bedeutsam werden. Hier wären etwa bei einem Preissprung von 2,37 € auf 2,39 € nur geringe, bei einem Sprung von 2,39 € auf 2,41 € allerdings größere Veränderungen zu erwarten.

▸ **Eckartikeleffekt:** Dieser Effekt bezieht sich auf die Heuristik, dass Kunden die Preisattraktivität eines Anbieters häufig nicht durch Betrachtung aller Produkte des Anbieters ermitteln, sondern sich bei der Beurteilung auf ausgewählte Produkte des Anbieters beschränken (Eckartikel) und den dabei ermittelten Eindruck auf andere bzw. alle Produkte eines Unternehmens übertragen. Bei Lebensmitteln können solche Eckartikel etwa in Produkten wie Butter, Milch oder Kaffee bestehen, die Kunden regelmäßig erwerben, bei denen daher ihr Preiswissen größer ist und bei denen folglich eine größere Eckartikelfähigkeit zu vermuten ist.

▸ **Preisfärbungseffekt:** Hierunter wird die Vereinfachungsheuristik verstanden, dass Kunden erlernte Zusammenhänge auf neue Beurteilungsphänomene beziehen. Demnach verwenden Kunden beispielsweise bestimmte Indikatoren für die Beurteilung der Günstigkeit von Produkten. Sind die Preise etwa mit Hinweisen wie »Tiefstpreis« oder »Sonderangebot« verbunden, dann werden die Preise – obwohl sie möglicherweise objektiv gleich hoch sind – als günstiger eingestuft. Da Kunden gelernt haben, dass Preise, die mit solchen Hinweisen versehen sind, i. d. R. tatsächlich Preisnachlässe enthalten, übertragen sie diese erlernten Zusammenhänge auf neue Preisangebote, die mit entsprechenden Hinweisen versehen sind.

▸ **Preisankereffekt:** Dieser Effekt basiert auf der Erkenntnis, dass Preisbeurteilungen häufig auf Preisvergleichen basieren. Kunden kommen zu dem Urteil, dass ein Preis hoch oder tief ist, indem sie den zu beurteilenden Preis mit anderen (»Anker-«)Preisen vergleichen. Dies können sich Anbieter zunutze machen, indem sie die Preiswahrnehmung eines aktuell angebotenen Preises durch gleichzeitigen Ausweis anderer Preise und damit durch das gezielte Setzen von **Ankerpreisen** beeinflussen. Wird beispielsweise der Preisausweis von 0,29 € mit dem Hinweis verbunden, dass das Produkt bislang 0,39 € gekostet habe, dann kann darauf gehofft werden, dass Nachfrager das Produkt als günstig einstufen.

Abbildung 188 zeigt Beispiele für Preiswahrnehmungseffekte aus der Praxis.

Abb. 188

Praxisbeispiele für Preiswahrnehmungseffekte (Preisschwellen-, Preisfiguren- und Preisfärbungseffekt)

(2) Preislernen/Preiskenntnis

Preiswissen als Ergebnis von Preislernen

Einen anderen kognitiven Einflussfaktor stellt das Preislernen bzw. die Preiskenntnis dar. Die Wahrnehmung von Preisen stellt aus informationsverarbeitungstheoretischer Warte eine Form der Informationsspeicherung dar. Allerdings findet diese Speicherung i. d. R. zunächst im Kurzzeitgedächtnis statt. Erst bei wiederholter Wahrnehmung oder hoher Wahrnehmungsintensität kommt es zu einer Abspeicherung im Langzeitgedächtnis. Der Prozess der wiederholten und sich damit schrittweise verfestigenden Wahrnehmung von Preisen stellt damit einen Lernprozess dar. Dieser führt nach Abspeicherung von Preisen im Langzeitgedächtnis zu Preiskenntnissen bzw. zu Preiswissen. Unter **Preiswissen** sind dabei sämtliche preisbezogene Informationen über Produkte zu verstehen, die im Langzeitgedächtnis von Nachfragern verankert sind (vgl. *Homburg*, 2012, S. 699).

Empirische Studien

Zum Preiswissen von Nachfragern liegen in der Literatur zahlreiche **empirische Studien** vor (vgl. z. B. *Monroe/Lee* 1999, *Diller* 1988, *Vanhuele/Drèze* 2002). Diese zeigen, dass

▸ sich Kunden auf Konsumgütermärkten nur relativ selten an die exakten Preise von Produkten erinnern können,

▸ Kunden Preise eher wiedererkennen (Price Recognition) können, als dass sie sich an Preise ungestützt erinnern können (Price Recall),

▸ das Preiswissen im Hinblick auf das Preis-Ranking von im Markt angebotenen Alternativen (»das teuerste Produkt ist X, das zweitteuerste Produkt ist Y, ...«) höher ist als das Wissen über die exakten Preise der im Markt angebotenen Produkte,

▸ das Preiswissen mit zunehmender Anzahl der im Markt vorhandenen Wettbewerbsangebote abnimmt.

Bedeutung für die Preispolitik

Kenntnisse über das Preiswissen aktueller und potenzieller Nachfrager spielen für die Preispolitik von Unternehmen eine große Rolle. Ist das Preiswissen vergleichsweise gering, so kommen beispielsweise **Preisaktionen** wie Sonderpreisaktionen nur bedingt in Frage. Da nur wenigen Kunden bekannt ist, wie die regulären Preise sind, ist nicht davon auszugehen, dass alle Kunden den eingeräumten Vorteil der Sonderpreisaktion entsprechend einzuschätzen in der Lage sind. Daher ist nicht mit großen Absatzmengensteigerungen zu rechnen. Auf der anderen Seite ein eher geringeres Preiswissen der Nachfrager, dass Unternehmen durchaus **Preiserhöhungen** im Markt durchsetzen können. Denn in diesem Fall ist nicht zu befürchten, dass die Nachfrager die Preiserhöhung entsprechend »bestrafen« und auf Wettbewerbsangebote umsteigen.

(3) Preisbeurteilung

Definition »Preisbeurteilung«

Schließlich gehört als dritte Determinante zum Bereich kognitiver Determinanten die Preisbeurteilung. Vereinfacht ausgedrückt nehmen Kunden Preise in einer bestimmten Art und Weise wahr, spiegeln die Preise am eigenen Preiswissen und kommen anschließend zu einer bestimmten Preisbeurteilung. Unter einer Preisbeurteilung ist dabei eine subjektive Bewertung eines Preises zu verstehen, die vorgenommen wird, um die Angemessenheit eines Preises einschätzen zu können. Die Preisbeurteilung kann dabei eindimensional (nur im Hinblick auf den Preis) als **Preisgünstigkeitsurteil** oder in Form einer mehrdimensionalen Beurteilung (Preis im Verhältnis zur Qualität, Marke etc.) als **Preiswürdigkeitsurteil** erfolgen.

Einstellungsbezogene Determinanten

Im Gegensatz zu den aktivierenden und kognitiven Preisdeterminanten, die durch das einzelne Preisangebot des Anbieters ausgelöst werden und daher vor allem einen einzeltransaktionsspezifischen Bezug aufweisen, stellen einstellungsbezogene Determinanten eine **generelle Bereitschaft zu einem bestimmten Preisverhalten** dar. Die Preiseinstellung bzw. Preisintention definiert *Diller* (2008, S. 154) als »Zustände gelernter und relativ dauerhafter Bereitschaft, in einer entsprechenden Entscheidungssituation ein bestimmtes Preisverhalten zu zeigen.« Die Preiseinstellung wird durch

▸ Preispräferenz (1) und
▸ Preisvertrauen (2)

determiniert.

Definition »Preiseinstellung«

Einstellungsdeterminanten

(1) Preispräferenz

Preiseinstellungen zeigen sich zunächst einmal an den Preispräferenzen von Nachfragern. Hierunter sind grundsätzliche »Verhaltensabsichten zur Bevorzugung bestimmter Einkaufsalternativen« (*Diller*, 2008, S. 156) zu verstehen. Beispielsweise verfügen viele Nachfrager über mehr oder weniger feststehende **Preislagenpräferenzen** in bestimmten Einkaufsbereichen. So bevorzugen Nachfrager beispielsweise grundsätzlich, also losgelöst von den Merkmalen einzelner Kaufentscheidungen, Produkte bestimmter Qualitäts- und Preisklassen. Aus dem Tourismusbereich ist etwa bekannt, dass viele Kunden stets Hotels bestimmter Preis- und Qualitätskategorien wählen. Aus vorhandenen Erfahrungen mit den Hotels verschiedener Kategorien neigen diese Kunden dazu, grundsätzlich Hotels mit z. B. 3 oder 4 Sternen zu wählen, da deren Preisniveau und Leistungsangebot erfahrungsgemäß ihren Vorstellungen entspricht.

Definition »Preispräferenzen«

(2) Preisvertrauen

Daneben spielt auch das Preisvertrauen als einstellungsbezogene Determinante in vielen Märkten eine wichtige Rolle. Unter Preisvertrauen ist die einem Anbieter oder einem Produkt zugeschriebene Erwartung zu verstehen, dass geforderte **Preise angemessen und gerechtfertigt** sind. Vorhandenes Preisvertrauen führt auf der Nachfragerseite dabei zumeist zu einer Reduktion von Preisinformationsaktivitäten. Da Nachfrager dem Anbieter glauben, dass er angemessene, z. B. also günstige Preise fordert, verzichten sie vor ihren Kaufentscheidungen auf umfangreiche Preisvergleiche. Vorhandenes Preisvertrauen stellt für Anbieter ein wichtiges Asset innerhalb des Vermarktungsprozesses dar. Beispielsweise können Anbieter in einem solchen Fall auf umfangreiche Preisinformationen (z. B. durch eine entsprechende Kommunikationspolitik) verzichten. Auch

Definition »Preisvertrauen«

müssen sie auf Preisaktionen von Wettbewerbern nicht unbedingt mit entsprechenden Gegenangeboten reagieren, da sie davon ausgehen können, dass ihre Kunden die Preisaktionen der Wettbewerber nicht unbedingt zur Kenntnis nehmen und sich nicht aktiv um weitergehende Preisinformationen im Markt bemühen.

2.2.2 Preisfindung und Preisgestaltung

Marktpricing vs.
Einzelkundenpricing

Bei der Preisfindung und -gestaltung ist grundsätzlich zwischen **zwei Fällen** zu unterscheiden: Unternehmen, die mit ihrer Leistung viele Kunden bedienen wollen, müssen – obwohl ggf. die Zahlungs- und Preisbereitschaften zwischen den Kunden variieren – einen Marktpreis für ihre Kunden bestimmen, den sie dann allerdings durch Einsatz zusätzlicher Preisgestaltungsinstrumente anschließend ggf. segment- oder einzelkundenspezifisch variieren können. Der Fall der Festsetzung eines einheitlichen Preises für viele Kunden lässt sich als **Marktpreisfindung** bezeichnen. Im Gegensatz dazu können Unternehmen, die mit ihren Leistungen einzelnen Kunden gegenüberstehen, z. B. weil sie die Leistungen kundenindividuell fertigen, die Preise kundenspezifisch ausgestalten. In diesem Fall ist von **Einzelkundenpreisfindung** zu sprechen. Da sich die Mechanismen der Preisfindung und -gestaltung in diesen beiden Fällen stark voneinander unterscheiden, werden das Marktpricing und das Einzelkundenpricing im Folgenden separat behandelt.

2.2.2.1 Marktpricing

2.2.2.1.1 Preisfindung

Formen der
Marktpreisfindung

Je nachdem, welche der oben angeführten Preisinformationen (ggf. auch in Kombination) der Preisfindung zugrunde gelegt werden, lassen sich unterschiedliche Formen der Preisfindung beim Marktpricing unterscheiden. Während beim Cost Plus-Pricing allein anbieterbezogene Informationen für die Preisfindung berücksichtigt werden, kommen bei der wettbewerbsbezogenen Preisfindung zusätzlich wettbewerbsbezogene Informationen hinzu. Schließlich werden beim nachfragerbezogenen Pricing alle verfügbaren Informationen, also anbieter-, wettbewerbs- und nachfragerbezogene Informationen der Preisfindung zugrunde gelegt.

Cost Plus-Pricing

Vorgehen

Die einfachste Form der Preisfindung stellt die »Cost Plus«-Methode dar. Anbieter, die ihr Pricing auf diese Methode aufbauen, ermitteln den Preis, indem sie zu den Kosten eines Produktes bzw. einer Leistung (»Cost«) eine Marge (»Plus«) hinzurechnen. Während als Kostenbasis beim »Cost Plus« häufig die **Vollkosten** (variable und fixe Stückkosten) verwandt werden (ebenso können natürlich auch nur die variablen Stückkosten als Bezugsbasis dienen), handelt es sich beim Aufschlagsatz i. d. R. um eine **hausintern übliche Marge**, die bei allen Produkten einer bestimmten Kategorie in gleicher Weise angesetzt wird.

Das Cost Plus-Pricing wird in der Literatur häufig sehr **kritisch** beurteilt (vgl. z. B. *Simon/Fassnacht*, 2009, S. 191 f.), da vor allem keine nachfragerbezogenen Informationen explizit in der Preisfindung berücksichtigt werden. Unternehmen, die diese Methode einsetzen, laufen daher Gefahr, sich aus dem Markt zu kalkulieren (durch für Nachfrager zu hohe Preise) oder mögliche Gewinnmargen nicht vollständig abzuschöpfen (durch für Nachfrager zu geringe Preise). Trotzdem erfreut sich diese Form der Preisfindung in der Praxis (noch immer) einer sehr großen Beliebtheit. Dies ist vor allem darauf zurückzuführen, dass die Cost Plus-Methode leicht anwendbar ist, auf »harten« Informationen beruht und zu intern leicht kommunizierbaren Preisen führt (vgl. *Simon/Fassnacht*, 2009, S. 191). Allerdings überwiegen diese Vorteile die oben angeführten Nachteile nur dann, wenn Unternehmen (noch) auf **Verkäufermärkten** tätig sind. Auf diesen Märkten stellt die Cost Plus-Methode ein durchaus sinnvolles Vorgehen dar, da der über Kosten zuzüglich Marge gebildete Preis eher dazu dient, die internen Ressourcen (z. B. Maschinenkapazität) in die Verwendungen zu leiten, über die hohe Gewinne möglich sind. Auf Märkten, auf denen ein Angebotsüberhang besteht (Käufermärkte), kommen Anbieter hingegen letztlich nicht darum herum, beim Pricing weitere Informationen heranzuziehen. Wenn Unternehmen also (noch immer) Cost Plus-Methoden bei der Preisfindung einsetzen, kann das entweder darauf zurückzuführen sein, dass diese Unternehmen noch auf Verkäufermärkten tätig sind, oder aber der Grund ist darin zu sehen, dass sie ihr Pricing noch nicht auf die inzwischen vorherrschenden Käufermärkte umgestellt haben.

Wettbewerbsorientierte Preisfindung

Bei der wettbewerbsorientierten Preisfindung orientieren sich Unternehmen bei ihrer Preissetzung überwiegend an Konkurrenzpreisen. Dies erscheint immer dann sinnvoll, wenn die von den Anbietern im Markt angebotenen Leistungen vergleichbar sind und daher davon auszugehen ist, dass die Kunden Preisvergleiche vornehmen und dem Preis bei der Kaufentscheidung eine hohe Bedeutung beimessen.

Die Wettbewerbsorientierung bei der Preisfindung kann z. B. in Form einer **Preisübernahme** vonstattengehen. Hierbei orientiert sich ein Unternehmen bei der Preissetzung an den Preisentscheidungen eines Wettbewerbers oder mehrerer anderer Konkurrenten. Dabei müssen die Preise des Wettbewerbs nicht unbedingt genau übernommen werden. Ebenso kann die Übernahme auch so erfolgen, dass ein bestimmter Preisabstand gegenüber dem Wettbewerb eingehalten wird.

Häufig sind solche Preisübernahmen in Märkten zu beobachten, in denen es wenige Großunternehmen und viele kleinere Wettbewerber gibt. In solchen Märkten ist es üblich, dass sich die kleineren Unternehmen bei ihren Preisentscheidungen **an den Preisen des oder der Marktführer** orientieren. Im Telekommunikationsmarkt beispielsweise fungieren die Marktführer Telekom und Vodafone für viele kleinere Anbieter als Referenzanbieter auf dem deutschen Markt. Dies bedeutet zwar nicht, dass die kleineren Anbieter die Preise der Marktfüh-

Kritik

Sinnvolles Einsatzfeld

Vorgehen

Orientierung an Marktführern

Fallbeispiel 60

Benzinpreise der Mineralölkonzerne

Ein Markt, dem in der Vergangenheit immer wieder wettbewerbsrechtlich bedenkliche Pricing-Praktiken vorgeworfen wurden, stellt die Mineralölindustrie dar. Da wenige Mineralölkonzerne die weit überwiegende Zahl an Tankstellen kontrollieren, können sie relativ einfach den Benzinpreis zu ihren Gunsten beeinflussen, indem sie preisaggressives Verhalten vermeiden und stattdessen ihr Pricing aneinander ausrichten. Der Branche wurde so in der Vergangenheit immer wieder der Vorwurf gemacht, dass die Benzinpreise stets vor Feiertagen oder Urlaubszeiten angehoben werden und auch an einzelnen Werktagen während der Berufsverkehr-Zeiten morgens und abends höher angesetzt wurden als während der restlichen Tageszeit. Um mehr Preistransparenz im Markt zu erzeugen, wurde in Deutschland im Mai 2012 die Einrichtung einer »Markttransparenzstelle« beschlossen. Diese soll alle Preisveränderungen bei Benzin und Diesel erfassen und öffentlich machen.

rer in identischer Form übernehmen. Allerdings übernehmen sie i. d. R. Preiserhöhungen oder neue Preismodelle der Marktführer, um ihre Preisposition gegenüber den Marktführern beizubehalten. In Märkten, in denen allein wenige Großunternehmen den Markt dominieren, ist ein solches Pricing dann wettbewerbsrechtlich bedenklich, wenn die Preisübernahme vor allem für Preiserhöhungen zwischen den Wettbewerbern genutzt wird.

Nachfrageorientierte Preisfindung

Determinanten

Im Mittelpunkt der nachfrageorientierten Preisfindung beim Marktpricing stehen die nachfrageseitig ermittelten Informationen zu **Zahlungs- und Preisbereitschaft** sowie zu den **preispolitischen Einflussfaktoren**. Während die Zahlungs- und Preisbereitschaft Hilfestellung gibt, die generelle Preishöhe zu ermitteln, sind die aktivierenden, kognitiven und einstellungsbezogenen Determinanten entscheidend, um die »Feinjustierung« des Preises vorzunehmen.

Ermittlung von Preis-Absatz-Funktionen

Da Preisbereitschaftsinformationen i. d. R. nicht für alle Kunden vorliegen, sondern (wenn überhaupt) nur von einer Kundenstichprobe, besteht die erste Aufgabe der nachfrageorientierten Preisfindung darin, aus den vorliegenden Marktinformationen eine **Abschätzung der Preisbereitschaften des Gesamtmarktes** vorzunehmen, um auf diese Weise Aussagen abzuleiten, welche Preissetzung mit welcher Absatzmenge für den Anbieter verbunden ist. Die funktionale Beziehung zwischen dem vom Anbieter gesetzten Preis für seine Leistung und seiner Absatzmenge wird als **Preis-Absatz-Funktion** bezeichnet. Diese gibt an, welche Absatzmengen ein Anbieter bei Setzen alternativer Preise erwarten kann. Die Preis-Absatz-Funktion baut dabei auf den individuellen Preisbereitschaftsinformationen auf, die Anbietern von ihren Nachfragern vorliegen. Das nachfolgende Beispiel verdeutlicht den Zusammenhang zwischen Preisbereitschaftsinformationen und Preis-Absatz-Funktionen.

Fallbeispiel 61

Ermittlung einer Preis-Absatz-Funktion

In dem in *Abbildung 189* dargestellten Beispiel betrachten *Backhaus/Voeth* (2010a) die Preisbereitschaften von drei exemplarischen Kunden bei Lkws eines bestimmten Typs und entwickeln aus deren Preisbereitschaften eine Preis-Absatz-Funktion. Dem oberen Teil von *Abbildung 188* ist zu entnehmen, dass bei Kunde 1 die maximale Preisbereitschaft 260.000 € beträgt. Folglich ist dieser Kunde bis zu einem Preis von 260.000 € bereit, den Lkw dem Anbieter abzunehmen. Erst wenn der Preis oberhalb dieses Betrags liegt, verzichtet dieser Kunde auf den Kauf des Lkws. Analog hierzu zeigt *Abbildung 189*, dass die maximalen Preisbereitschaften für den Lkw bei Kunde 2 bei 240.000 € und bei Kunde 3 bei 280.000 € liegen.

Werden nun die individuellen Preisbereitschaften der drei Kunden zusammengenommen, dann ergibt sich hieraus die Preis-Absatz-Funktion für den Anbieter. Aus dieser, im unteren Teil von *Abbildung 189* dargestellten Funktion kann der Anbieter ablesen, mit welcher Absatzmenge er bei bestimmten Preisforderungen rechnen kann. Beispielsweise zeigt sich, dass er eine Absatzmenge von zwei Lkw erzielt, wenn er den Preis auf 260.000 € festsetzt.

Je mehr Preisbereitschaftsinformationen der Kunden vom Anbieter der Preis-Absatz-Funktion zugrunde gelegt werden, desto genauer (also weniger treppenförmig) wird die von ihm ermittelte Funktion.

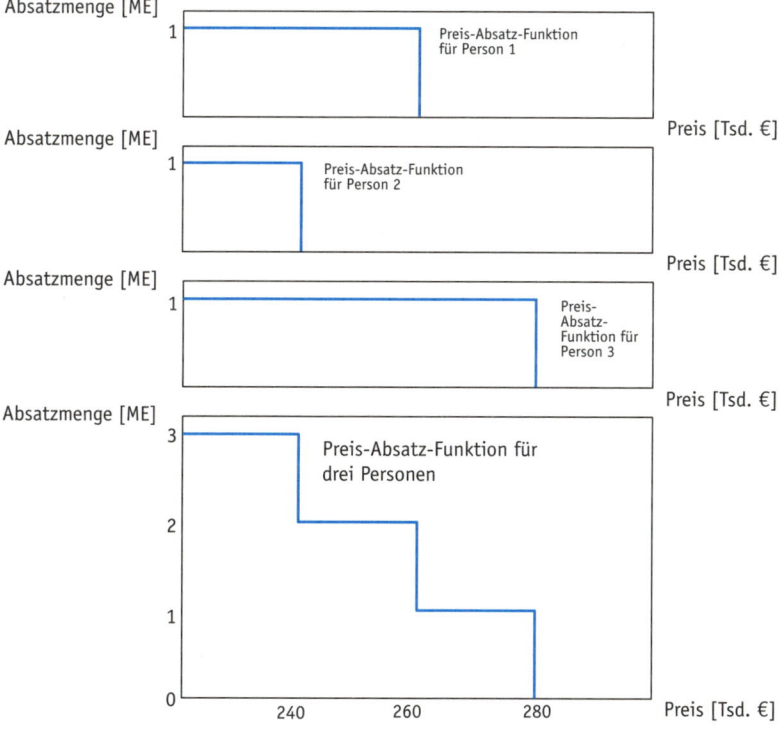

Quelle: *Backhaus/Voeth*, 2010a, S. 239

Abb. 189: **Ermittlung einer Preis-Absatz-Funktion aus den Preisbereitschaften einzelner Nachfrager**

Da sich Preis-Absatz-Funktionen unmittelbar aus den Preisbereitschaften von Kunden ergeben, hängt der **Verlauf von Preis-Absatz-Funktionen** davon ab, wie die Preisbereitschaften innerhalb der betrachteten Kundengruppe verteilt sind.

Abbildung 190 zeigt im oberen Teil unterschiedliche **Verteilungen der Preisbereitschaften** und im unteren Teil die sich hieraus jeweils ergebenden Preis-Absatz-Funktionen:

▸ Im linken Teil der *Abbildung 190* ist der Fall dargestellt, dass die Preisbereitschaften bei den Kunden **gleichverteilt** sind. Hier führt jede Preisveränderung zu einer identischen Zu- oder Abnahme an kaufwilligen Kunden. Daher hat die zugehörige Preis-Absatz-Funktion einen einfachen linearen Verlauf.

▸ Häufiger hingegen dürfte in der Praxis die im mittleren Teil der *Abbildung 190* dargestellte Verteilung von Preisbereitschaften anzutreffen sein. Liegt eine **Normalverteilung** vor, wonach wenige Kunden eine sehr geringe oder sehr hohe Preisbereitschaft, jedoch viele Kunden eine mittlere Preisbereitschaft aufweisen, dann ergibt sich hieraus die im unteren mittleren Teil

Abb. 190

Verteilung von Preisbereitschaften und korrespondierende Preis-Absatz-Funktion

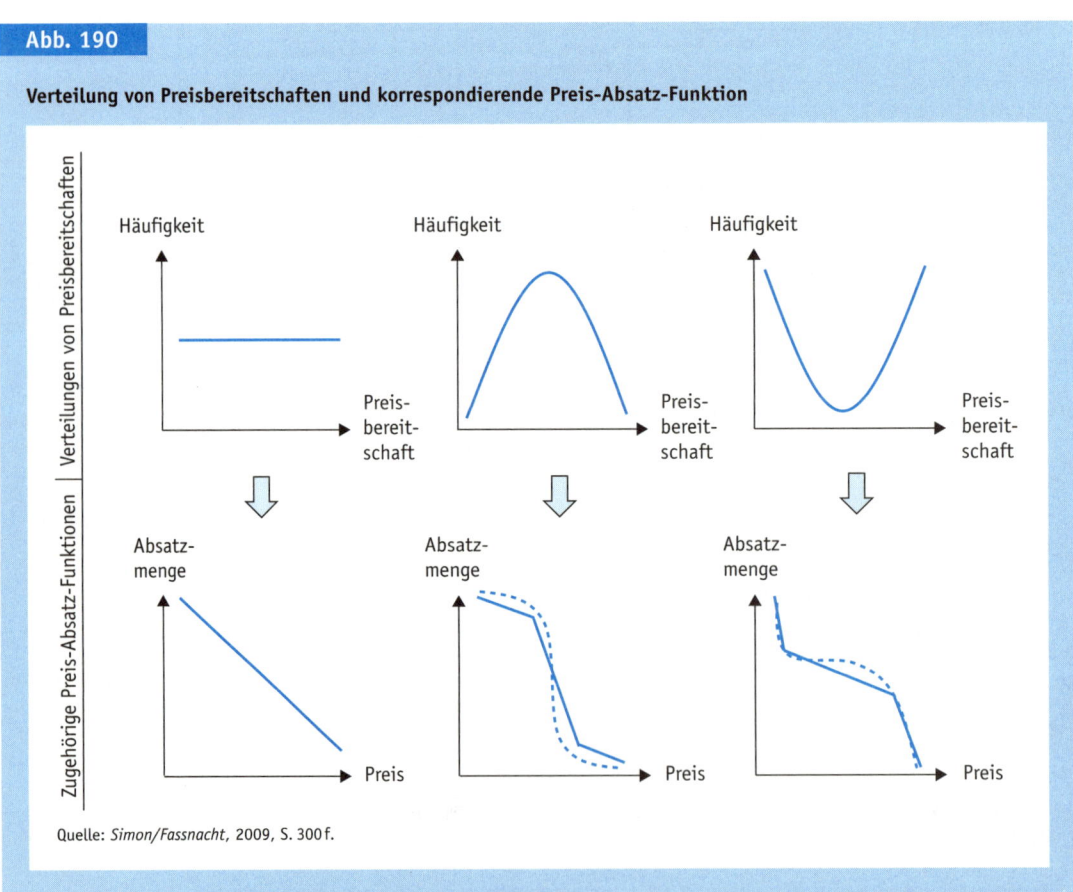

Quelle: *Simon/Fassnacht*, 2009, S. 300 f.

von *Abbildung 190* dargestellte Preis-Absatz-Funktion. Während die gestrichelte Funktion dabei den tatsächlichen Verlauf der Preis-Absatz-Funktion widergibt, stellt die durchgezogene Linie eine abschnittsweise linearisierte Vereinfachung dieser »wahren« Funktion dar. Diese wird in der Literatur auch als **doppelt geknickte Preis-Absatz-Funktion** bezeichnet (vgl. *Gutenberg*, 1984, S. 238 ff.).

▸ Schließlich ist es auch denkbar, dass die Preisbereitschaften die im rechten (oberen) Teil von *Abbildung 190* dargestellte U-Verteilung aufweisen. Demnach gibt es viele Kunden, die über eine geringe oder hohe Preisbereitschaft verfügen, wohingegen nur wenige Kunden eine mittlere Preisbereitschaft aufweisen. In diesem Fall ergibt sich ebenfalls (im Vereinfachungsfall) eine doppelt geknickte Preis-Absatz-Funktion (siehe unten rechts in *Abbildung 190*). Bei der Funktion nehmen die linearen Abschnitte allerdings anders als im mittleren Fall von *Abbildung 190* eine andere Steigung an, da hier eine Erhöhung des Preises im unteren und oberen Bereich mit großen Mengenveränderungen verbunden ist. Hingegen hat die Preisfunktion im mittleren Abschnitt eine geringere Steigung, da hier Preisveränderungen zu geringeren Mengenveränderungen für den Anbieter führen.

Auch wenn in der Praxis eine Gleichverteilung von Preisbereitschaften eher selten anzutreffen sein dürfte, wird der nachfragerorientierten Preisfindung aus Vereinfachungsgründen häufig die (einfache) lineare Preis-Absatz-Funktion zugrunde gelegt (siehe unten links in *Abbildung 190*). Diese wird durch folgende allgemeine Form beschrieben:

Lineare Preis-Absatz-Funktion als vereinfachte Form

$$x(p) = a - b \cdot p \tag{36}$$

Dabei drückt *a* die **Sättigungsmenge** und *b* den **Grenzabsatz** (zusätzliche Menge, wenn der Preis um eine Einheit reduziert oder erhöht wird) aus. Darüber hinaus lässt sich aus Formel (36) der **Prohibitivpreis** bestimmen (Preis, bei dem die Absatzmenge Null wird), indem für x Null eingesetzt wird. Mithilfe einer solchen Preis-Absatz-Funktion lässt sich auch untersuchen, inwieweit für Anbieter Veränderungen des Preises zu Mengenänderungen im Markt führen. Diese Veränderung wird durch die **Preiselastizität** ε ausgedrückt. Sie ergibt sich aus der Preis-Absatz-Funktion entsprechend der folgenden Formel:

$$\varepsilon = \frac{dx(p)}{dp} \cdot \frac{p}{x(p)} \tag{37}$$

In Verbindung mit der Kostenfunktion eines Produktes kann über die Preis-Absatz-Funktion der **gewinnmaximale Preis** eines Produktes ermittelt werden. Entsprechend *Abbildung 191*, bei der bei der Preis-Absatz-Funktion (PAF) (zur Angleichung an die von der Menge abhängige Kostenfunktion) der Preis in Abhängigkeit von der Absatzmenge dargestellt worden ist, wird dabei der Preis gesucht, bei dem die Differenz zwischen Umsatz U und Kosten K maximal wird. Dies ist dort der Fall, wo die Grenzkosten K′ den Grenzumsätzen U′ entsprechen. An dem Schnittpunkt der Grenzkosten- und Grenzumsatzfunktion (Punkt S in

Ermittlung des gewinnoptimalen Preises

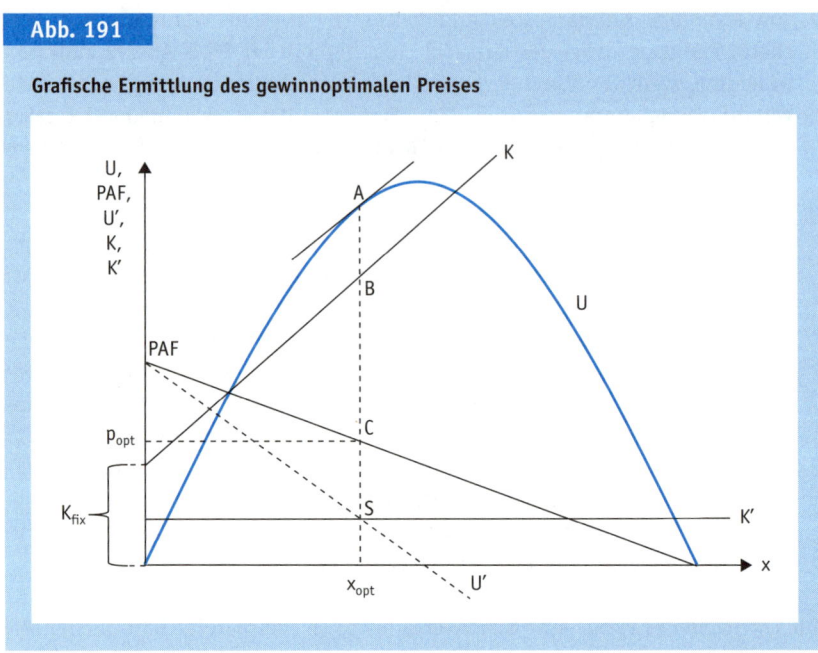

Abb. 191

Grafische Ermittlung des gewinnoptimalen Preises

Geometrische Ermittlung

Abbildung 191) kann durch eine Vergrößerung oder Verkleinerung der Absatzmenge bzw. des Preises keine Steigerung des Gewinns erreicht werden. Daher liegt an dieser Stelle ein Extremwert vor.

Wird von diesem Schnittpunkt S ausgehend ein Lot auf die Preis-Absatz-Funktion (PAF) gefällt, dann stellt der zugehörige Schnittpunkt C (Cournotscher Punkt) die optimale Preis-Mengen-Kombination (x_{opt}, p_{opt}) dar. Bezogen auf die Umsatzfunktion U zeigt sich zwar, dass im zugehörigen Punkt A nicht der maximale Umsatz erzielt wird, allerdings nimmt an dieser Stelle die Differenz zwischen der Umsatzfunktion und der Kostenfunktion ein Maximum ein (Strecke zwischen den Punkten A und B).

Algebraische Ermittlung

Ebenso lässt sich der gewinnoptimale Preis auch algebraisch ermitteln. Hierbei wird das Maximum der Gewinnfunktion (wiederum jeweils in Abhängigkeit von der Absatzmenge x formuliert)

$$G(x) = U(x) - K(x) \tag{38}$$

gesucht.

Die Umsatzfunktion erhält man dabei, indem man die in Abhängigkeit von x formulierte Preis-Absatz-Funktion mit der Menge multipliziert. Es ergibt sich:

$$U(x) = p(x) \cdot x = \left[\frac{a}{b} - \frac{1}{b}x \right] \cdot x = \frac{a}{b}x - \frac{1}{b}x^2 \tag{39}$$

Wird wie in *Abbildung 190* unterstellt, dass die Kostenfunktion aus variablen Kosten und fixen Kosten besteht, dann gilt für die Kostenfunktion:

$$K(x) = K_v + K_f = k_v \cdot x + K_f \tag{40}$$

Für die Gewinnfunktion erhält man demnach:

$$G(x) = \frac{a}{b}x - \frac{1}{b}x^2 - [k_v \cdot x + K_f] = -\frac{1}{b}x^2 + \left[\frac{a}{b} - k_v\right] \cdot x - K_f \tag{41}$$

Um das Maximum der Gewinnfunktion zu finden, ist zu ermitteln, wo deren Steigung den Wert 0 annimmt:

$$\frac{\partial G}{\partial x} = -\frac{2}{b}x + \left[\frac{a}{b} - k_v\right] = 0 \iff x_{opt} = \frac{1}{2}[a - k_v \cdot b] \tag{42}$$

Wird nun die gewinnmaximale Menge in die obige Preis-Absatz-Funktion eingesetzt, dann erhält man für den gewinnmaximalen Preis:

$$p(x_{opt}) = \frac{a}{b} - \frac{1}{b}\left[\frac{1}{2}[a - k_v \cdot b]\right] = \frac{1}{2} \cdot \left[\frac{a}{b} + k_v\right] \tag{43}$$

Schließlich kann durch Einsetzen von x_{opt} in die Gewinnfunktion auch der maximale Gewinn errechnet werden. Für diesen gilt:

$$G(x_{opt}) = -\frac{1}{b}\left[\frac{1}{2}[a - k_v \cdot b]\right]^2 + \left[\frac{a}{b} - k_v\right] \cdot \left[\frac{1}{2}[a - k_v \cdot b]\right] - K_f \tag{44}$$

Da die Preis-Absatz-Funktion demnach das Kernstück der nachfrageorientierten Preisfindung beim Marktpricing darstellt, kommt der Ableitung dieser Funktion eine **besondere Bedeutung für das Pricing** auf Märkten zu. Es lässt

Bedeutung von Preis-Absatz-Funktionen

Fallbeispiel 60

Bestimmung des Gewinnoptimums

Zur Veranschaulichung der Bestimmung der gewinnoptimalen Preis-Mengen-Kombination und des hieraus resultierenden Gewinns soll von folgender Situation ausgegangen werden:

Preis-Absatz-Funktion: $p(x) = 2.500 - x$
Kostenfunktion: $K(x) = 750.000 + 500x$

Das Gewinnoptimum errechnet sich hierbei wie folgt (vgl. Formel (38) f.):
$G(x) = U(x) - K(x)$
$G(x) = [2.500 - x] \cdot x - [750.000 + 500x]$
$G(x) = 2.500x - x^2 - 750.000 - 500x$
$G(x) = -x^2 + 2.000x - 750.000 \rightarrow max.!$
$G'(x) = -2x + 2.000 = 0$

$x_{opt} = 1.000$
$p(x = x_{opt}) = 2.500 - 1.000$
$p_{opt} = 1.500$
$G(x = x_{opt}) = -1.000^2 + 2.000 \cdot 1.000 - 750.000 = 250.000$

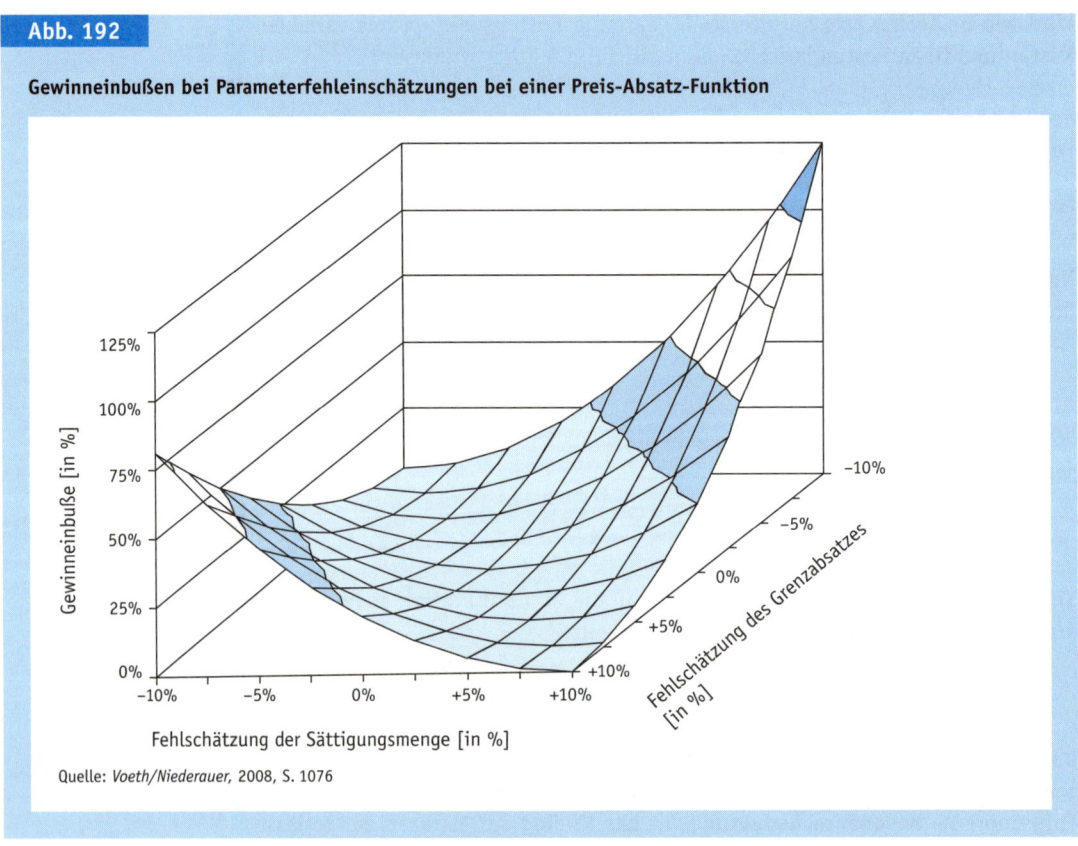

Abb. 192

Gewinneinbußen bei Parameterfehleinschätzungen bei einer Preis-Absatz-Funktion

Quelle: *Voeth/Niederauer*, 2008, S. 1076

Folgen von Schätzunge-
nauigkeiten

sich zeigen, dass **Fehleinschätzungen bei Sättigungsmenge oder Grenzabsatz** und demnach bei den Parametern einer Preis-Absatz-Funktion zu erheblichen Gewinnschmälerungen oder sogar zu Verlusten führen können. Sowohl bei einer Unterschätzung wie auch bei einer Überschätzung der Parameter einer Preis-Absatz-Funktion werden die vermeintlich optimalen Preise und Absatzmengen auf Basis nicht zutreffender Annahmen über die funktionale Beziehung zwischen Preisen und Mengen geplant. Die Unternehmen werden in diesem Fall mit suboptimalen Preisen auf dem Markt aktiv. *Abbildung 192* zeigt die möglichen Gewinneinbußen bzw. Verluste für ein bestimmtes Simulationsszenario auf, die ein Unternehmen dann realisiert, wenn Über- oder Unterschätzungen bei Sättigungsmenge und/oder Grenzabsatz vorliegen.

2.2.2.1.2 Preisgestaltung

Nachteile einer Einheits-
preissetzung

Wird beim Marktpricing ein optimaler Preis für einen Markt oder ein Marktsegment ermittelt, dann bedeutet dies für den Anbieter, dass er jedem Kunden einen identischen Preis abverlangen muss. Hierdurch ergibt sich die im linken Teil von *Abbildung 193* dargestellte Situation. Danach realisiert der Anbieter einen Deckungsbeitrag, der der Größe des farbigen Rechtecks entspricht, wenn er den Preis mithilfe des oben beschriebenen Optimierungsansatzes ermittelt hat. Das Rechteck stellt die **Produzentenrente** des Anbieters dar und drückt die Differenz zwischen Marktpreis und Grenzkosten über alle verkauften Produkte aus. Allerdings verbleibt bei der Preissetzung p* in *Abbildung 193* eine nicht unerhebliche **Konsumentenrente**. Darunter ist die Differenz zwischen den Preisbereitschaften der Nachfrager und dem tatsächlich geforderten Preis zu verstehen. Da in *Abbildung 193* einige Nachfrager mehr als den Preis p* zu zahlen bereit sind, gelingt es dem Anbieter mit seinem Preis p* nicht, allen Nachfragern ihre maximale Preisbereitschaft abzuverlangen.

Problem nicht abgeschöpfter Konsumentenrenten

Ebenso wird der Markt durch das Setzen des Preises p* nicht vollständig bearbeitet. Andere Nachfrager, deren Preisbereitschaft zwar oberhalb der Grenzkosten des Anbieters, jedoch unterhalb von p* liegt, nehmen dem Anbieter das Produkt nicht ab. Auch hier entstehen für den Anbieter **entgangene Gewinne**, da der Anbieter mit diesen Nachfragern – bei entsprechender Preissetzung zwischen p* und den Grenzkosten – eine positive Deckungsspanne erwirtschaften könnte.

Problem nicht bearbeiteter Marktsegmente

Um in einer solchen Situation, in der die Marktpreissetzung zu entgangenen Gewinnen für den Anbieter führt, zu einer verbesserten Gewinnsituation zu gelangen, muss der Anbieter von seiner Einheitspreissetzung abrücken und versuchen, der Heterogenität der Preisbereitschaften durch eine **segment- oder kundenspezifische Preissetzung** zu entsprechen. Diese Preisgestaltung basiert

Lösung Preisdifferenzierung

Abb. 193

Auswirkung von Preisdifferenzierung auf Produzenten- und Konsumentenrente

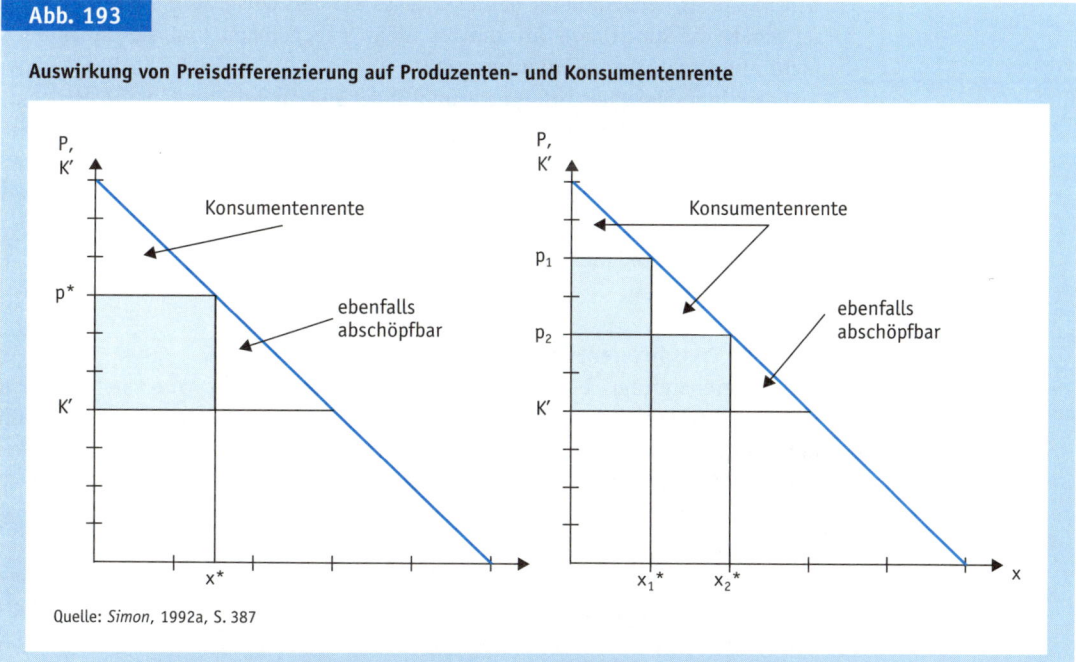

Quelle: *Simon*, 1992a, S. 387

dabei auf dem Prinzip der **Preisdifferenzierung**. Danach werden für ein ansonsten identisches Produkt von verschiedenen Kunden oder Kundengruppen unterschiedliche Preise verlangt.

Den positiven Effekt der Preisdifferenzierung auf den Anbieterprofit kann man am rechten Teil von *Abbildung 193* aufzeigen. Dort verlangt der Anbieter anstatt des im linken Teil der *Abbildung 193* dargestellten Preises p* nun die Preise p_1 und p_2. Mit dem höheren Preis p_1 sollen dabei die Kunden erreicht werden, die über eine höhere Preisbereitschaft verfügen. Hingegen ist der Preis p_2 für Kunden mit einer geringeren Preisbereitschaft gedacht. Gelingt es nun tatsächlich, dass Kunden mit einer höheren Preisbereitschaft das Produkt zum Preis p_1 erwerben, wohingegen die übrigen Kunden zum Preis p_2 kaufen, so kann der Anbieter seinen Profit steigern. Durch die Preisdifferenzierung gelingt es ihm, die Größe der weißen Dreiecke (Konsumentenrente) gegenüber der Ausgangssituation in der Summe kleiner werden zu lassen.

Voraussetzung

Die **Wirksamkeit** der Preisdifferenzierung hängt dabei allerdings von der **Marktabschottung** zwischen den Kunden(-segmenten) ab. Nur wenn der Anbieter verhindern kann, dass alle Kunden zum (im Vergleich zu p*) geringeren Preis p_2 kaufen und stattdessen Kunden mit einer höheren Preisbereitschaft das Produkt tatsächlich zu p_1 erwerben, kommt es zu dem gewünschten Effekt. Die einfachste Form der Marktabschottung liegt dabei dann vor, wenn die Kunden mit einer höheren Zahlungsbereitschaft keine Kenntnis vom günstigeren Preis erlangen. Indem beispielsweise das Produkt zum günstigeren Preis unter einem anderen Markennamen und/oder über einen anderen Vertriebsweg angeboten wird, kann es dem Anbieter gelingen, dass Kunden mit einer höheren Preisbereitschaft die günstigere Alternative nicht wahrnehmen und sie daher auch nicht auf diese Alternative umsteigen.

Formen

Das Prinzip der Preisdifferenzierung findet sich in verschiedenen preispolitischen **Gestaltungsformen** wieder. Grundsätzlich kann das Preisdifferenzierungsprinzip auf

▸ Kunden (spezielle Preisdifferenzierung),
▸ Produkte (Preisbündelung) oder
▸ Kaufzeitpunkte (nicht-lineare Preise)

angewandt werden.

Spezielle Preisdifferenzierung

Preisdifferenzierungs-
grade

Preisdifferenzierung, bei der für ein identisches Produkt von verschiedenen Kunden unterschiedliche Preise verlangt werden, wird in der Praxis innerhalb der Preispolitik sehr häufig eingesetzt. Eine empirische Untersuchung von *Fassnacht* (1996) kommt in diesem Zusammenhang (für Dienstleistungsunternehmen) zu dem Ergebnis, dass 90 % der von ihm untersuchten Firmen Preisdifferenzierung betreiben. Allerdings setzen die Unternehmen das Preisdifferenzierungsinstrument sehr unterschiedlich ein, sodass sich in der Praxis vielfältige **Formen von Preisdifferenzierung** beobachten lassen. *Pigou* (1962) unterscheidet zwischen drei grundsätzlichen Formen von Preisdifferenzierung: der Preisdifferenzierung ersten, zweiten und dritten Grades.

(1) Preisdifferenzierung ersten Grades

Von Preisdifferenzierung ersten Grades ist dann zu sprechen, wenn versucht wird, bei jedem Kunden genau den Preis zu erzielen, der dessen maximaler Preisbereitschaft entspricht. Eine solche **Preisindividualisierung** (vgl. auch Abschnitt 2 D II 2.2.2.2 zur Einzelkundenpreisfindung) kann z. B. durch eine kundenindividuelle Rabattpolitik erreicht werden. Hierbei wird ein Listenpreis festgesetzt, der im Idealfall der maximalen Preisbereitschaft im Markt entspricht. Indem nun mit jedem Kunden individuelle **Rabattverhandlungen** geführt werden, wird versucht, mit jedem Kunden genau den Preis auszuhandeln, der dessen maximaler Preisbereitschaft entspricht. Wesentliche Erfolgsvoraussetzungen für eine solche weitreichende Preisdifferenzierung sind zum einen ein effizienter Mechanismus zur Abwicklung der Preisindividualisierung, zum anderen eine geringe Informationstransparenz zwischen den Kunden. Bei mangelnder **Abwicklungseffizienz** droht ansonsten die Gefahr, dass der Vorteil des zusätzlichen Abschöpfens von Konsumentenrenten durch die Kosten der Preisgestaltung zunichte gemacht wird. Darüber hinaus muss **Informationsintrans-**

Preisindividualisierung

Fallbeispiel 63

Automobilindustrie

Beim Pkw-Kauf ist es üblich, dass Kunden nicht den vom Anbieter geforderten Listenpreis entrichten. Stattdessen sind für die Kunden marken- und modellabhängig z. T. erhebliche Rabatte realisierbar. *Abbildung 194* zeigt die durchschnittlichen Rabatthöhen, die die verschiedenen Automobilhersteller im Februar 2012 ihren Kunden gewährt haben.

Die in *Abbildung 194* angeführten Rabatte stellen allerdings Durchschnittswerte dar. Tatsächlich variieren die Rabatte, die Kunden bei bestimmten Modellen geboten werden, z. T. recht stark. Je hartnäckiger sich ein Kunde in Rabattverhandlungen zeigt, desto eher kann er in aller Regel mit einem zusätzlichen Entgegenkommen des Anbieters rechnen. Daher erhalten Kunden zumeist nicht einheitliche, sondern mehr oder weniger individuelle Preise.

Dass Automobilhersteller dazu in der Lage sind, liegt an der geringen kundenübergreifenden Vergleichbarkeit der einzelnen Transaktionen. Ganz abgesehen davon, dass sich die von verschiedenen Kunden bestellten Pkw z. B. bei Farbe, Sitzen, Interieur oder Felgen (auch preislich) stark voneinander unterscheiden, ist eine weitere Individualisierungsmöglichkeit in den von den Kunden in Zahlung gegebenen Gebrauchtwagen zu sehen. Da die Kunden ggf. unterschiedliche Gebrauchtwagen einbringen, die zudem in unterschiedlichem Zustand sind, erhält der Automobilhersteller

bzw. -händler die Möglichkeit, über einen entsprechenden Ankaufpreis des Gebrauchtwagens unterschiedliche Gesamtpreise zu bilden.

Automobil-hersteller	⌀ Rabatthöhe [in %]
Fiat	31,0
Opel	24,0
Hyundai	23,5
Ford	23,5
Seat	23,0
Renault	22,5
Nissan	22,5
Toyota	22,5
Skoda	20,5
VW	14,5
Audi	13,0
BMW	12,5
Smart	10,5
Mini	9,5

Quelle: *Dudenhöffer/Neuberger*, 2012

Abb. 194: Durchschnittliche Pkw-Neuwagen-Rabatte bei verschiedenen Automobilherstellern im Februar 2012

parenz zwischen den Kunden bestehen, da ansonsten Kunden, denen geringere Rabatte eingeräumt werden, Kenntnis von den höheren Rabatten für andere Kunden erlangen und entweder auch diese Rabatthöhe verlangen oder aber aus Verärgerung zu Wettbewerbern abwandern. Auch wenn sich eine Preisindividualisierung durch Rabatte in der Praxis aufgrund dieser Voraussetzungen nur schwer vollständig realisieren lässt (vgl. *Diller*, 2008, S. 228), zeigt das Fallbeispiel 63, dass sich auch diese Form der Preisdifferenzierung in praxi beobachten lässt.

(2) Preisdifferenzierungen zweiten Grades

Segmentspezifische
Preissetzung mit
Selbstzuordnung

Bei der Preisdifferenzierung zweiten Grades bietet der Anbieter seine Leistungen verschiedenen Marktsegmenten oder Kundengruppen zu unterschiedlichen Preisen an, überlässt es aber den Kunden zugleich, sich selber den von ihm un-

---

Fallbeispiel 64

Serviceklassen der Lufthansa

Auf der Strecke Frankfurt a. M. – New York bietet die Lufthansa ihren Kunden Tickets in drei Kategorien an. Die günstigste Ticketkategorie bezeichnet die Airline als »Economy Class«, die mittlere Kategorie als »Business Class« und die Premium-Kategorie als »First Class«. Während der Hin- und Rückflug in der Economy Class je nach Reisedatum und Aufenthaltsdauer im Mai 2011 zwischen 447 € und 2.175 € kostete, lagen die Preise in der Business Class zwischen 2.875 € und 4.445 €. Hingegen kostete das Ticket in der First Class unabhängig von Reisedatum und Aufenthaltsdauer immer 8.235 €.

Dass ein Ticket in der First Class mehr als 18 mal so teuer ist wie das günstigste Ticket in der Economy Class, rechtfertigt die Airline u. a. mit Unterschieden in Komfort und Service, die mit den Tickets in den verschiedenen Service-Klassen verbunden sind. Komfort und Service der verschiedenen Ticket-Kategorien beschreibt die Lufthansa auf ihrer Homepage wie folgt:

Economy Class:
»Bequeme Sitze: [...] Auf Langstrecken sorgen die Sitzkissenbreite von über 40 cm sowie die individuell verstellbaren Kopfstützen an jedem Sitz für Bequemlichkeit. Beim Zurückneigen der Rückenlehne genießen Sie optimalen Halt, da sich die Sitzfläche entsprechend anhebt. Abwechslungsreiche Unterhaltung: Neben der Lektüre des Lufthansa Magazins können Sie sich auf Langstrecken während des Fluges an unserem umfangreichen Inflight Entertainment Angeboten erfreuen. Auf ausgesuchten Strecken servieren wir Ihnen

außerdem während des Inflight Entertainment einen Movie Snack.« (*Lufthansa*, 2012)

Business Class:
»Auf Langstrecken gewinnen Sie in unserer Business Class ein ganz neues Reisegefühl. Wir haben für Sie eine Umgebung geschaffen, in der Sie wunderbar schlafen, entspannen oder arbeiten können. [...] Ihre Reise in der Lufthansa Business Class gestaltet sich ab sofort noch angenehmer – denn dank komfortabler Neuerungen im Bordservice genießen Sie auf Ihren Flügen künftig mehr Exklusivität,

terschiedenen Marktsegmenten zuzuordnen. Mit anderen Worten kann der einzelne Kunde bei der Preisdifferenzierung zweiten Grades selber wählen, welchen Preis er für das Produkt entrichten möchte.

Typischerweise wird die Preisdifferenzierung zweiten Grades in Märkten durch leistungsbezogene oder mengenmäßige Preisdifferenzierungen umgesetzt. Eine **leistungsbezogene Preisdifferenzierung** liegt immer dann vor, wenn der Kunde in den verschiedenen Preissegmenten leicht modifizierte Leistungen erhält. Beispielsweise bieten Fluggesellschaften ihren Kunden Flugtickets in verschiedenen Serviceklassen an. Die Tickets unterscheiden sich dabei einerseits durch stark voneinander abweichende Preise, andererseits aber auch durch unterschiedlichen Komfort und Service. Fallbeispiel 64 illustriert dies am Beispiel der Flugstrecke Frankfurt a. M. – New York bei der Airline Lufthansa.

Erscheinungsform leistungsbezogener Preisdifferenzierung

Flexibilität und Ruhe. Zum Beispiel haben Sie nun die Wahl aus drei Vorspeisen. Dazu unterstreicht das neue, von Rosenthal entworfene Geschirr angemessen die gastronomischen Freuden an Bord. Und ein individuelles Express-Menü sowie das optionale »Breakfast-to-go« ermöglichen Ihnen, länger zu ruhen – vor allem auf Nachtflügen. So tragen wir dafür Sorge, dass Sie optimal entspannt Ihr Ziel erreichen.« (*Lufthansa*, 2012)

First Class:
»Perfektion liegt im Detail. Deshalb bietet Ihnen auch jedes unserer Langstrecken-Flugzeuge eine genau auf die Gegebenheiten an Bord – und speziell auf Ihre Reisebedürfnisse – abgestimmte First Class. Jede einzelne unserer Bordkonfigurationen entspricht höchsten Qualitätsstandards und wurde dafür entwickelt, Ihre Reise so angenehm wie möglich zu gestalten. [...]
Sitzen und Schlafen: Mit welchem Flugzeugtyp Sie auch unterwegs sind: An Bord der Lufthansa First Class genießen Sie dank ergonomisch geformter Sitze und einer intuitiven Bedienbarkeit der Sitzeinstellung stets maximalen Sitzkomfort. Zudem lässt sich Ihr Sitz in ein zwei Meter langes Bett mit vollständig ebenen Liegeflächen verwandeln. Für besonders erholsamen Schlaf sorgen ein hochwertiges Kissen und eine weiche Schlafdecke.
Entspannen und Arbeiten: In der First Class unserer Langstreckenflotte vergeht die Zeit wie im Flug: Für gute Unterhaltung sorgt die Lufthansa Media World. Ihre ganz persönliche Programmwahl können Sie einfach auf dem großzügigen Bildschirm direkt an Ihrem Sitzplatz abrufen: Ein umfassen-

des Videoangebot mit Spielfilmen in bis zu acht Sprachen, zahlreiche TV-Programme, aktuelle Nachrichten und Sporthighlights, Musikmagazine aus aller Welt, CDs, diverse Hörbücher, 30 Radioprogramme mit vielen internationalen Kanälen, Spiele, Sprachkurse sowie Service-Informationen zu Lufthansa sowie rund um Ihren Flug stehen zur Auswahl. [...] Stromanschlüsse für Ihren Laptop an jedem Sitz und breite, ausziehbare Tische garantieren außerdem beste Voraussetzungen zum Arbeiten.

Genießen: Als Gastgeber über den Wolken verwöhnen wir Sie ganz nach Ihrem Geschmack: Dank unserer Kooperationen mit Hotelketten der Luxusklasse sorgen Star Chefs in der Lufthansa First Class auf ausgesuchten interkontinentalen Flügen nach Deutschland für regionale Gaumenfreuden. Und falls Sie Ihre Zeit auf Nachtflügen vorwiegend zum Schlafen nutzen möchten, bieten wir Ihnen auf Wunsch das Dreamer's Delight Menü an: Kompositionen ausgesuchter Köstlichkeiten, in einem Gang serviert. Freuen Sie sich also auf erlesene Menüs – und den passenden edlen Tropfen dazu.« (*Lufthansa*, 2012)

Abb. 195

Beispiel für Staffelpreise bei Fotobüchern

Menge (bis 10)	Rabatt (in %)	Menge (ab 15)	Rabatt (in %)
2	3	15	17
3	5	20	20
4	8	25	25
5	10	50	30
6	11	100	35
7	12	200	Preis auf Anfrage
8	13	250	Preis auf Anfrage
9	14	500	Preis auf Anfrage
10	15	1000	Preis auf Anfrage

Quelle: *Fotoalbumfotobuch*, 2012

Erscheinungsform
mengenmäßiger
Preisdifferenzierung

Eine andere Spielart der Preisdifferenzierung zweiten Grades stellt die **mengen-mäßige Preisdifferenzierung** dar. Bei ihr wird der Preis von der Abnahme-menge des Kunden abhängig gemacht. Je größer die Bestellmenge des Kunden ist, desto größer ist der ihm gewährte Preisnachlass. Bei **Staffelpreisen**, wie sie etwa das Beispiel von *Abbildung 195* für Fotobücher zeigt, erhalten alle Kunden die gleichen Preisnachlässe, wenn sie dem Anbieter eine bestimmte Bestell-menge abnehmen. Da der Kunde damit über seine Bestellmenge selber steuern kann, welchen Endpreis er realisiert, gehört die mengenmäßige Preisdifferen-zierung ebenfalls zur Preisdifferenzierung zweiten Grades.

Dass Anbieter z. T. sehr umfangreiche Rabatte bieten, wenn Kunden zur Ab-nahme größerer Bestellmengen bereit sind (vgl. das Beispiel in *Abbildung 195*), hat verschiedene Ursachen. Neben **Kundenbindungsgründen** (wenn der Kunde eine größere Menge abnimmt, verzichtet dieser auf die Möglichkeit, die Bestell-menge auf verschiedene Anbieter zu verteilen) spielen häufig auch **bestellfixe Kosten** eine zentrale Rolle. So hängen Teile der für den Anbieter entstehenden Kosten nicht von der Bestellmenge ab. Beispielsweise werden wesentliche Teile der bei der Erstellung von Fotobüchern entstehenden Kosten durch die einma-lige Druckvorbereitung verursacht. Diese Kosten fallen allerdings nur einmalig an und vergrößern sich demnach nicht, wenn das zu erstellende Fotobuch in ei-ner größeren Stückzahl produziert wird. Wenn Kunden bei Vorliegen bestellfi-xer Kosten folglich zur Abnahme einer größeren Anzahl von Fotobüchern bereit sind, kann ihnen (wie im Beispiel der *Abbildung 195*) aus Kostengründen ein deutlicher Rabatt gewährt werden.

(3) Preisdifferenzierung dritten Grades
Schließlich ist von Preisdifferenzierung dritten Grades zu sprechen, wenn der Anbieter wie bei der Preisdifferenzierung zweiten Grades von verschiedenen

Segmenten unterschiedliche Preise verlangt, sich jedoch im Unterschied zur Preisdifferenzierung zweiten Grades die Kunden nicht selbstständig den Segmenten zuordnen können. *Diller* (2008, S. 229) sieht Erscheinungsformen der Preisdifferenzierung dritten Grades in der

Segmentspezifische Preissetzung mit Selbstzuordnung

▶ personellen,
▶ räumlichen und
▶ zeitlichen Preisdifferenzierung.

Bei der **personellen Preisdifferenzierung** wird die Zuordnung eines Kunden zu einem bestimmten Preissegment von einem in seiner Person begründeten Kriterium abhängig gemacht. *Abbildung 196* zeigt für verschiedene personelle Kriterien Erscheinungsformen der personellen Preisdifferenzierung in der Praxis.

Erscheinungsform personeller Preisdifferenzierung

Gerade bei personellen Preisdifferenzierungen droht allerdings die Gefahr, dass Kunden, die nicht zur begünstigten Preisgruppe gehören, über die zusätzlichen Rabatte für andere Segmente verärgert sind. Die Zweckmäßigkeit und **Durchsetzbarkeit** personeller Preisdifferenzierungen hängt daher von der Akzeptanz des personellen Differenzierungskriteriums (»Studenten-Rabatte« werden vermutlich aus sozialen Gründen von einem Großteil der Bevölkerung akzeptiert, »Einheimischen-Rabatte« in Skigebieten hingegen eher weniger) und damit von der Begründbarkeit der Preisdifferenzierung (Beamtenrabatte in Kfz-Versicherungen lassen sich etwa durch die geringere Schadenssumme dieser Berufsgruppe begründen) ab.

Bei der **räumlichen Preisdifferenzierung** werden von Kunden unterschiedlicher Marktregionen unterschiedliche Preise verlangt. Die Gründe hierfür können z. B. unterschiedliche Preisbereitschaften der Kunden, unterschiedliche Wettbewerbsintensitäten in den Regionen oder regionenspezifische Kosten des Anbieters sein. Räumliche Preisdifferenzierungen finden sich dabei zum einen im **nationalen Raum**. So bestehen etwa für viele Konsumgüter Preisunter-

Erscheinungsform räumlicher Preisdifferenzierung

Abb. 196

Erscheinungsformen personeller Preisdifferenzierungen in der Praxis

Personelles Kriterium	Beispiel aus der Praxis
Alter	»Seniorenteller« im Restaurant
Geschlecht	»Ladies Night« in der Diskothek, bei der Frauen nur den halben Eintritt zahlen müssen
Beruf	Beamtenrabatt bei Kfz-Versicherungen
Einkommen	Einkommensabhängige Kindergarten-Gebühr
Unternehmensgröße	Rabatte für Großunternehmen im EDV-Bereich
institutionelle Zuordnung	»Selbstzahlerrabatt« im Weiterbildungsmarkt
Wohnort	»Einheimischen-Rabatt« für Skikarten in Skigebieten
Sozialer Status	Familienrabatte in Hotels
Vereinsmitgliedschaft	Rabatt für Autoclub-Mitglieder an Tankstellen

Internationale Preisdifferenzierung

Simon/Fassnacht (2009) illustrieren die internationale Preisdifferenzierung anhand verschiedener Branchen. Beispielsweise variieren die Preise für Mietwagen in europäischen Städten zwischen 75,4 % und 137,9 % des Mittelwertes. Während ein Mietwagen der Kompaktklasse in Berlin 247 € und in Paris 292 € pro Woche kostet, beträgt der Preis in Warschau 452 €.

Als weiteres bemerkenswertes Beispiel nennen *Simon/Fassnacht* (2009) die Tabakwarenbranche. Die Preise für eine Schachtel Zigaretten der Marke Marlboro unterscheiden sich innerhalb Europas drastisch. Der Preis in Norwegen von 8,38 € liegt 63 % über und der Preis in Polen (1,78 €) liegt 65,4 % unter dem durchschnittlichen europäischen Preis. Der Preisvergleich für eine Tafel Ritter Sport Schokolade, der ebenfalls bei *Simon/Fassnacht* (2009) dargestellt wird,

belegt zudem, dass auch bei Süßwaren im internationalen Vergleich große Preisunterschiede beobachtet werden können. In Berlin kostet eine 100 g Tafel 0,75 € während der Preis für diese Schokolade in Madrid 1,19 € und in Sydney 1,58 € beträgt (vgl. *Simon/Fassnacht*, 2009, S. 535 ff.).

Ein häufig angeführtes Beispiel für internationale Preisdifferenzierung stellt schließlich der Automobilmarkt dar. Hier bestehen nicht nur weltweit große Preisunterschiede, sondern selbst innerhalb der EU – trotz der relativ großen geografischen Nähe der Mitgliedsländer (vgl. *Backhaus/Voeth*, 2010b, S. 151). Die Europäische Kommission veröffentlicht jährlich einen Bericht zu Automobilpreisen in Europa, der das Ausmaß der Preisdifferenzierung bei allen Wagenklassen in der EU verdeutlicht. *Abbildung 197* zeigt einen Ausschnitt aus diesem Bericht.

Modell	Wagenklasse	Deutschland	Frankreich	Vereinigtes Königreich	Dänemark	Polen	Δ (in %)
Fiat Panda	Kleinstwagen	9.824	8.344	8.196	7.371	8.215	33 %
Kia Picanto	Kleinstwagen	8.395	8.353	7.687	7.231	7.786	16 %
Ford Fiesta	Kleinwagen	11.681	11.288	10.754	9.234	9.706	26 %
Mazda 2	Kleinwagen	11.756	11.413	11.054	9.942	10.472	18 %
Opel Astra	Mittelklasse	19.790	17.387	17.600	14.955	16.300	32 %
VW Golf	Mittelklasse	14.139	12.942	14.232	11.623	11.557	23 %
Ford Mondeo	Obere Mittelklasse	24.202	22.216	18.320	18.935	20.986	32 %
Toyota Avensis	Obere Mittelklasse	21.950	20.818	20.124	16.736	20.124	31 %
Audi A6	Oberklasse	39.861	37.742	30.034	33.562	41.914	40 %
Mercedes E220	Oberklasse	35.400	34.692	24.079	31.033	33.541	47 %
BMW 730d	Luxusklasse	61.849	59.975	47.308	61.594	67.633	31 %
Audi A8	Luxusklasse	72.357	70.732	49.943	62.172	79.722	60 %
Mazda 5	Mehrzweckwagen	21.084	19.941	19.820	16.734	19.810	26 %
Volvo XC90	Mehrzweckwagen	39.109	37.297	31.477	33.274	41.862	33 %

Quelle: *Europäische Kommission*, 2011

Abb. 197: Automobilpreise innerhalb der EU ohne Steuern gemäß Herstellerempfehlung für die Standardausstattung (in €)

schiede zwischen Großstädten und ländlichen Regionen, bei bestimmten Lebensmitteln sogar zwischen Nord- und Süddeutschland. Zum anderen sind räumliche Preisdifferenzierungen auch im **internationalen Raum** zu finden. Dort ergeben sich in vielen Branchen Potenziale für Preisdifferenzierungen, da sich Ländermärkte durch die zwischen ihnen bestehenden Grenzen und Sprachunterschiede häufig relativ gut voneinander abschotten lassen.

Schließlich stellt auch die **zeitliche Preisdifferenzierung** eine Preisdifferenzierung dritten Grades dar. Bei dieser Form wird der Preis für eine Leistung in Abhängigkeit vom Kaufzeitpunkt variiert. Hierdurch gelingt es Anbietern ebenfalls, unterschiedliche Preisbereitschaften zwischen Kundengruppen abzuschöpfen, wenn sich die Kunden dadurch unterscheiden, dass sie die angebotenen Leistungen zu unterschiedlichen Zeitpunkten benötigen.

Wenn Kunden allerdings innerhalb ihrer Nachfrage grundsätzlich flexibel sind, dann können Anbieter das Kaufverhalten ihrer Kunden über zeitliche Preisdifferenzierung auch (in bestimmtem Ausmaß) steuern. Im obigen Beispiel der Anmietung von Lkws etwa wird den Kunden ein Motiv gegeben, Lkws nicht am Wochenende, sondern innerhalb der Woche anzumieten. Wenn ein Teil der Kunden auf das Angebot eingeht und die Lkws statt am Wochenende innerhalb

Erscheinungsform zeitlicher Preisdifferenzierung

Fallbeispiel 66

Mietwagenpreise

Im Mietwagengeschäft sind zeitliche Preisdifferenzierungen bei den Anbietern üblich. Da beispielsweise bekannt ist, dass Geschäftskunden Pkws und Lkws nahezu ausschließlich an Wochentagen benötigen, wohingegen Privatkunden Anmietungen eher am Wochenende durchführen, können die Anbieter die unterschiedlichen Preisbereitschaften zwischen den Kundengruppen durch zeitliche

Preisdifferenzierung abschöpfen. Bei Lkws etwa bestehen z. T. drastische Preisdifferenzen zwischen den Mietkosten am Wochenende und an Wochentagen. *Abbildung 198* verdeutlicht dies am Beispiel der Mietwagenfirma Sixt, die für die Anmietung von Lkws am Wochenende mehr als doppelt so hohe Preise wie an Wochentagen verlangt.

Montag, 15.10.2012, 8:00-18:00 Uhr Aachen LKW		Samstag, 20.10.2012, 8:00-18:00 Uhr Aachen LKW	
Mercedes-Benz Vito Transporter (V)	€ 39,89	Mercedes-Benz Vito Transporter (V)	€ 98,89
Mercedes-Benz Sprinter 216 Kleiner LKW (B)	€ 41,89	Mercedes-Benz Sprinter 216 Kleiner LKW (B)	€ 105,89
Mercedes-Benz Sprinter 319 Mittlerer LKW bis 3,5t (S)	€ 44,89	Mercedes-Benz Sprinter 319 Mittlerer LKW bis 3,5t (S)	€ 111,90
MB Atego 816 (Koffer mit Hebebühne) Großer LKW bis 7,5t (P)	€ 66,88	MB Atego 816 (Koffer mit Hebebühne) Großer LKW bis 7,5t (P)	€ 171,88
MB Atego 816 (Plane mit Hebebühne) Großer LKW bis 7,5t (D)	€ 66,88	MB Atego 816 (Plane mit Hebebühne) Großer LKW bis 7,5t (D)	€ 171,88
MAN TGL 12t (Koffer mit Hebebühne) Großer LKW bis 12t (T)	€ 89,88	MAN TGL 12t (Koffer mit Hebebühne) Großer LKW bis 12t (T)	€ 231,88

Abb. 198: **Zeitliche Preisdifferenzierung im Mietwagengeschäft am Beispiel der Firma Sixt**

der Woche anmietet, kann es dem Anbieter auf diese Weise gelingen, seine vorhandenen Kapazitäten gleichmäßiger auszulasten. Sofern dieses Ziel bei der Preisdifferenzierung im Vordergrund steht und Anbieter die Preise systematisch zeitlich steuern, um die Auslastung vorhandener Kapazitäten zu erreichen, so wird dies als **Revenue Management** bzw. **Yield Management** bezeichnet (vgl. *Friege*, 1996). Dabei werden historische Kaufdaten verwandt, um die Nachfrage kurzfristig auf freie Kapazitäten zu leiten. Typischerweise kommen Yield Management-Systeme in Branchen wie der Luftverkehrsbranche zum Einsatz, wo die Kapazitätsauslastung für die Anbieter eine überragende Bedeutung hat.

Yield Management

Preisbündelung

Einordnung

Von Preisbündelung ist immer dann zu sprechen, wenn Unternehmen Kunden Produkte nicht allein separat, sondern ergänzend oder ausschließlich **in Kombination mit anderen Produkten** anbieten (z. B. Flugreise und Hotelaufenthalt bei einer Pauschalreise). Diese Form der Preisgestaltung, die ebenfalls in vielen Branchen sehr beliebt ist, dient dazu, Preisbereitschaften bei Kunden umfassender abzugreifen. Die Heterogenität der Preisbereitschaften zwischen den Kunden wird reduziert, da verschiedene Produkte zusammengefasst werden, sodass sich hierdurch ggf. bei einem Teil der Kunden Preisbereitschaftsunterschiede abschwächen oder nivellieren: Wenn der eine Kunde bei dem einen Produkt eine hohe und bei dem anderen Produkt eine niedrige Preisbereitschaft aufweist und sich dies bei einem anderen Kunden genau entgegengesetzt verhält, dann weisen beide Kunden über beide Produkte betrachtet eine ähnliche Preisbereitschaft auf. Da Kunden, die die Leistungen im Bündel erwerben, einen anderen Preis für die Summe der Teilleistungen entrichten, gehört das Instrument der Preisbündelung auch zur Gestaltungsform der Preisdifferenzierung.

Formen

Je nachdem, ob die Teilleistungen neben dem Bündel auch einzeln erhältlich sind, wird bei der Preisbündelung zwischen reiner und gemischter Bündelung unterschieden. Während bei der **reinen Bündelung** nur das Bündel im Markt angeboten wird, ist Kennzeichen der **gemischten Bündelung**, dass die Kunden nicht nur das Bündel, sondern ggf. auch die Teilleistungen separat beziehen können.

Die Vorteile von reiner oder gemischter Bündelung im Hinblick auf das Ziel, die Konsumentenrenten der Nachfrager möglichst umfassend abzuschöpfen, verdeutlichen *Simon/Fassnacht* (2009, S. 299 ff.) an dem nachfolgenden Fallbeispiel 67.

Problembereiche

Trotz aller ökonomischer Vorteilhaftigkeit, die Preisbündelungen zuzusprechen ist, darf nicht übersehen werden, dass deren Implementierung in Märkten immer dann mit **Gefahren** verbunden ist, wenn der Kunde über eine entsprechende Machtposition gegenüber dem Anbieter verfügt und sich in der Lage sieht, das vom Anbieter gemachte Paketangebot entsprechend seinen Vorstellungen zu verändern. Gerade Kunden auf B-to-B-Märkten neigen so etwa dazu, Paketangebote zu **entbündeln**, um ihre »Konsumentenrente« zulasten des Anbieters wieder auszuweiten. Beispielsweise könnte ein bislang nicht betrachte-

Preisbündelung

In einem Markt gibt es fünf Nachfrager. Diese verfügen bei den beiden angebotenen Produkten A und B über die in der nachstehenden *Abbildung 199* aufgeführten maximalen Preisbereitschaften. Die letzte Spalte in *Abbildung 199* verdeutlicht darüber hinaus, dass die fünf Nachfrager für das Bündel der Produkte eine Preisbereitschaft aufweisen, die genau der Summe der Einzelpreisbereitschaften entspricht.

Nach-frager	Maximale Preisbereitschaften		
	A	B	A + B
1	6	1	7
2	2	5	7
3	5	4	9
4	3	2,5	5,5
5	2,4	1,8	4,2

Quelle: *Simon/Fassnacht*, 2009, S. 299

Abb. 199: Zahlenbeispiel zur Preisbündelung

Wird nun aus Vereinfachungsgründen von variablen Kosten von Null ausgegangen, dann ergibt sich als optimale Preise bei Einzelpreisstellung für das Produkt A ein Preis von 5 und für das Produkt B von 4. Wie im linken Teil von *Abbildung 200* dargestellt, bedeutet diese Preissetzung, dass Nachfrager 1 nur Produkt A kauft und Nachfrager 2 nur Produkt B. Allein Nachfrager 3 erwirbt beide Produkte. Hingegen reicht die Preisbereitschaft der Nachfrager 4 und 5 weder bei A noch bei B zum Kauf aus. Der Umsatz bzw. Profit beträgt demnach 18 (5 + 4 + 9).

Wird nun statt der Teilleistungen das Bündel im Rahmen einer reinen Preisbündelung angeboten, dann ergibt sich ein Optimalpreis für das Bündel von 5,5. In diesem Fall kaufen die Nachfrager 1, 2, 3 und 4 das Bündel. Nur Nachfrager 5 verzichtet weiterhin. Der Umsatz bzw. Profit steigt auf 22 (= 4 · 5,5).

Eine weitere Umsatz- und Gewinnsteigerung ist dann möglich, wenn zusätzlich die Teilleistungen einzeln angeboten werden. Wird die Teilleistung A zu einem Preis angeboten, der genau der Preisbereitschaft von Nachfrager 5 entspricht (2,4), und Teilleistung B preislich so positioniert, dass kein anderer Kunde ein Motiv erhält, anstatt des Bündels die Teilleistungen separat zu erwerben (dies ist dann der Fall, wenn der Preis für B mindestens der Differenz zwischen Bündel und Teilleistung A entspricht, also beispielsweise einen Wert von 3,5 einnimmt), dann kaufen die Kunden 1 bis 4 weiterhin das Bündel, Kunde 5 aber zusätzlich die Teilleistung A. Insgesamt steigt damit der Umsatz/Profit auf 24,4 (= 4 · 5,5 + 2,4).

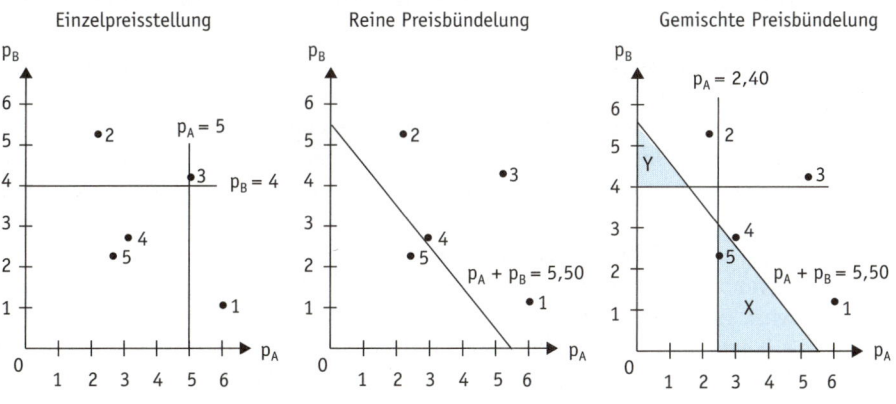

Quelle: in Anlehnung an *Simon/Fassnacht*, 2009, S. 300 ff.

Abb. 200: Vorteile von Preisbündelungen im Vergleich zur Einzelpreisstellung an einem Zahlenbeispiel

ter Kunde im oben angeführten Zahlenbeispiel argumentieren, dass er das Produkt B zum Preis von 3,1 haben möchte, da das aus A und B bestehende Bündel 5,5 kostet und A für 2,4 angeboten wird, so dass für B ein Preis von 3,1 (5,5-2,4) angemessen sei. Wenn nämlich das Bündel um die Leistung A reduziert wird, so müsse der Preis des Bündels um den Preis dieser Teilleistung reduziert werden. Derartige Diskussionen, die beim Einsatz der Preisbündelung auf B-to-B-Märkten typisch sind, lassen sich für Anbieter nur dann vermeiden, wenn der Anbieter inhaltlich begründen kann, warum er ein Produktbündel günstiger als die Summe der Teilleistungen anzubieten in der Lage ist. So kann er beispielsweise im obigen Beispiel Einzelpreise für A und B von 2,4 bzw. 3,5 und einen Bündelpreis von 5,5 rechtfertigen, wenn das Angebot eines Bündels mit Logistikkostenvorteilen verbunden ist (z.B. nur einmalige Lieferung beim Bündel).

Nicht-lineare Preise

Grundidee

Wird das Prinzip der Preisdifferenzierung auf Käufe angewandt, die zu verschiedenen Kaufzeitpunkten getätigt werden, dann wird von nicht-linearen Preisen oder Tarifen gesprochen (vgl. *Diller*, 2008, S. 244). Das Wesensmerkmal dieser Preisgestaltungsform ist darin zu sehen, dass der **Durchschnittspreis** mit zunehmender Abnahmemenge **degressiv abnimmt**. Dies wird bei nicht-linearen Preisen i.d.R. dadurch erreicht, dass Kunden ein aus mehreren Bestandteilen bestehender Tarif angeboten wird. Etwa im Telekommunikationsbereich, aber auch bei der Bahncard der Deutschen Bahn AG oder bei den Preissystemen von Stromanbietern ist es üblich, dass der Kunde eine Grundgebühr bzw. einen Einmalbetrag (z.B. für den Kauf einer Bahncard) entrichtet und zusätzlich für jedes Telefonat im Telekommunikationsmarkt oder jeden Bahnkilometer bzw. jede Kilowattstunde einen separaten (ggf. reduzierten) Preis zahlen muss. Aus dieser Systematik ergibt sich ein zunächst schnell und dann nur noch langsam sinkender Durchschnittspreis (siehe »Preis/Einheit« beim **zweiteiligen Tarif** in *Abbildung 201*), dessen nicht-linearer Funktionsverlauf namensgebend für den Tarif ist.

Spezialform Flatrate

Eine Spezialform des nicht-linearen Tarifs stellt dabei der **Blocktarif** dar, der auch als **Flatrate** bezeichnet wird. Bei diesem Tarif wird der variable Preisbestandteil auf Null gesetzt, sodass der Kunde allein eine Grundgebühr oder eine Einmalzahlung zu entrichten hat. Da die Einmalzahlung allerdings i.d.R. relativ hoch angesetzt werden muss, um auch eine sehr starke Nutzung des Produktes bzw. der Dienstleistung durch den Kunden abzudecken, lohnt sich für den Kunden die Wahl des Bocktarifs nur dann, wenn mit großer Wahrscheinlichkeit davon ausgehen kann, dass er die Leistung relativ stark in Anspruch nehmen wird. In *Abbildung 201* etwa ist bei einer voraussichtlichen Abnahmemenge des Kunden, die kleiner als die Menge A ist, der einteilige Tarif am vorteilhaftesten. Liegt die vermutlich benötigte Menge zwischen den Punkten A und B, dann ist der zweiteilige Tarif der optimale Tarif. Erst wenn die Abnahmemenge voraussichtlich größer als B sein wird, lohnt es sich für den Kunden, den Blocktarif zu wählen.

An dem in *Abbildung 201* dargestellten Beispiel lässt sich auch verdeutlichen, warum es sich bei nicht-linearen Tarifen letztlich um eine **Preisdifferen-**

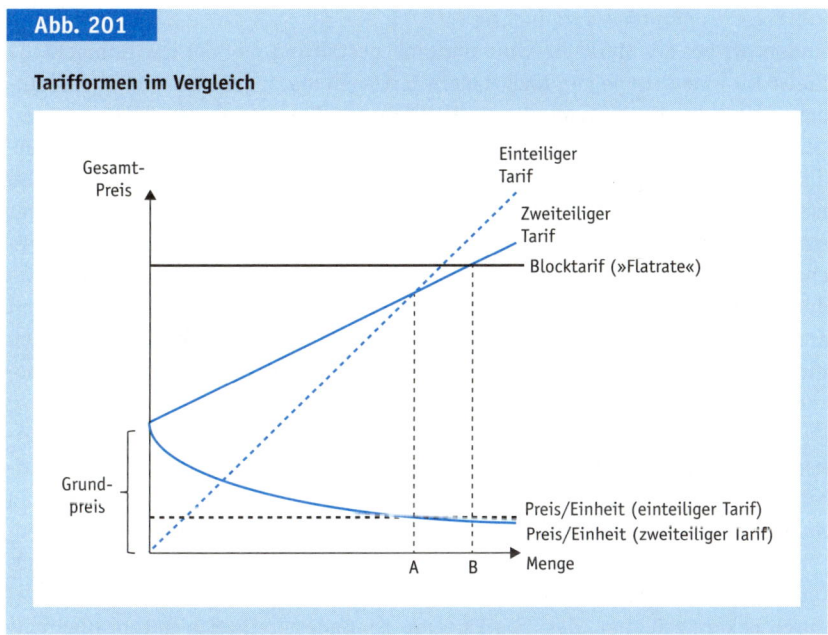

Abb. 201

Tarifformen im Vergleich

zierungsform handelt. Selbst wenn zwei Kunden den gleichen mehrteiligen Tarif (Blocktarif oder zweiteiliger Tarif in *Abbildung 201*) wählen, wird ihnen i. d. R. nicht der gleiche Preis für die Leistung abverlangt. Sobald sie nämlich eine unterschiedliche Abnahmemenge im Zeitablauf realisieren, variiert der Durchschnittspreis zwischen den Kunden.

Darüber hinaus lassen sich am Beispiel von *Abbildung 201* auch die wesentlichen **Vorteile** aufzeigen, die nicht-lineare Tarife für Anbieter aufweisen. So bringt diese Preisgestaltungsform den Anbietern zunächst einen **Finanzierungsvorteil**. Da die Kunden die Einmalzahlung bereits vor der Inanspruchnahme der Leistungen tätigen, realisieren die Anbieter einen Teil ihrer Umsätze zeitlich früher. Zum anderen stellen nicht-lineare Preise ein **Kundenbindungsinstrument** für den Anbieter dar. Hat sich beispielsweise ein Kunde einmal für den zweiteiligen Tarif entschieden, dann hat er während der Gültigkeit dieses Tarifs ein Motiv, seine gesamte Bedarfsmenge bei diesem Anbieter zu realisieren. Eine Beauftragung von Wettbewerbern für Teilmengen ist so für den Kunden nachteilhaft, da dies dazu führen würde, dass er insgesamt einen höheren Durchschnittspreis innerhalb des zweiteiligen Tarifs zahlen muss. Schließlich kann der nicht-lineare Preis auch zu einem **Tarifwahlbias** (vgl. *Stingel*, 2008) auf Seiten des Nachfragers führen. So kann der Kunde etwa die von ihm benötigte Bedarfsmenge ex ante zu hoch oder zu niedrig einschätzen, sodass er einen für ihn ungünstigen Tarif wählt. Die Möglichkeit einer Fehlentscheidung auf Seiten des Kunden ist als weiterer Vorteil für Anbieter bei nicht-linearen Preisen einzuschätzen.

Vorteile

2.2.2.2 Einzelkundenpreisfindung

Anders als bei der Marktpreisfindung und -gestaltung, bei der der Anbieter die Preise für eine Gruppe von Nachfragern festlegen muss, geht es beim Einzelkundenpricing um die **individuelle Festlegung und Gestaltung des Preises** für einen Kunden. Diese Situation tritt insbesondere dann auf, wenn keine standardisierten Leistungen zu vermarkten sind, sondern Anbieter ihren Kunden maßgeschneiderte Leistungen offerieren, die untereinander nicht vergleichbar sind. Gerade auf B-to-B-Märkten haben die Kunden stark voneinander abweichende Anforderungen, die die Anbieter zwingen, ihre Produkte kundenindividuell auszugestalten oder zumindest für den einzelnen Kunden individuell anzupassen (vgl. *Herbst*, 2007). In diesem Fall müssen sich die Marktparteien nicht nur auf die anschließend erst zu fertigende oder zu erbringende Leistung, sondern auch auf den Preis für diese Leistung verständigen.

Der Einigungsprozess über den Preis vollzieht sich in solchen Marktsituationen im Rahmen von Preisverhandlungen. In Anlehnung an die allgemeine Definition von Verhandlungen (vgl. *Voeth/Herbst*, 2009, S. 5), die sich durch die in *Abbildung 202* aufgeführten Merkmale charakterisieren lassen, ist unter einer **Preisverhandlung** der Prozess der Einigung über alle relevanten Preisbestandteile zwischen Anbieter und Nachfrager zu verstehen. Dieser Prozess ist dadurch gekennzeichnet, dass die Parteien zumindest teilweise unterschiedliche Präferenzen aufweisen und vor diesem Hintergrund versuchen, die Lösung zu ihren Gunsten zu beeinflussen.

Die Ausgangssituation für beide Marktseiten ist dabei allerdings verschieden. Während der Nachfrager möglichst einen geringen Preis zahlen möchte, ist es das Ziel des Anbieters, einen hohen Preis für seine Leistung zu erzielen. Neben diesen Unterschieden bei den **Aspirationslösungen** (gewünschte Verhand-

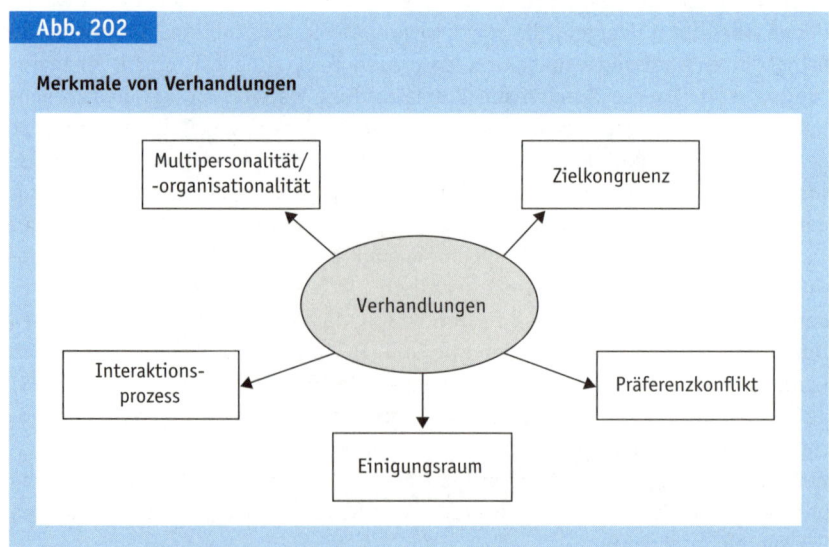

Abb. 202

Merkmale von Verhandlungen

Multipersonalität/ -organisationalität

Zielkongruenz

Verhandlungen

Interaktionsprozess

Präferenzkonflikt

Einigungsraum

lungsergebnisse) wird das Verhandlungsverhalten von Anbieter und Nachfrager zusätzlich durch deren **Reservationslösungen** determiniert. Hierunter sind die Preise zu verstehen, die für Anbieter und Nachfrager jeweils ein Maximum an Entgegenkommen bedeuten und deren Unterschreiten (Anbieter) oder deren Überschreiten (Nachfrager) zwangsläufig zu einem Verhandlungsabbruch führen. Die Reservationslösungen der Parteien werden dabei durch die Alternativen bedingt, über die die Marktseiten verfügen. Diese in der Literatur als **BATNA** (»Best alternative to a negotiated agreement«) bezeichneten Alternativen stellen die Opportunitäten für die Verhandlungsparteien dar. Das Angebot eines Wettbewerbers bildet etwa das BATNA für den Nachfrager. Ebenso kann entweder ein alternativer Kundenauftrag oder aber der Verzicht auf das Geschäft mit dem Kunden das Spektrum für den Anbieter darstellen. Versucht beispielsweise der Kunde, den Anbieter soweit im Preis zu drücken, dass der Preis für den Anbieter unterhalb der Auftragskosten liegt, dann würde sich der Anbieter besser stellen, wenn er auf den Auftrag verzichtet. Von daher bilden die Auftragskosten in einem solchen Fall die Reservationslösung für den Anbieter.

Aus den Aspirations- und Reservationslösungen der Parteien wird der **Verhandlungsraum** (auch **Bargaining Zone** oder **Zone of possible Agreements** (**ZOPA**) genannt) gebildet. *Abbildung 203* verdeutlicht, dass dieser je nach Ver-

Barqaining Zone

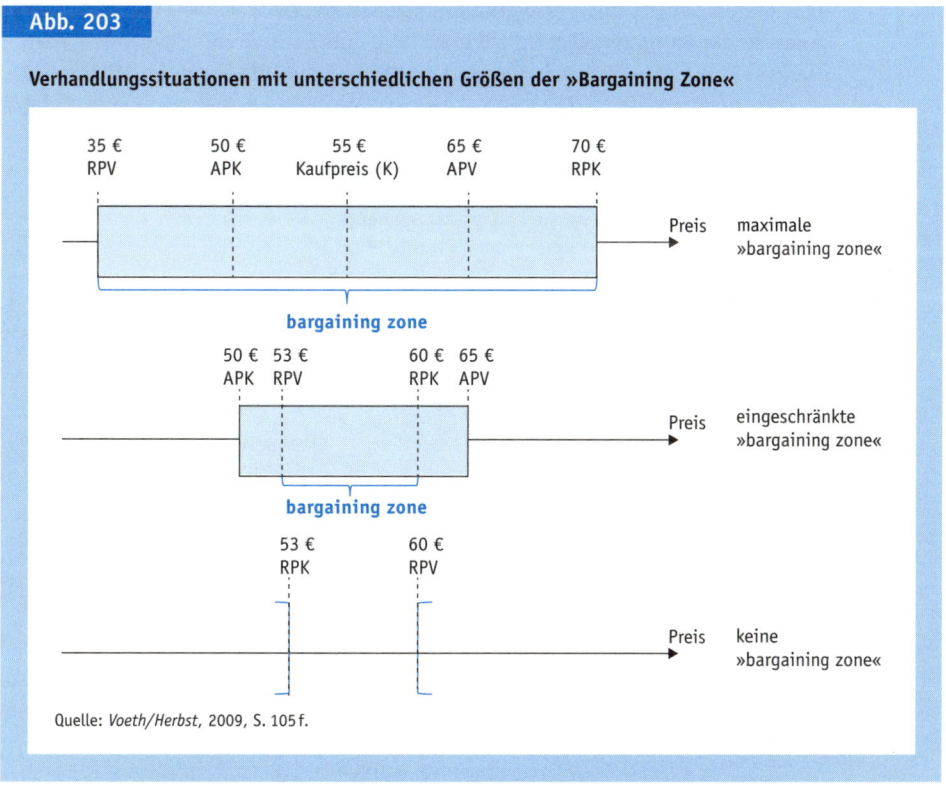

Abb. 203

Verhandlungssituationen mit unterschiedlichen Größen der »Bargaining Zone«

Quelle: *Voeth/Herbst*, 2009, S. 105 f.

hältnis der Aspirationspreise (AP) und Reservationspreise (RP) von Verkäufer (V) und Käufer (K) größer (oberer Teil in *Abbildung 203*), kleiner (mittlerer Teil in *Abbildung 203*) oder nicht vorhanden (unterer Teil in *Abbildung 203*) sein kann. Die Größe des Raums bestimmt dabei die Zweckmäßigkeit und Schwierigkeit von Verhandlungen. Während es bei der im oberen Teil von *Abbildung 203* dargestellten Konstellation relativ einfach ist, einen für beide Seiten zwar vielleicht nicht optimalen, zumindest aber akzeptierten Preis auszuhandeln, ist dies in der im mittleren Abschnitt beschriebenen Situation schon deutlich schwieriger. Schließlich besteht bei der im unteren Teil von *Abbildung 203* dargestellten Situation keine Einigungschance zwischen den Parteien.

Notwendigkeiten von
Preisverhandlungs-
management

Der Ausgang von Preisverhandlungen hängt aber nicht nur von der Machtposition der Parteien ab, die sich etwa in deren BATNAs abbildet. Zudem wird das Verhandlungsergebnis auch durch das Verhalten und die Aktivitäten der Parteien innerhalb des gesamten Verhandlungsprozesses determiniert. Diesen systematisch zu gestalten, stellt daher eine zentrale Aufgabe der Einzelkundenpreisfindung dar. Aufbauend auf ihrem allgemeinen Ansatz des Verhandlungsmanagements schlagen *Voeth/Herbst* (2011, 2009) für das **Preisverhandlungsmanagement** ein aus fünf Schritten bestehendes Vorgehen vor (vgl. *Abbildung 204*).

Verhandlungsanalyse

Identifikation »geeig-
neter« Verhandlungen

Den ersten Schritt des Preisverhandlungsmanagements sollte eine umfassende Analyse der Ausgangssituation bilden (vgl. hierzu und zum Folgenden *Voeth/ Herbst*, 2011). Aus Effizienzgründen steht zunächst die Frage im Mittelpunkt,

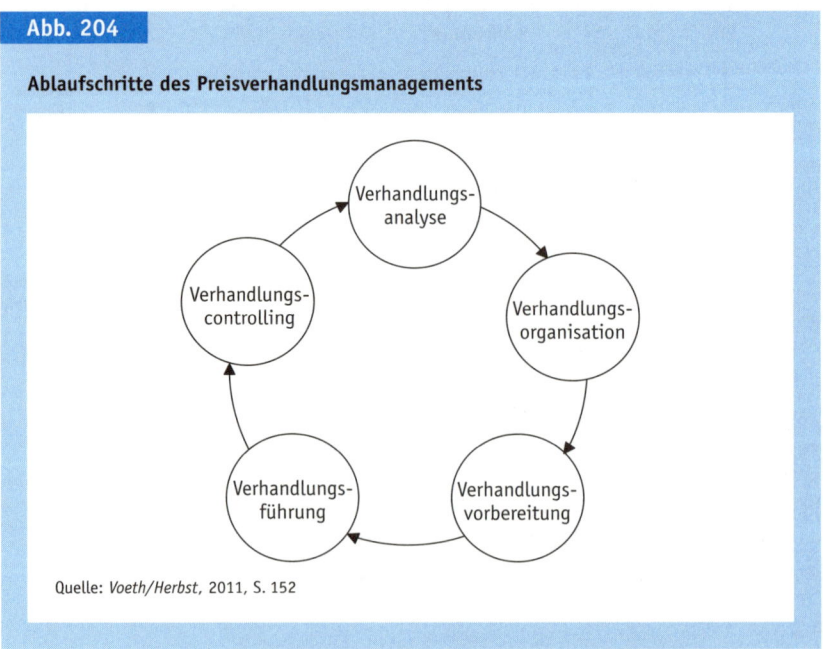

Abb. 204

Ablaufschritte des Preisverhandlungsmanagements

Quelle: *Voeth/Herbst*, 2011, S. 152

ob und ggf. wie intensiv anstehende Preisverhandlungen gemanagt werden sollen. Der Einsatz spezifischer Maßnahmen des Verhandlungsmanagements erscheint nur dann sinnvoll, wenn die Verhandlungen hinsichtlich des Ergebnisses (z. B. volumenmäßig) für das verhandelnde Unternehmen bedeutsam und/oder in Bezug auf den anstehenden Verhandlungsprozess als schwierig einzustufen sind. Nur in solchen Fällen lohnt es sich, eine detaillierte Planung vorzunehmen und eine spezifische Steuerung der Preisverhandlungen anzustreben. Da diese Frage jedoch nicht für jede anstehende Preisverhandlung separat geklärt werden kann, sind auf Bereichs- oder Produktebene übergreifende Felder zu identifizieren, in denen Verhandlungsmanagement bei Preisverhandlungen sinnvoll und notwendig erscheint bzw. es sind generelle Bedingungen zu definieren, die für die Initiierung eines systematischen Managements von Preisverhandlungen erfüllt sein sollten.

Für die so identifizierten Preisverhandlungen, bei denen ein detaillierteres Preisverhandlungsmanagement sinnvoll erscheint, ist anschließend eine spezifischere verhandlungsbezogene Analyse durchzuführen. Hierbei geht es darum, alle für die spätere Verhandlung **relevanten Informationen** über

> *Verhandlungsbezogene Analyse*

- das (gegnerische) Unternehmen,
- das Verhandlungsobjekt,
- die zu verhandelnden Preisbestandteile,
- die Verhandlungsführenden sowie
- die Historie der Verhandlung

zu ermitteln.

Im Hinblick auf das **Unternehmen**, mit dem auf der Kundenseite Preisverhandlungen zu führen sind, interessiert etwa die allgemeine wirtschaftliche Situation, das Mengenpotenzial, das bei dem Kunden zu erwarten ist, und vor allem dessen Verhandlungsmacht. Werden beispielsweise mit dem Kundenunternehmen an vielen weiteren Stellen (z. B. bei anderen Produkten des gleichen Geschäftsfeldes, in anderen Geschäftsfeldern etc.) Umsätze getätigt, so ist zu vermuten, dass sich der Kunde seiner Verhandlungsmacht bewusst ist und diese in der anstehenden Preisverhandlung einsetzen wird.

> *Partnerunternehmen*

Daneben sind im Vorfeld aber auch Informationen über das eigentliche **Verhandlungsobjekt** sowie mögliche **Verhandlungsgegenstände** zu sammeln. So ergeben sich möglicherweise aus den (ggf. technischen) Besonderheiten des Transaktionsobjektes Ansatzpunkte für Verhandlungsstrategien, Verhandlungstaktiken und die konkrete Verhandlungsführung. Ebenfalls ist es in Preisverhandlungen wichtig, sich über zusätzliche Verhandlungsgegenstände außerhalb des Preises Gedanken zu machen. Gelingt es etwa, weitere Verhandlungsgegenstände in die Verhandlung zu integrieren und nicht ausschließlich über den Preis zu verhandeln, wird der Konfliktgrad der Verhandlung zumeist reduziert und die Chance einer für beide Verhandlungsseiten vorteilhaften Verhandlungslösung erweitert. Auch sind im Vorfeld Informationen – soweit verfügbar – über die **Verhandlungsführer** der Gegenseite zu generieren. Da das Verhandlungsverhalten von Verhandelnden u. a. von deren fachlichem Hintergrund, deren kul-

> *Verhandlungsobjekt/- gegenstände*

> *Verhandlungsführung/ -historie*

Fallbeispiel 68

›Alte Feindschaften‹ in Tarifverhandlungen

»Gerade in Tarifverhandlungen ist im Vorfeld häufig bekannt, durch welche Verhandlungsführer die einander gegenüberstehenden Tarifparteien in den anstehenden Tarifverhandlungen vertreten sein werden. Da sowohl auf der Gewerkschaftsseite als auch auf der Seite der Arbeitgeber die Verhandlungen zumeist von den Spitzenvertretern der Organisationen übernommen werden und diese zumeist über einen längeren Zeitraum im Amt sind, treffen diese Vertreter in aller Regel sehr häufig in Tarifauseinandersetzungen aufeinander. Dies macht es möglich, regelrechte Persönlichkeitsprofile über den Verhandlungspartner im Vorfeld einer Verhandlung anzufertigen. Dies kann hilfreich sein, um das Verhalten der Gegenseite in bestimmten Verhandlungssituationen im Vorfeld besser abschätzen und ggf. das eigene Verhandlungsverhalten darauf ausrichten zu können. Ebenso kann die intensive Auseinandersetzung mit dem auf der Gegenseite zu erwartenden Verhandlungsführenden aber auch dazu veranlassen, die eigene Verhandlungsbesetzung zu überdenken. So ist es häufig wenig hilfreich, wenn Verhandelnde über eine längere Zeit eine regelrechte »Dauerfehde« miteinander austragen. Dem GDL-Vorsitzenden Schell sowie dem Bahnvorstandsvorsitzenden Mehdorn wurde beispielsweise innerhalb des Lokführertarifkonflikts im Jahr 2007/2008 vorgeworfen, eine über Jahre gewachsene »Männerfeindschaft« innerhalb des Tarifkonflikts auszuleben« (*Voeth/Herbst*, 2009, S. 48).

tureller Prägung oder deren Incentivierung abhängt, sollten diese Informationen bekannt sein, um das eigene Verhandlungsteam und/oder Verhandlungsverhalten daran ausrichten zu können. Schließlich ist auch der **Verhandlungshistorie** innerhalb der verhandlungsbezogenen Verhandlungsanalyse eine besondere Aufmerksamkeit zu widmen. Wurde mit dem Verhandlungspartner in der Vergangenheit bereits in ähnlichen Situationen verhandelt, so ist es für die anstehende Preisverhandlung wichtig, die Verhandlungsergebnisse (z. B. Einigungspreis, gewährte Zahlungsbedingungen), aber auch die Verhandlungsverläufe (z. B. Einstiegspreise, Argumentationslinien) dieser vergangenen Verhandlungen zu kennen. Nur bei Vorliegen dieser Informationen lassen sich Überraschungen innerhalb der Verhandlung und Irritationen beim Verhandlungspartner vermeiden.

Verhandlungsorganisation

Besetzung Negotiation Team

Liegen alle relevanten Informationen in Bezug auf die bevorstehende Preisverhandlung vor, sind Entscheidungen über die Organisation der Verhandlung zu treffen. Vor allem ist dabei das eigene Verhandlungsteam (»**Negotiation Team**«) zu besetzen. Wesentlich ist dabei, dass die Frage, wer auf der eigenen Seite in eine anstehende Preisverhandlung geschickt wird, bewusst getroffen wird. In der Praxis wird diese Entscheidung hingegen noch immer häufig mehr oder weniger dem Zufall überlassen. So wird eine Verhandlung oftmals demjenigen Mitarbeiter übertragen, der gerade zeitlich verfügbar ist. Ein solches Vorgehen ist aber risikoreich, da von der personellen Besetzung des Verhandlungsteams wesentlich der Verhandlungserfolg abhängt. Ein umfassender Management-Ansatz für Preisverhandlungen sollte daher zumindest fundierte Entscheidungen über
- die Größe des Verhandlungsteams und
- die Zusammensetzung des Teams

beinhalten.

Bei der Festlegung der **Größe des Verhandlungsteams** ist dabei zu beachten, dass die Performance eines Verhandlungsteams nicht unbedingt mit zunehmender Teamgröße ansteigt (vgl. *Wood*, 2001; *Thompson/Peterson/Brodt*, 1996). Daher ist die verhandlungsbezogen »richtige« Teamgröße zu ermitteln (vgl. *Barisch*, 2011). Ansatzpunkte für die Ermittlung können die vermutete Teamgröße der Gegenseite sowie die im Negotiation Team benötigten Kompetenzen liefern.

Teamgröße

Hinsichtlich der **Team-Zusammensetzung** ist zu beachten, dass nicht jeder Mitarbeiter in gleicher Weise geeignet ist, Verhandlungen im Allgemeinen und Preisverhandlungen im Speziellen zu führen. Die Verhandlungsforschung hat in diesem Zusammenhang gezeigt, dass neben soziodemografischen und psychografischen Merkmalen auch organisationale Merkmale von Bedeutung sind (vgl. *Levi*, 2001).

Team-Zusammensetzung

Im Mittelpunkt organisationaler Merkmale stehen dabei Charakteristika wie hierarchische Position, Abteilungs- oder Rollenzugehörigkeit. Zur Wirkung dieser Merkmale liegen verschiedene empirische Studien aus der Verhandlungsforschung vor (vgl. den Überblick bei *Barisch*, 2011). Beispielsweise konnte

Abb. 205

Der Einfluss organisationaler Merkmale von Verhandlungsteams auf das Verhandlungsergebnis

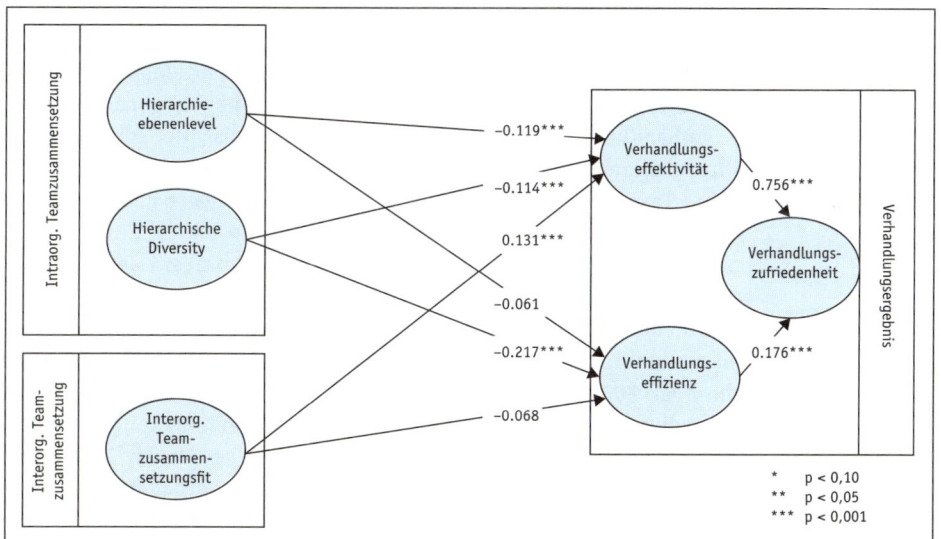

Verhandlungseffektivität	Verhandlungseffizienz	Verhandlungszufriedenheit
Bestimmtheitsmaß R²: 0,044 Stone-Geisser-Kriterium Q²: 0,023	Bestimmtheitsmaß R²: 0,059 Stone-Geisser-Kriterium Q²: 0,032	Bestimmtheitsmaß R²: 0,723 Stone-Geisser-Kriterium Q²: 0,563

Quelle: *Barisch*, 2011, S. 19

Barisch (2011) zeigen, dass höhere Hierarchieebenen häufig weniger effektiv verhandeln, da sie aufgrund ihrer größeren organisatorischen Verantwortung eher bereit sind, Zugeständnisse zu machen bzw. eigene Verhandlungspositionen aufzugeben. Zudem zeigt sich in dieser Untersuchung, dass Verhandlungsteams auch dann eine geringere Verhandlungsleistung aufweisen, wenn die hierarchische Spanne zu groß ist (vgl. *Abbildung 205*). Auch hierauf sollte daher bei der Besetzung von Verhandlungsteams geachtet werden. Häufig muss allerdings **Manndeckung** angestrebt werden, also dafür Sorge getragen werden, dass das gegnerische Team hierarchisch nicht »höher« besetzt ist. Dies würde nämlich als Missachtung der Verhandlung durch die eigene Partei missverstanden oder wäre der Verhandlungseffizienz abträglich.

Aufgabenteilung im Team

Ist die Entscheidung über die Zusammensetzung des Verhandlungsteams getroffen, so gehört zur Organisationsaufgabe auch dazu, die Teammitglieder zu einer **teaminternen Aufgabenteilung** zu bewegen. Vor allem ist dabei zu klären, welches Teammitglied oder externes Organisationsmitglied die letzte Entscheidung über die Annahme eines vorliegenden Angebots trifft. Nur so lassen sich Kompetenzstreitigkeiten im Negotiation Team, aber auch mit dem Verhandlungspartner oder in der eigenen Organisation vermeiden.

Verhandlungsvorbereitung

Bedeutung der Phase

Auch wenn natürlich jedem anderen Schritt des Managements von Preisverhandlungen ebenfalls Bedeutung beikommt, spielt die Phase der Verhandlungsvorbereitung – auch im Vergleich zur eigentlichen Verhandlungsführung – die vermutlich größte Rolle im Verhandlungsmanagement. *Thompson* (2009, S. 12) spricht in diesem Zusammenhang von der **80:20-Regel**, wonach die Bedeutung der Verhandlungsvorbereitung im Verhältnis zur anschließenden Verhandlungsführung viermal größer ist und daher auch viel Zeit bei der Arbeit der Negotiation Teams in Anspruch nehmen sollte. Insbesondere geht es innerhalb der Verhandlungsvorbereitung bei Preisverhandlungen um die Festlegung von Verhandlungszielen, Verhandlungsstrategien und -taktiken. Diese sollten dabei auch für die Gegenseite analysiert werden.

Festlegung von Zielen, Strategien, Taktiken

Verhandlungsziele, die durch grundlegende persönliche und organisationale Verhandlungsmotive und -interessen der Verhandelnden gesteuert werden (vgl. *Schranner*, 2009, S. 69), sind »gewünschte Ausprägungen bei zu verhandelnden Verhandlungsgegenständen einer bestimmten Verhandlung« (*Voeth/Herbst*, 2009, S. 97). Um diese Ziele tatsächlich zu erreichen, bedarf es konkreter Verhandlungsstrategien und -taktiken. Während eine **Verhandlungsstrategie** eher einer grundsätzlichen Stoßrichtung oder Leitlinie für das Verhandlungsverhalten gleichkommt (»Wie stark wollen wir versuchen, unsere Interessen, ggf. auch zu Lasten der Gegenseite durchzusetzen?«), stellt die **Verhandlungstaktik** die Planung des abgestimmten Einsatzes von Verhandlungsargumenten, -angeboten und sonstigen Verhaltensweisen in Bezug auf Verhandlungsablauf und Verhandlungsgegner dar (vgl. *Bacharach/Lawler*, 1981). Die Taktiken entsprechen demnach der Umsetzung der zugrunde liegenden Strategie in konkretes Verhandlungsverhalten.

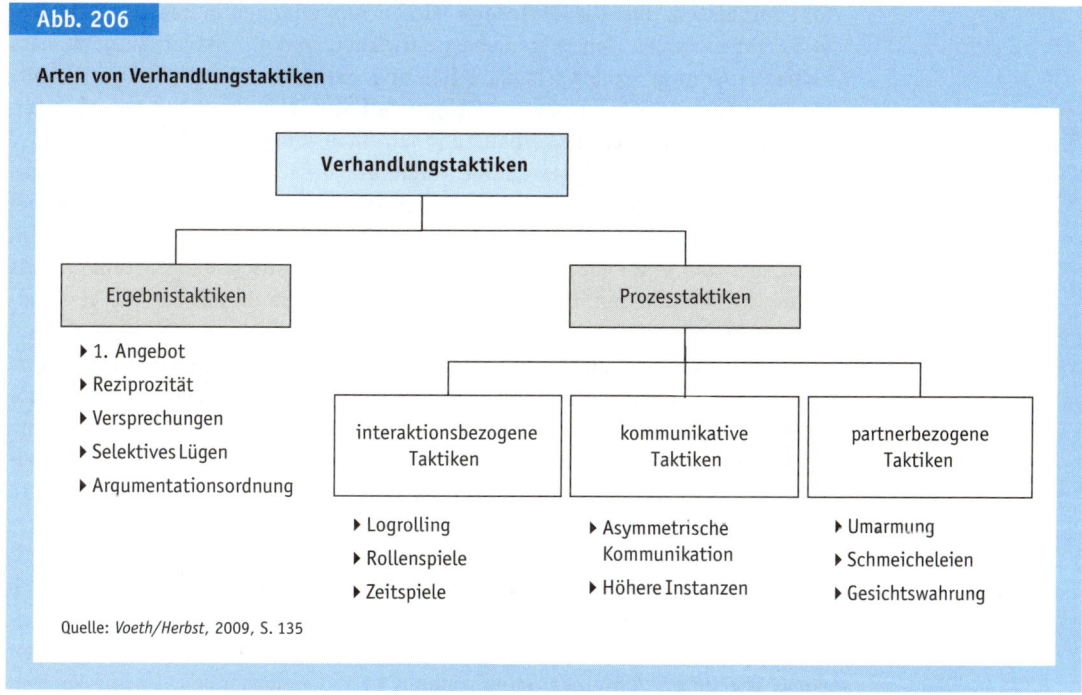

Abb. 206

Arten von Verhandlungstaktiken

```
                    ┌──────────────────────────┐
                    │   Verhandlungstaktiken   │
                    └──────────────────────────┘
          ┌──────────────────────┴─────────────────────────┐
┌──────────────────┐                          ┌──────────────────┐
│  Ergebnistaktiken│                          │  Prozesstaktiken │
└──────────────────┘                          └──────────────────┘
  ▸ 1. Angebot                  ┌──────────────────┼──────────────────┐
  ▸ Reziprozität        ┌──────────────┐  ┌──────────────┐  ┌──────────────┐
  ▸ Versprechungen      │interaktions- │  │ kommunikative│  │partnerbezogene│
  ▸ Selektives Lügen    │bezogene      │  │ Taktiken     │  │Taktiken       │
  ▸ Argumentations-     │Taktiken      │  └──────────────┘  └──────────────┘
    ordnung             └──────────────┘
                          ▸ Logrolling     ▸ Asymmetrische    ▸ Umarmung
                          ▸ Rollenspiele     Kommunikation    ▸ Schmeicheleien
                          ▸ Zeitspiele     ▸ Höhere Instanzen ▸ Gesichtswahrung
```

Quelle: *Voeth/Herbst*, 2009, S. 135

In Bezug auf Preisverhandlungen wird in der Literatur vor allem eine Vielzahl unterschiedlicher Verhandlungstaktiken diskutiert (vgl. *Abbildung 206*). Zum einen sind dies **prozessbezogene Taktiken**. Hier ist zwischen interaktionsbezogenen Taktiken wie etwa Zeitspielen oder Rollenspielen (»good guy/bad guy«), kommunikativen Taktiken (z. B. Berufung auf höhere Instanzen, asymmetrische Kommunikation) und partnerbezogenen Taktiken (z. B. Gesichtswahrung, Schmeicheln) zu unterscheiden.

Prozess-/ergebnis-bezogene Taktiken

Zum anderen existieren in der Literatur viele **ergebnisbezogene Taktiken**. An erster Stelle ist hier die **Taktik des ersten Angebotes** anzuführen. Hiernach ist es in Preisverhandlungen eine erfolgversprechende Taktik, als erster ein Angebot zu machen. Eröffnet beispielsweise der Verkäufer in dem im oberen Teil von *Abbildung 203* dargestellten Fall die Verhandlung mit einer Preisforderung von 70 €, dann ist der Käufer gezwungen, sich argumentativ mit diesem kognitiven Anker auseinanderzusetzen und eigene darunter liegende Gebote hinsichtlich ihrer Abweichung im Vergleich zu 70 € zu begründen. Wichtig ist darüber hinaus, eine angemessene Höhe für die Einstiegsforderung zu wählen. Einerseits hat die Verhandlungsforschung gezeigt, dass es eine Tendenz in Verhandlungen gibt, wonach sich die Verhandlungsparteien zumeist in der Mitte ihrer Ausgangsangebote einigen. Hieraus könnte geschlussfolgert werden, dass es besonders günstig ist, mit einem extrem hohen Einstiegspreis in eine Verhandlung zu gehen. Zu beachten ist hierbei allerdings, dass **Mondpreise** die Ge-

Erstes Angebot

fahr beinhalten, dass die Gegenseite falsche Vorstellungen in Bezug auf den Reservationspreis des Mondpreis-Gebers entwickelt und ggf. davon ausgeht, dass keine Bargaining Zone vorhanden ist, und daher die Verhandlung abbricht. Würde beispielsweise in dem im oberen Teil von *Abbildung 203* aufgeführten Beispiel der Verkäufer die Verhandlung mit einer Einstiegsforderung von 400 € eröffnen, dann müsste der Käufer vermuten, dass der Reservationspreis des Verkäufers oberhalb seines eigenen Reservationspreises (70 €) liegt. Denn bei seriösem Verhandlungsverhalten würde es einem Verhandelnden nicht möglich sein, sich von einer Einstiegsforderung von 400 € ausgehend auf einen Preis unter 70 € einzulassen. Daher würde die Gegenseite in diesem Fall die Verhandlung wegen zu erwartender Erfolglosigkeit abbrechen.

Gegenangebot machen

Da es Verkäufern allerdings in Märkten, in denen keine Listenpreise im Vorfeld als kognitive Anker definiert werden können, nicht immer gelingt, »erste Angebote« zu platzieren, stellt sich die Frage, wie reagiert werden soll, wenn die Gegenseite das erste Angebot unterbreitet. Für diesen Fall hat die Verhandlungsforschung zeigen können, dass die Wirkung eines ersten Angebotes dann deutlich abgeschwächt wird, wenn unmittelbar ein entsprechendes **Gegenangebot** gemacht wird. Eröffnet also im obigen Fall der Einkauf die Verhandlung mit einem Eröffnungsgebot von 40 €, so kann verhindert werden, ausschließlich über diese 40 € verhandeln zu müssen, wenn der Verkäufer unmittelbar mit einem Gegenangebot von 70 € reagiert (»Ihr Angebot überrascht mich nun aber doch! Wir waren von einem ganz anderen Betrag ausgegangen. Unsere Vorstellung liegt bei mindestens 70 €.«). In diesem Fall findet die Verhandlung innerhalb der zwischen 40 € und 70 € liegenden Spanne statt.

Reziprozität

Schließlich ist für Preisverhandlungen auch die **Taktik der Reziprozität** wichtig. Diese Taktik besagt, dass Verhandlungen immer aus einem wechselseitigen Geben und Nehmen bestehen sollten (vgl. *Homburg*, 2012, S. 862 f.; *Putnam/Jones*, 1982). Folglich sollten Verhandlungsparteien nie den Fehler machen, mehrmals nacheinander Zugeständnisse zu machen, ohne dass die Gegenseite zwischenzeitlich Zugeständnisse gemacht hat. Ansonsten wird der Gegenseite das Signal gegeben, dass ein weiteres Entgegenkommen allein durch Abwarten erreicht werden kann.

Verhandlungsführung

Phasenspezifische Vorgehen

Auch in der Phase der eigentlichen Verhandlungsführung sollte ein systematisches Vorgehen bei Preisverhandlungen erfolgen. Einigkeit besteht in der Literatur, dass innerhalb der eigentlichen Verhandlung im Zeitablauf wechselnde Aufgaben erfüllt werden müssen, sodass die Verhandlungsführung phasenspezifisch vorgenommen werden sollte. Aufbauend auf den Erkenntnissen der verhaltenswissenschaftlichen Verhandlungsforschung (vgl. hierzu den Überblick bei *Voeth/Rabe*, 2004b) differenzieren *Voeth/Herbst* (2009, S. 170) zwischen der

- ▶ Einstiegsphase,
- ▶ Dialogphase,
- ▶ Lösungsphase und
- ▶ Abschlussphase.

Abb. 207

Phasenspezifische Aufgaben im Verhandlungsprozess

Einstiegsphase	Dialogphase	Lösungsphase	Abschlussphase
▸ Kennenlernen der Verhandlungs-partner ▸ Vorstellung der Verhandlungs-positionen	▸ Fakten klären ▸ Präferenzen deutlich machen ▸ gegenseitige Angebote machen	▸ neue Verhandelnde ▸ neue Verhandlungs-gegenstände ▸ neue Ausprägungen ▸ neue Informationen ▸ veränderte Rahmen-bedingungen	▸ Abschlusszeit-punkt ermitteln ▸ letztes Angebot machen ▸ Vertrag schließen ▸ ggf. nach-verhandeln

Diesen Phasen lassen sich die in *Abbildung 207* dargestellten Aufgaben zuordnen. Die **Einstiegsphase** sollte demnach mit einer Vorstellung der Verhandlungspartner beginnen und anschließend der Vorstellung der verschiedenen Verhandlungspositionen dienen. Für Preisverhandlungen bedeutet dies, dass bereits in dieser Phase erste Angebote durch die beiden Marktseiten abgegeben werden sollten. Da diese Angebote – insbesondere wenn neben dem Preis über weitere Verhandlungsgegenstände Einigung erzielt werden muss – möglicherweise nicht selbsterklärend sind, sollte am Beginn der **Dialogphase** zunächst überprüft werden, ob beide Verhandlungsseiten die Angebote und Positionen der Gegenseite richtig aufgefasst haben. Für den Fall komplexerer Verhandlungen (Verhandlungen über mehr als einen Verhandlungsgegenstand) ist es in dieser Phase zusätzlich zweckmäßig, dem Verhandlungspartner deutlich zu machen, welche Verhandlungsgegenstände eine besondere Wichtigkeit aufweisen. Den letzten Schritt dieser Phase stellt dann die gegenseitige Annäherung dar. Hier sollten beide Marktseiten ggf. Konzessionen machen, um die Einigungschance zu bewahren. Werden nämlich in dieser Phase keine Annäherungen vollzogen, entsteht der Eindruck, dass sich die Verhandlungsparteien bereits in der Nähe ihrer Reservationspreise befinden, sodass beide Seiten ggf. einen Verhandlungsabbruch in Erwägung ziehen.

Zumeist kommt es am Ende der Dialogphase dabei zwar zu einer Annäherung, nicht immer jedoch bereits zu einer Einigung. Stattdessen sind die Parteien häufig zu weiteren Zugeständnissen nicht mehr bereit, weil sie sich nun erhoffen, durch Vermeidung weiterer Zugeständnisse bei der Gegenseite den Eindruck zu erzeugen, dass die eigene Reservationsgrenze erreicht sei und der Verhandlungspartner daher den »letzten« Schritt gehen müsse. Da jedoch auch die Gegenseite ähnlich taktiert, droht die **Gefahr der Verschleppung** der Verhandlung, da sich die Parteien nun blockieren. Die einzige Chance, die Verhandlung noch zu einem erfolgreichen Abschluss zu bringen, besteht nun häufig darin, die Verhandlungssituation an entscheidender Stelle zu verändern. Dies kann beispielsweise in der **Lösungsphase** durch den Austausch der Verhandlungsführer (neue Verhandlungsführer müssen beim Abweichen von bisherigen Positionen keinen Gesichtsverlust befürchten), den Vorschlag von **Side**

Einstiegsphase

Dialogphase

Lösungsphase

Deals (neue zusätzliche Verhandlungsgegenstände) oder die Entwicklung neuer Ausprägungen (»ja, wenn wir die Ware direkt in ihrem tschechischen Auslieferungslager erhalten«) erfolgen.

Abschlussphase

Auf diese Weise kann es gelingen, die Positionen der Parteien einander noch weiter anzunähern. Ab einem bestimmten Annäherungsgrad besteht dann auf beiden Seiten ein Einigungswunsch. Die Verhandlung ist in die **Abschlussphase** gelangt. Die erste Aufgabe in dieser Phase besteht nun darin, den Zeitpunkt der beidseitig gewünschten Einigung richtig einzuschätzen. Wird der Zeitpunkt falsch eingeschätzt und liegt ein Einigungswunsch nur auf der eigenen Seite vor, so würde ein finales eigenes Angebot nur dazu führen, dass man einseitig der anderen Seite entgegen kommt. Daher sollte vor der eigenen »letzten« Offerte (die dann auch wirklich ein »letztes« Angebot darstellen sollte) der gegnerische Einigungswunsch sehr genau geprüft werden. Ist der Einigungswunsch allerdings richtig eingeschätzt worden, so führt die Abgabe eines »**letzten Angebotes**« i. d. R. dazu, dass dieses – sofern es sich in der Mitte zwischen den inzwischen erreichten unterschiedlichen Positionen befindet – gute Chancen hat, von der Gegenseite angenommen zu werden. Nach dem sich anschließenden Vertragsabschluss kann sich allerdings noch die Notwendigkeit zu **Nachverhandlungen**

Nachverhandlungen

ergeben, sofern sich nachträgliche Änderungen der Verhandlungsprämissen ergeben oder sich die Machtkonstellation zwischen den Parteien noch verschiebt (vgl. *Schoop/Köhne/Ostertag*, 2008; *Voeth/Herbst*, 2009, S. 187).

Verhandlungscontrolling

Den Abschluss des Management-Prozesses bei Preisverhandlungen sollte das Verhandlungscontrolling bilden. Wird unter **Controlling** dabei ganz allgemein die »Beschaffung, Aufbereitung und Analyse von Daten zur Vorbereitung zielsetzungsgerechter Entscheidungen« (*Berens/Rieper/Witte*, 1996, S. V) verstanden, so geht es bei diesem Führungssubsystem vor allem darum, aus den in einem Unternehmen vorhandenen oder beschaffbaren Informationen über vergangene Geschäftstätigkeiten Entscheidungsunterstützung für zukünftige Geschäftsaktivitäten zu generieren. Wird dieser Grundgedanke des Controlling auf den Bereich von Preisverhandlungen übertragen, so wird mit dem Controlling hier das Ziel verfolgt, aus Informationen über vergangene Preisverhandlungen Hilfestellung für die Gestaltung zukünftiger Verhandlungen abzuleiten.

Teilaufgaben

Um dieser Aufgabenstellung gerecht zu werden,

▸ ist der Erreichungsgrad der im Vorfeld gesteckten Verhandlungsziele zu ermitteln (Soll/Ist-Abweichungen),

▸ sind Ursachen möglicherweise auftretender Soll/Ist-Abweichungen zu analysieren und

▸ Implikationen für zukünftige Preisverhandlungen abzuleiten.

Abwicklungsanalyse

Zur Ermittlung von **Soll/Ist-Abweichungen** sollte das in einer Verhandlung erzielte Ergebnis zu dem ursprünglich angestrebten Verhandlungsziel ins Verhältnis gesetzt werden. Hierdurch lässt sich der Zielerreichungsgrad einer Preisverhandlung nachträglich ermitteln. Durch Vergleich dieses Zielerreichungsgrades über verschiedene Preisverhandlungen lässt sich feststellen, bei welchen Verhandlungen besser und bei welchen schlechter verhandelt worden ist.

Sofern die Untersuchung von Zielerreichungsgraden Soll/Ist-Abweichungen aufgedeckt hat, sollte in einem zweiten Schritt der Frage nach den **Ursachen** nachgegangen werden. Bei der Ursachenanalyse ist allerdings zu beachten, dass Abweichungen, die verhandlungsübergreifend auftreten, anders als Abweichungen einzustufen sind, die sich nur in einzelnen Verhandlungen zeigen. Während erstere möglicherweise strukturelle Gründe haben und damit auch den einzelnen Verhandlungsführern nicht zuzuschreiben sind, ist bei verhandlungsspezifischen Abweichungen eine genaue, individuelle Ursachenanalyse durchzuführen. Eine mögliche Ursache für verhandlungsspezifisch negative Abweichungen kann dabei etwa in geringerer Verhandlungsperformance der Verhandelnden bestehen.

Ursachenanalyse

Abschließend sollten im Verhandlungscontrolling aus den Analyseergebnissen **Implikationen für zukünftige Preisverhandlungen** gezogen werden. Im Einzelnen kann das Verhandlungscontrolling dabei Hilfestellung zur Optimierung von Verhandlungsanalyse, Verhandlungsorganisation, Verhandlungsvorbereitung, Verhandlungsführung und Verhandlungscontrolling liefern. So können etwa die Ergebnisse des Controlling hilfreich sein, um für zukünftige Verhandlungen die Besetzung von Verhandlungsteams zu verbessern (Verhandlungsorganisation), erfolgreiche Strategien und Taktiken zu identifizieren (Verhandlungsvorbereitung) oder Erkenntnisse über Formen einer effizienten Verhandlungsführung zu gewinnen. Auch ist es vorstellbar, dass die Ergebnisse zeigen, dass zukünftig andere oder zusätzliche Informationen über Preisverhandlungen benötigt werden, um ein effektives Verhandlungscontrolling für zukünftige Verhandlungen zu ermöglichen.

Ableitung von Implikationen

2.2.3 Preisabwicklung

Im Rahmen der Preisabwicklung müssen Maßnahmen ergriffen werden, die regeln sollen, wie der zwischen den Marktparteien vereinbarte Preis für eine Leistung (entweder durch Angebot und Annahme beim Marktpricing oder durch Preisverhandlungen beim Einzelkundenpricing) entrichtet werden soll. Häufig geht es dabei vor allem um die **Ausgestaltung vertraglicher Preisvereinbarungen**. *Diller* (2008, S. 414) unterscheidet bei diesen zwischen

Vertragliche Preisvereinbarungen

▸ Preisanpassungsklauseln (1),
▸ Preisgarantien (2) und
▸ Finanzierungshilfen (3).

(1) Preisanpassungsklauseln

Preisanpassungsklauseln sind dabei insbesondere auf Märkten üblich, auf denen der Anbieter zum Zeitpunkt der Preisvereinbarung seine später anfallenden Kosten noch nicht abschätzen kann. Typisch ist eine solche Situation auf vielen Industriegütermärkten, wo Teile der Leistungserstellung häufig erst Jahre nach Vertragsschluss durch den Anbieter vorgenommen werden. In diesen Märkten muss sich der Anbieter gegen Kostensteigerungen absichern, die nicht

Gefahr von Kostensteigerungen

von ihm, sondern durch allgemeine Marktentwicklungen (z. B. Rohstoffpreiser-
höhungen) verursacht werden. Etwa wird er in einem solchen Fall versuchen,
mit dem Nachfrager zu vereinbaren, dass dieser noch nicht absehbare und erst
später auftretende Materialpreiserhöhungen (zumindest in Teilen) übernimmt.
Ob es allerdings dem Anbieter gelingt, Teile des **Kostensteigerungsrisikos** auf
den Nachfrager zu übertragen, liegt letztlich an der **Machtverteilung** zwischen
den Marktparteien. Ist der Anbieter auf den Auftrag angewiesen und kann der
Nachfrager zwischen den Angeboten verschiedener Wettbewerber wählen, wird
es der Anbieter schwer haben, Kostensteigerungsrisiken auf den Nachfrager ab-
zuwälzen. Dies wird ihm eher dann gelingen, wenn er sich in einer stärkeren
Marktposition befindet.

(2) Preisgarantien

Rückgaberecht

Eine andere Form der vertraglichen Preisvereinbarung stellt die Preisgarantie
dar. Diese kann in unterschiedlicher Form auftreten. Zum einen können Anbieter mit Preisgarantien auf preislich stark umkämpften Märkten versuchen, den
Kunden die Sorge zu nehmen, dass diese das angebotene Produkt bei anderen
Anbietern günstiger erhalten können. Daher räumen Anbieter ihren Kunden im
Rahmen solcher Preisgarantien das Recht ein, die gekaufte Ware dann zurück-
geben zu können, wenn ihnen diese nach dem Kauf von einem Wettbewerber zu
einem günstigeren Preis angeboten wird. Häufig wird die Garantie dabei mit einem Rückgabezeitraum (z. B. 14 Tage) verbunden. *Abbildung 208* zeigt ein Beispiel für eine solche Preisgarantie aus dem Bereich von Elektrofachmärkten.

Preissicherheit

Zum anderen kann mit Preisgarantien Nachfragern die Sicherheit gegeben
werden, dass der Anbieter seine Preise zukünftig nicht verändern wird. Solche
Preisgarantien sind z. B. bei Verbrauchsmaterialien hilfreich, wo der Kunde
ohne anbieterseitige Preisgarantien befürchten muss, dass die Nutzung eines
Investitionsobjektes (z. B. einer Maschine) nachträglich unwirtschaftlich wird,
wenn Anbieter die Preise für unbedingt benötigte Verbrauchsmaterialien oder
Ersatzteile stark anheben.

Abb. 208

Tiefpreisgarantie von Media Markt

Tiefpreisgarantie.

Ihr Vorteil ist unser Versprechen: Sollten Sie innerhalb von 14 Tagen ein bei uns gekauftes
Produkt - bei gleicher Leistung und in unserer Region - günstiger sehen, erstatten wir Ihnen
den Differenzbetrag oder nehmen das Gerät zurück.

Quelle: *Mediamarkt*, 2010

(3) Finanzierungshilfen

Schließlich gehören auch Finanzierungshilfen zu den vertraglichen Preisverein- Formen
barungen. Zu den Finanzierungshilfen sind etwa

▸ Kreditangebote (»heute kaufen, morgen bezahlen«),
▸ Leasing,
▸ Zahlungsziele (»Wir bitten um Zahlung bis zum ...«),
▸ Skonto (»3 % bei Zahlung innerhalb der ersten 7 Tage«)
▸ Kompensationsangebote (»Sie können auch einen Teil des Preises in Roh-
   stoffen zahlen ...«),
▸ Inzahlungnahme von Altprodukten oder
▸ Zahlung per Kreditkarte

zu rechnen. Je nach Ausgestaltung dieser Finanzierungshilfen können Kunden
hierdurch erhebliche Verbesserung bei der von ihnen zu entrichtenden monetären Gegenleistung erreichen. Aus diesem Grund stellen Finanzierungshilfen einen wichtigen Bestandteil der Preispolitik dar.

3 Vertriebs- und Distributionspolitik

Lernziele

▸ Sie können die akquisitorischen und
logistischen Aufgaben der Vertriebs-
und Distributionspolitik voneinander
abgrenzen.

▸ Sie kennen die grundsätzlichen
Gestaltungsformen für Absatzwege.

▸ Sie haben einen Überblick über die
Organe des direkten und indirekten
Vertriebs. Zudem wissen Sie, welche
Entscheidungen im Rahmen des
Managements des Vertriebssystems
getroffen werden müssen.

▸ Sie kennen den Begriff und die
Zielsetzung von Multi Channel-
Management und wissen, welche
Entscheidungen im Rahmen des
Prozesses des Multi Channel-Manage-
ments getroffen werden müssen.

▸ Sie kennen die strategischen
und operativen Entscheidungstatbestände im Rahmen der logistischen
Aufgaben der Vertriebs- und Distributionspolitik.

Im Gegensatz zu produkt- und preispolitischen Entscheidungen ist die Distribu- Historie
tionspolitik – in der Literatur auch als Vertriebspolitik bezeichnet (vgl. *Winkelmann*, 2010, S. 45) – schwieriger abzugrenzen. Dies hat vor allem historische
Gründe. So bestand die Hauptaufgabe der Distributionspolitik in den 1950er-
und 1960er-Jahren in Verteilungsaufgaben und damit der **Distributionslogistik**. Später kamen dann als weitere Aufgabenstellung der Distributionspolitik **marktgerichtete akquisitorische Aktivitäten** hinzu. Nun bestand die
Herausforderung auch darin, den Abschluss von Kaufverträgen aktiv zu unterstützen.

Insgesamt findet die Distributionspolitik in Lehrbüchern zum Marketing häufig eine geringere Berücksichtigung, als dies ihrer tatsächlichen Bedeutung in der Praxis entspricht (vgl. *Winkelmann*, 2012, S. 3). Ursächlich hierfür ist u. a. die Tatsache, dass Marketing und Vertrieb in vielen Unternehmen organisatorisch getrennt sind und Vertriebs- und Distributionsaufgaben in diesen Unternehmen nicht zur Kernaufgabe des Marketing zählen.

3.1 Akquisitorische Aufgaben

Definition »Verkauf«

Der Wandel vom Verkäufer- zum Käufermarkt hat die Aufgabe des Verkaufens bzw. des Vertriebs noch wichtiger, allerdings auch schwieriger gemacht, da die Kunden nun zwischen einer Vielzahl alternativer Angebote wählen können. Als **Verkauf**, dessen organisatorische Umsetzung beim Anbieter häufig als Vertrieb bezeichnet wird, werden allgemein die Tätigkeiten bezeichnet, die »zum Ziel haben, den Vertragsabschluss über die angebotene Leistung mit dem Abnehmer und damit den rechtlichen und wirtschaftlichen Übergang dieser Leistung herbeizuführen. Die Verkaufstätigkeiten umfassen vor allem die Gewinnung von Informationen über die Kunden, die Erlangung von Aufträgen sowie die Verkaufsunterstützung durch Beratung, Instruktion und Warenpräsentation« (*Schröder/Diller*, 2001, S. 1749). Da die Verkaufstätigkeiten sehr stark von der jeweiligen Verkaufssituation abhängen, lassen sich unterschiedliche **Erscheinungsformen** differenzieren (vgl. *Winkelmann*, 2012, S. 39 ff.; *Schröder/Diller*, 2001, S. 1751, *Weis*, 2010, S. 30 ff.):

Formen

▸ Nach dem verkauften **Objekt** unterscheidet sich der Verkauf von Konsumgütern i. d. R. stark vom Industriegütervertrieb, da bei letzterem sowohl auf Verkäufer- als auch auf Einkäuferseite professionelle Partner agieren (vgl. *Backhaus/Voeth*, 2010a, S. 102 ff.). Neben hohen Informations- und technischen Anforderungen sowie einer zumeist rationaleren Entscheidungsfindung sind hier auch längere Zeitspannen und nicht selten mehrmalige Verkaufsverhandlungen zwischen beiden Seiten charakteristisch. Durch die bei Dienstleistungen notwendige Einbindung des externen Faktors »Kunde« in die spätere Leistungserstellung weist auch der Dienstleistungsverkauf ganz spezifische Eigenschaften auf. Zum Beispiel ist dieser durch eine besonders hohe Beratungsintensität gekennzeichnet.

▸ Ein weiteres Differenzierungskriterium kann der **Ort** des Verkaufs sein. Beim Innenverkauf kommt ein potenzieller Käufer zum Ort des Verkäufers, wohingegen beim Außenverkauf reisende Verkäufer Interessenten und Kunden zu Hause (bei Konsumgütern) oder im Unternehmen (bei Industriegütern) besuchen.

▸ Schließlich führt auch die **Form des Kontakts** zu spezifischen Verkaufssituationen. Während »klassische« Verkaufsgespräche i. d. R. persönlich erfolgen, können sie auch unpersönlich, beispielsweise über Postsendung oder unter Zuhilfenahme technischer Hilfsmittel wie Telefon, Videokonferenzen, Mail oder Internet abgewickelt werden.

Zur Organisation und Steuerung der akquisitorischen Verkaufsaktivitäten lassen sich zwei wesentliche Entscheidungsbereiche unterscheiden (vgl. *Meffert/Burmann/Kirchgeorg*, 2012, S. 542):

▸ Absatzwegeentscheidung,
▸ Management des Vertriebssystems.

Entscheidungsbereiche

3.1.1 Grundsätzliche Gestaltungsformen der Absatzwege

Über einen **Vertriebsweg**, auch Absatzweg, Absatzkanal, Marktkanal, Distributionsweg oder Marketing-Channel genannt, gelangt ein Wirtschaftsgut vom Hersteller zum Kunden (vgl. *Diller/Fürst/Ivens*, 2011, S. 326; *Schröder/Ahlert*, 2001, S. 1809). Dabei müssen Real- und Nominalgüter sowie Informationen die **Dimensionen Raum und Zeit** in entsprechender Quantität und Qualität überbrücken. Im Rahmen der Absatzwege- oder Vertriebswegepolitik ist eine grundlegende Entscheidung darüber zu treffen, ob der Absatzkanal in Form des Direkt- und/oder Indirektvertriebs organisiert werden soll.

Entscheidung direkter vs. indirekter Vertrieb

Direktvertrieb

Unter Direktvertrieb versteht man nach **Definition** des Bundesverbands Direktvertrieb den persönlichen »Verkauf von Waren und Dienstleistungen [...]. Charakteristisch für den Direktvertrieb ist immer der direkte, persönliche Kontakt zwischen Anbieter und Kunde, der einen beiderseitigen Informationsaustausch ermöglicht und mit einer intensiven Beratung des Kunden verbunden ist« (*Bundesverband Direktvertrieb*, 2011). **Merkmale** des Direktvertriebs sind demnach insbesondere

Definition »Direktvertrieb«

▸ der Besuch der Kunden zu Hause (vor allem bei Konsumgütern) oder im Unternehmen (bei Industriegütern) bzw. an einem anderen Aufenthaltsort,
▸ die Warenvorführung im Original oder anhand von Mustern, Abbildungen oder Beschreibungen,
▸ eine Bestellungsaufnahme sowie
▸ eine spätere Zustellung oder Möglichkeit zur Abholung durch die Kunden.

Direkter Vertrieb eignet sich vor allem in **komplexen Verkaufssituationen** und bei **erklärungsbedürftigen Produkten**, da die Verkaufssituation hier besonders interaktiv gestaltet werden muss. Der Verkäufer kann die Probleme eines Kunden erforschen, das Angebot auf die spezifischen Bedürfnisse anpassen, individuelle Verkaufsbedingungen aushandeln und langfristige sowie persönliche Beziehungen aufbauen. Vor diesem Hintergrund ist es auch verständlich, dass Unternehmen vor allem bei erklärungsbedürftigen Produkten häufig auf Direktvertrieb setzen, da Absatzmittler gerade hier nicht bereit sind, diese Güter zu vertreiben, wenn sie sich noch nicht im Markt durchgesetzt haben. Die nachfolgenden historischen Beispiele (vgl. Fallbeispiel 69 und 70) verdeutlichen dies.

Einsatzfelder

Mittlerweile haben sich unterschiedliche **Erscheinungsformen des Direktvertriebs** etabliert (vgl. z. B. *Winkelmann*, 2012, S. 43). Bei **Heimvorführungen** und **Partyverkauf** wie beispielsweise von Tupperware werden mehrere potenzielle Kunden gemeinsam in der Wohnung eines der Teilnehmer beraten. Oft-

Heimvorführungen

Fallbeispiel 69

Historie des Direktvertriebs

Die Ursprünge des direkten Vertriebs liegen historisch betrachtet weit zurück. Im Jahr 1922 begann die Firma Electrolux, nachdem der Vertrieb über Absatzmittler (»Läden«) an der Erklärungsbedürftigkeit der Produkte gescheitert war, seine neuartigen Staubsauger mithilfe von Reisenden zu vermarkten. Diesen war es im direkten Gespräch mit Kunden zuhause besser möglich, Zweifel an der Funktionsfähigkeit und Qualität auszuräumen. Auch wich beispielsweise Vorwerk im Jahr 1931 zunächst notgedrungen auf Direktvertrieb aus, da der Handel kein Interesse zeigte, die Produkte von Vorwerk aufzunehmen (vgl. *Tietz*, 1993, S. 25 f.). Ähnlich wie bei Staubsaugern gründet sich auch die Erfolgsgeschichte von Tupperware auf

der mangelnden Erklärungskompetenz des Einzelhandels: Kaufhäuser und Eisenwarenhandlungen waren in den späten 1940er-Jahren mit der sachgerechten Erläuterung der Vorteile des luft- und wasserdichten Sicherheitsverschlusses der »Wunderschüssel« des Chemikers Earl S. Tupper überfordert. Daher setzte man bei Tupperware bereits früh auf praktische Vorführungen im Privathaushalt: Zum einen konnten die vielen Ideen, die in den Produkten stecken, den Käufern gezeigt und erklärt werden. Zum anderen eröffneten sich mit der Einladung mehrerer Gäste zugleich auch größere Verkaufschancen. Diese neuartige Vertriebsmethode wurde schon bald unter dem Namen Tupperparty® bekannt.

mals findet die Produktpräsentation und Beratung im Rahmen einer kleinen Party statt. Der Kunde hat so die Möglichkeit, die Produkte auszuprobieren und kann die Angebote mit anderen Teilnehmern diskutieren. Über das System der Heimvorführungen/Verkaufspartys werden vor allem hochwertige Haushaltswaren angeboten. Ebenso können Textilien, Kerzen oder Wellnessprodukte auf solchen Partys erworben werden. Beim **klassischen Vertreterverkauf** wie beispielsweise bei Vorwerk besucht ein Außendienstmitarbeiter den potenziellen Kunden in der Wohnung oder am Arbeitsplatz und bietet ihm dort im Rahmen eines Beratungsgesprächs bestimmte Waren oder Dienstleistungen an. Teilweise ist diese Verkaufsform wie beim Finanzdienstleister MLP im speziellen Vertreter-/Beraterverkauf oder im Rahmen eines Strukturvertriebs wie bei der Kosmetikfirma Avon organisiert. **Heimdienste** wiederum suchen den Kunden in seiner Wohnung auf und beliefern ihn in regelmäßigem Turnus hauptsächlich mit kurzlebigen Konsumgütern. Besonders Tiefkühlheimdienste sind weit verbreitet, wie das nachfolgende Fallbeispiel 70 zeigt.

Traditionell ist der Direktvertrieb die dominierende Absatzwegeform auf Industriegütermärkten. Jedoch gewinnt diese Vertriebsform als alternative Absatzform zum stationären Handel inzwischen auch auf Konsumgütermärkten zunehmend an Bedeutung. Dies hängt sehr stark mit dem Aufkommen des **Online-Vertriebs** zusammen, den immer mehr Unternehmen als attraktiven direkten Vertriebsweg entdecken.

Indirekter Vertrieb

Der indirekte Vertrieb bedient sich **rechtlich und wirtschaftlich selbstständiger Absatzmittler** (beispielsweise Groß- und/oder Einzelhändler) bzw. **Absatz-**

Vertreterverkauf

Heimdienste

Online-Vertrieb

Einordnung

»Bofrost«

Tiefkühlkost ist heute ein fester Bestandteil im Speiseplan vieler deutscher Haushalte: Rund 292.000 Tonnen tiefgefrorenes Gemüse und ebenso viele Fertiggerichte werden in Deutschland jährlich konsumiert. Allerdings ist dies erst möglich, seit in den meisten Haushalten Gefriertruhen und -schränke zur Standardausstattung gehören. Dass der Einbau von Kühlgeräten in den 1960er-Jahren auch in Kraftfahrzeugen technisch möglich wurde, machte sich Ende der 1960er-Jahre die Firma bofrost* zunutze. Schon 1969 lieferten die ersten Spezial-Tiefkühltransporter der Firma Waren aus. Zehn Jahre später wurden bereits 250.000 Haushalte bedient. Im Jahr 1987 übernahm bofrost* erstmals die Marktführerschaft im Direktvertrieb von Eis und

tiefgekühlten Spezialitäten. Heute beschäftigt das Unternehmen knapp 10.000 Mitarbeiter in Deutschland und elf weiteren europäischen Ländern und versorgt mit mehr als 5.000 Spezial-Tiefkühltransportern über 4 Mio. Kunden europaweit (vgl. *Abbildung 209*). Dabei koordiniert, kontrolliert und managt bofrost* die gesamte Lieferkette von Lohnproduzenten über das Distribution Center, über dessen 15.000 Palettenplätze mehr als 10 % des gesamtdeutschen Tiefkühl- und Eismarktes laufen, bis hin zur Versorgung der Niederlassungen. Die Kunden werden dabei von festangestellten, gut geschulten Verkäufern regelmäßig besucht. Auch die Ansprache neuer Kunden erfolgt bei bofrost* direkt und persönlich beim Kunden zuhause.

 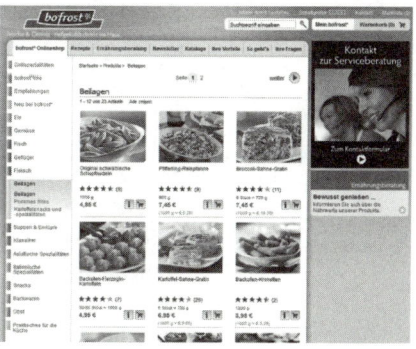

Quelle: *bofrost*, 2012

Abb. 209:   bofrost Lieferwagen und Website

helfern (z. B. Handelsvertreter), um die akquisitorische Vertriebsaktivität der wirtschaftlich-rechtlichen Übertragung von Verfügungsmacht über Leistungen zu realisieren (vgl. *Meffert/Burmann/Kirchgeorg*, 2012, S. 553 f.). Während für den Direktvertrieb vor allem interne Aufgabenträger die akquisitorischen Vertriebsaufgaben übernehmen, spielen für den indirekten Vertrieb insbesondere externe Aufgabenträger eine Rolle.

Die wirtschaftlich größte **Bedeutung** haben dabei der Vertrieb über den **Groß- und Einzelhandel** erlangt. *Abbildung 210* zeigt, dass sich hinter der Groß- und Einzelhandelskategorie verschiedene Handelsformen verbergen. Neben den klassischen Formen des indirekten Vertriebs stellt das **Franchising** gerade in jüngerer Vergangenheit ein zunehmend bedeutendes Mittel der Warendistribution an Kunden auf Konsumgütermärkten dar. Insbesondere in der Systemgastronomie hat sich dieses Vertriebskonzept in den letzten Jahren ausgehend vom Vorreiter McDonald's stark verbreitet. Neue Franchisekonzepte finden sich so bei Restaurantketten wie z. B. Vapiano oder Holyfields.

Wichtige Formen

Abb. 210

Betriebsformen des Groß- und Einzelhandels

Großhandel	Einzelhandel	
▸ Sortimentsgroßhandel	▸ Ambulanter Handel	▸ Fachgeschäft
▸ Cash- und Carry-Betrieb	▸ Boutique	▸ Spezialgeschäft
▸ Großhandelszentrum	▸ Warenhaus	▸ Gemischtwarengeschäft
▸ Spezialgroßhandel	▸ Selbstbedienungs-	▸ Gemeinschaftswarenhaus
▸ Rack-Jobber	warenhaus	▸ SB-Center
▸ Trade Mart	(SB-Warenhaus)	▸ Supermarkt
	▸ Nachbarschaftsladen	▸ Drug-Store
	▸ Discounter	▸ Katalogschauraum
	▸ Duty-Free-Shop	▸ Einkaufszentrum
	▸ Versandhandel	▸ Sammelbesteller
	▸ Automatenverkauf	▸ Teleshopping
	▸ Off-Price-Store	▸ Fachmarkt

Quelle: *Müller-Hagedorn/Schuckel*, 2003, S. 193

Vor- und Nachteile

Aus dem Vertrieb von Leistungen über zwischengeschaltete Absatzmittler ergeben sich verschiedene **Vorteile** sowohl für den Hersteller als auch für den Abnehmer. Der Hersteller kann Vorteile aus der Effizienz der Distribution über ubiquitär vertretene Vertriebspartner erlangen. Diese sind für das Herstelleranternehmen mit überschaubarem Aufwand adressierbar und führen für den Kunden attraktive ganzheitliche Sortimente (beispielsweise ein Fachgeschäft für Sportbekleidung, das verschiedene Markenartikel für verschiedene Sportarten in lokaler Nähe zu Sportzentren vertreibt). Weiterhin ergeben sich für den Hersteller Effektivitätsvorteile daraus, dass eine flächendeckende Belieferung realisierbar wird, ohne die firmeneigene Absatzstruktur unnötig stark auszubauen. Für den Kunden ergeben sich wiederum Vorteile aus der erleichterten und nachfragerspezifischen Bezugsmöglichkeit der Waren. So können auch Nachfrager die Produkte erwerben, die sich nicht in räumlicher Nähe zum Hersteller befinden und daher andernfalls zur Überbrückung der Distanz hohe Transaktionskosten aufwenden müssten. Auch kann sich der Vertrieb über spezialisierte Vertriebspartner positiv auf die Abgabepreise für den Endkunden auswirken, da ohne die Zwischenschaltung dieser Handelsstufen herstellerseittig hohe Investitionen in Logistik und Lagerhaltung erforderlich wären, die sich wiederum in den Endpreisen für die Kunden niederschlagen würden. Auch besteht für den Nachfrager die Möglichkeit, den Absatzkanal zu wählen, der diesem den gewünschten Komfort beim Einkauf bietet. Dies könnte für die einen Kunden der bequeme Bezug über den Versandhandel, für die anderen Kunden der Kauf in Warenhäusern sein. **Nachteile** aus dem Vertrieb über Absatzmittler stellen für den Hersteller die sinkende Kontrolle über die Warenflüsse dar. Dies macht sich z. B. bemerkbar, wenn auf der Einzelhandelsebene vom Hersteller nicht gewünschte Verkaufsförderung stattfindet. Das Herstellerunternehmen hat so keinen vollständigen Einfluss mehr auf die Vermarktung der

Produkte am Point of Sale. Zudem muss der Hersteller den Vertrieb seiner Waren entsprechend vergüten, wodurch wiederum der Preis für den Endverbraucher steigen wird. Auf Nachfragerseite können sich beim Bezug über Absatzmittler hierauf aufbauend zum einen Nachteile aus höheren Preisen für die Produkte ergeben (z. B. durch die zusätzlichen Margen der Absatzmittler), zum anderen können Absatzmittler aufgrund ihres größeren Warensortiments i. d. R. nicht die Beratungsleistung erbringen, die der jeweilige Hersteller bei eigenen Verkaufsstellen leisten würde. Ein stark dezentraler Vertrieb von Produkten ist daher nur dann empfehlenswert, wenn eine eher geringe Erklärungsbedürftigkeit bei Produkten besteht.

3.1.2 Management des Vertriebssystems

3.1.2.1 Management des direkten Vertriebs

3.1.2.1.1 Organe des direkten Vertriebs

Die klassischen Organe des direkten Vertriebs sind als **unternehmensinterne Verkaufsorgane** wirtschaftlich vollständig in die Unternehmung eingegliedert. Beispiele stellen etwa reisende Außendienstmitarbeiter (»Verkäufer«), Internet, Vertriebsinnendienstabteilungen oder Key Account Manager dar (vgl. auch *Abbildung 211*).

Außendienst

Die **Aufgaben** des Außendiensts (auch als Außendienstmitarbeiter, Reisende oder Verkäufer bezeichnet) sind vielschichtig. Einen Großteil seiner Arbeitszeit widmet der Außendienst i. d. R. der Stammkundensicherung und -pflege. Dane-

Aufgabenfelder

Abb. 211

Organe des direkten Vertriebs

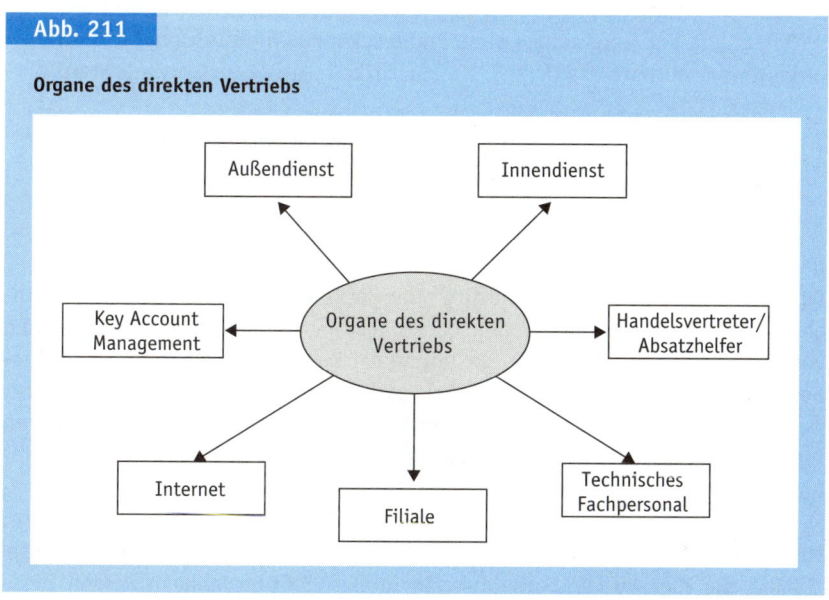

ben obliegt ihm das Finden, Bewerten (Potenzialklärung) und Erschließen neuer Kundengruppen im Sinne einer Kundenakquise. Bei beiden Kundengruppen (Stammkunden und Neukunden) ist ein wichtiges operatives Ziel die Offertenabgabe und die Auftragseinholung. Dazu werden im Rahmen von Kundenbesuchen u. a. Waren präsentiert und Verhandlungen geführt. Dabei trägt der Außendienst durch seinen Kontakt- und Verhandlungsstil sowie sein Informationsverhalten wesentlich zur Einstellungs- und Imagebildung bei Kunden bei. Häufig erbringt der Außendienst auch Serviceleistungen und erfüllt beispielsweise im Fall des Auslieferungsverkaufs logistische Funktionen. In Zusammenarbeit mit dem Innendienst werden vor oder bei Bestellungen zudem die Warenverfügbarkeit und Lieferfristen abgeklärt. Auch trägt der Außendienst mögliche Sorgen der Kunden, Beanstandungen und Reklamationen ins Unternehmen. Schließlich ist er eine wichtige Informationsquelle. Durch seine unmittelbare Marktnähe nimmt er Entwicklungen und Trends zeitnah wahr. Zudem erfährt er häufig von Kunden relevante Wettbewerbsinformationen, wie etwa Änderungen in deren Marketing- und insbesondere Preismix. Darüber hinaus erwirbt der Außendienst ein tiefes Verständnis über die konkreten Kundenbedürfnisse sowie deren Erfahrungen mit den Produkten und Dienstleistungen des Unternehmens und kann diese beispielsweise für Produkt(neu)gestaltung und Innovation nötigen Informationen an die Entwicklung und das Produktmanagement im Unternehmen weitergeben.

Zusammenfassend lassen sich die Aufgaben des Außendiensts durch folgende übergeordnete Teilaspekte beschreiben (vgl. *McMurry*, 1963):

▸ die rein physische Weitergabe von Produkten (z. B. Heizöl- oder Getränkelieferanten),

▸ Produktvorlage, -angebot und -aushändigung im Innenverkauf (z. B. Einzelhändler, Tankstellen),

▸ Bestellungsentgegennahme ohne Problemlösungs- und Informationsfähigkeiten im Außenverkauf (z. B. Markenartikelreisende für Vorwerk-Staubsauger),

▸ Information, Beratung und Imagepflege (z. B. Pharmareferent),

▸ Problemlöser (z. B. Vertriebsingenieure) sowie

▸ Dienstleistungsverkäufer (z. B. MLP-Berater).

Innendienst

Aufgabenfelder

Der Innendienst (auch als Backoffice oder Backoffice Support bezeichnet) fungiert als »Partner« des Außendiensts mit dem gemeinsamen Ziel der Erlangung von Kundenaufträgen sowie der Sicherung der Kundenzufriedenheit. Die **Aufgaben** können dabei sowohl rein administrativer als auch akquisitorischer Natur sein. Verkaufsassistenten erledigen unterstützende Schreib- und Büroarbeiten für den Außendienst, helfen ggf. bei der Terminkoordination, nehmen Bestellungen entgegen, führen Kreditüberprüfungen durch, verfolgen Lieferungen, wickeln Aufträge ab, fakturieren diese und unterstützen evtl. bei Mailings, Messen und Promotions. Andererseits übernehmen sie teilweise auch selbstständig die Kleinkundenbetreuung. In größeren Unternehmen werden diese

Aufgaben teilweise durch **Call Center** erledigt, die »inbound« vor allem für Auftragsabwicklung, Auskunftserteilung und die Entgegennahme von Kundenbeschwerden zuständig sind. »Outbound«, in Richtung der Kunden, obliegen ihnen beispielsweise Adressverifikation, Terminvereinbarung und manchmal auch der Telefonverkauf.

Inbound-/Outbound Call Center

Handelsvertreter/Absatzhelfer

Handelsvertreter/Absatzhelfer sind selbstständige Gewerbetreibende, die regelmäßig für andere Unternehmen Geschäfte vermitteln oder abschließen. Sie schließen Verträge im Namen und auf Rechnung des Lieferanten ab und halten zu keinem Zeitpunkt ein Eigentum an der vermittelten Ware. Dennoch sind sie, wenn auch unter Wahrung ihrer rechtlichen Selbstständigkeit, an Weisungen des von ihnen vertretenen Unternehmens gebunden. Sie verursachen lediglich variable Kosten und sind daher auch schon bei geringen Umsätzen rentabel einsetzbar. Je nach Vermarktungs- und Geschäftssituation hat der Einsatz von Außendienstmitarbeitern oder Handelsvertretern spezifische **Vor- und Nachteile**, die *Abbildung 212* gegenüberstellt. In Abgrenzung dazu agieren **Vertragshändler** rechtlich selbstständig und werden daher i. d. R. den Organen des indirekten Vertriebs zugeordnet (vgl. *Homburg*, 2012, S. 854).

Definition »Handelsvertreter/ Absatzhelfer«

Abgrenzung »Vertragshändler«

Abb. 212

Vor- und Nachteile der Nutzung von Außendienstmitarbeitern und Handelsvertretern

	Eigenverkauf mit Außendienstmitarbeitern	Verkauf über Handelsvertreter
Vorteile	‣ verkauft nur eigene Produkte ‣ direkt motivierbar ‣ kann gut über eigene Produkte ausgebildet werden ‣ vertritt die eigene Firma	‣ niedrige Fixkosten, Provisionszahlungen nur aufgrund tatsächlich realisierter Verkäufe, keine Reisekosten ‣ großes Gebiet schnell (durch mehrere Vertreter) erschließbar ‣ flexibler Einsatz ‣ bei Erschließung eines für das beauftragende Unternehmen neuen Marktes sofortiges Insiderwissen, Kontakte und Erfahrungen durch etablierten Vertreter
Nachteile	‣ hohe Fixkosten, erst ab gewisser kritischer Umsatzgröße rentabel ‣ lange Aufbauzeit ‣ unflexible Reaktionsmöglichkeiten auf Absatzrückgänge	‣ Kontrolle und Schulung nur bedingt möglich ‣ verkauft evtl. auch Produkte anderer Hersteller ‣ beiderseitig keine Kosten- und Ertragstransparenz ‣ ggf. unterschiedliche Ziele ‣ evtl. weniger an Kundenzufriedenheit interessiert ‣ bei Vertragsauflösung ggf. Abgangsentschädigung zu zahlen

Quelle: in Anlehnung an *Ammann, 2000*, S. 35 und S. 216 f. sowie *Powers*, 1987, S. 170

Technisches Fachpersonal

Aufgaben technischer Kundendienst

Technisches Fachpersonal findet im Rahmen der Distributionspolitik beispielsweise Einsatz im allgemeinen Kundendienst (vgl. *Harms*, 1999), im **technischen Kundendienst**, der für Wartung, Reparatur und Optimierung zuständig ist, in der Anwendungstechnik, die eine permanente Beratung zur Produkt-, Maschinen- oder Anlagennutzung liefert, sowie im technischen Hotline-Dienst. Der technische Kundendienst erfüllt dabei verschiedene **Aufgaben** (vgl. *Winkelmann*, 2012, S. 59):

▸ Durch seine allgemeine technische Beratung und Mithilfe bei der Einführung von neuen Produkten kommt ihm eine **Informationsfunktion** zu. Dabei kann das technische Personal zudem möglichen Folgebedarf abschätzen und so die Absatzplanung konkretisieren. Auch kann das Unternehmen aus von ihm entgegengenommenen Kundenanregungen und Beanstandungen wichtige Rückschlüsse für Produktverbesserungen und Innovationen ziehen.

▸ Im Rahmen der **Unterstützungsfunktion** prüft es Einbau-, Betriebs- und Installationsbedingungen sowie Spezifikationen und überwacht Inbetriebnahmen.

▸ Die **Problemlösungsfunktion** umfasst Aufgaben wie Ersatzteilservice, Reparaturen und Geräteumtausch.

▸ Schließlich ist technisches Fachpersonal häufig auch für das Angebot und den Verkauf von Serviceverträgen zuständig und nimmt somit eine **Akquisitionsfunktion** wahr.

Key Account Management

Hintergrund

Ursprünglich im Industriegüterbereich entwickelt, wird Key Account Management heute branchenübergreifend in nahezu allen großen Unternehmen bei erklärungsbedürftigen technischen Produkten eingesetzt. Die Gründe für die Einführung eines Key Account Managements (vgl. *Biesel*, 2007, S. 21 f. und S. 35) liegen dabei vor allem in der **Änderung der Kundenstrukturen**, insbesondere in deren Konzentration. Einer der ersten Schritte nach Übernahme und Eingliederung einer Tochtergesellschaft ist so nicht selten die Zusammenlegung des Einkaufs der bislang separat agierenden Einheiten, insbesondere die Bündelung von Bedarfen sowie der Vergleich von bisher realisierten Einkaufspreisen und -konditionen. Eventuell bislang existierende Preisunterschiede zwischen Tochtergesellschaften beispielsweise in unterschiedlichen Regionen sind in der Folge für einen Anbieter nur noch schwer zu rechtfertigen.

Aufgabenfelder

Vor diesem Hintergrund erwächst die Aufgabe, spezielle Strategien zur regionen- und sortimentsübergreifenden Bearbeitung bedeutender Kunden zu entwickeln. Key Account Management umfasst dabei einerseits die **Schlüsselkundenbetreuung** und **-sicherung**, insbesondere das Erreichen und Sichern von Listungen, Kontraktmanagement, Jahres- und Modellgenerationenverträge, Konditionenverhandlungen und Jahresgespräche. Dabei ist eine enge Zusammenarbeit und Abstimmung mit dem Flächenvertrieb notwendig, der z. B. die Betreuung der einzelnen Niederlassungen oder Produktionsstätten des Key Accounts übernehmen kann. Andererseits werden neben einer kundenorientierten

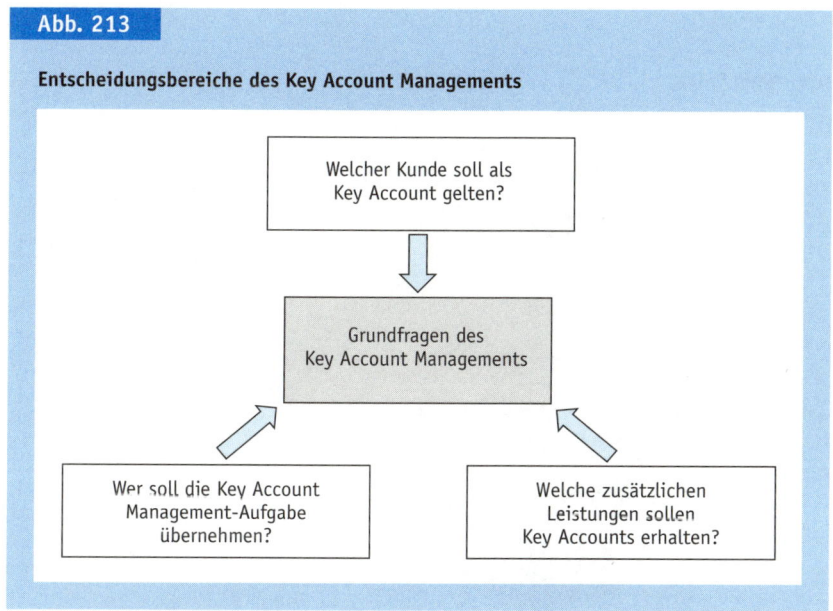

Abb. 213

Entscheidungsbereiche des Key Account Managements

Welcher Kunde soll als
Key Account gelten?

Grundfragen des
Key Account Managements

Wer soll die Key Account
Management-Aufgabe
übernehmen?

Welche zusätzlichen
Leistungen sollen
Key Accounts erhalten?

Produktentwicklung auch eine Zusammenarbeit mit dem Kunden in den Bereichen Prozessoptimierung, Marktforschung und Verkaufsförderungsaktionen angestrebt. Das Key Account Management fungiert zudem als zentraler **Ansprechpartner bei Beanstandungen und Reklamationen** (vgl. *Winkelmann*, 2012, S. 57). Daher besteht das Key Account Management in den wenigsten Unternehmen aus nur einer Person.

Um ein Key Account Management-System erfolgreich zu implementieren, sind entsprechend *Abbildung 213* drei **Entscheidungsbereiche** abzudecken: Einerseits sind Richtlinien zu etablieren, welcher Kunde als Key Account geführt wird (**»Bei wem?«**). Nicht jeder Großkunde kann und sollte so als Key Account behandelt werden. Die Größe des Kunden ist daher nicht als alleiniges Entscheidungskriterium ausreichend. Stattdessen ist die Entscheidung anhand des **Kundenwertes** (vgl. Abschnitt 2. C.I. 1) vorzunehmen. In diese quantitative Bewertung sind neben dem Umsatz auch der Ertrag sowie der Marktanteil einzubeziehen. Gerade im Hinblick auf zukünftige Entwicklungen und Wachstum kann aber auch ein Rückgriff auf qualitative Aspekte wie Image, Referenz, Technologie und Know-how sinnvoll sein. Potenzielle Key Accounts sind daher nicht nur Großkunden, sondern auch strategisch wichtige, gut vernetzte Kunden, Potenzialkunden, Sanierungs- oder »Angst«-Kunden, international aufgestellte Kunden, Marktführer, Know-how-Kunden sowie Referenz- oder Imagekunden (vgl. *Biesel*, 2007, S. 48 ff.).

Weitere wichtige Entscheidungsbereich adressieren die Fragen, welche Abteilungen und Personen wie und mit welchen Kompetenzen ins Key Account Management eingebunden werden sollen (**»Wer?«**) und welche zusätzlichen oder

Entscheidungsbereiche

»Bei wem?«

»Wer?«

Abb. 214

St. Gallner Key Account Management Ansatz

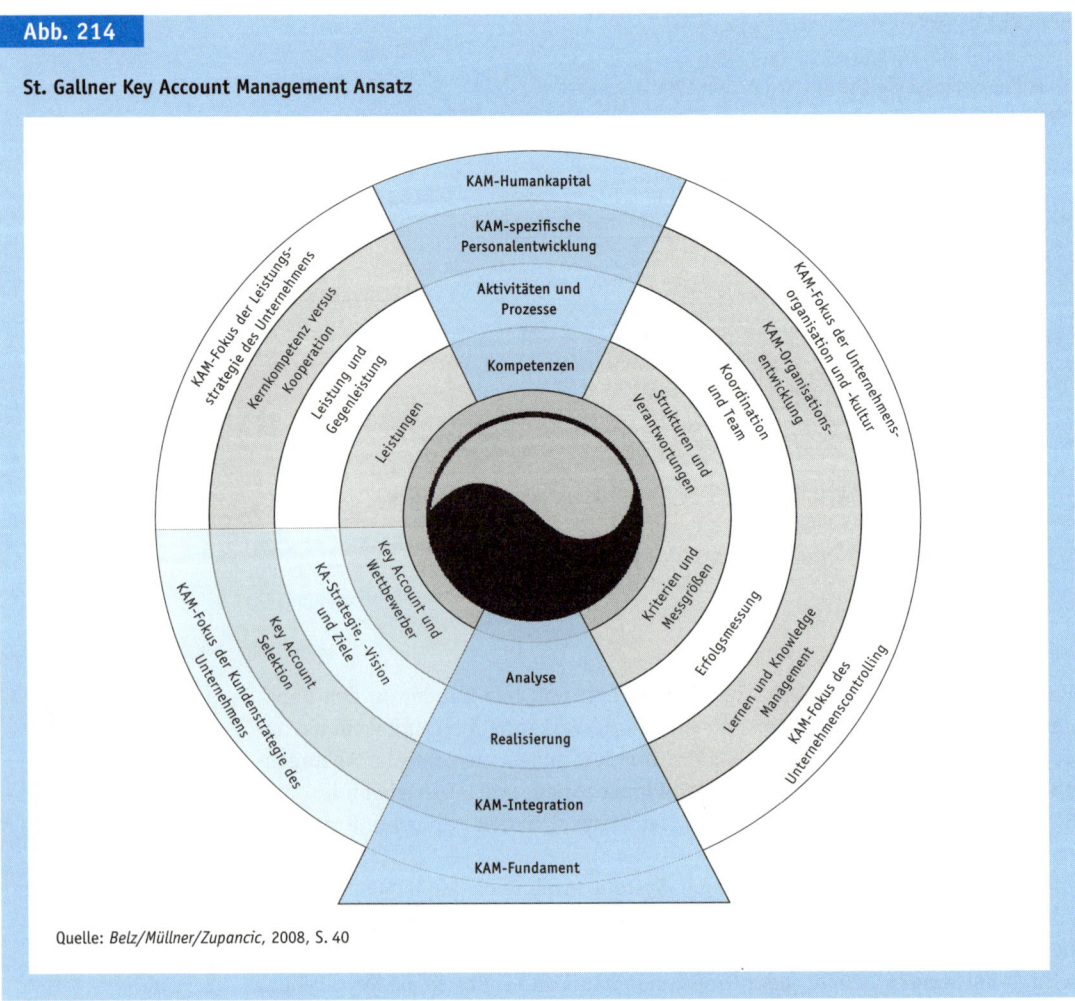

Quelle: *Belz/Müllner/Zupancic*, 2008, S. 40

»Wie?«

exklusiven Leistungen für Schlüsselkunden erbracht oder welche Sonderkonditionen gewährt werden sollten (**»Wie?«**). Zur Systematisierung dieser Aufgabenstellungen wurden in der Literatur verschiedene Konzepte entwickelt. *Abbildung 214* zeigt beispielhaft ein solches Konzept (vgl. *Belz/Müllner/Zupancic*, 2008). Es gliedert die Aufgaben einerseits in die vier Ebenen Analyse, Realisierung, Integration und Fundament. Gleichzeitig wird auf jeder Ebene der »5-S-Zirkel« Strategie, Solution, benötigte Skills, Structure und Scorecard durchlaufen.

Filiale

Zielsetzung

Besonders für Markenartikelhersteller in der Konsumgüterindustrie kann sich auch der Aufbau eines **eigenen Filialnetzes** mit dem Ziel eines emotional-symbolischen Markenerlebnisses anbieten. Eigene Geschäfte, oft zunächst in Form sogenannter **Flagship Stores**, schaffen Attraktivität und Marktpräsenz und machen so die Marke auch für Absatzmittler interessant (vgl. das Beispiel in *Abbildung 215*). Flagship Stores als Vorzeigeobjekte existieren dabei nur in geringer Zahl, da sie häufig besonders aufwändig gestaltet und entsprechend kostspielig sind. Allerdings lässt sich hier das Markenangebot durch besonders geschultes Personal umfänglicher zeigen und besser in Szene setzen. Da sie die Präsenz der Marke im allgemeinen Bewusstsein stärken, ihr Image fördern und zur Kundenbindung beitragen, dienen Flagship Stores in erster Linie der Werbung und der Beeinflussung künftiger Kaufentscheidungen. Auch fungieren Flagship Stores als Experimentierfeld, um neue Ladengestaltungsvarianten, Servicevariationen o.Ä. auszuprobieren (vgl. *Meffert/Burmann/Kirchgeorg*, 2012, S. 558; *Moore/Doherty/Doyle*, 2009).

Besonderheit »Flagship Store«

Abb. 215

Nike Flagship Store in Tokyo

Quelle: *trendsnow*, 2010

Internet

Mit der stark zunehmenden Verbreitung des Internets in der zweiten Hälfte der 1990er Jahre entstand für Firmen auch die Möglichkeit, dieses Medium als Vertriebskanal zu nutzen. Die Zahl der Direktanbieter, die ausschließlich im **Online-Geschäft** tätig waren (e-tailer), stieg vor allem in den späten 1990er-Jahren stark an, reduzierte sich aber nach dem Dotcom-Crash im Jahr 2000 wieder deutlich. Gründe für das damalige Scheitern vieler Firmen waren vor allem ungenügende Marktforschung, Übergewichtung von Werbung und Neukundenakquise, Vernachlässigung von Bindung und Loyalität sowie schlechtes Design und mangelnde Bedienerfreundlichkeit der Internetauftritte (vgl. *Kotler et al.*, 2011, S. 971). Seit Mitte der 2000er-Jahre nimmt die Zahl der Direktvertreiber im Internet wieder zu, jedoch weniger aufgrund der Unternehmen, die das Internet als alleinigen Absatzkanal nutzen, sondern dadurch, dass viele Unternehmen im Rahmen eines **Mehrkanalvertriebs** auch auf das Internet setzen (vgl. *Meffert/Burmann/Kirchgeorg*, 2012, S. 560 ff.). Zwar wurde das Internet als Zusatzgeschäft lange kritisch beäugt, da eine Kannibalisierung des statio-

Instrument des Mehrkanalvertriebs

Fallbeispiel 71

Zara

Im Herbst 2009 stieg der erfolgreiche Filial-Direktvertreiber Inditex mit seiner Hauptmarke Zara in den rasant wachsenden Online-Handel ein, nachdem Konkurrent H&M schon seit längerem erfolgreich über das Internet verkaufte. Grund für das Ausweichen auf den virtuellen Direktvertrieb war dabei vor allem der harte Preiskampf im Einzelhandel, der besonders im Jahr 2009 zu deutlichen Umsatzeinbrüchen führte und den Kostendruck verschärfte. Obwohl auch in der realen Welt über niedrigere Ladenmieten sowie sinkende Personal- und Materialkosten bereits mehrstellige Millionenbeträge eingespart werden konnten, ermöglichen die Kostenstrukturen des Onlinestores deutlich größere Margen (vgl. *Grüttner*, 2009, S. 17).

Vor- und Nachteile

nären Geschäfts befürchtet wurde. Dennoch gehen immer mehr traditionelle »Brick-and-mortar«-Unternehmen zu »Click-and-mortar«-Modellen über, da es in vielen Fällen kaum Überschneidungen zwischen online und den stationär kaufenden Kunden gibt. Auch hat die Kombination von online und bestehenden stationären Elementen gerade bei etablierten Unternehmen entscheidende Vorteile gegenüber reinem Online-Vertrieb: Man kann sich auf einen bekannten und vertrauensvollen Markennamen sowie einen großen bestehenden Kundenstamm stützen und auf größere finanzielle Ressourcen zurückgreifen. Zudem schafft das personelle Angebot über stationäre Verkaufsstätten sowie das Internet auch Zusatznutzen für den Kunden, etwa durch die Kombination der Bequemlichkeit und des breiten Online-Sortiments mit der persönlichen Erfahrung eines Ladenkaufs und der Rückgabemöglichkeit vor Ort (vgl. *Kotler et al.*, 2011, S. 971 ff.).

Insgesamt ermöglicht der Vertrieb über das Internet, der auch als **E-Commerce** bezeichnet wird, einem Anbieter zahlreiche Vorteile. So sind beispielsweise ein umfassendes, vielschichtiges Angebot und eine weltweite Vermarktung ohne großen physikalischen Aufwand möglich. Der Entfall physischer

Abb. 216

Vor- und Nachteile der Nutzung von E-Commerce

Vorteile	Nachteile
▸ direkte Kontaktaufnahme ohne Zwischenhändler ▸ Produkte müssen nicht physisch vorhanden sein ▸ individuelles Marketing besser zu realisieren ▸ Unterstützung aller Verkaufstätigkeiten ▸ Verkauf ohne persönlichen Kundenkontakt möglich ▸ Verbesserung der Datengewinnung für Marktforscher, kontinuierlicher Zugang zu Kundeninformationen ▸ 24 Stunden, 365 Tage im Jahr verfügbar ▸ sofortige Aktualisierung von Produkten und Preisen möglich ▸ Integration des Kunden in die Auftragsabwicklung möglich	▸ kann nicht in allen Fällen das persönliche Gespräch ersetzen ▸ Konditionsverhandlungen nicht möglich ▸ Preisdifferenzierung nicht möglich ▸ Wettbewerbssituation nur allgemein bekannt ▸ Struktur der Einkäufer nur schwer erkennbar, keine persönlichen Informationen, keine persönliche Bindung ▸ Servicelevel für Kunden nur standardisiert bzw. reduziert

Quelle: in Anlehnung an *Weis*, 2010, S. 49

Lagervorhaltung und Einsparungen im Bereich Personal führen zudem häufig zu reduzierten Kosten. Zudem können dank moderner CRM-Software Angebote ohne großen Aufwand kundenspezifisch individualisiert werden. *Abbildung 216* stellt die Vor- und Nachteile des E-Commerce aus Anbietersicht zusammenfassend gegenüber.

3.1.2.1.2 Entscheidungstatbestände

Auch wenn einem Unternehmen zur Umsetzung des Absatzweges »Direkter Vertrieb« eine Vielzahl unterschiedlicher bzw. sich ergänzender Vertriebsorgane zur Verfügung stehen, bleibt gemeinsames Charakteristikum (nahezu) aller Organe des direkten Vertriebs, dass diese rechtlich und wirtschaftlich unselbstständig sind. Aus diesem Grund muss ein Unternehmen beim direkten Vertrieb nicht nur eine Auswahl von Vertriebsorganen vornehmen, sondern diese auch organisieren. Zur Organisation direkter Vertriebsorgane gehören vor allem die in *Abbildung 217* aufgeführten Fragestellungen.

Organisationserfordernis

Strukturierung der Vertriebsaktivitäten

Hinsichtlich der Strukturierung von Vertriebsaktivitäten sind grundsätzlich folgende **Gliederungsmöglichkeiten** möglich und in der Praxis gängig (vgl. z. B. *Diller/Fürst/Ivens*, 2011, S. 333 ff.; *Dalrymple/Cron/DeCarlo*, 2004, S. 241 ff.; *Jobber/Lancaster*, 2003, S. 391 ff.):

Gänginge Strukturierungen

▸ Bei einer Strukturierung **nach Gebieten** wird jeder Vertriebseinheit ein eigenes Verkaufsgebiet zugewiesen, in dem sie allen Kunden die ganze Bandbreite an Produkten und Dienstleistungen des Unternehmens oder Geschäftsbe-

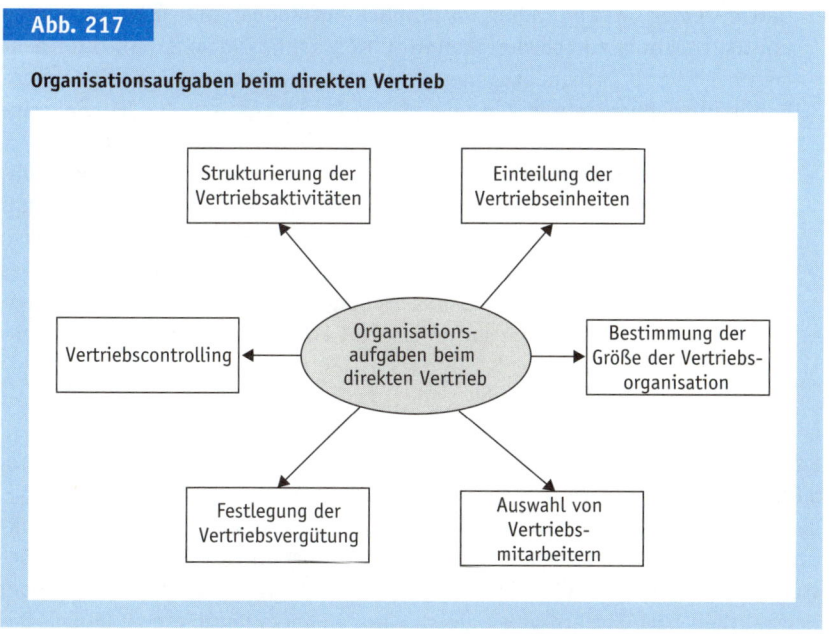

Abb. 217

Organisationsaufgaben beim direkten Vertrieb

reichs anbietet. Dadurch sind Tätigkeiten und Verantwortungsbereiche klar definiert und der Aufbau regionaler und persönlicher Geschäftsbeziehungen wird begünstigt. Weiterhin können so die Reisekosten relativ gering gehalten werden.

▸ Besteht das Produktportfolio eines Unternehmens hingegen aus vielen, wenig verwandten und technisch komplexen Produkten, bietet sich eine Strukturierung des Vertriebs **nach Produkten** oder Produktlinien an. Zwar können die Vertriebseinheiten in diesem Fall ein besonders tiefes produktspezifisches Fachwissen aufbauen und als echte Problemlöser auftreten, allerdings entstehen so im Vergleich zum regional gegliederten Vertrieb deutliche Mehrkosten aufgrund weiterer Reisewege. Zudem kann es zu Dopplungen mehrerer Vertriebsmitarbeiter pro Kunde kommen, wenn dieser viele verschiedene Produkte beim Unternehmen nachfragt.

▸ Ähnliche Vor- und Nachteile treten auch bei einer Strukturierung **nach der Produktanwendung** auf. Sie eignet sich besonders zum Ausbau von Geschäftsbeziehungen und erlaubt wegen der kundenspezifischeren Lösungen häufig auch ein Preispremium, das zu höheren Deckungsbeiträgen führt. Gleichzeitig fällt aber auch hier erhöhter Vertriebsaufwand an.

▸ Bei einer Strukturierung **nach Branchen** werden gebietsübergreifend und unabhängig vom Kundenwert die Vermarktungsaktivitäten an Branchenbesonderheiten angepasst, was zu einer höheren Akzeptanz auf der Kundenseite führt und eine schnellere Reaktion auf Branchentrends ermöglicht. Die Nachteile dieser Gliederungsform liegen neben wiederum hohem Vertriebsaufwand in Vertrauensproblemen, die dadurch entstehen können, dass durch die Vertriebseinheiten i. d. R. auch Konkurrenten des jeweiligen Kunden beliefert werden, was vor allem im Hinblick auf Kooperationen bei Forschung und Entwicklung zu Schwierigkeiten führen kann. Zudem ist ein Unternehmen bei einer branchenbezogenen Gliederung auch stark von der Branchenkonjunktur abhängig und kann gerade bei Branchenkrisen den Vertriebseinsatz aufgrund der Spezialisierung seiner Mitarbeiter kaum anpassen.

▸ Eine Gliederung **nach Märkten**, also z. B. eine Differenzierung nach gewerblichen und privaten Nachfragern/Endnutzern, ist weniger verbreitet, allerdings in bestimmten Bereichen (z. B. im Sanitär- und Heizungsbau) durchaus typisch.

▸ Eine **mehrdimensionale Struktur** ist schließlich sinnvoll, wenn ein großes geografisches Gebiet mit vielen unterschiedlichen Produkten und Kundengruppen erschlossen werden soll. Allerdings können hier mehrfache Kundenansprachen erfolgen.

Einteilung von Vertriebseinheiten

Zuordnung von Vertriebsmitarbeitern

Sind Entscheidungen über die Strukturierung der Vertriebsaktivitäten gefallen, müssen die einzelnen Vertriebseinheiten (z. B. Vertriebsmitarbeiter) den Teilgebieten der gewählten Struktur zugewiesen werden. Bei einer regionalen Struktur kann bei der **Verkaufsgebietseinteilung** ein mögliches Vorgehen darin bestehen, nach Arbeitslast, also Gesamt-Besuchszeit, Umsatzpotenzial oder Kompaktheit bzw. Entfernungen gleich »große« Verkaufsgebiete zu bilden. Da-

Fallbeispiel 72

»RegioGraph

Mit RegioGraph lassen sich Märkte und Standorte direkt auf der Landkarte analysieren und Vertriebsgebiete optimieren. Das System erstellt dabei zunächst anhand der vorhandenen Kundenzuordnung des Unternehmens eine flächendeckende Gebietsstruktur, die alle Bereiche – auch solche ohne Kunden – geografisch sinnvoll zusammenfasst. Im nächsten Schritt werden unter Berücksichtigung und Gewichtung numerischer Zielvariablen wie beispielsweise Arbeitslast, Umsatz oder Kaufkraft Gebietsstrukturen automatisch iterativ optimiert oder komplett neue Gebiets-

strukturen entworfen, wobei der Benutzer bei jedem Schritt die Möglichkeit hat, die automatischen Vorschläge manuell zu korrigieren. Auf diese Weise lässt sich eine »Top-Down-Planung« vornehmen, in deren Rahmen eine überregionale Gebietseinteilung in mehreren Schritten immer feiner unterteilt werden kann, etwa von Verkaufsleiterregionen in einzelne Außendienstgebiete bis zu Tagesrouten. Schließlich werden unter Rückgriff auf Vertriebskennzahlen auch Potenziale in den einzelnen Gebieten aufgezeigt (vgl. *Abbildung 218*).

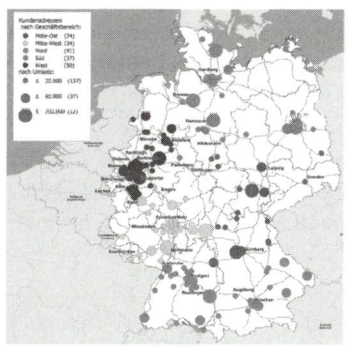  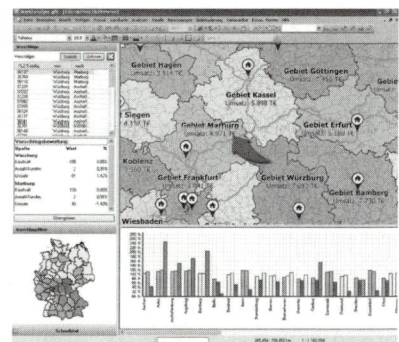

Quelle: *GfK,* 2012b

Abb. 218: GfK RegioGraph

mit hat zwar jeder Vertriebsmitarbeiter prinzipiell gleiche »Startchancen«. Dies ist aber nur dann sinnvoll, wenn die Verkäufer auch gleich leistungsfähig sind. Alternativen stellen eine Einteilung unter Deckungsbeitragsgesichtspunkten und unter Berücksichtigung der individuellen Leistungsfähigkeit einzelner Verkäufer dar. Mittlerweile liegen hierzu eine Reihe **rechnergestützter Vertriebsgebietsplanungssysteme** vor. Eine häufig genutzte Software stellt RegioGraph der *GfK*, Nürnberg, dar (vgl. *GfK*, 2012a).

Beispiel »Verkaufsgebietseinteilung«

Bestimmung der Größe der Vertriebsorganisation

Die Größe der Vertriebsorganisation (z. B. des Außendienstes) lässt sich entweder mengenmäßig durch die **Anzahl der Vertriebsmitarbeiter** und wertmäßig durch das **Kostenbudget** ausdrücken. Für die Bestimmung der optimalen Vertriebsorganisationsgröße findet man verschiedene **Methoden** in der Literatur (vgl. z. B. *Jobber/Lancaster*, 2003, S. 397 ff.; *Albers*, 2001, S. 86):

Methoden zur Bestimmung der optimalen Vertriebsorganisationsgröße

▸ Die **Budgetmethode** orientiert sich am innerhalb der Marketing-Mix-Planung für den Vertrieb festgelegten Budget. Davon werden prognostizierte Reise-

und Verwaltungskosten abgezogen und das Ergebnis durch das durchschnittliche Einkommen eines Verkäufers geteilt, was die Anzahl der mit diesem Budget möglichen Verkäufer ergibt.

▸ Bei der **Arbeitslastmethode** liefern Besuchsnormen den Zeitbedarf für alle Kundenbesuche, der mit einem Faktor zur Berücksichtigung von Vor- und Nachbereitungsaufwand multipliziert wird. Der resultierende Gesamt-Zeitaufwand wird durch die maximal zulässige Arbeitszeit dividiert, was schließlich wiederum die Zahl der benötigten Mitarbeiter ergibt. Vereinfacht kommt auch folgende Formel zur Bestimmung der Anzahl der Verkäufer zum Einsatz:

$$\text{Anzahl Verkäufer} = \frac{\text{Anzahl der Kunden} \cdot \text{Anzahl Besuche pro Jahr}}{\text{Besuche pro Außendienstmitarbeiter}} \qquad (45)$$

▸ Die Ausgangsbasis der **Inkrementalmethode** stellt die bisherige Mitarbeiteranzahl dar. Diese wird um einen Vertriebsmitarbeiter erhöht bzw. reduziert und die unmittelbare Deckungsbeitragswirkung der veränderten Personalkosten überprüft. Bei ihrer Anwendung ist zusätzlich eine neue Verkaufsgebietseinteilung und Besuchsplanung nötig. Alternativ kann die Reaktionsfunktion des Umsatzes in Abhängigkeit von der Verkäuferzahl geschätzt werden. Darauf aufbauend wird die Mitarbeiterzahl so lange iterativ angepasst, bis die Mitarbeiterzahlveränderungen keine Ergebnisverbesserungen mehr bringen (vgl. *Albers*, 2008; *Lodish et al.*, 1988).

Auswahl von Vertriebsmitarbeitern

Anforderungen an
Vertriebsmitarbeiter

Neben den eher längerfristig ausgerichteten und in größeren Zeitabständen getroffenen Entscheidungen über die Strukturierung der Vertriebsaktivitäten, die Einteilung der Vertriebseinheiten sowie die Bestimmung der Größe der Vertriebsorganisation muss die Auswahl der Vertriebsmitarbeiter nicht zuletzt aufgrund der verhältnismäßig hohen Fluktuation in diesem Berufsfeld kontinuierlich erfolgen. Im Vorfeld von Neueinstellungen im Vertrieb ist als Entscheidungshilfe die Entwicklung von **Anforderungsprofilen** zu empfehlen. Dabei werden zunächst die Kernaufgaben der zu besetzenden Stelle, deren Verantwortung und Kompetenzen, ergänzende Aufgaben, Kommunikations- und Abstimmungsbedarf mit Vorgesetzten und anderen Abteilungen, besondere Belastungen wie etwa Reiseaufwand sowie natürliche Weiterentwicklungsmöglichkeiten aufgelistet. Aus diesen Merkmalen werden im nächsten Schritt fachliche und persönliche Anforderungen abgeleitet. Allgemein zeichnet sich ein Vertriebsmitarbeiter wie in *Abbildung 219* dargestellt durch Fach- und Methoden- sowie Sozialkompetenz und bestimmte Persönlichkeitsmerkmale aus (vgl. *Homburg/ Schäfer/Schneider*, 2011, S. 251; *Weis*, 2007, S. 163 ff.).

Fach- und Methoden-
kompetenz

Fach- und Methodenkompetenz (vgl. z. B. *Homburg/Schäfer/Schneider*, 2011, S. 265 ff.) erstreckt sich in erster Linie auf die genaue Kenntnis der Produkte des eigenen Unternehmens sowie auf Wettbewerbsprodukte und tiefgehendes Wissen über Kunden, z. B. deren Wertschöpfungsprozesse und den Einsatz und die Bedeutung der verkauften Produkte in diesen Prozessen. Relevant

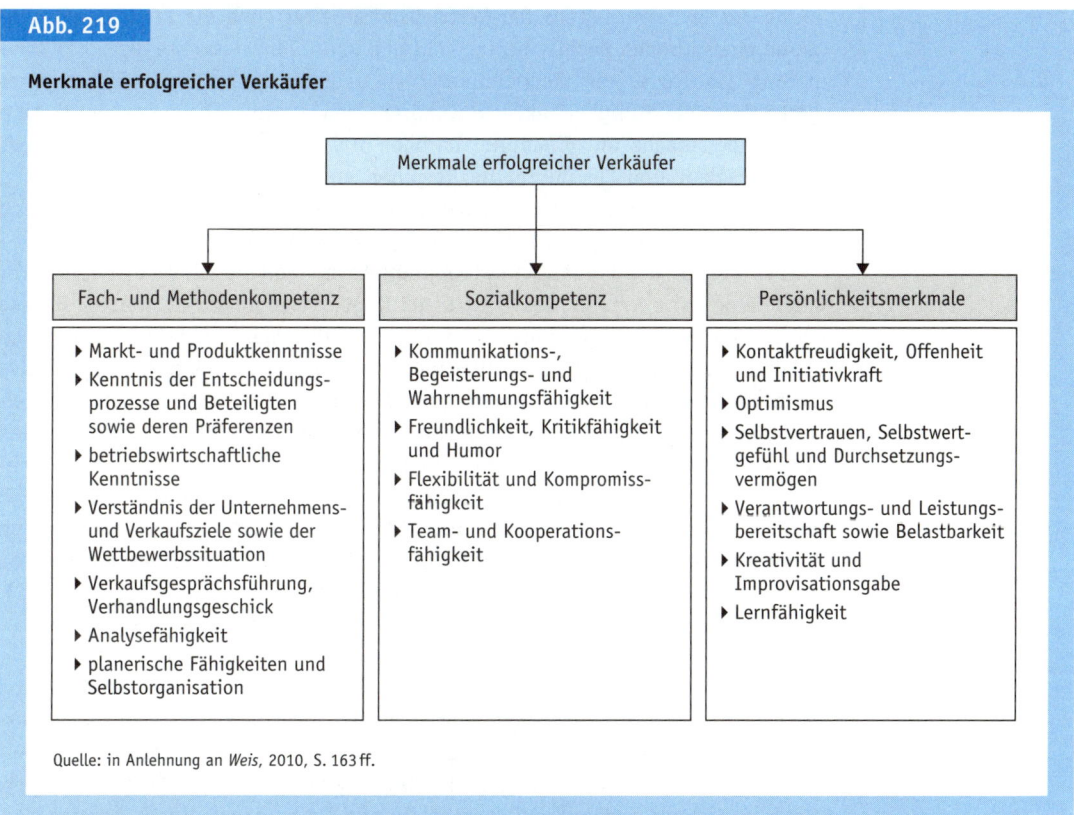

Abb. 219

Merkmale erfolgreicher Verkäufer

Quelle: in Anlehnung an *Weis*, 2010, S. 163 ff.

sind aber auch allgemeine Marktkenntnisse sowie grundlegendes betriebswirtschaftliches Wissen etwa über Kostenstrukturen und -einflussgrößen, Ergebnisauswirkungen von Zugeständnissen in der Konditionenpolitik, aber auch Konzepte wie Total Cost of Ownership für Kunden, Economic Value to the Customer oder ähnliche Nutzenrechnungen. Wichtig ist auch die Fähigkeit zum **»Adaptive Selling«** (vgl. z. B. *Boorom/Goolsby/Ramsey*, 1998; *Spiro/Weitz*, 1990), bei dem ein Verkäufer gedankliche Kategorien für erlebte Verkaufssituationen bildet und sein Wissen in logischen Kategorien organisiert, systematisch Informationen über frühere Verkaufssituationen sammelt und diese bei aktuellen Kundenbesuchen nutzt. Schließlich ist aufgrund der weitgehend selbstständigen Tätigkeit sowie des großen Reise- und Koordinationsaufwands eine gute Selbstorganisation hilfreich.

Sozialkompetenz beeinflusst den Verkaufsprozess und -erfolg (vgl. *Hennig-Thurau/Thurau*, 1999), da aus Kundensicht bei höherer Sozialkompetenz auch die empfundene Qualität der vertriebenen Leistungen anwächst. Sozialkompetente Verkäufer können also bei ansonsten identischen Produkten ein Differenzierungskriterium sein, was gleichzeitig aber auch bedeutet, dass eine negative Wahrneh-

Sozialkompetenz

mung des Sozialverhaltens der Vertriebsmitarbeiter auch die Produktwahrnehmung eines Kunden negativ beeinträchtigen kann. Einzelaspekte der Sozialkompetenz sind u. a. die Kommunikations- und Wahrnehmungsfähigkeit eines Verkäufers, die Fähigkeit aktiven Zuhörens sowie non-verbale Kommunikation wie Körpersprache und Kleidung. Darüber hinaus spielen auch Freundlichkeit, Teamfähigkeit und Flexibilität im Eingehen auf unterschiedliche Kundentypen und das Einnehmen unterschiedlicher Rollen im Verlauf einer Geschäftsbeziehung eine wichtige Rolle (vgl. z. B. *Homburg/Schäfer/Schneider*, 2011, S. 256 ff.).

Persönlichkeit

Im Bereich der **Persönlichkeitsmerkmale** müssen Vertriebsmitarbeiter vor allem eine hohe Aufgeschlossenheit und Kontaktfreudigkeit aufweisen. Ebenso ist Einfühlungsvermögen notwendig, um sich in Kunden und insbesondere auch in Verhandlungspartner hineinzuversetzen, Situationen aus deren Perspektive zu betrachten und deren Probleme und Bedürfnisse zu verstehen, um so beispielsweise die Verkaufsargumentation auf dem aus dem Produkt entstehenden Kundennutzen aufzubauen. Gerade in schwierigen Verkaufssituationen zeichnet sich ein erfolgreicher Verkäufer auch durch Selbstwertgefühl aus, das sich positiv auf sein Auftreten und seine Überzeugungskraft auswirkt. Schließlich bewahrt Optimismus den Vertriebsmitarbeiter auch in schwierigen Situationen davor, am Erfolg zu zweifeln (vgl. *Homburg/Schäfer/Schneider*, 2011, S. 252 ff.).

Festlegung der Vertriebsvergütung

Vergütungsziele

Allein die Tatsache, die kompetentesten Vertriebsmitarbeiter eingestellt und bestmöglich aus- und weitergebildet zu haben, gewährleistet noch nicht, dass diese auch für den entsprechenden Verkaufserfolg sorgen. Um dies zu erreichen, wird ein entsprechendes **Entlohnungssystem** benötigt. Aufgabe der Vertriebsvergütung und Außendienstentlohnung ist es dabei, durch **Anreize** Verkäufer bzw. Vertriebsmitarbeiter zu unternehmenszielkonformem Verhalten (Steuerungs- und Führungsaspekt) zu motivieren (Motivationsaspekt) und deren Anstrengungen entsprechend zu belohnen (Belohnungsaspekt) (vgl. *Röhle*, 2004, S. 60). Unter **Motivation** sind dabei diejenigen Vorgänge und Faktoren zu verstehen, die den Mitarbeiter veranlassen, sich auf eine bestimmte Weise zu verhalten. Sie bilden eine wesentliche Grundlage des menschlichen Handelns. Motivation ist keine Persönlichkeitseigenschaft, sondern das Ergebnis aus dem situativen Zusammenspiel von Motiven und Anreizen (vgl. *Abbildung 220*).

Individuell ausgeprägte **Motive** (**unerfüllte Bedürfnisse**) bilden dabei die Grundlage menschlichen Verhaltens, das wiederum durch situationsspezifische Anreize beeinflusst wird, die mehr oder weniger stark zur Erfüllung der Leistung beitragen. Die Bereitschaft sich anzustrengen resultiert aus einer Abwägung zwischen Anstrengung und Anreiz und ist umso höher, je wichtiger die Motive sind, die durch die mit der Leistung verbundenen, subjektiv wahrgenommenen Anreize erfüllt werden. Die individuelle Motivation eines Menschen wird also durch seine Motivstruktur bestimmt, die ganz unterschiedlich gewichtet sein kann (vgl. *Hungenberg/Wulf*, 2011, S. 272 ff.). Motive können physisch (z. B. Hunger, Durst, Schutz vor Kälte oder Hitze, Sicherheit), psychisch (Anerkennung, Teilnahme, Auszeichnung, Macht, Verantwortung, Entwicklung,

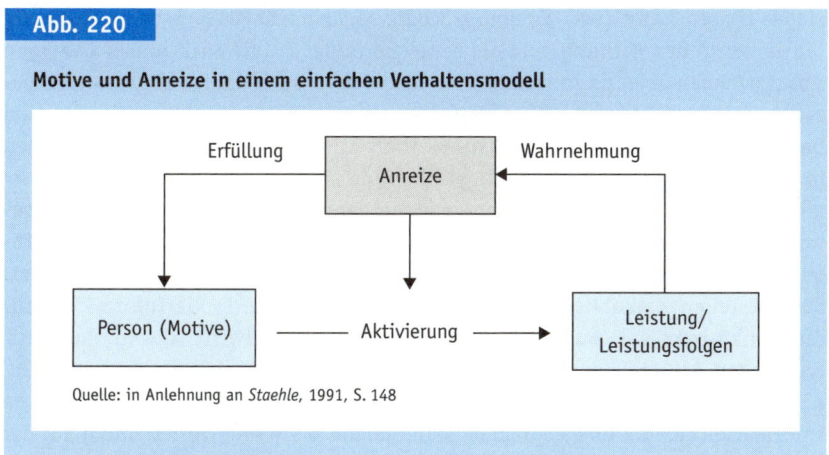

Abb. 220

Motive und Anreize in einem einfachen Verhaltensmodell

Quelle: in Anlehnung an *Staehle*, 1991, S. 148

Selbstverwirklichung) und abgeleitet (z. B. Einkommen) sein (vgl. *Weis*, 2010, S. 360). Sie lassen sich zudem in intrinsische (Leistungs-, Kompetenz- und Geselligkeitsmotiv) und extrinsische (Geld-, Sicherheits- sowie Prestige-/Statusmotiv) Motive unterscheiden (vgl. *Jung*, 1999, S. 361 ff.).

Um ein Anreizsystem erfolgreich im Unternehmen zu etablieren, müssen verschiedene **Anforderungen** (vgl. *Homburg/Schäfer/Schneider*, 2011, S. 158 f.) erfüllt werden. Zunächst muss das System transparent, bekannt und verständlich sein. Die Zielorientierung besagt zudem, dass Anreize nur dann wirken, wenn das Handeln des Mitarbeiters auch zum Erreichen der Unternehmensziele beiträgt und zu diesen in möglichst direktem Bezug steht. Auch muss ein Leistungsbezug, also die Beeinflussbarkeit der Ziele im Sinne einer ursächlichen Beziehung zwischen den mit den Anreizen honorierten Leistungsergebnissen und der gezeigten Leistung gewährleistet sein. Gleichzeitig muss das Anreizsystem differenzierbar und individualisierbar sein, unterschiedliche Aufgabengebiete und Positionen unterschiedlich berücksichtigen sowie vertikal über Führungsstufen und horizontal über verschiedene Vertriebsbereiche auf gleicher Hierarchiestufe konsistent und ausgewogen sein. Schließlich muss das System wirtschaftlich, überschaubar, mit geringem Aufwand zu verwalten und langfristig ausgerichtet sein.

Um ein derartiges Anreizsystem in Vertriebsorganisationen zu implementieren, muss das allgemein ausgerichtete Anreizsystem in ein konkretes **Zielsystem für Vertriebseinheiten** überführt werden. Hierfür sind – wenn möglich – messbare Zielgrößen festzulegen. Eine gängige **Zielgröße** ist der Umsatz, da er in jedem Unternehmen beispielsweise in der Auftragsrechnung oder im ERP-System erfasst wird, daher leicht greifbar, mit wenig Bewertungsaufwand verbunden und somit insgesamt einfach zu kommunizieren ist. Allerdings besteht bei Umsatzzielen die Gefahr einer kurzfristigen Orientierung und einem Fokus auf umsatzstarke Kunden oder Produkte, was zu Lasten der Profitabilität gehen oder zu einer Vernachlässigung von neuen Produkten oder Cross-Selling-Poten-

Vergütungssystemanforderungen

Implementierung

zialen führen kann (vgl. *Homburg/Schäfer/Schneider*, 2011, S. 153). Noch gefährlicher in der Wirkung sind die teilweise in der Praxis noch immer gängigen Absatzmengenziele, da in diesem Fall theoretisch auch dann eine Provision gezahlt werden muss, wenn Ware verschenkt wird. Konzeptionell sinnvoller sind Deckungsbeitragsziele, die Wachstums- und Erfolgsziele verbinden. Sie werden in der Praxis aber häufig kritisch gesehen, da sie dem jeweiligen Außendienstmitarbeiter Einblick in die Kosten- und Margensituation des Unternehmens gewähren, was dazu führen kann, dass ein Verkäufer, sobald er den ihm zu Verfügung stehenden Preisspielraum kennt, diesen auch voll nach unten ausreizt. Zudem stellen Kalkulationen auf Produktebene eine wertvolle Information für die Konkurrenz dar, was Datensicherheitsprobleme aufwirft, die in fluktuationsreichen Arbeitsfeldern wie dem Vertrieb nicht unterschätzt werden dürfen. Allerdings kann die Information über den Preisspielraum auch eine hilfreiche Information in Verkaufsgesprächen sein, gerade wenn eine Verhandlung auf der Kippe steht oder Preise gerechtfertigt werden müssen. Zusammengefasst ist es sinnvoll, Deckungsbeitragsziele beispielsweise mit einer vom Produktmanagement festgesetzten Preisuntergrenze zu kombinieren (vgl. *Schmitt*, 2010, S. 192). Auch kann das Transparenzproblem umgangen werden, wenn nicht absolute Deckungsbeiträge kommuniziert werden, sondern diese über Punktbewertungen nur näherungsweise übermittelt werden. *Abbildung 221* fasst abschließend typische Zielgrößen zusammen.

Ein weiteres Problem bei der Festlegung der Vertriebsvergütung ist die Bestimmung der **Höhe der Entlohnung** und des **optimalen Mix zwischen festen und variablen Bestandteilen** (vgl. *Albers*, 1995). Da die Höhe der Entlohnung maßgeblich dazu beiträgt, ob Mitarbeiter gewonnen und gehalten werden können, spielt diese Frage in der Praxis eine zentrale Rolle.

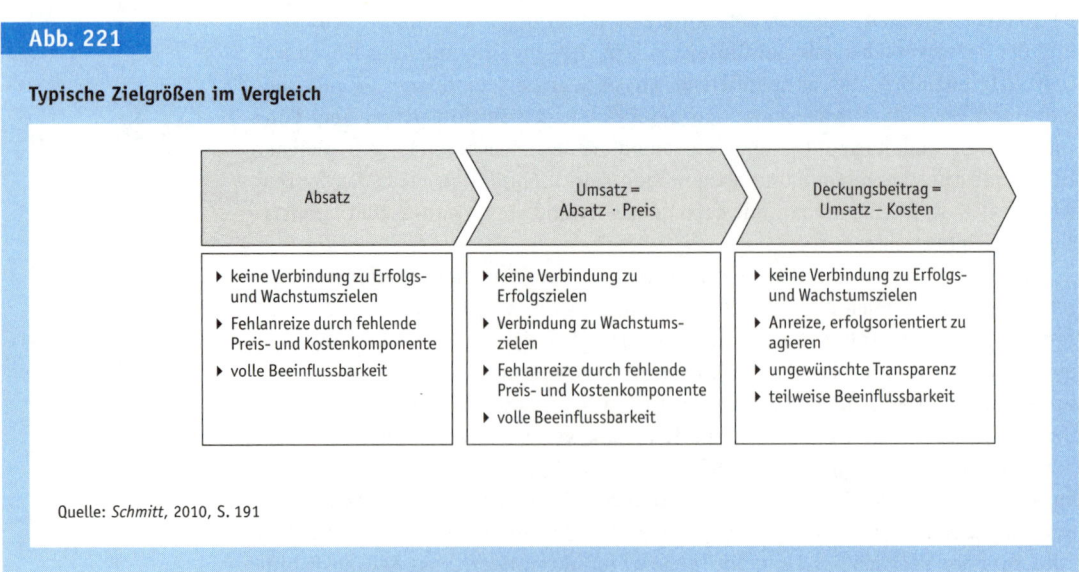

Abb. 221

Typische Zielgrößen im Vergleich

Absatz	Umsatz = Absatz · Preis	Deckungsbeitrag = Umsatz − Kosten
▸ keine Verbindung zu Erfolgs- und Wachstumszielen ▸ Fehlanreize durch fehlende Preis- und Kostenkomponente ▸ volle Beeinflussbarkeit	▸ keine Verbindung zu Erfolgszielen ▸ Verbindung zu Wachstumszielen ▸ Fehlanreize durch fehlende Preis- und Kostenkomponente ▸ volle Beeinflussbarkeit	▸ keine Verbindung zu Erfolgs- und Wachstumszielen ▸ Anreize, erfolgsorientiert zu agieren ▸ ungewünschte Transparenz ▸ teilweise Beeinflussbarkeit

Quelle: *Schmitt*, 2010, S. 191

Im Hinblick auf die Mischung und Gewichtung fixer und variabler Bestandteile sind deren jeweilige spezifischen **Vor- und Nachteile** abzuwägen (vgl. z. B. *Bröckermann*, 2002, S. 501 ff.; *Albers*, 1995):

Fixe/variable Bestandteile des Gehalts

▸ **Festgehälter** vergüten die Anwesenheitszeit in der regelmäßigen Arbeitszeit oder im Rahmen genehmigter Überstunden abzüglich unbezahlter Pausen und werden unabhängig von der erbrachten Leistung gezahlt. Sie stellen die Grundvergütung sicher und geben ein Gefühl sozialer Sicherheit. Sie motivieren zu größerer Loyalität und gleichmäßiger Leistung und sind vor allem dann sinnvoll, wenn Vertriebsergebnisse nicht eindeutig zurechenbar (Teamverkauf) oder Tätigkeiten nicht unmittelbar umsatzrelevant (hoher Anteil an Beratungstätigkeit) sind bzw. wenn sich der Verkaufsprozess über mehrere Perioden hinweg zieht oder das Geschäft starken saisonalen Schwankungen unterliegt. Festgehälter führen in überdurchschnittlich wachsenden Märkten zu sinkenden Vertriebskosten pro Umsatzeinheit. Nachteilig erweist sich jedoch, dass sie keine Motivation zur Leistungssteigerung erzeugen und so zu Unzufriedenheit führen können. Zudem trägt das Unternehmen das volle Risiko einer geringen Arbeitsleistung. Auch belasten sie gerade in rezessiven Märkten aufgrund ihres Fixkostencharakters die Profitabilität des Unternehmens.

▸ **Vertriebsprovisionen** dagegen sind erfolgsabhängig und motivieren am stärksten zu Verkaufsanstrengungen. Sie sind flexibel einsetzbar, stellen variable Kosten dar, sind transparent und einfach zu berechnen. Umsatzproportionale Provisionen vermeiden daher das Kalkulationsrisiko und erlauben auch differenzierte Incentivierungen. Allerdings besteht hier die Gefahr einer Betonung kurzfristiger Verkaufsanstrengungen sowie einer Schwerpunktsetzung auf »provisionsstarke« Produkte oder Kunden und eine Vernachlässigung der Neukundenakquise.

In der Praxis ist eine **Kombination fixer und variabler Gehaltsbestandteile** üblich. Sobald das Leistungsniveau des Beschäftigten einen im Rahmen einer Zielvereinbarung definierten Schwellenwert überschreitet, wird eine variable Vergütung ausbezahlt. Der Zielbonus, also der Anteil der variablen Vergütung an der Gesamtvergütung, ist abhängig von der erbrachten Leistung, kann aber durch zusätzliche Leistungen der Führungskraft bzw. des Vertriebsmitarbeiters i. d. R. nicht unendlich gesteigert werden, sondern wird durch eine festgelegte maximale Vergütungshöhe beschränkt.

Vertriebscontrolling

Einen letzten Teilbereich der Organisation direkter Vertriebsorgane stellt das Vertriebscontrolling dar. Im Zentrum des Vertriebscontrollings steht die **Koordination der Informationsversorgung für Managementaufgaben** im Rahmen der akquisitorischen und physischen Distribution. Es liefert Entscheidungs- und Überwachungshilfen für die Bestimmung der Vertriebswege, die Wahl von Verkaufsorganen und die Steuerung des Innen- und Außendiensts, führt Kundenanalysen durch und analysiert die Pflege der unmittelbaren Kundenkontakte

Aufgaben

und -beziehungen, kontrolliert die interne Auftragsabwicklung und überwacht Logistik und Lieferkonditionen. Zudem unterstützt es Entscheidungsträger bei der Mitarbeiterführung, z. B. durch Informationsgrundlagen für zielkonforme Anreizsysteme, und bei der Anpassung der Vertriebsorganisation an veränderte Marktsituationen. Dabei kommen Techniken zur systematischen Informationsaufbereitung (z. B. Kundendatenbanken), Planungsansätze wie Scoring-Modelle z. B. zur Beurteilung verschiedener Transportmodelle, Kontrollmethoden sowie Verfahren zur Entwicklung von Mitarbeiteranreizen zum Einsatz (vgl. *Köhler*, 2001). Im Einzelnen umfasst das Vertriebscontrolling folgende **Funktionen** (vgl. *Becker*, 2001, S. 7):

▶ Informationsversorgung für die Erstellung von Vertriebsplänen,
▶ Ergebniskontrolle von Vertriebsmaßnahmen,
▶ Überwachung und Kontrolle von Vertriebs-Budgets,
▶ Planung und Kontrolle der Vertriebs-Gemeinkosten,
▶ Aufbau und Weiterentwicklung des strategischen Vertriebsinformationssystems,
▶ Entwicklung und Implementierung vertrieblicher Planungs- und Steuerungsmethoden und -instrumente,
▶ Schnittstellenoptimierung mit anderen Controlling-Systemen im Unternehmen und
▶ Optimierung der Vertriebsorganisation.

Kennzahlensystem

Als Ausgangsbasis für die Wahrnehmung dieser Aufgaben und Funktionen werden i. d. R. **Vertriebskennzahlen** herangezogen, die allerdings nur im Vergleich mit den Werten anderer Unternehmenseinheiten oder Vorperioden- bzw. Planzahlen aussagekräftig sind (vgl. *Homburg/Schäfer/Schneider*, 2011, S. 130).

Eine Vielzahl dieser Kennzahlen lässt sich mithilfe einfacher Kalkulationsprogramme aufstellen und auswerten (vgl. *Becker*, 2003). Allerdings ist dazu oftmals die Integration von Daten aus unterschiedlichsten Quellen notwendig (vgl. *Müller/Mergener*, 2010, S. 254). Daher gehen immer mehr Unternehmen dazu über, komplexe **Vertriebsinformationssysteme** zu implementieren, die Daten aus ERP-Systemen sowie Vertriebsberichten bündeln und als Teil von Marketing-Informationssystemen Informationen über die Vertriebsorgane in systematischer, elektronischer Form aufbereiten (vgl. *Diller*, 2001, S. 82 f.).

3.1.2.2 Management des indirekten Vertriebs

3.1.2.2.1 Organe des indirekten Vertriebs

Einordnung

Beim indirekten Vertrieb bedient sich das Unternehmen **wirtschaftlich und rechtlich selbstständiger Absatzmittler** (beispielsweise Groß- und/oder Einzelhändler) bzw. **wirtschaftlich selbstständiger Absatzhelfer** (z. B. Franchisenehmer oder Vertragshändler), um die akquisitorische Vertriebsaktivität der wirtschaftlich-rechtlichen Übertragung von Verfügungsmacht über Leistungen zu realisieren (vgl. *Meffert/Burmann/Kirchgeorg*, 2012, S. 553 f.). Die externen Vertriebsorgane lassen sich in drei verschiedene **Gruppen** einteilen:

▸ klassische **Absatzmittler** in Form von Groß- und Einzelhändlern,

▸ **Vertragshändler** und **Franchisenehmer** als besondere Formen von Absatzmittlern und

▸ selbstständige **Absatzhelfer** wie Handelsvertreter, Kommissionäre, Handelsmakler o. Ä.

Typische Vertriebsorgane

Absatzmittler

Unter die Kategorie der **Absatzmittler** fallen Handelsbetriebe, die insbesondere
für die Distribution von Gütern eines Herstellerunternehmens sorgen. Dabei
stellen **Absatzmittler** vom Hersteller unabhängige, d. h. rechtlich und wirtschaftlich selbstständige Unternehmen dar, die im Gegensatz zu Absatzhelfern
in eigenem Namen und auf eigene Rechnung am Markt auftreten. Sie gelangen
im Gegensatz zu diesen in den Besitz der Ware. In Abhängigkeit davon, wer die
Kunden der Handelsunternehmen sind, werden zwei Arten von Absatzmittlern
unterschieden:

Grundmerkmal

▸ **Großhandelsunternehmen**, die an gewerbliche Nachfrager wie Wiederverkäufer (vor allem Einzelhändler), Weiterverarbeiter oder behördliche Groß-
verbraucher verkaufen (1) und

▸ **Einzelhandelsunternehmen**, die an private Nachfrager (Endkunden) verkaufen (2).

Formen

(1) Großhandel

Der Großhandel übernimmt **Aufgaben** der Sortimentsbildung, Kundenberatung,
Lagerhaltung, Kreditgewährung und physischen Distribution (vgl. dazu im Einzelnen *Hörschgen/Käßer-Pawelka*, 1989). Insbesondere auf Märkten, auf denen
große Warenmengen gleichartiger Güter umgeschlagen werden, spielt der **Stre-
ckengroßhandel** eine bedeutende Rolle. Hierbei übernimmt der Streckengroß-
händler schwerpunktmäßig die Distribution der Ware. Weiterhin kann der Großhandel danach unterschieden werden, ob dieser primär beschaffungs- oder
absatzorientiert ist. Beim **Aufkaufgroßhandel** besteht die Herausforderung in
der sammelnden Beschaffung insbesondere von Rohstoffen, die nur in kleinen
Mengen von einer Vielzahl von Erzeugern zu beziehen sind (beispielsweise Kaffee oder Tee). Der Absatz dagegen findet über feste Kooperationen mit nachgelagerten Rohstoffverarbeitern statt. Demgegenüber besteht die Hauptaufgabe
des **Absatzgroßhandels** in der Distribution an und der Kontaktpflege mit potenziellen Abnehmern.

Großhandelsformen

Je nach Breite des Angebots kann zudem zwischen **Sortiments- und Spezial-
großhändlern** unterschieden werden. Während erstere dem weiterverarbeiten-
den bzw. wiederverkaufenden Unternehmen ein möglichst großes Warensortiment offerieren, um diesem günstige Bezugsbedingungen in Form einer
Auftragskonzentration zu ermöglichen, fokussieren Spezialgroßhändler ein
schmales, spezialisiertes Warensortiment (z. B. im Bereich von Frischwaren oder
Elektrogeräten).

Eine weitere Unterscheidung betrifft die Art der Warenzustellung. Im Gegensatz zu **Zustellgroßhändlern** arbeiten **Cash & Carry (C & C)-Betriebe** nach dem

Prinzip der Selbstbedienung. Die Großhandelskunden bedienen sich hierbei eigenständig in den C & C-Lagern, bezahlen die Waren am Check-out und sorgen eigenständig für den Abtransport. Hierdurch entstehen zum einen Kostenvorteile auf beiden Seiten, zum andern ermöglicht diese Art des Großhandels die Abnahme geringerer Mengen auf Seiten der Wiederverkäufer sowie eine umfassende Sichtung des Warensortiments. Eine weitere Ausgestaltungsform ist in den sogenannten **Rack Jobbern** (Regalgroßhändler) zu sehen. Sie verwalten in Einzelhandelsbetrieben eigenständig bestimmte Sortimentsbereiche (z. B. Drogerieartikel oder Schreibwaren), für die sie Verkaufsraum bzw. Regalfläche zur Verfügung gestellt bekommen.

Schließlich bezieht sich eine weitere Unterscheidung von Großhandelstypen auf die Art der zwischenbetrieblichen Organisation. Im Gegensatz zu **einzelwirtschaftlichen Großhandelsbetrieben** stellen **genossenschaftliche Großhandelsbetriebe** Warengenossenschaften dar, die in Form von Bezugs- oder Absatzgenossenschaften Großhandelsaufgaben für ihre Mitglieder übernehmen. Anlass zu deren Gründung war die Unzufriedenheit sowohl auf Verkäufer- wie auch auf Käuferseite mit den Leistungen von Großhandelsbetrieben Mitte des 19. Jahrhunderts (vgl. *Nieschlag/Dichtl/Hörschgen*, 2002, S. 893). Genossenschaftlich organisierte Großhandelsbetriebe weisen gegenüber einzelwirtschaftlichen Betrieben einen sich wenig verändernden Mitglieder- bzw. Kundenkreis und damit eine gewisse Konzentration der Aufträge auf, wodurch Preis-, Warenbeschaffungs- und Lagerhaltungsvorteile realisiert werden können.

Bedeutung

Die **Bedeutung des Großhandels** für Herstellerunternehmen ist insgesamt vor allem in einer erhöhten Effizienz, insbesondere im Absatz der Produkte zu sehen. Hersteller können sich durch die Zwischenschaltung von Großhändlern auf einige wenige Abnehmer konzentrieren, die gleichzeitig über weitverstreute Lager zur weiteren Distribution verfügen. Zudem werden die Waren beim Großhändler in geeignete Sortimente überführt, welche für Abnehmer eine höhere Attraktivität aufweisen als der einzelne Bezug aus verschiedenen Quellen.

(2) Einzelhandel

Charakteristikum

Der Einzelhandel stellt neben dem Großhandel die zweite Art von Absatzmittlern dar. Der indirekte Vertrieb über den Einzelhandel ist dadurch gekennzeichnet, dass dieser die **Herstellerware direkt an den Endverbraucher** ohne Zwischenschaltung einer weiteren Handels- bzw. Weiterverarbeitungsstufe vertreibt.

Beispiel LEH

Verglichen mit anderen Handelsbranchen stellt der Einzelhandel bei Lebensmitteln einen besonders wichtigen Absatzkanal dar. Im **Lebensmitteleinzelhandel** (LEH), aber auch innerhalb anderer Einzelhandelsbranchen ist dabei in der jüngeren Vergangenheit eine zunehmende Konzentration beobachtbar. Ursächlich hierfür ist u. a., dass im LEH eine sehr niedrige Gewinnspanne typisch ist, die im besten Fall bei ca. 1 % des Umsatzes liegt, während die den LEH beliefernden Industrieunternehmen höhere Margen bei gleichzeitig bedeutend geringeren Umsätzen vorweisen können (*Pepels*, 2002, S. 8 f.). Dies hat zu zahlrei-

Abb. 222

Die größten Lebensmittelhändler in Deutschland 2010

Platz	Konzern	Umsatz in Mrd. Euro	Marktanteil in %	kumm. Marktanteil in %
1.	Edeka-Gruppe (u. a. Edeka, Netto)	44,4	19,7	19,7
2.	Rewe-Gruppe (u. a. Rewe, Penny)	37,8	16,8	36,5
3.	Metro-Gruppe	30,3	13,5	50,0
4.	Schwarz-Gruppe (Lidl, Kaufland)	28,1	12,5	62,5
5.	Aldi-Gruppe	24,1	10,7	73,2
6.	Lekkerland	7,8	3,5	76,6
7.	Tengelmann-Gruppe	7,3	3,2	79,9
8.	Globus	4,2	1,9	83,7
9.	dm	4,1	1,8	85,5
	Summe Top 10	188,1		
	Gesamt-Umsatz 2010	225,1		

Quelle: *TradeDimensions*, 2011

chen Einzelhandelszusammenschlüssen geführt. Zu den Top 5-Lebensmitteleinzelhändlern gehören dabei in Deutschland die Edeka-Gruppe, die Rewe-Gruppe, die Metro-Gruppe, die Schwarz-Gruppe und die Aldi-Gruppe. Diese konzentrierten 2010 über 70 % des gesamten Umsatzes im Lebensmittelbereich auf sich (für eine detaillierte Übersicht vgl. *Abbildung 222*).

Der Einzelhandel weist eine Vielzahl verschiedener **Betriebsformen** auf. Entsprechend dem Sortiment, über das ein Einzelhandelsbetrieb verfügt, lassen sich die in *Abbildung 223* dargestellten Betriebsformen unterscheiden.

Vielzahl Betriebsformen

Beim **Fachhandel** wird das Sortiment fachlich, d. h. nach Branchen, Warenarten und Warengruppen ausgerichtet (z. B. Spielwarengeschäfte). Wiederum Teile dieser branchenbezogenen Angebotspalette decken sogenannte **Spezialhändler** ab. Sie konzentrieren sich lediglich auf ein bestimmtes Teilgebiet eines Warenangebots (z. B. Puppengeschäfte). **Fachmärkte** hingegen orientieren sich bei ihrem Sortiment nicht primär an der jeweiligen Branche, sondern am Bedarf von Nachfragern und bieten daher Produkte verschiedener, jedoch verwandter Branchen an. Elektrofachmärkte wie Saturn oder Media Markt können als typische Beispiele dieses Einzelhandelstypus angesehen werden.

Nicht auf bestimmte Branchen, sondern vielmehr auf ein breites Portfolio der im Sortiment angebotenen Produkte zielt der Gemischtwarenhandel ab. **Warenhäuser** bieten ein umfassendes Sortiment von teilweise über 100.000 Artikeln an und befinden sich meist in großen Innenstädten (z. B. Galeria Kaufhof, Karstadt o. Ä.). Diesen recht ähnlich sind die **Kaufhäuser**, die sich von Warenhäusern allein darin unterscheiden, dass sie ein kleineres Sortiment vorweisen,

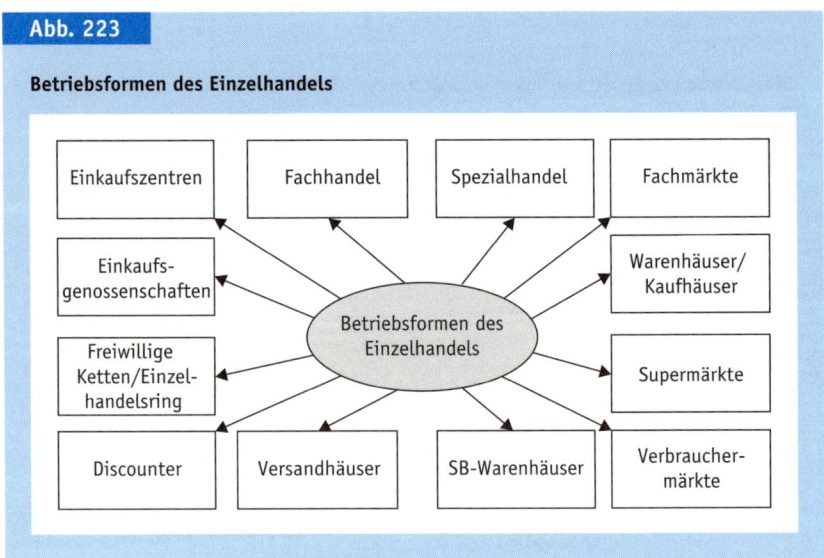

Abb. 223

Betriebsformen des Einzelhandels

- Einkaufszentren
- Fachhandel
- Spezialhandel
- Fachmärkte
- Einkaufsgenossenschaften
- Warenhäuser/Kaufhäuser
- Freiwillige Ketten/Einzelhandelsring
- Supermärkte
- Discounter
- Versandhäuser
- SB-Warenhäuser
- Verbrauchermärkte

Betriebsformen des Einzelhandels

welches z. B. keine Lebensmittel beinhaltet. Für **Supermärkte** gilt die Vorgabe, dass sie mindestens eine Verkaufsfläche von 400 qm aufweisen, dort die Kunden sich selbst bedienen und sie auch Non-Food-Produkte anbieten (beispielsweise Rewe oder Edeka). **Verbrauchermärkte** haben im Gegensatz zu Supermärkten eine Mindestverkaufsfläche von 1.000 qm, während die Vorgabe für sogenannte **SB-Warenhäuser** bei 5.000 qm liegt. Diese beiden Einkaufsstättentypen befinden sich im Gegensatz zu Supermärkten häufig eher in städtischen Randlagen, weisen einen größeren Non-Food-Bereich auf und fokussieren i. d. R. auch stärker den Preis als zentrales Verkaufsargument. Je nach Ausgestaltungsform des Sortiments gelten **Versandhäuser** wie Otto entweder als Vertreter des Gemischtwaren- oder Fach- bzw. Spezialhandels. Versandhäuser führen dabei Sortimente in warenhausähnlichem Umfang und zeichnen sich vor allem durch günstige Preise und einen einfachen Warenbezug für die Kunden (per Post) aus. Auch die sogenannten **Discounter** verwalten Sortimente sowohl nach dem Gemischt- als auch nach dem Fachhandelsprinzip (z. B. Aldi, Lidl). Sie zeichnen sich durch eine aggressive Preispolitik für ein Sortiment schnell umschlagender Waren ohne Erbringung von Dienstleistungen aus.

Ähnlich wie bei Großhandelsunternehmen finden sich schließlich auch im Einzelhandel kooperativ zusammengeschlossene **Verbundgruppen**. Dabei sind privatwirtschaftliche Kooperationen in Form von **freiwilligen Ketten** und **Einzelhandelsringen** sowie genossenschaftliche Kooperationen in Form von **Einkaufsgenossenschaften** zu unterscheiden. Eine ganze Agglomeration verschiedenster Einzelhandels- und Dienstleistungsanbieter stellen **Einkaufszentren** (Shopping Center) dar. Diese werden bewusst mit dem Ziel konzipiert, unterschiedliche Einzelhandelsbetriebsformen wie auch andere Angebote in Form von Kinos, Fitnesscentern o. Ä. unter einem Dach zu vereinen.

Vertragshändler und Franchising

Formen der »Quasi-Filialisierungen« zielen auf eine noch stärkere Bindung der Absatzmittler an das Herstellerunternehmen ab. Hierzu gehören die beiden Vertriebsorganisationsformen der Vertragshändler- (1) und Franchisesysteme (2), die zu den unternehmensgebundenen Vertriebsorganen zu zählen sind. Von **Quasi-Filialisierung** spricht man hier deshalb, weil mit diesen Kooperationsformen das Herstellerunternehmen einerseits versucht, den Vertriebspartner ähnlich einer Filiale an sich zu binden (Kontrollbestreben), ohne ihn dabei jedoch in dessen Handlungsfreiheit zu sehr einzuschränken (z. B. zur Steigerung der Motivation).

Unternehmensgebundene Vertriebsorgane

(1) Vertragshändler

Vertragshändler sind rechtlich selbstständige Vertriebsorganisationen, die durch **Verträge** fest in die Vertriebsstrategie des Herstellerunternehmens eingebunden sind (vgl. zu den verschiedenen Arten der Vertragsgestaltung *Bonart*, 1999, S. 105 ff.). Der Vertragshändler ist i. d. R. dazu verpflichtet, einen Mindestbestand an Herstellerware auf Lager zu halten und in regelmäßigen Abständen Ware vom Hersteller zu beziehen. Eine weitere Maßgabe seitens des Herstellers kann die Vorhaltung eines technischen Services und damit verbunden des entsprechenden Servicepersonals sein. Der Vertragshändler verpflichtet sich insbesondere, die Absatzförderung der Vertragsware im Sinne des Herstellers voranzutreiben. Hierzu gehört neben typischen Maßnahmen im Marketing-Mix (Sortimentsgestaltung, Werbe- und Verkaufsförderung usw.) auch die Verwendung des Herstellerzeichens im Geschäftsverkehr. Hierbei unterliegt dieser aber im Gegensatz zum Franchising nicht der völligen Aufgabe des eigenen Firmennamens (z. B. Volkswagen Autohaus Müller). Der Hersteller kann dem Vertragshändler im Gegenzug **Gebietsschutz** einräumen, sodass dieser in einem räumlich abgegrenzten Verkaufsgebiet alleiniger Anbieter der Vertragsware bleibt.

Aufgaben und Rechte

Neben dem Automobilhandel findet sich das Vertragshändlersystem auch bei Depots von Kaffeeröstern oder Kosmetikhändlern, aber auch bei Tankstellen oder Versandhausunternehmen.

Fallbeispiel 73

Vertragshändler in der Automobilindustrie

Volkswirtschaftlich am bedeutsamsten ist noch immer die Vertragshändlerorganisation in der Automobilindustrie. Hier haben sich in den letzten Jahren allerdings die Vorgaben an die Vertragshändler deutlich entschärft. Vertragshändlersysteme beruhten zuvor auf vier Säulen: der Markenexklusivität (Vertrieb einer einzigen Marke durch den Händler), der quantitativen Exklusivität (Freiheit des Herstellers über die Anzahl der zu beliefernden Händler), der qualitativen Exklusivität (Vorgabe bestimmter Qualitätskriterien durch den Hersteller) und der Gebietsexklusivität (Alleinvertrieb eines Händlers in einem abgegrenzten Verkaufsgebiet). Diese Prinzipien wurden im Zuge einer Neugestaltung der diese Säulen schützenden Gruppenfreistellungsverordnung (GVO 123/85 und 1475/95 vom 28.06.1995) im Jahre 2002 zugunsten der Vertragshändler gelockert, da sie dem Artikel 81 des EU-Vertrages entgegenstanden, welcher jede Art von Wettbewerbsbeschränkung im Handel innerhalb der Europäischen Gemeinschaft verbietet (vgl. *Winkelmann*, 2012, S. 77 f.).

(2) Franchising

Begriff und Beteiligte

Franchisenehmer sind noch stärker als Vertragshändler mit dem Herstellerunternehmen (hier: **Franchisegeber**) verwoben. Dabei versteht man unter Franchising »ein vertikal-kooperativ organisiertes Absatzsystem rechtlich selbstständiger Unternehmen auf der Basis eines vertraglichen Dauerschuldverhältnisses. Dieses System tritt am Markt einheitlich auf und wird geprägt durch das arbeitsteilige Leistungsprogramm der Systempartner sowie durch ein Weisungs- und Kontrollsystem zur Sicherstellung eines systemkonformen Verhaltens« (*Deutscher Franchise Verband e.V.*, 1999). Der Franchisenehmer ist dabei in eigenem Namen und auf eigene Rechnung tätig. Er hat das Recht und die Pflicht, das Leistungspaket des Franchisegebers (**Franchisepaket**) gegen Entgelt zu nutzen. Das Franchisepaket umfasst dabei ein Beschaffungs-, Absatz- und Organisationskonzept. Der Franchisenehmer erwirbt das Recht bzw. die Pflicht, sich am Marktauftritt des Herstellers zu beteiligen und dessen Vertriebskonzept zu nutzen.

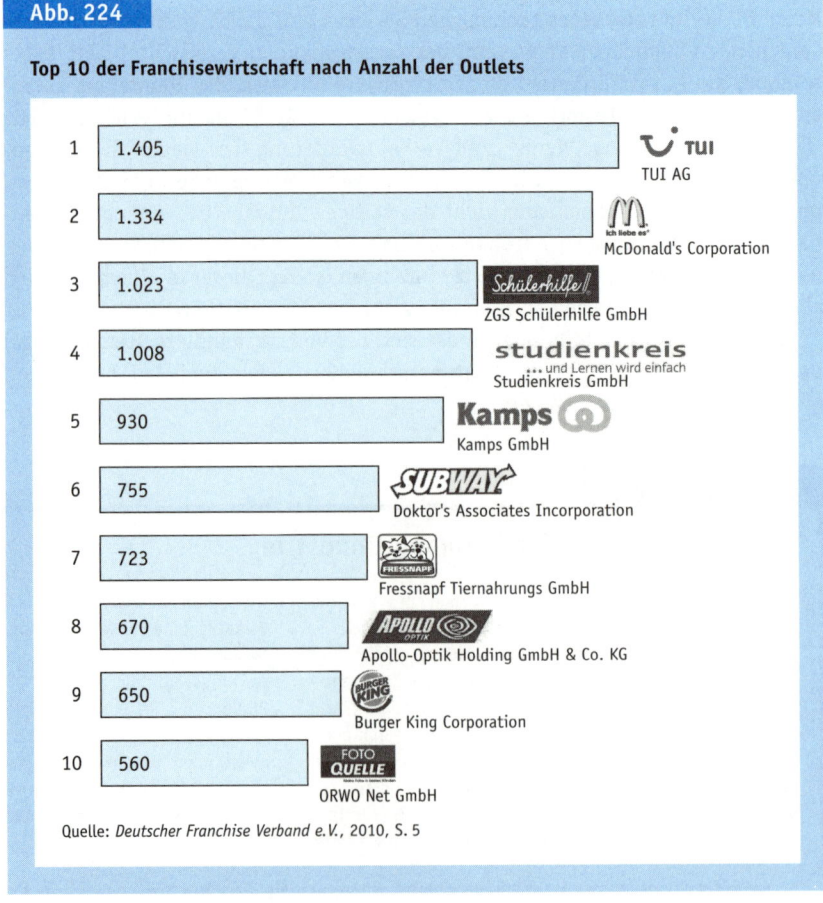

Abb. 224

Top 10 der Franchisewirtschaft nach Anzahl der Outlets

Rang	Anzahl	Unternehmen
1	1.405	TUI AG
2	1.334	McDonald's Corporation
3	1.023	ZGS Schülerhilfe GmbH
4	1.008	Studienkreis GmbH
5	930	Kamps GmbH
6	755	Doktor's Associates Incorporation
7	723	Fressnapf Tiernahrungs GmbH
8	670	Apollo-Optik Holding GmbH & Co. KG
9	650	Burger King Corporation
10	560	ORWO Net GmbH

Quelle: *Deutscher Franchise Verband e.V.*, 2010, S. 5

»Kamps Backstube«

Das Franchise-Konzept der »Kamps Backstube«, der deutschlandweit umsatzstärksten Bäckereikette Kamps, stellt ein Beispiel für ein Produktfranchising dar (vgl. *Abbildung 225*). Das Herz der Kamps Backstube ist der »gläserne Backbereich«. Hier kann der Kunde das traditionelle Bäckereihandwerk vor Ort mitverfolgen und sich von der Qualität der Backwaren überzeugen. Die Kamps Backstube soll damit Kunden als besonderes Kauferlebnis ermöglichen, das Backhandwerk mit allen Sinnen zu genießen: (Backwaren-)Frische, die man sehen, riechen und schmecken kann.

Franchise-Partner von Kamps können von einem bereits erfolgreich am Markt eingeführten Konzept mit einem in der Branche etablierten Partner an der Seite profitieren. Franchise-Partner haben dabei die Möglichkeit, sich im Rahmen der weiteren bundesweiten Expansion von Kamps mit einer Kamps Backstube selbstständig zu machen.

Die Konditionen eines Franchising des Konzepts (Stand 2011):

▸ freie Verfügbarkeit über 50.000 € Eigenkapital,
▸ das Investitionsvolumen beträgt ca. 250.000–400.000 €,
▸ Erbringung einer einmaligen Eintrittsgebühr in Höhe von 10.000 €,
▸ Erbringung einer Sicherheit (Bankbürgschaft oder verpfändetes Sparbuch) in Höhe von mindestens 25.000 €,
▸ Startinvestitionen (z. B. Anfangswarenbestand, Hardware etc.) in Höhe von mindestens 10.000 € und
▸ monatliche Franchisegebühr in Höhe von 5 % vom Systemumsatz für Marke, Beratung etc. (keine separaten Werbegebühren).

Quelle: *Kamps*, 2012

Abb. 225: Kamps Backstube

Franchise-Systeme finden sich in der Praxis in vielen verschiedenen Formen. Insbesondere in der Systemgastronomie hat sich dieses Vertriebskonzept in den letzten Jahren ausgehend vom Vorreiter McDonald's stark verbreitet. Neue Franchisekonzepte sind dabei Restaurantketten wie z. B. Vapiano oder Holyfields. Im Jahr 2012 waren in Deutschland 714.000 Arbeitnehmer in Franchisesystemen beschäftigt. Die Zahl der Franchisegeber belief sich auf 950 Unternehmen, die der Franchisenehmer auf 148.000 Betriebe. Der Umsatz von Franchise-Systemen ist dabei seit 1998 kontinuierlich angewachsen und lag im Jahr 2009 bei 91 Mrd. € (vgl. *Deutscher Franchise Verband e.V.*, 2010, S. 4; Institut für Markenfranchise GmbH & Co. KG, o. J.). Einen Überblick über die 10 größten Franchiseunternehmen gibt *Abbildung 224*.

Franchising in der Praxis

Skaupy (1995, S. 30 ff.) unterscheidet drei **Arten von Franchising**:

▶ **Vertriebsfranchising**, welches in fast allen Handelsbereichen vorkommt, von Herstellern wie auch Großhändlern ausgehen kann und bei welchem mit dem Verkaufsrecht das Marketing-Konzept auf den Franchisenehmer übergeht (z. B. Fielmann),

▶ **Dienstleistungsfranchising**, welches auf Dienstleistungen und deren Ausgestaltung fokussiert ist (z. B. Vapiano),

▶ **Produktfranchising**, welches die Erzeugung oder Veredelung einer Ware zum Gegenstand hat (z. B. Kamps Backstube).

Die **Vorteile** des Franchising sind vielfältig: Für den Franchisegeber liegen diese insbesondere darin, dass sich dieser aus der Abhängigkeit von Absatzmittlern löst, trotzdem schnell expandieren kann und die Fixkosten auf Seiten der Franchisenehmer aufgebaut werden. Für den Franchisenehmer bedeutet das Konzept einen schnellen Weg in die Selbstständigkeit bei einem nur geringen Geschäftsrisiko und die Nutzung des Images des Franchisegebers bei Übernahme einer bewährten Marketing-Konzeption. Als **Nachteile** lassen sich beim Franchisegeber die aufwendige Kontrolle des Gesamtsystems, die Abhängigkeit von den Franchisenehmern und damit verbunden die geringen Durchgriffsrechte anführen. Auf Seiten des Franchisenehmers ergibt sich der Nachteil, dass sein Erfolg maßgeblich vom Herstellerimage abhängt, stark begrenzte Freiheiten bei der Geschäftsausübungspraxis akzeptiert und nicht selten hohe Einstiegskosten in das System in Kauf genommen werden müssen (vgl. *Winkelmann*, 2010, S. 401).

Absatzhelfer

Absatzhelfer sind wie Absatzmittler **wirtschaftlich und rechtlich selbstständig**, unterscheiden sich von diesen aber dadurch, dass sie selbst **kein Eigentum an der Ware** erlangen. Sie übernehmen bestimmte Distributionsfunktionen für ihre Auftraggeber, Hersteller oder Absatzmittler (vgl. *Ammann*, 2000, S. 151). Absatzhelfer können sowohl akquisitorische als auch rein logistische oder leistungsergänzende Aufgaben übernehmen. Zu unterscheiden ist bei Absatzhelfern zwischen den in *Abbildung 226* differenzierten Erscheinungsformen.

(1) Handelsvertreter

Unter Handelsvertretern versteht **§ 84 HGB** rechtlich selbstständige Gewerbetreibende, die ständig damit betraut sind, für mindestens ein Unternehmen **Geschäfte zu vermitteln** oder **in dessen Namen abzuschließen**. Handelsvertreter unterscheiden sich von Reisenden dadurch, dass sie nicht im Unternehmen verankert, dennoch aber an dieses gebunden sind. Sie sind also mitunter rechtlich selbstständig und arbeiten im Gegensatz zu Reisenden u. U. für mehrere Unternehmen gleichzeitig. Der Handelsvertreter ist weiterhin in fremdem Namen auf fremde Rechnung tätig. Für den Verkauf der Herstellerware bekommt dieser eine **Provision**, die sich i. d. R. am Umsatz orientiert. Um den Handelsvertreter noch stärker an das Herstellerunternehmen zu binden, kann ihm der Hersteller

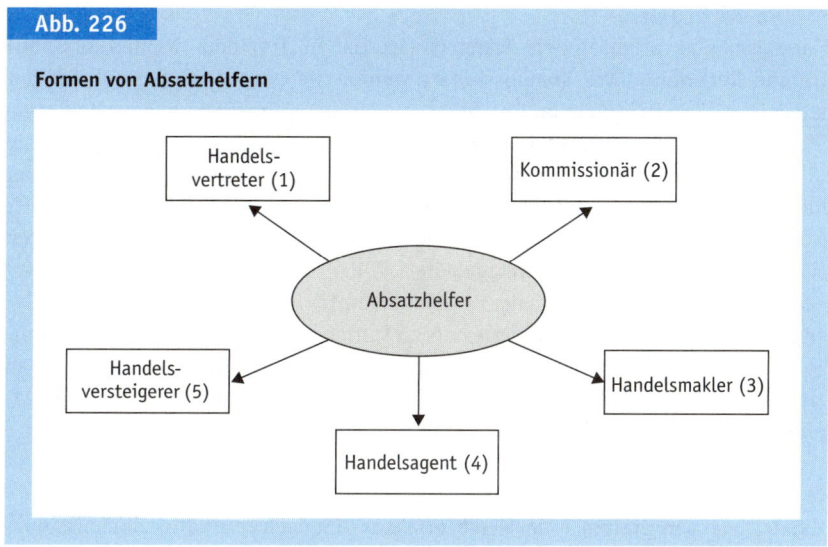

Abb. 226

Formen von Absatzhelfern

auch ein Gehaltsfixum gewähren, sodass er nicht in einen Verkaufsabschluss-zwang gerät, worunter wiederum das Image des Auftraggebers leiden könnte.

(2) Kommissionär

Kommissionäre unterscheiden sich von Handelsvertretern darin, dass sie gemäß **§ 383 HGB** zwar auf fremde Rechnung, allerdings **in eigenem Namen für Rechnung des Auftraggebers** (**Kommittenten**) Waren oder Anrechte kaufen bzw. verkaufen. In der Regel sind dabei die klassischen **Geschäftsbesorgungsverträge** nicht auf Dauer angelegt, d. h. der Kommissionär wird im Normalfall nur fallweise für den Auftraggeber tätig. Diese Form des indirekten Vertriebs findet sich häufig bei Wertpapiergeschäften oder auch beim Handel mit Agrarprodukten. Ebenso können klassische Einzelhändler als Kommissionäre auftreten, nämlich dann, wenn sie die Ware »**auf Kommission**« geliefert bekommen, also diese nicht käuflich erwerben. Die Vergütung erfolgt in Form der sogenannten **Kommission** bzw. Provision. Als **Vorteil** kann auf Seiten des Kommittenten der weitreichende Einfluss auf die Vermarktung der zur Verfügung gestellten Ware angeführt werden, da der Kommittent aufgrund seines nach wie vor bestehenden Eigentumsrechts gezielte Einflussnahme ausüben kann. Der Kommissionär hingegen muss die Ware nicht vorfinanzieren und sieht sich damit einem geringen Investitionsrisiko gegenüber. Ein bedeutender **Nachteil** stellt für den Kommittenten das Absatzrisiko dar, welchem er sich aufgrund der Finanzierungsübernahme für den mit dem Vertrieb betrauten Dritten gegenübersieht. Der Kommissionär wird hingegen seinerseits vom Kommittenten stark eingeschränkt, was Warenplatzierung, Preise etc. angeht (vgl. *Pepels*, 2012, S. 1053 f.).

Definition »Kommissionär«

Vor- und Nachteile

(3) Handelsmakler

Handelsmakler arbeiten wie Handelsvertreter in **fremdem Namen und auf fremde Rechnung**. Wie Kommissionäre werden sie normalerweise nur mit der fallweisen Vermittlung von Abschlüssen betraut. Allerdings haben Makler in Deutschland nach **§§ 93 und 98 HGB** die Interessen beider Parteien, für die sie tätig werden bzw. zwischen denen sie vermitteln, zu wahren. Handelsmakler halten also in Form von Kauf und Verkauf Kontakt zu beiden Seiten der Wertschöpfungskette. Für die Anbahnung eines Geschäftsabschlusses erhalten Markler eine sogenannte **Courtage**, die i. d. R. von beiden Parteien zur Hälfte getragen wird. Der Handelsmakler ist dazu verpflichtet, ein »Tagebuch« anzulegen und entsprechend ordnungsgemäß zu führen. Nur auf Basis dieses Nachweises seiner Vermittlungsbemühungen kann er entlohnt werden. Makler finden sich heutzutage vor allem auf dem Immobilienmarkt, aber auch beim Wertpapierhandel oder beim Handel mit Versicherungen.

(4) Handelsagent

Handelsagenten stellen eine **Mischform** aus Handelsvertretern, Kommissionären und Handelsmaklern dar. Handelsagenten nehmen selbstständig Handelsvertretergeschäfte wahr, arbeiten auf fremde Rechnung, in fremdem Namen und nur nach Auftrag. Daher tragen sie kein Risiko und werden durch das Auftraggeberunternehmen entsprechend stark in Verträge eingebunden. Handelsagenten

ten betreiben i. d. R. eine Agentur (vgl. *Pepels*, 2012, S. 1054 f.). Die **Vorteile** auf Herstellerseite bestehen hierbei in der Nutzung des **Agenturvertriebs** zur Steigerung der Distributionsdichte (bei Vertrieb über viele kleine Handelsagenten). Außerdem hat das Herstellerunternehmen großen Einfluss auf die Preisgestaltung und die Platzierung der Waren. Die Handelsagenten hingegen gehen in ihrer Tätigkeit keinen Preiswettbewerb ein, da sie durch Provisionen für vermittelte Geschäfte vergütet werden. Außerdem ist die Anzahl an Mitwettbewerbern in deren jeweiligen Absatzgebieten i. d. R. begrenzt. Als **Nachteil** stellt sich für den Hersteller das Finanzierungs- und Umsatzrisiko dar, da die Handelsagenten volles Rückgaberecht für nicht verkaufte Waren genießen. Dagegen ist letzterer stark von der Geschäftspolitik des Herstellers in Bezug auf die Vorgaben für Warenpräsentation oder Preisaktionen abhängig (vgl. *Pepels*, 2012, S. 1054 f.). Agenturen finden sich typischerweise bei Mineralölgesellschaften, Reiseunternehmen oder auch Versandhandelshäusern.

(5) Handelsversteigerer

Handelsversteigerer sind schließlich **an feste Marktveranstaltungen gebunden**. Dabei sind Marktveranstaltungen wiederum Institutionsformen des indirekten Vertriebs über Absatzhelfer. Die wohl bekanntesten Ausgestaltungsformen von Marktveranstaltungen sind **Mustermessen** für industrielle und handwerkliche Fertigwaren, regelmäßig stattfindende **Ausstellungen**, **Auktionen** über begrenzt standardisierbare Waren sowie **Warenbörsen** für nach internationalen Standards gekennzeichnete Waren. Handelsversteigerer werden dabei schwerpunktmäßig im Rahmen von Auktionen tätig. Hier versteigern sie in eigenem oder fremdem Namen, auf eigene oder fremde Rechnung nicht fungible, d. h. nicht vertretbare und damit nicht börsenmäßig handelbare Waren unter Anwendung eines Bietverfahrens an denjenigen, der den höchsten Preis zu zahlen bereit ist.

3.1.2.2.2 Entscheidungstatbestände

Im Hinblick auf die zentralen Organe des indirekten Vertriebs sind verschiedene **Entscheidungstatbestände** zu unterscheiden, die sich im Kern durch die in *Abbildung 227* differenzierten Managementaufgaben darstellen lassen.

Managementfelder

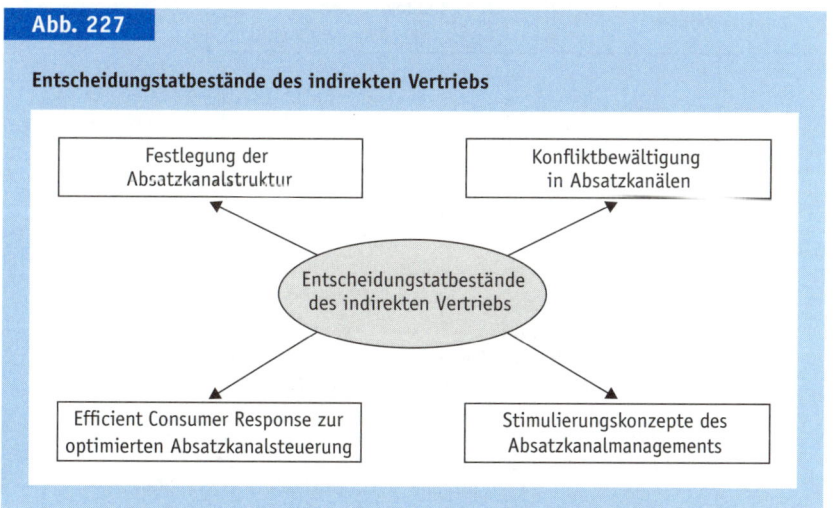

Abb. 227

Entscheidungstatbestände des indirekten Vertriebs

- Festlegung der Absatzkanalstruktur
- Konfliktbewältigung in Absatzkanälen
- Entscheidungstatbestände des indirekten Vertriebs
- Efficient Consumer Response zur optimierten Absatzkanalsteuerung
- Stimulierungskonzepte des Absatzkanalmanagements

Festlegung der Absatzkanalstruktur

Im Rahmen der Festlegung der Absatzkanalstruktur sind zum einen Entscheidungen über die vertikale Gestaltung (vertikale Selektion) und zum anderen über die horizontale Gestaltung (horizontale Selektion) zu treffen. Im Rahmen der **vertikalen Selektion** wird die Länge des Vertriebswegs, also die Anzahl der zwischen Hersteller und Nachfrager eingeschalteten Absatzstufen festgelegt. Hierbei unterscheidet man den **ein-, zwei-** und den **mehrstufigen indirekten Absatz**. Bei einem Verzicht auf die Zwischenschaltung einer Vertriebsstufe zwischen Hersteller und Nachfrager, also dem direkten Vertrieb, spricht man von einem **null-** oder **halbstufigem Vertriebsweg**. Darüber hinaus wird im Rahmen der **horizontalen Selektion** einerseits die **Tiefe**, d. h. die Anzahl verschiedenartiger Typen von Handelsbetrieben auf jeder Absatzstufe, und andererseits die **Breite** des Vertriebswegs bestimmt, d. h. über wie viele gleichartige Verkaufsorgane innerhalb eines Handelsbetriebstypen vertrieben wird (vgl. *Meffert/Burmann/Kirchgeorg*, 2012, S. 550 f.; *Diller/Fürst/Ivens*, 2011, S. 333 ff.). In der Literatur zur Absatzkanalstruktur existieren in diesem Zusammenhang verschie-

Vertikale und horizontale Selektion

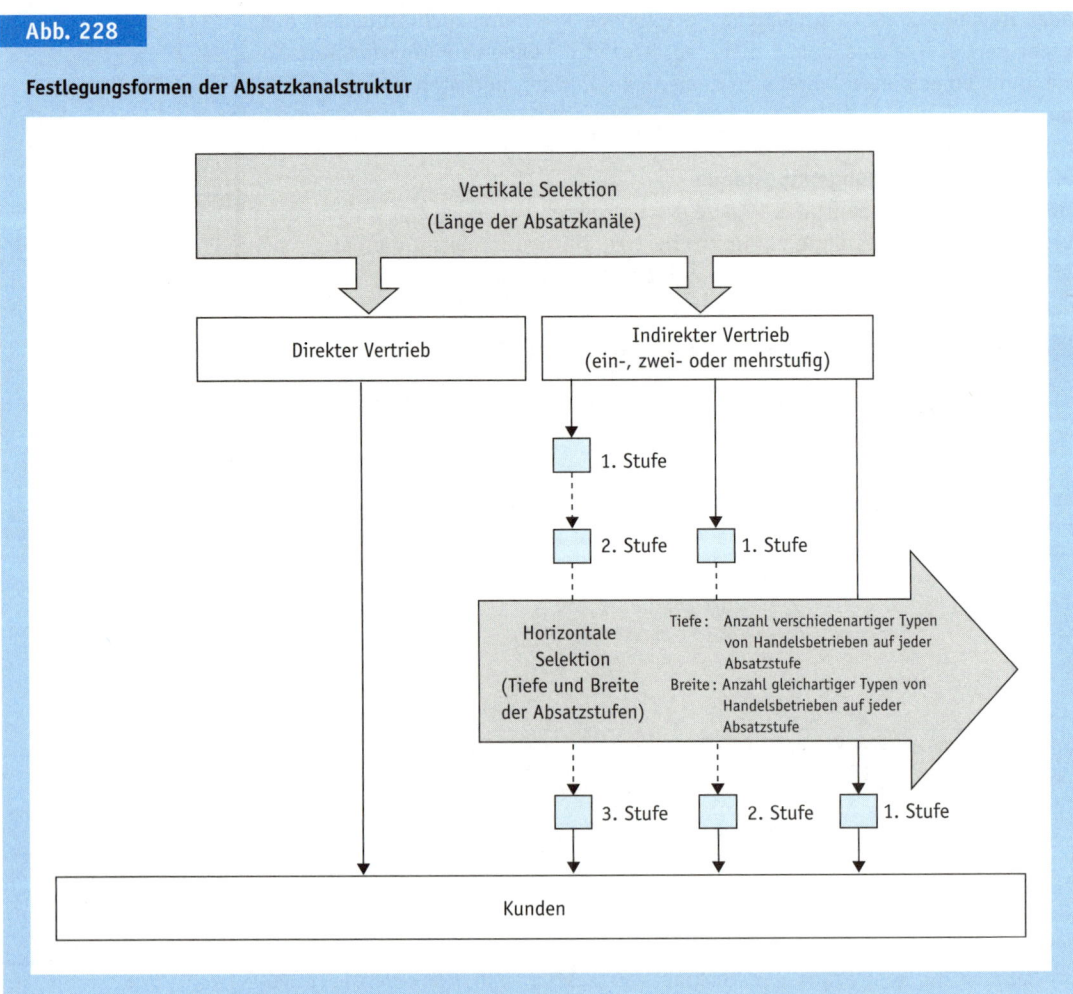

Abb. 228

Festlegungsformen der Absatzkanalstruktur

dene Strukturierungsansätze, anhand welcher Kriterien die Tiefe und Breite eines Absatzkanals bestimmt werden kann (vgl. z.B. *Pepels*, 2012; *Schögel*, 1997). Eine Übersicht über die hier verwendete Systematisierung der Absatzkanalstruktur liefert *Abbildung 228*.

(1) Vertikale Gestaltung

Einstufiger Absatz

Im Rahmen der **vertikalen Gestaltung** wird darüber entschieden, wie viele Zwischenstufen zwischen Hersteller und Nachfrager geschaltet werden sollen. Der direkte Vertrieb ergibt sich, wenn sich ein Unternehmen für einen **null**- oder **halbstufigen Vertrieb** entscheidet. Beim **einstufigen Absatz** wird hingegen eine Absatzmittlerstufe zwischengeschaltet. Diese Absatzmittlerfunktion übernehmen zumeist Einzelhandelsunternehmen, denen dann aber auch z.B. logistische Kompetenzen übertragen werden. Ausnahmsweise können auch Großhändler die Distribution an Endkunden übernehmen oder auch sogenannte Verbindungshändler eingeschaltet werden, die an Weiterverarbeiter im Rahmen des B-to-B-Marketing verkaufen. Aus Herstellersicht ergibt sich aus dem einstufigen Absatz der **Vorteil**, dass im Vergleich zu zwei oder mehrstufigen Absatzformen Distributionsspanne – als Differenz zwischen Einkaufspreis der Endkunden und Verkaufspreis des Herstellers (Handelskosten) – eingespart werden kann. Auch der Absatzmittler profitiert von dieser direkteren Form des Absatzes sowohl finanziell als auch durch eine größere Kommunikationseffektivität und -effizienz, die aus dem direkten Kontakt zu Hersteller und Nachfrager entsteht. Als **Nachteil** auf Herstellerseite sind die Übernahme eines Großteils der Distributionsfunktion sowie die geringere Nutzung der Multiplikationsfunktion zwischengeschalteter Absatzmittler zu nennen. Händler sehen sich dagegen beim einstufigen Absatz zur Übernahme zusätzlicher Distributionsfunktionen gezwungen, die ansonsten beispielsweise Großhändler übernehmen.

Der **zweistufige Absatz** schaltet zwei Absatzstufen zwischen Hersteller und Endkunden. Dabei findet die Distribution i. d. R. über Groß- und Einzelhändler an die Endkunden statt. Im Außenhandel können alternativ beispielsweise auch Exporteure an ausländische Importeure liefern. Als **Vorteile** ergeben sich auf Herstellerseite die Auslagerung von Fixkosten, indem Aufgaben der Distribution weitgehend auf den Großhändler übertragen werden, sowie die Nutzung von Streuungseffekten durch die doppelte Verzweigung des Absatzkanals über Groß- und Einzelhandel. Auf Händlerseite kommt es zu einer effizienteren Arbeitsteilung durch die Konzentration auf einen Teil der Wertschöpfung. **Nachteile** ergeben sich für den Hersteller daraus, dass dessen Gewinnspanne durch die Zwischenschaltung mehrerer Absatzstufen geringer wird und die Kontrolle über die Darbietung der Ware gegenüber dem Letztabnehmer sinkt. Der Händler wiederum hat keinen direkten Kontakt mehr zum Kunden und zum Hersteller, sondern nur noch zu einem von beiden, was den Informationsfluss behindern kann. Auch die Gewinnspanne des Händlers wird durch Zwischenschaltung weiterer Stufen gemindert.

Zweistufiger Absatz

Beim **mehrstufigen Absatz** werden i. d. R. mehr als zwei Handelsstufen zwischen Hersteller und Letztabnehmer geschaltet. Dies ist insbesondere dann der Fall, wenn sich die Großhandelsstufe ihrerseits wiederum in mehrere Teilstufen unterteilt. Auf Herstellerseite ergeben sich hieraus die **Vorteile** einer weitgehenden Spezialisierung der einzelnen Absatzstufen und einer größtmöglichen Marktabdeckung. Auch bei den Händlern kommt es durch die stärkere Arbeitsteilung zur Professionalisierung auf den einzelnen Handelsstufen. Neben der Kostenbelastung und der erschwerten Steuerbarkeit des Absatzkanalsystems hat der Hersteller aber möglicherweise den **Nachteil** einer Zunahme vertikaler Konflikte durch gegensätzliche Interessen der beteiligten Absatzmittler. Der Händler muss schließlich seine Marge reduzieren und der Absatzkanal droht zudem insgesamt intransparent zu werden.

Mehrstufiger Absatz

Generell ist die Entscheidung über die vertikale Gestaltung eines Absatzkanals immer vor dem Hintergrund von Effektivitäts- und Effizienzüberlegungen

Fallbeispiel 75

Mehrstufiger Absatz im Weinhandel

Die Bedeutung des mehrstufigen Vertriebs kann am Beispiel des Weinhandels anschaulich gemacht werden. Bis der Wein vom Winzer zum Weinliebhaber gelangt, durchläuft dieser zahlreiche Handelsstufen. Hierbei können folgende Absatzmittler an der Distribution beteiligt sein (vgl. *Pepels*, 2012, S. 886):

▶ Weinhandel,
▶ Winzergenossenschaften,
▶ Weingroßhandlungen,
▶ Lebensmittelgroßhandlungen,
▶ Gastronomiebetriebe,
▶ Facheinzelhandel,
▶ Lebensmitteleinzelhandel sowie
▶ Import- und Exportbetriebe.

Ziel der Weinbranche ist es dabei zum einen, eine möglichst breite Distribution zu gewährleisten. Zum anderen wäre es für einen einzelnen Winzer schlicht unmöglich zu gewährleisten, dass beispielsweise sein aktuell preisgekrönter Jahrgang zum Zeitpunkt seines besten Reifegrades flächendeckend verfügbar ist.

zu fällen. Bezüglich der **Effektivität** ist damit zu rechnen, dass mit jeder weiteren Zwischenstufe die Schwierigkeit des Aufbaus von Kundenloyalität steigen und die Kontrolle über die Vertriebsaktivitäten sinken wird. Unter **Effizienzgesichtspunkten** ist den Transaktionskosten, die durch die Einschaltung von Absatzmittlern eingespart werden können, die Distributionsspanne, die der Hersteller an den Handel entrichten muss, gegenüberzustellen, um eine Entscheidung über die vertikale Gestaltung des Absatzkanals treffen zu können.

(2) Horizontale Gestaltung

Im Rahmen der horizontalen Gestaltung im indirekten Vertrieb wird einerseits darüber entschieden, wie viele gleichartige Absatzmittler je Absatzstufe zwischengeschaltet werden (Absatzkanalbreite), und andererseits festgelegt, wie viele nach Betriebsform bzw. Betriebstyp verschiedene Absatzmittler je Absatzstufe eingebunden werden sollen (Absatzkanaltiefe).

Bezüglich der **Absatzkanalbreite** ist dabei zwischen

Absatzkanalbreite

▶ ubiquitärer Distribution,
▶ intensiver Distribution,
▶ selektiver Distribution und
▶ exklusiver Distribution

zu unterscheiden.

Ubiquität

Ubiquitäre Distribution. Bei ubiquitärer Distribution **versucht der Hersteller, alle objektiv in Frage kommenden Absatzmittler** (bzw. Absatzhelfer) in den Absatzkanal mit einzubeziehen. Diese ganzheitliche Absatzphilosophie findet sich heute tatsächlich aber nur noch auf wenigen Märkten, z. B. auf dem Markt für Zigaretten, Zeitschriften oder Softdrinks. Ein wesentlicher **Vorteil** für den Hersteller ist dabei, dass eine maximale Marktabdeckung und damit eine vollständige Ausschöpfung des Nachfragepotenzials gewährleistet werden kann. Der Handel wiederum profitiert von der Gewissheit, seinen Kunden hochbekannte und vertraute Produkte anzubieten und dadurch möglicherweise bei diesen auch ungeplante Käufe ohne eigene Marketing-Maßnahmen initiieren zu können. **Nachteile** sind für den Hersteller im hohen Distributionsaufwand, der schweren Steuerbarkeit des Vertriebssystems und der Gefahr von Imageeinbußen bei unterschiedlicher Warenpräsentation der sehr unterschiedlichen Verkaufsstellen zu sehen. Für den Händler wiederum ist es aufgrund der Vergleichbarkeit ubiquitär vertriebener Produkte kaum möglich, sich preislich von Wettbewerbern zu differenzieren. Außerdem besteht für den Händler bei solchen Produkten **Sortimentszwang**, da Imageverluste zu befürchten sind, sollte ein Verbraucher einen ubiquitär vertriebenen Artikel beim betreffenden Händler nicht vorfinden.

Intensive Distribution. Bei intensiver Distribution werden nicht mehr alle möglichen, sondern **nur die mit vertretbarem Aufwand zu beauftragenden Absatzmittler** in den Absatzkanal mit einbezogen. Eine quantitative oder qualitative Beschränkung der Absatzmittler wird dabei nur in Einzelfällen vorgenommen. Güter des täglichen Bedarfs werden i. d. R. auf diese Weise vertrieben (z. B. Butter, Joghurt, Milch). Der **Vorteil** dieser Distributionsart liegt für den Hersteller in einem vernünftigen Kompromiss zwischen größtmöglicher Marktabdeckung und dem hierfür notwendigen Aufwand. Händler erfüllen durch die Darbietung intensiv vertriebener Produkte die Erwartungen vieler Nachfrager, die von deren Verfügbarkeit ausgehen und unter den entsprechenden Produkten eine bewusste Auswahl treffen wollen. Auf Herstellerseite ergibt sich der **Nachteil**, dass bei einem Top-Down-Vorgehen bezüglich der Händlerauswahl Probleme mit zu geringer Absatzmittlergröße entstehen können. Es stellt sich dann die Frage nach dem erstrebenswerten Intensitätsgrad. Bei Händlern können etwaige Bestandslücken bei bestimmten Schlüsselprodukten hingegen zu enormen Imageeinbußen führen.

Intensiv

Selektive Distribution. Bei selektiver Distribution wählt der Hersteller die Händler **schließlich nach bestimmten qualitativen Kriterien** aus (z. B. Personalqualifikation, Geschäftsgröße, Kooperationsbereitschaft, Kundendienstbereitstellung). **Nur ausgewählte Absatzmittler** werden dabei in den Absatzkanal mit einbezogen, sodass sich die Ware durch eine eher geringe Erhältlichkeit auszeichnet. Dies ist dann unproblematisch, wenn die Struktur der Absatzmittler weitgehend homogen bleibt (z. B. nur Fachhandel), sodass Kunden nicht davon überrascht sind, das betreffende Produkt in bestimmten Handelsbetrieben nicht zu erhalten. Für Hersteller ergeben sich hierbei **Vorteile** aus der Rationalisierung des Vertriebssystems, durch die Fokussierung auf wenige Absatzmittler pro Vertriebsstufe und durch das erhöhte Engagement auf Händlerseite, deren Erträge unmittelbar von deren akquisitorischen Bemühungen abhängen. Für den Händler besteht in gewisser Weise eine Wettbewerbsbeschränkung auf wenige ausgewählte Mitanbieter. Außerdem kann er eine intensivere Unterstützung durch den Hersteller erwarten. **Nachteile** für den Hersteller sind in einem gestiegenen Distributionsrisiko bei Ausfällen einzelner Vertriebspartner zu sehen, da man nicht unmittelbar auf qualitativ gleichwertigen Ersatz zurückgreifen kann. Der Händler kann gegenüber dem Hersteller verschiedene Pflichten innehaben. Eine entsprechende Machtposition des Herstellers vorausgesetzt, kann die Pflicht auch darin bestehen, dass sich der Händler an den Werbe- und Kommunikationsmaßnahmen des Herstellers (z. B. durch Zuschüsse) beteiligen muss.

Selektiv

Fallbeispiel 76

Selektive Distribution bei Philips

Der niederländische Elektrogerätehersteller Philips hat seit Ende 2007 Rahmenverträge für die hochpreisige Fernseher-Designreihe »Aurea« mit dem Handel abgeschlossen. Die ebenfalls exklusive Küchengerätereihe »Robust« wird seit 2009 ebenfalls im Rahmen einer selektiven Vertriebsstrategie vertrieben.

Henrik Köhler, Deutschland-Chef von Philips im Jahr 2010, begründet dies wie folgt: »Ohne eine gute Marge sind wir kein guter Partner für den Handel!« Deshalb weitet Philips sein selektives Vertriebsmodell für hochwertige Produktgruppen aus: Ein High-End-Rasierer und die Distribution von Maestro- und Saeco-Kaffeemaschinen über einen Teil des Fachhandels sind weitere Beispiele für diese Strategie, mit der Philips den Fachhandel durch stabile Preise stärken will.

Dabei funktioniert die selektive Distribution bei Philips durch ein Vertragsgefüge, bei dem die betreffenden Produkte nach Vermarktungsvorgaben vordefiniert sind. Zu diesen Vermarktungsvorgaben zählen beispielsweise die qualitativen Beratungsmodalitäten für den Fachhändler. Dazu gehören u. a. eine ansprechende Präsentation im Live-Betrieb (z. B. bei Fernsehern) sowie Beratung und Installationshilfe durch geschulte Mitarbeiter. Hierdurch gelingt es Philips, einen Mehrwert zur Marke und den Produkten hinzuzufügen. Der Fachhandel wiederum profitiert von einer qualitätsorientierten Vermarktung und damit von dem Angebot einer sicheren Gewinnspanne (vgl. *Goreßen*, 2010).

Exklusive Distribution. Bei exklusiver Distribution findet neben der qualitativen **auch eine quantitative Beschränkung** der Absatzmittler statt, indem diese für ein bestimmtes Absatzgebiet eine Quasi-Monopolstellung erhalten. Dies wird durch gebietsbezogene Exklusivverträge erreicht, die aber aus wettbewerbsrechtlichen Gründen nur in bestimmten Märkten anzutreffen sind (z. B. bei Premiumprodukten wie Bekleidung, Autos, Kosmetika oder auch bei Mineralölgesellschaften). Für den Hersteller ergeben sich dabei als **Vorteile** eine hohe Kontrolle des Vertriebssystems, ein hoher Anspruch an die Verkaufsbemühungen der Absatzmittler und eine kostengünstige Organisation. Händler wiederum profitieren von einem gewissen Schutz vor Konkurrenz durch die Distributionsexklusivität der angebotenen Ware. Hieraus ergibt sich wiederum eine gestiegene Exklusivitätsanmutung des Händlers selbst, die auf andere Sortimente durchschlagen kann. **Nachteile** für den Hersteller bestehen in der wettbewerbsrechtlichen Beschränkung von Exklusivverträgen und der Abhängigkeit von der Akquisitionskompetenz einiger weniger ausgewählter Absatzmittler. Der Händler wiederum bekommt vom Hersteller klare Vorgaben über das darzubietende Sortiment. Er kann sich dabei nicht auf besonders attraktive Teile des Programms beschränken. Außerdem ist der Händler stark in den Absatzkanal des Herstellers eingebunden, sodass dieser bei Schwierigkeiten nicht einfach den Lieferanten wechseln kann.

Die Frage nach der Festlegung der Anzahl verschiedenartiger Handelsbetriebe auf jeder Absatzstufe (**Absatzkanaltiefe**) umfasst hingegen die Frage nach Betriebsform und Betriebstyp der ausgewählten Absatzmittler. Dabei bezeichnet die sogenannte **Betriebsform** die grundsätzliche Art der Absatzmittler aus Sicht der Nachfrager. Als einer bestimmten Betriebsform angehörend werden Handelsbetriebe dann angesehen, wenn sie sich hinsichtlich grundlegender Merkmale (wie z. B. Leistungs- oder Sortimentsumfang) aus Nachfragersicht

Exklusiv

Absatzkanaltiefe

stark ähneln. Entscheidend ist hierbei die Sichtweise der Nachfrager, welche die Betriebe als gleichartig wahrnehmen müssen (vgl. *Ahlert/Kenning*, 2007, S. 111). Bezüglich des Leistungsumfangs, was die Zurverfügungstellung der Ware für den Nachfrager angeht, lassen sich beispielsweise Versandhäuser von SB-Warenhäusern unterscheiden. Hinsichtlich des Sortimentsumfangs wiederum unterscheiden sich Fachmärkte deutlich von Warenhäusern. Im Gegensatz zur grundlegenden Betriebsform stellen **Betriebstypen** mögliche unternehmensindividuelle Ausgestaltungsformen der Betriebsform dar. *Wöllenstein* (1996, S. 111) fasst hierunter solche Handelsbetriebe zusammen, die sich bezüglich der eingesetzten Marketing-Instrumente ähneln. Beispielsweise lassen sich Fachmärkte in der Unterhaltungselektronikbranche dahingehend unterscheiden, ob diese eher preisorientiert sind (z. B. Saturn/Media Markt) oder eher auswahlorientiert (Fachmärkte, die sich auf Komplettsortimente einiger wenige exklusiver Hersteller fokussiert haben).

Konfliktbewältigung in Absatzkanälen

Nach der grundsätzlichen Entscheidung über die Absatzkanalstruktur hinsichtlich vertikaler und horizontaler Gestaltung stellt sich die Frage, wie mögliche Konflikte zwischen den beteiligten Vertriebspartnern gehandhabt werden sollen. Grundsätzlich lassen sich vertikale von horizontalen Konflikten unterscheiden (vgl. *Specht/Fritz*, 2005). **Vertikale Konflikte** bestehen hierbei zwischen Anbietern vor- bzw. nachgelagerter Marktstufen in der Wertschöpfungskette. Konflikte dieser Art betreffen z. B. die Preisgestaltung. Der Hersteller möchte beispielsweise eine hochpreisige Strategie zur exklusiven Positionierung seines Produktes, der Händler hingegen eine niedrigpreisige Strategie zur Förderung des Abverkaufs seines Sortiments realisieren. Im Gegensatz dazu bestehen **horizontale Konflikte** zwischen Vertriebspartnern auf der gleichen Marktstufe. Denkbar sind hier beispielsweise Konflikte zwischen Franchisenehmern oder Vertragshändlern (vgl. auch die Ausführungen in Abschnitt 2 D. II. 3.1.2.2.1). Diese können z. B. aus gegenseitigen Verkaufsgebietsverletzungen oder auch gegenseitigem Unterbieten von Preisen (z. B. Tankstellen in unmittelbarer Nachbarschaft) resultieren.

Vertikale vs. horizontale Konflikte

Zur Lösung von Konflikten innerhalb eines Absatzkanals stehen grundsätzlich zwei Möglichkeiten zur Verfügung, sich diesen zu stellen (Lösungsstrategie) oder diesen auszuweichen (Ausweichstrategie) (vgl. *Nieschlag/Dichtl/Hörschgen*, 2002, S. 928 f.). Bei der **Ausweichstrategie** versucht z. B. ein Hersteller, sich dem Einfluss seines mächtigen Handelspartners zu entziehen. Dies kann ihm dadurch gelingen, dass er sich z. B. für weniger mächtige Absatzmittler entscheidet, den Spezialhandel gegenüber Discountern bevorzugt oder aber stattdessen auf ausländische Märkte expandiert und damit die Abhängigkeit von einzelnen inländischen Handelspartnern reduziert. Stellen sich Hersteller hingegen den potenziellen Konflikten (**Lösungsstrategie**), können diese versuchen, die Austauschbeziehung entweder zu dominieren, eine kooperative Verhaltensweise zu praktizieren oder sich dem Vertriebspartner anzupassen.

Ausweich-/Lösungsstrategie

Apple

Eine Dominanzstrategie verfolgt schon seit Jahren der Computer- und Unterhaltungselektronikhersteller Apple. Die Produkte von Apple werden von vielen Kunden als innovativ angesehen, besitzen ein durchdachtes, funktionales Design und zeichnen sich außerdem durch eine einfache Benutzbarkeit aus. Durch diesen KKV gegenüber Konkurrenten wie Microsoft oder Samsung generiert Apple einen Nachfragesog auf Seiten der Endkunden. Dies wirkt sich nicht zuletzt auf die Vertriebsstrategie von Apple aus: Hatte das Unternehmen bis Anfang der 1990er-Jahre deutschlandweit noch über 400 Vertragshändler, reduzierte sich diese Zahl in der zweiten Hälfte der 1990er Jahre auf zunächst 71. Seither ist das Unternehmen parallel zur stetigen Ausweitung seiner Marktdominanz wieder dabei, das direkt kontrollierte Händlernetz auszubauen. Dabei setzt Apple vor allem auf drei Vertriebsschienen:

▸ Apple Shops sind von Apple konzipierte Verkaufsstellen in Umgebungen wie Kaufhäusern (beispielsweise Apple Shops in ausgewählten Fachmärkten wie Saturn und Mediamarkt).
▸ Apple Premium Reseller bieten die gesamte Auswahl an Macs, iPads, iPods und iPhones sowie Software und Zubehör an einem Ort. Außerdem bieten sie von Apple zertifiziertes Training für zahlreiche Mac-Themen an.
▸ Apple Online Stores ermöglichen den weltweiten Bezug von Apple-Produkten und -Zubehör über das Internet.

Bei sämtlichen Distributionsaktivitäten achtet Apple stets auf die Exklusivität des Produktvertriebs.
Neben den aktuell neun Apple Premium Resellern in Deutschland existieren für die zahlreichen übrigen Apple Stores strenge Shop-in-Shop-Richtlinien. Hierzu zählen die spezielle Schulung von Verkaufspersonal genauso wie Vorgaben für die Shop-Gestaltung und die Warenpräsentation (vgl. *Abbildung 229*).

Quelle: *Apple*, 2012

Abb. 229: Apple Premium Reseller in Augsburg

Stimulierungskonzepte des Absatzkanalmanagements

Ebenso besteht im Rahmen des Absatzkanalmanagements die Aufgabe, die ausgewählten Intermediäre durch geeignete Stimulierungskonzepte zu steuern. Diese Konzepte stellen instrumentelle Steuerungsansätze in Ergänzung zu den bereits vorgestellten generellen Strategien zum Umgang mit Konflikten dar und betreffen die konkrete Motivation und Bindung der zu akquirierenden bzw. bereits akquirierten Absatzmittler.

Push-Ansatz

Bei der Stimulierung im Rahmen des Absatzkanalmanagements stellt sich zunächst die Frage, auf welche Stufe sich die Vermarktungsbemühungen des Herstellers beziehen sollen. Beim sogenannten **Push-Ansatz** (**Druckerzeugung**) findet eine Absatzmittlerstimulierung dadurch statt, dass dieser durch direkte Maßnahmen des Herstellers dazu bewegt werden soll, dessen Ware vorzugsweise und an repräsentativer Stelle im dargebotenen Verkaufssortiment zu platzieren. Der Hersteller versucht also, seine Ware in die Distributionspipeline hineinzudrücken. Hierzu bedient er sich klassischer Anreize in Form von Rabatten, Prämien, Werbemittelunterstützung, Gemeinschaftswerbeaktionen o. Ä. (vgl. *Kotler et al.*, 2011, S. 825). Wie *Abbildung 230* zeigt, können Stimuli dabei auf verschiedenen Stufen des indirekten Vertriebs (»Hineinverkauf«, »Abverkauf«) ansetzen.

Inwiefern Absatzmittler zielgerichtet im Rahmen des Push-Ansatzes stimuliert werden können, ist eine Frage konkreter Anreizsysteme in Form von monetären oder nicht-monetären Anreizsystemen (vgl. *Specht/Fritz*, 2005, S. 323 ff.). **Monetäre Anreizsysteme** verschaffen dem Absatzmittler Vorteile, die sich direkt in dessen Rentabilität niederschlagen. Hierzu zählen vor allem Rabatte, größere Handelsspannen und Finanzhilfen. **Nicht-monetäre Anreizsysteme** stellen hingegen Stimuli dar, die sich nicht unmittelbar auf den Erfolg des Handels auswirken. Diese verschaffen den Vertriebspartnern indirekte Vorteile, wie dies z. B. bei absatzmittlergerichteten Serviceleistungen der Fall ist. Hierzu zählen beispielsweise auch die gemeinsame Übernahme von Handelsfunktionen (z. B. Warenpräsentation), vertikaler Know-how-Transfer oder auch die Einräumung exklusiver Distributionsrechte an den Absatzmittler.

Anreizsysteme

Abb. 230

Push- und Pull-Ansatz als Basisinstrumente zur Absatzmittlerstimulierung

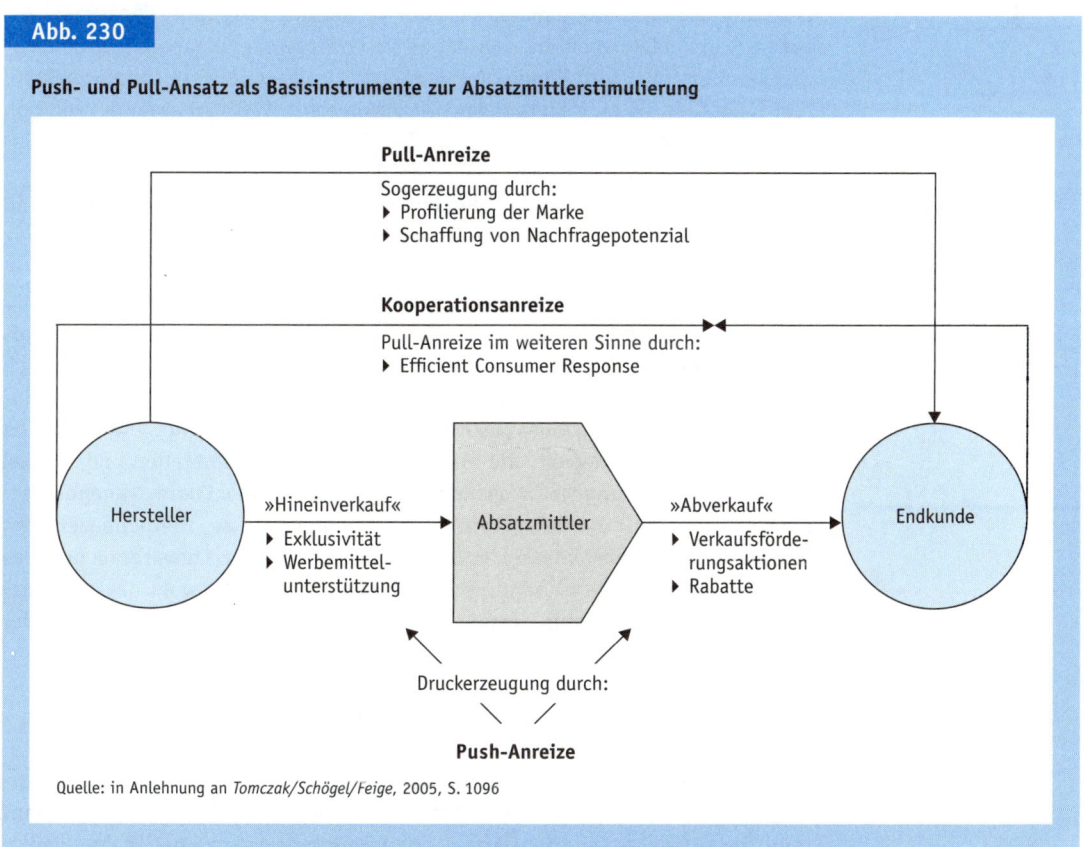

Quelle: in Anlehnung an *Tomczak/Schögel/Feige*, 2005, S. 1096

Pull-Ansatz

Stimulierungsinstrumente, welche hinsichtlich der Zielrichtung der Vermarktungsbemühungen den Abnehmer im Fokus der Betrachtung haben, sind dem sogenannten **Pull-Ansatz** (**Sogerzeugung**) zuzuordnen. Hierbei findet eine indirekte Absatzmittlerstimulierung über den Endkunden statt. Der Hersteller praktiziert dabei z. B. sogenannte **Sprungwerbung**, bei der zwischengeschaltete Absatzmittler als Empfänger von herstellerseitigen Incentivierungen übersprungen werden und stattdessen direkt beim Endkunden für das Produkt geworben wird. Hierdurch verspricht sich der Hersteller eine Sogwirkung vonseiten des Endkunden in der Art, dass dieser die Bereitstellung der Ware im Sortiment der jeweiligen Absatzmittler fordert. Solche Forderungen der Kunden führen dazu, dass es sich der Handel nicht mehr leisten kann, das Produkt des Herstellers nicht (mehr) im Sortiment zu führen.

Efficient Consumer Response zur optimierten Absatzkanalsteuerung

Warenflussoptimierung

Im Anschluss an die Entwicklung konfliktreduzierender und anreizschaffender Konzepte ist der Warenfluss vom Hersteller zum Endkunden zu optimieren. Hierfür steht mit dem Efficient Consumer Response-Konzept auf Konsumgütermärkten ein leistungsfähiges Optimierungsinstrument für die integrierte Steuerung des Absatzkanalsystems zur Verfügung. **Efficient Consumer Response** (kurz: **ECR**) versteht sich dabei als strategisches Kooperationskonzept zwischen Hersteller und Handel mit dem Ziel, die gesamte Wertschöpfungskette (vom Hersteller bis zum Endkunden) in optimierter Weise zu steuern (vgl. *von der Heydt*, 1999). *Abbildung 231* zeigt das Konzept des Efficient Consumer Response Managements in seinen einzelnen Bestandteilen.

ECR

Hierbei ist generell zu unterscheiden zwischen anbieterorientierten (1) und nachfragerorientierten Optimierungsbemühungen (2):

(1) Anbieterorientierte Optimierungsansätze

Efficient Store Replenishment

Anbieterorientierte Optimierungsansätze werden unter der Managementaufgabe des **Efficient Store Replenishment** zusammengefasst und beziehen sich dabei in erster Linie auf logistische Themengebiete wie beispielsweise die Lagerhaltungsoptimierung oder auch die Just in Time-Lieferung. Die Aufgaben betreffen dabei vorwiegend die Warenflüsse zwischen Hersteller und Handel und abstrahieren zunächst vom Endkunden. Der **Supply Chain Management-Prozess** (kurz: **SCM**) dient der Optimierung der Warenflüsse. Hierbei bezeichnet die Supply Chain die Lieferkette vom Hersteller bis zum Endverbraucher. Das Management dieser Wertschöpfungskette umfasst hierbei sowohl die Effizienzsteigerung des benötigten Ressourceneinsatzes wie auch die Erfüllung der Nachfragerbedürfnisse (vgl. *Arndt*, 2010, S. 46 f.).

SCM

(2) Nachfragerorientierte Optimierungsansätze

Neben anbieterorientierten Optimierungsansätzen umfasst ECR auch nachfragerorientierte Optimierungsansätze. Diese gliedern sich in die Managementaufgaben **Efficient Store Assortment**, **Efficient Product Introduction** und **Efficient Promotions**. Nachfragerorientierte Optimierungsansätze werden dabei häufig

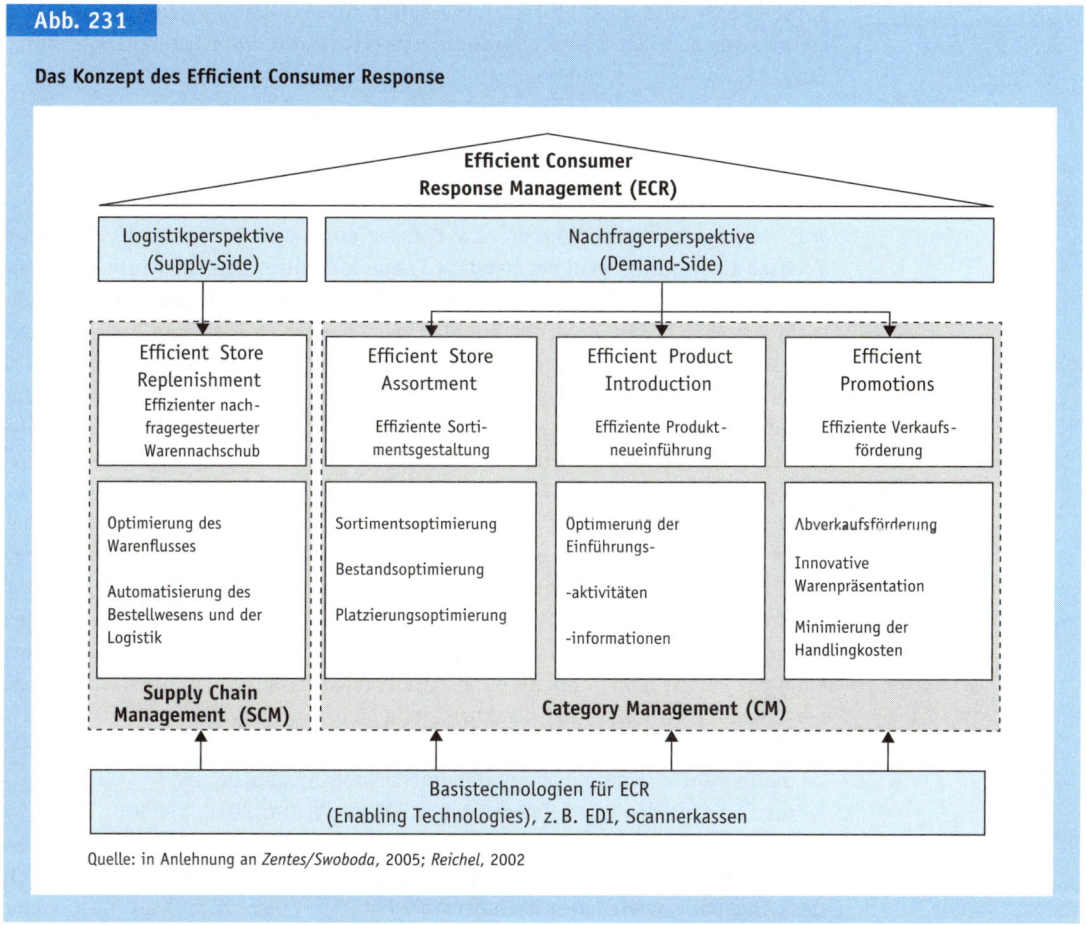

Abb. 231

Das Konzept des Efficient Consumer Response

Quelle: in Anlehnung an *Zentes/Swoboda*, 2005; *Reichel*, 2002

unter dem Begriff **Category Management** (kurz: **CM**) zusammengefasst. Bei diesem Konzept werden Warengruppen zu strategischen Geschäftseinheiten zusammengeführt. Diese Einheiten werden durch eine kooperative Zusammenarbeit von Hersteller und Händler konsequent auf die Kundenbedürfnisse ausgerichtet, was zu einer Verbesserung der gesamten Leistung einer Warengruppe (Category) führt (vgl. *von der Heydt*, 1998, S. 105). Die Warengruppenzugehörigkeit hängt dabei vom Endkunden ab, der die resultierende Warengruppe dann gebündelt im Handel vorfinden sollte (beispielsweise Küchenzubehör in Supermärkten in Form von Reinigungsmitteln, Aufbewahrungslösungen, Kochutensilien und Partyzubehör).

Category Management

Die vorgenannten Managementbereiche werden insgesamt unterstützt von den **Basistechnologien des ECR**. Diese sollen einen reibungslosen Informationsfluss zwischen Herstellern, Händlern und Kunden gewährleisten. Hierzu zählen **Scannerkassen** für die elektronische Erfassung von Abverkaufsdaten am

Technische Voraussetzungen

EDI

Point of Sale oder auch Systeme zum elektronischen Datenaustausch zwischen Unternehmen in der Wertschöpfungskette (**Electronic Data Interchange**, kurz: **EDI**).

3.1.2.3 Multi Channel-Management

3.1.2.3.1 Begriff und Zielsetzung

Notwendigkeit von
Mehrkanalvertrieb

Während in der Vergangenheit die Entscheidung direkter Vertrieb/indirekter Vertrieb häufig eine »Entweder-oder«-Frage darstellte, besteht heute in vielen Märkten die Notwendigkeit sowohl im direkten als auch im indirekten Vertrieb tätig zu sein. Zudem geht die Tendenz immer mehr in Richtung breiterer und tieferer Kanalstrukturen im indirekten Vertrieb. Da z. B. im Konsumgüterbereich jeder zweite Nachfrager durchschnittlich vier bis fünf Kontaktwege zum jeweiligen Herstellerunternehmen heranzieht (vgl. *o.V.*, 2002, S. 24), sind Unternehmen zunehmend darum bemüht, dem Kunden alternative Absatzwege anzubieten. Den Aufbau, die Entwicklung, die Gestaltung und die Steuerung mehrerer Vertriebskanäle zur Optimierung der Distribution bezeichnet man dabei als **Multi Channel-Management** (**Multi Channel-Marketing in engerem Sinne**) (vgl. *Emrich*, 2009, S. 25 f.).

Ziele

Multi Channel-Management kann in vielerlei Hinsicht zur Steigerung des Unternehmenserfolgs beitragen. Die drei wichtigsten Gründe für die Ausweitung der Vertriebswege hin zu einer parallelen Distribution an die Kunden über verschiedene indirekte und direkte Kanäle sind

▸ die höhere Marktabdeckung,
▸ die Gewährleistung einer kundengerechteren Ansprache und
▸ die Senkung der Vertriebskosten (vgl. *Winkelmann*, 2012, S. 638).

Vor- und Nachteile

Der **Vorteil** einer **höheren Marktabdeckung** wird dadurch realisiert, dass durch das Angebot zusätzlicher Bezugsmöglichkeiten eines Produktes oder einer Dienstleistung weitere Nachfragersegmente erschlossen werden können bzw. eine bessere Betreuung der bestehenden Kunden realisierbar wird. Durch Multi Channel-Marketing können weiterhin Kunden spezifischer und **bedarfsorientierter angesprochen** werden (beispielsweise durch das Angebot eines Online-Shops für Menschen mit eingeschränkter Mobilität). Schließlich ist durch ein mehrgliedriges Vertriebswegesystem eine **Senkung der Vertriebskosten** realisierbar. Kunden kann so z. B. neben aufwändigen Kanälen auch das Angebot weniger aufwändiger Kanäle gemacht werden. Auch hier bietet z. B. das Internet vielfältige Einsparpotenziale vor allem im Servicebereich.

Allerdings kann Multi Channel-Management auch einige **Nachteile** mit sich bringen. Zunächst kann bei einer unkoordinierten Steuerung des Vertriebssystems die Vielzahl der parallel eingesetzten Absatzkanäle dazu führen, dass es zu **Kundenverwirrung** kommt, was die Vorteilhaftigkeit der Vertriebskanäle angeht. Verwirrung kann zudem durch unterschiedliche Sortimentsstrukturen oder eine uneinheitliche Markierung entstehen. Weiterhin kann eine unzulängliche Abstimmung Probleme innerhalb der Preiskommunikation hervorrufen

Vor- und Nachteile des Multi Channel-Managements

Risiken

- höhere Marktabdeckung: Marktzugang verbessern
- kundengerechte Ansprache: spezifische Leistungen bieten
- Wirtschaftlichkeit: Kostensenkung realisieren
- Risikoausgleich: Abhängigkeit reduzieren
- Wettbewerbsvorteil: bei guter Abstimmung schwer imitierbar
- Markenpräsentation: erweiterte Möglichkeiten

- Kundenverwirrung: ungenaue Vorgaben
- Konflikte zwischen den Kanälen: Konkurrenzdenken
- Kontrollverlust: Komplexität erschwert Steuerung
- Suboptimierung: Anpassung an Erfordernisse der Kanäle
- hohe Investitionskosten
- Gefahr des Know-how-Abflusses

Chancen

und hierdurch unerwünschte **Kannibalisierungseffekte** zwischen den Absatzkanälen bewirken. Eine Führung der verschiedenen Absatzkanäle als einzelne Profit-Center kann ebenfalls zu einem kontraproduktiven **Konkurrenzdenken** der Vertriebspartner und zu opportunistischem Verhalten im Vertriebssystem führen. Schließlich steigt mit der Anzahl der in das Vertriebssystem integrierten Absatzkanäle die Komplexität des gesamten Systems, was wiederum zu einem **Kontrollverlust** des Herstellers über die einzelnen Kanäle führen kann. Eine Zusammenfassung der Vor- und Nachteile des Multi Channel-Managements liefert *Abbildung 232*.

3.1.2.3.2 Prozess des Multi Channel-Managements

Um die Vorteile des Multi Channel-Managements zu realisieren und zugleich die Nachteile, die mit diesem Ansatz verbunden sein können, zu begrenzen, ist ein **systematischer Management-Prozess** erforderlich. Der Prozess des Multi Channel-Managements kann in drei aufeinanderfolgende Managementaufgaben gegliedert werden (vgl. hierzu auch *Abbildung 233*). Dabei wird zwischen der Integration neuer Kanäle, der Konfiguration des Mehrkanalsystems und der Koordination des Mehrkanalsystems unterschieden (vgl. hierzu auch *Schögel*, 2001, S. 40 ff.).

Erfordernis eines systematischen Vorgehens

Integration neuer Absatzkanäle

Im ersten Schritt des Multi Channel-Managements steht die Frage im Mittelpunkt, **welche** neuen Absatzkanäle in das bestehende Vertriebswegesystem eingegliedert werden können und **wie** diese Eingliederung erfolgen kann. Hierbei

Teilfragestellungen

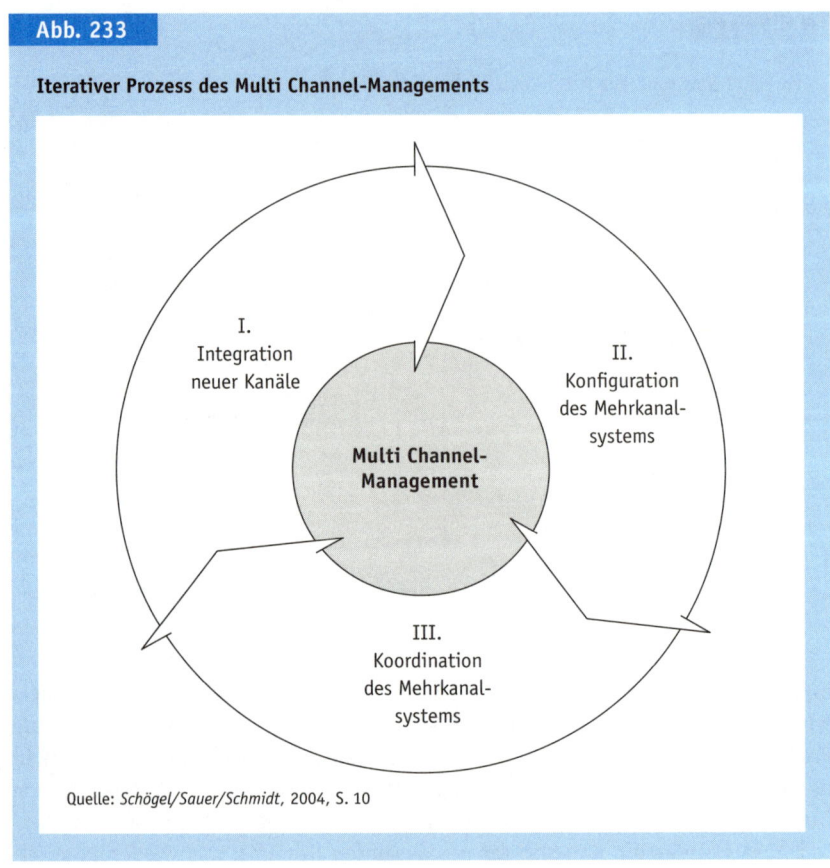

Abb. 233

Iterativer Prozess des Multi Channel-Managements

I.
Integration
neuer Kanäle

II.
Konfiguration
des Mehrkanal-
systems

**Multi Channel-
Management**

III.
Koordination
des Mehrkanal-
systems

Quelle: *Schögel/Sauer/Schmidt*, 2004, S. 10

Auswahl von Absatz-
kanälen

finden zur generellen Auswahl neuer und zur Bewertung bestehender Absatzkanäle zunächst Absatzkanal-Portfolios Anwendung. Darauf aufbauend lassen
sich verschiedene Konzepte zur konkreten Eingliederung der neuen Kanäle in
das bestehende System anwenden.

Absatzkanal-Portfolios versuchen zunächst, Absatzkanäle aus Unterneh-
mens- und Wettbewerbssicht integriert zu bewerten und hierdurch deren Er-
folgswahrscheinlichkeit am Markt vorab bestmöglich abzuschätzen. Beispielsweise können Absatzkanäle entlang der beiden Dimensionen »Erschließungs-
grad durch alle Wettbewerber« und »zukünftige Bedeutung für den Anbieter«
in ein Portfolio erfolgversprechender oder riskanter Absatzkanäle einsortiert
werden (vgl. *Dickson*, 1983, S. 37). *Abbildung 234* zeigt ein Beispiel für ein solches Absatzkanal-Portfolio.

Produkt- und
Zielgruppen-Fit

Bei der generellen Auswahl neuer Absatzkanäle sind dabei auch Integrati-
onsaspekte wie **der Channel-Produkt-Fit** (»Welche Produkte lassen sich am
besten über welchen Kanal vertreiben?«) und der **Channel-Zielgruppen-Fit**
(»Welche Kundengruppe wird am besten über welchen Kanal adressiert?«) zu

beachten (vgl. *Wirtz/Schilke/Büttner*, 2004). Dabei ist auch zu berücksichtigen, dass komplementäre Produkte primär über einen einheitlichen Absatzkanal vertrieben werden sollten. Auch sollte der Kundenstamm eines Absatzkanals geschützt werden, indem starke Überschneidungen mit dem Angebot anderer Kanäle oder unterschiedliche Pricingsysteme vermieden werden.

Für die **Eingliederung eines neuen Vertriebsweges** in ein bestehendes Absatzkanalsystem existieren zwei Möglichkeiten: Mithilfe eines **Stufenkonzeptes** kann versucht werden, verschiedene Projektabschnitte zur Einführung eines neuen Absatzkanals zu definieren. Dabei wird dem einen Vertriebskanal nicht von Beginn an das volle Sortiment / Programm zugeordnet oder alle Aufgaben gegenüber dem Kunden übertragen. Vielmehr wird die Verantwortlichkeit Schritt für Schritt erweitert. Dies hat den Vorteil, dass die Wirkungsschwellen der Teilrealisierung schneller erreicht sind als die des Gesamtprojekts und die Kosten zudem verteilt werden können. Beispielsweise könnte sich ein Marken-Outlet-Anbieter bei der Erschließung des Internets als neuen Vertriebsweg zunächst auf ausgewählte Marken beschränken, bevor er den Internetvertrieb auf weitere Marken oder sogar andere Produktgruppen ausweitet. Im Gegensatz zum Stufenkonzept versucht das **Stand-alone-Konzept** den neuen Absatzkanal von Beginn an in voller Servicebreite einzuführen. Die erhofften Marktchancen durch den Kanal sollen hierbei vor den Konkurrenzunternehmen erschlossen

*Eingliederungs-
möglichkeiten neuer
Vertriebswege*

Abb. 234

Das Absatzkanal-Portfolio

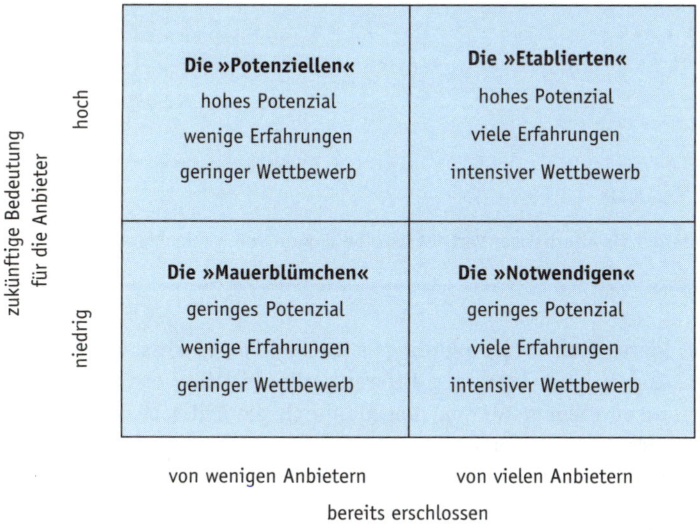

	von wenigen Anbietern	von vielen Anbietern
hoch	Die »Potenziellen« hohes Potenzial wenige Erfahrungen geringer Wettbewerb	Die »Etablierten« hohes Potenzial viele Erfahrungen intensiver Wettbewerb
niedrig	Die »Mauerblümchen« geringes Potenzial wenige Erfahrungen geringer Wettbewerb	Die »Notwendigen« geringes Potenzial viele Erfahrungen intensiver Wettbewerb

zukünftige Bedeutung für die Anbieter

bereits erschlossen

Quelle: *Dickson*, 1983, S. 37

Fallbeispiel 78

Internet als zusätzlicher Vertriebskanal bei Pkw

Dudenhöffer/Dudenhöffer/Stephan (2010) sind in einer Studie der Frage nachgegangen, welches Marktpotenzial der Internet-Vertrieb von Autos hat. Sie kommen zu dem Ergebnis, dass die Entscheidung für den Bezug von Fahrzeugen via Internet vor allem durch die Preisersparnis auf Nachfragerseite bestimmt wird. Internetbroker für PKW orientieren sich in ihren Geschäftsmodellen an dieser Nachfragesituation. Sie weisen gegenüber dem stationären Handel deutliche Preisvorteile auf, wie die Übersicht der 15 meistverkauften Automodelle im Internet in *Abbildung 235* zeigt. Bei fast jedem Modell liegen die Nachlässe über dem Durchschnitt der im stationären Handel realisierbaren

Rabatte in Höhe von ca. 13 % (vgl. *o.V.*, 2006). Lediglich 14 % der Befragten lehnten einen Autokauf über das Internet kategorisch ab, ein Drittel aller Befragten würde bereits bei einem Rabattvorteil von 6 % (gemeint ist in der Studie vermutlich »Prozentpunkte«) auf Online-Bestellung umsteigen – ein Vorteil, den die Internetbroker bereits jetzt aufgrund von Kosteneinsparungen, vor allem bei der Beratung, realisieren können (vgl. *Dudenhöffer/Dudenhöffer/Stephan*, 2010, S. 82 f.). Das Internet als ergänzender Vertriebsweg zum klassischen stationären Handel dürfte somit für die etablierten OEMs zukünftig eine zunehmend größere Bedeutung erlangen.

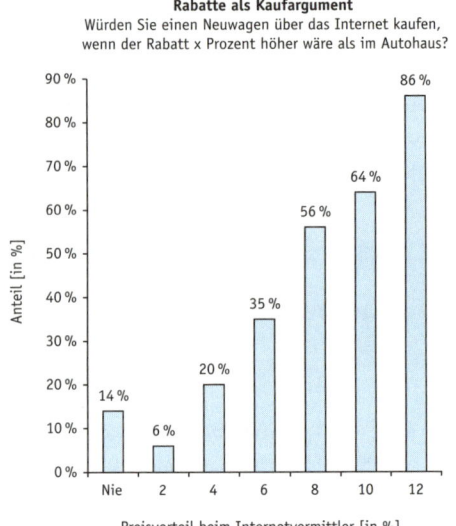

Internetrabatte bei den 15 meistverkauften Modellen

Modell	Rabatt
Fiat Panda	27,50 %
Peugot 207	21,50 %
Volkswagen Golf	17,50 %
Ford Fiesta	17,00 %
Fiat Punto	15,50 %
Audi A3	15,50 %
Opel Corsa	15,50 %
Skoda Fabia	15,00 %
Audi A4	14,90 %
BMW Serie 3	14,75 %
Volkswagen Passat	14,75 %
BMW Serie 1	14,50 %
Opel Astra	14,50 %
Volkswagen Polo	14,00 %
Mercedes C-Klasse	8,00 %

Rabatt [in %]

Rabatte als Kaufargument
Würden Sie einen Neuwagen über das Internet kaufen, wenn der Rabatt x Prozent höher wäre als im Autohaus?

Anteil [in %]

Preisvorteil beim Internetvermittler [in %]	Anteil
Nie	14 %
2	6 %
4	20 %
6	35 %
8	56 %
10	64 %
12	86 %

Preisvorteil beim Internetvermittler [in %]

Quelle: *Dudenhöffer/Dudenhöffer/Stephan,* 2010, S. 82 f.

Abb. 235: **Die Bedeutung des Internet als alternativer Vertriebsweg beim Kauf von Neufahrzeugen**

werden. Dieses Konzept ist allerdings mit einem hohen Ressourcenaufwand verbunden. Zudem muss durch ein differenziertes Distributionskonzept ein hoher Kundennutzen erzeugt werden, um hierdurch die kritische Masse an Nachfragern möglichst schnell zu erreichen.

Konfiguration des Mehrkanalsystems

Im Anschluss an die Entscheidung, welche neuen Absatzkanäle auf welche Weise in das Vertriebssystem zu integrieren sind, stellt der zweite Schritt im Prozess des Multi Channel-Managements die Konfiguration des Multi Channel-

Verteilung von Aufgaben
an Absatzkanäle

Systems dar. Hierbei werden die wertschöpfenden Aufgaben im Distributions-prozess den einzelnen Absatzkanälen zugewiesen. Die Grundidee ist dabei, dass die verschiedenen Akteure innerhalb der Absatzkanäle die akquisitorische wie auch physische Distribution entlang der distributionspolitischen Wertschöp-fungskette gemeinsam realisieren müssen (vgl. *Tomczak/Schögel*, 1997, S. 192; *Day*, 1990, S. 220). Eine solche Wertkette kann beispielsweise Funktionen wie die Nachfragegenerierung, den Verkaufsabschluss, den Kundenservice und die nachhaltige Kundenentwicklung beinhalten. Generell lässt sich die **Aufgaben-verteilung zwischen den Akteuren** in den Absatzkanälen entlang eines Konti-nuums zwischen den Extremen eines isolierten und eines integrierten Ansatzes definieren (vgl. hierzu *Abbildung 236*).

Von einer **isolierten Aufgabenverteilung** innerhalb eines Mehrkanalsystems spricht man, wenn jeder Absatzkanal die anfallenden Distributionsaufgaben selbstständig, d. h. ohne Rückgriff auf andere Kanäle wahrnehmen kann. Die Kanäle sind entsprechend ihrer angebotenen Leistung für den Nachfrager theo-retisch substituierbar und stehen hierdurch **in einem starken Konkurrenzver-hältnis zueinander** (z. B. zwischen einem externen Verkaufs-Call Center und ei-nem unternehmenseigenen Flagship-Store im Einzelhandel). Vorteilhaft ist hierbei allerdings, dass durch die strikte organisatorische Trennung der Kanäle Abhängigkeiten vermieden werden und eine vollumfängliche Distributionspoli-tik in jedem Kanal realisiert wird. Diese Form der Aufgabenverteilung bietet sich insbesondere für Unternehmen an, die über verschiedene Absatzkanäle un-terschiedliche Produkte zu unterschiedlichen Preisen an verschiedene Zielgrup-

Isolierte Aufgaben-verteilung

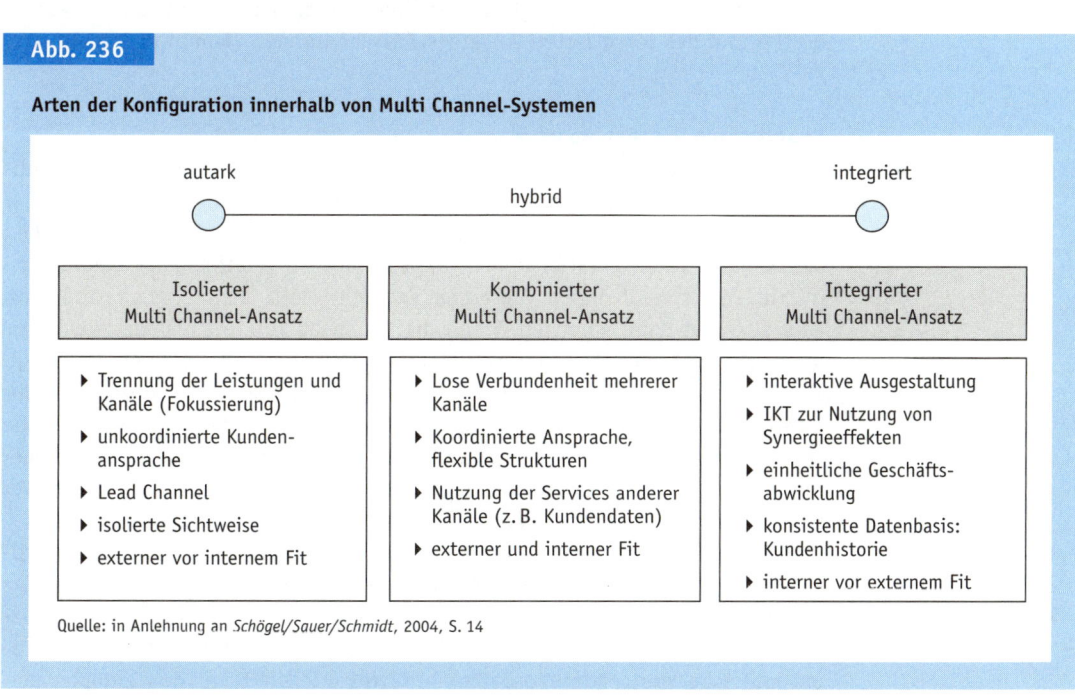

Abb. 236

Arten der Konfiguration innerhalb von Multi Channel-Systemen

autark — hybrid — integriert

Isolierter Multi Channel-Ansatz	Kombinierter Multi Channel-Ansatz	Integrierter Multi Channel-Ansatz
▸ Trennung der Leistungen und Kanäle (Fokussierung) ▸ unkoordinierte Kunden-ansprache ▸ Lead Channel ▸ isolierte Sichtweise ▸ externer vor internem Fit	▸ Lose Verbundenheit mehrerer Kanäle ▸ Koordinierte Ansprache, flexible Strukturen ▸ Nutzung der Services anderer Kanäle (z. B. Kundendaten) ▸ externer und interner Fit	▸ interaktive Ausgestaltung ▸ IKT zur Nutzung von Synergieeffekten ▸ einheitliche Geschäfts-abwicklung ▸ konsistente Datenbasis: Kundenhistorie ▸ interner vor externem Fit

Quelle: in Anlehnung an *Schögel/Sauer/Schmidt*, 2004, S. 14

pen vertreiben. Die »Channel-War«-Gefahr ist unter diesen Umständen hier als eher niedrig einzustufen.

Den Gegenpol zur isolierten Aufgabenverteilung innerhalb eines Mehrkanalsystems bildet die vollständig **integrierte Aufgabenverteilung**. Hierbei nehmen alle Absatzkanäle die distributiven Aufgaben in der Wertschöpfungskette ganzheitlich, d.h. unter Rückgriff auf die Kompetenzen anderer Kanäle wahr. Die Kanäle übernehmen dabei unterschiedliche Aufgaben im gesamten System und **ergänzen sich untereinander**. Die Absatzkanäle werden vollständig miteinander verknüpft, wobei Abhängigkeiten zwischen den Kanälen bewusst gefördert werden. Der Vorteil besteht darin, dass das Vertriebssystem sowohl vom Unternehmen wie auch vom Kunden als Gesamtsystem ganzheitlich betrachtet wird. Die Distributionsaufgabe kann bei dieser Art der Aufgabenverteilung allerdings erst mit der vollständigen Koordination der Absatzkanäle untereinander erfüllt werden. Endet beispielsweise die Betreuung durch eine Online-Plattform nach der generellen Zurverfügungstellung von Produktinformationen und übernimmt in einem nächsten Distributionsschritt eine stationäre Verkaufsaußenstelle die weiteren Kaufabwicklungsaufgaben, dann besteht die Gefahr, dass Kunden an der Schnittstelle zwischen Produktinformation und weiterer Kaufabwicklung verlorengehen, was nur dadurch verhindert werden kann, wenn Online-Plattform und Verkaufsaußenstelle eng vernetzt sind.

Die **Organisation der Aufgabenverteilung** in einem Mehrkanalsystem ist dabei insgesamt als Kontinuum zu verstehen. Je mehr Distributionsaufgaben zwischen den Distributionskanälen arbeitsteilig organisiert werden, desto stärker integriert ist das Gesamtsystem. Daher sind auch zwischen den Extrema des isolierten und des integrierten Ansatzes Zwischenformen (**kombinierter Ansatz**) möglich.

Koordination des Mehrkanalsystems

Der letzte Schritt innerhalb des Multi Channel-Managements stellt die Koordination, d.h. die **Abstimmung und Steuerung des Mehrkanalsystems** dar. Hier besteht die Aufgabe darin, die zuvor definierte Aufgabenzuweisung zwischen den Kanälen (Konfiguration) auch faktisch, mittels verschiedener Steuerungsinstrumente zu realisieren. Von einem »echten« Multi Channel-Marketing kann man also erst dann sprechen, wenn die Arbeitsabläufe und Kommunikationsinstrumente in den Kanälen vollständig aufeinander abgestimmt sind (vgl. *Kracklauer/Wagemann/Voigt*, 2004, S. 134). Im Rahmen der Koordination des Mehrkanalsystems bestehen die beiden Hauptaufgaben darin, zum einen die geplante Aufgabenverteilung (isoliert, integriert, kombiniert) zu konkretisieren sowie entsprechend zu kommunizieren und zum anderen die Mitarbeiter und Absatzhelfer zu einem systemkonformen Verhalten zu motivieren.

Zur konkreteren Abstimmung der Aufgabenverteilung und deren Kommunikation kann mit einem **Kreuzungsraster** gearbeitet werden, mithilfe dessen das Vertriebssystem auf die Akquisitionsprozesse der Kunden ausgerichtet wird. Dabei wird versucht, die Kunden über deren gesamten **Buying-Cycle** (distributionspolitische Wertschöpfungskette) bedürfnisorientiert mit den entsprechen-

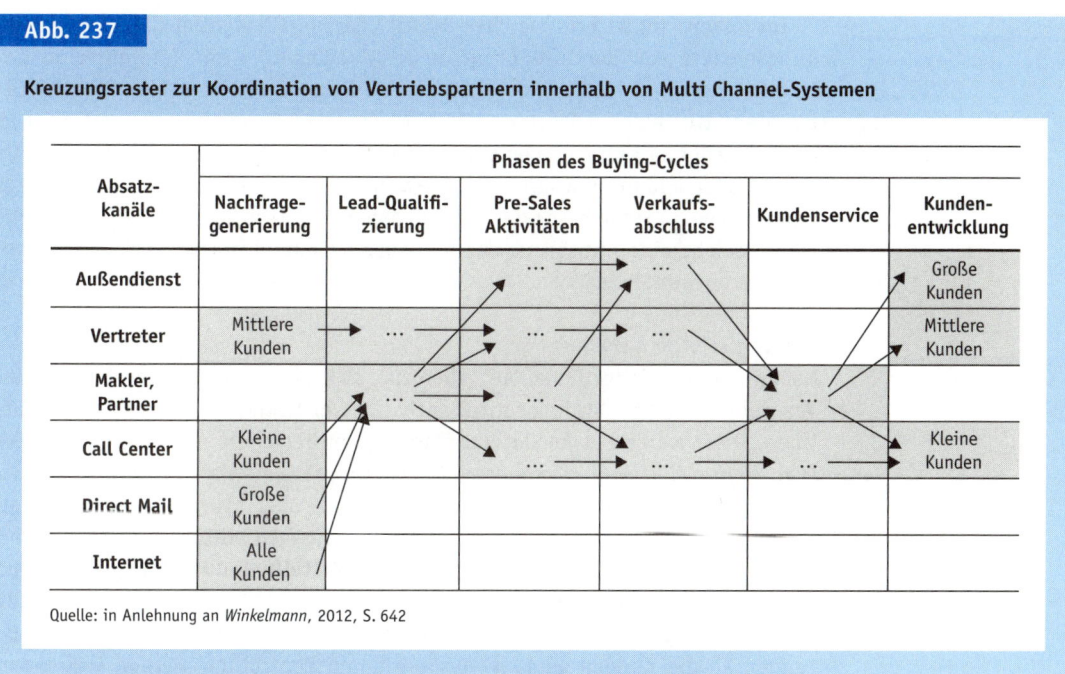

Abb. 237

Kreuzungsraster zur Koordination von Vertriebspartnern innerhalb von Multi Channel-Systemen

Quelle: in Anlehnung an *Winkelmann*, 2012, S. 642

den Absatzkanälen zu begleiten. Den Partnern in den Vertriebskanälen wird hierbei der Arbeitsablauf über einen gesamten Buying-Cycle in einem vordefinierten Arbeitsteilungsgrad zugewiesen. Ein Kreuzungsraster stellt somit dem Mehrkanalsystem des Herstellerunternehmens (Absatzkanalmix) die verschiedenen identifizierten Phasen des Kunden-Buying-Cycles gegenüber. Dabei werden die verschiedenen Distributionsaufgaben an den Entscheidungsphasen der verschiedenen Kundengruppen ausgerichtet. Ein solches Kreuzungsraster ist beispielhaft in *Abbildung 237* dargestellt. Die Gewichtung der einzelnen Phasen des Buying-Cycles wird bei verschiedenen Kunden unterschiedlich stark ausfallen. Auch muss darauf hingewiesen werden, dass die Ausdifferenzierung der einzelnen Phasen je nach Anforderungen des Marktes und der Koordinationskompetenz des Herstellerunternehmens unterschiedlich ausfallen wird.

Zur Sicherstellung eines zielkonformen Verhaltens der Vertriebspartner und Mitarbeiter stehen verschiedene (insbesondere monetäre) **Anreiz- und Konditionensysteme** zur Verfügung, die dazu beitragen können, dass die Channel-Mitglieder ihre Aufgaben im Mehrkanalsystem zielkonform erfüllen. Dabei spielen insbesondere »vernetzte Konditionensysteme« eine wichtige Rolle. Ein Vertriebspartner/Mitarbeiter wird dabei nicht nur für einen tatsächlich getätigten Kaufabschluss innerhalb seines Absatzkanals vergütet, sondern erhält beispielsweise ebenfalls eine (gestaffelte) Provision für die bloße Anbahnung eines Geschäftsabschlusses, den der Kunde dann aber beispielsweise in einem anderen Absatzkanal realisiert.

Anreiz- und Konditionensysteme

MCM als iterativer Prozess

Insgesamt sollte erfolgreiches Multi Channel-Management den Entscheidungsprozess von der Integration neuer Kanäle, über die Konfiguration des Mehrkanalsystems bis zur Koordination des Systems als **iterativen Prozess** betrachten. Mit anderen Worten sollten Markt- und Wettbewerbsbeobachtungen immer wieder zu Anpassungen des Systems führen, sei es bezüglich der Neuaufnahme oder Elimination einzelner Absatzkanäle oder hinsichtlich veränderter Kaufentscheidungsprozesse der verschiedenen Kundengruppen eines Unternehmens, welche eine Anpassung der Aufgabenverteilung innerhalb des Vertriebssystems notwendig machen.

3.2 Logistische Aufgaben

Marketing-/Absatz-Logistik

Neben den akquisitorischen Aufgaben hat sich das Marketing im Rahmen der Vertriebs- und Distributionspolitik auch mit logistischen Aufgaben zu beschäftigen. Diese werden in der Literatur unter den Begriffen »Marketing-Logistik« (vgl. *Meffert/Burmann/Kirchgeorg*, 2012), »Absatzlogistik« (vgl. *Becker*, 2013), »Distributionslogistik« (vgl. *Specht/Fritz*, 2005) oder »Vertriebslogistik« (vgl. *Homburg*, 2012) diskutiert. Die logistischen Aufgaben bestehen im Kern darin, **räumliche und zeitliche Distanzen zwischen Erstellung und Inanspruchnahme einer Leistung zu überbrücken** (vgl. *Becker*, 2013, S. 556 ff.). Sie umfassen alle Tätigkeiten, durch die Lager- und Transportvorgänge zur Auslieferung der Leistungen an die Kunden geplant, gesteuert und kontrolliert werden (vgl. *Homburg*, 2012, S. 890; *Pfohl*, 2010, S. 12 ff.; *Thommen/Achleitner*, 2012, S. 214 f.). Die logistischen Aufgaben umfassen jedoch nicht nur den Fluss von physischen Leistungen, sondern beinhalten auch einen Wert- und Informationsaspekt sowie eine unternehmensübergreifende Betrachtungsperspektive. Ziel ist es, den Kunden die richtigen Leistungen in der richtigen Menge, im richtigen Zustand, in der richtigen Qualität, zur richtigen Zeit, am richtigen Ort (= Lieferservice) zu minimalen Kosten zur Verfügung zu stellen (vgl. *Thommen/Achleitner*, 2012,

Zielsetzungen

S. 215 ff.; *Specht/Fritz*, 2005, S. 116). Hieraus lässt sich als generelles **Ziel** der Marketing-Logistik ableiten (vgl. *Ehrmann*, 20012, S. 66 f.), eine zielgruppengerechte **Optimierung des Lieferservices** unter **Minimierung der Logistikkosten** vorzunehmen. Der Lieferservice setzt sich dabei aus den in *Abbildung 238* dargestellten Teilleistungen zusammen.

Bedeutung in der Praxis

Obwohl die relative Bedeutung des Lieferservice insgesamt wie auch einzelner der oben genannten Komponenten von Unternehmen zu Unternehmen unterschiedlich hoch ist (vgl. *Bauer/Herrmann/Graf*, 1995), belegen zahlreiche empirische Untersuchungen die **große Bedeutung** des Lieferservice im Allgemeinen (vgl. z. B. *Pfohl*, 2010, S. 53 ff.). Der Erfolg vieler Unternehmen (wie beispielsweise Amazon, OTTO oder Thomann) ist in hohem Maße auf einen exzellenten Lieferservice zurückzuführen. Vor allem im Industriegüterbereich kommt den logistischen Aufgaben dabei eine besondere Bedeutung zu. Der Grund hierfür liegt darin, dass hier eine Unterbrechung des Waren- und Ersatzteilflusses schwerwiegende Folgen für die Produktion und damit die Wertschöpfung beim Kunden haben kann. Durch eine entsprechende Gestaltung des logistischen Systems ist es – insbesondere vor dem Hintergrund einer in

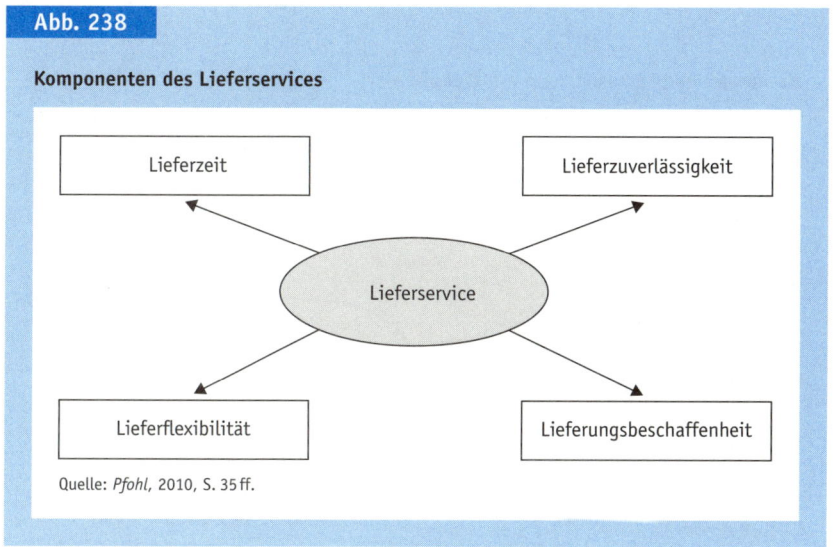

Abb. 238

Komponenten des Lieferservices

Lieferzeit

Lieferzuverlässigkeit

Lieferservice

Lieferflexibilität

Lieferungsbeschaffenheit

Quelle: *Pfohl*, 2010, S. 35 ff.

vielen Branchen zu beobachtenden zunehmenden Austauschbarkeit der Produkte – daher auf vielen Märkten möglich, Wettbewerbsvorteile zu schaffen und sich gegenüber dem Wettbewerb zu differenzieren (vgl. *Backhaus/Voeth*, 2010a, S. 293 ff.; *Meffert/Burmann/Kirchgeorg*, 2012, S. 591). Die Ausgestaltung des logistischen Systems muss sich deshalb zuallererst an den Anforderungen des Marktes orientieren (= **Effektivitätskriterium**) (vgl. *Krulis-Randa*, 1977, S. 172 f.). Allerdings darf nicht außer Acht gelassen werden, dass eine Erhöhung des Lieferserviceniveaus i. d. R. mit einer Erhöhung der Logistikkosten einhergeht. Bei der Festlegung des angestrebten Lieferserviceniveaus müssen deshalb im Rahmen einer Kosten-Nutzen-Abwägung die positiven Nachfragewirkungen einer Erhöhung des Lieferservices (z. B. in Form größerer Verkaufsmengen und/oder höherer Preise) mit den hierdurch entstehenden Kosten verglichen werden (vgl. u. a. *Esch/Hermann/Sattler*, 2011, S. 357). Es gilt dabei, die unternehmensindividuelle Optimallösung zwischen möglichst hohem Lieferserviceniveau einerseits und möglichst niedrigen Kosten andererseits zu finden und damit auch dem **Effizienzkriterium** innerhalb des Marketing Rechnung zu tragen.

> Effektivitäts- und Effizienzanforderungen

In *Abbildung 239* ist dieses Optimierungsproblem grafisch dargestellt. Der **Mindest-Lieferservice** wird durch eine produkt- und marktabhängige Untergrenze bestimmt. Diese muss von den Anbietern auf jeden Fall »übererfüllt« werden, da Nachfrager ansonsten nicht bereit sind, bei den Anbietern zu kaufen. Erst wenn darüber hinaus ein deutlich höheres Serviceniveau erreicht wird, wirkt sich das Serviceniveau positiv auf die Umsätze aus, da nun erstmals Nachfrager wegen des hohen Serviceniveaus zu dem betreffenden Anbieter wechseln. Allerdings müssen die zusätzlichen Umsätze mit immer höheren Logistikkosten bezahlt werden. Daher muss der Anbieter das »**optimale Service-**

> Mindest-Niveau beim Lieferservice

> Optimales Serviceniveau

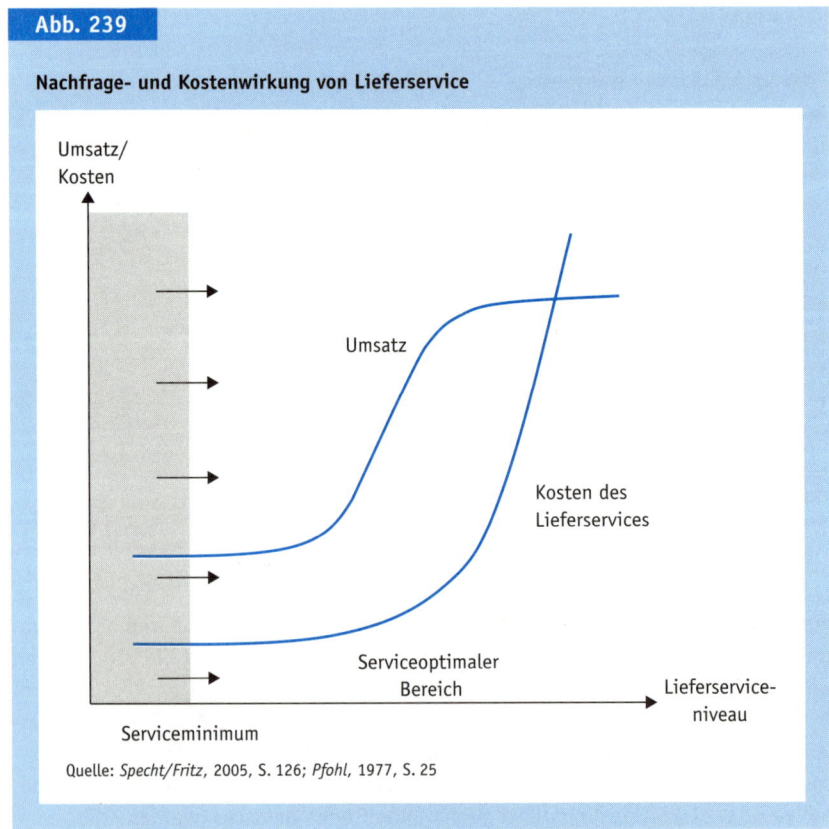

Abb. 239

Nachfrage- und Kostenwirkung von Lieferservice

Umsatz/
Kosten

Umsatz

Kosten des
Lieferservices

Serviceoptimaler
Bereich

Lieferservice-
niveau

Serviceminimum

Quelle: *Specht/Fritz*, 2005, S. 126; *Pfohl*, 1977, S. 25

niveau« bestimmen, bei dem die Differenz aus zusätzlichem Umsatz und zusätzlichen Logistikkosten maximal wird.

Ausgehend von der strategischen Entscheidung bezüglich des anvisierten Lieferserviceniveaus gilt es anschließend das logistische System konkret zu gestalten. Dies ist Aufgabe der **operativen Marketing-Logistik**, in deren Rahmen Entscheidungen über die Gestaltung der physischen Warenflüsse sowie Entscheidungen über die Gestaltung des Informationsflusses zu treffen sind. Im Einzelnen geht es hierbei um Entscheidungen über

Umsetzungsbereiche

▸ die Lagerhaltung,
▸ den Transport vom Lager zum Bestimmungsort (Transportmittel und -wege),
▸ die Verpackung (zum Zwecke von Lagerhaltung und Transport) sowie
▸ die Auftragsabwicklung.

Selbstverständlich fallen diese Aufgaben nicht ausschließlich in den Verantwortungsbereich des Marketing. Vielmehr obliegen diese Aufgaben vor allem dem Logistik-Bereich. Allerdings hat das Marketing sicherzustellen, dass die Logistik bei der Erfüllung dieser, die o. g. Anforderungen beachtet bzw. erfüllt.

Lagerhaltung

Ein wesentliches Entscheidungsfeld im Bereich der logistischen Aufgaben betrifft das Lagersystem. Hier muss zum einen die Anzahl der Lagerstufen (**vertikale Distributionsstruktur**) sowie Anzahl, Größe, Standorte und Einzugsgebiete (**horizontale Distributionsstruktur**) der Lager festgelegt werden (vgl. *Domschke/Drexl*, 1996; *Kipshagen*, 1983; *Blank*, 1980). Aufgrund der hohen Investitionen und der damit verbundenen längerfristigen Bindung haben diese Entscheidungen für Unternehmen eine besondere ökonomische Bedeutung (vgl. *Esch/Herrmann/Sattler*, 2011, S. 596). **Lager** sind dabei Orte der Lagerhaltung, die in den physischen Weg eines Produkts vom Hersteller zum Letztverwender eingeschaltet sind und die mengenmäßigen sowie zeitlichen Differenzen zwischen Angebot und Nachfrage überbrücken. Sie haben somit zwei grundsätzliche Funktionen inne: **Bewegung** und **Aufbewahrung** von Waren.

Hinsichtlich der **Anzahl der Stufen des Lagersystems** kann zwischen Werkslager, Zentrallager, Regionallager und Auslieferungslager unterschieden werden (vgl. *Abbildung 240*). **Werkslager** sind direkt an der Produktionsstätte angesiedelt und lagern die dort hergestellten Produkte meist nur kurzfristig. Die Wa-

Begriff und Funktionen

Arten

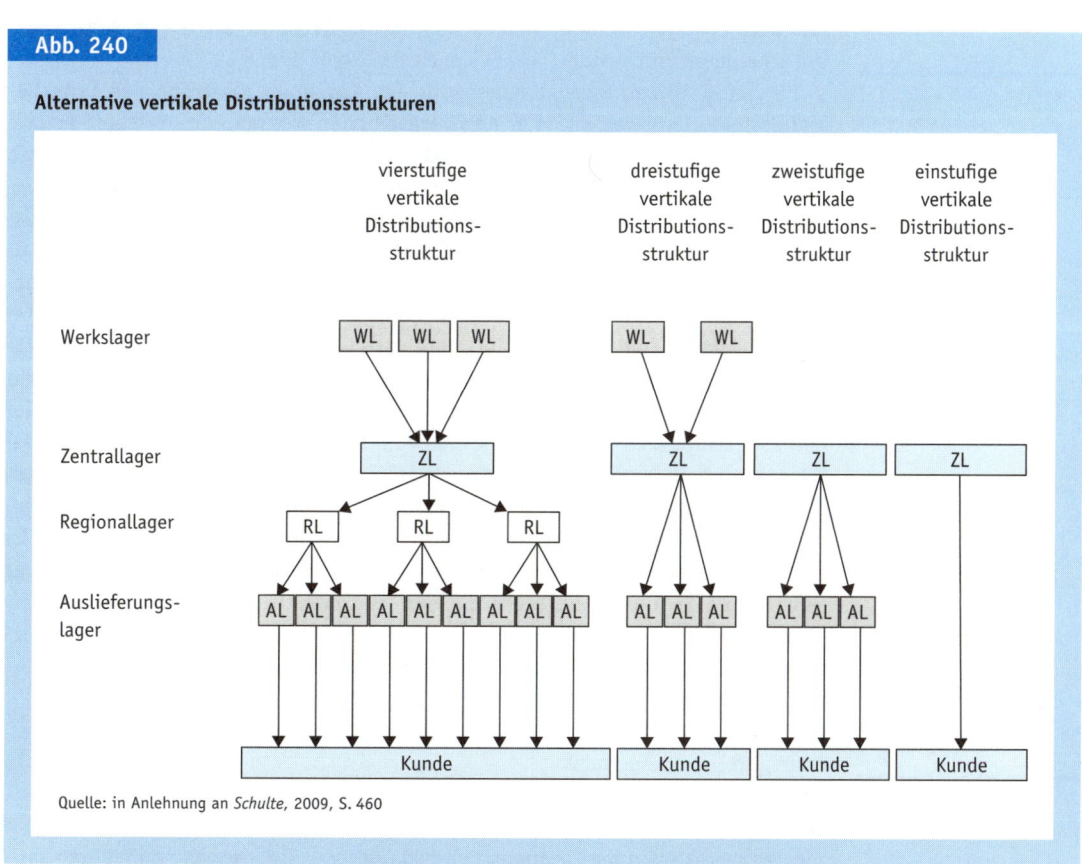

Abb. 240

Alternative vertikale Distributionsstrukturen

Quelle: in Anlehnung an *Schulte*, 2009, S. 460

ren aus den verschiedenen Werkslagern eines Unternehmens werden auf der nächsten Stufe deshalb in **Zentrallagern** zusammengeführt. Von hier aus können **Regionallager** beliefert werden. Auf der letzten Stufe stehen **Auslieferungslager**. Diese befinden sich in unmittelbarer Nähe der Kunden und halten i. d. R. nur die jeweils absatzstärksten Produkte vor. Je nachdem, wie diese Lagerstufen zu einem Gesamtsystem kombiniert werden, ergibt sich eine ein-, zwei-, drei- oder vierstufige vertikale Logistikstruktur. Die Entscheidung über die Anzahl der Stufen des Lagersystems hängt von kundenbezogenen Faktoren (insbesondere Anzahl, Größe und geografische Verteilung der Kunden), produktspezifischen Faktoren und nicht zuletzt von Kostenüberlegungen ab.

Make-or-Buy

Nach Festlegung der Distributionsstruktur stellt sich die Frage nach der Betriebsform, d. h. ob ein Unternehmen betriebseigene Lager errichten und betreiben (**Eigenbetrieb**) oder auf externe Einrichtungen und Dienstleistungen (**Fremdbetrieb**) zurückgreifen soll. Diese **Make-or-Buy-Entscheidung** wird vor allem von Kostenaspekten, verfügbaren finanziellen Mitteln, Flexibilitäts- und Zuverlässigkeitsüberlegungen sowie dem Nachfrageverlauf der einzulagernden Produkte bestimmt (vgl. *Meffert/Burmann/Kirchgeorg*, 2012, S. 595 f.). So könnte die Inanspruchnahme eines unternehmensexternen Logistikdienstleisters z. B. erwogen werden, weil in diesem Fall keine Investitionen seitens des Unternehmens nötig sind (vgl. *Coyle/Bardi*, 1996, S. 365).

Lagerbestand

Für jedes einzelne Lager muss dann im Anschluss die **Höhe des Lagerbestands** festgelegt werden. Hier muss entschieden werden, von welchem Artikel wie viel zu lagern und zu welchem Zeitpunkt wie viel nachzubestellen ist (vgl. *Pfohl*, 2010, S. 90 f.). Der Lagerbestand wird durch die Liefer- und Absatzmengen bestimmt. Da insbesondere die Absatzmengen vielfach schwer zu prognostizieren sind, ist es notwendig, einen bestimmten Sicherheitsbestand vorzuhalten, um Nachfragespitzen, die über die durchschnittliche Nachfrage hinausgehen, abfangen zu können (vgl. *Specht/Fritz*, 2005, S. 140). Wie hoch dieser **Sicherheitsbestand** und damit letztlich der Lagerbestand ist, hängt von Faktoren wie der angestrebten Lieferbereitschaft, dem Bestellverhalten der Nachfrager (Bestellzyklus, Bestellmengen und Bestellzeitpunkte), der Länge der Wiederbeschaffungszeit, der Genauigkeit von Absatzprognose und Prognose der Wiederbeschaffungszeit sowie der Anzahl der Lager ab (vgl. *Pfohl*, 2010, S. 90 f.). Der Sicherheitsbestand muss umso höher sein, je größer die gewünschte Lieferbereitschaft ist. Allerdings muss bei der Festlegung der Höhe der Lieferbereitschaft beachtet werden, dass die Kosten aus der Haltung eines bestimmten Sicherheitsbestands mit der Erhöhung des Grades der Lieferbereitschaft schneller steigen können als der Nutzen aus der höheren Lieferbereitschaft. Ein hundertprozentiges Lieferserviceniveau geht somit häufig mit unvertretbar hohen Kosten der Lagerhaltung einher.

Transportentscheidungen

Teilentscheidungen

Transportentscheidungen umfassen die Auswahl des geeigneten Transportmittels, die Auswahl des Trägers der Transportleistung sowie die Frage nach den für die Transportleistungen notwendigen Planungs-, Steuerungs- und Organisationsinstrumenten. Diese Entscheidungen werden in großem Maße von produktspezifischen Besonderheiten (z. B. Wert, Verderblichkeit, Sperrigkeit) sowie den spezifischen Charakteristika des Unternehmens beeinflusst.

Zur **Auswahl der geeigneten Transportmittel** bietet sich im Allgemeinen ein einfacher Verfahrensvergleich an, bei welchem Kosten- und Leistungskriterien im Hinblick auf die zu transportierende Menge und unter Berücksichtigung der jeweiligen Gegebenheiten für die alternativen Transportmittel einander gegenübergestellt werden. Der Vergleich sollte dabei insbesondere folgende **Leistungskriterien** berücksichtigen (vgl. u. a. *Specht/Fritz*, 2005, S. 149 f.):

Auswahl Transportmittel

▸ Zuverlässigkeit des Transportmittels,
▸ Transportdauer und -frequenz,
▸ Flexibilität des Transportmitteleinsatzes,
▸ Vernetzungsfähigkeit des Transportmittels,
▸ Nebenleistungen des Transportmittels (z. B. akquisitorische Wirkung, Übernahme von Redistributionsleistungen o. Ä.),
▸ Qualität des Transportmittels in technischer Hinsicht sowie
▸ Anfangs- und Endpunkte der Transportleistung.

Fallbeispiel 79

Bedeutung alternativer Transportmittel in Deutschland

Als Transportmittel für physische Güter stehen Straßen-, Schienen- und Leitungstransport sowie Transporte über Wasser und Luft zur Verfügung. In den letzten Jahren hat der Transport von digitalisierbaren Gütern über das Internet, etwa via Up- und Download oder Streaming, immer mehr an Bedeutung gewonnen (vgl. *Fritz*, 2004, S. 251). Um die jeweiligen Vorteile der einzelnen Transportmittel zu nutzen, werden oftmals verschiedene Transportmittel zu **Transportketten** kombiniert. Beispielsweise wird häufig eine Kombination von Straße und Schiene gewählt. Da hier Sattelauflieger von LKWs auf Zügen transportiert werden, spricht man hier auch von »Huckepack-Verkehr«. Land- und Wassertransport werden beim sogenannten Roll-On- bzw. Roll-Off-Verkehr kombiniert. Nach Angaben des Statistischen Bundesamtes (vgl. *Statistisches Bundesamt*, 2012b) wurden in Deutschland im Jahr 2010 74,2 % aller Güter per LKW transportiert. Auf den Luftverkehr entfallen lediglich 0,1 % der transportierten Güter in Deutschland (vgl. auch *Abbildung 241*). Interessant ist, dass sich an der Dominanz des Straßengüterverkehrs trotz ständig steigender Benzinpreise im Vergleich zu 2006 kaum etwas verändert hat.

	2006	2007	2008	2009	2010
Straßengüterverkehr	74,7 %	74,9 %	75,0 %	76,1 %	74,2 %
Eisenbahnverkehr	8,9 %	8,9 %	9,0 %	8,6 %	9,7 %
Seeverkehr	7,7 %	7,7 %	7,7 %	7,1 %	7,4 %
Binnenschifffahrt	6,2 %	6,2 %	6,0 %	5,6 %	6,2 %
Rohrfernleitungen	2,4 %	2,2 %	2,2 %	2,4 %	2,4 %
Luftverkehr	0,1 %	0,1 %	0,1 %	0,1 %	0,1 %

Quelle: *Statistisches Bundesamt*, 2012b

Abb. 241: Gütertransport in Deutschland 2006-2010 nach Transportmittel

Make-or-Buy

Nach Auswahl der geeigneten Transportmittel gilt es festzulegen, ob man diese **Transportmittel selbst bereitstellen** will und kann oder ob man diese **von einem betriebsfremden spezialisierten Anbieter** von Transportlösungen (beispielsweise von einem Spediteur) erbringen lassen möchte. Hierbei gilt es sowohl Kosten- als auch Qualitätskriterien zu berücksichtigen.

Transportplanung und -steuerung

Schließlich gilt es den **Transport** auch zu **planen** und zu **steuern**. Sind – wie häufig der Fall – mehrere Kunden gleichzeitig zu beliefern, ist insbesondere die **Tourenplanung** von großer Bedeutung (vgl. *Fleischmann*, 1998; *Domschke*, 1997, 1995). Hierbei sind Entscheidungen darüber zu treffen, welche Kunden bei welchen Touren und in welcher Reihenfolge beliefert werden sollen. Es wird versucht, den Transport unter Berücksichtigung des anvisierten Lieferserviceniveaus (hier sind insbesondere terminliche Vorgaben der zu beliefernden Kunden von Bedeutung) so zu organisieren, dass die Gesamtkosten minimiert werden.

Verpackungsentscheidungen

Anforderungen an Verpackungen

Während der Verpackung im Rahmen der Produktpolitik vor allem auch eine akquisitorische Aufgabe zukommt (vgl. Abschnitt 2 D. II. 1.1.2.2), nimmt sie im Bereich der Distributionspolitik insbesondere eine **physische Aufgabe** wahr (vgl. *Nieschlag/Dichtl/Hörschgen*, 2002, S. 671). Durch entsprechende Gestaltung sollte die Verpackung eine möglichst **raumsparende Lagerung** und optimale **Auslastung der Transportmittel** ermöglichen sowie den Warenumschlag (beispielsweise durch spezielle Tragegriffe) erleichtern. Außerdem kommt der Verpackung auch eine **Informations-** und **Identifikationsfunktion** für die Logistik zu. Sie enthält, meist verschlüsselt in Form eines Codes, Informationen bezüglich Herstelldatum, Bestimmungsort, Inhalt etc. Durch moderne Identifikationstechniken (wie beispielsweise der Radio Frequency Identification) wird der logistische Prozess in der gesamten Wertschöpfungskette verbessert und erleichtert (vgl. *Specht/Fritz*, 2005, S. 384 ff.). Neben diesen Funktionen sind bei Entscheidungen über die Verpackung zudem Kostengesichtspunkte sowie ökonomische und ökologische Aspekte bei der Entsorgung des Verpackungsmaterials zu berücksichtigen (vgl. *Specht/Fritz*, 2005, S. 157 f.; *Pfohl/Stölze*, 1995, S. 2234 ff.). Die Frage der Entsorgung wird im Rahmen der sogenannten **»Redis-**

Redistribution

tribution« diskutiert. Hierunter wird die Rückführung zum Hersteller und die anschließende Entsorgung oder Wiederaufbereitung ausgedienter Produkte, Produktbestandteile oder Verpackungen verstanden (vgl. *Fritz/Von der Oelsnitz*, 2006, S. 205 f.; *Specht/Fritz*, 2005, S. 157 f.).

Auftragsabwicklung

Informations- und Zahlungsströme

Neben den bislang dargestellten Entscheidungen bezüglich des physischen Warenflusses ist im Rahmen der logistischen Aufgaben auch die effektive und effiziente Gestaltung und Steuerung der damit zusammenhängenden Informations- und Zahlungsströme von zentraler Bedeutung (vgl. *Pfohl*, 2010, S. 70 ff.). Dies ist Aufgabe der Auftragsabwicklung, welche somit Querschnittscharakter hat und einen den physischen Warenfluss vorbereitenden, begleitenden und nachbereitenden **Informationsfluss** sicherstellt (vgl. *Pfohl*, 2010, S. 71 f.). Die

Auftragsabwicklung stellt dabei einen **mehrstufigen Prozess** dar, innerhalb dessen Auftrags- (Produktspezifikationen, Mengen, Preise, Liefertermine etc.), Kunden-, Artikelstamm- sowie Lagerbestandsdaten systematisch erfasst, verarbeitet und gespeichert werden. Neben der Sicherstellung eines effizienten und effektiven physischen Warenflusses wird durch ein gutes Informationssystem auch sichergestellt, dass der Kunde jederzeit über den Auftragsstatus und mögliche Verzögerungen informiert werden kann. Da auch die Bezahlung an bestimmte Prozessstufen der Auftragsabwicklung gekoppelt ist, sind auch Fakturierung und Zahlungsüberwachung in den Prozess der Auftragsabwicklung integriert.

Vielfach (meist im Industriegüterbereich) erfolgt der Informationsfluss zwischen Unternehmen und Kunden bei der Auftragsabwicklung über **vernetzte Systeme**. Die Verknüpfung der Logistikinformationssysteme von Herstellern mit den Warenwirtschaftssystemen des Handels ist inzwischen weit verbreitet (vgl. *Sander*, 2011, S. 727). Während sich herstellerseitige Logistikinformationssysteme im Kern um die Steuerung der Warenbewegungen und Lieferungen sowie den Datenaustausch mit Lieferanten und Kunden kümmern (vgl. *Specht/Fritz*, 2005, S. 410 ff.; *Swoboda/Morschett*, 2002, S. 791 ff.), besteht die Aufgabe von **Warenwirtschaftssystemen** darin, den Warenfluss genau und lückenlos zu erfassen. Für die Effizienz und Effektivität solcher vernetzter Systeme ist die Überwindung der **Schnittstellen** zwischen den Logistikinformationssystemen und den Warenwirtschaftssystemen entscheidend, da nur so ein reibungsloser Informationsfluss zwischen Hersteller und Handel sichergestellt werden kann (vgl. *Bruhn*, 2013a, S. 272 f.; *Ahlert/Olbrich*, 1997).

Wertschöpfungsstufen-überprüfende Vernetzung

4 Kommunikationspolitik

Lernziele

▶ Sie kennen verschiedene kommunikationspolitische Anlässe und Ziele.

▶ Sie können zwischen den Instrumenten der Kommunikationspolitik unterscheiden und wissen, wie diese eingesetzt werden. Auch können Sie die Instrumente sinnvoll systematisieren.

▶ Sie wissen, welche Tatbestände im Rahmen der Planung von Kommunikationsprozessen wichtig sind, damit die einzelnen Instrumente der Kommunikationspolitik ziel- und strategiekonform eingesetzt werden können. Insbesondere wissen Sie um die Bedeutung von Kommunikationseffektivität und -effizienz. Sie können ein Kommunikationsbudget planen und wissen, wie dieses auf verschiedene Kommunikationsinstrumente aufgeteilt werden kann.

Nachdem Unternehmen festgelegt haben, welche Leistungen sie Kunden anbieten wollen (Produktpolitik), welche Gegenleistung sie für diese Leistungen erwarten (Preispolitik) und über welche Kanäle den Kunden die Leistungen organisatorisch angeboten werden soll bzw. wie die logistische Aufgabe des physischen Übergangs der Leistung erfolgen soll (Distributionspolitik), müssen Kunden über diese verschiedenen Angebotsentscheidungen informiert werden. **Die Information des Marktes** stellt dabei für Unternehmen auf Käufermärkten (Angebot > Nachfrage) eine aktive Aufgabenstellung dar, da sie anders als auf Verkäufermärkten (Angebot < Nachfrage) nicht darauf hoffen können, dass sich Kunden in einer »Holschuld« sehen und sich um benötigte Informationen selbstständig bemühen. Stattdessen befinden sich die Unternehmen auf Käufermärkten in einer »Bringschuld« gegenüber ihren Kunden. Dies bedeutet zum einen, dass Unternehmen gezielt Informationen über ihre Produkte und Leistungen an aktuelle und potenzielle Kunden herantragen müssen. Zum anderen muss auch sichergestellt werden, dass die Informationen so aufbereitet werden, dass die Kunden die Informationen beachten und in einer vom Unternehmen gewünschten Art und Weise wahrnehmen und verarbeiten. Da nämlich alle Wettbewerber aktiv auf die Kunden mit Informationen über ihre produkt-, preis- und distributionspolitischen Angebote zugehen, besteht auf Seiten der Kunden häufig ein regelrechter »**information overload**«, der dazu führt, dass nicht alle Informationen von den Kunden aufgenommen, verarbeitet oder abgespeichert werden. Vielmehr werden nur die Informationen beachtet, die zur richtigen Zeit, am richtigen Ort und in der richtigen Form an den Kunden herangetragen werden (vgl. *Foscht/Swoboda*, 2011, S. 88).

Vor diesem Hintergrund stellt die Informationsgestaltung gegenüber den aktuellen und potenziellen Kunden eine wichtige Teilaufgabe des Marketing dar. Unter Kommunikationspolitik, der diese Aufgabe zufällt, versteht man daher die **systematische Gestaltung aller auf den Markt oder auf Teilmärkte gerichteten Informationen** über Produkte, über deren Angebotsform sowie über das anbietende Unternehmen. Mit der Gestaltung wird dabei zum einen das Ziel verfolgt, den Markt über anbieterseitige Angebote und Angebotsbestandteile zu informieren. Zum anderen erfolgt die Gestaltung in der Absicht, die Kunden so zu beeinflussen, dass vorgegebene Markt- und Marketing-Ziele erfüllt werden (vgl. *Fill*, 2001, S. 23).

Diesem Verständnis folgend sind der Kommunikationspolitik zwei sich ergänzende **Teilaufgaben** zuzuordnen:

▶ Information des Marktes,
▶ Beeinflussung des Marktes.

In der Öffentlichkeit wird häufig vor allem die **Marktbeeinflussung** als Aufgabe der Kommunikationspolitik oder sogar des gesamten Marketing gesehen. So wird davon ausgegangen, dass es der Kommunikation bzw. dem Marketing allein darum gehe, Marktteilnehmer zu einem vom Unternehmen gewünschten Verhalten zu bewegen, das ggf. auch zu Lasten von Nachfragern gehen könne. Dieses (falsche) Vorurteil ist auch dafür verantwortlich, dass das Marketing in breiten Teilen der Öffentlichkeit ein »**Marketing-Problem**« aufweist, da es in der Öffentlichkeit häufig in die Nähe einer systematischen Übervorteilung von Kunden gerückt wird. Zu diesem Ergebnis gelangt man beispielsweise dann, wenn man das assoziative Umfeld untersucht, mit welchem Marketing in den

Informationsaufgabe

Definition »Kommunikationspolitik«

Teilaufgaben

Image von Marketing in der Öffentlichkeit

Abb. 242

SPIEGEL ONLINE-Berichte zum Schlagwort »Marketing« zwischen Januar und Mai 2012 (Auszug)

Lindt: EuGH verwehrt Goldhäschen den Markenschutz
SPIEGEL ONLINE – 24.05.2012

Goldener Windbeutel 2012: Verbraucherschützer küren frechste Werbelüge
SPIEGEL ONLINE – 22.05.2012

Dämpfer vor Börsengang: General Motors stoppt Werbung bei Facebook
SPIEGEL ONLINE – 16.05.2012

Lebensmittelwerbung: Mogelpackung auf dem Teller
SPIEGEL ONLINE – 09.04.2012

Werbelügen: EU verbietet irreführende Slogans bei Lebensmitteln
SPIEGEL ONLINE – 21.03.2012

Online-Werbung: Wie Microsoft auf illegalen Websites landet
SPIEGEL ONLINE – 12.03.2012

Originelle Werbekampagne: Der »Guardian« stellt Schweine vor Gericht
SPIEGEL ONLINE – 02.03.2012

Merchandising im Fußball: Trikots und Toaster für 170 Millionen Euro
SPIEGEL ONLINE – 13.02.2012

Soziale Netzwerke: Facebook ist der Werbekönig
SPIEGEL ONLINE – 31.01.2012

Medien und der Öffentlichkeit in Verbindung gebracht wird. *Abbildung 242* zeigt exemplarisch die Headlines von Medienberichten, die ein ausgewähltes Online-Nachrichtenmagazin unter dem Schlagwort »Marketing« aufführt. Wie die Zusammenstellung zeigt, wird über Marketing überwiegend im Zusammenhang mit Kundenirreführung und verbraucherschutzrechtlich bedenklichen Praktiken berichtet.

Auch wenn es dabei letztlich richtig ist, dass Unternehmen im Rahmen ihrer Kommunikation versuchen (müssen), ihre Leistungen positiv darzustellen, um Kunden zum Kauf des eigenen Produktes zu bewegen, darf nicht übersehen werden, dass die **Informationsaufgabe** ebenfalls eine wichtige Aufgabe der Kommunikationspolitik darstellt. Diese ist im Vergleich zur Beeinflussungsaufgabe als zumindest gleichwertig einzustufen. Die Informationsaufgabe erweist sich dabei für Nachfrager als Nutzen stiftend, etwa wenn Anbieter über neue Produkte, günstige Preise, attraktive Bestellmöglichkeiten o. Ä. informieren (vgl. *Diller/Fürst/Ivens*, 2011, S. 347). Daher ist die negative Einstellung, die dem Marketing in der Öffentlichkeit häufig entgegengebracht wird, nicht nur auf eine ungerechtfertigte Einengung des Marketing auf dessen kommunikationspolitische Teilaufgabe zurückzuführen, sondern darüber hinaus auch das Ergebnis eines **Fehlverständnisses**, das darin zum Ausdruck kommt, dass als kommunikationspolitische Aufgabenstellung vor allem die Beeinflussungsaufgabe, nicht aber die Informationsaufgabe gesehen wird.

Nachfragernutzen durch Marktinformation

Um der Informations- und Beeinflussungsaufgabe innerhalb der Kommunikationspolitik nachzukommen, stehen einem Unternehmen verschiedene Instrumente zur Verfügung. Ihr Einsatz und ihre Einsatzkombination hängen dabei von den Zielen ab, die innerhalb der Kommunikationspolitik verfolgt werden sollen. Diese wiederum sind untrennbar mit den Anlässen verbunden, in denen kommunikationspolitische Maßnahmen vom Unternehmen eingesetzt werden. Vor diesem Hintergrund sind zunächst die kommunikationspolitischen Anlässe und Ziele zu betrachten, bevor auf die einem Unternehmen zur Verfügung stehenden Kommunikationsinstrumente eingegangen werden kann (vgl. *Fill*, 2001, S. 30 ff.).

4.1 Kommunikationspolitische Anlässe und Ziele

4.1.1 Anlässe für Kommunikationspolitik

Da es innerhalb der Kommunikationspolitik um die systematische Gestaltung aller auf den Markt oder auf Teilmärkte gerichteten Informationen über Produkte, deren Angebotsform bzw. das anbietende Unternehmen geht, ist zwischen zwei generell unterschiedlichen Anlässen für Kommunikation zu unterscheiden:

▸ fortdauernder Anlass und
▸ spezifischer Anlass.

Mit »**fortdauerndem Anlass**« ist gemeint, dass Unternehmen ihre aktuellen und potenziellen Kunden kontinuierlich über ihr Leistungsangebot informieren müssen – auch um hiermit ggf. auf das Kaufverhalten der Kunden Einfluss zu nehmen. Häufig geht es bei dieser Form der Kommunikationspolitik in erster Linie darum, sich bei den Kunden »**in Erinnerung**« zu rufen. Gerade in etablierten Märkten, in denen alle Wettbewerber bereits seit langem im Markt etabliert und daher auch den meisten Kunden bekannt sind, kommt der Kommunikationspolitik vor allem die Aufgabe zu, die Nachfrager immer wieder auf das Leistungsangebot des Unternehmens aufmerksam zu machen. Ohne eine solche andauernde »Erinnerung« würde die Gefahr bestehen (insbesondere dann, wenn parallel die Wettbewerber weiter Kommunikationspolitik betreiben), dass das Leistungsangebot eines Unternehmens beim Kunden in Vergessenheit gerät.

Daneben bestehen für Kommunikationspolitik in Unternehmen auch **spezifische Anlässe**. Im Grunde liegen solche Anlässe immer dann vor, wenn **Neuerun-**

Fallbeispiel 80

Waschmittel

Zu den Märkten, auf denen der fortdauernde Anlass innerhalb der Kommunikationspolitik der Wettbewerber stark dominiert, gehören vor allem viele klassische Konsumgütermärkte. Bei Waschmitteln sind z. B. die meisten Wettbewerber den Kunden seit vielen Jahren bekannt. Auch ist der Markt durch eine nur geringe Innovationstätigkeit der Anbieter gekennzeichnet, sodass eigentlich kein wirkliches Erfordernis besteht, intensiv Kommunikationspolitik zu betreiben. Trotzdem gehören Waschmittel seit Jahren zu den werbeintensivsten Märkten. Beispielsweise betrugen die Werbeausgaben 2010 in Deutschland in diesem Markt allein rund 250 Mio. €. Zielsetzung der Kommunikation in diesem Markt ist es für Anbieter vor allem, den Kunden die eigene Waschmittelmarke immer wieder in Erinnerung zu rufen. Damit ist die Hoffnung verbunden, dass sich Kunden am Point of Sale (PoS) für die entsprechende Marke entscheiden, weil ihnen diese Marke zuvor durch Werbung nochmals nahegebracht wurde.

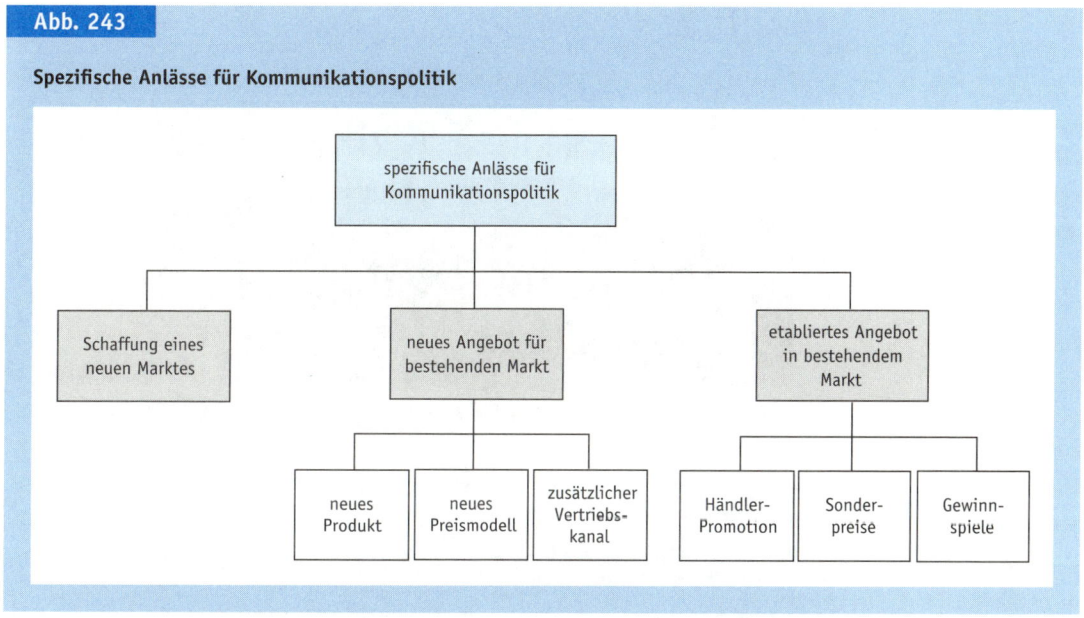

Abb. 243

Spezifische Anlässe für Kommunikationspolitik

gen innerhalb der Marketing-Aktivitäten eines Unternehmens vorliegen, sodass der Markt hierüber informiert werden muss bzw. ein verändertes Entscheidungsverhalten der Kunden im Markt zu erwarten ist, das einer gezielten
Beeinflussung bedarf.

Zusätzliche Kommuni-
kation bei Neuerungen

Neuerungen können innerhalb der Marketing-Aktivitäten eines Unternehmens auf verschiedenen Stufen und damit in verschiedenem Ausmaß auftreten
(vgl. *Abbildung 243*). Die umfassendste Neuerung liegt für ein Unternehmen
dann vor, wenn ein **neuer Markt** geschaffen (nicht erschlossen) werden soll.
Gelingt einem Unternehmen etwa eine Innovation, die nicht eine verbesserte
Lösung für einen bestehenden Markt bedeutet, sondern mit deren Hilfe ein
neuer Markt geschaffen wird (z. B. Einführung von Handys, Laptops, geruchlo-
sen Windeleimern etc.), dann stellt dies für das Marketing eine besondere Herausforderung dar, da in einem solchen Fall zunächst **keine etablierte Kundengruppe** vorhanden ist, auf die die Marketing-Aktivitäten ausgerichtet werden
können. Stattdessen müssen in diesem Fall potenzielle Kunden erst identifiziert, angesprochen und überzeugt werden. Daher stellt dieser Anlass für die
Kommunikationspolitik die schwierigste Aufgabenstellung dar. Denn bei diesem Anlass kommt zu den Fragen, »wie« und »womit« Kunden angesprochen
werden sollen, die Frage hinzu, »wer« durch die Kommunikationspolitik erreicht werden soll. *Abbildung 244* zeigt eine exemplarische Werbeanzeige für
den spezifischen Kommunikationsanlass »neuer Markt«.

Neuer Markt

Ein Anlass, der eine etwas weniger umfassende Neuerung für das Marketing
darstellt, der aber sehr wohl ebenfalls besondere kommunikationspolitische
Aktivitäten erforderlich macht, stellt der Fall dar, dass für einen bestehenden

Neues Angebot

Abb. 244

Beispiel für Werbeanzeige beim Kommunikationsanlass »neuer Markt«

Abb. 245

Beispiel für Werbeanzeige beim Kommunikationsanlass
»neues Angebot für bestehenden Markt«

Abb. 246

Beispiele für Cross-Media-Marketing-Kampagne

Markt ein **neues Angebot** entwickelt wurde (z. B. neues Produkt) und der Markt nun darüber informiert bzw. von den Vorteilen überzeugt werden muss (z. B. Einführung von Smartphones in den Handy-Markt oder von Elektrofahrrädern in den Fahrradmarkt). In einer solchen Situation geht es vor allem um die Abgrenzung des neuen Angebots gegenüber den bereits im Markt etablierten Produkten. Hierbei sind Unterschiede aufzuzeigen und Leistungsverbesserungen zu betonen. *Abbildung 245* zeigt eine Werbeanzeige für Elektrofahrräder, bei der vor allem die Vorteile gegenüber herkömmlichen Fahrrädern verdeutlicht werden.

Schließlich kann ein spezifischer Anlass auch dann vorliegen, wenn in bestehenden Märkten **für etablierte Angebote spezielle Marketing-Aktivitäten** (z. B. Händler-Promotion, Sonderpreise, Gewinnspiele) durchgeführt werden. Hier ist der Markt über die häufig zeitlich befristete Marketing-Aktivität zu informieren. Daher gilt es bei diesem kommunikationspolitischen Anlass, eine möglichst große kommunikative Reichweite zu entwickeln. Daher wird bei diesem Anlass der Markt i. d. R. parallel über verschiedene Kommunikationsinstrumente auf die Marketing-Aktion aufmerksam gemacht. *Abbildung 246* zeigt ein Beispiel für eine solche **Cross-Media-Marketing**-Kampagne.

Neue Marketing-Aktivitäten

4.1.2 Kommunikationsziele

Vom konkreten Anlass, für den kommunikationspolitische Maßnahmen ergriffen werden, hängen auch die Ziele ab, die mit den Maßnahmen verfolgt werden. Ist eine kommunikationspolitische Initiative erforderlich, um einen neuen Markt zu entwickeln (spezieller Anlass »neuer Markt«), muss es das kommuni-

Ziel-/Anlass-abhängigkeit

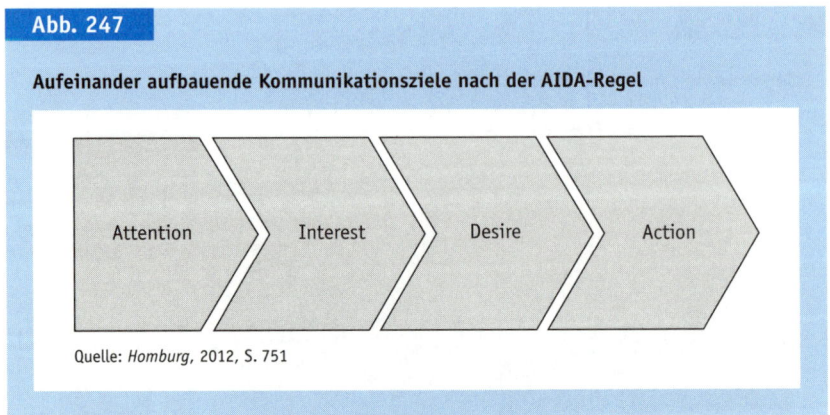

Abb. 247

Aufeinander aufbauende Kommunikationsziele nach der AIDA-Regel

Attention | Interest | Desire | Action

Quelle: *Homburg*, 2012, S. 751

kationspolitische Ziel sein, zunächst einmal Aufmerksamkeit und Bekanntheit für das neue Leistungsangebot zu schaffen. Hingegen wird im Fall »bestehender Markt, etabliertes Angebot, spezielle Marketing-Aktivität« eher das Ziel darin bestehen, Kunden zu einem bestimmten Kaufverhalten zu bewegen – etwa wenn wie im Beispiel von *Abbildung 246* den Kunden Rabatt-Coupons »geschenkt« werden.

AIDA-Regel

Da folglich mittels Kommunikation mehr oder weniger weit vom eigentlichen Kauf bzw. Wiederkauf entfernt liegende Ziele angestrebt werden können, wird in der Literatur zur **Systematisierung** von kommunikationspolitischen Zielen auf die **AIDA-Regel** Bezug genommen (vgl. z. B. *Homburg*, 2012, S. 750 ff.; *Bruhn*, 2012, S. 207). Diesem in *Abbildung 247* skizzierten Modell zufolge kann eine erste Zielsetzung von Kommunikation darin bestehen, eine

Aufmerksamkeit erzeugen

Zielgruppe überhaupt auf die Angebote und Leistungen eines Anbieters aufmerksam zu machen (»**Attention**«). Ist ein Anbieter oder das Produkt eines Anbieters im Markt unbekannt, dann ist es zunächst einmal Aufgabe der Kommunikationspolitik, dafür Sorge zu tragen, dass der Anbieter bzw. dessen Produkte von Kunden wahrgenommen werden bzw. diesen bekannt sind (vgl. *Abbildung 248* für eine auf »Attention« ausgerichtete Werbeanzeige).

Interesse generieren

Wird dem Anbieter bzw. dem Produkt anschließend im Markt ausreichend Aufmerksamkeit entgegengebracht, dann besteht die zweite Zielstufe darin, das Interesse der Zielgruppe für Produkt bzw. Anbieter zu wecken (»**Interest**«). Wie *Abbildung 249* zeigt, ist die Kommunikation nun häufig informationslastiger, da den Kunden Details über das Leistungsangebot des Anbieters präsentiert werden.

Kaufwünsche wecken

Die nächste Stufe kommunikationspolitischer Ziele ist im Wecken von Kaufwünschen zu sehen (»**Desire**«). Hier geht es darum, aus einem grundsätzlichen Produktinteresse eine konkrete Kaufmotivation zu entwickeln. Wie im Beispiel von *Abbildung 250* wird der Kaufwunsch dabei weniger durch weitere Detailinformationen über das Produkt oder den Anbieter als vielmehr durch die emotionale Ansprache von Kunden geweckt.

Abb. 248

Beispiel für Werbeanzeige mit Schwerpunktziel »Attention«

Abb. 249

Beispiel für Werbeanzeigen mit Schwerpunktziel »Interest«

Abb. 250

Beispiel für Werbeanzeigen mit Schwerpunktziel »Desire«

Abb. 251

Beispiel für Werbeanzeige mit Schwerpunktziel »Action«

Die MATCH Sondermodelle.[1]

FAIRPLAY-VORTEIL BIS ZU 3.330 €[2]

Das Auto.

www.volkswagen-match.de

[1] Kraftstoffverbrauch des neuen Polo MATCH in l/100 km, kombiniert von 5,9 bis 3,7, CO_2-Emissionen in g/km, kombiniert von 139 bis 96. Kraftstoffverbrauch des neuen Golf MATCH in l/100 km, kombiniert von 6,4 bis 4,1, CO_2-Emissionen in g/km, kombiniert von 149 bis 107. Kraftstoffverbrauch des neuen Touran MATCH in l/100 km, kombiniert von 6,8 bis 4,5, CO_2-Emissionen in g/km, kombiniert von 159 bis 119. [2] Maximaler Preisvorteil (Fairplay-Vorteil) von bis zu 3.330 € am Beispiel des MATCH Sondermodells Golf in Verbindung mit dem optionalen „MATCH PLUS Paket" gegenüber der unverbindlichen Preisempfehlung des Herstellers für einen vergleichbar ausgestatteten Golf Trendline. Abbildung zeigt Sonderausstattung gegen Mehrpreis.

Schließlich stellt das Auslösen von Kaufakten (»**Action**«) die letzte kommunikationspolitische Zielstufe dar. Hier finden sich häufig Hinweise auf Preise oder Bezugsmöglichkeiten, um dem Kunden die Informationen zu geben, die benötigt werden, um das Produkt zu erwerben (vgl. *Abbildung 251*).

Kaufakte auslösen

Da die verschiedenen kommunikationspolitischen Ziele der AIDA-Regel aufeinander aufbauen, werden diese in Kommunikationskampagnen häufig zeitlich versetzt verfolgt. Nachdem zunächst Kommunikationsinstrumente eingesetzt werden, um »Attention« oder »Interest« in den avisierten Zielgruppen zu erreichen, richten sich die Maßnahmen anschließend auf das Wecken konkreter Kundenwünsche (»Desire«) oder das Auslösen von Kundenkäufen (»Action«).

4.2 Instrumente der Kommunikationspolitik

Um bei einem gegebenen Anlass ein bestimmtes Kommunikationsziel realisieren zu können, stehen dem Unternehmen viele verschiedene Kommunikationsinstrumente zur Verfügung. Diese lassen sich entsprechend *Abbildung 252* zunächst dahingehend klassifizieren, ob die Instrumente einen unmittelbaren Produktbezug aufweisen (z. B. Produktwerbung) oder eher der **produktüber-**

Vielfalt von Instrumenten

Abb. 252

Systematisierung von Kommunikationsinstrumenten

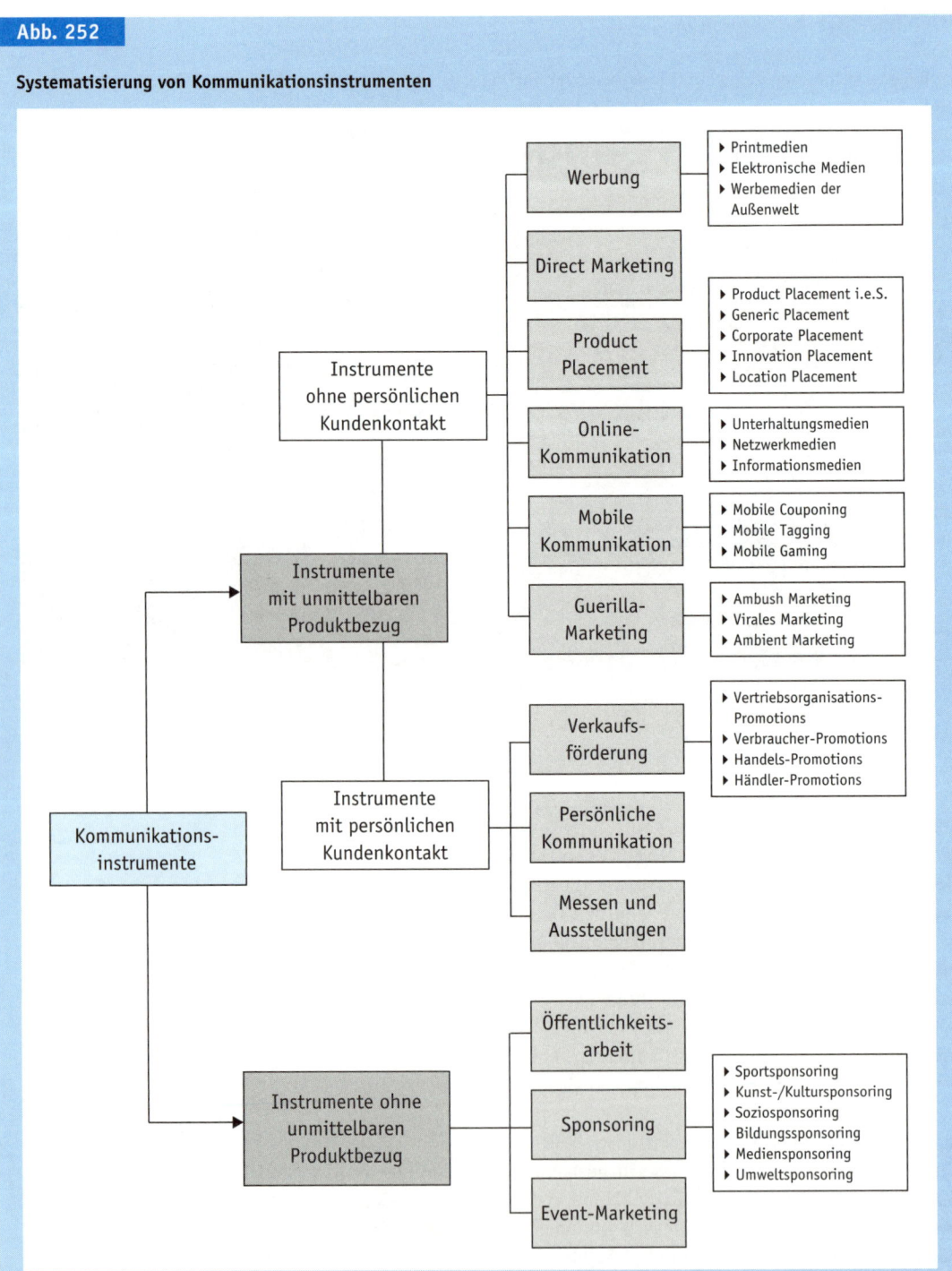

greifenden Kommunikation zu Kunden dienen (z. B. Öffentlichkeitsarbeit/PR). Die Instrumente mit unmittelbarem **Produktbezug** lassen sich darüber hinaus auf einer zweiten Stufe in Instrumente ohne persönlichen Kundenkontakt (z. B. Product Placement) oder mit persönlichem Kundenkontakt (z. B. Messen/Ausstellungen) unterteilen.

Strukturierung

4.2.1 Instrumente mit unmittelbarem Produktbezug

4.2.1.1 Instrumente ohne persönlichen Kundenkontakt

4.2.1.1.1 Werbung

Werbung – auch oft als Mediawerbung bezeichnet – ist als der »**Klassiker**« unter den Kommunikationsinstrumenten einzustufen (vgl. *Fuchs/Unger*, 2007, S. 163). Dies liegt sicherlich vor allem auch daran, dass dieses Instrument keine neuartige Erscheinung ist, sondern bereits in der Antike und im Mittelalter von Händlern eingesetzt worden ist (vgl. *Behrens*, 1996, S. 6 ff.). Trotz der steigenden Bedeutung anderer Kommunikationsinstrumente wie z. B. des Product Placement oder des Viralen Marketing, nimmt Werbung in vielen Unternehmen nach wie vor eine herausragende Stellung im Rahmen der Kommunikationspolitik ein und umfasst i. d. R. den höchsten Budgetanteil unter den Kommunikationsinstrumenten. Im Jahr 2011 wurden weltweit 498 Mrd. US $ für Werbung ausgegeben (vgl. *Nielsen*, 2012). In Deutschland flossen 2011 nach Angaben des Zentralverbands der Werbewirtschaft e.V. (ZAW) ca. 29,9 Mrd. € in Werbung (vgl. *ZAW*, 2012). Spitzenreiter bei den Werbeausgaben in Deutschland sind beispielsweise Unilever, Ferrero, die Media-Saturn-Holding oder Procter & Gamble mit jeweils mehr als 200 Mio. € Werbebudget im Jahr (vgl. *Handelsblatt*, 2011).

Bedeutung

Aufgrund ihrer langen Historie und hohen Bedeutung in der Praxis wird Werbung als Kommunikationsinstrument auch in der Wissenschaft große Relevanz beigemessen. Dennoch hat sich dort bislang kein gängiges Begriffsverständnis etabliert. Auch herrscht keine Einigkeit darüber, welche Wirkung Werbung tatsächlich auslöst. Einerseits wird Werbung gerne als das Kommunikationsinstrument schlechthin eingestuft. Nach dieser Einschätzung sind Kunden quasi »willenlose Geschöpfe«, deren rationales Entscheidungsvermögen durch Werbemaßnahmen gezielt unterwandert werden kann. Andererseits finden sich ebenso kritische Stimmen, die in Werbung vor allem ein Manipulationsinstrument sehen, das zunehmend schlechter wirkt, da Kunden immer häufiger als mündige Bürger auftreten, sodass die Kosten der Werbung nicht den entsprechenden Nutzen stiften (vgl. *Behrens*, 1996, S. 1 ff.).

Insgesamt ist der **Begriff** »Werbung« erst seit Mitte der 1930er-Jahre als Fachbegriff etabliert. Er löste die bis dato gebräuchliche Bezeichnung »Reklame« ab (lat. reclamere = entgegenschreien), die vor allem die Generierung von Aufmerksamkeit bei Zielgruppen zur Förderung des Absatzes von Produkten beschrieb (vgl. *von Hartungen*, 1921, S. 61). Reklame galt vielen Unternehmern allerdings nicht als positiv besetzter Begriff, sondern als schreierisches und anrüchiges Mittel (vgl. *Behrens*, 1996, S. 3). Mit dem Begriff der Werbung sollte daher ein positiveres Image für dieses Kommunikationsinstrument ge-

Begriff »Werbung«

schaffen werden. Das Bestreben der Werbewissenschaftler, ihren Forschungsgegenstand weniger kritikbehaftet darzustellen, fand auch Eingang in die jeweiligen Definitionsansätze. Anfänglich wurde die beeinflussende Wirkung von Werbung negiert, erst später wurde diese von der Werbewirtschaft als Aufgabe der Werbung angesehen. So sah *Seyffert* in seiner Definition von 1929 im Konsumenten einen autonomen Werbeempfänger, der frei entscheiden konnte, ob er eine Botschaft aufnahm oder nicht. Eine Beeinflussung gegen den Willen des Zuschauers fand nach seiner Ansicht nicht statt. Hingegen sah *Behrens* (1963, S. 12) in Werbung eine »[...] zwangfreie Form der Beeinflussung, welche Menschen zur Erfüllung der Werbeziele beeinflussen soll«. Seine Definition thematisierte zwar eine Beeinflussung des Kunden, ging aber davon aus, dass keine zwanghafte Einflussnahme erfolgt. Da viele Werbebotschaften jedoch unterschwellig erfolgen und sich Rezipienten dieser nicht immer bewusst sind, wurde auch *Behrens* Definition in der Literatur als realitätsfremd eingestuft. Erst in den 1970er- und 1980er-Jahren entstanden Werbedefinitionen, die das Kommunikationsinstrument realitätsnäher in seiner Gänze erfassten. Diesen Ansätzen folgend ist unter klassischer Werbung der »[..] Transport und die Verbreitung werblicher Informationen über die Belegung von Werbeträgern mit Werbemitteln im Umfeld öffentlicher Kommunikation gegen leistungsbezogenes Entgelt [Anm. d. Verf.: zu verstehen], um eine Realisierung unternehmensspezifischer Kommunikationsziele zu erreichen« (*Berndt*, 1992, S. 224).

Eigenschaften von Werbung

Ausgehend von dieser Definition lässt sich Werbung anhand spezifischer Eigenschaften kennzeichnen. So ist Werbung folglich sowohl ein **Informationsvorgang-** als auch ein **Beeinflussungsvorgang**, der unter Zuhilfenahme konkreter **Trägermedien** erfolgt und für den ein **finanzieller Aufwand** zu betreiben ist. Grundsätzlich stellt Werbung damit ein Instrument der unpersönlichen, einseitigen Kundenansprache dar, das anhand unterschiedlicher Medien zur indirekten Kundenansprache eingesetzt wird.

Formen von Werbeträgern

Systematisierung von Werbeträgern

Medien, die auch als Werbeträger fungieren, lassen sich auf unterschiedliche Art und Weise abgrenzen. Am gängigsten für eine solche Einteilung ist die nach der **Art der Botschaftsübermittlung**, die die kommunizierte Werbebotschaft danach unterteilt, ob sie in
▸ Printmedien (1),
▸ elektronischen Medien (2) oder
▸ durch Werbemedien der Außenwelt (3)
übermittelt wird (vgl. *Berndt*, 1992, S. 224).

(1) Printmedien

Arten

Printmedien erscheinen als **periodische Druckerzeugnisse** und werden für die Schaltung von Werbung in Form von **Anzeigen** genutzt. Dabei ist bei den Printmedien zu unterscheiden, ob es sich um **Zeitschriften**, **Zeitungen**, **Anzeigenblätter** oder **Beilagen**, sogenannte **Supplements**, handelt. Diese Unterscheidung ist relevant, da die Erscheinungshäufigkeit dieser Medien und damit auch die Kosten und die Reichweite einer Anzeige massiv voneinander abweichen können. So werden Zeitungen i. d. R. täglich oder wöchentlich herausgegeben, Zeitschriften erscheinen meist in einem ein-, zwei- oder vierwöchentlichen Intervall. Darüber hinaus ist der für Werbung vorgesehene Platz in Zeitschriften wesentlich größer, da diese sich zu einem größeren Teil als Zeitungen aus Werbeanzeigen finanzieren. Auch die regionale Verbreitung des Printmediums ist bei der Entscheidung, wo eine Anzeige geschaltet werden soll, zu berücksichtigen (vgl. *Freter*, 1974, S. 26). So sind (Tages-)Zeitungen z. T. nur regional vertreten und eignen sich folglich eher für Unternehmen, die in der jeweiligen Region vertreten sind. Zeitschriften erscheinen dagegen i. d. R. bundesweit und erreichen so ein breiteres Publikum. Bei der Wahl einer Zeitschrift gilt es weiterhin zu beachten, ob sich diese an ein breites Publikum richtet oder ob sie eher für ein Fachpublikum herausgegeben wird. Gerade bei Fachzeitschriften zeichnet sich in den letzten Jahren ein klarer Trend zu Spezialisierung auf bestimmte Themen ab, sodass hier zunehmend Nischenprodukte erscheinen, die eine sehr gezielte Ansprache einer bestimmten Zielgruppen erlauben. Einen weiteren Trend im Bereich der Printmedien stellen die Anzeigenblätter dar, die i. d. R. kostenlos verteilt werden und deren Finanzierung ausschließlich auf Werbeanzeigen beruht. In diesen Blättern findet sich daher verhältnismäßig viel Platz für Werbung, da der Anteil redaktioneller Inhalte eher gering ist. Aufgrund der Tatsache, dass Anzeigenblätter zwar eine große Reichweite erzielen können, oftmals aber wegen der geringen Qualität und wenigen Inhalte nicht oder nur wenig beachtet werden, kamen in den vergangenen Jahren die sogenannten Supplements in Mode (vgl. Beispiele in *Abbildung 253*). Diese Beilagen zu Tages- und Wochenzeitschriften sowie Publikums- und Fachzeitschrif-

> Unterschiede Zeitschriften, Zeitungen, Anzeigenblätter, Beilagen

Beispiele für Supplements

ten werden in großer Stückzahl und sehr guter Druckqualität produziert. Da eine Zuteilung dieser Supplements inhaltlich und zielgruppenspezifisch abgestimmt werden kann, ermöglicht dieses Printmedium eine genauere Ansprache der gewünschten Kunden (vgl. *Behrens*, 1996, S. 171).

(2) Elektronische Medien

Kosten- und Vermittlungsunterschiede

Die elektronischen Medien sind die zweite große Gruppe der Werbeträger und umfassen mit **TV**, **Radio**, **Kino** und **Internet** vier Mediengattungen. Werbung in diesen Medien erfolgt in klassischer Form als Spot in dafür vorgesehenen Werbeblöcken, zunehmend aber auch als kurze Einblendungen oder Banner im Programm oder auf einer Website. Spielen bei den Printmedien Aspekte wie die Reichweite oder die Themenstruktur bei der Wahl des Werbeträgers eine entscheidende Rolle, sind bei elektronischen Medien vor allem die Kosten sowie die Art und Weise der Inhaltsvermittlung wichtige Kriterien bei der Entscheidung für das jeweilige Werbemedium. So ist die Produktion und Ausstrahlung eines Radiospots oder die Gestaltung und Platzierung eines Banners im Internet verhältnismäßig günstig, während für TV- und Kinoproduktionen häufig sehr hohe

Abb. 254

Beispiel für eine individuell gestaltete Werbeanzeige

Werbebudgets notwendig sind. Allerdings werden Werbespots im Radio meist weniger beachtet, da das Radio als Begleitmedium für eine geringere aktive Aufmerksamkeit sorgt. Ein Werbekontakt, der über Radio hergestellt wird, gilt daher als weniger wertvoll als ein Werbekontakt im Fernsehen oder Kino (vgl. *Hofsäss/Engel*, 2003, S. 300). Allerdings haben Unternehmen wie *Seitenbacher* in der Vergangenheit gezeigt, dass sich auch mit Radio-Werbung hohe Bekanntheit erzielen lässt, wenn die Werbung entsprechend individuell gestaltet wird (vgl. *Abbildung 254*). Weiterhin ermöglicht das Fernsehen ebenso wie das Kino oder das Internet eine Kombination von Bild-, Ton- und Textelementen und damit eine reichhaltigere Kommunikation sowie eine stärkere Emotionalisierung der Werbebotschaft.

In den vergangenen Jahren hat schließlich vor allem das **Internet** als Werbeträger stark an Bedeutung gewonnen. Hier können Botschaften u. a. in Form von Bannern, Pop-ups, Backpages oder interaktiven Buttons platziert werden. Gerade die Möglichkeit, einen **direkten Feedback-Kanal zum Kunden** aufzubauen und ihn so aktiv in die Werbung einzubinden, stellt einen großen Vorteil dieses Trägermediums dar (vgl. *Bruhn*, 2012, S. 238 f.). Häufig erfolgt die Platzierung von Werbung im Internet in Kombination mit anderen Medien (Cross-Medien), sodass Online-Werbung anfänglich in erster Linie als Ergänzung zu klassischen Werbekampagnen gesehen wurde. Inzwischen hat die Online-Werbung allerdings in vielen Branchen einen derart zentralen Stellenwert erreicht, dass die Online-Werbung als gleichwertige Alternative einzustufen ist.

Zunehmende Bedeutung des Internets

(3) Werbemedien der Außenwelt

Als dritte Form der Werbeträger gelten die Medien der Außenwerbung, zu denen **Plakat-** und **Leuchtwerbung** ebenso wie **Werbung auf und in Verkehrsmitteln** wie Bahn oder Bus zählen. Diese Art der Kundenansprache hat in den vergangenen Jahren eine Art Renaissance erlebt, da immer mehr Großflächen als geeignete Platzierungsorte entdeckt wurden. So sind heute, wie in *Abbildung 255* dargestellt, häufig Baustellen mit Riesenplakaten oder Fenster von öffentlichen Verkehrsmitteln mit Botschaften versehen.

»Wiederentdeckte« Instrumente

Abb. 255

Beispiele für Werbeanzeigen im öffentlichen Nahverkehr

 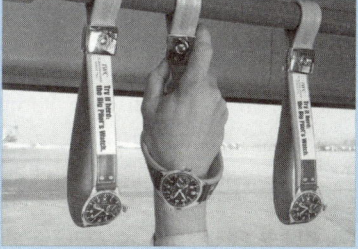 

Vorteilhaft an der Nutzung von Außenwerbung ist die hohe Reichweite der Trägermedien, wenn diese an Orten mit hohem Publikumsverkehr platziert werden (vgl. *Bruhn*, 2011, S. 246). Charakteristisch an dieser Werbeform ist allerdings auch die fehlende redaktionelle Verknüpfung der Werbebotschaft. So können Werbespots in TV und Radio ebenso wie Anzeigen in Printmedien in redaktionelle Inhalte eingebettet werden und stehen folglich nicht für sich allein. Dies ist bei Werbung auf Plakaten oder in Verkehrsmitteln jedoch i. d. R. nicht der Fall. Dies kann jedoch durchaus vorteilhaft sein, wenn etwa Plakate aufgrund der Alleinstellung der Werbebotschaft mehr Aufmerksamkeit auf sich ziehen. Voraussetzung hierbei ist jedoch eine kreative und möglichst auffällige Gestaltung und/oder eine spannende Werbebotschaft.

Funktionen und Grenzen der Werbung

Die Bedeutung von Werbung als Kommunikationsmittel wird nicht nur an deren vielfältigem Einsatz in Form unterschiedlicher Werbeträger deutlich, sondern auch anhand der verschiedenen **Funktionen** dieses Marketing-Instruments. So wird Werbung sowohl eine **manipulative** als auch eine **informative Kommunikationsfunktion** beigemessen (vgl. *Bruhn*, 2013b, S. 385). Trotz der unbestrittenen Relevanz von Werbung als Kommunikationsmittel von Unternehmen sind aber

auch diesem Instrument **Grenzen** gesetzt. Diese sind u. a. **rechtlicher** Natur. Im Bereich der Rechtsprechung findet sich zwar kein eigenständiges Werberecht, jedoch finden sich in einer Vielzahl von Einzelgesetzen und Verordnungen Regelungen, die die Werbung betreffen. Große Relevanz kommt in diesem Zusammenhang dem Gesetz gegen unlauteren Wettbewerb (UWG) zu (vgl. *Schweiger/Schrattenecker*, 2013, S. 406 ff.). Hierin werden in § 1 UWG alle unlauteren Geschäftspraktiken untersagt, die geeignet sind, Einfluss auf den Wettbewerb zu nehmen. Als unlauter gelten hierbei irreführende oder aggressive Geschäftspraktiken, worunter auch Werbekampagnen fallen. So ist auch **vergleichende Werbung** nur unter bestimmten Umständen erlaubt, wie etwa bei der Darstellung sachlich richtiger und nachvollziehbarer Vergleiche, die vor allem der Information des Verbrauchers dienen (vgl. *Abbildung 256*). Neben der Einschränkung der Darstellungsform greifen werberechtliche Vorschriften auch für bestimmte Berufsgruppen. Um einen unseriösen Wettbewerb zu vermeiden, dürfen beispielsweise Ärzte oder Rechtsanwälte nur sehr eingeschränkt Werbung betreiben.

Über die allgemeinen Bestimmungen für Werbung hinaus sind zudem **spezifische Regelungen** zu beachten, die die einzelnen Mediengattungen betreffen, wie etwa die Beschränkungen von TV- oder Radiowerbung durch den Rundfunkstaatsvertrag. Weiterhin versucht die Werbewirtschaft durch sogenannte freiwillige Selbstbeschränkungen, den Kunden vor Missbrauch der Werbung zu schützen. Diese **nicht-gesetzlichen Verhaltensregeln** werden in Deutschland von einem Werberat kontrolliert, der zwar keinerlei Sanktionsfunktion innehat, wohl aber einen wichtigen Signalcharakter für die Öffentlichkeit aufweist.

Zudem wird die Wichtigkeit von Werbung durch die gerade in den vergangenen Jahren zunehmende Tendenz limitiert, dass sich immer mehr Nachfrager Werbebotschaften zu entziehen versuchen, da Werbung in ihren Augen einen

Abb. 256

Beispiel für vergleichende Werbeanzeigen

inflationären Charakter aufweist. Daher wird klassische Werbung heute vielfach durch neue Werbeformen wie Direct Marketing, Product Placement, Guerilla-Marketing oder Online-Kommunikation begleitet oder sogar ersetzt. Diese Kommunikationsinstrumente ermöglichen entweder eine direkte Interaktion mit Nachfragern oder erscheinen in weniger aufdringlicher Form.

4.2.1.1.2 Direct Marketing

Klassische Werbemaßnahmen stoßen auch deshalb zunehmend an Grenzen, da sich aus gesellschaftlicher Sicht eine immer stärkere Individualisierung der Nachfrager (vor allem auf Konsumgütermärkten) beobachten lässt. Darüber hinaus stellt die Informationsüberlastung der Nachfrager einen weiteren Treiber für die wachsende Bedeutung spezifischer Kommunikationsinstrumente dar (vgl. *Holland*, 2009, S. 23). Sollen Kunden heute dennoch erreicht und Informationen nicht zu stark gestreut werden, muss eine zielgerichtete und **individualisierte Kommunikation** erfolgen. Auf diese Form der direkten Ansprache zielt das Direct Marketing ab, dessen Bedeutung aufgrund der genannten Entwicklungen in den letzten Jahren stetig zugenommen hat. Empirische Untersuchungen zeigen so, dass dieses Kommunikationsinstrument in den vergangen Jahren erhebliche Zuwachsraten verzeichnen konnte. Zudem wird dem Direct Marketing auch für die Zukunft eine weiter zunehmende Bedeutung zugesprochen (vgl. *Fuchs/Unger*, 2007, S. 266).

> Zunehmende Bedeutung direkter Kundenansprache

In seinen Anfängen wurde das Direct Marketing vorrangig als Instrument des Direktvertriebs im Versandhandel genutzt (vgl. *Bruhn*, 2013b, S. 404 f.). Dienten anfänglich dort Werbebriefe und vor allem Versandkataloge als Mittel der anonymen Kundenansprache, so ermöglichte erst die Sammlung und Verfeinerung von Adressdateien eine immer gezieltere Kommunikation mit den Kunden. Fortschritte im Bereich der Datenverarbeitung, die eine Sammlung, Speiche-

> Ursprung im Versandhandel

rung und Verknüpfung großer Datenmengen ermöglichten, schufen schließlich die Basis für die heutige Verbreitung von Direct Marketing. Vor allem die Entwicklung moderner Datenbanksysteme, die Verbreitung des Internets und der vermehrte Einsatz von Kreditkarten spielten in diesem Zusammenhang eine besondere Rolle (vgl. *Löffler/Scherfke*, 2000, S. 16 ff.).

Einordnung und Begriff

Aufgrund der stetig gestiegenen Bedeutung des Direct Marketing in der Unternehmenspraxis kommt diesem Instrument auch in der Wissenschaft inzwischen eine erhebliche Relevanz zu. Einigkeit, was konkret unter dem **Begriff** des Direct Marketing zu verstehen ist, besteht bislang jedoch nicht (vgl. *Hünerberg*, 1998, S. 108). So finden sich bezüglich der Einordnung des Direct Marketing in der Literatur sowohl eine Verortung in der Distributions- als auch in der Kommunikationspolitik. Da die Kernaufgabe des Direct Marketing in der direkten Kundenansprache und im Dialog mit Kunden liegt, soll hier eine Einordnung in die Kommunikationspolitik vorgenommen werden. Diesem Sachverhalt folgend umfasst Direct Marketing »... sämtliche Kommunikationsmaßnahmen, die darauf ausgerichtet sind, durch eine gezielte Einzelansprache einen direkten Kontakt zum Adressaten herzustellen und einen unmittelbaren Dialog zu initiieren oder durch eine indirekte Ansprache die Grundlage eines Dialoges in einer zweiten Stufe zu legen, um Kommunikations- und Vertriebsziele des Unternehmens zu erreichen« (vgl. *Bruhn*, 2013b, S. 405).

Erscheinungsformen

Merkmal »Interaktivität«

Wie die Definition zeigt, kann die Kundenansprache beim Direct Marketing sowohl auf direktem als auch auf indirektem Weg erfolgen. Eine Interaktion (Interaktivität) zwischen Unternehmen und Nachfrager muss demnach nicht unmittelbar und direkt erfolgen, sondern kann auch über zwischengelagerte Stufen vorgenommen werden. Als **charakteristisches Merkmal** des Direct Marketing erscheint so vor allem die **Interaktion (Interaktivität) mit dem Kunden**. Dabei werden für die Erscheinungsformen dieses Kommunikationsinstrumentes zwei grundsätzliche Interaktivitätsgrade unterschieden:

▸ Interaktivität im engeren Sinne und
▸ Interaktivität im weiteren Sinne (vgl. *Oschmann,* 2005, S. 15).

Wechselseitiger Informationsaustausch

Interaktivität im engeren Sinne ist dadurch gekennzeichnet, dass Anbieter und Nachfrager wechselseitig Informationen austauschen (vgl. u. a. *Kreutzer*, 1998, S. 16; *Holland*, 2009, S. 88). Dies erfolgt i. d. R. über Gespräche am Telefon, persönlich im Verkaufsraum oder per Chat im Internet. Aufgrund des hohen Interaktionsgrads bei solchen Arten des Direct Marketing wird diese Erscheinungsform des Instruments auch als **interaktionsorientiertes Direct Marketing** bezeichnet (vgl. *Bruhn*, 2013b, S. 407). Aus Kundensicht wird diese Form der Ansprache eher akzeptiert, da hier eine unmittelbare Reaktion erfolgt und Wünsche oder Probleme des Kunden umgehend behandelt werden können. Aus diesem Grund eignen sich Instrumente mit direkter Interaktionsmöglichkeit besonders zum Aufbau und zur Pflege von Kundenbeziehungen.

Erscheinungsformen des Direct Marketing mit einem **Interaktionsgrad im weiteren Sinne** umfassen hingegen Instrumente, bei denen der Kontakt zum Kunden nicht im Rahmen einer unmittelbaren Interaktion erfolgt, sondern bei denen die Reaktionsmöglichkeit des Kunden räumlich und zeitlich versetzt möglich ist (vgl. *Oschmann*, 2005, S. 15). Da Nachfrager hier durch die eingesetzten Medien alleine eine verlagerte Reaktionsmöglichkeit erhalten, wird in diesem Zusammenhang auch vom **reaktionsorientierten Direct Marketing** gesprochen. Hierbei kann zwischen einer unpersönlichen Einzelkundenansprache (z. B. durch Mail-Order-Packages) und einem indirekten Kontakt über klassische Medien (z. B. Anzeigen, TV oder Radio) unterschieden werden. *Abbildung 257* zeigt zwei Beispiele für eine Ansprache ausgewählter Kunden mithilfe des Versands von Postkarten. So verschickte etwa BMW zur Markteinführung des »1er« eine Postkarte als Einladung zur Testfahrt an zuvor selektierte Adressen. Damit sollte das Modell bekannt gemacht und neue Kunden gewonnen werden. In einem anderen Fall schrieb ein Optiker ausgewählten Kunden einen »Eye Test Letter« und versuchte mit einem auf der Postkarte dargestellten Sehtest, seine Kunden für dieses Thema zu sensibilisieren und folglich für den Erwerb einer Brille zu motivieren.

Versetzte Reaktionsmöglichkeit

Abb. 257

Beispiel für Werbepostkarten mit Response-Möglichkeit

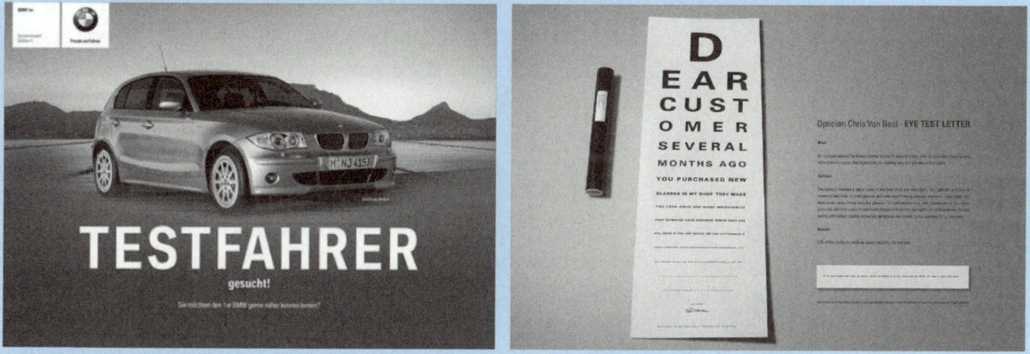

Kennzeichnend bei allen Instrumenten des reaktionsorientierten Direct Marketing ist die Möglichkeit zur Antwort mittels eines **Response-Elements**. Response-Elemente finden sich allerdings mittlerweile vermehrt auch in den klassischen Massenmedien, womit der Ursprungsgedanke des Direct Marketing, Einzelkunden individuell und direkt zu erreichen, zunehmend übernommen wird. Vor allem auf Plakaten finden sich beispielsweise heute häufig Elemente zur Kontaktaufnahme mit dem werbenden Unternehmen, wie *Abbildung 258* zeigt. Auf beiden in *Abbildung 258* dargestellten Plakaten wird dem Kunden eine zusätzliche Kontaktmöglichkeit per Handy angeboten – per SMS oder MMS.

Verschwimmende Grenzen zur klassischen Werbung

Abb. 258

Beispiele für interaktive Plakataktionen

Dabei kann ein direkter Nutzen für den Kunden aus der Interaktion mit dem Unternehmen entstehen. So erhielt der Mini auf dem in *Abbildung 258* links dargestellten Plakat, das an der Reeperbahn in Hamburg zu sehen war, bei jeder SMS einen Schlag mit einer virtuellen Peitsche und generierte damit beim potenziellen Kunden einen hohen Unterhaltungswert. Immonet (rechts dargestelltes Plakat in *Abbildung 258*) stellte wiederum für jede MMS Wohnungsangebote aus der Gegend zur Verfügung, in der das abfotografierte Plakat aufgestellt war (vgl. *Ströer*, 2009).

Viele Unternehmen setzen heute folglich beim Direct Marketing nicht mehr nur auf den Versand von Mailings oder individualisierten Prospekten, sondern versuchen über möglichst innovative und auffällige Kommunikationsmittel mit einer Vielzahl von Kunden in Kontakt zu kommen. Da dieser Kontakt nicht zwangsläufig in Form einer direkten Interaktion oder Reaktion erfolgen muss, führt *Bruhn* (2013b, S. 405 f.) als dritte Erscheinungsform das **Passive Direct Marketing** an. Hierbei handelt es sich um die simpelste Art der direkten Kundenansprache, die in Form von (un)persönlichen Werbebriefen, Mailings oder Katalogen zur Anwendung kommt. Charakteristisch hierbei ist, dass Kunden über das eingesetzte Medium nicht in Dialog mit dem werbenden Unternehmen treten können, sondern ihnen lediglich mehr oder weniger individuelle Informationen zur Verfügung gestellt werden. Bei dieser Form der Kundenansprache fällt es allerdings schwer, eine Abgrenzung zur klassischen Werbung vorzunehmen, vor allem wenn nicht-personalisierte Flugblätter oder Postwurfsendungen betrachtet werden.

Neben der Einordnung von Direct Marketing-Maßnahmen in Abhängigkeit vom Interaktionsgrad mit dem Kunden werden Instrumente des Direct Marke-

Zurverfügungstellung individueller Informationen

Klassische Medien

ting auch danach unterschieden, ob sie sich klassischer oder neuer Medien bedienen (vgl. *Kotler et al.*, 2011, S. 942 ff.). **Instrumente der klassischen Kommunikation** können dabei sowohl im direkten (einstufigen) als auch im indirekten (mehrstufigen) Kundenkontakt erfolgen. Eine mehrstufige Kommunikation bedarf dann jedoch des Einsatzes medialer Mittler wie Fernsehen, Print oder Radio. Das Spektrum der Instrumente reicht bei der direkten Kundenkommunikation vom klassischen Face-to-Face-Gespräch, über den Austausch am Telefon bis hin zur Werbesendung per Post. In der mehrstufigen Interaktion ist vor allem das Fernsehen (Direct-Response-TV) von Bedeutung, da hier Botschaften zielgruppengenau platziert werden können und der Kunde das Produkt realitätsnah präsentiert bekommt. Bei der Nutzung **elektronischer Medien** erfolgt die Ansprache des Kunden über das Internet oder mittels mobiler

Elektronische Medien

Fallbeispiel 81

Marco Polo

Abbildung 259 zeigt als Beispiel eine von Marco Polo durchgeführte Direct Marketing-Aktion, bei der die relevante Zielgruppe sowohl offline per Post als auch online per E-Mail angesprochen und zum Einkaufen durch einen Gutschein in Höhe von 10 € animiert wurde. Nach Einschätzungen des Unternehmens konnte durch die Nutzung dieser beiden Direct Marketing-Instrumente der Anteil der Bestellungen um etwa 20 % gesteigert werden (vgl. *Schreiber*, 2011, S. 15).

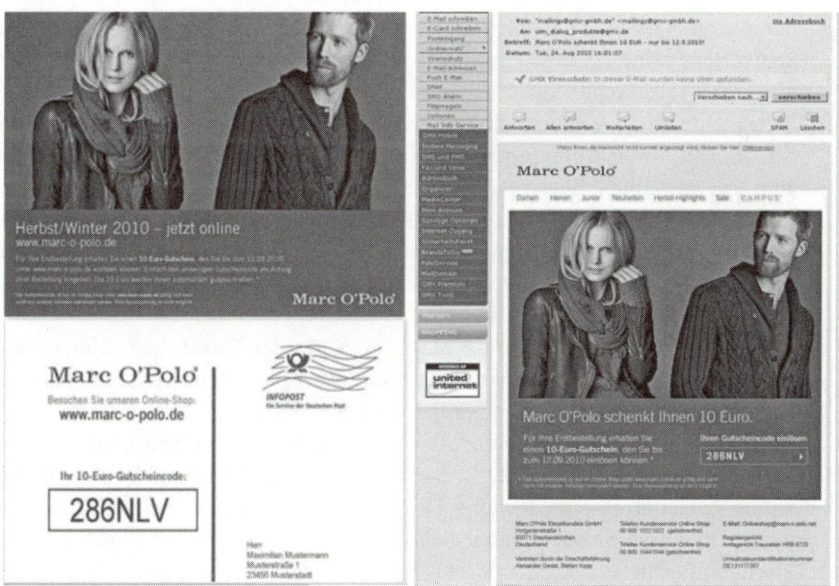

Quelle: *Schreiber*, 2011, S. 15

Abb. 259:   Direct Marketing-Aktion von Marco Polo

Systeme. In der Unternehmenspraxis erfolgt häufig eine gleichzeitige Nutzung sowohl klassischer als auch neuer Medien (**Multi Channel-Direct Marketing**) und damit eine Verknüpfung von Instrumenten der On- und Offline-Kommunikation. Das Prinzip der Multi Channel-Kommunikation im Direct Marketing ermöglicht es Unternehmen dabei, ihre Kunden mit größerer Wahrscheinlichkeit zu erreichen und in Folge dessen eine größere Wirkung zu erzielen.

Erfolgsfaktoren

Voraussetzungen

Der Erfolg von Direct Marketing-Maßnahmen ist nicht allein in der Verbindung unterschiedlicher Instrumente zu sehen, sondern hängt darüber hinaus von einer Reihe von Faktoren ab. Nach *Wirtz* (2005, S. 25) sollten Unternehmen, die auf Direct Marketing setzen, spezifische interaktions-, technologie-, organisations- und koordinationsorientierte Strukturen aufweisen. Aufgrund der Tatsache, dass Interaktion das grundlegende Charaktermerkmal des Direct Marketing ist, müssen Unternehmen eine möglichst hohe **Interaktions-** und damit **Beziehungsfähigkeit** aufweisen. Dies lässt sich jedoch nur erreichen, wenn es einem Unternehmen gelingt, Vertrauenswürdigkeit zu vermitteln und eine hohe Personalisierungsfähigkeit aufzubauen. Dies bedeutet, dass Mitarbeiter in der Lage sein müssen, individuell auf Kunden einzugehen und deren Präferenzen möglichst gut erfassen zu können, um hierdurch maßgeschneiderte Lösungen anzubieten. Neben der Interaktion ist darüber hinaus die **technologische Entwicklung** ein relevanter Treiber für die Entwicklung des Direct Marketing. So ist für Unternehmen eine fortschrittliche Ausstattung mit den gängigsten Technologien für das Direct Marketing wichtig. Weiterhin sind organisations- und koordinationsbezogene Erfolgsfaktoren zu beachten. So ist aus **organisatorischer Sicht** sicher zu stellen, dass alle Mitarbeiter ein einheitliches Auftreten gegenüber Kunden zeigen und ein generell kundenorientiertes Denken in der Unternehmenskultur verankert ist. Bezüglich der **Koordination** ist vor allem der integrierte und abgestimmte Einsatz der gewählten Direct Marketing-Instrumente erfolgskritisch, da sich nicht jedes Instrument zur Ansprache jeder Zielgruppe eignet und bei der Kommunikation über unterschiedliche Kanäle auf eine einheitliche Vermittlung der beabsichtigten Botschaft zu achten ist.

Vor- und Nachteile

Werden diese Erfolgsfaktoren beachtet, kann der Einsatz von Direct Marketing-Maßnahmen für Unternehmen große **Chancen** bieten. So ist davon auszugehen, dass Direct Marketing-Maßnahmen aufgrund ihrer hohen Individualität eine höhere Wirkung erzielen als viele andere Kommunikationsinstrumente (vgl. *Fuchs/Unger*, 2007, S. 277). Darüber hinaus bietet kaum ein anderes Kommunikationsmittel eine so hohe Flexibilität in Bezug auf seinen Einsatzzeitpunkt, da durch den fehlenden redaktionellen Rahmen keine Bindung an z. B. Erscheinungsintervalle oder Erscheinungsgrenzen klassischer Medien vorliegt. Allerdings sieht *Pickert* (1994, S. 92) gerade in der fehlenden redaktionellen Einbindung eine zentrale **Schwäche** des Direct Marketing. Ein weiterer wesentlicherer Nachteil beim Einsatz von Direct Marketing wird in der Notwendigkeit des Erwerbs persönlicher Daten gesehen (vgl. *Fuchs/Unger*, 2007, S. 278). Der

Versuch, Daten auf legalem Weg zu beschaffen, ist so sehr zeit- und kostenaufwändig. Daher ist der Einsatz von Direct Marketing, vor allem in personalisierter Form, für Unternehmen, die (noch) nicht über eine gewachsene Kundendatenbasis verfügen, sehr kostspielig. Zudem bedarf es der Beschaffung und Etablierung technologischer Strukturen, wenn mit Kunden nicht nur über klassische Medien kommuniziert werden soll.

4.2.1.1.3 Product Placement

Auf dem TV-Markt ermöglicht es die Einführung digitaler Aufnahmegeräte Zuschauern, Werbeunterbrechungen sehr einfach zu umgehen. Für werbetreibende Unternehmen wird es daher entsprechend schwieriger, ihre relevante Zielgruppe via TV zu erreichen (vgl. *Wilbur*, 2008, S. 143). So können DVD-Recorder Filme ohne Werbeunterbrechung aufzeichnen (»**Zipping**«), Fernsehzuschauer während einer Werbeunterbrechung zu einem anderen Sender wechseln (»**Zapping**«) oder zeitversetztes Fernsehen nutzen, bei dem digitale Videorekorder Sendungen gleichzeitig aufnehmen und zu einem beliebigen Zeitpunkt wiedergeben (»**Time Shifting**«). Mithilfe dieser Möglichkeiten wird es Zuschauern leicht gemacht, TV-Spots zu umgehen, sodass deren Wirkung heute häufig stark eingeschränkt ist. Unternehmen werden durch diese Entwicklungen gezwungen, verstärkt nach neuen Wegen in der Kommunikation über Massenmedien zu suchen, um Kunden dennoch zu erreichen. Product Placement bietet hier eine alternative Möglichkeit der Kundenansprache. So enthielten bereits 2004 drei Viertel aller Prime-Time-Filme und -TV-Serien Product Placement-Elemente (vgl. *Consoli*, 2004, S. 4). *Russell/Blech* (2005, S. 73) sehen im Product Placement daher »one of today's hottest new media«.

Auch wenn Product Placement in der Praxis in unterschiedlicher Form auftritt, lässt es sich übergeordnet als eine **Sonderwerbeform** einstufen, bei der kommerzielle Produkte als reale Requisiten systematisch in den Handlungsablauf eines Medienprogramms eingebracht werden. Die Platzierung der Produkte und Marken erfolgt für den Kunden dabei in nicht ersichtlicher Form, sodass der Kunde die in den Szenen enthaltene Werbebotschaft nicht sofort als solche erkennen kann. Folglich werden beim Product Placement Produkte auf Basis einer monetären und/oder sachlichen Gegenleistung in die Handlung des Films, der Serie oder der TV-Sendung mit dem Ziel integriert, auf indirektem Weg die Gunst des Zuschauers bzw. Kunden zu gewinnen (vgl. *Meffert/Burmann/Kirchgeorg*, 2012, S. 734). Aus diesem Grund lässt sich das Product Placement den **hybriden Werbeformen** zuordnen, bei denen die zu vermittelnde Botschaft in den redaktionellen Teil des Programms integriert und so die Werbeabsicht verschleiert wird. Will der Kunde das Programm nicht wechseln, kann er sich nicht wie bei Spots der Werbebotschaft entziehen (vgl. *Karrh*, 1998, S. 33). Zusammengefasst lässt sich Product Placement damit anhand von drei **Kernmerkmalen** charakterisieren:

▸ Einbeziehung/Bezugnahme auf Produkt, Dienstleistung oder Marke,
▸ Werbeabsicht und
▸ Gegenleistung (monetär und/oder sachlich).

Umgehungsmöglichkeiten von Werbung

Funktionsweise

Merkmale

Unterschied zur
»Schleichwerbung«

Synonym zum Product Placement wird in der Literatur mitunter auch der Begriff der **Schleichwerbung** verwendet. Auch wenn es ebenso bei der Schleichwerbung das Ziel ist, die werbliche Absicht gegenüber dem Rezipienten zu tarnen (vgl. *Schweiger/Schrattenecker*, 2013, S. 418), bestehen streng genommen Unterschiede zwischen Product Placement und Schleichwerbung. So ist Schleichwerbung als erschlichene Medialeistung einzustufen, bei der dem Werbeträger Einnahmen entgehen (vgl. *Bente*, 1990, S. 38). So können TV-Sender beispielsweise nicht verhindern, wenn Gäste in Sendungen den Namen ihrer Sponsoren erwähnen oder an der getragenen Kleidung erkennbare Logos platziert sind. Dagegen handelt es sich beim Product Placement um von der Redaktion gezielt platzierte Produkte, deren Einbindung vertraglich mit dem Werbeträger geregelt wurde. Folglich lässt sich Schleichwerbung und Product Placement anhand des Vorhandenseins einer vertraglichen Grundlage zwischen dem Werbeträger und dem werbenden Unternehmen über das Zeigen oder Nennen von Waren unterscheiden.

Zielsetzungen der
Beteiligten

Der Einsatz von Product Placement als Marketing-Instrument ist mit unterschiedlichen **Zielsetzungen** verbunden. Aus Sicht der **Film- und Fernsehwirtschaft** diente Product Placement ursprünglich vorrangig der realitätsnahen Gestaltung der Film- oder Serienhandlung. Dies trifft auch heute noch in Teilen zu, da sich eine wirklichkeitsgetreue Darstellung der Handlung ohne Markenprodukte kaum realisieren lässt (vgl. *Johansson*, 2001, S. 22). Primär dient der Einsatz von Product Placement der Film- und Fernsehwirtschaft heute allerdings zur Kostensenkung einer Produktion bzw. unterstützt in erheblichen Maß deren Finanzierung (vgl. *Bente*, 1990, S. 79). Aus Perspektive der **werbetreibenden Un-**

Fallbeispiel 82

Zulässigkeit von Product Placement in Deutschland

Auch in Deutschland versuchen Unternehmen seit den 1960er-Jahren Product Placement einzusetzen. So wurden bereits im Jahre 1962 ausgestrahlten Film »Vertauschtes Leben« mehrere Marken, wie z. B. Odol, AEG, Rei, Braun-Küchenmaschinen und Air France, deutlich erkennbar platziert. An Bedeutung gewann Product Placement in Deutschland aber erst in den 1980er-Jahren, als das ZDF versuchte, das für die öffentlich-rechtlichen Sender zu bestimmten Tageszeiten (nach 20 Uhr) bestehende Werbeverbot durch die gezielte Platzierung von Markenprodukten in Serienproduktionen wie »Die Schwarzwaldklinik« oder »Traumschiff« zu umgehen. Allerdings fand dieses Product Placement aufgrund der damaligen unklaren Gesetzeslage in einer Grauzone statt.

Deutlich mehr Klarheit hat in Deutschland erst der 13. Rundfunkänderungs-Staatsvertrag (RStV) vom 1. April 2010 gebracht, der zu einer partiellen Legalisierung des Product Placements geführt hat. So ist Product Placement (deutsche Bezeichnung »Produktplatzierung«) nun zulässig, wenn das Produkt in Kinofilmen, Filmen und Serien, Sportsendungen und Sendungen der leichten Unterhaltung platziert wird (§§ 15 Nr. 1, 44 Nr. 1 RStV). Im öffentlich-rechtlichen Rundfunk gilt dieser Passus allerdings nur dann, wenn die betroffene Sendung nicht vom Placementliefernden Unternehmen selbst oder in dessen Auftrag produziert wurde. Wird kein Entgelt für die Produktplatzierung gezahlt, sondern Waren oder Dienstleistungen in Form von Produktionshilfen oder Gewinnspielpreisen bereitgestellt, ist dies ebenfalls zulässig (§§ 15 Nr. 2, 44 Nr. 2 RStV). Ausgeschlossen sind Produktplatzierungen jedoch in Nachrichten, Sendungen zum politischen Zeitgeschehen, Ratgeber- und Verbrauchersendungen, Sendungen für Kinder oder Übertragungen von Gottesdiensten.

Abb. 260

Beispiele für Product-Placement in James Bond- und Sex and the City-Filmen

---

ternehmen wird mit Product Placements hingegen das Ziel verfolgt, das gezeigte Produkt im Gedächtnis des Kunden festzusetzen und so dessen Kaufwahrscheinlichkeit zu erhöhen. Da das Produkt in einer wirklichkeitsnahen Umgebung präsentiert wird, dient das Product Placement darüber hinaus auch dazu, dem Kunden den Nutzen und die Verwendungsform des Produkts nahezubringen und damit aufzuzeigen, welchen wertvollen Beitrag das Produkt im Alltag des Kunden liefern kann. Darüber hinaus zielt Product Placement aus Sicht der Werbetreibenden auf die Steigerung der Bekanntheit und die Verbesserung des Images eines (Marken-)Produktes ab (vgl. *Kotler/Keller*, 2012, S. 536; *Johansson*, 2001, S. 22 f.). Daher wird es vor allem als unterstützendes Instrument bei der Einführung neuer Produkte eingesetzt. Als **Beispiel** für ein solches Vorgehen kann etwa das Unternehmen Hugo Boss angeführt werden, das in den 1980er-Jahren versuchte, Bekanntheit im italienischen Markt durch die Platzierung seiner Mode im Spielfilm »Rocky IV« zu generieren (vgl. *Auer/Kalweit/Nüßler*, 1991, S. 107). Auch die Serie »Sex and the City« zeigte, wie eine bislang in Europa völlig unbekannte Schuhmarke (»Manolo Blahnik«) durch Product Placement in kürzester Zeit zum Kultobjekt werden kann. *Abbildung 260* zeigt weitere Beispiele für Product Placement in der Serie »Sex and the City« (untere Reihe in *Abbildung 260*), in der das Product Placement ebenso intensiv genutzt wurde wie in den James Bond-Produktionen (obere Reihe in *Abbildung 260*).

Insgesamt lässt sich seit Jahren in der Film- und Fersehwirtschaft ein Trend zu einer immer intensiveren Nutzung des Product Placements feststellen: Schätzungen zufolge decken amerikanische Produktionsfirmen heute bis zu 10 % der Kosten eines Kinofilms oder einer Serie durch den Einsatz von Markenprodukten in Form von Product Placement (vgl. *Tieschky*, 2009).

Zunehmende Bedeutung

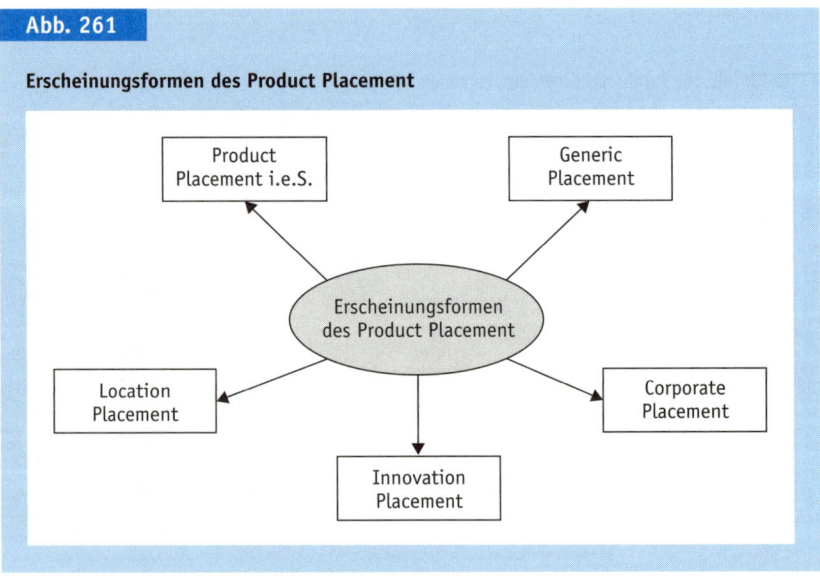

Abb. 261

Erscheinungsformen des Product Placement

Beim Product Placement ist festzulegen, in welcher Form das darzustellende Produkt platziert werden soll. In Abhängigkeit von der Art des darzustellenden Produkts wird in der Literatur zwischen verschiedenen **Formen** des Product Placement unterschieden (vgl. *Abbildung 261*).

▶ **Product Placement i. e. S.** dient in erster Linie der Darstellung von Markenartikeln. Hierbei werden No-Name-Produkte in der Handlung einer Mediaproduktion durch Markenartikel ersetzt (vgl. *Goldnagel*, 1993, S. 87). Diese Art von Product Placement kommt am häufigsten zum Einsatz und ist so auch Namensgeber für das gesamte Kommunikationsinstrument.

▶ **Generic Placement** erfolgt hingegen durch Platzierung nicht markierter, aber anhand ihrer Form erkennbarer Produkte. Diese Form wird gewählt, wenn Produkte oder Marken aufgrund ihrer außergewöhnlichen Farbgestaltung oder Form auch ohne Nennung des Namens oder Verdeutlichung des Logos von Kunden als Marken erkannt werden. Voraussetzung hierbei ist, dass die gezeigte Ware einen sehr hohen Bekanntheitsgrad aufweist. Beispielsweise würde selbst bei verdecktem Logo des Zugs ICE das Produkt aufgrund der prägnanten Form des Zuges und der Monopolstellung der Deutschen Bahn AG dennoch erkannt werden.

▶ **Corporate Placement** dient der Platzierung von Unternehmensbezeichnungen und soll vor allem das Gesamtbild von Unternehmen in der Öffentlichkeit positiv beeinflussen und deren PR-Arbeit unterstützen. Dabei werden oftmals positive Aspekte des Unternehmens wie Kundennähe oder Servicequalität angeführt. Häufige Schauplätze sind dabei Lebensmittelketten oder öffentliche Einrichtungen wie die Post oder Verkehrsbetriebe, da diese dem Verbraucher auch im alltäglichen Leben begegnen und so für einen hohen

Erscheinungsformen

Wiedererkennungswert sorgen (vgl. *Hormuth*, 1993, S. 72). Als Beispiel eines Corporate Placements kann der Film »Cast Away« mit Tom Hanks genannt werden, in dem der Schauspieler Hanks einen Angestellten der Firma FedEx spielt und dem Unternehmen damit zu einer prominenten Platzierung verhalf. Dafür fertigte FedEx sogar Uniformen gemäß der Corporate Identity Vorgaben an, ließ Tom Hanks die Unternehmensphilosophie nachsprechen und stellte 500 Mitarbeiter als Komparsen zur Verfügung. Der Auftritt des Vorstandsvorsitzenden von FedEx in einer Szene des Films rundete dieses Corporate Placement ab.

▸ **Innovation Placement** wird eingesetzt, wenn eine Produktneuheit im Markt innerhalb eines sehr kurzen Zeitraums etabliert werden soll. Dafür werden i. d. R. internationale Spielfilmproduktionen genutzt, deren Ausstrahlung in allen großen Industrienationen vorgesehen ist. Das gezeigte Produkt ist meist erst zum Filmstart oder danach im Handel erhältlich. Diese Art der Platzierung eignet sich vor allem bei technischen Neuheiten oder bei Waren und Gütern, die möglicherweise beim Kunden Unsicherheit hervorrufen. So wurde die Einführung der neuen 20 Dollar-Noten in den USA durch Placements in Spielshows unterstützt, um die Verunsicherung der Bürger im Umgang mit den neuen Geldnoten zu verringern (vgl. *o. V.*, 2003).

▸ **Location Placement** kann als eine Art von Tourismuswerbung verstanden werden. Es dient dazu Länder, Regionen oder Städte zu vermarkten und potenzielle Touristen anzusprechen. Ein sehr bekanntes und erfolgreiches Beispiel von Location Placement ist die Serie »Die Schwarzwaldklinik«. Diese spielte im Glottertal, das nach dem Start der Sendung in den 1980er-Jahren zu einem beliebten Ausflugsziel avancierte (vgl. *Auer/Diederichs*, 1993, S. 19).

Ein relevanter **Vorteil** von Product Placement gegenüber anderen Werbeformen ist der Wegfall, der in den medienrechtlichen Bereich fallenden zeitlichen Werbeeinschränkungen sowie des Werbeverbots für spezifische Produkte. So ermöglicht Product Placement das Zeigen von Zigarettenmarken in Fernsehsendungen ebenso wie die Platzierung von Produkten in TV-Produktionen, die im öffentlich-rechtlichen Fernsehen nach 20 Uhr ausgestrahlt werden (vgl. *Hormuth*, 1993, S. 82 ff.). Darüber hinaus gilt Product Placement als kostengünstiger (vgl. *Völkel*, 1992, S. 60) und in seiner Wirkung nachhaltiger als klassische Werbung in Spotform. So wird angenommen, dass Produktplatzierungen nicht unter der mangelnden Akzeptanz wie Werbespots leiden und ihnen durch das redaktionelle Umfeld eine höhere Glaubwürdigkeit zukommt. Diese Vorteile sind jedoch nur dann zutreffend, wenn Product Placement nicht zu intensiv verwendet wird und der Zuschauer somit nicht das Gefühl bekommt, eine »Dauerwerbesendung mit angeschlossener Handlung« zu verfolgen. Darüber hinaus kann auch die **Gefahr** bestehen, dass durch Product Placement gar kein Werbeeffekt erzielt wird. Wird ein Produkt beispielsweise in einer sehr spannenden Filmszene platziert, kann dies zu einer Überaktivierung des Zuschauers führen, sodass dieser das Produkt aufgrund der stark aktivierenden Handlung nicht wahrnimmt.

Vor- und Nachteile

Auch kann ein Placement in einer negativ besetzen Szene wie bei einem Mord oder Unfall dazu beitragen, dass das gezeigte Produkt in einem negativen Kontext wahrgenommen wird. Schließlich führt auch ein Flop der Filmproduktion zu einer geringen oder negativen Wirkung des eingesetzten Placements.

4.2.1.1.4 Online-Kommunikation

Zentrale Bedeutung

Die Verbreitung des Internets und dessen Weiterentwicklung zum heute gängigen **Web 2.0** haben die Basis für viele neue Kommunikations- und Interaktionsmöglichkeiten zwischen Unternehmen und ihren Kunden geschaffen. Auch wenn sich dabei inzwischen die erste Euphorie im Zusammenhang mit den beinahe grenzenlos scheinenden Möglichkeiten des Internets gelegt hat und sich einige aus Marketing-Sicht anfänglich viel versprechende Applikationen wie beispielsweise »Second Life« als Flop erwiesen haben, konnten sich viele verschiedene Onlineangebote wie Communities, Online-Enzyklopädien und Videoportale etablieren und sind heute fester Bestandteil im Kommunikationsmix von Unternehmen. Ein großer Teil der Kommunikation zwischen Unternehmen und Kunden erfolgt mittlerweile webbasiert und wird folglich als Online-Kom-

Begriff

munikation bezeichnet, die nach *Bruhn* (2010, S. 239) als »[..] zielgerichtete, systematische Planung, Entwicklung, Distribution und Kontrolle eines computergestützten, interaktiven und multimodalen Kommunikationssystems als zeitunabhängige Plattform eines persönlichen, zweiseitigen, von den individuellen Informations- und Unterhaltungsbedürfnissen des Rezipienten gesteuerten Kommunikationsprozesses mit dem Ziel der Vermittlung unternehmensgesteuerter Botschaften« definiert ist.

Merkmale

Damit zeichnet sich Online-Kommunikation im Wesentlichen durch folgende fünf charakteristische **Merkmale** aus (vgl. *Abbildung 262*):

- **Hypermedialität** bezeichnet die Eigenschaft des Internets, verschiedene Medienformen (z. B. Text, Bild oder Film) und -inhalte durch virtuelle Querverweise (Hyperlinks) zu verknüpfen. Durch Anklicken eines solchen Links erfolgt eine Weiterleitung auf die jeweilige Seite, ohne dass ein langes Scrollen auf der Seite notwendig wird. Aber auch eine Verbindung zu anderen, externen Internetseiten wird hierdurch ermöglicht. Damit erhalten Nutzer einen individuellen und zeitlich ungebundenen Zugriff auf Informationen in beliebiger Reihenfolge (vgl. *Jonassen*, 1989, S. 7).
- **Multimedialität** beschreibt die Fähigkeit der Online-Kommunikation alle gängigen, auch klassischen Kommunikationsmittel im Internet ein- und verbinden zu können. Unternehmen können hier sowohl Werbeanzeigen platzieren, Produkt- oder Firmenpräsentationen im Videoformat hinterlegen, über virtuelle Communities Kunden über aktuelle Neuigkeiten informieren oder deren Wünsche, Anregungen oder Beschwerden im direkten Kontakt z. B. per Chat bearbeiten. Die Nutzungsvielfalt möglicher Kommunikationsmittel im Internet führt darüber hinaus zu einer simultanen und globalen Verfügbarkeit von Informationen (vgl. *Oenicke*, 1996, S. 69). Auch können komplexe Inhalte durch unterstützende Elemente wie Grafiken oder Videos gezielter und effektiver vermittelt werden. Die Vernetzung unterschiedlicher

Abb. 262

Merkmale von Online-Kommunikation

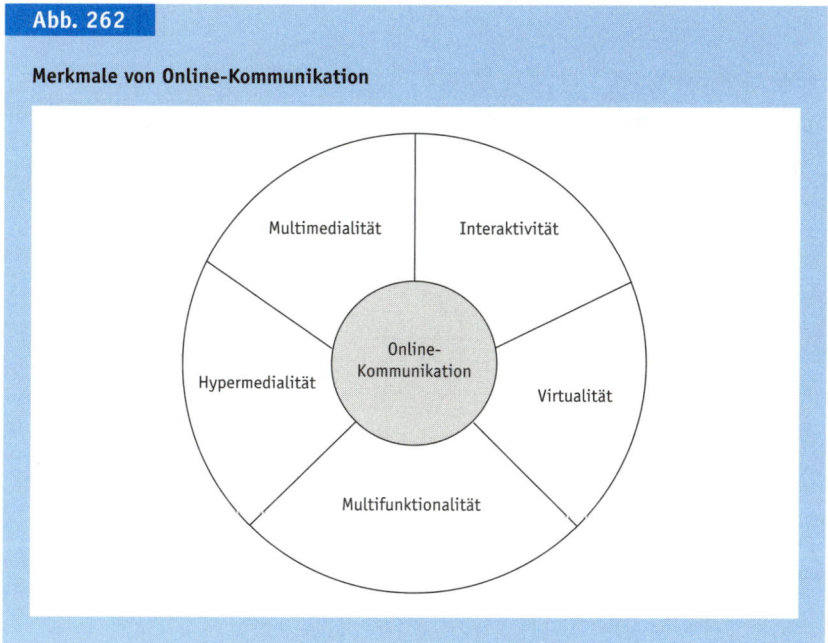

Medien kann reinen Informationsinhalten damit auch Erlebniswert verleihen und deren Wirkung verstärken.

▸ **Interaktivität** charakterisiert das Internet sowohl auf maschineller als auch personaler Ebene. Die **maschinelle Interaktivität** beschreibt den Beeinflussungsgrad des Inhalts durch den Nutzer (vgl. *Steuer*, 1992, S. 84), da sich die Online-Kommunikation nicht auf eine einseitige Kommunikation beschränkt und der Nutzer folglich individuell entscheiden kann, welchen Inhalten er sich zuwendet. Aus Unternehmenssicht ist dies ein entscheidender Aspekt, da Kunden hier ihre »wahren« Interessen an Produkten und Leistungen oder Informationen zeigen. Im Gegensatz dazu beschreibt die **personale Interaktivität** den Austausch von Informationen zwischen Internetnutzern z. B. über E-Mails oder Chats. Dieses Merkmal ist auch bei klassischen Medien zu finden, jedoch ermöglichen nur Online-Medien eine gleichzeitige Kombination mit anderen Kommunikationsmitteln (vgl. *Riedl/Busch*, 1997, S. 165).

▸ **Virtualität** beschreibt den Effekt, dass bei Online-Medien ein reales Zusammentreffen der Nutzer nicht mehr notwendig ist, um Informationen auszutauschen (vgl. *Kollmann*, 2007, S. 32).

▸ **Multifunktionalität** beschreibt die Fähigkeit von Online-Kommunikation, eine unterschiedliche Anzahl von Personen anzusprechen. So ist es möglich, nur eingegrenzte Zielgruppen zu adressieren (»One to Few«), sich an ein sehr breites Publikum zu wenden (Massenkommunikation, »One to Many«), aber auch gezielt einzelne Personen zu kontaktieren (Individualkommunikation, »One to One«) (vgl. *Bruhn*, 2010, S. 240).

Abb. 263

Web 2.0-Nutzung in % nach Alter und Geschlecht

	Gesamt	Männer	Frauen	14–19 J.	20–29 J.	30–39 J.	40–49 J.	50–59 J.	ab 60 J.
Wikipedia	73	76	70	95	85	80	71	58	45
Videoportale (z. B. YouTube)	58	66	50	95	85	65	51	34	14
private Netzwerke und Communities	39	35	43	81	65	44	20	17	9
Fotosammlungen, Communities	19	18	20	28	27	17	14	17	13
berufliche Netzwerke u. Communities	7	8	5	5	6	14	5	3	5
Weblogs	7	9	6	14	12	7	6	6	2
Lesezeichensammlung	2	2	2	1	4	4	0	2	0
Twitter	3	4	2	9	4	2	2	4	0

(Deutschsprachige Onlinenutzer ab 14 Jahren)

Quelle: *Busemann/Gscheidle*, 2011

Push- und Pull-Prinzip der Kommunikation

Die aufgezeigten Merkmale von Online-Kommunikation sind in ihrer Bedeutung für den Nutzen der Online-Kommunikation unterschiedlich einzustufen. So kommt vor allem der Interaktivität ein zentraler Stellenwert zu. Werden Kunden über TV, Radio oder Print angesprochen, geht dies vom kommunizierenden Akteur, also vom Unternehmen aus (**Push-Prinzip**). Bei der Online-Kommunikation wird dieser Aspekt dahingehend erweitert, dass Nutzer selbst auswählen, welche Inhalte sie betrachten oder vertiefen möchten. Kunden werden folglich selbst zu Akteuren der Kommunikation (**Pull-Prinzip**) (vgl. *Fritz*, 2004, S. 138). Die immer stärkere Verbreitung von Online-Kommunikation lässt sich darüber hinaus auch damit begründen, dass die Vermittlung von Inhalten über Online-Medien für Unternehmen in vielen Fällen günstiger als über klassische Kommunikationskanäle zu realisieren ist (vgl. *Albers/Bielecki*, 2007, S. 407). Die Auswahl geeigneter Online-Medien ist jedoch stark davon abhängig, welche Zielsetzung damit verfolgt werden soll und welche Personengruppen im Fokus des Unternehmens stehen. Einer Studie von ARD/ZDF zufolge sind vor allem soziale Netzwerke, online verfügbare Enzyklopädien, Videoportale und Weblogs für Internetnutzer relevante Kommunikationsmedien, wobei die Nutzung nach Alter und Geschlecht deutlich variieren kann (vgl. *Abbildung 263*).

Erscheinungsformen

Aus Unternehmensperspektive lassen sich die Instrumente der Online-Kommunikation in drei **Klassen** einteilen:

▶ Unterhaltungs-Medien (1),
▶ Soziale Netzwerke (sogenannte Communities) (2) und
▶ Informationsmedien (3) (vgl. *Hass/Walsh/Kilian*, 2008, S. 26).

(1) Unterhaltungsmedien

Unterhaltungsmedien wie beispielsweise flickr (Bilder) oder YouTube (Videos) bieten Nutzern die Möglichkeit, ihre eigenen Bildern oder Videos zu präsentieren, zu bewerten und/oder zu kommentieren. Dabei ist der Zugriff auf die abgelegten Inhalte i. d. R. ohne Registrierung möglich und wird so einem möglichst großen Publikum zugänglich gemacht. Nicht nur im privaten Bereich spielen **Video- oder Fotoplattformen** eine Rolle. Zunehmend werden sie auch von Unternehmen mit dem Ziel genutzt, Werbung für neue Produkte zu machen, Imageprofilierung zu betreiben oder ganz generell Aufmerksamkeit zu erzeugen. Vor allem im Bereich des **Viralen Marketing** (vgl. Abschnitt 2 D II 4.2.1.1.6) und zur Platzierung von Werbespots sind Videoportale wie YouTube inzwischen häufig

flickr/YouTube

Fallbeispiel 83

»Horst Schlämmer«

Ein gutes Beispiel für die Nutzung von YouTube zur Steigerung der Bekanntheit eines Produktes ist die VW-Kampagne »Horst Schlämmer hat jetzt Golf« (vgl. *Abbildung 264*). Zunächst wurde auf dem Videoportal in kleinen Episoden gezeigt, wie Horst Schlämmer in einem VW seine Fahrstunden absolvierte und am Ende seinen Führerschein erwarb. Mehr als 1 Mio. Nutzer verfolgten die Geschichten um Horst Schlämmer's Führerschein. Da die Figur des Horst Schläm-

mer schon vor dieser Kampagne aus dem TV bekannt war (Cross-Media-Marketing), sorgten der Wiedererkennungswert des Hauptdarstellers und seine besonderen Eigenheiten für eine schnelle Verbreitung der Filme. Nach bestandener Fahrschulprüfung beglückwünschte VW den neuen Führerscheininhaber auf der eigenen Firmenseite und zeigte damit, dass die Spots auf YouTube Teil einer ganzheitlichen Kommunikationskampagne waren.

Quelle: *YouTube, o. J.; Volkswagen,* 2007

Abb. 264:   Die Kampagne »Horst Schlämmer hat jetzt Golf«

Startpunkt vieler Kommunikationskampagnen. Die Gestaltung der Werbespots lässt häufig den werblichen Charakter des Inhalts verschwimmen, da die platzierten Filme i. d. R. in einem unterhaltenden Format gestaltet sind und so den Kunden in erster Linie unterhalten sollen. Auf diese Weise können Produkte vermarktet und beworben werden, ohne dass dieser Aspekt im Mittelpunkt der Kommunikation steht (vgl. *Leitgeb*, 2009, S. 40).

Aktuelle Bedeutung

Die Platzierung solcher Spots nimmt bei vielen Unternehmen inzwischen einen sehr großen Stellenwert ein, was durch die hohen Zugriffszahlen von Videoclips (z. B. Dove-Kampagne »Dove evolution« mit mehr als 12 Mio. Zugriffen) begründet ist. Mittlerweile gibt es bereits Firmen wie z. B. die Fußball-Sparte von Adidas (mehr als 61.000 Abonnenten und mehr als 13 Mio. Zugriffe), die einen eigenen YouTube-Kanal betreiben und so ihre Kunden über aktuelle Entwicklungen oder Projekte informieren.

Nutzen

Aus Unternehmensperspektive liegt der **Nutzen von Videoplattformen** vor allem im finanziellen Bereich. So ist die Ausstrahlung eines Spots auf YouTube bis zu einem Drittel **günstiger** als dessen Platzierung im klassischen Medium TV (vgl. *Ross*, 2010). Darüber hinaus erreicht das Videoportal vor allem **junge Zielgruppen**, die oftmals gar keinen Fernseher mehr besitzen oder diesen nur selten nutzen. Auch führt die Ausstrahlung eines Spots auf Videoportalen wie YouTube zu einer **höheren direkten Informationssuche** in Bezug auf das gezeigte Produkt oder Unternehmen. Während sich ein TV-Nutzer nur selten nach der Wahrnehmung eines Spots ins Internet begibt und weitere Informationen sammelt, ist es für den YouTube-Nutzer relativ einfach, sich weitere Informationen im Internet zu beschaffen. Folglich können hier weitreichendere Werbeeffekte entstehen als über TV-Kampagnen (vgl. *Ross*, 2010).

Gefahren

Neben diesen Vorteilen ist der Einsatz von Videoportalen aber auch mit **Risiken** verbunden. Ist ein Spot einmal im Internet gelandet, kann das Unternehmen dessen Verbreitung kaum noch kontrollieren. Mitunter sind Spots, die für bestimmte Ländermärkte bestimmt sind, für jeden Nutzer weltweit sichtbar. Unternehmen, deren Kommunikation international nicht standardisiert ist, können damit **negative Rückkopplungseffekte** auslösen, wenn sich Kunden eines Landes (z. B. wegen eines in ihrem Land höheren Produktpreises) benachteiligt sehen. Ebenso können sich auf Videoportalen platzierte Spots negativ auf das Image eines Unternehmens auswirken, wenn etwa der Clip **keine Zustimmung** findet und Zuschauer ihren Unmut in Form von negativen Bewertungen äußern. Auch geringe Klick-Zahlen auf einen Spot sind für Unternehmen nachteilig, da damit direkt messbar (und für Nutzer sichtbar) wird, wie gering das Interesse der Netzgemeinschaft an dem Spot ist. Allerdings kann ein derartiges Negativ-Feedback auch positiv für Unternehmen sein: Setzen sich Unternehmen aktiv mit der Nachfrage nach Spots und mit dem (möglichen) Feedback der Kunden auseinander, so können hierdurch wertvolle Informationen über relevante Zielgruppen und Verbesserungspotenziale generiert werden.

Fallbeispiel 84

Negative Bewertungen auf YouTube – der Praktikanten-Rap von BMW

BMW gehört mit zu den beliebtesten Arbeitgebern unter Absolventen. Um aber auch potenziellen neuen Zielgruppen wie beispielsweise Studierenden mit Migrationshintergrund ein Praktikum bei BWM »schmackhaft« zu machen, kam BMW auf die Idee, die eigenen Praktikanten einen Recruiting-Spot entwickeln und umsetzen zu lassen.

Heraus kam ein Video mit dem Titel »Steh auf, jetzt oder nie«, das in der Netzwelt mit viel Häme kommentiert wurde (vgl. *Abbildung 265*). So erhielt das Video überwiegend negative Kommentare und zeigt damit, wie schnell aus einer potenziell guten Idee Imageschäden bei relevanten Zielgruppen entstehen können.

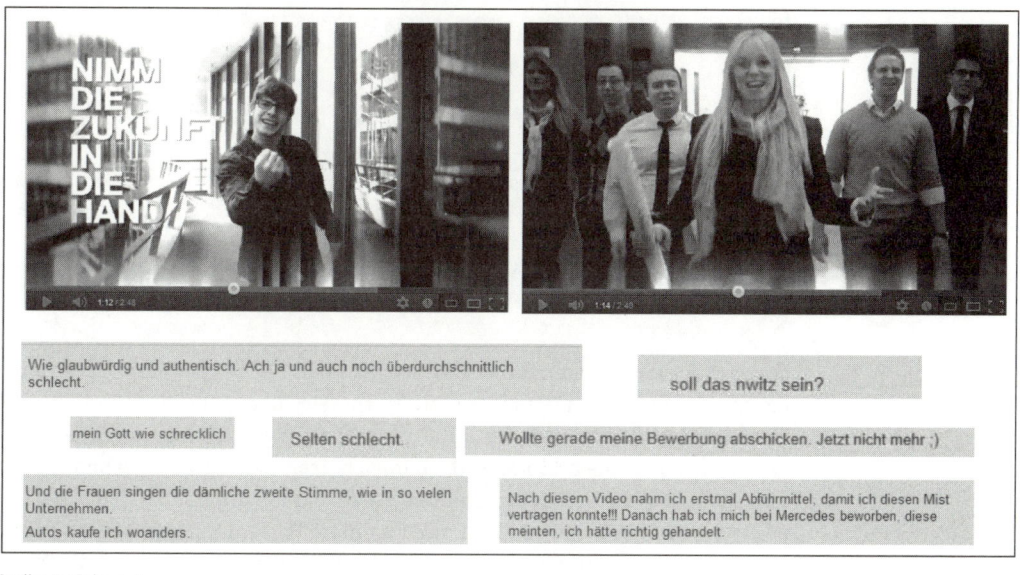

Quelle: *YouTube, o. J.*

Abb. 265:   Recruiting-Spot der BMW

(2) Soziale Netzwerke

Soziale Netzwerke (**Communities**) dienen in erster Linie der Kontakt- bzw. Beziehungspflege und können sowohl auf berufliche (z. B. Xing oder LinkedIn) oder private (z. B. Facebook, StudiVZ oder Wer-kennt-wen) Umfelder abzielen. Anders als bei Online-Medien, die primär der Unterhaltung dienen, bedarf es für die Mitgliedschaft in solchen Netzwerken einer persönlichen Registrierung. Im Netzwerk präsentieren sich die registrierten Nutzer dann mit einem eigenen Profil, das Auskunft über persönliche Daten und Vorlieben sowie über die Beziehung der Teilnehmer untereinander gibt.

Soziale Netzwerke können demnach als eine Art webbasierter Dienstleistung bezeichnet werden, welche es dem einzelnen Nutzer ermöglicht, ein Profil von sich zu erstellen, eine Liste seiner Kontaktpersonen anzufertigen und mit diesen sowie anderen Personen in verschiedener Weise zu interagieren. Die Mit-

Xing/Facebook

Verbreitung

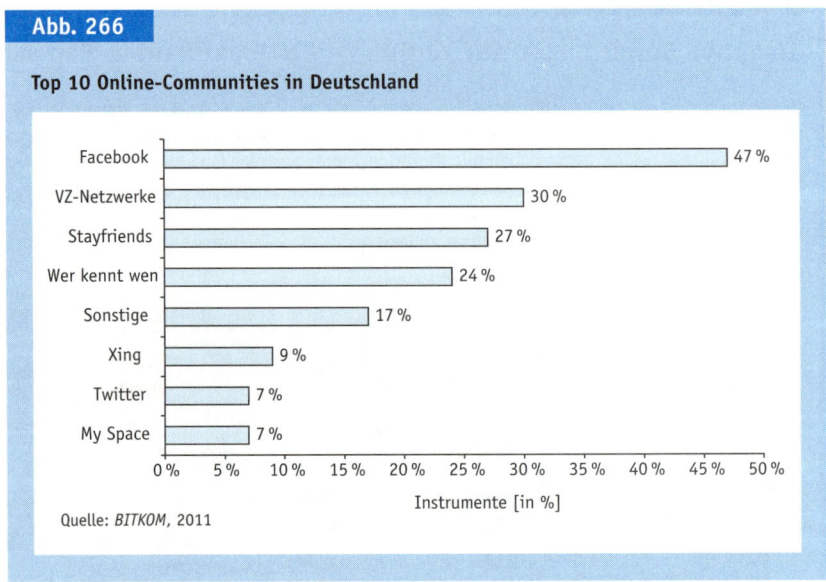

Abb. 266

Top 10 Online-Communities in Deutschland

Facebook 47 %
VZ-Netzwerke 30 %
Stayfriends 27 %
Wer kennt wen 24 %
Sonstige 17 %
Xing 9 %
Twitter 7 %
My Space 7 %

Instrumente [in %]

Quelle: *BITKOM*, 2011

gliederzahl von sozialen Netzwerken stieg in den letzten Jahren rapide an, wobei ihr Stellenwert bislang vor allem in den USA sehr hoch ist. So spielt Facebook heute eine zentrale Rolle im Leben junger Amerikaner, wie folgende Zahlen belegen: Über 150 Mio. US-Bürger hatten 2011 einen Facebook-Account und mehr als die Hälfte von ihnen greift darauf täglich zu (vgl. *Mattauch*, 2011, S. 102). Auch in Deutschland dominiert Facebook mittlerweile unter den sozialen Netzwerken und wird von fast der Hälfte der in Deutschland vorhandenen Netzwerk-Mitglieder genutzt (vgl. *Abbildung 266*).

Merkmale

Die hohe Verbreitung sozialer Netzwerke macht es für Unternehmen interessant, diese für Marketing-Zwecke zu nutzen. Hierzu ist es allerdings erforderlich, deren charakteristische Merkmale zu beachten. In diesem Zusammenhang sprechen *Barefoot/Szabo* (2010) von folgenden vier **Grundcharakteristika** sozialer Netzwerke (vgl. *Abbildung 267*):

▸ **Demokratie**: Die zweiseitige, dialogorientierte Kommunikation in Netzwerken führt zu demokratischen Strukturen, da hierdurch eine offene Diskussion zwischen allen Nutzern möglich ist. Zudem wird die »Demokratisierung« in Netzwerken dadurch vorangetrieben, dass die User selber Content produzieren und ihre Kommunikation nicht nur an einen Empfänger richten (vgl. *Hass/Walsh/Kilian*, 2008, S. 9 ff.). Aber auch die Nutzer selbst haben sich im Zuge der Weiterentwicklung des Netzes verändert und sich von »einfachen« Internetnutzern zu digitalen Teilnehmern entwickelt. *Toffler* (1980) spricht in diesem Zusammenhang von »**Prosumenten**«, die eine Symbiose aus Produzent und Konsument darstellen und sich durch ein aktives Nutzungsverhalten im Netz auszeichnen, da sie verstärkt eigene Inhalte hierfür produzieren (vgl. *Schulz-Bruhdoel/Bechtel*, 2009, S. 35). Dies wird auch

Fallbeispiel 85

Charakteristika deutscher Community-Nutzer

Mit einer Mitgliederzahl von mittlerweile 40 Mio. Nutzern ist fast die Hälfte der deutschen Bevölkerung in sozialen Netzwerken aktiv (vgl. hierzu und zum Folgenden *BITKOM*, 2011). Vor allem seit 2010 haben sich die Mitgliederzahlen stark erhöht, sodass sich dieses Kommunikationsmittel von einem Nischenphänomen zu einer Standardanwendung entwickelt hat. Vor allem bei jungen Erwachsenen (Altersgruppe unter 30 Jahre) sind soziale Netzwerke gängiger Standard. Mit einem Mitgliederanteil von 96 % ist kaum noch jemand in dieser Altersgruppe zu finden, der nicht Mitglied in mindestens einer Community ist. Aber auch in der Zielgruppe der 30- bis 49-Jährigen sind soziale Netzwerke bedeutend. Hier sind über die Hälfte mit einem Profil online. Generell legen sich dabei nur die wenigsten User auf nur ein Netzwerk fest. Die meisten sind im Durchschnitt in zwei bis drei Communities vertreten und unterhalten je Netzwerk im Durchschnitt 133 Kontakte. Dabei

zeigt sich, dass mit abnehmendem Alter der Mitglieder die Anzahl der Freunde steigt – so haben 30 % der Personen unter 30 Jahren i. d. R. mehr als 200 Freunde, Nutzer ab 50 Jahre kommen dagegen im Durchschnitt auf weniger als 30 Verbindungen. Auch beim Geschlecht zeigen sich Unterschiede. So sind 80 % der Frauen Mitglied in mindestens einem Netzwerk, bei den Männern liegt der Wert bei 74 %. Der Hauptnutzen einer Mitgliedschaft in einem solchen Netzwerk besteht für die Mitglieder in der Pflege von Freundschaften (73 %). Aber auch um Informationen über Veranstaltungen zu erhalten oder auszutauschen, werden Netzwerke genutzt (50 %). In Bezug auf den oftmals diskutierten Datenschutz herrschen bei den Netzwerk-Mitgliedern unterschiedliche Ansichten vor. So macht eine Hälfte ihre Daten grundsätzlich für alle zugänglich, die andere Hälfte schränkt den Zugriff bewusst ein.

durch eine zunehmend User-freundliche Technik möglich, die dazu führt, dass die Veröffentlichung nutzergenerierter Inhalte kaum noch spezifischen Vorwissens bedarf. Die klassische Grenze zwischen Sender und Empfänger wird hierdurch in sozialen Netzwerken zunehmend verwischt, da nun Unternehmen ebenso zu Empfängern werden können wie Nutzer zu Sendern.

▸ **Community/Kollaboration**: Soziale Netzwerke bieten ihren Nutzern eine Plattform zur Vernetzung mit anderen Personen, die gleiche Meinungen oder Interessen aufweisen. Auch besteht – vor allem bei Business Netzwerken – die Möglichkeit zur Zusammenarbeit mit anderen Mitgliedern.

Abb. 267

Grundcharakteristika sozialer Netzwerke

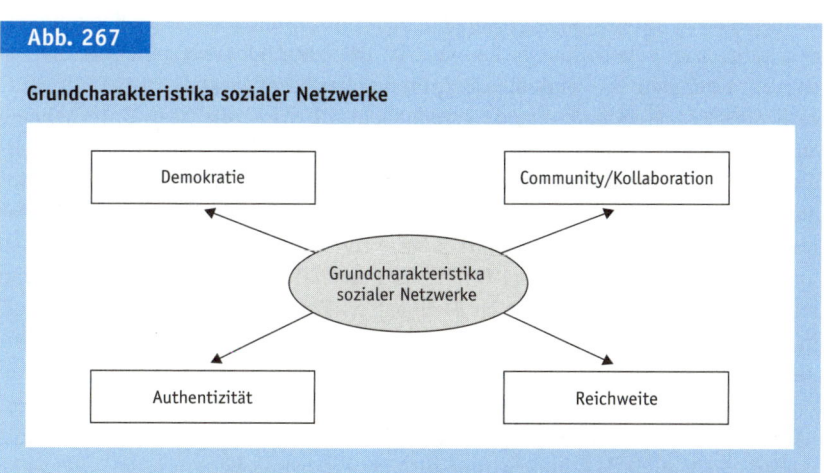

▶ **Reichweite:** Da die Mitgliedschaft bei sozialen Netzwerken i. d. R. kostenlos und eine Teilnahme an keinerlei Restriktionen (mit Ausnahme der persönlichen Registrierung) geknüpft ist, ist die Reichweite dieses Kommunikationsmittels für Unternehmen besonders interessant.

▶ **Authentizität:** Soziale Netzwerke werden auch durch ihre Authentizität geprägt, da Mitglieder darin (i. d. R.) ihre realen Personendaten veröffentlichen und Auskunft über ihr eigenes Netzwerk geben.

Formen

Angesichts des großen Potenzials sozialer Netzwerke greift heute eine Vielzahl von **Unternehmen** auf Social Networking-Dienste zurück (vgl. *Koch/Richter*, 2009, S. 69). Bei der Frage, wie Unternehmen soziale Netzwerke in ihren Marketing-Aktivitäten berücksichtigen sollten, kommt es vor allem auf die Art des sozialen Netzwerks an. In diesem Zusammenhang finden sich in der Literatur unterschiedliche Ansätze zur **Klassifikation sozialer Netzwerke**, wie z. B. nach der Anzahl der Mitglieder, nach Nutzungsaspekten sowie auch nach der regionalen Vernetzung (vgl. *Mörl/Groß*, 2008, S. 62). Gängigste Abgrenzungsform sozialer Netzwerke ist die nach Nutzungsaspekten, bei der Netzwerke unterteilt werden in solche, deren Hauptnutzen in der Kommunikation mit Freunden und Bekannten besteht (**Friend Networking**), und in solche, die vor allem der Zielsetzung dienen, Geschäftskontakte zu knüpfen oder zu pflegen (**Business Networking**) (vgl. *Koch/Richter*, 2009, S. 70).

Vor- und Nachteile

Aus Unternehmensperspektive bieten soziale Netzwerke aufgrund der hohen Mitgliederzahlen vor allem **kostengünstige Kontaktmöglichkeiten** zu den jeweiligen Zielgruppen. Da jedes Mitglied mit vielen anderen Nutzern verbunden ist, bieten diese Netzwerke darüber hinaus eine **große Reichweite**. Da die Aktivitäten eines Mitglieds für alle seine Kontakte sichtbar sind, bekommen die Einschätzung von Usern gegenüber Unternehmen (z. B. »Gefällt mir«-Button bei Facebook) auch alle Kontakte eines Users zu sehen. Damit verbreiten sich Informationen und Meinungen sehr schnell im gesamten Netzwerk. Für Unternehmen ist in diesem Zusammenhang die Anzahl der sogenannten »Fans« des Unternehmens im Netzwerk besonders wichtig, da mit ihr nachvollzogen werden kann, wie viele Anhänger der Auftritt des Unternehmens generiert und wo das Unternehmen im Vergleich zu (potenziellen) Wettbewerbern bei den Nutzern platziert ist. *Abbildung 268* verdeutlicht die erfolgreichsten Unternehmen auf Facebook in Deutschland gemessen an den jeweiligen Fan-Zahlen. Allerdings ist die reine Fan-Anzahl für den Erfolg des Unternehmens oder seiner Produkte eher nachrangig. Bedeutender ist dagegen die **Qualität der Fan-Beziehung**, die sich in der Bereitschaft zum aktiven Dialog mit dem Unternehmen und durch sogenannte Sharing-Effekte mit anderen Nutzern manifestiert. Denn nur wirkliche Anhänger geben so Feedback zu Produkten, involvieren sich ggf. in die Produktentwicklung oder zeigen sich auch einmal kritisch gegenüber einem Unternehmen (vgl. *Städele*, 2010, S. 63).

Neben Vorteilen weisen soziale Netzwerke aber auch **Risiken** für die Unternehmenskommunikation auf. So können nicht nur positive virale Effekte entstehen, auch **negative Beurteilungen** oder Erfahrungen verbreiten sich welt-

Abb. 268

Ranking der beliebtesten Unternehmen bzw. Marken auf Facebook in Deutschland

Platz	Marke/Unternehmen	Fans (Stand: 01.08.2012)
1	Mc Donald's Deutschland	1.688.141
2	Lidl	1.303.401
3	Lufthansa	1.154.180
4	stylefruits	1.051.071
5	Nutella Deutschland	954.520
6	Kinder Riegel	951.194
7	Amazon.de	814.908
8	Wooga	690.940
9	dm-drogerie markt Deutschland	679.389
10	Audi Deutschland	638.602
11	Avira	617.853
12	Vodafone Deutschland	551.776
13	PICK UP!	540.693
14	PAYBACK	522.859
15	DefShop	516.161

Quelle: *Socialbakers*, 2012

weit und können so das Image eines Unternehmens beschädigen. Auch wird die **Kontrolle** über Produkte und Marken erschwert, da jeder Nutzer selbst zum Massenmedium für andere Nutzer wird (vgl. *Hermes*, 2011, S. 36). Besonders heftig kritisiert und diskutiert wird darüber hinaus der Aspekt des **Datenschutzes** und in diesem Zusammenhang der gezielten Weitergabe persönlicher Informationen durch die Betreiber der Netzwerke an andere Unternehmen. Dieser »Identitäts-Diebstahl« geschieht für viele Nutzer im Verborgenen und ist häufig auch nicht legal, bietet für Unternehmen aber eine sehr gezielte Platzierung von Werbemaßnahmen im Zusammenhang mit Vorlieben von Community-Mitgliedern. Nutzer, die sich dieses Vorgehens bewusst sind und sich eine auf ihre Bedürfnisse maßgeschneiderte Unternehmenskommunikation wünschen, stehen diesem Aspekt eher unkritisch gegenüber. Häufig fühlen sich Kunden jedoch »ausgespäht« und lehnen eine Weitergabe ihrer nicht öffentlichen Daten an Unternehmen ab. Daher ist es für Unternehmen von zentraler Bedeutung, die bestehende Kommunikationskultur sozialer Medien zu verstehen und eine angemessene Kommunikation im Hinblick auf deren Ausgestaltung als auch deren Inhalt zu bieten und sich folglich als glaubwürdiger Gesprächspartner in den Netzwerken zu etablieren (vgl. *Fieseler/Hoffmann/Meckel*, 2010, S. 26).

Datenschutzprobleme

(3) Informationsmedien

Z. B. Weblogs/Wikis

Informationsmedien umfassen sowohl **Weblogs** als auch online verfügbare **Enzyklopädien (Wikis)**. Weblogs (kurz: Blogs) stellen i. d. R. private Onlineangebote dar, in denen Autoren in bestimmten Abständen (meist periodisch) Einträge veröffentlichen und die daher als »frequently modified web pages in which dated entries are listed in reverse chronological sequence, most often with links to other sites and commentary on various things and cross-referencing to other weblogs as a collection of links coupled with a personal interpretation« (*Taekke*, 2005, S. 4) definiert werden können. Diese Form der Kommunikation ermöglicht es, relativ einfach und schnell eigene Informationen oder Ansichten zu verbreiten, aber auch andere Nutzer am eigenen Leben teilhaben zu lassen. Charakteristisch für Weblogs und ursächlich für deren Bedeutungszuwachs in den letzten Jahren sind vor allem die technischen Funktionen des Kommunikationsmittel Internet. Hierunter fallen zum einen die Verlinkungs- und Kommentarfunktion, aber auch die chronologische Darstellungsform, welche die zeitliche Abfolge einzelner Informationen oder Nachrichten für Nutzer nachvollziehbar macht und den Weblogs eine hohe Aktualität zukommen lässt (vgl. *Eisenegger*, 2008, S. 5). Die Möglichkeit der Verlinkung zu anderen Seiten oder Angeboten erhöht die Geschwindigkeit, mit welcher sich Informationen im Netz und darüber hinaus verbreiten können (**Diffusionsgeschwindigkeit**). Die Kommentarfunktion in vielen Weblogs trägt zu einer höheren **Dialogfähigkeit** für Unternehmen bei. Folglich nutzen neben privaten Bloggern zunehmend

Abb. 269

Ausprägungen von Weblogs in der Unternehmenskommunikation

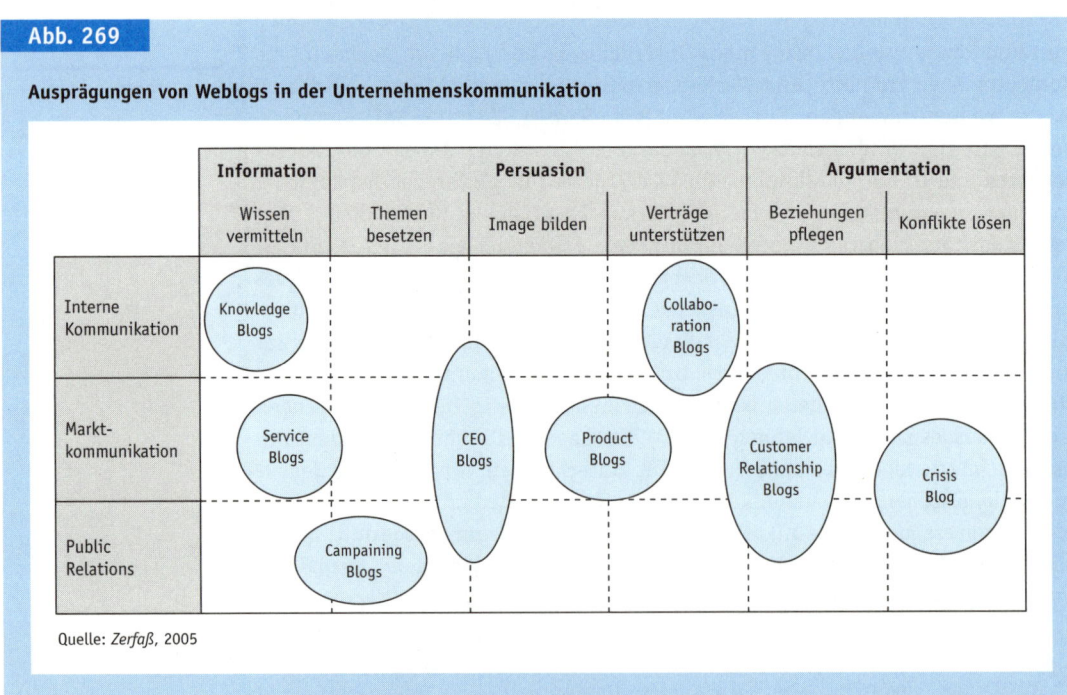

Quelle: *Zerfaß*, 2005

auch Unternehmen die Möglichkeit, über sogenannte **Corporate Blogs** mit ihren jeweiligen Stakeholdern zu kommunizieren. Dabei hat sich in den letzten Jahren eine Vielzahl von Blog-Arten in der Unternehmenskommunikation entwickelt (vgl. *Abbildung 269*), die sich zum einen nach ihrer **Funktion** (Wissensvermittlung, Persuasion oder Argumentationsform), aber auch nach ihren **Zielgruppen** (intern oder extern) unterscheiden lassen.

In der **internen** Kommunikation werden Weblogs vor allem zur Weitergabe von Wissen oder Informationen (Knowledge-Blogs) sowie als ein Instrument zur Zusammenarbeit genutzt (Collaboration-Blogs). Sollen mit einem Unternehmens-Blog hingegen **externe** Zielgruppen angesprochen werden – z. B. Kunden –, dann können hierfür eine Vielzahl von unterschiedlichen Blog-Instrumenten genutzt werden. Weblogs, die der reinen **Marktkommunikation** dienen, sind dabei z. B. Service- und Produktblogs. Stehen auch Aspekte wie Beziehungsaufbau und -pflege sowie die Beeinflussung relevanter Stakeholder des Unternehmens im Fokus, werden die Weblog-Formen eher als **PR-Instrumente** eingestuft. Dabei sprechen einzelne Weblogs aber durchaus auch mehrere unterschiedliche Zielgruppen an (u. a. CEO-Blogs) oder dienen der Erfüllung mehrerer Funktionen (u. a. Campaigning-Blogs). Im Einzelnen lassen sich die verschiedenen Blogs von Unternehmen im Bereich der Marktkommunikation und Public Relations wie folgt einsetzen:

> **Interne vs. externe Zielgruppen**

> **Blog-Arten für externe Zielgruppen**

▶ **Service-Blogs**: Diese Weblogs werden von Unternehmen eingesetzt, um Kunden oder Händler auf möglichst schnelle und aktuelle Weise über Serviceaspekte zu informieren. Auf diese Weise können bei auftretenden Problemen und Fragen Nutzer individuell betreut werden, was zur Erhöhung der Zufriedenheit und folglich auch zur Bindung von Kunden beitragen kann. Neben diesem aus Marketing-Sicht wichtigen Aspekt bieten Service-Blogs auch eine Plattform für Verbesserungsvorschläge und Weiterentwicklungsmöglichkeiten der bestehenden Produkte seitens der Nutzer (vgl. *Fischer*, 2007, S. 89).

▶ **Produkt- und Markenblogs**: Gegenstand dieser Weblogs sind die Produkte oder Marken eines Unternehmens. Zielsetzung hierbei ist die Erhöhung der Bekanntheit oder die Gestaltung des Images der thematisierten Produkte bzw. Marken des Unternehmens. Aber auch die Einbindung in Fragen der Produktentwicklung oder -gestaltung ist möglich. So ließ Ritter Sport mittels eines eigenen Produktblogs die Online-Community Vorschläge für neue Schokoladensorten entwickeln und stellte anschließend die besten Kreationen zur Abstimmung ins Netz (vgl. *Abbildung 270*). Vor allem für kleinere Unternehmen mit geringem Marketing-Budget eignet sich dieses Kommuikationsmittel, da der finanzielle Aufwand hierfür verhältnismäßig gering ist und sich die Verbreitung von Informationen durch Nutzer des Blogs unkompliziert gestalten lässt (vgl. *Schwarzer/Sarstedt/Baumgartner*, 2007, S. 7).

▶ **Customer-Relationship-Marketing-Blogs**: Bei diesem Instrument steht der Aufbau neuer und die Pflege bestehender Kundenbeziehungen im Mittelpunkt. Dies lässt sich beispielsweise durch die Gestaltung von interaktiven Communities erreichen. CRM-Blogs richten sich dabei sowohl an Kunden (Marktorientierung) als auch an andere relevante externe Stakeholder (PR-

Abb. 270

Produktentwicklung anhand eines Weblogs bei Ritter Sport

Quelle: *Ritter Sport*, 2010

Orientierung). Im Vergleich zu Produkt-/Markenblogs zielen diese Blogs noch stärker auf die Bindung der Blogger an das Unternehmen. Um dieses Ziel zu erreichen, müssen CRM-Blogs einen regen und aktiven Meinungsaustausch anregen und so das Interesse der Nutzer kontinuierlich bedienen. Hierzu eignen sich u. a. spezifische Angebote, Produkt- oder Unternehmensinformationen sowie Download-Möglichkeiten wie Coupons oder Podcasts (vgl. *Bräuhauser*, 2011). So veröffentlicht Coca-Cola im »Coca-Cola Conversations blog!« beispielsweise aktuelle Informationen rund um das Unternehmen und seine Produkte, erzählt aber auch kuriose Geschichten oder historische Anekdoten. Durch den Einsatz spezieller Software-Lösungen versuchen Unternehmen, die Einträge von Kunden in den Blogs den bestehenden Kontaktdaten zuzuordnen und so bereits vorhandene Kundendaten weiter zu spezifizieren. Mithilfe dieser Funktion unterstützen CRM-Blogs das bereits bestehende Customer Relationship Management eines Unternehmens (vgl. *Specht*, 2007, S. 32).

▸ **Kampagnen-Blogs:** Hierbei handelt es sich um zeitlich begrenzt eingesetzte Weblogs, die i. d. R. für spezielle Ereignisse wie z. B. Neuprodukteinführungen mit dem Ziel konzipiert werden, eine erhöhte Aufmerksamkeit für das jeweilige Event bei (potenziellen) Kunden zu generieren. Unternehmen können so eine Kampagne in Tagebuchform begleiten oder mit einem solchen Weblog die Ausgangsbasis für weitere Kommunikationsmaßnahmen legen (vgl. *Zerfaß*, 2005).

▸ **CEO-Blogs:** In einem solchen Weblog informieren und kommunizieren Führungskräfte eines Unternehmens beispielsweise über aktuelle Entwicklungen, Branchenthemen, aber auch über persönliche Erfahrungen. Diese Form der internen Kommunikation dient vorrangig der Vertrauensbildung gegenüber Führungspersonen sowie der Vermittlung eines authentischen Images dieser Akteure (vgl. *Schwarzer/Sarstedt/Baumgartner*, 2007, S. 7). CEO-Blogs werden aber auch als effektives Mittel zur Reputationspflege in der externen Kommunikation gesehen (vgl. u. a. *Zerfaß*, 2005; *Zerfaß/Boelter*, 2005). In Firmen wie der Computerfirma Sun oder dem Luftfahrtunternehmen Boeing nutzen Vorstände oder Führungskräfte diese Art der direkten Kommunikation auch gegenüber Kunden (vgl. *Abbildung 271*).

▸ **Krisen-Blogs:** Auch in Krisensituationen können Weblogs für Unternehmen ein hilfreiches Kommunikationsinstrument darstellen, da sie eine schnelle und dialogorientierte Kommunikation ermöglichen. Durch die kurzfristige Reaktionsmöglichkeit und hohe Reichweite können Informationen effizienter als mit klassischen Medien verteilt werden. Wie Kampagnen-Blogs werden Krisen-Blogs i. d. R. zeitlich begrenzt eingesetzt. Da sie aber i. d. R.

Abb. 271

CEO-Weblogs der Unternehmen Sun und Boeing

Quelle: *Schwartz*, 2010; *Tinseth*, 2011

nicht alle Zielgruppen in gleichem Umfang erreichen, sollten Krisen-Blogs vor allem als Ergänzung zu anderen Kommunikationsmitteln in der Krisensituation eingesetzt werden (vgl. *Eck*, 2007, S. 95 f.).

Microblogging

Neben den klassischen Blogs bietet der sogenannte **Microblogging-Dienst Twitter** (engl. to tweet = zwitschern) angemeldeten Nutzern die Möglichkeit, Kurznachrichten mit maximal 140 Zeichen zu verfassen und diese (z. B. per SMS) denjenigen Nutzern zu senden, welche die Nachrichten des Verfassers abonniert haben (sogenannte **Follower**). Damit bietet dieses Medium zumeist seinen Nutzern den Austausch von Informationen, Meinungen und Erfahrungen in Echtzeit-Format. Nach Angaben des Unternehmensblogs von Twitter werden täglich mehr als 200 Mio. »Tweets« versendet. Besonders in der Markenkommunikation nutzen Unternehmen den Micro-Blogging-Dienst, wie die Beispiele von Lufthansa oder Deutsche Telekom zeigen (vgl. *Abbildung 272*), da hiermit schnell und kostengünstig Informationen (z. B. zu Rabatt-Aktionen) verbreitet werden können, aber auch ein direkter Dialog möglich wird. Unternehmen nutzen Twitter zudem aus Imageaspekten, da sie mit diesem Instrument ihre Innovationsfähigkeit in Sachen webbasierter Kommunikation untermauern. In der Regel dient der Dienst jedoch vor allem dazu, die Zugriffsraten auf Unternehmenswebsites oder Weblogs zu erhöhen, da in den kurzen Nachrichten meist nur Hinweise und entsprechende Verlinkungen versandt werden können.

Vorteile

Weblogs bieten aus Unternehmenssicht insgesamt eine Vielzahl von **Vorteilen** im Vergleich zu klassischen Kommunikationsmedien. Vorteilhaft sind so die Kosteneffizienz, die Unabhängigkeit vom Standort des Unternehmens sowie die

Abb. 272

Beispiele für Twitter-Angebote deutscher Unternehmen

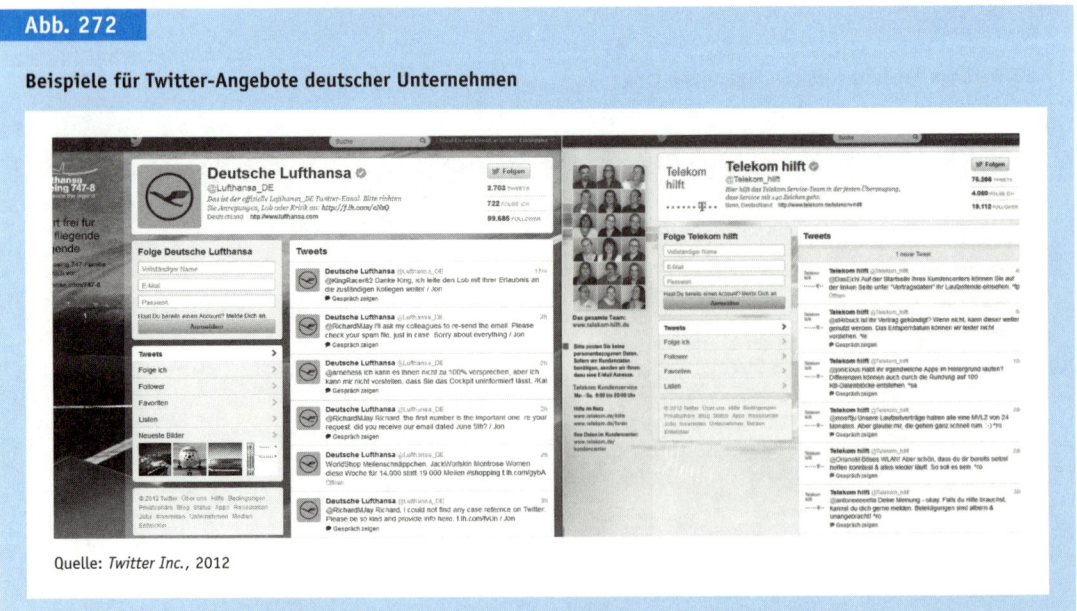

Quelle: *Twitter Inc.*, 2012

verhältnismäßig einfache Bedienbarkeit. Diese Aspekte verdeutlichen, dass vor allem Unternehmen mit geringem Kommunikationsbudget vom Einsatz dieses Instruments profitieren können. In kommunikativer Sicht werden Weblogs in der Unternehmenskommunikation vor allem im Zusammenhang mit der Einflussnahme auf öffentliche Meinungsbildungsprozesse großes Potenzial zugesprochen (vgl. u. a. *Röttger/Zielmann*, 2006; *Zerfaß/Boelter*, 2005; *Pleil*, 2004). So schaffen Corporate Blogs neue Kommunikationsplattformen, mit deren Einsatz weltweit in kürzester Zeit Inhalte miteinander verbunden und verbreitet werden können.

Allerdings sind auch beim Einsatz von Weblogs **Risiken** zu beachten. So können sich negative Blog-Kommentare (z. B. durch unzufriedene Kunden) auf das Image des Unternehmens auswirken. Auch das Ausbleiben von Reaktionen kann verdeutlichen, dass entweder der Blog keinen Mehrwert für den Nutzer bietet oder aber die dargestellten Inhalte als uninteressant eingestuft werden. Dieses Problem tritt besonders dann auf, wenn der Blog an Aktualität vermissen lässt. Daher ist der zeitliche Aufwand der Pflege von Corporate Blogs nicht zu unterschätzen. Besonders zu beachten ist jedoch, dass sich Weblogs wie auch Aktivitäten in sozialen Netzwerken der umfassenden Kontrollierbarkeit des Unternehmens entziehen und damit die eigentlich beabsichtigte kommunikative Botschaft durch die Nutzer sehr stark beeinflusst oder verändert werden kann (vgl. *Picot/Fischer*, 2006, S. 18). Auch ungeschickte Firmenkommunikation kann aufgrund der schnellen Verbreitung durch Weblogs negative Folgen haben. Dies zeigte sich beispielsweise nach der Ölkatastrophe im Golf von Mexiko als der Komödiant Leroy Stick ein Twitter-Konto eröffnete und darin die PR-Verlautbarungen von BP parodierte (vgl. *Thomas/Barlow*, 2011, S. 148). Seine Botschaften generierten dabei mehr Aufmerksamkeit als der offizielle Account von BP.

Nachteile

4.2.1.1.5 Mobile Kommunikation

Neben dem Internet haben sich in den vergangenen Jahren vor allem die Mobiltelefone/Smartphones zu einem der bedeutendsten Kommunikationsinstrumente entwickelt. Kaum ein Kunde ist heute nicht im Besitz eines Handys. Daher ist die Nutzung dieses Kommunikationskanals für Unternehmen hoch relevant. Die Durchführung von Vermarktungsmaßnahmen über mobile Endgeräte wird als **Mobile Marketing** bezeichnet (vgl. *Kavassalis et al.*, 2003; *Möhlenbruch/Schmieder*, 2002). Bei der Entwicklung dieser Kommunikationsform spielten vor allem die USA und Japan eine wichtige Rolle, da hier die Verbreitung mobiler Endgeräte wesentlich früher begann als in Europa. Die rasante technologische Weiterentwicklung von Handys und die deutlich gesunkenen Kosten für mobile Datennutzung führen inzwischen aber auch in Europa zu einer immer stärkeren Marktabdeckung und in Folge dessen zu einem Bedeutungszuwachs des Mobile Marketing in der Kommunikationsgestaltung von Unternehmen. Dieser Zusammenhang lässt sich auch anhand folgender Zahlen verdeutlichen: Wählten sich 2008 nur etwa 40 Mio. Europäer regelmäßig mobil ins Internet ein (vgl. *Forrester*, 2008), hat sich diese Zahl inzwischen verviel-

Zunehmende Verbreitung von Smartphones

facht. So stieg die Zahl der abgesetzten internetfähigen Handys in den vergangenen Jahren stetig an und lag 2012 bei über 800 Mio. verkauften Exemplaren (inkl. Tablets; vgl. *Gartner Research*, 2012). Dabei besitzen die neuesten Modelle meist berührungsempfindliche Bildschirme, deren Größe die Nutzung des mobilen Internets wesentlich verbessert hat. Neben den beiden Bildschirm-Medien Fernsehen und Computer werden mobile Endgeräte damit zum sogenannten »3rd Screen« der Nutzer, der ähnlich dem Computer nicht nur auf der Vermittlung einseitiger Kommunikationsbotschaften beruht, sondern einen direkten Dialog zwischen Anbieter und Nachfrager ermöglicht. Aufgrund der geringen Größe der Endgeräte erfolgt die Nutzung zudem ortsunabhängig.

Ausprägungen des Mobile Marketing

Das Mobile Marketing ist als Kommunikationsmittel vor allem durch folgende zwei Ausprägungen charakterisiert: Push- und Pull-Kommunikation. Die klassische Form der mobilen Kommunikation erfolgt durch die aktive Anforderung von Informationen und Angeboten durch den Kunden (**Pull-Prinzip**) (vgl. *Zobel*, 2001, S. 223). Der Kunde steuert dabei selbstbestimmt den Kontakt zum Unternehmen, weswegen diese Art der Interaktion besonders vorteilhaft aus Anbietersicht ist, da nur interessierte Nachfrager von sich aus Kontakt zum Unternehmen aufnehmen. Allerdings ist die Pull-Kommunikation für Kunden i. d. R. mit verhältnismäßig hohen Mobilfunkkosten verbunden (z. B. für Service-SMS), weswegen in der Praxis der mobilen Kommunikation das **Push-Prinzip** – also der Vermittlung von Informationen auf Initiative des Unternehmens in Richtung des Kunden – inzwischen eine größere Bedeutung erlangt hat (vgl. *Lalwani et al.*, 2010, S. 30). Voraussetzung für die Kontaktaufnahme nach diesem Prinzip ist jedoch die Erlaubnis des Nachfragers für eine persönliche Ansprache (vgl. *Bauer/Reichardt/Neumann*, 2004, S. 35). Unabhängig davon, ob die Kommunikation durch den Kunden selbst oder durch das Unternehmen initiiert wird, ist im mobilen Marketing – wie dessen Bezeichnung bereits implizit vorgibt – die Nutzung von mobilen Endgeräten Grundlage jeder Interaktion. Hierbei bilden mobile Dienste wie z. B. SMS, MMS oder WAP die technische Voraussetzung des Datenaustausches. So bietet die Nutzung des Kurzmitteilungs-Dienstes »SMS« (Short Message Service) nur einen Versand und Empfang von insgesamt 160 Zeichen je Nachricht. Sollen Bilder, Video- oder Audiodateien übertragen werden, muss die Übermittlung anhand einer MMS-Anwendung (Multimedia Message Service) erfolgen. Die Nutzung des mobilen Internets wird jedoch erst durch das Wireless Application Protocol (WAP) möglich. Darüber hinaus haben die Einführung der Technologie Universal Mobile Telecommunications System (UMTS) sowie deren Weiterentwicklung High Speed Packet Access (HSPA) zum rasanten Bedeutungszuwachs des mobilen Internets geführt, da diese Technologien größere Übertragungsgeschwindigkeiten ermöglichen (vgl. *Tornack/Christmann/Hagenhoff*, 2011, S. 3).

Instrumente

Je nachdem, welcher Dienst als Basis für den Datenaustausch eingesetzt wird, können dabei verschiedene **Formen** der mobilen Unternehmenskommunikation unterschieden werden. Waren anfangs hierbei das Versenden von Werbe-SMS oder -MMS (Mobile Messaging) häufig genutzte Instrumente, hat die technische Weiterentwicklung in diesem Bereich aus Marketing-Sicht wesentlich interessantere Anwendungen hervorgebracht. Besonders interessant sind dabei

▸ Mobile Couponing (1),
▸ Mobile Tagging (2) sowie
▸ Mobile Gaming (3).

(1) Mobile Couponing

Mobile Couponing umfasst die Übermittlung spezifischer **Gutscheine** oder **Rabattaktionen** durch ein Unternehmen. Die übersandten Coupons müssen vom Kunden vor oder beim Erwerb der Ware aktiviert werden und können entweder durch den Nachfrager direkt selbst angefordert oder über einen längeren Zeitraum abonniert werden. Ein Beispiel für die Verbreitung solcher mobilen Coupons bietet das Bonusprogramm »Payback«. Über eine eigene Payback-Applikation, die vom Mitglied kostenlos auf das Handy geladen werden kann, erfolgt die Übermittlung der Gutscheine im Auftrag der kooperierenden Anbieter – und zwar angepasst an den jeweiligen Standort des Nutzers (vgl. *Abbildung 273*). Allerdings muss die Aktivierung des Coupons vor dem Kauf der Ware erfolgen. Die Verbuchung der erhaltenen Punkte bzw. der Rabatt wird im Nachhinein von Payback vorgenommen.

Da diese Form der mobilen Kommunikation i. d. R. mit einem **direkten Nutzen für den Nachfrager** verbunden ist (z. B. Preisnachlass), wird dem Mobile

Grundidee

Vorteile

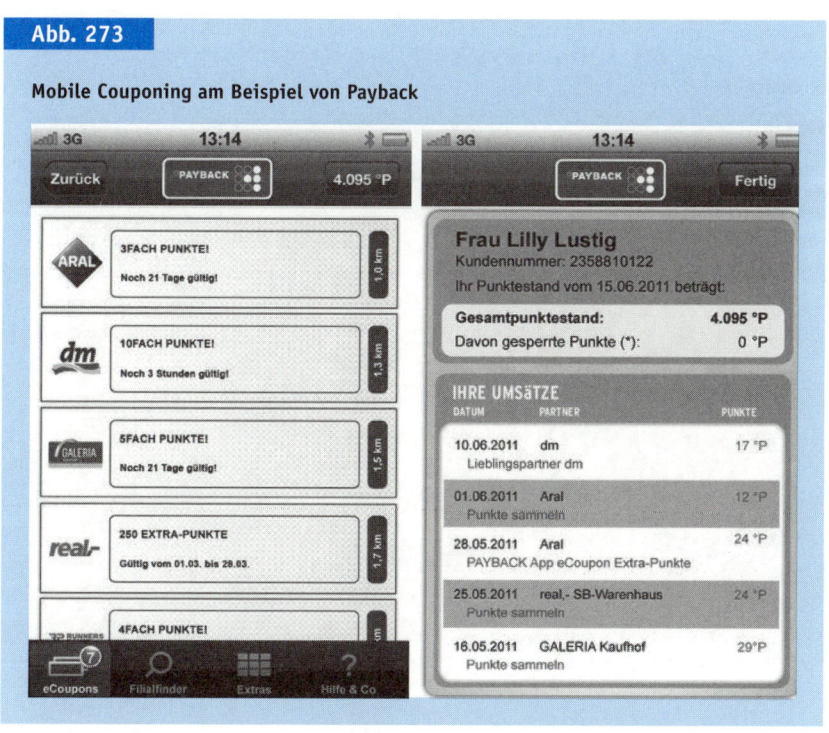

Abb. 273

Mobile Couponing am Beispiel von Payback

Couponing für die Zukunft eine große Verbreitung zugesprochen. Darüber hinaus vereinfacht es den Umgang mit Gutscheinen oder Rabattaktionen, da Nutzer nicht erst danach suchen müssen und diese stets bei sich haben (vgl. *Reust*, 2010, S. 79). Weitere Vorteile des Mobile Couponings liegen in der hohen Ubiquität dieses Instruments und der direkten Messbarkeit seines Erfolgs. Auch Cross-Selling-Effekte können hierdurch ermöglicht werden, wenn Kunden neben den Produkten, auf die sich die Coupons beziehen, weitere Waren erwerben (vgl. *Hermes*, 2010, S. 86).

(2) Mobile Tagging

QR-Code

Beim Mobile Tagging (engl. to tag = etikettieren) werden vom Kunden sogenannte **QR-Codes** (Quick-Response-Code) mithilfe der Handy-Kamera abfotografiert und damit gescannt. Diese zweidimensionalen Codes finden sich z. B. auf Produktverpackungen, aber auch auf Werbemitteln wie Plakaten und verbinden den Nutzer nach dem Scannen mit dem mobilen Internetauftritt des Unternehmens. Der interaktive Link kann dabei nicht nur für reine Werbezwecke eingesetzt werden, sondern wird von Anbietern ebenso genutzt, um Hinweise zur Nutzung des Produktes zu geben oder dem Kunden einen zusätzlichen Service zu bieten. So können Kunden von der Firma Frosta etwa über den auf der Rückseite der Verpackung dargestellten QR-Code direkt Rezepte passend zum jeweiligen Angebot abrufen (vgl. *Abbildung 274*).

Abb. 274

QR-Code bei einem Frosta Produkt

(3) Mobile Gaming

Mobile Gaming beschreibt schließlich die Programmierung **visuell unterstützter Spiele** durch ein Unternehmen, in welchen häufig die zu bewerbenden Produkte im Mittelpunkt der Handlung stehen (vgl. *Lalwani et al.*, 2010, S. 34). Nutzer können diese meist direkt von der Website des Unternehmens herunterladen. Auch wenn vor allem die Unterhaltung des Anwenders im Fokus von mobilen Spielen steht, dienen diese auch der **Stärkung der Produkt-/Markenbindung**, da sie einer kognitiven Auseinandersetzung mit diesem/dieser bedürfen. Folglich kommt diesem Instrument beim Aufbau und der Stärkung von Unternehmens-/Produkt-/Markenimages eine große Bedeutung zu. Besonders geeignet sind sie für die Ansprache jüngerer Zielgruppen. Ein gelungenes Beispiel für mobile Gaming lieferte Volkswagen zum Marktstart des neuen VW-Touareg Hybrid.

Möglichkeit zur Ansprache jüngerer Zielgruppen

Fallbeispiel 86

VW-Touareg Hybrid

Bei der Einführung des VW-Touareg Hybrid wurde das auf iPhone oder iPad anwendbare Spiel »Touareg Challenge« entwickelt, bei dem der Nutzer dreidimensional über Schotter-, Schlamm- und Eispisten jagt. Im Anschluss an die virtuelle Fahrt kann direkt beim nächstgelegenen VW-Händler eine Testfahrt gebucht werden. Die Abrufzahlen des Spiels belegen dessen Erfolg. So haben laut Volkswagen in den ersten beiden Wochen nach dessen Veröffentlichung mehr als 1 Mio. User das Spiel geladen. Es wurden fast 3.000 Probefahrten vereinbart. Darüber hinaus konnten mit dieser Mobile Marketing-Aktion relevante Erkenntnisse über die Spieler und potenziellen Käufer des Modells gewonnen werden. So waren die Nutzer des weltweit angebotenen Spiels z. B. im Schnitt 35 Jahre alt (vgl. *Peymani*, 2010, S. 19).

4.2.1.1.6 Guerilla-Marketing

Der Wunsch in der Kommunikation, auf effizienterem und effektiverem Weg Wirkung bei Kunden zu erzielen, ohne diese dabei durch ständige Wiederholung der gleichen Botschaft zu langweilen, lässt den Bedarf an alternativen Kommunikations- und Werbeformen steigen (vgl. *Levinson/Godin*, 1996, S. 40). Ein in den vergangenen Jahren aufgekommenes Instrument, das der Werbeaversion vieler Kunden entgegenwirken soll, ist das Guerilla-Marketing. Hinter dieser Form der Kundenansprache verbirgt sich eine auf militärische Wurzeln zurückgehende Methode, die vor allem auf die **Schwächung des Wettbewerbers durch unkonventionelle Vorgehensweisen** ausgerichtet ist.

Hintergrund

Levinson (2007, S. 5), der als Begründer des Guerilla-Marketing gilt, definiert Guerilla-Marketing als »[..] a body of unconventional ways of pursuing conventional goals. It is a proven method of achieving profits with minimum money.« Neben der unkonventionellen und zumeist spektakulären Aktion ist ein weiteres Kennzeichen für Guerilla-Marketing demnach der möglichst **geringe finanzielle Aufwand**, mit dem eine möglichst große Wirkung erzielt werden soll. Demnach ist Guerilla-Marketing als Instrument einzustufen, das mit unkonventionellen, spektakulären Aktionen Aufmerksamkeit erzeugt, sich klar von klassischen Werbemaßnahmen abgrenzt und, wenn nötig oder zweckdienlich, Wettbewerber ins schlechte Licht rückt. Folglich ist hierin eine kompetitive Strategie zu sehen, die destruktiv auf die Zermürbung des Wettbewerbers ausgerichtet ist und so zum einen vor allem für kleine und mittlere Unternehmen in Frage kommt. Eingesetzt als Angriffs- oder Nischenstrategie bietet das

Definition »Guerilla-Marketing«

Guerilla-Marketing zum anderen aber auch für große Unternehmen Einsatzmöglichkeiten. Für die Anwendung dieses Instruments sollten jedoch im Unternehmen bestimmte **Voraussetzungen** erfüllt sein. So eignet sich dieses Instrument besonders dann, wenn Marktnischen bedient werden sollen und auch langfristig verteidigt werden können. Darüber hinaus ist eine schlanke Organisationsstruktur des Unternehmens maßgeblich für den Erfolg des Guerilla-Marketing, da Flexibilität eine wichtige Voraussetzung für dieses Konzept darstellt (vgl. *Ries/Trout*, 1986, S. 101 ff.).

Voraussetzungen

Sind diese Voraussetzungen erfüllt, können Guerilla-Marketing-Maßnahmen **Chancen** für die Kommunikationspolitik von Unternehmen bieten. Durch den Einsatz unkonventioneller Marketing-Konzepte wird ein erhöhter Aktivierungszustand bei den Kunden erzielt und eine nachhaltigere Werbewirkung ermöglicht. Eine Informationsüberlastung seitens der Kunden kann damit umgangen werden. Ebenso werden negative Assoziationen, die mit Werbung verbunden sind, vermieden. Mithilfe besonders erfolgreicher Guerilla-Marketing-Aktionen kann zudem eine aktive Weiterverbreitung der Werbebotschaft durch die Kunden erfolgen. Weiterhin schafft es Guerilla-Marketing, Kunden an Orten zu erreichen, die offiziell als werbefrei gelten. Hierdurch wird nicht nur eine bessere Aufnahmefähigkeit für die jeweilige Werbebotschaft ermöglicht, es besteht zudem die Möglichkeit, bestimmte Kundensegmente zielgenau zu erreichen.

Vor- und Nachteile

Neben den Vorteilen des Guerilla-Marketing sind mit diesem Konzept ebenso **Risiken** verbunden. So sind Guerilla-Marketing-Aktionen wie aufgezeigt eher unkonventionell und führen ggf. zu Irritationen bei Kunden. Ein weiteres Risiko im Kampf um Aufmerksamkeit ist der sogenannte »Vampir-Effekt«, welcher entsteht, wenn Nachfrager den emotionalen Reizen einer Guerilla-Marketing-Kampagne so viel Aufmerksamkeit schenken, dass Produktinformationen oder Markennamen völlig in den Hintergrund treten und die eigentlich positiv wahrgenommene Kampagne nicht mit dem dahinter stehenden Unternehmen in Verbindung gebracht wird. Weitere Risiken bestehen darin, dass sich Guerilla-Marketing oft in rechtlichen Grauzonen bewegt und daher als unseriös eingestuft wird.

Trotz der aufgezeigten Risiken hat sich Guerilla-Marketing im Marketing-Mix vieler Unternehmen inzwischen fest etabliert. Hierbei können Guerilla-Marketing-Maßnahmen in drei **Untergruppen** eingeteilt werden:

Erscheinungsformen

▸ Ambush Marketing (1),
▸ Virales Marketing (2),
▸ Ambient Marketing (3).

(1) Ambush Marketing

Einsatzfeld: gesponserte Großveranstaltungen

Ambush Marketing (von engl. to ambush = »aus dem Hinterhalt überfallen«) – auch häufig als **Trittbrettfahrer-Marketing** oder **parasitäres Marketing** bezeichnet – kommt insbesondere bei gesponserten Großveranstaltungen wie Olympischen Spielen oder Fußball-Weltmeisterschaften zum Einsatz. Ziel dieses Instruments ist es, die positiven Assoziationen, die Kunden mit einem bestimmten Event oder Projekt verbinden, zu nutzen, ohne dafür einen monetären Beitrag als Sponsor zu leisten. »Ambusher« versuchen eine Steigerung des Bekanntheitsgrades und/oder einen positiven Imagetransfer über ein positiv wahrgenommenes Ereignis zu erzielen. Ambush Marketing wird z. B. von Unternehmen betrieben, die ohne Lizenzerwerb dieselben Ziele anstreben wie offizielle Sponsoren und dabei den Effekt generieren, dass Kunden Ambusher und offizielle Sponsoren nicht unterscheiden können (vgl. *Nufer/Bender*, 2008, S. 21; *Crow/Hoek*, 2003, S. 2 f.). Der finanzielle Aufwand für die Trittbrettfahrer ist dabei wesentlich geringer als für die offiziellen Werbetreibenden. Da Ambusher keine Vermarktungsrechte an einer Veranstaltung erwerben, die eigene Kommunikationsmaßnahmen im Umfeld einer Veranstaltung erlauben, ist es nicht verwunderlich, dass Ambush Marketing salopp als »Spielwiese für Juristen und Werbepiraten« bezeichnet wird (vgl. *Schulte/Pradel*, 2006, S. 58). Die Verwirrung des Kunden stellt nach **§ 5 (1) UWG** dabei einen Wettbewerbsverstoß dar, der damit Ambush-Maßnahmen grundsätzlich in Frage stellt (vgl. *Melwitz*, 2008, S. 9).

Da mit diesem Guerilla-Instrument versucht wird, die kommunikative Wirkung des Wettbewerbers zu schwächen und/oder gezielt dessen Sponsoring-Aktivitäten einzuschränken, sind Ambusher i. d. R. in der derselben Branche wie die offiziellen Sponsoren tätig. Trotz der rechtlichen Grauzonen beim Einsatz von Ambush-Maßnahmen wählen Unternehmen diesen Weg vor allem aufgrund der steigenden Kosten, die mit einem offiziellen Sponsoring von Großveranstaltungen wie z. B. einer Fußball-Weltmeisterschaft verbunden sind. So wurden steigende Preise für Übertragungs- und Ausrichtungsrechte bei Sportgroßveranstaltern in den letzten Jahren verstärkt auf Sponsoren umgelegt. Zugleich sinken in vielen Unternehmen die verfügbaren Marketing-Budgets, sodass mithilfe von Ambush Markting ein probates Mittel gefunden wurde, dennoch von Großereignissen zu profitieren.

Ambush Marketing-Maßnahmen lassen sich nach *Stumpf* in vier **Kategorien** untergliedern (vgl. *Stumpf*, 2006): Zunächst besteht die Möglichkeit, Ambush Marketing im Rahmen einer Subkategorie eines Events zu betreiben. Dies ist dadurch möglich, dass die angebotenen Sponsoring-Pakete meist sehr vielfältig sind und verschiedene Sponsoring-Ebenen beinhalten. So können Unternehmen, die die einfachste und somit günstigste Sponsoring-Kategorie wählen, dennoch durch effektives Ambush Marketing dieselbe Aufmerksamkeit erlangen wie Sponsoren der ersten und vermeintlich exklusivsten Kategorie. Eine zweite Ausprägung des Ambush Marketings, besteht darin, Markenzeichen oder Logos anderer Sponsoren während der Veranstaltung zu verdecken. Mehrfach sind Spitzensportler schon dadurch aufgefallen, dass sie bei Siegerehrungen oder in Interviews das Logo des Veranstalters verdeckten, wenn sie selbst bei einem Konkurrenzunternehmen unter Vertrag stehen. Als dritte Ausprägungsvariante bezeichnet *Stumpf* (2006, S. 29 f.) Ambush Marketing durch Programmsponsoring. Dies ist vor allem dann eine effektive Methode, wenn der Hauptkonkurrent offizieller Veranstalter eines Sportereignisses ist. Durch die Sponsoring-Aktivitäten bei der TV-Übertragung desselben Events wird unter den Kunden Verwirrung erzeugt, sodass die Wirkung des Sponsorings des offi-

Zielsetzung und rechtliche Grenzen

Chancen

Formen

Fallbeispiel 87

Fußball-WM 2010

Die FIFA bot zur Fußball-WM 2010 in Südafrika ein dreistufiges Sponsorenprogramm (»FIFA Partner«, »FIFA WM-Sponsoren«, »nationale Förderer«), das je nach Kategorie die Rechte der Sponsoren sowie den zu leistenden Sponsoring-Betrag abstufte (vgl. *FIFA*, 2010). Um die Attraktivität des Sponsorings und die Rechte der offiziellen Sponsoring-Partner zu gewährleisten, ging die FIFA resolut gegen nicht-autorisierte Werbung und jegliche Formen des Ambush Marketing vor. So kam es u. a. während eines Spiels der niederländischen Nationalmannschaft dazu, dass mehrere weibliche holländische Fans aus dem Stadion abgeführt wurden. Diese trugen orangefarbene Sommerkleider mit einem kleinen Logo der niederländischen Brauerei Bavaria und begannen im Verlauf des Spiels sich allmählich zu entkleiden, um so die Aufmerksamkeit der TV-Kameras auf sich zu ziehen. Da die Brauerei Bavaria nicht zu den offiziellen Sponsoren der FIFA gehörte, wurden die sogenannten »beer babes« abgeführt und später wegen Schleichwerbung angezeigt (vgl. *Handelsblatt*, 2010). Auch der Sportartikelhersteller Nike setzte zur WM 2010 auf Ambush Marketing. Da das Unternehmen nicht als offizieller Sponsor oder Förderer tätig war, lag keinerlei finanzielle Beteiligung an diesem Sportgroßereignisses durch Nike vor. Dennoch erhoffte sich Nike vom lukrativen Fußball-Geschäft große Aufmerksamkeit und einen Imagegewinn durch die Weltmeisterschaft in Südafrika. Dieses Ziel wurde u. a. durch die Werbekampagne »Write the Future« verfolgt. In diesem dreiminütigen Spot kämpften einige der vermeintlich weltbesten Fußballspieler, unter ihnen Christiano Ronaldo, Wayne Rooney und Didier Drogba, um »Ruhm und Ehre«.

Alle Darsteller sind im Spot komplett von Nike ausgerüstet und tragen Fußballschuhe im neuen, einheitlichen und sehr prägnanten violett und orangefarbenen Nike-Design.

Mehrere Sequenzen des Spots zeigen, wie ein einziger Moment den Unterschied zwischen historischem Sieg und tragischer Niederlage ausmachen kann und das persönliche Schicksal eines jeden Spielers beeinflusst (vgl. *Finanzen.net*, 2010). Der Spot wurde das erste Mal am 22. Mai 2010 im Fernsehen ausgestrahlt. Dieser Termin wurde mit Bedacht gewählt, fand doch genau an jenem Tag das Finale der Champions League, des größten Vereinsfußball-Wettbewerbs, statt. Bereits zwei Tage zuvor war der emotional geladene Spot im Internet zu sehen, wo er binnen weniger Wochen größte Beliebtheit erlangte. So wurde er kurzzeitig zum am häufigsten angeklickten Video der Plattform YouTube und erreichte innerhalb der ersten Woche den Rekord von 7,8 Mio. Zugriffen (vgl. *Axon*, 2010). Nike setzte bei seiner Ambush Marketing-Aktion auf das Potenzial des Internets, wo der Spot stets in voller Länge zu sehen war, während im TV oft nur eine gekürzte Fassung ausgestrahlt wurde. Um interessierte Kunden in die Kampagne mit einzubeziehen, ermöglichte Nike online die Gestaltung einer eigenen »Write the Future«-Bildserie mit persönlichen Fotos, die dann zur Bewerbung für »The Chance«, ein Elite-Fußball-Camp der Nike Academy, berechtigten. Um den Ambush-Effekt zu intensivieren und das Guerilla-Marketing von der Kommunikations- auf die Produktpolitik auszuweiten, kreierte Nike eine für die Weltmeisterschaft neuartige Elite-Serie seiner bisher bekannten Fußballschuh-Modelle. Diese hatten, anders als bisher, ein einheitliches, sehr auffälliges Design. Folglich liefen alle von Nike ausgerüsteten Spieler bei den WM-Spielen zwar mit unterschiedlichen Modellen der Nike Schuh-Kollektion auf, jedoch waren die Unterschiede für die Zuschauer optisch nicht zu erkennen. Im Gegensatz zu Adidas verfügte Nike also über ein einheitliches Design aller bei der WM getragenen Fußballschuhe, die zudem durch die auffällige optische Gestaltung zum Eye-catcher wurden und die Assoziation zwischen Nike und der Fußball-WM verstärkten.

ziellen Veranstalters deutlich abgeschwächt wird. Ähnlich zu dieser Art des Ambush Marketing ist die vierte Ausprägungsvariation einzustufen. Durch themenbezogene Werbemaßnahmen können gezielt Assoziationen zum gewünschten Event bei der Zielgruppe geweckt werden. Hier sind die Aktivitäten nicht nur auf das Fernsehen beschränkt, sondern können beliebig erweitert werden.

(2) Virales Marketing

Virales Marketing ist neben dem Ambush Marketing eine weitere Ausprägungsform des Guerilla-Marketing. Virales Marketing beruht auf den Grundlagen der **Mundpropaganda** und besteht bezeichnenderweise in dem Versuch, Werbebotschaften von Kunden an andere Kunden verbreiten zu lassen. Ähnlich wie bei der Ausbreitung von Viren wird hierbei eine exponentiell verlaufende Verbreitungskurve der jeweiligen Marketing-Botschaft angestrebt (vgl. *Wilson*, 2000). Marketing-Maßnahmen, die zum Erreichen dieses Ziels beitragen, bestehen in der aktiven Stimulation von Kommunikation unter den Kunden. Diese Maßnahmen sind zumeist stark von sozialen Online-Netzwerken geprägt. Ihre Anwendung ist allerdings nicht ausschließlich hierauf beschränkt (vgl. *Schulte/Pradel*, 2006, S. 52).

Kunden als Werbeträger

Die Erfolgspotenziale des Viralen Marketing basieren vor allem darauf, dass ca. 42 % aller Kaufentscheidungen von Freunden, Verwandten oder Arbeitskollegen beeinflusst werden (vgl. *MediaLine*, 2012). Informationen zu Produkten oder Dienstleistungen, die aus dem sozialen Netzwerk eines Menschen kommen, werden dabei viel eher akzeptiert und bei der Kaufentscheidung berücksichtigt.

Fallbeispiel 88

Hotmail

Eine der ersten und zugleich erfolgreichsten Viralen Marketing-Kampagnen wurde vom kostenlosen E-Mail Adressen-Anbieter Hotmail.com durchgeführt. Um die Bekanntheit zu erhöhen, wurden alle E-Mails, die über den Hotmail-Service versendet wurden, mit einem werblichen Hinweis auf die kostenlose E-Mail-Nutzung versehen. Somit erreichte Hotmail die Adressaten seiner bisherigen Kunden und schaffte es ohne jeglichen Aufwand, in deren soziale Netzwerke vorzudringen. Neu gewonnene Kunden halfen dem Unternehmen somit als Multiplikatoren, seine Bekanntheit entscheidend zu erhöhen.

Das Vertrauen in diese »neutralen« Informationen ist wesentlich größer als in Werbebotschaften, die direkt von Unternehmen über klassische Werbekanäle übermittelt werden. Das Internet bietet dem Viralen Marketing hierbei die Möglichkeit der rasanten und umfassenden Verbreitung einer Werbebotschaft durch Nachfrager. Voraussetzung für einen erfolgreichen Verbreitungserfolg besteht nach *Wilson* (2000) allerdings darin, dass von den werbenden Unternehmen Produkte oder Dienstleistungen im Zuge der viralen Kampagne der Zielgruppe angeboten werden. Die Nachfrager müssen folglich einen Nutzen aus der Kampagne ziehen. Dieser Nutzen kann jedoch auch darin bestehen, dass Adressaten von Viralem Marketing durch besonders lustige oder überraschende Inhalte unterhalten werden. Insbesondere Unternehmen der Sportartikelbranche nutzen das Potenzial dieser Form des Guerilla-Marketing in Gestalt von Viral-Spots, wie das nachfolgende Fallbeispiel zeigt.

Bedeutung anderer Kunden für Kaufentscheidungen

Unterhaltungsnutzen

Fallbeispiel 89

Puma

Der Sportartikelhersteller Puma nutzte vor allem im WM-Jahr 2010 die Techniken des Viralen Marketing in Form von Viral-Spots. Das deutsche Unternehmen aus Herzogenaurach ist derzeit drittgrößter Anbieter im Fußball-Segment und erhofft sich durch den Einsatz von Viralem Marketing eine verbesserte Marktposition in Form von größerer Aufmerksamkeit und verbessertem Image. Puma rief im Februar 2010 die Virale Marketing-Kampagne »The Puma Hardchorus« ins Leben, die aus mehreren Viral-Spots und der Möglichkeit zur Interaktion mit den Kunden in verschiedenen Formen bestand (vgl. *Abbildung 275*).

Dem Motto folgend »They want to be in your arms – You want to be in the stands« griff Puma die Besonderheit des Spielplans der englischen und italienischen ersten Fußballliga auf. Hier fiel 2010 jeweils ein kompletter Spieltag auf den 14. Februar, den Valentinstag. In den Viral-Spots bietet Puma leidenschaftlichen Fußballfans einen Ausweg aus dem Dilemma zwischen Fußball und romantischem Valentinstag im klassischen Sinne. Zunächst wurden zwei Videos auf die eigens für diese Kampagne eingerichtete Puma Hardchorus-Homepage hochgeladen und mit der Funktion

versehen, diese als E-Mail oder per Facebook zu versenden. Die beiden Viral-Spots sind inhaltlich identisch und zeigen, wie jeweils eine italienische und eine englische Gemeinschaft von Fußballfans anstelle von Fangesängen Liebeslieder anstimmen. So singen die englischen Fans in einem typisch britischen Pub eine Version von Savage Gardens »Truly Madly Deeply«. Besonders herausgearbeitet wird dabei der Kontrast zwischen aggressiv wirkenden Fußball-Ultras und dem Inhalt des gesungenen Liedes, das ausschließlich von Liebe handelt. Begleitet wird das Video von der Botschaft »I love you as much as football« und soll dementsprechend eine ganz individuelle Liebeserklärung sein. Nach dem Erfolg dieser selbstironischen Kampagne folgte die Einführung des ebenfalls online stattfindenden Puma Hardchorus Contests. Die Viral-Spots wurden durch Fans anderer Länder (Deutschland, Frankreich) erweitert und die Nachfrager hatten fortan die Möglichkeit, den besten Spot durch Abstimmung zu küren und in Foren zu diskutieren. Abschließend ergänzte Puma die Kampagne durch den Vertrieb von Sportartikeln, auf denen das durch die Spots bekannt gewordene »Love = Football«-Logo abgebildet ist.

Quelle: *YouTube,* o.J.

Abb. 275: The Puma Hardchorus

Aber auch in anderen Produktbereichen verhelfen virale Kampagnen (neuen) Produkten zu schneller Bekanntheit. So schafften es »Ulis Nürnburger« bereits vor dem Verkaufsstart bei der Fastfood-Kette McDonald's und der Ausstrahlung der Werbespots im Fernsehen ins Gespräch zu kommen. Dazu kreierte Uli Hoeneß, Präsident des FC Bayern München, aber auch Gründer der Wurstfabrik HoWe, eine virale Kampagne, in der er in verschiedenen Spots versuchte, neue Vertriebspartner für seine Nürnberger Würstchen zu finden. Sein Weg führt ihn dabei u. a. in einen Sushi-Laden und in eine Suppenküche (vgl. *Abbildung 276*). Doch erst bei

Beispiel

Abb. 276

Kampagne zu Ulis Nürnburger

Quelle: *YouTube*, o. J.

McDonald's erkennt man das Potenzial seiner Nürnberger Würstchen im Burger. Anhand der in der *Abbildung 276* dargestellten YouTube-Clips gelang es HoWe und McDonald's bereits im Vorfeld, eine Geschichte um das Produkt herum zu erzählen und es in den Köpfen der relevanten Kunden zu verankern.

(3) Ambient Marketing

Form klassischer Plakat-werbung

Ambient Marketing umfasst schließlich Werbemaßnahmen, die im Umfeld von Nachfragern platziert werden. Da **Ambient Maßnahmen im direkten Lebens-umfeld der Kunden** integriert sind, werden sie nicht als störend, sondern eher als sympathisch und originell angesehen (vgl. *Schulte*, 2007, S. 84). Die Über-mittlung der Werbebotschaft geschieht dabei nahezu allerorts wie beispielsweise am Gepäckband am Flughafen, an Zapfsäulen von Tankstellen, am und auch im Pissoir in Sanitäranlagen und ist i. d. R. auf außergewöhnlichen Werbeträgern wie Pizzakartons, Gullideckeln oder Industriekränen zu finden. Dabei umfasst Ambient Marketing alle nicht-klassischen Werbeinstrumente und kann als eine Unterart klassischer Plakatwerbung eingestuft werden, die sich individuell an die einzelnen Zielgruppen anpassen lässt, eingestuft werden. Vor allem die Plat-zierung von Botschaften in öffentlichen Toiletten ist von der Werbeindustrie vormals als reizfreier Ort entdeckt worden, in dem eine erhöhte Aufmerksamkeit, sogenanntes **»induziertes Zwangsinvolvement«**, generiert werden kann. Am-bient Marketing ist für Unternehmen interessant, da ein Wegzappen, Umschal-ten oder Abschalten nicht möglich ist. 80 % der werbenden deutschen Unterneh-men setzen heute bereits Ambient Marketing-Formate ein (vgl. *Fachverband Außenwerbung e. V.*, o. J.). *Abbildung 277* zeigt einige Beispiele.

Vor- und Nachteile

In den oben genannten Merkmalen und der starken Freiwilligkeit der Werbe-rezeption der Zielgruppe liegt die hohe Werbeakzeptanz, die hohe Kontaktqua-lität und die Sympathie der Zielgruppe begründet (vgl. *von Fraunberg*, 2009, S. 42). Die Reichweite der meisten Ambient-Produkte ist jedoch eher begrenzt, wenngleich die Durchdringung des öffentlichen Raums mit Ambient Marketing gerade erst begonnen hat.

Abb. 277

Beispiele für Ambient Marketing-Aktionen

4.2.1.2 Instrumente mit persönlichem Kundenkontakt

4.2.1.2.1 Verkaufsförderung

Seit den 1950er Jahren greifen Unternehmen zur Ergänzung und Unterstützung der klassischen (Media-)Werbung häufig auch auf das Instrumentarium der Verkaufsförderung zurück. Trotz der vergleichsweise langen Tradition dieses Instruments hat sich in Wissenschaft und Praxis bis heute kein durchgängig einheitliches Verständnis in Bezug auf den Begriff, die Zielsetzungen sowie die inhaltliche Reichweite der Verkaufsförderung entwickelt. *Bruhn* (2013b, S. 386) definiert Verkaufsförderung, die auch als **(Sales) Promotion** oder **Absatzförderung** bezeichnet wird, als die Analyse, Planung, Durchführung und Kontrolle meist zeitlich befristeter Maßnahmen mit Aktionscharakter, die andere Marketing-Maßnahmen unterstützen sollen und das Ziel verfolgen, durch zusätzliche Anreize auf nachgelagerten Vertriebsstufen den Absatz bei Händlern und Endverbrauchern zu fördern. Dieser weiten Fassung der Verkaufsförderung liegen damit folgende **konstituierende Merkmale** zugrunde (vgl. *Abbildung 278*):

Begriff

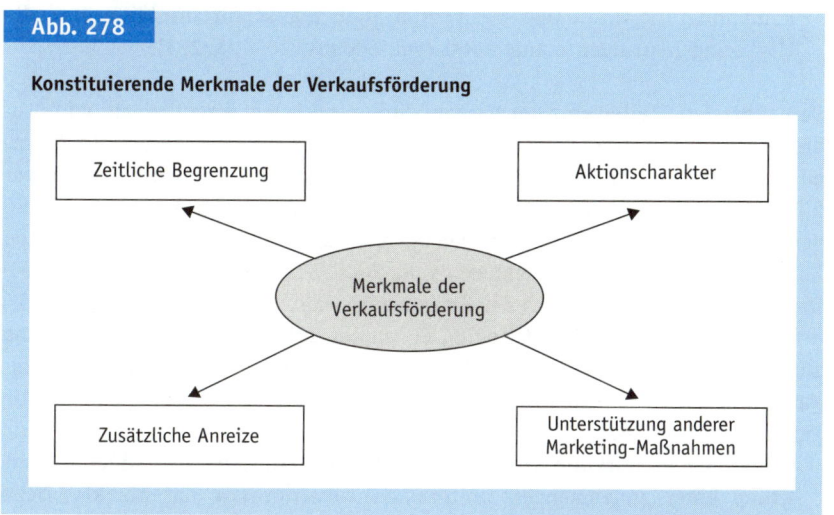

Abb. 278

Konstituierende Merkmale der Verkaufsförderung

- Zeitliche Begrenzung
- Aktionscharakter
- Merkmale der Verkaufsförderung
- Zusätzliche Anreize
- Unterstützung anderer Marketing-Maßnahmen

▶ **Zeitliche Begrenzung** der eingesetzten Verkaufsförderungsmaßnahmen: In der Regel ist die Dauer von Verkaufsförderungsaktionen auf nur wenige Wochen begrenzt. Durch die flexiblen und schnellen Einsatzmöglichkeiten eignen sich derartige Aktivitäten vor allem für kurzfristige Kurskorrekturen. Allerdings ist zu beachten, dass nicht nur kurzfristige Ziele im Fokus von Promotions stehen müssen. Gerade vor dem Hintergrund der zunehmenden Bedeutung des Aufbaus langfristiger Geschäftsbeziehungen im Rahmen des Relationship-Marketing, obliegt der Verkaufsförderung neben der Erzielung kurzfristiger Absatzsteigerungen auch die Aufgabe der Initiierung und Festigung von mittel- und langfristigen Kundeninteraktionen (vgl. *Bruhn*, 2011, S. 553).

Konstituierende Merkmale

▸ **Aktionscharakter**: Der Aktionscharakter von Promotions zeigt sich vor allem auch darin, dass im Rahmen ganzheitlicher »Verkaufsförderungskampagnen« oftmals mehrere Einzelinstrumente kombiniert eingesetzt werden (vgl. *Rüschen*, 1998, S. 12 f.). Hierbei ist allerdings auf einen koordinierten Einsatz der Maßnahmen zu achten, damit es zu einer positiven Verstärkung der gesendeten Botschaften kommt und keine widersprüchlichen Informationen übermittelt werden, die zur Verwirrung der adressierten Zielgruppe(n) führen.

▸ **Zusätzliche Anreize**: Durch Promotions wird das Leistungsprogramm von Unternehmen um zusätzliche Anreize erweitert (vgl. *Cristofolini*, 1995, S. 2566). Das bestehende Angebotsportfolio wird demnach um weitere Nutzenbestandteile ergänzt, die allerdings von der/den Zielgruppe(n) auch wahrgenommen werden müssen.

▸ **Unterstützung anderer Marketing-Maßnahmen**: Entgegen der traditionellen Sicht, bei der eine eindeutige Zuordnung dieser Maßnahme in das kommunikationspolitische Instrumentarium vorgenommen wird, berühren Promotions auch Instrumente der Produkt-, Preis- und Distributionspolitik. Die Verkaufsförderung wird daher mitunter auch als Querschnittsfunktion über alle Marketing-Instrumente aufgefasst (vgl. *Gedenk*, 2009, S. 273).

Bedeutung in der Praxis

Den **zentralen Stellenwert** der Verkaufsförderung belegt eine Vielzahl von Studienergebnissen. So kommt beispielsweise die gemeinsam von der *GfK*, Nürnberg, und der Zeitschrift Wirtschaftswoche im Jahr 2006 durchgeführte Werbeklima-Studie zu dem Ergebnis, dass auf die Verkaufsförderung aus Sicht der verantwortlichen Marketing-Manager branchenübergreifend 16 % des gesamten Kommunikationsbudgets entfallen (vgl. *GfK/Wirtschaftswoche*, 2006, S. 16). Dieser Anteil liegt im Bereich der Konsumgüter bei 22 %, wobei der Verkaufsförderung insbesondere bei **Fast Moving Consumer Goods** eine zentrale Bedeutung zuzusprechen ist (vgl. *Gedenk*, 2009, S. 269). Die große Bedeutung, die die Verkaufsförderung in solchen Bereichen aufweist, kann auf verschiedene **Gründe** zurückgeführt werden:

Ursachen

▸ **Abnehmende Wirkung traditioneller (Media-)Werbung**: Vor dem Hintergrund einer zunehmenden »Informationsüberflutung« hat die klassische (Media-)Werbung seit Jahren mit Streuverlusten zu kämpfen. Angesichts von Problemen bei der »**Above-the-Line-Kommunikation**« wie Werbung nimmt die Bedeutung von Instrumenten der sogenannten »**Below-the-Line-Kommunikation**« wie der Verkaufsförderung zu.

▸ **Kaufverhalten der Kunden**: Studien belegen, dass mit 55 % mehr als die Hälfte aller Kaufentscheidungen erst unmittelbar am Point of Sale (POS) getroffen werden (vgl. *Gedenk/Neslin/Ailawadi*, 2010, S. 393). Dies zeigt das große Potenzial der Verkaufsförderung.

▸ **Zunehmende Handelsmacht**: Seit einigen Jahren sind auf der Seite des Handels zunehmende Kooperationsbemühungen zu konstatieren, die zu einer Vielzahl von Zusammenschlüssen geführt haben. Die Konsolidierung des Handelssektors hat im Zeitablauf zu einer steigenden Macht des Handels gegenüber herstellenden Unternehmen geführt. In diesem Zusammenhang werden letztere vom Handel oftmals gezwungen, verkaufsfördernde Maßnahmen auf Handels- und Verbraucherebene einzusetzen. Ansonsten ist für die Hersteller die Listung bzw. die Weiterführung ihrer Artikel im Sortiment auf der Handelsseite gefährdet (vgl. *Kloss*, 2012, S. 543).

▸ **Steigende Wettbewerbsintensität auf Handelsebene**: Der zunehmende Wettbewerb im Handel – wesentlich hervorgerufen durch die steigende Marktmacht der preis- und vermarktungsaggressiven Discounter – zwingt Handelsunternehmen dazu, eigene endverbrauchergerichtete Verkaufsförderungsmaßnahmen in Erwägung zu ziehen, um ihrerseits weiterhin KKV-Potenziale zu generieren bzw. aufrecht zu erhalten.

Erscheinungsformen der Verkaufsförderung

Um zu einer möglichst umfassenden **Klassifikation** der Verkaufsförderung zu kommen, schlägt *Gedenk* (2002) vor, eine Systematisierung anhand von **Absender** und **Adressat** vorzunehmen. Die sich daraus ergebenden Erscheinungsformen sind in *Abbildung 279* zusammengefasst.

Unterschiedliche Absender und Adressaten

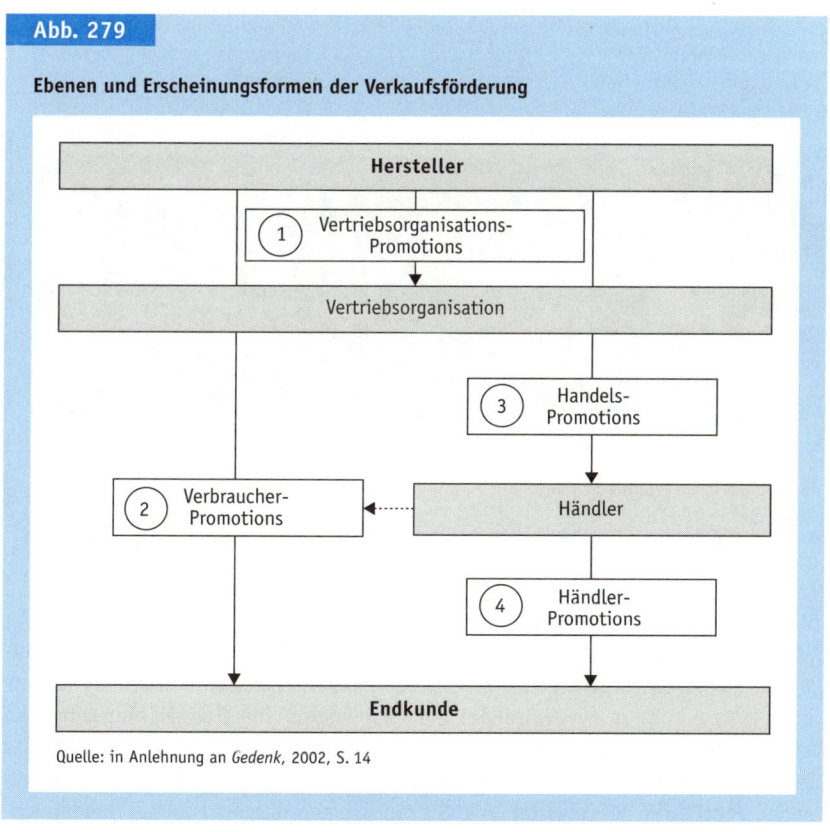

Abb. 279

Ebenen und Erscheinungsformen der Verkaufsförderung

Quelle: in Anlehnung an *Gedenk*, 2002, S. 14

(1) Vertriebsorganisations-Promotions

Adressat: eigener
Vertrieb

Bei einer umfassenden Sichtweise auf Verkaufsförderung kann neben dem Handel und dem Endverbraucher auch die eigene **Vertriebsorganisation** eine relevante **Zielgruppe** von Promotionaktivitäten sein. Unter diese Zielgruppe fallen alle Personen, die für ein Unternehmen eine verkaufende Funktion ausüben, also in direktem Kontakt zum Handel oder Endverbraucher stehen (vgl. *Fuchs/Unger*, 2003, S. 61). Adressaten dieser Form der Verkaufsförderung können demnach neben dem klassischen Außendienst auch das Innendienstpersonal mit Verkaufsfunktion sowie das Key Account Management sein. Vertriebsorganisations-Promotions dienen in erster Linie der **Motivation der Mitarbeiter** sowie der Verbesserung ihrer Verkaufsfähigkeiten und weisen damit einen engen Bezug zur Persönlichen Kommunikation (vgl. Abschnitt 2 D II 4.2.1.2.2) auf (vgl. *Tomczak/ Kuß/Reinecke*, 2009, S. 248). Ein Beispiel für eine derartige Verkaufsförderungsmaßnahme auf Ebene der Vertriebsorganisation stellen sogenannte Top- bzw. 100%-Clubs im Vertrieb bzw. Verkauf dar (vgl. *Bub*, 2011, S. 87 f.).

Fallbeispiel 90

Top Club 1.11-Sales Management bei der Bosch Siemens Hausgeräte GmbH

Einmal jährlich lädt die Bosch Siemens Hausgeräte GmbH die 111 besten internationalen Vertriebsmitarbeiter mit ihren Partnern für drei Tage in eine internationale Metropole ein. Höhepunkt der Veranstaltung ist die Award Gala (vgl. *Abbildung 280*), in der die Mitglieder des Top 1.11-Sales Management Club für ihre außergewöhnlichen Leistungen geehrt werden (vgl. *cbe*, 2011).

Quelle: *Cbe*, 2011

Abb. 280: Impressionen des Top Club 1.11-Sales Management

(2) Verbraucher-Promotions

Adressat: Endkunde

Adressat von Verbraucher-Promotions (»Consumer-Promotions«) ist der **Endkunde**. Demnach richtet sich die Verkaufsförderung des Herstellers in diesem Fall an die Käufer oder Verwender der Leistungen. Die Hauptzielsetzung von Verbraucher-Promotions besteht in der Erzielung eines »**Pull-Effekts**«, der den Handel aufgrund des entstehenden Nachfragersogs zu einer Listung des betreffenden Produktes veranlassen soll. Hierbei ist allerdings zu unterscheiden, in-

Fallbeispiel 91

Der Jägermeister Hochsitz: On-Air-Bar von Jägermeister

Die Mast-Jägermeister AG hat es seit Beginn der 2000er-Jahre geschafft, ihre zuvor in die Jahre gekommene Marke »Jägermeister« neu zu positionieren. Nicht nur die beiden sprechenden Hirsche »Rudi« und »Ralph« haben durch ihre ironischen Sprüche dazu beigetragen, dass durch die Marke inzwischen auch eine jüngere Zielgruppe (18 bis 39 Jahre)

angesprochen wird. Unterstützt wurden der Marken-Relaunch vor allem auch durch zahlreiche Verbraucher-Promotions, die sowohl am POS, aber auch direkt bei den potenziellen Endkunden ansetzten (vgl. *Milewski*, 2007b, S. 101). Ein Beispiel hierfür stellt der Jägermeister Hochsitz dar (vgl. *Abbildung 281*), auf dem die Besucher von Festivals

das Event auch einmal aus einer Höhe von 50 Metern genießen dürfen. Flankiert wird dieses besondere Bar-Angebot durch den Einsatz von Promotion-Girls, die neben dem Kräuterlikör zusätzlich auch weitere kostenlose Produkte wie CDs, T-Shirts oder Fußbälle verteilen.

Quelle: *Schröder + Schömbs PR (Hrsg.)*, 2009

Abb. 281:   Der Jägermeister Hochsitz bei Rock am Ring 2009

Fallbeispiel 92

Aktionsplatzierung und Fachberatung am POS bei NIVEA

Im Jahr 2008 führte das Unternehmen Beiersdorf für seine Marke »Nivea« eine Verkaufsförderungskampagne am POS durch (vgl. *Abbildung 282*). Unter dem Motto »Schönheit

ist Ausstrahlung – Gesichtspflege für jeden Hauttyp« setzte das Unternehmen in der Kampagne in ca. 180 Drogeriemärkten auf eine personalgestützte Fachberatung am POS,

die durch den Einsatz von Hautanalysegeräten unterstützt wurde (vgl. *o. V.*, 2008). Neben dieser saisonalen Beauty-Tour standen im Jahr 2008 daneben sogenannte NIVEA Care Center in weiteren ca. 60 SB-Warenhäusern.

Quelle: *Beiersdorf*, 2012

Abb. 282:   Nivea Aktionsplatzierungen in Drogerie- und Supermärkten

wieweit die Verkaufsförderungsaktivitäten direkt beim Endkunden ansetzten (**direkte Verbraucher-Promotions**) oder inwieweit der Hersteller Promotions in enger Zusammenarbeit mit dem Handel, also in dessen Verkaufsstätten, durchführt (**indirekte Verbraucher-Promotions**). Im zuletzt genannten Fall kann auch von sogenannten Kooperativ-Promotions gesprochen werden, da der Hersteller und der Handel gegenüber dem Konsumenten gemeinsam auftreten (vgl. *Gedenk*, 2002, S. 14).

(3) Handels-Promotions

Adressat: Handel

Mit Handels-Promotions (»Trade Promotions«) richtet sich der Hersteller an **Groß- oder Einzelhandelsunternehmen**. Diese handelsgerichteten Verkaufsförderungsmaßnahmen werden vor allem dazu eingesetzt, um bei den eingeschalteten Absatzmittlern positive Einstellungen gegenüber der eigenen Marke zu erzeugen und somit möglichst dauerhafte Listungen im Sortiment der Handelsunternehmen sicher zu stellen (vgl. *Bruhn*, 2013b, S. 395 f.). Auch sollen die Händler dazu bewegt werden, ihrerseits eigene Händler-Promotions durchzuführen. Voraussetzung hierfür ist jedoch in beiden Fällen, dass den Absatzmittlern aus den verkaufsfördernden Aktivitäten des Herstellers ein Zusatznutzen entsteht. Handels- (und auch Vertriebsorganisations-) Promotions zielen dabei in erster Linie auf die Unterstützung des Hineinverkaufs (**Sell-in-Maßnahmen**) der Ware ab. So soll ein »**Push-Effekt**« erzeugt werden, durch den die Ware gewissermaßen in den Handel »hineingedrückt« wird. Beispiele für derartige handelsgerichtete Verkaufsförderungsmaßnahmen sind u. a. Rabatte, Werbekostenzuschüsse, Weiterbildungsmaßnahmen, Händlerwettbewerbe oder die Bereitstellung von Displays.

Fallbeispiel 93

Händler-Seminare bei Hülsta

Das im Jahr 1940 im münsterländischen Stadtlohn gegründete Traditionsunternehmen Hülsta steht seit jeher für hohe Qualität im Markt des Systemmöbelbaus. Da der Systemmöbelbau durch eine hohe Komplexität gekennzeichnet ist und in diesem Zusammenhang umfangreiches Fachwissen für Beratung, Planung, Verkauf und Nachkaufbetreuung erforderlich ist, bietet das Unternehmen Fachhändlern ein breites Seminarangebot im unternehmenseigenen »Hülsta-Know-how-Center« an (vgl. *Hülsta*, 2011).

---

(4) Händler-Promotions

Absender: Handel, Adressat: Endkunde

Auch die Absatzmittler selbst führen eigene nachfragergerichtete Verkaufsförderungsaktivitäten – sogenannte Händler-Promotions (»**Retailer-Promotions**«) – durch, um sich gegenüber anderen Händlern in den Augen von Kunden zu positionieren. So können Handelsunternehmen z. B. dem Kunden **Rabatte** in Form von Sonderangeboten gewähren, audiovisuelle **Informationen** am POS bereitstellen sowie eigene **Verkostungs-** oder **Vorführ-Aktionen** durchführen.

Kooperative Durchführung

Gerade vor dem Hintergrund der zunehmenden Wettbewerbsintensität sowohl auf Hersteller- als auch auf Handelsebene spielen neben den bereits angesprochenen vertikalen Kooperationsformen zwischen Handels- und Herstellerstufe zunehmend auch horizontale Kooperationsformen innerhalb der gleichen Marktstufe eine Rolle. Dabei können auch Hersteller oder Händler aus verschie-

---

Fallbeispiel 94

Kundenkarte bei Peek & Cloppenburg

Viele Handelsunternehmen im Bekleidungsmarkt bieten eigenständig oder in Kooperation Kundenkartenprogramme an, bei denen die Karteninhaber in Abhängigkeit vom Wert der Einkäufe in einem Kalenderjahr Treuepunkte erwerben können. Eine derartiges Beispiel stellt die Kundenkarte des Unternehmens Peek & Cloppenburg dar (vgl. *Peek & Cloppenburg*, 2011). Hierbei erhält der Kunde die Möglichkeit,

innerhalb eines Kalenderjahres einen Treuebonus von bis zu 5% zu erreichen, der beim ersten Einkauf des darauf folgenden Jahres automatisch angerechnet wird (vgl. *Abbildung 283*). Daneben erhält der Besitzer der Kundenkarte Informationen über anstehende Preisaktionen sowie Einladungen zu exklusiven Events.

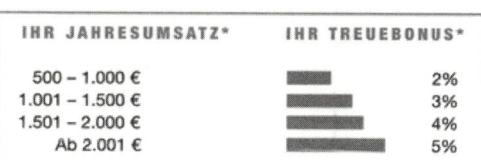

IHR JAHRESUMSATZ*	IHR TREUEBONUS*
500 – 1.000 €	2%
1.001 – 1.500 €	3%
1.501 – 2.000 €	4%
Ab 2.001 €	5%

Quelle: *Peek & Cloppenburg*, 2011

Abb. 283:   Kundenkartenprogramm bei Peek & Cloppenburg

---

denen Märkten im Rahmen gemeinsamer Verkaufsförderungsmaßnahmen zusammenarbeiten. Werden verkaufsfördernde Aktivitäten in enger Zusammenarbeit zwischen zwei oder mehreren Herstellern oder Handelspartnern durchgeführt, bezeichnet man dies als **Verbund-Promotion**. Auf Hersteller- (und auch auf Handels-)Ebene lassen sich gerade in den letzten Jahren vermehrt Beispiele für Verbund-Promotion beobachten.

Fallbeispiel 95

Verbund-Promotion zwischen Melitta und Pixum

Das im Jahr 1908 in Dresden gegründete Familienunternehmen Melitta mit heutigem Sitz in Minden produziert und vermarktet seit mehr als 100 Jahren Produkte für Haushalt und Gastronomie. Gemeinsam mit dem Kölner Unternehmen Pixum – einem der führenden Anbieter von Online-Fotoservices in Deutschland und Europa – führte Melitta im Jahr 2009 eine Verkaufsförderungsmaßnahme durch. Dabei wurde 2 Mio. Packungen Filtertüten aus dem Premiumprogramm in sieben europäischen Ländern zeitlich

befristet ein Gutschein für eine Pixum-Fototasse im Wert von 9,99 € beigelegt. Ein Mini-Leaflet mit dem Gutschein-Code sowie mit sämtlichen relevanten Informationen zur Bestellung wurde hierzu auf den Aktionspackungen angebracht. Das Einlösen des Gutscheins erfolgte über eine von Pixum erstellte Homepage, auf der ein eigenes Foto hochgeladen und der Bestellvorgang durchgeführt werden konnte (vgl. *o.V.*, 2009).

Zielsetzungen von Verkaufsförderung

Übergeordnete
Zielsetzung

Die übergeordnete Zielsetzung des Einsatzes der Verkaufsförderung ist – unabhängig davon, wer der Initiator und wer der Adressat der Verkaufsförderungsaktivitäten ist – die Erhöhung des Unternehmensgewinns (vgl. *Gedenk*, 2002, S. 90). Dies soll bei Verkaufsförderung vor allem durch **kurz- und mittelfristige Absatzsteigerungen** realisiert werden. Die unterschiedlichen Absatzwirkungen der handels- und nachfragergerichteten Verkaufsförderung sind in *Abbildung 284* zusammengefasst (vgl. *Homburg*, 2012, S. 811 sowie *Gedenk*, 2002, S. 93 ff. u. 103 ff.).

Abb. 284

Absatzwirkungen von handels- und endkundengerichteter Verkaufsförderung

Absatzwirkungen auf Handelsebene		Absatzwirkungen auf Endverbraucherebene	
kurzfristige Absatzwirkungen	**mittelfristige Absatzwirkungen**	**kurzfristige Absatzwirkungen**	**mittelfristige Absatzwirkungen**
‣ Umsetzung in Händler-Promotions ‣ Weiterverkauf an andere Händler	‣ Listung des Aktionsprodukts	‣ Erstkauf des Produkts ‣ Wiederkauf des Produkts ‣ Mehrkonsum des Produkts ‣ Wechsel zum Aktionsgeschäft	‣ Vorverlegung von Produktkäufen ‣ Steigerung der Loyalität zum Produkt ‣ Steigerung der Loyalität zum Geschäft
‣ kurz- und mittelfristige Lagerhaltung			

Aufgaben aus anderen
Mix-Bereichen

Die Darstellung der mit Verkaufsförderungsmaßnahmen beabsichtigten Absatzwirkungen macht deutlich, dass sich Verkaufsförderung nicht einheitlich und ausschließlich als Kommunikationsinstrument auffassen lässt. Vielmehr übernehmen verkaufsfördernde Aktivitäten auch Aufgaben aus der Produkt-, Preis- und Distributionspolitik von Unternehmen. Allerdings überwiegt bei der Verkaufsförderung die kommunikative Blickrichtung. Dennoch ist bei ihr eine Integration der kommunikativen Verkaufsförderungsmaßnahmen in den gesamten Kommunikations- und Marketing-Mix erforderlich, um eine einheitliche, gleichgerichtete und somit widerspruchsfreie Ansprache der Zielgruppen zu gewährleisten. Aus einem derartigen Verständnis heraus weist die Verkaufsförderung – neben ihrer generell übergeordneten Aufgabe, den Abverkauf der Produkte zu unterstützen – ggf. folgende zusätzlichen Funktionen auf:

Funktionen

‣ **Motivationsfunktion**: Die verschiedenen Zielgruppen verkaufsfördernder Maßnahmen sollen durch gezielte Maßnahmen zum Verkauf (eigene Vertriebsorganisation, Handel), zum Kauf (Handel, Endverbraucher) der Leistungen oder zur Übernahme zusätzlicher Aufgaben (eigene Vertriebsorganisation, Handel) motiviert werden.

‣ **Informationsfunktion**: Die verschiedenen Zielgruppen verkaufsfördernder Maßnahmen sollen durch die Promotion-Aktivitäten umfassend informiert werden. Im Vergleich zur klassischen (Media-)Werbung erfolgt die Informationsübermittlung allerdings tiefergehender und weniger anonymisiert (vgl. *Bruhn*, 2011, S. 568).

▶ **Schulungsfunktion/Trainingsfunktion**: Über die reine Informationsfunktion hinausgehend liegt eine weitere Funktion der Verkaufsförderung darin, die angesprochenen Zielgruppen zu schulen, um somit ein besseres Verständnis der Funktionsweisen und Einsatzmöglichkeiten der betreffenden Leistungen zu erreichen.

Planung von Verkaufsförderung

Um vor dem Hintergrund der vielfältigen Einsatzmöglichkeiten verkaufsfördernder Aktivitäten die Ziele der Verkaufsförderung erreichen zu können, ist bei der Verkaufsförderung wie auch beim Einsatz anderer Marketing-Instrumente die **systematische Planung** und Strukturierung eine unabdingbare Erfolgsprämisse. *Abbildung 285* zeigt einen typischen Ablaufprozess für die Planung von Verkaufsförderungsmaßnahmen. Dieser sieht vor, dass aufbauend auf einer fundierten Situationsanalyse Ziele, Strategien und Maßnahmen der Verkaufsförderung schrittweise abgeleitet werden. Am Ende des Planungsprozesses sollte dann eine spezifische Erfolgskontrolle stehen, mit deren Hilfe überprüft wird, ob durch die Verkaufsförderungsmaßnahmen die ursprünglichen Verkaufsförderungsziele erreicht werden konnten.

Die rasante Entwicklung im Bereich der Informations- und Kommunikationstechnologien hat inzwischen dazu geführt, dass sich das Instrumentarium der Verkaufsförderung deutlich verändert und erweitert hat, da durch **Internet** und neue Medien **neue Formen der Kundenansprache** ermöglicht werden (z. B. Cou-

Notwendigkeit systematischer Planung

Veränderung durch das Internet

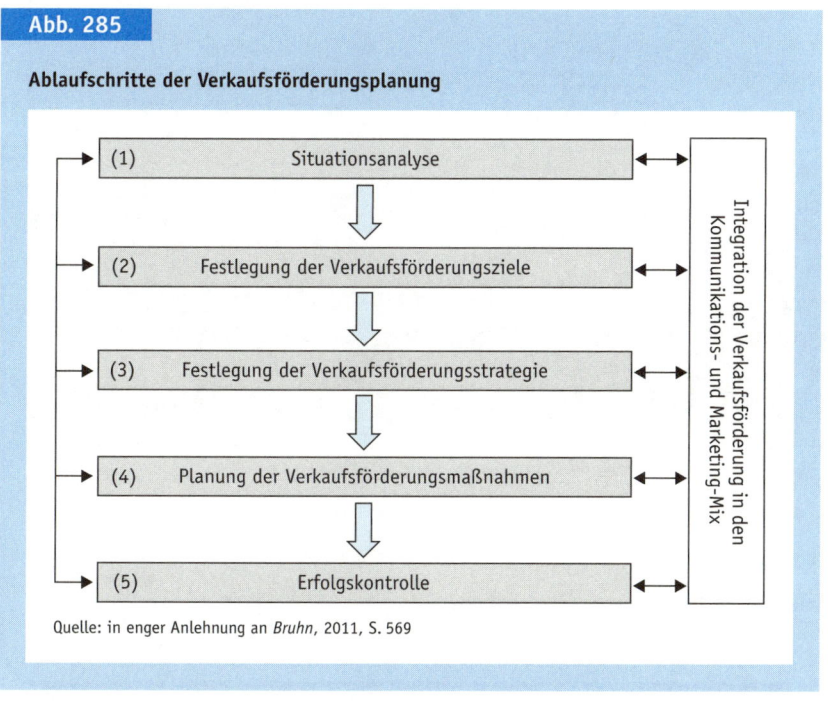

Abb. 285

Ablaufschritte der Verkaufsförderungsplanung

- (1) Situationsanalyse
- (2) Festlegung der Verkaufsförderungsziele
- (3) Festlegung der Verkaufsförderungsstrategie
- (4) Planung der Verkaufsförderungsmaßnahmen
- (5) Erfolgskontrolle

Integration der Verkaufsförderung in den Kommunikations- und Marketing-Mix

Quelle: in enger Anlehnung an *Bruhn*, 2011, S. 569

Fallbeispiel 96

Groupon Inc.

Rabatt-Gutscheine erfreuen sich als Instrument der Verkaufsförderung bei Herstellern und Handelsunternehmen inzwischen einer großen Beliebtheit. Dies ist sowohl auf die Veränderung wettbewerbsrechtlicher Rahmenbedingungen Anfang der 2000er-Jahre (Wegfall des Rabattgesetzes) als auch auf die Suche nach Kommunikationsformen mit geringeren Streuverlusten zurückzuführen (vgl. *Foscht/Ernstreiter/Angerer*, 2011, S. 33). Die sogenannten Coupons können dabei z. B. in Abhängigkeit des Einkaufswerts direkt am POS ausgestellt werden oder es erfolgt eine Zusendung per Post. Durch die voranschreitende Entwicklung der Mobilfunk-Technologie haben sich in der jüngeren Vergangenheit im Bereich des Couponing zahlreiche neue mobile Formen ergeben. Das im Jahr 2008 gegründete US-amerikanische Unternehmen Groupon Inc., das für eine gewisse Zeit das am schnellsten wachsende Unternehmen

der Geschichte war (vgl. *Stöcker*, 2011), ist dabei wohl die bekannteste Online-Gutschein-Plattform in Deutschland (vgl. *Abbildung 286*). Der Name stellt eine Mischung aus den Begriffen »Gruppe« und »Coupon« dar und gibt einen Hinweis darauf, dass die erworbenen Coupons ursprünglich nur dann gültig waren und den Interessenten per E-Mail zugesendet wurden, wenn sich genügend Teilnehmer für eine Coupon-Aktion fanden. Dabei ist Groupon in Deutschland mittlerweile in einer Vielzahl von Städten und Regionen aktiv und bietet vor allem regionenbezogene Gutscheine aus dem Dienstleistungsbereich wie z. B. Wellness-Angebote oder Restaurant-Gutscheine an. Unternehmen versprechen sich durch dieses Instrument zusätzliche Kunden. Für Kunden wiederum stellen die Rabatte von durchschnittlich 56 % (vgl. *Butler*, 2011) eine attraktive Alternative zum Normalkauf dar.

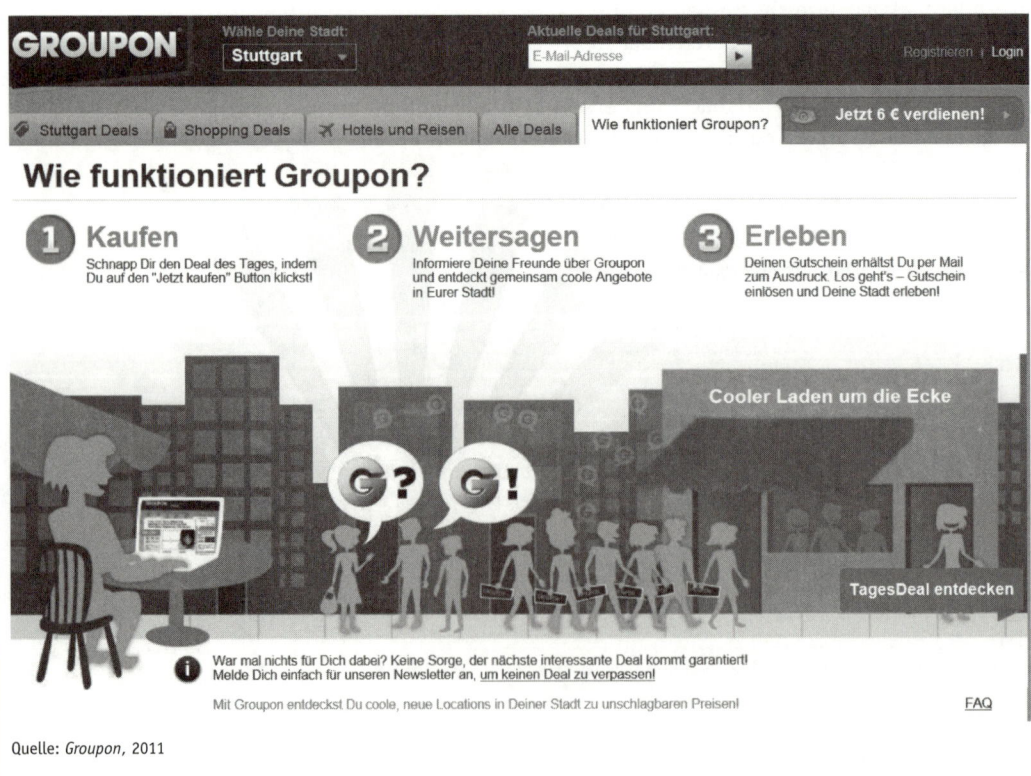

Quelle: *Groupon*, 2011

Abb. 286:   Funktionsweise von Groupon

pons). Allerdings sollten diese neuen Formen von Verkaufsförderungs-Maßnahmen nicht undifferenziert bei allen Zielgruppen in gleicher Weise eingesetzt werden, da deren Akzeptanz und Nutzungsintensität z. B. zwischen einzelnen Endkundensegmenten deutlich variiert.

4.2.1.2.2 Persönliche Kommunikation

Vor dem Hintergrund der Schwächen klassischer Kommunikationsinstrumente erfährt die traditionell eher auf Dienstleistungs- und Industriegütermärkten wichtige persönliche Kommunikation inzwischen auch auf Konsumgütermärkten einen Bedeutungszuwachs. Dennoch wird die persönliche Kommunikation als Instrument der Kommunikationspolitik in Wissenschaft und Praxis häufig **nur am Rande beachtet** und regelmäßig eher als Bestandteil des persönlichen Verkaufs bzw. Personal Sellings dem Direktvertrieb im Rahmen der Distributionspolitik zugeordnet. Wie *Abbildung 287* zeigt, ist die persönliche Kommunikation allerdings auch ein wichtiger Teil der Unternehmens- und Marketing-Kommunikation.

Stellenwert in Wissenschaft und Praxis

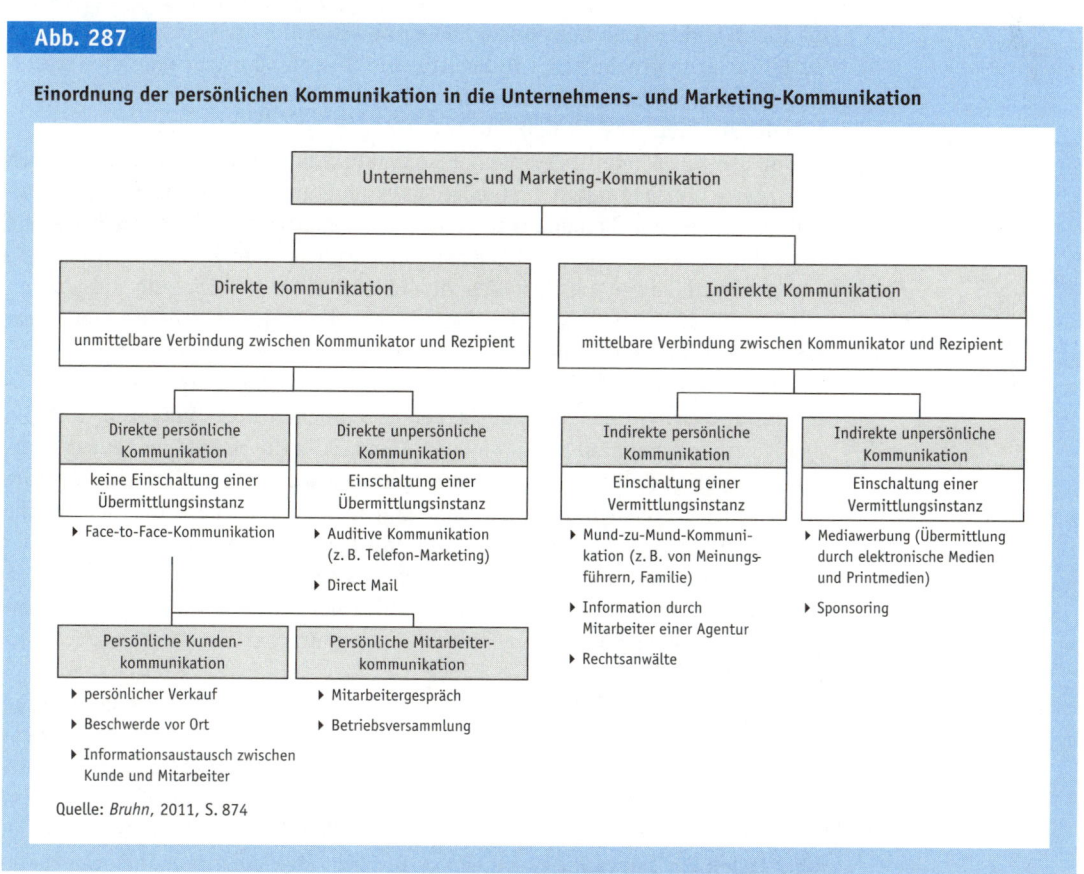

Abb. 287

Einordnung der persönlichen Kommunikation in die Unternehmens- und Marketing-Kommunikation

Quelle: *Bruhn*, 2011, S. 874

Erscheinungsformen und Bewertung persönlicher Kommunikation

Die Erscheinungsformen der persönlichen Kommunikation lassen sich übergeordnet anhand der Verbindung zwischen Kommunikator und Rezipient systematisieren. So ist ein zentrales definitorisches Kernelement der persönlichen Kommunikation darin zu sehen, dass in dem Kommunikationsprozess zwischen Kommunikationssender und -empfänger keine Vermittlungsinstanz eingeschaltet wird, sodass ein **direkter wechselseitiger Informations- und Austauschprozess** zwischen den Beteiligten stattfindet. In Abgrenzung zum Direct Marketing, das sich als direktes unpersönliches Kommunikationsinstrument charakterisieren lässt (vgl. Abschnitt 2 D II 4.2.1.1.2), ist ein weiteres konstituierendes Merkmal der persönlichen Kommunikation im **unmittelbaren (häufig Face-to-Face) Kontakt** zwischen den Kommunikationsbeteiligten zu sehen. Zwar erfolgt im Rahmen der persönlichen Kommunikation auch Ein- bzw. Zwischenschaltung von Übermittlungsinstanzen wie z. B. Telefon, Internet oder Videosystem, zumeist jedoch kommt diesen lediglich ein unterstützender Charakter zu. Zusammengefasst lässt sich die persönliche (Kunden-)Kommunikation damit als wechselseitige Kontaktaufnahme und -abwicklung (Interaktion) zwischen den Mitarbeitern eines Anbieters und seinen Kunden charakterisieren, die durch verbale und nonverbale Kommunikationsinhalte geprägt ist, ggf. unter Einschaltung technischer Hilfsmittel wie Telefon oder Videokonferenzsystemen vollzogen wird und der Erreichung kommunikativer Zielsetzungen des Unternehmens dient (vgl. *Bruhn*, 2011, S 874; *Schwab*, 1982, S. 27).

Der zentrale **Vorteil** persönlicher Kommunikationsformen ergibt sich durch die interaktionsbedingten laufenden Rückkopplungen und Feedbackmöglichkeiten, die es dem Kommunikator erlauben, unmittelbar auf Bedürfnisse und Wünsche des Gegenübers einzugehen. Gleichzeitig können Missverständnisse und Schwierigkeiten im Gespräch direkt und ohne Verzögerung ausgeräumt werden. Die persönliche Kommunikation ist folglich »[...] the only communication vehicle in which the marketing message can be adapted to the specific customer's needs and beliefs« (*Weitz/Sujan/Sujan*, 1986, S. 174). Vor dem Hintergrund dieser großen Flexibilität der persönlichen Kommunikation und der damit verbundenen, auf den jeweiligen Kommunikationsempfänger zugeschnittenen Informationsübermittlung ist es nicht verwunderlich, dass eine Vielzahl empirischer Untersuchungen zu dem Ergebnis kommt, dass die persönliche Kommunikation in Bezug auf die Beeinflussung des Kaufverhaltens und der Einstellungen der Kunden wirkungsvoller einsetzbar ist als die Kommunikation über Massenmedien (vgl. für einen Überblick der Ergebnisse ausgewählter empirischer Untersuchungen zu diesem Thema *Kroeber-Riel/Weinberg/Gröppel-Klein*, 2009, S. 541 ff.).

Als zentrale **Schwäche** der persönlichen Kommunikation ist auf der anderen Seite allerdings der hohe personelle und zeitliche Ressourceneinsatz zu nennen, durch den im Vergleich zu anderen Kommunikationsformen nur verhältnismäßig wenige Kunden erreicht werden können (vgl. *Mast*, 2013, S. 242 f.). Darüber hinaus können mündlich getroffene Vereinbarungen unter gewissen Umständen ein hohes Risiko bergen, z. B. wenn sich die Kommunikationspartner nicht an die getroffenen Vereinbarungen gebunden fühlen. Auch kann es bei unterschiedlichen Kommunikationsfähigkeiten der Kommunikationspartner zu verzerrten Gesprächsverläufen und unerwünschten Ergebnissen kommen.

Inhalte und Funktionen der persönlichen Kommunikation

Die Inhalte der persönlichen Kommunikation lassen sich insbesondere anhand zweier Dimensionen systematisieren. So können auf einer ersten Ebene verbale von non-verbalen Kommunikationsinhalten unterschieden werden (vgl. für eine Übersicht verbaler und non-verbaler Kommunikationsinhalte *Schuchert-Güler*, 2001, S. 45). Während die **verbale Kommunikationsebene** dabei alle sprachlichen, schriftlichen oder bildlichen Inhalte umfasst, die zwischen den Partnern ausgetauscht werden, berücksichtigt die **non-verbale Kommunikationsebene** sämtliche Inhalte, die weder sprachlich, schriftlich noch bildlich übermittelt werden, wie z. B. Intonation, Sprechlautstärke, Gestik, Mimik oder Körperhaltung der Kommunikationsbeteiligten. Auf einer zweiten Ebene können die Kommunikationsinhalte darüber hinaus hinsichtlich ihrer Sach- und Beziehungsorientierung differenziert werden. So werden auf der **Sachebene** insbesondere Informationen ausgetauscht, die sich direkt auf die Kernziele der beteiligten Kommunikationspartner beziehen. Hingegen umfasst die **Beziehungsebene** diejenigen menschlich-emotionalen Kommunikationsinhalte, die die grundsätzliche Atmosphäre der Kommunikation bestimmen. Hierzu zählen z. B. Offenheit, Freundlichkeit oder auch die Vertrauenswürdigkeit der Kommunikationspartner. Durch eine Kombination der Ausprägungen der beiden Dimensionen lassen sich die Inhalte der persönlichen Kommunikation konkret charakterisieren. *Abbildung 288* ordnet den vier Kombinationsmöglichkeiten exemplarische Beispiele zu.

Während dem persönlichen Verkauf vor allem die Erlangung von Aufträgen bzw. eine Akquisitionsfunktion zugesprochen wird (vgl. z. B. *Nieschlag/Dichtl/Hörschgen*, 2002, S. 935), zielt die persönliche Kommunikation neben der Verkaufsfunktion auch auf die Erfüllung sämtlicher anderer Funktionen der Kom-

Differenzierung: verbal, non-verbal

Differenzierung: Sach-, Beziehungsebene

Funktionen

Abb. 288

Systematisierung der Inhalte der persönlichen Kommunikation

	Verbale Kommunikationsebene	Non-verbale Kommunikationsebene
Sachebene	Ein Verkäufer stellt einem Kunden in einem persönlichen Gespräch die Kernwerte der Marke BMW (z. B. Sportlichkeit) vor.	Die Berater von McKinsey tragen dunkle Anzüge, um ihre sachliche Kompetenz zu unterstreichen.
Beziehungs-ebene	Die Bedienung bei McDonald's ist freundlich bei der Bedienung eines Kunden.	Die Fahrer von UPS weisen ein gepflegtes Äußeres auf.

Quelle: in Anlehnung an *Baumgarth/Schmidt*, 2008, S. 9

munikationspolitik. In Bezug auf die persönliche Kommunikation sind diese vor allem in

▸ der Kontaktfunktion,
▸ der Informations- und Artikulationsfunktion,
▸ der Beeinflussungsfunktion,
▸ der Beratungs- und Betreuungsfunktion,
▸ der Verkaufs- und Nachkauffunktion sowie
▸ der Profilierungsfunktion

zu sehen (vgl. *Bruhn*, 2011, S. 877 ff.).

Sonderform »Mund-zu-Mund-Kommunikation«

Vermittlungsinstanz Kunde

Eine Sonderform der persönlichen Kommunikation stellt die Mund-zu-Mund-Kommunikation dar. Die häufig auch mit ihrem englisch-sprachigen Begriff **Word-of-Mouth** bezeichnete Mund-zu-Mund-Kommunikation, die **zwischen gegenwärtigen und potenziellen Kunden** eines Unternehmens abläuft, lässt sich nach *Bruhn* (2011, S. 874) als indirekte Form der persönlichen Kommunikation auffassen. So besteht zwischen dem als Kommunikator auftretenden Unternehmen und den Kunden als Zielgruppe der Mund-zu-Mund-Kommunikation (Rezipienten) keine unmittelbare Verbindung, wie dies etwa bei der persönlichen Kundenkommunikation der Fall ist. Vielmehr wird eine **Vermittlungsinstanz** eingeschaltet, die eine Kanalisierung der Kommunikationsinhalte des Kommunikators vornimmt. Träger der Mund-zu-Mund-Kommunikation ist demzufolge nicht das Unternehmen selbst, sondern dessen Kunde (vgl. *Bruhn*, 2013 a, S. 99 f.). Gemäß einer weiten Begriffsauslegung ist Mund-zu-Mund-Kommunikation daher als eine im geschäftlichen und/oder privaten Umfeld geäußerte negative, neutrale oder positive Berichterstattung zwischen Kunden zu verstehen, die sowohl persönlich als auch elektronisch übermittelt werden kann und als Bezugsobjekt die objektiven und/oder subjektiv wahrgenommenen Merkmale einer Anbieterleistung oder das Unternehmen als Ganzes umfasst (vgl. *Eggert/Helm/Garnefeld*, 2007, S. 234; *Helm*, 2000, S. 7).

Positive und negative Mund-zu-Mund-Kommunikation

Da die Mund-zu-Mund-Kommunikation zwischen Kunden nicht nur positive, sondern auch negative Inhalte aufweisen kann, ist diese aus Unternehmenssicht »Fluch und Segen« zugleich. In einer Vielzahl von empirischen Untersuchungen konnten in verschiedenen Branchen die Auswirkungen von Mund-zu-Mund-Kommunikation auf die Einstellungen, Präferenzen und das tatsächliche Kaufverhalten nachgewiesen werden (vgl. z. B. *von Wangenheim*, 2003, S. 124 sowie die hier angegebene Literatur). Während durch **positive Mund-zu-Mund-Kommunikation** insbesondere Neukunden gewonnen werden können und damit ein Beitrag zur Erfüllung unternehmerischer Wachstums- und Ertragsziele geleistet werden kann, führt **negative Mund-zu-Mund-Kommunikation** auf der Kundenseite zu entgegengesetzten Effekten. Gerade durch die zunehmende Verbreitung moderner Informations- und Kommunikationstechnologien können derartige negative Botschaften sehr schnell zu einem hohen Verbreitungsgrad führen und für die betroffenen Unternehmen mit erheblichen negativen Konsequenzen verbunden sein. Dies ist vor allem deshalb für Unternehmen gefähr-

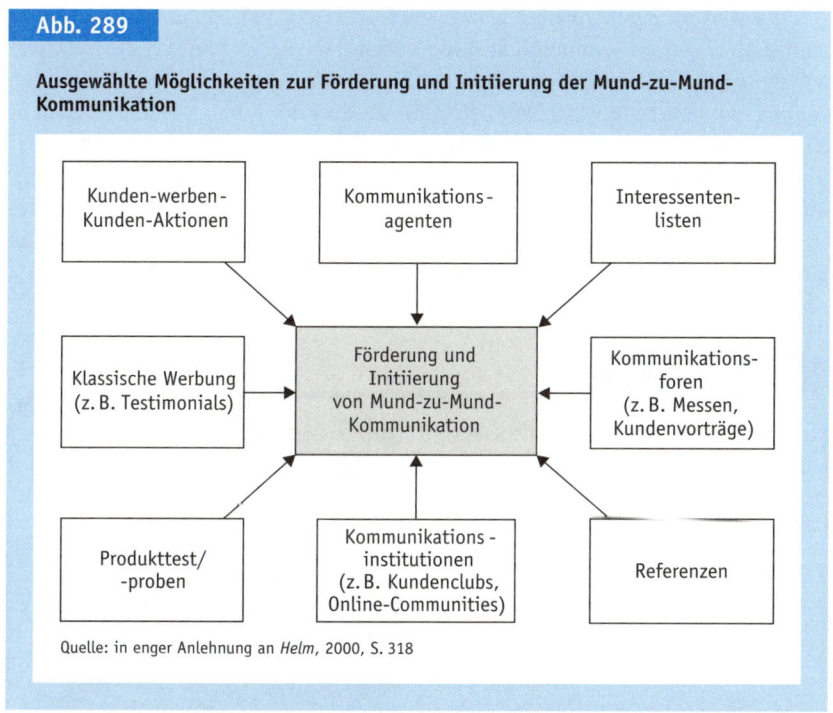

Abb. 289

Ausgewählte Möglichkeiten zur Förderung und Initiierung der Mund-zu-Mund-Kommunikation

Quelle: in enger Anlehnung an *Helm*, 2000, S. 318

lich, da die Mund-zu-Mund-Kommunikation der Nachfrager untereinander einen stärkeren Einfluss auf das Kaufverhalten als unternehmensseitig eingesetzte Kommunikationsinstrumente ausübt (vgl. *Kroeber-Riel/Weinberg/Gröppel-Klein*, 2009, S. 542).

Daher muss es das Ziel von Unternehmen sein, positive Mund-zu-Mund-Kommunikation zwischen Nachfragern auszulösen (und damit zugleich negative Mund-zu-Mund-Kommunikation zu vermeiden). Hierfür stellen Unternehmen eine Vielzahl von **Instrumenten** zur Verfügung (vgl. *Abbildung 289*).

Während **Interessentenlisten** Angaben über mögliche weitere interessierte Kunden beinhalten, veröffentlichen viele Unternehmen gerade im B-to-B-Bereich **Referenzen** ihrer bisherigen Aufträge und Kunden, um hierdurch Mund-zu-Mund-Kommunikation zu fördern (vgl. Fallbeispiel 97).

Auch mithilfe der Durchführung von **Produkttests** oder durch die Verteilung von **Produktproben** kann Mund-zu-Mund-Kommunikation stimuliert werden. Ein besonders relevantes und von vielen Unternehmen insbesondere aus dem Dienstleistungsbereich eingesetztes Instrument zur Förderung der Mund-zu-Mund-Kommunikation sind »**Kunden-werben-Kunden-Aktionen**«. Hierbei wird dem empfehlenden Kommunikator und verstärkt auch dem Geworbenen ein Geldbetrag oder eine Sachprämie in Aussicht gestellt, wenn er einen Neukunden akquiriert (vgl. Fallbeispiel 98).

Vielzahl an Instrumenten

Interessentenlisten und Referenzen

Produkttest und »Kunden-werben-Kunden-Aktionen«

Kommunikationsagenten

Eine weitere Möglichkeit zur aktiven Initiierung von Mund-zu-Mund-Kommunikation stellen **Kommunikationsagenten** dar, die im Auftrag eines Unternehmens bewusst versuchen, Kommunikationsprozesse in einer bestimmten Gruppe von Personen in Gang zu setzen. Sowohl Kunden-werben-Kunden-Aktionen als auch Kommunikationsagenten bergen allerdings die Gefahr eines Glaubwürdigkeitsverlusts der Kommunikationsbotschaft, da die Weiterempfehlung in beiden Fällen von kommerziellen Motiven geleitet ist. Ein Einsatz dieser Instrumente kann in bestimmten Fällen daher auch dazu führen, dass es zu einer Auslösung von negativer Mund-zu-Mund-Kommunikation kommt.

Fallbeispiel 97

Das Parkhaus ›Neue Messe Stuttgart‹ als Referenz der Wayss & Freytag Ingenieurbau AG

Das von November 2004 bis August 2007 erbaute Parkhaus der Neuen Messe Stuttgart stellt eines der spektakulärsten europäischen Bauwerke der vergangenen Jahre dar. Die 33-monatige Baumaßnahme wurde von der »Arbeitsgemeinschaft Parkhaus über die BAB A8 Landesmesse Stuttgart Los 8 A – G« unter der technischen Federführung des Unternehmens Wayss & Freytag Ingenieurbau AG realisiert (vgl. *Wayss & Freytag Ingenieurbau AG* (Hrsg.), o.J.). Die beteiligten Ingenieure standen dabei vor einer besonderen Herausforderung. Da eine herkömmliche Bauweise zu nicht tolerierbaren Behinderungen des Verkehrs auf der stark befahrenen A8 zwischen Stuttgart und München geführt hätte, mussten die Beteiligten auf eine innovative und in dieser Größenordnung noch nie dagewesene Konstruktionsweise zurückgreifen. Im sogenannten Taktschiebeverfahren wurden die beiden rund 400 m langen »Finger« des Parkhauses bei laufendem Verkehr über die 6-spurige Autobahn geschoben. *Wayss & Freytag* hat damit ein Projekt umgesetzt, das dem Unternehmen insbesondere aufgrund der innovativen Konstruktionsweise ein enormes Referenzpotenzial bietet (vgl. *Abbildung 290*). Dies versucht das Unternehmen auf seiner Unternehmenshomepage auch klar zu vermitteln (vgl. *Wayss & Freytag Ingenieurbau AG*, o.J.).

Quelle: *Wayss & Freytag Ingenieurbau AG* (Hrsg.), o.J.

Abb. 290: **Ausgewählte Impressionen des Parkhauses »Neue Messe Stuttgart«**

Freundschaftswerbung bei O_2

Bei dem »Freunde Werben«-Empfehlungs-programm des Internet- und Mobilfunk-anbieters O_2 (vgl. *Abbildung 291*) haben sowohl Bestandskunden als auch Nicht-Kunden die Möglichkeit, ihren Freunden, Bekannten und Verwandten das Unterneh-men als Ganzes oder aber konkrete Produkte von O_2 zu empfehlen (vgl. *O_2, 2011*; *Abbil-dung 291*). Nach erfolgreicher Registrierung kann der Nutzer über das Freunde-werben-Konto seine Empfehlung per E-Mail mit einem entsprechenden Link und einem persönlichen Code versenden. Folgt der Adressat der Empfehlung innerhalb von

60 Tagen, stehen verschiedene Prämien zur Auswahl. In Abhängigkeit von dem empfoh-lenen Produkt kann man eine Bargeldprä-mie bis zu 50 € verdienen. Diese kann wahl-weise an den Werber in Summe oder an Werber und Geworbenen zu gleichen Teilen ausgezahlt werden. Zusätzlich haben die »Freunde« aber auch die Möglichkeit, sich für den Service »My Best Number« zu ent-scheiden, bei dem ein kostenloses Telefo-nieren zwischen den Teilnehmern für eine Laufzeit von bis zu 24 Monaten in Aussicht gestellt wird.

Quelle: *O_2, 2011*

Abb. 291:   Funktionsweise der Freundschaftswerbung bei O_2

Daneben können Unternehmen zur Förderung und Initiierung von Mund-zu-Mund-Kommunikation auch **Plattformen** anbieten, die einen Austausch zwischen gegenwärtigen und potenziellen Kunden ermöglichen oder erleichtern. Beispiele hierfür sind **Kommunikationsforen**, Kundenvorträge, Kundenclubs oder unternehmenseigene Online-Communities.

Auch ein begleitender Einsatz **klassischer Werbung** kann z. B. durch den Rückgriff auf geeignete **Testimonials** dazu beitragen, dass innerhalb der anvisierten Zielgruppe Prozesse einer positiven Mund-zu-Mund-Kommunikation ausgelöst werden.

Fallbeispiel 99

Nespresso Club

Der Nestlé-Konzern bietet den Kunden der Marke »Nespresso« an, Mitglied im exklusiven Nespresso Club zu werden (vgl. *Abbildung 292*). Hier stehen Mitgliedern nach erfolgreicher Registrierung zahlreiche Privilegien zur Verfügung. So können nicht nur mit der Club-Karte in den Nespresso-Boutiquen kostenlos Kaffeespezialitäten genossen werden, sondern die Mitglieder erhalten u. a. auch einen individuell auf die jeweiligen Kaffeetrinkgewohnheiten zugeschnittenen Service, der z. B. die portofreie Lieferung von Kaffeekapseln in festgelegten Zeitintervallen umfasst oder durch den der Kunde in Abhängigkeit der Nutzungsintensität der Maschine per E-Mail auf die nächste Entkalkung aufmerksam gemacht wird. Des Weiteren steht es den Club-Mitgliedern offen, als Nespresso-Botschafter Angehörige über ein Patenschaftsangebot in den Club einzuladen. Auch die jährlich ausgestellten Gutscheine können Club-Mitglieder entweder selbst für Ersatz- oder Erweiterungsinvestitionen einsetzen oder aber ihren Angehörigen zur Verfügung stellen.

Quelle: *Nespresso*, 2011

Abb. 292: **Der Nespresso Club – Exklusivität für Nespresso Kunden**

4.2.1.2.3 Messen und Ausstellungen

Auch wenn in der Literatur die Begriffe »Messe« und »Ausstellung« z. T. voneinander abgegrenzt werden (vgl. z. B. *Kirchgeorg*, 2003, S. 55), soll hier unter Messen und Ausstellungen zusammengenommen »die Analyse, Planung, Durchführung sowie Kontrolle und Nachbearbeitung aller Aktivitäten verstanden werden, die mit der Teilnahme an einer zeitlich begrenzten und räumlich festgelegten Veranstaltung verbunden sind, deren Zweck in der Möglichkeit zur Produktpräsentation, Information eines Fachpublikums und der interessierten Allgemeinheit, Selbstdarstellung des Unternehmens und Möglichkeit zum unmittelbaren Vergleich mit der Konkurrenz liegt, um damit gleichzeitig spezifische Marketing- und Kommunikations-Ziele zu erreichen« (*Bruhn*, 2013b, S. 456).

Die so verstandenen Messen und Ausstellungen nehmen im Kommunikationsmix vieler Unternehmen einen zentralen Stellenwert ein. Insbesondere bei Unternehmen, die auf **B-to-B-Märkten** tätig sind, stellen Messen und Ausstellungen ein sehr wichtiges Kommunikationsinstrument dar. So zeigen empirische Untersuchungen des Ausstellungs- und Messeausschusses der Deutschen Wirtschaft (AUMA) e. V., dass auf Messen und Ausstellungen in den vergangenen zehn Jahren bei einer gleichzeitigen Steigerung der absoluten Höhe des Messebudgets um ca. ein Drittel konstant rund 40 % des gesamten Kommunikationsbudgets der befragten, ausstellenden B-to-B-Unternehmen entfielen (vgl. *Abbildung 293*).

Da Messen und Ausstellungen auch auf B-to-C- oder Dienstleistungsmärkten eine nicht zu unterschätzende Bedeutung im Kommunikationsmix zukommt, hat sich in der Praxis des Messewesens eine Vielzahl von unterschiedlichen Er-

Abb. 293

Entwicklung von Messebudgets und -beteiligungen

Jahr	Messebudget (in €)	Anteil am Kommunikations-budget	Messebeteiligungen (Anzahl)
2002/2003	254.000	39 %	8,4
2003/2004	258.200	39 %	7,8
2004/2005	279.000	40 %	8,7
2005/2006	268.200	42 %	8,4
2006/2007	376.500	39 %	10,0
2007/2008	383.700	40 %	8,9
2008/2009	345.200	44 %	8,9
2009/2010	367.700	44 %	8,8
2010/2011*	345.700	43 %	8,3
2011/2012*	346.400	43 %	8,4

* Planzahlen für 2010/2011 und 2011/2012

Quelle: *AUMA e. V. (Hrsg.)*, 2011; *AUMA e. V. (Hrsg.)*, 2009

Abb. 294

Unterscheidungskriterien für Messen

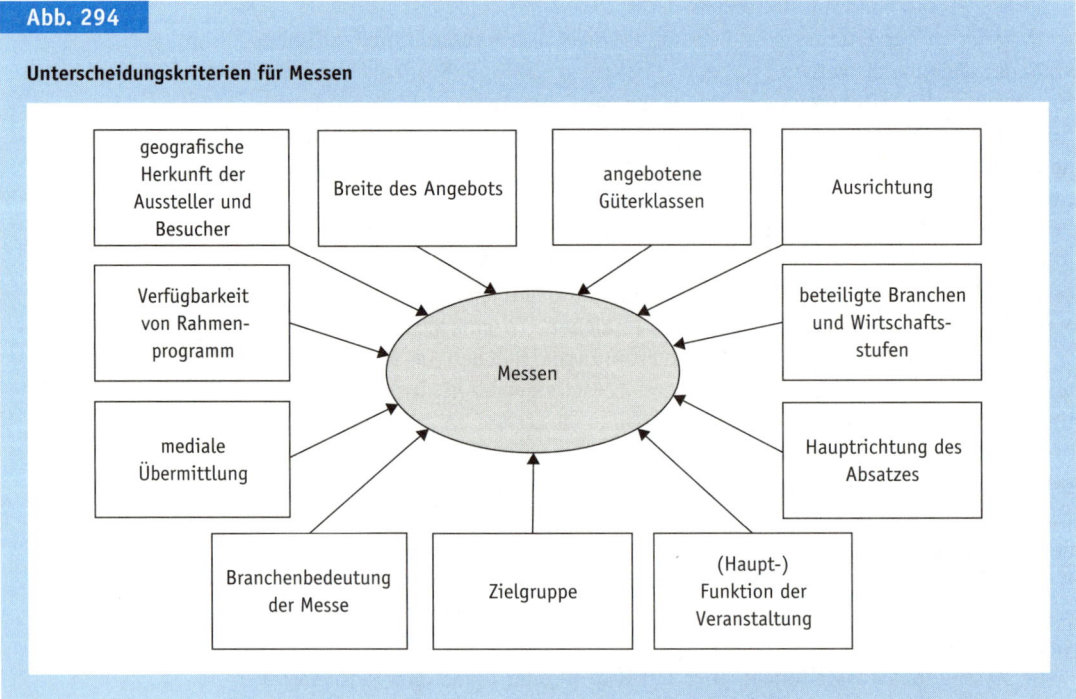

Systematisierung von
Erscheinungsformen

scheinungsformen herauskristallisiert, die anhand eines oder mehrerer der in *Abbildung 294* aufgeführten **Kriterien** systematisiert werden können (vgl. *Bruhn*, 2011, S. 937; *Kirchgeorg*, 2003, S. 66):

▸ geografische Herkunft der Aussteller und Besucher (regionale, überregionale, nationale und internationale Messe),

▸ Breite des Angebots (Universal-/Mehrbranchen-, Spezial-, Branchenmesse, Solo- und Monomesse sowie Fachmesse),

▸ angebotene Güterklassen (Konsumgüter-, Industriegüter- oder Dienstleistungsmesse),

▸ Ausrichtung (horizontal = Mehrbranchen-Fachmesse, z. B. Verpackungs-Fachmesse, oder vertikal = Branchenfokussierung, z. B. Spielwarenmesse),

▸ beteiligte Branchen und Wirtschaftsstufen (Landwirtschafts-, Handels-, Industrie- und Dienstleistungsmesse),

▸ Hauptrichtung des Absatzes (Export- und Importmesse),

▸ (Haupt-)Funktion der Veranstaltung (Informations- und Ordermesse),

▸ Zielgruppe (Fachbesucher-, Händler- und Konsumentenmesse, Job-Messe),

▸ Branchenbedeutung der Messe (Leit-, Zweit- und Nebenmesse),

▸ mediale Übermittlung (physische und virtuelle Messe),

▸ Verfügbarkeit von Rahmenprogramm (Messe mit und ohne begleitende Veranstaltungen),

▸ ...

Unabhängig davon, welcher Typus von Messe bzw. Ausstellung im Einzelfall vorliegt, zeichnen sich Messen und Ausstellungen insbesondere durch ihre **Multifunktionalität** aus. Jedoch ist zu beachten, dass Messen und Ausstellungen je nach betrachteter Zielgruppe unterschiedliche relevante Funktionen aufweisen (vgl. *Kirchgeorg*, 2003, S. 57). So lassen sich traditionell gesellschaftspolitische, gesamtwirtschaftliche und einzelwirtschaftliche Funktionskategorien unterscheiden. Aus der zuletzt genannten einzelwirtschaftlichen Perspektive ist darüber hinaus eine Differenzierung zwischen **aussteller-** bzw. **besucher-** und **messegesellschaftsspezifischen Funktionen** vorzunehmen. Aus Perspektive der **Messeaussteller** und z. T. auch der Messebesucher werden Messen und Ausstellungen dabei die folgenden Hauptfunktionen zugesprochen (vgl. *Abbildung 295*):

Zielgruppenspezifische
Multifunktionalität

Abb. 295

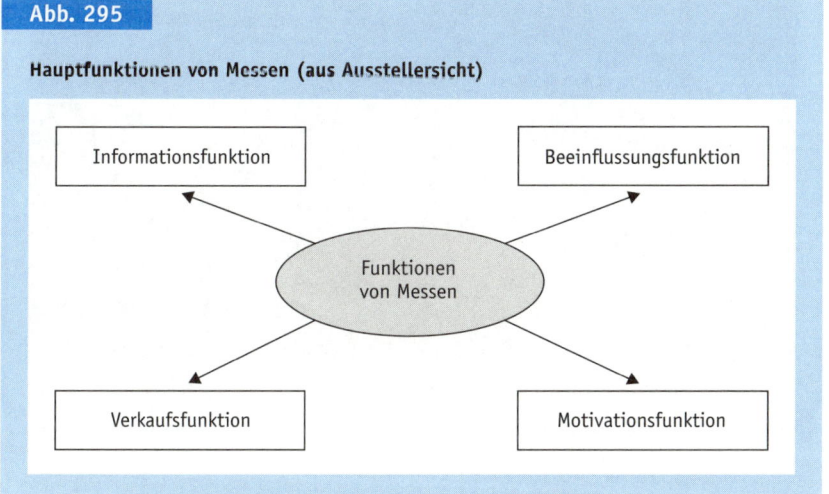

Hauptfunktionen von Messen (aus Ausstellersicht)

Informationsfunktion

Beeinflussungsfunktion

Funktionen von Messen

Verkaufsfunktion

Motivationsfunktion

▸ **Informationsfunktion:** Sowohl Aussteller als auch Besucher sehen in Messen und Ausstellungen eine Möglichkeit zur umfassenden Informationsgenerierung sowie zum Austausch von Informationen. Da Informationen bei der Anbahnung von Kaufentscheidungen unerlässlich sind, nehmen Messen und Ausstellungen als Grundlage des Nachmessegeschäfts in diesem Zusammenhang auch eine **Verkaufsanbahnungsfunktion** ein. Einen zentralen Informationsbereich stellen zum einen das eigene sowie das Leistungsangebot der Konkurrenz dar. Zum anderen sind aber auch Informationen über das Stimmungsbild in der Branche sowie über relevante technologische und marktseitige Trends sowohl aus Aussteller- als auch aus Besucherperspektive bedeutsam. Zur Unterstützung von Neuprodukteinführungen können Messen und Ausstellungen für ausstellende Unternehmen darüber hinaus ein wichtiges Marktforschungsinstrument darstellen. So lassen sich in Gesprächen mit Besuchern, aber auch mit Konkurrenten oder Pressevertretern wichtige Infor-

Information

Fallbeispiel 100

Weltpremiere des Mercedes Benz SLS AMG Coupé auf der IAA 2009

Am 15. September 2009 feierte das Mercedes Benz SLS AMG Coupé (vgl. *Abbildung 296*) auf der Internationalen Automobilausstellung (IAA) in Frankfurt seine Weltpremiere. Insbesondere die an den zum Supersportwagen des Jahrhunderts gewählten Mercedes Benz 300 SL aus dem Jahr 1954 angelehnten Flügeltüren und das puristische Design fanden in der Öffentlichkeit besondere Aufmerksamkeit. Neben einem positiven Pressefeedback wurde der Mercedes Benz SLS AMG anschließend mit dem AutoScout24 Internet Auto Award als »Beste IAA-Neuheit« ausgezeichnet (vgl. *Autoscout24.de*, 2009).

Abb. 296:   Mercedes Benz SLS AMG Coupé

mationen über deren Wahrnehmung und Erwartungen generieren, um hieraus möglicherweise Anhaltspunkte für etwaige Produktverbesserungen oder das zukünftige Marktpotenzial zu erhalten. In manchen Branchen hat die Vorstellung von Neuheiten auf bestimmten Messen und Ausstellungen dabei einen zentralen Stellenwert und kann auch als Indikator für die Innovationsfähigkeit einzelner Unternehmen herangezogen werden (vgl. *Homburg*, 2012, S 817 f.).

Beeinflussung

▸ **Beeinflussungsfunktion:** Durch eine offene, freundliche und fachlich kompetente, persönliche Kontaktaufnahme mit den Standbesuchern – verbunden mit einer ansprechenden visuellen Unternehmens- und Produktpräsentation – können ausstellende Unternehmen ihren Bekanntheitsgrad und ihr Image verbessern und hierdurch sowohl Neukunden akquirieren als auch die Beziehung zu Bestandskunden pflegen, um diese langfristig an das eigene Unternehmen zu binden.

▸ **Motivationsfunktion**: Messen und Ausstellungen können daneben auch zu einer Erhöhung der Motivation der Mitarbeiter der ausstellenden Unternehmen führen, wenn diese in dem persönlichen Umfeld von Messen und Ausstellungen dazu animiert werden, mit den Besuchern und sonstigen Anspruchsgruppen in Kontakt zu treten.

Motivation

▸ **Verkaufsfunktion**: Wie bereits angeführt wird Messen und Ausstellungen traditionell auch eine Verkaufs- und Orderfunktion zugesprochen. Häufig werden Verkäufe allerdings eher im Nachmessegeschäft getätigt. In diesem Fall dient die Messe der Verkaufsanbahnung.

Verkauf

Trotz der großen Beliebtheit, die Messen und Ausstellungen in vielen Branchen zukommt, weisen sie auch einige Besonderheiten und **Problembereiche** auf, die eine sorgfältige Planung und Steuerung der unternehmerischen Messeaktivitäten erforderlich machen. So entfällt aufgrund der im Vergleich zu anderen Kommunikationsinstrumenten **geringen Disponibilität** die Möglichkeit, Messen und Ausstellungen permanent zu nutzen, wie dies z.B. beim Einsatz von Werbung oder Verkaufsförderungsmaßnahmen möglich ist (vgl. *Bruhn*, 2011, S. 937). Außerdem beklagen ausstellende Unternehmen regelmäßig die hohen und immer weiter ansteigenden Kosten, die mit einer Beschickung von Messen und Ausstellungen verbunden sind. Daher sind Messen im Vergleich zu anderen Kommunikationsinstrumenten einem besonderen **Effizienzdruck** ausgesetzt (vgl. *Brühe*, 2003, S. 80). Folglich ist bei Messen und Ausstellungen eine systematische und strukturierte Planung der Messe- und Ausstellungsaktivitäten erforderlich, die sich z.B. an den in *Abbildung 297* dargestellten Stufen orientieren kann. Anders als in der Praxis häufig üblich, sollte dabei nicht nur ein Augenmerk auf die Organisation und die anschließende Durchführung des Messeauftritts gelegt werden. Stattdessen sollte das Messemanagement auch eine systematische Messeselektion und eine gezielte Nachbereitung des Messeauftritts beinhalten (vgl. *Voeth/Barisch/Loos*, 2009, S. 7).

Problemfelder

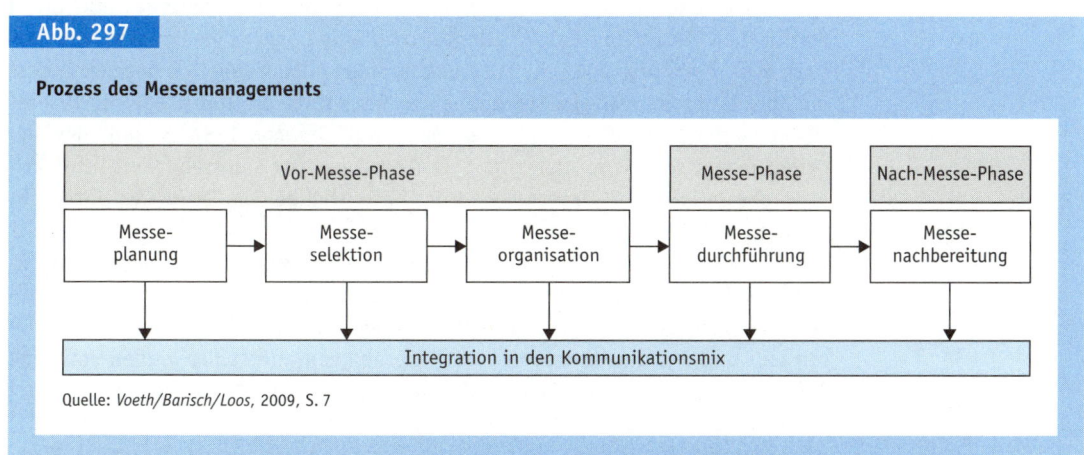

Abb. 297

Prozess des Messemanagements

Quelle: *Voeth/Barisch/Loos*, 2009, S. 7

4.2.2 Instrumente ohne unmittelbaren Produktbezug

Neben den Kommunikationsinstrumenten mit direktem Produktbezug gehören zur Kommunikationspolitik auch Instrumente ohne unmittelbaren Produktbezug. Kennzeichen dieser Instrumente ist dabei, dass nicht allein in Bezug auf ein einzelnes Produkt, sondern in **Bezug auf das Unternehmen** an sich kommuniziert wird. Zu den Kommunikationsinstrumenten ohne direkten Produktbezug zählen

- Öffentlichkeitsarbeit (Public Relations),
- Sponsoring sowie
- Event-Marketing.

4.2.2.1 Öffentlichkeitsarbeit (Public Relations)

Öffentlichkeitsarbeit bzw. Public Relations (PR) stellt ein klassisches Instrument der Kommunikation von Unternehmen dar. Inhaltlich beziehen sich PR-Maßnahmen i. d. R. auf die Organisation und nicht allein auf ein einzelnes Produkt des Anbieters, weshalb das vorrangige Ziel von PR-Maßnahmen nicht die Förderung des Absatzes ist, sondern in erster Linie die **Gestaltung und Pflege der Beziehungen zur Öffentlichkeit** (z. B. Kunden, Aktionäre, Lieferanten, Fachwelt, Arbeitnehmer, Politiker, Institutionen, Staat). Daher lässt sich die Öffentlichkeitsarbeit nach *Bruhn* (2013b, S. 418) wie folgt definieren: »Public Relations (Öffentlichkeitsarbeit) als Kommunikationsinstrument bedeutet die Analyse, Planung, Durchführung und Kontrolle aller Aktivitäten eines Unternehmens, um bei ausgewählten Zielgruppen (extern und intern) primär um Verständnis sowie Vertrauen zu werben und damit gleichzeitig kommunikative Ziele des Unternehmens zu erreichen.«

Zielsetzung und Funktionen der PR

Zielsetzung der Öffentlichkeitsarbeit ist somit im Einzelnen die Gewinnung öffentlichen Vertrauens und Verständnisses, die Schaffung von Glaubwürdigkeit und Akzeptanz, die Gestaltung und Pflege der Beziehungen zur Öffentlichkeit, der Aufbau und Erhalt eines positiven Firmen- und Produktimages, die Information und Motivation der Mitarbeiter oder eine positive Medienberichterstattung (vgl. *Homburg*, 2012, S. 812 f.). Allerdings gilt es dabei zu beachten, dass ein Unternehmen stets in Beziehung zur Öffentlichkeit steht, egal ob Öffentlichkeitsarbeit betrieben wird oder nicht (vgl. *Stanley*, 1982, S. 240). Mit der Öffentlichkeitsarbeit werden somit die auch ansonsten bestehenden Interaktionsprozesse zwischen Unternehmen und Öffentlichkeit im Sinne des Unternehmens zu beeinflussen versucht.

Als **Zielgruppe** der PR ist nicht wie bei anderen Kommunikationsinstrumenten allein der Absatzmarkt anzusehen, sondern weiter gefasst die gesamte unternehmensinterne und -externe Öffentlichkeit, die das Unternehmen informieren will und bei der Vertrauen zum Unternehmen aufgebaut werden soll (vgl. *Mast*, 2013, S. 15 f.). Die **interne Zielgruppe** der Öffentlichkeitsarbeit umfasst beispielsweise Mitarbeiter, Aktionäre, Betriebsrat und den Außendienst. Unter der **externen Zielgruppe** sind neben der Gesamtbevölkerung z. B. Handel, Wettbewerber und potenzielle Kunden sowie Presse, Behörden und die Fachwelt zu fassen. Als besonders wichtige Zielgruppe sind dabei Anspruchsgruppen wie Verbraucherorganisationen, Bürgerinitiativen und Umweltorganisationen einzustufen (vgl. *Meffert/Burmann/Kirchgeorg*, 2012, S. 690).

Die Ziele und Aufgaben der Öffentlichkeitsarbeit spiegeln sich auch in den **Funktionen** der Öffentlichkeitsarbeit wider, die primär **Darstellungs- und Dialogfunktionen** umfassen (vgl. *Bruhn*, 2013b, S. 418 f.; *Zerfaß*, 2007, S. 49 f.; *Skinner/von Essen/Mersham*, 2004, S. 8 ff.):

Funktionen der PR

‣ Informationsfunktion: Vermittlung von Informationen über das Unternehmen nach innen und außen (Öffentlichkeit),

‣ Führungsfunktion: Schaffung von Verständnis für unternehmerische Entscheidungen,

‣ Imagefunktion: Aufbau, Änderung und Pflege des Vorstellungsbildes vom Unternehmen,

‣ Sozialfunktion: Aufzeigen der gesellschafts- und sozialbezogenen Unternehmensleistungen,

‣ Stabilisierungsfunktion: Erhöhung der Krisenfestigkeit des Unternehmens in kritischen Situationen aufgrund der stabilen Beziehungen zu den Anspruchsgruppen,

‣ Kontaktfunktion: Aufbau und Aufrechterhaltung von Verbindungen zu allen für das Unternehmen relevanten Gruppen und

‣ Absatzförderungsfunktion: Anerkennung und Vertrauen in der Öffentlichkeit kann den Verkauf fördern.

Erscheinungsformen der PR

Die vielfältigen Funktionen, die Öffentlichkeitsarbeit zugeschrieben werden können, haben auch zu vielfältigen Erscheinungsformen der Öffentlichkeitsarbeit in der Praxis geführt. Diese lassen sich entsprechend *Abbildung 298* generell drei **Formen** der PR zuordnen.

Formen

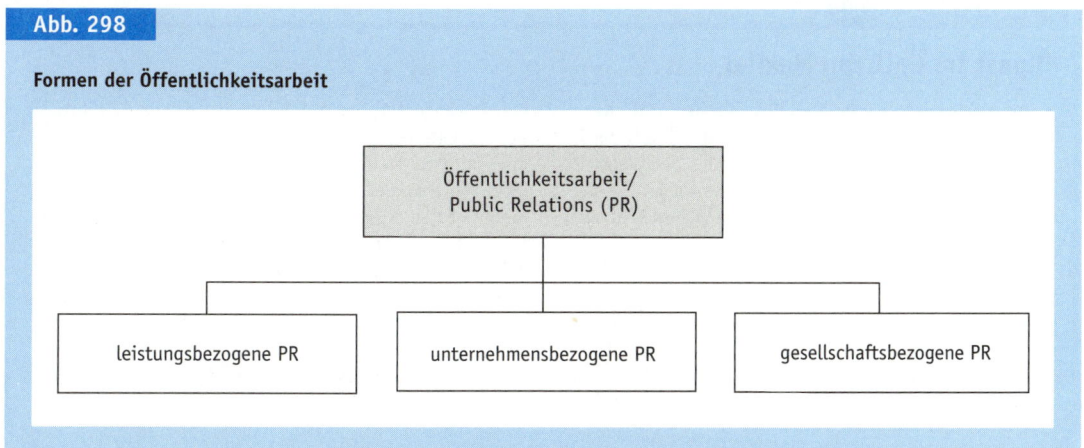

Abb. 298

Formen der Öffentlichkeitsarbeit

Öffentlichkeitsarbeit/ Public Relations (PR)

leistungsbezogene PR | unternehmensbezogene PR | gesellschaftsbezogene PR

Leistungsbezogene PR

Die **leistungsbezogene PR** stellt bestimmte Leistungsmerkmale von Produkten oder Dienstleistungen des Unternehmens heraus. Diese Aktivitäten richten sich meist an eine eng umrissene Zielgruppe und werden mit Maßnahmen wie Presseinformationen, Anzeigen, Spots oder Plakaten umgesetzt (vgl. *Bruhn*, 2013b, S. 421).

Unternehmensbezogene PR

Im Gegensatz zur leistungsbezogenen PR wird im Rahmen der **unternehmensbezogenen PR** das Unternehmen als Ganzes herausgestellt. Folglich wird nicht mehr nur über die einzelnen Leistungen des Unternehmens kommuniziert, sondern die gesamte Unternehmensleistung steht im Vordergrund der Kommunikation. Ziel ist es letztlich, der Öffentlichkeit das Selbstbild und das Selbstverständnis des Unternehmens zu vermitteln und durch eine langfristig angelegte Kommunikationsbeziehung Vertrauen zu schaffen (vgl. *Bruhn*, 2013b, S. 421). Zu dieser Form der PR zählt auch die Reaktion in einer Krisensituation (**Krisen-PR**). Dabei versucht das Unternehmen auf Beschuldigungen oder Angriffe etwa in Bezug auf Produktmängel, Umweltverschmutzung oder mangelnde Mitarbeiterfürsorge mittels Anzeigen, Spots, Plakaten usw. zu reagieren (vgl. *Avenarius*, 2008, S. 238 ff.).

Gesellschaftsbezogene PR

Im Rahmen **gesellschaftsbezogener PR** versteht sich das Unternehmen als Teil der Gesellschaft und die Unternehmensleistungen treten hierbei vollkommen in den Hintergrund. Dementsprechend werden Handlungen des Unternehmens in Bezug auf gesellschaftspolitische Ereignisse kommuniziert, bei denen sich das Unternehmen engagiert. Ein Beispiel für diese Art der PR zeigt *Abbildung 299*.

Im Beispiel von *Abbildung 299* wird das soziale Engagement, nämlich die Investition in die Bildung junger Menschen, in den Fokus gerückt, wohingegen das Unternehmen, welches hinter diesem Engagement steckt, nur zu erahnen ist. Somit ist das erklärte Ziel dieser Form von PR, die Handlungen des Unternehmens im gesellschaftspolitischen Zusammenhang darzustellen, Verantwortungsbewusstsein zu demonstrieren und für Anerkennung des Unternehmens innerhalb der Gesellschaft zu sorgen. Dies geschieht beispielsweise durch die

---

Fallbeispiel 101

Ölpest im Golf von Mexiko

Krisenmanagement war im April 2011 für den britischen Konzern BP von Nöten, als Reaktion auf das Öldesaster im Golf von Mexiko. Die vergeblichen Versuche, den Ölaustritt am Meeresboden und somit insgesamt die Folgen der entstandenen Ölpest zu minimieren, führten nicht nur zu einer gewaltigen Naturkatastrophe, sondern auch zu einem erheblichen Imageschaden für BP. Um diesen Imageeinbußen entgegenzuwirken, hat die PR-Abteilung bestimmte Suchbegriffe (z. B. oil spill), die mit der Ölkatastrophe in Verbindung gebracht werden können, bei Suchmaschinen wie Google, Yahoo und Bing gekauft. Somit wurde den Personen, die diese Suchbegriffe eingeben, gleich zu Beginn ein Link angezeigt, der auf die Homepage von BP führt. Dort erhielten sie Informationen darüber, welche Bemühungen BP in das Bekämpfen der Ölpest investiert. Auf diese Weise wurden negative Informationen weiter nach hinten gedrängt und die Aufklärung der Interessenten verbessert (vgl. *Kremp*, 2010). Ein weiterer Versuch des Unternehmens, sein Image zu verbessern, war ein TV-Spot, in dem Tony Hayward, CEO des Konzerns BP, sich zunächst öffentlich entschuldigte. Des Weiteren übernahm er die volle Verantwortung für die Katastrophe und versicherte die Bekämpfung der Ölpest, um Vertrauen zurückzugewinnen (vgl. *Saal*, 2010).

Abb. 299

Werbung der Daimler AG

MEHR NEUGIER –
MEHR ZUKUNFT

Naturwissenschaft und Technik
für junge Entdecker, die mehr
bewegen wollen.

Quelle: *Daimler AG, 2012*

Stellungnahme zu öffentlichen Streitpunkten (**Advocacy Advertising**), die unabhängig von bestimmten Fragestellungen des Unternehmens sind. Hierdurch soll soziale und gesellschaftliche Kompetenz in der Öffentlichkeit erlangt werden, um ein positives Unternehmensimage aufzubauen bzw. zu pflegen. Diese Perspektive der Unternehmenskommunikation wird auch als **Public Affairs** bezeichnet (vgl. *Bruhn*, 2011, S. 723 f.).

Einzelmaßnahmen der PR

Nachdem die PR-Ziele sowie Zielgruppen bestimmt wurden und die zu kommunizierenden Inhalte festgelegt sind, müssen konkrete Einzelmaßnahmen gewählt werden. Hierzu zählen beispielsweise folgende Maßnahmen:

Typische Maßnahmen der PR

▸ Presseberichte und –veröffentlichungen (inkl. Online-PR),
▸ Pressekonferenzen,
▸ Ausgabe von Geschäftsberichten,
▸ Schaltung von Anzeigenkampagnen,
▸ Ausstrahlung von TV-Spots,
▸ Ausgabe einer Mitarbeiterzeitschrift,
▸ Durchführung von Betriebsversammlungen,
▸ Fachvorträge,
▸ Veranstaltungen wie »Tag der offenen Tür« (vgl. *Bruhn*, 2013b, S. 424 ff.; *Herbst*, 2012, S. 130 ff.).

Pressearbeit

Eine hohe Bedeutung innerhalb der Öffentlichkeitsarbeit kommt dabei vor allem den Maßnahmen der **Pressearbeit** und insbesondere der Online-PR zu. Die Pressearbeit umfasst Maßnahmen, die auf eine Zusammenarbeit des Unternehmens mit Journalisten bzw. Redakteuren abzielen, um damit Ziele der PR zu erreichen (vgl. *Szameitat*, 2003, S. 93 ff.; *Cornelsen*, 2002, S. 86 ff.; *Avenarius*, 2008, S. 333 ff.). Mithilfe der Pressearbeit werden vorwiegend Nachrichten über (neue) Produkte und Dienstleistungen, Aktivitäten des Unternehmens (z. B. Sponsoringengagements oder Jubiläen), Arbeitsplätze sowie wirtschaftliche und finanzielle Analysen an Pressevertreter weitergegeben (vgl. *Szameitat*, 2003, S. 94). Hierzu werden häufig Pressekonferenzen, Pressemitteilungen oder Interviews durch Unternehmensvertreter eingesetzt.

Online-PR und Presse-mitteilungen

In den letzten Jahren hat die **Online-PR** aufgrund der Entwicklung des Internets eine zunehmende Rolle innerhalb der Pressearbeit gewonnen (vgl. *Müller/Kreis-Muzzulini*, 2005; *Hurme*, 2001). Auf ihrer Homepage publizieren viele Unternehmen regelmäßig ihre **Pressemitteilungen**, stellen ein Archiv früherer Pressemitteilungen zur Verfügung und veröffentlichen elektronische Ausgaben von Zeitschriften, Radio- und TV-News. Zudem lassen sich in Internetforen und Chat Rooms, in denen Themen diskutiert werden, die das Unternehmen betreffen, Informationen über die jeweilige Meinung und Einstellung der Öffentlichkeit aufnehmen (vgl. *Hurme*, 2001, S. 73).

Imagewerbung

PR-Maßnahmen können auch mittels **Mediawerbung** durchgeführt werden, wobei das Unternehmen dann über mediale Kommunikationsträger PR-Botschaften an die Zielgruppen richtet. Der Unterschied zwischen der Mediawerbung im Bereich PR und der klassischen Mediawerbung liegt insbesondere in der kommunizierten Botschaft. PR-Maßnahmen mit TV-Spots oder Anzeigen sollen insbesondere die Meinung der Zielgruppe beeinflussen und der **Imageprofilierung** eines Unternehmens bei Kunden als auch bei aktuellen bzw. potenziellen Mitarbeitern dienen (vgl. *Bruhn*, 2013b, S. 427).

Kombinierter
Instrumenteneinsatz

Auch bei der Öffentlichkeitsarbeit ist zu beachten, dass diese nicht isoliert eingesetzt werden sollte. Stattdessen ist sie mit den anderen Kommunikationsinstrumenten inhaltlich zu koordinieren. Auf diese Weise können **Synergieeffekte** mit anderen Kommunikationsinstrumenten realisiert werden. Beispielsweise kann ein Unternehmen im Rahmen von Presseartikeln oder Interviews seine Aktivitäten im Sponsoring kommunizieren und auf diese Weise die Wirkung und Glaubwürdigkeit seiner Aktivitäten in diesem Bereich erhöhen (vgl. *Homburg*, 2012, S. 812 ff.).

4.2.2.2 Sponsoring

Zunehmende Bedeutung

In den letzten Jahren hat auch das Kommunikationsinstrument Sponsoring innerhalb des Kommunikationsmix von Unternehmen stark an Bedeutung gewonnen. Immer häufiger treten Unternehmen als Sponsoren von Personen und Institutionen in sportlichen, kulturellen, sozialen, bildungsorientierten, ökologischen und medialen Bereichen auf. So sind die **Sponsoringaufwendungen** von Unternehmen in den letzten Jahren insgesamt stark gestiegen: Im Jahre 1985 wurden in Deutschland nur umgerechnet etwa 102 Mio. € von Unternehmen für Sponsoringaktivitäten aufgewendet. Dagegen lagen die Aufwendungen im Jahre 2012 nach Schätzungen von Experten bei 4,4 Mrd. € (vgl. *Pilot Checkpoint*, 2010).

Sponsoring definieren *Hermanns/Marwitz* (2008, S. 44) als »die Zuwendung von Finanz-, Sach- und/oder Dienstleistungen von einem Unternehmen, dem Sponsor, an eine Einzelperson, eine Gruppe von Personen oder eine Organisation bzw. Institution aus dem gesellschaftlichen Umfeld des Unternehmens, dem Gesponserten, gegen die Gewährung von Rechten zur kommunikativen Nutzung von Personen bzw. Organisationen und/oder Aktivitäten des Gesponserten auf Basis einer vertraglichen Vereinbarung.« Damit ist das Sponsoring von Begriffen wie **Mäzenatentum** oder **Spenden** abzugrenzen, da mit letzteren keine Gegenleistungen oder geschäftlichen Nutzenerwartungen verbunden sind (vgl. *Meffert/Burmann/Kirchgeorg*, 2012, S. 702; *Hermanns/Marwitz*, 2008, S. 45). Der Gedanke von **Leistung und Gegenleistung** steht beim Sponsoring folglich im Vordergrund. Während der Sponsor Mittel zur Förderung bereitstellt, wird vom Gesponserten eine Gegenleistung beispielsweise in Form der Einräumung des Rechts zur kommunikativen Nutzung des Sponsorships erwartet.

Begriff »Sponsoring«

Dass ein so verstandenes Sponsoring in den vergangenen Jahren stark an Bedeutung gewonnen hat, ist darauf zurückzuführen, dass das Sponsoring im Vergleich zu anderen Kommunikationsinstrumenten einige spezifische **Vorteile** aufweist (vgl. *Hermanns*, 1997, S. 56; *Walliser*, 1995, S. 65 ff.):

Vorteile

- Nachfrager werden überwiegend in nicht-kommerziellen Situationen angesprochen.
- Das Image des Gesponserten lässt sich für die eigenen kommunikativen Zielsetzungen nutzen und verstärkt somit die eigentliche Botschaft.
- Die Massenmedien (Fernsehen, Presse) wirken als Multiplikator bei der Vermittlung der Sponsoringbotschaft.
- Sponsoring bietet häufig eine höhere Kontaktqualität als andere Kommunikationsinstrumente.
- Mit dem Sponsoring können ansonsten bestehende Kommunikationsbarrieren umgangen werden.
- Das Sponsoring besitzt eine hohe Akzeptanz in der Bevölkerung, auch auf Seiten der Werbekritiker (vgl. *Köcher*, 2003, S. 18 ff.).
- Es können mittels Sponsoring Zielgruppen angesprochen werden, die mit klassischen Kommunikationsmaßnahmen oder -medien kaum oder nur schwer erreichbar sind.
- Eine glaubwürdige Kommunikation mit den Zielgruppen wird ermöglicht.

Zudem haben veränderte **gesellschaftliche Rahmenbedingungen** zu einer steigenden Bedeutung des Sponsorings beigetragen. Beispielsweise hat eine größere Freizeitorientierung und eine damit verbundene aktivere Freizeitgestaltung (z. B. Besuch von Sportveranstaltungen, Konzerten, Ausstellungen) eine Ausweitung von Sponsoring, das genau auf diesen Bereich gerichtet ist (z. B. Sportsponsoring), erst möglich gemacht. Auch Werbebeschränkungen und Reaktanzen gegenüber klassischen Werbeformen oder verminderte Ausgaben des

Staates für Sport, Kunst, Kultur und Soziales sowie der dadurch gestiegene Finanzbedarf auf Seiten der Gesponserten (vgl. *Meffert/Burmann/Kirchgeorg,* 2012, S. 702 f.; *Walliser,* 1995, S. 73 ff.) stellen veränderte Rahmenbedingungen dar, die das Kommunikationsinstrument Sponsoring interessanter gemacht haben.

Systematisierungsformen

Eine **Systematisierung** von Sponsoringaktivitäten ist anhand verschiedener Merkmale möglich. Als Typologisierungsmerkmale kommen beispielsweise die Art der Sponsorenleistung (Geld, Sachmittel, Know-how), die Art der Gegenleistung des Gesponserten (z. B. Mediawerbung während der Veranstaltung, Auftritt in elektronischen Medien) oder der gesellschaftliche Bereich (z. B. Sport, Kultur, Umwelt) in Frage (vgl. *Bruhn,* 2003, S. 16 ff.). Entsprechend der zuletzt angeführten Differenzierung unterscheidet man vor allem folgende sechs Erscheinungsformen des Sponsoring (vgl. *Bruhn,* 2013b, S. 433; *Hermanns/Marwitz,* 2008, S. 69 ff.):

▶ Sportsponsoring (1),
▶ Kunst-/Kultursponsoring (2),
▶ Soziosponsoring (3),
▶ Bildungssponsoring (4),
▶ Mediensponsoring (5),
▶ Umweltsponsoring (6).

Relevanz verschiedener Formen

Diese Sponsoringarten haben allerdings in der Unternehmenspraxis nicht die gleiche Bedeutung. Dies ist an der Verteilung der Budgets von Unternehmen auf die verschiedenen Sponsoringarten ersichtlich (vgl. *Abbildung 300*).

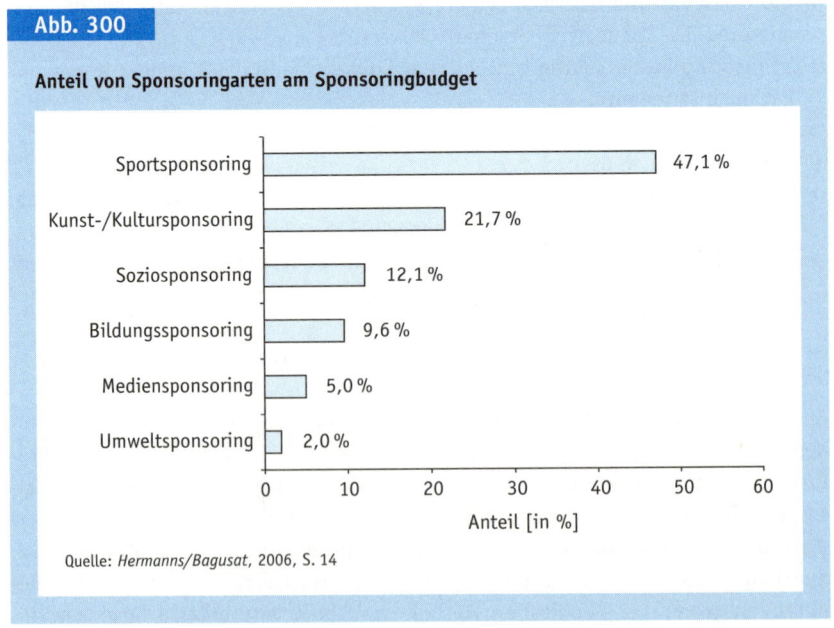

Abb. 300

Anteil von Sponsoringarten am Sponsoringbudget

Sponsoringart	Anteil [in %]
Sportsponsoring	47,1 %
Kunst-/Kultursponsoring	21,7 %
Soziosponsoring	12,1 %
Bildungssponsoring	9,6 %
Mediensponsoring	5,0 %
Umweltsponsoring	2,0 %

Quelle: *Hermanns/Bagusat,* 2006, S. 14

(1) Sportsponsoring

Die »älteste« und bis heute **bedeutendste Form** des Sponsoring ist das Sportsponsoring (vgl. *Hermanns/Marwitz*, 2008, S. 71; *Bruhn*, 2003). Schon 1928 stellt die Belieferung der Olympia-Mannschaft der USA mit Coca-Cola-Produkten bei den Olympischen Spielen ein sponsoringähnliches Engagement dar. Heute ist das Sportsponsoring die am häufigsten eingesetzte Sponsoringart. Nach Meinung von Experten werden sich die Sponsoringaufwendungen im Bereich Sport im Jahre 2012 auf zirka 2,7 Mrd. € belaufen (vgl. *Pilot Checkpoint*, 2010). Durch das hohe Sportinteresse der Nachfrager und die breite Akzeptanz vieler Sportarten in der Bevölkerung lassen sich die Bekanntheits- und Imageziele des Sponsors häufig erfolgversprechend realisieren. Als Kommunikationsträger des Sportsponsorings kommen, unabhängig von der jeweiligen Sportart, Sponsoring von Einzelsportlern (z. B. Maria Höfl-Riesch durch Millka), Mannschaften (z. B. FC Bayern München durch die Deutsche Telekom), Sportveranstaltungen (z. B. Vierschanzentournee durch Jack Wolfskin) oder Sportarenen (z. B. Allianz-Arena in München) in Frage (vgl. *Bruhn*, 2003, S. 42 ff.).

Wichtigstes Sponsoringinstrument

(2) Kunst-/Kultursponsoring

Seit den 1990er-Jahren nutzen Unternehmen auch den Förderbereich der Kunst und Kultur, da sich auch Kunst und Kultur in den letzten Jahren zu einem bedeutenden Freizeitbereich entwickelt haben. Daher wuchs auch die Bedeutung des Kunst-/Kultursponsorings. So werden im Jahr 2012 schätzungsweise 0,3 Mrd. € in Kunst-/Kultursponsoring investiert (vgl. *Pilot Checkpoint,* 2010). Mithilfe des Kunst-/Kultursponsorings soll **gesellschafts- und sozialpolitische Verantwortung** demonstriert und damit das Unternehmensimage positiv beeinflusst werden (vgl. *Witt,* 2000, S. 89). Für Kunst-/Kultursponsoring bieten sich Aktivitäten in den Bereichen Theater, Literatur, Film, Denkmalschutz, Rock- und Popkonzerte bzw. -festivals (z. B. Rock am Ring durch MTV) sowie Veranstaltungen und Künstler bei klassischer Musik an. Es können Einzelkünstler, Kulturgruppen, Kulturorganisationen oder Kulturveranstaltungen mittels finanzieller Unterstützung, Publikationshilfen, Sach- und Materialspenden, Ausschreibung von Kunstpreisen, Auftragsvergabe an Künstler und Vergabe von Stipendien gefördert werden. Aber auch die Einrichtung eigener Museen (z. B. das Mercedes-Benz Museum) zählt zum Kunst-/Kultursponsoring (vgl. *Meffert/ Burmann/Kirchgeorg*, 2012, S. 705 f.; *Bruhn*, 2013b, S. 437 f.).

Positive Imagewirkungen

(3) Soziosponsoring

Der Bereich Soziosponsoring wird von ca. 50 % der Unternehmen betrieben, wofür allerdings nur 12 % des Sponsoringetats verwendet wird (vgl. *Hermanns/ Marwitz*, 2008, S. 103). Auch wenn diesem Sponsoringbereich im Vergleich zum Sport- und Kunst-/Kultursponsoring damit noch ein verhältnismäßig geringer Anteil am Sponsoringbudget zufällt, wird ihm ein großes **Wachstumspotenzial** zugesprochen (vgl. *Hermanns/Bagusat*, 2006; *Pilot Checkpoint*, 2010). Das Soziosponsoring wird als Möglichkeit angesehen, einen **Beitrag zur Lösung humanitärer Probleme** in der Gesellschaft zu leisten, wobei das Unternehmen soziale

Demonstration von CSR

Verantwortung übernimmt und dies in der Öffentlichkeit demonstrieren bzw. kommunizieren kann (vgl. *Buchsteiner/Barth*, 2007, S. 413 f.). Durch Aktivitäten im Soziosponsoring kann eine **Corporate Social Responsibility (CSR)** zum Ausdruck gebracht werden. Schwerpunkte der Tätigkeit im Soziosponsoring liegen zumeist in den Bereichen des Gesundheits- und Sozialwesens. Dazu können finanzielle Mittel, Sachmittel, Dienstleistungen und Know-how zur Lösung sozialer Aufgaben bereitgestellt (z. B. Unterstützung der Hilfsorganisation Ärzte für die Dritte Welt durch die Deutsche Telekom), Stiftungen gegründet (z. B. McDonald's Kinderhilfe), mit Medien zur Förderung sozialer Anliegen kooperiert oder Wettbewerbe mit sozialem Bezug ausgeschrieben bzw. unterstützt werden (z. B. HanseMerkur Preis für Kinderschutz) (vgl. *Bruhn*, 2013b, S. 440 f.).

(4) Bildungssponsoring

Häufig Förderung durch Sach- und Dienstleistungen

Das Bildungssponsoring umfasst die Bereiche der **Bildung im Allgemeinen** und der **Wissenschaft**. 48 % der Unternehmen geben an, sich im Bildungssponsoring zu engagieren und dafür etwa 10 % ihres Sponsoringbudgets zu nutzen (vgl. *Hermanns/Bagusat*, 2006). Grundsätzlich können dabei alle Einrichtungen im Bildungswesen gesponsert werden. Dies umfasst zum einen Kindertagesstätten und Kindergärten, die eine Zwischenstellung zwischen den Bereichen Soziales und Bildung einnehmen. Zum anderen können sämtliche Schulen, wie Grund- und weiterführende Schulen, Berufs- und Hochschulen sowie private Bildungsinstitutionen und Akademien im Rahmen des Bildungssponsorings gefördert werden (vgl. *Hermanns/Marwitz*, 2008, S. 117). Die Förderung im Bildungssponsoring kann dabei die Bereitstellung finanzieller Mittel, Sachmittel, Dienstleistungen und Know-how, Ausstattung von Ausbildungsinstitutionen, Förderung von Forschungsprojekten, Gründung eigener Forschungsinstitute oder Ausschreibung von bildungs- bzw. wissenschaftsbezogenen Wettbewerben beinhalten (vgl. *Bruhn*, 2013b, S. 440 f.). Als Beispiel kann das Schulsponsoring der Deutschen Telekom genannt werden, die gemeinsam mit dem Bundesministerium für Bildung und Forschung 1996 die Initiative »Schulen ans Netz« gründete. Dazu investierte die Deutsche Telekom eine dreistellige Millionensumme für den Ausbau von Internetanschlüssen an deutschen Schulen (vgl. *Porwol*, 2006).

(5) Mediensponsoring

Relevanz für Markenanbieter

Eine ebenfalls recht **junge Sponsoringform** mit hohen Zuwachsraten (vgl. *Pilot Checkpoint*, 2010) ist das Sponsoring von Medien (z. B. Rundfunk oder Fernsehen). Dies ist streng genommen keine Form des Sponsorings, da kein Transfer kommunikativer Rechte stattfindet. Vielmehr handelt es sich um eine Sonderform der Mediawerbung, da die Gegenleistung des Gesponserten im Transport eines Werbemittels des Sponsors besteht (vgl. *Hermanns/Marwitz*, 2008, S. 131; *Bruhn*, 2013b, S. 442 ff.). Das Mediensponsoring ist vor allem für Markenanbieter von Bedeutung, da die Medien ein breites Publikum erreichen und diese damit bestimmte Kommunikationsziele, wie beispielsweise die Erhöhung der Markenbekanntheit realisieren können (vgl. *Bruhn*, 2013b, S. 442). Innerhalb des Mediensponsorings können das Fernsehsponsoring, Radio- bzw. Hörfunksponsoring, Printsponsoring, Internetsponsoring und Kinosponsoring differenziert werden.

(6) Umweltsponsoring

Mit 2,0 % des Sponsoringbudgets hat das Umweltsponsoring bislang die geringste Bedeutung unter den Sponsoringarten. Allerdings hat es seit Beginn der 1990er-Jahre an Bedeutung gewonnen. Ursächlich hierfür ist die verstärkte Bedeutung ökologischer Fragestellungen in der öffentlichen Diskussion (vgl. *Hermanns/Marwitz*, 2008, S. 110 ff.; *Bruhn*, 1993). Im Rahmen des Umweltsponsorings kooperieren Unternehmen mit Organisationen, die sich um ökologische Probleme und/oder den Schutz bzw. die Bewahrung der Umwelt kümmern. Unternehmen übernehmen **ökologische Verantwortung** gegenüber der Gesellschaft und kommunizieren dies. Eine wichtige Voraussetzung für diese Art des Sponsorings ist die Glaubwürdigkeit, da das Engagement sonst kontraproduktiv wirken könnte (vgl. *Meffert/Holzberg*, 2009, S. 47 f.; *Hermanns/Marwitz*, 2008, S. 112). Kommunikationsmittel des Umweltsponsorings sind die Förderung von Natur-, Landschafts-, Tier- und Artenschutz, Umweltforschung, Umwelterziehung sowie die Ausschreibung von Wettbewerben. Eine besonders große aktuelle Bedeutung kommt in diesem Fall dem **Cause-Related Marketing** zu.

> Aktuelle Form: Cause-Related-Marketing

Fallbeispiel 102

Cause-Related Marketing

Eine Form, um Corporate Social Responsilbility über Umweltsponsoring nach außen zu kommunizieren, ist das Cause-Related Marketing. Darunter wird eine Win-Win-Kooperation zwischen einem Unternehmen und einer Non-Profit-Organisation (NPO) verstanden, d. h. der Verkauf von Produkten impliziert gewöhnlich einen monetären Beitrag für die NPO durch das Kooperationsunternehmen (vgl. *Meffer/Burmann/Kirchgeorg*, 2012, S. 896). Der deutsche Pionier des Cause-Related Marketing war Krombacher mit seiner Kampagne »Rettet den Regenwald« in Kooperation mit der Stiftung *World Wildlife Fund* (vgl. *WWF*) im Jahre 2002. Dabei warb Krombacher damit, dass durch den Kauf eines jeden Kastens Krombacher-Bier eine Spende an den *WWF* abgeführt wird, die einen Quadratmeter des Regenwalds rettet (*WWF*, 2012). Schnell erkannten auch andere Unternehmen wie Volvic, Pempers oder Langnese das Potenzial dieser Art der Kommunikation.

Dabei verfolgen Unternehmen und NPOs bei Cause-Related Marketing-Aktivitäten unterschiedliche Ziele. Während die NPOs daran interessiert sind, die Menschen auf ihr Anliegen bzw. ein bestehendes Problem aufmerksam zu machen und finanzielle Mittel zur Bewältigung des Problems zu akquirieren, stehen bei Unternehmen ökonomische Ziele im Vordergrund. Das erste Motiv ist die Umsatzsteigerung, was eher kurzfristiger Natur ist. Dabei geht es darum, eine Marke durch eine »Gute Tat« emotional aufzuladen, um so die Aufmerksamkeit der Kunden zu erhöhen und sich von Konkurrenten zu differenzieren. Langfristig geht es den Unternehmen aber eher darum, mit einem verbesserten, ja sogar einzigartigen Image herauszustechen und so eine hohe Loyalität der Kunden gegenüber der Marke aufzubauen. Problematisch ist allerdings, dass solche gemeinnützigen Aktivitäten von der Gesellschaft häufig eher kritisch bewertet werden. Unternehmen wird häufig unterstellt, dass sie nur durch ökonomische Ziele getrieben werden, ohne wirkliches Interesse an dem bestehenden Problem (z. B. Kinderarmut) zu haben. Der Grund dafür ist eine fehlerhafte Kommunikation nach außen oder aber unpassende sektorübergreifende Kooperationen. Um diesem Problem entgegenzuwirken, sollten Unternehmen wenn eine gewisse Konformität zwischen dem Unternehmen, der gemeinnützigen Aktivität und dem vermarkteten Produkt sicherstellen (vgl. *Fries/Müller*, 2011, S. 179 ff.; *Meffert/Holzberg*, 2009, S. 48 ff.).

Ziele

Allgemein werden mit dem Sponsoring neben den ökonomischen Größen wie Umsatz, Gewinn und Marktanteil vor allem vorgelagerte **Ziele** verfolgt. Darunter fallen Bekanntheitssteigerung, Imageverbesserung, Kontaktpflege, Mitarbeitermotivation und der Nachweis gesellschaftlichen Engagements und sozialer Verantwortung (vgl. *Apostolopoulou/Papadimitriou*, 2004, S. 188 ff.; *Hermanns*, 1997, S. 143 f.). Insbesondere für die Imageverbesserung wird ein **Imagetransfer**, d. h. die Übertragung des speziellen Images des Gesponserten auf das eigene Bezugsobjekt der Kommunikation (Unternehmen, Marke), angestrebt (vgl. *Bruhn*, 2013b, S. 431). Dazu ist bei der Auswahl des Gesponserten darauf zu achten, dass ein **Fit** zwischen dem (Marken-)Image des Sponsors und des Gesponserten besteht (vgl. *Nitschke*, 2006, S. 321 ff.). Skandale des Gesponserten (z. B. Doping durch einen Sportler) oder Imagekonflikte können allerdings auch zu einem negativen Imagetransfer führen. Daher ist vorab eine genaue Prüfung notwendig (vgl. *Homburg,* 2012, S. 824 f.; *Nufer*, 2006).

Je nach Sponsoringform werden die o. g. Ziele mit unterschiedlicher Priorität verfolgt. So hat im Sportsponsoring neben dem Imageziel die Steigerung des Bekanntheitsgrades große Bedeutung. Beim Engagement für Kunst und Kultur stehen die Imageprofilierung und die Kontaktpflege mit den Anspruchsgruppen im Mittelpunkt. Im Sozio-, Bildungs- und Umweltsponsoring steht die Darstellung gesellschaftlicher Verantwortung des Unternehmens im Vordergrund, die z. B. großen Einfluss auf die Motivation der Mitarbeiter haben kann (vgl. *Bruhn*, 2003, S. 69). Mit dem Mediensponsoring wird vor allem die Steigerung der Bekanntheit verfolgt, da ein breites Publikum erreicht werden kann (vgl. *Bruhn*, 2013b, S. 442).

Erfordernis systematischer Planung

Das Engagement eines Unternehmens mittels Sponsoring erfolgt i. d. R. **mittel- bis langfristig** und benötigt umfangreiche finanzielle Mittel. Daher sollte im Vorfeld eine sorgfältige und **systematische Analyse und Planung** des Sponsoring durchgeführt werden (vgl. *Meffert/Burmann/Kirchgeorg*, 2012, S. 703). Entscheidungen sollten auf einer Situationsanalyse sowie der Festlegung von Sponsoringzielen, Zielgruppen und Budget basieren. Erst darauf aufbauend können einzelne Sponsoringmaßnahmen geplant, durchgeführt und kontrolliert werden (vgl. *Bruhn*, 2013b, S. 445 f.; *Hermanns/Marwitz*, 2008, S. 167 f.).

4.2.2.3 Event-Marketing

Begriff

Das Event-Marketing ist ein verhältnismäßig neues Instrument der Kommunikationspolitik, das seit Ende der 1990er-Jahre jährliche Wachstumsraten von 20 bis 30 % aufweist und für das die meisten Unternehmen auch zukünftig ihr Budget ausdehnen oder zumindest beibehalten wollen (vgl. *Zanger/Drengner*, 2003; *Zanger*, 2007). Im Mittelpunkt des Event-Marketing steht die **Organisation spezieller Veranstaltungen (Events)**. Ein Event ist gemäß *Bruhn* (2011, S. 1016) eine besondere Veranstaltung oder ein spezielles Ereignis, das multisensitiv vor Ort von ausgewählten Nachfragern erlebt und von Unternehmen als Plattform zur Kommunikation genutzt wird. Dabei ist ein Event eine organisierte Veranstaltung ohne Verkaufscharakter, die den Teilnehmern das Gefühl geben soll, an etwas Besonderem oder sogar Einmaligem teilzunehmen (vgl.

Homburg, 2012, S. 819 f.; *Zanger/Sistenich*, 1996, S. 235). Die Events werden i. d. R. speziell auf die Bedürfnisse der Zielgruppe zugeschnitten und ermöglichen direkte, persönliche Kontakte mit Kunden (vgl. *Zanger/Sistenich*, 1996, S. 235; *Jagerhofer*, 1995, S. 27). Dies gelingt bei Events, indem diese interaktionsorientiert sind und Kunden aktiv eingebunden werden (vgl. *Hermanns/Marwitz*, 2008, S. 34). Auf Events herrscht eine **starke Erlebnisorientierung** und **Aktivierung der Teilnehmer** durch emotionale und physische Reize (vgl. *Drengner/Zanger*, 2003, S. 26; *Lasslop*, 2003, S. 102). Events können dabei in vielfältigen Erscheinungsformen realisiert werden. Darunter fallen beispielsweise Jubiläen, Festakte, Galas, Multimedia-Präsentationen, Shows, Aktionen am POS, Sport-/Kulturveranstaltungen, Ausstellungen, Aktionärsversammlungen, Veranstaltungen für Außendienstmitarbeiter oder Tage der offenen Tür (vgl. *Bruhn*, 2011, S. 1019). Events können sich an Kunden, die Öffentlichkeit oder firmeninterne Zielgruppen richten.

Merkmale Erlebnisorientierung und Aktivierung

Mit dem Event-Marketing, d. h. dem gezielten Einsatz von Events innerhalb der Marketing-Kommunikation, werden vor allem **Ziele** wie die Aktivierung potenzieller Kunden, Kontakt-/ Beziehungsaufbau und -pflege, Schaffung und Erhöhung der Bekanntheit, Image(-transfer) sowie die Verbreitung von Wissen über das Kommunikationsobjekt verfolgt (vgl. *Buß*, 2004, S. 21; *Sistenich*, 1999, S. 68). Event-Marketing kann dabei anlassbezogen und/oder markenorientiert sein (vgl. *Bruhn*, 2013b, S. 463 ff.; *Inden*, 1993, S. 31), wobei auch Mischformen möglich sind. Das **anlassbezogene Event-Marketing** zielt auf die Darstellung des Unternehmens im Rahmen der Feier historischer (z. B. Jubiläen) oder geschaffener (z. B. Grundsteinlegung für ein neues Werk) Anlässe ab. **Markenorientiertes Event-Marketing** soll hingegen die Marke emotional positionieren und dauerhaft in der Erlebniswelt der Zielgruppe verankern.

Ziele

Formen

Die **Planung** eines Events und der dazugehörigen Maßnahmen stellt eine Hauptaufgabe innerhalb des Event-Marketing dar. Zu Beginn der Entwicklung eines Events wird die eigentliche Eventidee generiert. Darauf aufbauend erfolgt die Entwicklung eines Konzeptes bzw. Drehbuchs, das den Ablauf des Events sowie der vor- und nachgelagerten Stufen verbindlich festlegt. (vgl. *Böhme-Köst*, 1992, S. 186 ff.; *Mues*, 1990, S. 95). Schließlich gilt es, das Event zu organisieren bzw. zu realisieren.

Erfolgsvoraussetzungen

Auch für das Event-Marketing ist es unbedingt erforderlich, dass eine **Vernetzung mit anderen Kommunikationsinstrumenten** erfolgt. Beispielsweise kann mithilfe der klassischen Mediawerbung oder Öffentlichkeitsarbeit auf Events im Vorfeld hingewiesen und die Multiplikatorwirkung der Medien genutzt werden. Direct Marketing kann zum Versand von persönlich adressierten Einladungen an wichtige Kunden dienen. Außerdem kann mit Produktproben veranstaltungsbegleitend Verkaufsförderung betrieben werden. Durch die Integration des Event-Marketing in den Kommunikationsmix können, wie bei den übrigen Kommunikationsinstrumenten ohne unmittelbaren Produktbezug, Synergien realisiert werden (vgl. *Nufer*, 2006; *Neujahr*, 2004, S. 123).

4.3 Kommunikationspolitische Planungsprozesse

Zielgrößen der Planung

Die Übersicht über die einem Unternehmen zur Verfügung stehenden Kommunikationsinstrumente hat deutlich gemacht, dass Unternehmen im Rahmen der Kommunikation eine Vielzahl unterschiedlicher Instrumente einsetzen können. Gegenstand der kommunikationspolitischen Planung ist es, die verschiedenen kommunikationspolitischen Instrumente ziel- und strategiekonform einzusetzen. Hierzu ist es erforderlich, kommunikationspolitische **Effektivität** und **Effizienz** anzustreben.

4.3.1 Kommunikationseffektivität

Dimensionen integrierter Kommunikation

Eine erste Stoßrichtung für die ziel- und strategiekonforme Auswahl von Kommunikationsinstrumenten sowie deren Einsatz stellt Kommunikationseffektivität dar. Hiermit ist gemeint, dass Unternehmen **mit einem begrenzten Budget eine maximale Wirkung** mittels der eingesetzten Kommunikationsinstrumente erreichen wollen. Angesichts der vielfältigen Möglichkeiten, die Unternehmen im Bereich der Kommunikationsinstrumente zur Verfügung stehen, ist eine größtmögliche Kommunikationseffektivität nur dann zu erreichen, wenn die Kommunikationsinstrumente hinsichtlich Auswahl und Einsatz aufeinander abgestimmt werden. Der Prozess der Abstimmung der einzusetzenden Kommunikationsinstrumente wird in der Literatur als **integrierte Kommunikation** bezeichnet (vgl. *Fuchs/Unger*, 2011, S. 1). Eine solche integrierte Kommunikation weist dabei eine

- auswahlbezogene,
- inhaltliche und
- verbindungsbezogene

Dimension auf.

Auswahlbezogene Integration

Die **auswahlbezogene Dimension** der integrierten Kommunikation ist darin zu sehen, dass Unternehmen aus dem breiten Spektrum möglicher Kommunikationsinstrumente solche Instrumente in Kombination auswählen sollten, die größtmögliche **Wirkungssynergien** aufweisen. Von Wirkungssynergien kann bei Kommunikationsinstrumenten immer dann ausgegangen werden, wenn durch deren Nutzung Mehrfachkontakte zu kommunikativen Zielgruppen möglich werden. Insbesondere angesichts des heute vielfach bestehenden **information overload** muss es das Ziel sein, die Adressaten unternehmerischer Kommunikation über verschiedene Kommunikationsinstrumente mehrfach anzusprechen. Nur durch eine solche Mehrfachansprache können Unternehmen darauf hoffen, dass ihre Kommunikationsbotschaften von der Zielgruppe wahrgenommen werden und es ggf. sogar zu einer Abspeicherung der Botschaften kommt. Hierbei können zweidimensionale **Kommunikationsinstrumente/Zielgruppen-Matrizen** eingesetzt werden, um einen Kommunikationsmix ableiten zu können, der ein mehrfaches Kontaktieren von Zielgruppen ermöglicht (vgl. *Abbildung 301*).

Inhaltliche Integration

Eine zweite Dimension integrierter Kommunikation ist in den **Inhalten** der über die verschiedenen Kommunikationsinstrumente transportierten Kommunikationsbotschaften zu sehen. Ganz abgesehen davon, dass die Botschaf-

Abb. 301

Skizze einer Kommunikationsinstrumente/Zielgruppen-Matrix

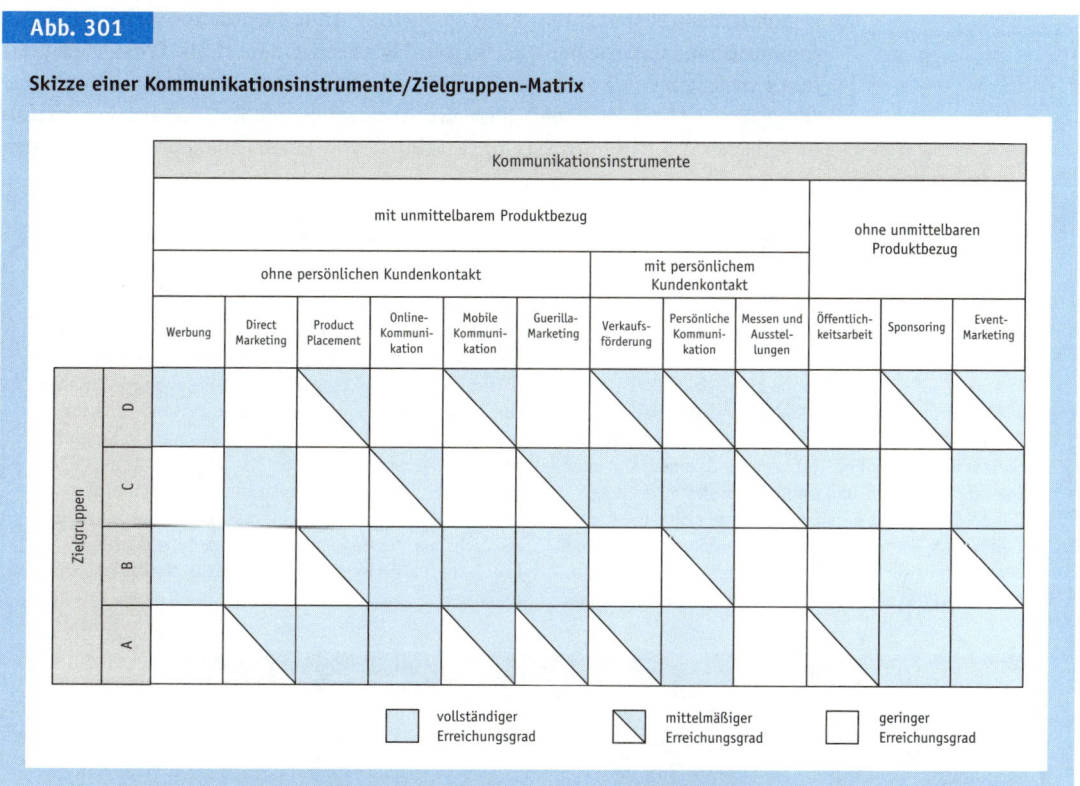

ten, die über die verschiedenen Kommunikationsinstrumente an die Zielgruppen herangetragen werden, grundsätzlich in die gleiche Richtung gehen sollten, bedarf es angesichts der Unterschiedlichkeit der eingesetzten Kommunikationsinstrumente einer **instrumentenbezogenen Übersetzung** der für alle Kommunikationsinstrumente gleichermaßen geltenden übergeordneten Kommunikationsbotschaft. Beispielsweise sind schon die kommunikativen Möglichkeiten unterschiedlicher klassischer Werbeträger wie z. B. TV, Radio oder Print so unterschiedlich, dass eine übergeordnete kommunikationspolitische Botschaft speziell an die Besonderheiten dieser verschiedenen klassischen Werbeträger angepasst werden muss, um die Möglichkeiten sowie die Limitationen der verschiedenen Werbeträger ausreichend zu berücksichtigen. Dies gilt selbstverständlich umso mehr, wenn nicht allein klassische Werbeträger, sondern zugleich auch andere Kommunikationsinstrumente wie z. B. Sponsoring, Online-Kommunikation oder Events in die Betrachtung einbezogen werden. Für jedes Kommunikationsinstrument im Einzelnen, aber auch für die gewählte Kombination von Kommunikationsinstrumenten, ist somit zu prüfen, wie sich übergeordnete Botschaften in entsprechend abgestimmter Art und Weise über die einzusetzenden Kommunikationsinstrumente transportieren lassen.

Verbindungsbezogene
Integration

Schließlich ist bei integrierter Kommunikation auch deren **verbindungsbezogene Dimension** zu berücksichtigen. Diese zielt darauf ab, **Cross-Media-Effekte** zwischen den Kommunikationsinstrumenten gezielt aufzubauen und auszunutzen. Ziel ist es dabei, dass die Adressaten der Kommunikation mittels technischer oder inhaltlicher Hilfestellung von einem Kommunikationsinstru-

Fallbeispiel 103

L'Oréal

Immer mehr Unternehmen versuchen durch die Integration von unterschiedlichen Medien in ihren Kommunikationsmaßnahmen auf sich aufmerksam zu machen. Dies ist z. B. L'Oréal mit einer 2011 geschalteten Werbekampagne von Vichy gelungen (vgl. *Abbildung 302*). Dabei wurden sowohl TV-Sender als auch Online-Instrumente zu einem Kommunikationsmix kombiniert und die Wirkung des Mixes regelmäßig analysiert. Das Ergebnis war, dass sich 81 % der Nutzer an den Werbespot erinnern konnten, was weit über der Prozentzahl der Werbeerinnerung eines normalen Werbespots liegt, die nur ca. 55 % beträgt. Dies ist zum einen

darauf zurückzuführen, dass allein 23 % nur mit der Online-Werbung in Kontakt kamen. Diese potentiellen Kunden hätten den Spot bei einer reinen TV-Werbung nie gesehen. Zum anderen stellte sich heraus, dass Personen, die sowohl mit der TV- als auch mit der Online-Werbung in Kontakt kamen, insgesamt eine höhere Kaufbereitschaft als diejenigen zeigten, die nur mit einem Medium in Berührung kamen. Somit konnte L'Oréal Cross-Media-Effekte erzielen, die nicht nur die Markenerinnerung und die Markenbekanntschaft stärkten, sondern ebenfalls die Kaufabsicht erhöhten.

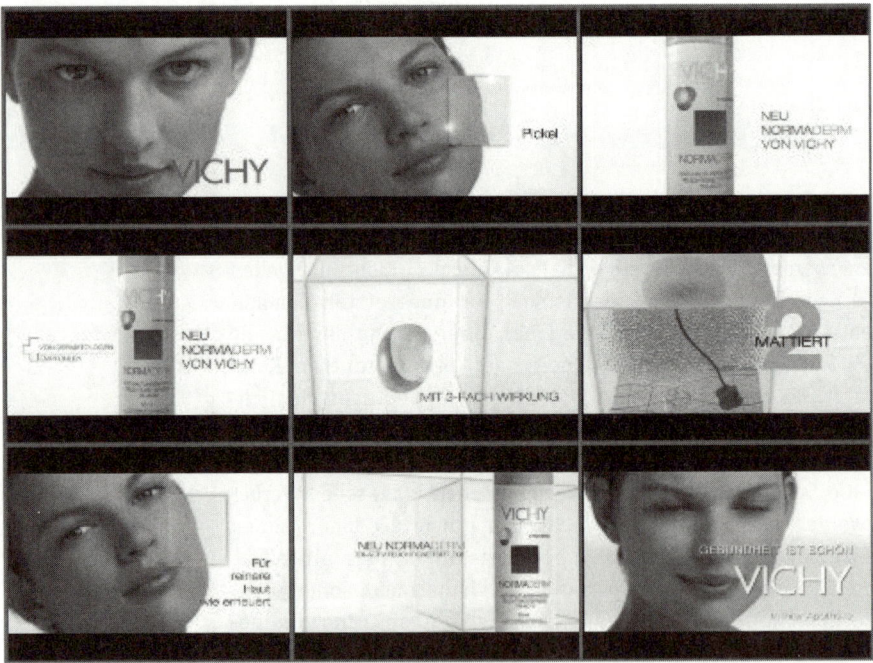

Quelle: *Horizont.net*, o.J.

Abb. 302: L'Oréal Werbekampagne 2011

ment zu anderen Kommunikationsinstrumenten geführt werden. Ein **technisches Hilfsmittel** für die Initiierung von Cross-Media-Effekten stellt beispielsweise der heute zunehmend gebräuchliche **QR-Code** (vgl. nebenstehenden QR-Code der Homepage www.mc2-online.de) dar. Indem z. B. auf Werbeanzeigen QR-Codes abgedruckt werden, können die Adressaten einer Werbeanzeige über ihr Smartphone direkt auf die zugehörige Homepage des Unternehmens oder der Kampagne geleitet werden. Ebenso sind allerdings auch **inhaltliche Hilfestellungen** möglich, um einer Zielgruppe ein Motiv zu geben, auch andere Kommunikationsinstrumente des Unternehmens zu nutzen. Wird beispielsweise im Rahmen eines TV-Spots eine Story entwickelt, die Kunden im Internet, z. B. über soziale Netzwerke, weiter entwickeln oder individualisieren können, erhalten die Adressaten der TV-Werbung ein Motiv, anschließend die Homepage des Unternehmens zu besuchen und sich damit »freiwillig« erneut der Kommunikation des Unternehmens auszusetzen. Das Fallbeispiel 103 illustriert die in der Kommunikation häufig angestrebten Cross-Media-Effekte.

QR-Code zur Lernplattform MC²

4.3.2 Kommunikationseffizienz

Während Kommunikationseffektivität ein Maß für die Zielerreichung darstellt, wird die Kommunikationseffizienz als ein **Maß der Wirtschaftlichkeit** angesehen (vgl. *Steffenhagen*, 2006, S. 500). Dabei ist unter Kommunikationseffizienz die **Erfolgskontrolle** der ziel- und strategiekonformen Auswahl von Kommunikationsinstrumenten zu verstehen, mittels derer Verbesserungspotenziale in unterschiedlichen Teilentscheidungsprozessen aufgedeckt werden sollen (vgl. *Emrich*, 2009, S. 38). Im Mittelpunkt der Kommunikationseffizienz steht der **Kosten-Nutzen-Vergleich** über verschiedene Kommunikationsinstrumente. Der wachsende Kosten- und Budgetdruck führt innerhalb der Kommunikationspolitik zu einer steigenden Sensibilität im Hinblick auf die Effizienz von Kommunikationsmaßnahmen. Deshalb sind eine optimale Budgetplanung und Budgetallokation erforderlich. Während sich die **Budgetplanung** mit der Kalkulation der optimalen Budgethöhe beschäftigt, wird innerhalb der **Budgetallokation** entschieden, wie das zur Verfügung stehende Gesamtbudget auf die einzelnen Kommunikationsinstrumente verteilt werden soll. Hierbei kann zwischen zwei Planungsprozessen unterschieden werden:

Begriff

Alternative Planungsprozesse

▸ Top-Down-Planung und
▸ Bottom-Up-Planung.

Während im ersten Fall der **Top-Down-Planung** ein gegebenes Kommunikationsbudget entsprechend den vorher definierten, übergeordneten Kommunikationszielen auf die einzelnen Fachabteilungen und ggf. Kommunikationsinstrumenten verteilt wird, erfolgt der Prozess im Fall der **Bottom-Up-Planung** genau umgekehrt. Hier erstellen die Fachabteilungen zunächst einen **Mediaplan** für eine Periode, bei dem Ziele, Strategien sowie das zur Realisierung des Mediaplans benötigte Budget beschrieben werden. Somit wird die Höhe des Kommunikationsbudgets in diesem Fall von den einzelnen Fachabteilungen mitbestimmt. Allerdings besteht hier im Vergleich zur Top-Down-Planung ein erheblicher

Koordinationsbedarf, da die Mediapläne aller Fachabteilungen in einem zweiten Schritt kontrolliert und aufeinander abgestimmt werden müssen (vgl. *Bruhn*, 2013b, S. 247).

4.3.2.1 Budgetplanung

Bestandteile des Kommunikationsbudgets

Im Rahmen der Budgetplanung gilt es, das optimale Budget zur Realisierung der Kommunikationsstrategie bzw. der Kommunikationsziele innerhalb einer Planungsperiode, i.d.R. ein Jahr, zu bestimmen. Dabei umfasst das Kommunikationsbudget die gesamten Aufwendungen »...zur Deckung der Analyse-, Planungs-, Durchführungs- und Kontrollkosten sämtlicher kommunikationspolitischer Aktivitäten einer Planungsperiode, um vorgegebene kommunikationspolitische Ziele zu erreichen« (*Bruhn*, 2013b, S. 267). Ein Überblick über sämtliche **Kostenbestandteile** des Kommunikationsbudgets ist in *Abbildung 303* dargestellt.

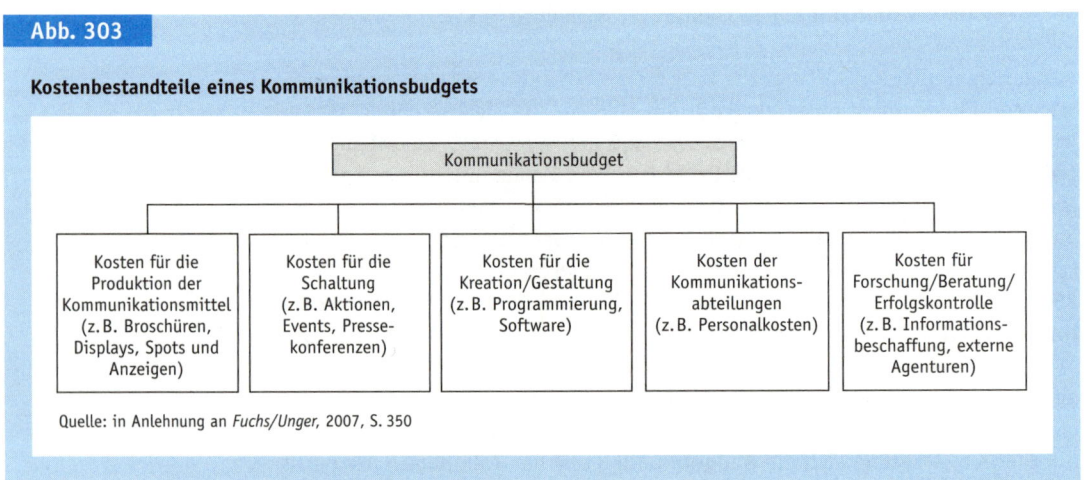

Abb. 303

Kostenbestandteile eines Kommunikationsbudgets

Quelle: in Anlehnung an *Fuchs/Unger*, 2007, S. 350

Bestimmung der optimalen Budgethöhe

Zu Beginn der Budgetplanung ist, die optimale **Budgethöhe** festzulegen. Dabei beeinflussen zahlreiche Faktoren die Höhe des Kommunikationsbudgets. Prinzipiell orientieren sich Unternehmen bei der Festlegung des Kommunikationsbudgets an den zuvor definierten Kommunikationszielen. Allerdings beeinträchtigen darüber hinaus häufig auch unternehmensinterne finanzielle Restriktionen das Kommunikationsbudget.

In Literatur und Praxis existieren zahlreiche **Methoden zur Bestimmung des Kommunikationsbudgets**. *Abbildung 304* gibt einen Überblick über die einzelnen Methoden und unterscheidet dabei zwischen heuristischen und analytischen Verfahren.

Heuristische Verfahren der Budgetierung

Die Praxis setzt überwiegend Methoden ein, die den heuristischen Ansätzen zugerechnet werden können. Dies kommt daher, dass diese Verfahren im Vergleich

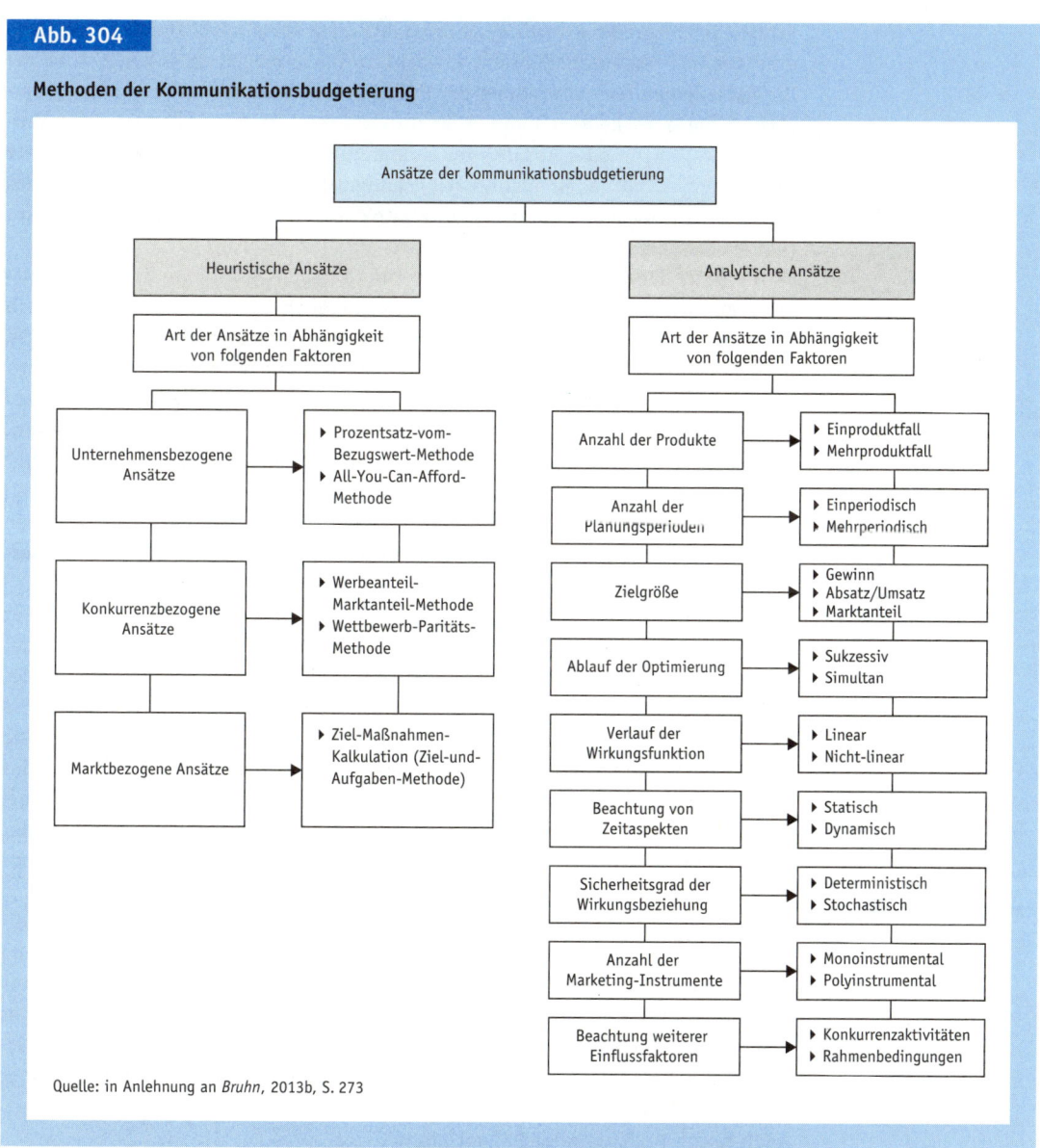

Abb. 304

Methoden der Kommunikationsbudgetierung

Quelle: in Anlehnung an *Bruhn*, 2013b, S. 273

zu den analytischen Ansätzen einen **geringeren Aufwand** für Informationsbeschaffung sowie eine **einfache Handhabung** implizieren. Die wohl einfachste Variante stellt in diesem Zusammenhang die Orientierung an **Bezugsgrößen** wie Umsatz, Absatzmenge oder Gewinn (unternehmensbezogene Ansätze) dar. Dabei wird häufig der branchenübliche Prozentsatz herangezogen. Diese Methoden werden in der Literatur häufig auch als **Methode-per-Unit** (Bezugsgröße = Absatz), **Percentage-of-Sales** (Bezugsgröße = Umsatz) oder **Percentage-of-**

Beispiele für heuristische Verfahren

Profit (Bezugsgröße = Gewinn) bezeichnet. Zwar kann mithilfe dieser Methode eine gewisse Markstabilisierung erreicht werden, jedoch sprechen zahlreiche Probleme gegen die Anwendung der **Prozent-vom-Bezugswert-Methode**. So impliziert diese Methode z. B. eine Umkehrung des Zusammenhangs zwischen Umsatz (bzw. Gewinn oder Absatz) und Kommunikationsbudget, sodass der Umsatz nicht mehr durch das Kommunikationsbudget bestimmt, sondern vielmehr das Kommunikationsbudget nun als eine Funktion des Umsatzes betrachtet wird (vgl. *Fuchs/Unger*, 2007, S. 353).

Die Basis der **All-You-Can-Afford-Methode** bilden verfügbare finanzielle Mittel abzüglich der nicht-kommunikationsbezogenen Kosten. Jedoch weist auch diese Methode Defizite auf. So geht mit ihr das Problem einher, dass in Zeiten geringer finanzieller Mittel das Kommunikationsbudget ebenfalls gering ausfällt. Allerdings könnte gerade dann der Einsatz kommunikationspolitischer Maßnahmen von Nöten sein, um die Absatzmenge und den Gewinn zu steigern. Im Gegensatz dazu bedienen sich die konkurrenzbezogenen Ansätze nicht unternehmensinterner Größen, sondern orientieren sich entweder am Marktanteil (**Werbeanteil-Marktanteil-Methode**) oder an den Kommunikationsausgaben der Konkurrenz (**Wettbewerb-Paritäts-Methode**). Beide Methoden setzen hierbei voraus, dass der Werbeaufwand von Wettbewerbern bekannt ist.

Während bei den bisher behandelten Methoden der Wirkungsbezug außer Acht gelassen wird, findet dieser bei der **Ziel-Maßnahmen-Kalkulation** (oder **Ziel-und-Aufgaben-Methode**) in gewissem Maße Beachtung. Bei dieser Methode werden in einem ersten Schritt die Kommunikationsziele bestimmt. Die benötigten Mittel für die Zielerreichung bilden in einem zweiten Schritt die Grundlage für die Bestimmung des Kommunikationsbudgets. Zwar liegen hier subjektive Entscheidungen und ein noch höherer Informationsbeschaffungsaufwand vor, jedoch ist das die einzige Methode der heuristischen Ansätze, der eine zielorientierte und damit rationale Bestimmung des Kommunikationsbudgets zugrunde liegt (vgl. *Homburg*, 2012, S. 754 f.).

Verfahrenskritik

Insgesamt betrachtet stellen heuristische Verfahren, mit Ausnahme der Ziel-Maßnahmen-Kalkulation, eine eher unbefriedigende Lösung zur Budgetierung kommunikationspolitischer Maßnahmen dar. Der Grund dafür ist die mangelnde Berücksichtigung der Zusammenhänge zwischen dem Kommunikationsbudget und den entsprechenden Kommunikationszielgrößen (vgl. *Bruhn*, 2013b, S. 278). Dennoch dominieren diese Ansätze in der Praxis, da sie leicht anzuwenden sind.

Analytische Verfahren der Budgetierung

Anwendungsgebiet: Konsumgütermärkte

Weitaus **genauer** und zielorientierter lässt sich das Kommunikationsbudget mittels analytischer (theoretischer) Ansätze ermitteln. Jedoch sind diese Ansätze **sehr aufwändig**, da eine Vielzahl an Informationen benötigt werden. Deshalb finden analytische Verfahren meist nur in Konsumgütermärkten Anwendung, da hier die Informationsbeschaffung wesentlich einfacher ist, z. B. mittels Panelerhebungen oder Haushaltsbefragungen. Während die Wirkungszusammenhänge bei den heuristischen Verfahren keine Rolle spielen, bilden diese die Grundlage der analytischen Verfahren. Im Mittelpunkt steht dabei die sogenannte **Reakti-**

onsfunktion bzw. **Werbewirkungsfunktion**, die die Wirkungszusammenhänge zwischen dem Kommunikationsbudget (**Input**) und den Kommunikationszielgrößen (**Output**) darstellt. Als Outputgrößen können beispielsweise Absatzmenge, Bekanntheit oder Umsatz Verwendung finden. Des Weiteren finden zahlreiche Faktoren wie zeitliche **Wirkungseffekte**, **Interaktions- und Interdependenzeffekte** Berücksichtigung, um die Komplexität der Realität im Budgetierungsprozess präziser zu erfassen (vgl. *Reinecke/Fuchs*, 2006, S. 804). Die Optimierungsprozesse bei bestehenden analytischen Verfahren haben im Laufe der Jahre dazu geführt, dass eine Vielzahl an Methoden bzw. Modellen zur Kommunikationsbudgetierung in der Literatur vorgeschlagen wurde (vgl. z.B. *Rogge*, 2004; *Pechtl*, 1991; *Horsyk/Simon*, 1983). Die Verfahren können dabei anhand verschiedener Faktoren, z.B. Anzahl der Produkte, Ablauf der Optimierung oder Anzahl der Planungsperioden differenziert werden (vgl. *Abbildung 304*).

Wirkungsbeziehungen als Grundlge

Beispielhaft soll im Folgenden das **marginalanalytische Modell** näher betrachtet werden. Dieses Modell baut auf dem Grundgedanken der klassischen Marginalanalyse auf, bei der das optimale Kommunikationsbudget erreicht ist, sobald die **Grenzkosten** den **Grenzerlösen** entsprechen (vgl. *Tropp*, 2011, S. 431). Allerdings wird bei einer marginalanalytischen Bestimmung des optimalen Kommunikationsbudgets eine isolierte Betrachtung vorgenommen. So wird nur das Budget für ein Produkt im Absatzprogramm eines Unternehmens festgelegt. Die Einprodukt-Betrachtung liegt nahezu allen Modellen des analytischen Ansatzes zugrunde, mit Ausnahme des Modells von *Kuehn* (1961), das bei der Budgetbestimmung mehrere Produkte sowie mögliche Interdependenzen zwischen den einzelnen Produkten miteinschließt und damit sehr komplex ist. Außerdem können bei marginalanalytischen Modellen zwei verschiedene Situationen betrachtet werden – die statische und dynamische. Während **statische Modelle** die Werbewirkung einer einzigen Periode berücksichtigen, schließen **dynamische Modelle** die Werbewirkung mehrerer Perioden in die Kalkulation mit ein (vgl. *Bruhn*, 2013b, S. 284 f.).

Marginalanalytisches Modell als Beispiel

Im Fall linearer Kosten kann die folgende Funktion die Ausgangsbasis statischer marginalanalytischer Modelle bilden:

Gewinnfunktion als Ausgangspunkt

$$G = p \cdot x(W) - C\big(x(W)\big) - W \qquad (46)$$

mit:

G = Gewinn
p = Preis
x = Absatzmenge
C = Produktionskosten
W = Werbebudget

Diese Formel wird im nächsten Schritt nach dem Werbebudget abgeleitet und gleich Null gesetzt, um die **Optimalitätsbedingungen des Werbebudgets** zu bestimmen.

Optimalitätsbedingungen

$$\frac{dG}{dW} = p \cdot \frac{dx}{dW} - \frac{dC}{dx} \cdot \frac{dx}{dW} - 1 = 0 \qquad (47)$$

Optimales Werbebudget

Um nun diese Formel zu vereinfachen, wird die Werbeelastizität (λ) in Gleichung (47) integriert. Dabei bestimmt die **Werbeelastizität** die Höhe der Absatzänderung (abhängige Variable) bei Erhöhung oder Senkung einer Einheit des Werbebudgets (unabhängige Variable). Dies kann wie folgt dargestellt werden:

$$\lambda = \frac{dx}{dW} \cdot \frac{W}{x} \tag{48}$$

$$\frac{dG}{dW} = p \cdot \lambda \cdot \frac{x}{W} - \frac{dC}{dx} \cdot \lambda \cdot \frac{x}{W} - 1 = 0 \tag{49}$$

$$W^* = \lambda \cdot \left(p - C'\right) \cdot x \tag{50}$$

Somit entspricht das **optimale Werbebudget** W* dem Produkt aus dem Deckungsbeitrag und der Werbeelastizität (vgl. *Bruhn*, 2013b, S. 285). Zwar kann mit dieser Formel das optimale Budget theoretisch bestimmt werden, jedoch treten erhebliche Probleme bei der Anwendung dieses Modell in der Praxis auf. Der Grund hierfür ist, dass zahlreiche Faktoren wie unternehmensspezifische Restriktionen, der Einfluss von Konkurrenzmaßnahmen oder Wirkungsverzögerungen nicht berücksichtigt werden. Zudem besteht ein hoher Informationsbedarf, dem in der Realität kaum entsprochen werden kann.

Verfahrenskritik

Insgesamt stellen analytische Verfahren zwar eine auf den ersten Blick bessere sowie genauere Methode zur Bestimmung des Kommunikationsbudgets im Vergleich zu heuristischen Verfahren dar. Allerdings weisen diese Verfahren erhebliche **Probleme bei der Anwendung** auf. Zudem bestehen bei der Budgetie-

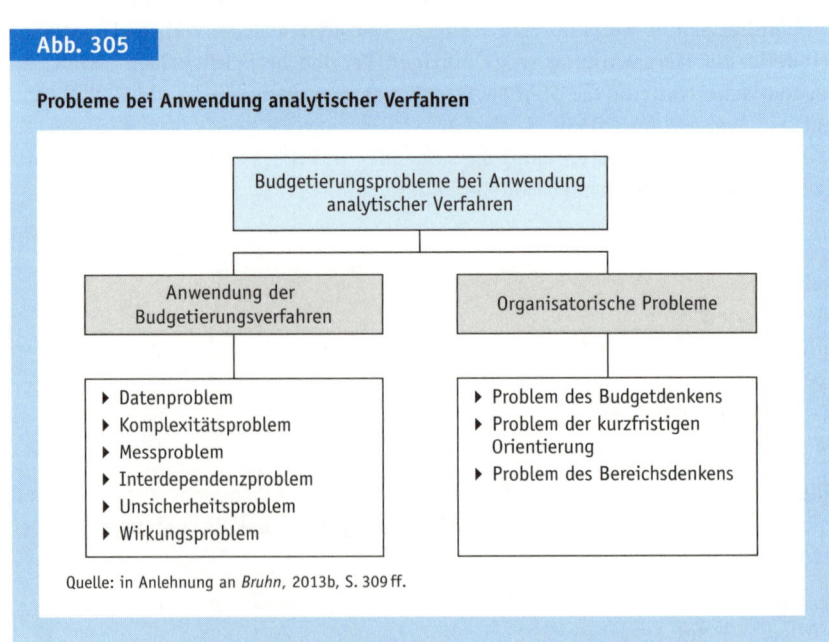

Abb. 305

Probleme bei Anwendung analytischer Verfahren

Budgetierungsprobleme bei Anwendung analytischer Verfahren

Anwendung der Budgetierungsverfahren

Organisatorische Probleme

▸ Datenproblem
▸ Komplexitätsproblem
▸ Messproblem
▸ Interdependenzproblem
▸ Unsicherheitsproblem
▸ Wirkungsproblem

▸ Problem des Budgetdenkens
▸ Problem der kurzfristigen Orientierung
▸ Problem des Bereichsdenkens

Quelle: in Anlehnung an *Bruhn*, 2013b, S. 309 ff.

rung stets zusätzliche organisatorische Probleme (z. B. Förderung des Bereichs-denkens), die *Abbildung 305* entnommen werden können.

4.3.2.2 Budgetallokation

Nachdem die Budgethöhe festgelegt ist, gilt es das Gesamtbudget auf die ein-zelnen kommunikationspolitischen Instrumente zu verteilen, die für die Zieler-reichung notwendig sind. Die Budgetallokation kann dabei in

Formen

▸ zeitlicher,
▸ geografischer und
▸ sachlicher

Hinsicht erfolgen (vgl. *Meffert/Burmann/Kirchgeorg*, 2012, S. 621).

Die Verteilung in **zeitlicher Hinsicht** beschäftigt sich mit der Quantität und Qualität des Belegungszeitpunktes, d. h. **wann** und **wie oft** Kommunikations-aktivitäten stattfinden sollen. Zahlreiche Studien belegen, dass die Erinnerung mit steigender Kontakthäufigkeit zunimmt (vgl. z. B. *Bahlsen GmbH & Co. KG*, 2010; *AOL Deutschland GmbH*, o. J.). Allerdings sollte darauf geachtet werden, dass keine Ermüdungseffekte bei den Zielgruppen eintreten, da dies negative Effekte auf die Werbewirkung hat. Eine positive Wirkung erfolgt z. B. bei vier bis sechs Werbekontakten im Monat (*Pilot Checkpoint*, 2010). Des Weiteren kann eine Werbung **pulsierend** oder **kontinuierlich** geschaltet werden. So macht es beispielsweise keinen Sinn, im Sommer für den Milka Weihnachtmann zu werben. Sicherlich ist der Absatz im Winter aufgrund der Weihnachtszeit verhältnismäßig höher, sodass hier höhere Budgets für Kommunikationsmaß-nahmen gerechtfertigt sind.

Zeitliche Allokation

Wird das Kommunikationsbudget nach Regionen aufgeteilt, wird von der Budgetallokation in **geografischer Hinsicht** gesprochen. Aufgrund kultureller, wirtschaftlicher und politischer Unterschiede variiert die Höhe des benötigten Kommunikationsbudgets bzw. der Kommunikationsausgaben. Auch die **Kaufkraft** der einzelnen Länder spielt eine große Rolle. Beispielsweise wäre ein erhöhtes Werbeaufkommen in Entwicklungsländern aufgrund der dortigen geringen Kauf-kraft wenig sinnvoll. In USA dagegen kann das Kaufverhalten der Zielgruppen durch Werbemaßnahmen teilweise gezielt animiert werden. Deshalb ist es nicht verwunderlich, dass die Werbeausgaben, im weltweiten Vergleich, sehr hohe Un-terschiede aufweisen. Zum Beispiel betrugen die Werbeausgaben in Afrika im Jahre 2011 4,2 Mrd. US $, wohingegen die Werbeausgaben in Nordamerika im sel-ben Jahr 165,2 Mrd. US $ ausmachten (vgl. *Zenith Optmedia*, 2012).

Geografische Allokation

Bei der Budgetallokation in **sachlicher Hinsicht** wird das Kommunikations-budget auf unterschiedliche Produkte, Kommunikationsinstrumente, deren Er-scheinungsformen und Werbeträger (vgl. Abschnitt 2 D II 4.3.2.2) sowie Marken und Leistungen aufgeteilt. Ziel ist es dabei, das Budget möglichst **wirtschaft-lich** zu verteilen, um Budgetverschwendungen zu vermeiden. Wie detailliert das Kommunikationsbudget aufgeteilt werden soll, ist abhängig von den im Media-plan festgelegten Werbeträgergattungen. Hierbei ist zwischen der **instrumen-tellen Allokation** (z. B. Werbung oder Events), **Intermedia-** (z. B. TV- oder

Sachliche Allokation

Abb. 306

Entscheidungstatbestände innerhalb der Budgetallokation

Merkmale \ Budget-Allokation	Interinstrumentelle Allokation	Intermediaselektion	Intramediaselektion
Strukturierungsgrad des Entscheidungsproblems	schlecht strukturiertes Entscheidungsproblem		gut strukturiertes Entscheidungsproblem
Planungszeitraum	alle 3–5 Jahre	alle 1–2 Jahre	Jahresplan
Detaillierungsgrad	strategisch	taktisch	operativ
Entscheidungsträger	Marketing- bzw. Kommunikationsabteilung	Kommunikationsfachabteilung i. d. R. delegiert an eine Kommunikationsagentur	Kommunikationsfachabteilung, i. d. R. delegiert an eine Kommunikationsagentur
Präzisionsgrad	grobe Information		exakte Information
Differenzierungsgrad	Erstellung eines Gesamtplans	Aufgliederung in Teilpläne	weitere Differenzierung der Teilpläne
Entscheidungsverfahren	Checklisten, Punktbewertungsverfahren, Portfolios	Checklisten, Punktbewertungsverfahren, Portfolios	Mediaselektionsmodelle

Quelle: *Bruhn*, 2013b, S. 318

Stufen sachlicher Allokation

Print-Werbung) und **Intramediaselektion** (z. B. ARD, ZDF oder RTL) zu unterscheiden. Da die instrumentelle Allokation und die Intermediaselektion längerfristig festgelegt werden, besitzen diese einen strategischen Charakter. Hingegen ist die Intramediaselektion taktisch-operativ gestaltet, da Änderungen kurzfristig vorgenommen werden können. Beispielsweise hat eine Änderung der TV-Sender (z. B. von Pro7 auf VOX) keine nennenswerten Auswirkungen auf die Zielsetzung bzw. die Kommunikationsstrategie (vgl. *Bruhn*, 2013b, S. 315). Eine Übersicht der Merkmale der Budgetallokation dieser drei Selektionstypen ist in *Abbildung 306* dargestellt.

Die Allokation sollte sich auf allen Selektionsebenen an der **Wirtschaftlichkeit** des jeweiligen Mitteleinsatzes orientieren. Bei der Bewertung der Wirtschaftlichkeit relevanter Werbeträger erfolgt eine Gegenüberstellung der Leistung bzw. des Nutzens und der Kosten der einzelnen Instrumente. Um den Nutzen der Werbeträger zu bestimmen, wird die **Quantität** und **Qualität** der Kontakte beurteilt. Die Belegungskosten können dabei Preislisten der verschiedenen Medien entnommen werden. In Abhängigkeit vom Werbeträger werden Anzeigenpreise, Kosten pro Werbeminute o. Ä. herangezogen. Diese Informationen bilden die Grundlage für die Beurteilung der Wirtschaftlichkeit der Werbeträger und damit auch für die **Mediapläne**. Eine der am häufigsten in der Praxis verwendeten Kennziffern ist der **Tausend-Kontakt-Preis (TKP)**. Dieser gibt an, wie viel an Budget notwendig ist, um 1.000 Kontakte mit einem Medium zu erreichen. Der TKP wird mittels der folgenden Formel berechnet:

»Klassische« Kennzahlen

$$TKP = \frac{Belegungskosten}{Bruttoreichweite} \cdot 1.000 \qquad (51)$$

Wird anstelle der Bruttoreichweite (insgesamt erzielter Werbedruck (Kontakthäufigkeit) mit einer Kommunikationsmaßnahme) die **Nettoreichweite** (Bruttoreichweite abzüglich der Überschneidungen, d.h. Kontakte mit derselben Werbemaßnahme unterschiedlicher Medien) verwendet, so wird damit der **Tausend-Nutzer-Preis (TNP)** bestimmt. Dieser besagt, wie hoch die Kosten sind, um 1.000 Kontaktpersonen mindestens einmal zu erreichen. Der TNP berechnet sich ähnlich dem TKP:

$$TNP = \frac{\text{Belegungskosten}}{\text{Nettoreichweite}} \cdot 1.000 \tag{52}$$

Je nach Werbeträger können diese Bestimmungsgrößen variiert werden, z.B. **Tausend-Leser-Preis (TLP)**, **Tausend-Hörer-Preis (THP)**, **Tausend-Seher-Preis (TSP)**. Auch ist es möglich, anstelle der Reichweite die Auflage heranzuziehen und den **Tausend-Auflage-Preis (TAP)** entsprechend dem Vorgehen beim TKP zu berechnen. Dieser gibt die Kosten an, die für 1.000 gedruckte bzw. verkaufte Exemplare benötigt werden (vgl. *Meffert/Burmann/Kirchgeorg*, 2012, S. 731; *Bruhn*, 2013b, S. 344 ff.).

Bei **Online-Kommunikationsinstrumenten** erfolgt die Bewertung der Wirtschaftlichkeit der Werbeträger häufig nicht mithilfe des TKP, sondern mit speziellen Kennziffern für Online-Instrumente (vgl. hierzu und zum Folgenden *Bauer/Greve/Hopf*, 2011, S. 249 ff.). Zum einen können die Kosten bestimmt werden, die für jeden neuen Besucher einer Webseite gezahlt werden müssen, in der Literatur auch als **Cost per Click (CPC)** bezeichnet. Das heißt, jedes Mal, wenn eine neue Person auf ein Banner klickt, bezahlt der Werbeschalter eine bestimmte Summe an den Webseitenbetreiber.

Kennzahlen für Online-Instrumente

$$CPC = \frac{\text{Kosten der Kommunikationsmaßnahme}}{\text{Anzahl der angeklickten Online-Werbemittel}} \tag{53}$$

Eine andere Form der Beurteilung stellt das **Cost per Lead (CPL)**-Kriterium dar. Dabei versuchen die Webseitenbetreiber Informationen von Personen zu gewinnen, z.B. Name oder E-Mail-Adresse, um diese anschließend an den Auftraggeber (werbendes Unternehmen) weiterzuleiten. Der Auftraggeber entlohnt den Webseitenbetreiber dabei pro weitergeleitetem Kontakt. Der CPL berechnet sich wie folgt:

$$CPL = \frac{\text{Kosten der Kommunikationsmaßnahme}}{\text{Anzahl der gewonnen Kundeninformationen}} \tag{54}$$

Im Gegensatz dazu bestimmt die Kennzahl **Cost per Order (CPO)** die anfallenden Kosten für alle Kommunikationsaktivitäten im Internet, die unternommen wurden, um die gewünschte Reaktion (z.B. Kauf, Weiterempfehlung) zu erreichen.

$$CPO = \frac{\text{Kosten der Kommunikationsmaßnahmen}}{\text{Anzahl der tatsächlich eintretenden Reaktionen}} \tag{55}$$

III Marketing-Mix

Lernziele

▶ Sie kennen die gängigen Methoden, die zur möglichst optimalen Ausgestaltung des Marketing-Mix herangezogen werden können: analytische und heuristische Verfahren.

▶ Sie kennen die Stärken und Schwächen der Verfahren zur Planung des Marketing-Mix.

Optimale Kombination der Instrumente

Als Marketing-Mix wird die Gesamtheit der für einen bestimmten Planungszeitraum eingesetzten Marketing-Instrumente bezeichnet. Im Rahmen der Planung und Ausgestaltung des Marketing-Mix ist zu entscheiden, welche **Kombination von Marketing-Instrumenten** zu welchen Zeitpunkten wie auszugestalten und mit welcher Intensität einzusetzen ist, um die anvisierten Marketing- und damit letztendlich auch die Unternehmensziele bestmöglich zu erreichen (vgl. *Meffert/Burmann/Kirchgeorg*, 2012, S. 786; *Esch/Herrmann/Sattler*, 2011, S. 369). Im Mittelpunkt steht dabei die Suche nach der »optimalen Kombination der absatzpolitischen Instrumente« (vgl. *Gutenberg*, 1984, S. 612 ff.).

Abb. 307

Die Gestaltung des Marketing-Mix als mehrstufiges Entscheidungsproblem

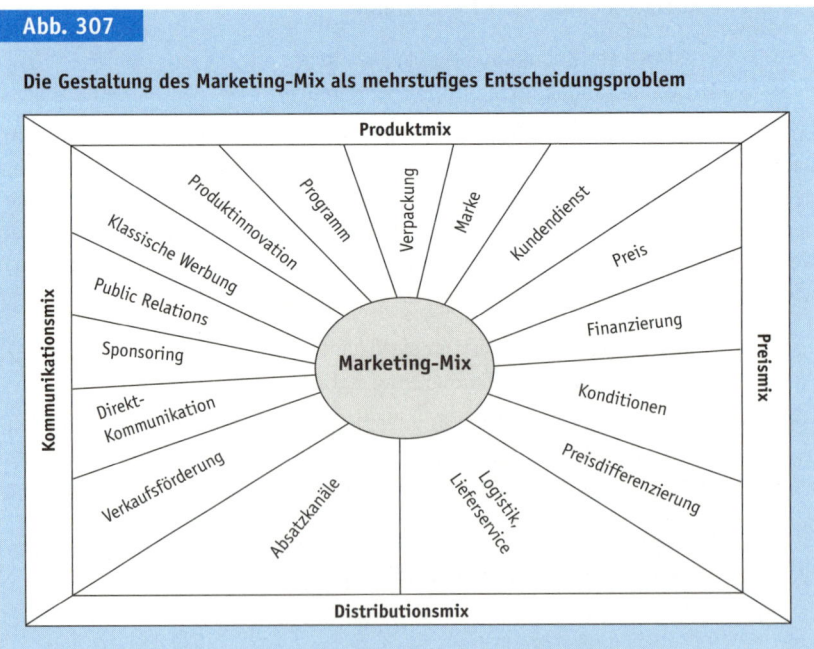

In den bisherigen Kapiteln wurden die einzelnen Marketing-Instrumente – Produktpolitik, Preispolitik, Distributionspolitik und Kommunikationspolitik – getrennt voneinander betrachtet. In der Realität existieren jedoch vielfältige **Wirkungsinterdependenzen** (= wechselseitige Zusammenhänge) zwischen den einzelnen Instrumenten, die es bei der Planung des Marketing-Mix zu berücksichtigen gilt (vgl. *Abbildung 307*). Deshalb können Marketing-Entscheidungen tatsächlich nicht isoliert innerhalb der einzelnen Marketing-Mix-Bereiche getroffen werden, sondern bedürfen einer mehrstufigen integrierten Planung und Gestaltung. Zum einen müssen die Instrumente der verschiedenen Bereiche (Produktpolitik) intern aufeinander abgestimmt werden (z.B. Produktmix). Zum anderen müssen die **Submixe** (Produktmix, Preismix etc.) übergreifend aufeinander abgestimmt werden (»**Totaler Mix**«). Dies ist erforderlich, da zahlreiche Interaktionseffekte zwischen den Instrumenten innerhalb der verschiedenen Mixe bestehen. **Interaktionseffekte** liegen vor, wenn sich aus dem Einsatz und der Ausgestaltung eines Instruments Auswirkungen auf die optimale Gestaltung eines anderen Instruments ergeben. Die Berücksichtigung dieser Interaktionseffekte ist deshalb von großer Bedeutung, da diese einen erheblichen Einfluss auf Effizienz und Effektivität des Marketing-Mix haben. Es wird zwischen funktionalen, zeitlichen und hierarchischen Interdependenzen unterschieden (vgl. *Becker*, 2013, S. 647 ff.; *Kleinhückelskoten*, 2000, S. 55 ff.; *Bänsch*, 1998, S. 250 ff.).

Submixe und Totaler Mix

Interdependenz-Arten

▸ **Funktionale Interdependenzen** sind sachliche bzw. inhaltliche Wirkungszusammenhänge. Konkret bedeutet dies, dass der Einsatz eines Marketing-Instruments andere Marketing-Instrumente in ihrer Wirkung beeinflusst bzw. vom Einsatz anderer Marketing-Instrumente abhängt (vgl. *Simon*, 1992b). Es wird dabei zwischen konkurrierenden, komplementären und substitutionalen Wirkungszusammenhängen unterschieden (vgl. *Haedrich/Gussek/Tomczak*, 1990, S. 205 ff.). Von **konkurrierenden Beziehungen** wird gesprochen, wenn sich Marketing-Instrumente in ihren Wirkungen gegenseitig blockieren. So ist es beispielsweise für eine Bäckerei schwierig, ein exklusives Image aufzubauen, wenn sie gleichzeitig versucht, sich mit niedrigen Preisen einen Namen zu machen. Liegen hingegen **komplementäre Interdependenzen** vor, so ergänzen sich die jeweiligen Marketing-Instrumente in ihrer Wirkung. Eine Preissenkung wird etwa dann ihr volles Potenzial entfalten, wenn sie durch entsprechende Kommunikationsmaßnahmen flankiert wird. Wenn ein Mindereinsatz eines Instruments durch einen Mehreinsatz eines anderen Instruments ausgeglichen werden kann, spricht man von **substitutionalen Wirkungszusammenhängen**. Beispielsweise kann eine Reduktion klassischer TV-Werbung durch intensivere Online-Kommunikationsaktivitäten ausgeglichen werden.

▸ Wenn ein Marketing-Instrument seine Wirkung auch noch in zeitlich nachgelagerten Perioden (**Carry-over-Effekt**) oder sogar erst mit einem **Time-lag**, d.h. einer zeitlichen Verzögerung entfaltet, dann liegen **zeitliche Interdependenzen** vor. Diese, aber auch die bereits erläuterten funktionalen Interdependenzen begründen die Notwendigkeit eines bewussten zeitlichen Einsatzes der einzelnen Marketing-Instrumente.

▶ Von **hierarchischen Interdependenzen** wird schließlich gesprochen, wenn innerhalb des Marketing-Mix bestimmten Marketing-Instrumenten eine höhere Bedeutung zukommt als anderen. Instrumente, die als besonders wichtig eingestuft werden, werden in der Hierarchie höher angesiedelt und stellen somit eine Vorgabe für die Planung anderer Instrumente dar.

Komplexität in der Mix-Planung

Auch aufgrund der großen Zahl an verschiedenen Marketing-Maßnahmen in den Instrumentenbereichen handelt es sich bei der Planung und Gestaltung des Marketing-Mix um eine sehr **komplexe Aufgabe**. Unterstellt man bei den vier Instrumenten jeweils nur acht Ausprägungsformen, so ergibt dies bereits $8^4 = 4.096$ Kombinationsmöglichkeiten. Schon bei dieser geringen Zahl an Ausprägungsformen werden die Grenzen der Planbarkeit bzw. der Rechenhaftigkeit des Marketing-Mix deutlich. Hinzu kommt, dass die Wirkung des Einsatzes der Marketing-Instrumente nur unter Unsicherheit vorhergesagt werden kann. Schon die Prognose der Wirkung einer einzelnen Maßnahme (z. B. Änderung der Verpackung) ist schwer vorherzusagen. Die Wirkung des simultanen Einsatzes mehrerer Instrumente im Rahmen des Marketing-Mix ist aufgrund der beschriebenen, aber zumeist kaum abschätzbaren Wirkungsinterdependenzen i. d. R. nicht abbildbar.

Zudem bestehen Interdependenzen nicht nur zwischen den Marketing-Mix-Instrumenten in Bezug auf ein Produkt. Auch zwischen den verschiedenen Produkten oder Geschäftsfeldern eines Herstellers können Interaktionseffekte bestehen. Konkret bedeutet dies, dass der Absatz eines Produktes nicht nur vom Marketing-Mix dieses Produktes abhängt, sondern auch von der Ausgestaltung des Marketing-Mix der anderen Produkte des Unternehmens. Ist dies der Fall, müssen derartige Ausstrahlungseffekte bei der Planung des Mixes berücksichtigt werden.

Zur Lösung des komplexen Entscheidungsproblems »Planung und Gestaltung des Marketing-Mix« lassen sich zwei Gruppen von Lösungsvorschlägen unterscheiden (vgl. *Abbildung 308*):

Abb. 308

Verfahren zur Bestimmung des Marketing-Mix

Marketing-Mix

Analytische Verfahren

Heuristische Verfahren

▶ Marginalanalytische Verfahren
▶ Ansätze der linearen Programmierung

▶ Zerlegung des Gesamtproblems in Teilprobleme

▶ **Analytische Verfahren**: Die zu dieser Gruppe zählenden Verfahren sind durch eindeutige Lösungsvorschriften gekennzeichnet. Auf formalem Weg wird versucht, den »optimalen« Marketing-Mix zu berechnen.

Verfahrensgruppen

▶ **Heuristische Verfahren**: Diese Verfahren haben zunächst eine Reduktion der Problemkomplexität zum Ziel. Dies wird durch die Zerlegung des Problems in mehrere Teilprobleme erreicht, die dann schrittweise gelöst werden können. Suboptimale Lösungen werden bei einer solchen Vorgehensweise in Kauf genommen, wenn damit eine weniger komplexe Problemlösung einhergeht.

Analytische Verfahren

Analytische Verfahren zur Bestimmung des optimalen Marketing-Mix lassen sich unterteilen in **marginalanalytische Verfahren** und **Verfahren der mathematischen Programmierung**.

Formen

Das wohl bekannteste marginalanalytische Verfahren ist der **Ansatz von Dorfman/Steiner** (vgl. *Dorfman/Steiner*, 1954), welcher auf marginalanalytischem Weg versucht, den kurzfristig optimalen Marketing-Mix zu ermitteln. Dabei werden die folgenden **Annahmen** zu Grunde gelegt:

Verfahren von *Dorfman/ Steiner*

▶ Es liegt ein Einprodukt-Unternehmen vor, das das Ziel der Gewinnmaximierung verfolgt.

▶ Die Optimierung erfolgt in Bezug auf drei Marketing-Instrumente, in diesem Fall Preis, Werbeausgaben und Produktqualität. Deren Ausprägungen sind stetig variierbar. Die Produktqualität wird als Indexziffer definiert, die zwischen Null und Eins liegen kann.

▶ Zeitliche und sachliche Ausstrahlungseffekte werden ausgeblendet, d. h. es liegt ein statisches Modell mit voneinander unabhängig wirkenden Marketing-Instrumenten vor.

▶ Alle relevanten Informationen sind bekannt (Entscheidung unter Sicherheit): Marketing-Mix-Reaktionsfunktion und Kostenfunktion liegen vor.

Es gilt die **Marketing-Mix-Reaktionsfunktion**:

$$x = x(p, w, q) \tag{56}$$

welche die Absatzmenge (x) in Abhängigkeit von den Marketing-Instrumenten Preis (p), Werbeausgaben (w) und Produktqualität (q) abbildet. Nimmt man nun an, dass die variablen Stückkosten (k_v) von der Produktqualität und der Menge abhängen, ergibt sich die folgende, zu maximierende Zielfunktion (mit K_f = Fixkosten):

$$G = p \cdot x(p, w, q) - k_v\big(x(p, w, q), q\big) \cdot x(p, w, q) - w - K_f \tag{57}$$

Um den gewinnmaximalen Marketing-Mix zu ermitteln, muss die Gewinnfunktion zunächst partiell nach den Variablen p, w und q abgeleitet und dann jeweils gleich Null gesetzt werden:

$$\frac{\partial G}{\partial p} = x + p \cdot \frac{\partial x}{\partial p} - \frac{\partial k_v}{\partial x} \cdot \frac{\partial x}{\partial p} \cdot x - k_v \cdot \frac{\partial x}{\partial p} = 0 \tag{58}$$

$$\frac{\partial G}{\partial w} = p \cdot \frac{\partial x}{\partial w} - \frac{\partial k_v}{\partial x} \cdot \frac{\partial x}{\partial w} \cdot x - k_v \cdot \frac{\partial x}{\partial w} - 1 = 0 \qquad (59)$$

$$\frac{\partial G}{\partial q} = p \cdot \frac{\partial x}{\partial q} - \frac{\partial k_v}{\partial x} \cdot \frac{\partial x}{\partial q} \cdot x - \frac{\partial k_v}{\partial q} \cdot x - k_v \cdot \frac{\partial x}{\partial q} = 0 \qquad (60)$$

Die Division dieser Gleichungen durch jeweils $\dfrac{\partial x}{\partial p}, \dfrac{\partial x}{\partial w}, \dfrac{\partial x}{\partial q}$

(unter der Annahme, dass sie ungleich Null sind) und Auflösen nach p ergibt

$$p = -x \cdot \frac{\partial p}{\partial x} + \left(k_v + x \cdot \frac{\partial k_v}{\partial x} \right) \qquad (61)$$

$$p = \frac{\partial w}{\partial x} + \left(k_v + x \cdot \frac{\partial k_v}{\partial x} \right) \qquad (62)$$

$$p = x \cdot \frac{\partial k_v}{\partial q} \cdot \frac{\partial q}{\partial x} + \left(k_v + x \cdot \frac{\partial k_v}{\partial x} \right) \qquad (63)$$

Durch Gleichsetzen von (61), (62) und (63) ergibt sich die **Gleichgewichts-bedingung** für die Existenz eines Gewinnmaximums:

$$\frac{\partial x}{-x \cdot \partial p} = \frac{\partial x}{\partial w} = \frac{\partial x}{x \cdot \dfrac{\partial k_v}{\partial q} \cdot \partial q} \qquad (64)$$

Die Gleichgewichtsbedingung besagt, dass ein Gewinnmaximum dann erreicht wird, wenn der Grenznutzen bei allen Marketing-Instrumenten gleich ist, d. h. die Absatzmenge bei marginaler Variation aller Marketing-Instrumente in gleichem Maße zunimmt. Wenn man sich nun noch die Definition der Nachfrage-elastizität in Bezug auf Preisänderungen (65), in Bezug auf qualitätsbedingte Kostenänderungen (66) sowie den Grenzertrag der Werbung (67) vor Augen führt, so lässt sich die Gleichgewichtsbedingung (64) zu der in (68) dargestellten Form umformulieren:

$$\varepsilon_p = -\frac{\partial x}{\partial p} \cdot \frac{p}{x} \quad \text{bzw.} \quad \frac{p}{\varepsilon_p} = -x \cdot \frac{\partial p}{\partial x} \qquad (65)$$

$$\varepsilon_{k_v} = \frac{\partial x}{\partial q} \cdot \frac{\partial q}{\partial k_v} \cdot \frac{k_v}{x} \qquad (66)$$

$$\mu = \frac{\partial x}{\partial w} \cdot p \qquad (67)$$

$$\frac{p}{\varepsilon_p} = \frac{p}{\mu} = \frac{k_v}{\varepsilon_{k_v}} \qquad (68)$$

Diese Gleichung lässt sich zu

$$\varepsilon_p = \mu = \frac{p}{k_v} \cdot \varepsilon_{k_v} \qquad\qquad (69)$$

Dorfman/Steiner-Theorem

vereinfachen.

Diese Gleichung stellt das **Dorfman/Steiner-Theorem** dar und besagt, dass ein optimaler Marketing-Mix dann erreicht ist, wenn die Preiselastizität der Nachfrage, der Grenzertrag der Werbung und die mit dem Quotienten aus Preis und Durchschnittskosten multiplizierte Nachfrageelastizität in Bezug auf Qualitätsänderungen einander entsprechen.

Die Einsatzmöglichkeiten von marginalanalytischen Modellen wie dem *Dorfman-Steiner*-Theorem sind in der Praxis allerdings sehr begrenzt. Der Hauptgrund hierfür liegt in den sehr restriktiven Prämissen, auf denen die Berechnungen basieren. Zudem kann nur eine sehr begrenzte Anzahl von Instrumenten und Subinstrumenten berücksichtigt werden. Mit anderen Worten: Diese Art von Modellen vereinfacht zu sehr und wird der Komplexität, die bei der Planung und Gestaltung des Marketing-Mix vorherrscht, nicht gerecht (vgl. *Meffert/Burmann/Kirchgeorg*, 2012, S. 794 f.).

Begrenzte Einsatzmöglichkeiten

Alternativ stehen dem Entscheidungsträger im Bereich der analytischen Verfahren **Ansätze der mathematischen Programmierung** zur Verfügung. Wie bei den marginalanalytischen Verfahren wird auch hier eine Zielfunktion optimiert. Der Unterschied und wichtigste Vorteil dieser Verfahren im Vergleich zu marginalanalytischen Ansätzen liegt allerdings in der Tatsache, dass Zielfunktionen unter gleichzeitiger Berücksichtigung von Nebenbedingungen optimiert werden können (vgl. *Becker*, 2013, S. 799). Hierdurch ist es möglich, eine theoretisch unbegrenzte Anzahl von Instrumenten und Submix-Entscheidungen in Form von Nebenbedingungen (formuliert als Ungleichungen) in die Planung des Marketing-Mix einzubeziehen (vgl. *Meffert/Burmann/Kirchgeorg*, 2012, S. 794).

Verfahren der mathematischen Programmierung

Von großer Bedeutung ist dabei insbesondere die **lineare Programmierung**, da diese das am wenigsten komplexe Verfahren innerhalb der Ansätze der mathematischen Programmierung darstellt. Zudem liegen hierfür formal ausgereifte Lösungsalgorithmen vor, wodurch eine schnelle EDV-gestützte Umsetzung möglich ist. Damit die lineare Programmierung im Rahmen der Marketing-Mix-Planung eingesetzt werden kann, müssen folgende **Bedingungen** erfüllt sein (vgl. *Meffert/Burmann/Kirchgeorg*, 2012, S. 795; *Becker*, 2013, S. 800):

Lineare Programmierung

Einsatzvoraussetzungen

▸ Den Ausprägungen der Marketing-Instrumente müssen sich Wirkungsbeiträge zurechnen lassen, d. h. die einzelnen Marktreaktionsfunktionen müssen bekannt sein.
▸ Zwischen den Marketing-Instrumenten dürfen keine Wirkungsinterdependenzen existieren. Die Wirkungsbeiträge der Marketing-Instrumente müssen folglich additiv verknüpft sein.
▸ Die zugrundeliegenden Zusammenhänge müssen linear sein.

Diese Bedingungen schränken den Einsatz der linearen Programmierung in der Praxis stark ein. Am kritischsten sind die **Linearitätsannahmen** zu betrachten: Konstante Wirkungen der Instrumente sind in der Realität kaum vorhanden und auch das Verhalten der Nachfrager ist i.d.R. nicht angemessen durch lineare Funktionstypen abbildbar (vgl. *Becker*, 2013, S. 801). Wenn jedoch von solchen nicht-linearen Beziehungen oder auch anderen Abweichungen bei der oben genannten Annahme ausgegangen werden muss – was meist der Fall ist –, nimmt sowohl die Adäquanz als auch die Effizienz der linearen Programmierung ab.

Komplexe Verfahren als Alternative

Diesen Kritikpunkten kann durch andere, komplexere Verfahren der mathematischen Programmierung – sogenannte Verfahren der nicht-linearen Programmierung – begegnet werden:

▸ Bei der **ganzzahligen Programmierung** lassen sich auch diskrete Ausprägungen der Marketing-Instrumente einbeziehen (vgl. *Zimmermann/Stache*, 2001, S. 125 ff.). Dies ist beispielsweise notwendig, wenn die Zahl der Anbieter als Entscheidungsvariable einbezogen werden soll.

▸ Die **dynamische Programmierung** ermöglicht es schließlich, verschiedene nicht-lineare Beziehungen zu berücksichtigen. Hier wird das Optimierungsproblem – die optimale Kombination der Marketing-Instrumente – in Teilschritte zerlegt und das Optimum in einem sequentiellen Vorgehen bestimmt (vgl. *Meffert/Burman/Kirchgeorg*, 2012, S. 795; *Becker*, 2013, S. 801 f.; *Zimmermann/Stache*, 2001, S. 184 ff.).

Anwendungsprobleme

Für die Anwendung im Rahmen der Marketing-Mix-Planung erscheinen solche nicht-linearen Programmierungsansätze eher angemessen. Allerdings ergibt sich für diese das Problem, dass hierfür bislang **keine befriedigenden Lösungsalgorithmen** zur Verfügung stehen. Und selbst wenn diese existieren würden, stünde noch immer das Problem im Raum, die zur Anwendung dieser Methoden notwendigen **Informationen zu beschaffen**.

Die praktische Anwendung der mathematischen Programmierung wird zudem vor allem durch die Grundannahme erschwert, dass die einzelnen Marketing-Instrumente in ihren Wirkungen voneinander unabhängig sein müssen. Die **vielfältigen Interdependenzen** zwischen den Instrumenten können folglich nicht berücksichtigt werden. Marketing-Mix-Interaktionen haben jedoch eine große praktische Bedeutung. Es ist möglich, dass Interaktionseffekte in manchen Fällen sogar stärker sind als die separaten Wirkungen der Marketing-Instrumente (vgl. *Simon*, 1992b, S. 87): Eine Preissenkung bleibt so z.B. ohne nennenswerte Wirkung, wenn diese nicht von den Kunden wahrgenommen wird. Erst wenn die Preissenkung z.B. durch Werbung kommuniziert wird, entfaltet sie ihr volles Absatzsteigerungspotenzial. Eine Nicht-Berücksichtigung solcher Interaktionseffekte kann folglich zu völlig falschen Ergebnissen führen.

Verbreitung in der Praxis

In der **Marketing-Praxis** spielen analytische Verfahren insgesamt nur eine sehr begrenzte Rolle. Zum einen sind die Informationsanforderungen, die an den Einsatz dieser Verfahren geknüpft sind, praktisch kaum zu erfüllen. Zum anderen liefern diese Verfahren keine Unterstützung bei der Entscheidung, welche Instrumente letztlich eingesetzt werden sollen.

Heuristische Verfahren

Grundsätzliches Vorgehen

Da sich analytische Verfahren in der Praxis nur bedingt als Entscheidungshilfe bei der Planung und Gestaltung des Marketing-Mix eignen, sind eine Reihe von Verfahren entwickelt worden, die die Schwächen analytischer Verfahren zu überwinden versuchen, indem von der Pseudo-Genauigkeit analytischer Verfahren Abstand genommen wird (vgl. *Berens*, 1992). Hierbei handelt es sich um heuristische Verfahren. Diese Verfahren nutzen Prinzipien zur **Reduktion der Problemkomplexität**. Das Gesamtproblem »Bestimmung des Marketing-Mix« wird hier in überschaubare und besser zu bewältigende Teilprobleme zerlegt, welche schrittweise gelöst werden. Dadurch wird erreicht, dass das Problem auf einen Komplexitätsgrad zurückgeführt wird, welcher der menschlichen Denkfähigkeit entspricht. Heuristische Verfahren führen nicht zum absoluten Optimum (und wenn doch, dann nur durch Zufall), sondern gewährleisten lediglich »gute« bzw. »zufriedenstellende« Lösungen. Suboptimale Ergebnisse müssen somit in Kauf genommen werden (vgl. *Meffert/Burmann/Kirchgeorg*, 2012, S. 796 f.). Heuristische Verfahren sind i. d. R. eine Kombination von mathematischen Verfahren und plausiblen Entscheidungs- bzw. Faustregeln, die auf Erfahrungswissen und somit auf subjektiven Einschätzungen der handelnden Personen basieren. Durch die Anwendung solcher **Faustregeln** kann die Anzahl der in Betracht zu ziehenden Lösungsalternativen reduziert werden, indem aussichtslos bzw. nicht realistisch erscheinende Varianten von vornherein ausgeschlossen werden. Dies hat den Vorteil, dass sich dadurch der Lösungsaufwand verringert. Allerdings besteht zugleich die Gefahr, dass die optimale Lösung ausgeschlossen wird (vgl. *Becker*, 2013, S. 802). Problematisch an solchen heuristischen Verfahren ist im Allgemeinen, dass sich eine inverse Beziehung zwischen der Breite des Anwendungsbereichs und der Lösungstauglichkeit feststellen lässt (vgl. *Schlicksupp*, 1977, S. 28): Ein Verfahren mit breitem Anwendungsbereich, wie z. B. eine einfache Auswahlheuristik, führt häufig zu keiner zufriedenstellenden Lösung. Auf der anderen Seite sind komplexe heuristische Verfahren meist auf einen sehr kleinen Anwendungsbereich beschränkt (vgl. *Meffert/Burmann/Kirchgeorg*, 2012, S. 796 f.).

Faustregeln als Kernstück

Aus der Vielzahl der in Wissenschaft und Praxis vorgeschlagenen Heuristika für die Planung des Marketing-Mix sollen im Folgenden einige **beispielhafte Heuristika** vorgestellt werden:

Verfahrensbeispiele

▸ Branchenorientierung (1),
▸ Lebenszyklusorientierung (2),
▸ Produktorientierung/warenspezifische Analogiemethode (3),
▸ Submix-Methode (4),
▸ Strategie-/Maßnahmen-Ansatz (5).

(1) Branchenorientierung

Übernahme branchenüblicher Instrumente

Eine sehr einfache Möglichkeit, die Ausgestaltung des Marketing-Mix zu bestimmen, besteht darin, sich an der **branchenüblichen Instrumentenausprägung** zu orientieren. Denn die Zugehörigkeit zu einer bestimmten Branche bestimmt in einem gewissen Maß den Einsatz der Marketing-Instrumente. Einzelne Marketing-Instrumente können sich in ihrer Bedeutung von Branche zu Branche unterscheiden. Je nach Branchenzugehörigkeit sind bestimmte Marketing-Instrumente dominant und müssen somit im eigenen Mix besondere Beachtung finden. Andere sind hingegen relativ unbedeutend bzw. werden typischerweise gar nicht eingesetzt. Im Bereich des B-to-B-Marketing kann auch die Zugehörigkeit zu einem der hier typischen **Geschäftstypen** (Anlagen-, System-, Produkt- und Zuliefergeschäft; vgl. *Backhaus/Voeth*, 2010a, S. 199 ff.) eine Orientierungshilfe für die Gestaltung des Marketing-Mix bieten. Es ist klar, dass die Anwendung einer derartig einfachen Heuristik nur eine erste grobe Orientierung sein kann und es zur Bestimmung des individuellen Marketing-Mix weiterer Analysen bedarf. Zudem ist zu beobachten, dass gerade die bewusste Abweichung vom in einer Branche üblichen Marketing-Mix zu herausragenden Erfolgen führt. Ein Beispiel stellt Apple dar. Im Gegensatz zu seinen Konkurrenten setzt das Unternehmen z. B. im Bereich Distribution vorrangig auf Direktvertrieb via Internet sowie Apple Stores. Zudem ist das Unternehmen auf keiner der großen Elektronikmessen vertreten. Allerdings muss eine bewusst kontrastierende Ausgestaltung des Marketing-Mix nicht zwangsläufig erfolgreich sein. Stattdessen muss bei dieser genau geprüft werden, ob hierfür nachfragerseitig Akzeptanz erzielt werden kann (vgl. *Becker*, 2013, S. 719).

(2) Lebenszyklusorientierung

Phasenspezifischer Instrumenteneinsatz

Eine andere Option zur Bestimmung des Marketing-Mix setzt an den verschiedenen Phasen im Rahmen des Lebenszyklus eines Produkts an. Das Konzept des Produktlebenszyklus stellt Absatz-, Umsatz- und Gewinnentwicklung eines Produktes im Zeitablauf idealtypisch dar (vgl. auch Abschnitt 2 D II 1.2.1). Meist werden die Phasen »Einführung«, »Wachstum«, »Reife«, »Sättigung« und »Degeneration« unterschieden, wobei sich das Verhalten der relevanten Akteure (vor allem der Kunden und Konkurrenten) von Phase zu Phase unterscheidet. Dementsprechend werden in jeder Phase unterschiedliche Anforderungen an die Vermarktung des Produkts gestellt, die das Unternehmen bei der Ausgestaltung des Marketing-Mix beachten sollte. Hierauf basierend können **phasenspezifische Aussagen** sowohl zum jeweils typischen Instrumenteneinsatz als auch zur jeweiligen Instrumentenwirkung abgeleitet werden (vgl. *Abbildung 309*).

(3) Produktorientierung/warenspezifische Analogiemethode

Orienteriung am zu vermarktenden Produkt.

Eine weitere Heuristik stellt die Orientierung am zu vermarktenden Produkt dar. Dieses Vorgehen gründet auf der Erkenntnis, dass der Marketing-Mix eines Produktes zu einem großen Teil durch dessen spezifische Eigenschaften determiniert wird (vgl. *Miracle*, 1965, S. 18 ff.). Dabei gilt jedoch auch in Bezug auf

Abb. 309

Ausgestaltung des Marketing-Mix basierend auf dem Produktlebenszyklus

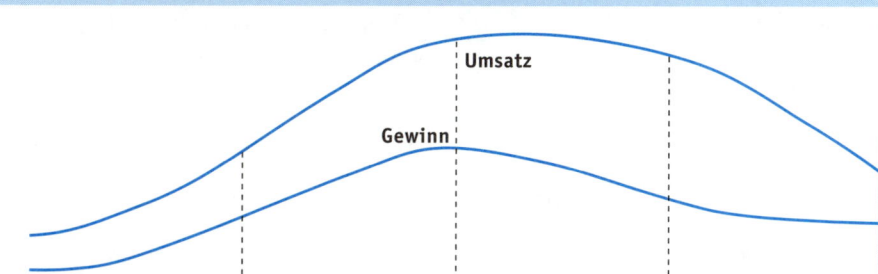

	Einführung	Wachstum	Reife und Sättigung	Rückgang
Umsatzvolumen	gering	schnell ansteigend	Spitzenabsatz	rückläufig
Kostenmerkmale	hohe Kosten pro Kunde	Durchschn. Kosten pro Kunde	niedrige Kosten pro Kunde	niedrige Kosten pro Kunde
Gewinne	negativ	steigend	hoch	fallend
Kunden	Innovatoren	Frühadopter	breite Mitte	Nachzügler
Konkurrenten	keine oder wenige	Zahl der Konkurrenten und Intensität der Konkurrenz nimmt zu	gleichbleibend, dem Markt entsprechend, Tendenz nach unten	Zahl der Konkurrenten nimmt ab
Operative Marketing-Ziele	Produkt bekannt machen, Erstkäufe herbeiführen	größtmöglicher Marktanteil (maximale Marktpenetration)	größtmöglicher Gewinn bei gleichzeitiger Sicherung des Marktanteiles	Kostensenkung und »Absahnen«

Ausgestaltung des Marketing-Mix

	Einführung	Wachstum	Reife und Sättigung	Rückgang
Produktpolitik	ein Grundprodukt anbieten	Produktvarianten (Differenzierung), Serviceleistungen und Garantien anbieten	Marken und Modelle diversifizieren	Artikel mit negativem Deckungsbeitrag eliminieren
Preispolitik	auf maximalen Wert für den Nutzer orientiert	je nach Penetrationsstrategie, viele Alternativen	Preis wie Konkurrenz oder niedriger (fester Marktpreis)	Preissenkungen
Distribution	Distributionsnetz selektiv aufbauen	Distributionsnetz verdichten	Distributionsnetz weiter verdichten	Distributionsnetz selektiv nach Deckungsbeitrag auslichten
Werbung	Produkt bei Frühadoptern und im Handel bekannt machen	Produkt im Massenmarkt bekannt machen	Unterscheidungsmerkmale und Vorteile der Marke betonen	Erhaltungswerbung nur noch für die treuesten Kunden
Verkaufsförderung	mit intensiver Verkaufsförderung Erstkäufe anregen	Aufwand senken, hohe Nachfrage voll ausnutzen	Aufwand erhöhen, Anreize zum Markenwechsel geben	auf ein Minimum herunterfahren

Quelle: in Anlehnung an *Kotler/Keller/Bliemel*, 2007, S. 1031

Abb. 310

Produktgruppen-Konzept nach Miracle

Produkt-Charakteristika	Gruppe I	Gruppe II	Gruppe III	Gruppe IV	Gruppe V
Preis (Wert) der Produkteinheit	sehr gering	gering	mittel bis hoch	hoch	sehr hoch
Bedeutung jedes einzelnen Kaufs für den Abnehmer	sehr gering	gering	mittel	hoch	sehr hoch
Für den Kauf angewendete Zeit und Mühe	sehr gering	gering	mittel	hoch	sehr hoch
Rate der technischen und modischer Änderungen	sehr gering	gering	mittel	hoch	sehr hoch
Technische Komplexität	sehr gering	gering	mittel bis hoch	hoch	sehr hoch
Bedürfnis nach Serviceleistungen	sehr gering	gering	mittel	hoch	sehr hoch
Kaufhäufigkeit	sehr hoch	mittel bis hoch	gering	gering	sehr gering
Schnelligkeit des Ver-/Gebrauches	sehr hoch	mittel bis hoch	gering	gering	sehr gering
Zahl (Art) der Verwendungs-möglichkeiten	sehr hoch	hoch	mittel bis hoch	gering	sehr gering
	Zigaretten	Lebensmittel (Trocken-sortiment)	Radio- und Fernsehgeräte	Qualitäts-kameras	elektronische Büromaschinen
	Süßwaren-riegel	Arzneimittel	Haushalt-großgeräte	Land-maschinen	elektrische Generatoren
	Rasierklingen	Haushaltswaren	Damen-bekleidung	Personen-kraftwagen	Dampfturbinen
	alkoholfreie Erfrischungs-getränke	Industrielle Betriebsstoffe	Reifen und Schläuche, Sport-ausrüstungen	Qualitäts-möbel	Spezialwerk-zeuge

Quelle: in Anlehnung an *Becker*, 2013, S. 714; *Miracle*, 1965, S. 20

Produktgruppen-Konzept

dieses Vorgehen, dass es lediglich für eine **erste Vorauswahl** des Marketing-Mix geeignet ist (vgl. *Meffert/Burmann/Kirchgeorg*, 2012, S. 797). Ein solcher Ansatz, der das Produkt in den Mittelpunkt der Überlegungen zur Gestaltung des Marketing-Mix stellt, ist das **Produktgruppen-Konzept** von *Miracle* (vgl. *Miracle*, 1965, S. 18 ff.). Dieses ermöglicht es, das Produkt, für welches der Marketing-Mix bestimmt werden soll, auf Basis von verschiedenen Produktmerkmalen einer von fünf synthetisch abgeleiteten Gruppen zuzuordnen (vgl. *Becker*, 2013, S. 713). Die fünf Produktgruppen und die konstituierenden Merkmalsausprägungen sind in *Abbildung 310* ebenso dargestellt wie typische Produktbeispiele für die jeweilige Gruppe.

Warenspezifische Analogiemethode

Aufbauend auf dem Produktgruppen-Konzept haben *Lipson/Darling/Reynolds* (1970) die **warenspezifische Analogiemethode** entwickelt. Auf Basis einer Matrix (vgl. *Abbildung 233*) kann hier in drei Schritten der Marketing-Mix bestimmt werden (vgl. *Lipson/Darling/Reynolds*, 1970, S. 34 ff.): Zunächst wird

Abb. 311

Kombinationsheuristik von Marketing-Instrumenten mithilfe der warenspezifischen Analogiemethode

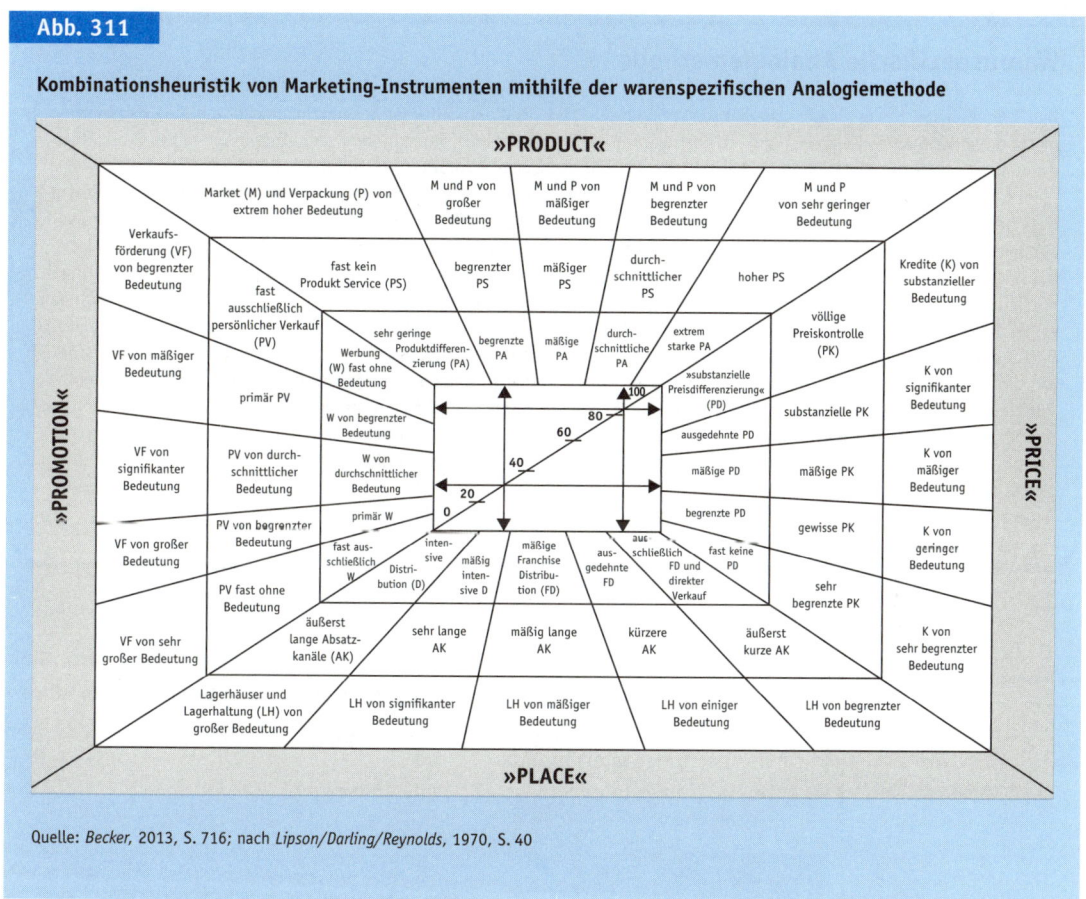

Quelle: *Becker*, 2013, S. 716; nach *Lipson/Darling/Reynolds*, 1970, S. 40

das Produkt, für welches der Marketing-Mix bestimmt werden soll, auf Basis des Produktgruppen-Konzepts von *Miracle* charakterisiert. In einem zweiten Schritt wird ihm auf Basis seiner Merkmalsausprägungen auf der in der Mitte von *Abbildung 311* zu erkennenden Punkteskala mit Werten von 0 bis 100 eine Skalen-Position zugewiesen. Im Anschluss kann dann durch Fällen des Lots vom Punktwert auf der Skala auf die vier Instrumentenfelder in der Matrix der vorläufige **Normmix** bestimmt werden (vgl. Fallbeispiel 104).

Ermittlung eines Normmix

(4) Submix-Methode

Vor dem Hintergrund der Komplexität der Planung des Marketing-Mix sind schließlich verschiedene Ansätze entwickelt worden, die das Problem strukturieren und einen »Fahrplan« für den Prozess der Marketing-Mix-Gestaltung entwerfen. Eine Möglichkeit, die Komplexität im Rahmen der Gestaltung des Marketing-Mix zu verringern, stellt die Aufspaltung des Gesamtproblems »Mar-

Warenspezifische Analogiemethode

Das Vorgehen soll bei der warenspezifischen Analogie-methode anhand eines Beispiels konkretisiert werden (in Anlehnung an *Becker*, 2013, S. 717): Nehmen wir an, wir möchten den Normmix für »Schauma«, einem Shampoo aus dem Henkel-Konzern, ermitteln. Hierzu nehmen wir zunächst eine Charakterisierung des Produkts auf Basis der neun Merkmale aus *Abbildung 311* vor. Wir erkennen, dass »Schauma« Produktgruppe 2 zuzuordnen ist und dort etwa in der Mitte liegt. Bei einer Bewertung auf einer Skala von 0-100 nimmt jede Produktklasse auf der Skala 20 Punkte ein. Produktgruppe 2 liegt auf der Skala folglich auf den Punkten 21 bis 40. Aufgrund der mittleren Position in Pro-duktklasse 2 können wir für »Schauma« einen ungefähren Skalenwert von 30 ermitteln. Nach Fällen des Lots in der Matrix (vgl. *Abbildung 311*) vom Skalenpunkt 30 auf die 4 P's ergibt sich für »Schauma« der folgende Normmix: Die

Produktpolitik ist gekennzeichnet durch eine begrenzte Produktdifferenzierung und einen begrenzten Produktser-vice. Allerdings kommt Marke und Verpackung eine große Bedeutung zu. Mit Blick auf die Ausgestaltung des Instru-ments »Preis« zeigt sich, dass nur eine begrenzte Preisdif-ferenzierung und lediglich eine gewisse Preiskontrolle möglich ist. Kredite sind außerdem aufgrund des geringen Werts eines Shampoos von geringer Bedeutung. Im Rahmen der Kommunikationspolitik wird primär Werbung angewen-det, persönlicher Verkauf ist von begrenzter, Verkaufsförde-rung hingegen von großer Bedeutung. Distributionspoli-tisch zeigt die Matrix eine mäßig intensive Distribution mit sehr langen Absatzkanälen auf. Lagerhäuser und Lagerhal-tung sind von großer Bedeutung. Tatsächlich dürfte dieser Normmix weitestgehend dem realen Marketing-Mix von Henkels »Schauma« entsprechen.

Submix-Arten

keting-Mix« (auch als Totalmix bezeichnet) in Teilprobleme (sogenannte Sub-mixe) dar. Es kann grundsätzlich zwischen zwei **Submix-Dimensionen** unter-schieden werden:

▸ intra-instrumentaler Submix (1) und
▸ inter-instrumentaler Submix (2) (vgl. *Abbildung 312*).

Abb. 312

Aufspaltung des Marketing-Mix in Submixe

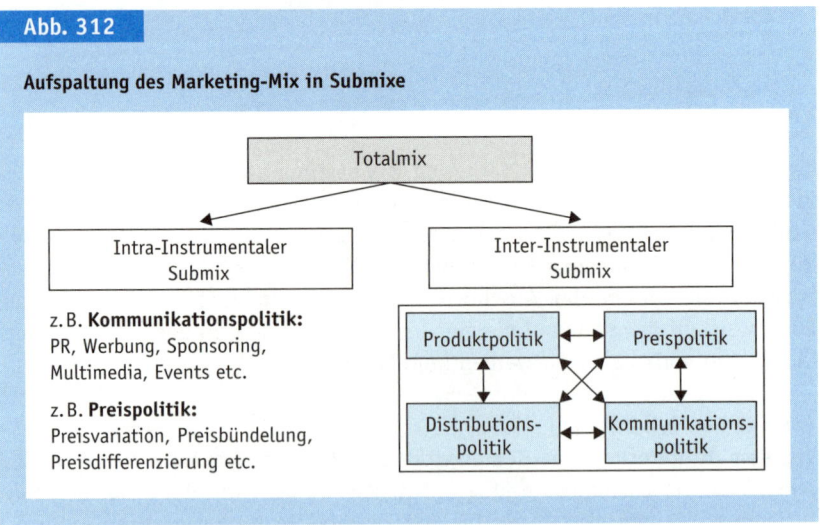

Intra-instrumenteller Submix. Dieser Submix zerlegt das Gesamtproblem »Marketing-Mix« in vier **inhaltlich getrennte Submixe**, die es in einem ersten Schritt gesondert zu optimieren gilt: Den Produkt-, den Preis-, den Distributions- und den Kommunikationsmix. Bei der Gestaltung des Produktmixes werden also nur die der Produktpolitik zuzuordnenden Instrumente, bei der Optimierung des Preismixes nur die preispolitischen Instrumente, bei der Planung des Distributionsmixes nur die Instrumente der Distributionspolitik und bei der Bestimmung des Kommunikationsmixes nur die kommunikationspolitischen Instrumente berücksichtigt. Im Anschluss werden in einem zweiten Schritt die vier Submixe entsprechend der übergeordneten Ziele und Strategien **zum Totalmix integriert** (vgl. *Becker*, 2013, S. 656). Das Problem an dieser Vorgehensweise besteht allerdings darin, dass die zwischen den Marketing-Instrumenten der vier Instrumentalbereiche bestehenden Interdependenzen nicht oder zumindest nicht ausreichend berücksichtigt werden und somit möglicherweise ein nicht optimaler Totalmix realisiert wird (vgl. *Berger*, 1974, S. 609).

Zerlegung und spätere Zusammenführung der Submixe

Inter-instrumenteller Submix. Der inter-instrumentelle Submix begegnet dieser Problematik, indem er an allen vier Instrumentalbereichen gleichzeitig ansetzt. Basierend auf der Überlegung, dass bestimmten Marketing-Instrumenten in einem konkreten Vermarktungsfall eine höhere Bedeutung zukommt als anderen, werden die einzelnen Instrumente entsprechend ihrer Wichtigkeit gruppiert. Dabei determinieren die **ranghöheren Instrumente** den Einsatz der **rangniedrigeren Instrumente**, sodass erstere bei Entscheidungen in den Vordergrund gestellt werden. Ein Modell, welches auf derartigen Überlegungen basiert, ist das **Dominanz-Standard-Modell** von *Kühn* (vgl. *Kühn*, 1985). Dieses unterscheidet zwischen dominanten, komplementären, marginalen und Standardinstrumenten. **Dominante Instrumente** zeichnen sich dadurch aus, dass sie für den Markterfolg die größte Bedeutung haben und sich in ihrem Einsatz durch eine hohe Gestaltungsfreiheit auszeichnen. Durch ihren Einsatz hebt sich eine Leistung in den Augen der Nachfrager von Wettbewerbsangeboten im positiven Sinne ab. Diese dominanten Instrumente werden durch **komplementäre Instrumente** ergänzt, welche deren Wirkung verstärken bzw. stützen und ebenfalls recht hohe Freiheitsgrade besitzen. Ergänzend wirken auch die **marginalen Instrumente**, allerdings ist deren Einfluss relativ gering. **Standardinstrumente** sind Instrumente, die in einem Markt/einer Branche/für ein Produkt Standardcharakter haben und somit wenig Freiheitsgrade bei ihrer Ausgestaltung bieten. Denn ein Übertreffen der Standards bei diesen Instrumenten führt nicht zu einer merklich verbesserten Position im Wettbewerb. Trotzdem ist ihr Einsatz ein »Muss«, denn ein Unterschreiten der üblichen Standards oder gar ein Nichteinsatz dieser Instrumente würde das Vermarktungsobjekt in den Augen der Nachfrager im Vergleich zu Wettbewerbsangeboten merklich abwerten und somit dessen Marktposition verschlechtern (vgl. *Kühn*, 1985, S. 20 ff.). Für einen konkreten Vermarktungsfall (eine generelle Zuordnung ist nicht möglich, die Bedeutung eines Marketing-Instruments ist abhängig von einer Vielzahl von Faktoren wie dem Produkt selbst, dem Markt, dem Einsatzzeitpunkt, dem

Horizontale Hierarchisierung

Konkurrenzverhalten etc.) kann die Vielzahl der prinzipiell einsetzbaren Instrumente diesen Kategorien zugeordnet werden. Im Anschluss kann mit der Gestaltung des Marketing-Mix begonnen werden. Entsprechend der ermittelten Rangordnung werden zunächst die dominanten Instrumente entsprechend der zielstrategischen Vorgaben ausgewählt und ausgestaltet. Die hier getroffenen Entscheidungen stellen die Basis für die Planung des Marketing-Mix dar. Darauf aufbauend werden die komplementären Instrumente in ihren Ausprägungen festgelegt. Die Standardinstrumente müssen entsprechend der im betrachteten Vermarktungsfall üblichen Standards eingesetzt werden und bedürfen daher keiner Entscheidung im eigentlichen Sinn.

(5) Strategie-/Maßnahmen-Ansatz

Vertikale Hierarchisierung

Ein ähnlicher heuristischer Ansatz, welcher relativ breite Anwendbarkeit mit relativ hoher Lösungstauglichkeit kombiniert und ebenfalls auf *Kühn* (vgl. *Kühn*, 1984; *Kühn*, 1989) zurückgeht, stellt der Strategie-/Maßnahmen-Ansatz dar. Als erster Ansatzpunkt zur Strukturierung des Marketing-Mix-Problems wird zwischen

▶ strategischen Marketing-Mix-Entscheidungen, die langfristig wirksam sind, und
▶ operativen bzw. taktischen Marketing-Mix-Entscheidungen, die kurz- bis mittelfristig wirksam sind,

unterschieden.

Aufspaltung in strategische und operative Entscheidungen

Während **strategische Marketing-Mix-Entscheidungen** Rahmenentscheidungen für den Marketing-Mix als Ganzes darstellen (beispielsweise Ziel- und Budgetvorgaben, Gestaltungsrichtlinien etc.), betreffen **operative Marketing-Mix-Entscheidungen** die konkrete Ausgestaltung der einzelnen Marketing-Instrumente und der intra-instrumentalen Submixe (vgl. *Meffert*, 1994, S. 123 f.). Hier gilt es demnach, zunächst die hierarchisch übergeordneten strategischen Entscheidungen zu treffen, um alle weiteren operativen Maßnahmen daran zu orientieren. Diese Vorgehensweise, die das Problem »Marketing-Mix« in eine Sequenz von kleineren Teilentscheidungen zerlegt, ist ein recht guter Weg, um die Komplexität durch entsprechende Strukturierung des Problems zu minimieren und zu einer ersten Festlegung des Marketing-Mix zu gelangen. Indem die übergeordneten strategischen Marketing-Mix-Entscheidungen bei der konkreten Ausgestaltung der einzelnen Instrumente beachtet werden, ist es möglich, die zwischen den Instrumenten bestehenden zeitlichen und sachlichen Interdependenzen in adäquater Weise zu berücksichtigen.

Gesamtbewertung heuristischer Verfahren

Zusammenfassend kann gesagt werden, dass es nicht das eine optimale heuristische Verfahren zur Bestimmung des Marketing-Mix gibt. In der praktischen Anwendung sollte daher eine **Kombination der dargestellten Verfahren** angewandt werden. Eine optimale Lösung kann man jedoch trotz ausgeklügelter Verfahrenskombinationen weiterhin bei heuristischen Verfahren nur zufällig finden. Trotzdem kann durch ein der Komplexität der Entscheidung entsprechendes planvolles Vorgehen ein starker und wirkungsvoller Marketing-Mix festlegt werden. Heuristische Verfahren punkten damit insgesamt insbesondere durch ihre **realitätsnahen Annahmen** sowie ihre **Einfachheit** und **Verständlichkeit**, was zu einer relativ hohen Einsatzmöglichkeit in der Praxis führt. Ihr **größter Nachteil** besteht hingegen darin, dass kein eindeutiges Optimalitätskriterium vorhanden ist und ihre Anwendung daher allenfalls zufällig zum optimalen Marketing-Mix führt.

E Marketing-Controlling

Lernziele

▶ Sie wissen, was unter Marketing-Controlling verstanden wird und wie sich dieses in der Vergangenheit entwickelt hat.

▶ Sie kennen die Aufgaben, die im Rahmen des Marketing-Controlling anfallen und können ausgewählte Instrumente des Marketing-Controlling anwenden.

I Controlling und die Notwendigkeit spezifischer Subsysteme

Der **Begriff** Controlling wird in der Praxis häufig mit Kontrolle gleichgesetzt. Während jedoch im deutschsprachigen Raum unter Kontrolle i. d. R. lediglich die Durchführung eines **Soll/Ist-Vergleichs** verstanden wird, ist das englische »to control« eher mit Unternehmenssteuerung zu übersetzen (vgl. *Horváth,* 2011, S. 16 f.). Auch in der Literatur herrscht Einigkeit darüber, dass die Kontrolle lediglich einen Teilbereich der Aufgaben des Controlling darstellt und daher nicht synonym mit dem Begriff »Controlling« verwendet werden darf. Controlling ist vielmehr eine Funktion zur Unterstützung der Führung (vgl. *Lehmann,* 1992, S. 48) bzw. eine Steuerungs- oder Führungshilfe (vgl. *Köhler,* 2006, S. 39 ff.; *Küpper/ Weber/Zünd,* 1990, S. 282) und hat sich in den letzten Jahren von einer buchhaltungsorientierten Kontrollfunktion zu einer stärker zukunfts- und aktionsorientierten **Managementunterstützung** entwickelt (vgl. *Reinecke/Janz,* 2007, S. 30). Dabei steht die Sicherstellung von Effektivität und Effizienz aller Unternehmensaktivitäten an oberster Stelle.

Dieses Verständnis von Controlling macht deutlich, dass Controlling nicht allein als übergeordnete Instanz fungieren darf. Stattdessen ist eine **Dezentralisierung** entsprechend dem Aufbau des betrieblichen Führungssystems notwendig (vgl. *Ehrmann,* 2004, S. 37). Das Controlling kann nur dann eine sinnvolle Unterstützung des Managements darstellen, wenn es in quantitativer und vor allem qualitativer Sicht auf die Besonderheiten und individuellen Anforderun-

Dezentralisierungs-
erfordernis

Controlling-Zweige

gen eines jeden Unternehmensbereichs eingehen kann. Daher haben sich inzwischen verschiedene Controlling-Zweige neben der Zentralfunktion entwickelt. Beispiele hierfür sind das

▸ Vertriebscontrolling,
▸ Produktionscontrolling,
▸ Personalcontrolling und
▸ Logistikcontrolling.

Es ist unumstritten, dass neben dem Vertrieb, der Personal-, Produktions- oder Logistikabteilung auch das Marketing ein eigenes Führungssubsystem darstellt. Folglich muss auch für das Controlling ein entsprechendes Subsystem entwickelt werden: das **Marketing-Controlling** (vgl. *Ehrmann,* 2004, S. 37). In der Praxis ist dieses aber noch nicht immer als eigene Instanz im Unternehmen angesiedelt, sodass hier in vielen Unternehmen noch Handlungsbedarf besteht.

II Definition und Entwicklung des Marketing-Controlling

Marketing und
Controlling: kein
Widerspruch

Bei einem ersten Blick auf das Marketing-Controlling scheinen hier sehr verschiedene Welten aufeinander zu treffen: Wird Controlling i. d. R. als **Führungskonzept vom Ergebnis** her verstanden, strebt Marketing eine **Führung vom Markt** her an. Die aus diesem unterschiedlichen Herangehen resultierende Konfliktsituation hat sich in jüngerer Zeit jedoch entschärft. So hat das Controlling in den letzten Jahren eine zunehmende Außen- bzw. Marktorientierung erfahren, während im Marketing die Notwendigkeit zu Erfolgskontrollen (Führung vom Ergebnis her) immer mehr gesehen wird. Das Bedürfnis nach Sicherstellung von **Effektivität** und **Effizienz** als zunehmend wichtige Faktoren im Rahmen des Marketing hat zu einer beschleunigten Entwicklung des Bereichs Marketing-Controlling geführt (vgl. *Reinecke/Janz,* 2007, S. 28).

Zunehmende Bedeutung

Das Marketing-Controlling hat dabei nicht nur in der Wissenschaft, sondern auch in der Praxis in den letzten Jahren **vermehrt Interesse** gefunden. Vor allem die Globalisierung und die damit einhergehende Wettbewerbsintensivierung haben dazu geführt, dass von der Marketing-Praxis zunehmend eine Rechtfertigung in Bezug auf Marketing-Ausgaben und -Budgets gefordert wird. Diese Tatsache ist vor allem darauf zurückzuführen, dass der Anteil der Marketing-Kosten an den Gesamtkosten eines Unternehmens in den letzten Jahren deutlich angestiegen ist. Lag dieser früher bei ca. 20 % machen Marketing-Kosten heute bis zu 50 % der Unternehmenskosten aus und bedürfen daher immer stärker einer Rechtfertigung (vgl. *Reinecke/Janz,* 2007, S. 25; *Kirchgeorg,* 2000, S. 409; *Sheth/Sisodia,* 1995, S. 10). Zu diesem Zweck müssen Marketing-Aktivitäten quantifiziert und die Ergebnisse in überprüfbarer und nachvollziehbarer Form aufbereitet werden. Weitere mögliche Gründe und Einflussfaktoren dieser Entwicklung sind in *Abbildung 313* zusammengefasst.

Abb. 313

Ursachen für die zunehmende Bedeutung des Marketing-Controlling

4. Nachweis von Effizienz und Effektivität
   des Marketing im Rahmen einer
   wertorientierten Unternehmensführung

▸ Nutzung des Marketing-Outputs
▸ Transparenz der Ursache-Wirkungsbeziehung
   zwischen Marketing-Input und -Output

Marketing-Controlling

3. Koordinations- und Umsetzungsdefizite
   des Marketing

▸ fehlende vertikale Durchgängigkeit der
   Marketing-Planung
▸ ungenügende horizontale Integration
   des operativen Marketing
▸ Informationsüberflutung des
   Managements

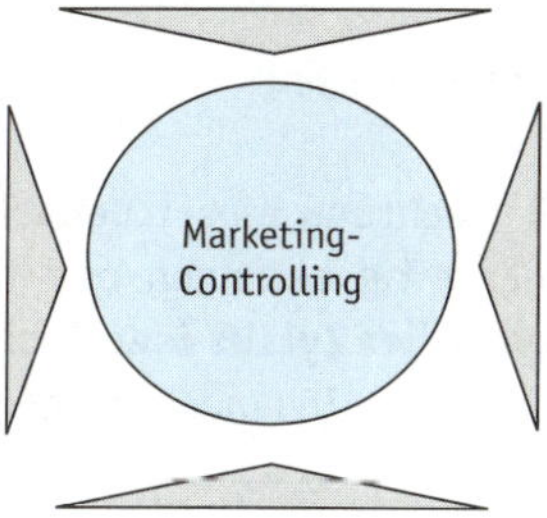

1. Ausstrahlung neuer Management-
   und Controllingkonzepte

▸ Target Costing
▸ Total Quality Management
▸ Benchmarking
▸ Prozessorientierung und Prozesskosten-
   rechnung
▸ Wissensmanagement, Messung und
   Steuerung des »Intellectual Capitals«
▸ Performance Measurement, insbesondere
   Balanced Scorecard

2. Informationssysteme und Technologie

▸ steigende Integration der Informationssysteme
▸ höhere Leistungsfähigkeit der Informations-
   auswertung und -aufbereitung
▸ verbesserte Informationsverfügbarkeit
▸ erhöhte Unsicherheit durch Möglichkeit
   des E-Business

Quelle: in Anlehnung an *Reinecke*, 2004, S. 9

Damit eine Marketing-Konzeption erfolgreich umgesetzt werden kann, ist es von großer Bedeutung, alle laufenden Marketing-Investitionen, aber auch qualitative Größen wie Kundenzufriedenheit oder Kundennutzen, kontinuierlich zu überwachen und zu überprüfen, um im Sinne einer Früherkennung Indikatoren aufzudecken, die Rückschlüsse über Marktprozesse und -entwicklungen geben können (vgl. *Backhaus,* 2003, S. 57). Zu diesem Zweck werden alle Maßnahmen und Investitionen, die im Rahmen des Marketing getätigt werden, im Marketing-Controlling zusammengeführt, evaluiert und weiterentwickelt. Das übergeordnete **Ziel** besteht folglich in der Sicherstellung von Effektivität und Effizienz und damit in einer Art **Qualitätssicherung der marktorientierten Unternehmensführung** (vgl. *Reinecke/Janz,* 2007, S. 51). Diesem Verständnis von Marketing-Controlling folgend lässt sich nach *Meffert/Burmann/Kirchgeorg* (2012, S. 822) folgende **Definition** zugrunde legen: »Marketing-Controlling umfasst die Identifikation und Bereitstellung sämtlicher interner und externer Informationen, die zur Sicherung der Rationalität, also der Effektivität (Wirksamkeit) und Effizienz (Wirtschaftlichkeit), einer marktorientierten Unternehmensführung entlang des gesamten Marketingmanagementprozesses benötigt werden.«

Definition und
Zielsetzung

III Aufgaben des Marketing-Controlling

Controlling-Aufgaben

Bereits bei der Klärung der Frage, was Controlling eigentlich bedeutet, wurde darauf hingewiesen, dass Controlling – und damit auch das Marketing-Controlling – deutlich mehr als die reine Kontrollaufgabe beinhaltet. Die vielfältigen **Aufgaben** lassen sich in die vier großen Bereiche

▸ Information,
▸ Planung,
▸ Koordination und
▸ Kontrolle

gliedern (vgl. *Abbildung 314*).

Aufgabenzyklus

Eine isolierte Betrachtung dieser Bereiche ist dabei i. d. R. wenig zielführend, da sie sich gegenseitig bedingen und teilweise aufeinander aufbauen. Dabei lässt sich ein typischer **Zyklus** identifizieren, der ebenfalls *Abbildung 314* entnommen werden kann. Demnach steht die Informationsfunktion am Anfang.

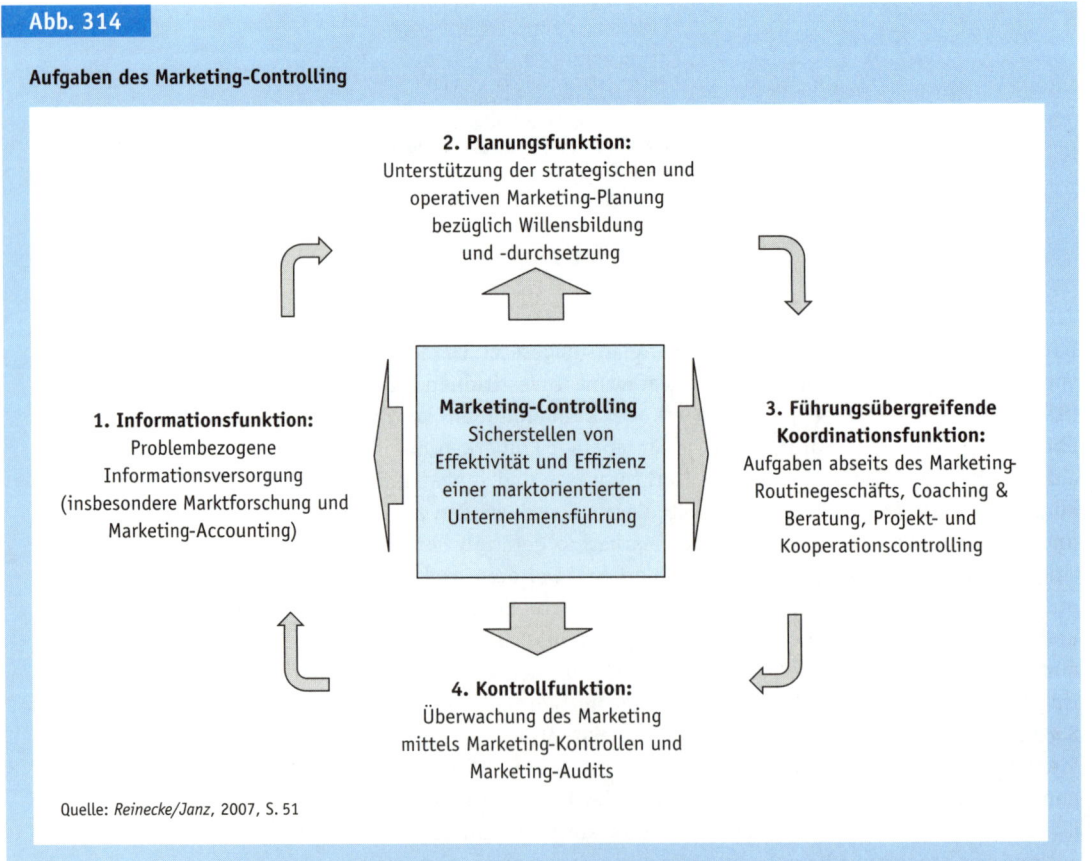

Abb. 314

Aufgaben des Marketing-Controlling

2. Planungsfunktion:
Unterstützung der strategischen und operativen Marketing-Planung bezüglich Willensbildung und -durchsetzung

1. Informationsfunktion:
Problembezogene Informationsversorgung (insbesondere Marktforschung und Marketing-Accounting)

Marketing-Controlling
Sicherstellen von Effektivität und Effizienz einer marktorientierten Unternehmensführung

3. Führungsübergreifende Koordinationsfunktion:
Aufgaben abseits des Marketing-Routinegeschäfts, Coaching & Beratung, Projekt- und Kooperationscontrolling

4. Kontrollfunktion:
Überwachung des Marketing mittels Marketing-Kontrollen und Marketing-Audits

Quelle: *Reinecke/Janz*, 2007, S. 51

Ohne ausreichende Informationen kann die sich anschließende Planungsaufgabe nicht bearbeitet werden. Bei der Umsetzung der Planungsergebnisse sind Hilfestellungen, z. B. in Form von Coaching- oder Beratungsprojekten, zu realisieren (Koordinationsfunktion). Schließlich steht am Ende des Zyklus die Kontrollfunktion, die darauf gerichtet ist, die Effizienz und Effektivität des Marketing zu überwachen.

Informationsfunktion

Informationen bilden die Basis jeglichen Planens und Handelns. Auch im Controlling können die Bereiche Planung, Koordination und Kontrolle ohne adäquate **Informationsversorgung** ihre Wirkung nicht entfalten (vgl. *Horváth*, 2011, S. 295). Die Qualität der Informationsversorgung stellt dabei einen unmittelbaren Einflussfaktor auf die Planungsqualität dar (vgl. *Szyperski/Winand*, 1992, S. 133). Folglich nimmt die Informationsversorgung auch im Rahmen des Marketing-Controlling eine zentrale Rolle ein. Die Schwierigkeit liegt dabei i. d. R. nicht in der Beschaffung einer ausreichenden Menge von Informationen – im Gegenteil: In den meisten Unternehmen herrscht heute ein Überangebot an marketingrelevanten Informationen. Vielmehr besteht das Dilemma eher in der richtigen Filterung, da es vielen Informationen häufig an Aktualität, Präzision oder der geeigneten Verdichtung mangelt. Die Aufgabe des Informationsmanagement im Rahmen des Marketing-Controlling bedeutet daher weniger eine reine Informationssammlung, sondern vor allem eine entsprechende **Verdichtung und Interpretation vorhandener Informationen**, um die richtige Information zum richtigen Zeitpunkt in der richtigen Form der richtigen Person zur Verfügung stellen zu können (vgl. *Ehrmann*, 2004, S. 55). Das Marketing-Controlling unterliegt folglich dem Anspruch, problembezogene und zielgerichtete Informationen zu liefern, um eine geeignete Planungsgrundlage für das Marketing-Management zu schaffen (vgl. hierzu und zum Folgenden *Reinecke/Janz*, 2007, S. 60 ff.).

Im Rahmen des Marketing-Controlling muss jedoch nicht nur sichergestellt werden, dass ausreichend aufbereitete Informationen zur Verfügung stehen. Es muss auch dafür Sorge getragen werden, dass die Informationen nachgefragt und tatsächlich zur Entscheidungsfindung genutzt werden (**Informationsnutzung**). Nur hierdurch kann eine größtmögliche Deckungsgleichheit des Informationsangebots mit dem Informationsbedarf und der Informationsnachfrage erzielt werden (vgl. *Abbildung 315*).

Zur Beschaffung der Informationen können sowohl **interne** als auch **externe Quellen** herangezogen werden. Als wichtigste externe Informationsquelle, insbesondere im Hinblick auf konkurrenz- und kundengerichtete Informationen, ist die **Marktforschung** zu nennen. Innerhalb des Unternehmens ist vor allem das **Rechnungswesen** für die Informationsbeschaffung von großer Bedeutung. Weitere interne Quellen können beispielsweise Berichte anderer Unternehmensbereiche oder Bereichscontroller, Kundenkarteien oder Lagerbestandsübersichten sein (vgl. *Ehrmann*, 2004, S. 75).

Überangebot an marketingrelevanten Informationen

Erfordernis zielgerichteter Informationen

Sicherstellung der Informationsnutzung

Informationsquellen

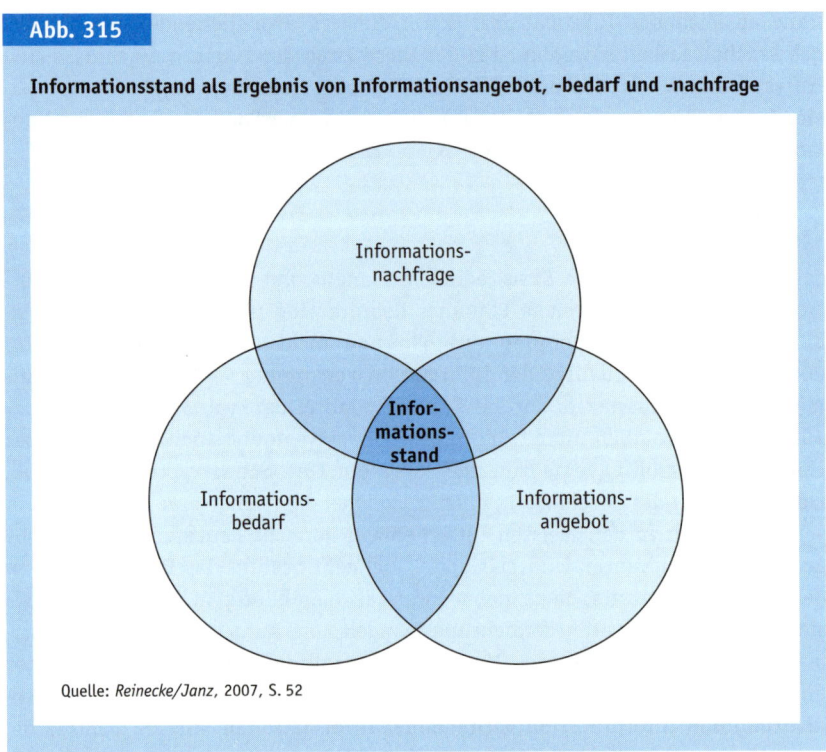

Abb. 315

Informationsstand als Ergebnis von Informationsangebot, -bedarf und -nachfrage

Quelle: *Reinecke/Janz*, 2007, S. 52

Planungsfunktion

Dynamische Märkte und eine zunehmend komplexer werdende Umwelt bedeuten für Manager einen deutlich gestiegenen Planungsbedarf für die Realisierung einer erfolgreichen Führung der verschiedenen Unternehmensbereiche
(vgl. *Ehrmann,* 2004, S. 157). Als Konsequenz hieraus hat auch die Planungsfunktion im Rahmen des Marketing-Controlling an Bedeutung gewonnen.

Allgemein besteht das **Ziel** von Planung in der Entwicklung von **Bewälti-
gungsstrategien** für zukünftige Entscheidungsprobleme, um die übergeordnete
Zielerreichung durch Entscheidungsunterstützung zu fördern. Die Entscheidungsunterstützung wird dabei durch die Bewertung und kritische Hinterfra-
gung entwickelter Entscheidungsoptionen erreicht, die sowohl finanz- und re-
alwirtschaftliche Konsequenzen als auch Kriterien zur Mach- und Durchsetzbarkeit berücksichtigt (vgl. *Reinecke/Janz,* 2007, S. 53). Der **Planungsprozess** muss
sich dabei den Gegebenheiten, die sich z. B. durch die Art des Unternehmens, die
Marktposition, die Branche und andere Faktoren ergeben, anpassen und kann
nicht einheitlich vorgegeben werden (vgl. *Preißner,* 1999, S. 83). Zwar muss die
konkrete Ausgestaltung des Planungsprozesses situationsspezifisch erfolgen, inhaltlich müssen jedoch immer alle dem Marketing-Controlling vorgeschalteten
Elemente einer Marketing-Konzeption (Situationsanalyse, Zielplanung, Strate-
gie- und Maßnahmenplanung) Berücksichtigung finden. Das Ergebnis aller Pla-

nungsschritte sollte anschließend in einem **Marketing-Plan** zusammengefasst werden, in dem für einen klar abgegrenzten Zeitraum alle marketingbezogenen Schritte festgelegt werden (vgl. *Homburg,* 2012, S. 1170 f.).

Ergebnis: Marketing-Plan

Um der Komplexität betrieblicher Planung gerecht werden zu können, definiert *Ehrmann* (2004, S. 160) die folgenden Grundsätze, die als **Mindestanforderung an die Planung** gesehen werden können:

▸ Langfristigkeit (Kontinuität) der Planung,
▸ Vollständigkeit der Planung,
▸ Anpassungsfähigkeit der Planung,
▸ Stabilität der Planung,
▸ Verbindlichkeit der Planung,
▸ Kontrollierbarkeit der Planung und
▸ Realisierbarkeit der Planungsvorhaben.

Das **Planungsmanagement** lässt sich dabei insgesamt in zwei übergeordnete Bereiche unterteilen: das **strategische** und das **operative Marketing-Planungssystem**, die hinsichtlich ihres Planungszeithorizonts zu unterscheiden sind. Während im strategischen Marketing-Planungssystem mittel- und langfristige Planung vorgenommen wird, stehen im operativen Marketing-Planungssystem eher kurzfristige Planungsüberlegungen im Vordergrund. In beiden Bereichen muss »insbesondere auch die Gestaltung der Schnittstellen und Wechselbeziehungen des Marketing zu den anderen Funktionsbereichen« (*Reinecke/Janz,* 2007, S. 53) berücksichtigt werden.

Bestandteile des Planungssystems

Koordinationsfunktion

Heckert/Willson (1963, S. 93) haben bereits sehr früh die Bedeutung der Koordination im Rahmen des (Marketing)-Controlling betont: »The very essence of controllership in its highest form is coordination«. Auch nach *Horváth* (2011) ist in der Koordination die wesentliche Aufgabe eines Controllers zu sehen. In diesem Zusammenhang muss sich das Controlling insbesondere auf den Bereich der Führungssysteme beziehen und alle entsprechenden Subsysteme berücksichtigen (vgl. *Horváth,* 2011, S. 99). Dabei handelt es sich beim Marketing-Controlling zumeist um Tätigkeiten abseits des Marketing-Routinegeschäfts. Beispiele sind in der **Beratung** oder **Unterstützung** umfassender Projekte zu sehen, wobei es sich z. B. um die Implementierung von Marketing-Kennzahlensystemen, die »Gesamtausrichtung des Marketing auf eine wertorientierte Unternehmensführung, [die] Neugestaltung von Markenauftritt und -portfolio nach einer Unternehmensübernahme oder aber [die] Einführung eines Wissensmanagements im Bereich Marketing und Verkauf« (*Reinecke/Janz,* 2007, S. 55) handeln kann.

Projektkoordination

Die Komplexität dieser Aufgaben macht deutlich, dass die Koordination i. d. R. nicht allein in Projektform vollzogen werden kann, sondern häufig ein umfassendes Veränderungsmanagement (**Change Management**) erfordert (vgl. *Weber/Schäffer,* 2011, S. 23 ff.). Vor diesem Hintergrund sind »insbesondere Beratungs-, [...] und Coachingaufgaben« des Marketing-Controlling (*Reinecke/ Janz,* 2007, S. 345) hervorzuheben.

Change Management

Kontrollfunktion

Überwachung durch Kontrollen und Audits

Zwischen den Aufgabenbereichen der **Kontrolle** und der Planung bzw. Koordination besteht ein starker Zusammenhang. Die Ansatzpunkte der Kontrollfunktion werden durch die Planung vorgegeben und die Ergebnisse werden wiederum zur Planungsoptimierung eingesetzt (vgl. *Reinecke/Janz,* 2007, S. 140). Die Kontrollfunktion kann somit als eine Art Gegenstück bzw. Ergänzung zur Planung gesehen werden (vgl. *Horváth,* 2011, S. 145). Dabei setzt sie sich aus Kontrollen und **Audits** zusammen, die unter dem Begriff der Überwachung zusammengefasst werden können (vgl. *Reinecke/Janz,* 2007, S. 140; *Köhler,* 2006, S. 44). Als Teilfunktion des Marketing-Controlling verfolgt die **Überwachung** dann insbesondere das Ziel, die Rationalität des Marketing-Management sicherzustellen (vgl. *Böcker,* 1991, S. 106).

Die Kontrollen werden zur Erfüllung der Überwachungsfunktion als rückblickende **Soll/Ist-Vergleiche** eingesetzt (vgl. *Schäffer,* 2001; *Homburg,* 2012, S. 1175), die eine vergangenheitsorientierte Perspektive einnehmen (vgl. *Köhler,* 2006, S. 44; *Köhler,* 1993, S. 392). Ergänzend finden Marketing-Audits Anwendung, die mit der Überwachung von Prämissen und Rahmenbedingungen der Planung eine zukunftsorientierte Perspektive einnehmen (vgl. *Reinecke/Janz,* 2007, S. 140). Durch ihren Feedforward-Charakter schaffen sie die Voraussetzung zur Nutzung zukünftiger Erfolgspotenziale (vgl. *Reinecke/Janz,* 2007, S. 53) und sind daher von strategischer Bedeutung für das Marketing-Management (vgl. *Link/Gerth/Voßbeck,* 2000, S. 196 ff.).

Formen von Audits

Audits lassen sich im Bereich des Marketing in die vier Bereiche
▶ Verfahrens-Audits,
▶ Strategie-Audits,
▶ Marketing-Mix-Audits und
▶ Organisations-Audits
untergliedern. *Abbildung 316* zeigt Beispiele für zentrale Prüfungstatbestände der einzelnen Bereiche auf.

Vernachlässigung der Überwachungsaufgabe in der Praxis

In der **Praxis** wird die Überwachung der Marketing-Aktivitäten häufig vernachlässigt, obwohl ihre Bedeutung in der Wissenschaft unumstritten ist (vgl. *Day/Montgomery,* 1999, S. 10). Mögliche Gründe hierfür sehen *Reinecke/Janz* (2007, S. 54) in den folgenden Punkten:
▶ Die Geschäftsleitung misst Marketing keinen ausreichenden Stellenwert bei und fokussiert sich daher auf Kontrollen finanzwirtschaftlicher Kenngrößen.
▶ Kontrollen werden als ineffizient eingestuft, da sich der Zusammenhang zwischen Marketing-Ausgaben und -Gewinnen nur schwer darstellen lässt.
▶ Marketing wird als zukunftsorientiert betrachtet, wohingegen Kontrollen mit Vergangenheitsorientierung assoziiert werden.
▶ Es besteht die Angst, dass negative Überwachungsergebnisse die Budgethöhe gefährden.
▶ Der Aufbau differenzierter Mess- und Kennzahlensysteme dauert zu lange.

Abb. 316

Prüfungstatbestände in Marketing-Audits

Verfahrens-Audit	Strategie-Audit
Prüfung der ▸ Planungsverfahren, ▸ Kontrollverfahren, ▸ Informationsversorgung.	Prüfung der ▸ zugrunde gelegten Prämissen, ▸ strategischen Ziele, ▸ Konsistenz von Schlussfolgerungen.
Marketing-Mix-Audit	**Organisations-Audit**
Prüfung der ▸ Vereinbarkeit mit strategischen Grundkonzeptionen, ▸ wechselseitigen Maßnahmenabstimmung, ▸ Mittel-Zweck-Angemessenheit.	Prüfung der ▸ vollständigen Berücksichtigung von Marketing-Aufgaben, ▸ aufgabenentsprechenden Organisationsform, ▸ Koordinationsregelungen.

Quelle: *Köhler*, 2006, S. 45

Fallbeispiel 105

McDonald's

Die steigende Bedeutung sozialer Medien hat dazu geführt, dass immer mehr Unternehmen ihre Kommunikationsaktivitäten ins Internet verlagern. So ist z.B. McDonald's ein Unternehmen, das sowohl im online als auch im mobilen Bereich sehr aktiv ist (vgl. *Abbildung 317*).

Es können übers Internet (z.B. per Smartphone) nicht nur aktuelle Aktionen abgerufen werden, sondern auch Rabattcoupons schnell und bequem jederzeit heruntergeladen werden. Durch Prüfung, wie oft die Website von McDonald's aufgerufen bzw. wie oft ein Online-Gutschein eingelöst wird, ist es möglich zu überprüfen, wie eine bestimmte Aktion bei den Kunden ankommt. Auf diese Weise kann eine effiziente Kontrolle der Marketing-Aktivitäten erfolgen. Die Reichweite bzw. die Kontakthäufigkeit können z.B. anhand von Kennzahlen wie dem Click-per-View (CPV) oder Click-per-Order (CPO) bewertet werden. Somit ist es möglich, die Wirkung der Kommunikationsmaßnahme bzw. der Aktion zeitnah zu bewerten und diese ggf. anzupassen.

Quelle: *McDonald's*, 2010

Abb. 317: Beispiel einer Aktion von McDonald's

Zusammenspiel der Aufgabenbereiche im Marketing-Controlling

Beim Funktionsbereich der Kontrolle wurde bereits die zukunfts- und vergangenheitsorientierte Perspektive dieses Aufgabenbereichs angesprochen. Diese Doppelperspektive lässt sich auf das gesamte Marketing-Controlling übertragen. So macht ein Blick auf die vier o. g. Bereiche deutlich, dass die Unterstützung des Managements aus zwei Perspektiven erfolgen kann:

▶ Feedback-Funktion und
▶ Feedforward-Funktion.

Ein Fokus liegt dabei auf vergangenheitsorientierten Instrumenten zur Analyse und Bewertung abgeschlossener Aktivitäten. Diese »**Feedback-Funktion**« wird schwerpunktmäßig (jedoch nicht ausschließlich) durch die Bereiche der Kontrolle und Information realisiert. Die umfassende Wirkung des Marketing-Controlling zeigt sich jedoch dadurch, dass daneben auch eine »**Feedforward-Funktion**« besteht, durch die eine zukunftsgerichtete Perspektive möglich ist. Zur Erfüllung dieser Funktion werden vor allem Instrumente aus dem Bereich der Planung und Koordination eingesetzt.

IV Ausgewählte Instrumente des Marketing-Controlling

Zur Umsetzung der dargestellten Aufgaben des Marketing-Controlling kann eine Vielzahl verschiedener Instrumente und Methoden herangezogen werden. Allerdings lassen sich diese Instrumente nicht überschneidungsfrei den o. g. Funktionen des Marketing-Controlling zuordnen. Insbesondere im Bereich der Information, Planung und Kontrolle gibt es eine große Schnittmenge bei den jeweils einsetzbaren Instrumenten. Aus diesem Grund orientiert sich die Systematisierung der Instrumente des Marketing-Controlling häufig weniger an den Aufgabenbereichen als mehr an der Ausrichtung des Marketing-Controlling, untergliedert in strategische und operative Elemente. Das Ziel des **strategischen Marketing-Controlling** ist vor allem in der zukünftigen Existenzsicherung und damit in der Realisation und Sicherstellung zukünftiger Erfolgspotenziale zu sehen. Zu diesem Zweck müssen Chancen und Risiken frühzeitig erkannt und in Maßnahmen umgesetzt werden, wobei der Betrachtungshorizont deutlich langfristiger angelegt ist als beim operativen Marketing-Controlling (vgl. *Link/Weiser,* 2006, S. 42 f.; *Ehrmann,* 2004, S. 19). Das **operative Marketing-Controlling** ist so vor allem ein kurzfristig wirkendes Instrument, mit dem die Nutzung vorhandener Erfolgspotenziale realisiert werden soll (*Link/Weiser,* 2006, S. 43). Die betrachtete Zeitspanne umfasst hier i. d. R. ein Geschäftsjahr. *Ehrmann* (2004, S. 19) sieht das Ziel des operativen Marketing-Controlling vor allem darin, »dass das Unternehmen aus ganzheitlicher Sicht geführt wird und das betriebswirtschaftliche Gleichgewicht aus Umsatz-Kosten-Gewinn-Finanzen gewahrt ist.«

Abb. 318

Überblick über die Instrumente des Marketing-Controlling

Unterstützung der strategischen Marketing-Planung & strategischen Überwachung	Unterstützung der operativen Marketing-Planung & operativen Marketing-Kontrolle	Führungsübergreifende Koordinationsaufgaben
‣ Frühwarn-/-erkennungs-/ -aufklärungssysteme ‣ Branchenstrukturanalysen ‣ Stärken-/Schwächenprofile, Benchmarking ‣ Portfolios (z. B. bzgl. Geschäftsfelder, Kunden, Innovationen, Marken, Sortiment) ‣ Segmentierungs-, Image- und Positionierungsstudien ‣ Kunden- & Markenwertberechnungen, Markenstärkeanalysen ‣ Investitionsrechnungen ‣ langfristige Budgetierung ‣ Audit-Methoden/-Checklisten ‣ Kontrolle der Marketing-Kernaufgaben (Kundenakquisition & -bindung, Leistungsinnovation & -pflege)	‣ Versorgung der Marketing- und Verkaufsorganisationeinheiten mit Informationen u. a. aus Marktforschung, Außendienstberichten, Absatzstatistik und Rechnungswesen (z. B. Kundenzufriedenheitsstudien, Deckungsbeitragsrechnungen) ‣ Informationen zur Planung und Abstimmung des Marketing-Mix ‣ kurzfristige Budgetierung ‣ Kontrolle des Marketing-Mix ‣ Marktleistungsgestaltung ‣ Preisgestaltung ‣ Kommunikation/Marktbearbeitung ‣ Distribution ‣ Ergebnis- und Abweichungsanalysen ‣ Beschwerdeanalysen	‣ Gestaltung von Kennzahlensystemen für Marketing und Verkauf ‣ Gestaltung von Anreiz- und Provisionssystemen ‣ Target Costing ‣ Analyse, Planung und Kontrolle von Marketing- und Verkaufsprojekten (z. B. Überarbeitung des Markenportfolios) ‣ Analyse, Planung und Überwachung von Marketing- und Verkaufskooperationen ‣ Wissensmanagement in Marketing und Verkauf (z. B. Moderation von Erfahrungsaustausch, Datenbank mit Lernerfahrungen)

Quelle: *Reinecke/Janz,* 2007, S. 56

Einen Ausschnitt potenzieller Instrumente des Marketing-Controlling zeigt *Abbildung 318*. Die dort aufgeführten Instrumente sind in die Rubriken

‣ strategische Instrumente,
‣ operative Instrumente sowie
‣ übergreifende Instrumente

unterteilt.

Da sich viele der aufgelisteten Instrumente nicht nur im Marketing-Controlling einsetzen lassen, sondern auch in anderen Bereichen des Marketing Anwendung finden können, wurden einige der in *Abbildung 318* aufgeführten Instrumente bereits an anderen Stellen dieses Buches behandelt. Aus diesem Grund wird in den folgenden Abschnitten aus jedem Bereich lediglich ein exemplarisches Instrument herausgegriffen und näher beleuchtet:

‣ Als Instrument des strategischen Controlling wird der **Markenwert** herausgegriffen.
‣ Für das operative Controlling steht die **Ergebniskontrolle**.
‣ Im Bereich der übergeordneten Instrumente werden **Kennzahlen und Kennzahlensysteme** näher betrachtet.

Instrumentenüberblick

Exemplarische Instrumente

Markenwertberechnung

Notwendigkeit

Der Nutzen von Markenwertbetrachtungen für das Marketing-Controlling ist in der Wissenschaft unbestritten (vgl. *Aaker,* 2002, S. 303 ff.). Der Markenwert wird zu verschiedenen Anlässen (z. B. beim Kauf eines Unternehmens) als Steuerungsgröße und wesentlicher Treiber des Unternehmenswerts herangezogen und dient damit im Rahmen des strategischen Marketing-Controlling auch als Indikator für die erfolgreiche Positionierung im Markt. Darüber hinaus ist eine möglichst **valide Bestimmung** des Markenwertes erforderlich, um laufende Investitionen in die Marken eines Unternehmens (z. B. im Rahmen der Markenführung (vgl. hierzu Abschnitt 2 C III 1.4.2.1)) hinsichtlich ihrer Effektivität und Effizienz überprüfen zu können. Letztlich müssen alle getätigten Markeninvestitionen in zusätzlichen Markenwerten ihren Niederschlag finden. Der **Markenwert** entspricht dabei einem **immateriellen Aktivposten** eines Unternehmens, in dessen Eigentum sich die betreffende Marke befindet. Im Kern stellt der Markenwert dabei die abgezinste Summe aller zukünftigen Preis- und Mengenprämien (vgl. Abschnitt 2 C III 1.4.2.1) einer Marke dar.

Ansätze

Zur **Markenwertmessung** sind in Wissenschaft und Praxis verschiedene Ansätze entwickelt worden. Mit *Hammann* (1992) kann bei diesen zwischen

▸ finanzorientierten Ansätzen (1) und
▸ absatzorientierten Ansätzen (2)

differenziert werden.

(1) Finanzorientierte Ansätze der Markenwertberechnung

Formen

Bei finanzorientierten Ansätzen werden Markenwerte durch Analyse des Zahlenmaterials des internen und externen Rechnungswesens ermittelt. Zu unterscheiden ist hierbei zwischen

▸ kostenorientierten Ansätzen,
▸ ertragswertorientierten Ansätzen und
▸ kapitalmarktorientierten Ansätzen.

Kostenorientierte Ansätze

Bei **kostenorientierten Ansätzen** werden Markenwerte auf Basis historischer Kostenbewertungen ermittelt. Betrachtet werden die in eine Marke getätigten Investitionen der Vergangenheit und Gegenwart, um auf diese Weise zu bestimmen, welche Kosten mit einer Wiederbeschaffung verbunden wären. *Esch/Geus* (2005) weisen allerdings zu Recht darauf hin, dass bei diesem Verfahren eine rein **inputorientierte Sichtweise** eingenommen wird. Tatsächlich werden Markenwerte allerdings letztlich outputorientiert zustande kommen. So können Marken durchaus erhebliche Investitionen verschlingen, ohne sich in Märkten durchzusetzen. In einem solchen Fall kommt man bei Anwendung kostenorientierter Ansätze zu einem erheblichen Markenwert, ohne dass dieser sich in Märkten tatsächlich bemerkbar macht. Kritisch ist zudem, dass kostenorientierte Ansätze allein auf **Vergangenheitswerten** beruhen, der Markenwert jedoch eigentlich zukunftsgerichtet bestimmt werden sollte.

Ertragswertorientierte Ansätze

Bei **ertragswertorientierten Ansätzen** wird versucht, auf Basis der in der Vergangenheit realisierten Markterfolge und unter »Einbeziehung von Prognosemodellen [...] eine Schätzung und Quantifizierung der zu erwartenden Markenerfolge« (*Bekmeier*, 1995, S. 1464) vorzunehmen. Im Kern werden hierbei Methoden der Unternehmensbewertung, z. B. der **Free Discounted Cash Flow-Ansatz,** auf einzelne Marken angewandt. Wie bei den Verfahren der Unternehmensbewertung tritt allerdings auch bei ertragswertorientierten Ansätzen der Markenbewertung das Problem auf, die in der Zukunft anfallenden, durch die Marken ausgelösten Zahlungsströme zu ermitteln. So bedarf es letztlich einer Quantifizierung der Preis- und Mengenprämien, die durch eine Marke ausgelöst werden, um auf Basis der hieraus erwachsenden zukünftigen Zahlungsströme den abgezinsten heutigen Markenwert berechnen zu können.

Schließlich gehört in die Gruppe der finanzorientierten **Ansätze** auch der kapitalmarktorientierte Ansatz. Beim **kapitalmarktorientierten Ansatz** wird der Börsenwert eines Unternehmens (Aktienkurs · Gesamtstückzahl der Aktien) um die materiellen Aktiva verringert, um so den Wert aller immateriellen Vermögensgegenstände des Unternehmens zu ermitteln. Wird dieser Wert wiederum um den Wert sonstiger immaterieller Faktoren (z. B. Mitarbeiter-Knowhow) bereinigt, dann verbleibt als Restwert der Wert der Marken des Unternehmens. Daneben gehören zu den (kapital)marktorientierten Markenbewertungen auch Verfahren, bei denen der Wert von Marken an dem Ergebnis von **Markenverkäufen** oder dem Preis von **Markenlizenzen** ausgerichtet wird. Diese Verfahren sind allerdings nur selten einsetzbar, da sie an das Auftreten von Markenverkäufen oder zumindest Markenlizenzierungen gebunden sind.

Kapitalmarktorientierte Ansätze

(2) Absatzorientierte Ansätze der Markenwertberechnung

Auch im Bereich der absatzorientierten Ansätze liegt eine Vielzahl unterschiedlicher Messansätze vor. Gemein ist diesen Ansätzen, dass jeweils an der Wirkung und der Stellung einer Marke im Markt (also beim Absatz) angesetzt wird. Zu unterscheiden ist dabei zwischen

Formen

- eindimensionalen Ansätzen und
- mehrdimensionalen Ansätzen.

Während bei **eindimensionalen Ansätzen** allein einzelne, auf den Markenwert einwirkende Faktoren gemessen werden, versuchen **mehrdimensionale Ansätze** alle, zumindest aber mehrere Einflussfaktoren, die auf den Markenwert wirken, in die Berechnung einfließen zu lassen.

Eindimensionale Ansätze

Die **Messung des Preis-Premiums** stellt einen typischen eindimensionalen Ansatz der Markenbewertung dar. Hierbei wird ermittelt, welche zusätzliche Zahlungsbereitschaft Nachfrager allein deshalb aufweisen, da es sich bei einem Produkt um eine bestimmte Marke und nicht um ein nicht-markiertes Produkt handelt. Die Messung des Preis-Premiums kann dabei direkt oder indirekt vorgenommen werden. Bei der **direkten Messung** werden Nachfrager gebeten, den Betrag zu benennen, den sie zusätzlich für das Markenprodukt gegenüber einem Nicht-Markenprodukt zu zahlen bereit sind. Wie schon im Zusammenhang mit Methoden der Nutzen- und Präferenzmessung (vgl. Abschnitt 1 B I) betont, weisen Formen der direkten Messung allerdings häufig das Problem auf, dass

Preis-Premium-Ermittlung mittels Limit Conjoint-Analyse

Um das Preis-Premium einer Marke gegenüber einer Nicht-Marke (oder einer anderen Marke) mithilfe der Limit Conjoint-Analyse bestimmen zu können, müssen neben anderen Merkmalen die Merkmale »Preis« und »Marke« innerhalb des Verfahrens berücksichtigt werden. Ergeben sich bei Durchführung des Verfahrens die in *Abbildung 319* exemplarisch angenommenen Teilnutzwerte für die Merkmale Preis und Marke, so lässt sich vergleichsweise einfach aus den Schätzergebnissen das (individuelle) Preis-Premium der Marke gegenüber der Nicht-Marke ermitteln.

Im Beispiel der *Abbildung 319* entspricht der Nutzenvorteil der Marke »X« gegenüber einem nicht-markierten Produkt vier Nutzenpunkte (Differenz zwischen –2 und +2). Gleichzeitig beträgt der Nutzenunterschied zwischen zwei Preisausprägungen, deren Differenz 500 € beträgt, 3,5 Nutzenpunkte. Der einzelne Nutzenpunkt ist demnach beim Merkmal Preis rund 143 € (500 €/3,5) wert. Ein Nutzenunterschied von 4 Nutzenpunkten, wie er zwischen der Marke »X« und einem nicht-markierten Produkt besteht, entspricht somit einem Preisunterschied von 572 € (143 € · 4).

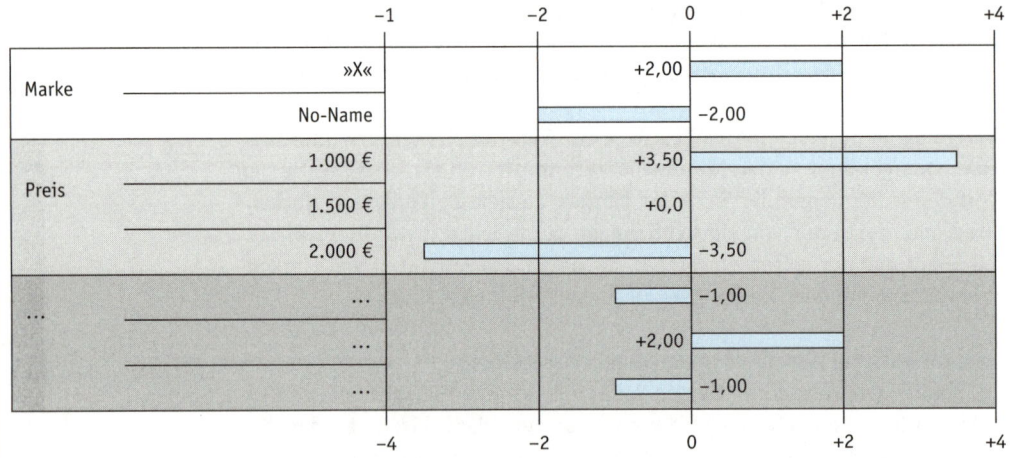

Abb. 319: **Beispielhafte Ergebnisse einer Limit Conjoint-Analyse zur Ermittlung des Preis-Premiums**

diese über eine nur geringe Validität verfügen. Daher kommt für die Messung des Preis-Premiums i. d. R. allein die **indirekte Messung** in Form dekompositioneller Verfahren in Frage. Im Bereich der dekompositionellen Nutzen- und Präferenzmessung wird dabei insbesondere die Conjoint-Analyse empfohlen. Das nachfolgende Fallbeispiel zeigt, wie sich mithilfe der **Conjoint-Analyse** bzw. ihrer Variante der Limit Conjoint-Analyse (vgl. Abschnitt 2 A II 2.5.2) das Preis-Premium einer Marke berechnen lässt.

Aggregation von Informationen

Liegen Informationen über das Preis-Premium einer Marke vor, so sind diese zum Zwecke der Markenwertberechnung auf den **Gesamtmarkt** hochzurechnen. Im einfachsten Fall wird dabei das durchschnittliche individuelle Preis-Premium mit der Anzahl der augenblicklich abgesetzten Produkteinheiten multipliziert. Wird dieses Ergebnis für den betrachteten Planungshorizont jährlich angesetzt und auf den Analysezeitpunkt diskontiert, so ergibt sich hieraus der zurzeit bestehende Markenwert einer Marke.

Im Bereich der **mehrdimensionalen Ansätze** liegt inzwischen eine kaum noch überschaubare Vielzahl unterschiedlicher Verfahrensvorschläge vor. Dies ist vor allem darauf zurückzuführen, dass viele Marktforschungsinstitute sowie Marken- und Werbeagenturen eigenständige mehrdimensionale Markenbewertungsverfahren entwickelt haben. Beispielhaft kann das typische Vorgehen mehrdimensionaler Markenbewertungsverfahren an den Modellen von

Mehrdimensionale
Ansätze

▸ Interbrand und
▸ Semion

nachvollzogen werden.

Das Markenbewertungsverfahren von **Interbrand** stellt im Kern ein **Punktbewertungsmodell** dar. Indem verschiedene markenwertrelevante Kriterien aus unterschiedlichen Bereichen bewertet und anschließend verdichtet werden, wird ein Gesamtmarkenwert errechnet. Beim Interbrand-Modell wird hierbei entsprechend *Abbildung 320* vorgegangen: In einem ersten Schritt wird eine Segmentierung des Gesamtmarktes vorgenommen, um anschließend den Markenwert in den verschiedenen identifizierten Segmenten separat zu ermitteln. Der **Gesamtmarkenwert** ergibt sich anschließend aus der Summe der für die einzelnen Segmente ermittelten Teilmarkenwerte. Die eigentliche Ermittlung der (Segment-spezifischen) Markenwerte erfolgt dabei, indem Kriterien aus den Bereichen Finanzanalyse, Analyse der Nachfragefaktoren und Wettbewerbsana-

Markenbewertungsverfahren von Interbrand

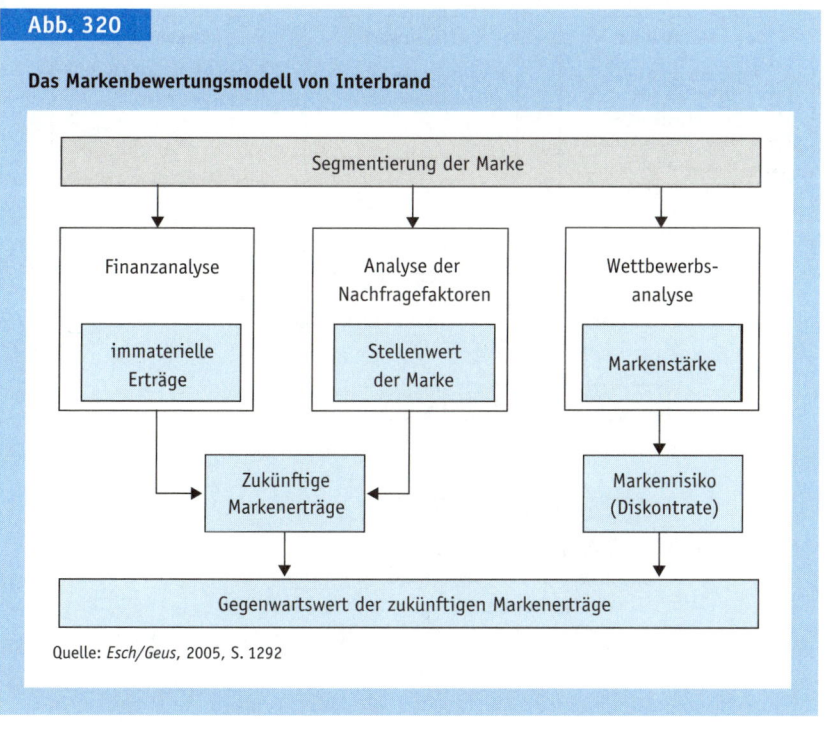

Abb. 320

Das Markenbewertungsmodell von Interbrand

Segmentierung der Marke

Finanzanalyse

Analyse der Nachfragefaktoren

Wettbewerbsanalyse

immaterielle Erträge

Stellenwert der Marke

Markenstärke

Zukünftige Markenerträge

Markenrisiko (Diskontrate)

Gegenwartswert der zukünftigen Markenerträge

Quelle: *Esch/Geus*, 2005, S. 1292

lyse beurteilt und zu übergeordneten, den Markenwert beeinflussenden Größen verdichtet werden. Während die Beurteilung in den Bereichen Finanzanalyse und Analyse der Nachfragefaktoren den zukünftigen Markenertrag widerspiegeln soll, wird aus den Ergebnissen der Wettbewerbsanalyse das Markenrisiko ermittelt. Je größer sich dabei das Markenrisiko darstellt, desto stärker sind potenzielle zukünftige Markenerträge im Rahmen der Ermittlung des heutigen Markenwertes zu diskontieren.

Markenbewertungs-verfahren von Semion

Ähnlich dem Interbrand-Modell handelt es sich auch bei dem Markenbewertungsmodell von **Semion** um ein **Punktbewertungsmodell.** Innerhalb des Verfahrens werden dabei Kriterien aus den Bereichen Markenstärke, Markenbild, Finanzwert und Markenschutz betrachtet. Aus der Beurteilung der den verschiedenen Bereichen zugehörigen Kriterien wird im Semion-Ansatz ein Gewichtungsfaktor ermittelt, der multipliziert mit dem durchschnittlichen Vorsteuergewinn der vergangenen drei Jahre als Markenwert interpretiert wird (vgl. *Abbildung 321*).

Problem der Subjektivität

Auch wenn mehrdimensionale Verfahren wie die von Interbrand und Semion den Vorteil aufweisen, dass sie auch qualitative Aspekte in die Markenbewer-

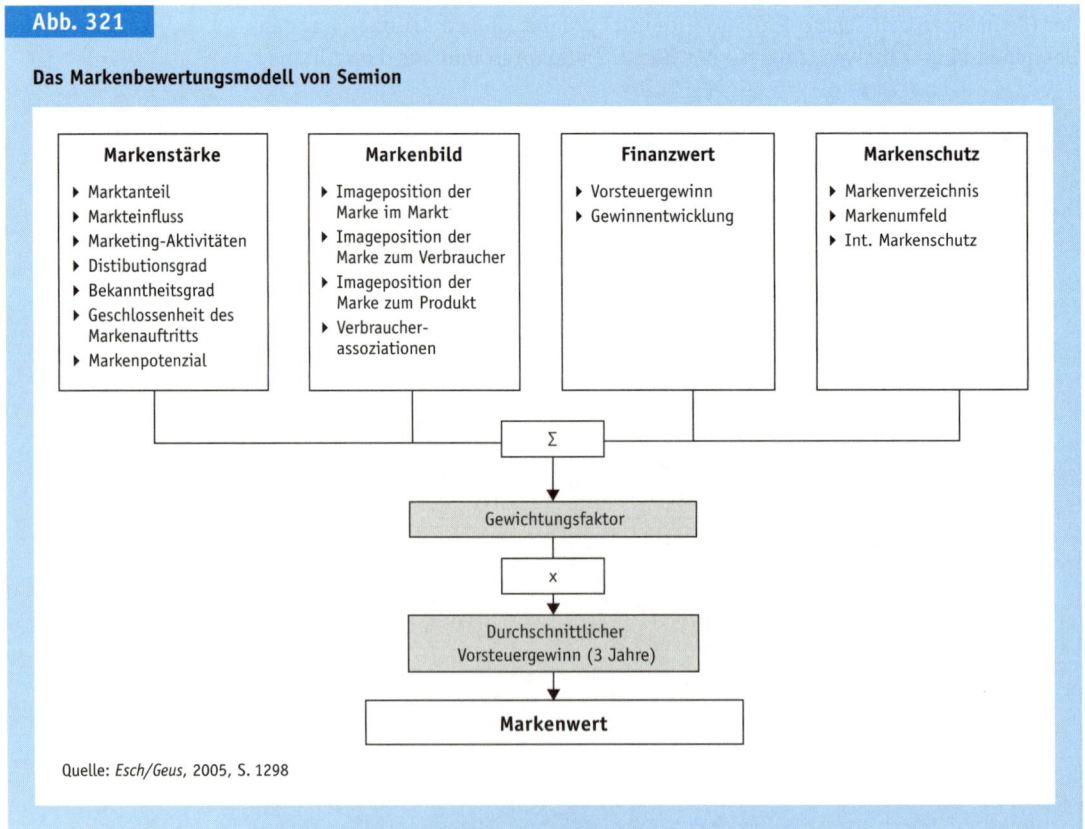

Abb. 321

Das Markenbewertungsmodell von Semion

Markenstärke	Markenbild	Finanzwert	Markenschutz
▸ Marktanteil ▸ Markteinfluss ▸ Marketing-Aktivitäten ▸ Distibutionsgrad ▸ Bekanntheitsgrad ▸ Geschlossenheit des Markenauftritts ▸ Markenpotenzial	▸ Imageposition der Marke im Markt ▸ Imageposition der Marke zum Verbraucher ▸ Imageposition der Marke zum Produkt ▸ Verbraucher-assoziationen	▸ Vorsteuergewinn ▸ Gewinnentwicklung	▸ Markenverzeichnis ▸ Markenumfeld ▸ Int. Markenschutz

Σ

Gewichtungsfaktor

×

Durchschnittlicher Vorsteuergewinn (3 Jahre)

Markenwert

Quelle: *Esch/Geus*, 2005, S. 1298

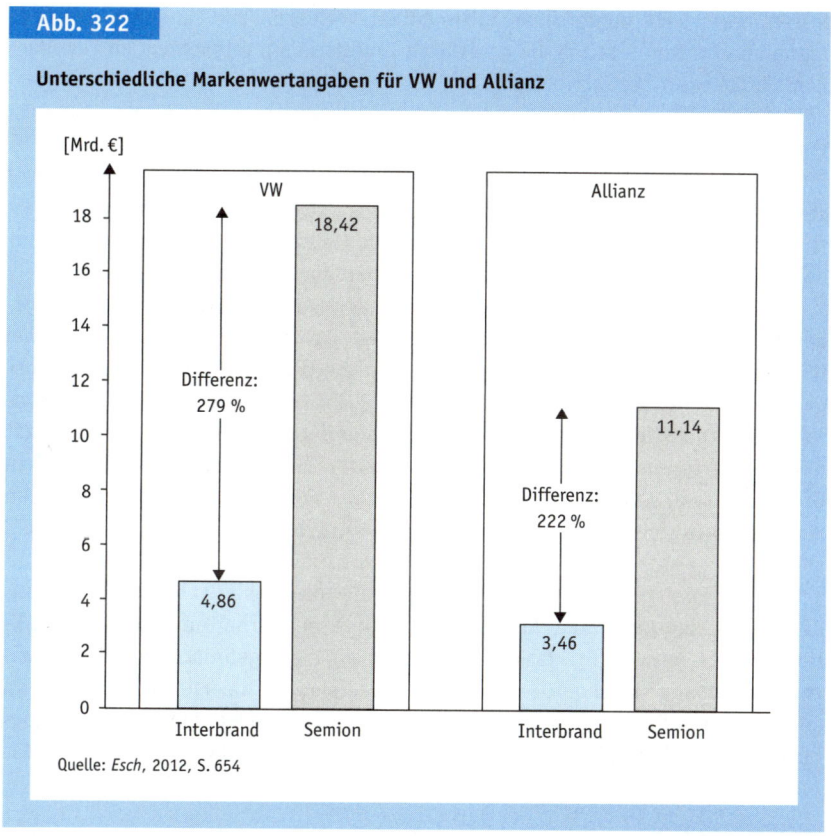

Abb. 322

Unterschiedliche Markenwertangaben für VW und Allianz

Quelle: *Esch*, 2012, S. 654

tung einfließen lassen, weisen die Verfahren – wie praktisch alle anderen mehrdimensionalen Markenbewertungsverfahren auch – das grundsätzliche **Problem**
auf, dass die Bewertung vergleichsweise subjektiv ist. Die Auswahl der Kriterien, deren Gewichtung und Aggregation führt zu stark **subjektiv** geprägten
und daher im Verfahrensvergleich mitunter erheblich voneinander abweichenden Ergebnissen. *Abbildung 322* zeigt beispielhaft die Ergebnisse von Markenbewertungen für die Marken VW und Allianz bei Anwendung des Interbrand-
und Semion-Verfahrens. Es zeigen sich erhebliche Niveau-Unterschiede bei den
ermittelten Markenwerten: Die Differenz zwischen den Verfahren beträgt bei
der Allianz 222 % und liegt bei VW sogar bei 279 %.

Vor diesem Hintergrund ist festzustellen, dass im Bereich der Markenbewertung noch immer erheblicher **Forschungsbedarf** besteht. Ganz unabhängig davon, dass vermutlich auch zukünftig Markenwerte nicht zweifelsfrei bestimmt
werden können, müssen Marketing-Wissenschaft und -Praxis erhebliche zusätzliche Anstrengungen unternehmen, um verbesserte Verfahren der Markenbewertung zu entwickeln. Dies ist aus Sicht des Marketing-Controlling unbedingt
erforderlich, da sich nur dann Investitionen in Marken entsprechend steuern

Forschungsbedarf

lassen, wenn sich zugleich mithilfe valider Verfahren zur Markenwertbestimmung überprüfen lässt, ob die getätigten Investitionen tatsächlich zu gestiegenem Markenwert geführt haben.

Ergebniskontrollen

Vergleich von Wird-, Ist- und Sollwerten

Im Rahmen des operativen Marketing-Controlling soll eine kurzfristige Gewinnsteuerung und die Aufschlüsselung betriebswirtschaftlicher Komplexität erreicht werden, um durch kurzfristig wirkende Maßnahmen die Nutzung vorhandener Erfolgspotenziale sicherzustellen und zu überprüfen.

Ein in der Praxis häufig eingesetztes Instrument zur Erfüllung dieser Aufgaben stellen dabei Ergebniskontrollen dar. Bei diesen werden i. d. R. zwei Größen, die Norm- bzw. Maßstabsgröße und die prüfende Größe, einander gegenübergestellt, wobei diese jeweils als Soll-, Wird- oder Istwert vorliegen können. Während **Wirdwerte** auf Prognosen basieren, stellen **Istwerte** die Realität und **Sollwerte** eine gewünschte Ausprägung von einer betriebswirtschaftlichen Größe dar (vgl. *Küpper,* 2005, S. 187). Je nach Kombination der vorhandenen Werte lassen sich verschiedene Kontrollen durchführen, wie *Abbildung 323* zeigt.

Zur erfolgreichen Umsetzung der Ziele, die mit Ergebniskontrollen verbunden sind (Planungs- und Entscheidungsfunktion, Verhaltenssteuerungsfunktion), ist es notwendig, dass im Anschluss an die Ergebniskontrollen **Abweichungsanalysen** durchgeführt werden, die die identifizierten Differenzen in qualitativer und quantitativer Hinsicht untersuchen und so die Ableitung möglicher Implikationen für zukünftiges Handeln erlauben (vgl. *Link/Weiser,* 2011,

---

Abb. 323

Möglichkeiten des Vergleichs von Werten zur Kontrolle

	Wird	Soll	Ist
Wird	Kontrolle von Prognosen zur Prüfung der Güte von Prämissen und Modellen/Verfahren	Überprüfung der Plausibilität von Sollwerten, Planfortschrittskontrolle	Kontrolle von Prognosen am realisierten Wert, Prämissenkontrolle
Soll	Überprüfung der Plausibilität von Sollwerten, Planfortschrittskontrolle	Auffinden von Zielkonflikten, Ex-post-Planungsfehler, Inkonsistenzen der Pläne	Kontrolle der Zielerreichung und der Plandurchführung, Planfortschritts- und Realisationskontrolle
Ist	Kontrolle von Prognosen am realisierten Wert, Prämissenkontrolle	Kontrolle der Zielerreichung und der Plandurchführung, Planfortschritts- und Realisationskontrolle	Zeitvergleich zu früheren Realisationen, innerbetrieblicher Vergleich von Erlös- und Kostenstellen, zwischenbetrieblicher Vergleich/Branchenvergleich

Quelle: *Link/Weiser,* 2011, S. 257

S. 259 ff.). Im Rahmen der Ergebniskontrollen sind dabei folgende drei **Formen** zu unterscheiden:

Kontrollformen

▸ Effektivitäts- bzw. Wirksamkeitskontrolle (1)

▸ Effizienzkontrolle (2) und

▸ Budget- und Kostenkontrolle (3).

(1) Effektivitäts- bzw. Wirksamkeitskontrolle

Das maßgebliche **Ziel** der Effektivitätskontrolle besteht in der Überprüfung des Zielerreichungsgrades. Dabei können sowohl monetäre als auch nicht-monetäre Größen Ausgangspunkt der Betrachtung sein. Während **monetäre Größen** wie Umsatz, Absatzmenge oder Marktanteile häufig in einem kürzeren Turnus (Wochen- oder Monatsweise) betrachtet werden, werden für **nicht-monetäre Größen** oder die Profitabilität eines Unternehmens i.d.R. längere Betrachtungshorizonte (i.d.R. Jahresabstände) herangezogen (vgl. *Reinecke/Janz*, 2007, S. 160 f.).

Überprüfung von Zielerreichungsgraden

Entscheidend ist dabei zum einen, dass die entwickelten Größen im Hinblick auf marketingspezifische Merkmale aufbereitet und auf entsprechende Fragestellungen angewendet werden. So kann besonderes Interesse z.B. den sogenannten **Aktionserfolgsrechnungen** beigemessen werden, »bei denen versucht wird, die Wirkung von Marketing-Maßnahmen (z.B. Preisreduzierungen) zu messen« (*Reinecke/Janz*, 2007, S. 160). Zum anderen müssen verschiedene Hierarchieebenen oder Positionen mit unterschiedlichen Kontrollergebnissen versorgt werden, um eine optimale Beurteilung vornehmen zu können. *Reinecke/Janz* (2007, S. 160) führen in diesem Zusammenhang beispielhaft an, dass es nicht sinnvoll sein kann, einen Marketing-Leiter anhand derselben Kriterien zu beurteilen, die auf einen Produktmanager angewendet werden, da sich die Aufgaben- und Kompetenzbereiche dieser beiden Funktionen deutlich unterscheiden. So ist es einem Marketing-Leiter z.B. – im Gegensatz zu einem Produktmanager – möglich, Einfluss auf die fixen Marketing-Kosten zu nehmen. Daher ist es zwar sinnvoll, die Leistung des Marketing-Leiters mithilfe des Deckungsbeitrages III zu beurteilen, der Produktmanager sollte dagegen jedoch sinnvoller z.B. anhand des Deckungsbeitrages II beurteilt werden (vgl. *Abbildung 324*).

Hierarchieebenenbezogene Aktionserfolgsrechnungen

(2) Effizienzkontrolle

Bei Effizienzkontrollen wird die **Wirtschaftlichkeitsbeurteilung** und damit eine zentrale Aufgabe des Marketing-Controlling in den Mittelpunkt der Betrachtung gerückt. Entsprechend der Definition von Effizienz wird dabei das Verhältnis von Input zu Output unter dem Aspekt der Wirtschaftlichkeit betrachtet. Konkret werden also die für Marketing-Maßnahmen eingesetzten Mittel dem erzielten Nutzen gegenübergestellt. Dabei können virtuelle Einheiten (**Soll-Effizienz**) als Vergleichsmaßstab für die realisierten Einheiten (**Ist-Effizienz**) dienen, oder die Wirtschaftlichkeit kann im Betriebs-, Maßnahmen- oder Zeitvergleich betrachtet werden (vgl. *Reinecke/Janz*, 2007, S. 161).

Output/Input-Verhältnis

Abb. 324

Hierarchieabhängigkeit von Kontrollergebnissen einer stufenweisen Deckungsbeitragsrechnung

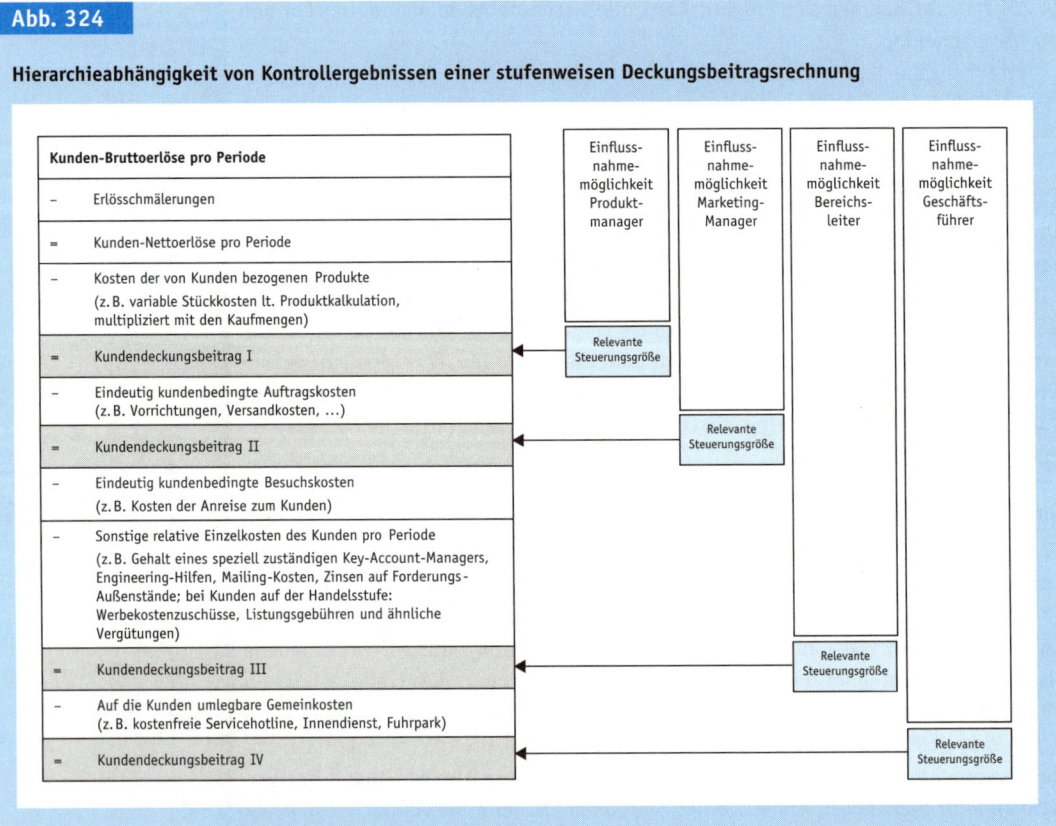

Abb. 325

Beispiele für die Kombination verschiedener In- und Outputgrößen in der Effizienzkontrolle

Input \ Output	finanziell	nicht finanziell
finanziell	Verhältnis Deckungsbeitrag zu Marketing-Kosten	Verhältnis des Kundenzufriedenheitsindex zu den Marketing-Kosten
nicht finanziell	Umsatz pro Marketing-Mitarbeiter	Verhältnis des Kundenzufriedenheitsindex zur Anzahl beschäftigter Mitarbeiter

Quelle: in Anlehnung an *Reinecke/Janz*, 2007, S. 162

Fallbeispiel 107

Tassimo

Eine erfolgreiche Kontrolle der Wirksamkeit von Marketing-Maßnahmen lässt sich am Beispiel der Kaffeemaschinenmarke Tassimo erkennen. Das Unternehmen Kraft Foods konnte durch eine Cross-Media-Kampagne in der Vorweihnachtszeit 2010 beachtliche Erfolge verbuchen. Anhand von begleitenden Marktforschungsaktivitäten, z. B. Tracking von Online-Aktivitäten (vgl. Abschnitt 2 D II 4.3.2.2), wurden Effektivitätskontrollen durchgeführt, um die Wirkung der Werbung beurteilen zu können. Insgesamt konnten durch Online- und TV-Werbung beachtliche Ergebnisse erzielt werden. Die gestützte Werbeerinnerung stieg dabei von 28 % auf 56 % an. Mehr als jeder Zweite erinnerte sich an den Spot und etwa zwei Drittel bewerteten ihn positiv. Des Weiteren stieg die spontane Markenbekanntheit um 54 % und auch das Image der Marke Tassimo

konnte verbessert werden. Solche kontinuierlichen Effektivitätskontrollen ermöglichen es Unternehmen zu erkennen, ob ihre Marketing-Aktivitäten die gewünschte Wirkung zeigen und können ggf. Anlass für Anpassungen der Kommunikationsstrategie sein (vgl. *IP Deutschland Case Study Tassimo*, 2011).

Um jedoch eine umfassende Beurteilung einer Kampagne vornehmen zu können, ist es notwendig, auch Effizienzkontrollen durchzuführen und zu überprüfen, ob die Input-Output-Relation stimmig ist. D. h., dass z. B. die durch die Kampagne zusätzlich generierten Gewinne den zugeordneten Ausgaben gegenübergestellt werden müssen. Auf diese Weise muss geprüft werden, ob sich die Marketing-Aktivität auch unter finanziellen Gesichtspunkten gerechnet hat.

Auch bei der Effizienzkontrolle können die betrachteten In- und Outputgrößen sowohl qualitativer als auch quantitativer Natur sein. Beispiele möglicher Kombinationen lassen sich *Abbildung 325* entnehmen.

Die im Rahmen der Effizienzkontrolle ermittelten Ergebnisse dienen dann als wichtige Hinweise darauf, wo möglicherweise Problemfelder liegen oder wo besonders erfolgreich agiert werden konnte. Dabei ist jedoch zu berücksichtigen, dass der zugrunde gelegte Ursache-Wirkungszusammenhang i. d. R. ausschließlich auf Vermutungen basiert und nicht empirisch belegt wurde (vgl. *Reinecke/Janz*, 2007, S. 162 f.).

Problemfelder und Best Cases

(3) Kosten- und Budgetkontrolle

Die Kosten- und Budgetkontrolle stellt das in der Praxis des Marketing-Controlling am häufigsten eingesetzte Instrument dar. *Rosset/Reinecke* (2005, S. 93) konnten dies im Jahr 2005 für die Schweiz mithilfe einer empirischen Studie belegen. Die Kosten- und Budgetkontrolle fokussiert dabei insbesondere auf planbare Budgets und berücksichtigt neben den regulären Marketing-Budgets und -Kosten vor allem auch Gehälter, Reisekostenabrechnungen, Produktentwicklungs- oder Kommunikationsbudgets.

Verbreitung in der Praxis

Im Rahmen der Kontrolle sind dabei inhaltliche und formale Kontrollen voneinander abzugrenzen. Während bei einer **formalen Kontrolle** lediglich Plan- und Ist-Budgets einander gegenüber gestellt werden, um den Grad der Einhaltung zu ermitteln, werden bei **inhaltlichen Kontrollen** auch marketingrelevante Erfolgsgrößen einbezogen, um zusätzlich Aussagen über die Zweckmäßigkeit und auch die Angemessenheit der Budgets treffen zu können (vgl. *Reinecke/Janz*, 2007, S. 171 f.).

Kennzahlen und Kennzahlensysteme

Verdichtungsaufgabe

»Betriebswirtschaftliche Kennzahlen sind Zahlen, die in konzentrierter Form über einen zahlenmäßig erfassbaren betriebswirtschaftlichen Tatbestand informieren« (*Staehle* 1967, S. 62). Die zentrale **Aufgabe** der Kennzahlen besteht dabei in der **Verdichtung von Informationen**, sodass sie im Rahmen des Marketing-Controlling eine Informationsfunktion wahrnehmen, darüber hinaus jedoch auch bei der Überwachung Einsatz finden. Auf diese Weise nehmen sie insbesondere eine Führungsfunktion ein, da durch ihren Einsatz die Bereiche der Planung und Kontrolle leichter durchführbar werden (vgl. *Meffert/Burmann/Kirchgeorg*, 2012, S. 824).

Funktionen

Die verdichteten Daten dienen dann der verbesserten Zieloperationalisierung, der vereinfachten Steuerung von Marketing-Maßnahmen sowie der Kontrolle. Sie erlauben einen einfacheren Überblick über zentrale Marktforschungsinformationen. Diese Aspekte können nach *Sander* (2011, S. 820) in den drei **Funktionen**

▶ Anregungsfunktion,
▶ Operationalisierungs- und Vorgabefunktion sowie
▶ Steuerungs- und Kontrollfunktion

zusammengefasst werden.

Diese Funktionen entwickeln ihre Wirkung jedoch nur bei einer vergleichenden Betrachtung (vgl. *Siegwart/Reinecke/Sander*, 2010, S. 30 f.). So müssen Kennzahlen entweder im **innerbetrieblichen Vergleich** (z. B. im Zeitverlauf mithilfe von Soll/Ist-Werten oder im Vergleich von Geschäftsbereichen) oder **in Relation zur Konkurrenz** betrachtet und interpretiert werden.

Kennzahlenarten

Dabei sind generell relative und absolute **Kennzahlen** zu unterscheiden. **Relative Kennzahlen** setzen mindestens zwei Größen in Beziehung, wohingegen **absolute Kennzahlen** nur eine Größe betrachten (vgl. *Homburg*, 2012, S. 1195). So stellen Marketing-Ausgaben ein Beispiel für eine absolute Kennzahl dar, wohingegen die Marketing-Kosten pro Kunde eine relative Kennzahl repräsentieren.

Weiterhin kann im Marketing in **ökonomische** und **vorökonomische Kennzahlen** unterschieden werden. Gewinn, Umsatz, Marktanteile, Kosten, Deckungsbeiträge oder Renditen sind Beispiele für die wichtigsten ökonomischen Marketing-Kennzahlen. Beispiele für vorökonomische Kennzahlen sind im Preis- oder Markenimage, dem Bekanntheitsgrad, der Kundenzufriedenheit oder der wahrgenommenen Produktqualität zu sehen (vgl. *Sander*, 2011, S. 820)

Kennzahlensysteme

Für die heute typischen komplexen Markt- und Unternehmensstrukturen sind einzelne Kennzahlen jedoch nicht mehr ausreichend, da sie nur Ausschnitte der Realität darstellen können. Es besteht daher in der Praxis die Notwendigkeit, mehrere Kennzahlen zu kombinieren und somit ganze **Kennzahlensysteme** aufzubauen (vgl. *Meffert/Burmann/Kirchgeorg*, 2012, S. 825). Unter Marketing-Kennzahlensystemen wird dabei eine »zweckorientierte Gliederung von Kenngrößen einer marktorientierten Unternehmensführung« verstanden. Es handelt sich um eine logische und/oder rechnerische Verknüpfung mehrerer

Abb. 326

Beispiel für ein Marketing-Kennzahlensystem

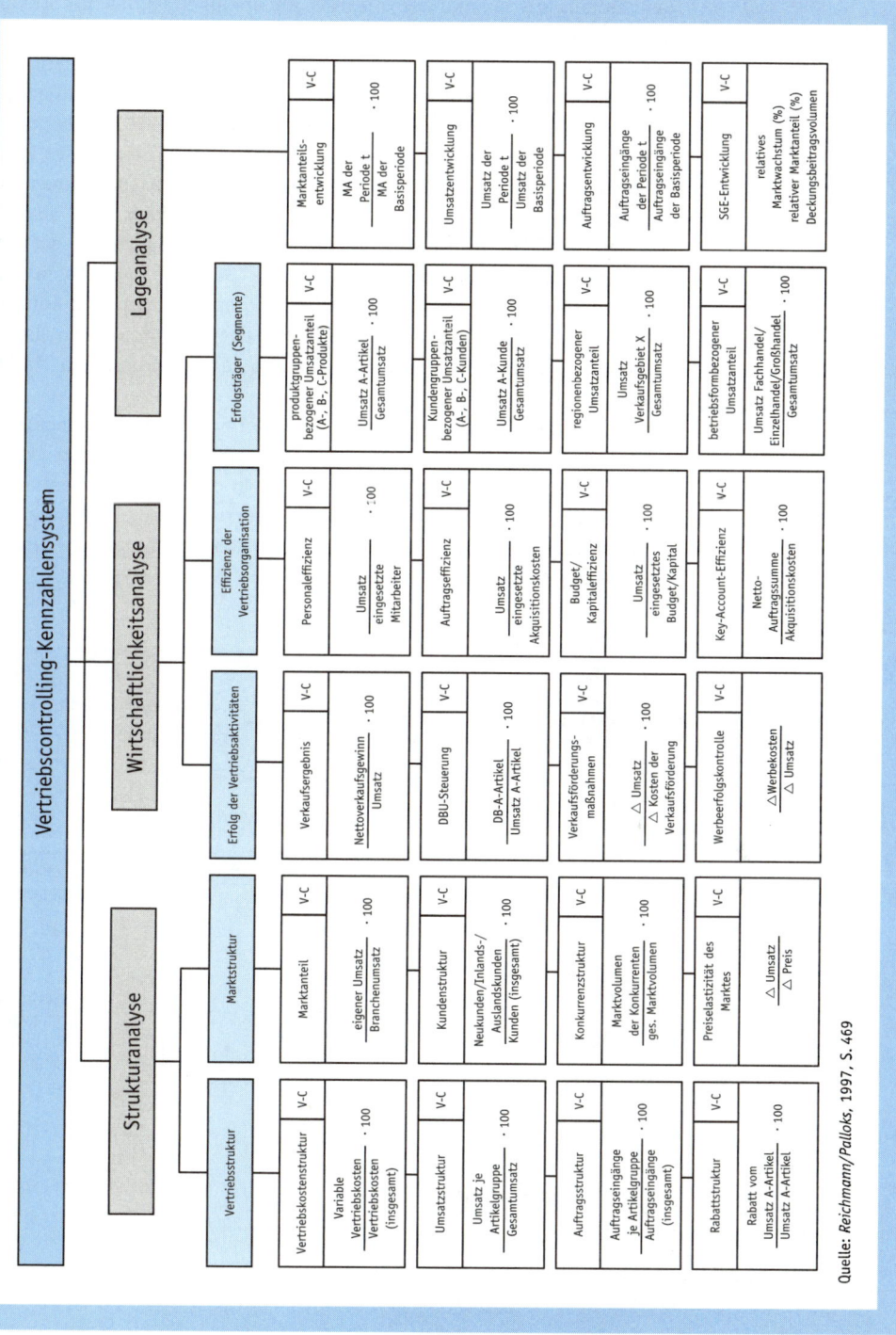

Quelle: *Reichmann/Palloks*, 1997, S. 469

Kennzahlen, die zueinander in einem Abhängigkeitsverhältnis stehen und sich gegenseitig ergänzen.« (*Reinecke/Janz,* 2007, S. 346).

Die Kombination der Kennzahlen muss dabei zweckorientiert erfolgen, sodass je nach Zielsetzung unterschiedlich ausgestaltete Kennzahlensysteme entstehen (vgl. *Meffert/Burmann/Kirchgeorg,* 2012, S. 825). *Abbildung 326* zeigt ein Beispiel für ein Marketing-Kennzahlensystem im Bereich des Vertriebs.

3-Ebenen-Aufbau

Reinecke/Janz (2007, S. 346 f.) sehen als idealtypische Grundstruktur eines Marketing-Kennzahlensystems einen **3-Ebenen-Aufbau** (vgl. *Abbildung 327*). Auf der ersten Ebene werden vor allem zentrale **finanzwirtschaftliche Ergebniskennzahlen** erfasst (wie beispielsweise Gewinn- oder Wachstumsgrößen), während auf der zweiten Ebene der Umgang mit **Kunden- und Leistungspotenzialen** operationalisiert wird. Auf dieser Ebene wird folglich die Marketing-Strategie konkretisiert. Die dritte Ebene befasst sich mit den **Marktpotenzialen**.

Kennzahlenauswahl

Die konkrete Zusammensetzung eines Kennzahlensystems muss dann jeweils branchen- und unternehmensspezifisch vorgenommen werden (vgl. *Homburg,* 2012, S. 1196). *Abbildung 328* verdeutlicht in diesem Zusammenhang, dass eine Vielzahl von Kennzahlen im Marketing-Controlling zur Verfügung stehen. Aus dieser Vielzahl von Kennzahlen ist eine **Auswahl branchen- und unternehmensbezogener Kennzahlen** zu treffen.

Abb. 327

Aufgabenorientiertes Marketing-Kennzahlensystem – idealtypische Struktur

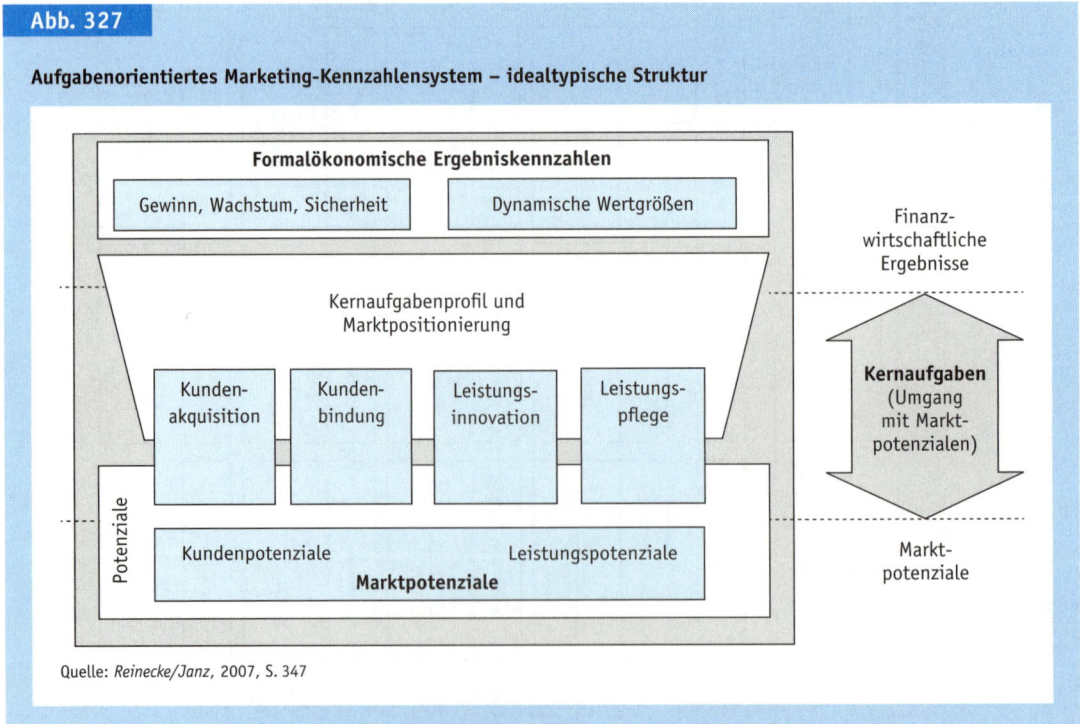

Quelle: *Reinecke/Janz,* 2007, S. 347

Abb. 328

Beispiele für Kennzahlen im Marketing-Controlling

	Effektivität	**Effizienz**
potenzial-bezogene Kennzahlen	Kategorie I	Kategorie II
	z. B. ▸ Kundenzufriedenheit ▸ Preisimage des Anbieters ▸ Lieferzuverlässigkeit	z. B. ▸ Anzahl erzielter Kontakte/ Kosten der Werbeaktion ▸ Kundenzufriedenheit mit der Verkaufsunterstützung/Kosten der Verkaufsunterstützung
markterfolgs-bezogene Kennzahlen	Kategorie III	Kategorie IV
	z. B. ▸ Anzahl der Gesamtkunden ▸ Anzahl der Neukunden ▸ Marktanteil eines Produktes ▸ am Markt erzieltes Preisniveau	z. B. ▸ Anzahl der Kundenbesuche pro Auftrag ▸ Anzahl der Angebote pro Auftrag (Trefferquote) ▸ Anzahl gewonnener Neukunden/Kosten der Aktivitäten der Direktkommunikation
wirtschaftliche Kennzahlen	Kategorie V	Kategorie VI
	z. B. ▸ Umsatz bezogen auf Produkt/ Produktgruppe ▸ Umsatz bezogen auf Kunden/ Kundengruppe ▸ Umsatz aufgrund von Aktivitäten der Direktkommunikation	z. B. ▸ Gewinn ▸ Umsatzrendite ▸ Kundenprofitabilität ▸ Umsatz aufgrund der Messeteilnahme/Kosten der Messeteilnahme

Quelle: *Homburg*, 2012, S. 1197

Teil 3
Marketing-Implementierung

A Ziel der Marketing-Implementierung

Lernziele

▶ Sie kennen Ziel und Begriff der Marketing-Implementierung. Insbesondere wissen Sie, dass sich die Marketing-Implementierung in eine verhaltensbezogene Durchsetzung und eine sachbezogene Umsetzung des Marketing-Konzepts untergliedert.

▶ Sie wissen, dass bei der Durchsetzung der Marketing-Konzeption insbesondere die personelle Dimension der Marketing-Implementierung eine große Rolle spielt.

▶ In Bezug auf die Umsetzung einer Marketing-Konzeption wissen Sie, dass die kulturelle, die strukturelle und die systemische Dimension von Bedeutung sind.

Mit Marketing-Implementierung wird das **Ziel** verfolgt, »die Grundsätze marktorientierter Unternehmensführung in sämtlichen betrieblichen Tätigkeitsbereichen zu verankern und zur tatsächlichen Anwendung zu bringen« (*Köhler*, 2000, S. 254). Gegenstand der Implementierung kann zum einen das Marketing an sich (im Sinne einer **unternehmensweiten Marktorientierung**) oder aber ein konkretes **Marketing-Konzept** sein. Letzteres ist als Bezugsobjekt der Marketing-Implementierung besser geeignet, da dieses als langfristiger Verhaltensplan zur Erreichung der verfolgten Marketing- bzw. Unternehmensziele eindeutiger abgegrenzt, weniger vielschichtig und klarer definiert ist (vgl. *Hilker*, 1993, S. 11). Zudem spielt die Marketing-Implementierung heute auf der Konzeptebene in vielen Unternehmen eine sehr viel größere Rolle als auf der Gesamtunternehmensebene (im Sinne der Einführung von Grundsätzen marktorientierter Unternehmensführung), da – anders als in der Etablierungsphase des Marketing in den 1970er-, 1980er- und 1990er-Jahren – Marketing heute in den meisten Unternehmen eine allgemein akzeptierte Ausrichtung des Unternehmens darstellt. Die ursprüngliche Intention der Marketing-Implementierung, das Gesamtunternehmen marktorientierter aufzustellen, indem Marketing als betriebswirtschaftliches Aufgabenfeld eingeführt wird, hat sich folglich in den meisten Unternehmen inzwischen erübrigt. Allerdings müssen sehr wohl neuartige oder veränderte Marketing-Konzepte regelmäßig in ansonsten marktorientiert agierenden Unternehmen implementiert werden. Daher stellt die Konzeptebene heute die relevanteste Bezugsebene für die Marketing-Implementierung dar. Der **Begriff** »Marketing-Implementierung« kann demnach insgesamt wie folgt näher spezifiziert werden: Es handelt sich um einen Prozess, der Marketing-Konzepte in durchführbare Aufgaben umwandelt und der sicherstellt, dass diese Aufgaben gemäß den verfolgten Zielen umgesetzt werden (vgl. *Kotler/Keller/Bliemel*, 2007, S. 1168f.).

Gegenstandsbereiche

Implementierungsbegriff

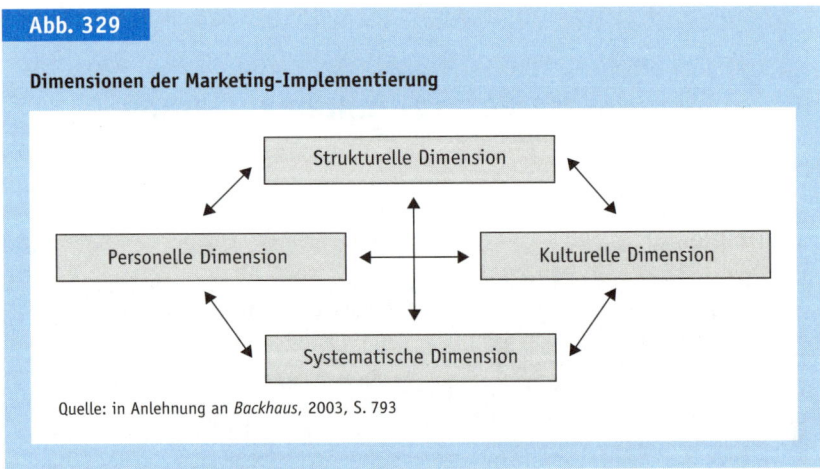

Abb. 329

Dimensionen der Marketing-Implementierung

Strukturelle Dimension

Personelle Dimension

Kulturelle Dimension

Systematische Dimension

Quelle: in Anlehnung an *Backhaus*, 2003, S. 793

Implementierungsziele

Entsprechend diesem Verständnis stellt die erfolgreiche Implementierung eines Marketing-Konzeptes das übergeordnete Ziel im Rahmen eines **Implementierungsprozesses** dar. Um dieses Ziel zu erreichen, muss dieses jedoch in zwei konkretere Systemziele aufgespalten werden: Die Durchsetzung sowie die Umsetzung des Marketing-Konzepts (vgl. *Kolks*, 1990, S. 78 f.; *Krüger*, 1983, S. 40):

▶ Im Rahmen der verhaltensbezogenen **Durchsetzung** des Marketing-Konzepts geht es primär darum, bei den Mitgliedern des Unternehmens Akzeptanz für das zu implementierende Konzept zu schaffen.

▶ Die sachbezogene **Umsetzung** des Marketing-Konzepts beinhaltet wiederum verschiedene Teilaufgaben. Zunächst muss eine Spezifizierung des zu implementierenden Konzepts erfolgen. Dies geschieht z. B. im Rahmen der Ermittlung des optimalen Marketing-Mix (vgl. Abschnitt 2 D III). Damit die hiermit definierten Aufgaben jedoch auch zielkonform durchgeführt bzw. umgesetzt werden können, müssen neben der **personellen Determinante** (es werden Menschen benötigt, die das Marketing-Konzept umzusetzen bereit sind) insbesondere die drei **Unternehmenspotenziale** Unternehmensstruktur, Unternehmenskultur sowie Managementsysteme auf das zu implementierende Konzept ausgerichtet sein.

Dimensionen der Implementierung

Entsprechend der dargestellten Ziele und Teilaufgaben muss eine umfassende Implementierung einer Marketing-Konzeption an mehreren **Dimensionen** gleichzeitig ansetzen (vgl. *Abbildung 339*). So muss die personelle, strukturelle, kulturelle und systematische Dimension beachtet werden. Zwischen diesen Dimensionen bestehen vielfältige Interdependenzen. Somit kann die Marketing-Implementierung nicht betrieben werden, indem nur eine Dimension auf die Erfordernisse des verfolgten Konzeptes ausgerichtet wird, sondern es müssen sämtliche Dimensionen ganzheitlich betrachtet werden.

B Durchsetzung der Marketing-Konzeption – die personelle Dimension

Die personelle Dimension der Marketing-Implementierung bezieht sich auf die **Fähigkeiten** und das **Verhalten der Mitarbeiter** (vgl. *Backhaus*, 2003, S. 798). Sie ist deshalb von besonderem Interesse, da letztlich alle Entscheidungen in einem Unternehmen von Individuen getroffen und umgesetzt werden. Keine organisatorische Regelung, kein Vermögensgegenstand und im Speziellen auch kein Marketing-Konzept kann ohne Mitwirkung zumindest eines Mitglieds der Organisation eine Veränderung erfahren bzw. realisiert werden (vgl. *Heinen*, 1992, S. 21). Mitarbeiterverhalten stellt somit die Basis organisatorischen Verhaltens dar und ist deshalb auch eine entscheidende Größe, um Marketing-Konzepte erfolgreich umzusetzen (vgl. u. a. *Staehle*, 1999, S. 200 ff.; *Kolks*, 1990, S. 110 ff.).

Personelle Ansatzpunkte

Die Hauptaufgabe im Rahmen der personellen Dimension liegt darin, eine unternehmensweite **Akzeptanz für das verfolgte Marketing-Konzept** zu schaffen (vgl. *Abbildung 330*). Denn nur mit einer intern hohen Akzeptanz kann ein Marketing-Konzept nach außen seine volle Schlagkraft entfalten. Besteht innerhalb des Unternehmens keine ausreichende Akzeptanz für das zu implementierende Marketing-Konzept, wird dies zu Widerstand bei den betroffenen Mitarbeitern führen. Unter **Widerstand** sind dabei in Anlehnung an *Vahs* (2012,

Akzeptanz vs. Widerstand

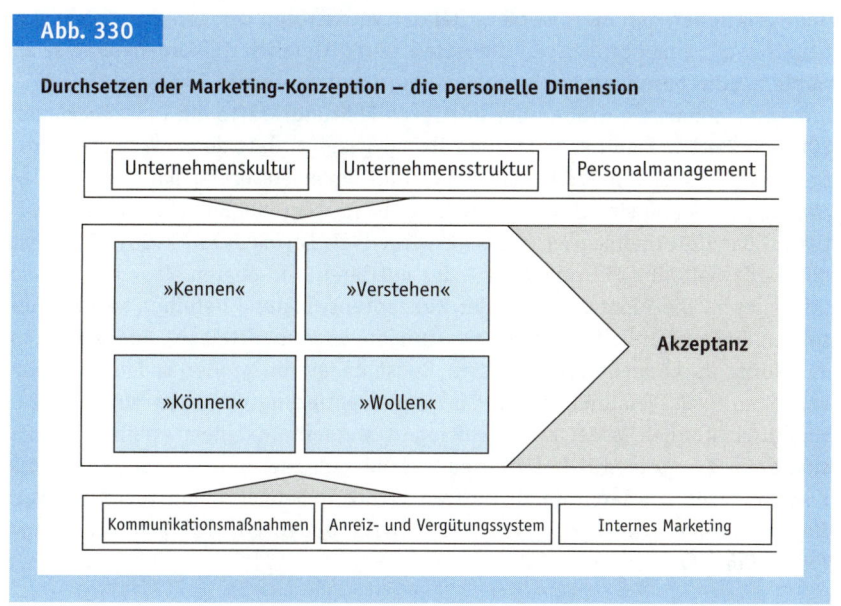

Abb. 330

Durchsetzen der Marketing-Konzeption – die personelle Dimension

Bestimmungsaufgaben
von Akzeptanz

S. 373 ff.) mentale Barrieren zu verstehen, die sich in einer Ablehnung von Veränderungen äußern. Veränderungen können dabei aus verschiedensten Gründen abgelehnt werden. Diese können sowohl rational nachvollziehbar sein und auf sachlichen Überlegungen basieren, als auch auf rein subjektiven Empfindungen der Betroffenen beruhen. Unabhängig von den individuell verschiedenen Gründen für Widerstand gilt es diesen von vornherein durch Schaffung von Akzeptanz zu verhindern. Die Akzeptanz eines Marketing-Konzepts wird maßgeblich durch das »Kennen«, »Verstehen«, »Können« und »Wollen« des Marketing-Konzeptes seitens der Unternehmensmitglieder bestimmt, weshalb es notwendig ist, diese

▸ zu informieren (um »Kennen« und »Verstehen« zu erreichen),
▸ zu qualifizieren (»Können«) und
▸ zu motivieren (»Wollen«) (vgl. *Meffert/Burmann/Kirchgeorg*, 2012, S. 778 f.).

Teilaufgaben »Kennen«
und »Verstehen«

In einem ersten Implementierungsschritt muss es darum gehen, den betroffenen Mitarbeitern die wichtigsten Inhalte und Ziele des Konzeptes zu vermitteln (»**Kennen**«). Im Rahmen der Information der Mitarbeiter muss zudem darauf geachtet werden, dass diese deren Inhalte auch »**verstehen**« (vgl. *Meffert/Burmann/Kirchgeorg*, 2012, S. 778f). Allen Unternehmensmitgliedern muss Sinn, Rolle und Bedeutung des Marketing im Allgemeinen und der spezifischen Marketing-Konzeption klar sein. Verständnis muss dabei bei den Mitarbeitern aller Unternehmensbereiche geweckt werden. Hierzu ist eine gezielte und umfassende **interne Kommunikation** unerlässlich (vgl. *Becker*, 2013, S. 855). Aufgrund unterschiedlicher Anforderungen, Hintergründe und Persönlichkeitsstrukturen können dabei nicht von allen Mitarbeitern die gleichen Fähigkeiten und Reaktionen gefordert werden. Bei der Vermittlung des Konzepts ist es daher sinnvoll, eine bezogen auf die Adressaten differenzierte Vorgehensweise zu wählen. Eine besonders wichtige Stellung im Rahmen des Implementierungsprozesses nimmt die **Gruppe der mittleren Führungskräfte** ein (vgl. *Backhaus*, 2003, S. 798 f.). Empirische Studien haben gezeigt, dass deren Verhalten großen Einfluss auf den Erfolg der Marketing-Implementierung hat (vgl. *Noble/Mokwa*, 1999) und sich ihre Einbeziehung in strategische Entscheidungen positiv auf das Unternehmensergebnis auswirkt (vgl. *Levine et al.*, 1995). Zunächst gilt es deshalb, die Führungskräfte des mittleren und oberen Managements zu informieren, die nicht aktiv an der Konzeptentwicklung beteiligt waren. Hier sollten Gründe, Inhalte, Erfolgserwartungen und unmittelbare Auswirkungen des Konzepts kommuniziert werden. Es ist dabei von großer Bedeutung, von vornherein ein Verständnis für das Implementierungsvorhaben zu schaffen. Hierdurch können Widerstände verringert werden. In einem zweiten Schritt sind dann die übrigen Mitarbeiter zu informieren. Hier gilt es insbesondere die Konsequenzen für deren unmittelbaren Tätigkeitsbereich herauszustellen (vgl. *Meffert/Burmann/Kirchgeorg*, 2012, S. 778 f.; *Sander*, 2011, S. 778; *Nieschlag/Dichtl/Hörschgen*, 2002, S. 345).

Eine weitere Voraussetzung für eine erfolgreiche Implementierung stellt die Handlungsfähigkeit der Mitarbeiter dar (»**Können**«). Diese müssen über die notwendigen Fähigkeiten verfügen, um die Konzept-Inhalte auch umsetzen zu können. Es ist zu überprüfen, ob Qualifikationslücken bestehen und inwieweit man diesen mit geeigneten Anpassungsqualifikationen entgegentreten kann. Insbesondere in diesem Bereich sind Instrumente des Personalmanagements gefragt, die eine konzeptionsgerechte **Auswahl der Mitarbeiter** wie auch ihre ständige **Weiterentwicklung** sicherstellen (vgl. *Meffert/Burmann/Kirchgeorg*, 2012, S. 779).

Ganz entscheidend ist schließlich auch, dass die Unternehmensmitglieder die Strategie bzw. das Konzept auch verinnerlichen und umsetzen »**wollen**«. Hierzu ist es notwendig, potenzielle Durchsetzungsbarrieren rechtzeitig zu identifizieren und zu beseitigen. Es bietet sich dabei an, diejenigen Personen, die später maßgeblich für den Erfolg der Implementierung verantwortlich sind, schon in der Phase der Konzeptentwicklung einzubeziehen. Auch informelle Vieraugengespräche bieten sich hierbei an, um Implementierungsbarrieren zu identifizieren. Allerdings reichen solche Einzelgespräche i. d. R. nicht aus, um alle Widerstände im Unternehmen zu beseitigen. Wichtig ist auch ein strategiekonform gestaltetes **Anreizsystem**, die **Sanktionierung** von unerwünschtem Verhalten sowie eine entsprechende **Führung** durch die jeweiligen Vorgesetzten (vgl. *Hungenberg*, 2008, S. 369).

Teilaufgabe »Können«

Teilaufgabe »Wollen«

C Umsetzung der Marketing-Konzeption – die kulturelle, strukturelle und systemische Dimension

I Kulturelle Dimension

Die **Unternehmenskultur** ist für die Marketing-Implementierung von ausschlaggebender Bedeutung und entscheidet maßgeblich über deren Erfolg oder Misserfolg, da sie den Rahmen für das Handeln der Unternehmensmitglieder darstellt und deren Verhalten steuert (vgl. *Welge/Al-Laham*, 2012, S. 798). Die herausragende Bedeutung der Unternehmenskultur für die Implementierung von Marketing-Konzepten (vgl. *Von der Oelsnitz*, 1999, S. 278 ff.) sowie für den Unternehmenserfolg ist vielfach belegt (vgl. *Homburg/Pflesser*, 2004, S. 283; *Homburg*, 2000, S. 207; *Homburg/Pflesser*, 2000, S. 451). Dabei ist die Unternehmenskultur sowohl Implementierungsgegenstand (wenn Marketing im Sinne einer unternehmensweiten Marktorientierung im Denken und Handeln der Mitarbeiter verankert werden soll, es also um eine komplette Neuausrichtung des Unternehmens auf der höchsten Aggregationsebene geht) als auch ein bedeutender Einflussfaktor bei der Implementierung konkreter Marketing-Konzepte (vgl. *Von der Oelsnitz*, 1999, S. 278). Unternehmenskultur wird in Anlehnung an *Heinen/Dill* (1990, S. 17) definiert als die Grundgesamtheit aller Werte- und Normvorstellungen, Einstellungen sowie Denk- und Verhaltensmuster, die »die Entscheidungen, die Handlungen und das Verhalten der Organisationsmitglieder prägen«.

Bedeutung der Unternehmenskultur

Begriff »Unternehmenskultur«

Die **Ausgestaltung** der Unternehmenskultur lässt sich dabei auf drei verschiedenen Ebenen vollziehen:
▸ Gesamtunternehmensebene,
▸ Gruppenebene und
▸ Individualebene (vgl. *Bruhn*, 2013a, S. 281).

Ausgestaltungsebenen

Auf **Gesamtunternehmensebene** wird unter Kultur das Selbstverständnis des Unternehmens verstanden, das zum Ziel hat, das Verhalten aller Mitarbeiter im Sinne einer marktorientierten Einheitskultur zu prägen (vgl. *Bruhn*, 2002). Um zur vollen Entfaltung zu gelangen, darf die Unternehmenskultur nicht allein die Marketing-Konzeption beeinflussen. Darüber hinaus muss das Marketing-Denken auch die Unternehmenskultur prägen (vgl. *Fritz/Von der Oelsnitz*, 2006, S. 302). Auf der Gesamtunternehmensebene kommt es deshalb für die Implementierung der Marketing-Konzeption in erster Linie auf die Schaffung bzw. Weiterentwicklung (wenn die Kultur bislang beispielsweise von einer nach innen gerichteten bzw. technikfokussierten Denkweise geprägt ist; vgl. *Backhaus*, 2003, S. 793) einer marktorientierten Unternehmenskultur an (vgl. *Becker*, 2013, S. 857). Eine **marktorientierte Unternehmenskultur** zeichnet sich dabei insbesondere dadurch aus, dass sich alle betrieblichen Handlungen und

Gesamtunternehmensebene

Prozesse an den Kundenbedürfnissen ausrichten. Dies erfordert eine offene und funktionsübergreifende Kommunikation innerhalb des Unternehmens. Zudem sind marktorientierte Unternehmenskulturen durch Innovations- und Mitarbeiterorientierung geprägt (*Backhaus*, 2003, S. 794).

Gruppenebene

Neben dieser »Hauptkultur« auf Unternehmensebene bestehen jedoch vor allem in größeren Unternehmen auf der **Gruppenebene** diverse Subkulturen, die häufig entlang von Abteilungs- oder Hierarchiegrenzen bzw. in Gruppen von Mitarbeitern gleicher ethnischer oder nationaler Herkunft entstehen (vgl. *Bruhn*, 2013a, S. 281; *Fritz/Von der Oelsnitz*, 2006, S. 305 f.). Diese **Subkulturen** sind oftmals aussagekräftiger als die übergeordnete Unternehmens- bzw. Hauptkultur, da sie von den Mitarbeitern durch ihren stärkeren Alltagsbezug intensiver erlebt werden (vgl. *Wilkins/Ouchi*, 1983, S. 458 f.). Deshalb bietet es sich an, bei einer Änderung der Unternehmenskultur im Rahmen des Implementierungsprozesses auf dieser Ebene anzusetzen (vgl. *Bruhn*, 2013a, S. 281 f.). Durch systematische Förderung einer Subkultur kann diese als »Keimzelle eines geplanten Unternehmenswandels« (*Fritz/Von der Oelsnitz*, 2006, S. 305) fungieren und im Laufe der Zeit zu einer Veränderung der Hauptkultur beitragen (vgl. *Von der Oelsnitz*, 2000).

Oftmals scheitert die Umsetzung einer Marketing-Konzeption allerdings an **Abteilungs-** oder **Hierarchiegrenzen**. Dabei sind meist nicht divergierende Ziele das Problem, sondern die Tatsache, dass die einzelnen Subkulturen unterschiedliche »Sprachen« sprechen oder durch verschiedene Denk- und Herangehensweisen geprägt sind (vgl. *Müller/Gelbrich*, 2004, S. 396; *Müller/Kornmeier*, 2000, S. 246). Da ein Unternehmen nur durch eine hierarchie- und abteilungsübergreifende Zusammenarbeit markt- bzw. kundenorientiert handeln kann, ist es notwendig, dass die einzelnen Subkulturen durch eine übergeordnete marktorientierte Hauptkultur »zusammengehalten« werden. Letztlich muss es das Ziel sein, dass alle Mitarbeiter des Unternehmens »vom Markt her denken« und »für den Markt handeln« (vgl. *Backhaus/Voeth*, 2010a, S. 28). Nur so kann ein gemeinsames und strategiekonformes Agieren sichergestellt werden.

Individualebene

Die dritte Ebene ist schließlich die **Individualebene**. Als Träger der Unternehmenskultur nimmt jeder einzelne Mitarbeiter eine bedeutende Rolle für die Wirkung und Stärkung der Unternehmenskultur ein (vgl. *Bruhn*, 2013a, S. 281). Nur wenn jeder Einzelne die Unternehmenskultur tatsächlich verinnerlicht hat und dementsprechend handelt, kann diese auf Dauer bestehen.

Bei der Unternehmenskultur handelt es sich somit um ein schwer greifbares und insbesondere auch schwer veränderbares Phänomen. Kulturveränderungen können nicht einfach (»quasi auf Knopfdruck«) durch formale Anordnungen durchgesetzt werden. Für eine erfolgreiche Anpassung bzw. Veränderung der Unternehmenskultur muss auf Seiten der Mitarbeiter hierfür ein möglichst hohes **Commitment** vorhanden sein bzw. erzeugt werden. Nur wenn die Mitarbeiter die neue Kultur verstehen, akzeptieren und leben (wollen), können sie diese auch verinnerlichen. Grundsätzlich stehen Menschen Veränderungen jedoch sehr ablehnend gegenüber und möchten an Bestehendem festhalten. Dies gilt insbesondere für ein über Jahre gewachsenes und fest verankertes Werte- und Normengefüge (vgl. *Meffert/Burmann/Kirchgeorg*, 2012, S. 809 f.). Trotzdem ist eine

Unternehmenskultur generell formbar und der hierfür notwendige Veränderungs-
prozess bis zu einem bestimmten Maße auch steuerbar (vgl. *Von der Oelsnitz*,
1999, S. 278 ff.). Der **Wandel der Unternehmenskultur** gestaltet sich jedoch als
langfristiger (kurzfristige Änderungen sind so gut wie ausgeschlossen) und aufwendiger Prozess (vgl. *Meffert/Burmann/Kirchgeorg*, 2012, S. 809 f.).

Im Rahmen der Marketing-Implementierung muss zunächst die im Unternehmen vorhandene **Ist-Unternehmenskultur** ermittelt werden. Hierfür kann auf
verschiedene Ansätze zurückgegriffen werden, die grundsätzlich in dimensi-
onsorientierte Ansätze und Typologien der Unternehmenskultur unterteilt werden können. Während bei **dimensionsorientierten Ansätzen** die Kultur des Unternehmens auf Basis verschiedener Dimensionen (die meist durch Faktoren-
analysen ermittelt wurden) eingeschätzt und in einem Raster beschrieben wird
(vgl. beispielhaft *Abbildung 331*), kann unter Zuhilfenahme von **Typologien** die
Kultur eines Unternehmens (ebenfalls unter Zuhilfenahme verschiedener Dimensionen) charakterisiert werden, d. h. einer idealtypischen Kultur zugewiesen werden (vgl. *Homburg*, 2012, S. 1249 ff.).

Die Dimensionsbeurteilung oder Typologisierung kann beispielsweise auf Basis von Mitarbeiterbefragungen oder Interviews vorgenommen werden, die sich

Soll/Ist-Vergleich

Abb. 331

**Beschreibung der Ist- und Soll-Kultur eines Unternehmens auf Basis des dimensionsorientierten Ansatzes
von *O'Reilly/Chatman/Caldwell***

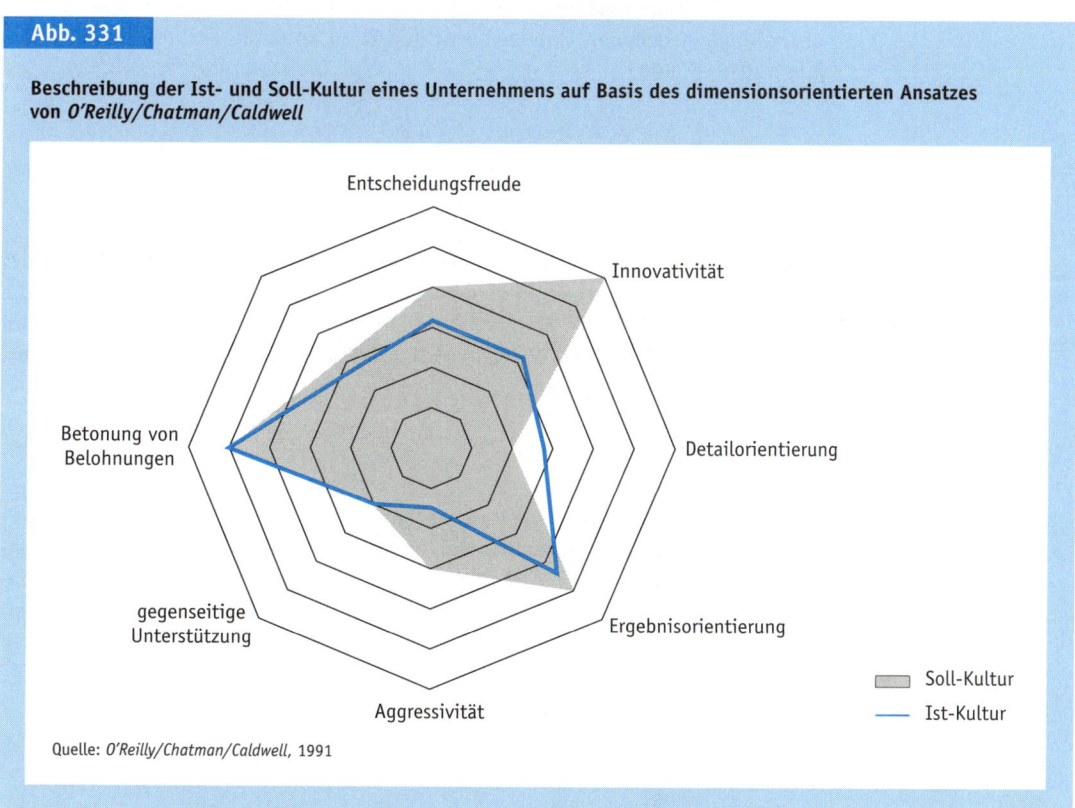

Quelle: *O'Reilly/Chatman/Caldwell*, 1991

auf die Einschätzung verschiedener Kulturdimensionen beziehen. Wichtig ist hierbei, dass geeignete Indikatoren ermittelt werden (vgl. *Welge/Al-Laham*, 2012, S. 798 f.). Parallel zur Ermittlung der Ist-Kultur kann die **Soll-Unternehmenskultur** – *Welge/Al-Laham* (2012, S. 798 f.) sprechen von der Ermittlung eines kulturbezogenen Anforderungsprofil – abgeleitet werden. Durch einen **Abgleich von Ist- und Soll-Unternehmenskultur** ergibt sich der kulturelle Änderungsbedarf (vgl. *Backhaus*, 2003, S. 793 f.). Die Unternehmenskultur bedarf dann einer Anpassung, wenn die tatsächlich gelebten Werte und Normen des Unternehmens den zur Implementierung des Marketing-Konzeptes erforderlichen Anforderungen nicht entsprechen (vgl. *Bruhn*, 2013a, S. 282).

Instrumente zum Kulturaufbau

Zur **Entwicklung einer marktorientierten Unternehmenskultur** steht eine Vielzahl von Instrumenten zur Verfügung. Beispielhaft können hier Instrumente des Personalmanagements wie Personalauswahl und -entwicklung, internes Marketing, Führungsstil und -grundsätze, Ausgestaltung des Kommunikations- und Anreizsystems etc. genannt werden (vgl. *Homburg/Stock*, 2000; *Von der Oelsnitz*, 1999, S. 254 ff.; *Hilker*, 1993, S. 72 ff.). Da Kulturveränderungen allerdings sehr langwierige, kostenintensive, schwer zu steuernde und von großen Widerständen begleitete Prozesse sind, erscheint es in vielen Fällen angebracht, anstatt einer Veränderung der Ist-Kultur zur Unterstützung des zu implementierenden Marketing-Konzeptes, das Konzept bereits vor dem Hintergrund einer gegebenen Unternehmenskultur zu konzipieren (vgl. *Welge/Al-Laham*, 2012, S. 800 f.).

II Strukturelle Dimension

Marketing-Organisation und Unternehmensorganisation

Die strukturelle Dimension der Marketing-Implementierung ist vor allem in der **Aufbauorganisation** eines Unternehmens zu sehen. Diese prägt ebenso wie die Unternehmenskultur die Möglichkeiten zur erfolgreichen Implementierung von Marketing und Marketing-Konzepten. Die Aufbauorganisation äußert sich dabei in der Ausgestaltung der

▸ Marketing-Organisation und
▸ Unternehmensorganisation.

Ausgestaltung der Marketing-Organisation

Begriff

Unter einer **Marketing-Organisation** versteht man den Teil eines Unternehmens, dessen Hauptaufgabe die Ausübung der Marketing- und Vertriebsfunktionen ist (vgl. *Backhaus/Voeth*, 2010a, S. 28; *Homburg*, 2012, S. 1107). Die gängigsten Varianten der (objektbezogenen) Marketing-Organisation sind

▸ die produktorientierte,
▸ die regionen- oder gebietsorientierte sowie
▸ die kundenorientierte

Marketing-Organisation.

Für die Ausgestaltung der **produktorientierten Marketing-Organisation** sind insbesondere das Produktmanagement sowie das Category Management von Bedeutung (vgl. *Köhler*, 1995, S. 1641 ff.). Die Organisationsform des **Produktmanagements** basiert auf einer Aufgabenspezialisierung im Hinblick auf ein Produkt bzw. eine Marke (weshalb häufig auch von Brand Management gesprochen wird) und äußert sich in der Bündelung aller, sich auf ein bestimmtes Produkt beziehender Marketing-Aktivitäten (vgl. *Becker*, 2013, S. 839 f.; *Fritz/Von der Oelsnitz*, 2006, S. 276 f.). Die Aufgabe von sogenannten Produkt- bzw. Brand-Managern ist es, »ihr« Produkt bzw. »ihre« Marke von der Ideenfindung über die Konzeptentwicklung bis hin zur Einführung und strategischen sowie operativen Steuerung im Markt zu begleiten. Ziel ist es, durch die Bündelung der verschiedenen Aufgaben in einer Person oder Abteilung eine produktbezogene Abstimmung der einzelnen betrieblichen Funktionen zu erreichen, was sich i. d. R. positiv im Hinblick auf Effektivität und Effizienz auswirkt (vgl. *Specht/Fritz*, 2005, S. 337 ff.). Hierzu ist eine enge Zusammenarbeit mit verschiedensten anderen Organisationseinheiten innerhalb (z. B. mit Marktforschung, Vertrieb, Kommunikationsabteilung etc.) und außerhalb der Marketing-Organisation (z. B. Beschaffung und Produktion) notwendig. Produktmanager haben somit vor allem eine **koordinierende Funktion**, Weisungsrechte besitzen sie gegenüber anderen Organisationseinheiten allerdings nicht (vgl. *Becker*, 2013, S. 839 f.; *Fritz/Von der Oelsnitz*, 2006, S. 276 f.). Das Produktmanagement bietet sich vor allem bei Unternehmen mit einer großen Zahl unterschiedlicher Produkte und Produktlinien an. Hier hat es sich vor allem deshalb bei vielen Unternehmen bewährt, da es die Entwicklung eines produktspezifischen Marketing-Mix und eine schnelle Reaktion auf veränderte Marktverhältnisse ermöglicht (vgl. *Fritz/Von der Oelsnitz*, 2006, S. 276 f.).

> Produktorientierte Organisation

> Produktmanagement

Dem Produktmanagement ähnlich ist das **Category Management** (vgl. *Homburg*, 2012, S. 1129 f.). Indem nicht mehr nur einzelne Produkte, sondern ganze Produktkategorien (manchmal auch als Produktgruppen bezeichnet) das Bezugsobjekt für die Strukturierung darstellen, soll verhindert werden, dass wichtige **Verbundbeziehungen** zwischen den Produkten vernachlässigt werden. Zudem ist es durch Category Management möglich, **Synergieeffekte** zwischen den Produkten einer Gruppe zu nutzen und dadurch an Effizienz zu gewinnen (vgl. *Becker*, 2013, S. 840). Anders als beim Produktmanagement wird beim Category Management den einzelnen Organisationseinheiten häufig direkte Gewinnverantwortung übertragen (vgl. *Köhler*, 1995, S. 1643). Die Produktkategorien werden dabei meist nicht mehr auf Basis von sachlich-technischen Verbundbeziehungen zwischen den Produk-

> Category Management

Fallbeispiel 108

Category Management bei Otto

Um das E-Commerce-Geschäft weiter zu stärken, stellte sich der Versandhändler Otto im Jahre 2011 organisatorisch neu auf: Vertrieb und Einkauf wurden in einem übergreifenden Category-Management vereint, das von einem Vorstandsmitglied geleitet wird. Die Category Manager bei Otto sind jeweils für eine bestimmte Warengruppe verantwortlich. Sie stellen die optimalen Abverkaufschancen für die Sortimentsbereiche sicher und gewährleisten eine optimale Sortimentsentwicklung unter Berücksichtigung der Kundenwünsche sowie der Profitabilitäts- und Lagerbestandsvorgaben (vgl. *Der Handel*, 2011; *Otto*, 2012).

ten, sondern auf Basis von **Bedürfniskategorien** (Produkte, die ähnliche Kundenbedürfnisse befriedigen) gebildet. Somit werden oftmals Produkte, die technisch sehr verschiedenartig sein können, jedoch gemeinsam haben, auf ein bestimmtes Kundenbedürfnis ausgerichtet zu sein, von einer Organisationseinheit betreut (vgl. *Köhler*, 2002, S. 738 f.). Durch die damit einhergehende Bedürfnisorientierung liegt dem Category Management eine relativ starke Kundenorientierung zugrunde (vgl. *Fritz/Von der Oelsnitz*, 2006, S. 278 f.).

Regionen- und gebietsbezogene Organisation

Bei der **regionen-** oder **gebietsbezogenen Marketing-Organisation** werden Organisationseinheiten nach geografischen Kriterien voneinander abgegrenzt. Eine solche Organisationsstruktur ist insbesondere für große Unternehmen im internationalen Kontext von Bedeutung (Strukturierung nach Kontinenten, Ländergruppen oder Ländern), kann jedoch auch durch Gliederung nach einzelnen Regionen im nationalen bzw. regionalen Kontext erfolgen. Sie ist vor allem dann sinnvoll, wenn heterogene Marktbedingungen (z. B. starke Unterschiede in Bezug auf Kundenverhalten, Wettbewerbsposition etc.) vorherrschen (vgl. *Becker*, 2013, S. 841; *Simon/Tacke*, 1990, S. 27).

Fallbeispiel 109

Regionenbezogene Marketing-Organisation bei Atlas Copco Portable Air

Der Industriekonzern Atlas Copco ist mit seinen Produkten und Dienstleistungen in den Branchen Kompressoren- und Drucklufttechnik, Bau und Bergbau sowie Industriewerkzeuge und Montagesysteme weltweit führend. Portable Air ist ein Geschäftsbereich von Atlas Copco Compressor Technique. Dieser Bereich entwickelt, produziert und vertreibt weltweit fahrbare Kompressoren, Hochdruck-Booster und tragbare Generatoren. Um näher an seine Kunden heranzureichen, hat Atlas Copco im Jahr 2009 in diesem Geschäftsbereich eine neue regio-

nenbezogene Marketing-Organisation eingeführt. Atlas Copco hatte erkannt, dass es nur auf diese Weise möglich ist, den individuellen Bedürfnissen jedes Landes gerecht zu werden. Zuvor war das Marketing stark auf Europa fokussiert, da sich dort der Hauptsitz der Division befindet, von wo bis dahin alle Marketing-Aktivitäten koordiniert wurden (vgl. *Atlascopco*, 2012; *o.V.*, 2010b). Nach der Reorganisation wurden mehr Entscheidungskompetenzen in die Regionen verlagert.

Kundenbezogene Organisation

Das größte Ausmaß an Kundenorientierung liegt in der **kundenbezogenen Marketing-Organisation** vor (auch als Kundenmanagement bezeichnet), welche auf die optimale Orientierung an den Bedürfnissen der verschiedenen Kunden ausgerichtet ist (vgl. *Homburg*, 2012, S. 1114). Hier erfolgt die Abgrenzung von Organisationseinheiten anhand einzelner Kunden oder Kundengruppen. Im Marketing-Bereich sind insbesondere die beiden Ausprägungsformen Key Account Management (vgl. Abschnitt 2 D II 3.1.2.1.1.) und Kundensegmentmanagement von Bedeutung (vgl. *Diller*, 1995, S. 1365). Eine Gliederung nach **Key Accounts** ist dann sinnvoll, wenn einzelnen Kunden aufgrund ihres Abnahme-

Fallbeispiel 110

Key Account Management bei Siemens

»Die Nähe zum Kunden ist entscheidend für unseren unternehmerischen Erfolg. Ich selbst verbringe mehr als die Hälfte meiner Zeit bei unseren Kunden«, so Siemens-Vorstandschef Peter Löscher bei der Verleihung des Preises für das beste Key Account Management im Jahr 2011. Weltweit kümmern sich bei Siemens mehr als 1.200 Key Account Manager um ca. 2.000 Kunden, die für rund 40% des Siemens-Umsatzes stehen. Zum weiteren Ausbau des Key Account Managements investiert Siemens mittelfristig einen dreistelligen Millionen-Euro-Betrag. Die Investitionen fließen u. a. in den Aufbau weiterer Key Account Manager, die Aus- und Weiterbildung der Angestellten im Vertrieb und die Entwicklung einer verbesserten Softwareunterstützung zur Bearbeitung der Kundenprozesse

Auch die zehn Vorstände von Siemens betreuen im Rahmen eines »Executive Relationship Programms« rund 80 Top-Kunden. Um auf die Bedürfnisse der internationalen Siemens-Kunden besser eingehen zu können, finden Vorstandssitzungen seit einigen Jahren regelmäßig auch unter Einbindung von Kunden außerhalb von Deutschland statt. Zuletzt traf sich der Vorstand u. a. in China, Indien, Brasilien, Russland, USA und Mexiko (vgl. *Siemens*, 2012).

volumens und somit Umsatzbedeutung eine herausragende Stellung zukommt. Bezugsobjekt des **Kundensegmentmanagements** sind hingegen ganze Kundensegmente (vgl. z. B. *Homburg*, 2012, S. 1131 ff.; *Becker*, 2013, S. 840 ff.).

Ausgestaltung der Organisationsstruktur des Unternehmens als Ganzes

Im Rahmen der Implementierung einer ganzheitlichen Marktorientierung im Unternehmen, jedoch auch im Rahmen der Implementierung eines konkreten Marketing-Konzeptes (dann nämlich wirkt eine marktorientierte Organisationsstruktur des Gesamtunternehmens unterstützend), bedarf es auch der organisatorischen Einbindung von Abläufen über die Marketing-Organisation hinaus (vgl. *Köhler*, 2000, S. 265). Ziel muss es sein, durch eine entsprechende Organisationsstruktur eine auf die Kundenbedürfnisse ausgerichtete **funktionsübergreifende Zusammenarbeit** zu ermöglichen und Bereichsegoismen, Zielkonflikte sowie Verständigungsprobleme zu überwinden (vgl. *Backhaus*, 2003, S. 795). Grundsätzlich stehen zur **Ausgestaltung der Unternehmensorganisation**

- ▸ funktionsorientierte,
- ▸ objektorientierte sowie
- ▸ mehrdimensionale Organisationsformen

zur Verfügung.

Bei **funktionsorientierten Organisationsformen** erfolgt eine Gliederung nach ähnlichen Aktivitäten in der Wertschöpfungskette. Verrichtungen gleicher Art (wie z. B. Produktentwicklung, Werbung, Vertriebsaußendienst, Kundendienst) werden in einer organisatorischen Teileinheit zusammengefasst (vgl. *Homburg*, 2012, S. 1121; S. 1086 f.; *Becker*, 2013, S. 837). **Objektorientierte Organisationsformen** sind hingegen dadurch gekennzeichnet, dass verschiedenartige Aktivitäten, die auf das gleiche Objekt (dies kann z. B. ein Produkt, ein Kunde, eine Region etc. sein) gerichtet sind, zusammengefasst werden (vgl. *Schreyögg*,

Bedeutung der Unternehmensorganisation

Organisationsformen

2008, S. 129 ff.; *Frese*, 2005, S. 335 ff. bzw. S. 405 ff.). Neben diesen beiden grundlegenden Organisationsformen werden in der Praxis, vor allem bei größeren Unternehmen, häufig mehrere Strukturierungsarten für die Gestaltung der Organisation gleichzeitig angewandt, wobei eine Kombination auf der gleichen als auch auf verschiedenen Hierarchieebenen denkbar ist (**mehrdimensionale Organisation**). Bei einer Kombination zweier Gliederungskriterien auf der gleichen Hierarchieebene ist von einer **Matrix-Organisation** die Rede. Bei Anwendung von mehr als zwei Gliederungskriterien ist eine **Tensor-Organisation** gemeint. Eine Matrix-Organisation hat den Vorteil, dass sowohl objekt- als auch funktionsbezogene Kriterien kombiniert werden können und somit Anforderungen zweier Perspektiven im Rahmen von Abstimmungs- und Entscheidungsprozessen berücksichtigt werden können. Genau hieraus ergeben sich jedoch auch die Nachteile dieser Organisationsform. Da jede Teileinheit zwei übergeordneten Instanzen direkt unterstellt ist, führt die Matrix-Organisation zu einem hohen Koordinationsaufwand. Zudem entsteht durch die notwendigen Abstimmungsprozesse ein nicht zu unterschätzendes Konfliktpotenzial (insbesondere auch Zielkonflikte) (vgl. *Homburg*, 2012, S. 1115 f.; *Meffert/Burmann/Kirchgeorg*, 2008, S. 776 f.). Daneben ist auch eine Kombination mehrerer Gliederungskriterien auf verschiedenen Hierarchieebenen möglich. Gerade in größeren Unternehmen ist eine solche mehrdimensionale Organisationsstruktur weit verbreitet, da sie hilft, die vorhandene Komplexität zu reduzieren.

Die Entscheidung, nach welchen Kriterien das Unternehmen auf der obersten Ebene strukturiert werden soll, hat dabei weitreichende **Konsequenzen** für

▸ die Marktorientierung des Unternehmens,
▸ die Ausgestaltung der Marketing-Organisation sowie
▸ die Implementierung eines Marketing-Konzeptes.

Kommunikations-
probleme

Je nachdem, wie sich ein Unternehmen auf der Gesamtunternehmensebene organisiert, entstehen mehr oder weniger starke **Kommunikationsprobleme** zwischen verschiedenen Organisationseinheiten, die einer erfolgreichen Implementierung von Marketing-Konzepten im Wege stehen können. Mittels geeigneter Koordinationsinstrumente können allerdings die entstehenden Kommunikationsprobleme bewältigt werden (vgl. *Goolsby* 1992, S. 155; *Webster* 1992, S. 14; *Cespedes* 1991, S. 22). Ein Beispiel für ein solches Koordinationsinstrument zur Marketing-Implementierung ist das Konzept der **Cross-functional-Visits** (vgl. *McQuarrie/McIntyre*, 1992). Ziel ist es hier, den oftmals mangelhaften Kommunikationsfluss zwischen Marketing und anderen Funktionseinheiten, die typischerweise wenig bis keinen Kundenkontakt haben, dadurch zu fördern, dass z. B. Vertriebs- und F&E-Mitarbeiter gemeinsam einen bestimmten Kundenstamm betreuen. Durch die direkte Konfrontation der marktferneren Funktionseinheiten mit Kundenwünschen und -problemen, bildet sich bei diesen im Idealfall ein besseres Verständnis der Marktanforderungen heraus. Zudem entfällt (zumeist weitgehend) die sonst übliche und recht problembehaftete Übersetzung der Kundenwünsche in konkrete Produkt- und Serviceanforderungen (vgl. *Backhaus*, 2003, S. 796). Eine Weiterführung dieser Idee und damit verbunden eine noch stärkere Verankerung der Marktorientierung in der Organisationsstruktur ist die Bildung kundenorientierter Organisationsstrukturen auf Gesamtunternehmensebene, z. B. in Form von **funktionsübergreifenden, kundenbezogenen Teams** (vgl. *Homburg/Workman/Jensen*, 2000; *Cravens*, 1998, S. 237; *Köhler*, 1998, S. 7 f.). In solchen Teams arbeiten Mitarbeiter aus allen möglichen Bereichen der Wertschöpfungskette zusammen, um die gemeinsamen Aktivitäten zu koordinieren und ganz an den Kundenbedürfnissen auszurichten. Hierbei ist zu beachten, dass die Wertkettenorientierung nicht an den Unternehmensgrenzen enden sollte. Um eine größtmögliche Marktorientierung zu erreichen, sollten möglichst alle an der Leistungserstellung beteiligten Partner und damit auch wichtige Lieferanten integriert werden.

III Systemische Dimension

Eine letzte wichtige Dimension bei der Implementierung von Marketing-Konzepten stellen die Managementsysteme dar. Unter einem **Managementsystem** versteht man auf Dauer angelegte standardisierte oder teilstandardisierte Regelungen und Verfahren, die eine kontinuierliche Bewältigung von Aufgaben erleichtern sollen (vgl. *Köhler*, 2000, S. 270). Vereinfacht gesagt handelt es sich bei diesen Systemen um Instrumente des Managements, die benötigt werden, um ein Unternehmen zu führen (vgl. *Meffert/Burmann/Kirchgeorg*, 2012, S. 813 f.). Für Fragestellungen der Marketing-Implementierung sind insbesondere folgende Systeme von zentraler Bedeutung:

Begriff »Managementsystem«

Relevante Teilsysteme

▸ Informationssystem,
▸ Kommunikationssystem,
▸ Kontrollsystem,
▸ Anreizsystem,
▸ Personalmanagementsystem.

Im Rahmen der Marketing-Implementierung sind diese bei Bedarf so anzupassen, dass sie die verfolgte Strategie bestmöglich unterstützen und zur Erreichung der damit verfolgten Ziele beitragen (vgl. *Welge/Al-Laham*, 2012, S. 801). Managementsysteme sind für die Marketing-Implementierung von großer Bedeutung, da sie durch ihre vorstrukturierende Wirkung Defizite auf der personellen (Individual-)Ebene kompensieren können (vgl. *Hilker*, 1993, S. 152 ff.). Außerdem helfen sie, Informationen über den Stand der Implementierung zu generieren, sodass bei Problemen rechtzeitig Anpassungsmaßnahmen ergriffen werden können (vgl. *Welge/Al-Laham*, 2012, S. 800 f.). Vor allem jedoch stellen sie Instrumente dar, mit deren Hilfe die anderen Dimensionen (die personelle, strukturelle und kulturelle Dimension) aus- und umgestaltet werden können.

Anpassungserfordernis im Rahmen von Marketing-Implementierungen

Literatur

Aaker, D. A. (2002): Building Strong Brands, New York 2002.

Aaker, J. (2005): Dimensionen der Markenpersönlichkeit, in: *Esch, F.-R.* (Hrsg.), Moderne Markenführung: Grundlagen – Innovative Ansätze – Praktische Umsetzung, 4. Aufl., Wiesbaden 2005, S. 165–176.

Aaker, J. (1997): Dimensions of Brand Personality, in: Journal of Marketing Research, 34. Jg., Nr. 3, 1997, S. 347–356.

ADM – Arbeitskreis Deutscher Markt- und Sozialforschungsinstitute e.V. (2012): Marktforschung in Zahlen, http://www.adm-ev.de/index.php?id=startseite, Abruf am 21.08.2012.

Agentur für Erneuerbare Energien e.V. (2009): Erneuerbare Energien – Vorhersage und Wirklichkeit, http://www.unendlich-viel-energie.de/uploads/media/Prognose-Analyse_aktualisierte_Fassung.pdf, Abruf am 09.08.2012.

AGF/GFK Fernsehforschung (2011): Marktanteile der AGF- und Lizenzsender im Tagesdurchschnitt 2011, http://www.agf.de/daten/zuschauermarkt/marktanteile/, Abruf am 09.08.2012.

Aghamanoukjan, A./Buber, R./Meyer, M. (2009): Qualitative Interviews, in: *Buber, R./Holzmüller, H. H.* (Hrsg.), Qualitative Marktforschung: Konzepte – Methoden – Analysen, 2. Aufl., Wiesbaden 2009, S. 415–436.

Ahlert, D./Kenning, P. (2007): Handelsmarketing: Grundlagen der marktorientierten Führung von Handelsbetrieben, Berlin 2007.

Ahlert, D./Olbrich, R. (1997): Integrierte Warenwirtschaftssysteme und Handelscontrolling, 3. Aufl., Stuttgart 1997.

Albach, H. (1992): Strategische Allianzen, strategische Gruppen und strategische Familien, in: Zeitschrift für Betriebswirtschaft, 62. Jg., Nr. 6, 1992, S. 663–670.

Albers, S. (2008): Die optimale Außendienstgröße, in: *Albers, S./Haßmann, V./Tomczak, T.* (Hrsg.), Digitale Fachbibliothek Vertrieb: Planen, Umsetzen, Optimieren, Düsseldorf 2008.

Albers, S. (2001): Außendienstgröße, in: *Diller, H.* (Hrsg.), Vahlens Großes Marketing Lexikon, 2. Aufl., München 2001, S. 86.

Albers, S. (1995): Optimales Verhältnis zwischen Festgehalt und erfolgsabhängiger Entlohnung bei Verkaufsaußendienstmitarbeitern, in: Zeitschrift für betriebswirtschaftliche Forschung, 47. Jg., Nr. 2, 1995, S. 124–142.

Albers, S./Bielecki, A. (2007): Einfluss der neuen Medien auf das Industriegütermarketing, in: *Büschken, J./Voeth, M./Weiber, R.* (Hrsg.), Innovationen für das Industriegütermarketing: Festschrift für Professor Dr. Dr. h.c. Klaus Backhaus zum 60. Geburtstag, Stuttgart 2007, S. 405–424.

Amazon.de (2012): http://www.amazon.de, Abruf am 31.07.2012.

American Marketing Association (2007): AMA Definition of Marketing, http://www.marketingpower.com/Community/ARC/Pages/Additional/Definition/default.aspx, Abruf am 09.08.2012.

Ammann, P. (2000): Externe Distributionsorgane des indirekten Absatzes, in: *Pepels, W.* (Hrsg.), Distributions- und Verkaufspolitik, Köln 2000.

AOL Deutschland GmbH (o. J.), Erfolgsfaktor Werbeträger, http://www.swissmediatool.ch/_files/researchDB/217.pdf, Abruf am 12.10.2012.

Aponet.de – Offizielles Gesundheitsportal der deutschen ApothekerInnen (2012): Apotheken: Wirtschaftliche Situation verschlechtert sich, http://www.aponet.de/aktuelles/aus-gesellschaft-und-politik/2012–03-apotheken-wirtschaftliche-situation-schlechter.html, Abruf am 09.08.2012.

Apostolopoulo, A./Papadimitriou, D. (2004): Welcome Home: Motivations and Objectives of the 2004 Grand National Olympic Sponsors, in: Sport Marketing Quarterly, 13. Jg., Nr. 4, 2004, S. 180–192.

Apple (2012): www.apple.com, Abruf am 09.08.2012.

Arndt, H. (2010): Supply Chain Management: Optimierung logistischer Prozesse, 5. Aufl., Wiesbaden 2010.

Arnold, U. (2004): Beschaffungskooperationen und Netzwerke, in: *Backhaus, K./Voeth, M.* (Hrsg.), Handbuch Industriegütermarketing, Wiesbaden 2004, S. 287–322.

Atlascopco (2012): http://www.atlascopco.de/dede/, Abruf am 09.08.2012.

Atteslander, P. (2010): Methoden der empirischen Sozialforschung, 13. Aufl., Berlin 2010.

Auer, M./Diederichs, F. (1993): Werbung below the line: Licensing, TV-Sponsoring, Product placement, Landsberg/Lech 1993.

Auer, M./Kalweit, U./Nüßler, P. (1991): Product Placement: Die neue Kunst der geheimen Verführung, 2. Aufl., Düsseldorf u. a. 1991.

AUMA e. V. (Hrsg.) (2011): AUMA_MesseTrend 2011, Berlin 2011.

AUMA e. V. (Hrsg.) (2009): AUMA_MesseTrend 2009, Berlin 2009.

Autoscout24.de (2009): Sie haben gewählt, http://ww2.autoscout24.de/bericht/autoscout24-internet-auto-award-2009/sie-haben-gewaehlt/4319/140593/, Abruf am 09.08.2012.

Avenarius, H. (2008): Public Relations: Die Grundform der gesellschaftlichen Kommunikation, 3. Aufl., Darmstadt 2008.

Axel Springer AG (2011): TrendTopic – E-Commerce, http://www.axelspringer-mediapilot.de/branchenberichte/Einzelhandel-Einzelhandel_703139.html?beitrag_id=459953, Abruf am 24.07.2012.

Axon, S. (2010): Nike's »Write the Future« Ad Sets Viral Record, http://mashable.com/2010/05/27/nike-write-the-future-video/, Abruf am 09.08.2012.

Bacharach, S. B./Lawler, E. J. (1981): Power and Tactics in Bargaining, in: Industrial and Labor Relations Review, 34. Jg., Nr. 2, 1981, S. 219–233.

Backhaus, K. (2003): Industriegütermarketing, 7. Aufl., München 2003.

Backhaus, K./Erichson, B./Plinke, W./Weiber, R. (2011): Multivariate Analysemethoden: Eine anwendungsorientierte Einführung, 13. Aufl., Berlin 2011.

Backhaus, K./Piltz, K. (1990): Strategische Allianzen – Eine neue Form kooperativen Wettbewerbs?, in: Zeitschrift für betriebswirtschaftliche Forschung, Sonderheft 27, 1990, S. 1–10.

Backhaus, K./Schneider, H. (2009): Strategisches Marketing, 2. Aufl., Stuttgart 2009.

Backhaus, K./ Voeth, M. (2010a): Industriegütermarketing, 9. Aufl., München 2010.

Backhaus, K./Voeth, M. (2010b): Internationales Marketing, 6. Aufl., Stuttgart 2010.

Backhaus, K./Voeth M. (1994): Strategische Allianzen – Erfolgsversprechender Weg zur Existenzsicherung in der Textil- und Bekleidungsindustrie?, in: *Textilverband Nord-West* (Hrsg.), Existenzsicherung in der textilen Kette durch horizontale und vertikale Kooperation: Realität – Vision – Utopie?, Münster 1994, S. 10–38.

Backhaus, K./Voeth, M./Sichtmann, C./Wilken, R. (2005): Conjoint-Analyse versus Direkte Preisabfrage zur Erhebung von Zahlungsbereitschaften: Eine modifizierte Replikationsstudie, in: Die Betriebswirtschaft, 65. Jg., Nr. 5, 2005, S. 439–457.

Bahlsen GmbH & Co. KG (2010): Höhere Kontakthäufigkeit entscheidend für den Erfolg von Bewegtbild-Werbung, http://www.werbeformen.de/filcadmin/downloads/fachgruppen/Online-Vermarkterkreis/Workshops/UIM_Fallstudie_Bahlsen_Crispettis_10.pdf, Abruf am 12.10.2012.

Balderjahn, I. (2013): Nachhaltiges Management und Konsumentenverhalten, München 2013.

Balderjahn, I. (2000): Standortmarketing, Forum Marketing und Management, Bd. 1, Stuttgart 2000.

Balderjahn, I./Scholderer J. (2007): Konsumentenverhalten und Marketing: Grundlagen für Strategien und Maßnahmen, Stuttgart 2007.

Bänsch, A. (1998): König Kunde: Leitbild für dauerhafte Verkaufserfolge, München u. a. 1998.

Bänziger, A. (2009): Telefonbefragung als intersubjektiver Aushandlungsprozess: Die komplexe Kommunikationsstruktur standardisierter Interviews – theoretische Neukonzeption und praktische Anwendung in der Markt- und Meinungsforschung, Baden-Baden 2009.

Barefoot, D./Szabo, J. (2010): Friends With Benefits: A Social Media Marketing, San Francisco 2010.

Barisch, S. (2011): Optimierung von Verhandlungsteams: Der Einflussfaktor Hierarchie, Wiesbaden 2011.

Bartölke, I.-U. (2000): Strategische Gruppen und Strategieforschung: Ansatz für eine dynamische Wettbewerbsbetrachtung, Wiesbaden 2000.

Bauer, C./Greve, G./Hopf, G. (2011): Online Targeting und Controlling, Wiesbaden 2011.

Bauer, E. (1981): Produkttests in der Marketingforschung, Göttingen 1981.

Bauer, E. (1976): Markt-Segmentierung als Marketing-Strategie, Berlin 1976.

Bauer, H. H. (1991): Unternehmensstrategie und Strategische Gruppen, in: *Kistner, K. P./Schmidt, R.* (Hrsg.), Unternehmensdynamik: Horst Albach zum 60. Geburtstag, Wiesbaden 1991, S. 389–416.

Bauer, H. H. (1986): Das Erfahrungskurvenkonzept: Möglichkeiten und Problematik der Ableitung strategischer Handlungsalternativen, in: Wirtschaftswissenschaftliches Studium, 15. Jg., Nr. 1, 1986, S. 1–10.

Bauer, H. H./Herrmann, A./Graf, G. (1995): Die nutzenorientierte Gestaltung der Distribution für ein Produkt, in: Jahrbuch der Absatz- und Verbrauchsforschung, 41. Jg., Nr. 1, 1995, S. 4–15.

Bauer, H./Reichardt, T./Neumann, M. (2004): Zu jeder Zeit an jedem Ort – oder über die Potenziale des Mobile Marketing, in: Direkt Marketing, 40. Jg., Nr. 10, 2004, S. 32–37.

Baumgarth, C. (2008): Markenpolitik: Markenwirkungen – Markenführung – Markencontrolling, 3. Aufl., Wiesbaden 2008.

Baumgarth, C./Schmidt, M. (2008): Persönliche Kommunikation als Markeninstrument: Forschungsstand und konzeptioneller Rahmen, Marketing-Impulse – Arbeitspapier Nr. 1 der Deutschsprachigen Abteilung für BWL an der Marmara Universität Istanbul, Istanbul 2008.

Bausch, A. (2006): Branchen- und Wettbewerbsanalyse im strategischen Management, in: *Hahn, D./Taylor, B.* (Hrsg.), Strategische Unternehmungsführung – Strategische Unternehmungsplanung, 9. Aufl., Berlin u. a. 2006, S. 195–214.

Becker, J. (2013): Marketing-Konzeption: Grundlagen des zielstrategischen und operativen Marketing-Managements, 10. Aufl., München 2013.

Becker, J. (2005): Einzel-, Familien- und Dachmarken als grundlegende Handlungsoptionen, in: *Esch, F.-R.* (Hrsg.), Moderne Markenführung: Grundlagen – Innovative Ansätze – Praktische Umsetzung, 4. Aufl., Wiesbaden 2005, S. 381–402.

Becker, J. (2003): Vertriebscontrolling mit Excel, München 2003.

Becker, J. (2001): Strategisches Vertriebscontrolling: Customer Relationship Marketing und Data Mining, 2. Aufl., München 2001.

Becker, L./Hakensohn, H./Witt, F. H. (2012): Unternehmen nachhaltig führen: Führung, Verantwortung und Nachhaltigkeit im Management, Düsseldorf 2012.

Behrens, G. (1996): Werbung: Entscheidung – Erklärung – Gestaltung, München 1996.

Beiersdorf (2012): www.beiersdorf.de, Abruf am 09.08.2012.

Bekmeier, S. (1995): Der Markenwert, in: *Tietz, B./Köhler, R./Zentes, J.* (Hrsg.), Handwörterbuch des Marketing, 2. Aufl., Stuttgart 1995, S. 1459–1471.

Belz, C./Müllner, M./Zupancic, D. (2008): Spitzenleistungen im Key-Account-Management: Das St. Galler KAM-Konzept, 2. Aufl., München 2008.

Benkenstein, M./Uhrich, S. (2009): Strategisches Marketing: Ein wettbewerbsorientierter Ansatz, 3. Aufl., Stuttgart 2009.

Bente, K. (1990): Product Placement: Entscheidungsrelevante Aspekte in der Werbepolitik, Wiesbaden 1990.

Berdi, C. (2006): Das Marketing darf sich nicht verzetteln – Interview mit Prof. Dr. h. c. mult. Heribert Meffert, in: Absatzwirtschaft, Sonderheft 3, 2006, S. 30–34.

Berekoven, L./Eckert, W./Ellenrieder, P. (2009): Marktforschung: Methodische Grundlagen und praktische Anwendung, 12. Aufl., Wiesbaden 2009.

Berens, W. (1992): Beurteilung von Heuristiken: Neuorientierung und Vertiefung am Beispiel logistischer Probleme, Wiesbaden 1992.

Berens, W./Rieper, B./Witte, T. (Hrsg.) (1996): Betriebswirtschaftliches Controlling: Planung – Entscheidung – Organisation: Festschrift für Univ.-Prof. Dr. Dietrich Adam zum 60. Geburtstag, Wiesbaden 1996.

Berger, R. (1974): Marketing-Mix, in: Marketing-Enzyklopädie Band 1, München 1974, S. 595–614.

Berndt, R. (1996): Marketing 1: Käuferverhalten Marktforschung und Marketing-Prognosen, 3. Aufl., Berlin u. a. 1996.

Berndt, R. (1992): Marketing 2: Marketing-Politik, 2. Aufl., Berlin u. a. 1992.

Berndt, R./Fantapié Altobelli, C./ Sander, M. (2010): Internationales Marketing-Management, 4. Aufl., Heidelberg u. a. 2010.

Berth, R. (1993): The Return of Innovation, Kienbaum-Studie, Düsseldorf 1993.

Biesel, H. H. (2007): Key Account Management erfolgreich planen und umsetzen: Mehrwert-Konzepte für Ihre Top-Kunden, 2. Aufl., Wiesbaden 2007.

BITKOM (2011): Soziale Netzwerke: Eine repräsentative Untersuchung zur Nutzung sozialer Netzwerke im Internet, http://www.bitkom.org/files/documents/BITKOM_Publikation_Soziale_Netzwerke.pdf, Abruf am 09.08.2012.

Blackwell, R. D./Miniard, P. W./Engel, J. F. (2006): Consumer Behavior, 10. Aufl., Orlando 2006.

Blank, U. (1980): Entwicklung eines Verfahrens zur Segmentierung von Warenverteilungssystemen, Aachen 1980.

Bloch, P. H./Brunel, F. F./Todd, A. J. (2003): Individual differences in the Centrality of Visual Product Aesthetics, Concept and Measurement, in: Journal of Consumer Research, 29. Jg., Nr. 4, 2003, S. 551–565.

Böcker, F. (1991): Ganzheitliche Marketing-Kontrolle, in: Wirtschaftswissenschaftliches Studium, 20. Jg., Nr. 3, 1991, S. 106–113.

Böcker, F. (1987): Die Bildung von Präferenzen für langlebige Konsumgüter in Familien, in: Marketing – Zeitschrift für Forschung und Praxis, 9. Jg., Nr. 1, 1987, S. 16–24.

Böcker, F./Helm, R. (2003): Marketing, 7. Aufl., Stuttgart 2003.

bofrost* (2012): Produkte, http://www.bofrost.de/Produkte/, Abruf am 09.08.2012.

bofrost (2010): bofrost* ... mit Genuss und Leidenschaft, www.mit-bofrost.de/binary.ashx/~download/10018, Abruf am 09.08.2012.

Böhme-Köst, P. (1992): Tagungen, Incentives, Events: Gekonnt inszenieren – Mehr erreichen, Hamburg 1992.

Bonart, T. (1999): Industrieller Vertrieb, Wiesbaden 1999.

Boorom, M./Goolsby, J./Ramsey, R. (1998): Relational Communication Traits and Their Effect on Adaptiveness and Sales performance, in: Journal of the Academy of Marketing Science, 26. Jg., Nr. 1, 1998, S. 16–30.

Bornstedt, M. (2007): Kaufentscheidungsbasierte Nutzensegmentierung: Entwicklung und empirische Überprüfung von Segmentierungsansätzen auf Basis von individualisierten Limit Conjoint-Analysen, Göttingen 2007.

Bortz, J./Döring, N. (2009): Forschungsmethoden und Evaluation für Human- und Sozialwissenschaftler, 4. Aufl., Heidelberg 2009.

Bräuhauser, M. (2011): Unternehmensinterne Social Media (Teil I): Corporate Blogs, http://netzkommunikation.net/unternehmensinterne-social-media-teil-i-corporate-blogs/, Abruf am 09.08.2012.

Bröckermann, R. (2002): Entgelte für Vertriebsmitarbeiter, in: *Pepels, W.* (Hrsg.), Handbuch Vertrieb: Konzepte – Instrumente – Erfahrungen, München u. a. 2002, S. 493–510.

Brockhoff, K. (1999): Produktpolitik, 4. Aufl., Stuttgart 1999.

Brockhoff, K./Sabel, H. (2001): Produktvariation, in: *Diller, H.* (Hrsg.), Vahlens Großes Marketinglexikon, 2. Aufl., München 2001, S. 77–86.

Broda, S. (2006): Marktforschungs-Praxis: Konzepte – Methoden – Erfahrungen, Wiesbaden 2006.

Bronder, C./Pritzl, R. (1992): Ein konzeptioneller Ansatz zur Gestaltung und Entwicklung Strategischer Allianzen, in: *Bronder, C./Pritzl, R.* (Hrsg.), Wegweiser für Strategische Allianzen, Wiesbaden 1992, S. 17–46.

Brown, I. R. (2006): Mastering Marketing, 2. Aufl., London 2006.

Brühe, C. (2003): Messen als Instrument der Live Communication, in: *Kirchgeorg, M./Dornscheidt, W. M./Giese, W./Stoeck, N.* (Hrsg.), Handbuch Messemanagement: Planung, Durchführung und Kontrolle von Messen, Kongressen und Events, Wiesbaden 2003, S. 73–85.

Bruhn, M. (2013a): Relationship Marketing: Das Management von Kundenbeziehungen, 3. Aufl., München 2013.

Bruhn, M. (2013b): Kommunikationspolitik: Systematischer Einsatz der Kommunikation für Unternehmen, 7. Aufl., München 2013.

Bruhn, M. (2012): Marketing: Grundlagen für Studium und Praxis, 11. Aufl., Wiesbaden 2012.

Bruhn, M. (2011): Unternehmens- und Marketingkommunikation: Handbuch für ein integriertes Kommunikationsmanagement, 2. Aufl., München 2011.

Bruhn, M. (2010): Marketing: Grundlagen für Studium und Praxis, 10. Aufl., Wiesbaden 2010.

Bruhn, M. (2003): Sponsoring: Systematische Planung und integrativer Einsatz, 4. Aufl., Frankfurt/Main 2003.

Bruhn, M. (2002): Integrierte Kundenorientierung. Implementierung einer kundenorientierten Unternehmensführung, Wiesbaden 2002.

Bruhn, M. (1993): Chancen und Risiken des Ökosponsoring – Voraussetzungen für eine glaubwürdige Unternehmenskommunikation, in: Die Betriebswirtschaft, 53. Jg., Nr. 4, 1993, S. 465–478.

Bruhn, M./Georgi, D./Treyer, M./Leumann, S. (2000): Wertorientiertes Relationship Marketing – Vom Kundenwert zum Customer Lifetime Value, in: Die Unternehmung, 54. Jg., Nr. 3, 2000, S. 167–187.

Bruhn, M./ Hadwich, K. (2006): Produkt- und Servicemanagement: Konzepte – Methoden – Prozesse, München 2006.

Bub, H. J. (2011): Verkaufswettbewerbe: Planung, Durchführung und Erfolgskontrolle, Wiesbaden 2011.

Buber, R./Holzmüller, H. H. (2009): Optionen für die Marktforschung durch die Nutzung qualitativer Methodologie und Methodik, in: *Buber, R./Holzmüller, H. H.* (Hrsg.), Qualitative Marktforschung: Konzepte – Methoden – Analysen, 2. Aufl., Wiesbaden 2009, S. 3–20.

Buchsteiner, S./Barth, S. (2007): Wärme mit Herz, in: *Ahlert, D./Woisetschläger, D./Vogel, V.* (Hrsg.), Exzellentes Sponsoring: Innovative Ansätze und Best Practices für das Markenmanagement, 2. Aufl., Wiesbaden 2007, S. 413–420.

Bundesverband des deutschen Versandhandels e.V. (2012): www.bvh.info, Abruf am 09.08.2012.

Bundesverband Direktvertrieb (2011): Definition Direktvertrieb, http://www.direktvertrieb.de/Definition-Direktvertrieb.71.0.html, Abruf am 09.08.2012.

Burmann, C./Blinda, L./Nitschke, A. (2003): Konzeptionelle Grundlagen des identitätsbasierten Markenmanagements, in: *Burmann, C.* (Hrsg.), Arbeitspapier Nr. 1 des Lehrstuhls für innovatives Markenmanagement der Universität Bremen, Fachbereich Wirtschaftswissenschaft, Bremen 2003.

Burmann, C./Halaszovich, T./Hemmann, F. (2012): Identitätsbasierte Markenführung, Wiesbaden 2012.

Burmann, C./Meffert, H./Koers, M. (2005): Stellenwert und Gegenstand des Markenmanagements, in: *Meffert, H./Burmann, C./Koers, M.* (Hrsg.), Markenmanagement: Identitätsorientierte Markenführung und praktische Umsetzung, 2. Aufl., Wiesbaden 2005, S. 3–15.

Büschken, J./Von Thaden, C. (2007): Produktvariation, -differenzierung und -diversifikation, in: *Albers, S./Herrmann, A.* (Hrsg.), Handbuch Produktmanagement: Strategieentwicklung, Produktplanung, Organisation und Kontrolle, 3. Aufl., Wiesbaden 2007, S. 595–616.

Busemann, K./Gscheidle, C. (2011): Web 2.0: Aktive Mitwirkung verbleibt auf niedrigem Niveau, in: Media Perspektiven, 42. Jg., Nr. 7–8, 2011, S. 360–369.

Buß, E. (2004): Die Eventkultur in Deutschland: Eine empirische Bestandsaufnahme in Unternehmen, Non-Profit-Organisationen und Eventagenturen, Hohenheim 2004.

Butler, P. (2011): Deconstructing the Groupon Phenomenon, in: Harvard Business Review, 89. Jg., Nr. 7/8, 2011, S. 32–33.

Caspar, M./Hecker, A./Sabel, T. (2002): Markenrelevanz in der Unternehmensführung – Messung, Erklärung, und empirische Befunde für B2B-Märkte, MCM Arbeitspapier Nr. 4, Münster 2002.

Caspar, M./Metzler, P. (2002): Entscheidungsorientierte Markenführung: Aufbau und Führung starker Marken, MCM Arbeitspapier Nr. 3, Münster 2002.

Cbe (2011): http://www.cbe.de/casestudy/181/9, Abruf am 09.11.2011.

Cespedes, F. V. (1991): Organizing and Implementing the Marketing Effort: Text and Cases, Reading/MA 1991.

Christensen, C. M. (2006): The Ongoing Process of Building a Theory of Disruption, in: Journal of Product Innovation Management, 23. Jg., Nr. 1, 2006, S. 39–55.

Coenenberg, A./Fischer, T./Günther, T. (2009): Kostenrechnung und Kostenanalyse, 7. Aufl., Stuttgart 2009.

Consoli, J. (2004): Running in Place(ment), in: Brandweek, 45. Jg., Nr. 28, 2004, S. 4.

Cornelsen, C. (2002): Das 1x1 der PR: So haben Sie mit Public Relations die Nase vorn, 4. Aufl., Freiburg u. a. 2002.

Cornelsen, J. (2000): Kundenwertanalysen im Beziehungsmarketing: Theoretische Grundlegung und Ergebnisse einer empirischen Studie im Automobilbereich, Nürnberg 2000.

Cornelsen, J. (1998): Operative Analyse, in: *Diller, H.* (Hrsg.), Marketingplanung, 2. Aufl., München 1998.

Coyle, J. J./Bardi, E. J. (1996): Management of Business Logistics, New York u. a. 1996.

Cravens, D. W. (1998): Implementation strategies in the Market-Driven Strategy Era, in: Journal of the Academy of Marketing Science, 26. Jg., Nr. 3, 1998, S. 237–241.

Cristofolini, P. M. (1995): Verkaufsförderung, in: *Tietz, B./Köhler, R./Zentes, J.* (Hrsg.), Handwörterbuch des Marketing, 2. Aufl., Stuttgart 1995, S. 2566–2574.

Crow, D./Hoek, J. (2003): Ambush Marketing: A Critical Review and Some Practical Advice, in: Marketing Bulletin, 14. Jg., Nr. 14, 2003, S. 1–14.

Daimler AG (2012): Mehr Neugier – mehr Zukunft: Naturwissenschaft und Technik für junge Entdecker, die mehr bewegen wollen, http://www.daimler.com/Projects/c2c/channel/documents/1936249_Daimler_AG_genius_Basisinformationen.pdf, Abruf am 09.08.2012.

Dahlhoff, H. D. (1980): Kaufentscheidungsprozesse von Familien: Empirische Untersuchung zur Beteiligung von Mann und Frau, Frankfurt/Main 1980.

Dalrymple, D. J./Cron, W. L./DeCarlo, T. E. (2004): Sales Management, 8. Aufl., Hoboken 2004.

Dapp, T. F. (2011): Der digitale Strukturwandel – Chancen für den Einzelhandel, http://www.dbresearch.de/PROD/DBR_INTERNET_DE-PROD/PROD0000000000277459.pdf, Abruf am 09.08.2012.

Day, G. S. (1990): Market Driven Strategy, New York 1990.

Day, G. S./Montgomery, D. B. (1999): Charting New Directions for Marketing, in: Journal of Marketing, 63. Jg., Sonderheft, 1999, S. 3–13.

Decker, R./ Bornemeyer, C. (2007): Produktliniengestaltung, in: *Albers, S./ Herrmann, A.* (Hrsg.), Handbuch Produktmanagement: Strategieentwicklung

– Produktplanung – Organisation – Kontrolle, 3. Aufl., Wiesbaden 2007, S. 575–593.

Decker, R./Wagner, R. (2002): Marketingforschung: Methoden und Modelle zur Bestimmung des Käuferverhaltens, München 2002.

Der Handel (2011): Otto ordnet Vorstandsaufgaben neu, http://www.derhandel.de/news/technik/pages/Versandhandel-Otto-ordnet-Vorstandsaufgaben-neu-7606.html, Abruf am 09.08.2012.

Deutsche Bahn (2012): www.deutschebahn.com, Abruf am 09.08.2012.

Deutscher Franchise Verband e.V. (2010): Franchisefakten 2010: Erfolgreich selbständig – mit Sicherheit, http://www.cottbus.ihk.de/linkableblob/1737586/.3./data/Franchise_Fakten_2010-data.pdf; jsessionid=EFFA42758EB04BA3917A4BEA9A14F465.repl2, Abruf am 09.08.2012.

Deutscher Franchise Verband e.V. (1999): Existenzgründung mit System: Ein Leitfaden des Deutschen Franchise-Verbandes e.V., http://www.franchise-verband.com/fileadmin/dfv-files/Dateien_Dokumente/Services_Downlaod/Franchise-Leitfaden_-_DFV.pdf, Abruf am 09.08.2012.

Dickson, P.R. (1983): Distributor Portfolio Analysis and the Channel Dependence Matrix: New Techniques for Understanding and Managing the Channel, in: Journal of Marketing, 47. Jg., Nr. 2, 1983, S. 35–44.

Diez, W. (2006): Automobilmarketing: Navigationssystem für neue Absatzstrategien, 6. Aufl., Landsberg/Lech 2006.

Diller, H. (2008): Preispolitik, 4. Aufl., Stuttgart 2008.

Diller, H. (2001): Außendienstberichtssysteme, in: *Diller, H.* (Hrsg.), Vahlens Großes Marketing Lexikon, 2. Aufl., München 2001, S. 82–83.

Diller, H. (1995): Kundenmanagement, in: *Tietz, B./Köhler, R./Zentes, J.* (Hrsg.), Handwörterbuch des Marketing, 2. Aufl., Stuttgart 1995, S. 1361–1376.

Diller, H. (1988): Das Preiswissen von Konsumenten – neue Ansatzpunkte und empirische Ergebnisse, in: Marketing – Zeitschrift für Forschung und Praxis, 10. Jg., Nr. 1, 1988, S. 17–24.

Diller, H./Fürst, A./Ivens, B. (2011): Grundprinzipien des Marketing, 3. Aufl., Nürnberg 2011.

Domschke, W. (1997): Logistik: Rundreisen und Touren, 4. Aufl., München 1997.

Domschke, W. (1995): Logistik: Transport, 4. Aufl., Oldenburg 1995.

Domschke, W./Drexl, A. (1996): Logistik: Standorte, 4. Aufl., München 1996.

Dorfman, R./Steiner, P.O. (1954): Optimal Advertising and Optimal Quality, in: American Economic Review, 44. Jg., Nr. 5, 1954, S. 826–836.

Drengner, J./Zanger, C. (2003): Die Eignung des Flow-Ansatzes zur Wirkungsanalyse von Marketing-Events, in: Marketing ZFP, 25. Jg., Nr. 1, 2003, S. 25–40.

Dudenhöffer, F./Neuberger, K. (2012): Rabatte im Automarkt steigen trotz besserer Inlandskonjunktur, http://www.uni-due.de/~hk0378/Rabatte Index/Marktspiegel-2-2012.pds, Abruf am 21.01.2013.

Dudenhöffer, F./Dudenhöffer, K./Stephan, A. (2010): Wie das Internet den Autovertrieb verändert, in: Absatzwirtschaft, 53. Jg., Nr. 5, 2010, S. 82–83.

Düssel, M. (2006): Handbuch Marketingpraxis: Von der Analyse zur Strategie – Ausarbeitung der Taktik – Steuerung und Umsetzung in der Praxis, Berlin 2006.

Eck, K. (2007): Corporate Blogs: Unternehmen im Online-Dialog zum Kunden, Zürich 2007.

Eggert, A./Helm, S./Garnefeld, I. (2007): Kundenbindung durch Weiterempfehlung? Eine experimentelle Untersuchung der Wirkung positiver Kundenempfehlungen auf die Bindung des Empfehlenden, in: Marketing – Zeitschrift für Forschung und Praxis, 29. Jg., Nr. 4, 2007, S. 233–245.

Ehrmann, H. (2012): Logistik, 7. Aufl., Herne 2012.

Ehrmann, H. (2004): Marketing-Controlling, 4. Aufl., Ludwigshafen 2004.

Eisenegger, M. (2008): Blogomanie und Blogophobie: Organisationskommunikation im Sog technizistischer Argumentationen, fög discussion papers 2008-0002, Zürich 2008.

Emrich, C. (2009): Multichannel-Management: Gestaltung einer multioptionalen Medienkommunikation, Stuttgart 2009.

Engel, J. F./Blackwell, R. D./Kollat, D. T. (1973): Consumer Behaviour, 2. Aufl., Hinsdale 1973.

Engelkamp, P./Sell, F. L. (2011): Einführung in die Volkswirtschaftslehre, 5. Aufl., Heidelberg 2011.

Enke, M./Geigenmüller, A. (2011): Commodity Marketing: Grundlagen – Besonderheiten – Erfahrungen, 2. Aufl., Wiesbaden 2011.

Enke, M./Geigenmüller, A./Leischnig, A. (2011): Commodity Marketing, in: *Enke, M./Geigenmüller, A.* (Hrsg.), Commodity Marketing, 2. Aufl., Wiesbaden 2011, S. 3–29.

Erichson, B. (2008): Testmarktsimulation, in: *Herrmann, A./Homburg, C./ Klarmann, M.* (Hrsg.), Handbuch Marktforschung: Methoden- Anwendungen- Praxisbeispiele, 3. Aufl., Wiesbaden 2008, S. 983–1001.

Erichson, B. (2007): Prüfung von Produktideen und -konzepten, in: *Sönke, A./Herrmann, A.* (Hrsg.), Handbuch Produktmanagement: Strategieentwicklung – Produktplanung – Organisation – Kontrolle, 3. Aufl., Wiesbaden 2007, S. 396–420.

Esch, F.-R. (2012): Strategie und Technik der Markenführung, 7. Aufl. München 2012.

Esch, F.-R./Bräutigam, S. (2005): Analyse und Gestaltung komplexer Markenarchitekturen, in: *Esch, F.-R.* (Hrsg.), Moderne Markenführung: Grundlagen – Innovative Ansätze – Praktische Umsetzung, 4. Aufl., Wiesbaden 2005, S. 839–861.

Esch, F.-R./Geus, P. (2005): Ansätze zur Messung des Markenwertes, in: *Esch, F.-R.* (Hrsg.), Moderne Markenführung: Grundlagen – Innovative Ansätze – Praktische Umsetzung, 4. Aufl., Wiesbaden 2005, S. 1263–1306.

Esch, F.-R./Herrmann, S./Sattler, H. (2011): Marketing: Eine managementorientierte Einführung, 3. Aufl., München 2011.

Esch F.-R./Langer, T. (2006): Are Brands Forever? How Brand Knowledge and Relationship Affect Current and Future Purchases, in: Journal of Product and Brand Management, 15. Jg., Nr. 2, 2006, S. 98–105.

Europäische Kommission (2011): Car prices within the European Union, Competition Reports, http://ec.europa.eu/competition/sectors/motor_vehicles/prices/2011_07_full.pdf, Abruf am 09.08.2012.

Fachverband Außenwerbung e.V. (o. J.): Ambient Medien, http://www.faw-ev.de/211c3cdf7cbc005a59384dea357ec429/de/faw/out-of-home-medien/ambient_medien/index.html, Abruf am 09.08.2012.

Fantapié Altobelli, C. (2007): Marktforschung: Methoden – Anwendungen – Praxisbeispiele, Stuttgart 2007.

Fantapié Altobelli, C. (1998): Umwelt- und Marktinformationen, in: *Berndt, R./Fantapié Altobelli, C./Schuster, P.* (Hrsg.), Springers Handbuch der Betriebswirtschaftslehre: Band 2, Berlin u. a. 1998, S. 304–353.

Fassnacht, M. (1996): Preisdifferenzierung bei Dienstleistungen: Implementationsformen und Determinanten, Wiesbaden 1996.

FAZ (2012): Die Qual der Marmeladenwahl, http://www.faz.net/aktuell/finanzen/meine-finanzen/denkfehler-die-uns-geld-kosten/das-auswahl-problem-die-qual-der-marmeladenwahl-11717665.html, Abruf am 09.08.2012.

Festinger, L. (1957): A Theory of Cognitive Dissonance, Stanford/CA 1957.

Fieseler, C./Hoffmann, C./Meckel, M. (2010): CSR 2.0: Die Kommunikation von Nachhaltigkeit in Sozialen Medien, in: Marketing Review St. Gallen, 27. Jg., Nr. 5, 2010, S. 22–26.

FIFA (2010): Organisation, http://www.fifa.com/worldcup/organisation/partners/index.html, Abruf am 09.08.2012.

Fill, C. (2001): Marketing-Kommunikation: Konzepte und Strategien, 2. Aufl., München 2001.

Finanzen.net (2010): Nike-Kampagne »Write the Future« feiert entscheidende Momente im Fußball und gibt Fans auf der ganzen Welt die Möglichkeit, mit ihren Vorbildern in Kontakt zu treten, http://www.finanzen.net/nachricht/Nike-Kampagne-Write-the-Future-feiert-entscheidende-Momente-im-Fussball-und-gibt-Fans-auf-der-ganzen-Welt-die-Moeglichkeit-mit-ihren-Vorbildern-in-Verbindung-zu-treten-798835, Abruf am 09.08.2012.

Fischer, E. (2007): Weblog & Co: Eine neue Mediengeneration und ihr Einfluss auf die Wirtschaft und Journalismus, Saarbrücken 2007.

Fischer, G./Formann, A. (2007): Methodenlehre, in: *Kastner-Koller, U./Deimann, P.* (Hrsg.), Psychologie als Wissenschaft, 2. Aufl., Wien 2007.

Fishbein, M. (1963): An Investigation of the Relationships between Beliefs about an Object and the Attitude toward that Object, in: Human Relations, 16. Jg., Nr. 3, 1963, S. 233–240.

Fleischmann, B. (1998): Tourenplanung, in: *Isermann, H.* (Hrsg.), Logistik, 2. Aufl., Landsberg/Lech 1998, S. 287–301.

Forrester (2008): Mobile Internet Usage in Europe to Surge Over the Next Five Years, http://www.forrester.com/ER/Press/Release/0,1769,1203,00.html, Abruf am 12.03.2011.

Foscht, T./Ernstreiter, K./Angerer, T. (2011): Erfolg von Couponing: Einflussfaktoren und konsumentenspezifische Potenziale, in: transfer – Werbeforschung und Praxis, 57. Jg., Nr. 1, 2011, S. 33–43.

Foscht, T./Swoboda, B. (2011): Käuferverhalten – Grundlagen – Perspektiven – Anwendungen, 4. Aufl., Wiesbaden 2011.

Fösken, S. (2006): Im Reich der Sinne, in: Absatzwirtschaft, Sonderheft Marken 2006, S. 72–76.

Fotoalbumbuch (2012): Mengenrabatt und Staffelpreise, http://www.fotoalbumfotobuch.de/uploads/pagetree/images/7cc1ee1735a7afbaabc394521eca1a92.png, Abruf am 09.08.2012.

Freiling, J./Reckenfelderbäumer, M. (2009): Markt und Unternehmung: Eine marktorientierte Einführung in die Betriebswirtschaftslehre, Wiesbaden 2009.

Frese, E. (2005): Grundlagen der Organisation: Entscheidungsorientiertes Konzept der Organisationsgestaltung, Wiesbaden 2005.

Freter, H. (2008): Markt- und Kundensegmentierung: Kundenorientierte Markt- und Kundensegmentierung, 2. Aufl., Stuttgart 2008.

Freter, H./Baumgarth, C. (2005): Ingredient Branding: Begriff und theoretische Fundierung, in: *Esch, F.-R.* (Hrsg.), Moderne Markenführung: Grundlagen – Innovative Ansätze – Praktische Umsetzung, 4. Aufl., Wiesbaden 2005, S. 455–481.

Freter, W. (1974): Mediaselektion, Wiesbaden 1974.

Friege, C. (1996): Yield Management, in: Wirtschaftswissenschaftliches Studium, 25. Jg., Nr. 12, 1996, S. 616–622.

Friege, C. (1995): Preispolitik für Leistungsverbunde im Business-to-Business-Marketing, Wiesbaden 1995.

Fries, A. J./Müller, S. S. (2011): Konsumentenbezogene Wirkungen von Cause-Related Brands, in: *Völckner, F./Willers, C./Weber, T.* (Hrsg.), Markendifferenzierung: Innovative Konzepte zur erfolgreichen Markenprofilierung, Wiesbaden 2011.

Fritz, W. (2004): Internet-Marketing und Electronic Commerce: Grundlagen – Rahmenbedingungen – Instrumente, 3. Aufl., Wiesbaden 2004.

Fuchs, W./Unger, F. (2007): Management der Marketing-Kommunikation, 4. Aufl., Berlin u. a. 2007.

Fuchs, W./Unger, F. (2003): Verkaufsförderung: Konzepte und Instrumente im Marketing-Mix, 2. Aufl., Wiesbaden 2003.

Fritz, W./Von der Oelsnitz, D. (2006): Marketing: Elemente marktorientierter Unternehmensführung, 4. Aufl., Stuttgart u. a. 2006.

Fürst, A./Prigge, J.-K. (2010): Weniger ist mehr, in: Absatzwirtschaft, 53. Jg., Nr. 4, 2010, S. 42–44.

Gartner Research (2012): Gartner Says Worldwide Sales of Mobile Phones Declined 3 Percent in Third Quarter 2012; Smartphone Sales Increased 47 Percent, http://www.gartner.com/newsroom/id/2237315, Abruf am 11.03.2013.

Gedenk, K. (2009): Verkaufsförderung, in: *Bruhn, M./Esch, F.-R./Langner, T.* (Hrsg.), Handbuch Kommunikation: Grundlagen – Innovative Ansätze – Praktische Umsetzungen, Wiesbaden 2009, S. 267–283.

Gedenk, K. (2002): Verkaufsförderung, München 2002.

Gedenk, K./Neslin, S. A./Ailawadi, K. L. (2010): Sales Promotion, in: *Krafft, M./Mantrala, M. K.* (Hrsg.), Retailing in the 21st Century: Current and Future Trends, Berlin u. a. 2010, S. 393–407.

Geschka, H. (1986): Kreativitätstechniken, in: *Staudt, E.* (Hrsg.), Das Management von Innovationen, Frankfurt/Main 1986, S. 147–160.

GfK (2012a): http://www.gfk-geomarketing.de, Abruf am 09.08.2012.

GfK (2012b): Startklar für Ihr GeoMarketing, http://www.regiograph.de/file-admin/regiograph_de/anwenderunterstuetzung/regiograph_gui-ded_tour.pdf, Abruf am 09.08.2012.

GfK (2010): Deutsche bleiben Bücherwürmer, http://www.gfk.com/group/press_information/press_releases/005528/index.de.html, Abruf am 09.08.2012.

GfK (2009): Verbraucherpanels, http://www.gfkps.com/scan/instruments/pa-nels/index.de.html, Abruf am 09.08.2012.

GfK (2008): GfK Consumer Scan, http://www.gfk.com/group/services/instru-ments_and_services/contact_dates/00152/index.de.html, Abruf am 09.08.2012.

GfK (2004): GfK StoreTest: Die zuverlässige Begleitung für Ihren Produkter-folg, http://www.gfkps.com/imperia/md/content/ps_de/handel/store-test.pdf, Abruf am 09.08.2012.

GfK/WirtschaftsWoche (Hrsg.) (2006): Werbeklima-Studie I/2006: Experten-prognosen zur Entwicklung der Werbewirtschaft, Düsseldorf u. a. 2006.

Gierl, H./Helm, R. (2002): Marketing Arbeitsbuch: Aufgabenstellungen und Lösungsvorschläge, 3. Aufl., Stuttgart 2002.

Gilbert, X./Strebel, P. (1987): Strategies to Outpace the Competition, in: Journal of Business Strategy, 8. Jg., Nr. 1, 1987, S. 28–36.

Goldnagel, R. (1993): Product Placement versus Fernsehspot: Eine Gegenüber-stellung beider Kommunikationsmittel, Wien 1993.

Goolsby, J. R. (1992): A Theory of Role Stress in Boundary Spanning Positions of Marketing Organizations, in: Marketing Science, 20. Jg., Nr. 2, 1992, S. 155–164.

Goreßen, U. (2010): Du kommst hier nicht rein! – Selektive Distribution bei Philips [Update], http://www.heise.de/resale/meldung/Du-kommst-hier-nicht-rein-Selektive-Distribution-bei-Philips-Update-997192.html, Abruf am 09.08.2012.

Götze, U. (2008): Investitionsrechnung, 6. Aufl., Heidelberg u. a. 2008.

Green, P. E./Tull, D. S./Albaum, G. (1988): Research for Marketing Decisions, 5. Aufl., Englewood Cliffs 1988.

Greving, B. (2009): Messen und Skalieren von Sachverhalten, in: *Albers, S./ Klapper, D./Konradt, U./Walter, A./Wolf, J.* (Hrsg.), Methodik der empiri-schen Forschung, 3. Aufl., Wiesbaden 2009 S. 65–78.

Groupon (2011): http://www.groupon.de/wie-funktioniert-groupon, Abruf am 09.08.2012.

Grüttner, A. (2009): Auch Zara entdeckt jetzt das Internet, in: Handelsblatt, Nr. 179, 17.09.2009, S. 17.

Günter, B. (2007): Verlässlichkeit als Wettbewerbsvorteil im Business-2-Business-Marketing, in: *Büschken, J./Voeth, M./Weiber, R.* (Hrsg.), Innovationen für das Industriegütermarketing, Stuttgart 2007, S. 185–199.

Günther, M./Vossebein, U./Wildner, R. (2006): Marktforschung mit Panels: Arten – Erhebung – Analyse – Anwendung, 2. Aufl., Wiesbaden 2006.

Gustafsson, A./Herrmann, A./Huber, F. (2003): Conjoint Analysis as an Instrument of Market Research Practice, in: *Gustafsson, A./Herrmann, A./Huber, F.* (Hrsg.), Conjoint Measurement: Methods and Applications, 3. Aufl., Berlin u. a. 2003, S. 5–46.

Gutenberg, E. (1984): Grundlagen der Betriebswirtschaftslehre Band 2: Der Absatz, 17. Aufl., Berlin u. a. 1984.

Gutsche, J. (1995): Produktpräferenzanalyse ein modelltheoretisches und methodisches Konzept zur Marktsimulation mittels Präferenzerfassungsmodellen, Berlin 1995.

Häder, M. (2010): Empirische Sozialforschung: Eine Einführung, 2. Aufl., Wiesbaden 2010.

Haedrich, G./Gussek, F./Tomczak, T. (1990): Instrumentelle Strategiemodelle als Komponenten im Marketingplanungsprozess, in: Die Betriebswirtschaft, 50. Jg., Nr. 2, 1990, S. 205–222.

Haedrich G./Tomczak,T. (1996): Produktpolitik, Stuttgart u. a. 1996.

Hahn, C. (1997): Conjoint- und Discrete Choice-Analyse als Verfahren zur Abbildung von Präferenzstrukturen und Produktauswahlentscheidungen, Münster 1997.

Haller, S. (2001): Handelsmarketing, 2. Aufl., Ludwigshafen 2001.

Hammann, P. (1992): Der Wert einer Marke aus betriebswirtschaftlicher und rechtlicher Sicht, in: *Dichtl, E./Eggers, W.* (Hrsg.), Marke und Markenartikel als Instrument des Wettbewerbs, München 1992, S. 205–245.

Hammann, P./Erichson, B. (2000): Marktforschung, 4. Aufl., Stuttgart 2000.

Handelsblatt (2011): Welche Firmen am meisten für Werbung ausgeben, http://www.handelsblatt.com/unternehmen/handel-dienstleister/marketing-ausgaben-welche-firmen-am-meisten-fuer-werbung-ausgeben/4753242.html, Abruf am 09.08.2012.

Handelsblatt (2010): Anlage gegen »Bier Babes« fallen gelassen, http://www.handelsblatt.com/sport/fussball/nachrichten/anklage-gegen-bier-babes-fallen-gelassen/3469466.html, Abruf am 09.08.2012.

Handelsblatt (2006): 70 Prozent der neu eingeführten Produkte scheitern, http://www.handelsblatt.com/unternehmen/management/strategie/fast-moving-consumer-goods-70-prozent-der-neu-eingefuehrten-produkte-scheitern/2644570.html, Abruf am 09.08.2012.

Harms, V. (1999): Kundendienstmanagement, Herne/Berlin 1999.

Hass, B./Walsh, G./Kilian, T. (Hrsg.) (2008): Web 2.0.: Neue Perspektiven für Marketing und Medien, Heidelberg 2008.

Heckert, J. B./Wilson, J. D. (1963): Controllership, 2. Aufl., New York 1963.

Heinen, E. (1992): Führung als Gegenstand der Betriebswirtschaftslehre, in: *Heinen, E.* (Hrsg.), Betriebswirtschaftliche Führungslehre: Grundlagen – Strategien – Modelle, 2. Aufl., Wiesbaden 1992, S. 17–49.

Heinen, E. (1976): Grundlagen betriebswirtschaftlicher Entscheidungen – das Zielsystem der Unternehmung, 3. Aufl., Wiesbaden 1976.

Heinen, E./Dill, P. (1990): Unternehmenskultur aus betriebswirtschaftlicher Sicht, in: *Simon, H.* (Hrsg.), Herausforderung Unternehmenskultur, Stuttgart 1990.

Helm, S. (2000): Kundenempfehlungen als Marketinginstrument, Wiesbaden 2000.

Helm, S./Günter, B. (2001): Kundenwert: Eine Einführung in die theoretische und praktische Herausforderungen der Bewertungen von Kundenbeziehungen, in: *Günter, B./Helm, S.* (Hrsg.), Kundenwert: Grundlagen – Innovative Konzepte – Praktische Umsetzungen, Wiesbaden 2001, S. 3–40.

Helson, H. (1964): Adaptation-Level Theory: An Experimental and Systematic Approach to Behavior, New York 1964.

Henderson, B. (1984): Die Erfahrungskurve in der Unternehmensstrategie, 2. Aufl., Frankfurt/Main 1984.

Hennig-Thurau, T./Thurau, C. (1999): Sozialkompetenz als vernachlässigter Untersuchungsgegenstand des (Dienstleistungs-) Marketing, Marketing ZFP, Jahrgang 21, Nr. 2, S. 77–88.

Herbst, D. (2012): Public Relations, 4. Aufl., Berlin 2012.

Herbst, U. (2007): Präferenzmessung in industriellen Verhandlungen, Wiesbaden 2007.

Herbst, U./Austen, V./Bertels, V. (2012): When 3+3 does not equal 5+1 – New insights into the measurement of industrial customer satisfaction, in: Industrial Marketing Management, 41. Jg., Nr. 6, S. 973–983.

Herbst, U./Barisch, S./Voeth, M. (2008): International Buying Center Analysis – The Status Quo of Research, in: Journal of Business Market Management, 2. Jg., Nr. 3, S. 123–140.

Herbst, U./Merz, M. (2011): The industrial brand personality scale: Building strong business-to-business brands, in: Industrial Marketing Management, 40. Jg., Nr. 7, S. 1072–1081.

Herbst, U./Voeth, M. (2008): The Concept of Brand Personality as an Instrument for Advanced Non-Profit Branding – An Empirical Analysis, in: Journal of Nonprofit & Public Sector Marketing, 19. Jg., Nr. 1, S. 71–97.

Herbst, U./Voeth, M. (2006): Brand Personalities in the Business-to-Business-Sector, in: Proceedings of the IMP Group Conference 2006, Milan 2006.

Hermanns, A. (1997): Sponsoring: Grundlagen – Wirkungen – Management – Perspektiven, 2. Aufl., München 1997.

Hermanns, A./Bagusat, A. (2006): Sponsoring Trends 2006, München 2006.

Hermanns, A./Kiendl, S. C./Van Overloop, P. C. (2012): Marketing: Grundlagen und Managementprozess, München 2012.

Hermanns, A./Marwitz, C. (2008): Sponsoring: Grundlagen – Wirkungen – Management – Markenführung, 3. Aufl., München 2008.

Hermes, V. (2011): Wer führt die Marke?, in: Absatzwirtschaft, Sonderheft Marken 2011, S. 34–40.

Hermes, V. (2010): So profitieren Sie vom Coupon-Boom, in: Absatzwirtschaft, 53. Jg., Nr. 6, 2010, S. 86–89.

Herrmann, A. (1998): Produktmanagement: Vahlens Handbücher der Wirtschafts- und Sozialwissenschaften, München 1998.

Herrmann, A./Huber, F. (2009): Produktmanagement: Grundlagen – Methoden – Beispiele, 2. Aufl., Wiesbaden 2009.

Herrmann, A./Landwehr, J. R. (2008): Varianzanalyse, in: *Hermann, A./Homburg, C./Klarmann, M.* (Hrsg.), Handbuch Marktforschung, 3. Aufl., Wiesbaden 2008, S. 579–606.

Herrmann, A./Peine, K. (2007): Variantenmanagement, in: *Albers, S./Herrmann, A.* (Hrsg.), Handbuch Produktmanagement: Strategieentwicklung – Produktplanung – Organisation – Kontrolle, 3. Aufl., Wiesbaden 2007, S. 651–679.

Hesse, J./Neu, M./Theuner, G. (2007): Marketing: Grundlagen, 2. Aufl., Berlin 2007.

Hildebrand, L./Klapper, D. (2007): Wettbewerbsanalyse, in: *Albers, S./Herrmann, A.* (Hrsg.), Handbuch Produktmanagement: Strategieentwicklung- Produktplanung- Organisation- Kontrolle, Wiesbaden 2007, S. 493–516.

Hilker, J. (1993): Marketingimplementierung: Grundlagen und Umsetzung am Beispiel ostdeutscher Unternehmen, Wiesbaden.

Hinterhuber, H. H. (2011): Strategische Unternehmensführung: I. Strategisches Denken, 8. Aufl., Berlin u. a. 2011.

Hinterhuber, H. H. (1990): Wettbewerbsstrategie, 2. Aufl., Berlin u. a. 1990.

Hofsäss, M./Engel, D. (2003): Praxishandbuch Mediaplanung: Forschung, Studien und Werbewirkung – Mediaagenturen und Planungsprozess – Mediagattungen und Werbeträger, Berlin 2003.

Holland, H. (2009): Direktmarketing: Im Dialog mit dem Kunden, 3. Aufl., München 2009.

Homburg, C. (2012): Marketingmanagement: Strategie – Instrumente – Umsetzung – Unternehmensführung, 4. Aufl., Wiesbaden 2012.

Homburg, C. (2000): Kundennähe von Industriegüterunternehmen, 3. Aufl., Wiesbaden 2000.

Homburg, C./Bruhn, M. (2010): Kundenbindungsmanagement: Eine Einführung in die theoretischen und praktischen Problemstellungen, in: *Bruhn, M./Homburg, C.* (Hrsg.), Handbuch Kundenbindungsmanagement, 7. Aufl., Wiesbaden 2010, S. 3–39.

Homburg, C./Pflesser, C. (2004): »Symbolisches Management« als Schlüssel zur Marktorientierung: Neue Erkenntnisse zur Unternehmenskultur, in:

Homburg, C. (Hrsg.), Perspektiven der marktorientierten Unternehmensführung, Wiesbaden 2004, S. 271–285.

Homburg, C./Pflesser, C. (2000): A Multiple-Layer Model of Market-Oriented Organizational Culture: Measurement Issues and Performance Outcomes, in: Journal of Marketing Research, 37. Jg., Nr. 4, 2000, S. 449–462.

Homburg, C./Schäfer, H. (1999): Customer Recovery: Profitabilität durch systematische Rückgewinnung von Kunden, in: *Institut für Marktorientierte Unternehmensführung* (Hrsg.), Arbeitspapier Management Know-how M039, Mannheim 1999.

Homburg, C./Schäfer, H./Schneider, J. (2011): Sales Excellence – Vertriebsmanagement mit System, 6. Aufl., Wiesbaden 2011.

Homburg, C./Stock, R. (2000): Der kundenorientierte Mitarbeiter: Bewerten – Bewegen – Begeistern, Wiesbaden 2000.

Homburg, C./Stock-Homburg, R. (2006): Theoretische Perspektiven zur Kundenzufriedenheit, in: *Homburg, C.* (Hrsg.), Kundenzufriedenheit: Konzepte – Methoden – Erfahrungen, 6. Aufl., Wiesbaden 2006, S. 17–52.

Homburg, C./Sütterlin, S. (1992): Modellgestützte Unternehmensplanung: Aufgaben – Fallstudien – Lösungen, Wiesbaden 1992.

Homburg, C./Werner, H. (1998): Kundenorientierung mit System: Mit Customer Orientation Management zu profitablem Wachstum, Frankurt/Main u. a. 1998.

Homburg, C./Workman, J./Jensen, O. (2000): Fundamental Changes in Marketing Organization: The Movement Towards a Customer-Focused Organizational Structure, in: Journal of the Academy of Marketing Science, 28. Jg., Nr. 4, 2000, S. 459–478.

Horizont.net (2011): http://www.horizont.net/kreation/tv/pages/protected/show-381036.html, Abruf am 07.08.2012.

Hormuth, S. (1993): Placement: Eine innovative Kundenstrategie, München 1993.

Hörschgen, H./Käßer-Pawelka, G. (1989): Strategische Positionsbestimmung im Großhandel, in: *Trommsdorff, V.* (Hrsg.), Handelsforschung 1989: Grundsatzfragen, Jahrbuch der Forschungsstelle für den Handel, Berlin u. a. 1989, S. 209–222.

Horsyk, D./Simon, L. S. (1983): Advertising and the Diffusion of New Products, in: Management Science, 2. Jg., Nr. 1, 1983, S. 1–17.

Horváth, P. (2011): Controlling, 12. Aufl., München 2011.

Hovland, C./Harvey, O./Sherif, M. (1957): Assimilation and contrast effects in reactions to communication and attitude change, in: Journal of Abnormal and Social Psychology, 55. Jg., Nr. 2, 1957, S. 244–252.

Howard, J. A./Sheth, J. N. (1969): The Theory of Buyer Behavior, New York 1969.

Huber, F./Herrmann, A./Braunstein, C. (2009): Der Zusammenhang zwischen Produktqualität, Kundenzufriedenheit und Unternehmenserfolg, in: *Hinterhuber, H. H./Matzler, K.* (Hrsg.), Kundenorientierte Unternehmensführung, 6. Aufl., Wiesbaden 2009, S. 69–85.

Hülsta (2011): http://www.huelsta.de/de_de/service/haendlerseminar/index.html, Abruf am 09.08.2012.

Hünerberg, R. (1998): Bedeutung von Online-Medien für das Direktmarketing, in: *Link, J.* (Hrsg.), Wettbewerbsvorteile durch Online-Marketing: Die strategischen Perspektiven elektronischer Märkte, Berlin u. a. 1998, S. 107–133.

Hungenberg, H. (2011): Strategisches Management in Unternehmen: Ziele – Prozesse – Verfahren, 6. Aufl., Wiesbaden 2011.

Hungenberg, H./Wulf, T. (2011): Grundlagen der Unternehmensführung, 4. Aufl., Berlin u. a. 2011.

Hurme, P. (2001): Online-PR: Emerging Organisational Practice, in: Corporate Communications – An International Journal, 6. Jg., Nr. 2, 2001, S. 71–75.

Hüttner, M./Schwarting, U. (2002): Grundzüge der Marktforschung, 7. Aufl., München u. a. 2002.

Hüttner, M./Schwarting, U. (2008): Exploratorische Faktorenanalyse, in: *Herrmann, A./Homburg, C./Klarmann, M.* (Hrsg.), Handbuch Marktforschung, 3. Aufl., Wiesbaden 2008, S. 241–270.

Inden, T. (1993): Alles Event?! Erfolg durch Erlebnismarketing, Landsberg/Lech 1993.

Institut für Markenfranchise GmbH & Co. KG (o. J.): Eckdaten der deutschen Franchise-Wirtschaft, http://franchisemonitor.de/trends-und-statistik/eckdaten-der-deutschen-franchise-wirtschaft/, Abruf am 01.03.2013.

IP Deutschland Case Study Tassimo (2011): http://www.ip-deutschland.de/fakten_und_trends/werbewirkung/tv_case-studies/studiensteckbrief.cfm?studyId=679 & search=false, Abruf am 09.08.2012.

Jacoby, J./Olson, J. C. (1977): Consumer Response to Price: An Attitudinal, Information Processing Perspective, in: *Wind, Y./Greenberg, M.* (Hrsg.), Moving Ahead with Attitude Research, Chicago 1977, S. 73–86.

Jagerhofer, H. (1995): Event Marketing: 10 Schritte zum Erfolg, Wien 1995.

Jary, M./Schneider, D./Wileman, A. (1999): Marken-Power: Warum Aldi, Ikea, H & M und Co. so erfolgreich sind, Wiesbaden 1999.

Jobber, D./Lancaster, G. (2003): Selling and Sales Management, 6. Aufl., Harlow 2003.

Johansson, A. (2001): Product Placement in Film und Fernsehen, Berlin 2001.

Jonassen, D. (1989): Hypertext/Hypermedia, Englewood Cliffs 1989.

Juch, S./Rathje, S./Köppel, P. (2007): Cultural fit oder fit for culture? – Ansätze für ein effizientes und effektives Instrumentarium zur kulturellen Gestaltung der Zusammenarbeit in internationalen Unternehmenskooperationen, in: Arbeit – Zeitschrift für Arbeitsforschung, Arbeitsgestaltung und Arbeitspolitik, 16. Jg., Nr. 2, 2007, S. 89–103.

Jung, H. (1999): Personalwirtschaft, 3. Aufl., München 1999.

Kahneman, D./Tversky, A. (1979): Prospect Theory: An Analysis of Decision Under Risk, in: Econometrica, 47 Jg., Nr. 2, 1979, S. 263–291.

Kamps (2012): www.kamps.de, Abruf am 09.08.2012.

Karrh, J. (1998): Brand Placement: A Review, in: Journal of Current Issues and Research in Advertising, 20. Jg., Nr. 2, 1998, S. 31–49.

Kauermann, G./Küchenhoff, H. (2011): Stichproben: Methoden und praktische Umsetzung mit R, Berlin u. a. 2011.

Kavassalis, P./Spyropoulu, N./Drossos, D./Mitrokostas, E./Gikas, G./Hatzistamatiou, A. (2003): Mobile Permission Marketing: Framing the Market Inquiry, in: International Journal of Electronic Commerce, 8. Jg., Nr. 1, 2003, S. 55–79.

Kepper, G. (2008): Methoden der qualitativen Marktforschung, in: *Herrmann, A./Homburg, C./Klarmann, M.* (Hrsg.), Handbuch Marktforschung, 3. Aufl., Wiesbaden 2008, S. 175–212.

Kipshagen, L. (1983): Die Planung von Distributionssystemen der Konsumgüterindustrie unter besonderer Berücksichtigung der Tourenauslieferung: Die Konzeption einer Modellhierarchie, Frankfurt/Main 1983.

Kirchgeorg, M. (2003): Funktionen und Erscheinungsformen von Messen, in: *Kirchgeorg, M./Dornscheidt, W. M./Giese, W./Stoeck, N.* (Hrsg.), Handbuch Messemanagement: Planung, Durchführung und Kontrolle von Messen, Kongressen und Events, Wiesbaden 2003, S. 51–71.

Kirchgeorg, M. (2000): Vertriebskosten, in: *Fischer, T. M.* (Hrsg.), Kosten-Controlling: Neue Methoden und Inhalte, Stuttgart 2000, S. 407–427.

Kirchner + Robrecht GmbH (2009): eBooks und eReader – Marktpotenziale in Deutschland, http://www.kirchner-robrecht.de/aktuelles/studien/ebooks-und-ereader-marktpotenziale/, Abruf am 09.08.2012.

Kleinaltenkamp, M./Plötner, O./Zedler, C. (2004): Industrielles Servicemanagement, in: *Backhaus, K./Voeth, M.* (Hrsg.), Handbuch Industriegütermarketing: Strategien- Instrumente- Anwendungen, Wiesbaden 2004, S. 625–648.

Kleinhückelskoten, H.-D. (2000): Grundbegriffe und Zusammenhänge, in: *Kleinhückelskoten, H.-D./Holm, J.-M.* (Hrsg.), Marketing-Mix Band 11, Köln 2000, S. 29–44.

Kloss, I. (2012): Werbung: Handbuch für Studium und Praxis, 5. Aufl., München 2012.

Koch, J. (2009): Marktforschung: Grundlagen und praktische Anwendungen, 5. Aufl., München 2009.

Koch, M./Richter, A. (2009): Social-Networking-Dienste, in: *Back, A./Gronau, N./Tochtermann, K.* (Hrsg.), Web 2.0 in der Unternehmenspraxis: Grundlagen, Fallstudien und Trends zum Einsatz von Social Software, 2. Aufl., München 2009, S. 60–70.

Köcher, R. (2003): Sponsoring: Überwältigende Akzeptanz und Reichweite, in: *Sportfive GmbH* (Hrsg.), Affinitäten_2, Hamburg 2003, S. 18–23.

Köhler, R. (2006): Marketingcontrolling: Konzepte und Methoden, in: *Reinecke, S./Tomczak, T.* (Hrsg.), Handbuch Marketingcontrolling: Effektivität und Effizienz einer Unternehmensführung, 2. Aufl., Wiesbaden 2006, S. 39–61.

Köhler, R. (2002): Organisation des Produktmanagement, in: *Albers, S./Hermann, A.* (Hrsg.), Handbuch Produktmanagment, 2. Aufl., Wiesbaden 2002, S. 723–745.

Köhler, R. (2001): Vertriebscontrolling, in: *Diller, H.* (Hrsg.), Vahlens Großes Marketing Lexikon, 2. Aufl., München 2001, S. 1804–1805.

Köhler, R. (2000): Marketingimplementierung: Was hat die deutschsprachige Marketingforschung an Erkenntniszugewinn erbracht?, in: *Backhaus, K.* (Hrsg.), Deutschsprachige Marketingforschung: Bestandsaufnahme und Perspektiven, Stuttgart 2000, S. 253–277.

Köhler, R. (1998): Kundenorientierte Organisation, in: Signale aus der WHU Koblenz, 12. Jg., Nr. 37, 1998, S. 5–13.

Köhler, R. (1995): Marketing-Organisation, in: *Tietz, B./Köhler, R./Zentes, J.* (Hrsg.), Handwörterbuch des Marketing, 2. Aufl., Stuttgart 1995, S. 1636–1653.

Köhler, R. (1993): Beiträge zum Marketing-Management: Planung – Organisation – Controlling, 3. Aufl., Stuttgart 1993.

Kolks, V. (1990): Strategieimplementierung: Ein anwenderorientiertes Konzept, Wiesbaden 1990.

Kollmann, T. (2007): Online-Marketing: Grundlagen der Absatzpolitik in der Net Economy, Stuttgart 2007.

Koppelmann, U. (2001): Produktmarketing: Entscheidungsgrundlagen für Produktmanager, 6. Aufl., Berlin 2001.

Koppelmann, U./Brodersen, K./Volkmann, M. (2002): Variety Seeking: Wie Sie von der Neugier Ihrer Kunden profitieren, in: Absatzwirtschaft, 53. Jg., Nr. 1, 2010, S. 44–47.

Kotler, P./Armstrong, G./Wong, V./Saunders, J. (2011): Grundlagen des Marketing, 5. Aufl., München 2011.

Kotler, P./Keller, K. L. (2012): Marketing-Management, 14. Aufl., UpperSaddle River, NJ 2012.

Kotler, P./Keller, K. L./Bliemel, F. (2007): Marketing-Management: Strategien für wertschaffendes Handeln, 12. Aufl., München u. a. 2007.

Kracklauer, A./Wagemann, B./Voigt, M. (2004): Multichannel-Management in der Konsumgüterwirtschaft, in: *Merx, O./Bachem, C.* (Hrsg.), Multichannel-Marketing-Handbuch, Berlin et al. 2004, S. 125–142.

Krafft, M./Albers, S. (2000): Ansätze zur Segmentierung von Kunden: Wie geeignet sind herkömmliche Konzepte?, in: Zeitschrift für betriebswirtschaftliche Forschung, 52. Jg., Nr. 3, 2000, S. 515–536.

Kraus, J. H. (2004): Preissetzung im Aktienfondsgeschäft: Eine empirische Analyse des Kauf- und Preisverhaltens privater Fondsinvestoren mit Hilfe der Conjoint-Analyse, Hamburg 2004.

Kreikebaum, H. (1989): Wettbewerbsanalysen für Marketingentscheidungen, in: *Bruhn, M.* (Hrsg.), Handbuch des Marketing, München 1989, S. 131–156.

Kreikebaum, H. (1997): Strategische Unternehmensplanung, 6. Aufl., Stuttgart u. a. 1997.

Kreilkamp, E. (1987): Strategisches Management und Marketing, Berlin u. a. 1987.

Kremp, M. (2010): Krisen-PR wegen Ölpest: BP kauft Suchmaschinenergebnisse, http://www.spiegel.de/netzwelt/web/0,1518,699903,00.html, Abruf am 09.08.2012.

Kreutzer, R. (2006): Praxisorientiertes Marketing: Grundlagen – Instrumente – Fallbeispiele, Wiesbaden 2006.

Kreutzer, R. (1998): Individuelle Kundenkommunikation mit umfassender Service-Palette, in: Marktforschung & Management, 42. Jg., Nr. 1, 1998, S. 16–19.

Kreuz, W. (2002): Kosten-Benchmarking: Konzept und Praxisbeispiel, in: *Franz, K.-P./Kajüter, P.* (Hrsg.), Kostenmanagement: Wettbewerbsvorteile durch systematische Kostensteuerung, 2. Aufl., Stuttgart 2002, S. 91–103.

Kroeber-Riel, W./Esch, F.-R. (2011): Strategie und Technik der Werbung, 7. Aufl., Stuttgart 2011.

Kroeber-Riel, W./Weinberg, P./Gröppel-Klein, A. (2009): Konsumentenverhalten, 9. Aufl., München 2009.

Krüger, W. (1983): Grundlagen der Organisationsplanung, Gießen 1983.

Krulis-Randa, J. S. (1977): Marketing-Logistik: Eine systemtheoretische Konzeption der betrieblichen Warenverteilung und Warenbeschaffung, Bern u. a. 1977.

Kuehn, A. (1961): A Model for Budgeting Advertising, in: *Bass, F.* (Hrsg.), Mathematical Models and Methods in Marketing, Homewood 1961, S. 315–353.

Kühn, R. (1989): Marketing-Mix, in: *Poth, L. G.* (Hrsg.), Marketing-Handbuch, Neuwied 1984, S. 1–40.

Kühn, R. (1985): Marketing-Instrumente zwischen Selbstverständlichkeit und Wettbewerbsvorteil: Das Dominanz-Standard-Modell, in: Marketing Review St. Gallen, 2. Jg., Nr. 4, 1985, S. 16–21.

Kühn, R. (1984): Heuristische Methoden zur Bestimmung des Marketing-Mix, in: *Scheuch, F./Mazanec, J.* (Hrsg.), Marktorientierte Unternehmensführung, Wien 1984, S. 185–202.

Küpper, H.-U. (2005): Controlling: Konzeption – Aufgaben – Instrumente, 4. Aufl., Stuttgart 2005.

Küpper, H.-U./Weber, J./Zünd, A. (1990): Zum Selbstverständnis des Controlling, in: Zeitschrift für Betriebswirtschaft, 60. Jg., Nr. 3, 1990, S. 281–293.

Kupsch, P. (1979): Unternehmungsziele, Stuttgart u. a. 1979.

Kuß, A./Eisend, M. (2010): Marktforschung: Grundlagen der Datenerhebung und Datenanalyse, 3. Aufl., Wiesbaden 2010.

Kuß, A./Kleinaltenkamp, M. (2011): Marketing-Einführung: Grundlagen – Überblick – Beispiele, 5. Aufl., Wiesbaden 2011.

Kuß, A./Tomczak, T. (2007): Käuferverhalten: Eine marketingorientierte Einführung, 4. Aufl., Stuttgart 2007.

Kuß, A./Tomczak, T./ Reinecke, S. (2007): Marketingplanung: Einführung in die marktorientierte Unternehmens- und Geschäftsfeldplanung, 5. Aufl., Wiesbaden 2007.

Lalwani, D./Huber, F./Meyer, F./Vollmann, S. (2010): Mobile Marketing durch Markenallianzen stärken: Eine empirische Studie zur Identifikation von Erfolgsdeterminanten, Köln 2010.

Lamnek, S. (2010): Qualitative Sozialforschung, 5. Aufl., Weinheim u. a. 2010.

Lasslop, I. (2003): Effektivität und Effizienz von Marketing-Events: Wirkungstheoretische Analyse und empirische Befunde, Wiesbaden 2003.

Lastovicka, J. L./Murry Jr., J. P./Joachimsthaler, E. A. (1990): Evaluating the Measurement Validity of Lifestyle Typologies With Qualitative Measures and Multiplicative Factoring, in: Journal of Marketing Research, 27. Jg., Nr. 1, 1990, S. 11–23.

Lazer, W./Luqmani, M./Quraeshi, Z. (1984): Product Rejuvenation Strategies, in: Business Horizons, 27. Jg., Nr. 6, 1984, S. 21–28.

LEGO GmbH (2012): Alter, http://shop.lego.com/de-DE/, Abruf am 27.06.2012.

Lehmann, F.-O. (1992): Zur Entwicklung eines koordinationsorientierten Controlling-Paradigmas, in: Zeitschrift für betriebswirtschaftliche Forschung, 44. Jg., Nr. 1, 1992, S. 45–61.

Leitgeb, S. (2009): Virales Marketing: Rechtliches Umfeld für Werbefilme auf Internetportalen wie YouTube, in: Zeitschrift für Urheber- und Medienrecht, 53. Jg., Nr. 1, 2009, S. 39–49.

Levi, D. (2001): Group dynamics for teams, Thousand Oaks u. a. 2001.

Levine, D. I./Ledfort, G. E./Lawler, E. J./Mohrman, S. A. (1995): Employee Involvement and Firm Performance: Paper Presented at The Conference on What Works at Work, Washington DC 1995.

Levinson, J. C. (2007): Guerilla-Marketing: Easy and Inexpensive Strategies for Making Big Profits from Your Small Business, New York 2007.

Levinson, J. C./Godin, S. (1996): Das Guerilla Marketing Handbuch, Frankfurt/Main 1996.

Levitt, T. (1960): Marketing Myopia, in: Harvard Business Review, 38. Jg., Nr. 4, 1960, S. 45–56.

Link, J./Gerth, N./Voßbeck, E. (2000): Marketing-Controlling: Systeme und Methoden für mehr Markt- und Unternehmenserfolg, München 2000.

Link, J./Weiser, C. (2011): Marketing-Controlling: Systeme und Methoden für mehr Markt- und Unternehmenserfolg, 3. Aufl., München 2011.

Lipson, H. A./Darling, J. R./Reynolds, F. D. (1970): A Two-Phase Interaction Process for Marketing Model Construction, in: MSU Business Topics, 18. Jg., Nr. 4, 1970, S. 34–44.

Lodish, L. M./Curtis, E./Ness, M./Simpson M. K. (1988): Sales Force Sizing and Development Using a Decision Calculus Model at Syntex Laboratories, in: Interfaces, 18. Jg., Nr. 1, 1988, S. 5–20.

Löffler, H./Scherfke, A. (2000): Direkt-Marketing: Instrumente, Ausführung und neue Konzepte, Berlin 2000.

Lufthansa (2012): http://www.lufthansa.com/de/de/Business-Class; http://www.lufthansa.com/de/de/Economy-Class; http://www.lufthansa.com/de/de/First-Class, Abruf am 09.08.2012.

Lütters, H. (2008): Serious Fun in Market Research: The Sniper Scale, in: Marketing Review St. Gallen, 25. Jg., Nr. 6, 2008, S. 17–22.

Macharzina, K./Wolf, J. (2012): Unternehmensführung: Das internationale Managementwissen: Konzepte – Methoden – Praxis, 8. Aufl., Wiesbaden 2012.

Macho-Stadler, I./Pérez-Castrillo, J. D. (2001): An Introduction to the Economics of Information: Incentives and Contracts, 2. Aufl., Oxford 2001.

Mäder, R. (2005): Messung und Steuerung von Markenpersönlichkeit: Entwicklung eines Messinstruments und Anwendung in der Werbung mit prominenten Testimonials, Wiesbaden 2005.

Magrath, A. J. (1986): When Marketing Services 4 Ps are Not Enough, in: Business Horizons, 29. Jg., Nr. 3, 1986, S. 44–50.

Makosch, M. (2012): Kundenbeziehungsmanagement: Chancen und Prozesse der Kundenrückgewinnung, Hamburg 2012.

Malhotra, N. K. (2010): Marketing Research: An Applied Orientation, 6. Aufl., Upper Saddle River 2010.

Mangold, U./Kunert, A. (2007): Qualitative Beobachtungsverfahren, in: *Naderer, G./Balzer, E.* (Hrsg.), Qualitative Marktforschung in Theorie und Praxis: Grundlagen, Methoden und Anwendungen, Wiesbaden 2007, S. 304–320.

Maslow, A. (1975): Motivation and Personality, in: *Levine, F.* (Hrsg.), Theoretical Readings in Motivation, Chicago 1975.

Mast, C. (2013): Unternehmenskommunikation: Ein Leitfaden, 5. Aufl., Stuttgart 2013.

Mattauch, C. (2011): Frau mit Plan, in: Absatzwirtschaft, Sonderheft Marken 2011, S. 98–102.

Mattmüller, R. (2006): Integrativ-Prozessuales Marketing: Eine Einführung, 3. Aufl., Wiesbaden 2006.

Mayer, R. U. (1984): Produktpositionierung, Köln 1984.

McDonalds (2012): McDeal® Menu, http://www.mcdonalds.de/produkte/mcdeal.html#/home, Abruf am 09.08.2012.

McKinsey & Company, Inc. (2012): About Us, http://www.mckinsey.com/about_us/our_values, Abruf am 09.08.2012.

McMurry, R. N. (1961): The Mystic of Super-Salesmanship, in: Harvard Business Review, 39. Jg., Nr. 2, 1961, S. 113–122.

McQuarrie, E. F./McIntyre, S. H. (1992): The Customer Visit: An Emerging Practice in Business-to-Business Marketing, Report No. 92–114 des Marketing Science Institute, Cambridge/MA 1992.

MediaLine (2012): Medialexikon: Kaufentscheidung, http://www.medialine.de/deutsch/wissen/medialexikon.php?snr=2860, Abruf am 09.08.2012.

Mediamarkt (2010): www.mediamarkt.de, Abruf am 09.08.2012.

Meffert, H. (2007): Stellenwert und Perspektiven des Marketing – Empirische Befunde aus Sicht von Wissenschaft und Praxis, in: Marketing Review St. Gallen, 24. Jg., Nr. 1, S. 2–7.

Meffert, H. (1994): Marketing-Management: Analyse – Strategie – Implementierung, Wiesbaden 1994.

Meffert, H./Burmann, C./Kirchgeorg, M. (2012): Marketing: Grundlagen marktorientierter Unternehmensführung, 11. Aufl., Wiesbaden 2012.

Meffert, H./Burmann, C./Kirchgeorg, M. (2008): Marketing: Grundlagen marktorientierter Unternehmensführung, 10. Aufl., Wiesbaden 2008.

Meffert, H./Holzberg, M. (2009): Cause-Related Marketing: Ein scheinheiliges Kooperationskonzept?, in: Marketing Review St. Gallen, 26. Jg., Nr. 2, 2009, S. 47–53.

Mellerowicz, K. (1963): Markenartikel: Die ökonomischen Gesetze ihrer Preisbildung und Preisbindung, 2. Aufl., München 1963.

Melwitz, N. (2008): Der Schutz von Sportgroßveranstaltungen gegen Ambush Marketing: Gewerblicher Rechtsschutz nach deutschem Recht, Tübingen 2008.

Meyer, A. (1988): Handbuch Dienstleistungsmarketing: 2 Bände, Stuttgart 1988.

Meyer, A./Oevermann, D. (1995): Kundenbindung, in: *Tietz, B./Köhler, R./ Zentes, J.* (Hrsg.), Handwörterbuch des Marketing, 2. Aufl., Stuttgart 1995, S. 1340–1351.

Milewski, M. (2007a): Hat Boschs Ixo das Zeug zur Marke?, in: Absatzwirtschaft, Sonderheft Marken 2007, S. 96–98.

Milewski, M. (2007b): Wildes Marketing für Jägermeister, in: Absatzwirtschaft, Sonderheft Marken 2007, S. 100–102.

Miracle, G. E. (1965): Product Characteristics and Marketing Strategy, in: Journal of Marketing, 29. Jg., Nr. 1, 1965, S. 18–24.

Möhlenbruch, D./Schmieder, U.-M. (2002): Mobile Marketing als Schlüsselgröße für Multi-Channel Commerce, in: *Silberer, G./Wohlfahrt, J./Wilhelm, T.* (Hrsg.), Mobile Commerce: Grundlagen – Geschäftsmodelle – Erfolgsfaktoren, Wiesbaden 2002, S. 67–89.

Moore, C. M./Doherty, A. M./Doyle, S. A. (2009): Flagshipstores as a Market Entry Method: The Perspective of Luxury Fashion Retailing, in: European Journal of Marketing, 44. Jg., Nr. 1/2, 2009, S. 139–161.

Monroe, K./Lee, A. (1999): Remembering Versus Knowing: Issues in Buyers‹ Processing Of Price Information, in: Journal of the Academy of Marketing Science, 27. Jg., Nr. 2, 1992, S. 207–255.

Mörl, C./Groß, M. (2008): Soziale Netzwerke im Internet: Analyse der Monetarisierungsmöglichkeiten und Entwicklung eines integrierten Geschäftsmodells, Boizenburg 2008.

Mues, F.-J. (1990): Information by Event, in: Absatzwirtschaft, 33. Jg., Nr. 12, 1990, S. 84–89.

Müller, B./Kreis-Muzzulini A. (2005): Public Relations für Kommunikations-, Marketing- und Werbeprofis, Frauenfeld 2005.

Müller, H./Voigt, S./Erichson, B. (2009): Befragungsbasierte Methoden zur Ermittlung von Preisresponsefunktionen: Preisbereitschaft oder Kaufbereitschaft?, Otto von Guericke University, FEMM (Faculty of Economics and Management) Working Paper Nr. 27, Magdeburg 2009.

Müller, S./Gelbrich, K. (2004): Interkulturelles Marketing, München 2004.

Müller, S./Kornmeier, M. (2000): Internationale Wettbewerbsfähigkeit, Stuttgart 2000.

Müller, S./Mergener, L. (2010): Business Intelligence im Vertrieb auf Basis von Open-Source-Lösungen, in: *Klein, A.* (Hrsg.), Moderne Controlling-Instrumente für Marketing und Vertrieb, Freiburg u. a. 2010, S. 251–269.

Müller-Hagedorn, L./Natter, M. (2011): Handelsmarketing, 5. Aufl., Stuttgart 2011.

Müller-Hagedorn, L./Schuckel, M. (2003): Einführung in das Marketing, 3. Aufl., Stuttgart 2003.

Müller-Stewens, G. (2011): Strategisches Management: Wie strategische Initiativen zum Wandel führen, 4. Aufl., Stuttgart 2011.

Nelson, P. (1970): Information and Consumer Behavior, in: Journal of Political Economy, 78. Jg., Nr. 2, 1970, S. 311–329.

Nespresso (2011): http://www.nespresso.de, Abruf am 09.08.2012.

Neujahr, E. (2004): Public Relations und Event – ein Zusammenspiel?, in: *Hosang, M.* (Hrsg.), Event & Marketing 2: Konzepte – Beispiele – Trends, Frankfurt/Main 2004, S. 119–128.

Nicosia, F. M. (1966): Consumer Decision Processes – Marketing and Advertising Implications, Englewood Cliffs/NJ 1978.

Nielsen (2012): Weltweite Werbeausgaben steigerten sich in 2011 um 7,3 Prozent, http://nielsen.com/de/de/insights/presseseite/2012/nielsen-weltweite-werbeausgaben-steigerten-sich-in-2011-um-7-komma-3-prozent.html, Abruf am 09.08.2012.

Nieschlag, R./Dichtl, E./Hörschgen, H. (2002): Marketing, 19. Aufl., Berlin 2002.

Nitschke, A. (2006): Event-Marken-Fit und Kommunikationswirkung: Eine Längsschnittbetrachtung am Beispiel der Sponsoren der FIFA-Fußballweltmeisterschaft 2006, Wiesbaden 2006.

Noble, C. H./Mokwa, M. P. (1999): Implementing Marketing Strategies: developing and Testing a Managerial Theory, in: Journal of Marketing, 63. Jg., Nr. 4, 1999, S. 57–73.

Nufer, G. (2006): Wirkungen von Event-Marketing: Theoretische Fundierung und empirische Analyse unter besonderer Berücksichtigung von Imagewirkungen, Wiesbaden 2006.

Nufer, G./Bender, M. (2008): Guerilla Marketing, in: *Rennhak, C./Nufer, G.* (Hrsg.), Reutlinger Diskussionsbeiträge zu Marketing & Management, Nr. 2008–5, Reutlingen 2008, S. 1–42.

o.V. (2012): Weltweite Handyverkäufe gehen um 2 Prozent zurück, http://www.heise.de/newsticker/meldung/Weltweite-Handyverkaeufe-gehen-um-2-Prozent-zurueck-1577217.html, Abruf am 09.08.2012.

o.V. (2011a): Mobile Research noch nicht etabliert, http://www.planung-analyse.de/news/studien/pages/protected/Mobile-Research-noch-nicht-etabliert_4234.html, Abruf am 09.08.2012.

o.V. (2011b): Marktforschung: Mobile ist weiter in Stiefkind, http://www.wuv.de/nachrichten/media_marktforschung/marktforschung_mobile_ist_weiter_ein_stiefkind, Abruf am 09.08.2012.

o.V. (2011c): Apple überholt Microsoft im deutschen Smartphone-Markt, http://www.heise.de/mac-and-i/meldung/Apple-ueberholt-Microsoft-im-deutschen-Smartphone-Markt-1168638.html, Abruf am 09.08.2012.

o.V. (2010a): Erlebnisfaktor bestimmt den Smartphone-Kauf, http://www.absatzwirtschaft.de/content/online-marketing/news/erlebnisfaktor-bestimmt-den-smartphone-kauf;73164, Abruf am 09.08.2012.

o.V. (2010b): http://www.agg-net.com/news/new-regional-marketing-organization-for-atlas-copco-portable-air, Abruf am 09.08.2012.

o.V. (2009): Pixum macht Kaffee zum Genuss! 2 Millionen Melitta-Filtertüten-Packungen mit Fototassen-Gutschein, http://www.perspektive-mittelstand.de/Melitta-Pixum/pressemitteilung/17984.html, Abruf am 09.08.2012.

o.V. (2008): TMS bringt NIVEA-Pflege hautnah an den POS, http://www.tmsgmbh.de/pages/presse_news/presse_news.php?press_id=39, Abruf am 09.08.2012.

o.V. (2006): Autokauf: Durchschnittlich 13 Prozent Rabatt, http://www.focus.de/auto/autoaktuell/neuwagenkauf_aid_25654.html, Abruf am 09.08.2012.

o.V. (2003): Geld-Werbung: Star-Rollen für den Pinkback, http://www.spiegel.de/wirtschaft/0,1518,267734,00.html, Abruf am 09.08.2012.

o.V. (2002): Mehrkanalvertrieb – Viele Wege führen zum Kunden, in: salesBusiness, 11. Jg., Nr. 1, 2002, S. 24–26.

O2 (2011): http://www.o2empfehlen.de/widget/welcome/, Abruf am 10.11.2011.

Oenicke, J. (1996): Online-Marketing: Kommerzielle Kommunikation im interaktiven Zeitalter, Stuttgart 1996.

O'Reilly, C./Chatman, J./Caldwell, D. (1991): People and Organizational Culture: A Profile Comparison Approach to Assessing Person-Organization Fit, in: Academy of Management Journal, 34. Jg., Nr. 3, 1991, S. 487–516.

Oschmann, M. (2005): Strategisches Interaktives Direktmarketing in der Gebrauchsgüterindustrie: Einfluss des Database Marketing und der Neuen elektronischen Medien, Kassel 2005.

Otto (2012): http://www.otto.de, Abruf am 09.08.2012.

Paier, D. (2010): Quantitative Sozialforschung: Eine Einführung, Wien 2010.

Parfitt, H./Collins, B. (1968): Use of Consumer Panels for Brand-Share Predictions, in: Journal of Marketing Research, 5. Jg., Nr. 3, 1968, S. 131–145.

Parry, M. E./Song, X. M. (1994): Identifying New Product Success in China, in: Journal of Product Innovation Management, 11. Jg., Nr. 1, 1994, S. 15–30.

Pawlow, I. P. (1953): Ausgewählte Werke, Berlin 1953.

Pechtl, H. (1991): Innovatoren und Imitatoren im Adoptionsprozess von technischen Neuerungen, Gladbach 1991.

Peek & Cloppenburg (2011): http://www.peek-cloppenburg.de/unternehmen/kundenkarte-2012, Abruf am 09.08.2012.

Penzkofer, H. (2004): Innovationstätigkeit in der Industrie 2003: Rückgang gestoppt, aber keine Entwarnung, in: ifo Schnelldienst, 57. Jg., Nr. 6, 2004, S. 46–52.

Pepels, W. (2012): Handbuch des Marketing, 6. Aufl., München 2012.

Pepels, W. (2008): Werbeerfolgsprognose, in: *Pepels, W.* (Hrsg.), Marktforschung: Organisation und praktische Anwendung, 2. Aufl., Düsseldorf 2008.

Pepels, W. (2002): Einsatz von Verkaufsaußendienstmitarbeitern, in: *Pepels, W.* (Hrsg.), Handbuch Vertrieb: Konzepte – Instrumente – Erfahrungen, München u. a. 2002, S. 589–610.

Perillieux, R. (1995): Technologietiming, in: *Zahn, E.* (Hrsg.), Handbuch Technologiemanagement, Stuttgart 1995, S. 267–284.

Perrey, J. (1998): Nutzenorientierte Marktsegmentierung: Ein integrativer Ansatz zum Zielgruppenmarketing im Verkehrsdienstleistungsbereich, Wiesbaden 1998.

Perrey, J./Riesenbeck, H./Schröder, J. (2002): So lohnen sich Investitionen in die Marke, in: Akzente 25, September 2002, S. 16–23.

Peymani, B. (2010): Mobile Marketing: Startschuss gefallen: Warum B2B sich noch Zeit lassen kann, in: acquisa, 58. Jg., Nr. 7, 2010, S. 16–21.

Pfohl, H.-C. (2010): Logistiksysteme: Betriebswirtschaftliche Grundlagen, 8. Aufl., Berlin u. a. 2010.

Pfohl, H.-C. (1977): Zur Formulierung einer Lieferservicepolitik – Theoretische Aussagen zum Angebot von Sekundärleistungen als absatzpolitisches Instrument, in: Zeitschrift für betriebswirtschaftliche Forschung, 29. Jg., Nr. 5, 1977, S. 239–255.

Pfohl, H.-C./Stölzle, W. (1995): Retrodistribution, in: *Tietz, B./Köhler, R./ Zentes, J.* (Hrsg.), Handwörterbuch des Marketing, 2. Aufl., Stuttgart 1995, Sp. 2234–2247.

Pickert, M. (1994): Die Konzeption der Werbung, Heidelberg 1994.

Picot, A./Fischer, T. (Hrsg.) (2006): Weblogs professionell: Grundlagen, Konzepte und Praxis im unternehmerischen Umfeld, Heidelberg 2006.

Pigou, A. C. (1962): The Economics of Welfare, London 1962.

Pilot Checkpoint (Hrsg.) (2010): Online Visions: TV – Online Doubleplay: das optimale Zusammenspiel, Hamburg 2010.

Pleil, T. (2004): Meinung machen im Internet? Personal Web Publishing und Online-PR, http://www.fbsuk.h-da.de/fileadmin/dokumente/berichte-forschung/2004/Pleil_OnlinePR_Blogs.pdf, Abruf am 09.08.2012.

Plinke, W. (2000): Grundlagen des Marktprozesses, in: *Kleinaltenkamp, M./ Plinke, W.* (Hrsg.), Technischer Vertrieb: Grundlagen des Business-to-Business Marketing, 2. Aufl., Berlin u. a. 2000, S. 3–100.

Plinke, W. (1995): Kundenanalyse, in: *Tietz, B./Köhler, R./Zentes, J.* (Hrsg.), Geschäftsbeziehungsmanagement, Stuttgart 1995, S. 1328–1340.

Porsche AG (2012): www.porsche.de, Abruf am 09.08.2012.

Porter, M. E. (2010): Wettbewerbsvorteile (Competitive Advantages): Spitzenleistungen erreichen und behaupten, 7. Aufl., Frankfurt/Main 2010.

Porter, M. E. (2008): Wettbewerbsstrategie (Competitive Strategy): Methoden zur Analyse von Branchen und Konkurrenten, 11. Aufl., Frankfurt/Main 2008.

Porwol, U. (2006): Nach zehn Jahren »Schulen ans Netz« ist Internet im Klassenzimmer Standard, http://www.bmbf.de/press/1898.php, Abruf am 31.07.2012.

Powers, T. L. (1987): Switching from Reps to Direct Salespeople, in: Industrial Marketing Management, 16. Jg., Nr. 3, 1987, S. 169–172.

Preißner, A. (1999): Marketing-Controlling, 2. Aufl., München 2004.

Putnam, L. L./Jones, T. S. (1982): Reciprocity in Negotiations: An Analysis of Bargaining Interaction, in: Communications Monographs, 49. Jg., Nr. 3, 1982, S. 171–191.

Raab, G./Unger, A./Unger, F. (2009): Methoden der Marketing-Forschung: Grundlagen und Praxisbeispiele, 2. Aufl., Wiesbaden 2009.

Raffée, H. (1984): Strategisches Marketing, in: *Gaugler, E./Jacobs, O. H./Kieser, A.* (Hrsg.), Strategische Unternehmensführung und Rechnungslegung, Stuttgart 1984, S. 61–81.

Rakau, O. (2011): Deutsche Apotheken: Umsatzwachstum trotz vieler Herausforderungen, http://www.dbresearch.de/PROD/DBR_INTERNET_DE-PROD/PROD0000000000277112/Deutsche+Apotheken%3A+Umsatzwachstum+trotz+vieler+Herausforderungen.pdf, Abruf am 24.07.2012.

Reichel, J. (2002): Effiziente Kooperation von Industrie und Handel durch ECR, in: *Pepels, W.* (Hrsg.), Handbuch Vertrieb: Konzepte – Instrumente – Erfahrungen, München 2002, S. 611–629.

Reichheld, F./Sasser, W. (1990): Zero Defections: Quality Comes to Services, in: Harvard Business Review, 68. Jg., Nr. 5, 1990, S. 105–111.

Reichmann, T./Palloks, M. (1997): Modernes Vertriebs-Controlling, in: *Link, J./Brändli, D./Schleunig, C./Kehrl, R. E.* (Hrsg.), Handbuch Database Marketing, Ettlingen 1997, S. 449–473.

Reinecke, S. (2004): Marketing Performance Management: Empirisches Fundament und Konzeption für ein integriertes Marketingkennzahlensystem, Wiesbaden 2004.

Reinecke, S./Fuchs, D. (2006): Marketingbudgetierung: Grundlagen, Herausforderungen und Lösungsansätze, in: *Reinecke, S./Tomczak, T.* (Hrsg.), Handbuch Marketingcontrolling: Effektivität und Effizienz einer marktorientierten Unternehmensführung, 2. Aufl., Wiesbaden 2006, S. 795–818.

Reinecke, S./Janz, S. (2007): Marketingcontrolling: Sicherstellen von Marketingeffektivität und -effizienz, Stuttgart 2007.

Reiter, G./Matthäus, W.-G. (2000): Marktforschung und Datenanalyse mit EXCEL: Moderne Software zur professionellen Datenanalyse, 2. Aufl., München u. a. 2000.

Remmerbach, K.-U. (1988): Markteintrittsentscheidungen: Eine Untersuchung im Rahmen der strategischen Marketingplanung unter besonderer Berücksichtigung des Zeitaspektes, Wiesbaden 1988.

Reust, F. (2010): Strategie: Mobile Marketing: Grundlagen – Technologien – Fallbeispiele, St. Gallen u. a. 2010.

Riedl, J./Busch, M. (1997): Marketing-Kommunikation in Online-Medien, in: Marketing – Zeitschrift für Forschung und Praxis, 19. Jg., Nr. 3, 1997, S. 163–176.

Ries, A. /Trout, J. (1986): Marketing Warfare, Frankfurt/Main 1986.

Ritter Sport (2010): http://www.ritter-sport.de/blog/, Abruf am 15.12.2010.

Rogge, H.-J. (2004): Werbung, 6. Aufl., Ludwigshafen 2004.

Röhle, M. (2004): Ausgestaltung von Entlohnungssystemen im Vertrieb, in: *Decker, R./Wartenberg, F.* (Hrsg.), Vertriebs- und Kundenmanagement: Marketingmethoden im Einsatz, Lohmar u. a. 2004, S. 59–74.

Ross, L. (2010): YouTube erhöht Wirksamkeit von TV-Kampagne, http://www.wuv.de/nachrichten/digital/youtube_erhoeht_wirksamkeit_von_tv_kampagne, Abruf am 31.07.2012.

Rosset, R./Reinecke, S. (2005): Marketing-Effizienz und -Effektivität: Wo steht die Schweiz? Studie der IHA-GfK, Hergiswil 2005.

Roth, S. (2006): Preismanagement für Leistungsbündel, Wiesbaden 2006.

Röttger, U./Zielmann, S. (2006): Weblogs: Unentbehrlich oder überschätzt für das Kommunikationsmanagement von Organisationen?, in: *Picot, A./Fischer, T.* (Hrsg.), Weblogs professionell: Grundlagen, Konzepte und Praxis im unternehmerischen Umfeld, Heidelberg 2006, S. 31–50.

Rüschen, S. (1998): Konsumentengerichtete Verkaufsförderung, München 1998.

Ruso, B. (2009): Qualitative Beobachtung, in: *Buber, R./Holzmüller, H. H.* (Hrsg.), Qualitative Marktforschung: Konzepte – Methoden – Analysen, 2. Aufl., Wiesbaden 2009, S. 525–536.

Russell, C./Blech, M. (2005): A Managerial Investigation into the Product Placement Industry, in: Journal of Advertising Research, 45. Jg., Nr. 1, 2005, S. 73–92.

Ryanair.com (2012): www.ryanair.com/de, Abruf am 31.07.2012.

Saal, M. (2010): Ölpest: BP wirbt mit TV-Spot um Vertrauen, http://www.horizont.net/aktuell/marketing/pages/protected/Oelpest-BP-wirbt-mit-TV-Spot-um-Vertrauen_92613.html, Abruf am 31.07.2012.

Sabel, H. (1971): Produktpolitik in absatzwirtschaftlicher Sicht: Grundlagen und Entscheidungsmodelle, Wiesbaden 1971.

Sander, M. (2011): Marketing-Management: Märkte, Marktforschung und Marktbearbeitung, 2. Aufl., Stuttgart u. a. 2011.

Sattler, H./Kaufmann, G./Rodenhausen, T. (2005): Markentransfers: Gefahr für die Muttermarke?, in: Absatzwirtschaft, 48. Jg., Nr. 2, 2005, S. 52–55.

Sattler, H./Nitschke T. (2003): Ein empirischer Vergleich von Instrumenten zur Erhebung von Zahlungsbereitschaften, in: Zeitschrift für betriebswirtschaftliche Forschung, 55. Jg., Nr. 6, 2003, S. 364–381.

Schäffer, U. (2001): Kontrolle als Lernprozess, Wiesbaden 2001.

Schatilow, M. (2010): Methode mit Potenzial: Einsatz und Möglichkeiten von Mobile Research, in: Research & Results, 7. Jg., Nr. 4, 2010, S. 30–31.

Scheuch, E. K. (1973): Das Interview in der Sozialforschung, in: *König, R.* (Hrsg.), Handbuch der empirischen Sozialforschung: Erster Teil, 3. Aufl., Stuttgart 1973, S. 66–153.

Schierenbeck, H./Wöhle C. B. (2012): Grundzüge der Betriebswirtschafts-lehre, 18. Aufl., München 2012.

Schlicksupp, H. (1977): Kreative Ideenfindung in der Unternehmung, Berlin 1977.

Schmitt, M. (2010): Variable Vergütung im Vertrieb – Fallstricke auf dem Weg zum erfolgreichen Einsatz vermeiden, in: *Klein, A.* (Hrsg.), Moderne Controlling-Instrumente für Marketing und Vertrieb, Freiburg u. a. 2010, S. 183–200.

Schneider, W. (2009): Marketing und Käuferverhalten, 3. Aufl., München 2009.

Schnell, R./Hill, P. B./Esser, E. (2011): Methoden der empirischen Sozialfor-schung, 9. Aufl., München u. a. 2011.

Schögel, M. (1997): Mehrkanalsysteme in der Distribution, Wiesbaden 1997.

Schögel, M. (2001): Multichannel Marketing: Erfolgreich in mehreren Ver-triebswegen, GfM-Manual, Zürich 2001.

Schögel, M./Sauer, A./Schmidt, I. (2004): Multi-Channel Management: Er-folgreich durch die neue Vielfalt in der Distribution, in: *Bachem, C./Merx, O.* (Hrsg.), Multichannel-Marketing-Handbuch, Berlin Heidelberg 2004, S. 1–27.

Scholl, A. (2009): Die Befragung, 2. Aufl., Konstanz 2009.

Schoop, M./Köhne, F./Ostertag, K. (2008): Communication Quality in Busi-ness Negotiations, in: Group Decision and Negotiation (Online), http://www.springerlink.com/content/133366u388568529, Abruf am 31.07.2012.

Schranner, M. (2009): Verhandeln im Grenzbereich: Strategien und Taktiken für schwierige Fälle, 8. Aufl., München 2009.

Schreiber, K. (2011): On-und-Offline-Doppeldecker, in: acqisa, 55. Jg., Nr. 1, 2011, S. 15.

Schreyögg, G. (2008): Organisation: Grundlagen moderner Organisationsge-staltung, 5. Aufl., Wiesbaden 2008.

Schröder+Schömbs PR (2009): http://www.schroederschoembs.com/blog/2009/06/17/festival-saison-hier-fliegt-der-jagermeister/, Abruf am 07.08.2012.

Schröder, H./Ahlert, D. (2001): Vertriebswegepolitik, in: *Diller, H.* (Hrsg.), Vahlens Großes Marketing Lexikon, 2. Aufl., München 2001, S. 1809–1814.

Schröder, H./Diller, H. (2001): Verkauf, in: *Diller, H.* (Hrsg.), Vahlens Großes Marketing Lexikon, 2. Aufl., München 2001, S. 1749–1751.

Schuchert-Güler, P. (2001): Kundenwünsche im persönlichen Verkauf: Eine empirische Analyse der Eindrucksbildung als Erfolgsfaktor, Wiesbaden 2001.

Schulte, C. (2009): Logistik: Wege zur Optimierung der Supply Chain, 5. Aufl., München 2009.

Schulte, T. (2007): Guerilla-Marketing für Unternehmertypen: Das Kompendium, 3. Aufl., Sternenfels 2007.

Schulte, T./Pradel, M. (2006): Guerilla-Marketing für Unternehmertypen: Auf Abwegen zum Erfolg, 2. Aufl., Sternenfels 2006.

Schulz-Bruhdoel, N./Bechtel, M. (2009): Medienarbeit 2.0: Cross-Media-Lösungen: Das Praxisbuch für PR und Journalismus von morgen, Frankfurt/Main 2009.

Schulze, G. (2005): Die Erlebnisgesellschaft: Kultursoziologie der Gegenwart, 2. Aufl., Frankfurt/Main 2005.

Schwab, R. (1982): Der Persönliche Verkauf als kommunikationspolitisches Instrument des Marketings: Ein zielorientierter Ansatz zur Effizienzkontrolle, Frankfurt/Main 1982.

Schwartz, J. (2010): http://blogs.sun.com/roller/page/jonathan, Abruf am 27.01.2010.

Schwarzer, P./Sarstedt, M./Baumgartner, A. (2007): Corporate Blogs als Marketinginstrument: Nutzungsverhalten deutscher Unternehmen, Saarbrücken 2007.

Schweiger, G./Schrattenecker, G. (2013): Werbung: Eine Einführung, 8. Aufl., Konstanz u. a. 2013.

Seyffert, R. (1929): Allgemeine Werbelehre, Stuttgart 1929.

Sherif, M./Hovland, C. I. (1961): Social Judgement: Assimilation and Contrast Effects in Communication and Attitude Change, New Haven 1961.

Sheth, J. N./Sisoda, R. S. (1995): Feeling the Heat, in: Marketing Management, 4. Jg., Nr. 2, 1995, S. 8–23.

Siegwart, H., Reinecke, S./Sander, S. (2010): Kennzahlen für die Unternehmensführung, 7. Aufl., Bern 2010.

Siemens (2012): http://www.siemens.com/press/de/pressemitteilungen/?press=/de/pressemitteilungen/2011/corporate_communication/axx20110561.htm, Abruf am 14.06.2012.

Silk, A. J./Urban G. L. (1978): Pre-Test-Market Evaluation of new Packaged Goods: A Model and Measurement Methodology, in: Journal of Marketing, 15. Jg., Nr. 2, 1978, S. 171–191.

Simon, H. (1992a): Preismanagement: Analyse – Strategie – Umsetzung, 2. Aufl., Wiesbaden 1992.

Simon, H. (1992b): Marketing-Mix-Interaktion: Theorie – empirische Befunde – strategische Implikationen, in: Zeitschrift für betriebswirtschaftliche Forschung, 44. Jg., Nr. 2, 1992, S. 87–110.

Simon, H./Fassnacht, M. (2009): Preismanagement: Strategie – Analyse – Entscheidung – Umsetzung, 3. Aufl., Wiesbaden 2009.

Simon, H./Tacke, G. (1990): Marketing bringt die Organisationsrevolution, in: Marketing Review St. Gallen, 7. Jg., Nr. 1, 1990, S. 26–28.

Sistenich, F. (1999): Eventmarketing: Ein innovatives Instrument zur Metakommunikation in Unternehmen, Wiesbaden 1999.

Skaupy, W. (1995): Franchising: Handbuch für die Betriebs- und Rechtspraxis, München 1995.

Skiera, B./Albers, S. (2008): Regressionsanalyse, in: *Herrmann, A./Homburg, C./Klarmann, M.* (Hrsg.), Handbuch Marktforschung, 3. Aufl., Wiesbaden 2008, S. 467–497.

Skinner, C./Von Essen, L. M./Mersham, G. (2004): Handbook of Public Relations, 7. Aufl., Oxford u. a. 2004.

Socialbakers (2012): http://www.socialbakers.com/facebook-pages/brands/ germany/, Abruf am 01.08.2012.

Specht, G./Fritz, W. (2005): Distributionsmanagement, 4. Aufl., Stuttgart 2005.

Specht, S. (2007): Corporate Blogging: Grundlagen, Einsatzmöglichkeiten, Chancen und Risiken, Saarbrücken 2007.

Spiro, R./Weitz, B. (1990): Adaptive Selling: Conceptualization, Measurement, and Nomological Validity, in: Journal of Marketing Research, 27. Jg., Nr. 1, 1990, S. 61–69.

Städele, K. (2010): Wirklich wahre Freundschaft?, in: W & V, 48. Jg., Nr. 40, 2010, S. 62–63.

Staehle, W. (1999): Management: Eine verhaltenswissenschaftliche Perspektive, 8. Aufl., München 1999.

Staehle, W. (1991): Management: Eine verhaltenswissenschaftliche Perspektive, 6. Aufl., München 1991.

Staehle, W. (1967): Kennzahlen und Kennzahlensysteme: Ein Beitrag zur modernen Organisationstheorie, München 1967.

Stanley, R. E. (1982): Promotion: Advertising – Publicity – Personal Selling – Sales promotion, Englewood Cliffs 1982.

Statistisches Bundesamt (2012a): Monatliche Messzahlen des Umsatzes im Einzelhandel 2011, http://de.statista.com/statistik/daten/studie/193167/ umfrage/monatlicher-umsatz-im-einzelhandel/, Abruf am 24.07.2012.

Statistisches Bundesamt (2012b): Verkehrsleistung Güterbeförderung, http:/ /www.destatis.de/DE/ZahlenFakten/Wirtschaftsbereiche/TransportVerkehr/ Gueterverkehr/Tabellen/Gueterbefoerderung.html, Abruf am 13.06.2012.

Stauss, B./Seidel, W. (2007): Beschwerdemanagement: Unzufriedene Kunden als profitable Zielgruppe, 4. Aufl., München 2007.

Steffenhagen, H. (2008): Marketing, Stuttgart 2008.

Steffenhagen, H. (2006): Analytische Planung effektiver und effizienter Werbemixes, in: Zeitschrift für Betriebswirtschaft, 76. Jg., Nr. 5, 2006, S. 499–524.

Steiner, G. A. (1971): Top Management Planung, München 1971.

Stender-Monheimus, K. (2002): Marketing: Grundlagen mit Fallstudien, München 2002.

Steuer, J. (1992): Defining Virtual Reality: Dimensions Determining Telepresence, in: Journal of Communication, 42. Jg., Nr. 4, 1992, S. 73–93.

Stingel, S. (2008): Tarifwahlverhalten im Business-to-Business-Bereich: Empirisch gestützte Analyse am Beispiel Mobilfunktarife, Münster 2008.

Stippel, P. (2005): Der Preis ist ein wunderbares Image, in: Absatzwirtschaft, 48. Jg., Nr. 5, 2005, S. 14–19.

Stöcker, C. (2011): Groupon ist kein Schnäppchen, http://www.spiegel.de/netzwelt/web/0,1518,795743,00.html, Abruf am 31.07.2012.

Ströer (2009): Visual Tagging Konzepte mit Interactive Poster Award ausgezeichnet. http://www.stroeer.de/presse.912.0.html?newsid=4131, Abruf am 30.07.2012.

Stumpf, M. (2006): Ambush Marketing: Bedrohung für das Marketing, in: Verbands-Management, 32. Jg., Nr. 2, 2006, S. 27–35.

Swoboda, B./Morschett, D. (2002): Electronic Business im Handel, in: *Weiber, R.* (Hrsg.), Handbuch Electronic Business, 2. Aufl., Wiesbaden 2002, S. 775 807.

Szameitat, D. (2003): Public Relations im Unternehmen: Ein Praxisleitfaden für die Öffentlichkeit, Berlin u. a. 2003.

Szyperski, N./Winand, U. (1992): Informationsmanagement und informationstechnische Perspektiven, in: Die Betriebswirtschaft, 40. Jg., Nr. 3, 1992, S. 357–373.

Taekke, J. (2005): Media Sociography on Weblogs, http://home16.inettele.dk/jesper_t/weblogs.pdf, Abruf am 22.03.2011.

Tchibo (2011): http://kaffee-freun.de/wp-content/uploads/2011/08/Tchibo-Ideas-Screenshot.jpg, Abruf am 27.07.2012.

Thomas, D. B./Barlow, M. (2011): The Executive's Guide to Enterprise Social Media Stategy: How Social Networks Are Radically Transforming Your Business, Wiley/NJ 2011.

Thommen, J./Achleitner, A. (2012): Allgemeine Betriebswirtschaftslehre, 7. Aufl., Wiesbaden 2012.

Thompson, L. (2009): The Mind and Heart of the Negotiator, 4. Aufl., Upper Saddle River/NJ 2009.

Thompson, L./Peterson, E./Brodt, S. (1996): Team Negotiation: An Examination of Integrative and Distributive Bargaining, in: Journal of Personality and Social Psychology, 70. Jg., Nr. 1, 1996, S. 66–78.

Thunig, C. (2009): Wie weit ist die mobile Marktforschung, in: Absatzwirtschaft, 52. Jg., Nr. 7, 2009, S. 20–27.

Tieschky, C. (2009): Product Placement im TV – Überraschung!, http://www.sueddeutsche.de/kultur/product-placement-im-tv-ueberraschung-1.405772, Abruf am 31.07.2012.

Tietz, B. (1993): Der Direktvertrieb an Konsumenten: Konzepte und Systeme, Stuttgart 1993.

Tinseth, R. (2011): http://boeingblogs.com/randy/, Abruf am 17.04.2011.

Toffler, A. (1980): The Third Wave, New York 1980.

Tomczak, T./Kuß, A./Reinecke, S. (2009): Marketingplanung: Einführung in die marktorientierte Unternehmens- und Geschäftsfeldplanung, 6. Aufl., Wiesbaden 2009.

Tomczak, T./Rudolf-Sipötz, E. (2006): Bestimmungsfaktoren des Kundenwertes: Ergebnisse einer branchenübergreifenden Studie, in: *Günter, B./Helm, S.*

(Hrsg.), Kundenwert: Grundlagen – Innovative Konzepte – Praktische Umsetzungen, 3. Aufl., Wiesbaden 2006, S. 127–156.

Tomczak, T./Schögel, M. (1997): Management von Distributionssystemen, in: *Belz, C.* (Hrsg.), Kompetenz für Marketing Innovationen, Schrift 4: Marktbearbeitung und Distribution, St. Gallen 1997, S. 190–227.

Tomczak, T./Schögel, M./Feige, S. (2005): Erfolgreiche Markenführung gegenüber dem Handel, in: *Esch, F.-R.* (Hrsg.), Moderne Markenführung: Grundlagen – Innovative Ansätze – Praktische Umsetzung, 4. Aufl., Wiesbaden 2005, S. 1087–1112.

Töpfer, A. (2007): Betriebswirtschaftslehre: Anwendungs- und prozessorientierte Grundlagen, 2. Aufl., Berlin u. a. 2007.

Tornack, C./Christmann, S./Hagenhoff, S. (2011): Tendenzielle Unterschiede zwischen B2B- und B2C-Anwendungen für mobile Endgeräte: Arbeitsberichte des Instituts für Wirtschaftsinformatik, Göttingen 2011.

TradeDimensions (2011): TOP-Firmen 2010, Frankfurt/Main 2011.

Trendsnow (2010): Nike Flagship Store in Tokyo, http://www.trendsnow.net/2010/01/nike-flagship-store-in-tokyo.html, Abruf am 31.07.2012.

Trommsdorff, V. (2008): Produktpositionierung, in: *Herrmann, A./Homburg, C./Klarmann, M.* (Hrsg.), Handbuch Marktforschung, 3. Aufl., Wiesbaden 2008, S. 887–907.

Trommsdorff, V. (2007): Produktpositionierung, in: *Albers, S./Herrmann A.* (Hrsg.), Handbuch Produktmanagement: Strategieentwicklung – Produktplanung – Organisation – Kontrolle, 3. Aufl., Wiesbaden 2007, S. 341–362.

Trommsdorff, V. (2004): Konsumentenverhalten, 6. Aufl., Stuttgart 2004.

Trommsdorff, V. (1975): Die Messung von Produktimages für das Marketing, Köln 1975.

Trommsdorff, V./Paulssen, M. (2005): Messung und Gestaltung der Markenpositionierung, in: *Esch, F.-R.* (Hrsg.), Moderne Markenführung: Grundlagen – Innovative Ansätze – Praktische Umsetzung, 4. Aufl., Wiesbaden 2005, S. 1363–1379.

Tropp, J. (2011): Moderne Marketing-Kommunikation: System – Prozess – Management, Wiesbaden 2011.

Truong, Y./McColl, R./Kitchen, P. J. (2009): New Luxury Brand Positioning and the Emerge of Masstige Brands, in: Journal of Brand Management, 16. Jg., Nr. 5/6, 2009, S. 375–382.

Twitter, Inc. (2012): https://de.twitter.com/, Abruf am 22.03.2012.

Urban, G. L./Von Hippel, E. (1988): Lead User Analysis for the Development of New Industrial Products, in: Management Science, 34. Jg., Nr. 5, 1988, S. 569–582.

Vahs, D. (2012): Organisation: Ein Lehr- und Managementbuch, 8. Aufl., Stuttgart 2012.

Vanhuele, M./Drèze, X. (2002): Measuring the Price Knowledge Shoppers Bring to the Store, in: Journal of Marketing, 66. Jg., Nr. 4, 2002, S. 72–85.

Vershofen, W. (1940): Handbuch der Verbrauchsforschung: Grundlegung, Berlin 1940.

Viavision (2010): Wer mit wem? Die Verflechtungen der Autobranche, http://www.viavision.org/ftp/802.pdf, Abruf am 27.07.2012.

Voeth, M. (2009): Studierende an deutschen Universitäten – von ungeliebten Leistungsempfängern zu umworbenen Kunden, in: *Hochschul-Informations-System* (Hrsg.), Perspektive Studienqualität: Themen und Forschungsergebnisse der HIS-Fachtagung, Bielefeld 2009, S. 234–241.

Voeth, M. (2007): Servicepolitik, in: *Köhler, R./Küpper, H.-U./Pfingsten, A.* (Hrsg.), Handwörterbuch der Betriebswirtschaft, Stuttgart 2007, S. 1605–1614.

Voeth, M. (2000): Nutzenmessung in der Kaufverhaltensforschung: Die Hierarchische Individualisierte Limit Conjoint-Analyse (HILCA), Wiesbaden 2000.

Voeth, M./Barisch, S./Loos, J. (2009): Messe-Controlling: Ergebnisse einer empirischen Studie, in: Hohenheimer Arbeits- und Projektberichte zum Marketing, Arbeitspapier Nr. 10, Stuttgart 2009.

Voeth, M./Becker, T. (2012): Akzeptanz von Studiengebühren in Deutschland: Ergebnisse einer empirischen Langzeitstudie an Universitäten, Stuttgart 2012.

Voeth, M./Gawantka, A. (2005): Produktbegleitende Dienstleistungen auf Industriegütermärkten: Eine empiriegestützte Untersuchung, in: *Ameling-meyer, J./Harland, P.* (Hrsg.), Technologiemanagement & Marketing: Herausforderungen eines integrierten Innovationsmangements, Wiesbaden 2005, S. 469–486.

Voeth, M./Gawantka, A./Rabe C. (2004): Dienstleistungsmarketing: Entwicklung eines Phasenansatzes, Stuttgart 2004.

Voeth, M. /Hahn, C. (1998): Limit Conjoint-Analyse, in: Marketing – Zeitschrift für Forschung und Praxis, 20. Jg., Nr. 2, 1998, S. 119–132.

Voeth, M./Herbst, U. (2011): Preisverhandlungen auf Commodity-Märkten, in: *Enke, M./Geigenmüller, A.* (Hrsg.), Commodity Marketing: Grundlagen – Besonderheiten – Erfahrungen, 2. Aufl., Wiesbaden 2011, S. 149–172.

Voeth, M./Herbst, U. (2010a): Markenpersönlichkeitsmessung auf B-to-B-Märkten in: *Baumgart, C.* (Hrsg.), B-to-B-Markenführung: Grundlagen, Konzepte – Best Practice, Wiesbaden 2010, S. 713–732.

Voeth, M./Herbst, U. (2010b): Dienstleistungsbegleitende Produkte, in: *Georgi, D./Hadwich, K.* (Hrsg.), Management von Kundenbeziehungen: Perspektiven – Analysen – Strategien – Instrumente, Wiesbaden 2010, S. 453–468.

Voeth, M./Herbst, U. (2009): Verhandlungsmanagement: Planung, Steuerung und Analyse, Stuttgart 2009.

Voeth, M./Herbst, U. (2006): Supply-Chain-Pricing: A new Perspective on Pricing in Industrial Markets, in: Industrial Marketing Management, 35. Jg., Nr. 1, 2006, S. 83–90.

Voeth, M./Niederauer, C. (2008): Ermittlung von Preisbereitschaften und Preisabsatzfunktionen, in: *Herrmann, A./Homburg, C./Klarmann, M.* (Hrsg.), Handbuch Marktforschung: Methoden – Anwendungen – Praxisbeispiele, 3. Aufl., Wiesbaden 2008, S. 1073–1095.

Voeth, M./Niederauer, C./Rentner, B. (2007): Angebot und Relevanz von produktbegleitenden Dienstleistungen in der Bauindustrie: Ergebnisse einer empirischen Studie, in: Hohenheimer Arbeits- und Projektberichte zum Marketing, Band 16, Stuttgart 2007.

Voeth, M./Rabe, C. (2004a): Kundennetze als Differenzierungsmöglichkeit bei Kundenkartensystemen, in: Jahrbuch der Absatz- und Verbraucherforschung, 50. Jg., Nr. 3, 2004, S. 276–295.

Voeth, M./Rabe, C. (2004b): Preisverhandlungen auf Industriegütermärkten, in: *Backhaus, K./Voeth, M.* (Hrsg.), Handbuch für Industriegütermarketing: Strategie – Instrumente – Anwendungen, Wiesbaden 2004, S. 1015–1038.

Völkel, R. (1992): Product Placement aus der Sicht der Werbebranche und seine rechtliche Einordnung, in: Zeitschrift für Urheber- und Medienrecht, 36. Jg., Nr. 2, 1992, S. 55–72.

Volkswagen (2012): www.volkswagen.de, Abruf am 31.07.2012.

Volkswagen (2007): Horst Schlämmer hat jetzt Golf, http://www.business-wissen.de/uploads/pics/VW_Horst_Schlaemmer.jpg, Abruf am 31.07.2012.

Von der Heydt, A. (1999): Handbuch Efficient Consumer Response: Konzepte, Erfahrungen, Herausforderungen, München 1999.

Von der Heydt, A. (1998): Efficient Consumer Response (ECR), Frankfurt/Main 1998.

Von der Oelsnitz, D. (2000): Marketingimplementierung durch »Counter Cultures«, in: Marketing ZFP, 22. Jg., Nr. 2, 2000, S. 109–118.

Von der Oelsnitz, D. (1999): Marktorientierter Unternehmenswandel: Managementtheoretische Perspektiven der Marketingimplementierung, Wiesbaden 1999.

Von der Oelsnitz, D. (1996): Ist der »Firstcomer« immer der Sieger? Einflußfaktoren für die Wahl des optimalen Markteintrittszeitpunkts, in: Marktforschung und Management, 40. Jg., Nr. 3, 1996, S. 108–111.

Von Fraunberg, A. (2009): Die Krisen-Pizza Ambient ist das ideale Medium für schwere Zeiten: preisgünstig, bescheiden und immer wieder gern gesehen, in: W & V, 47. Jg., Nr. 16, 2009, S. 42.

Von Hartungen, C. (1921): Psychologie der Reklame, Stuttgart 1921.

Von Petersdorff, W. (2012): Friseure an jeder Straßenecke, in: Frankfurter Allgemeine Sonntagszeitung, Juli, Nr. 27, 2012, S. 32.

Von Wangenheim, F. (2003): Weiterempfehlung und Kundenwert: Ein Ansatz zur Persönlichen Kommunikation, Wiesbaden 2003.

VuMA Arbeitsgemeinschaft (2012): Die Sinus-Milieus in Deutschland 2012, http://www.vuma.de/fileadmin/user_upload/meldungen/pdf/Sinus_Milieus_in_VuMA_2012.pdf, Abruf am 24.07.2012.

Walliser, B. (1995): Sponsoring: Bedeutung, Wirkung und Kontrollmöglichkeiten, Wiesbaden 1995.

Walsh, G./Klee, A./Kilian, T. (2009): Marketing – Eine Einführung auf Grundlage von Case Studies, Berlin 2009.

Wayss & Freytag Ingenieurbau AG (Hrsg.) (o. J.): Parkhaus Neue Messe, Stuttgart: Markantes Wahrzeichen mit eindrucksvoller Konstruktion, München.

Weber, J./Schäffer, U. (2011): Einführung in das Controlling, 13. Aufl., Stuttgart 2011.

Webster, F. E. J. (1992): The Changing Role of Marketing in the Corporation, in: Journal of Marketing, 56. Jg., Nr. 10, 1992, S. 1–17.

Weiber, R./Adler, J. (1995): Positionierung von Kaufprozessen im informationsökonomischen Dreieck: Operationalisierung und verhaltenswissenschaftliche Prüfung, in: Zeitschrift für betriebswirtschaftliche Forschung, 47. Jg., Nr. 2, 1995, S. 99–123.

Weiber, R./Kollmann, T./Pohl, A. (2006): Das Management technologischer Innovationen, in: *Kleinaltenkamp, M.* (Hrsg.), Markt- und Produktmanagement, 2. Aufl., Wiesbaden 2006, S. 83–207.

Weis, H. C. (2010): Verkaufsmanagement, 7. Aufl., Herne 2010.

Weis, H. C. (2001): Marketing, 12. Aufl., Ludwigshafen 2001.

Weis, H. C./Steinmetz, P. (2012): Marktforschung, 8. Aufl., Ludwigshafen 2012.

Weitz, B. A./Sujan, H./Sujan, M. (1986): Knowledge, Motivation and Adaptive Behavior: A Framework for Improving Selling Effectiveness, in: Journal of Marketing, 50. Jg., Nr. 4, 1986, S. 174–191.

Welge, M. K./Al-Laham, A. (2012): Strategisches Management: Grundlagen – Prozess – Implementierung, 6. Aufl., Wiesbaden 2012.

Wesley, J. J./Bonoma, T. V. (1981): The Buying Center – Structure and Interaction Patterns, in: Journal of Marketing, 45. Jg., Nr. 3, 1981, S. 143–156.

Wilbur, K. C. (2008): How the Digital Video Recorder (DVR) Changes Traditional Television Advertising, in: Journal of Advertising, 37. Jg., Nr. 1, 2008, S. 143–149.

Wilkins, A. L./Ouchi, W. G. (1983): Efficient Cultures: Exploring the Relationship Between Culture and Organizational Performance, in: Administrative Science Quarterly, 28. Jg., Nr. 9, 1983, S. 468–481.

Willhardt, R. (2006): Luxus, der aus australischen Wolken fällt, in: Absatzwirtschaft, Sonderheft Marken 2006, S. 34–36.

Wilson, R. (2000): The Six Simple Principles of Viral Marketing, http://library.softgenx.com/Children/marketing/ViralMarketing.pdf, Abruf am 31.07.2012.

Wind, Y. (1978): Organizational Buying Center – A Research Agenda, in: *Zaltman, G./Bonoma, T. V.* (Hrsg.), Organizational Buying Behavior, Chicago 1978, S. 67–76.

Winkelmann, P. (2012): Vertriebskonzeption und Vertriebssteuerung. Die Instrumente des integrierten Kundenmanagements (CRM), München 2012.

Winkelmann, P. (2010): Marketing und Vertrieb: Fundamente für die marktorientierte Unternehmensführung, 7. Aufl., München u. a. 2010.

Winkelmann, P. (2008): Vertriebskonzeption und Vertriebssteuerung. Die Instrumente des integrierten Kundenmanagements (CRM), 4. Aufl., München 2008.

Wirtz, B. W. (2005): Integriertes Direktmarketing: Grundlagen – Instrumente – Prozesse, Wiesbaden 2005.

Wirtz, M./Nachtigall, C. (2008): Deskriptive Statistik: Statistische Methoden für Psychologen: Teil 1, 5. Aufl., Weinheim u. a. 2008.

Wirtz, B. W./Schilke, O./Büttner, T. (2004): Channel Management »Multi oder Mono?« – das ist nicht mehr die Frage, in: Absatzwirtschaft, 47. Jg., Nr. 2, 2004, S. 46–49.

Witt, M. (2000): Kunstsponsoring, Gestaltungsdimensionen, Wirkungsweise und Wirkungsmessung, Reihe KulturKommerz, Band 6, Berlin 2000.

Wöhe, G. (2010): Einführung in die Allgemeine Betriebswirtschaftslehre, 24. Aufl., München 2010.

Wöllenstein, S. (1996): Betriebsprofilierungen in vertraglichen Vertriebssystemen. Eine Analyse von Einflussfaktoren und Erfolgswirkungen auf der Grundlage eines Vertragshändlersystems im Automobilhandel, Frankfurt/Main 1996.

Wood, T. (2001): Team Negotiations Require A Team Approach, in: The American Salesman, 46. Jg., Nr. 11, 2001, S. 22–26.

Wührer, G. A. (2008): Mehrdimensionale Skalierung, in: *Herrmann, A./Homburg, C./Klarmann, M.* (Hrsg.), Handbuch Marktforschung, 3. Aufl., Wiesbaden 2008, S. 305–333.

WWF (2012): http://www.wwf.de, Abruf am 07.08.2012.

Xonio (2001): Der Xonio Mobilfunk-Report 2000, Teil 1+2, Stuttgart 2001.

YouTube (o. J.): http://www.youtube.com, Abruf am 31.07.2012.

Zanger, C. (2007): Leistungskern, in: *Albers, S./Herrmann, A.* (Hrsg.), Handbuch Produktmanagement, 3. Aufl., Wiesbaden 2007, S. 99–115.

Zanger, C./Drengner, J. (2003): Eventreport 2003: Eine Trendanalyse des deutschen Eventmarkts und dessen Dynamik, Chemnitz 2003.

Zanger, C./Sistenich, F. (1996): Eventmarketing: Bestandsaufnahme, Standortbestimmung und ausgewählte theoretische Ansätze zur Erklärung eines innovativen Kommunikationsinstrumentes, in: Marketing ZFP, 18. Jg., Nr. 4, 1996, S. 233–242.

ZAW (2012): Medien: Die meisten im Plus, http://www.zaw.de/index.php?menuid=119 & reporeid=833, Abruf am 31.07.2012.

Zenith Optimedia (2012): Global advertising growth continues as Latin America and Asia Pacific compensate for weakening Europe, http://www.zenithoptimedia.com/zenith/global-advertising-growth-continues-as-latin-america-and-asia-pacific-compensate-for-weakening-europe/, Abruf am ·31.07.2012.

Zentes, J./Swoboda, B. (2005): Hersteller-Handels-Beziehungen aus markenpolitischer Sicht: Strategische Optionen der Markenartikelindustrie, in: *Esch, F.-R.* (Hrsg.), Moderne Markenführung: Grundlagen – Innovative Ansätze – Praktische Umsetzung, 4. Aufl., Wiesbaden 2005, S. 1063–1086.

Zerfaß, A. (2007): Unternehmenskommunikation und Kommunikationsmanagement: Grundlagen, Wertschöpfung, Integration, in: *Piwinger, M./Zerfaß, A.* (Hrsg.), Handbuch Unternehmenskommunikation, Wiesbaden 2007.

Zerfaß, A. (2005): Corporate Blogs: Einsatzmöglichkeiten und Herausforderungen, http://www.zerfass.de/CorporateBlogs-AZ-270105.pdf, Abruf am 31.07.2012.

Zerfaß, A./Boelter, D. (2005): Die neuen Meinungsmacher: Weblogs als Herausforderung für Kampagnen, Marketing, PR und Medien, Graz 2005.

Zimmermann, W./Stache, U. (2001): Operations Research: Quantitative Methoden der Entscheidungsvorbereitung, 10. Aufl., München u. a. 2001.

Zobel, J. (2001): Mobile Business und M-Commerce: Die Märkte der Zukunft erobern, München 2001.

Zurstiege, G. (2007): Werbeforschung, Konstanz 2007.

Sachregister

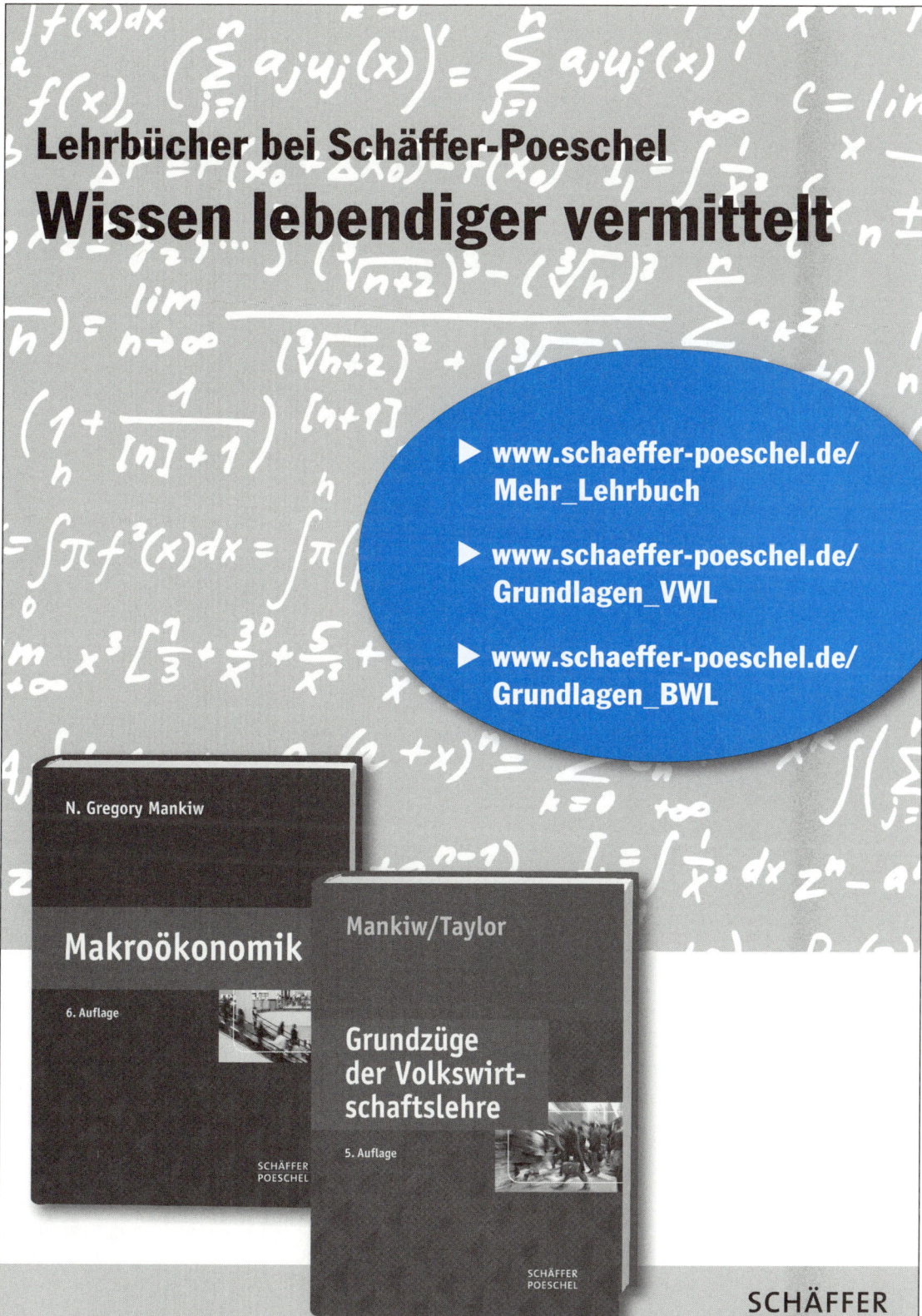